District Heating and Cooling

지역난방과 지역냉방 실무

Svend Frederiksen, Sven Werner 저

한국지역난방공사 열수송시설처 역

홍릉과학출판사

District Heating and Cooling

SVEND FREDERIKSEN
SVEN WERNER

지역난방과 지역냉방 실무

인 쇄: 2018년 6월 1일 초판 인쇄
발 행: 2018년 6월 11일 초판 발행
저 자: SVEND FREDERIKSEN·SVEN WERNER
역 자: 한국지역난방공사 열수송시설처

발행인: 송 준
발행처: 홍릉과학출판사
주 소: 01093 서울시 강북구 인수봉로 50길 10
등 록: 1976년 10월 21일 제5-66호

전 화: 02-999-2274~5, 903-7037
팩 스: 02-905-6729
e-mail: hongpub@hongpub.co.kr
http://www.hongpub.co.kr
ISBN: 979-11-5600-596-4 93530

정 가: 66,000원

낙장 및 파본은 구입처나 본사에서 교환하여 드립니다.

차 례
(Content)

서 문
(Preface)

백년이상 있어왔고 많은 다양한 장점들이 존재함에도 불구하고, **지역난방과 지역냉방(District Heating and Cooling)**은 국제적 맥락에서 여전히 틈새 기술에 속한다. 이런 현상은 의심의 여지없이 지역난방과 지역냉방에 관련된 문헌 자체가 다른 에너지 기술에 대한 것과 비교해 매우 적다는 사실에 기인한다. 전공서적이나 핸드북은 대부분 러시아어, 폴란드어, 독일어, 덴마크어, 스웨덴어로 쓰여 있으며, 그 이유는 이들 언어국가 내 지역난방 보급률이 높기 때문이다. 미국과 영국 모두에서 지역난방과 지역냉방은 비주류 기술이기 때문에 영어로 출간된 책은 소수에 불과하다. 저자가 아는 한, 지금 이 책에서 하려고 하는 종합적이고, 국제적이며, 최신방법으로 이 주제를 설명하려는 (특히 영어가 아닌 언어들 중에서도)작업은 없었다.

이 책은 저자가 30년 이상의 교육, 연구, 개발, 관리, 컨설팅에 대한 업무를 하는 동안 얻어진 경험을 토대로 만들어 졌다. 우리의 첫 번째 지역난방 전공서적은 1993년 스웨덴에서 출판되었다. 이 두 번째 판을 영어와 스웨덴어로 지필하면서, 우리는 학생, 기술자, 관리자, 연구자로부터 수년 동안의 피드백과 많은 설명을 고려하려고 노력했다. 우리는 또한 대학과 외부강의에서 첫 번째 판을 저자 자신이 사용하면서 수정과 관련된 중요한 의견을 들을 수 있었다.

우리는 다양한 범주의 독자를 마음에 두고 있다. 우리의 주요 타겟 그룹은 지역난방 기술자, 대학의 공대학생, 지역난방 회사의 직원이다. 만일 도시계획 담당자, 경제학자, 정책결정자 등이 지역난방과 지역냉방에 대한 분명하고 유용한 정보를 제공하는 이 책의 주제에 관심을 갖는다면, 저자는 매우 기쁠 것이다. 특히, 1–3장의 소개부분과 11–13장의 결론은 세세한 앞부분의 기술적인 지식을 필요로 하지 않는다. 전체 텍스트를 공부하는 독자는 기본적인 공학 주제(특히 열역학)에 대해 어느 정도의 지식을 갖고 있다고 가정하고 있다.

지역난방과 지역냉방의 전문가인 경우는 텍스트의 여러 부분을 찾아 볼 것이다. 그러나 이런 전문가들 사이에서도 본 주재의 모든 면에 대한 완전한 이해가 부족한 것이 우리의 경험이다. 대학에서 지역난방과 지역냉방을 가르치는 곳에서도, 본질적으로 지역난방과 지역냉방을 고려한 종합적인 방식보다는 특정 HVAC기술이나, 발전 플랜트 교육과정의 맥락에서 교육이 이루어지고 있다.

지역난방과 지역냉방은 연소(Combustion), 열전달(Heat transfer), 배관(Piping), 마케팅(Marketing), 요금청구(Billing) 등과 같은 많은 일반기술과 방법론의 내용을 포함하는 여러 학문 분야와 관련된 기술이다. 우리의 목표는 지역난방과 지역냉방의 일반적인 측면에 대한 기본적인 입문지식을 제공하는 것으로, 이런 일은 이 틈새 기술에 대해 전례가 없을 뿐만 아니라 기본적인 이해를 위해서도 매우 중요하다. 중요한 기본지식을 제공하기 위해서 때로는 (지면의 제한으로)상세하고 개별적인 지식을 생략했다. 더 관심이 있는 상급 독자를 만족시키기 위해 해당 장에서 다루는 주제에 대한 논문, 보고서, 책을 포함하는 참고문헌 목록으로 각 장을 끝맺고 있다. 따라서 이 책은 기존 지역난방과 지역냉방 문헌의 구조화된 주제에 대한 가이드도 될 수 있다. 이 목록은 신 · 구 참고문헌을 구분하기 위해 독자에게 정보가 주어진 시간 순으로 정렬되어 있다.

저자 자신의 지역난방과 지역냉방 지식은 우리가 일했던 스칸디나비아의 사례로부터 얻어진 것이다. 초판에서 우리는 다른 국가의 경험을 포함한다는 맥락에서 광역화에 대한 포부를 갖고 있었다. 우리는 주로 유럽(때로는 세계적인) 관점을 반영해 두 번째 판에서도 이 포부를 따르고 있지만 많은 경우에서 불가피하게 여전히 스칸디나비아 사례를 참고하고 있다. 저자는 다른 국가에서 일하는 비-스칸디나비아 독자가 이런 예시들을 인정하고 받아들이길 바란다. 국가적 기술사례가 다르거나 그 주제에 전문적으로 일하는 기술자들이 서로 다른 견해를 갖고 있으면, 이런 다른 관점을 균형 있고 공정한 방법으로 제시하기 위해 노력했다. 때로는 이러한 차이가 중요한 문제점을 강조하는데 도움이 되기도 한다.

초판에서는 지역냉방을 간략히 언급했었다. 저자는 필수적인 지역냉방 정보를 갖추도록 책 내용을 확대했지만 지역냉방에 대한 별도의 장을 포함하고 있지는 않다. 그 대신 지역냉방과 지역난방의 유사성이 높기 때문에(그리고 대부분의 식과 방법들이 일치함으로) 각 장에 지역냉방을 포함하고 있다. 때로는 이런 차이가 배관에 순환하는 물의 온도에 불과한 경우도 있다.

집필을 하면서 실용적인 핸드북이나 매뉴얼 보다는 오히려 학교 전공서적을 집필하는 전통을 고수했다. 실무 기술자들은 우리가 항상 선택사항에 대해 손쉬운 안내를 제공하지 않는 것에 실망할 수도 있다. 그러나 우리는 모든 독자가 정보를 아는 것과 더불어, 덧붙어 있는 통찰력을 알게 되길 바란다. 규범적인 실무안내와 규정은 예컨대 여러 국가 지역난방과 지역냉방 협회에서 발간되는 국가표준 및 가이드라인에서 찾을 수 있다.

이 책의 전체적인 목적은 지역난방과 지역냉방의 혜택과 잠재력에 대한 일반적인 공감대 형성에 기여하는 것이며, 이를 통해 이 기술이 긴급한 환경문제를 해결하고 항상 안정적이지 못한 세계 에너지 공급에 대한 안보를 증진시키는데 더 중요한 역할을 할 수 있도록 기여하는 것이다.

Svend Frederiksen은 6–9장의 주저자이고, 10장은 공동 저술했으며, Sven Werner가 나머지 장에 주로 참여했다.

서문에 마지막으로, 이 책을 집필하는 동안 우리가 받았던 지원내용을 밝히고자 한다. 첫 번째로, 프로젝트 책임자로서 Erik Larsson이 있는 스웨덴 지역난방 협회(Swedish District Heating Association)의 재정 지원이 있었다. 이 소중한 지원이 없었으며, 이 책의 두 번째 판은 집필도, 출판도 되지 못했을 것이다. 두 번째로, 11.1절에서 이 절 전체를 제공해 주신 예테보리 대학(Gothenburg University)의 Anders Sandoff, 9장과 10.8절에서 룬드 대학(Lund University)의 Janusz Wollerstrand, 4장과 5장에서 유럽 등고선 지도를 제공해준 Daniel Nilsson, 12장에서 유럽 지역난방과 지역냉방 시스템들의 위치를 나타내는 지도를 제공해준 할름스타드 대학(Halmstad University)의 Urban Persson, 많은 연습문제와 예제를 만든 할름스타드 대학의 Henrik Gadd와 Mei Gong의 지원에 감사드린다. 세 번째로, 국제적인 레퍼런스 그룹 <Robin Wiltshire, Chris Snoek, Lars Guller, Kari Sipilä, Martin Achmus>, 스웨덴 레퍼런스 그룹 <Pekka Kuljunlahti, Patrik Holmström, Thomas Lummi, Conny Håkansson>, 특별히 언급하고 싶은 사람들 : Tord Torisson과 Marcus Thern(6장); Sture Andersson, Jan Eriksson, Tommy Gudmundson, Peter Randløv, Ingo Weidlich(8장); Bo Frank와 Robert Eklund(9장). 네 번째로, Öresundskraft 사 지역난방과 지역냉방 시스템에서 열과 냉방 부하 프로필을 사용하게 허락해준 Öresundskraft 사의 Anders Östlund와 Lars–Inge Persson에

게 감사드린다. 다섯 번째로, 이 책의 각종 도표의 사용을 허락해준 다음 사람들에게 감사드린다. Ecoheatcool과 Ecoheat4EU(2개의 IEE 프로젝트들)의 도표를 사용하게 해준 Euroheat & Power의 Sabine Froning, 성과지표 중 몇 가지를 공유해준 Borås Energy & Environment사의 Gunner Peters, 컨설팅 서비스에서의 통찰력을 공유해준 FVB Sweden사의 Leif Breitholtz, 스톡홀름의 멋진 네트워크 성장 지도를 사용하게 해준 린셰핑(Linköping) 대학의 Dick Magnusson. 여섯 번째로, 교정판에서 많은 타이핑 오류를 발견해준 지역난방과 지역냉방에 대한 2012년 8월 국제 박사과정의 많은 참석자들뿐만 아니라, 일반적인 피드백을 제공하고 교정을 수행해준 Lennart Thörnqvist, Patrick Lauenburg, Christopher Paitazogou, Janusz Wollerstrand에 감사드린다. 일곱 번째로, Studentlitteratur의 Jens Frdholm과 다른 직원들의 소중한 충고에 감사드린다. 우리는 당연히 이 책에 있을 수 있는 모든 오류에 대해 도덕적 책임을 지고 있지만, 오류와 누락 같은 것으로 발생한 어떤 결과에 대해서도 법적인 책임을 지지는 않는다. 이와 같이 이 책은 단지 일반 정보만을 위한 것이다. 많은 경우에 우리는 실무상 조언이 필요한 독자가 참고할 수 있는 표준과 다른 참고문헌을 언급하였다.

또한 그 밖의 많은 사람들이 피드백과 충고를 해주었다. 이런 사람들 중에는 책에서 참조하고 있는 결과물을 제공해준 공공기관과 제조사의 대표분들이 있다.

2012년 12월 홀테(Holte)(덴마크)와 스테닝에(Steninge)(스웨덴)에서

Svend Frederiken
룬드(Lund) 대학 교수

Sven Werner
할름스타드 대학(Halmstad University) 교수

01 CHAPTER

소 개 (Introduction)

지역난방과 지역냉방 시스템의 가장 큰 목적은 도시지역의 열과 냉기(Heat and cold, cold는 일반적인 경우 냉기로, 지역냉방에 한정된 경우 냉방으로 번역함[역])를 효율적으로 바꾸는 것이다. 시스템에 적합한 사용자 열/냉기 수요를 활용 가능한 열원/냉방원에 연결하면, 보일러나 공기조화기 같은 전통적인 냉난방 공급과 비교해 더 적은 자원을 사용하면서 수요를 맞출 수 있다. 지역난방과 지역냉방은 주로 공간 난방과 냉방, 급탕, 산업용 공정에 대한 사용자 수요를 충족시키기 위해 공급된다. 주요 열원/냉방원은 **재생 천연자원(Renewable natural resource)** 또는 사용하지 않으면 소멸되는 자원 모두가 해당된다.

열과 냉기는 열 또는 냉기매체(대부분 가압수)를 포함하는 분배배관의 망을 통해 사용자에게 전달된다. 경쟁력이 있으려면 이 분배배관이 상당히 짧아야 하며, 밀집된 도시지역에서는 대부분 이 조건을 충족한다. 지역난방과 지역냉방 기술은 다음과 같이 4가지 주요 부분으로 나뉜다. 【**공급설비(Supply unit)**, **분배 네트워크(Distribution network)**, **사용자 기계실(Customer substation)**, **사용자 난방과 냉방 시스템(Customer heating and cooling System)**】

지역난방 시스템을 나타낸 그림 1.1 삽화에 이 4가지 부분이 있다. 굴뚝이 있는 주요 열공급시설이 뒤쪽 배경에 있다. 이 시설은 **화력 발전소(Thermal power station)**, **폐기물 소각 플랜트(Waste** incineration plant) 또는 **산업용 공정**(Industrial process)일 수 있다. 분배 시스템은 도시 내 다양한 건물 사이에 나란히 놓인 두 개의 배관으로 나타낼 수 있다. 빨간색 배관은 공급배관을 의미하고, 파란색 배관은 회수배관이다. 이 배관은 분배 열손실을 줄이기 위해 보온이 되어 있다. 한 사용자의 기계실이 오른쪽 하단 앞쪽에 있는 건물 지하에 위치해 있다. 이 기계실 안에서 열매체 공급유량은 (빨간색 라디에이터로 그려진)사용자 난방 시스템의 열매체를 가열하고 난 후 냉각된다. 급탕에 대한 수요는 건물 내 여러 욕실로 나타나 있다. 사용자가 시스템에서 열을 빼내는 만큼 열공급시설에서 열을 공급해 **시스템 열평형**(System heat balance)을 이룬다. 열공급은 요구되는 공급온도로 회수유량을 가열해 이루어지며, 열매체를 순환시키는 것으로 열평형이 시시각각 유지된다. 만일 사용자 수요가 증가하면 열공급시설로부터 열공급도 증가하게 된다.

추운 겨울에 대비해야 하는 대부분의 북반구 국가에서 이런 지역난방 시스템을 찾아볼 수 있다. 분배배관 관로길이가 거의 600,000 km에 달하는 약 80,000개의 시스템이 북미, 유럽, 러시아, 중국, 한국, 일본에 있다. 지역냉방 시스템은 지역난방 시스템만큼 일반적이지 않다. 이 시스템은 북미, 유럽, 중동, 극동지역에서 찾아볼 수 있다.

열과 냉기 공급을 위한 중앙집중식 시스템의 국지적 대체수단이 그림 1.2에 있다. 이 그림은 남유럽에 있는 단독주택을 위한 전형적인 실내 에어컨과 천연가스 보일러를 보여주고 있다.

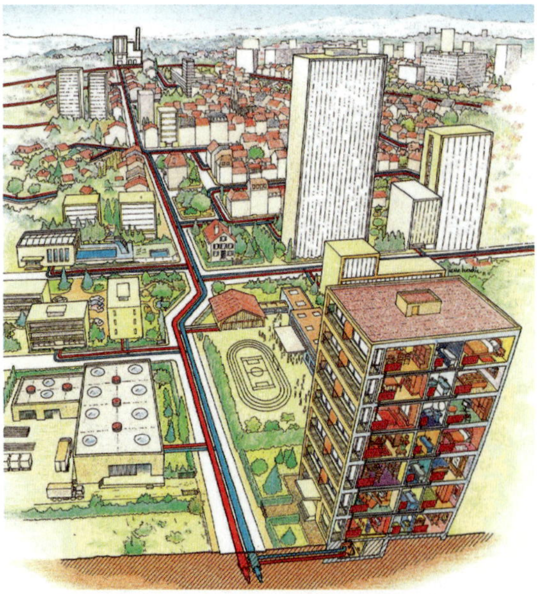

그림 1.1 지역난방 시스템의 기본적인 부분을 나타낸 개념도. 이 그림은 원래 프랑스의 Pierre Merchie가 그렸으며, 《AMFE 1991》에 있음. 허락을 받고 사용함

그림 1.2 남부 이탈리아에서 촬영된 전형적인 개별냉난방설비: 실내 에어컨의 실외기가 발코니 왼쪽에 위치해 있고, 난방과 급탕을 위한 소형 천연가스 보일러가 오른쪽에 있다. 스벤 베르너(Sven Werner) 제공

1.1 각 장의 내용(Chapter contents)

이 책에서는 주로 현재 사용되고 있는 지역난방과 지역냉방 기술의 다양한 측면을 다루고 있다. 각 장은 다음 원칙을 따른다. 지역난방과 지역냉방 시스템 측면에서 추진 동력과 에너지 시장의 소개가 있은 후 사용자로부터 열공급시설에 이르는 **열수요(Heat demand)**와 **열부하(Heat load)**를 추적한다. 그 다음 열공급에서 열전달까지 역순으로 기술 시스템 부분을 설명한다. 이 책은 시스템의 기능적 측면과 함께 다양한 경제, 역사, 미래, 편제(編制), 정보에 대한 내용을 포함하고 있다.

2장은 지역난방과 지역냉방의 기본개념, 주요 전략적 열/냉기 자원, 지역난방과 지역냉방 해택의 요약내용을 포함하고 있다.

3장은 에너지, 열, 냉방시장에서 지역난방과 지역냉방의 위치를 밝힌다. 이런 식별과정은 **유럽 에너지 평형(European energy balance)**, 건물에 대한 유럽 열시장, 일부 국가의 열과 냉방시장을 검토해 이루어진다.

4장은 지역난방과 지역냉방에 의해 충족되는 가장 일반적인 사용자 열수요와 냉방수요의 본질을 밝힌다. 일반적인 조건으로 기후조건, 사회적행동, 온도수요가 있다.

5장은 시스템의 전형적인 열부하와 냉방부하에 대한 설명 및 각종 도표를 제시한다. 총 기계실 열부하, 불가피하게 발생하는 분배 열손실, 기본적인 중요 열/냉방 분배공식, 공급설비로 충족되는 부하의 다양한 측면들을 포함하고 있다. 4, 5장의 목적은 시스템에 의해 공급되는 열서비스의 특징을 검토하는 것이다.

6장은 현재 지역난방과 지역냉방 시스템에 설치된 열과 냉방공급을 위한 전체적인 선택사항을 다룬다. 이 장은 유럽 및 전 세계 모두에서 가장 일반적인 열원으로 사용 중인 **열병합발전(Combined Heat and Power)**에 대한 심도 깊은 설명과 분석으로 시작된다. 열과 냉방공급에 이용 가능한 추가 선택사항으로 **폐기물 소각시설(Waste incineration)**, **산업용 열회수(Industrial heat recovery)**, **병산(竝産, Polygeneration)**, 다루기 어려운 연료, 주변 열과 냉방자원, 히트펌프와 냉동기가 있다. 현재 원자력발전소 열, 전기보일러, **태양열 집열기(Solar collector)**는 열공급 중 작은 부분을 담당하고 있다. 이 장은 첨두/예비 열공급과 열/냉기 저장의 활용을 조사하는 것으로 끝맺는다.

7장은 지역난방과 지역냉방에 연관된 환경영향 감소를 설명하고 있다. 환경영향 감소에는 대기질, 소음, 이산화탄소 배출을 포함한다. 이런 유리한 환경조건은 다가오는 수십 년 동안 지역난방과 지역냉방에 상당한 시장기회를 제공할 것으로 기대된다.

8장은 열과 냉방 분배기술을 검토하며, 이 기술은 도심지에서 열을 이동시키는 가장 중요한 목적을 달성하는 데 필요한 핵심기술이다. 비록 배관 자체는 다른 곳에서도 사용되지만, 분배기술은 지역난방과 지역냉방에 특화되어 있으며 다른 공공분야와 완전히 공유되지 않는 부분이다. 이 장은 일반적인 배관의 배치, 현재와 과거의 배관기술, 고체역학(Solid mechanics), 배관시공, 수처리(Water chemistry)를 다루고 있다. 이 장의 포커스는 분배기술의 유형적 측면에 있으며, 분배 네트워크의 운영은 시스템 기능에 대한 10장에서 고려된다.

9장은 **사용자 기계실(Customer substation)**을 다룬다. 기계실은 분배 네트워크와 사용자 냉난방 시스템 사이의 접점에 해당된다. 주요 이슈로는 기계실 배치, 장비, 사용자 시스템에서의 경계조건, 계량(Metering)이 있다.

10장은 공급 플랜트, 분배 네트워크, 사용자 기계실, 사용자 냉난방 시스템이 사용자 수요를 충족하기 위한 협업 시 **시스템 기능(System functioning)**에 대한 설명을 포함하고 있다. 이 협업과정은 열수송관망 구조(Grid structures)의 분석, 유량분배 조건, 온도수준, 부하 및 열수송관망 제어시스템, 시스템 모니터링, 신뢰도(Reliability rate)를 통해 설명된다. 시스템 기능에 대한 이 설명내용은 지역난방과 지역냉방 시스템 기술의 핵심에 해당된다.

11장은 실현 가능한 지역난방과 지역냉방 사업을 진행하기 위해 고려해야 하는 일반적인 경제성과 계획단계 이슈를 다룬다. 이 장에서 선택된 9개의 이슈들은 지역난방과 지역냉방 시스템이 상당한 선투자가 필요한 자본집약적인 도시 기반시설이라는 사실을 반영하고 있다. 이 시스템은 수십 년에 해당하는 **생애주기(Lifetime)**를 갖게 된다. 지역난방과 지역냉방 배관은 보통 동일한 에너지 전달을 놓고 비교 시 천연가스 배관 또는 전력케이블보다 부피가 더 크고, 더 비싸다. 그렇지만 분배되는 열에너지는 다양한 범위의 저가 열원에서 생산될 수 있다. 산재된 소규모 건물이 있는 지역에 열/냉방 전달은 높은 분배비용으로 인해 수익이 발생하지 않게 된다. 심지어 열수요가 지리적으로 집중되어 있는 경우에도, 공급지역에 상대적으로 많은 건물이 배관망에 연결되도록 하는 것이 필수적이다.

12장은 역사적 발전과정 및 전 세계적인 지역난방과 지역냉방의 현재 규모에 대해 간략하게 설명하고 있다. 이 장은 앞으로 에너지 시스템의 재활용 부분으로 선택될 지역난방과 지역냉방의 미래에 대한 고찰로 마무리 된다. 하지만 이러한 추측은 지역난방과 지역냉방의 다양한 미래 모습 중 단지 하나에 불과하다. 실제 발전과정을 통해서만 전 세계적인 현재 지역난방 시스템의 미래 생존에 대한 최종적인 답을 알 수 있을 것이다.

13장은 지역난방과 지역냉방 시스템이 철도운송, 상수, 가스, 전기 분배와 마찬가지로 **자연독점(Natural monopoly)**적이라는 사실에서 출발하고 있다. 그러나 에너지 시장에는 개별 냉난방 공급기술도 존재하기 때문에, 지역난방과 지역냉방 시스템이 모든 열과 냉방 수요에 대한 독점적인 접근 권한을 갖지 못한다. 그렇지만 지역난방과 지역냉방에 대한 국가적 체계는 광범위하게 다양하며, 한편으로는 다른 난방과 냉방 선택사항과 완전 경쟁하는 비규제 시장부터 다른 한편에는 광범위한 도시 **열계획(Heat planning)**과 **의무사용(Mandatory connection)**을 통한 강력한 규제까지 존재한다. 이 장에서는 법령 체계, 시장원칙, 소유권 모델 측면에서 지역난방 시스템의 구조를 짧게 논의하고 있다.

14장에는 지역난방과 지역냉방에 대해 활용 가능한 정보의 소재를 간략히 조사한 내용이 있다. 이 조사는 전공서적, 핸드북, 과학 및 업계 저널, 학회 진행과정, 통계소스, 업계 협회, 연구 프로그램을 포함한다.

이 책은 앞서 언급된 단어 또는 라벨이 있는 페이지를 참조할 수 있게 키워드와 라벨목록으로 끝맺고 있다. 이 목록을 활용해 독자는 문장에 있는 단어나 라벨의 정의와 사용된 곳을 찾을 수 있다. 저자는 대부분의 장 말미에 참고문헌 목록도 제공하고 있다. 이 목록은 신,구문헌 모두 독자에게 직접 정보가 제공되었던 출판년도 순으로 정렬되어 있다.

각 장 끝에 있는 연습문제에 대한 저자의 답은 www.svenskfjarrvarme.se/dhcbook에서 찾아볼 수 있다. 이 웹사이트에는 이 책에 대한 최신 오탈자 목록과 그 밖에 다른 정보들도 찾을 수 있다.

1.2 전문용어와 명칭(Terminology and nomenclature)

지역난방과 **지역냉방(District heating and cooling)**은 특정 지역(District 또는 Area)에 열을 공급하는 것을 의미하는 **지역난방(District heating)**과 냉기 공급을 의미하는 **지역냉방(District cooling)**에 대한 국제적인 복합 명칭이다. 영국에서는 일부 초창기 지역난방 시스템의 실패 사례들로 인해 '지역난방'이라는 용어의 평판이 나빠서 **구역난방(Community heating)**이라는 용어를 더 선호한다.

미국에서는 **공기조화(Air conditioning)**의 오랜 전통과 지역냉방의 높은 시장 점유율로 인해 **지역에너지(District energy)**라는 종합적인 용어가 주로 사용된다. 용어 활용 측면에서 유럽과 비교하면, 정의에서 다음과 같은 또 다른 차이점을 발견할 수 있다. 많은 미국 지역난방과 지역냉방 시스템은 대학병원, 대학캠퍼스, 군부대를 공급하며, 동일한 소유자가 모든 건물을 소유한 경우가 대부분이다. 때로는 이런 방식을 **기관 지역난방 시스템(Institutional district heating system)**으로 부르기도 한다. 유럽에서 지역난방 시스템으로 간주하는 열분배 시스템은 보통 시스템에 연결된 다수의 건물주가 존재한다. 이런 이유로 유럽 지역난방 통계에서는 그룹 단위 건물 지하로 열을 분배하는 수많은 소규모 시스템을 포함하고 있지 않다.

그밖에 다른 나라의 언어에서 지역난방에 대한 명칭은 영어 명칭인 'District'의 개념과 일치하지 않는다. 몇몇 언어에서는 도시지역(Urban area)에 있다는 점이 강조되며, 이탈리아어(riscaldamento urbano), **프랑스어**(chauffage urbain), **네델란드어**(stadsverwarming),

스페인어(calefacción urbana)와 이전에 사용되었던 **독일어**(städteheizung)가 있다. 또 다른 언어에서는 원거리 열수송이라는 관점으로 표현되며 노르웨이어와 **덴마크어**(fjernvarme), **스웨덴어**(fiärrvärne), 현재 사용 중인 **독일어**(Fernwärme), 간헐적으로 사용되는 **이탈리아어**(teleriscadamento)가 있다. **러시아어**(teplofikatsiya)는 열병합발전과의 강한 연관성을 강조한다.

우리는 가능한 모든 범위에서 수량 명명과 기호에 대한《ISO 2007》의 권고사항을 따르려고 노력했다. 따라서 **총 열전달 계수(Overall heat transfer coefficient)**에 대해 문자 K를 사용했다. 이 문자 외에 일반적인 대체 기호로는 미국뿐만 아니라 오늘날 유럽 건설 산업에서 최근에도 종종 사용되고 있는 문자 U가 있다. ISO 권고사항에 대한 한 가지 예외사항으로 하단에 상세히 설명되고 있는, **열유동률(Heat flow rate,** 단위시간당 전달되는 열량[역]**)** 대신에 **열력(熱力, Heat power)**이라는 명칭을 사용했다. 지역난방과 지역냉방에 특화된 고유한 단어들에 대해서는 가능한 모든 경우에 대해《Nordvärme 1987, Unichal 1991, AGFW 1996)》권고사항을 따랐다.

열에너지(Heat energy)는 (1년 단위 같은)주어진 시간 간격 동안에 특정 접점을 통과하는 열의 양이다. 열에너지는 지역난방 시스템의 열공급시설부터 모든 사용자 기계실까지 여러 부분에서 측정된다. 열에너지에 대한 표준단위는 **줄(Joule)**이며, 숫자의 자릿수가 너무 커지는 것을 피하기 위해 일반적으로 표준 접두사(kJ, MJ, GJ, TJ, PJ, EJ)를 사용한다. 일부 국가에서는 전기산업의 영향을 많이 받아 **와트시(Watt-hour)**를 사용하고 있다. 1와트시는 1시간 동안의 1와트(Watt)를 의미하며, 1줄은 1와트초(Watt-second)와 같기 때문에 줄과 와트시 사이에는 3,600의 변환계수를 갖는다.

열력은 시스템의 특정 접점에서 요구, 전달, 분배 또는 변환되는 열의 속도에 해당한다. 열력은 공급방향에서 주어진 시간단위 동안 **열흐름(Heat flow)**의 크기를 나타낸다. 이 속도는 시간, 일, 월, 년 단위로 변한다. 열력 변화의 특성은 열용량 수요와 다양한 열공급시설의 최적 크기에 영향을 주기 때문에 이 특성을 아는 것은 매우 중요한 일이다. 열력에 대한 국제적인 표준단위는 '와트'이며, 1초 동안 1줄에 해당한다. 숫자의 자릿수가 너무 커지는 것을 피하기 위해, 일반적으로 표준 접두사(kW, MW, GW)를 사용한다. 열력의 기호로는 문자 P를 사용했다.

단위시간당 열에 대한 명칭으로 저자가 열력을 사용하는 것은 영국과 미국 영어권 모두에서 일반적인 경우가 아니다. 왜냐하면 일반적으로 힘(力, Power)은 단위시간 당 일

(Work)과 연관되며, 열과 관련되는 경우는 적기 때문이다. 하지만 대부분의 유럽언어에서는 노르웨이어, 스웨덴어, 덴마크어의 effekt; 이탈리아어의 potenza; 프랑스어의 puissance와 같이 보통 모든 형태의 에너지에 대한 시간 미분으로 단어를 정의하고 있다. 이런 유럽의 전통에 따라 이 책에서는 기계력(Mechanical power) 또는 전력(Electrical power)에 상응하는 명칭으로 열력을 사용하고 있다. 저자가 사용하는 열력은《ISO 2008》표준에 있는 **난방력(Heating power)**과 **냉방력(Cooling power)** 정의를 따르고 있다. 상대적으로 지역냉방 시스템에서 열흐름이 공급방향과 반대인 경우 **냉기력(Cold power)**이란 명칭을 사용하고 있다.

열력에 대해 공인된 영어 동의어는《ISO 2007》에서 권고하는 열유동률과 **열전달률**(Heat transfer rate, 열전달 및 열전달 산업의 관련 분야에서 일반적으로 사용됨)이 있다. 국제적인 전문서적《Incropera 등 2006》에서는 단순히 **에너지율(Energy rate)**에 상응하는 **열률(Heat rate)**을 사용하고 있다.

참고문헌

Nordvärme. Fjärrvärmeordbok – Fjernvarmeordbog – Hitaveituordabok – Kaukolämpösanasto(District Heating Dictionary), April 1987.

Unichal, District Heating Dictionary in Five Languages. Second edition, Zürich, June 1991.

AMFE, Les Reseaux de Chaleur – Le service chaleur a domicile(the Heat Networks – Heat Home Service). Agence Francaise pour la Maitrise de l'Energie, Paris 1991.

AGFW, Fernwärme Wörtebuch – District Heating Dictionary. Second edition, Frank–furt am Main 1996.

Incropera FP, Dewitt DP, Bergman TL, Lavine AS, Fundamentals of Heat and Mass Transfer, 6th edition, John Wily & Sons Inc 2006.

ISO, Quantities and Units – part 5 : Thermodynamics. ISO 80000–5 : 2007.

ISO, Energy performance of buildings – Calculation of energy use for space heating and cooling. ISO 13790 : 2008.

02

CHAPTER

지역난방의 기본개념

(The fundamental idea of district heating)

지역난방은 활용 가능한 열원에서부터 인근 사용자의 직접적인 사용처까지 열을 전달하는 데 기반을 둔 에너지 서비스이다. 지역난방은 19세기 후반 미국과 20세기 초 유럽에서 상업적으로 소개되었으며, 1960년대에 미국과 유럽 모두에서 유사한 지역냉방 시스템이 출현했다.

오늘날 지역난방의 기본개념은 지역 사용자의 열수요를 충족시킬 목적으로 지역 열시장에 배관으로 된 **열분배 네트워크**(**Heat distribution network**)를 사용해 버려지는 그 지역 연료 또는 열자원을 활용하는 것이다. 이러한 개념에 따라 지역난방이 경쟁력 있으려면 세 가지 요소를 반드시 갖춰야 한다.【가격이 싼 적정한 열원, 열시장에서의 수요, 수요와 열원을 이어주는 배관】. 배관을 짧게 사용해 분배 네트워크 자본투자를 최소화하기 위해 이 세 가지 요소는 지역단위로 이루어져야 한다. 적합한 열수요는 주거, 공공, 상업건물에 대한 난방과 **급탕**(**The preparation of domestic hot water**)이 있다. 저온 산업용 열수요 또한 지역난방에 적합하다. 따라서 지역난방에 있어서 주요 추진 동력은 지역 열수요를 활용 가능한 지역 열원과 연결해 발생하는 시너지 효과에서 찾을 수 있다. 간단히 말해, 지역난방 시스템은 사용자 열수요를 충족시키기 위해 재활용된 열을 공급하는 것이다.

지역난방에 대한 5가지 현재의, 적정하고, 전략적인 지역단위 열과 연료자원은 다음과 같다.

- 화력발전소로부터 활용 가능한 개선된 잉여열. 이 방법을 **열병합발전**(**Combined Heat and Power, CHP**) 또는 **코제너레이션**(**Cogeneration**)이라 한다.
- 폐기물 소각장에서 얻어지는 활용 가능한 열. **폐기물 에너지 플랜트**(**Waste to energy plant**)에서 이 방식을 사용한다.
- **산업공정과 연료정제 과정에서 발생하는** 활용 가능한 잉여열
- 소형 보일러에서 처리 및 관리하기 어렵고 부피가 큰 연료들. 폐목재, 짚, 올리브 잔류물 같은 **가연성 재생가능 자원**(**Combustible renewable**)을 포함한다.
- 자연적인 **지열 열자원**(**Geothermal heat source**)

미래에는 태양열 집열기 분야와 대형 히트펌프를 전략적 열자원에 포함시킬 수도 있다. 대부분의 산업화된 지역과 국가에서는 한계 또는 증분발전 시 탄소함유량이 너무 높아서 대형 히트펌프 사용에 의문을 제기할 수 있다. 현재의 이런 탄소함유량은 열시장에

서 환경과 에너지 절약에 대한 혜택이 발생하기에 너무 높다. 하지만 미래에 간헐적으로 생산되는 신재생 전기의 상당 부분을 풍력과 태양열 발전소로부터 얻을 수 있다면, 전기보일러(Electric boiler)와 대형 히트펌프가 전기시스템에 균형을 맞추는 데 도움을 줄 것이다.

전략적열원은 분배 네트워크와 첨두/예비 열공급을 위해 필요한 보완 열공급 플랜트의 필수 자본투자를 보상하기 위해 비용이 낮아야 한다. 첨두/예비 열공급 설비는 외기온도가 매우 낮을 시 사용자 열수요를 공급하고, 일반적인 열원을 일시적으로 이용할 수 없는 경우에 필요하다.

기본개념에 따른 지역난방의 에너지 흐름이 그림 2.1의 도표에 요약되어 있다. 가장 중요한 차이점은 **에너지 투입**(Energy input)과 연관되어 있다. 재생가능 에너지 또는 화석연료의 직접적인 사용은 이 에너지 투입에 대한 이전 사용자가 없으므로 **1차 에너지 공급**(Primary energy supply)으로 명명하고 있다. 열병합발전, 쓰레기 소각로, 산업용 공정에서 재활용되는 열은 **2차 에너지 공급**(Secondary energy supply)이라고 한다. 상응하는 **1차 에너지 과정**(Primary energy process)은 발전, 쓰레기와 메탄 파쇄, 산업생산이 있다.

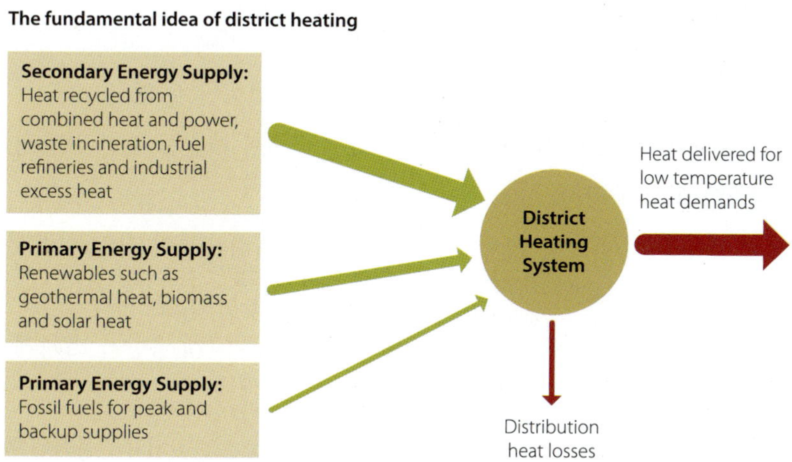

그림 2.1 지역난방의 기본개념에 따라 설계된 지역난방 시스템의 기본 에너지 흐름들

그 결과 이 도표는 지역난방의 아주 중요한 측면을 제시하고 있다. 기본개념에 따라 설계된 실현 가능한 지역난방 시스템에 1차 에너지 공급은 사용자에게 공급되는 열량에 비해 크게 낮아진다.

또한, 에너지 흐름 도표는 현재 대부분의 2차 에너지 공급이 1차 화석에너지 공급에서 주로 발생하고 있지만, 정책적으로 재생에너지로부터 1차 에너지 공급을 높이고 싶어 한다는 사실로 인해 갈등이 유발된다는 것을 보여준다. 2차 에너지 공급을 재생 가능한 1차 에너지 공급으로 교체하는 경우 효과가 미미하다는 사실도 갈등을 부추긴다. 재생 가능한 1차 에너지 공급으로 2차 에너지 공급을 대체한다면, 현재 화석연료에 의한 1차 에너지 공급이 아주 미미하게 감소되기 때문에 그 영향이 아주 제한적이다.

지역난방의 주요 사용자 혜택은 다음과 같다.

- 쾌적하고, 단순하며, 연속적이고, 신뢰성 있는 직접적인 열전달
- 사용자 자신의 난방 설비에 대한 설치공간을 줄이고 투자비용을 낮춤
- 건물 내 연료 연소를 피할 수 있어 화재 및 가스폭발에 대한 위험을 낮춤
- 과대한 개별 보일러 구매가 아닌 현재 사용에 기반한 실제 설계 열용량만을 대상으로 한 비용 지불
- 사용자의 주요 투자가 없어도 비화석연료 열공급의 지역적 활용이 가능함

지역난방에 대해 상응하는 사용자 문제점과 비판은 다음과 같다.

- 자연독점 하에서 개별사용자들이 가격과 열전달 조건을 협상할 수 없다.
- 내부경쟁이 부족하기 때문에, 미래 시스템 효율의 부적절한 개발로 인한 일반적 자연독점 상실의 위험이 발생한다.
- 다른 난방방식 사용을 위한 높은 교체비용과 실질적인 어려움들이 지역난방 시스템 내 사용자를 묶어두게 한다.
- 지역난방 사고와 고장은 동시에 도시 전체와 모든 거주민들에게 영향을 미치게 된다(조직화된 손상).
- 난방에 대한 일반 상식이 전문지식으로 대체된다(이런 현상은 발전되고 전문화된 현대 서비스사회의 일반적인 패턴임). 그 결과 개별 시민은 더 이상 자신의 열공급 상황에 영향을 줄 수 없다.

지역난방 시스템에 대한 **시장원칙(Market rule)** 설계 시 이런 약점들을 반드시 고려해야 한다. 그렇지 않으면 이 약점들이 지역난방의 장점을 활용하는 데 장애가 될 것이다.

지역난방 시스템은 다음과 같은 속성과 특징을 갖고 있다.

- **범위의 경제**(**Economy of scope**)는 지역난방의 기본개념에서 주요한 추진동력이다. 범위의 경제는 분리해서 생산하는 것보다 적합한 공동 생산 공정에서 관련 상품들을 더 싸게 공급하게 만드는 요소들을 의미한다. 열병합발전, 폐기물 소각로, 산업용 공정의 열 재활용을 활용하는 3가지 전략적 열자원 모두 범위의 경제에 대한 사례에 해당된다. 이 개념은 임업과 농업 부문에서 임업/농업 폐기물을 **바이오매스**(**Biomass**)로 환원하는 경우 다루기 어려운 연료의 활용에도 적용된다.
- **중앙집중식 열공급**(Central heat supply)에 의한 **규모의 경제**(**Economy of size**)는 지역난방 역사를 통해 중요한 추진 동력이 되어 왔다. 규모의 경제는 더 높은 생산량에서 더 낮은 비용을 갖는 기술을 의미한다. 더 낮은 개별 보일러 비용, 더 높은 보일러 효율, 교육받은 직원, 더 높은 다양성, 더 나은 환경 보호는 중앙집중식 열공급을 위한 강력한 논거들이였다. 지역 열분배 역시 소도시보다는 대도시에서 더 높은 비용효율 및 에너지 효율을 갖는다. 그 이유는 분배 열용량은 배관 직경에 제곱하여 증가하지만, 배관에 대한 비용과 열손실은 배관 직경에 비례하기 때문이다. 하지만 이러한 규모의 경제에 대한 논거들은 열시장에서 소형 고효율 히트펌프 또는 고효율 콘덴싱(Condensing) 소형 벽걸이 천연가스 보일러를 활용할 수 있기 때문에, 더 이상 강력하게 작용하지 않는다. 이런 이유로 현재 지역난방에서 규모의 경제는 상당한 시장가치를 창조할 수 있을 만큼 충분히 두드러지게 나타나지 않는다. 오늘날 대형 **열전용 보일러**(**Heat only boiler**)에 천연가스를 사용하는 지역난방 시스템은 더 이상 살아남을 수 없으며, 앞서 언급한 5개의 전략적 열자원들 중 하나 이상을 사용할 필요가 있고, 이러한 열자원들은 지역난방을 위한 범위의 경제에서 추진 동력이 되고 있다.
- 지역난방의 또 다른 뚜렷한 특징은 **유연성**(**Flexibility**)이다. 지배적인 시장 상황 변화가 열공급설비들 사이의 열공급 비용을 달라지게 한다면, **지역난방 사업자**(**District heating provider**)는 설비의 **가동우선순위**(**Merit order**)를 쉽게 바꿀 수 있다. 연료와 전기가격 측면에서 직접적인 시장상황은 확실히 유동적이다. **흰색과 녹색 인증제**(**White and green certificate,** 에너지소비 절감을 인증하는 환경제도[역]), **발전차액 지원제도**(**Feed in tariff**), 탄소와 에너지 세금, 이산화탄소 배출 할당량 같은 부가적인 시장 수단들도 시간을 두고 상당히 변하게 된다. 높은 수준의 유연성은 지역난방 사용자와 시스템 소유자에게 어느 정도 이상의 **순현재가치**(**Net present value**)와 함께 상당한 확신을 가져다준다. 개별난방 선택사항들은 보통 동일한 종류의 유연성을 제공할 수 없다. 그 결과 지역난방을 선택하면 더 많은 공급기회를 활용할 수 있게 된다.

- 연료의 국지적 연소와 비교해 이산화질소, 먼지, 소음 배출에 대한 **지역 환경영향**(**Local environmental impact**)이 지역난방에서 더 낮아진다. 그러나 국지적 열병합발전이 소개된다면, 발전으로부터 발생하는 환경영향이 중앙집중식 발전에서 제외되고, 지역 환경에 더해진다.
- **공급의 안전성**(**Security of supply**)도 지역난방에서 더 높다. 그 이유는 보일러에서 연소되는 천연가스와 연료유의 현행 시장 대체재들을 비교해 보면 지역난방에서 총 1차 에너지 공급이 더 낮기 때문이다. 지역난방 시스템 내에서 일어나는 난방용 화석연료의 지역적 교체, 높은 수준의 열재활용, 국내 재생에너지의 더 많은 활용으로부터 이런 장점이 발생한다. 같은 이유로 **이산화탄소 배출**(**Carbon dioxide emission**)에 의한 국제적인 환경영향도 지역난방 시스템에서 더 낮게 나타난다.

에너지 과학자는 지역난방의 기본개념을 다음과 같은 방식으로도 표현할 수 있다. 지역난방을 위한 에너지 시스템에서 **2차 여열**(**餘熱, Excess heat**)의 사용은 기본적인 열역학 제2법칙의 직접적인 적용과 결과로부터 비롯된다. 각 연료의 **엑서지 함량**(**Exergy content**) 대부분은 산업 에너지 공정에서 생산품 또는 CHP 플랜트에서 전기가 되면서 줄어든다. 남은 엑서지와 **아너지**(**Anergy**)는 지역난방 시스템에 연결된 건물에 열을 전달하는 데 사용된다. 이 방법에서는 최종 열수요의 실제 온도수준을 위해 난방에 대한 엑서지 함량을 조절한다. 이런 **엑서지 셰이빙**(**Exergy shaving**) 없이 난방을 위해 직접적으로 연료를 사용한다면, 낮은 엑서지 함량을 갖는 낮은 온도의 열을 생산해 보일러 내에서 모든 유용한 엑서지가 소실된다. 장기적으로 지속가능한 에너지 시스템은 이용 가능한 자원의 최종 생산량을 극대화하고 환경영향을 최소화하기 위해, 각 연료의 활용 가능한 엑서지 함량 추출을 극대화해야 한다. 대부분의 현재 지역난방 시스템은 이미 이러한 장기적인 지속가능 원칙에 따라 운영되고 있다.

지역난방에 대한 대부분의 찬반양론은 지역냉방에 대해서도 유효하며, 지역냉방의 기본개념은 지역난방의 기본개념과 비슷하면서도 다르다.

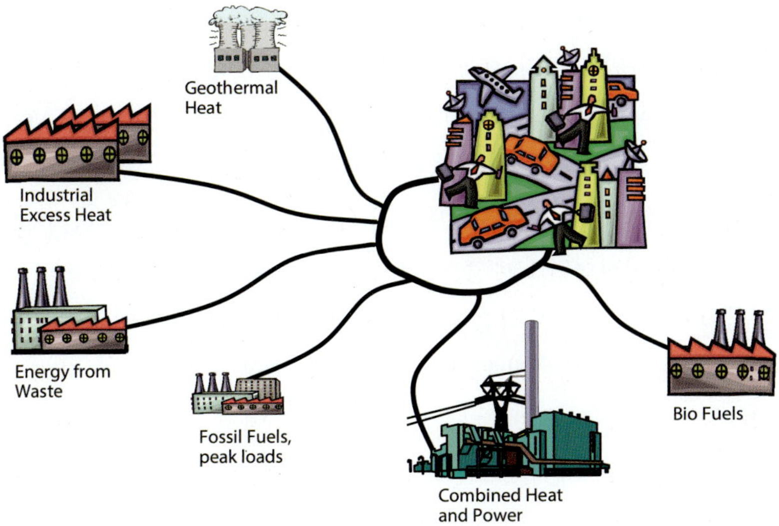

그림 2.2 열공급 다양성 측면에서 지역난방의 기본개념에 대한 그림의 예. 그림 출처: Svensk Fjärrvärme, 또 다른 보다 정교한 예를 《DHC/CES 1985의 NCG》에서 찾아볼 수 있다

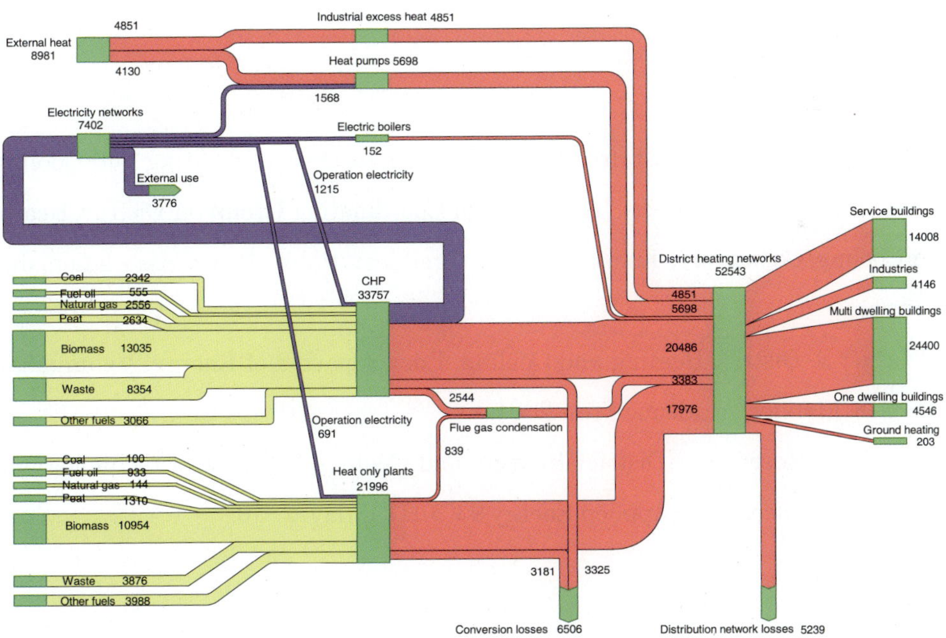

그림 2.3 스웨덴 통계청(Statistics Sweden)에서 발표한 입력 자료를 기반으로 한 2008년 동안 스웨덴 지역난방 밸런스에 대한 생키도표. 각각의 값은 GWh로 된 에너지 흐름을 나타내며, 노란색 막대는 연료흐름을 의미하고, 파란색 막대는 전기흐름에 상응하며, 빨간색 막대는 열흐름을 나타낸다. 녹색 사각형은 에너지 밸런스에서 다양한 절점(Nodes)을 나타낸다. 출처: 할름스타드(Halmstad) 대학 Henrik Gadd

흡수식 냉동기(Absorption chiller) 사용을 통해 열은 냉기도 생산할 수 있으므로, 지역난방을 위한 5가지 전략적 자원 모두가 지역냉방에 대해서 유효하다. 지역난방에서 지열이 천연자원이라면, 차가운 호수, 강 또는 바다가 지역냉방의 천연자원이다. LNG 터미널에서 잉여냉기가 국지적으로 존재하지만, 전 세계적으로 활용되고 있는 잉여열만큼 일반적이지 않다. 개별냉방과 비교해 지역냉방의 가장 큰 장점은 높은 에너지 효율, 낮은 1차 에너지 공급, 낮은 이산화탄소 배출, 에너지 수입 의존성 감소에 있다.

그림 2.2와 같은 삽화에서 여러 가지 장점이 있는 지역난방의 기본개념을 시각화하고 있으며, 이 삽화는 지역난방 시스템에서 활용 가능한 많은 열공급 및 열전달 선택사항들로 구성된 완전한 유연성을 표현하고 있다. 그 다음에 이 유연성은 그림 2.1의 단순화된 에너지 흐름 도표에서 더 많은 에너지 흐름으로 된 훨씬 복잡한 도표로 바뀌게 된다. 2008년 스웨덴 **지역난방 밸런스**(District heating balance)를 보여주고 있는 그림 2.3은 이 같은 완전한 복잡성을 표현하고 있다. 이 그림은 1년 동안 연료, 전기, 열의 다양한 흐름과 관련된 높은 복잡성을 정교한 **생키도표**(Sankey diagram)로 나타내고 있다.

참고문헌

NCG on DHC/CES, A statement of priorities in District Heating and Cooling/Community Energy Systems. The National Coordinating Group on District Heating and Cooling/Community Energy Systems. American Public Power Association, June 1985.

Werner S, District Heating and Cooling. Encyclopaedia of Energy, Volume 1, pp 841−848, Elsevier/Academic Press 2004.

Rezaie B, Rosen MA, District Heating and Cooling : Review of technology and Potential enhancements. Applied Energy 93(2011) : May, 2−10.

연습문제와 과제

1 지역난방과 지역냉방의 주요 혜택에는 무엇이 있는가?

2 지역난방과 지역냉방의 주요 결점에는 무엇이 있는가?

3 지역난방의 기본개념을 설명하시오.

03 CHAPTER

에너지시장, 열시장과 냉기시장
(Energy, heat and cold market)

3.1 에너지시장(Energy market)

에너지 시스템 구조(Energy system structure)는 그림 3.1에 있는 4가지 기본적인 부분으로 나누어진다. **1차 에너지 공급(Primary energy supply)**은 에너지 시스템에 공급되는 모든 에너지를 나타낸다. 상당량의 1차 에너지 공급이 연료를 정제하고, 전기를 생산하며, 지역난방 시스템에 열을 공급하는 에너지 분야에 사용된다. 대규모 열손실은 주로 연료에서 전기를 생산하는 **중심변환(Central conversion)** 분야(화력발전소)에서 발생한다.

연료 정제, 전기, 열과 1차 에너지 공급의 나머지는 그 후에 **국부변환(Local conversion)** 또는 직접사용 모두를 위해 최종사용자에게 전달된다. **최종소비(End use)**는 최종사용자가 사용하는 모든 에너지 상품을 의미하며, 이 상품의 양은 국가 및 국제적 에너지 통계에서 찾아볼 수 있다. 국부변환은 운송을 위한 모든 엔진과 건물/산업공정에 열공급을 위한 보일러를 포함한다. 대규모 열손실은 주로 운송부분 엔진에서 발생하는 국부변환에서 발생한다.

모든 에너지 상품은 결국에 열이 되며, 이 열은 주변 환경 속으로 흩어진다. 따라서 1차 에너지 공급은 중심변환과 국부변환의 열손실 또는 에너지의 최종사용 모두에 의해 결국 열이 된다.

그러므로 열손실은 에너지 시스템의 3가지 부분에 걸쳐 나타난다.【중심변환, 국부변환, 최종사용】. 모든 열손실은 중심변환, 국부변환 또는 최종사용에서 에너지 절약 조치를 통해 줄일 수 있다. 앞 장에 따른 지역난방의 기본개념은 열손실 중 일부를 지역난방 시스템 내 유용한 열로 재활용해 에너지 시스템의 총 열손실을 줄이는 것이다. 중심변환에 의한 열손실은 CHP 플랜트의 열/전기 생산, 폐기물 에너지 플랜트의 폐기물 소각시설, 연료 정제를 통해 감소시킨다. 최종사용 열손실은 주로 고온공정에서 발생하는 산업잉여열의 열재활용을 통해 줄인다. 개별 보일러 대신 지역난방을 사용하면 건물에서 발생하는 국부변환 손실이 제거된다. 하지만 열분배 배관에서 열전달 누수로 인해 지역난방 시스템에서 약간의 새로운 열손실이 만들어 진다.

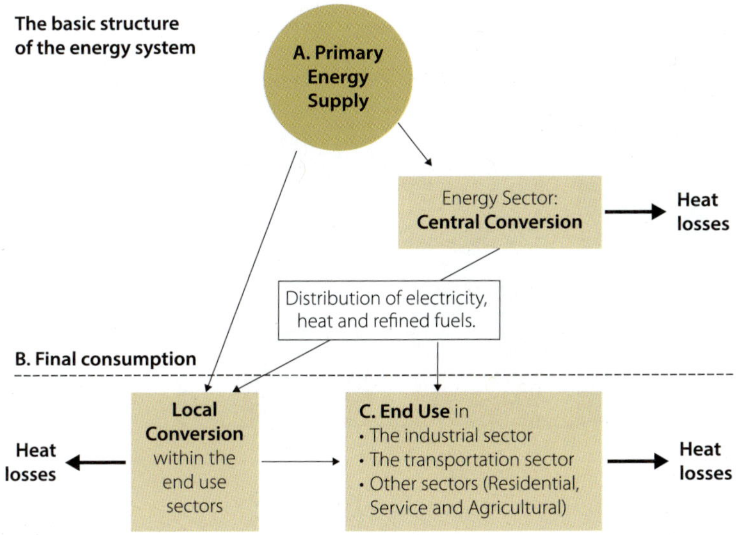

그림 3.1 에너지 시스템은 4가지 기본적인 부분으로 나뉜다. 1차 에너지 공급, 중심변환, 국부변환, 최종사용. 대문자 A, B, C는 그림 3.2에 정량화되어 있는 에너지 시스템의 다양한 부분을 참조하고 있다. 비에너지 직접사용은 에너지 시스템 내에서 열손실로 변환되지 않기 때문에 그림에 포함되어 있지 않다

현재 에너지 상황에 대한 정량화를 위해 2007년도 유럽연합의 **에너지 밸런스**(**Energy balance**)가 그림 3.2에 있다. 에너지 공급의 다양성 측면이 4가지 다른 중첩막대들로 표시되어 있다.【A–총 1차 에너지 공급, B–총 최종소비, C–추정 총 최종사용, D–추정 총 효율적 최종사용】.

73.6 EJ의 총 1차 공급은 총 에너지 수요를 만족하기 위해 공급된 모든 연료와 그 밖에 다른 에너지원들의 총 **열량**(**Calorific value**)을 포함한다. 두 번째 중첩막대는 모든 지역사회 부분에서 사용한 모든 에너지 상품을 포함한다. 처음 두 중첩막대 사이의 차이점은 **에너지 변환부분**(**Energy transformation sector**)에서 발생되는 열손실의 반영 여부에 있으며, 에너지 변환부분은 발전, 석유 정제, 지역난방 시스템을 위한 중앙집중식 열재활용과 열생산, 전기 및 열분배 시스템의 분배 열손실을 포함한다. 이 그림에서 모든 수력/원자력 자원과 대부분의 석탄은 전기를 생산하는 데 사용되며, 반면에 대부분의 석유생산품, 천연가스, 연소성 재생에너지는 지역사회의 서로 다른 부분에서 최종 에너지 사용자에게 직접 전달되는 것을 알 수 있다. 에너지 변환부분에서 발생하는 총 열손실은 총 1차 에너지 공급의 30%에 상응하는 22.4 EJ 정도로 크게 발생했다. 낮은 변환효율로 인해 이 열의 대부분은 화력발전에서 손실된다. 그러므로 화력발전 플랜트에서 변환효율

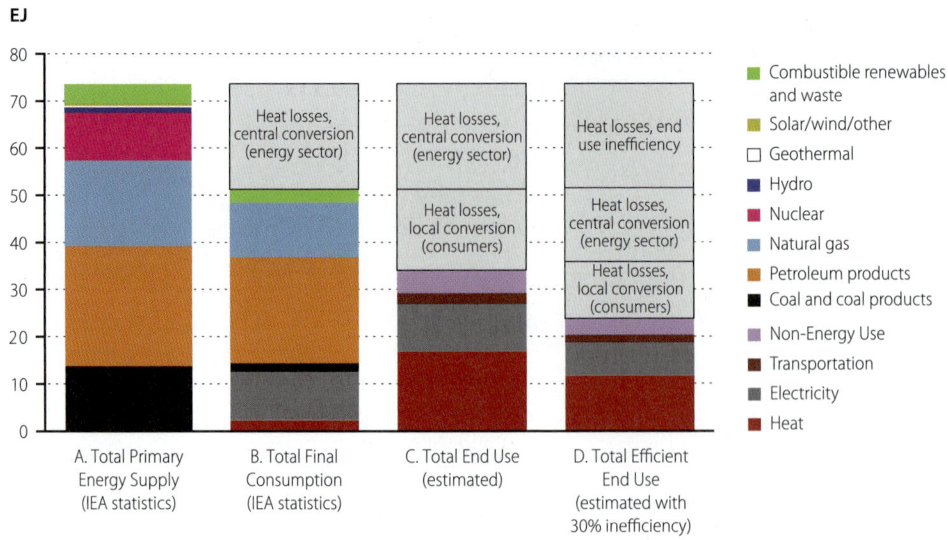

그림 3.2 2007년도 유럽연합에 대한 4단계 에너지 밸런스. 출처: IEA 2009, 저자의 추정치가 보완됨

이 높을수록 발전을 위한 에너지 공급과 이와 연관된 이산화탄소 배출을 크게 줄일 수 있다.

최종소비를 위해 10.2 EJ의 전기와 2.4 EJ의 열(주로 지역난방)이 전달되었다. 이 양은 총 최종 에너지 소비 51.2 EJ의 각각 20%와 5%에 해당된다.

세 번째 중첩막대는 동력과 조명을 위한 전기와 운송부분에서 마찰을 극복하고 속도나 고도를 바꾸어 공기저항을 충족시키기 위해 필요한 기계적 동력과 같은 다양한 목적을 위한 열의 추정 최종사용을 포함한다. 연료와 지역난방에서 발생하는 열은 대략 총 17 EJ인 반면에 전기사용은 10 EJ에 불과하다. 그 이유는 전기의 일부가 운송목적으로 사용되기 때문이다. 열사용을 위한 전기는 신뢰성 있는 통계가 부족해 최종사용의 열부문으로 이동하지 못했다. 하지만《Bertoldi 2007》에 따르면, 열사용을 위한 전기는 건물만 고려 시 약 1.4 EJ로 추정할 수 있다. 또한, 이 세 번째 중첩막대 내 열손실은 고온 산업공정, 개별보일러의 열생산, 모든 자동차 엔진에서의 변환손실로부터 17.1 EJ 정도로 크게 발생하였다.

네 번째 중첩막대는 에너지 절약 조치 실행을 통해 모든 최종사용이 균등하게 30%만큼 줄어든 경우 일어날 수 있는 상황을 나타낸다. 중첩막대 상부의 새로운 세 번째 열손실 부분은 30% 최종사용 절감과 연관된 모든 열손실을 나타낸다. 총 열손실 절감은 30% 최종사용 절감과 연관된 중심/국부변환 손실도 포함하고 있기 때문에, 이 새로운 열손실 부분은 실제 30% 최종사용 절감 그 자체보다 훨씬 크다.

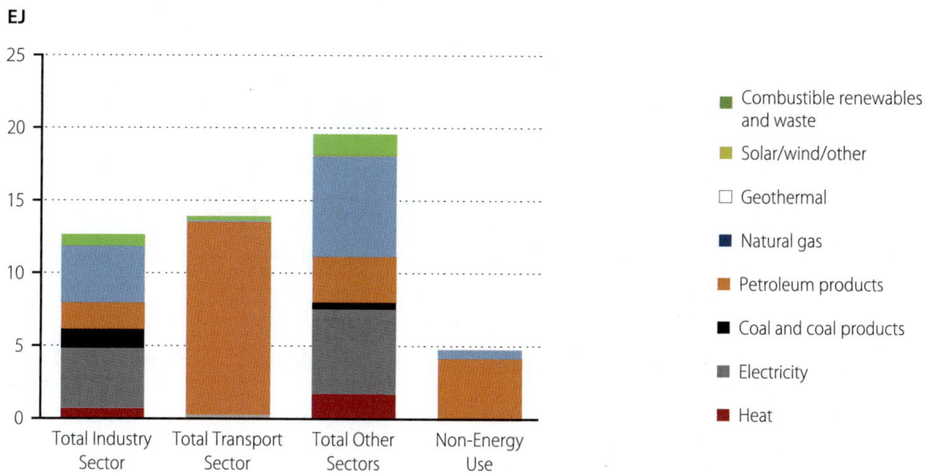

그림 3.3 2007년도 유럽연합의 에너지 최종소비를 4가지 다른 최종사용 목적에 따라 구분함. 출처: IEA 2009, 저자의 추정치가 보완됨

그림 3.2에 있는 두 번째 중첩막대의 총 최종 에너지 소비는 그림 3.3에서 4가지 주요 부문(산업, 운송, 기타, 비에너지)으로 나뉜다. 기타 부분은 농업, 주거, 공공, 상업 부분(산업, 운송, 에너지 부분 제외)을 포함한다. 비에너지 사용은 윤활유로 사용되는 석유와 다양한 플라스틱에 대한 석유화학 산업의 총 투입량을 포함한다.

비록 운송부분에서 상당한 냉난방수요가 발생하고 있지만, 이 부분의 에너지 수요는 이 책의 범위 밖에 있다. 추운 나라에서 대부분의 운송 열수요는 (열병합발전과 유사하게) 엔진에서 발생되는 변환 열손실을 회수해 공급이 이루어진다. 엔진을 가동하지 않는 상태에서 발생되는 약간의 작은 열수요는 자동차 및 엔진히터에서 전기 또는 연료를 사용해 직접적으로 공급된다. 모든 운송 냉방수요는 엔진에 연료공급을 추가해 소형 기계식 냉동기를 가동시켜 공급된다. 이론적으로는 고온 엔진변환 열손실을 활용하는 소형 흡수식 냉동기에서 냉기를 생산하는 것이 가능할 수 있다.

이 단순 에너지 밸런스 분석에서 얻을 수 있는 주요 결론은 총 1차 에너지 공급의 반 이상에 해당하는 상당히 큰 총 열손실이 발생한다는 것이다. 미래 유럽의 에너지 시스템은 전체적인 에너지 효율을 증가시키고, 이산화탄소 배출을 줄이며, 공급 안정성을 증대시키기 위해 이 손실을 감소시켜야 한다. 일반 열부분과 특정 지역난방 부분은 유럽 열시장의 지역 열수요를 충족시키기 위해 에너지 시스템 내에 존재하는 열손실을 활용해 이런 목적을 달성하는 데 이바지할 수 있다.

참고문헌

Bertodi P & Atanasiu B, Electricity Consumption and Efficiency Trends in the Enlarged European Union. European Commission – Joint Research Centre, Institute for Environment and Sustainability. Report EUR 22752. Ispra 2007.

IEA, Energy Balance for OECD and Non-OECD Countries. International Energy Agency, Paris 2009.

Werner S, The European Heat Market. Ecoheatcool Project, WPI report. Brussels 2005. Available at www.euroheat.org/ecoheatcool

3.2 열시장(Heat market)

열수요는 주로 산업, 주거, 서비스, 농업부문에서 다양한 원인에 의해 발생한다. **산업부문(Industrial sector)**에서 열은 여러 제작 공정에 필수적인 요소이다. 열은 유리, 강철, 종이 등을 생산할 수 있게 해준다. 하지만 생산용으로 산업공정에 사용하기 위해서는 높은 온도의 열이 필요하다. 산업부문에서는 생산품을 건조시키고, 쾌적한 실내온도에 대한 조건을 맞추기 위한 열도 필요하다. 이 같은 사례는 산업부문에서도 중/저온의 열수요가 있다는 사실을 나타낸다. **주거 및 서비스 부문(Residential and service sector)**에서 열은 동절기에 쾌적한 실내온도를 유지하기 위해(난방) 사용된다. 또한, 주로 위생 목적으로 사용되는 **급탕(Preparation of domestic hot water)**을 위해 주거부문에서 열을 필요로 한다. **농업부문(Agricultural sector)**에서는 농작물 건조와 축사 난방에 열이 사용된다.

일반적으로 열수요를 충족하기 위해 필요한 열은 인근 보일러에서 연료를 사용해 얻는다. 따라서 열시장은 연료시장과 밀접하게 연관되어 있다. 이런 이유로 지역난방 열은 개별 보일러에 사용하기 위한 연료와 경쟁관계에서 열사용자에게 공급된다. 난방을 위해 사용되는 지역난방과 전기의 양에 보일러에서 연소되는 연료로부터 얻어지는 열의 양을 합산하면 국가 및 각 부분의 열시장을 정량화할 수 있다. 그러나 국제적인 연료 및 전기시장의 경우와 같이 가격정보, 열계약, 금융상품을 제공하는 공인기관에 의한 완전히 성숙된 **열시장**은 존재하지 않는다. 그러므로 열시장이란 용어는 지역사회 여러 부문의 열수요 크기를 의미하는 명칭으로 사용된다. 이 시장에서 지역난방 공급자는 자신의 사용자를 찾아야 한다. 지역난방 사업자가 자신의 난방사업을 개발하길 원한다면 열시장의 조건을 충족해야만 한다.

2008년도 주거와 서비스 부문에 대한 EU27개국의 열시장 구성은 그림 3.4와 같이 추정되며, 그림 3.3의 세 번째 중첩막대에서 변환손실과 비-열사용은 제외했다. 이 열시장에서는 현재 화석연료 비율이 가장 높으며, 전체의 2/3 이상을 차지하고 있다.

국가별 건물 열시장에 대한 다양한 열공급 방식의 시장점유율 변화과정이 스웨덴 그림 3.5, 핀란드 그림 3.6, 덴마크 그림 3.7에 있다. 활용된 통계 입력 값의 차이로 인해, 그래프에 있는 다양한 대표 열공급 방식들이 세 나라에서 약간씩 다르게 나타난다. 세 가지 사례 모두 최근 수십 년 동안 지역난방의 시장점유율이 크게 성장해 왔다는 것을 보여주고 있다. 이러한 성장은 주로 난방용 개별 보일러에 화석연료 사용을 대체해 왔다. 또한, 세 개의 그림은 이들 국가에서 지역난방이 대략 50%의 시장점유율을 유지하고 있음을 나타내며, 이 값은 그림 3.4의 EU27개국 평균 시장점유율 12%를 크게 상회하는 것이다.

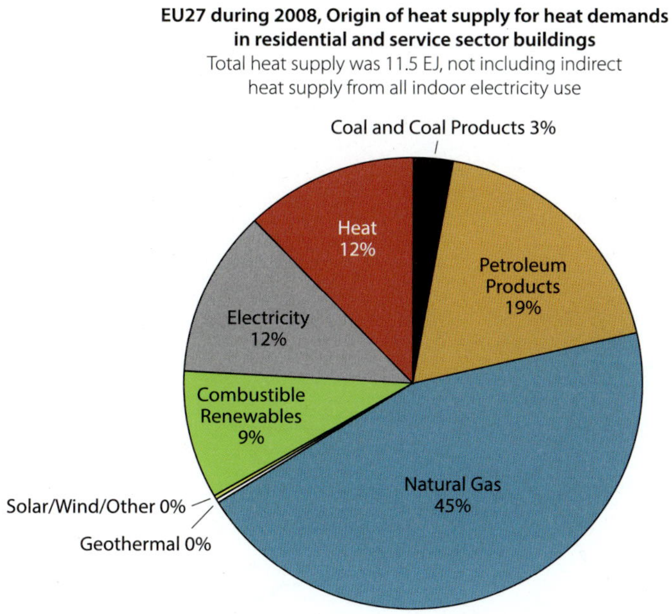

그림 3.4 에너지 변환 후 열로 표현된 각 부분을 포함한 2008년도 EU27개국 주거와 서비스 부문에 열공급 기원의 구성. 열(Heat)은 주로 지역난방 시스템에서 발생하는 열을 의미한다. 총 열공급은 11.5 EJ이였으며, 이 값에는 실내 전기사용에 의한 모든 간접 열공급은 포함되어 있지 않다. 출처 : 약간의 추가 추정치가 보완된 2008년도 IEA 에너지 밸런스

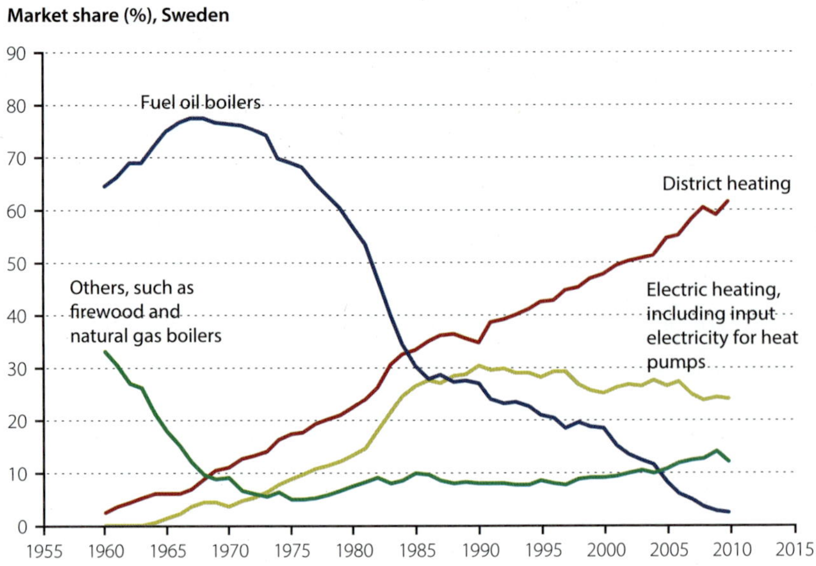

그림 3.5 1960년 이후 스웨덴 주거와 서비스 부문의 다양한 열공급 방식들에 대한 순 열수요(개별 히트펌프는 제외됨)에 따른 시장점유율. 출처: 스웨덴 통계청과 몇몇 옛자료들

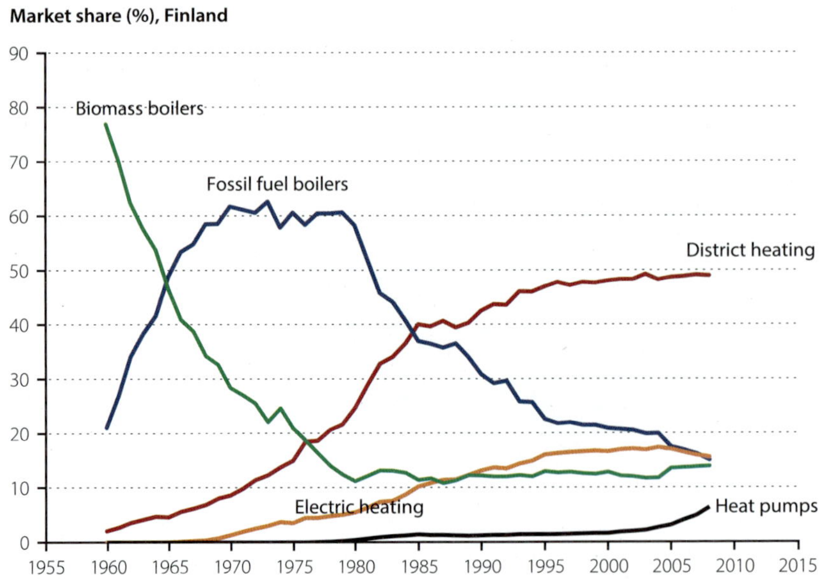

그림 3.6 1960년 이후 핀란드 주거와 서비스 부문의 다양한 열공급 방식들에 대한 순 열수요에 따른 시장점유율. 출처: 핀란드 통계청

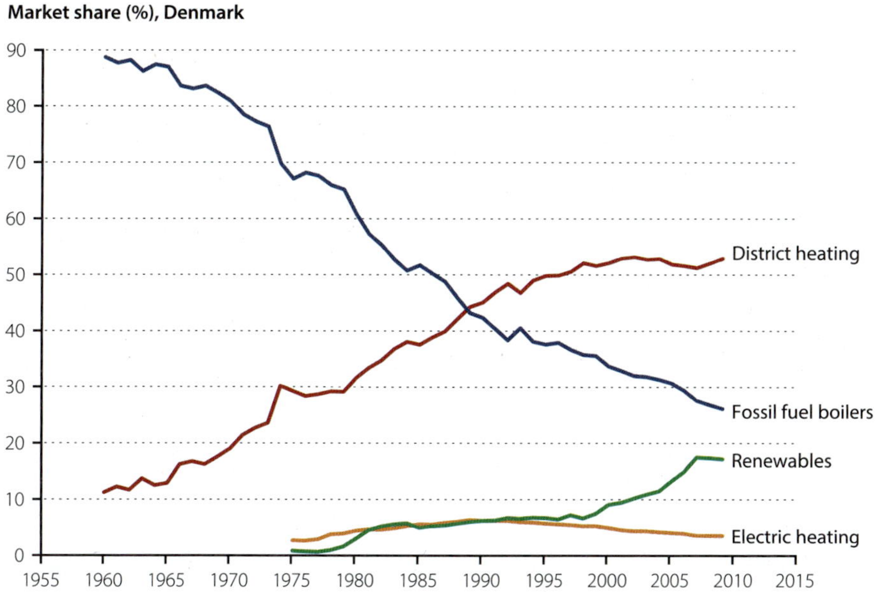

그림 3.7 1960년 이후 덴마크 주거와 서비스 부문의 다양한 열공급 방식들에 대한 순 열수요에 따른 시장점유율. 출처: www.ens.dk에 있는 Energistyrelsen의 덴마크 에너지 밸런스

지역난방 시스템은 주로 건물의 저온 열수요를 공급하기 위해 도시에서 이루어진다. 지역난방 시스템을 계획, 운영하는 경우 이 열수요의 본질을 이해하는 것이 필수적이다. 그러므로 다음 장에서 이 문제를 심도 있게 살펴볼 것이다.

3.3 냉기시장(Cold market)

냉기(Cold)는 대기온도보다 낮은 온도를 만들기 위해 제거되는 열량으로 정의할 수 있다. 따라서 냉기는 요구되는 온도로 물체의 온도를 낮추기 위한 열제거를 통해 다양한 용도로 생산 및 공급된다. 전 세계 **냉기시장**에는 냉기공급을 필요로 하는 여러 분야가 존재한다.

- **공간냉방(Space cooling)**: 건물, 승용차, 버스, 기차, 비행기, 광산 등에서 사람들에게 쾌적한 실내 환경을 제공하기 위한 것 – 흔히 **공기조화(Air-conditioning)**로 알려짐

- **식품 공급망(Food supply chain)**: 냉장실, 냉장운송, 냉장고, 냉동고를 통해 공급에서 소비까지 식품의 질을 보존하기 위한 것
- **산업공정(Industrial process)**: 컴퓨터 센터, 양조장, 유제품 회사, 포도원 등에 생산품 품질을 확보하기 위한 것.
- **다른 특별한 용도**: 토목공학에서 동토(Soil freezing)작업, 아이스링크에서 얼음을 만드는 일, LNG운송을 위해 액체 메탄을 만드는 일, 120 K 이하의 극저온 사용 등

지역냉방은 일반적으로 열제거를 통해 건물의 냉방수요를 충족시키는 데 사용된다. 이번 절에서는 주로 냉방상황과 시장에 중점을 둘 것이다. 상응하는 건물의 냉방수요는 4.6절에서 다루며, 지역냉방과 관련된 냉방부하는 5.7절에 기술되어 있다.

냉방의 목적은 따뜻한 계절 동안 쾌적한 실내온도를 유지하기 위해 열을 제거하는 것이다. **개별냉방장치(RAC–room air conditioner)**, 건물 내 **중앙냉방(CAC–central air conditioning)**, 지역냉방을 통해 이 목적을 달성할 수 있다. 개별냉방은 냉기가 각 방에서 국지적으로 생산되는 것을 의미하며, 반면 중앙냉방은 한 건물 내 하나 이상의 장소에서 냉기가 생산되는 시스템을 나타낸다. 지역냉방을 사용하는 경우에는 냉기가 다수의 건물을 위해 중앙에서 생산되며, 배관 네트워크를 통해 사용자 건물에 냉기가 분배된다.

개별냉방장치는 보통 상당히 낮은 비용에 구매할 수 있지만, 에너지 효율이 낮아 높은 운영비용을 갖는다. 중앙냉방은 상당히 높은 초기 투자비가 발생하는 건물 내부에 분배 시스템을 포함한다. 하지만 중앙냉방에 대한 운영비용은 에너지 효율이 더 높기 때문에 개별냉방보다 낮다. 특정 크기의 냉방수요에서 중앙냉방의 전체비용은 개별냉방보다 낮아진다. 지역냉방은 더 높은 투자비와 더 낮은 운영비용을 갖기 때문에, 동일한 관계가 중앙냉방과 지역냉방을 비교하는 경우에도 적용된다. 따라서 건물 바닥면적 중 극히 일부분에 냉방공급이 필요한 경우에는 개별냉방이 추천된다. 그러나 전체건물에 냉방공급이 필요하고, 건물이 밀집된 다운타운 또는 상업지역에 위치해 있다면 지역냉방이 대개는 실용적인 선택수단이 된다.

현재 개별냉방과 중앙냉방의 낮은 에너지 효율은 1차 에너지 공급, 이산화탄소 배출《Grignon–Masse 2011》, 지역냉방의 미래 실용성《Thornton 등 2008》에 영향을 끼치고 있다.

그림 3.8에 나타나 있듯이, 국제적으로 미국과 일본이 매우 높은 냉방 사용 국가에 속한다. **냉방 포화도(Cooling saturation rate)**는 현재 약 90%에 육박한다.

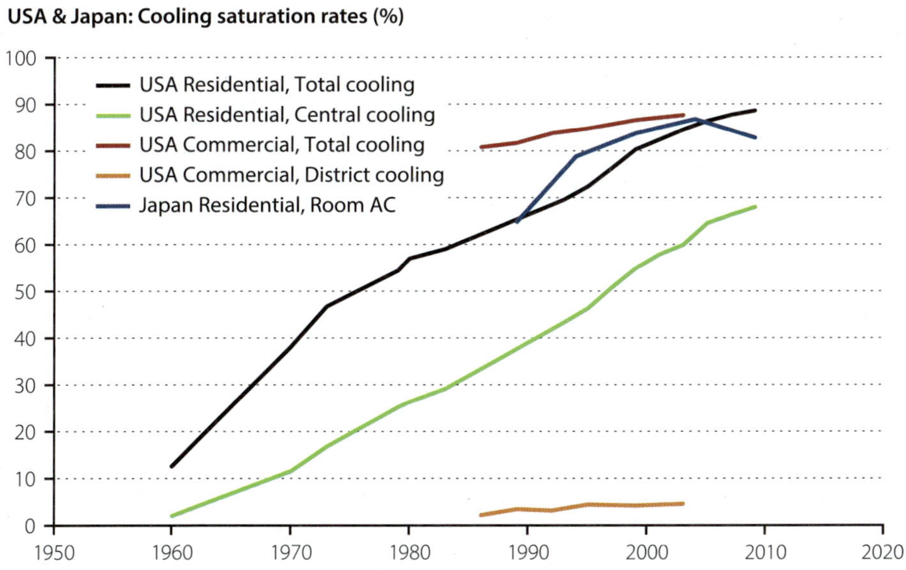

그림 3.8 냉방을 하는 모든 주거 또는 상업용 바닥면적의 비율로 나타낸 미국과 일본의 건물에 대한 냉방 포화도. 출처: EIA 2011, USCB 2011, 일본 통계청 2011

또한, 이 그림은 미국 주거용 건물에서 중앙냉방이 개별냉방과 비교해 우세하지만, 공기조화가 소개되고 빠르게 성장했던 1960년대와 1970년대의 경우에는 그 반대였다는 사실을 보여주고 있다. 이 같이 초기 냉방수요를 충족시키기 위해 개별냉방에 대한 단기투자가 중요하지만, 새로운 냉방장치 또는 새로운 건물에 대한 반복적인 장기 투자를 위해서는 좀 더 에너지 효율적인 중앙냉방을 높이 평가하고 선택하게 된다.

미국에서 공기조화의 빈번한 사용은 20세기 후반에 **남부 선벨트 주(Sun Belt State)** 개발을 실질적으로 뒷받침했다.《Cooper 1998》과《Ackermann 2002》는 공기조화장치 사용 확대 이후에 역사를 기술하였다. 하지만 미국 내 공기조화장치의 대량 사용은 실내에서 보내는 시간을 늘리고 야외활동을 줄이는 결과로 이어져 사회적 행동을 변화시켰다. 공기조화가 현대 미국인의 삶에서 차지하는 위치에 대한 훌륭한 비판적 분석이《Cox 2010》에 실려 있다.

중국은 현재 세계에서 가장 큰 공기조화 설비 시장이다. 2010년도 설비 판매 총 매출액은 21억 달러에 달하며, 이는 전 세계 시장의 27%를 차지한다. 그림 3.9에 따르면, 지난 10–15년 동안 도시주택에 대한 연간 성장률이 매우 높게 나타났다. 현재 중국 도시 지역은 주거용 건물 개별냉방장치에 대한 일본 포화도의 대략 절반 정도 된다.

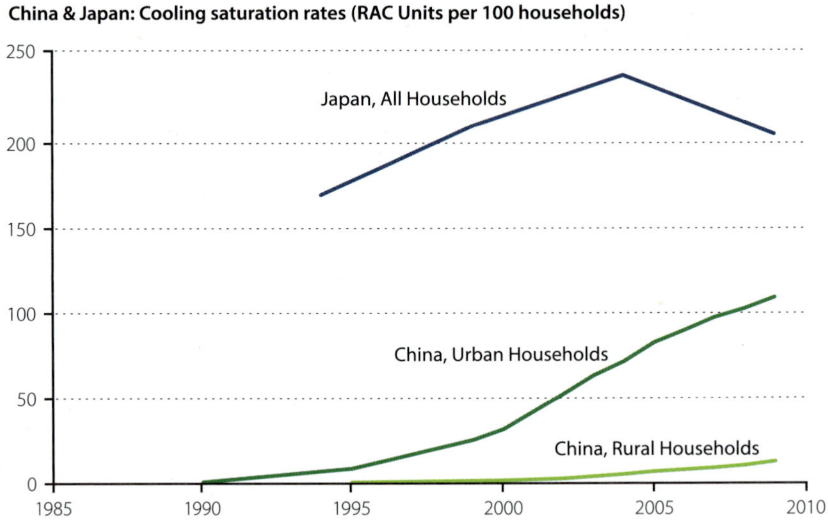

그림 3.9 주택 100채당 설치된 주거용 에어컨 수로 나타낸 중국의 도농지역 주택과 일본의 모든 주택에 대한 냉방 포화도. 출처: 중국 통계청 2011, 일본 통계청 2011

유럽에서는 냉방 포화도가 미국과 일본보다 크게 낮은 편이다. 그 이유는 서유럽과 북유럽의 온화한 여름 기후뿐만 아니라 공기조화장치 사용의 전통이 부족하기 때문이다. 1990년 프랑스 서비스 부분 건물에 단지 5%만이 공기조화장치를 갖추고 있었다. 1994년 영국과 웨일스지역 서비스 부분 건물에 해당 비율은 6%였다. 《Dalin 등 2005》에서 2000년 EU15개국에 대한 냉방 포화도는 서비스 부분 건물 27%, 주거용 건물 5%, 총 연간 냉방수요는 470–540 PJ로 추정하고 있다. 그러나 최근 연간 성장률은 유럽에서도(특히 지중해 국가들에서) 매우 높은 편이다. 《Grigon-Masse 등 2011》에 따르면, 유럽에서 개별냉방장치의 연간판매는 1996년과 2005년 사이에 1.6백만 대에서 3.5백만 대로 증가했다. 매우 더운 날씨로 인해 많은 사람들이 죽었던 2003년 유럽의 무더위가 이런 성장세에 대한 하나의 원인으로 지목된다. 《Adnot 등 2003》에 의한 추정에서 2000년과 2020년 사이 유럽의 바닥면적(Floor area)에 대한 냉방사용은 120% 증가할 것으로 예상했다.

유럽 내 냉방사용 증가는 여름철 국가 전기수요를 상당히 증가시킬 것이다. 이러한 일은 이미 여름철 북유럽의 다운타운 또는 상업지역 전기설계부하에서도 나타나는 매우 일반적인 현상이 되고 있다. 초창기에는 설계부하가 조명 수요(크리스마스 시즌에 조명 수요 등[역])가 많고, 상당한 전기난방 사용이 있는 겨울철에 나타났다.

지역냉방은 대부분 다운타운과 상업지역에서 사용되며, 서비스부문 (상업)건물에 한

정해서 냉방을 공급한다. 미국 상업건물 중 지역냉방은 2003년에 4%의 시장점유율을 나타냈다. 《Dalin 등 2005》에 따르면, EU15개국 모든 건물에 상응하는 비율은 2000년에 대략 2%정도였다. 《Andreasson 등 2009》에 따르면, 스웨덴에서 지역냉방의 서비스 부문 시장점유율은 2006년에 8%였으며, 모든 냉방수요에 대해서는 대략 60%의 상대적으로 높은 시장점유율을 나타냈다.

파리에서는 'Climespace'라는 지역냉방 회사가 5백만m^2에 지역냉방을 공급하고 있으며, 이 값은 도시 내 총 60백만m^2의 서비스 부분 건물에 대해 8%의 시장점유율을 나타낸다. 스톡홀름 지역냉방 시스템에 대한 상응하는 시장점유율은 대략 25%정도에 해당한다.

참고문헌

Cooper G, Air-Conditioning America–Engineers and the Controlled Environment 1900–1960, John Hopkins University Press, Baltimore 1988.

Adnot et al, Energy Efficiency of Room Air-conditioners (EERAC). SAVE Contract 4. 1031/D/97.026. Paris1999.

Ackermann ME, Cool Comfort–America's romance with air-conditioning. Smithsonian Books, Washington DC 2002.

Adnot J et al, Energy Efficiency and Certification of Central Air-Conditioners (EECCAC), SAVE project 4.1031/P/00–009/2000. Volume1–3. Final report. Paris 2003.

Santamouris M et al. Cooling the Cities, Les Presses, Ecole des Mines. Paris 2004.

Dalin P, Nilsson J & Rubenhag A, The European cold market. Work Package 2 of Ecoheatcool Project. Brussels 2005. Available at www.euroheat.org/ecoheatcool

Larsen J, Setting the Record Straight : More than 52,000 Europeans Died from Heat in summer 2003. Earth Policy Institute, July 2006. Available at www.earth-policy.org/plan_b_updates/2006/update56

Thrnton R, Miller R, Robinson A, Gillepie K, Assessing the actual energy efficiency of building scale cooling systems. IEA-DHC implementing agreement report 8DHC–08–04. 2008

Andresson M, Borgström M, Werner S, Värmeanvändning i flerbostadshus och lokaler (Heat use in Swedish multi-dwelling houses and in Swedish service sector buildings). Fjärrsyn report 2009 : 4. Stockholm 2009.

Cox S, Losing Our Cool–uncomfortable truths about our air-conditioned world (and finding new ways to get through the summer). New Press. New York 2010.

BSRIA, World air conditioning on the road to success. Press release no 21–11. Bracknell 2011.

Grignon-Masse L, Riviere P, Adnot J, Strategies for reducing the environmental impacts of room air conditioners in Europe. Energy Policy 39(2011), 2152–2164.

USCB, American Housing Survey, Extracts for various years between 1960 and 2009. US Census Bureau. Available at www.census.gov and downloaded during 2011.

EIA, Commercial Building Energy Consumption Survey. Extracts for various years between 1986 and 2003. US Department of Energy, Energy Information Administration. Available at www.eia.gov/emeu/cbecs/contents.html and downloaded during 2011.

China Statistics, China Statistical Yearbook. Extracts for various years between 1990 and 2009 concerning relative saturation of air conditioners in urban and rural household. available at www.stats.gov.cn/english/ and downloaded during 2011.

Japan Statistics, National Survey of Family Income and Expenditure : Major Durable Goods Data. Extracts for various years between 1989 and 2009. Available at www.stats.go.jp/english/index.htm and downloaded during 2011.

연습문제와 과제

1 에너지 시스템의 4가지 기본 부문에는 무엇이 있는가?

2 1차 에너지 공급은 에너지 시스템에 대한 에너지 투입이다. 전체 에너지 유출은 어디에서, 어떤 형태로 에너지 시스템을 나오게 되는가?

3 에너지 시스템 내 어느 곳에서 가장 높은 상대 열손실을 찾을 수 있는가?

4 지역난방에 대한 3개의 가장 중요한 사용자 부문은 어떤 것이 있는가?

5 덴마크, 핀란드, 스웨덴 및 EU27개국 내 주거 및 서비스 부문 건물에 대한 2008년도 열시장에서 지역난방의 시장점유율은 얼마나 되는가?

6 공기조화(Air-conditioning)의 주요 목적은 무엇인가?

04 CHAPTER

열수요와 냉방수요 (Heat and cold demand)

총 사용자 열수요와 냉방수요는 지역난방과 지역냉방 시스템이 공급하는 열부하와 냉방부하를 결정한다. 이 같은 수요는 두 가지 기본적인 구성요소를 갖고 있다.【열에너지 또는 냉기에너지, 열력 또는 냉기력】. 제1장 소개 끝단에 이 두 요소를 정의하고 있다.

이 장에서는 지역난방과 지역냉방 시스템이 공급할 수 있는 다양한 열수요와 냉방수요를 기술하고 있다. 앞에 있는 3개의 절은 난방, 급탕공급, **개별 총 열수요(Specific aggregate heat demand)**에 대한 논의를 통해 건물에서 발생하는 열수요에 중점을 두고 있다. 네 번째 절은 산업 열수요를 다루며, 다섯 번째 절은 그 밖에 다른 형태의 추가 열수요를 언급하고 있다. 상응하는 냉방수요는 마지막 여섯 번째 절에 있다.

4.1 난방(Space heating)

(공간)난방의 목적은 외기온도가 **희망실내온도(Desired indoor temperature)**보다 낮을 경우 쾌적한 실내 환경을 만드는 데 있다. 지역에 기후가 추울수록 실내온도는 더 높아지고, 난방에 대한 열수요는 더 커지게 된다. 대부분의 난방사용자는 이 같은 단순한 규칙을 이해하고 있다. 난방공급은 벽체와 지붕을 통한 **열관류(Heat transmission)** 손실과 기계식 또는 자연환기 시스템에서 공급되는 공기의 가열을 보상해야 한다. **외기온도(Outdoor temperature)**는 열수요의 일일 크기와 매년 변화하는 총 난방수요 모두를 설명하는 데 필요한 가장 중요한 변수이다.

이 절에서는 난방수요의 특징을 간략하게 설명하고 있다. 좀 더 자세한 설명이 필요한 독자는《Nilsson 2003》과 같은 표준 HVAC 서적을 참조하길 바란다. 단순화해서 보자면, 건물에 대한 **열 밸런스(Heat balance)**는 다음과 같이 나타낼 수 있다.

난방열수요 = 벽과 창문을 통해 외부로 나가는 열관류 (4.1)
+ 유입되는 차가운 환기공기의 가열
− 다양한 열취득들

열관류는 열전도와 대류에 의해 벽체와 창문을 통해 가열된 내부공간으로부터 열이 유출되는 것을 의미한다. 이 열흐름은 벽체 사이에 보온재를 설치하고 다중창 창문을 사용해 낮출 수 있다. 스웨덴에서는 표준창문으로 3중으로 된 유리를 끼운다. 열관류에서 **풍속냉각(Wind chill)**에 의한 영향은 보통 매우 작은 편이다. 왜냐하면 풍속변화에 의한 **외부 열관류율(Outer heat transfer coefficient)** 변화가 보온이 잘된 벽체의 전체적인 **열저항(Heat resistance)**과 비교해 매우 작기 때문이다. 실내온도를 유지하기 위해 필요한 열력은 실내와 실외 환경 사이의 총 접점 면적인 **열관류 저항(Heat transmission resistance)** 및 실내온도와 외기온도의 차에 따라 결정된다.

난방수요 중 열관류 부분은 중요한 **1차 동적요소(First order dynamic component)**를 갖는다. 건물 외벽은 특정한 크기를 갖고 있으며, 이 부분은 외기온도가 높아지거나 낮아지는 경우에 가열 또는 냉각된다. 따라서 실외 **열기파(Heat wave)** 또는 **냉기파(Cold wave)**의 도달과 희망실내온도를 유지하기 위해 필요한 열공급 변화 사이에 일정한 시간지연이 존재한다. 이 시간지연 현상과 연관된 **시간상수(Time constant)**는 벽체의 두께와 **벽체 열확산성(Wall thermal diffusivity)**에 따라 결정된다. 벽체 열확산성은 벽체의 열전도와 열을 저장하는 벽체의 능력 사이의 비율을 나타낸다. 벽체가 더 두꺼울수록 더 긴 시간상수를 얻을 수 있다. 벽체의 열전도가 열을 저장하는 능력보다 크다면 시간상수는 더 짧아지게 된다.

난방수요 중 환기요소는 가열되고 오염된 실내공기를 차갑고 맑은 실외공기로 대체하는 것을 의미한다. 실내오염의 대부분은 이산화탄소, 수분, 악취, 미세먼지 같은 인간 분비물에서 주로 발생한다. 유입되는 공기는 라디에이터 시스템에 의한 간접 방식 또는 기계식 환기 시스템 공기공급 통로의 열교환기에 의한 직접 방식 모두를 통해 가열된다. 필요한 열력은 공기흐름, 환기공기에 대한 **열회수(Heat recovery) 장치** 설치여부 및 효율, 실내온도와 외기온도 차에 의해 결정된다. 총 공기흐름은 총 건물부피와 필요한 시간당 **공기 교환량(Air exchange)**에 달려있다. 간헐 또는 **시간기록 운전(Time clock operation)**으로 운영된다면 공기교환이 시간에 따라 변화될 수 있으며, 이는 열력수요의 상당한 변화로 이어진다. 바람 부는 날 건물 주변의 풍압이 커져 발생하는 추가적인 자연환기의 결과로 공기흐름에서 자연적인 변화가 발생할 수 있다. 따라서 건물 기밀성이 낮을 시 환기장치가 상당한 **풍속냉각**을 일으킬 수 있다.

실내열원 또는 주로 창문을 통한 외부 태양의 전도 모두로부터 다양한 **열취득(Heat gain)**이 발생한다. 실내열원은 전기사용 및 실내에 있는 사람들의 신진대사로부터 비롯된다. 상당량의 열취득이 조명을 위해 백열등을 사용하는 경우에 발생한다. 백열등에 공급되는 전기의 작은 부분만이 빛으로 변환되며, 난방 열수요에 도움이 되는 잉여열이 큰 부분을 차지한다. 하지만 유럽 내 백열등 사용금지 조치는 더 높은 에너지 효율의 조명 사용을 증가시켜, 미래에 열취득 감소로 이어질 것이다.

늦봄에서 초가을 동안 상당량의 **태양열 취득(Solar gain)**이 발생하며, 난방계절 동안에는 거의 대부분의 모든 유럽지역에서 감소하게 된다. 태양이 수평선 아래에 있는 겨울철에는 남쪽 창에서 태양열 취득에 대한 기여가 상당히 높을 수 있다. 하지만 종합적으로 보면, 밀집된 도시지역에서 건물 그림자의 영향이 커지므로 겨울철 태양열 취득이 낮아진다.

앞서 언급한 난방수요에 대한 개요로부터 난방수요에서 발생되는 열력 P_{sh}가 다음과 같은 단순한 특성을 갖는다는 사실을 알 수 있다.

$$P_{sh} = (\text{열관류 상수}+\text{환기율 상수}) \cdot (\text{실내온도} - \text{외기온도}) + \text{풍속냉각} - \text{실내 열취득} - \text{태양열 취득} \quad (4.2)$$

열관류 상수(Heat transmission constant)는 평균 열관류율과 상응하는 건물외피면적(Building envelope area)의 곱이다. **환기율 상수(Ventilation rate constant)**는 공기에 대한 비열용량(Specific heat capacity)과 총 환기유량(Ventilation flow)의 곱이다. 식 (4.2)에서 두 상수의 합을 **열력특성(Heat power signature)** 또는 단순히 **에너지특성(Energy signature)**이라고 한다. 이와 같이, 1년 동안 외기온도 분포와 **난방열력수요(Space heat power demand)** 분포 사이에는 강한 상관관계가 존재한다.

유럽에 평균 **외기온도** 변화가 그림 4.1에 있다. 이 온도정보는 외기온도 측면에서 난방열력수요가 남유럽보다 북유럽에서 훨씬 더 커야만 한다는 것을 나타낸다. 하지만 **개별열력수요(Specific heat power demand)**가 유럽 내 모든 건물에서 동일하지 않으며, 이 절 후단에서 이 같은 내용을 분석할 것이다. 5군데 유럽지역에 상응하는 외기온도 분포가 그림 4.2에 있다.

열력특성은 **2차 동적요소(Second order dynamic component)**로 정의할 수 있다. 전체적인 **내부 건물구조체(Indoor building mass)**는 실내온도와 동일한 온도를 유지하며, 이는 (낮은 외기온도와 비교해)건물 내 저장된 특정한 열량을 나타낸다. 이 열은 열공급이 중단되면 방출되어 실내온도를 점진적으로 낮춘다. 이 변화의 속도는 **건물 시간상수(Building's time constant)**에 달려있다. 건물 시간상수는 건물의 **열능력(Heat capacity)**과 열력특성 사이의 비율이다. **단기상수(Short time constant)**는 실내온도를 빠르게 변화시키거나 혹은 그 반대가 된다. 전형적인 단독주택에 대한 시간상수는 10–40시간이며, 반면에 대형건물은 100–500시간 간격의 시간상수를 갖는다. 건물에 저장된 열은 짧은 열공급 중단 시간 동안에 중요한 예비자산이 된다. 시간상수의 분모가 열력특성이므로, 보온이 아주 잘된 건물은 미래의 효과적인 단기 열저장소로 사용자 건물을 활용할 수 있게 할 것이다《Olsson과 Werner 2008》.

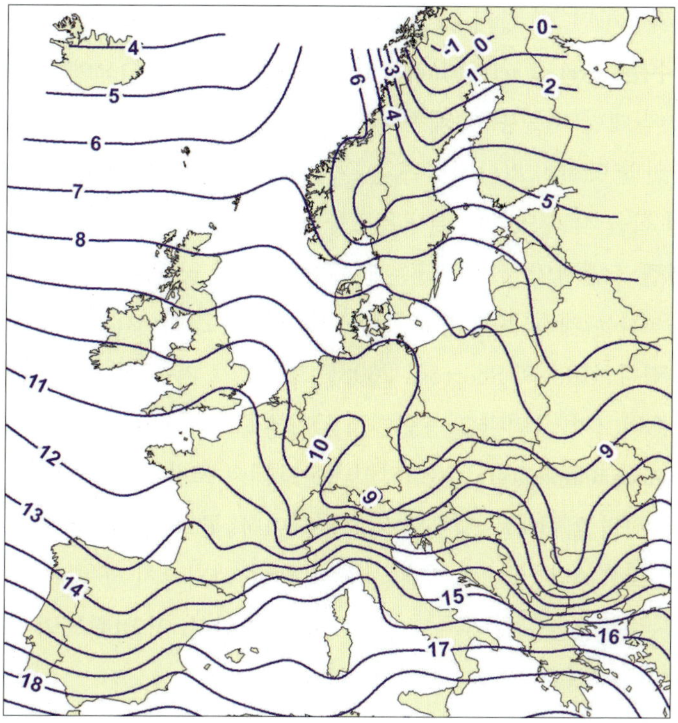

그림 4.1 1981-2000년에 유럽의 연간 평균 외기온도. 이 지도는 각 국가의 모든 지역에 대한 대표 값이 아니며, 현행 데이터 그리드(Data grid)는 단지 80개 지역으로 구성되어 있음을 주지해야 함

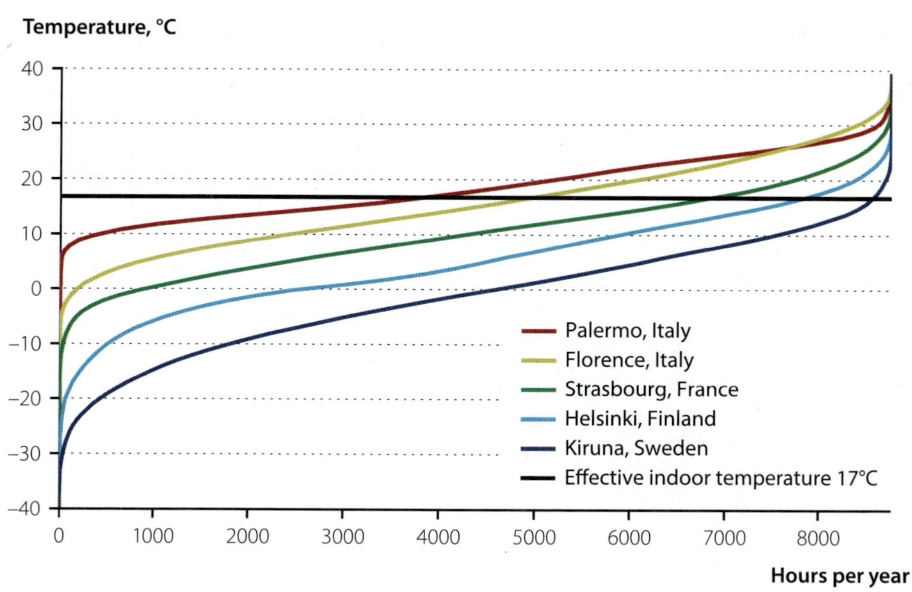

그림 4.2 5곳의 유럽지역에서 외기온도 분포도. 기준 유효실내온도가 참고로 추가되어 있다

시작점으로 식 (4.2)를 활용하면, 몇 가지 특징적인 온도를 정의하고 분석할 수 있다. 첫 번째로, **실제실내온도 수준(Level of actual indoor temperature)**은 난방수요에 중요한 역할을 한다. 국가별로 열에 대한 지불능력, 쾌적한 난방에 대한 요구정도가 다양하다는 것은 명백한 사실이다. 만약 당신이 가난하다면 높은 실내온도를 유지할 여유가 없을 수 있다. 당신이 잘 보온된 집을 갖고 있다면 실내온도를 높게 유지하는 데 비용이 많이 들지 않게 된다. 지난 30년간 스웨덴의 국가 평균은 단독주택 21℃, 공동주택 건물 22℃ 정도였다. 영국에서 난방을 하는 계절 동안 평균 주택실내온도는 1970년대 초 약 13℃에서 2005년 18℃로 높아졌다《Utley와 Shorrock 2008》. 그러므로 기준 실내온도는 부의 발전 측면에서 시간 의존적이며, 국민관습 측면에서 국가별로 특화되어 있다.

두 번째로, **균형온도(Balance temperature)**는 희망실내온도에서 모든 실내/외부 열취득이 주변 환경으로의 열손실과 일치하는 경우의 외기온도이다. 균형온도 아래의 외기온도에서만 외부 열공급이 필요하다. 실내의 많은 사람들, 많은 전기장치 사용, 강한 태양열 복사, 잘 보온된 건물은 균형온도를 낮추고 난방수요를 줄인다. 이 열취득의 크기가 시간에 따라 변하기 때문에 균형온도 역시 시간에 따라 변한다.

세 번째로, **유효실내온도(Effective indoor temperature)**는 난방계절 동안의 기준 균형온도이다. 유효실내온도는 실제실내온도에서 난방계절 동안 발생하는 내부 열취득에 의한 추가온도를 뺀 값이다. 기준 유효실내온도는 유럽전역에서 12℃~18℃로 다양하게 나타난다. 따라서 외부 열공급은 실제실내온도가 아닌 유효실내온도에 의한 영향만 받게 된다. 추가실내온도(Additional indoor temperature)는 실내 열취득을 통해 이루어진다. 유효실내온도는 보온이 잘된 건물에서 낮다. 왜냐하면 열관류와 환기로 인한 열손실과 비교해 내부 열취득이 더 중요해지기 때문이다.

네 번째로, **한계온도(Threshold temperature)**는 외부 태양열 취득이 실내온도를 상당히 증가시키는 늦봄과 초가을 동안의 기준 균형온도이다. 한계온도는 난방계절의 시작과 끝을 정의한다. 북유럽에서 난방계절은 8/9월에 시작해 5/6월에 끝나는 반면, 지중해 유럽지역은 11/12월에 시작해 2/3월에 끝난다. 현재 유럽에 있는 건물에 대한 표준적인 평균 국가 기준한계온도는 10℃와 15℃ 사이에서 다양하게 나타난다.

다섯 번째로, **설계외기온도(Designed outdoor temperature)**는 **난방력(Space heating power)**을 위해 특정한 요구 열용량을 설계하는 경우에 고려하는 가장 낮은 외기온도이다. 설계외기온도는 설계주기(Design frequency)와 건물 시간상수를 사용해 계산한다. 이 계산은 설치비용과 혹한기 동안 쾌적함의 감소 위험 사이에 균형을 맞출 수 있어야 한다. 설계외기온도는 설계 난방력을 결정하므로, 이 온도는 열력과 연관되어 있다. 일반적으로 설계외기온도를 결정하는 것은 서로 매우 다른 설계주기와 여러 가지 복잡성으로 인해 각 국가별로 특화되어 있다. 지난 수십 년 동안의 연구를 통해 설계주기를 더 높이고 건물의 열역학을 더 많이 고려할 수 있게 되었다. 두 경향성 모두 설계외기온도를 더 높게 적용해 무엇보다도 설치비용을 낮출 수 있다.

《CEN 2004》에서는 건물 설계외기온도에 대한 유럽 내 최초의 협업 결과를 소개하고 있다. 이 유럽표준은 평균 시간당 설계온도에 대해 0.08%(가장 추운 달에는 1%)와 평균 n-일 설계기온에 대해 0.27%(1년에 한 번)의 설계주기를 제안하고 있다. 좀 더 효율적으로 보온된 건물과 여기에 상응하는 더 높은 열역학 효과는 계산에 사용될 수 있는 평균기간을 더 길게 해 더 높은 설계외기온도를 사용할 수 있게 한다. 많은 유럽지역에서 설계목적으로 사용되는 **1일 평균 기준설계온도(Typical mean one-day design temperature)**가 표 4.1에 있다.

여섯 번째로, 식 (4.2)에서 실내온도를 유효실내온도로 대체하고 난방계절 동안 이 식의 온도차가 양수를 나타내는 경우의 합으로 **난방도-일(Heating degree-day, HDD) 수**를 결정할 수 있다. 1년에 걸친 열력에 대한 식 (4.2)의 합이 **연간 난방열수요(Annual space heat demand)**가 되기 때문에, 연간 난방열수요는 **도-일** 수에 비례한다. 따라서 도-일은 연간 난방열수요의 온도요소로 볼 수 있다. 유효실내온도, 한계온도, 외기온도를 사용한 도-일의 계산 원리가 그림 4.3에 있다.

특정지역에 대한 국지적인 온도조건을 설명할 수 있는 **연간 누적합계(Annual accumulative sum)**에 대한 개념이 19세기 후반에 제시되었으나, 처음에는 농업용으로 사용되었다. 20세기 초 여러 국가의 일부 난방분야 기술자들이 난방을 위해 연간 누적합계의 사용을 제안했다.

표 4.1 20년간(1981-2000) 0.27%의 시간주기를 갖는 80개 유럽지역들에 대해 ℃로 표기된 **극한외기온도(Extreme outdoor temperature)**의 사례. 이 주기는 연간 24시간에 대한 평균값과 일치한다.

지역	℃	지역	℃	지역	℃
키루나(Kiruna)	-31.2	스코페(Skopje)	-13.1	보르도(Bordeaux)	-5.5
오울루(Oulu)	-29.6	비엔나(Vienna)	-13.0	툴루즈(Toulouse)	-5.4
바사(Vaasa)	-28.5	인스브루크(Innsbruck)	-13.0	맨체스터(Manchester)	-4.6
우메오(Umeå)	-26.7	레바(Leba)	-12.8	마드리드(Madrid)	-4.5
순스발(Sundsvall)	-25.9	베를린(Berlin)	-12.5	런던(London)	-4.0
헬싱키(Helsinki)	-24.0	뮌헨(Munich)	-12.4	플로렌스(Florence)	-4.0
오슬로(Oslo)	-22.8	소피아(Sofia)	-12.2	마르세유(Marseille)	-3.7
민스크(Minsk)	-21.2	함부르크(Hamburg)	-11.9	테살로니키(Thessaloniki)	-3.6
빌뉴스(Vilnius)	-21.0	부다페스트(Budapest)	-11.3	이즈미르(Izmir)	-3.2
리가(Riga)	-20.0	자그레브(Zagreb)	-11.2	이스탄불(Istanbul)	-3.1
탈린(Tallinn)	-19.8	프랑크푸르트(Frankfurt am Main)	-11.1	티라나(Tirana)	-2.8
키예프(Kiev)	-19.5	스트라스부르(Strasbourg)	-10.9	더블린(Dublin)	-2.1
리비프(Lviv)	-18.7	코펜하겐(Copenhagen)	-10.9	산세바스티안(San Sebastian)	-1.0
트론헤임(Trondheim)	-18.4	룩셈부르크(Luxemburg)	-10.5	로마(Roma)	-0.9
스톡홀름(Stockholm)	-18.3	레이캬비크(Reykjavik)	-10.5	팔마(Palma)	-0.5
바르샤바(Warsaw)	-17.8	취리히(Zurich)	-10.5	나폴리(Naples)	0.0
앙카라(Ankara)	-17.2	베오그라드(Beograd)	-10.0	바르셀로나(Barcelona)	0.3
크라쿠프(Krakow)	-17.0	베르겐(Bergen)	-9.3	칼리아리(Cagliari)	0.5
프라그(Prague)	-16.7	브뤼셀(Brussel)	-9.2	발렌시아(Valencia)	0.9
고센버그(Gothenburg)	-16.6	바르나(Varna)	-9.1	아테네(Athenae)	1.4
키시너우(Chisinau)	-15.0	암스테르담(Amsterdam)	-8.7	포르투(Porto)	1.5
브르노(Brno)	-14.8	그르노블(Grenoble)	-8.4	말라가(Malaga)	3.5
데브레첸(Debrecen)	-14.6	리옹(Lyon)	-8.1	리스본(Lisbon)	4.0
부카레스르(Bucharest)	-14.3	파리(Paris)	-7.3	헤라클리온(Heraklion)	5.1
오데사(Odessa)	-14.2	애버딘(Aberdeen)	-6.7	발레타(Valletta)	5.6
올보르(Aalborg)	-13.6	밀라노(Milano)	-6.0	팔레르모(Palermo)	6.2
브라티슬라바(Bratislava)	-13.5	낭트(Nantes)	-5.6		

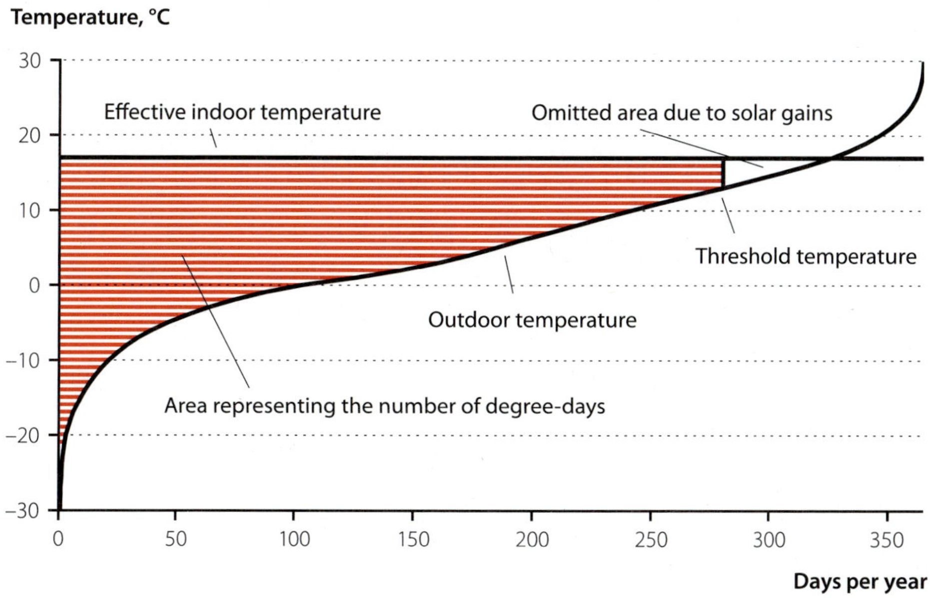

그림 4.3 외기온도 연간 분배로부터 도-일수의 계산 원리

이 방법은 1920년대 미국에서 상업적으로 소개되었으며, **도-일 방법(Degree−day method)**이라 불렸다. 도-일 방법은 난방 플랜트 운영을 점검하고 연료 소모를 예측하기 위해 사용되었다. 이 미국식 개념은 베를린 '베박(Bewag)'사의 지역난방 엔지니어인 에리히 슐츠(Erich Schulz)에 의해 1927년 유럽에 들어왔다. 미국과 유럽 모두에서 1930년대 도-일 방법의 사용이 크게 확대되었으며, 다수일 도-일 핸드북이 출판되었다. 도-일의 초창기 소개와 확대에 대한 더 많은 정보는《Werner 1984》에서 찾아볼 수 있다.

매년 실제 **결과 도-일(Resulting degree-days)**은 **기상학적 도-일(Meteorological degree-day)**이라 하며, 반면에 더 긴 시간에 대한 이 실제 결과 도-일의 평균은 **기후학적 도-일 (Climatological degree-days)**이라고 한다. 일반적으로 도-일에 대한 계산 작업은 다양한 유효실내온도와 한계온도로 인해 국가별로 매우 특화되어 있다. 비록 유럽 내 도-일에 대한 합의된 표준은 없지만, 유효실내온도 18℃와 한계온도 15℃를 기준으로 유럽연합 통계청(Eurostat)에서 국가 및 지역 도-일을 정기적으로 계산/발표하고 있다. 유효실내온도 17℃, 한계온도 13℃를 기준으로 한 또 다른 형태의 유럽지역 기후학적 도-일이 그림 4.4에 있다.

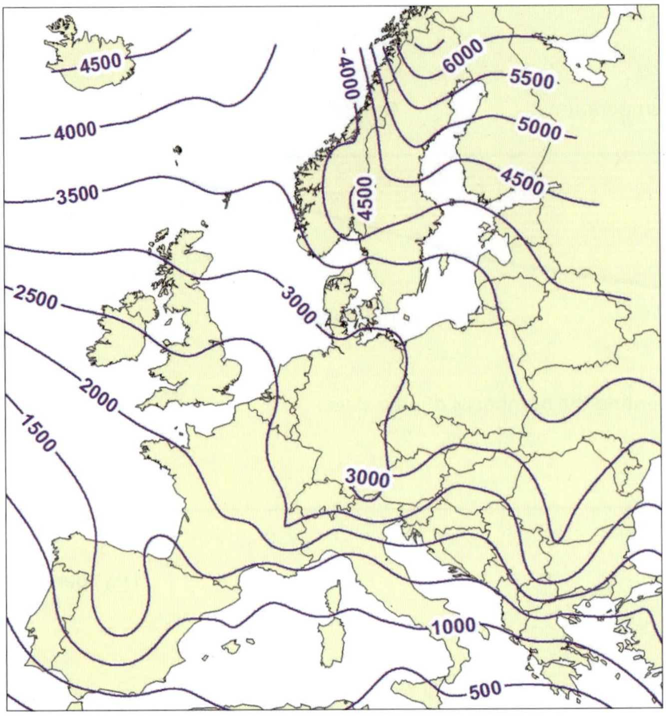

그림 4.4 유효실내온도 17℃, 한계온도 13℃에서 1981년-2000년 동안 유럽의 기후학적 도-일. 이 지도는 데이터 그리드(Data Grid)가 80개 지역들로만 되어 있기 때문에 각 국가의 모든 지역들을 대표하지 못한다는 점을 알려둔다

기상학적 도-일과 기후학적 도-일 사이의 비율을 이용하면, 실제 당해 연도 연간 난방열수요에 근거해 **평년 연간 기후학적 난방열수요(Normalised annual climatological space heat demand)**를 계산할 수 있다. 하지만 총 열수요 중 난방열수요만 팩트박스 4.1에 있는 조정과정에 포함되어야 한다는 점을 강조하고 싶다.

도-일 개념은 대규모 합산 열량, 전형적인 평균 건물, 연 단위 같은 긴 시간에 대해 신뢰성이 가장 높은 편이다. 이 개념은 개별건물, 저 에너지 건물, 월 단위 같은 짧은 기간에 대해서는 신뢰성이 낮다. 신뢰성에서 이런 차이가 나는 이유는 이 개념이 많은 건물들 내에서 발생하는 복잡한 개별 열관류 과정보다는 주류를 단순화한 것이기 때문이다. 도-일 개념 사용 시 개별적인 변화는 고려되지 않는다.

더군다나 도-일 개념은 단일지역의 변화만을 고려할 수 있으며, 다른 지역의 열수요를 비교하는 데에는 적합하지 않다. 왜냐하면 기후가 더 추워지면 건물의 열저항을 증가시키고 개별 열력특성을 낮추는 데 강한 원동력이 발생하기 때문이다.

팩트박스 4.1

도-일을 사용해 실제 연간 열수요로부터 평년 연간 열수요를 얻는 과정.

$$Q_n = Q_a/(\alpha+\beta(1-\alpha)) \quad (4.3)$$

Q_n = 평년동안 열수요

Q_a = 실제연도 열수요

Q_0 = 급탕준비, 산업수요, 분배열손실 같은 날씨 독립적인 열수요 요소들

α = Q_0 / Q_n

β = G_a / G_n

G_n = 평년에 대한 기후학적 도-일

G_a = 실제 연도에 대한 기상학적 도-일

11.7절의 최적화 분석에 따르면, 최적 난방열 사용은 도-일의 제곱근에 비례한다. 앞서 언급했듯이 개별 열력특성이 낮은 경우 열취득도 실내온도를 크게 증가시키게 된다. 그러므로 북유럽의 큰 도-일수는 낮은 개별 열력특성과 낮은 유효실내온도를 통해 상쇄된다.

《Werner 2006》에서 상기 분석방법에 따른 **유럽 난방지수(European heating index)**를 만들었으며, 그림 4.5에 그 결과가 나타나 있다. 이 지수는 평균 유럽 상태를 100으로 해 정규화되어 있다. 10℃ 이상의 연간 평균 외기온도에 상응하는 **참조 도-일수(Reference degree-day number)** 2,600을 사용하면 이 정규화 과정을 충족할 수 있다. 이론적으로 완벽한 상태에서(동일한 에너지비용 수준, 항상 최적화된 열공급, 동일한 외기온도 등) 난방수요는 이 지수에 비례해야만 한다. 물론 실제 상태는 이 이론적인 계산과 차이가 나지만, 유럽 난방지수는 유럽 내 난방수요의 예상되는 변화에 대한 1차 근사정보를 제공한다.

그림 4.5는 유럽 내 난방열수요가 크게 변하지 않는다는 점을 보여준다. 스톡홀름의 **정규화된 난방수요(Normalised space heat demand)**는 브뤼셀(Brussel)의 열수요보다 단지 20% 정도 더 크게 나타나고 있다. 플로렌스(Florence)는 부다페스트(Budapest)보다 20% 더 작은 열수요를 갖게 될 것이다. 함부르크(Hamburg)와 부카레스트(Bucharest)는 동일한 열수요를 갖는다. 키루나(Kiruna)는 팔레르모(Palermo)보다 151/54 = 2.8배 열수요가 크다. 프랑스의 스트라스부르(Strasbourg)는 유럽 내 전형적인 평균 난방을 하는 도시이며, **난방지수** 100을 나타낸다.

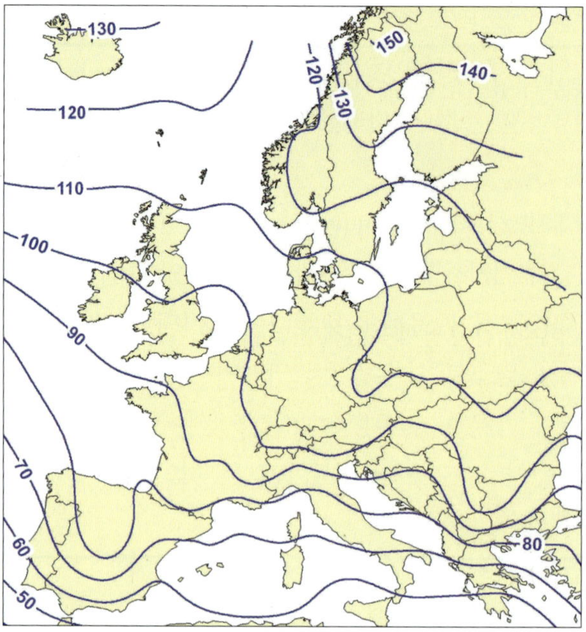

그림 4.5 유럽 내 80개 도시 지역에 대한 정보로부터 계산된 유럽 난방지수 등고선 지도. 이 지도는 데이터 그리드가 80개 지역들로만 되어 있기 때문에 각 국가의 모든 지역들을 대표하지 못한다는 점을 알려둔다

참고문헌

Werner S. The heat load in district heating systems. Dissertation. Chalmers University of Technology. Göteborg 1984.

Nilsson PE (ed), Achieving the Desired Indoor Climate – Energy Efficiency Aspect of System Design. Studentlitteratur, Lund 2003.

CEN, Hygrothermal performance of buildings – Calculation and presentation of climatic data. Part 5 : Data for design heat load for space heating. EN ISO 15927-5 : 2004.

Werner S, The European heat market. WPI report of the Ecoheatcool project. Brussel 2005. Available at www.euroheat.org/ecoheatcool

Werner S, European heat index. 10th International Symposium on District Heating and Cooling. Hanover 2006.

Olsson L, Werner S, Building mass used as short term heat storage. 11th International Symposium on District Heating and Cooling. Reykjavik 2008.

Utley JI. Shorrock LD, Domestic energy fact file 2008. BRE Housing 2008.

4.2 급탕공급(Domestic hot water supply)

급탕을 위한 열력수요 P_{hw}는 **희망온수유량(Desired hot water flow)**과 **희망온도증가(Desired temperature increase)**의 함수이다.

$$P_{hw} = \text{온수질량유량} \cdot \text{물에 대한 비열용량} \cdot (\text{온수온도} - \text{시수온도}) \quad (4.4)$$

일반적인 **온수온도**는 55℃이다. 이 온도가 사람들의 위생에 대한 수요, 개숫물에서 음식에 의한 지방을 용해하고, 20–45℃사이 **레지오넬라균(Legionella)** 성장을 막기에 충분히 높은 수준이다. 또한, 이 온도는 65℃ 이상에서 발생할 수 있는 사람의 피부 화상사고를 피하고, 유입되는 시수의 석회 함량이 높을 경우 석회침전을 방지하기에 충분히 낮다.

시수의 유입온도는 연간 대부분 일정하며, 지하수를 사용하는 경우에는 연간 외기온도와 동일할 것이다. 호숫물을 수도 공급용으로 사용한다면 약간의 계절적 변화가 나타날 수도 있다.

급탕을 위한 열력에서 가장 큰 변화는 희망온수유량의 변화로부터 발생한다. 하루 동안 발생하는 이런 변화의 예가 그림 4.6에 있다. 온수수요는 밤에 낮게 나타나며, 대부분의 온수사용은 아침과 저녁에 집중된다. 예를 든 날의 경우, 최대유량은 11시쯤에 발생하며 짐작하건데 여러 사용자들이 동시에 온수를 필요로 했던 시간이었을 것이다.

이 예의 경우 시간간격이 짧기 때문에 그림 4.6에서 열력변화가 빠르게 나타난다는 것을 알 수 있다. 크고 빠른 변화는 사용자 기계실 온도제어에서 상당히 어려운 과제에 해당된다. 이런 유량변화가 발생하는 동안 유출온수온도를 일정하게 유지하는 것이 목표가 된다. 제9장에서 이 조건들을 더 자세히 논의할 것이다.

급탕수요의 계절적 변화가 그림 4.7에 있으며, 이 그림은 스웨덴 주거용 공동주택의 수많은 측정값을 기반으로 해 작성되었다. 가장 높은 급탕수요는 사용빈도가 높은 겨울철에 발생한다. 여름철에는 거주자들이 여름별장, 휴가여행 등으로 주거지 밖에서 더 많은 시간을 보내므로 사용빈도가 낮아져 급탕수요도 낮아지게 된다.

공동주택의 거주자당 평균 총 물사용량은 지난 60년간 스웨덴에서 60 m^3/년 수준으로 일정했다. 연간 온수사용 역시 22 m^3/년 수준으로 동일한 경향을 보였다.

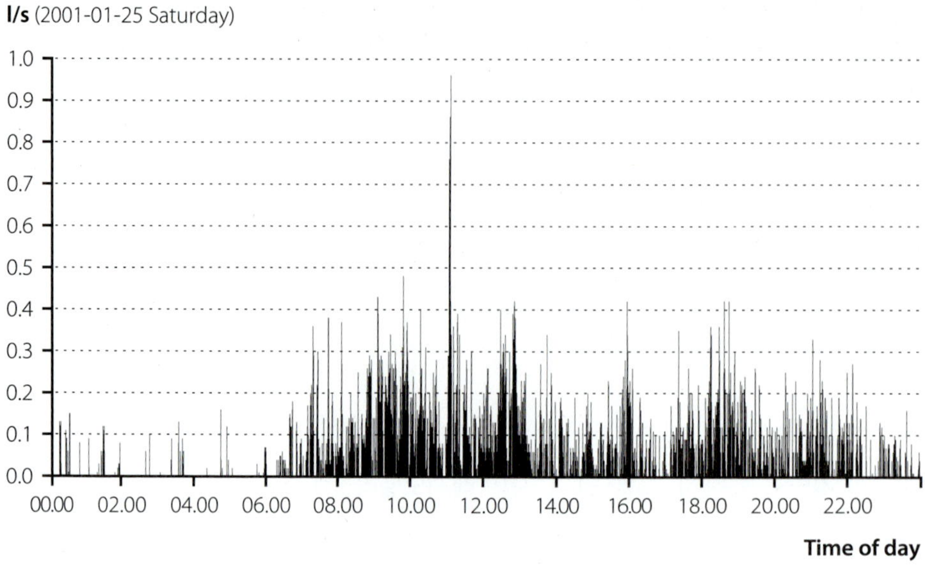

그림 4.6 스웨덴 룬드(Lund)지역 Kastanjegatan의 42개 가구가 있는 공동주택에서 10초의 시간간격에 대한 급탕유량수요의 사례. 급탕공급의 실체를 보여주기 위해 이 짧은 시간간격을 선정했다. 룬드 대학교의 야누시 울러스트랜드(Janusz Wollerstrand)로부터 입수한 자료

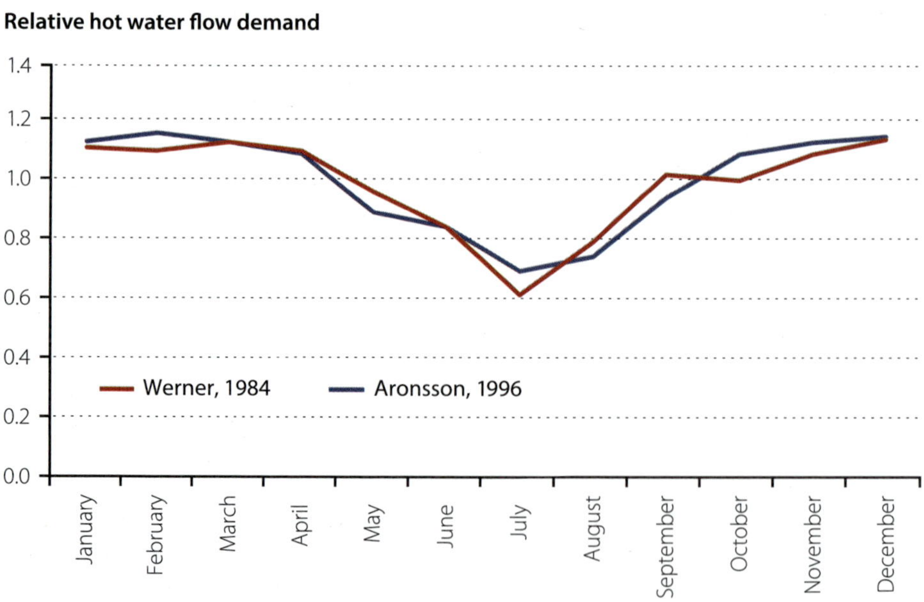

그림 4.7 스웨덴 공동주택에서 급탕에 대한 상대유량수요의 계절적 변화에 대한 두 가지 다른 사례. 월 평균을 (그림에서 1과 동일한)연간 평균 온수유량수요와 비교하였다

이렇게 사용수준이 일정하게 유지되는 이유는 사용량 증가로 이어지는 물과 위생에 대한 높아진 수준, 사용량 감소로 이어지는 유동저항(Flow resistance)이 커진 새롭고 효율적인 수도꼭지 도입의 복합적인 효과에 따른 것이다.

하지만 동일한 기간 동안 1인당 주거면적의 증가로 인해 건물 바닥면적당 개별 물 사용량은 감소했다. 그러므로 건물 내 열밸런스에서 급탕에 대한 열수요의 상대적인 중요도 역시 감소했다. 《Andreasson 등 2009》에 따르면 스웨덴 공동주택의 현재 평균 연간 온수사용량을 건물면적 m^2당 온수 $0.54\,m^3$로 추정하고 있다. 이에 상응하는 연간 개별 열수요는 $30\,kWh/m^2$ 또는 $108\,MJ/m^2$이다. 이 같은 수준은 30–40년 전에 측정된 스웨덴 수요의 대략 60% 수준이다. 그러나 현재 스웨덴 수요수준은 《Techem 2004–2009》에 있는 767,000개 독일 아파트 사례의 $0.25\,m^3/m^2$ 수준에 비해 2배나 높다.

온수사용은 높은 수준의 다양성과 낮은 **동시계수(Coincident factor)**라는 특징을 갖고 있다(5.6절에 더 자세히 언급됨). 평균적으로 급탕 수도꼭지는 전체 사용기간 중 대략 1% 정도만 완전히 열린다. 그 결과 여러 사용자가 급탕을 위해 동일한 용량을 공유할 수 있다. 따라서 설계유량이 총 수도꼭지 용량보다 훨씬 작아질 수 있다. 그러나 대부분의 설

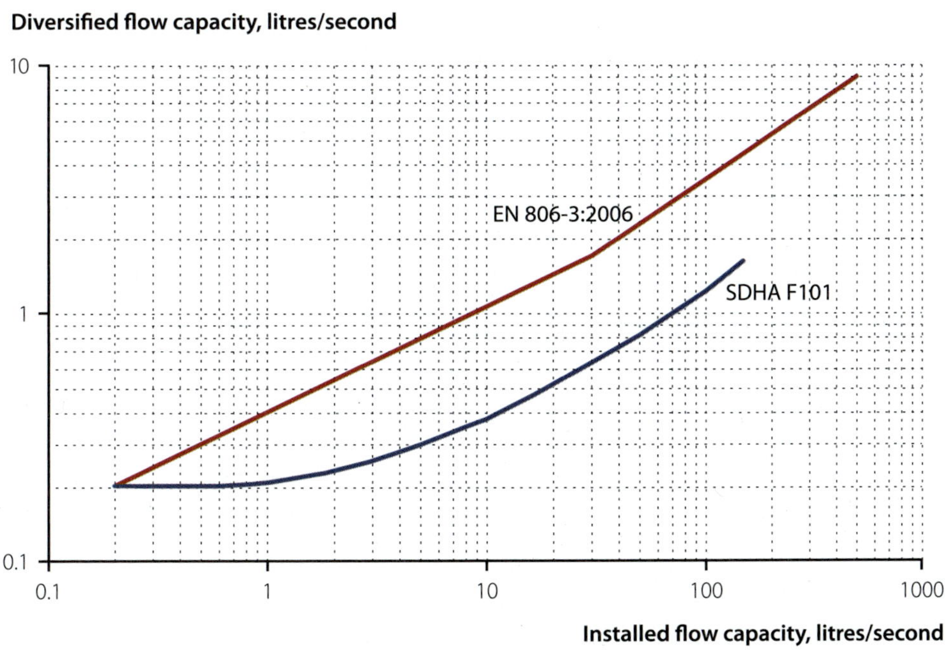

그림 4.8 두 개의 서로 다른 표준에 따른 물 사용에 대한 설계 분산유량용량(Design diversified flow capacity). 수리시설의 배관 크기에 대한 유럽표준 EN 806-3:2006(CEN 2006)과 스웨덴 기계실의 급탕 설계유량에 대한 스웨덴 권고치 SDHA F101(SDHA 2008)

계표준들은 설계유량수요를 과대평가하도록 권고하고 있다. 이러한 설계 상황이 그림 4.8에 있다. 배관 크기 결정에 대한 유럽설계 권고치는 스웨덴 지역난방 시스템에 경험적인 설계조건보다 훨씬 높다. 이러한 불일치로 인해 발생되는 제어와 비용 측면에서 결과는 제9장에서 더 자세히 다룰 것이다.

참고문헌

Werner S, The heat load in district heating systems. Dissertation, Chalmers University of Technology. Göteborg 1984.

Volla R, Consumer heating systems for district heating – Development by system simulations and service hot water measurements. Dissertation. Norwegian University of Technology, Trondheim 1996.

Aronsson S, Fjärrvärmekunders värme-och effektbehov (Heat and heat power demands from district heating consumers). Department of Building Services Engineering. Chalmers University of Technology, Göteborg 1996.

Techem, Energiekennwerte – Hilfen für den Wohnungswirt(Energy characteristics – support for the housing industry). Ausgabe(Output) 2004, 2005, 2006, 2007, 2008, 2009, Eschborn 2004–2009.

CEN, Specifications for installations inside buildings conveying water for human consumption part 3 : pipe sizing. European standard EN 806–3 : 2006.

SDHA, Fjärrvärmecentralen – utförande och installation (District Heating Substations – design and installation). The Swedish District Associations, Technical guidelines F101. April 2008.

Andreasson M, Borström M &Werner S, Värmeanvändning i flerbostadshus och lokaler (Heat use in multi-dwelling houses and service sector buildings). The Swedish District Heating Research Programme. Fjärrsyn report 2009 : 4.

4.3 건물의 개별 열사용(Specific heat use in building)

1970년대 이후로 많은 나라에서 공동주택 및 서비스부문 건물의 **개별 열사용**이 크게 감소하고 있다. 스웨덴에서 전개과정이 그림 4.9에 있다. 1973년 첫 번째 석유가격 상승이 실내온도와 온수사용 축소로 인한 개별 열사용의 초기 감소를 유발했다. 이 행동 변화의 효과는 곧 약해졌으며, 체계적인 보온조치에 의한 결과가 발생하게 되는 1978년까지 열사용이 증가했다. 1986년 석유가격이 감소한 이후 보온조치에서 발생하는 전반적인 이익이 상실되었다. 이런 이유로 개별 열사용은 대략 2000년까지 일정했으며 2000년대에는 높아진 세계 에너지 가격으로 보온조치에 대한 이익이 다시 나타나게 된다.

2006년 스웨덴 공동주택의 개별 열사용은 1972년 열사용과 비교해 38%만큼 감소했다. 그러나 같은 기간 동안 총 건물공간이 대략 동일한 비율만큼 넓어졌다. 그러므로 스웨덴 건물을 난방하는 데 필요한 열의 총량은 거의 변하지 않은 상태로 남게 되었다.

《Andreasson 등 2009》의 자료를 각색한 스웨덴 공동주택과 서비스부문의 개별 열사용 분포도가 그림 4.10에 있다. 각각의 곡선 아래 면적은 2006년도 공동주택과 서비스부문 건물에서 사용한 총 열량이다. 그림을 보면 모든 건물 공간 중 약 12%가 200kWh/m^2

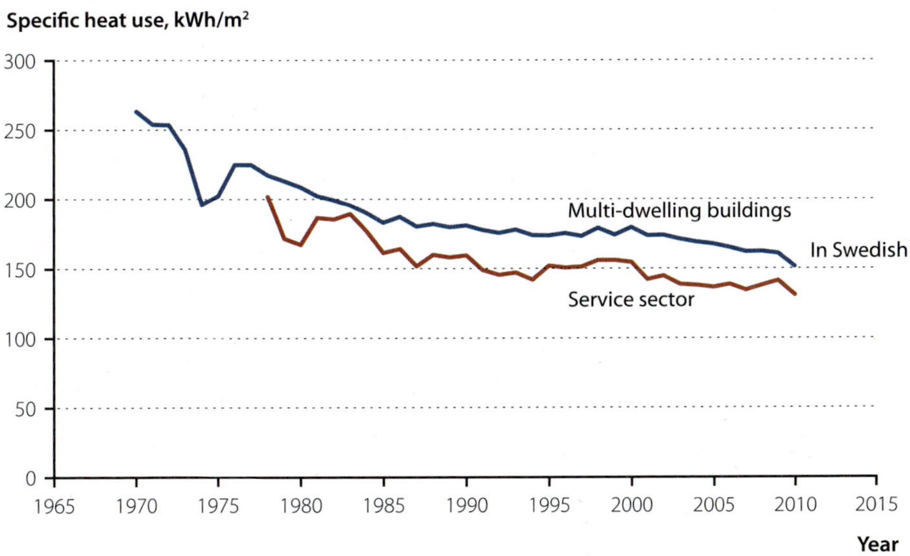

그림 4.9 스웨덴 공동주택과 서비스부문 건물에 대한 개별 열사용의 전개과정. 도-일을 사용하여 실제 결과값들이 정규화되어 있다

이상의 개별 열사용을 나타내고 있으며, 이 부분은 **높은열사용**(**High heat use**)으로 특징지을 수 있다. **낮은열사용**(**Low heat use**)에 상응하는 제한 값은 100 kWh/m²로 공동주택의 10%, 서비스부문 건물의 30%가 해당되는 수준이다. 평균 열사용은 공동주택에서 152 kWh/m², 서비스부문 건물에서 132 kWh/m²이였다. 광범위한 열사용 변화 속에서 시스템적 설명(노후화, 위치, 소유자, 크기와 같은)은 극소수에 불과했으며, 대신 개별적 설명이 대부분을 차지했었다. 리투아니아(Lithuania)의 주거용 건물에 대한 동일한 결과가 《Juodis 등 2009》에 기재되어 있다.

높은 개별 열사용에 대한 개별적 설명으로 보통 **열회수**(**Heat recovery**) 또는 **시간기록운전장치**(**Time clock operation**)가 모두 없는 경우 높은 **환기비율**(**Ventilation rate**), 대부분 비보온 상태로 낡고 열-소모적인 창문, 많은 온수사용, 건물 공간크기의 과소평가가 있다. 낮은 개별 열사용은 보통 적정한 시간기록 운전이 되는 환기 열회수, 에너지 효율적인 새로운 창문, 적은 온수사용, 건물 공간크기의 과대평가, 모든 열공급 출처의 측정에 대한 회피로 설명할 수 있다.

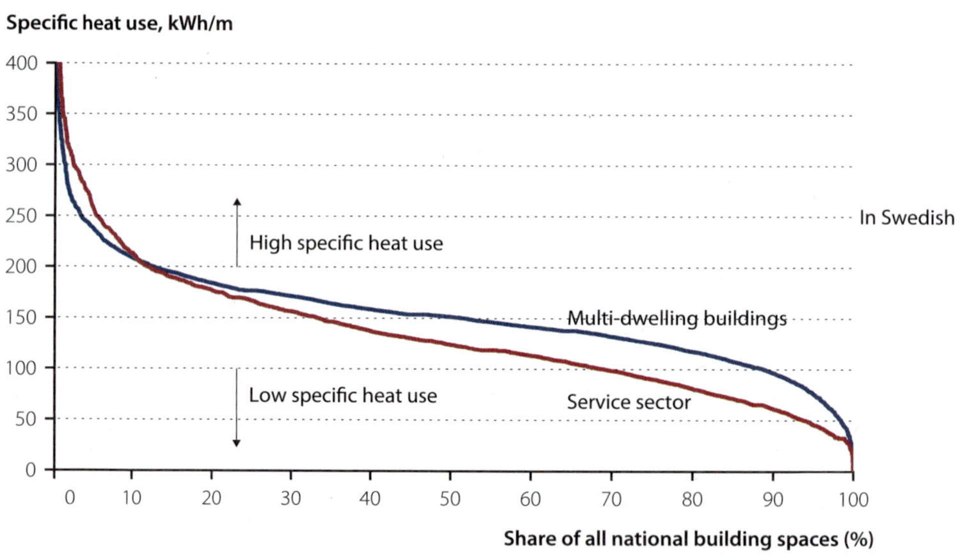

그림 4.10 2006년도 스웨덴 공동주택과 모든 서비스부문 건물의 개별 열사용 추정 분포도. 출처: 《Andreasson 등 2009》

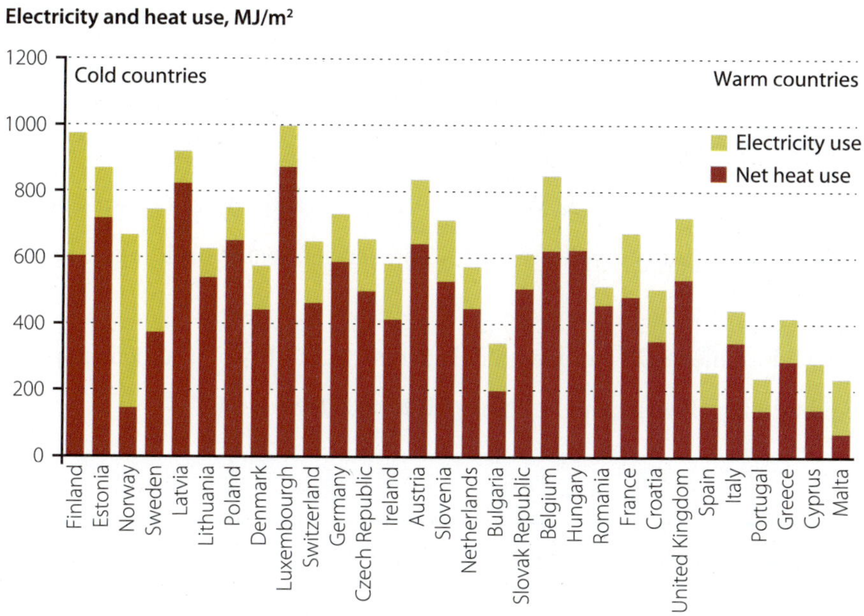

그림 4.11 2003년도 유럽국가의 주거용 개별 순열수요와 개별 전기수요에 대한 국가 평균을 각 국가 수도의 연간 외기온도 순으로 정렬하였다. 낮은 순열사용은 난방수요 대부분이 전기를 통해 이루어진다는 것을 나타낸다. 이 그림은 국제 에너지 밸런스와 주거통계로부터 만들어졌다. 에너지 밸런스 통계의 부적정한 할당은 약간의 추정오차로 인한 것일 수 있다. 출처: 《Werner 2005》

유럽에서의 **개별 전기수요(Specific electricity demand)**와 **개별 순열수요(Specific net heat demand)** 비교가 그림 4.11에 있다. 이 그림은 연간 외기온도 순으로 국가를 정렬했으며, 추운 국가는 왼편에 따뜻한 국가는 오른편에 위치해 있다. 노르웨이, 스웨덴, 핀란드, 프랑스 같은 몇몇 국가에서는 전기난방 비율이 상당히 높기 때문에 전기사용과 순열사용 모두를 포함하고 있다. 실내 전기사용 역시 내부 열취득을 유발해 유효실내온도를 낮춘다. 순열은 지역난방과 난방용 연료로부터 계산된 열 산출량을 포함한다. 유럽 난방지수에서 예측된 것처럼, 개별 열사용은 북유럽과 중유럽 사이에 큰 차이가 없다. 지중해 국가 및 불가리아(Bulgaria)는 개별 사용이 낮게 나타나며, 불가리아의 열사용이 낮은 이유는 낮은 비용 지불능력과 난방용으로 사용되는 시골지역 바이오매스 누락 때문일 수 있다.

참고문헌

Werner S, The European heat market. WPI report of the Ecoheatcool project. Brussels 2005. Available at www.euroheat.org/ecoheatcool

Andreasson M, Borgström M & Werner S. Värmeanvändning i flerbostadshus ock lokaler (Heat use in multi-dwelling houses and service sector buildings). Fjärrsyn report 2009 : 4.

Juodis E, Jaraminiehe E, Dudkiewicz E, Inherent variability of heat consumption in residential buildings. Energy and buildings 41(2009), 1188–1194.

4.4 산업용 열수요(Industrial heat demand)

산업용 열수요의 특징은 온도수준, 세부분야, 국가, 에너지공급 측면에서 아주 다양하다는 것이다. 이러한 특징은 많은 다양한 산업공정들이 존재하고 에너지공급이 지역 여건으로 인해 국가별로 다르기 때문에 발생한다. 2007년도 유럽연합 27개국(EU27)의 모든 상업용 열전달의 대략 30%정도가 산업 활동에 사용되었다. 이는 산업용 열수요가 유럽 지역난방 시스템에서 중요한 위치를 차지하고 있다는 것을 의미한다. 그림 4.12에서 사용하고 있는 3가지 온도수준은 다양한 산업분야에서 활용되는 열의 종류를 나타낸다.

저온수준(Low temperature level)은 전형적인 난방용 열수요에 활용하는 100℃이하로 정의되며 세척, 헹굼, 식료품 준비를 위한 저온 산업공정에 사용된다. 이 열 중 일부는 산업용 건물의 난방과 현장 급탕 공급에도 사용된다. **중온수준(Medium temperature level)**은 100℃–400℃사이의 온도를 포괄한다. 중온수준의 열은 보통 열매체로 증기를 사용해 공급되며, 증발(Evaporation) 또는 건조 모두를 목적으로 한다.

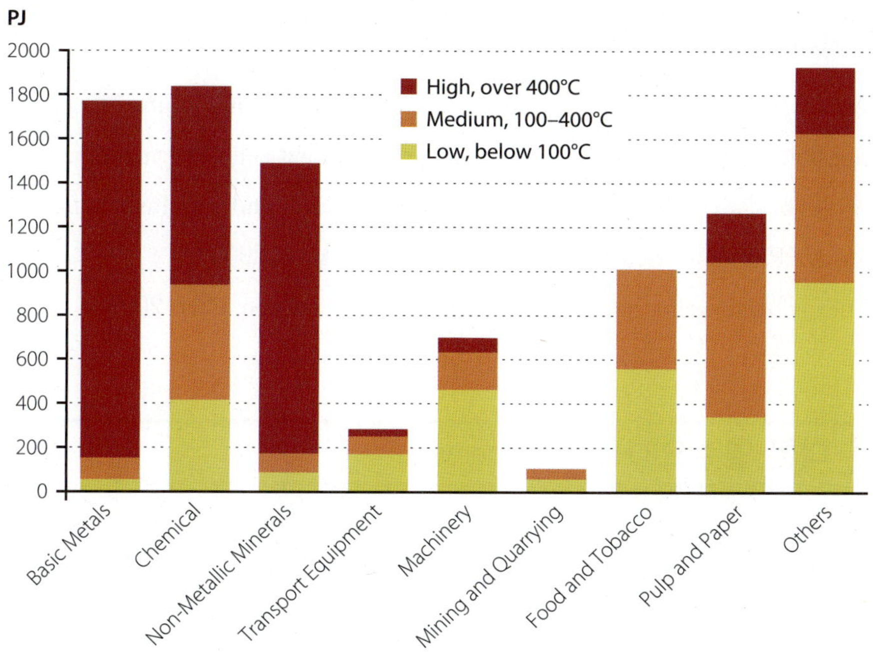

그림 4.12 2007년도 EU27개국의 다양한 온도수준에 대한 산업용 열수요. 이 도표는 《IEA 2009》의 산업용 에너지 밸런스와 함께 《AGFW 2005》에서 발췌한 독일 산업부문에 대한 복합된 종합 정보에 의해 만들어졌다

고온수준(High temperature level)은 400℃ 이상의 온도수준을 나타낸다. 고온수준의 열은 금속, 세라믹, 유리 등을 제조하는 데 필요하다. 뜨거운 연도가스, 전기유도(Electrical induction) 등을 사용해 이 같은 고온이 만들어진다.

그림 4.12에서 알 수 있듯이 화학, 비금속광물, 기초금속 산업이 가장 높은 온도수요를 갖는다. 다른 산업분야는 중온 및 저온의 열을 사용하는 경향이 있다. 종합하면 고온에 대한 수요는 총 산업용 열수요 10.4 EJ의 43%를 차지하고, 저온 및 중온에 대한 수요는 각각 30%와 27%에 해당된다.

때로는 고온 및 중온 공정에서 지역난방 시스템으로 회수될 수 있는 충분히 높은 잉여열을 생산하기도 한다. 산업용 열병합발전소로부터 발생하는 열로 중온 및 저온공정을 공급할 수 있다. 산업용 저온 열수요는 일반적인 지역난방 공급을 통해서도 충족시킬 수 있다.

참고문헌

AGFW, Perspektiven der Ferwärme und Kraft–Wärme–Kopplung–Ergebnisse und Schlussfolgerungen aus der AGFW–studie "Pluralistische Wärmeversorgung" (Perspectives of district heating and cogeneration results and conclusions from the AGFW study "Pluralistic heat supply"). Frankfurt am Main 2005.

IEA. Energy balances for non–OECD countries. 2009 edition. Paris 2009.

4.5 다른 열수요(Other heat demand)

일반적인 건물과 산업용 열수요 외에 다른 분야의 지역사회 열수요도 지역난방을 통해 공급할 수 있다. 새로운 추가 열수요에 대한 주요 사용분야로는 지면난방, 농업용 난방, 냉기생산, 가정용 서비스가 있다.

지면난방(Ground heating)

- 거리난방(Street heating): 아이슬란드, 노르웨이, 스웨덴, 핀란드에서 주로 사용되며, 이들 국가에서는 자동차와 보행자 사고를 예방하기 위한 제설 목적으로 일부 주요 보도, 거리, 외부 버스정거장 도로에 난방을 한다. 제설 비용 역시 발생하지 않는다. 스웨덴 옌셰핑(Jönköping) 인근 주도로에는 난방시스템이 설치되어 있으며, 얼어붙은 도로로 인해 트럭들이 서있는 것을 피하기 위해 겨울철 주도로 오르막 경사에 난방을 한다.
- 축구경기장: 축구시즌을 겨울철까지 연장하기 위해 초봄과 늦가을 잔디에 난방을 한다.
- 철도 조차장(Rail yard): 겨울철 철도 스위치가 동결되는 것을 막고 눈을 제거하기 위해 사용된다.

농업용 난방(Agricultural heating)

- 온실(Green houses): 주로 열병합발전소나 그 밖에 다른 설비 인근에 온실이 위치해 있어, 많은 양의 잔여열을 활용할 수 있는 곳
- 물고기 양식장: 수조에 물고기를 기르는 곳

냉기생산(Cold generation)

- 지역냉방: 작동원으로 열을 사용하는 대형 흡수식냉동기
- 빙상 스포츠경기장: 작동원으로 열을 사용하는 대형 흡수식냉동기. 스웨덴 할름스타드(Halmstad)에 이런 형태의 플랜트가 운영 중에 있다.
- 가정용 냉장고: 작동원으로 열을 사용하는 소형 흡수식냉동기

공정난방(Process heating)

- 하수처리작업: 겨울철에 하수가 어느 정도 냉각될 경우 질소제거를 높은 수준으로 유지하기 위해 하수에 난방을 한다.
- 바이오가스 반응장치(Biogas reactor): 내부 공정을 위한 열을 공급할 목적으로 생산되는 값비싼 바이오가스의 부분적인 사용을 피하기 위해 고온 메탄발효공정(Thermophilic digestion processes)에 난방을 한다.

가정용 서비스(Domestic Service)

- 식기세척기, 세탁기, 옷 건조기와 같은 백색가전의 가정용 열수요. 이러한 용도로 사용되는 전기를 대체하는 것이 히트펌프 및 태양열 산업과 공유하는 지역난방 산업의 목적이다.

참고문헌

Magnusen P, Gatevarme(Street Heating). Norwegian District Heating Association report RE 18–1992.

Hof HJ, The District Heating Kitchen. Energiened 1995.

Kemma R, Domestic application utilise district heat. Fernwärme International 27(1998) : 3, 53–56.

Zegers F, Hof H, Field test of heat–fed washing machines and laundry dryers. Fernwärme International 27(1998) : 3 57–58.

CADDET, Geothermal and Solar Heat Used to Melt Snow on Roads. Technical Brochure no 76, 1998.

Andersson H, Ahlgren J, Torkning av tvätt i fastighetsstugor med fjärrvärme (Drying of laundry in dwelling building laundry rooms using district heating). Swedish District Heating Association Research Report FOU 1999 : 11.

Sjöberg K, Markvärmens vagga ligger i Västerås (The cradle of street heating is in Västerås). Energi & Miljö72(2001) : 11, 46–47.

Arneel J, Bergström R, EK M, Hansen B, Energi-och miljöintegrering av lågvärdigt värme från kraftvärmeverk och fjärrvärmeanläggningar för effektivisering av avloppsrening (Most efficient sewage water treatment from use of heat from combined heat and power plants and district heating systems). IVK report B158, Göteborg 2004.

Persson T, Dishwasher and washing machine heated by a hot water circulation loop. Applied Thermal Engineering 27(2007), 120–128.

Catillo M d P et al, Högtemperaturförbehandling av biogassubstrat med fjärrvärme för ökad biogasproduktion (High–temperature pretreatment of biogas substrate by using district heating to increase the biogas production). Värmeforsk report 1201, December 2011.

4.6 냉방수요(Cold demand)

(공간)냉방(Space cooling)이 지역냉방을 통해 주로 공급되는 냉방수요에 해당된다. 더운 여름철 냉방공급은 실내온도가 높아지는 것을 막고, 좀 더 쾌적한 실내 환경을 만들 수 있다. 기후가 더운 지역에서 생활수준과 **공기조화(Air conditioning)**에 대한 수요 사이에는 강한 상관관계가 있다. 따라서 덥고 습한 지역에서 향후 수십 년간 거의 확실한 생활수준 향상이 발생한다면, 공기조화에 대한 세계적 수요가 급격히 높아지는 것은 불가피해 보인다. 지역냉방은 지속 가능한 방법으로 전 세계적 공기조화 수요를 충족시키는데 일조할 수 있을 것이다. 하지만 이러한 성장이 어느 정도로 발생할 것인지 예측하는 것은 불가능하다. 그럼에도 불구하고 지역냉방이 예상되는 시장에 아주 작은 부분만 공급하더라도, 이는 세계 지역냉방 부문의 규모가 급격히 증가한다는 것으로 해석할 수 있다.

냉방수요 식은 난방 열수요 식과 유사하다.

냉방수요 (4.5)
= 벽과 창문들을 통해 외부로부터 들어오는 열관류
+ 유입되는 따뜻한 환기공기의 냉각 + 다양한 열취득들

그러나 태양열 복사로 인한 열취득, 실내 전기사용, 사람의 신진대사는 냉방수요를 증가시킨다. 열수요의 경우 이러한 열취득이 열수요에 긍정적 감소요인으로 볼 수 있으며, 열공급을 위한 비용을 낮추는 결과로 이어진다. 하지만 냉방수요에 대해서는 열취득이 냉방공급에 대한 비용을 상승시킨다. 난방 열수요에서와 동일하게 이러한 열취득은 보온이 잘된 건물에서 온도증가를 높인다.

또 다른 추가적인 냉방수요는 덥고 습한 기후에서 발생하며, 이런 지역에서는 희망실내온도에 도달하기 위해 공기 중 습기가 냉각 및 응축되어야 한다. 습한 공기는 건조한 공기보다 비열용량이 더 높다. 즉, 건조한 공기보다 습한 공기의 온도를 높이거나 낮추는 데 더 많은 에너지가 필요하다는 것을 의미한다. 습한 공기가 희망실내온도로 냉각될 때 이슬점을 통과할 수도 있으며, 이것은 공기 중 일부 수증기가 응축된다는 것을 의미한다.

난방도-일과 유사하게 냉방수요에 대한 **냉방도-일(Cooling degree–day, CDD)**을 정의할 수 있다. 하지만 냉방도-일 개념은 외기온도와 일정하게 정의된 실내 열취득에 따른 냉방수요만을 고려한다. 도시열섬, 상당한 태양열 취득, 공기 중 수분함량과 같이 영향을 끼칠 수 있는 다른 요소들은 냉방도-일 사용 시 포함되지 않는다.

도시열섬(Urban heat island)은 여름철 도시 외기온도가 인근 기상관측소에서 측정된 외기온도보다 더 높다는 사실을 나타내는 표현이다. 이런 상황은 도시 **알베도(Albedo,** 지표면에서 반사되는 태양 에너지의 양[역])가 교외지역 알베도보다 더 낮기 때문에 발생하며, 이는 도시지역에서 반사되는 태양 복사가 더 적다는 것을 의미한다. 이러한 알베도 차이는 도시지역에 대한 추가적인 태양열 공급으로 이어진다.

열취득과 도시열섬에 의한 추가 냉방수요의 크기는 냉방도-일의 기본 냉방수요와 비교해 매우 크므로, 열수요보다 냉방수요를 예측하는 것이 훨씬 어렵다. 이런 어려움에도 불구하고 평균 열취득과 도시열섬에 대한 가정을 특정해 **유럽 냉방지수(European cooling index)**를 계산하였다. 이 지수는 그림 4.5에 있는 유럽 난방지수에서 사용했던 것과 동일한 기상자료를 사용해 계산되었다.

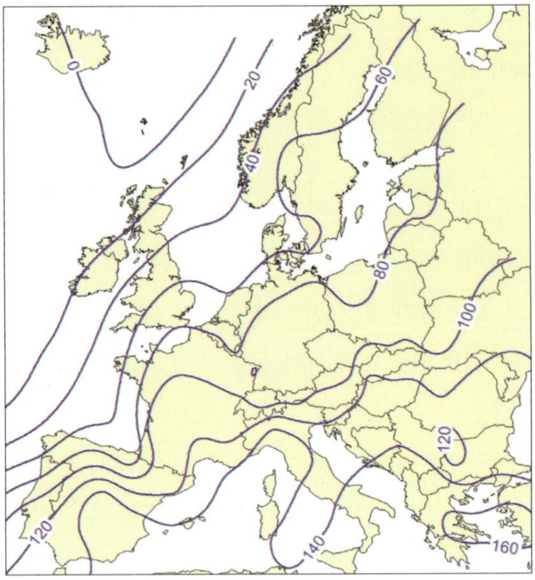

그림 4.13 유럽 내 80개 도시지역의 정보로부터 계산된 유럽 냉방지수(ECI) 등고선 지도. 평균 냉방수요는 이 지수에 비례해야 한다. 이 지도는 기존 데이터 그리드가 80개 지역들로만 구성되어 있기 때문에 각 국가의 모든 지역들을 대표하지 못한다는 것을 알려둔다

그러나 냉방지수는 냉방수요를 줄이기 위해 지중해 지역에서 전통적으로 사용하는 육중한 건물(Heavy building)을 반영하지 못하고 있다. 이런 전통건물에서는 건물의 형태가 낮에 사용될 밤 시간의 냉기를 저장하는 용도로 사용된다. 따라서 실내온도는 낮과 밤 외기온도의 평균이 될 것이다.

유럽 냉방지수의 계산결과가 그림 4.13에 있다. 북유럽에 비해 남유럽에서 냉방수요가 훨씬 더 크다는 것을 확실히 알 수 있다. 비엔나(Vienna)는 냉방지수 100으로 유럽의 평균 냉방수요 지역이다. 스톡홀름의 냉방지수는 비엔나보다 30% 낮다. 지중해 지역들은 스톡홀름의 냉방수요에 대략 2배정도 큰 120에서 150 범위의 냉방지수를 나타낸다.

지역냉방은 냉방수요 이외에 전산센터와 산업용 공정 같은 다른 냉기수요에도 사용된다.

참고문헌

Dalin P, Nisson J, Rubenhag A, The European Cold Market. Ecoheatcool WP2 report. Brussels 2005. Available at www.euroheat.org/ecoheatcool

연습문제와 과제

1 열력특성(Heat power signature)에 대한 표준단위는 무엇인가?

2 내부 열취득의 주요 요인들은 무엇인가?

3 설계외기온도는 무엇인가?

4 태양열 취득이 설계외기온도에 영향을 주는가?

5 난방에 두 가지 주요 구성요소는 무엇인가?

6 도-일(Degree-day)은 무엇인가?

7 난방도-일을 추정하는 경우 왜 유효외기온도를 사용하는가?

8 태양열 취득이 난방도-일에 영향을 주는가?

9 난방지수는 언제 필요한가?

10 어떤 것이 급탕 사용을 좌우하는가?: 계절적 변화 또는 일일 변화?

11 산업용 열수요에서 왜 온도수준이 중요한가?

12 난방, 급탕, 산업용 열수요 외에 몇 가지 다른 열수요들을 언급하시오.

13 내부 열취득은 어떻게 냉방수요에 영향을 주는가?

14 도시열섬이란 무엇인가?

15 냉방 외에 지역냉방으로 충족시킬 수 있는 몇 가지 다른 냉기수요들을 언급하시오.

05 CHAPTER

열부하와 냉방부하 (Heat and cold load)

이 장에서 열부하와 냉방부하에 대한 표시는 수요의 방향(Direction of demand)에 따른다. 네트워크 회수흐름을 나타내는 이 **수요방향**은 사용자에서부터 열공급시설로 진행된다. 네트워크 내 공급흐름을 나타내는 **부하(Load, 또는 공급(Supply))방향**은 수요방향의 반대가 된다.

첫 번째로 열부하의 개념을 정의한다. 두 번째로 기계실 전단에서(즉, 공급설비와 기계실 사이) 합쳐지는 몇 가지 일반적인 사용자 열부하를 조사한다. 세 번째로 분배 열손실에서 발생하는 추가 열부하를 정의하고 분석한다. 네 번째로 분배 열부하와 냉방부하를 정의한다. 다섯 번째로 열공급시설 후단에서 합쳐지는 **시스템 열부하(System heat load)**를 다루게 된다. 여섯 번째로 몇몇 특징적인 열부하 매개변수들을 정의하고 대표적인 값을 제시한다. 일곱 번째로 마지막 절에서는 냉방부하에 대한 상응하는 정보를 제공한다.

5.1 열부하의 정의(Heat load definition)

열부하는 사용자 열수요를 충족시켜야만 하는 열공급에 해당하는 **열력**(熱力, **Heat power**)을 의미한다. 열부하는 기계실에서부터 (네트워크에 열을 공급하는)열공급시설까지 연결된 지역난방 네트워크에서 합쳐지게 된다. 이런 이유로 지역난방 시스템의 여러 부분에서 열부하의 열력을 확인할 수 있다. 장기간에 걸쳐 열부하는 사용자의 열수요와 같아져야만 한다. 열부하가 열수요보다 작다면 전달조건을 충족하지 못하게 되며, 따라서 사용자 실내온도가 약간 감소하게 된다. 열부하가 열수요보다 크면, 단기적으로 네트워크에 열이 저장될 수 있다. 추후 사용을 목적으로 **축열**(**Heat storage**) 설비를 사용해 열부하와 열수요 사이의 차를 저장할 수 있다.

열부하는 시간에 따라 변하며, 이번 장의 가장 큰 목적은 이런 변화를 이해하는 것이다. 열부하는 일반적으로 특정 시간간격의 평균 열력으로 표현된다. 보통 사용되는 시간단위로는 '시간(hour)'과 '일(day)'을 사용한다. 따라서 열부하를 분석하고 표현할 때 **시간당 평균 열부하**(**Hourly average heat load**)와 **일일 평균 열부하**(**Daily average heat load**)라는 명칭이 사용된다.

5.2 기계실 전단에서의 열부하 취합 (Aggregate heat load before substation)

9개 국가의 4가지 서로 다른 사용자 그룹에게 판매된 지역난방 열의 분포가 표 5.1에 있다. 열분포는 국가마다 차이가 있으며, 이 사용자 그룹 중 가장 일반적인 구조물은 주거와 서비스부문 건물이다. 단독주택 지역에서 더 높은 분배비용이 발생하기 때문에, 주거부문에서도 공동주택이 열분배 측면에서 더 유리하다(11.4절에서 후술하고 있음). 노르웨이에서 주거용 건물의 낮은 시장점유율은 이 나라의 공동주택 건물 비율이 낮다는 사실로 설명할 수 있으며, 서비스부문 건물에 더 많이 집중하는 결과로 이어졌다. 공동주택 비율이 낮은 또 다른 국가로는 벨기에, 아일랜드, 영국이 있다.

산업용 열수요 비율은 스웨덴, 덴마크, 슬로바키아의 낮은 비율에서부터 스위스, 체코, 룩셈부르크의 높은 비율까지 다양하게 나타난다. 산업용 열수요와 난방 열수요는 다른 **부하 프로필**(**Load profile**)을 갖고 있으며, 이렇게 상이한 산업용 열비율은 서로 다른

표 5.1 일부 유럽 국가에서 2007년 판매된 지역난방 열에 대한 사용자 그룹의 구성. 출처: IEA 에너지 밸런스, 2009년 판

	오스트리아	체코	덴마크	룩셈부르크	노르웨이	폴란드	슬로바키아	스웨덴	스위스
총 최종소비, PJ	58	88	96	2	10	291	31	171	15
산업부문 (%)	15	34	6	31	11	29	8	9	40
주거부문 (%)	39	44	63	59	20	62	65	61	37
상업 및 공공부문 (%)	45	22	29	0	69	9	26	29	24
농업/임업 (%)	1	1	2	9	0	0	1	0	0

시스템 열부하 특성으로 이어진다.

이 절에서는 난방 열수요가 대부분인 스웨덴 주거와 서비스부문에서 선정된 건물에서 **기계실 열부하**의 5가지 예를 선정하였다. **전형적인 열부하 패턴(Typical heat load pattern)**을 보이는 3가지 다른 형태의 표준 도표로 기계실 열부하를 나타낼 수 있다. 이런 표준 도표에는 **시간당 평균 외기온도에 의한 시간당 평균 열부하, 일일 평균 외기온도에 의한 일일 평균 열부하, 사계절 중 일주일 동안 평균 일일변화**가 있다. 위의 두 도표는 건물에 대한 **열력특성(Heat power signature)**을 나타내며, 열력이 외기온도에 대해 선형관계에 있음을 알 수 있다.

세 번째 도표에서 사계절은 한겨울(12월–2월), 늦겨울–초봄–늦가을–초겨울(3월, 4월, 10월, 11월), 늦봄–초가을(5월, 9월), 마지막으로 여름(6월–8월)으로 되어 있다.

그림 5.1에는 전형적인 주거용 건물 지역에 대한 값이 있다. 일정한 외기온도에서 시간당 열부하의 큰 변화는 급탕으로 인한 것이다. 일정한 외기온도에서 더 큰 시간당 열부하는 대부분 아침과 저녁에 급탕사용이 많은 시간을 나타낸다. 상응하는 낮은 열부하는 급탕사용이 적은 밤 시간을 나타낸다. 주말에도 환기설비가 전면 가동되기 때문에 주중과 주말 모두 동일한 일일 평균 열부하를 갖는다. 여름철에는 난방이 필요 없으므로 여름 열부하는 주로 급탕에 대한 열을 포함하고 있다. 이 주거용 건물지역은 (대략 주택 150–200호에 상응하는)높은 열수요를 갖고 있으며, 아마도 몇 개의 건물들이 함께 있을 것으로 추정된다. 그러므로 이 사용자는 건물에 내부 열분배 시스템을 사용하고 있으며, 사용자 기저부하에 약간의 내부 열분배 손실을 포함하고 있을 것이다.

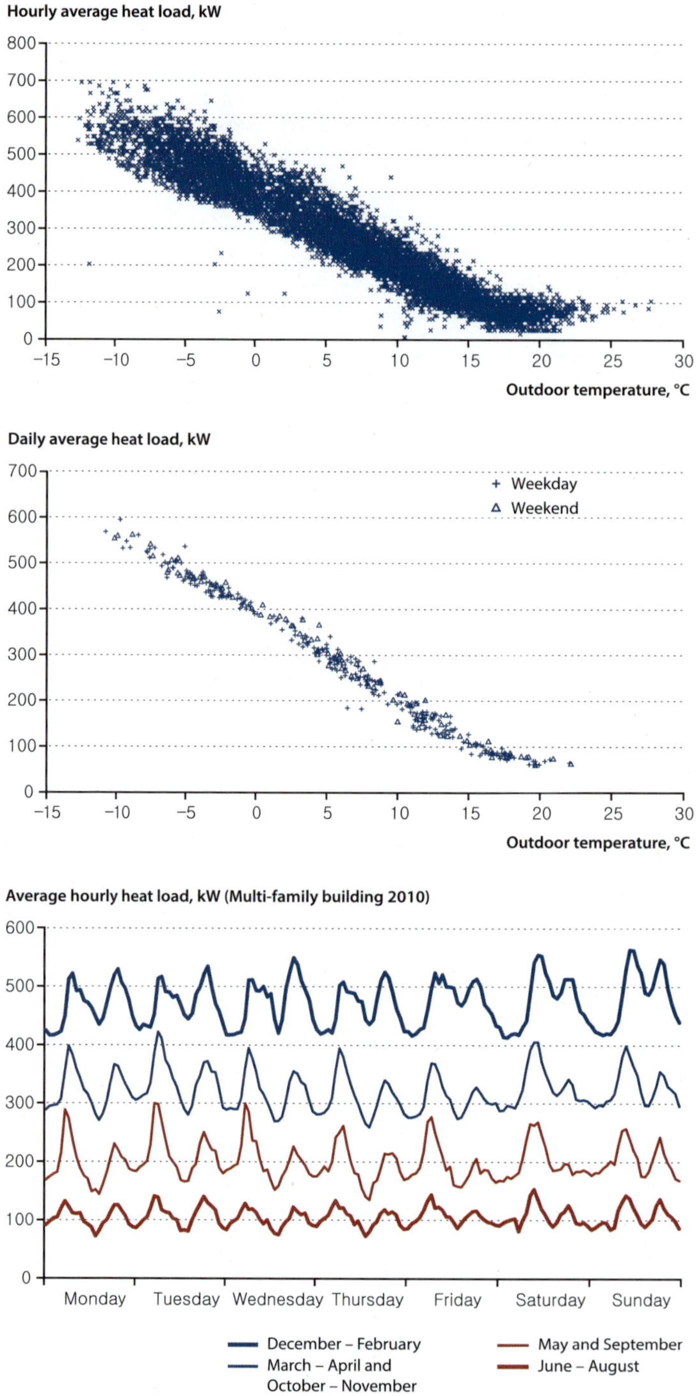

그림 5.1 2010년도 2,485 MWh의 열수요를 갖는 전형적인 주거용 건물 지역에 대한 시간당 열부하, 일일 열부하, 평균 일일변화

일일 주거용 열부하 변화의 크기와 패턴 모두 사계절 동안 다르게 나타난다. 따라서 1년에 걸친 지역난방 사용자의 일반적인 시간당 열부하 패턴을 추정할 수 없다.

그림 5.2에는 환기시스템에 뚜렷한 **시간기록 운전(Time clock operation)**을 하는 전형적인 서비스부문 건물(공공사무실 건물)에 대한 값이 있으며, 낮/밤과 주중/주말 열부하 수준이 다르게 나타난다. 일정한 외기온도에서 시간당 열부하가 커질수록 낮 시간을 의미하며, 이 시간에 환기시스템이 전면 가동한다. 상응하는 낮은 열부하는 환기흐름이 적은 밤 시간을 나타낸다. 시간기록 제어가 주말에도 가동되기 때문에, 주중과 주말이 동일한 일일 평균 열부하를 갖지 않는다. **환기 열회수(Ventilation heat recovery)**를 사용한다면, 낮/밤과 주중/주말 열부하 수준 사이의 차가 줄어들 것이다.

그림 5.3에는 **시간기록기(Timer)**를 사용한 뚜렷한 환기제어를 시행하지 않는 전형적인 서비스부분 건물(병원)에 대한 값이 있다. 환기제어를 하지 않는 이유는 이 건물의 주요부분에서 하루 24시간, 일주일에 7일 연속적으로 작업이 이루어지기 때문이다. 시간기록기를 사용한 환기제어를 하지 않기 때문에 주중과 주말에 동일한 일일 평균 열부하를 갖게 된다. 시간당 변동은 급탕사용과 환기유량 변화의 조합으로 발생한다.

그림 5.4에는 열부하 중 아침에 큰 첨두부하를 담당할 수 있도록 아주 뚜렷한 **심야 세트백제어(Night setback control)**를 하는 서비스부분 건물(학교)에 대한 값이 있다.

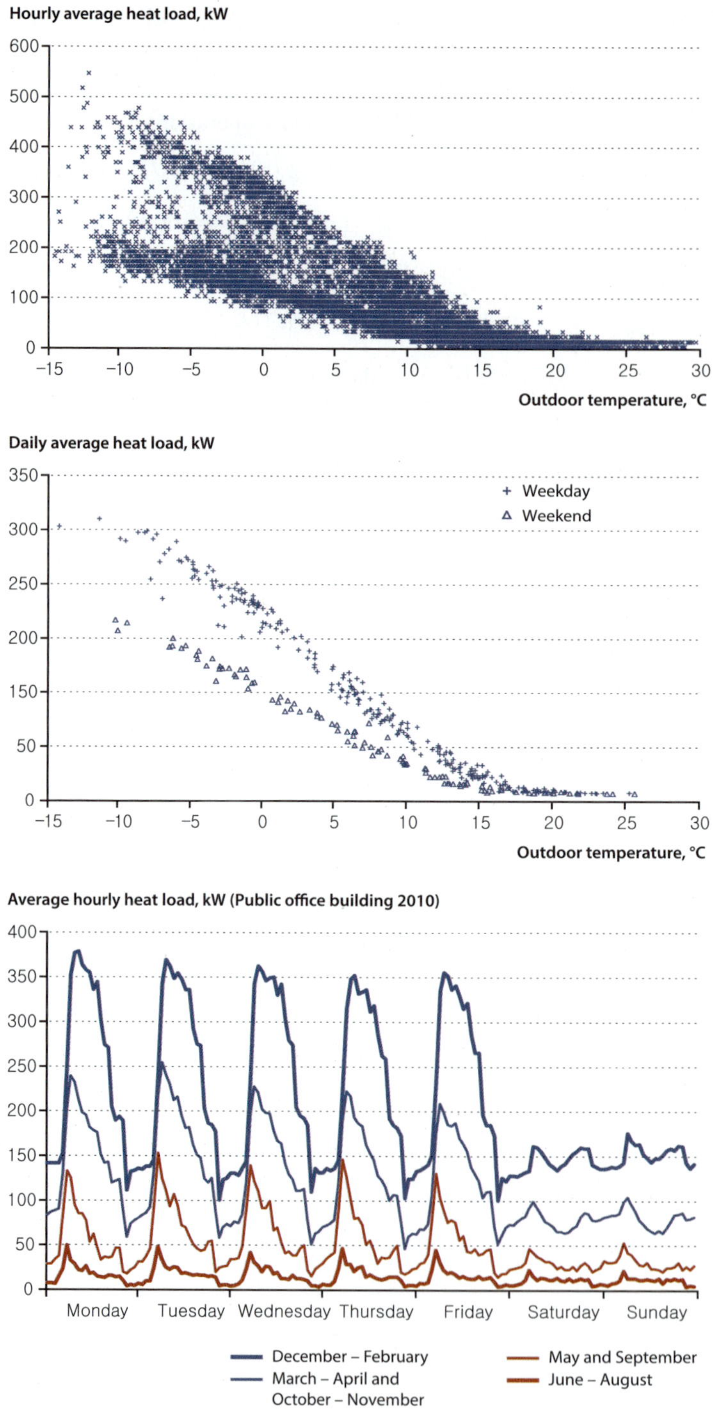

그림 5.2 환기시스템에 대해 뚜렷한 시간기록 운전과 2010년 899 MWh의 열수요를 갖는 전형적인 서비스 부분 건물(공공사무실)에 대한 시간당 열부하, 일일 열부하, 평균 일일변화

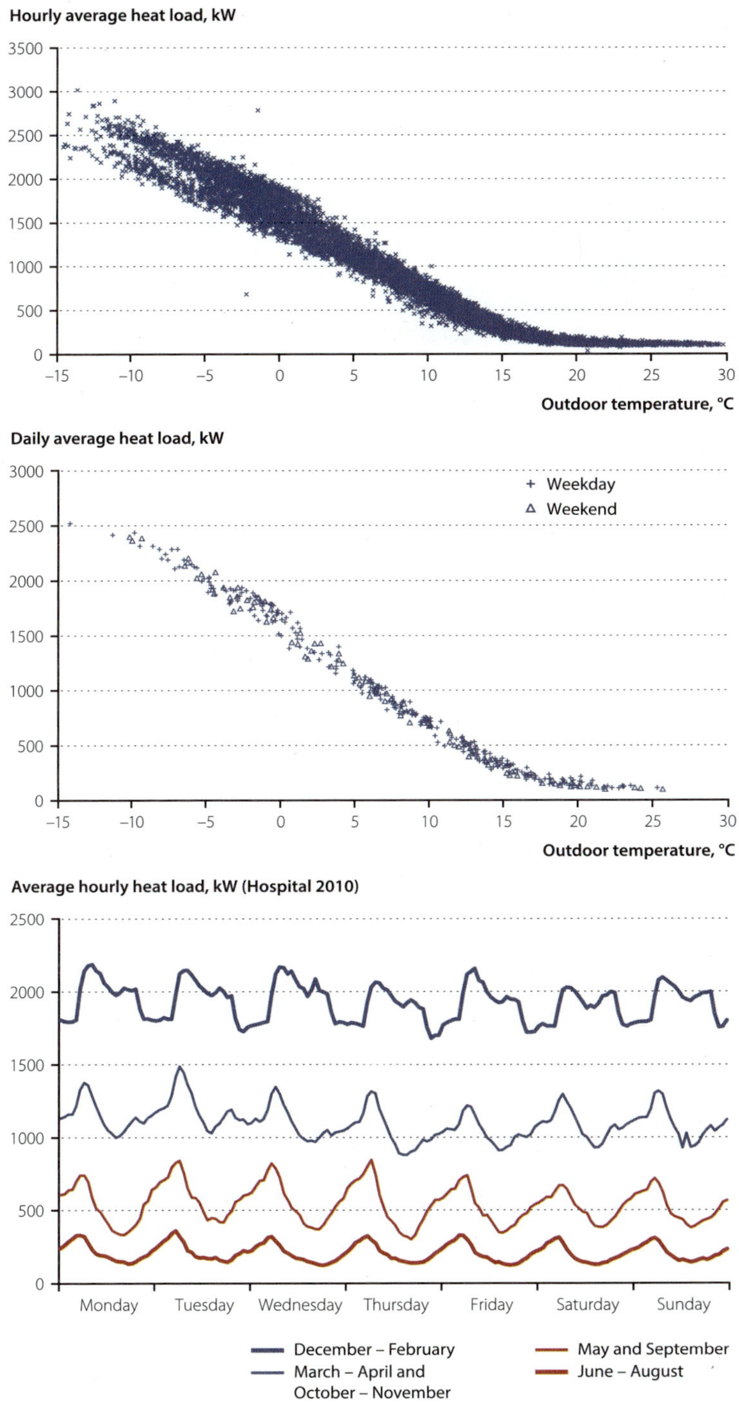

그림 5.3 환기시스템에 뚜렷한 시간기록 운전이 없고 2010년도 8,616MWh의 열수요를 갖는 전형적인 서비스부분 건물(병원)에 대한 시간당 열부하, 일일 열부하, 평균 일일변화

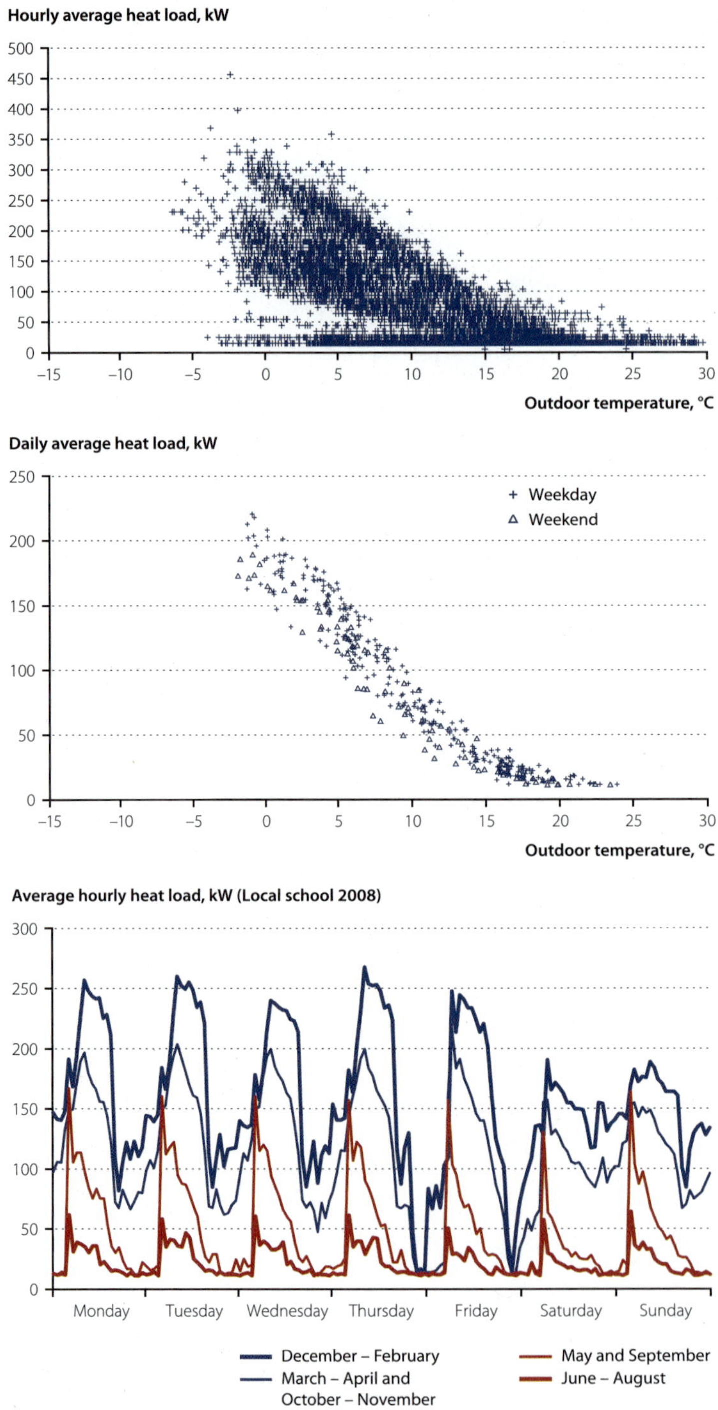

그림 5.4 열부하 중 큰 아침 첨두부하를 담당할 수 있는 뚜렷한 심야 세트백제어기능과 2008년 780MWh의 열수요를 갖는 서비스부분 건물(지역학교)에 대한 시간당 열부하, 일일 열부하, 평균 일일변화

사용자의 제어시스템이 야간에 건물의 운영온도를 낮추고, 난방시스템에 저장되어 있는 열을 빼낸다. 아침에는 첨두부하 시퀀스(Sequence)로 인해 운영온도가 증가한다. 첨두 열부하는 환기시스템이 가동되면 시작되고, 유입되는 공기를 가열하기 위해 더 많은 열을 필요로 한다. 이 제어 방식은 대부분의 계절에서 높은 아침 첨두부하와 낮은 저녁 열부하를 나타내며, 그 결과 지역난방 시스템의 일일부하변화를 증가시킨다. 많은 사용자가 이 같은 제어방식을 사용하면, 아침 첨두부하 시간 동안 모든 사용자에 대한 공급품질이 낮아지게 된다. 심야 세트백제어는 짧은 시간상수를 갖는 낡고, 보온이 잘되어 있지 않은 건물에 대해서만 사용해야 한다. 긴 시간상수를 갖는 잘 보온된 저에너지 건물에 대한 심야 세트백제어는 대부분 별 효과가 없다.

그림 5.5에는 야간에 첨두 열부하가 발생된 특이한 일일변화를 갖는 서비스부분 건물(버스차고)에 대한 값이 있다. 낮 시간에 대부분의 버스들은 운송업무에 투입되지만, 저녁이 되면 차갑고 더러운 상태로 차고에 들어온다. 세차와 공기환기를 위해 필요한 열 모두에 대한 높은 수요는 야간에 첨두 열부하를 발생시킨다. 이런 열부하 상황은 낮 시간에 첨두부하를 갖는 사용자 기계실의 영향을 완화해 시스템의 열부하 다양성을 증가시키기 때문에 지역난방 시스템에 이득이 된다.

이 개략적인 설명에서 이끌어 낼 수 있는 결론은 사용자 열부하 특성은 각 사용자마다 매우 다르게 나타난다는 것이다. 겨울철에는 급탕과 환기시스템이 낮 시간에 필요하므로 낮에 시간당 열부하가 일반적으로 밤에 열부하보다 크지만, 봄과 가을철에는 대부분 그 반대가 된다. 왜냐하면 태양열 복사가 더 커져 낮에 외기온도가 밤에 외기온도보다 훨씬 더 높아지기 때문이다. 아침 첨두부하 바로 뒤에 낮은 오후 열부하가 이어진다. 여름철 열부하는 대부분 급탕을 위한 것으로 급탕사용이 거의 없는 서비스부문 건물은 매우 낮은 열부하가 발생한다. 서비스부문의 열부하는 환기율(Ventilation rate)과 사용시간에 대한 활동범위가 폭넓게 나타나기 때문에 주거용 열부하가 서비스부문보다 더 균일하다. 결론적으로 말해 기계실 열부하에 대한 일반적이거나 표준적인 일일 변화를 밝힐 수 없다.

모든 기계실 열부하는 열공급시설에 의해 충족되는 **총 시스템 열부하(Aggregate system heat load)**로 합쳐진다. 이 총 시스템 열부하는 이번 절에서 사용된 것과 동일한 방법론을 활용해 5.5절에 서술되어 있으며, 여기서 시스템 열부하와 기계실 열부하의 특성을 비교할 수 있다.

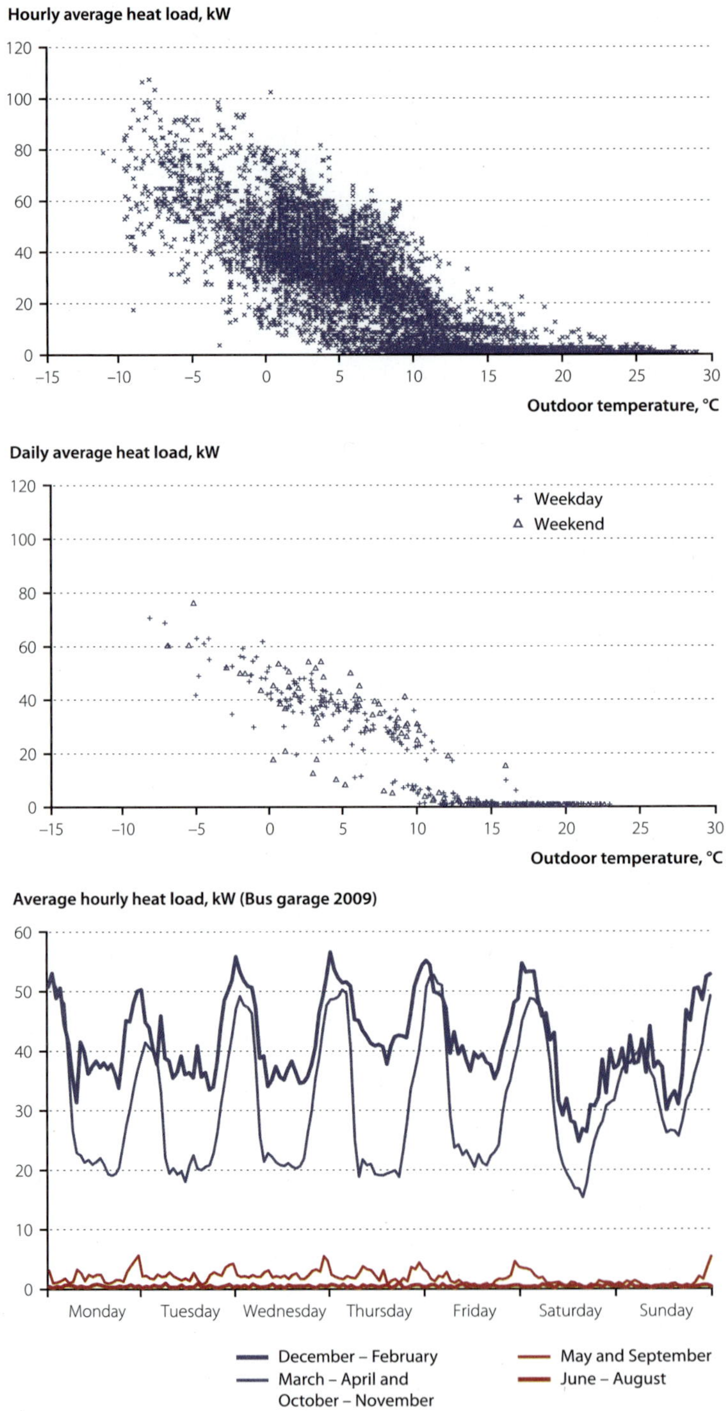

그림 5.5 야간에 큰 열수요를 갖는 서비스부분 건물(버스차고)에 대한 시간당 열부하, 일일 열부하, 평균 일일 변화. 사용자는 2009년 184 MWh의 열수요를 나타냈다.

5.3 **분배 열손실**(Distribution heat loss)

비전문가들이 지역난방에 대해 묻는 가장 흔한 질문 중 하나는 『열공급시설과 사용자 기계실 사이에 있는 분배 배관에서 얼마나 큰 열손실이 발생하는가?』이다. 눈이 약간 쌓이고 외기온도가 대략 0℃인 경우 열손실로 인해 배관 위를 덮은 눈이 녹는 걸 보면 이런 질문을 이해할 수 있다. 봄에 열분배관 위의 잔디는 더 일찍 녹색으로 변한다. 이런 일들은 **분배 열손실**을 아주 시각적으로 보여주고 있다. 손실의 크기는 비즈니스로서 지역난방에 대한 논리적 근거의 견고함에 영향을 주기 때문에, 비전문가들의 이런 질문은 매우 중요하다. 지역난방 역사를 통해 수많은 연구들이 이 문제를 다루었으며, 이들 중 일부는 이 절 끝에 있는 참고문헌 목록에 언급되어 있다.

공급관과 회수관 모두 열손실을 줄이기 위해 보온을 하며, 이 보온재를 어느 정도까지 추가할지는 열공급 온도수준과 비용에 달려있다. 보온에 대한 가장 경제적인 두께는 8.6절에 더 상세히 기술되어 있다.

분배 열손실의 존재로 인해 총 열공급은 사용자 열수요와 분배 열손실의 합으로 구성된다. 열손실 비율이 재활용 또는 생산된 열의 시장가치 중 상당부분을 잃게 된다. 이렇게 높은 열손실은 지역난방의 전체적인 경쟁력을 약화시킨다. 따라서 분배 배관에서의 열손실, 공급유량 방향의 온도손실, 연간 열손실을 계산하고, 열손실에 대한 경제적 가치를 매길 수 있어야 한다. 앞서 언급된 측면들 중 처음 세 가지는 이 절에서 분석하고, 열손실 가치의 문제는 열손실 비용을 계산하는 11.4절에서 논의할 것이다.

5.3.1 열손실 계산(Heat loss calculation)

이 항에서는 열분배 배관에서 발생하는 열손실의 서로 다른 측면에 대한 독자들의 이해를 도모할 수 있도록 **분배 열손실 계산**을 3단계로 구분하고 있다. 첫 번째로 배관 크기와 열손실의 종속관계를 밝히기 위해 지상 단일배관을 분석한다. 두 번째로 지중 매설된 두 개의 분리된 보온 배관이 있는 일반적 상황을 더 자세히 논의한다. 세 번째로 그 밖에 다른 배관형태에 대해 간략하게 언급한다.

지상 단일보온배관에서 발생하는 **열손실 열량**(Heat loss flow) P_{hl}은 배관을 통해 전달되는 열과 비교해 열손실이 작은 경우 팩트박스 5.1에 주어진 식을 사용해 계산할 수 있다. 그 밖에 유량방향 온도강하를 계산에 포함시켜야만 한다.

팩트박스 5.1

지상 단일보온배관에 대한 열손실 계산.

$$P_{hl} = K \cdot \pi dL \cdot (t - t_a) = 2\lambda_i \pi L \cdot (t - t_a) / \ln(D/d) \quad (5.1)$$

여기서,

- K = 바깥쪽 배관 표면에 대한 총 열관류율 [W/m²K]
- λ_i = 보온재에 대한 열전도율 [W/mK]
- t = 배관 내부의 따뜻한 유체 온도 [°C]
- t_a = 주변의 차가운 온도 [°C]
- d = 배관 외경 = 보온재 내경 [m]
- D = 보온재 외경 [m]
- L = 배관길이 [m]

식 (5.1)의 의미는 열손실이 **총 열관류율**(Total heat transmission coefficient)에 비례한다는 것이다. 지상 단일보온배관에 대한 이 계수 값이 그림 5.6에 있으며, 독립변수는 배관 직경과 보온재 두께이다. 보온을 위해 사용되는 재료는 일반적으로 0.03 W/mK의 열전도율을 갖는 **폴리우레탄폼**(Polyurethane foam)이다. **미네랄 울**(Mineral wool)이 보온재로 사용되었다면 열전도율이 대략 0.04 W/mK가 되며 같은 보온두께에서 약간 큰 열손실이 발생하게 된다.

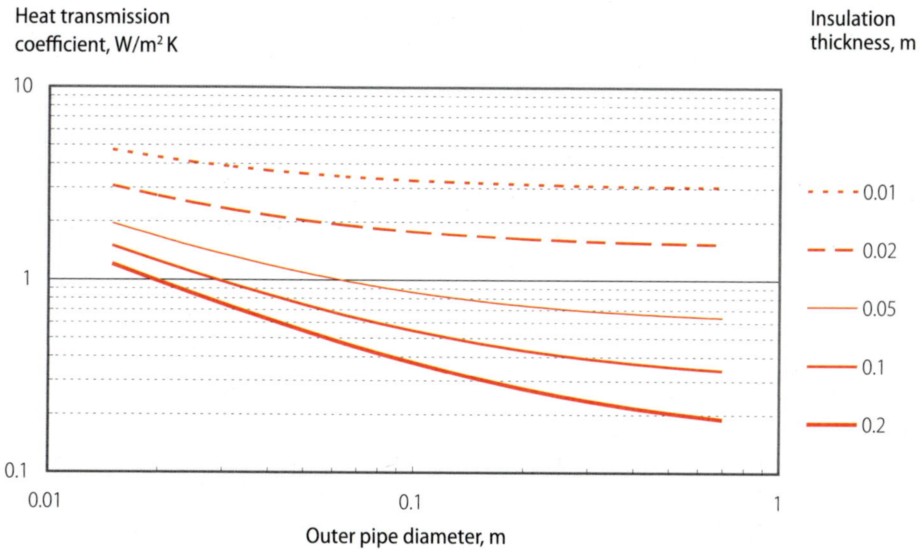

그림 5.6 지상 단일배관에 대한 다양한 배관 크기와 폴리우레탄 보온재 두께에서의 총 열관류율

같은 보온두께를 갖는 소형관에서 총 열관류율이 더 크다는 것을 도표에서 알 수 있다. 이런 이유로 소형관에서 좋은 보온특성을 얻기 어렵다. 총 보온두께가 증가하면 차가운 곳에 노출되는 보온재 외경이 커지기 때문에 이런 현상이 발생하며, 더 커진 노출면적에서 냉각효과가 증가하게 된다. 대형관에서는 배관 외경과 보온재 외경이 비슷하기 때문에 이 냉각효과가 발생하지 않는다. 결과적으로 동일한 배관 보온두께에서 대형관이 좀 더 에너지 효율적이다. 이 기하학적 관계는 단독주택을 포함하고 있는 낮은 열밀도 지역에 주로 사용되는 소형관의 열분배에서 문제가 된다.

두 개의 단일 분배 배관이 쌍으로 지중에 매설된 경우 분배 열손실을 계산하기 위한 식이 팩트박스 5.2에 있다. 몇 가지 다른 보온효과를 다루기 위해 이 계산식들에 **열저항(Heat resistance)**이라는 개념이 사용된다. 열저항은 더하기가 가능하므로, 총 열저항은 모든 개별 열저항의 합과 같다.

분배 배관에 대한 총 열저항은 3가지 주요 요소로 구성된다. **【보온재 저항(Insulation resistance)**, **지면저항(Ground resistance)**, 동시발생 온도장에서의 **상호보완적인 열저항(Complementary heat resistance)】**. 이 세 번째 저항요소는 공급관의 온도장 내에 회수관이 위치해 있기 때문에(그 반대의 경우도 포함) 발생되는 간섭효과의 결과이다. 두 배관의 보온재 저항이 커질수록 지면 저항과 동시발생 온도장에 의한 영향이 감소하게 된다.

팩트박스 5.2

쌍으로 지중에 매설된 배관에서 발생하는 열손실 계산을 위한 계산식, 열전도율의 정의, 기하학적 형상.

공급관과 회수관에 발생하는 총 열유량(Total Heat flow) P_{hl}:

$$P_{hl} = P_{so} + P_{ro} = L\pi d \cdot (\Theta_s + \Theta_r) / (R_i + R_g + R_c) \ [W] \quad (5.2)$$

공급관에서만 발생하는 열유량:

$$P_s = P_{so} + P_{sr} = L\pi d \cdot ((R_g + R_i)\ \Theta_s - R_c \cdot \Theta_r) / ((R_g + R_i)^2 - R_c^2) \ [W] \quad (5.3)$$

회수관에서만 발생하는 열유량:

$$P_r = P_{ro} - P_{sr} = L\pi d \cdot ((R_g + R_i)\ \Theta_r - R_c \cdot \Theta_s) / ((R_g + R_i)^2 - R_c^2) \ [W] \quad (5.4)$$

공급관에서 회수관으로 발생하는 열유량:

$$P_{sr} = L\pi d \cdot (R_c \cdot (\Theta_s - \Theta_r)) / ((R_g + R_i)^2 - R_c^2) \ [W] \quad (5.5)$$

다음 식을 사용해 세 가지 열저항들을 계산한다.

보온재 저항: $R_i = (d/2\lambda_i) \cdot \ln(D/d) \ [m^2K/W]$ (5.6)

지면저항: $R_g = (d/2\lambda) \cdot \ln(4h/D) \ [m^2K/W]$ (5.7)

동시발생 온도: $R_c = (d/2\lambda) \cdot \ln(((2h/s)^2 + 1)^{0.5}) \ [m^2K/W]$ (5.8)

총 열저항은 다음과 같다.

$$R_{tot} = R_i + R_g + R_c \ [m^2K/W] \quad (5.9)$$

여기서 변수의 정의는 다음과 같다.

P_{so} = 회수관으로부터 영향 없이 공급관에서 발생하는 열손실 [W]
P_{ro} = 공급관으로부터 영향 없이 회수관에서 발생하는 열손실 [W]
λ = 지면의 열전도율 [W/mK]
λ_i = 보온재의 열전도율 [W/mK]
Θ_s = $t_s - t_a$ [°C]
Θ_r = $t_r - t_a$ [°C]
t_s = 공급온도 [℃]
t_r = 회수온도 [℃]
t_a = 주변온도(대기/지면) [℃]
L = 한 쌍의 배관에 대한 관로길이(배관길이의 반) [m]
d = 강관의 외경(강관 벽을 통해서는 온도강하가 작게 발생함) [m]
D = 보온재의 외경 [m]
s = 배관 중심 사이의 거리 [m]
h = 배관 중심과 지표면 사이의 거리 [m]

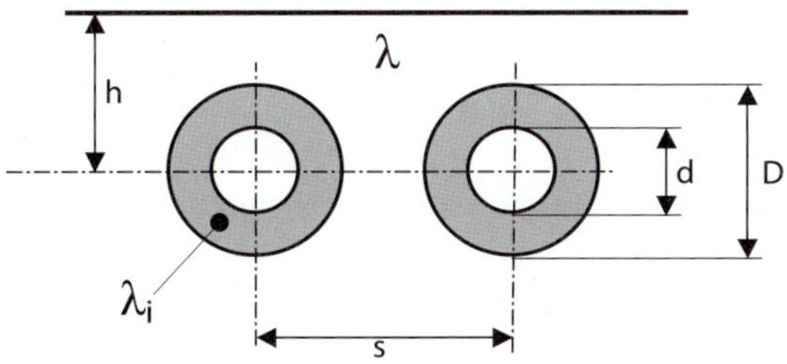

팩트박스 5.2의 계산식에 대한 추가 설명 :

- 일반적인 지면의 열전도율은 보온재보다 상당히 높은 1.5 W/mK이다.
- 연간 분석에서는 주변온도를 연간 외기온도와 동일하게 설정할 수 있다. 왜냐하면 지면온도의 계절적 변화가 배관과 대기 사이의 온도차와 비교해 아주 작기 때문이다.
- 0.5–1 m의 지중 깊이에서 계절적 온도변화는 대략 20%의 진폭 감소와 몇 주간의 시간차를 갖는다. 하지만 이런 현상은 월 단위로는 열손실 계산을 거의 하지 않기 때문에 크게 관련이 없다.

- 유체와 배관 벽 사이의 열저항은 매우 작기 때문에 항상 무시한다. 따라서 열손실 계산에 대한 기준 면적(Reference area)으로 내관의 외경을 사용할 수 있다.
- 일반적으로 대기와 지면 사이의 열저항 역시 무시한다.

한 쌍의 지중매설 보온 배관 외부의 온도

배관 직경: DN 150
보온재 기준: Type III
공급온도: 85℃
회수온도: 45℃
외기온도: 6℃
보온재저항, Ri: 1.8m²K/W
지면저항, Rm: 0.12m²K/W
동시발생 온도, Rs: 0.06m²K/W
총 열저항: 1.98m²K/W

열유량, 공급: 20.4W/m
열유량, 회수: 9.6W/m
열유량, 공급에서 회수로: 0.3W/m
열유량, 공급과 회수: 30W/m

h = 0.66m
s = 0.52m

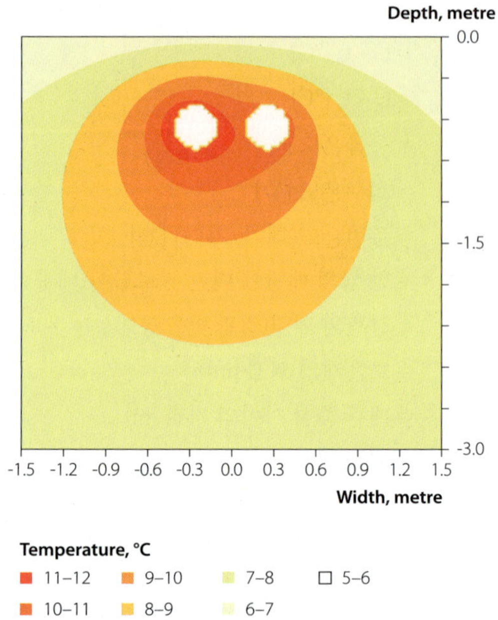

그림 5.7 왼쪽에 공급관이 있는(열공급 플랜트를 등지고 왼쪽차선을 나타냄) 두 분배 배관 주변 지면온도 계산. 열전도율 외에 분석에 필요한 조건과 계산 값이 그림에 주어져 있으며, 열전도율은 배관 보온재(폴리우레탄) 0.03W/mK, 지면 1.5W/mK를 적용하였다. 출처: 스벤 베르너(Sven Werner), 자신의 시뮬레이션 모델

공급관과 회수관 주변의 시뮬레이션된 온도장이 그림 5.7에 있다. 선택한 보온재 기준이 높기 때문에, 지면저항과 동시발생 온도장에 대한 저항이 총 열저항의 단지 10%에 불과하다. 따라서 배관으로부터 외부환경까지 온도변화 중 90%는 배관 보온재에서 발생한다. 배관 외관(Casing) 외부에 가장 높은 지중온도는 대략 12℃ 정도이다.

트윈-파이프(Twin-pipe, 또는 동의어로 **더블-배관**(Double-pipe)이라고도 함)는 하나의 외관으로 된 공통의 보온재에 두 개의 배관이 있는 경우를 말한다. 이 배관 배열에서 강조되는 기본개념은 공급관에 의해 만들어지는 온도장 인근에 회수관을 놓는 것이다. 이런 상황에서는 동시발생 온도장으로 인한 열저항이 커지게 되며, 회수관에서 발생하는 열손실을 크게 줄일 수 있다. 트윈-파이프의 시공은 소형관에 적합하다. 낮은 열밀도 지역에서 트윈파이프를 사용하면, 보통 높은 열손실을 30–40% 정도 줄일 수 있다.《Böhm과 Kristjansson 2005》가 트윈-파이프에 대한 분석을 수행하였다. 트윈-파이프 계산식은 훨씬 복잡해서 이 책의 범위를 벗어난다. 관심이 있는 독자는《Wallenten 1991》에서 더 자세한 내용을 찾을 수 있다.

콘크리트 덕트 내 분배 배관과 같은 그 밖에 다른 조건에 대한 식들은 5.3절 끝단 참고문헌 목록에 있는 저술에서 찾을 수 있다.

5.3.2 각각의 유량방향에서 온도강하 (Temperature drop in the respective direction of flow)

분배 열손실로 인해 공급유량과 회수유량 모두 각각의 유량방향에서 약간의 열이 손실된다. 이런 현상은 열손실과 비교해 열수요가 작은 여름철에 주로 발생한다. 높은 공급온도로 인해 공급유량 열손실이 더 크기 때문에 공급유량에서 온도강하가 항상 더 크게 발생한다. 팩트박스 5.3에 온도강하에 대한 계산식이 있다. 이 식은 소형관에서 온도강하가 더 크다는 사실을 나타내고 있다. 왜냐하면 배관 직경이 방정식의 분모에 있고 (그림 5.6에서 알 수 있듯이)소형관에서 열관류율이 더 높기 때문이다. 이 온도강하 식에서 배관마찰로 인한 작은 온도 증가는 무시한다. 하지만 대형관에서는 **상대 열손실(Relative heat loss)**이 매우 작기 때문에, 정상 부하상태의 대형관은 배관마찰로 인한 온도증가가 배관 열손실보다 더 크다.

동절기 열부하에 대한 일반적인 공급온도 강하는 대략 1–2℃정도 이며, 이 온도는 열공급시설과 평균적인 기계실들 사이의 공급온도 차에 해당된다. 상응하는 여름철 온도강하는 대략 5–10℃정도 된다.

팩트박스 5.3

분배 열손실로 인해 발생되는 유량방향의 공급온도 강하에 대한 계산식.

계산에서 자체 온도강하는 공급관과 대기온도 사이의 온도차와 비교해 작기 때문에, 이 식은 자체 온도강하를 무시한다.

$$\Delta t_s = -4 \cdot K \cdot L \cdot d_o \cdot (t_s - t_a) / (v \cdot d_i^2 \cdot \rho \cdot c) \tag{5.10}$$

변수의 정의는 다음과 같다.

Δt_s = 두 교차점 사이에서 공급유량의 온도강하 [℃]
K = 열관류율, 배관 외부표면(Outer pipe surface)과 관련됨 [W/m^2K]
L = 교차점들 사이의 배관길이 [m]
t_s = 공급온도 [℃]
t_a = 주변온도 [℃]
v = 유속 [m/s]
d_i = 배관 내경 [m]
d_o = 배관 외경 [m]
ρ = 난방수 밀도 [kg/m^3]
c = 난방수에 대한 비열용량(Specific heat capacity) [J/kgK]

하지만 분배 네트워크에서 가장 주변부에 있는 사용자 기계실은 여름밤에 20℃의 온도강하가 발생할 수도 있다. 이렇게 큰 온도강하는 낮 시간 열사용으로 배관 내 유속이 다시 증가하는 아침에 감소하게 된다.

5.3.3 연간 열손실(Annual heat loss)

지역난방 시스템의 **상대 분배 열손실(Relative distribution heat loss)** 계산 시 정의에 따라 연간 열손실 Q_{hl}은 항상 분배 네트워크에 대한 열공급시설로부터의 **연간 열유입(Annual heat input)** Q와 비교된다. 이런 방식은 에너지과학 분야에서 사용되는 모든 표준효율 및 손실계산과 동일하다. 상대 열손실 계산 시 분배 열손실을 **연간 열판매량(Annual heat**

sale)과 비교해서는 안 된다. 팩트박스 5.4로부터 분배 열손실의 연간 비율 q_h를 계산할 수 있다.

식 (5.13)에서 네트워크로의 연간 열공급을 알고 있을 경우 첫 번째 식을 사용하며, 사용자에게 판매된 연간 열량을 알고 있는 경우 두 번째 식을 사용한다. 표 5.2에 연간 분배 열손실 비율의 계산에 사용되는 일반적인 변수 값들이 있다.

팩트박스 5.4

열분배 손실의 연간비율에 대한 기본 계산식.

$$q_{hl} = Q_{hl}/Q \text{(정의에 의함)} \tag{5.11}$$

$$\text{여기서, } Q_{hl} = K \cdot 2\pi d_a L \cdot G \tag{5.12}$$

위 식들로부터 다음이 주어진다.

$$q_{hl} = K \cdot 2\pi d_a \cdot G / (Q/L) = 1/(1+ (Q_s/L)/(K \cdot 2\pi d_a \cdot G)) \tag{5.13}$$

변수의 정의는 다음과 같다.

K = 총 열관류율, 유효평균 [W/m^2K]
d_a = 평균 배관직경, 배관길이에 대한 유효평균 [m]
G = 열분배에 대한 도-시간 수, 평균 분배 온도차의 연간 적분값,
$\Theta = (\Theta_s + \Theta_r)/2$ [°Cs]
Q = 연간 열공급시설에서 분배 네트워크로 공급되는 열량 [J]
Q_s = 연간 사용자에게 판매되는 열량 [J]
L = 한 쌍의 배관에 대한 관로길이(일반적으로 배관길이의 반에 해당됨) [m]
Q_s/L = 선형열밀도 [J/m]

표 5.2 상대 열분배 손실의 변수에 대한 전형적인 스웨덴 변수 값

	열관류율 W/m^2K	평균 배관직경 m	열분배에 대한 도-시간 수 ℃h	선형열밀도 GJ/m
스웨덴 평균 DH시스템	0.8-1.0	0.14	520,000	10-15
신축건물	0.5-0.6			
주배관		0.20-0.25		
고온수준			650,000	
저온수준			450,000	
아주 낮은 온도수준			350,000	
효율적인 분배 시스템				50-70
저밀지역	1.3-2.2	0.03-0.05		2-5
트윈파이프를 설치한 저밀지역	0.9-1.3			

팩트박스 5.4에서 중요한 점은 **연간 상대 열손실(Annual relative heat loss)**이 4가지 변수에 의존한다는 것이다.【보온재 저항에서 발생하는 총 열관류율, 평균 배관직경, 분배 온도수준(열분배에 대한 도-시간 수), **선형열밀도(Linear heat density)**】. 여기서 가장 중요한 변수가 선형열밀도이다. 왜냐하면 선형열밀도는 서로 다른 시스템뿐만 아니라 개별 시스템의 여러 부분에서도 큰 차이를 보이기 때문이다. 특히, 소도시와 단독주택이 있는 교외지역과 같이 열밀도가 낮은 지역의 선형열밀도는 낮게 나타나며, 높은 상대 열손실로 이어진다.

서유럽과 북유럽에서 일반적인 지역난방 시스템의 전형적인 상대 열손실은 8–15%이다. 동유럽의 경우 낮은 선형열밀도와 보온품질 때문에 상응하는 수준은 대략 15–25%이다. 하지만 동유럽에서 분배 네트워크를 재구축할 경우 이런 지정학적 차이는 사라질 것이다. 인구가 아주 밀집된 도시에서는 5–8%에 도달할 수 있으며, 반면에 열밀도가 낮은 지역은 15%에서 35% 사이의 상대 열손실이 발생할 수도 있다.

참고문헌

Zühlke H, Wärmeübertragungsverluste in Wassernetzen(Heat transfer losses in water networks), Auswertung der AGFW Fernwärmestatistik 1968–1974(Evaluation of district heating AGFW Statistics 1968–1974). Fernwärme International 5(1976) : 6, 193–198.

Zeitler M, Berechungsverharen zur Bestimmung des Wärmeverlustes von verschiedenen Verlegesystemen Erdverlagter Rohrleitingen(Calculation method for determining the heat loss of various laying systems buried pipelines). Fernwärme International 9(1980) : 3, 170–179.

Werner S, Annual heat losses in district heating networks. Fernwärme International 11(1982) : 6, 413–416.

Hagentoft C–E, Simulation of heat losses and ground temperature for district heating culverts. Swedish Council for Building Research, Document D16 : 1986.

Jarfelt U, Test Apparatus for Pipe Insulation. Dissertation, Division of Building Technology, Chalmers University of Technology, Göteborg 1986.

Wallenten P, Steady–state Heat Loss from Insulated Pipes. Report TV BH–3017, Department of Building Physics, Lund University. Lund 1991.

Jönsson B, Zinko H, Quantative heat loss analysis of heat and coolant distribution pipes by means of thermography. IEA DHC implementing agreement report 1993 : P8.

Borgström M, Determination of the thermal conductivity of the insulation in district heating mains. Dissertation. Department of Building Physics, Chalmers University of Technology, Göteborg 1994.

Zinko H et al, Quantative heat loss determination by means of infrared thermography – the TX model. IEA DHC implementing agreement report 1996 : N4.

Böhm B, Heat losses from buried district pipes. Dissertation, Polyteknisk Press, Lyngby 1999.

Böhm B, Kristjansson H, Single, twin and triple buried heating pipes : On potential savings in heat losses and costs. International journal of energy research 29(2005), 1301–1302.

Schmitt F, Hoffmann H–W, Göhler T, Strategies to Manage Heat Losses–Technique and Economy. IEA DHC implementing agreement report 8DHC–05.07. 2005.

Hlebnikov A, Siirde A, The major characteristic parameters of the Estonian district heating networks and their efficiency increasing potential. Energetika 54(2008) : 4, 67–74.

5.4 분배 네트워크에서 열부하와 냉방부하 (Heat and cold load in distribution network)

분배 네트워크 내 기계실과의 특정 접점에서 분배 또는 전달되는 열력 P_d에 대한 기본 방정식은 다음과 같다.

$$P_d = \text{질량유량} \cdot \text{물의 비열용량} \cdot (\text{공급온도} - \text{회수온도}) \quad (5.14)$$

전달되는 열은 항상 **질량유량(Mass flow rate)**과 온도차의 결합이기 때문에, 이 단순한 식이 물을 사용한 모든 형태의 지역난방과 지역냉방 네트워크 운영에 기반이 된다.

회수 질량유량은 분배 네트워크와의 접점 뒤에 위치한 모든 기계실 제어밸브를 통해 공급되는 합계 질량유량이다. 네트워크가 **트리구조(Tree structure)**를 갖는다면 공급 질량유량은 항상 회수유량과 동일하다. 분배배관이 서로 연결된 **그물망 구조(Meshed structure)**인 경우에도 회수유량과 공급유량이 일반적으로 동일하다. 하지만 그물망 네트워크에 순환펌프가 (공급관 또는 회수관 둘 중 하나에서)가동 중에 있다면, 특정 접점에서 공급과 회수 질량유량 사이에 약간의 불일치가 발생할 수 있다.

공급온도는 열 또는 냉방공급 설비에 의해 설정/전달되며, 반면에 회수온도는 (수요방향에서)분배 네트워크와의 접점 뒤쪽에 위치한 기계실로부터 발생하는 모든 회수온도의 **유효평균(Effective average)**이다.

팩트박스 5.5

기본적인 열과 냉방 전달 식.

$$P_d = \dot{m}c(t_s - t_r) \quad (5.15)$$

$\dot{m}$ = 질량유량 [kg/s]

c = 평균 온도에서 물의 비열용량 [J/kgK]

t_s = 공급온도 [℃]

t_r = 회수온도 [℃]

이 방정식은 모든 지역난방과 지역냉방 시스템의 기본적인 열전달과 분배 메커니즘을 설명한다. 지역난방과 지역냉방 사이의 유일한 차이점은 분배온도로 나타나는 열전달 방향에 있다. 난방 시스템에서는 공급온도가 회수온도보다 높으며, 열전달 방향이 열공급시설에서 사용자 기계실로 형성된다는 것을 의미한다. 냉방 시스템에서는 공급온도가 회수온도보다 낮으며, 사용자 기계실에서 열공급시설로 열전달 방향이 형성된다는 것을 의미한다.

지역난방 시스템에서 공급온도는 회수온도보다 높으며, 공급유량의 방향과 동일하게 열전달이 이루어진다. 따라서 열은 중앙집중식 열공급시설에서 사용자 기계실로 전달된다. 열공급시설은 네트워크에 열을 공급하며, 사용자 기계실에서 열이 제거된다. **냉각 전달방향**(Cooling transfer direction)은 열공급시설로 되돌아오는 회수유량과 동일한 것으로 이해할 수 있다. 결과적으로 CHP 플랜트의 전기 생산, 폐기물 소각로, 산업공정과 같은 전형적인 시너지 공정에 대한 냉각 시스템으로 사용자 열수요를 설명할 수 있다.

지역냉방의 경우 공급온도가 회수온도보다 낮으며, 이는 회수유량과 동일한 열전달 방향을 나타낸다. 결과적으로 열은 사용자 기계실에서 중앙집중식 냉방공급시설로 전달된다. 열은 사용자 기계실에서 네트워크로 공급되며, 중앙집중식 냉방공급시설에서 제거된다. **냉기 전달방향**(Cold transfer direction)은 사용자 기계실로 향하는 공급유량과 동일한 것으로 이해할 수 있다.

지역난방과 지역냉방 시스템은 보통 다양한 공급온도와 질량유량으로 운전되며, 고정 전압에서 전류를 변화해 가동되는 전기 네트워크보다 **자유도**(Degree of freedom)가 1만큼 더 높다. 제10장에서는 질량유량, 네트워크 온도, 난방 시스템 제어체계 사이의 상호작용을 주로 다루며, 열과 냉기 분배의 좀 더 실질적인 측면은 제8장에서 주로 논의한다.

5.5 열공급시설 후단의 합계열부하 (Aggregate heat load after heat supply unit)

열공급시설은 반드시 **합계열부하**를 충족시켜야 한다. 열재활용과 열생산에 기반을 둔 다양한 형태의 서로 다른 열원들을 사용해 합계열부하에 대한 공급이 이루어지며, 이는 열공급에 대한 시스템 수준의 조정을 필요로 한다. 동시에 난방시스템이 경쟁력을 갖추기 위해서는 열공급 비용을 최소화해야 한다. 전략 및 운영 계획단계에서 사용자 기대, 공급조정, 비용효율의 여러 상황을 모두 고려해야 한다. 이 계획단계에서 중요한 입력변수가 열공급시설 후단의 합계열부하의 성질이다. 이 절에서는 다음의 5가지 필수 특성을 설명하고 있다.

- 계절적 열부하 변화
- 열부하의 날씨 의존성
- 일일 열부하 변화
- 단기 열부하 예측

이 절에서는 스웨덴 헬싱보리(Helsingborg) 사례를 통해 합계열부하를 보여주고 있다. 2010년 말 이 도시에는 129,000명의 인구가 살고 있었으며, 이 중 96%가 도심지역에 거주하고 있었다. 일반적인 연간 외기온도는 대략 8℃이며, 지역난방을 위한 극한 외기온도는 −16℃로 계산되었다. 2010년에 지역난방 시스템은 363MW의 시간당 첨두부하를 나타냈으며, 총 4,207TJ의 열을 네트워크에 공급했다. 상응하는 사용자 판매열부하는 3,715TJ이며, 상대 연간 분배열손실은 11.7%였다. 헬싱보리 단독주택의 38%가 지역난방 시스템으로 공급되기 때문에 열손실 비율이 일반적인 평균 시스템의 열손실보다 약간 높게 나타났다.

북유럽 열부하 사례를 들었기 때문에 제시된 열부하 정보가 다른 유럽지역에 그대로 적용되는 것은 아니다. 하지만 열부하 정보를 검토하고 설명하는 과정은 동일하다는 점을 이해하는 것이 중요하다. 경쟁력 있는 지역난방 관리자가 되려면 이 내용을 반드시 숙지해야 한다.

5.5.1 계절적 열부하 변화(Seasonal heat load variation)

계절적 열부하 변화는 겨울철이 여름철보다 더 춥다는 단순한 사실에 기인하며, 초가을에서 늦봄까지 난방계절에 난방공급이 집중된다.

1년 동안 이런 변화의 예가 **연속 열부하 도표**(**Consecutive heat load diagram**, 때로는 단순히 열부하 곡선(Heat load curve)이라고 함)로 그림 5.8에 있다. 일일 평균 열부하 변화는 주로 외기온도의 변화로부터 발생한다. 날씨를 정확히 예측할 수 없는 상황에서 난방 운용상 중요한 문제점 중 하나가 발생한다. 즉, 열공급 아니면 연료공급에 대해 정확한 계획수립이 불가능하다는 것이다. 그러므로 연료담당자는 동절기 한파에 대비해 단기 여유분을 비축할 필요가 있다. 따뜻한 날씨가 지속되면 단기 여유분이 증가하게 된다.

그러나 연속 열부하 도표는 3가지 주요 계획과정 중 하나인 **비용 최적화**(**Cost optimisation**)에 대해서는 적합하지 않다. 그 대신 그림 5.9에 있는 **열부하 지속시간 도표**(**Heat load duration diagram**)를 사용한다. 이 도표는 시간당 또는 일일 열부하를 내림차순으로 정렬하며, 연중 가장 높은 열부하(겨울철 첨두부하)는 왼편에, 가장 낮은 열부하(여름철 밤)는 오른편에 위치한다. 이 도표가 비용 최적화에 사용되는 표준 도표이며, 최적화 방법은 11.3절에 있다.

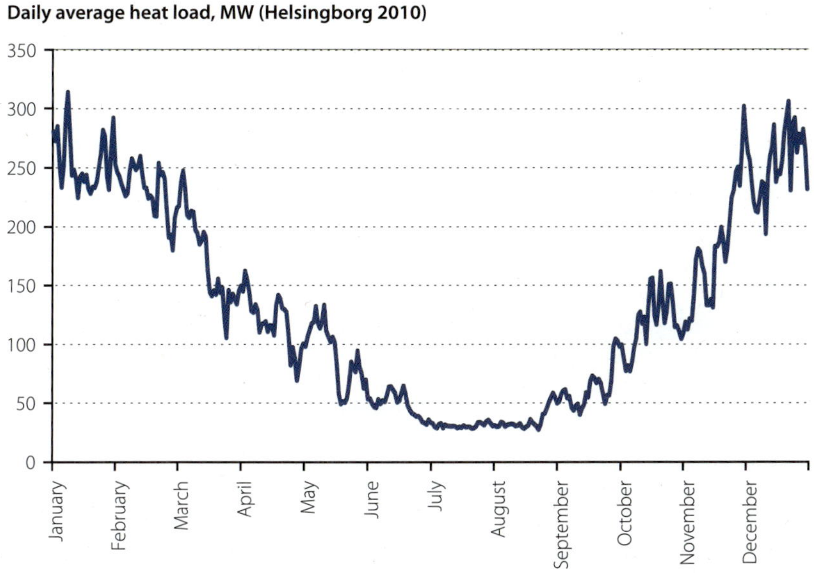

그림 5.8 헬싱보리 지역난방 시스템에 대한 2010년 연속 열부하 도표

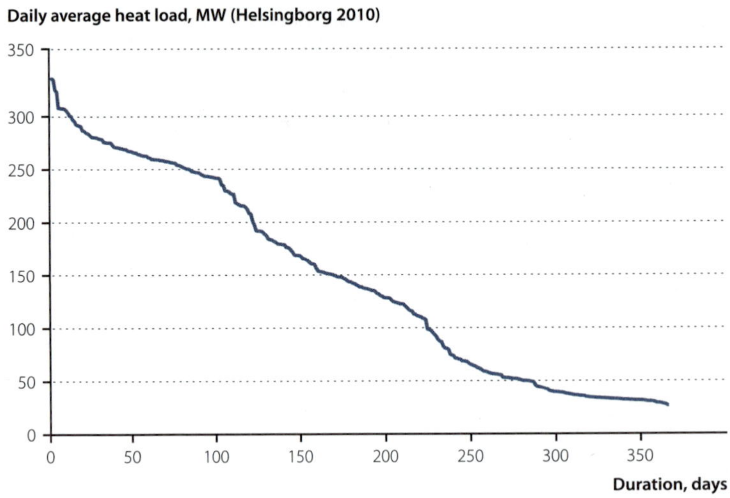

그림 5.9 헬싱보리 지역난방 시스템에 대한 2010년 열부하 지속시간 도표

지속시간 도표의 모양은 실제 날씨조건 때문에 매년 달라진다. 2010년 헬싱보리에 대한 지속시간 도표의 예는 길고 추운 동절기를 갖는 추운 해를 나타내고 있으며, 도표에 있는 곡선 형태는 대략 110–120지속일(Duration day)에서 약간의 추가 열부하를 보이고 있다. 계획과정을 위해서는 장기 지속시간 도표를 사용해야 하며, 20년의 시뮬레이션에 근거한 지속시간 도표가 그림 5.10에 있다.

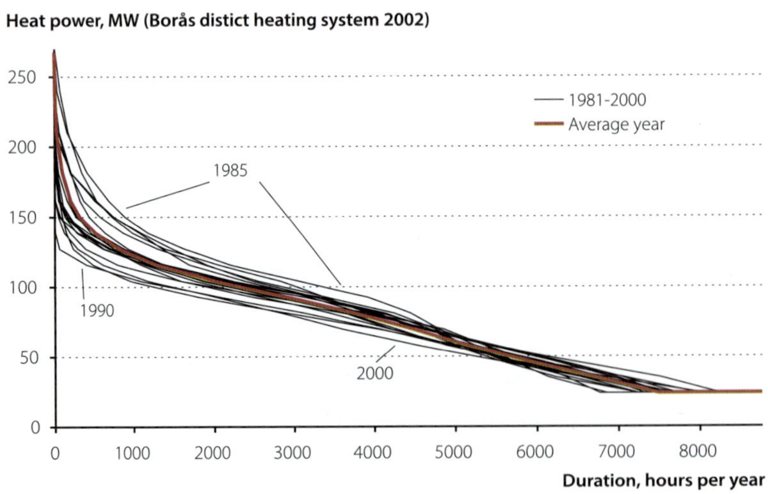

그림 5.10 보로스(Borås) 지역난방 시스템에서 2002년 열력특성을 반영한 1981-2000년 동안의 열부하 지속시간 도표 시뮬레이션 결과. 1990년과 2000년의 따뜻한 해와 1985년의 추운 해가 함께 표시되어 있다.
출처: 보로스 에너지(Borås Energy)

지속시간 도표에 평균곡선과 연도별 곡선이 모두 표시되어 있다. 연간 변화는 2,000–3,000지속시간에서 상당히 크게 발생하며, 지속시간 도표의 이 면적은 열공급 투자에 대한 불안정한 상황을 나타낸다.

5.5.2 열부하의 날씨 의존성(Heat load weather dependence)

그림 5.11에 **시스템 열력특성(System heat power signature)**을 활용해 열부하의 **날씨 의존성**을 보여주고 있다. 열력특성은 열부하 값과 상응하는 외기온도를 조합해 산출된다. 이 경우에는 계절적 변화를 보여주기 위해 일일 평균값을 사용했으며 각각의 점은 하루를 나타낸다.

4.1절에서 강조했듯이, 이 도표는 난방에 대한 열수요와 외기온도 사이에 존재하는 선형적 상호 의존성을 명확히 보여주고 있다. 하지만 일일 값이 도표에 붉은선으로 표시된 평균값과 완전히 일치하지는 않는다. 평균값과의 편차는 태양열 취득, 풍속냉각, **순간 열부하**(Transient heat demand)로 인해 발생한다.

창문을 통한 태양열 취득은 8℃–16℃사이에서 일어나며, 평균 열력특성을 나타내는 선의 값보다 시스템 열부하를 더 작게 만든다. 결과적으로 태양열 취득은 난방계절을 더

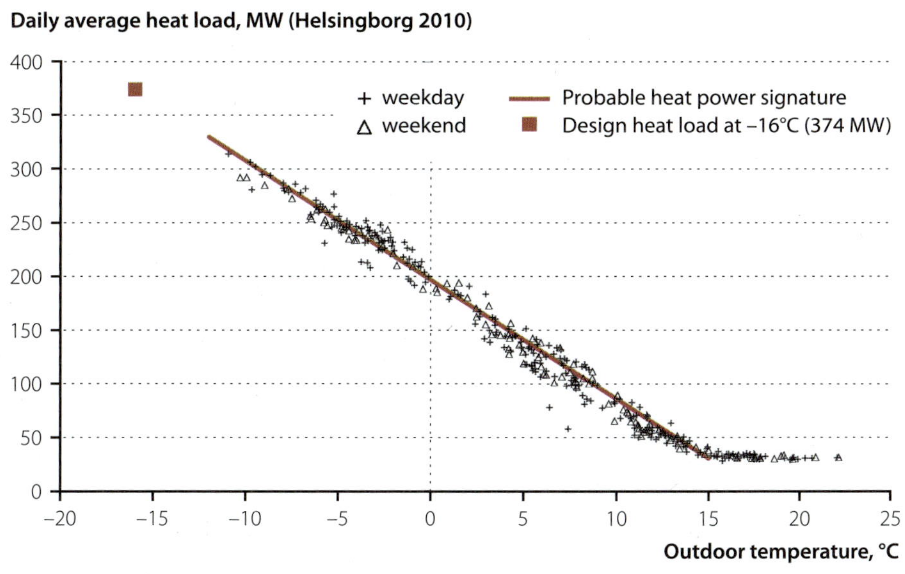

그림 5.11 헬싱보리 지역난방 시스템 사례에 대한 2010년도 일일 평균 외기온도와 일일 평균 열부하에 상응하는 값을 기반으로 한 시스템 열력특성

짧게 하며, 이것이 도-일 계산 시 **임계온도(Threshold temperature)** 사용에 대한 현실적인 설명에 해당한다.

풍속냉각은 비기밀적인 건물의 창문과 벽으로 들어오는 바람에 의한 자연환기를 통해 이루어진다. 기밀성이 좀 더 좋아질 미래 건물에서는 풍속냉각이 줄어들 것이다. 풍속냉각 추가량은 도표의 −4℃~−8℃사이 평균선 위 열부하에서 찾을 수 있다. 바람에 의한 자연환기가 따뜻한 공기를 차가운 공기로 대체하기 때문에 풍속냉각 추가량은 풍속과 실내/외기 온도차의 곱에 대략적으로 비례한다.

순간 열부하는 외기온도 변화와 상응하는 열부하 변화 사이의 시간지연에 의해 발생한다. 이 시간지연은 온도파동이 건물 벽면을 관통해 **열관류 유량(Heat transmission flow)**을 변화시키는 데 소요되는 시간에 의해 일어난다. 환기율이 상당히 높기 때문에 아주 짧은 시간지연은 환기시스템에 기인한다. 양의 순간 열부하는 풍속냉각 추가량과 함께 평균선 위에 나타난다. 계속되는 한파로 건물 벽면이 차갑기 때문에 열수요가 더 커진다. 따뜻한 날이 지속되는 와중에 추운 날 발생하면 건물 외벽이 약간의 열을 저장하고 있음으로 순간 열부하가 열부하를 더 적게 만든다. 외기온도 −5℃ 이하에서 여기에 해당되는 날을 찾을 수 있다.

열력특성을 나타낸 선을 설계 외기온도로 외삽해 **시스템 설계열부하(System design heat loads)**를 계산할 수 있다. 설계조건 하에서 설계기간 마지막에 어떤 순간 열부하도 없이 적어도 5일의 기간을 고려해야 하기 때문에 순간 열부하의 영향을 고려하지 않고 설계 열부하를 계산한다.

그림 5.12에는 시간당 열부하를 기반으로 한 열부하 날씨 의존성과 일일 열부하 변화의 관계가 있다.

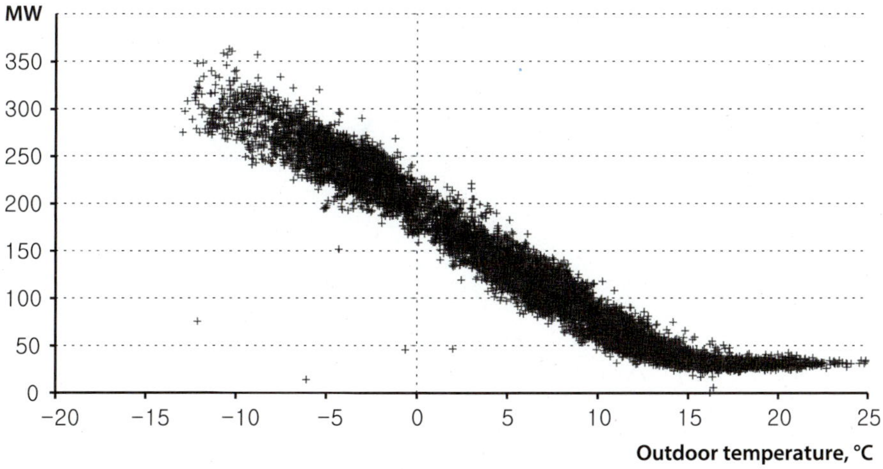

그림 5.12 2010년 헬싱보리 지역난방 시스템의 사례에서 시간당 평균 외기온도와 상응하는 시간당 평균 열부하 값을 기반으로 한 시스템 열력특성

5.5.3 일일 열부하 변화(Daily heat load variations)

일상적인 인간 활동과 날씨변동에서 발생하는 **일일 열부하 변화**가 계절적 부하 변화를 보완하고 있다. 낮 시간 온수사용, 환기시스템의 간헐적 운영, **심야 세트백제어**에 의한 낮은 실내온도는 밤의 열부하와 비교해 낮의 열부하를 증가시키는 인간 활동의 예이다. 어느 정도 낮은 야간 온도는 정상적인 날씨 현상을 나타내며, 비정상적인 약간의 추가 야간 난방 열수요를 야기하기도 한다.

전형적인 일일 열부하 변화가 그림 5.13에 요약되어 있다. 변화에 대한 곡선들은 4가지 서로 다른 계절을 나타낸다.

- **겨울(12월–2월)**: 열부하가 낮 시간에 확연히 커지며, 정오쯤에는 열부하가 낮아지는 경향을 보인다. 가장 낮은 열부하는 항상 야간에 나타난다.
- **초봄/늦가을(3월–4월, 10월–11월)**: 더 많은 낮 시간 태양열 취득이 낮 시간에 좀 더 확연한 이중 피크를 만들어 내며, 오전에 하나 이른 저녁에 또 다른 하나가 발생한다. 주말에는 낮은 낮 시간 피크가 발생하는 것을 알 수 있다.
- **늦봄/초가을(5월, 9월)**: 확연한 피크는 오전에만 발생하며 주말에는 큰 변화가 없다. 가장 낮은 열부하는 정오 이후에 발생한다.
- **여름(6–8월)**: 일일 열부하 변화가 거의 없음을 알 수 있다.

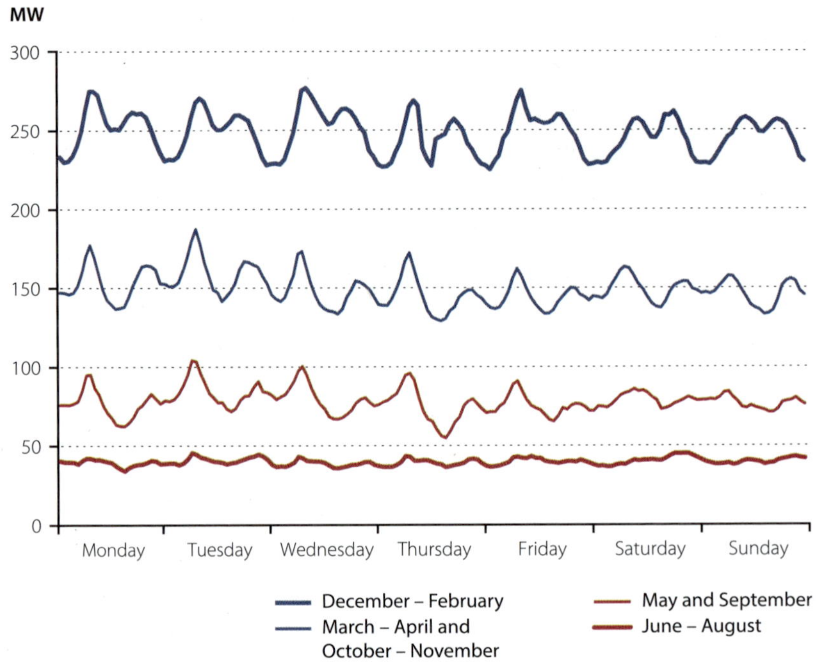

그림 5.13 2010년도 사계절 동안 헬싱보리 지역난방 시스템의 전형적인 일일 부하 변화

날씨에 급격한 변동 및 운영인력 변경에 의한 **동적열부하**(**Dynamic heat load**)도 실제 일일 변화에 영향을 주며, 이는 공급온도 변화로 이어진다. 10.5절에서 이러한 영향을 더 자세히 논의한다.

북유럽의 일일 열부하 변화에 대한 앞선 사례로부터 알 수 있는 결론은 일일 열부하 변화가 계절적 변화에 비해 작다는 사실이다. 《Gradd와 Werner 2010》에 따르면, 전달되는 연간 열부하의 약 5%만이 일일 평균 열부하를 상회한다. 따라서 계절적 변화가 연간 열부하 변화를 지배한다. 이런 이유로 북유럽 지역난방 시스템은 일일 열부하 변화를 균등화하기 위한 소형 축열조를 필요로 한다.

앞서 언급했듯이 특정 국가(이탈리아와 스페인)에서는 야간에 열수요를 완전히 차단(완전 야간 세트백제어)하는 것이 흔한 방식이다. 수요 측면에서 이런 극단적인 사례는 여기서 제시한 변화보다 훨씬 더 큰 일일 열부하 변화를 유발한다.

다른 에너지 시스템에서는 일일 부하 변화가 다르게 나타난다. 그림 5.14에 스웨덴 전체 전기 시스템의 일일 부하 변화가 있다. 주중과 계절 모두에서 이 일일 부하 변화는 좀 더 규칙적이다.

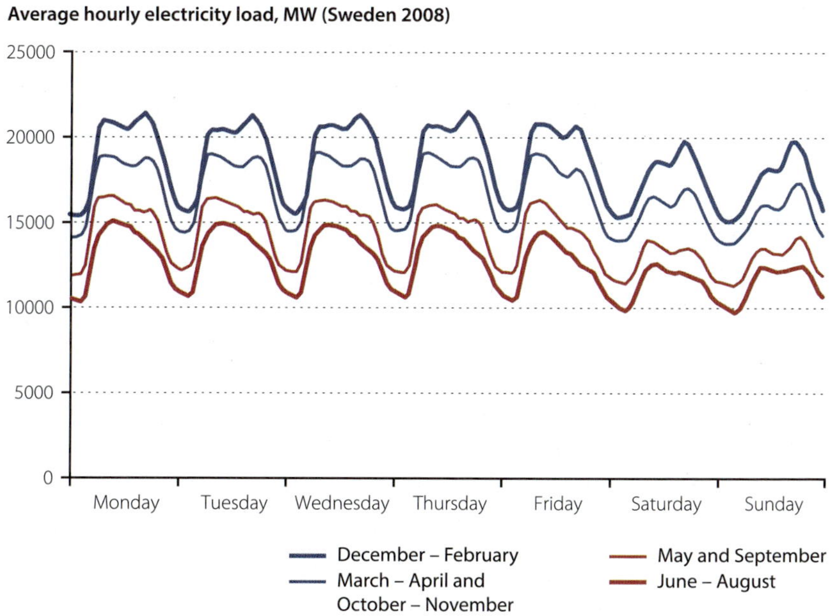

그림 5.14 2008년도 사계절 동안 스웨덴 전체 전기 시스템의 전형적인 일일 부하 변화

하지만 주말 감소는 그림 5.13에 상응하는 열부하와 비교해 상당히 크게 나타난다.

5.5.4 열부하 구성(Heat load composition)

열수요의 여러 구성요소와 계절적 열부하 지속시간 도표 사이의 관계를 이해하기 위해 그림 5.15에 한 가지 사례를 제시하고 있다. 열분배 손실이 지속시간 도표 하단에 있으며 이 첫 번째 열부하는 1년 내내 거의 일정하다. 그 이유는 공급과 회수 분배온도만이 열분배 손실 열부하를 변화시키고, 이 온도는 겨울철에만 약간 더 높기 때문이다. 제시된 경우에서 연간 열손실은 총 열공급의 7%였다. 두 번째 구성요소로 급탕을 위한 열부하가 있다. 이 부하는 1년 내내 거의 일정하며 여름철에만 약간 낮아진다. 상응하는 연간 열수요는 총 열공급의 30%를 나타낸다. 세 번째 구성요소는 다수의 환기 시스템 운영에서 발생하는 추가 평일 열부하이며, 총 열공급의 3%에 해당한다. 네 번째 구성요소는 풍속냉각과 태양열 취득을 제외한 잔여 난방수요이며, 이 요소가 열공급의 60%를 차지하고 있다.

풍속냉각에 의한 열부하 추가량이 다섯 번째 구성요소에 해당하며, 0.5와 0.7 사이의 상대적으로 높은 열부하에서 추가량이 발생하고 주로 겨울철에 열부하가 더 커진다.

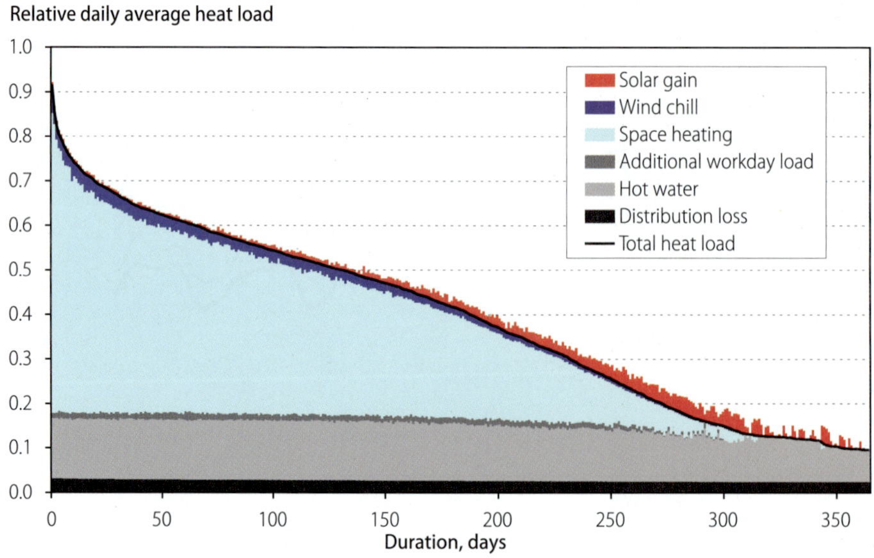

그림 5.15 1969-1979년간 말뫼(Malmö) 지역난방 시스템의 시스템 열부하 지속시간 도표에서 주된 열수요 구성요소. 출처: 베르너(Werner) 1984

연간 **풍속냉각** 추가량은 총 열공급의 4%이다. 마지막 열수요 구성요소는 태양열 취득에 의한 열부하 감소이며, 주로 봄과 가을에 감소효과가 발생한다. 연간 열부하 감소는 총 열공급의 5%이다.

다시 한 번 말하지만, 이 사례는 상대적으로 짧은 여름을 갖는 북유럽 상황을 나타낸다. 유럽의 더 남쪽에 위치한 지역은 여름이 더 길며, 좀 더 확연한 첨두 열부하를 갖는 지속시간 도표가 만들어 진다. 이탈리아 지역에서 난방기간은 대략 150–200일 이후에 끝나며, 그림 4.2에서 알 수 있듯이 난방계절이 훨씬 짧아진다.

5.5.5 단기 열부하 예측(Short-term heat load forecasting)

위에 주어진 시스템 열부하에 대한 정보가 단기 날씨예보와 결합하면 **단기 열부하 예측**을 할 수 있다. 단기 열부하 예측을 통해 얻을 수 있는 것은 연료 공급에 대한 여유 량을 줄이고 CHP 플랜트에서 전기 생산예측과 관련된 확률을 높이는 것이다. 개방된 현재의 전력시장은 후자를 필요로 한다. 개별 균형지역 내 공급과 수요의 균형을 맞추기 위해서는 운영일 바로 전날에 **일일 운영 전기부하 프로필(Daily operation electricity load profile)**

을 보고해야 한다. 열부하 예측이 더 정확해진다면 계획된 균형발전(均衡發電)과의 편차로 발생하는 비용이 감소하게 된다.

참고문헌

Werner S, The heat load in district heating systems. Dissertation, Department of energy conversion. Chalmers University of Technology, Göteborg 1984.

Wiklund H, Short term forecasting of the heat load in a district heating system. Fernwärme International 19(1991), 286–294.

Seijling K, Modeling and prediction of load in district heating systems. IMSOR, Lyngby 1993.

Heller AJ, Heat load modelling for large systmes. Applied Energy 72(2002) 371–387.

Dotzauer E, Simple model for prediction of loads in district heating systems. Applied Energy 73(2002) 277–284.

Wojdyga K. An influence of weather conditions on heat demand in district heating. Energy and Building 40(2008) : 11, 2009–2014.

Gadd H, Werner S, Daily heat load variation in Swedish district heating systems. 12th International District Heating Symposium. Tallinn 2010.

5.6 열부하 매개변수(Heat load parameters)

이 절은 지역난방과 지역냉방 시스템 운영에 있어서 중요한 3가지 측면을 정의하고 분석한다.

- **다양성(Diversity)**: 모든 사용자가 동시에 자신들의 **최대설비수요(Maximum capacity demands)**를 갖지 않는다는 사실로부터 발생되는 시너지 효과
- **설비가동률(Capacity utilisation)**: 열공급을 위해 설치된 설비를 이용할 수 있는 정도
- **설계열부하(Design heat load)**: 큰 열부하 부족 없이 정상적인 열공급 상태를 가정한 설계조건에서 충족되어야만 하는 설비수요

5.6.1 다양성(Diversity)

열수요는 사회적 또는 물리적인 것을 모두 포함한다. **사회적 열수요(Social heat demand)**는 대부분 밤에 잠을 자고 나머지 시간에는 깨어있는 것과 같은 인간 삶의 사회적 특성과 연관되어 있다. 사회적 열수요는 인간 활동과 관련이 있으며, 취침을 **0활동(Zero activity)**으로 고려하는 것이 일반적인 규칙이다. 우리는 특정한 일일 패턴을 따르지만 개인의 열사용 패턴은 어느 정도 임의적이다. 따라서 우리는 자신의 열사용과 관련해 완벽하게 일치하지 않는다. 사회적 열수요의 예로 급탕사용, 환기시스템의 시간기록 운전, 실내온도의 심야 세트백제어가 있다.

물리적 열수요(Physical heat demand)는 물리적 열유량과 연관되어 있으며, 주로 실내온도와 외기온도 사이의 차로 인해 발생한다. 이러한 사례로 벽을 통한 열관류, 환기 시스템으로의 열공급이 있다. 외기온도에 대한 일반적인 계절적 변화를 예측할 수 있으나, 예상온도와 실제온도의 편차는 무작위로 발생한다. 하지만 한파가 대부분 도시 전 지역에 영향을 미치기 때문에 이 무작위 편차는 단일 지역난방 시스템에 의해 공급되는 하나의 도시지역 내에서는 대부분 동시에 발생한다.

사회적 열수요는 대부분 동시에 발생하지 않기 때문에 모든 사용자가 동시에 자신들의 최대 설비수요를 나타내지 않는다. 이 현상을 높은 다양성이라 하며, 필요한 시스템 첨두 설비용량이 모든 개별 첨두 설비용량 수요의 합보다 작아지기 때문에 전체적인 시스템 측면에서 유리하다. 물리적 열수요는 대부분 동시에 발생하며, 거의 모든 사용자가 동시에 자신들의 최대 열수요를 나타내게 된다. 이런 현상은 낮은 다양성으로 이어진다.

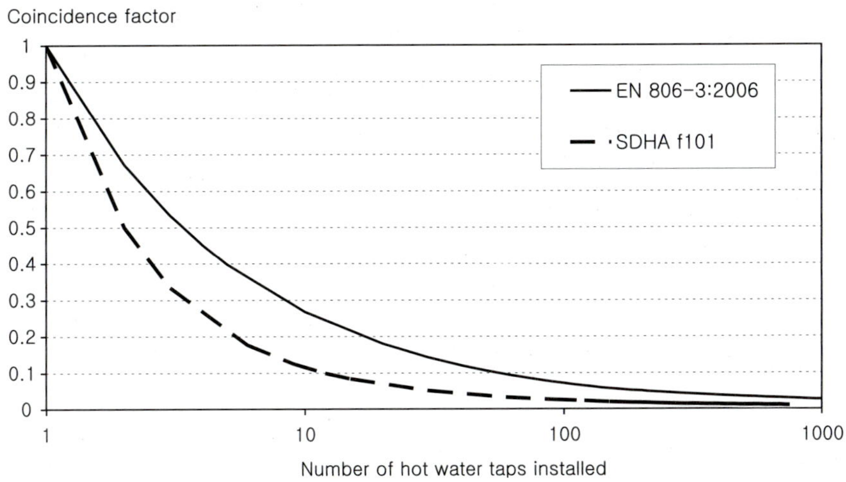

그림 5.16 그림 4.8에 있는 설계유수량(Design water flow)에 대한 두 개의 서로 다른 표준에서 유도된 급탕공급의 계산 동시부하율. 계산을 위해 다음의 입력 값들이 사용되었다. 스웨덴 설계 권고에 따라 온수 수도꼭지마다 초당 0.2리터의 설비 유량용량과 가구당 3개 수도꼭지를 갖는 경우

급탕사용은 단기간에 매우 높은 **설비용량 수요(Capacity demand)**로 특징지을 수 있기 때문에 다양성이 매우 높다. 보통의 주민 한 사람은 하루 1%에 상응하는 15분 동안 급탕을 사용한다. 다양성 시너지 효과를 정량화하기 위해 **동시부하율(Coincidence factor)**을 다음과 같이 정의할 수 있다.

동시부하율 = 시스템 최대 부하 / 최대 개별부하들의 합 (5.16)

그림 4.8의 두 설계유량 계산을 사용해 급탕사용에 대한 동시부하율을 계산한 결과가 그림 5.16에 있다. 스웨덴 경험식은 상응하는 CEN계산 값보다 더 큰 다양성이 존재한다는 것을 알 수 있다. 이런 상황에서 얻을 수 있는 결론은 급탕 준비 시 동일한 열생산 용량을 공유하는 것이 아주 바람직하며, 이 경우 각각의 경우에 필요한 것보다 설비용량이 더 작아진다.

5.6.2 설비가동률(Capacity utilisation)

어떤 산업 또는 서비스 활동이든 설비가동률은 매우 중요하다. 설비가동률이 높을수록 설비 투자비를 더 많은 생산품에 분배할 수 있다.

반대로 설비가동률이 낮다면 적은 생산품으로 설비 투자비를 지불해야 하기 때문에 생산품 가격이 비싸진다. 이와 같이 설비가동률은 산업 또는 서비스 활동을 평가하기 위해 일반적으로 사용되는 용어이며, 신용리스크 추정 시 은행에서도 사용된다. 활동(Activity)에 대한 설비가동률을 측정하기 위한 일반적인 **설비이용률(Capacity factor)**을 다음과 같이 정의한다.

$$\text{설비이용률} = \text{평균 설비수요(Average capacity demand)} / \text{최대 설비수요(Maximum capacity demand)} \quad (5.17)$$

에너지 산업에서 **부하율(Load factor)**은 설비이용률에 대한 동의어로 사용된다. 하지만 **부하(Load)**라는 용어는 좀 더 넓은 범위의 열생산과 연관되어 있으며, 반면에 **설비용량(Capacity)**은 공급도 수요도 아닌 좀 더 중립적인 용어이다. 그러므로 여기서는 설비이용률이라는 용어를 사용할 것이다. 다른 활동분야에서 사용하는 동의어로 **이용률(Utilisation factor)**, **수용률(需用率, Demand factor)**, **캐빈률(Cabin factor)**같은 것이 있다.

일부 국가의 지역냉난방 산업에서는 시간단위로 표기한 **가동시간(Utilisation time)**이란 용어를 설비가동률에 대한 측정방법으로 사용하고 있다. 가동시간은 다음과 같이 정의된다.

$$\text{가동시간} = 8760 \cdot \text{설비이용률} \quad (5.18)$$

가동시간은 설치되었거나 필요로 하는 최대 설비용량으로 1년 동안 주어진 열량을 생산하기 위해 필요로 하는 시간의 수로 표현된다.

난방의 경우 설비가동은 난방 도-일수, 유효 실내온도, 극한 외기온도에 대한 사용자 열수요의 특징에 크게 의존한다. 난방에 대한 설비이용률은 팩트박스 5.6에 있는 식을 사용해 계산할 수 있다. 독립변수에 일일 평균값을 적용하기 때문에, 설비이용률도 **일일 평균 첨두수요(Daily average peak demand)**와 연관되어 있다. 지역난방 시스템의 **예비부하설비(Reserve load unit)**는 이 일일 계산 값을 넘어서는 **시간당 첨두부하(Hourly peak load)**를 사용해야 한다.

지역난방 시스템에서 난방수요를 위한 설비이용률을 계산하는 경우, 표 4.1에 적용된 것보다 더 낮은 주기로 식의 분모에 있는 극한 외기온도 값을 계산해야만 한다. 이것은 다음 두 가지 조건으로 설명된다. 첫째, 대부분의 사용자 난방시스템은 항상 설계열력을 위해 필요한 것보다 한 단계 더 큰 설비를 선택하기 때문에 설계열력보다 더 큰 열력을 갖고 있을 수 있다.

팩트박스 5.6

난방만을 위한 설비이용률 계산에 대한 식.

$$\mu_{sh} = \frac{G/365}{(t_{i,e} - t_{o,e})} \tag{5.19}$$

μ_{sh} = 난방만을 위한 설비이용률 [-]
G = 난방 도-일 [℃d]
$t_{i,e}$ = 유효 실내온도 [℃]
$t_{o,e}$ = 극한 외기온도 [℃]

둘째, **사용자 열수요 제어**(Customer heat demand control)가 사용 중인 경우 일반적으로 지역난방 시스템 내 열력부족을 균등하게 분배할 수 없다. 이 문제에 대한 좀 더 자세한 내용은 제10장에 있다. 이 두 가지 조건의 결과로 건물 난방 시스템을 설계하는데 사용하는 온도보다 더 낮은 온도에서 열부하 전달이 가능하도록 지역난방 시스템을 구축해야 한다. 따라서 지역난방 시스템 설계 시 극한 외기온도를 더 낮게 선택하고 있다.

표 4.1에 있는 80개 유럽지역에 대한 지역난방 시스템 난방수요의 설비이용률과 여기에 상응하는 극한 외기온도를 계산했으며, 그 결과가 그림 5.17에 있다. 지역난방 시스템의 설계열부하에 대한 극한 외기온도는 0.05%의 시간주기(5.5년 중 하루)로 계산했다. 이 계산을 기반으로 한 유럽 등고선 지도가 그림 5.18과 그림 5.19에 있다.

유럽 설비이용률에서 알 수 있는 결론은 이 값이 지중해 국가들의 0.10에서 북유럽의 0.30 이상까지 매우 다양하다는 사실이다. 4개 지역[레이캬비크(Reykjavik, 아이슬란드 수도[역]), 키루나(Kiruna, 스웨덴 북부의 도시[역]), 베르겐(Bergen, 노르웨이 남서부 항구 도시[역]), 더블린(Dublin, 아일랜드 공화국의 수도[역])]은 0.30 이상의 난방 설비이용률을 나타내며, 이 도시는 모두 북서유럽의 해안 또는 해안 인근지역에 위치해 있다. 80개 모든 지역 중 레이캬비크가 가장 높은 설비이용률 0.42를 나타낸다. 가장 낮은 설비이용률은 대략 0.10으로

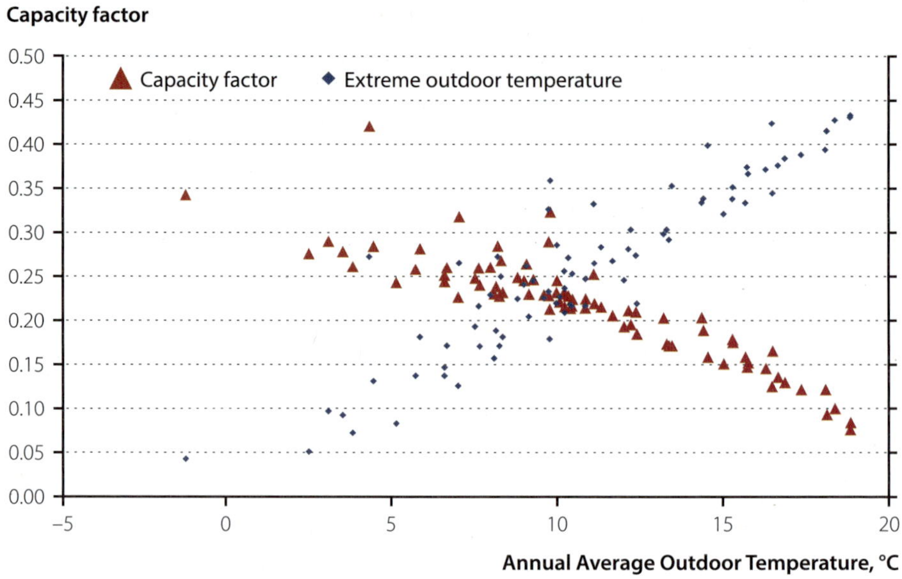

그림 5.17 1981-2000년의 기간 동안 유럽 내 80개의 서로 다른 지역에서 난방만을 위해 계산된 설비이용률과 이에 상응하는 극한 외기온도(0.05%의 시간주기)

헤라클리온(Heraklion, 크레타섬의 항구도시[역]), 팔레르모(Palermo, 이탈리아 시칠리아 섬 북부 항구[역]), 발레타(Valleta, 몰타의 수도[역]), 말라가(Malaga, 스페인 남부 도시[역]) 같은 도시에서 찾을 수 있으며, 모두 지중해 연안 또는 섬에 위치해 있다.

이러한 사실로부터 이끌어 낼 수 있는 결론은 난방에 대한 설비이용률은 낮은 편이며, 지리적 위치에 따라 설비이용률이 다양하게 나타난다는 것이다. 따라서 설비투자가 난방공급의 총 비용에 상당히 큰 영향을 미치게 된다. 자동차 생산, 항공운송 등과 같은 다른 활동분야에 대한 설비이용률은 훨씬 더 높다.

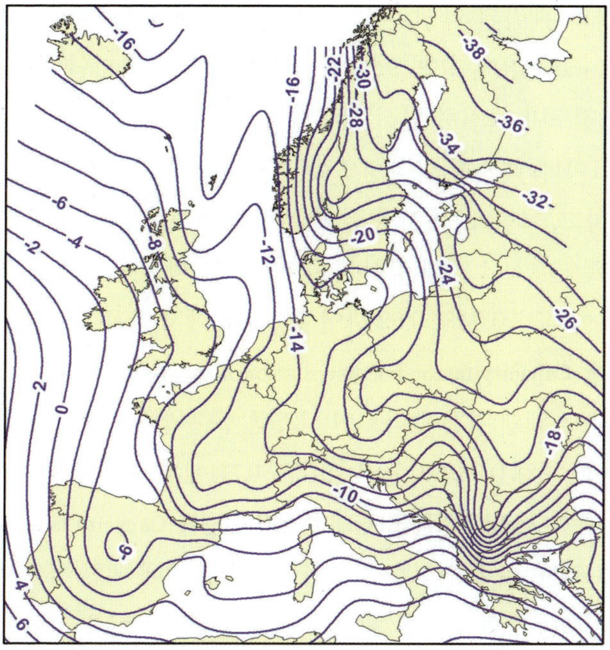

그림 5.18 유럽 지역난방 시스템의 설계열부하 계산에 적합한 0.05% 시간주기를 갖는 1981-2000년 동안의 극한 외기온도

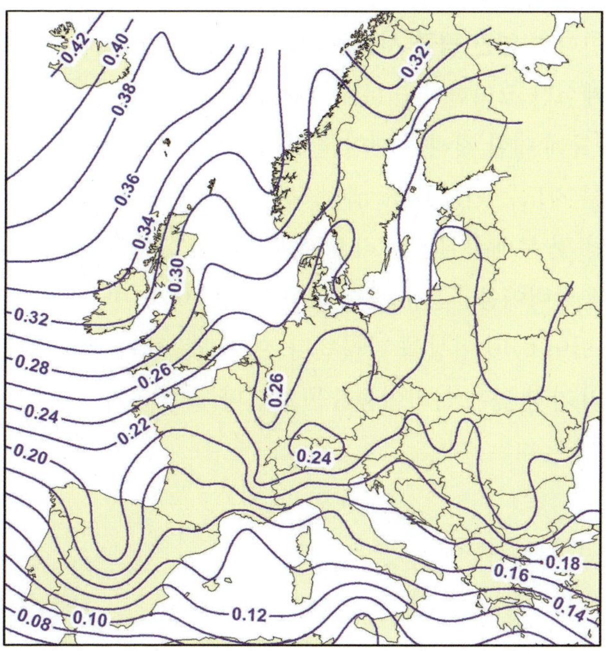

그림 5.19 난방에 대해 계산된 설비이용률

다양성 및 그림 5.16의 결과와 관련된 앞선 논의를 바탕으로 한 **급탕 설비이용률**(**Capacity factor for domestic hot water**)은 수요의 크기에 따라 다양하게 나타난다. 급탕 수도꼭지는 총 시간의 대략 1%정도만 완전히 열려 사용되기 때문에 개별 온수 수도꼭지에 대한 설비이용률은 약 0.01이다. 하지만 다양성으로 인해 수요가 커지면 설비이용률도 높아진다. 그럼에도 불구하고, 그림 4.7에서와 같이 계절적 변화가 존재하기 때문에 설비이용률이 1에 도달할 수는 없다. 스웨덴 경험에 따르면 시스템 수준에서 급탕에 대한 설비이용률은 일일 열부하에 대해 0.54와 0.62 사이(평균 0.58)에서 찾을 수 있다.

분배 열손실에 대한 설비이용률(**Capacity factor for distribution heat loss**)은 분배온도에서 계절적 변화를 고려해야 한다. 스웨덴 경험에 따르면 시스템 수준에서 분배 열손실에 대한 설비이용률은 일일 열부하에 대해 0.64와 0.79 사이(평균 0.71)에서 찾을 수 있다.

팩트박스 5.7에 있는 식을 사용해 **시스템 열공급에 대한 설비이용률**(**Capacity factor for system heat supply**)을 계산할 수 있다. 이 추정식은 열부하 구성요소들에 대한 첨두부하가 (동절기 동안에)시스템 첨두부하와 거의 동일한 시간에 발생한다는 사실을 기반으로 한다.

설비이용률 계산은 열공급시설, 사용자 기계실, 열부하 구성요소를 모두 고려해야 하기 때문에 평균 및 최대 설비용량이 설비이용률과 동일한 것으로 언급된다는 점이 매우 중요하다. 전체 시스템을 고려한다면 **연간 평균 시설용량**(**Average annual capacity**)에 분배 열손실을 포함해야 하고, 기계실만 고려한다면 분배 열손실을 제외해야 한다.

그림 5.20에 시스템 설비이용률에 대한 지리적 변화를 이해할 수 있는 유럽 등고선 지도가 있다. 이 시스템 설비이용률 지도는 난방 60%, 급탕 30%, 분배 열손실 10%로 된 시스템을 가정해 작성되었다. 급탕 및 분배손실은 각각 0.58과 0.71의 설비이용률을 갖는다고 가정했다. 그림에서 시스템 설비이용률은 지중해 북쪽이 대략 0.20, 중부유럽과 동유럽이 대략 0.30, 영국과 북유럽이 0.40 이상을 나타낸다. 아이슬란드는 멕시코 만류(Gulf Stream)로 인해 0.46–0.48의 가장 높은 설비이용률을 보인다.

팩트박스 5.7

주요 열부하 구성요소들에 대한 설비이용률을 사용해 전체 지역난방 시스템에 대한 설비이용률을 계산하는 식.

$$\frac{1}{\mu} = \frac{f_{sh}}{\mu_{sh}} + \frac{f_{dhw}}{\mu_{dhw}} + \frac{f_{hl}}{\mu_{hl}} \tag{5.20}$$

변수의 정의는 다음과 같다.

- μ = 전체 시스템의 설비이용률
- μ_{sh} = 난방만을 고려한 설비이용률
- μ_{dhw}= 급탕만을 고려한 설비이용률
- μ_{hl} = 분배 열손실만을 고려한 설비이용률
- f_{sh} = 난방에 대한 열공급의 연간 비율
- f_{dhw} = 급탕에 대한 열공급의 연간 비율
- f_{hl} = 분배 열손실에 대한 열공급의 연간 비율

연간 비율들의 합은 1이 되어야 한다.

그림 5.20 난방 60%, 급탕 30%, 분배 열손실 10%를 갖는 지역난방 시스템을 대상으로 계산한 유럽 시스템 설비이용률. 급탕과 분배손실은 각각 0.58과 0.71의 설비이용률을 갖는다고 가정하였다

지역난방 시스템 설비이용률에 대한 이런 분석적 논의를 뒷받침하기 위한 몇 가지 경험적 설비이용률이 그림 5.21에 있다. 그러나 여기서 계산된 설비이용률은 시간당 첨두부하를 참조하고 있으며, 식 (5.19)의 난방에 대한 설비이용률 정의에서 계산된 값과 비교해 설비이용률이 약간 더 작게 나타난다.

이 설비이용률 계산은 소규모 기계실에서 대규모 지역난방 시스템까지 크기에 대한 전체적인 차이를 포함하고 있다. 4가지 데이터 소스 모두 덴마크와 스웨덴에서 가져온 것으로 지리적 위치에 따른 변화는 존재하지 않지만, 열공급 양에서 발생하는 변화는 분명하게 나타난다. 따라서 시간당 급탕 열부하 첨두값에서 발생하는 작은 열수요와 함께 설비이용률 감소가 발생한다는 것을 확인할 수 있다.

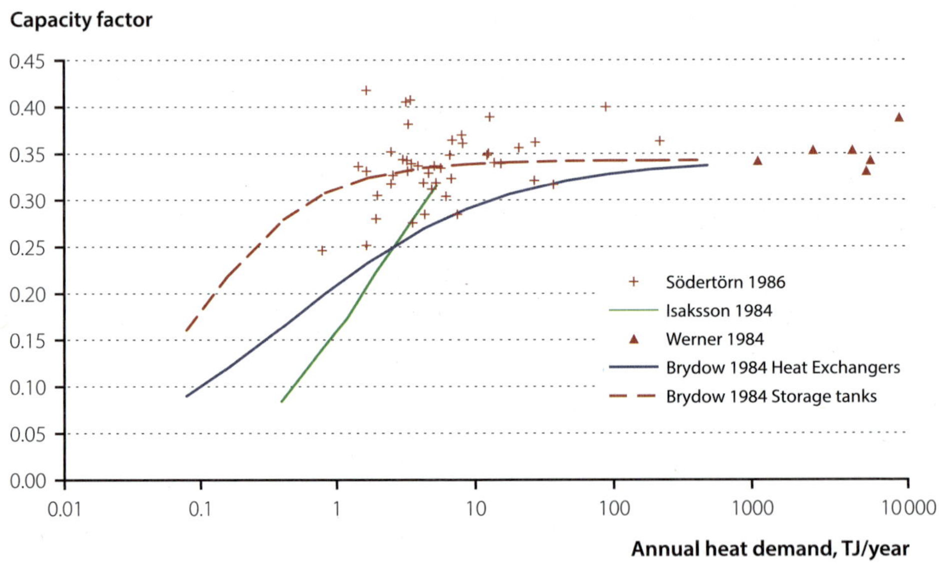

그림 5.21 스웨덴, 덴마크의 서로 다른 4개 문헌에서 발췌한 연간 열수요를 사용해 계산된 설비이용률. 연간 열수요는 소규모 기계실에서 대규모 지역난방 시스템까지 다양하다. 하지만 여기서 계산된 설비이용률은 시간당 첨두수요를 참조하고 있으며, 식 (5.19)의 난방에 대한 설비이용률 정의에서 계산한 값과 비교해 약간 작은 설비이용률을 나타낸다

덴마크 경험에 따르면, 저장탱크를 활용하는 열교환기와 비교해 열교환기만 사용하는 경우 **기계실에 대한 설비이용률**(**Capacity factor for substation**)이 더 낮아진다. 폭이 좁은 열교환기와 함께 저장탱크를 사용하는 것을 **국부 첨두부하 관리법**(**Local peak-shaving method**)이라 하며, 국부 첨두부하가 더 작아지고 그 결과 급탕을 위한 국부 설비이용률

을 높일 수 있다. 하지만 지역난방 공급은 5–10 TJ/년 이상의 연간 열전달에 대해 항상 다양하게 이루어지기 때문에 국부 저장탱크는 시스템 설비이용률에 영향을 주지는 못한다. 따라서 개별적인 급탕 첨두부하로 인해 시스템 열부하 첨두값이 더 커지는 일은 아주 작은 지역난방 시스템에서나 가능한 현상이다.

여기에 있는 지역난방 설비이용률에 대한 간단한 분석을 통해 이끌어 낼 수 있는 결론은 설비이용률이 지리적 위치와 열공급 크기 모두에 대해 변한다는 것이다. 열공급시설과 분배배관 설계 시 이런 내용을 인지하는 것이 매우 중요하다.

5.6.3 설계열부하(Design heat load)

연간 열공급과 관련된 **설계열부하**는 시스템에 설치된 열공급 용량에 대한 수요를 추정하는 데 사용된다. 또한, 시스템의 여러 부분에 대한 설계열부하는 연계 및 분배배관의 설비용량을 설계하는 데 사용된다.

실제열부하 또는 관련 설비이용률의 측정값을 사용해 **설계부하(Design load)**를 계산할 수 있다. 첫 번째 방법은 그림 5.11 도표에서와 같이 열력특성을 외삽해 측정치에 의한 계산을 수행할 수 있다. 하지만 이런 방법은 기존 시스템에 대한 자료가 필요하다. 두 번째 방법은 팩트박스 5.7에 있는 식에 일련의 입력변수를 대입해 계획 중인 지역난방 시스템이나 측정이 불가능한 기존 시스템에 대한 설계열부하를 계산할 수 있다.

팩트박스 5.7

헬싱보리 지역난방 시스템에 대한 설계열부하 추정의 사례.

헬싱보리: 2010년 네트워크에 대한 열공급에서 측정된 수요는 4,207 TJ(분배열손실 포함)이였으며, 이 해는 평년보다 더 추웠다. 평년 열공급량을 4,000 TJ로 추정할 수 있으며, 이 값은 126.8 MW의 연간 평균 설비용량에 해당된다.

a) 열부하 측정의 외삽을 통한 설계열부하:
   그림 5.11에 있듯이 설계열부하는 극한 외기온도 −16℃에서 374 MW가 되며, 이 값은 기본정의에 따라 0.339의 설비이용률을 나타낸다.

b) 열부하 구성요소에 대한 설비이용률을 사용한 설계열부하:
   8℃의 연간 평균 외기온도는 그림 5.17과 5.19에 있듯이 0.26의 난방 설비이용률을 나타낸다.

급탕과 분배열손실에 대한 설비이용률은 이 절 서두에서 언급한 스웨덴 평균값(각각 0.58과 0.71)과 같다고 추정하였다.

연간 열수요 비율은 난방 60%, 급탕 28%, 분배 열손실 12%라고 가정했다. 팩트박스 5.7의 추정식에 이 변수들을 입력하면 0.338의 설비이용률을 얻을 수 있다. 설비이용률의 기본개념을 사용해 최대 또는 설계열부하를 357MW로 추정할 수 있다.

c) 합계 시스템 설비이용률에 의한 설계열부하:

그림 5.20에서 헬싱보리 지역은 0.34의 설비이용률을 갖는다. 설비이용률의 기본개념을 사용해 최대 또는 설계열부하를 373MW로 추정할 수 있다.

세 번째 방법은 그림 5.20의 **합계 시스템 설비이용률(Aggregated system capacity factor)**을 사용해 단순 계산을 할 수도 있다. 헬싱보리 지역난방 시스템에 대해 세 가지 방법 모두를 적용한 사례가 팩트박스 5.8에 있다.

참고문헌

Brydow PM. Forbrugsbelastning og samtidighedsforhold I fjernvarmenettet(User demands and diversity in district heating systems). The Danish energy research program, report FJV 22. 1984.

Isaksson T, Nordström H, Fjärrvärme I småhusområden(District heating in areas with single-family houses). Satens Råd för Byggnadsforskning(National Council for Building Research), report R47 : 1984.

Werner S, The heat load in district heating systems. Dissertation, Chalmers University of Technology. Göteborg 1984.

Södertörn Fjärrvärme AB, unpublished measurements of substation heat loads. 1986.

5.7 냉방부하(Cold load)

5.3절에서 언급했듯이, 지역냉방 시스템의 **분배 냉방손실**(Distribution cold loss)은 지역난방 시스템의 열손실과 대체로 동일한 규칙을 따른다. 다만 구별되는 점은 지역냉방의 냉방손실은 지면에서 냉수배관까지 원치 않는 열취득을 의미하며, 특히 공급배관에서 유량방향으로 공급온도를 높인다는 것이다. 중동과 같이 높은 연간 외기온도로 인해 지면온도가 높은 지역에서는 냉방손실을 중요하게 고려해야 하며, 이런 지역에서 이중보온 냉방배관의 사용은 큰 이점을 가져다준다. 그렇지만 8.11절에 언급한 것처럼 특히 대형관 위주로 비보온 냉방배관을 사용하기도 한다.

그러나 지역냉방에서 분배되는 물과 대기 사이의 온도차가 더 작기 때문에, 냉기손실의 크기는 열손실과 비교해 더 작게 나타난다. 하지만 이 온도차는 더 뚜렷한 계절적 변화를 유발한다. 왜냐하면 지역냉방의 공급 분배온도가 실제 지면온도 및 이 온도의 계절적 변화와 매우 유사하기 때문이다. 따라서 냉방손실은 지역난방 시스템에 상응하는 열손실과 비교해 더 뚜렷한 계절적 변화를 보인다. 가장 높은 냉방손실은 대기온도 변화와 비교해 지면온도 변화에 시간차가 존재하는 8월/9월에 발생한다.

지역난방과 지역냉방 배관 사이의 또 다른 차이점은 공급온도와 회수온도의 차가 작기 때문에 지역냉방 배관의 직경이 더 크다는 것이다. 대형관은 공급배관에 대한 열전달을 위해 더 큰 면적을 갖고 있으며, 이는 더 큰 냉방손실로 이어진다.

일반적인 **선형냉방밀도**(Linear cold density)는 높은 냉방수요를 갖는 지역의 지역냉방 시스템에서 13~47 GJ/m의 값을 갖는다. 낮은 냉방밀도 지역에서는 선형냉방밀도가 낮게 나타난다. 국가 평균은 프랑스 25 GJ/m, 독일 13 GJ/m, 스웨덴 8 GJ/m이며, 스웨덴 지역냉방 시스템은 냉방밀도가 낮은 지역을 공급하고 있음을 나타낸다. 분배 냉방손실에 대한 표준 연간 비율은 높은 냉방밀도 지역에서 10% 아래인 반면, 낮은 냉방밀도 지역에서는 10% 이상의 비율을 나타낸다.

2009년 헬싱보리의 지역냉방 시스템에서 가져온 정보를 활용해 냉방부하의 여러 가지 측면을 도식화하였다. 네트워크에 공급된 냉방은 75 TJ이였으며, 사용자에게는 63 TJ이 전달되었다. 3.4 GJ/m의 낮은 선형 냉방밀도 때문에 상대 분배 냉방손실이 15%로 높게 나타났으며, 이는 더 많은 수요개발을 위해 최근에 네트워크를 확장했기 때문에 발생한 현상이다.

그림 5.22에 **합계 연속 냉방부하(Aggregate consecutive cold load)**가 있다. 확실히 여름철에 냉방수요가 나타나지만 가을, 겨울, 봄철 냉방수요도 상당하다. 그림 5.23에 상응하는 **냉방부하 지속시간 도표(Cold load duration diagram)**가 있다. 일일 및 시간당 평균 **시스템 냉기력특성(System cold power signature)**이 그림 5.24와 그림 5.25에 각각 제시되어 있다.

그림 5.25를 보면 약 20℃ 외기온도에서 최고/최저 냉방부하 사이의 큰 부하 변화가 지역냉방 시스템에 상당히 큰 일일 부하변화를 유발한다. 상업용 사용자의 공간냉방 수요가 냉방부하의 대부분을 차지한다. 상업용 사용자는 주로 낮 시간에 활동하며, 여름철 낮 시간 외기온도는 야간 온도보다 높다. 이런 경향성은 낮 시간 냉방부하를 높이고 밤 시간 부하를 낮춘다.

헬싱보리 지역냉방 시스템의 사계절 냉방부하에 대한 전형적인 평균 일일변화가 그림 5.26에 있다. 높은 냉방수요를 갖는 날에 일일 평균 냉방부하는 시간당 첨두부하보다 약 30–40% 더 작다. 이런 확연한 일일 변화는 첨두부하를 공급하기 위한 **축냉조(Cold storage)** 사용에 동기를 부여하며, 가장 큰 일일 냉방부하만 공급하도록 설비용량을 설계할 수 있게 한다. 첨두부하는 야간에 생산/저장되며, 낮에 네트워크로 다시 공급돼 사용자에게 전달된다. 유럽 상황에서는 이런 결론이 유효하다. 《IDEA 2008》에 따르면 중동지역에서는 밤에도 더위로 인한 높은 냉방수요를 수반하기 때문에 시간당 냉방부하와 일일 냉방부하 사이의 상대적인 차이가 다소 작은 편이다. 냉방수요가 높은 날에는 일일 평균 냉방부하가 시간당 첨두부하보다 대략 25% 더 작다.

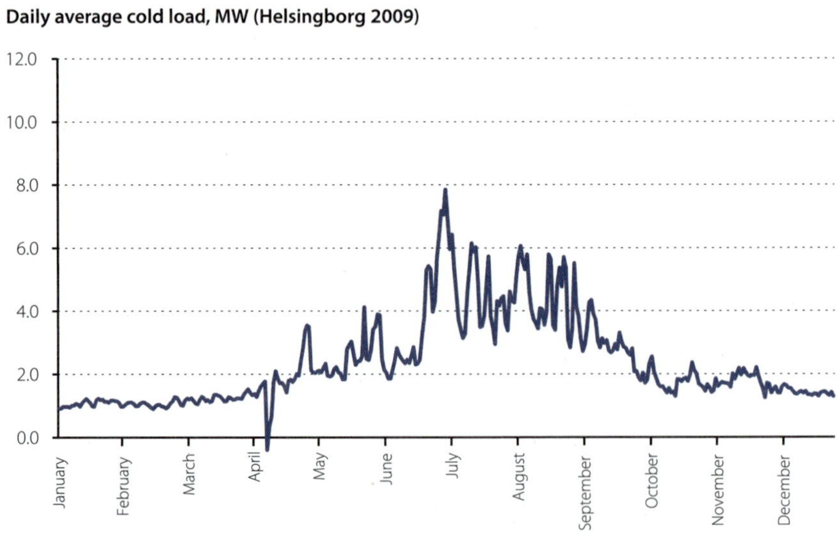

그림 5.22 2009년 헬싱보리 지역냉방 시스템에 대한 연속 냉방부하 도표

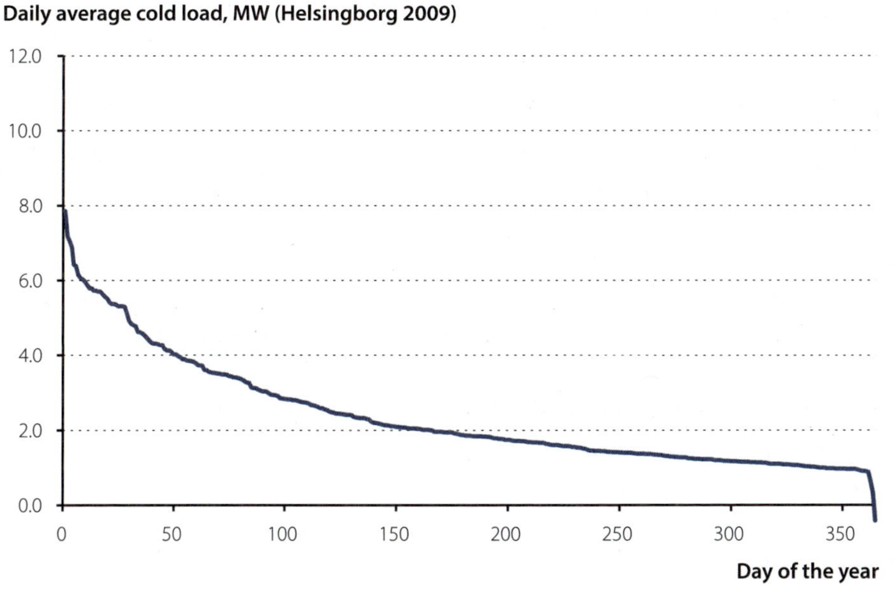

그림 5.23 2009년 헬싱보리 지역냉방 시스템에 대한 냉방부하 지속시간 도표

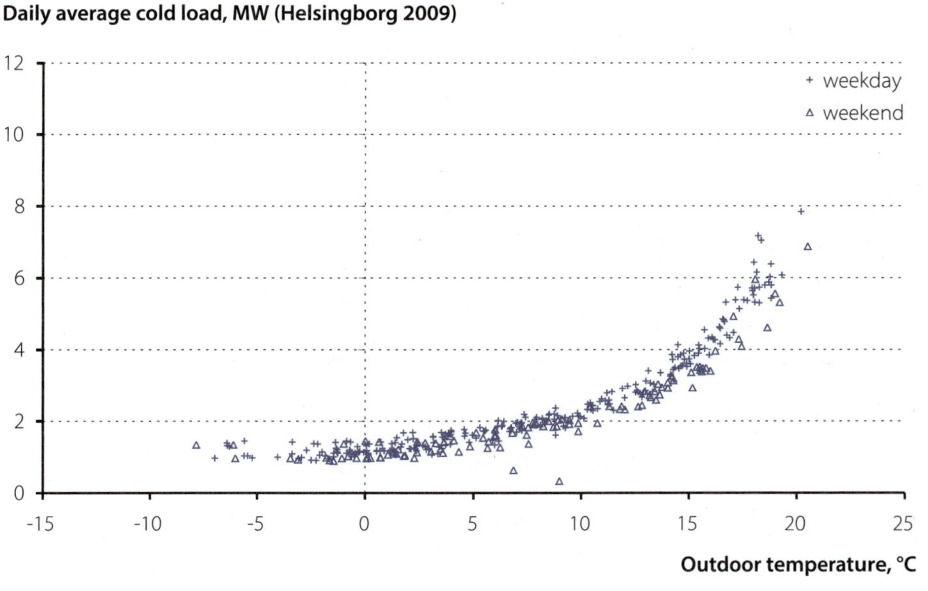

그림 5.24 시스템 냉기력특성: 2009년 헬싱보리 지역냉방 시스템의 일일 평균 외기온도와 일일 평균 냉방부하에 상응하는 값들

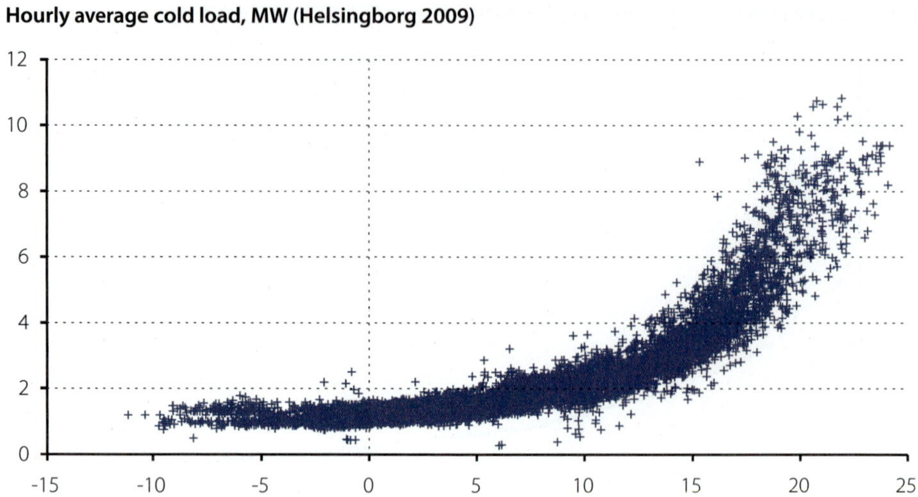

그림 5.25 시스템 냉기력특성: 2009년 헬싱보리 지역냉방 시스템의 시간당 평균 외기온도와 시간당 평균 냉방부하에 상응하는 값들

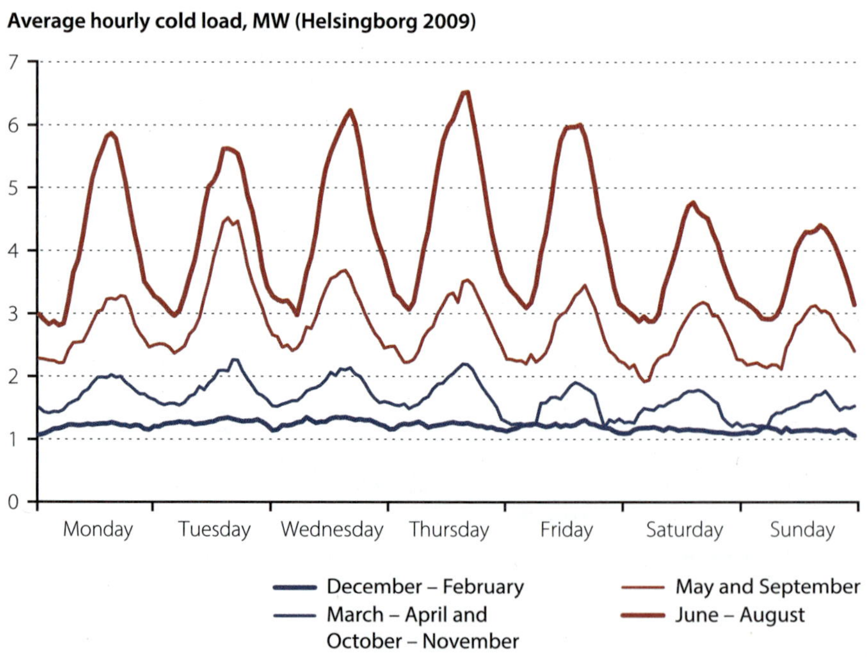

그림 5.26 2009년 헬싱보리 지역냉방 시스템에 대한 사계절 동안의 전형적인 일일 부하변화

그림 5.27 할름스타드(Halmstad) 대학 캠퍼스에 있는 지역냉방 플랜트는 Halmstad Energy and Environment사가 소유 및 운영하고 있다. 이 플랜트는 주로 폐기물 소각로에서 열을 공급받는 3.5MW 흡수식 냉동기를 갖추고 있다. 왼쪽에 있는 냉기 저장 실린더는 24MWh의 저장용량을 갖고 있다

시간당 첨두부하에 대한 일반적인 시스템 설비이용률은 북유럽 0.11–0.22, 중부유럽 0.20–0.30에서 다양하게 나타난다. 《IDEA 2008》에 따르면, 중동지역의 시스템 설비이용률은 0.34–0.53에서 달라진다.

참고문헌

Lingren L & EKlund U, Utrvärdering av fjärrkzla I Västerås(Evaluation of cold loads from the district cooling system in Västerås). Värmeforsk report 534. Stockholm 1995. Available at www.varmeforsk.se

IDEA. District Cooling Best Practise Guide. International District Energy Association, Westborough, Mass 2008.

연습문제와 과제

1 열부하를 어떻게 정의할 수 있는가?

2 심야 세트백제어는 무엇인가?

3 공동주택에서 시간당 평균 열부하가 일일 평균 열부하보다 더 높다는 사실을 어떻게 설명할 수 있는가?

4 서비스부문 건물에서 시간당 평균 열부하가 일일 평균 열부하보다 더 높다는 사실을 어떻게 설명할 수 있는가?

5 왜 지역난방 네트워크에 배관은 보온이 되어 있는가?

6 지역난방 배관에서 발생되는 열손실을 추정하는 경우, 어떤 열저항이 가장 높은 값을 갖는가(일반적인 보온두께 혹은 지면 그 자체)?

7 설비이용률의 정의는 무엇인가?

8 왜 난방에 대한 설비이용률이 자동차 제조에 대한 설비이용률보다 낮은가?

9 상대 분배 열손실에 영향을 주는 4가지 요인들은 무엇인가?

10 열부하와 냉방부하를 설명 및 요약하기 위해 어떤 3가지 변수들을 사용하는가?

11 왜 지역난방 시스템에서 보다 지역냉방 시스템에서 일일 변화가 더 큰가?

12 왜 급탕사용은 높은 다양성을 갖는가?

13 사회적 열수요와 물리적 열수요 사이의 차이점은 무엇인가?

14 왜 열부하와 냉방부하를 위한 지속시간 도표를 사용하는가?

15 왜 지역난방 시스템은 계절적 열부하 변화를 갖는가?

16 떨어져 있는 두 개의 배관으로 된 지역난방 관로에서 발생하는 열력손실: W/m 단위로 표시된 열손실 값은 얼마인가? 조건: 배관외경 100 mm, 보온재 두께 50 mm, 보온재 열전도율 0.03 W/mK, 지면 열전도율 1.5 W/mK, 배관 중심과 지표면 사이의 거리 1 m, 배관 중심 사이의 거리 0.6 m, 공급온도 80℃, 회수온도 50℃, 주변온도 5℃

17 떨어져 있는 두 개의 배관으로 된 지역난방 관로에서 발생하는 열력손실: W/m 단위로 표시된 열손실 값은 얼마인가? 조건: 배관외경 500 mm, 보온재 두께 50 mm, 보온재 열전도율 0.03 W/mK, 지면 열전도율 1.5 W/mK, 배관 중심과 지표면 사이의 거리 1 m, 배관 중심사이의 거리 1.3 m, 공급온도 80℃, 회수온도 50℃, 주변온도 5℃

18 일반적인 지역난방 네트워크에서 발생되는 열손실: 분배 열손실의 연간 비율은 어떻게 되는가? 조건: 열관류율 0.7 W/m^2K, 평균 배관직경: 130 mm, 평균 공급온도 75℃, 평균 회수온도: 45℃, 평균 외기온도 8℃, 사용자에게 판매된 열량 1.8 PJ, 총 관로길이 100 km

19 단독주택으로 된 저밀 지역을 공급하는 지역난방 네트워크에서 발생되는 열손실: 분배 열손실의 연간 비율은 어떻게 되는가? 조건: 열관류율 1.5 W/m^2K, 평균 배관직경: 30 mm, 평균 공급온도 75℃, 평균 회수온도: 45℃, 평균 외기온도 8℃, 사용자에게 판매된 열량 1.8 TJ, 총 관로길이 1 km

20 유럽 내 5개의 서로 다른 위치에 대한 설계열부하를 추정하시오.: 스톡홀름, 코펜하겐, 브뤼셀, 부다페스트, 밀라노. 조건: 연간 사용자에게 판매된 열유입 1.8 PJ과 분배 네트워크에서 연간 열손실 10%를 사용함

06 CHAPTER

열공급과 냉방공급 (Heat and cold supply)

이 장에서는 지역난방과 지역냉방 시스템에 에너지를 공급하기 위한 열과 냉기 생산의 다양한 에너지원과 방법을 자세히 살펴볼 것이다. 첫 번째 절은 광범위한 에너지원에 대해 논의하며, 북유럽 4개국의 사례를 통해 활용 가능한 에너지원의 변화에 대응하기 위해 지역난방이 얼마나 훌륭한 (냉방에서는 다소 덜하지만)다양성과 유연성을 발휘하는지를 보여준다.

대부분의 경우 지역난방과 지역냉방 생산에 대한 기술은 다른 에너지 공급을 위해 사용되는 기술의 변종으로 볼 수 있다. 본문에서는 지역난방과 지역냉방에 특화된 것을 밝히는 데 주력하고 있다.

6.1 이용 가능한 에너지 공급원의 폭넓은 범위 (A wide range of possible energy supply source)

앞서 언급했듯이, 지역난방의 열생산을 위해 폭넓은 에너지 공급원을 사용할 수 있다. 이 절에서는 지역난방 부분이 상당히 큰 북유럽 국가에 – 좀 더 자세하게는 스웨덴, 핀란드, 덴마크, 독일 – 초점을 맞춰 이러한 점을 설명하고 있다. 우리 모두 알고 있듯이, 이들 국가는 서로 인접해 있음에도 불구하고 각 국가의 활용 가능한 에너지원에 대해서는 유사점뿐만 아니라 많은 차이점도 존재한다.

지면상의 이유로, 남은 두 스칸디나비아 국가(노르웨이, 아이슬란드)에 대해서는 간략하게 언급될 것이다. 이 두 국가는 지역난방이 빠르게 성장하고 있지만 아직까지는 상대적으로 규모가 작으며, 노르웨이 지역난방 부분은 목재연료와 폐기물 소각로의 폐열 재활용이 대부분을 차지한다. 그 밖에 해안도시 지역에서는 멕시코 만류(Gulf stream)를 활용한 대형 **히트펌프(Heat pump)** 지역난방 생산이 이루어지고 있다. 소국(小國)인 아이슬란드에서는 **지열에너지(Geothermal energy)**가 난방시장을 완전히 점유하고 있다(6.8절 참조).

1973년/74년과 1978년/79년 두 차례 석유파동이 발생함에 따라, 우리가 논의해야 하는 4개국에서 나타난 두 가지 경향성은 수입에 덜 의존해 공급할 수 있는 **다변화(Diversification)**와 **기후변화(Climate Change, 지구온난화(Global warming))**의 인식에 따른 지난 20년간의 비화석연료 사용량 증가를 들 수 있다.

우리는 주로 국가지역난방협회의 통계자료를 사용해야 하지만, 불행하게도 이 통계들은 자료를 분류하는 데 서로 다른 방법을 사용하고 있어 명쾌한 비교가 이루어지지 못하고 있다.

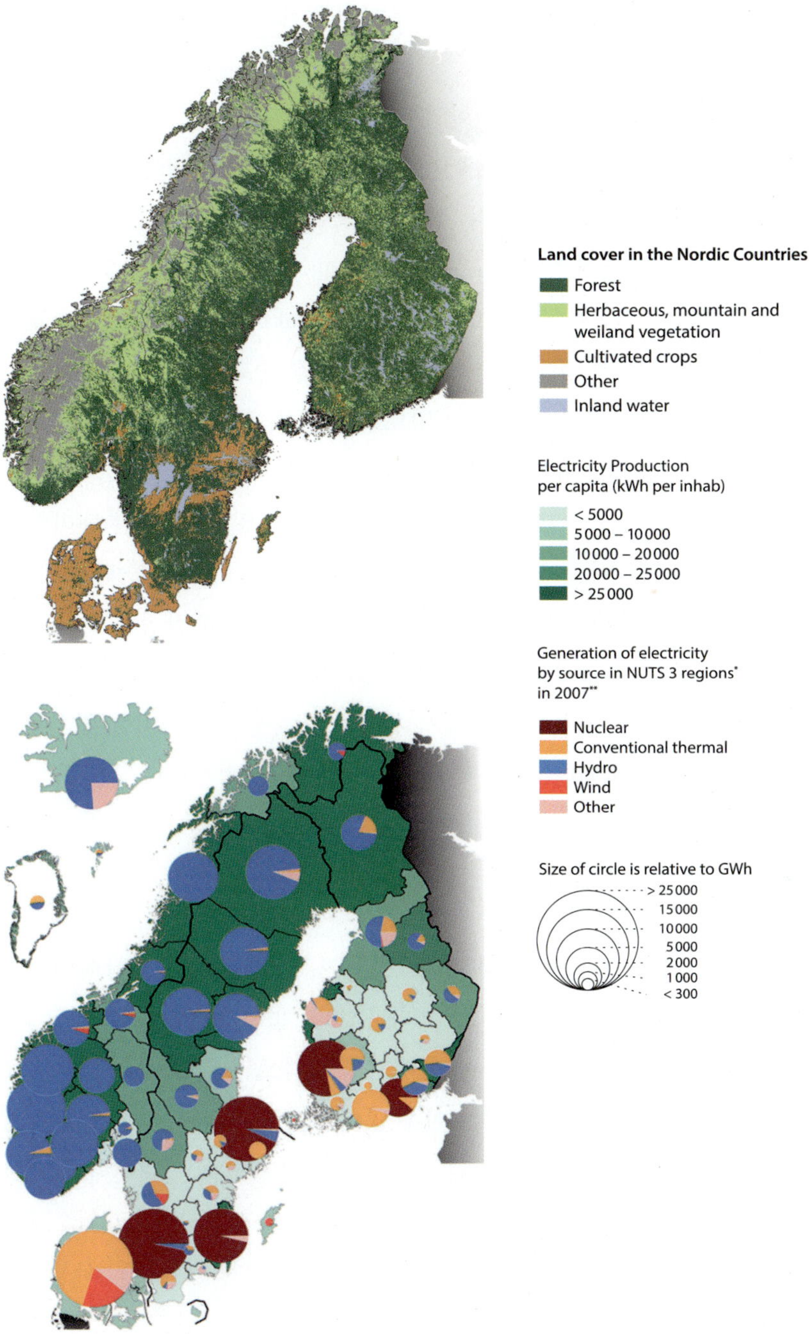

그림 6.1 스칸디나비아/북유럽 국가의 두 지도. 위쪽: 지표지도, 아래쪽: 전기생산. 두 번째 지도에서 아이슬란드는 대서양 한가운데로 옮겨져 왼쪽 구석 상단에 삽입되어 있다(그린란드는 아이슬란드 아래에 크게 축소되어 별도로 삽입되어 있음). 출처: Nordregio. 허락을 받고 사용함

그러나 서로 다른 출처에서 발췌한 정보로 이루어진 통계들을 조합하면, 많은 흥미로운 결과를 이끌어 낼 수 있다.

그림 6.1은 스칸디나비아 지역의 지표변화와 전력생산을 나타내며, 그림 6.2에 유럽의 천연가스 배관망이 있다. 지역난방 부문에 에너지 공급을 위한 구성 조건에 관해서 핀란드와 스웨덴 사이에는 많은 유사성이 있다. 두 국가 모두 대규모 산림자원의 축복을 받았으며, 이런 조건이 오랫동안 제지와 펄프 산업에 대한 기반을 제공해오고 있다. 지도에서 알 수 없는 사실은 두 국가에 대규모 **토탄지(土炭地, Peat bogs)**가 존재한다는 것이다.

수력과 원자력이 핀란드와 스웨덴의 전력생산에서 가장 중요한 자원인 반면, 덴마크에서는 비핵 화력발전이 지배적이다. 덴마크 영토는 농업을 위해 광범위하게 활용되고 있으며, 매우 적은 산림자원을 보유하고 있다.

이들 스칸디나비아 삼국 모두 석탄은 거의 보유하고 있지 않다. 하지만 덴마크는 대략 1970년대에 북해 덴마크령에서 상당량의 천연가스와 석유를 운 좋게 발견했다. 그림 6.2에 있듯이, 덴마크는 유럽에 일반적으로 존재하는 천연가스 배관망을 보유하고 있다. 핀란드는 천연가스 대부분을 러시아로부터 수입하며, 천연가스가 들어오는 핀란드 남부지역에 인구가 밀집되어 있다. 스웨덴에서 천연가스는 상당히 미미한 위치에 있으며, 남서부 지역에 사용이 국한된다.

스웨덴(Sweden)

1980년부터 1990년까지 대략 10년이라는 기간에 스웨덴 지역난방 부문은 석유에 대한 대부분의 의존도를 다양한 자원들로부터 가장 다변화된 스펙트럼의 공급형태로 변화해 왔다는 사실을 그림 6.3에서 알 수 있다. 그 다음 20년 동안은 바이오매스가 중요한 위치에 올라선다. 도표에는 **토탄(土炭, Peat)**과 폐기물 소각로가 함께 묶여있다. 오늘날 토탄은 부분적으로만 재생가능하기 때문에 아주 많이 사용되고 있지 않지만 폐기물 소각로는 수년간 증가해 왔으며 앞으로도 이런 추세가 지속될 것으로 기대된다.

석유 의존도가 낮아지는 첫 해에는 석탄이 다양성에 이바지했지만, 그 이후로 석탄 사용이 감소되었다. 또한, 기후변화에 대한 인식의 결과로 이 1차 에너지원 사용에 높은 세금이 부과되고 있다.

스웨덴은 에너지 집약적인 산업을 보유하고 있으며, 산업 폐열의 재활용이 상당한 편이다.

Snøhvit
Reykjavik
Heidrun
Asgard
Statfjord
Gullfaks
Brent
Troll
Frigg
Heimdal
Sleipner
Britannia
Draupner
Oslo
Stockholm
Nynashamn
Lysekil
Helsinki
Finngulf
Wyborg
Tallinn
Paldiski
Moscow
Riga
Klaipeda
Vilnius
Minsk
Teesside
Ekofisk
Tyra
Copenhagen
Dublin
Morecambe
Swinoujscie
Milford Haven
Bacton
London
Isle of Grain
Gate
Zeebrugge
Dunkerque
Essen
Brussels
Berlin
Warsawa
Kiev
Paris
Prague
Montoir
Munich
Vienna
Bratislava
Chisinau
Bern
Budapest
Ferrol
Gijon
Bilbao
Milan
Ljubljana
Zagreb
Zaule
Rovigo
Krk
Bucharest
Sarajevo
Belgrade
Monaco
La Spezia
Livorno
Fos Faster
Fos Tonkin
Fos Cavaou
Podgorica
Sofia
Istanbul
Lisbon
Sines
Madrid
Barcelona
Sagunto
Mallorca
Ibiza
Rome
Brindisi
Tirana
Skopje
Marmara Ereglisi
Ankara
Huelva
Cartagena
Aliaga
Izmir
Algiers
Athens
Revithoussa
Tunis
Porto Empedocle
Nicosia
Rabat
Valletta
Tel Aviv
Tripoli
Cairo

그림 6.2 천연가스 공급. 앞 페이지: 유럽 천연가스 주배관망. 출처: Eurogas. 위쪽: 덴마크의 주배관 및 지역 분배 배관. 출처: Danish Gas Technology Centre

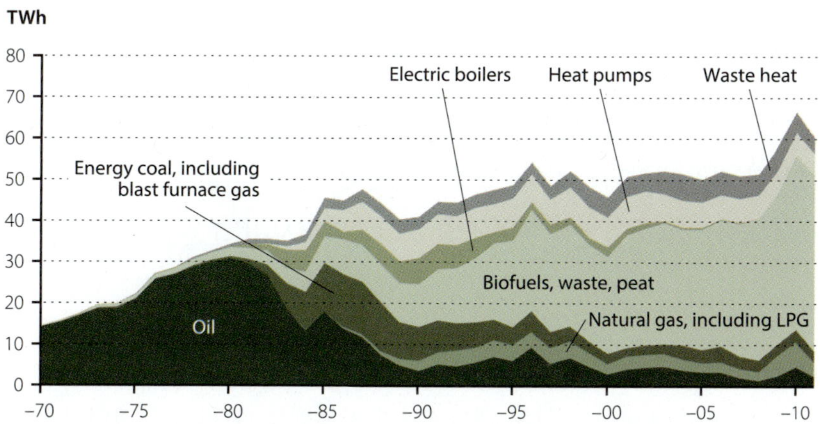

그림 6.3 스웨덴, 지역난방에 대한 에너지원. 출처: Swedish Energy Authority. 허락을 받고 사용함

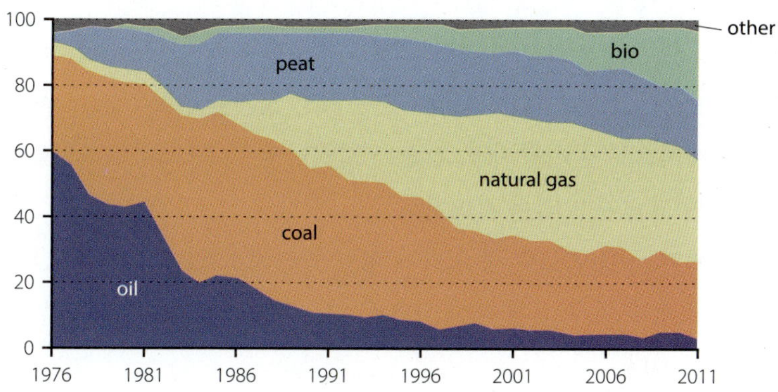

그림 6.4 핀란드, 지역난방에 대한 에너지원. 출처: Finnish Energy Industries. 허락을 받고 사용함

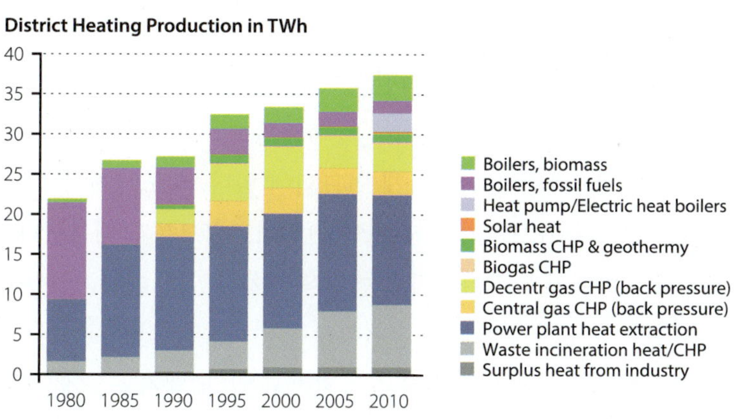

그림 6.5 덴마크, 지역난방에 대한 에너지원. 출처: Rambøll. 허락을 받고 사용함

1980년대 초 대형 히트펌프와 전기보일러 사용의 급격한 증가는 이 기간에 다수의 원자력 발전소가 가동됨에 따라 스웨덴에서 항상 저렴했던 전기가 더 싸졌다는 사실로 설명할 수 있다. 1980년대 이후로 스웨덴 전력시장은 화력발전이 주류를 이루고 있는 유럽대륙 전력부문과 점차 병합되어 갔다. 이런 변화는 전기가격의 상승을 이끌었으며, 히트펌프와 전기난방의 지위를 약하게 하고 유용성 측면에서 CHP를 좀 더 매력적으로 만들었다.

핀란드(Finland)

그림 6.4를 보면, 두 번의 국제적인 석유 금수조치가 발생했을 때 핀란드 지역난방 부분은 스웨덴보다 석유에 대한 의존도가 훨씬 낮았음을 알 수 있다. 그 이후 스웨덴 경우와 마찬가지로 높은 수준의 다양성을 이루었지만 그 과정은 매우 달랐다. 오늘날 스웨덴 지역난방 부분은 천연가스와 석탄을 수입하는 핀란드보다 수입에너지에 대한 의존도가 훨씬 낮다. 또 다른 주요 차이점은 스웨덴 지역난방 부분은 **재생 불가능 연료**(**Non-renewable fuel**)의 사용 대부분을 단계적으로 줄여왔지만, 핀란드 지역난방 부분은 (특히, 토탄을 재생가능 연료로 간주하지 않는다면)그렇지 않다는 것이다.

핀란드 지역난방 부분에서 목재 연료의 중요성이 점차 높아지고 있다. 핀란드 산업은 다양한 연료(특히 바이오매스 연료)의 연소에 대한 고효율 기술 발전에 중요한 역할을 수행하고 있다는 점을 강조하고 싶다.

덴마크(Demark)

다양성에 대한 또 다른 사례로 그림 6.5에 덴마크의 경우를 들 수 있다. 대략 1980년–2000년까지 20년 동안 지역난방에서 수입 석탄의 사용량 확대와 천연가스의 소개가 석유의존 감소를 이끌었다.

이 같은 발전과정은 CHP 사용 확대와 밀접하게 연관되어 있다. 대도시에서는 대형 석탄 CHP로부터 추출되는 열을 증가시키기 위해 지역난방 네트워크를 확대하였다. 많은 소도시와 작은 마을에서는 천연가스로 가동하는 엔진을 설치하였다. 지난 몇 년에 걸쳐 **바이오연료**(**Biofuel**)가 진입하기 시작했으며, 농업부분에서 나오는 짚(Straw)과 목재 바이오매스(이중 상당 부분을 수입함) 형태가 대부분을 차지하고 있다. 돼지농장에서 발생하는 **바이오가스**(**Biogas**)를 조금씩 채택해 사용하고 있으며, 사용량이 증가할 것으로 기대된다.

덴마크 산업은 에너지 집약적이지 않으며, 이는 산업부분에서 발생하는 열의 재활용이 큰 역할을 수행하지 않고 있다는 것을 의미한다.

독일(Germany)
독일에서는 산업혁명 이후로 석탄광산과 석탄에 기반을 둔 산업이 중요한 역할을 담당하고 있다. 석탄은 천연가스와 함께 CHP와 지역난방 **열전용 플랜트(Heat only plant)**의 연료에 대부분을 차지하고 있다.

놀랍게도 오늘날 독일은 석탄의 대부분을 수입하고 있으며, 이런 현상은 해외국가(예컨대 호주)로부터 역청탄(Bituminous coal) 또는 무연탄(hard coal)을 수입하는 독일 전력부분의 일반적인 경향을 따르고 있다. 반면에 갈탄(Brown coal)/아탄(亞炭, Lignite coal)은 모두 독일 내에서 생산되고 있다(그림 6.6 참조). 그럼에도 불구하고 그림 6.7에서 알 수 있듯이 지역난방 부문에서는 역청탄이 갈탄에 대해 우위를 차지하고 있다. 이런 현상은 갈탄이 특히 '더러운'연료로 인식되어 건물 열부하보다는 탄전(炭田, Coal field) 인근에서 연소되고 있다는 사실로 설명할 수 있다.

대부분을 수입하는 천연가스는 지역난방 부분에서 가장 큰 에너지원이다. 전력생산(CHP와 비CHP 모두)에서 천연가스의 장점 중 하나는 최첨단 발전 플랜트 기술(복합 가스증기터빈 플랜트)에서 매우 높은 효율을 얻을 수 있다는 것이다.

독일 지역난방 부문은 대부분의 천연가스를 수입하기 때문에 (석유만큼은 아니지만)다분히 수입연료 의존적이다.

그림 6.6을 그림 6.7과 비교할 경우, 재생에너지의 전체 사용량(즉, 지역난방에만 국한되지 않는)이 크게 늘어나는 동안 지역난방에서 바이오매스가 매우 적게 사용되고 있다는 사실은 놀라운 일이다. 하지만 국가의 사업구조 차이로 독일 지역난방 통계가 스칸디나비아 국가에 상응하는 통계보다 포괄적이지 않다. 오스트리아 경우와 마찬가지로, 예컨대 목재 바이오매스를 사용하는 알프스 지역의 시스템과 같이 폭넓게 존재하는 소규모 지역난방 시스템의 상당수가 통계에 포함되지 않는다.

덴마크와 비슷하게 독일 지역난방은 CHP가 대부분을 차지하고 있다.

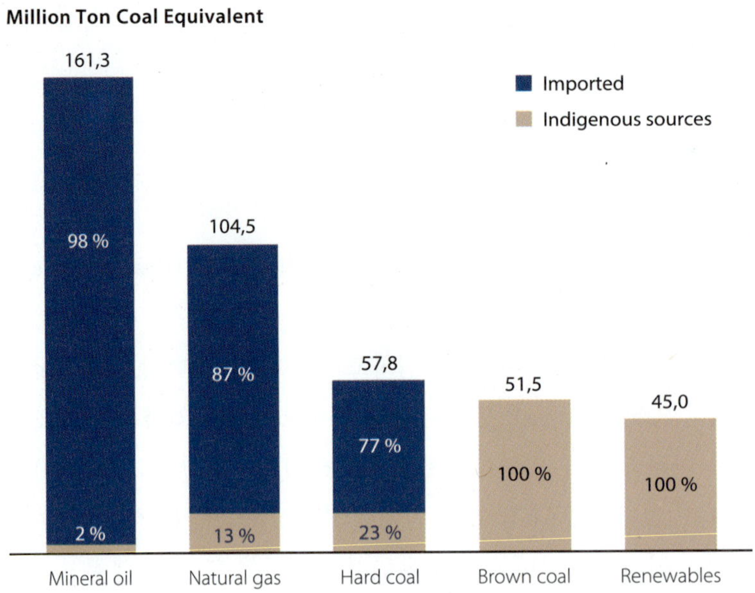

그림 6.6 독일, 일반적인 에너지 부문, 2011년 에너지원들. 출처: Bundesverband Braunkohle. 허락을 받고 사용함

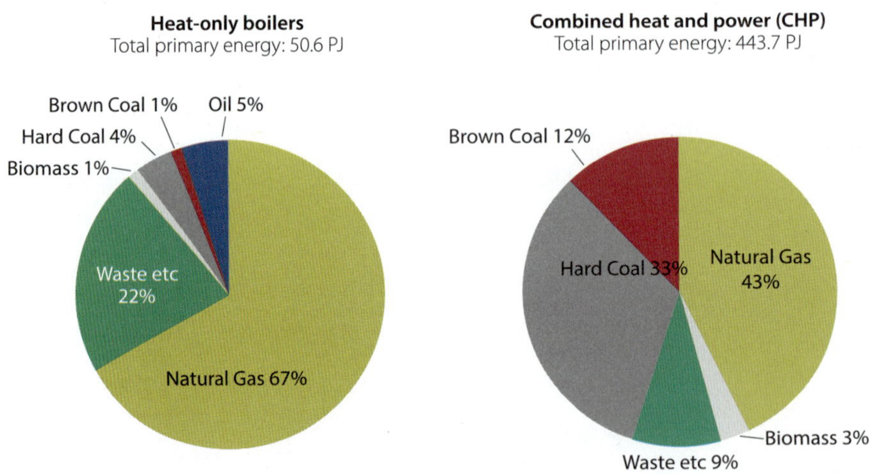

그림 6.7 독일, 2010년 지역난방에 대한 에너지원들.
출처: 독일지역난방협회(AGFW Der Energieeffizienzverband für Wärme, Kälte und KWK e.v.). 허락을 받고 사용함

6.2 보일러와 고체연료 연소(Boiler and solid fuel combustion)

지역난방 시스템에 다양한 발전 플랜트들(CHP 플랜트와 열전용 보일러 모두)은 폭넓은 범위의 연료를 사용하며, 이 연료들 모두 변환효율(Conversion efficiency), 마모(Wear), 오염(Fouling), 환경규제에 대한 준수 측면에서 많은 문제점을 내포하고 있다.

초창기 지역난방 플랜트는 주로 중유(Heavy fuel oil)를 사용했지만, 대부분의 산업화된 국가에서는 더 이상 중유를 사용하지 않는다. 현재 중유는 보통 해상 장비(주로, 2행정 기관)에서 사용하고 있다. 오늘날 지역난방에서 주로 사용되는 석유제품은 경증류유(Light distillation oil)이며, 대부분 아주 단순하게 설계된 첨두/예비 보일러에서 사용된다. 비록 천연가스가 지역난방(및 흡수식 냉동기와 결합된 냉방) 보일러에서 첨두부하와 기저부하 모두를 위해 사용되기는 하지만, 대부분의 천연가스는 가스터빈의 연소실 또는 왕복기관을 기반으로 하는 소형플랜트에서 연소되고 있다.

이 절에서는 열전용 플랜트와 CHP 플랜트 내 물 또는 증기를 가열하기 위한 보일러에서 사용되는 고체연료의 연소를 다루게 된다. 보일러뿐만 아니라 플랜트의 나머지 부분들도 보여줄 수 있는 그림들을 선택했으며, 따라서 이 그림들은 CHP 플랜트와 그밖에 기술을 소개하는 역할을 하고 있다.

그림 6.8은 다양한 연료에 대해 보일러를 설계하는 것이 「얼마나 도전적인 것인가?」에 대한 개요를 보여주고 있으며, **복합적인 도전과제(Multiple challenge)**에서 **표준설계(Standard design)**까지 범위가 다양하다. 가장 왼편에 PVC플라스틱, **폐기물 고형연료(RDF, Refuse-derived fuel)**, **도시 고형 폐기물(MSW, Municipal solid waste)**이 있다. PVC에서 염소(Chlorines)는 매우 적은 농도에서도 독성이 있는 부식성 염산과 다이옥신(Dioxin)을 생성하는 경향이 있다. 폐기물은 보통 매우 비균질적인 형태로 반입된다.

도표의 세로축은 연료의 **순(낮은) 발열량(Net(lower) calorific value)**이다. 이 값은 여러 가지 이유로 낮아질 수 있으며, 보통 수분함량이 높으면 순발열량이 낮아진다. 대부분의 사람들이 경험했듯이, 예컨대 조리 목적으로 야외에서 불을 지필 때 젖은 연료는 불을 붙이기 어려울 수 있다. 중대형 보일러에서 직접점화(Direct firing)에 대한 허용 수분함량은 설계에 따라 50–65% 수준이다. 하지만 갈탄, 아탄, 토탄은 보통 수분함량이 높아서 아주 낮은 발열량을 나타내며, 이들 모두가 도표의 가장 오른편에 위치하는 것을 확인할 수 있다.

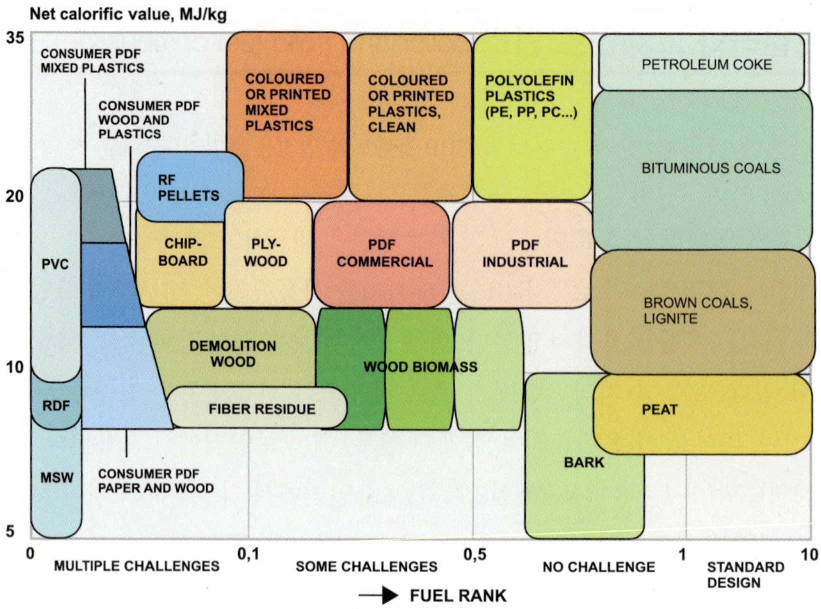

그림 6.8 보일러 설계 시 다양한 고체연료들이 얼마나 도전적인가를 기준으로 한 분류. 출처: Foster Wheeler와 VTT Processes. 허락을 받고 사용함

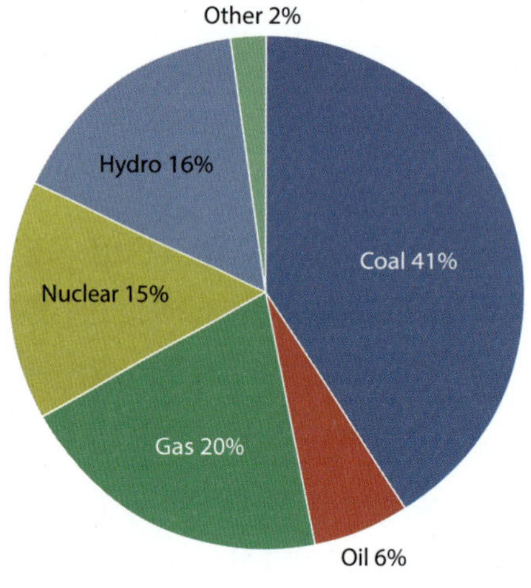

그림 6.9 2006년 (모든)전력생산을 위해 사용된 연료의 전 세계 분포 현황. World Coal Association 자료를 각색함

다양한 연료들을 다루기 어렵거나 혹은 쉽게 만드는 것은 매우 복잡한 문제이며, 연료의 화학적 구성과 연료로서의 물리적 특성에 대한 종합적인 고려를 필요로 한다. 예를 들어, 연료에 포함된 몇몇 종류의 재(Ash)는 심각한 부식을 유발하는 반면, 다른 종류의

재는 상대적으로 무해하다. 때로는 재 함유가 유익할 수도 있다. 예컨대 갈탄의 재는 보일러에 값비싼 **탈황설비(De-sulphurisation equipment)** 설치가 필요 없을 정도로 황과 결합할 수 있으며, 모든 경우에 필수적으로 설치하는 필터에서 이 재를 포집하면 된다.

표 6.1과 표 6.2는 다양한 연료들의 일반적인 구성 상태를 나타낸다. 놀라운 점은 '녹색'연료인 짚(Straw)이 PVC플라스틱과 거의 유사한 아주 높은 Cl 함량을 갖는다는 것이다. 높은 Cl 함량은 재의 녹는점을 낮추며, 이 때문에 열교환기 표면에 심각한 부식을 초례할 수 있다.

때로는 구성요소들 사이에 최적 화학 반응을 만들어 내기 위해 연료를 섞기도 하며, 토탄이 이런 목적으로 사용되는 일반적인 연료이다.

고체연료의 전 세계 사용량을 보면 석탄이 지배적이며, 특히 전력생산에서 이런 현상이 두드러진다(그림 6.9 참조). 비록 인류 역사 상 목재 연료를 석탄보다 훨씬 먼저 사용하기는 했지만, 사용량이 많은 석탄 보일러가 바이오매스를 포함한 다양한 종류의 연료를 위한 보일러 기술을 고려하는 기본 시작점이 된다.

표 6.1 유럽표준 CEN 335에 따른 다양한 고체 연료들의 일반적인 구성요소

속성	석탄 (Coal)	토탄 (Peat)	나무껍질 없는 목재 (Wood without bark)	나무껍질 (bark)	산림 잔류물 (Forest residues) [바늘잎 침엽수]	버드나무 (Willow)	짚 (Straw)	흰줄갈풀 (Reed canary grass) [봄에 수확된 것]	올리브 잔류물 (Olive residues)
재 함유량, (d)	8.5-10.9	4-7	0.4-0.5	2-3	1-3	1.1-4.0	5	6.2-7.5	2-7
수분함유량, w-%	6-10	40-55	50-60	45-65	50-60	50-60	17-25	15-20	60-70
순 발열량, MJ/kg	26-28.3	20.9-21.3	18.5-20	18.3-23	18.5-20	18.4-19.2	17.4	17.1-17.5	17.5-19
C, %(d)	76-87	52-56	48-52	48-52	48-52	47-51	45-47	45.5-46.1	48-50
H, %(d)	3.5-5	5-6.5	6.2-6.4	5.7-6.8	6-6.2	5.8-6.7	5.8-6.0	5.7-5.8	5.5-6.5
N, %(d)	0.8-1.5	1-3	0.1-0.5	0.3-0.8	0.3-0.5	0.2-0.8	0.4-0.6	0.65-1.04	0.5-1.5
O, %(d)	2.8-11.3	30-40	38-42	24.3-40.2	40-44	40-46	40-46	44	34
S, %(d)	0.5-1.3	<0.05-0.3	<0.05	<0.05	<0.05	0.02-0.10	0.05-0.2	0.08-0.13	0.07-0.17
Cl, %(d)	<0.1	0.02-0.06	0.01-0.03	0.01-0.03	0.01-0.04	0.01-0.05	0.14-0.97	0.09	0.1*
K, %(d)	0.003	0.8-5.8	0.02-0.05	0.1-0.4	0.1-0.4	0.2-0.5	0.69-1.3	0.3-0.5	30*
Ca, %(d)	4-12	0.05-0.1	0.1-1.5	0.02-0.08	0.2-0.9	0.2-0.7	0.1-0.6	9	

d = 건조량 기준. * = 재 상태

그림 6.10에 대표적인 최신 석탄 보일러인 연도가스 정화와 급기시스템을 갖춘 **미분탄 보일러(Pulverised fuel boiler,** 오늘날 가장 일반적으로 사용되는 타입)가 있다. 이 보일러는 CHP 또는 전기 생산 전용 플랜트의 일부분으로 사용될 수 있다.

표 6.2 일반적인 재의 구성요소. 출처: Foster Wheeler

	폴란드 석탄 (Polish coal)	토탄 (Peat)	침엽수 나무껍질 (Bark conifers)	산림 잔류물 (Forest residue)	밀짚 (Wheat straw)	볏짚 (Rice straw)	왕겨 (Rice husk)	버개스 (Baggase)
SiO_2	47.4	32.1	4.8	11.6	59.0	69.9	95.4	73.0
Al_2O_3	23.8	17.3	2.8	2.0	0.8	0.3	0.1	5.0
Fe_2O_3	9.51	18.8	1.5	1.8	0.5	0.2	0.1	2.5
CaO	3.8	15.1	45	40	7.3	3.4	0.4	6.2
MgO	2.9	2.5	5.2	4.8	1.8	1.6	0.3	2.1
K_2O	2.4	1.4	8.0	9.2	16.9	15.3	1.8	3.9
Na_2O	1.1	0.5	0.9	0.6	0.4	0.4	0.0	0.3
P_2O_5	0.4	3.7	4.2	4.4	2.3	1.5	0.5	1.0
기타	8.4	8.6	27.6	25.6	10.1	7.4	1.4	6.0

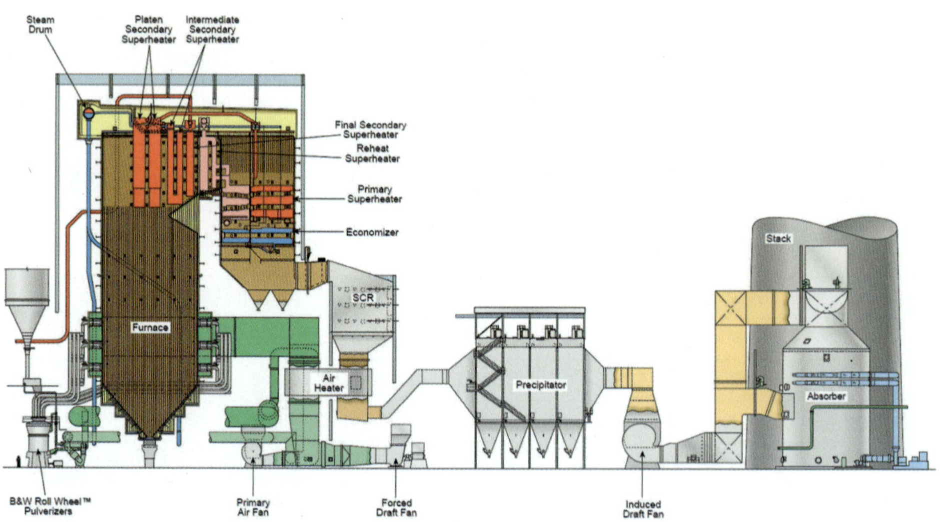

그림 6.10 연도가스 정화와 급기 시스템을 갖춘 표준적인 미분탄 전력 보일러. 출처: Babcock & Wilcox. 허락을 받고 사용함

플랜트의 증기터빈 순환부는 보일러 상부 왼쪽 구석에 있는 **증기드럼(Steam drum)**과 다양한 열전달 설비들로부터 떨어져 있어서 보이지 않는다. 열전달 설비에는 **이코노마이저(Economizer)**, 4개의 **과열기(Super-heater)**, 내부에서 비등수를 드럼으로 올려주는 연소로(Furnace)의 판넬 벽면이 있다. 파란색 강수배관(Downcomer pipe)은 드럼에서 판넬 벽면 바닥으로 물을 내려 보내며 폐회로를 형성한다.

가장 왼편 지면 위에 작은 남자가 서 있다는 점을 유념하길 바란다. 플랜트에서 배기가스 규정을 준수하기 위해 필요한 설비인 **연도가스 정화시스템(Flue gas cleaning system)**이 거의 보일러만큼 넓게 배치되어 있다. 석탄은 수직 실린더형 원뿔 용기(석탄 저장고)에서 가져와 분쇄된 후, 서로 마주보며 배치된 버너를 통해 연소공기와 함께 연소로 내부에 수평으로 주입된다. 그림 6.11에 보다 상세한 배치도가 있다.

보다 상세한 버너의 2가지 예가 그림 6.12에 있으며, 위쪽 버너는 비교를 위한 석유 보일러(Oil fuelled boiler)용이고 아래 버너는 미분탄 연소용이다. 두 버너 설계에는 유사성이 높다.

버너 설계의 중요한 특징은 버너가 연도가스 혼합(Flue gas mixture)에 회전을 추가해서 효율과 균일 연소를 향상시키는 유동패턴(Flow pattern)을 유지하는 데 도움이 되도록 한다는 것이다. 이런 방식을 통해 이론적으로 필요한 (연도가스에 열이 포함된 형태로 연돌에서 손실되는 열의 양을 최소화하는 데 도움이 되는) 화학량론적 양에 근접해 공급되는 공기의 양을 유지할 수 있으며, 연도가스 유량은 가능한 작아진다. 또한, 비연소 연료의 양과 연료 및 연소공기에 의한 질소 산화로 발생하는 NOx(NO와 NO_2)의 양을 최소화한다. 이 버너들은 모두 **저 NOx버너**다.

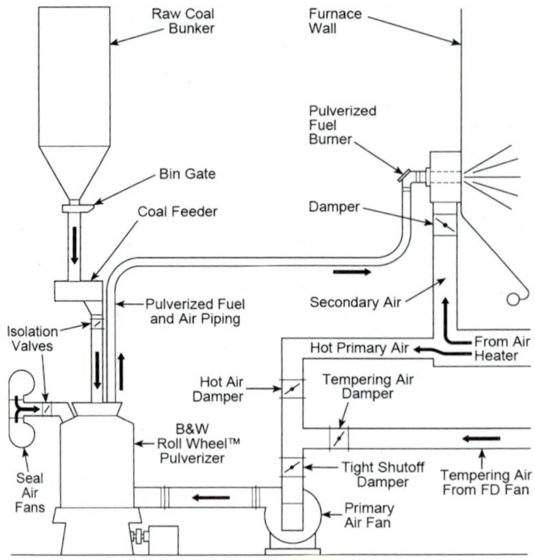

그림 6.11 석탄 분쇄와 주입 시스템. 출처: Babcock & Wilcox. 허락을 받고 사용함

연소로 내부에서 **연소가스(Combustion gas)**는 보일러 상부에 붉은색 과열기에 도달할 때까지 올라가며, 그 후 오른쪽으로 향한 다음, 추가 과열기에 도달할 때까지 아래로 향한다. 그 후에는 (파란 색깔의)이코노마이저로 가며, 여기서는 물이 가진 압력에서 끓는점에 근접하도록 열을 가하게 된다. 더 앞으로 가면 연소가스는 연소과정에서 필연적으로 발생하는 NOx의 양을 감소시키는 **선택적 촉매 환원(Selective Catalytic Reduction, SCR)** 장치에 도달한다. 여기서 선택적 (S)라는 말은 촉매가 가스 내 다른 물질이 아닌 NOx에 특별히 초점이 맞춰져 있다는 사실을 나타낸다. 다음 단계로 공기예열기(Air preheater), 집진기(Precipitator, 필터), 팬, SOx(주로 SO_2지만 때로는 SO_3도 해당됨)를 제거하는 흡수기(Absorber, 또는 세정기(Scrubber))가 있다.

미분탄 보일러는 석탄연소뿐만 아니라, 약 15% 미만의 수분함량을 갖는 마른 상태로 제공되는 목재 및 토탄에 대해서도 사용된다. 미분탄 보일러에 사용되는 이런 연료들은 상대적으로 균질해야 한다. 일반적으로 도시 폐기물은 연료로 사용할 수 없다.

그림 6.10에 있는 공기 예열기의 가장 일반적인 타입은 **융스트룀 예열기(Ljungström preheater)**이며, 그림 6.13에 자세한 그림이 있다. 이 예열기는 번갈아 열을 흡수/발산하는 수직 플레이트로 된 천천히 회전하는 날개(Rotor)로 구성되어 있다.

미분탄 보일러가 개발되기 전에는 석탄을 연소하는 대부분의 경우 **그레이트 보일러(Grate boiler)**를 사용했으며, 여전히 일부 분야에서 사용되고 있다. 그레이트 보일러에서는 쇠살대(Grate) 위에 놓이는 석탄이 연소되는 동안 (거의)수평으로 이동한다.

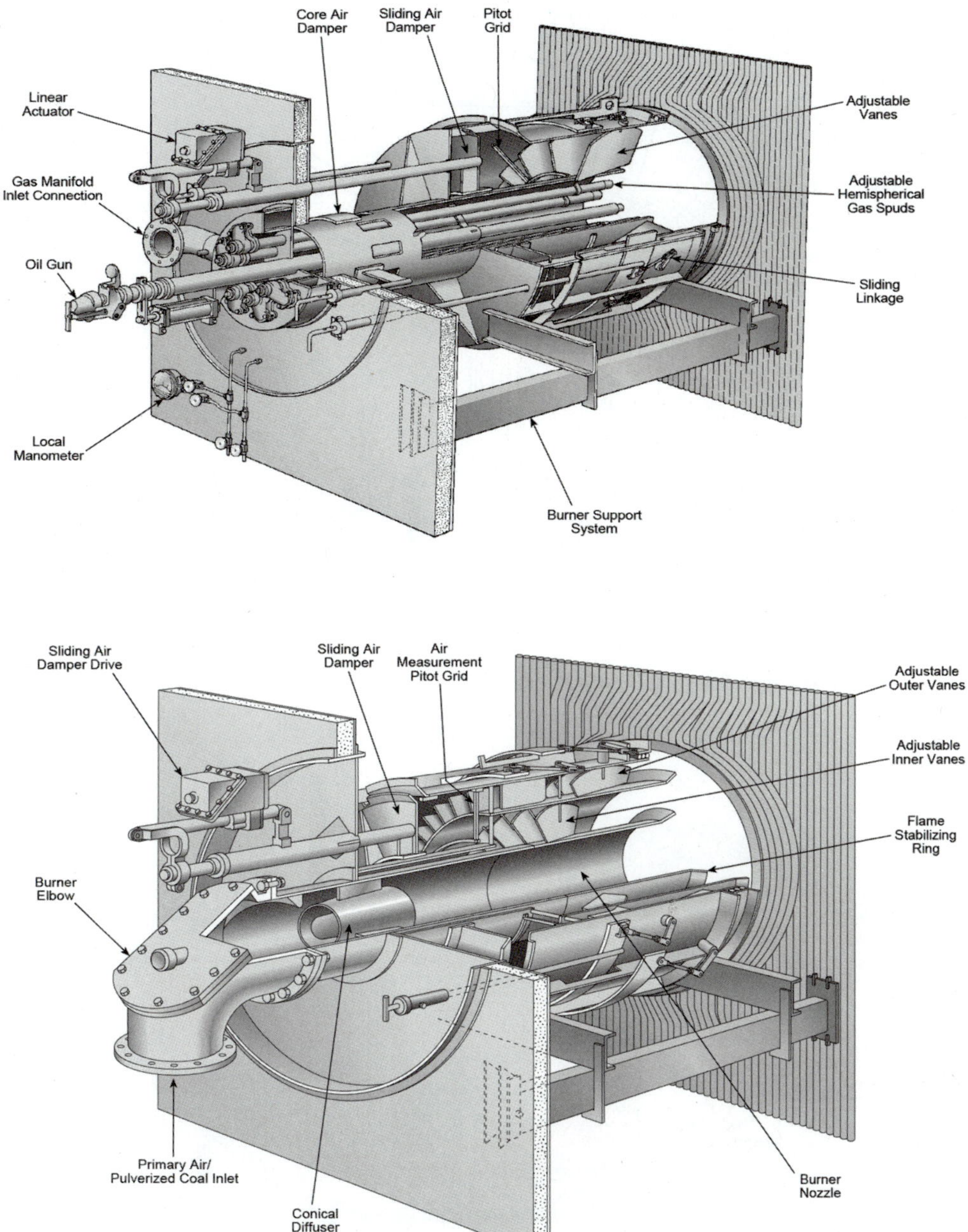

그림 6.12 위: 저-NOx 석유 버너, 아래: 저-NOx 미분탄 버너, 출처: Babcock & Wilcox. 허락을 받고 사용함

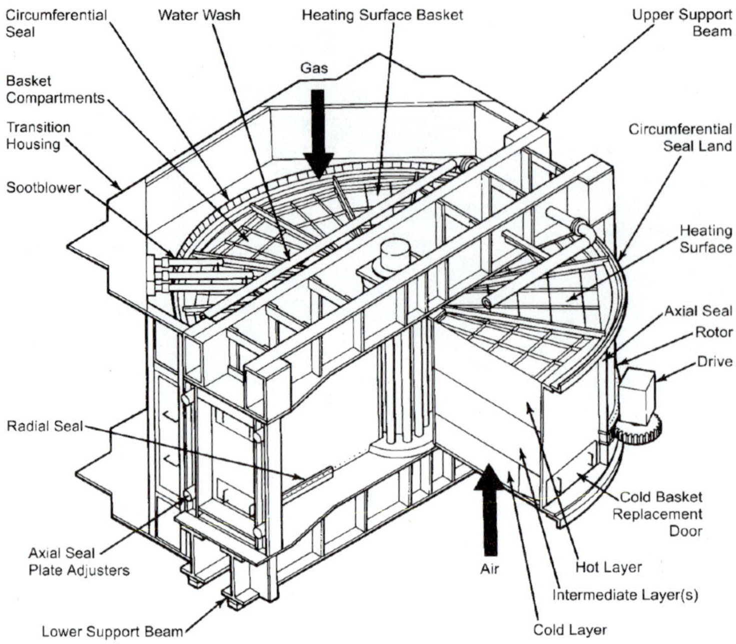

그림 6.13 융스트룀 예열기. 출처: Babcock & Wilcox. 허락을 받고 사용함

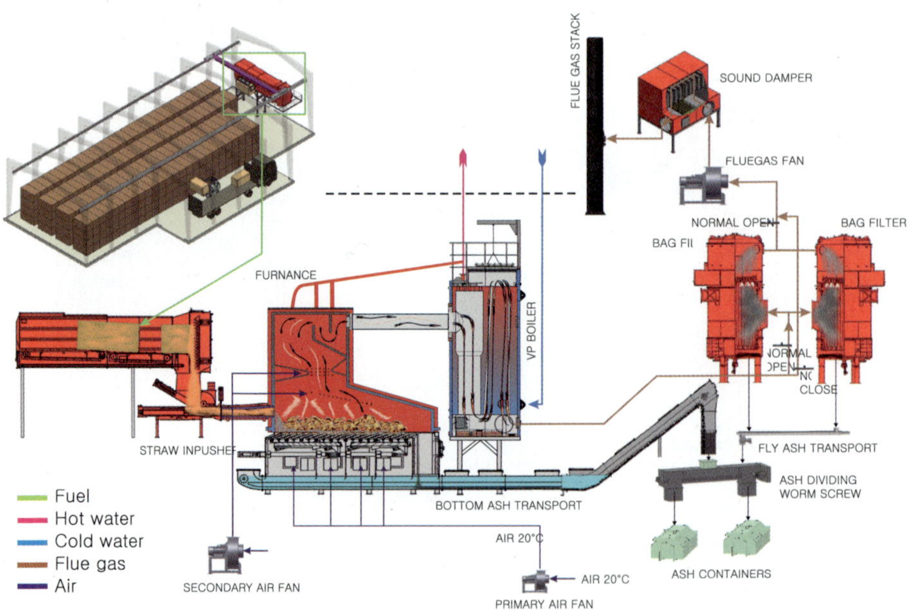

그림 6.14 짚을 연소하는 12 MW 보일러 플랜트. 이동형 쇠살대가 있는 소형 보일러로 지역난방 네트워크에 열을 공급하기 위해 짚을 연소한다. 출처: Weiss. 허락을 받고 사용함

바이오매스, 도시 폐기물 등의 연소에서는 그레이트 보일러가 여전히 가장 일반적인 타입의 보일러로 남아 있으며, 주로 약 20MW 크기까지 사용된다(그림 6.14 참조). 그림에 있는 그레이트는 이동형 수평 쇠살대이며, 또 다른 종류의 그레이트로 경사형 진동 쇠살대가 있다. 연소공기는 아래와 위 모두에서 연소로로 공급된다. 공기 공급의 이 같은 구분은 필요한 과잉공기(Excess air)의 양을 줄인다. 몇몇 보일러에서 과잉비 λ는 1.5보다 훨씬 더 커질 수 있다(λ=1이 이상적인 화학량론적 연소를 나타냄). 재는 바닥에 모이게 된다. 왼쪽에 짚 분류기(Straw divider)로 짚 더미를 넣는 작업 외에 전 과정이 자동화되어 있으며, 짚 더미는 트럭으로 운송된다.

뜨거운 연소가스는 연소로에서 **가스-물 열교환기(Gas-water heat exchanger)**로 이동하며, 그 후 먼지를 정화하기 위한 2개의 여과포(Bag filer), 소음장치(Silencer)를 통과한 다음 연돌로 배출된다. 지역난방 회수수(return water)는 열교환기로 이동하는 부분에서 분기되며, 나머지는 연소로로 들어가 나오기 전까지 벽체를 냉각하고 열교환기에 있는 가열된 물로 합류하게 된다.

지금까지 살펴본 보일러는 짚을 사용한 열전용 보일러이다. 앞서 언급했듯이 짚은 고온부식(High temperature corrosion) 측면에서 문제를 야기한다. 연소로 벽면을 CHP 사이클의 고온증기가 아닌 지역난방 배관망의 물로 냉각한다는 사실은 이 같은 부식을 막는 데 도움을 준다. 연소로와 분리형 가스-물 열교환기 모두 저비용 강종(鋼種, Steel grade)으로 만들 수 있으므로 초기 비용을 낮출 수 있다. 그렇지만 연료 내 Cl로 인한 HCl의 존재는 저온부식(Low temperature corrosion)의 위험에 대한 주의를 필요로 한다.

덴마크는 농업 국가이며 (대부분 수입되는)목재와 함께 짚이 이 나라에서 사용되는 가장 중요한 바이오매스 연료이다.

또 다른 형태의 덴마크 플랜트가 그림 6.15에 있다. 이 플랜트는 3개의 분리된 보일러가 있는 CHP로 도시 폐기물 연소를 위한 2개의 보일러와 우드칩 및 짚 연료를 위한 보일러로 구성되어 있다. 3개의 보일러 모두에서 포화증기 형태로 연소로에 존재하는 증기를 과열시키기 위해 천연가스를 추가로 사용한다. 이런 방식을 통해 아주 높은 온도의 증기를 과열기 표면에 고온부식 위험 없이 고압터빈에 공급할 수 있으며, 전력효율을 높일 수 있다.

이 플랜트는 인근에 있는 2개의 소도시 – 홀스테브로(Holstebro)와 스트루에르(Struer) – 네트워크에 지역난방을 공급하고 있다. 이동형 온수 저장탱크(Displacement hot water storage tank)가 축열 기능을 제공한다.

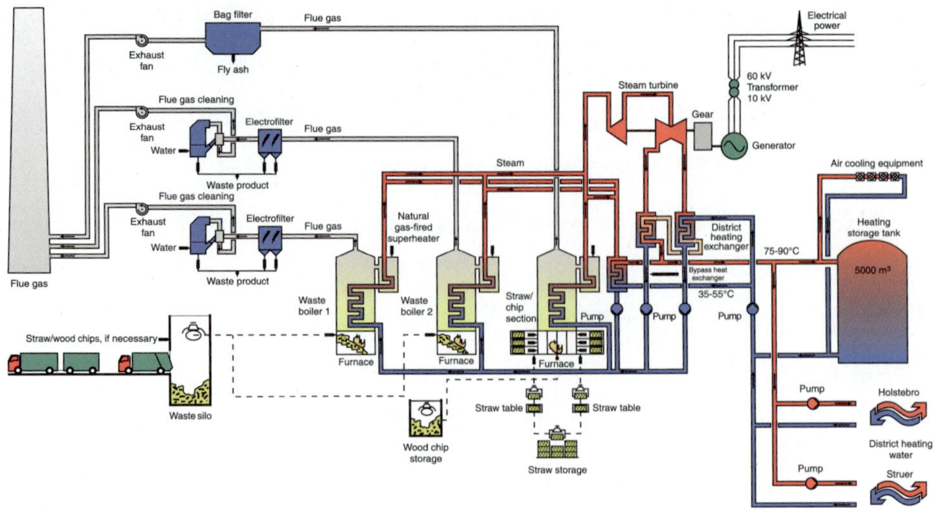

그림 6.15 도시 폐기물, 우드칩, 짚, 천연가스를 사용하는 다중연료 CHP. 덴마크 Maabjerg에 위치함. 전력 30 MW, 열력 67 MW 용량, 1993년에 가동. 증기-물 흐름도는 매우 단순화되어 있음. 출처: I/S Vestkraft, DONG, Babcok & Wilcox Vølund. 허락을 받고 사용함

유동층 보일러(**Fluidised bed boiler, FB**)는 미분연료 설계보다 역사적으로 나중에 개발되었다. 그림 6.16 도표에서는 가장 일반적인 형태의 유동층 보일러가 앞서 언급된 두 개의 전통적인 타입 사이에 있다.

유동화(**流動化, Fludisation**)의 개념은 하나 이상의 **베드재료**(**Bed material, 주로 모래**) 성분과 함께 (대개 분쇄되지 않은)약간 큰 연료성분을 하단에서 연소로로 유입되는 (1차)연소공기에 의해 부유하게 만들어 유체와 유사한 상태가 되도록 하는 것이다. 전통적인 보일러와 달리 FB보일러에서는 불꽃이 없다.

가장 왼편부터 보면 **고정 베드 연소기**(**Fixed bed combustors**)로 불리는 일반 등급에 속한 **그레이트 연소로**(**Grate furnace**) 내 공기유량은 연료성분을 부유하기에 충분하지 않다. 하지만 그 다음 타입의 보일러를 보면 특정 유량에서 공기유량이 충분히 크며, '기포(Bubbling)' 유동화와 상부표면이 존재하는 조건을 얻게 된다. 표면 위쪽의 공간을 **프리보드**(**Free board**)라고 한다. 이 보일러를 **기포 유동층**(**Bubbling Fluidised Bed**) 또는 BFB **보일러**라고 하며, 노즐 시스템이 아래로부터 일정한 공기 유입을 가능하게 한다.

일정하게 높은 유량에서 '유체(Fluid)'는 보일러 상부로 올라가게 되며, 재순환 과정으로 인해 타지 않는 물질(예컨대 재와 모래(베드재료))은 바닥으로 되돌아온다. 이런 이유로 이 보일러를 **순환 유동층**(**Circulating Fluidised Bed**) 또는 CFB **보일러**라고 한다. 이 그림

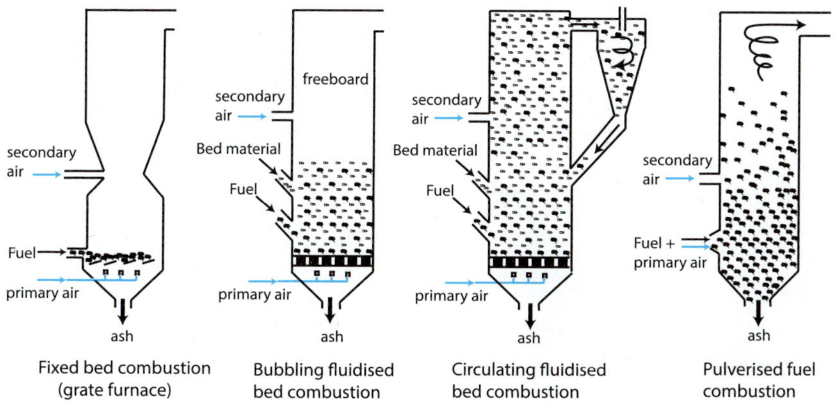

그림 6.16 보일러의 4가지 주요타입, 가운데 2개가 유동층 보일러임.출처: Ingwald Obernberger, Graz University of Technology, Institute for Process and Particle Processing Technology, Graz, Austria. 허락을 받고 사용함

은 사이클론(Cyclone) 내에서 분리작용이 일어나는 형태를 나타내고 있으며, 후술된 것처럼 다른 방식도 적용할 수 있다.

이 설계의 장점 중 하나는 연도가스 시스템으로 넘어가는 재의 양이 상대적으로 적다는 것이다. 예를 들어, FB보일러의 베드에 석회를 추가하면 보일러에서 멀지 않은 후단에서 연소 시 발생되는 SO_2가 즉시 흡착된다. 이 방법은 그림 6.10에 있는 것과 같은 전통적인 보일러에 흔히 적용된다. 더군다나 FB보일러에서 베드온도는 800−950℃ 사이의 아주 낮은 값으로 제어 및 유지될 수 있으며, 이 온도는 NOx 형성을 상당히 억제할 수 있을 정도로 충분히 낮다. 전통적인 보일러에서 연소로의 가스온도는 일반적으로 1200−1650℃ 정도 된다.

유동층 연소기 개발의 주된 목적은 부피가 크고 값비싼 정화시스템을 설치하는 것보다 보일러에서 발생되는 배출가스 자체를 줄이는 데 있다. 이 같은 연소기는 가격이 더 높아지지만, 정화계통에 대한 수요에서 비용절감이 이 비용보다 훨씬 클 수 있다. 또 다른 목적은 미분탄 보일러와 마찬가지로 앞서 언급된 다양한 관련 장점들(과잉공기를 줄이는 것 등)을 통해 '어려운'재료로 좀 더 균일한 연소를 얻을 수 있다는 것이다.

기포 및 순환 유동층 모두 대기압과 유사한 압력에서 가동되기 때문에 **대기압층(Atmospheric bed)**이라고 하며, 그레이트 타입과 미분탄 보일러가 여기에 속한다. 하나 이상의 가스터빈과 가압 유동층 또는 **가스화 장치(Gasifier, 가스터빈의 압축기로 가압됨)**가 있는 증기계통으로 구성된 발전소는 여전히 개발단계에 있다.

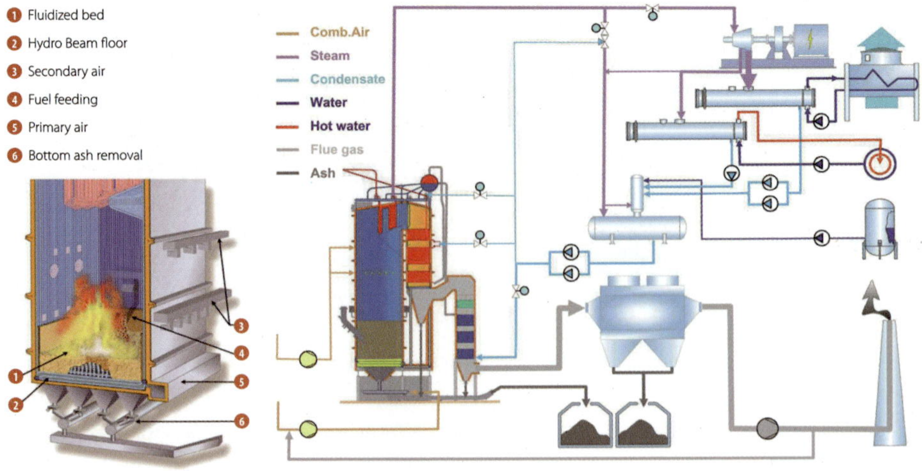

그림 6.17 지역난방 네트워크에 연결된 CHP 플랜트에 증기를 공급하는 기포 유동층 보일러. '중온수'(붉은색) = 지역난방. 출처: Metso. 허락을 받고 사용함

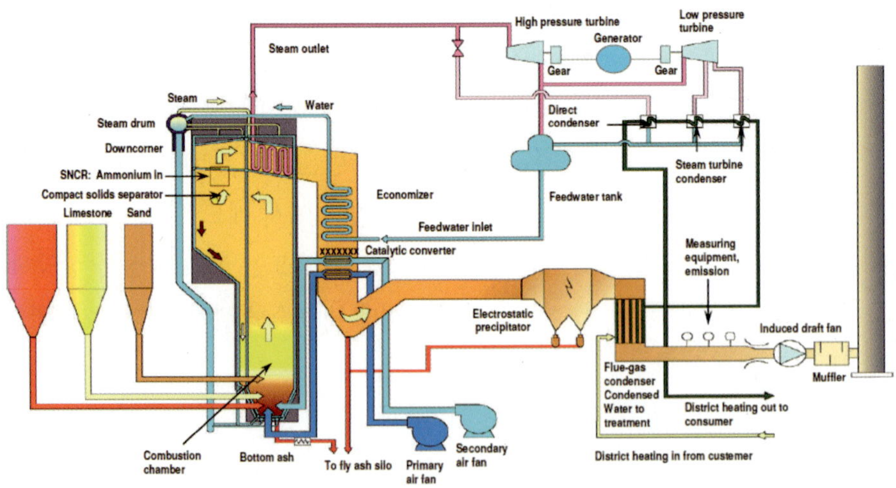

그림 6.18 순환 유동층 보일러가 있는 바이오매스 연료 CHP. 스웨덴 벡셰(Växjö)에 있는 Sandvisverket 플랜트. 전력 35 MW와 지역난방 65 MW급. 출처: Foster Wheeler. 허락을 받고 사용함

그림 6.17은 중간정도 어려운 연료를 위해 만들어진 BFB 보일러가 있는 아주 소규모 CHP 플랜트를 보여준다. 그림 6.18은 다양한 연료((주로)목재, 나무껍질, 토탄)를 연소할 수 있는 CFB보일러가 있는 중간 크기의 CHP 플랜트를 보여준다. 연료, 석회석, 모래가 베드로 공급된다. 보일러 내 '소형 고체 분리기(Compact solid separator)'에 의해 입자를 분리한

다. SNCR(**선택적 무촉매환원법**, **Selective Non-Catalytic Reduction**)에 의해 NOx 형성을 억제할 수 있도록 암모니아를 보일러에 주입한다. 그림 6.10에 있는 SCR과 달리 SNCR은 촉매 효과 없이 보일러에 상대적으로 높은 온도에서 NOx를 포집할 수 있다. 그럼에도 불구하고 이코노마이저 후단에 과잉(슬립(Slip)되는) 암모니아를 포집하는 또 다른 종류의 **촉매변환장치**(**Catalytic converter**)가 있다.

재/먼지는 **전기집진기**(**Electrostatic precipitator**)에 모이게 된다. 이후에 연도가스는 **연도가스 콘덴서**(**Flue gas condenser**)로 들어가며, 이곳에서 연도가스 내 수증기의 부분적인 응결을 통해 가스로부터 열에너지를 회수한다.

연도가스 정화와 응결은 다음 절에서 더 자세히 다루게 된다.

그림 6.19에서 알 수 있듯이, CFB 보일러는 BFB 보일러보다 연료 종류에 대해 좀 더 유연하다. BFB 보일러는 전기생산만 하는 발전소의 일반적인 크기보다 작은 발전 범위에서 주로 사용된다. 반면에 CFB 보일러는 작은 규모에서 비용이 매우 높아지며, (특별히 CHP만이 아닌)일반적인 발전소에서 훨씬 더 보편적으로 사용되고 있다. 그래프에 2개의 선이 있으며, 한 선은 탄소비율을 의미하고 다른 한 선은 수소비율을 나타낸다. 그래프에 수분함량은 표시되어 있지 않지만 갈탄, 토탄, 때로는 목재에서도 수분함량이 상대적으로 높게 나타난다. BFB 보일러는 젖은 연료에서 운영하기에 적합하다.

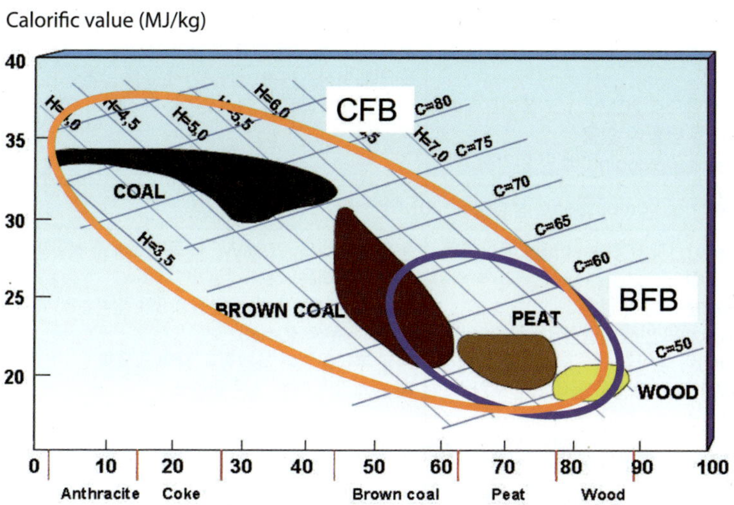

그림 6.19 다양한 종류의 연료에 대한 CFB와 BFB 보일러의 적합성. 출처: Metso. 허락을 받고 사용함

CFB 타입을 포함한 유동층 보일러는 녹는점이 낮은 재를 형성하는 성분을 포함한 연료에 대해서는 적합하지 않다. 유동층 보일러 내에서 녹아버린 재 입자들이 서로 엉겨 붙어 불연성 덩어리가 될 수 있으며, 이 덩어리는 '**응집현상(Agglomeration)**'으로 알려진 메커니즘에 의해 유동패턴(Flow pattern)을 방해한다. 낮은 재 녹는점을 갖는 연료의 한 가지 사례로 짚이 있지만, 때로는 다양한 원인으로 인해 녹는점이 낮아지기 때문에 다른 연료에서도 응집현상이 발생할 수 있다.

그레이트-타입 보일러(Grate-type boiler)는 습기를 극단적으로 함유하지 않은 대부분의 모든 연료에 사용할 수 있다.

표 6.3에 다양한 주요 보일러 종류의 장 · 단점에 대한 개요가 있다. 지역난방 분야에서 유동층 연소의 단점은 '부분 부하운전에 특별한 기술'이 필요하다는 점이다. 때로는 **부하 턴-다운비(Load turndown ratio, 최소 가능 열출력과 정격 열출력 사이의 비)**가 50%만큼 높다. 보일러의 단위 크기가 네트워크의 최대열부하에 비해 상당히 큰 경우, CHP 플랜트와 열전용 보일러 모두에서 문제가 될 수 있다.

표 6.3 바이오매스 보일러의 주요타입에 대한 장·단점의 개요. 출처: Bios Energiesysteme. 허락을 받고 사용함

장점	단점
고정 베드 연소(Fixed bed combustion) - 용량범위: 100kW - 50MW	
수분함량(10-60wt%w.b.)과 입자크기(5→100mm)에 대한 높은 유연성 서로 다른 목재연료 혼합으로 20MW$_{th}$ > 플랜트에 대한 투자비와 운영비를 낮출 수 있음 유동층 연소로보다 슬래깅(Slagging)에 덜 민감함	목재 및 초본식물 연료 혼합이 제한됨 높은 과잉산소(5-8Vol%)가 효율을 낮춤 연소조건이 유동층 연소로만큼 균질하지 않음
유동층 연소(Fluidized bed combustion) - 용량범위: 20MW - 몇몇 100MW	
수분함량(10-55wt%w.b.)과 사용되는 바이오매스 연료 종류에 대한 높은 유연성 고온 연소실 내 이동하는 부분이 없음 고-와류(High turbulence)로 인해 비열전달용량(Specific heat transfer capacity)이 높아짐 낮은 과잉산소(1-4Vol%)가 효율을 높이고 연도가스 유량을 줄임	높은 투자비용, 20MW$_{th}$ < 플랜트에만 적합함 높은 운영비용 입자크기에 대한 낮은 유연성(BFB의 경우 < 80mm, CFC의 경우 < 40mm) 부분 부하운전에 특별한 기술이 필요함 재 슬래그에 대한 높은 민감도
미분탄 연료 연소(Pulverised fuel combustion) - 용량범위: 500kW - 몇몇 100MW(혼소기술)	
중간정도 과잉산소(4-6Vol%)가 효율을 증가시킴 매우 좋은 부하제어와 발생 가능한 부하에 대한 빠른 대처	수분함량 보통 < 20wt%w.b., 바이오연료 입자크기가 제한됨(< 10-20mm) 사이클론 또는 와류(Vortex) 버너를 사용하면 보온 벽돌의 높은 마모를 유발함 여분의 기동버너가 필요함

잦은 기동 역시 보조연료(보통 석유)를 필요로 하기 때문에 도움이 되지 않는다. 대체로 베드재료와 두꺼운 연소로 벽면들 모두 큰 **열용량(Thermal masses)**을 나타내기 때문에, 부하 변동성(Load variability)을 유지하는 것은 유동층 방식과 어울리지 않는다. 열전용 보일러와 몇몇 종류의 CHP는 지역난방 부하변화를 맞춰야 한다. 반면에 전력 생산을 위한 플랜트는 많은 플랜트들과 연결된 대규모 전력망의 수요를 충족하도록 운전하기 때문에 부분부하로는 거의 가동되지 않는다. 지역난방 네트워크는 단지 몇 개의 플랜트들로 구성된 '섬(Island)'이 되어버린다.

앞서 언급한 유동층 보일러의 이런 단점들이 특별한 경우 모든 관련기준에 따른 평가에서 주어진 지역난방 시스템에 대한 최상의 선택이 유동층 보일러라는 결론을 이끌어 낼 수도 있다. 그림 6.18에 있는 플랜트는 유동층 보일러의 한 사례에 해당한다.

이 절에서 다루는 모든 보일러는 **증기관식 보일러(Steam tube boiler)**이며, 이 보일러는 튜브 바깥쪽에서부터 물 또는 증기를 포함하고 있는 내부로 열전달이 일어난다. 유체는 튜브뱅크(Tube bank) 또는 시트(Sheet)형태로 결합된 수많은 튜브 안쪽으로 평행하게 통과한다. 튜브-뱅크(Tube-bank) 배열에서 연도가스는 일반적으로 뱅크 사이를 직교류(Cross-flow)로 통과한다. 연소로 벽면은 보통 결합된 튜브들의 시트 형태로 설계된다.

중 · 소규모 보일러는 물과 증기가 튜브둘레를 흐르는 연관식 보일러(Smoke tube **boiler)**로 설계되기도 한다(뒤에 관련내용이 있음).

참고문헌

Havgaard H, Woodchip and straw will reduce CO_2 emissions from Danish power station. Euroheat & Power 3(1998), 30–34.

Veijonen K, Vainikka P, Alakangas E, Biomass Co–Firing. EUBIONET and VTT–Processes, Jyväskylä, Finland, 2003.

Bachhiesl M, Gockner L, Kraft–Wärme–Kopplung im grössten Biomessse–kraftwerk Österreichs(Cogeneration in the largest biomass power plant in Austria). Euroheat & Power34(2005) : 6, 28–37.

Nielsen C, Biomass as a fuel in CHP production units. Euroheat & Power3(1998), 24–30.

Hiltunen M, Barisic V, Zabetta ED, Combustion of Different Types of Biomass in CFB Boilers. 16th European Biomass Conference, Valencia, Spain, 2008.

Jantti T, Sarkki J, Lampenius H, The Utilization of CFB Technology for Large-Scala Biomass Firing Power Plants. Power-Gen Europe 2010, Rai, Amsterdam.

Obernberger I, The Present State and Future Development of Industrial Biomass Combustion for Heat and Power Generation. ASME-ATI 2010 Conference on Thermal and Environmental Issues in Energy Systems, 2010 in Sorrento, Italy. Downloaded June 2012 from : www.bios-bioenergy.at/en/downloads-publications/ biomass-combustion-thechnologies. html.

증기 보일러에 대해서는 많은 책들이 있다. 예를 들면, 다음과 같다.

Effenberger H, Damferzeugung, VDI-Buch, Springer 2000.

Babcock & Wicox. Steam, its Generation and Use. 41th Edition, 2005.

보일러의 상세한 논의는 발전 플랜트에 대한 책들에서도 찾을 수 있다. 예를 들면 다음과 같다.

Strauss K, Kraftwerkstechnik, zur Nutzung fossiler, nuklearer und regenerative Energiequellen(Power plant technology, the use of fossil, nuclear and renewable energy sources). 6. Aufl(Divide). Springer 2010.

6.3 연도가스 정화와 연도가스 응축 (Flue gas cleaning and flue gas condensation)

이 절에서 우리는 먼저 연도가스 정화, 그 다음 연도가스 응축, 마지막으로 정화와 응축이 결합된 경우를 다루게 된다.

6.3.1 연도가스 정화(Flue gas cleaning)

그림 6.20에 석탄 화력발전소의 전형적인 연도가스 정화 시스템이 있으며, 3가지 정화단계로 구성된다. 【SCR **탈질(de NOx)**, **먼지제거**(Dust removal), **탈황세정(Desulphurisation scrubbing)**】. 첫 번째 단계(탈질 단계)인 SCR **반응기(선택적 촉매 반응기, Selective Catalytic Reactor)**에서 NOx(NO와 NO_2)를 제거한다. 선택적(Selective)이란 말은 NOx에 대해 선택적으로 적용되는(즉, 다른 성분에는 적용되지 않음) 처리 공정을 의미한다. 그림 6.21에 SCR 장치가 있다.

암모니아가 촉매 상부에 스프레이 형태로 주입된다. NOx 제거는 하나의 변환과정이며, NO의 경우 반응식은 다음과 같다.

$$4\,NO + 4\,NH_3 + O_2 \rightarrow 4\,N_2 + 6\,H_2O \tag{6.1}$$

앞서 언급했듯이, 상당히 낮은 온도에서 반응이 일어나기 때문에 촉매가 반드시 있어야 한다. 촉매는 병렬 및 직렬로 배치된 (일체식(Monolithic))요소들의 조합으로 구성된다. 각각의 요소 내에는 다수의 얇은 채널들(Channels, mm 크기)이 있으며, 그 내부로 가스가 지나간다. 촉매제는 채널 안쪽표면에 있으며, 가스유동과 가깝게 접촉하게 된다.

연도가스 정화의 두 번째 단계는 먼지제거다. 이 과정에서 보통 **여과포(Bag filter)** 또는 **전기집진기(Electrostatic precipitator)** 모두를 사용한다. 여과포는 기본적으로 일반 진공청소기에 있는 필터와 동일한 방식으로 작동하며, 가스는 먼지가 모이는 직물(Fabric)을 관통하게 된다.

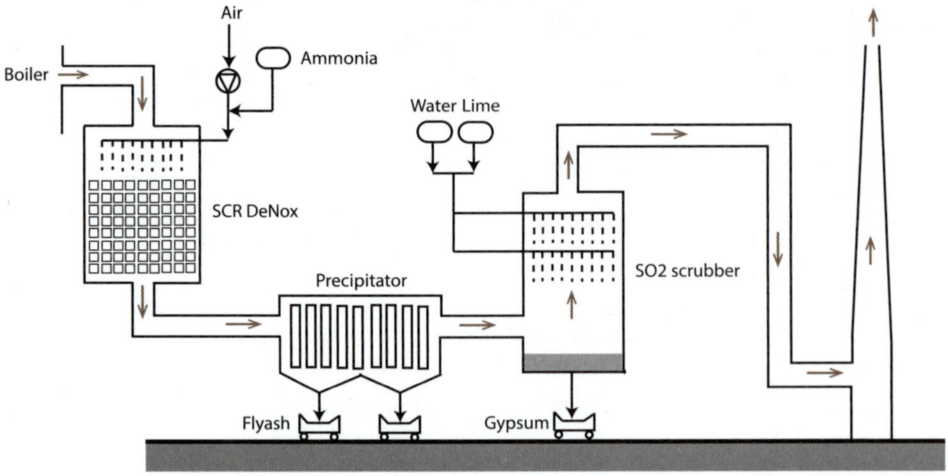

그림 6.20 표준적인 석탄 화력발전소의 연도가스 정화 시스템

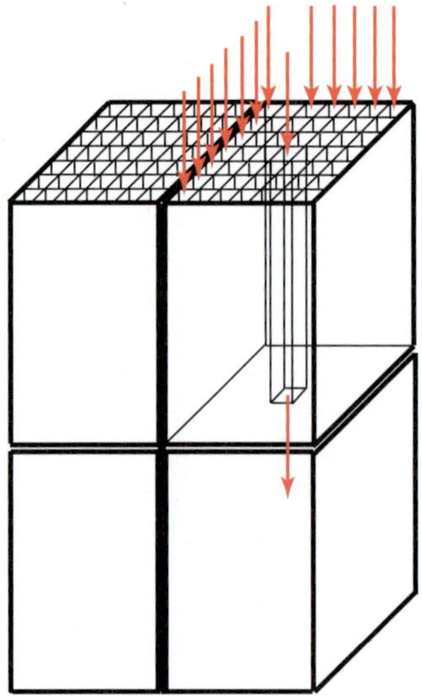

그림 6.21 NOx제거를 위한 선택적 촉매 반응기(SCR). 출처: Alstom Power

대형 산업용 필터에는 수많은 여과포들이 있으며, 일반적으로 길고 수직으로 매달린 실린더 형태로 되어 있다. 가스는 외부에서 실린더 안쪽으로 통과하며, 먼지는 바깥쪽에 남아있게 된다. 간헐적으로 여과포를 가스펄스(Gas pulse)에 노출시켜 여과포로부터 먼지를 제거하며, 필터 하단에 먼지가 모이게 된다. 물론 직물은 진공청소기의 필터보다 내열성 및 내화학성이 훨씬 좋은 재료로 만들어 진다.

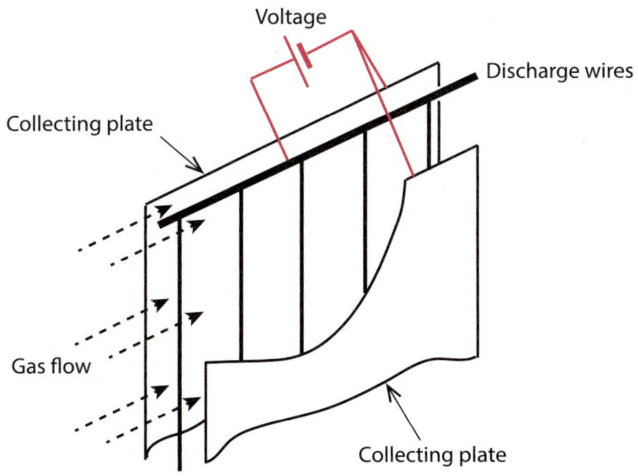

그림 6.22 전기집진기의 작동원리. 출처: Hitachi

먼지 제거기의 두 번째 타입인 전기집진기의 작동원리가 그림 6.22에 있다. 먼지입자(에어로졸 또는 더 큰 입자들)가 포함된 가스가 수많은 수직 금속판들 사이로 들어가며, 한 쌍의 금속판은 하나의 전극을 구성하고 판 사이에 매달려 있는 전선은 또 다른 전극을 나타낸다. 전기장과 이온을 만들기 위해 높은 전압을 가하면 먼지입자들이 판 쪽으로 작용하는 **정전기력(Electrostatic force, 또는 Coulomb force)**에 의해 수평으로 이동하며, 판 위에 먼지들이 모이게 된다. 집진된 입자를 제거하는 다양한 방법이 있으며, 그 중 하나가 솔(Brush)로 입자를 긁어내는 것이다.

먼지 제거기의 세 번째 종류로 **사이클론(Cyclone)** 형이 있다. 이 장비에서 가스는 길고, 수직으로 된 실린더 내부에서 회전하게 된다. 원심력 때문에 아래로 이동하는 회전 소용돌이 내에서 먼지 입자들이 바깥방향으로 나가게 된다. 정화된 가스는 먼지 회전과 동일한 방향으로 더 작은 직경에서 회전하고, 유사한 소용돌이 모양의 경로를 따라 상부로 이동해 시아클론 꼭대기에서 배출된다.

여과포와 전기집진기가 개발되기 전에는 사이클론 먼지 제거기가 표준타입 장비로 사용되었다. 오늘날 사이클론 먼지 제거기를 거의 사용하지 않는 이유는 현대적인 두 타입들로 제거할 수 있는 것만큼 작은 입자를 제거할 수 없기 때문이다. 때로는 사이클론을 여과포 및 전기집진기와 결합해 사용하기도 하며, 하부장비의 먼지부하를 줄이기 위해 상부에 배치된다.

연도가스 정화의 세 번째 단계는 그림 6.20에 있는 **탈황세정(Desulphurisation scrubber)** 단계다. 이 단계에서는 SOx(주로 SO_2와 약간의 SO_3)가 $CaCO_3$, 산소, 물과 반응한다.

$$SO_2 + ½\, O_2 + CaCO_3 + 2\, H_2O \rightarrow CaSO_4 \cdot 2H_2O\ (\text{석고}) + CO_2 \qquad (6.2)$$

세정장치 내부에서 연도가스는 상부로 흐르며, 석회석 또는 백악(白堊, Chalk)이 용해된 물을 가스유동 아랫방향으로 분무한다. 하단에 석고가 모이면 제거해 벽판(Wall board) 또는 시멘트 생산을 위해 판매할 수 있다. 식에서 알 수 있듯이 약간의 이산화탄소가 배출되지만 그 양은 상당히 미미하다.

물과 연관되어 있으므로 **세정공정(Scrubber process)**을 **습식세정(Wet Scrubbing)**이라고도 하며, 건조 및 반건조 탈황공정도 있다.

6.3.2 보일러 효율과 연도가스 응축 (Boiler efficiency and flue gas condensation)

연도가스 응축(Flue gas condensation, FGC)은 보일러 효율과 CHP 플랜트의 **총 열이용(Total heat utilisation, 총 효율)**을 증가시키기 위한 방법이며, 낮은 온도에서 연도가스 수증기를 부분적으로 응축시켜 **잠열(Latent heat)**을 회수한다. 특히 습한 연료를 연소하는 경우 FGC가 보일러 효율을 크게 높일 수 있다. 예를 들어, 오늘날 스웨덴에서는 FGC가 바이오매스 지역난방 보일러(특히 열전용 보일러)에 표준이 되고 있으며, CHP 플랜트에서도 자주 사용되고 있다. 그림 6.18에 있는 Sandviken 플랜트는 후자에 속한다.

연소공기(Combustion air, 주로 질소와 산소로 구성됨)가 건조한 경우 잠열의 총 양은 연료의 **고발열량(The higher calorific(또는 heating) value, HCV)**과 **저발열량(The lower calorific value, LCV)** 사이의 차에 해당한다.

$$\text{잠열} = HCV - LCV\ [J/kg] \qquad (6.3)$$

북미에서는 HCV, 유럽에서는 LCV를 사용하는 관례가 있다. 유럽의 관례는 실제로 잠열을 사용하지 않는다는 사실을 기반으로 하고 있지만, 연도가스 응축이 피하고자 하는 것이 바로 이런 상황이다. 따라서 유럽에서 발열량에 대한 선택이 아직 이루어지지 않았다면, 오늘날 이 경우에 대부분 아마도 HCV를 적용해야 하며 미래에는 그렇게 변할 것이다. 아직까지 유럽 기술자들은 오랫동안 관례로 성립되어온 것을 사용하고 있다.

잠열 사용을 실제로 가능하지 않게 하는 한 가지 중요한 원인은 아주 깨끗한 연료에서 조차도 연도가스에 수분이 응축되기 시작하면 연도가스가 강산성, 강부식성을 띄게 된다는 것이다. 즉, 물과 함께 존재하는 모든 SO_3가 H_2SO_4(황산)를 형성하게 된다. 대기 중에는 예컨대 황을 포함한 연료가 다른 곳에서 연소되면서 생성된 소량의 SO_2를 포함하고 있으므로, 보통은 연도가스에 약간의 SO_3가 존재한다.

그러나 연도가스 정화에 대한 수요증가는 재료기술의 발전과 함께 연도가스 응축을 촉진하는 데 기여하고 있다. 예를 들어, (또 다시 그림 6.18에 있는) Sandviken 플랜트는 유동층 보일러 내에서 황을 제거한다.

발전소의 효율 측정 시 LCV를 사용하는 또 다른 타당한 이유가 있다. 열역학적 이유(자세한 설명은 아주 길다)로 인해, 낮은 온도(대략 60℃ 보다 낮은)에서 잠열을 회수한다는 사실은 전기 산출량(yield of electricity) 증가를 위해 여열을 사용하는 것을 어렵게 한다. 열만 생산하는 보일러의 효율개선을 위해 잠열을 사용하는 것이 목적이라면 상황은 훨씬 단순해진다.

이런 이유로 CHP 플랜트인 Sandviken 플랜트에서 알 수 있듯이 더 많은 전기 생산이 아닌 더 많은 지역난방 생산을 위해 잠열을 회수한다.

이것이 왜 연도가스 응축 기술을 지역난방과 아주 가깝게 연관된 것으로 생각할 수 있는지 설명해준다. 특히 '어려운' 연료를 연소하는 경우, 초기비용 때문에 FGC 설비 투자비용에 대한 적정한 보상을 받을 수 있도록 보일러가 충분히 클 필요가 있다. 하지만 처음에 FGC 보일러는 지역난방 부문이 아닌 주로 천연가스 부문(좀 더 자세히 독일 천연가스 부문)에서 개발이 이루어졌다. 천연가스 연료인 경우 FGC에 대한 추가 투자비가 그리 높지 않기 때문에, 오늘날 천연가스용 연도가스 응축 보일러는 소형 단독주택을 위한 보일러에서 조차도 표준기술이 되고 있다. 최근 많은 국가에서 대량 생산되는 보일러 중 FGC 기능이 있는 제품이 없는 것보다 훨씬 일반적이다.

물리학에 대한 기본소양이 있는 집주인은 제조사가 '120% 효율'로 운전할 수 있는 보일러를 제공한다고 하면 회의적일 수 있다. 하지만 이런 광고가 완전히 사실일 수 있다. 이런 현상은 앞서 언급했듯이 유럽 보일러 효율이 대부분 HCL이 아닌 LCV를 기반으로 한다는 사실 때문에 발생한다. 우리가 알고 있듯이 습한 연료에서는 사실 효율이 100%를 넘을 수 있다.

천연가스는 천연가스 망을 통해 건조한 연료 상태로 공급된다. 가스의 주성분은 메탄(Methane)이며, 다음의 방정식에 따라 연소가 이루어진다.

$$CH_4 + 2\,O_2 \rightarrow CO_2 + 2\,H_2O \qquad (6.4)$$

상업용 천연가스의 경우, **발열량(Heating value)** 차는 가스의 구성에 따라 일반적으로 5–10%정도 된다.

역청탄의 기본 성분인 순수한 탄소는 다음 식에 따라 연소가 이루어진다.

$$C + O_2 \rightarrow CO_2 \tag{6.5}$$

즉, 물이 형성되지 않으며 고발열량과 저발열량이 같다. 역청탄의 경우 H원자의 극히 일부분이 C원자와 결합되어 있기 때문에 발열량 차가 0은 아니지만 보통 2–4%로 작게 나타난다.

개략적으로 말해 석유는 발열량 차 측면에서 중간정도의 위치에 해당된다.

갈탄, 아탄, 토탄, 바이오매스 연료는 대부분 완전히 건조해 질 수 없으며, 때로는 매우 습한 상태로 연료의 50% 이상이 습기인 경우도 발생한다.

연료가 습하면, 연료가 갖는 **자체중량(Dead weight)**으로 인해 LCV와 HCV 모두 부정적인 영향을 받는다. 즉, 연료의 kg당 연소물질 양이 작아지게 된다. LCV에 대해서는 습기를 증발시켜야 하며, 이를 위해 연소과정에서 방출되는 에너지 중 일부를 사용해야 하는 단점이 추가로 존재한다.

보통은 연소공기에 이미 존재하는 수증기가 연도가스에 아주 소량의 습기를 추가한다.

보일러 효율의 정의는 다음과 같다.

$$\eta_b = P_q / (\dot{m}_f CV)\ [-] \tag{6.6}$$

P_q = 생산된 이용 가능한 열 [W]

$\dot{m}_f$ = 연료 질량유량(Fuel mass flow rate) [kg/s]

CV = 발열량(LCV 또는 HCV) [J/kg]

LCV를 기반으로 하는 전통적인(응축 설비가 없는) 유틸리티 보일러 설비는 85–95% 범위의 효율로 운전되고 있다. 주요 손실은 **연돌손실(Stack loss)**이며, 연도가스에 존재하는 열량을 나타낸다. 연돌손실은 다음과 같이 나타낼 수 있다.

$$\text{연돌손실} = \dot{m}_g c_p (t_{flue} - t_a)\ [W] \tag{6.7}$$

$\dot{m}_g$ = 연도가스 공기유량 [kg/s]

c_p = 연도가스의 평균 비열 [J/kgK]

t_{flue} = 연돌 연도가스의 온도 [°C]

t_a = 대기온도 [°C]

여기서 c_p의 평균값은 언급된 두 온도 사이의 간격에 대해 산정한다. 물의 잠열을 무시하면 온도에 따른 c_p변화는 작으며, 건조한 연료의 경우 그 값은 대기의 비열과 크게 다르지 않다. 대기의 80%가 질소라는 사실을 고려한다면 이것은 놀라운 일이 아니다. 질소는 연소과정에서 거의 변하지 않는다.

유틸리티 규모 보일러에서 연돌손실 외에 다른 손실들은 대부분 아주 미미하다. 이런 종류의 손실 중 하나로 **불연소(Incomplete combustion)**가 있으며, 또 다른 것으로 **보일러 벽체를 통한 열손실**이 있다. 보일러 효율의 정확한 정의는 팬(Fan)에 공급되는 전기를 고려해야 하기 때문에 매우 복잡하다.

주어진 연료에서 화학 반응식과 연료에 있는 다양한 원소들의 상대적인 양에 기반해, (화학량적)연소에 필요한 이론적인 최소 공기 양을 계산할 수 있다.

연돌손실만 발생하고 연도가스 응축이 없을 시 다음과 같이 효율을 나타낼 수 있다.

$$\eta_b = 1 - \dot{m}_g\, c_p\, (t_{flue} - t_a) / (\dot{m}_f\, CV)\ [-] \qquad (6.8)$$

과잉공기가 존재하는 경우 $\dot{m}_g$가 증가하고 η_b는 감소한다. 따라서 연돌손실을 최소화하기 위한 **공기 과잉비(Air excess ratio)**는 다음과 같다.

λ = 실제 공기유량 / 화학량적 공기유량 [–]

λ가 가능한 낮아야 한다.

보통 CV가 낮은 연료로 대체하는 경우에도 (상대적으로)연돌손실을 증가시킨다. 하지만 CV가 낮아지면 질량(유량비)비율 $\dot{m}_g / \dot{m}_f$도 작아지기 때문에(즉, 단위 연료질량당 연소가스를 적게 발생함) 이런 결과를 식에서 바로 알 수는 없다. 이것은 **최소 공기 공급량(Minimum air supply)**을 계산하는 경우와 마찬가지로 화학 반응을 고려해 설정해야 한다.

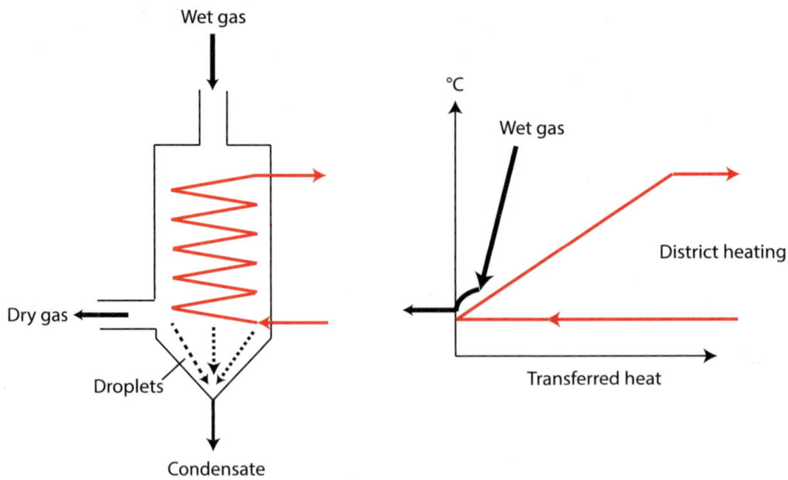

그림 6.23 연도가스 응축 설비가 있는 단순화된 보일러와 온도 vs 전달된 열에 대한 도표

그림 6.23은 연도가스 응축 설비가 있는 보일러를 아주 도식적으로 나타내고 있다. 응축은 열교환기의 아랫부분에서 일어나며, 물방울은 케이싱(Casing) 바닥으로 떨어지고 이곳에서 물방울이 (거의 산성인)응축액 형태로 제거된다.

옆에 있는 도표는 (지역난방 수의 경우)물의 온도증가와 연도가스의 냉각을 나타내고 있으며, 곡선은 그래프 공간상의 이유로 임의의 높은 온도에서 잘려있다. 가로좌표는 **전달되는 열(Transferred heat)**을 나타낸다. 물의 흐름에 대한 가열곡선은 직선 형태이며 상응하는 비열은 거의 일정하다. 가스 역시 거의 일정한 비열로 응축이 시작되는 점까지 낮아진다. 응축 시작점에서 **증분 비열(Incremental specific heat)**이 갑자기 매우 크게 증가되며, **감열(感熱, Sensible heat)**에 더해 잠열이 방출된다. 냉각이 더 진행되면 더 많은 물이 서서히 응축되고, 경사가 점차 건조한 가스 값에 수렴한다.

그림 6.24는 연도가스 응축 설비가 있는 보일러에서 연소되는 습한 목재연료의 고위/저위 발열량 각각에 기반한 계산효율(Calculated efficiency)의 사례를 나타낸다. 그림에서 알 수 있듯이 **고위 발열량(Upper heating value)**은 가스를 대기온도 0℃까지 냉각하는 한계치로 사용되며, 수분함량 및 과잉공기비와 관계없이 정확한 값 1을 얻을 수 있다. **저위 발열량(Lower heating value)**에 기반해 계산을 수행하면, 1(100%)을 초과하는 효율이 가능하다. 보일러 내 연소공기가 습하면, 심지어 더 높은 효율을 얻을 수 있다.

연도가스 응축 배치에서 연돌내부 또는 연돌로부터 나오는 연기기둥 내에 물이 너무 일찍 응축되는 것을 막기 위해, 때로는 연도가스가 연돌로 들어가기 전에 연도가스를 재열한다. 이 같은 재열이 배열회수에 약간의 오프셋을 일으키는 원인이 된다.

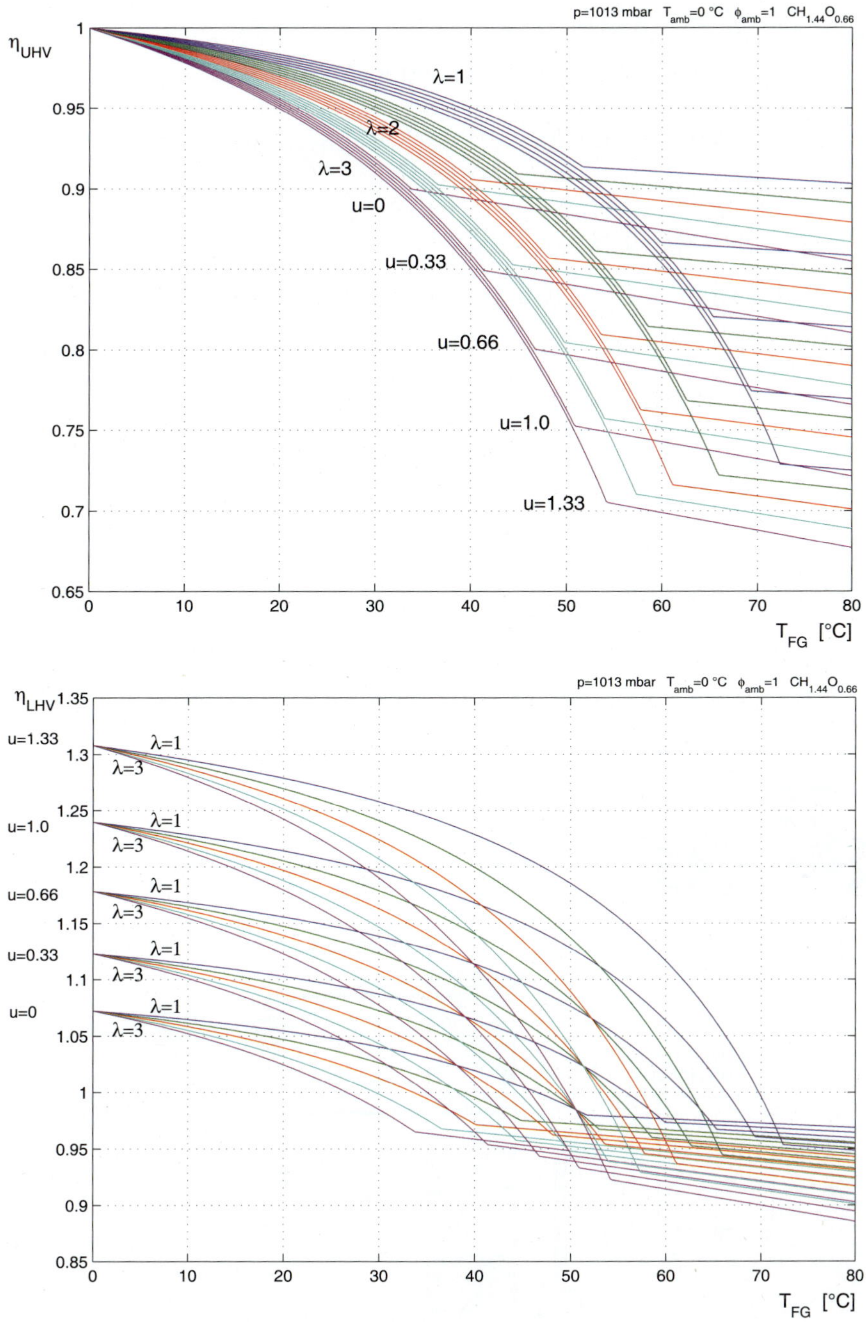

그림 6.24 연도가스 응축 설비가 있는 습한 목재연료 보일러의 효율. 가로좌표: 연도가스 온도. 위쪽 도표: 고위 발열량에 기반을 둔 효율. 아래쪽 도표: 저위 발열량에 기반함. 완전연소, 목재의 화학 구성: $CH_{1.44}O_{0.66}$. 곡선 매개변수: u = 상대 목재 수분, λ = 과잉 공기비. 출처: Neuschwander, Good, Nussbaumer 1998. 허락을 받고 사용함

6.3.3 연도가스 정화와 응축의 결합 (Combined flue gas cleaning and condensation)

연도가스 정화와 응축을 결합하는 것은 비용뿐만 아니라 환경과 에너지효율 측면에서 매력적인 선택사항이 되고 있다.

그림 6.25에 이 같은 결합의 한 가지 사례가 있다. 이 그림은 폐기물 소각로 플랜트를 참조하고 있으며, 환경 측면에서 문제가 되는 다양한 성분들을 포함할 수 있는 불균질한 연료로 인해 연도가스 정화가 요구되는 플랜트 종류이다. 6.5절에서 언급했듯이, 특별히 문제가 되는 것은 다이옥신(Dioxin)이다.

보일러에서 발생되는 연도가스는 먼저 전기집진기로 들어가며, 그 다음 3단계의 **세정집진장치**(Scrubber)로 된 타워를 통과한다. 3단계 모두에서 다이옥신 흡수를 위해 설계된 고분자 물질(상품명 ADIOX®) 부대(負袋)가 있다. 고분자 물질의 형태는 가스와 접촉하는 표면이 극대화되어 있다. 각각의 세정집진장치 단계에서 물은 재순환되며, 연도가스 흐름에 대해 아래쪽 방향으로 분사된다. 첫 번째 단계에서 HCL과 함께 NH_3가 분리된다. 두 번째 단계에서는 효율적인 SO_2 제거를 위해 NaOH를 주입한다. 여기서 대부분

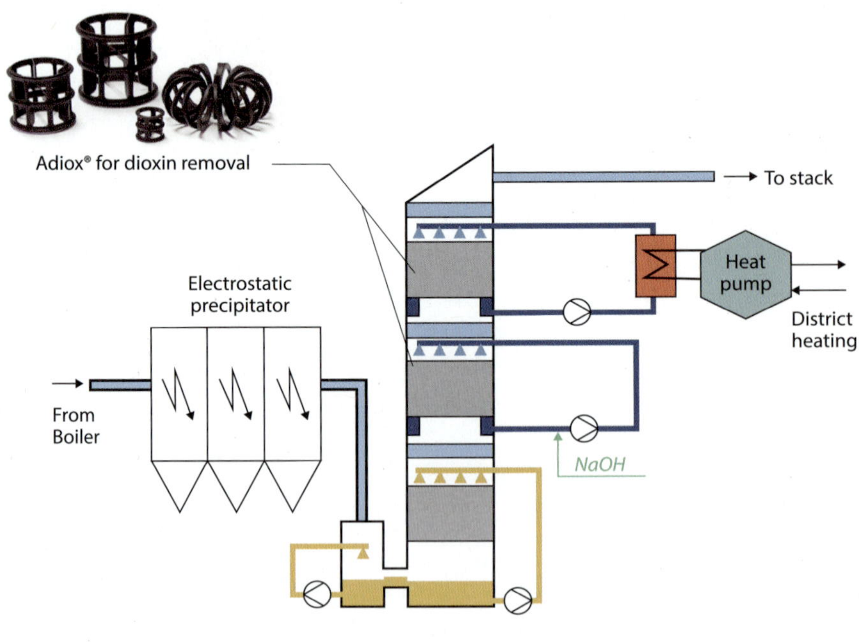

그림 6.25 연도가스 정화와 연도가스 응축을 통한 배열회수가 결합된 다단계 세정집진장치. 출처: Götaverken Miljö. 허락을 받고 사용함

의 HF(폐기물 소각로 플랜트 특유의 또 다른 물질)가 연도가스에서 분리된다. (다이옥신 제거 외에) 세 번째 단계의 주요기능은 연도가스 응축을 통해 배열회수를 수행하는 것이다. 동시에 먼지를 포함한 잔류 구성물들을 어느 정도 제거하게 된다. 이 단계의 단순한 변종(變種)으로 지역난방 시스템에 열을 직접 전달하는 경우도 있다. 지역난방 네트워크의 온도수준이 불가피하게 높은 경우에도, 그림에 있는 장비와 같이 히트펌프가 응축의 낮은 종결 온도를 통해 높은 수준의 에너지 회수가 이루어지도록 한다. 히트펌프는 전기로 가동되는 **증기압축 히트펌프(Vapour compression heat pump)** 또는 (예컨대 보일러에서 생산되는 증기로 공급할 수 있는)고급 열에너지로 가동되는 **흡수식 히트펌프(Absorption heat pump)** 모두 사용할 수 있다.

그림에서 정밀하게 그려지지 않은 점은 연속적인 순용수 생산으로 인해 응축된 물을 제거해야 한다는 사실이다. 때로는 플랜트 내 다른 곳에 이런 물을 사용할 수 있다.

참고문헌

Keber G, Rauchgareiningung am Müllheizkraftwerk Würzburg(Flue gas cleaning at Müllheizkraftwerk Würzburg). Ferrwärme International (1996) : 10, 564–571.

Neunschwander P, Good J, Nussbaumer T, Combustion Efficiency in Biomass Furnaces with Flue Gas Condensation. Biomass for Energy and Industry, 10th Conference and Technology Exhibition, June 8–11 1998, Würzburg, Germany.

Oravainen H, Flue Gas Condensing and Heat Recovery at Biomass Fired District Heating Plants. Euroheat & Power 6(1998), 26–30.

Axby F, Gustafsson J–O, Nyström J, Studie av rökgaskondensering för biobräns–leeldade kraftvärmeanläggningar (A Study of Flue Gas Condensation in Biomass–Fuelled Combined Heat and Power Plants). Report No. 719, Värmeforsk, Stockholm, 2001.

Jirkowsky C, Ökonmische Rauchgareinigung(Economic flue gas cleaning). Euroheat & Power 33(2004) : 4, 38–41.

Sindram M, Naffin B, Walter D, Rauchgareinigung in holtzbefeuerten Kraftwerken(Flue gas cleaning in wood–fired power plants). Euroheat & Power 33(2004) : 7–8, 22–29.

Baumgartner M, Rauchgaskondensation steigert die Wärmeauskopplung(Flue gas condensation increases the heat extraction). Euroheat & Power 36(2007) : 1–2, 48–50.

좀 더 일반적인 관련된 참고문헌의 사례들 :

Fenger J, Tjell J C, Air Pollution, From a Local to a Global Perspective. Polyteknisk Forlag(Copenhagen) & Royal Society of Chemistry(Cambridge), 2009.

Baehr HD, Kabelac S, Thermodynamik, Grundlagen und technische Anwendungen (Thermodynamics, fundamentals and technical applications), 15. Auflge. Springer Vieweg 2012.

6.4 열병합발전(Combined heat and power)

제2장에서 논의했듯이, 열병합발전(CHP)은 지역난방의 전체적인 개념 중 핵심에 해당된다. 그러므로 CHP를 상세히 살펴볼 필요가 있다.

이번 절의 개요는 다음과 같다. 첫 번째 항에서는 일반사항을 짧게 다루며, 열병합발전에 대한 몇 가지 대체 용어들을 알아본다. 다음 항은 이론적인 타입(카르노 타입, Carnot type)을 포함한 CHP 플랜트의 종류에 대한 일련의 중요한 사례를 제시, 논의, 비교한다.

6.4.2항에 처음으로 CHP 플랜트의 한 종류가 제시되어 있으며, 다음 항에는 CHP의 효율을 정량화하기 위해 일반적으로 사용되는 많은 측정방법들을 소개하고 있다. CHP 플랜트 중 가장 마지막에 논의하게 될 종류는 **소규모 CHP(The small-scale CHP)**이다. 6.4.10항에는 앞서 정의된 효율 측정에 기반해 다양한 종류의 CHP를 비교할 목적으로 만드는 **열전도(熱電圖, Power–heat diagram)**의 일반적인 형태가 있다. 6.4.11항은 히트펌프와 CHP를 비교하고 결합하는 문제를 논의한다. CHP와 히트펌프 모두 1차 에너지의 소비를 크게 줄이기 위해 선택할 수 있는 열역학적 첨단기술로 볼 수 있다. 이런 방식으로 히트펌프까지 논의를 확장하면, CHP의 열역학을 어떻게 이해해야 하는지를 좀 더 명확하게 알 수 있다. 마지막 항은 CHP와 **탄소포집(Carbon capture)** 및 저장에 대한 문제를 짧게 다룬다.

지열 CHP(Geothermal CHP)는 6.8절에서 별도로 다루며, **원자력 CHP(Nuclear CHP)**는 6.12절에서 짧게 설명하고 있다.

6.4.1 CHP 개념(The CHP concept)

제2장에서 열병합발전(버려지는 열을 재활용하는 방법들 중 하나) 채택에 대한 기본적인 개념을 논의했었다.

지역난방 네트워크에 열을 공급하는 것 이외에, 때로는 증기를 공급해 산업 플랜트(예컨대 제지 및 펄프 공장)에도 서비스를 제공할 수 있다. 세 번째 예로 잉여열을 온실에 공급할 수 있으며, 이 경우 발전소는 가스엔진을 주로 사용하고 열의 대부분은 배기가스를 통해 공급된다. 식물의 광합성을 증진시키기 위해 CO_2함량(연소과정에서 주로 발생함)이 높은 배기가스를 사용할 수 있다. 네 번째 선택사항으로 용설분야(Snow melting)가 있지만 드물게 사용하고 있으며, 이 경우 매우 낮은 온도수준의 열을 필요로 할 수 있다.

그림 6.26은 다양한 국가에 대한 총 국가 전력 발전 중 CHP 비율을 나타낸다. 덴마크, 핀란드, 러시아, 동유럽 국가와 같은 몇몇 국가에서 CHP의 높은 시장비율은 난방시장에서 지역난방의 높은 시장 점유율과 밀접하게 연관되어 있다.

그림 6.26에서 수행한 것과 같은, 총 전력 생산량 중 CHP 비율을 나타내는 통계에서 가장 큰 불확실성은 대규모 지역난방 네트워크에서 지역난방을 위한 열량이 추출할 수 있는 것보다 작을 경우에 어떤 범위의 플랜트까지 CHP에 할당해야 되는가와 연관되어

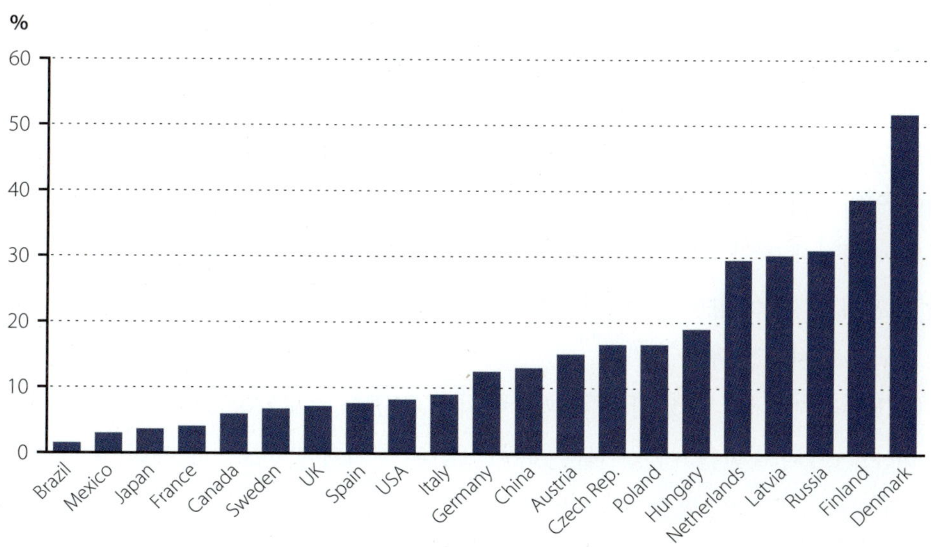

그림 6.26 다양한 국가에서 총 전력생산 중 CHP 비율. 2001년, 2005년, 2006년도 자료를 조합한 결과임. IEA 자료를 각색함

있다. 앞으로 다루겠지만, 다양한 타입의 CHP 플랜트가 이 같은 부분적인 CHP를 허용하고 있다. 예를 들어, 독일 통계에서는 보고서에 보수적인 방법을 사용하고 있으며, 반면에 그밖에 다른 국가에서는 재활용할 수 있는 열량이 아주 작은 경우에도 생산되는 모든 전력을 CHP 발전으로 간주해 보고 방식에 있어 좀 더 관대한 편이다.

그렇지만 그림을 통해 전체적인 개요를 알 수는 있다. 좀 더 자세히 말하자면 상위 11개 국가들 모두에서 지역난방이 CHP에 대한 주요 기반이 된다고 할 수 있다. 그럼에도 불구하고 전 세계 모든 CHP의 대략 80% 이상이 크게는 '산업용'으로 분류할 수 있는 것으로 추정된다. 하지만 대규모 지역난방 부분이 있는 국가에서 CHP에 대한 전력시장 점유율이 특히 높다는 사실은 전 세계 CHP 시장점유율이 증가하면 그 대부분이 지역난방과 약간의 지역냉방(흡수식 냉동기로 열을 통해 냉방생산이 가능함)에 기인하게 될 것이라는 점을 시사하고 있다.

비록 미국에서 총 전력 생산 중 CHP 비율은 중간정도에 해당되지만, 미국 전력시장의 크기를 고려하면 절대적인 양은 상당히 크다. 미국에서는 지역난방과 지역냉방이 중요한 위치에 있지 않기 때문에, 여기서 대부분의 CHP는 산업용으로 사용되고 있다고 생각해야 한다. 지역난방 기반 CHP의 많은 특성들이 산업용 CHP에서도 유효하며, 기술적 관점에서 이 같은 구별은 크게 중요하지 않다.

스웨덴은 난방시장에서 지역난방의 시장점유율이 높다는 사실에 비추어 볼 때, 순위가 낮다는 점에 의아해 할 수 있다. 이는 스웨덴 전력생산에서 수력과 원자력 발전이 대부분을 차지한다는 사실에 원인이 있다. 이러한 사실은 한편으로는 많은 전기를 필요로 하는 금속가공 등과 관련된 사용자 때문에 1인당 생산되는 전기량이 높다는 것과 연관되어 있다. 다른 한편으로는 수력발전이 낮은 가격으로 전기를 공급하고 있어서, CHP가 전력시장에서 경쟁하기 어렵게 하고 있다. 하지만 현재 진행 중인 국가 간의 전력시장 통합과 함께 스웨덴에서 전력가격이 상승하고 있으며, 따라서 총 전력생산의 CHP 비율도 높아지고 있다.

CHP 용어에 대한 몇몇 단어들: 미국에서는 CHP를 주로 Cogeneration, 영국에서는 Total energy라고 한다. 이 용어들은 특히 생산된 전기가 발전소 인근에서(주로 산업용 플랜트 내 이지만, 약간 확장해 한 건물 또는 제한된 다수 건물들 내) 주로 사용되는 경우에 한해 사용된다. 마지막에 언급된 이런 방식은 소규모 CHP(Small-scale CHP) 성장과 함께 중요성이 크게 높아질 것으로 기대되고 있다.

6.4.2 가스터빈 플랜트를 이용한 기본적인 CHP 개념 (Basic CHP idea illustrated by a gas turbine plant)

그림 6.27은 CHP에 **개방 사이클 가스터빈(Open cycle gas turbine)**을 적용한 것이다.

개방 사이클 가스터빈 공정 CHP 플랜트를 CHP 분석의 첫 번째 종류로 선택한 이유는, 이 CHP가 가장 일반적인 타입이어서가 아니라 이 경우 CHP를 적용해 얻을 수 있는 효과를 특별히 쉽게 분석할 수 있기 때문이다. CHP 기술에서 개방 사이클 가스터빈은 주로 6.4.8항에서 논의하게 되는 **복합 사이클 플랜트(Combined cycle plant)**에 부분적으로 사용된다. **폐쇄 사이클 가스터빈(Closed cycle gas turbine)**은 CHP 여부와 관계없이, 발전소에서는 거의 사용되지 않는다.

그림에 있는 단순한 가스터빈 공정은 다음과 같이 가동된다. 대기에 압력과 온도를 모두 증가시키는 **압축기(Compressor)**(1)에 의해 대기가 안쪽으로 흡입된다. 그 다음 압축된 가스는 **연소실(Combustion chamber)**로 들어가며, 연료 연소 시 방출되는 **열소비율(Rate of heat)** P_{CV}를 더해 온도가 크게 높아진다. 연소가스는 터빈(3)에서 팽창하여 압력과 온도가 낮아진다. 터빈과 압축기는 **발전기(Generator)**(5)에 있는 공통 축(Common shaft)(4)에 배치되어 있으며, 발전기는 전력망(일반적으로 공공 전력망)에 공급되는 전력 P_e를 생산한다(발전소 기술에 익숙하지 않은 독자는 '터빈'이라는 용어가 전체 플랜트와 터빈설비 모두에 사용되는 것을 의아해 할 수 있지만, 이것이 일반적인 용어의 사용법이다.).

개방 가스터빈에 적용되는 동역학 사이클의 종류를 **브레이턴 사이클(Brayton cycle)**이라 한다.

그림에 있는 것은 압축기와 터빈이 공통 축에 의해 직접 연결된 플랜트이며, 발생하는 일(Work)의 일부가 압축기를 가동하는 데 사용된다. 또 다른 일반적인 형태는 **두 개의 터빈 배치(Two-turbine arrangement)**라고 하며, 하나의 터빈만 압축기에 연결된다.

터빈에서 발생하는 뜨거운 배기가스 온도 t_e는 일반적으로 350–550℃ 정도 되며, 이 온도는 무엇보다도 터빈으로 들어오는 연소가스의 유입온도와 연관되어 있다. 현대적인 고성능 플랜트에서 배출가스의 온도는 더 높은 범위에 속한다. 연도가스가 **연돌(Stack)**(7)을 통해 대기 중으로 직접 배출되는 경우, 엄청난 규모의(열 발생률 P_{CV}의 50% 이상) 에너지가 이런 식으로 버려진다.

여기서 단순한 CHP 개념은 **배열회수 보일러(Heat recovery boiler)**라고 하는 열교환기(6)에서 배기가스를 냉각시켜 버려지던 열의 상당부분을 회수하는 것이다. 배열회수 보일러는 열전달 표면의 다른 편을 통과하는 지역난방 네트워크 난방수에 열을 전달한다. 비열 c_p가 일정하다고 가정하면, 회수되는 열량은 다음과 같다.

$$P_q = \dot{m}_g \, c_p \, (t_e - t_{flue}) \ [W] \tag{6.9}$$

$\dot{m}_g$ = 배기가스 유량 [kg/s]

c_p = 가스의 비열 [J/kg°C]

t_e = 배기가스 온도 [°C]

t_{flue} = 연도가스 온도 [°C]

이 식은 가스가 (일반적으로 대략 50℃ 정도 되는)이슬점 아래로 냉각되지 않는 한 정확한 근사치를 나타낸다. 앞서 보일러에 대해서 논의 했듯이, 잠열은 수증기 응축 시 방출되므로 사실 더 많은 열에너지를 회수하기 위해 때로는 가스가 더 낮게 냉각되기도 한다.

아래에 있는 흐름도는 배기가스 보일러에 대한 온도와 전달되는 열의 관계를 나타낸 도표이다. 직선 형태는 양쪽 열전달 표면에서의 c_p값이 일정하다는 것을 나타낸다.

에너지 손실은 연돌을 통해 연도가스가 플랜트에서 배출되면서 발생하는 것으로, 식 (6.7)로 연돌손실을 계산할 수 있다.

$$\text{연돌손실} = \dot{m}_g \, c_p \, (t_{flue} - t_a) \ [W] \tag{6.10}$$

여기서, t_a = 대기온도 [°C]

t_{flue}의 하한(따라서 연돌손실에 대해서도)은 되돌아오는 네트워크 난방수의 회수온도 t_r에 의해 결정되며, 열전달 표면이 커질수록 온도차는 작아진다.

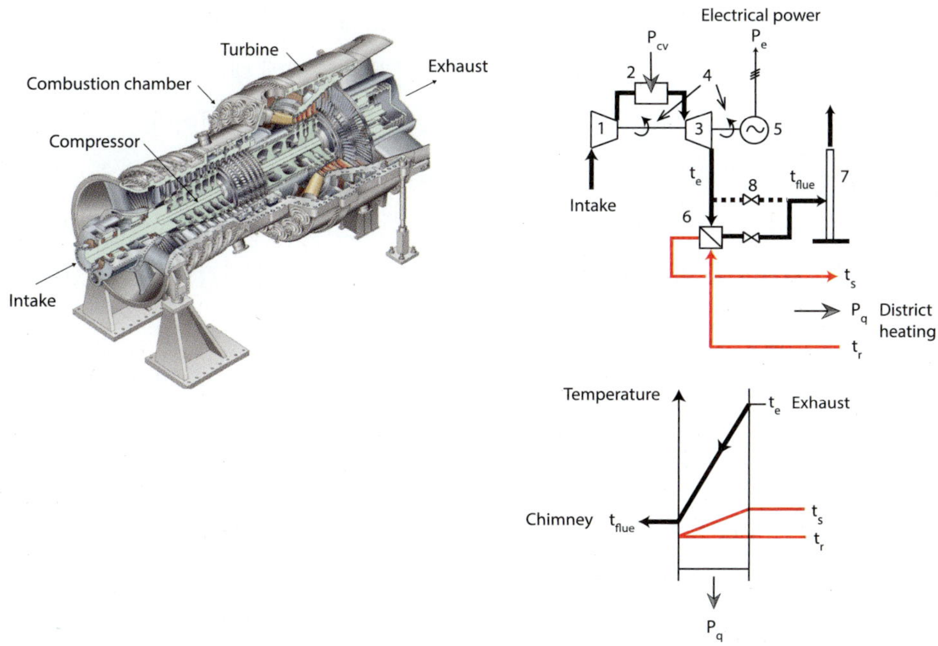

그림 6.27 개방 사이클 가스터빈 열병합발전(CHP) 플랜트. 왼쪽: 가스터빈의 내부가 보이도록 만든 그림(출처: Siemens, 허락을 받고 사용함). 오른쪽: (위) 흐름도, (아래) 배기가스 보일러6에 대한 온도 그래프

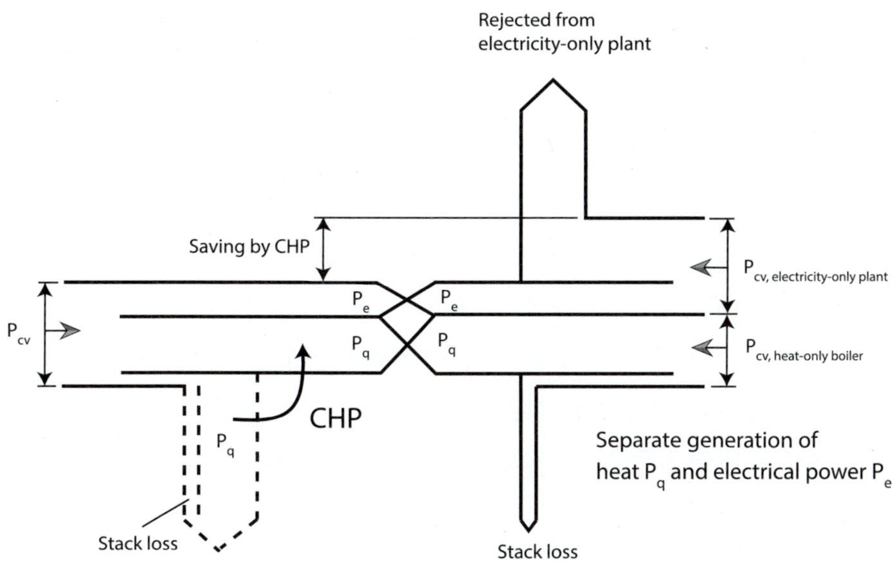

그림 6.28 왼쪽: 그림 6.27에 있는 가스터빈 CHP 플랜트에 대한 생키 도표. 오른쪽: 같은 양의 열력 P_q를 생산하는 열전용 보일러와 결합된 같은 양의 전력 P_e를 생산하는 전력용 플랜트에 대한 생키 도표

높은 배기가스 온도로 인해 생산되는 전력량에 영향을 주지 않고 지역난방 공급온도 t_s를 거의 자유롭게 선택할 수 있다. 주어진 크기의 열전달 표면에 대해 t_s 증가로 인한 주요 효과는 연도가스 온도가 약간 증가해 연돌손실도 약간 증가한다는 것이다.

그림 6.28에 있는 2개의 상반된 **생키 도표(Sankey diagram)**는 전력 생산용 화력발전소와 보일러로 각각 분리되는 대신에 CHP 플랜트에 결합되어 P_e와 P_q를 생산하게 되면, 얼마나 많은 **1차 에너지 열소비율(Primary energy heat rate)** P_{cv}가 절감되는지를 보여주고 있다.

단순화하기 위해 보일러의 연돌손실은 CHP의 연돌손실과 같은 크기가 된다고 가정하였다. 예를 들어, 전력 생산용 발전소가 증기터빈 발전소라면 이 발전소에서 외부 환경으로 방출되는 열의 대부분은 (예컨대 증기 응축에 의한 냉각탑 내에 있는)열교환기에서 외부환경으로 방출되는 열로 구성된다. 이러한 첫 번째 손실과 함께 이 발전소 보일러에서 발생하는 연돌손실이 두 번째 부분에 해당된다.

엄밀하게 말하면, 전력부분의 희생 없이는 개방 사이클 가스터빈으로부터 배열회수가 이루어 질 수 없다. 보통 튜브뱅크를 가로지르는 **강제 대류 가스 측 열전달(Forced convection gas-side heat transfer)**로 가동되는 배열회수 보일러에서는 항상 가스 측 압력강하가 발생한다. 따라서 터빈에서 발생하는 압력강하를 줄여서 성능을 조금 감소시키는 약간의 **배압(Back-pressure)**이 존재한다. 하지만 이 압력강하를 최소화하기 위해 일반적으로 유속을 낮게 유지하며, 이렇게 하려면 보일러 단면이 커진다. 사실 배열회수 보일러가 가스터빈 자체보다 훨씬 클 수도 있다.

개방 사이클 가스터빈 CHP 플랜트에는 대부분 **바이패스 덕트(Bypass-duct, 그림 6.27에 점선으로 그려져 있음)**(8)를 설치하며, 배기가스 유량의 전체 또는 일부분이 대기 중으로 냉각되지 않은 채 통과하게 할 수 있다. 이런 방식으로 지역난방 네트워크에 의해 열에너지를 얼마나 많이 흡수할 수 있는지에 관계없이 전력발전이 이루어 질 수 있도록 한다. 전기 수요가 24시간 주기로 변하는 경우, 전체 연돌손실을 최소화하기 위해 적어도 부분적으로는 회수된 열을 저장탱크에 저장 및 방출하는 것이 일반적으로 유리하다.

6.4.3 성능 측정(Performance measures)

열효율(Thermal efficiency)과 전력효율(Electrial power efficiency)이 전력 생산용 플랜트의 총 효율을 평가할 때 사용하는 확실한 매개변수지만, CHP 플랜트의 경우 어느 측정

방법을 사용하느냐는 좀 더 복잡한 문제다. 사실 상당히 많은 대체 측정방법이 특정 목적의 평가와 때로는 특정 종류의 플랜트에 대해 다양하게 결합해 사용될 수 있다. 더군다나, 여러 국가에서 서로 다른 측정방법의 사용에 대한 다양한 관례를 채택하고 있다.

이 항의 목적은 가장 일반적으로 사용되는 측정방법을 소개하고 논의하는 것이다. 이어지는 항에서 CHP 플랜트의 개별 타입에 대해 차례로 이런 측정방법의 적용 사례를 제시할 것이다. 측정방법 선택에 대한 논의는 6.4.10항에서 다시 나오며, 이 항에서는 서로 다른 타입의 CHP 플랜트 성능을 비교하는 경우 활용되는 **정규화 도표(Normalised diagram)**의 한 종류를 소개하고 있다.

그림 6.29에 있는 것과 같이, 공급되는 연료의 연소와 관련된 CHP 플랜트 주변에서의 **제어면(Control surface)**을 그릴 수 있다. 단순한 에너지 밸런스에 의해 다음 식이 성립된다.

$$P_{cv} = P_e + P_q + \text{Loss [W]} \tag{6.12}$$

여기서 P_e는 생산된 전력, P_q는 재활용 된(지역난방) 열력, Loss는 주변 환경으로 방출되는 에너지 손실율이다.

P_{cv}의 크기는 (HCV 또는 LCV 같은)CV값을 어떻게 정의하느냐에 달려 있다(이 문제에 대한 전술부분 참조).

원자력 플랜트의 경우 P_{cv}는 핵분열 과정을 통해 방출되는 열력이다. 지열 플랜트(Geothermal plant)인 경우 P_{cv}를 어떻게 정의해야 하는지 불명확하다.

앞서 살펴보았듯이, 개방 사이클 가스터빈의 경우 손실(Loss)은 연돌손실이다. 정확히 말해, 플랜트 벽체를 통한 열손실도 있지만 이 손실은 아주 작다.

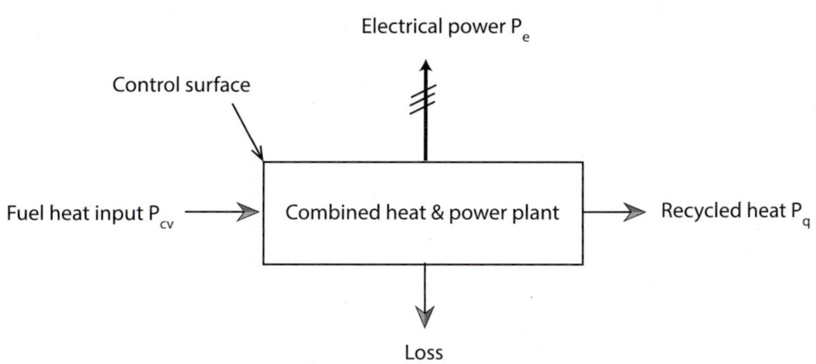

그림 6.29 CHP 플랜트 주변에 에너지 흐름 밸런스(Energy flow balance)

화력발전소에서 전력생산만 하는 경우, **전력효율**(Electrical power efficiency)은 다음과 같이 정의된다.

$$\eta_e = P_e / P_{cv} \text{ [-]} \tag{6.13}$$

이 값은 열역학 과정에서 얻어지는 열의 일(Thermal work)을 의미하는 용어인 열효율보다는 약간 작다. 이런 (상대적으로 작은) 차이의 가장 큰 부분은 '일'이 '전력'으로 변환되는 과정에서 발생하는 손실이다.

총 플랜트 효율(Total plant efficiency)은 다음과 같이 정의된다.

$$\eta_{tot} = (P_e + P_q) / P_{cv} \text{ [-]} \tag{6.14}$$

개방 사이클 가스터빈 CHP 플랜트에 대한 앞선 논의내용을 참조하면, η_e는 공급온도 t_s와 회수온도 t_r에 의해 거의 영향을 받지 않으며, η_{tot}는 t_r과는 연관되지만 t_s에 대해서는 독립적이다.

세 번째 효율 측정 방법으로 **열전비**(Power to heat ratio)가 있다.

$$\alpha = P_e / P_q \text{ [-]} \tag{6.15}$$

스웨덴 관례에 따라 이 비율에 대해 문자 α를 사용하였으며, 다른 국가에서는 다른 기호가 대신 사용된다. 독일에서는 문자 σ가 일반적으로 사용되며 'Spezifische Stromproduktion'(생산된 특정 전기량)을 의미한다. 덴마크에서는 기호 'c_m'을 사용한다.

또한 독일에서는 'Spezifische Stromverlusteknnziffer'라 불리는 네 번째 측정방법이 일반적으로 사용된다(이 방법에 대해서는 다양한 문자를 사용하고 있음). 영어로는 'Specific electrical power loss(**비 전력 손실**)'로 번역할 수 있다.

$$\zeta = \Delta P_e / P_q \text{ [-]} \tag{6.16}$$

이 값은 전기만 생산하는 동일 또는 동등한 플랜트와 비교해 CHP 플랜트에서 생산되는 전력에 손실 ΔP가 존재하는 타입의 플랜트와 관련이 있다. 덴마크에서는 기호 'c_v'가 이런 효율 측정방법을 나타내는 데 사용된다.

개방 사이클 가스터빈 플랜트는 ζ가 (거의)0이며, 이런 이유로 매력적인 종류의 CHP 플랜트에 해당한다.

미국에서 사용되는 다섯 번째 측정방법은 다음과 같다.

$$\varepsilon = P_e / (P_{cv} - P_q/\eta_{alt}) \text{ [-]} \tag{6.17}$$

이 방법을 **전기 유효성(Electrical effectiveness)**이라고 하며, 자주 사용된다. 여기서 η_{alt}는 같은 양의 열을 생산하는 기준방식의 효율을 나타낸다. 이 난방 기준방식이 명확한 경우 ε가 특히 의미 있다. 일례로 이미 특정 열부하를 보일러에서 공급받고 있지만, 해당 열부하를 CHP에서 생산된 열로 대체하는 것을 검토하고 있는 산업분야를 들 수 있다. 이 경우 투자비용에 대해 증가하는 전력에서의 순수입을 통해 수익성을 평가한다.

세 가지 식 (6.13), (6.14), (6.15)를 다음과 같이 결합할 수 있다.

$$\eta_{tot} = \eta_e (1 + 1/\alpha) \text{ [-]} \tag{6.18}$$

두 측정방법의 특정 조합이 주어지면 이 식을 통해 세 번째를 쉽게 계산할 수 있다는 것을 알 수 있다.

이 측정방법들 중 하나만을 선택해 일반적으로 '올바른' 측정방법이라고 주장하는 것은 큰 오해를 일으킬 수 있다. 예를 들어, α는 특정 열수요에서 CHP가 얼마나 많은 전기를 생산할 수 있는지에 대한 측정방법으로 볼 수 있으며, 이 값은 몇몇 종류의 CHP 플랜트에서 지극히 적절한 관점에 해당한다. 그러나 개방 사이클 가스터빈의 경우에는 높은 α값을 얻을 수 있도록 충분히 큰 가스터빈을 선택하고, 바이패스(By-pass, 그림 6.27의 8)를 사용해 회수되는 열량에 독립적으로 자유롭게 선택된 큰 전기출력을 얻을 수 있다. 하지만 총 효율 η_{tot}은 낮게 나타난다.

다양한 종류의 화력발전과 장비의 효율을 분석하는 경우, 고등 응용 열역학에 경험이 많은 저자들이 주로 선택하는 접근방법으로 **엑서지 개념(Exergy concept)**을 사용한다. 비록 이 방법이 많은 장점을 갖고 있기는 하지만, 이 책에서는 다루지 않는다.

끝으로, CHP 플랜트의 효율을 어떻게 분석하고 표현하는지는 상당부분 개인의 취향과 관례의 문제라는 점을 언급하고 싶다.

6.4.4 배압 증기 사이클 CHP 플랜트(Back pressure steam cycle CHP plant)

전기만 생산하든 또는 CHP 플랜트이든, 전통적인 화력발전소의 종류는 **증기터빈 발전소(Steam turbine power plant)**이다. (6.2.8항에 있는)**복합 사이클(Combined cycle)**은 보통 높은 전력효율에서 가동되지만 대부분 액체 또는 가스형태(주로 천연가스) 연료를 필요로 한다. 반면에 증기터빈 발전소는 예컨대 도시 폐기물 같은 '어려운'연료를 포함한 거의 모든 종류의 연료에 대해 적용할 수 있다. 이런 유연성은 **클라우지우스–랭킨 사이클(Clausius-Rankine cycle, 또는 단순히 Rankine cycle)**로 알려진 증기 플랜트의 기반이 되는 열역학 사이클이 폐쇄형이라는 것과 연관이 있다. 민감한 터빈이 부식, 침식 등을 일으킬 수 있는 입자 또는 그 밖에 다른 성분에 노출되지 않도록 연소과정이 열역학적 사이클 외부에서 일어난다.

효율을 점점 더 높이기 위한 발전과정에서 증기터빈 플랜트가 놀라운 시설용량을 갖게 되었다는 점은 역사적으로 증명된 사실이다. 지난 20년간 내고온성 재료의 개발은 특히 대형 석탄 화력발전소에서 고효율로 이어지는 높은 최대 (생증기(Live steam))온도와 압력의 사용을 촉진시켜 왔다.

그림 6.30에는 표준적인 증기터빈의 절단면도와 CHP 및 비CHP 플랜트로 가동되는 단순한 증기 발전소에 대한 흐름도가 있으며, 비CHP 플랜트는 점선으로 나타나 있다. 증기는 고정되어 회전하는 일련의 방사방향 날개들을 통과해 터빈(2)에서 팽창한다. 고정되어 회전하는 한 조의 날개들에 각각의 쌍을 **터빈단(Turbine stage)**이라 한다.

터빈이 하나 이상 있을 수 있다. 터빈이 두 개 있는 경우, 증기는 하나의 터빈(고압)에서 팽창하고 다른 터빈(저압)으로 이동해 팽창을 이어간다. 보통 두 터빈을 같은 축에 배치한다. 그림에 있는 터빈은 두꺼운 케이싱 벽을 통해 고압터빈이라는 것을 알 수 있다. 이 그림은 증기터빈 CHP 플랜트의 매우 단순한 구성도이다.

뒤쪽으로 가면 좀 더 복잡한 플랜트를 다룰 것이다. 특히 대형 플랜트는 대부분 아주 복잡하지만, 단순한 사이클이 좋은 시작점이 될 수 있다. 그리고 사실 (전기출력이 대략 10MW 이하)소규모 증기터빈 CHP 플랜트는 보통 그림에 있는 것보다 약간 더 복잡할 뿐이다. 증기 사이클로 들어가는 **입열(Heat input)** P_{in}은 연돌손실로 인해 연소 시 방출되는 열소비율 P_{cv}보다 작다. 다음과 같이 식 (6.6)과 유사한 보일러 효율을 정의할 수 있다.

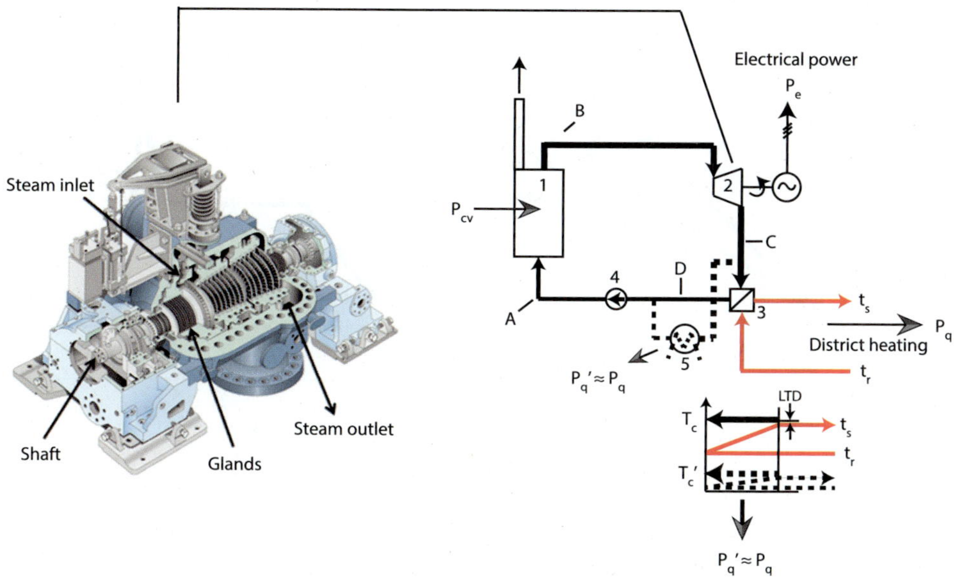

그림 6.30 증기터빈(출처: Siemens, 허락을 받고 사용함) 및 단순 배압 플랜트와 콘덴싱(비CHP) 플랜트의 흐름도 비교. 흐름도 하단의 그래프는 가열기 열교환기(3)과 열교환기(5) 각각의 경우에 증기와 냉각수의 온도를 나타낸다

$$\eta_b = P_{in} / P_{cv} \ [\text{-}] \tag{6.19}$$

연돌손실이 0이면, $\eta_b = 1$이 된다.

증기 플랜트 사이클의 여러 단계를 따라가 보자. 그림 6.30에 있는 흐름도와 더불어 그림 6.31에 있는 두 개의 도표를 참고하면 된다. 이 두 도표는 물/증기의 여러 상태에 대한 두 개의 **대체 몰리에르 선도(Alternative Mollier chart)**에서 열역학적 사이클을 나타낸다.

보일러(1)에서 보일러 연소로 내 연료 연소로 생산되는 열을 추가해, 가압된 물(상태 A)을 과열된(증기) 상태 B(예컨대 400℃, 50bar)로 가열한다. 생증기로 알려진 가압 고온 증기는 터빈(2)로 보내지며, 여기서 훨씬 낮은 압력(상태 C, 예컨대 1bar)으로 팽창하는 동안 기계적인 일을 하기 위해 에너지가 손실된다. 팽창된 상태에서 증기는 인접한 **복수기(Condenser)**(3)로(CHP의 경우 일반적으로 **가열기(Calorifier)**라고 함) 이동한다. 이곳에서 증기는 냉각 및 응축되며 복수기를 나올 때는 (포화된)액체 상태 D가 된다. 복수기는 일반적으로 터빈 바로 아래에 위치한다.

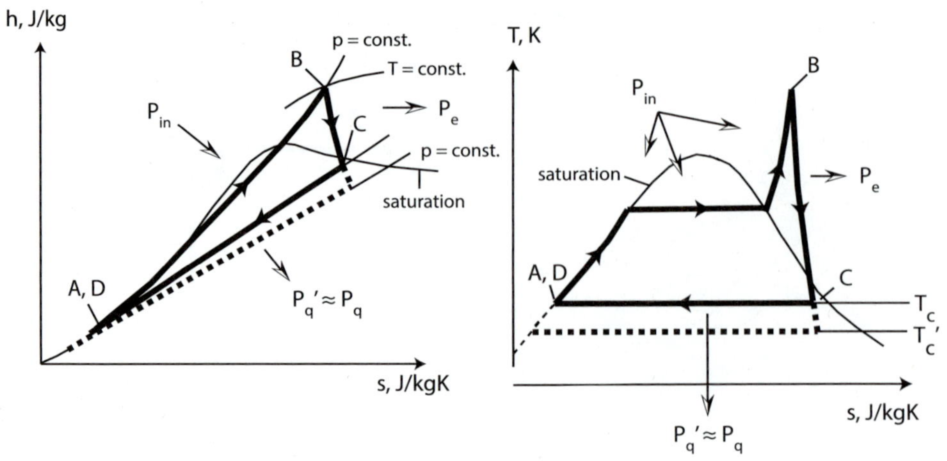

그림 6.31 몰리에르 엔트로피-엔탈피 도표와 몰리에르 엔트로피-온도 도표에 있는 단순 증기 플랜트 사이클. 점선은 비CHP 플랜트를 나타내며, CHP 플랜트와 비교하기 위해 있다

급수펌프(Feedwater pump)(4)가 압력을 증가시키며 사이클이 끝나게 된다. 양쪽 몰리에르 선도 모두에서 A점과 D점은 거의 동일하게 나타난다. 따라서 펌프를 가동하는 데 필요한 일의 양이 매우 작으며, 초기 고려사항에서는 무시할 수 있다.

가스터빈 플랜트에서와 마찬가지로 터빈은 기계적 에너지가 전기에너지로 변환되는 발전기를 가동하게 한다. 그림에 있는 **직접 방식 구동축**(The direct type of drive shaft)은 대형 터빈에서 일반적이다. 대략 전력 40MW 이하 등급의 소형 터빈은 더 높은 터빈 회전 속도를 허용하기 위해 대부분 기어를 포함하며, 이것이 터빈 성능을 향상시킨다(더 높은 등엔트로피 터빈 효율, 6.4.9항 참조).

CHP 플랜트는 전력 생산용 플랜트에서 주변 환경(예컨대 바닷물 같은)을 통해 온도를 낮추는 **냉각 복수기**(Cold condenser)(5)를 가열기(3)으로 교체한 플랜트라고 할 수 있다.

그림 6.30 흐름도 아래에 있는 온도 그래프는 두 개의 대체 복수기에 대한 1차측과 2차측 온도를 나타낸다. 증기 응축온도는 낮은 값 T_c' 에서 높은 값 T_c로 변한다. 상응하는 압력은 더 높아지므로 **배압 증기 발전소**(Back-pressure power plant)라 한다.

두 경우 모두에서 팽창 끝점 C는 포화 증기 상태에 해당되는 몰리에르 선도의 포화선 아래에 있다. 때로는 복수기로 들어가는 증기가 대신 약간 과열상태에 있게 되며, 이런 상황에서는 온도 그래프가 좀 더 복잡하다.

최소 온도차(The Least Temperature Difference, 독일과 스웨덴에서는 흔히 Grädigkeit라 함)는 일반적으로 대략 5℃ 정도 된다.

$$LTD = T_c - t_s \, [°C] \qquad (6.20)$$

지역난방 공급온도 t_s가 변할 때 이 작은 값 때문에 건물 난방에 대한 수요가 증가하면 증기온도 T_c가 근접해서 커지게 된다. 회수온도 t_r 변화는 T_c에 거의 영향을 주지 않으며, 따라서 전기출력 P_e에 대한 영향도 미미하다.

가열기와 냉각 복수기 모두에서 주어진 전달열량과 유입수 온도(앞서 언급된 경우에서 t_r)에 대한 배기 증기온도는 유입수 유량을 크게 해 낮게 유지할 수 있다. 이렇게 하면 기계장치에서 온도증가가 작게 발생하게 된다. 하지만 가열기의 경우 냉각수(즉, 지역난방 네트워크 중온수)의 온도증가가 대부분 약 50℃ 정도로 상당히 큰 편이며, 너무 낮은 값은 매우 큰 지역난방 배관을 필요로 하게 되는 원인이 된다. 공급온도는 보통 열부하에 따라 크게 변하며, 10.4절에서 시스템 기능을 다룰 때 이런 상황을 살펴볼 것이다.

두 경우에서 증기 유량 $\dot{m}$이 동일하다고 가정해 보자.

두 경우에서 전달되는 열소비율 P_q가 즉시 같아진다고 가정할 수 없으며, 그 이유를 살펴볼 것이다.

그림 6.32 왼편에는 터빈과 복수기를 각각 통과하면서 **엔탈피 강하(Enthalpy drop)**가 어떻게 변화하는지를 보여주고 있다.

CHP에서 터빈에 의해 생산되는 전력은 다음과 같이 계산된다.

$$P_e = \dot{m}\,(h_B - h_C) = \dot{m}\,\Delta h_p \, [W] \qquad (6.21)$$

즉, 증기 질량유량 $\dot{m}$에 터빈을 통과하면서 발생되는 엔탈피 강하를 곱하면 된다.

운동에너지는 무시되며, **정적 엔탈피(Static enthalpies)**만 고려된다. 좀 더 정확한 계산을 위해서는 **총 엔탈피(Total enthalpies, 운동에너지가 더해진 정적 상태)**가 대신 사용된다. 운동에너지 부분은 유속이 가장 큰 터빈 배기부에서 가장 크게 나타나는 경향이 있으며, 때로는 유동이 초음속에 도달하기도 한다. 그러나 CHP 플랜트의 경우에는 증기 비체적(그리고 이로 인한 유속)이 가장 높은 값에 도달하는 터빈 배기부에서도 유속이 별로 크지 않다.

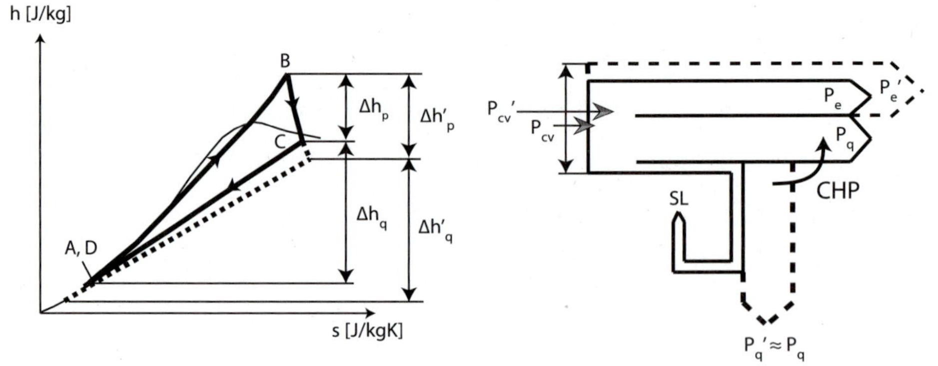

그림 6.32 비CHP 플랜트에서 (배압)CHP 플랜트까지 변환을 설명하는 엔탈피 강화와 생키 도표에서 변화

복수기에서 방출되는 열량은 다음과 같이 계산된다.

$$P_q = \dot{m}(h_C - h_D) = \dot{m}\Delta h_q \text{ [W]} \tag{6.22}$$

보다시피 CHP 경우에는 Δh_p가 작아질수록 전기출력이 줄어든다. 그림 6.32 오른쪽에 있는 생키 도표에 이런 내용이 그려져 있다. 때로는 각종 문헌에서 가스터빈 플랜트에 대한 그림 6.28에 있는 것과 같은 도표를 통해 일반적인(종류를 특정 짓지 않은)CHP의 이점을 보여주고 있지만, 여기서는 이 같은 감소가 표현되지 않는다. 따라서 앞의 도표는 CHP 이익을 과장하는 쪽으로 일반화하고 있다. 극단적인 경우, 경제적인 관점에서 보면 최종 결과로 수익이 감소할 수도 있다.

배압 플랜트에서 발생하는 전기출력이 지역난방 공급온도 t_s에 아주 민감하다는 사실은 공급온도를 낮게 유지하는데 큰 도움이 된다.

정확한 몰리에르 도표(열역학 전공서적과 다양한 핸드북에서 찾을 수 있음)를 자세히 살펴보면, Δh_q가 거의 변하지 않는다는 것을 알 수 있다. 따라서 유용한 열량 P_q는 비CHP 경우 손실열량 P_q'과 거의 같아진다.

앞에서 다음과 같이 플랜트의 전력효율을 정의했었다.

$$\eta_e = P_e / P_{cv} \text{ [-]} \tag{6.23}$$

P_q가 거의 변하지 않는다는 사실로 인해 폐쇄 사이클에 더해지는 열량의 변화는 전력 변화와 거의 일치하게 된다.

$$P_{in}' - P_{in} = P_e' - P_e \ [W] \quad (6.24)$$

연돌손실 SL이 일정하다고 가정하면,

$$P_{cv}' - P_{cv} = P_{in}' - P_{in} \ [W] \quad (6.25)$$

따라서

$$P_{cv}' - P_{cv} = P_e' - P_e. \ [W] \quad (6.26)$$

비록 P_e와 같은 정도는 아니지만, 전력효율 η_e가 줄어든다. 그림 6.10에 있는 것과 같이 공기 예열기를 보일러에 설치하면 연돌손실이 일정하다고 한 가정을 충족할 수 있으며, 연도가스 온도는 T_c에 영향을 받지 않는다.

전력 생산만을 위해 설계된 증기터빈 발전소를 CHP 플랜트로 가동하기 위해 전환을 한다면 보통 하나 이상의 터빈단계를 제거해야 한다. 그 이유는 터빈 단계의 효율이 단계를 거치면서 발생하는 압력강하의 큰 변화에 민감하기 때문이다. 두 종류의 몰리에르 선도에서 알 수 있듯이, 최종단계에서 줄어든 효율이 **터빈 팽창곡선(Turbine expansion curve)**을 선 끝단에서 오른쪽으로 구부려지게 만든다.

그림 6.33에 좀 더 복잡한 형태의 배압터빈과 복수기 배치에 대한 개념도가 있으며, 플랜트 흐름도의 왼쪽부분은 생략되어 있다. 중간에 그림 6.30의 단순 배압플랜트 그래프에 상응하는 온도 그래프가 있으며 위, 아래로 두 개의 변종이 있다.

지역난방 수는 두 단계로 가열된다. 첫 번째는 저압 배기증기에 의한 열량을 통해, 그 다음 두 번째 단계는 고압증기를 통해 이루어진다. 위쪽 흐름도를 보면 터빈 최종단계(혹은 최종단계들 중 하나)의 상류부에서 이 증기를 빼낸다(이 과정을 추기(抽氣, Bleed)라고도 함). 따라서 전달되는 총 열량 P_q는 P_{q1}과 P_{q2}의 두 부분으로 나뉘게 된다. 앞서 살펴본 단일-단계 배치(Single–stage arrangement)와 비교해보면, 주어진 온도 t_s에서 터빈 배출 응축온도 T_c'이 T_c와 비교해 낮은 상태이며, 이 온도는 지역난방 공급온도 t_s보다는 평균 난방수 온도 t_m과 연관되어 있다. 따라서 결론은 총 생증기 유량의 일부분이 저압에서 팽창하며, 이로 인해 전기출력 P_e가 증가한다는 것이다.

그림에서 가정하고 있듯이, 두 단계에서 거의 같은 양의 난방수 가열(즉, $P_{q1} = P_{q2}$)이 일어나도록 플랜트를 설계하는 것이 최적임을 알 수 있다.

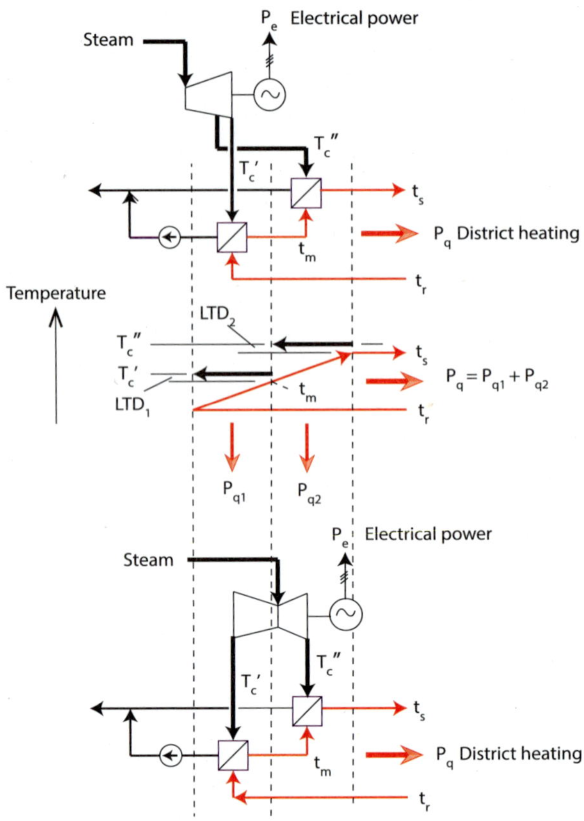

그림 6.33 배압 CHP 플랜트에서 지역난방 수의 2단계 가열. 위: 증기 추기 단류터빈(Single-flow turbine), 중간: 온도 대 전달되는 열, 아래: 비대칭 복류터빈(Asymmetrical double-flow turbine)

그러나 그림 상단에 있는 변종에서 문제는 **부하분배(Load division)**가 일반적으로 열부하와 지역난방 네트워크 온도에 따라 변하게 되며, 최적으로 기능하는 것보다 더 적어지는 상황이 발생한다는 것이다. 그림 6.33 상단에 있는 **추기배치(Bleed arrangement)**에서 온도 단계의 이 같은 불균형 분배가 발생하는 원인은 더 팽창하기 위해 추기되는 곳을 통과하는 증기 유량은 팽창부로 이동되는 유량이 통과하게 되는 터빈단면에 적용되는 **스토돌라의 타원법칙(Stodola's ellipse law)**에 따라 추기되는 곳의 압력과 연관되어 있기 때문이다.

그림 하단에 있는 종류의 배치는 (좀 더 비용이 많이 드는)대형 플랜트에서 일반적이며, 이런 종류의 부족 현상이 발생하지 않는다.

3단계 가열을 통해 2단계 가열보다 더 많은 전력을 얻을 수 있지만, 각각의 추기 단계에서 **한계취득(Marginal gain)**은 감소한다. 비록 5단계를 갖는 대형 플랜트의 예가 있기는 하지만, 많은 경우에 2단계 이상은 경제적이지 않다. 5단계 플랜트에서는 지역난방수에 대한 온도증가가 보통 약 100℃ 정도로 대단히 높다.

배압 플랜트의 경우 지역난방 네트워크에서 발생하는 공급온도 t_s 변화에 따라(예컨대 열부하 증가 시 온도가 높아지는 경우) 배압을 변화해 운전하는 것이 어느 정도까지는 터빈 단계들의 **등엔트로피 효율(Isentropic efficiency)**에 영향을 미치게 된다. 하지만 이 관계는 매우 비선형적인 경향이 있다. 즉, 압력강하의 변화가 상대적으로 작게 일어나는 한 관계는 선형에 가깝지만, 압력강하가 커지면 효율이 빠르게 나빠지는 경향이 있다.

그림 6.34는 지역난방 수가 2단계 가열되는 배압터빈의 3차원 형상이다. 터빈(어두운 녹색)이 기어(Gear, 녹색)를 통해 발전기(붉은색)를 구동한다. 두 개의 가열기(파랑)는 가열된 물이 한 다발의 평행한 배관들 안쪽으로 흐르고 응축된 증기는 이 튜브들 사이의 외부를 흐르는 **튜브앤 셸 형(Tube and shell type)**이다. 뿐만 아니라 가열기의 단면도가 그림 왼쪽에 있다.

6.4.5 고효율 증기 CHP 플랜트(HIgh efficiency steam CHP plant)

대부분의 증기 발전소는 그림 6.20에 있는 아주 단순한 형태가 아니며, 증기 발전 효율을 향상시키기 위해 다양한 개량 방법들을 적용한다. 전부는 아니지만, 이런 플랜트들 중 몇 가지 형태를 앞에 제시된 그림(예컨대 그림 6.10과 그림 6.18)을 통해 알 수 있다.

그림 6.35에 한층 더 복잡한 사례가 있다. 두 개의 터빈(1)과 (2)에서 배출된 증기는 가압된 물이 보일러로 들어가기 전에 물의 온도를 높이는 **재생 급수 히터(Regenerative feedwater heaters)**라고 불리는 장치 (3), (4), (5), (6)으로 들어간다. 가압은 2단계로 일어나며, 첫 번째는 (복수기)급수펌프(7)에서 그 다음은 두 번째 급수펌프(8)에서 가압된다. 급수히터(4)는 (급수)탱크이며, 이 탱크는 플랜트 효율 증가에 기여할 뿐만 아니라 다음의 두 가지 목적으로도 사용된다. 첫째 모든 해로운 가스들(N_2 등)을 배출하며, 둘째 펌프(8)에 유입압력을 안정화시킨다.

보일러에 유입된 물은 우선 이코노마이저(9)에 있으며 비등온도에 근접하게 된다. 물의 비등은 연소로(10)에서 일어나고 과열기(11)에서 물을 과열시키며, 돔(12)에서 과열기 열교환기로 비등수가 이동하게 된다.

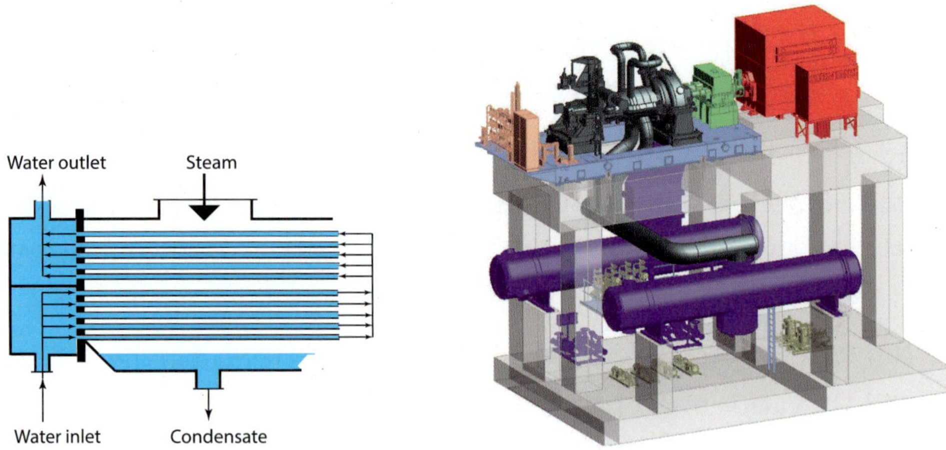

그림 6.34 오른쪽: 지역난방 난방수를 2단계 가열하는(2개의 가열기들, 파란색으로 표시됨) 배압터빈 발전기의 3차원 형상. 출처: Siemens, 허락을 받고 사용함. 왼쪽: 가열기의 단면

고압터빈(1)에서 부분적으로 팽창된 증기는 재열기(Reheater)(13)에서 한 번 더 가열시키기 위해 보일러로 되돌아간다. 중 · 소규모 플랜트에 이런 재열기가 항상 설치되어 있는 것은 아니다. 급수 가열과 증기 재열의 열역학적 중요성은 증기 사이클에 공급되는 열의 평균온도를 증가시켜 전력효율을 높이는 데 도움이 된다는 것이다.

발전이론에 친숙한 독자라면, 이런 내용에 대한 자세한 설명을 잘 알고 있을 것이다. 그러나 CHP 플랜트에 특화된 한 가지 특징(그렇다고 모든 CHP 플랜트가 갖는 특징은 아니고 선택적임)으로 지역난방 수의 첨두 가열이 있다. 약간의 생증기가 (밸브(14)의 작동을 통해) 고압터빈을 우회할 수 있으며, 스로틀(Throttle)되어 열교환기(15)로 이동한다. 열교환기에서는 유출 공급온도가 가열기(16)에서 발생하는 온도보다 더 높아질 수 있도록 난방수에 열을 가하게 된다.

이 설비를 사용해 지역난방 네트워크에 여분의 열공급을 할 수 있다. 열전용 보일러에서 열을 공급하는 대안은 이 장 말미에서 논의될 것이다.

전기만 생산하는 발전소는 가동 시 보통 효율이 최대가 되는 **공칭정격(Nominal rating)**에서 운전하게 되며, 다양한 다른 운전 조건들에 대처해야 하는 CHP 플랜트의 경우보다 최적 성능에 대한 설계를 더 단순화할 수 있는 환경에서 가동된다. 배압 증기 플랜트의 경우 지역난방의 공급온도와 회수온도가 대부분 변화한다는 사실을 고려해 부분 부하조건에서 최대효율이 되도록 설계한다.

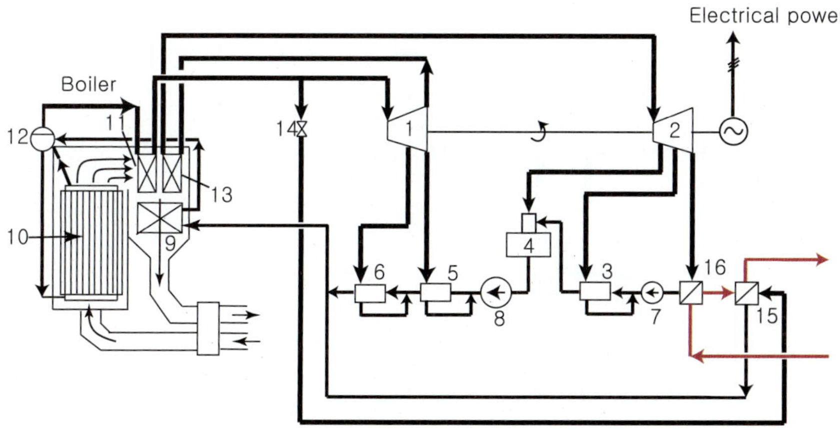

그림 6.35 그림 6.30의 단순 플랜트보다 성능을 향상시키기 위해 **재생 급수 가열** 장치 및 그 밖에 다른 설비들을 설치한 표준적인 중규모 배압 CHP 플랜트. 그림 6.10, 6.18, 6.20과도 비교해 볼 수 있다

6.4.6 추출-응축 증기 CHP 플랜트(Extraction-condensing steam CHP plant)

앞서 논의했던 것과 같은 배압 CHP 플랜트의 경우, 터빈을 통해 처리될 수 있는 증기량은 열수요 P_q에 의해 결정된다. 따라서 전기 출력 P_e와 열수요 사이에 밀접한 관계가 있으며, 이 점은 전기수요가 크지만 열수요가 작은 상황에서 불리하게 작용한다.

이런 제약조건을 완화하는 아주 단순한 방법은 가열기의 지역난방 순환부에 연결되는 **공기 냉각기(Air cooler)**를 배치하는 것이다. 공기 냉각기는 열수요에 독립적인 환경에서 열을 방출할 수 있게 해준다.

또 다른 좀 더 일반적이고 효율적인(그러나 좀 더 비용이 많이 드는) 방법에는 **추출-응축 플랜트**(때로는 **패스아웃 터빈 플랜트(Pass-out turbine plant)**라고도 함)로 설계하는 것이 있다. 그림 6.36을 보면, 고압터빈(1)에서 발생한 증기는 (고온 복수기)가열기(3)으로 추출되거나, 소량 또는 다량이 저압터빈(2)로 이동해 저온 복수기에서 추출될 수 있다. 이 같은 플랜트를 터빈과 열교환기를 추가한 배압 플랜트로 볼 수 있다. 전기 생산 전용 플랜트의 복수기와 마찬가지로 복수기(4)에서 방출되는 열량 P_{LOSS}가 손실된다. 저온 복수기는 보통 바닷물에 의해 직접 냉각되거나 습식 냉각탑을 통한 대기에 의해 간접 냉각된다.

대체적으로 추출-응축 플랜트는 CHP 플랜트로 전환된 전기 생산 전용 플랜트로 볼 수 있다. 비록 많은 추출-응축 플랜트가 처음부터 CHP로 설계되지만, 이런 방식으로 개조되는 다수의 플랜트들도 존재한다.

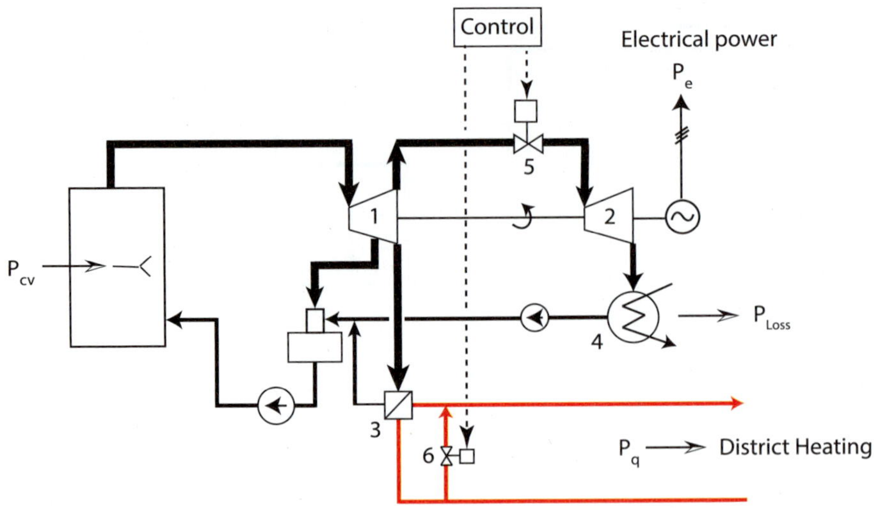

그림 6.36 추출-응축 증기 CHP 플랜트

이 같은 플랜트 중 상당수에서 추출되는 이용 열량은 연결된 지역난방 네트워크 확장에 따라 매년 점진적으로 증가하며, 허용할 수 있는 비용에서 기존 플랜트의 범위를 정해 변환시킬 수 있다. 즉, 얼마나 많은 열을 추출할 수 있는가는 세부 배치계획(Layout plan)과 터빈설계에 달려 있으며, 예컨대 축력에 의한 터빈 회전자 베어링 과부하 위험 같은 다양한 설계상의 문제들에 대한 고려가 있어야 한다.

그림과 같이 설계된 플랜트에서 고압터빈(1)을 나온 증기는 거의 아무런 제약 없이 임의의 요구되는 크기 비율로 나눌 수 있으며, 각각 가열기 또는 저압터빈(2)로 이동하게 된다. 단 하나의 제약사항은 최대 열추출에서 저압터빈의 과열을 막기 위해 소량의 잔류 증기유량을 우회시켜야 한다는 것이다.

요구 증기유량의 배분은 교차배관(Crossover line)에 있는 **스로틀 밸브(Throttle valve)**(5) 또는 혼합 난방수의 온도를 제어하기 위한 가열기의 지역난방 순환부 바이패스 배관에 있는 스로틀 밸브(6) 모두를 작동해 조절할 수 있다. 그림에 있는 흐름도에서 사용하고 있지 않는 세 번째로 가능한 방법은 고압터빈 토출부와 가열기 사이의 증기배관에 있는 스로틀 밸브를 사용하는 것이다.

교차밸브(Crossover valve)(5)의 기능은 쉽게 이해할 수 있다. 바이패스 설비의 기능은 다음과 같다. 바이패스 밸브(6)이 가동되면 저압터빈 상단에서 유지되는 증기 압력이 변하게 되고, 증가된 압력은 터빈 내 더 큰 증기유량을 유발한다.

스로틀링(Throttling)과 혼합(Mixing)은 모두 열역학 제2법칙의 관점에서 손실을 나타내며, 좀 더 복잡한 장치 배치를 통해 손실을 최소화할 수 있다. 이와 관련된 자세한 내용은 참고문헌에 있다.

그림 6.37은 발전전력 P_e와 유용한 열 P_q의 가능한 결합범위를 나타내는 도표이다. 다음의 4가지 선들에 의해 범위가 정해진 4변형 내에 있는 점으로 이 같은 결합을 나타낼 수 있다.

- '배압 운전(Back-pressure operation)', 선 Ⅰ－Ⅱ
- 각각의 P_q에서 최대 P_e, 선 Ⅱ－Ⅲ
- 세로축 부분, 발전만 나타내는 P_e, 선 Ⅲ－Ⅳ
- (최소 가능 보일러 부하 등으로 인한)최소 가능 P_e, 선 Ⅰ－Ⅳ

때로는 추출되는 열의 최댓값을 나타내는 추가적인 수직 한계선이 있을 수 있다. 이 선들은 모두 직선으로 표시되지만 실제로는 그렇지 않으며, 곧 알게 되겠지만 보통 직선과의 편차가 크게 발생하지 않는다.

선 Ⅱ－Ⅲ이 오른쪽으로 경사진 이유는 고압터빈에서 생증기가 더 많이 팽창할수록 저압터빈에서 추가 발전하는 기회를 더 많이 포기해야 하기 때문이다. 이 경사는 6.4.3항에서 정의한 비 전력 손실 $\zeta = \Delta P_e / P_q$와 일치한다.

운전가능 상태의 범위에서 선 Ⅱ－Ⅲ에 대해 대략 평행한 연속적인 선들을 그리면, 각각의 선들은 보일러로 방출되는 일정한 열소비율의 특정한 양 P_{cv}를 나타낸다. P_{cv}는 선 Ⅱ－Ⅲ을 따라 모두 일정하다고 가정했다.

주어진 열부하 P_q에서, 그림 6.38의 A점에서 B점까지 걸쳐있는 수직선으로 표현된 발생 가능한 최소 및 최대 전기출력 P_e의 크기를 어떤 기준에 따라 선택해야 하는가?

플랜트가 최대 및 최소 전기출력 사이에서 가동하는 경우 한 가지 고려사항은 **송전 주파수(Grid frequency)**가 설정값(50 또는 60 Hz) 밑으로 떨어지게 되면 출력을 증가시키고, 이상으로 커지면 반대가 되어 전력망을 안정화하는 데 도움을 줄 수 있다. 플랜트가 화력발전소이기 때문에 부하변화율은 터빈과 보일러의 주요 부분에 설정된 **허용 천이응력 수준(Permissible transient stress level)**에 의해 제한된다.

이 같은 주파수 제어에 대한 용량 설정 외에 단순한 경제적 모델이 최적 운전 선택에 대한 가이드를 제공할 수 있다. 생산된 개별단위 전기에너지(J 또는 kWh로 나타냄)가 플

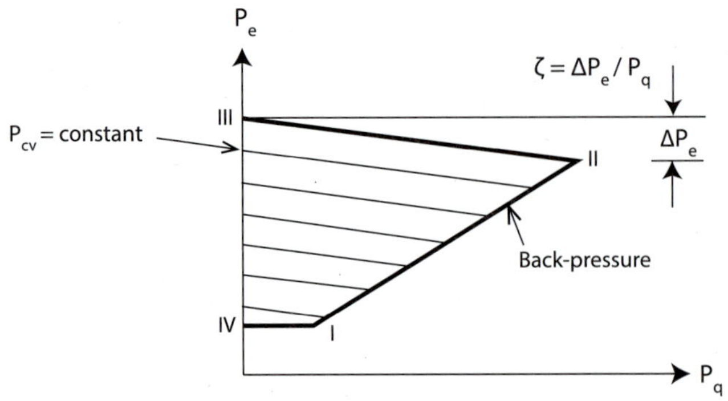

그림 6.37 추출-응축 증기 CHP 플랜트에 대한 열전도

랜트 소유자에게 **특정 보상(Specific remuneration)** e(EUR/J 또는 EUR/kWh로 나타냄)를 가져온다면, 보일러에 공급되는 **개별단위 열에너지(Unit of heat energy)** P_{cv}는 **개별비용(Specific cost)** f(또한 EUR/J 또는 EUR/kWh로 나타냄)와 연관되어 있다.

이를 기반으로, P_e가 ΔP_e 크기만큼 A점에서 최솟값을 초과하는 경우에 발생하는 추가 순이익 증감(양수, 음수 또는 0) ΔN은 다음과 같이 계산할 수 있다.

$$\Delta N = \Delta P_e\, e - \Delta P_{cv}\, f \text{ [EUR/s]} \quad (6.27)$$

여기서, ΔP_{cv}는 P_{cv}에 상응하는 변화이며, ΔN은 다음과 같이 다시 표현할 수 있다.

$$\Delta N = \Delta P_{cv}\, f\, (\Delta\eta_e\, e/f - 1) \quad (6.28)$$

한계 전력효율(Marginal electrical power efficiency)은 다음과 같이 정의된다.

$$\Delta\eta_e = \Delta P_e / \Delta P_{cv} \text{ [-]} \quad (6.29)$$

이 식을 통해 $\Delta\eta_e$가 f/e보다 크면 ΔN이 양수라는 것을 알 수 있다. 예를 들어, f/e가 1/3(화력발전소가 지배적인 전력시스템의 일반적인 값)이면 33%보다 큰 $\Delta\eta_e$가 필요하다.

그림 6.38에 두 가지 경우에 대한 사례가 있다. 각각의 경우에서 P_e–P_q도표 오른쪽에 있는 도표는 $\Delta\eta_e$ 함수로 나타낸 ΔP_e의 특정한 변화를 규정하고 있으며, 가장 오른쪽에는 그래프 가로축이 **가격가치 비율(Price value ratio)** f/e인 **결과 최적변화(Resulting optimal variation)** ΔP_e가 있다.

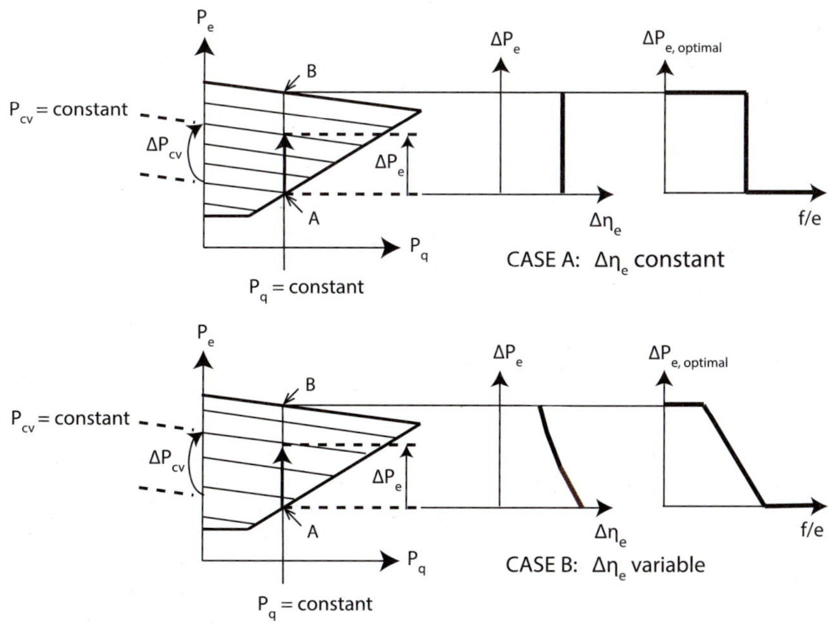

그림 6.38 추출-응축 CHP 플랜트에서 전기출력 P 최적화의 두 가지 경우

먼저 단순한 케이스 A를 생각해 보자. ΔP_e 변화 시 $\Delta\eta_e$가 일정한 경우 일정한 P_{cv}선들이 수직선 AB와 등거리에서 교차한다. ΔP_e의 결과 최적변화는 다음과 같이 설명된다. (증가하는 전력망 부하와 함께 일반적으로) f가 일정하고 e가 증가하면, $f/e=\Delta\eta_e$에서 최적 ΔP_e는 0에서 최댓값으로 올라간다. 따라서 이 경우에 A와 B 사이 상태가 최적화되는 상황은 존재하지 않는다.

케이스 B에서 증가하는 ΔP_e와 함께 $\Delta\eta_e$가 일정하지 않고 감소하는 경우, A와 B점 사이에 가동이 최적화 되는 f/e의 범위가 존재한다. ΔN의 미분값이 0이 되도록 해서 ΔP_e의 최적값을 계산할 수 있다($d\Delta N/d\Delta P_e=0$).

예를 들어, 플랜트가 고압터빈 단계를 바이패스해 최대출력 P_e를 증가시킬 수 있도록 설계된 경우 한계 전력효율 체감이 존재할 수 있다. 심지어 이 경우 매우 낮은 한계효율을 수반하더라도, 전력망에 전기수요가 아주 높은 상황에서는 이것이 정당화될 수 있다. 이런 상황의 예는 주파수가 위험하게 떨어지는 전력망 과부하의 리스크가 있는 경우에 발생한다.

그림 6.39에 P_e–P_q 도표의 실제 사례가 있으며, 원래 도표가 있었던 문헌에 저자가 상세히 검토한 특정 추출-응축 플랜트와 연관되어 있다. 도표에는 두 개의 서로 다른 지역

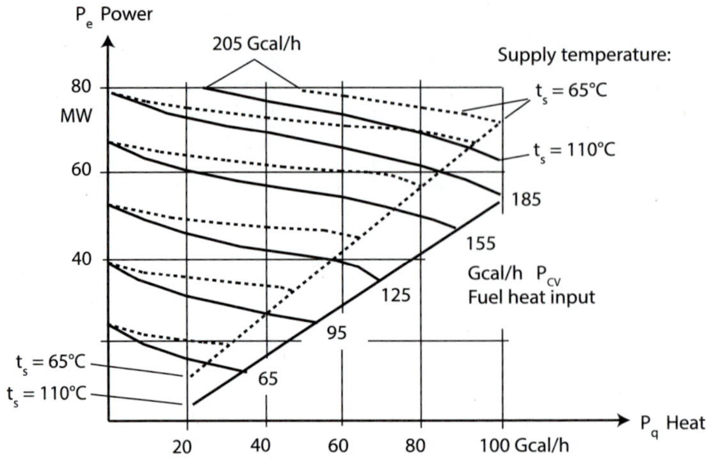

그림 6.39 추출-응축 CHP 플랜트에 대한 P_e-P_q 도표, 두 개의 서로 다른 지역난방 공급온도에서 운영됨. 출처: Welter, 1972를 각색함(출처에서는 P_e가 가로좌표, P_q가 세로좌표 임)

난방 공급온도에 대한 두 종류의 곡선이 표시되어 있다. 일정한 **열유입(Heat input)** P_{cv}에 대한 선은 대략 직선이며, 평행하고, 등거리인 것을 알 수 있다(맨 위 2개의 선은 어느 정도 서로 근접해 있지만, P_{cv} 간격이 다른 곳에서 30Gcal/h인 반면 여기서는 20Gcal/h에 불과함). 예상할 수 있듯이, 낮은 공급온도가 높은 전력생산 P_e로 이어진다.

6.4.7 이론적인 카르노 사이클 CHP 플랜트 (Theoretical carnot cycle CHP plnat)

다음 항에서 **복합 사이클** CHP(**Combined cycle CHP**)를 살펴보기 전에, 여기서는 이론적이고 단순한 타입의 CHP 사이클을 다루고 있다. 이 사이클은 복합 사이클 플랜트에 대한 이해를 도울 뿐만 아니라 모든 종류의 CHP 플랜트에 공통되는 몇 가지 기본적인 열역학적 특징을 밝히는 데 목적이 있다.

각종 전공서적에서 잘 알려진 카르노 사이클은 열역학 제2법칙을 이해하는 데 필수적이다. 이 사이클은 실제로 얻을 수 없는 이상적인 것이지만, 고효율 발전소 설계 시 주요 매개변수들의 값 변화에 대한 영향을 적용 및 분석하는 데 있어 기술자가 올바른 방향으로 갈 수 있도록 도움을 준다.

앞서 언급했듯이, **재생 급수 가열(Regenerative feedwater heating)**의 사용과 증기 재열을 통해 증기 발전소의 효율을 높일 수 있다. 효율이 높아지는 이유는 이 방법들이 증기 사이클에 더 해지는 열의 평균온도를 높이기 때문이다. 때로는 **카르노화**(Carnotisation)라고 지칭하는 것처럼 사이클이 점점 더 카르노 사이클처럼 된다.

그림 6.40 중간에 있는 T-s도표에 대해 생각해 보자. 열소비율 P_{in}은 일정한 온도 T_{in}(K로 나타냄)으로 공급되며, CHP 운전모드에서 온도 T_q의 열소비율 P_q가 주변 환경으로 방출된다. 순환매체는 가역방식(Reversible manner)으로 낮은 온도수준에서 높은 온도수준이 된다. 즉, 엔트로피는 일정하게 남아 있다(수직선). 마찬가지로 매체는 높은 온도수준에서 낮은 온도수준이 되며 전과 다름없이 엔트로피는 일정하다. 두 엔트로피 차는 Δs이며, 다음과 같이 나타낼 수 있다.

$$P_{in} = \dot{m}T_{in}\,\Delta s\ [W] \tag{6.30}$$

과

$$P_q = \dot{m}T_q\,\Delta s\ [W] \tag{6.31}$$

이 식으로부터 다음과 같이 전력을 계산할 수 있다.

$$P_e = P_{in} - P_q\ [W] \tag{6.32}$$

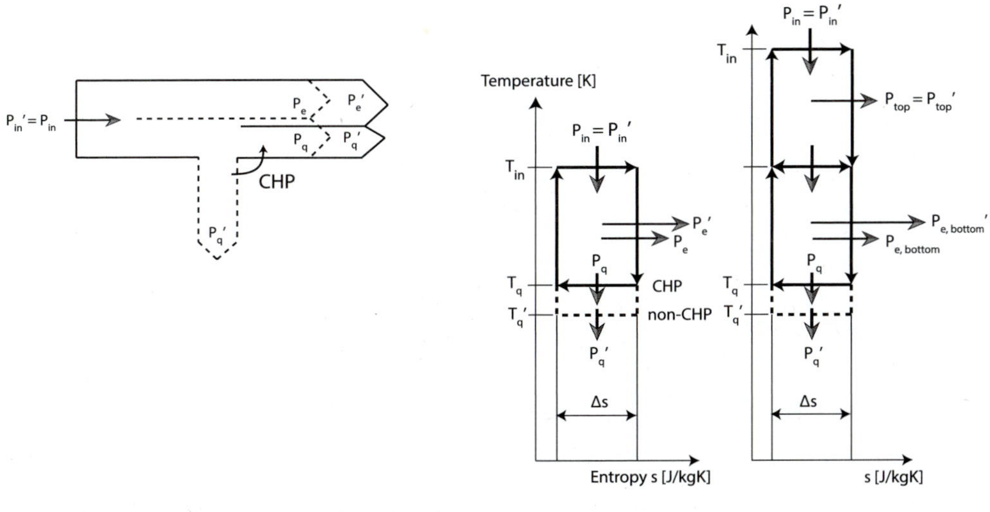

그림 6.40 이론적인 카르노 사이클 CHP 플랜트, 단순 형과 캐스케이드 형. 왼쪽의 생키 도표는 그림 6.28(가스터빈), 그림 6.30(증기터빈)의 생키 도표와 비교할 수 있다

그리고 (전력과 화력(Thermal power) 사이의 차를 무시하면)전력효율은 다음과 같다.

$$\eta_e = 1 - T_q / T_{in} \quad (6.33)$$

낮은 방출온도에서 전력만 생산하는 경우로부터 CHP에 카르노 사이클 플랜트를 적용한 경우, 전력 생산에서 감소는 방출되는 열소비율 증가와 동일해 진다.

$$P_e' - P_e = P_q - P_q' \quad (6.34)$$

이것은 그림 6.40 왼쪽에 있는 생키 도표를 통해 알 수 있다. 개방 사이클 가스터빈(그림 6.28)과 배압 증기터빈 플랜트(그림 6.32) 각각에 대해 앞서 보여준 생키 도표들과 이 도표를 비교해 볼 수 있다. 다시 한 번 지역난방을 위한 배열회수가 전력생산에 손실을 유발시켜 CHP 이익을 감소시키는 결과로 이어진다는 것을 알 수 있다.

열방출 온도 T_q의 변화에 대한 **전력효율 민감도(Sensitivity of electrical power efficiency)**는 다음과 같다.

$$d\eta_e / dT_q = -1 / T_{in} \quad (6.35)$$

이 식은 열유입 온도가 높을수록 이런 의미에서 플랜트가 배열온도 변화에 덜 민감해 진다는 것을 의미한다.

그림 6.40의 가장 오른쪽에 두 개의 카르노 사이클이 있으며, 상부 사이클에서 방출되는 열량이 하부 사이클에 유입열로 들어간다. 이 플랜트가 **캐스케이드 발전소(Cascaded power plant)**의 한 가지 사례이다. 더 높은 열공급 온도 T_{in}을 갖는 단순한 카르노 사이클에 대한 전력효율로 이 사이클에 대한 전력효율을 계산하다.

6.4.8 복합 사이클 CHP 플랜트(Combined cycle CHP plant)

복합 사이클 CHP 플랜트는 개방 가스터빈 사이클과 (보통 배압)스팀 터빈 사이클이 복합된 형태로 보면 된다(그림 6.41 참조). 여러 다양한 형태의 배치계획에 따라 복합방식을 결정할 수 있으며, 이 그림은 주로 사용되는 것들 중 하나에 해당한다. 열소비율 P_{cv}가 압축기(1)과 터빈(3)이 있는 개방 사이클 가스터빈의 연소실(2)에서 높은 온도로 방출된다.

배기가스 배열 보일러(4)에서 열이 배기가스에서 증기터빈(5)가 있는 증기 사이클 플랜트로 이동한다. 따라서 그림 6.40의 오른쪽 T-s도표와 같은 캐스케이딩을 얻을 수 있으며, 이 경우 두 개의 카르노 사이클 대신 하나의 **브레이턴 사이클(Brayton cycle)**에서 하나의 **클라우지우스-랭킨 사이클(Clausius-Rankine cycle)**에 이르는 형태가 된다.

증기 사이클은 가열기(6)(열 P_{q3}가 지역난방 네트워크로 이동함)과 급수펌프(7)이 있는 가장 단순한 종류임을 알 수 있다. 사실 이 경우에 열역학적으로 해가 되는 재생 급수가열이 없다. 왜냐하면 재생 급수가열로 인해 가스터빈의 열유입 P_{cv} 영향 없이 전력생산 P_{e2}가 줄어들기 때문이다. 발전소에 대한 참고문헌에 있는 것과 같이, 효율을 향상시키는 적절한 방법은 이중 또는 삼중으로 비등(Boiling)할 수 있는 증기 플랜트 설계로 대체하는 것이다.

열소비율 P_{q3}는 그림 6.40의 열소비율 P_q에 대응한다. 사용 가능한 총열량은 2차 배기가스 배열회수 보일러(8)에 전달되는 열소비율 P_{q2}에 의해 증가되며, 이 보일러는 배기가스 온도를 t_e' 에서부터 유입되는 지역난방 회수온도 t_r보다 약간 높은 연도가스 온도 t_{flue}까지 냉각시킨다.

$$P_q = P_{q2} + P_{q3} \text{ [W]} \tag{6.36}$$

이 과정이 총 플랜트 효율 η_{tot}를 증가시킨다. 가스에서 추출해 증기 사이클로 전달될 수 있는 열량은 보일러 내 **핀치 포인트(Pinch point)**에 의해 제한된다. 핀치 포인트는 배기가스 온도와 끓는물의 온도 사이의 차가 최소인 지점을 나타낸다.

현대적인 전기 생산용 복합 사이클 플랜트는 60%정도의 전력효율 η_e를 얻을 수 있다. CHP의 경우 효율은 감소하지만 감소량은 증기 발전소보다 작다. 이런 현상은 증기 플랜트에 보일러보다 가스터빈 연소실에서 더 높은 평균온도의 열을 플랜트에 공급한다는 사실에 기인한다. 이 평균 온도가 카르노 사이클의 T_{in}에 상응하는 값이다. 다른 방식으로 표현하면, 지역난방을 위해 고온에서 열을 추출하는 경우 가스터빈에서 생산되는 전기 P_{e1}이 아닌 증기 사이클에서 생산되는 전력 P_{e2}만 영향을 받는다.

복합 사이클 플랜트의 대부분은 천연가스를 사용하고 있다. 고체연료의 연소에 가스터빈과 증기터빈 사이클이 복합된 캐스케이딩 원리를 적용하려는 시도들이 있어왔다. 이런 시도는 **가압 유동층(Pressurised fluidised bed)** 또는 **가압 가스화기(Pressurised gasifier)**를 사용해(또는 이들을 약간씩 혼합함) 이루어지고 있다.

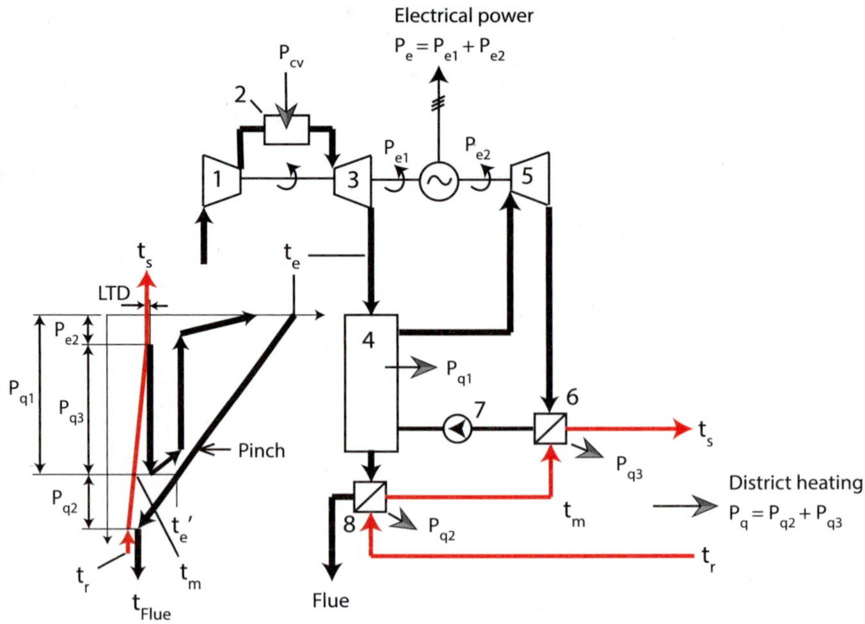

그림 6.41 단순한 복합 사이클 CHP 플랜트, 일반적으로 천연가스를 사용함

이 원리에 따라 설계된 몇몇 플랜트들이 전 세계적으로 건설되고 있으며, 대부분 석탄에 의해 가동되고 전력 생산용으로 사용된다. 비록 개발과정이 30년 이상 계속되고 있지만 아직 뚜렷한 돌파구를 찾지 못하고 있다.

1989년부터 석탄으로 가동되는 **가압 유동층 연소 CHP 복합 사이클 플랜트(Pressurised fludised bed combustion CHP combined cycle plant)**가 스웨덴 스톡홀름 베르탄(Värtan)에서 운영 중에 있다. 그림 6.42에 바이오매스 연료를 사용하는 **가스화 복합 사이클 CHP(Integrated gasification combined cycle CHP)**가 스웨덴 벡셰(Växjö, 또는 Värnamo)에서 1993년 가동을 시작했으나, 아직까지 이런 종류의 플랜트가 스웨덴에서 추가로 건설되지 않고 있다.

그림 6.43은 가압 가스화기가 있는 바이오매스 연료 연소와 흐름도 내 4개의 위치에서 지역난방 네트워크에 공급되는 유효 열회수를 위한 가까운 미래의 고효율 CHP 플랜트 배치도를 나타낸다. 이 그림은 상부에 고온 연료전지(**고체 산화물 연료전지, SOFC, Solid Oxide Fuel Cell**), 중간에 가스터빈, 하단에 증기터빈 사이클이 있는 3단계 캐스케이드 플랜트이다.

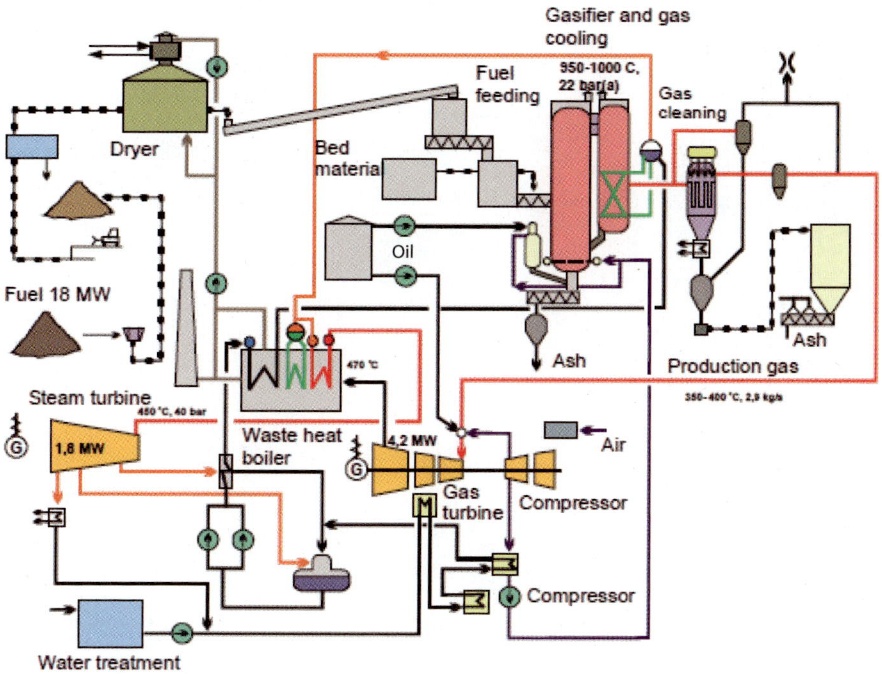

그림 6.42 바이오매스 가스화 복합 사이클 CHP 플랜트, 스웨덴 베르나모(Värnamo)에 있음. 출처: Sydkraft & Foster Wheeler. 허락을 받고 사용함

응용 열역학 분야 기술자에게 이 플랜트는 3가지 모든 법칙이 최대로 개발된 진정한 이상향을 의미한다.【즉, 지역난방 열회수를 통한 첫 번째 법칙, 3단계 캐스케이드를 통한 두 번째 법칙, 산화가 일반적인 연소과정보다 좀 더 정렬된 방식으로 일어나는 연료전지의 채택을 통한 세 번째 법칙(독일에서는 **'네른스트 이론(Nernsts Theorem)'**으로 알려짐)】

6.4.9 소규모 CHP 플랜트(Small-scale CHP plant)

20세기 내내 더 큰 발전소 개발에 대한 강력한 원동력이 존재했었다. 이 원동력은 전력망의 계속된 팽창 및 장거리 전송 용량(Transmission capacity)의 실현과 밀접하게 연관되어 있으며, 효율적인 부하 부담, 상호 전력 비축(Mutual power reserves), 낮은 초기 개별비용, 향상된 발전소 효율을 제공했다. 이런 경향은 특히 전기 생산용 발전소에서 두드러지며, 반면에 CHP 플랜트는 앞서 언급했듯이 더 광범위한 크기로 설계되고 다양한 크기의 지역난방 네트워크에서 채택되고 있다.

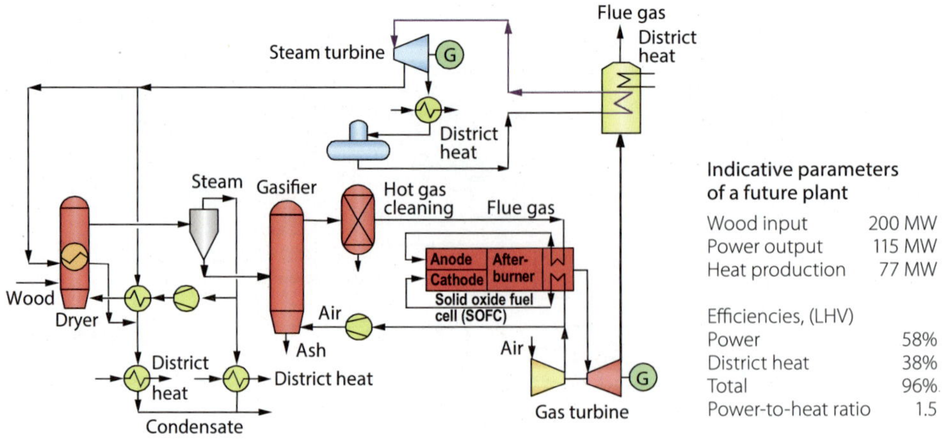

그림 6.43 SOFC 연료전지(상부), 가스터빈(중간), 증기터빈(하부)이 있는 미래의 3단 캐스케이드 CHP 플랜트의 개념. 출처: VTT, 허락을 받고 사용함

비록 중앙집중식 대형 발전소가 여전히 전력망 내 발전용량의 근간을 이루고 있지만, 지난 20–30년간 **분산발전(Decetralised generation)**을 위한 수많은 소형 플랜트의 출현을 목도해 왔다. 이로 인해 다수의 새로운 플랜트 소유자가 생겨났다. 이러한 성장 뒤에 원동력으로 신재생 에너지 공급을 소개하고 에너지 절약을 촉진하기 위한 견인차로서 분산발전을 생각하는 정치적 견해가 있어 왔다. 이 목적을 달성하기 위해 채택된 법률 중 하나는 전력망 소유자가 유리한 조건으로 소규모 생산자에 의해 공급되는 전기에너지를 구매하도록 법으로 강제하는 것이다(**발전차액지원제도(Feed in tariff)**).

그림 6.44는 덴마크에서 지난 20년 동안 국가전력시스템에 수천 개의 소규모 전력 생산 시설이 어떻게 대규모 중앙 집중 설비에 추가되었는지 보여주고 있다. 이 새로운 플랜트들 중 가장 큰 부분을 차지하는 것은 풍력 발전용 터빈이다. 주로 천연가스 엔진에 기반을 둔 소규모 CHP가 두 번째로 큰 카테고리를 차지하고 있다. 덴마크에서 소규모 CHP는 지역난방에 대한 시장점유율의 지속적인 확대에 크게 이바지하고 있다.

천연가스 망의 주요 지리적 형태를 나타내는 그림 6.2와 비교해 볼 수 있다.

전 세계적으로 전력생산의 분산화를 향한 경향이 지속될 것으로 기대되고 있으며, 이러한 현상은 **스마트 그리드(Smart grid)**의 개발과 밀접하게 연관되어 있다. 스마트 그리드는 새로운 타입의 발전시설과 함께 풍력 발전용 터빈, 혹은 소규모 태양광 발전의 전기 생산에서 부하 변화를 확률적 변화와 일치시킬 가능성을 높인다.

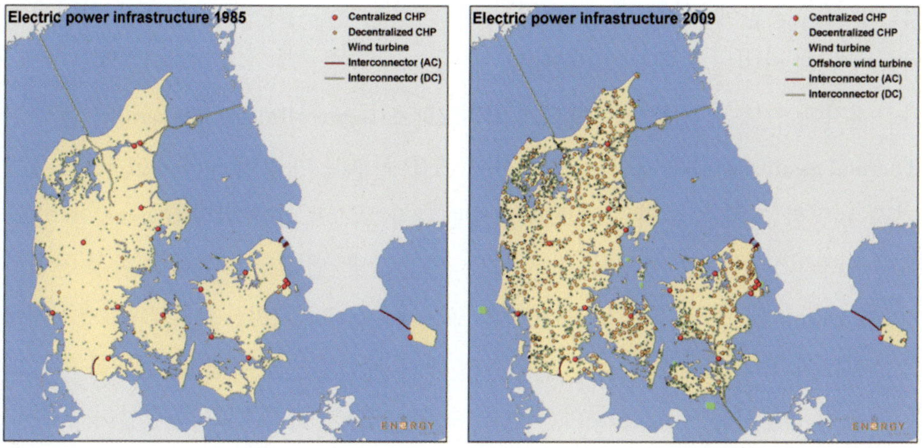

그림 6.44 1985년부터 현재까지 개발된 덴마크 전력 플랜트 네트워크, 현재는 중앙집중식과 광범위한 분산 발전으로 특징지을 수 있음. 출처: Danish Energy Authority. 허락을 받고 사용함. 그림 6.2와 비교.

하지만 이런 예상이 약간 혼란스러운 게 사실이다. 1990년대 덴마크, 네덜란드(여기서는 지역난방 연결용보다는 온실에 설치된 것이 주를 이룸), 일부 독일지역과 같은 국가에서의 성공으로 크게 고무되었던 유럽 가스엔진 제조사들은 판매가 높은 비율로 계속되며, 다른 지역 시장으로 확대될 것으로 예상했다. 하지만 현재까지 이런 일은 제한된 범위에서만 일어나고 있으며, 전력 분산 생산에서의 주요 성장이 앞으로는 다른 방향에서 이루어질 수도 있다.

어떤 CHP 플랜트 이하 등급의 크기를 **소규모(Small-scale)**로 구분해야 하는지에 대한 일반적으로 합의된 정의는 존재하지 않는다. 지역난방 부분에 기반이 잘 다져진 국가의 개략적인 기준 값으로 대략 전력률(Electrical power rating)이 10–20 MW 이하 플랜트를 주로 소규모 플랜트라고 한다. 일부 플랜트는 100 kW 미만의 등급으로 매우 작은 편이다. 흔히 **마이크로 CHP 플랜트(Micro-CHP plants)**라 불리는 아주 작은 이런 플랜트는 보통 단일 또는 소수의 건물들만 공급하며, 지역난방 네트워크에 속하지 않지만 **주거용 CHP(Residential CHP)**로 부르고 있다.

앞서 언급했듯이, 가장 일반적인 타입의 소규모 CHP로 **가스엔진 플랜트(Gas engine plant)**가 있다. 지금까지 대부분의 가스엔진은 천연가스를 사용하고 있지만 **바이오가스(Biogas)**를 사용하는 플랜트의 숫자가 증가하고 있다. 바이오가스는 식물, 폐육류, 거름(주로 농업 생산물)과 같은 것과 하수에 의한 여러 종류의 공급 원료를 사용하는 (미생물 처리에 의한)혐기성 소화조(Anaerobic digester)에서 생산된다. 그러나 이 같은 플랜트는 보통 지역난방 열수송망에 연결되지 않으며, 주로 적정한 온도수준에서 미생물 처리과정을 유지하기 위해 버려지는 열을 회수한다.

가스엔진에 연료를 제공하는 **목질계 바이오매스(Lignocellulosic biomass)**의 **열적 가스화(Thermal gasification)**에 기반을 둔 소규모 CHP 플랜트 개발이 시도되고 있다. 유럽에서 가장 유명한 이런 종류의 프로토타입 플랜트가 오스트리아 귀싱(Güssing)에 있으며, 2002년부터 정상 가동 중에 있다. 이 시설은 전기, 난방, 냉방뿐만 아니라 합성 천연가스(Synthetic natural gas)도 생산하는 병산(竝産, Poly-generation, 다양한 원료 및 연료를 동시에 생산[역]) 플랜트이다. 합성 천연가스는 천연가스 배관 시스템에 공급할 수 있도록 만들거나 또는 예컨대 자동차 분야 같은 곳에 사용될 수 있는 합성, 액체 연료를 생산하기 위한 공급 원료로 사용 가능하다.

그림 6.45는 **가스엔진** CHP 플랜트(Gas-engine CHP plant)의 흐름도를 나타낸다. 엔진(1)에서 지역난방 네트워크로 공급되는 유용한 열은 3가지 공급원으로부터 얻을 수 있다. 【윤활유(Lube oil)(4), 엔진 냉각수(5), 배기가스】. 개방 사이클 가스터빈 CHP 플랜트의 경우와 마찬가지로 배기가스는 배열회수 보일러(2)를 통해 마지막에 회수되며, 열수요에 독립적으로 전기를 생산할 수 있도록 일반적으로 배기가스 바이패스 덕트 설비(3)이 있다. 엔진 과열을 막기 위해 의무적으로 설치해야 하는 예비 냉각설비(예컨대 라디에이터)(6)이 동일한 목적을 제공한다.

따라서 지역난방 수는 3단계로 가열된다. 우선 높은 온도에 아주 민감한 윤활유에서 발생되는 열을 사용한다. 다음 단계는 냉각수에서 발생되는 열을 사용하며, 뜨거운 배기가스가 마지막 단계에서 열을 공급한다. 배기 보일러에 대항류(Counter-current flow)가 플랜트의 총 효율을 높인다. 가스터빈의 사례와 마찬가지로 일정한 비열 c_p에 상응하는 배기가스 냉각에 대한 직선을 가정할 수 있다. 이 가정은 배기 보일러 내부에서 수증기 응축이 발생하지 않는 한 적정하며, 결국 배기가스 쪽의 표면온도가 이슬점 아래로 내려가지 않는다는 것을 의미한다. 추가로 **터보 과급기 컴프레서 인터쿨러(Turbo supercharger compressor intercooler)**에서 간혹 약간의 열을 회수하기도 한다.

세계적인 엔진 제조사들은 다양한 정치형(定置型)과 해양분야 사용을 위해 오랫동안 시리즈로 제작되고 있는 여러 종류의 엔진과 함께 가스엔진을 개발해오고 있다. 소형 엔진은 일반적으로 화학량론 연소에 근접해 운영하며, 반면에 대형 엔진은 높은 전력효율을 위해 큰 과잉 공기비(천연가스를 연료로 사용하는 경우 대략 40%)로 운전하는 **린번(Lean-burn)타입**이 대부분이다.

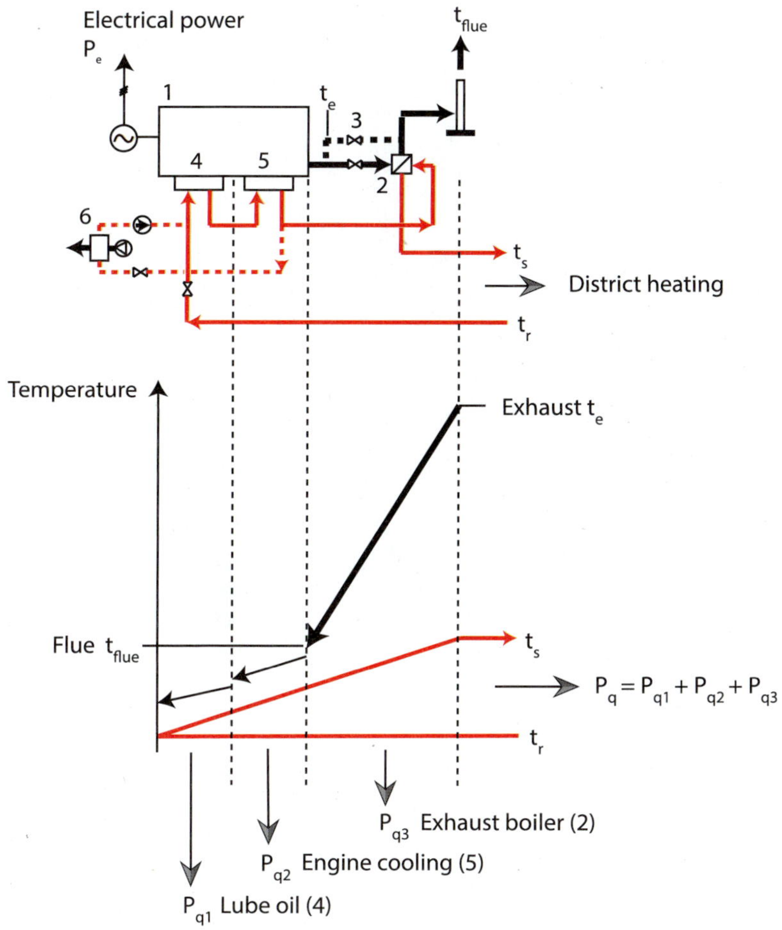

그림 6.45 가스 엔진 CHP 플랜트 흐름도

엔진은 초기비용을 낮추기 위해 표준화된 크기로 제공된다. 이 같은 표준화는 병렬로 더 많은 엔진을 설치해 플랜트 크기를 증설할 수 있도록 해주고, **모듈방식 설계(Modularised design)**를 가능하게 한다(그림 6.46 참조). 이런 특성이 소규모 CHP를 위해 일반적으로 사용되는 독일 용어에 반영되어 있다(**Blockheizkraftwerke – 모듈화된 CHP 플랜트**).

근사–화학량론 엔진(Near-stoichiometric engine)은 (자동차 가솔린 엔진과 비슷한)**삼원촉매(Three-way catalyst)**와 **람다(Lamda, 과잉공기비) 센서**가 장착되어 있으며, CO, 탄화수소, 산화질소를 동시에 감소시킬 수 있다. 린번 엔진은 배출가스를 줄이기 위해 일반적으로 산화촉매(Oxidisation catalyst)와 선택적 촉매 환원(SCR) 시스템의 조합을 필요로 하며, 배기가스 유량에 반응물질로 **요소(尿素, Urea)**를 추가한다.

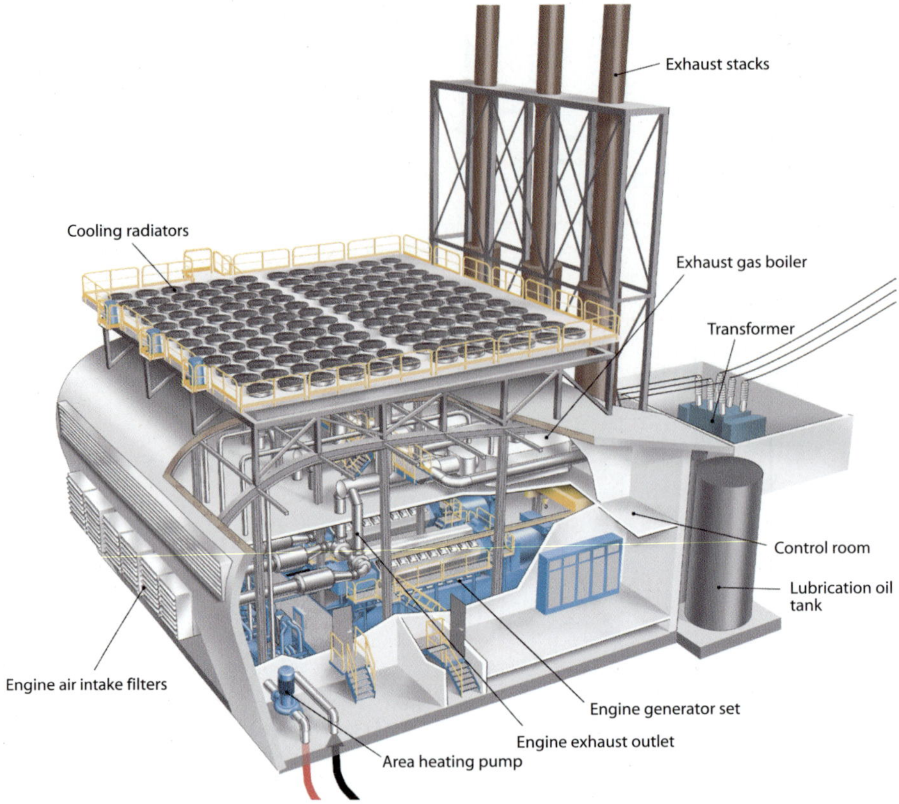

그림 6.46 3개의 엔진이 있는 가스엔진 CHP. 흡입/배기 소음장치는 보이지 않는다. 출처: Wårtsilä. 허락을 받고 사용함

CO와 탄화수소는 불완전 연료 연소에 의해 생성되며, 왕복엔진의 간헐 운전으로 인해 보일러보다 더 높은 농도로 발생하는 경향이 있다. 주로 간헐 운전으로 인해 방음장치도 필요하며, 보통 방음건물 내 설치와 효율적인 흡입/배기 소음기를 통해 이런 기능을 제공한다. 소규모 플랜트는 흔히 주거지역 인근에 설치되며, 이웃주민의 소음 불편을 줄이기 위해 방음장치를 사용한다.

비록 대부분의 소규모 CHP 플랜트가 가스엔진이 장착된 연소엔진을 사용하고 있지만, 다른 종류의 연소엔진(예컨대 **광유(Mineral oil)** 혹은 **팜유(Palm oil)** 같은 바이오오일을 사용하는 디젤엔진)을 사용하는 플랜트도 있다.

추가적인 소규모 CHP 플랜트 유형으로 다양한 종류의 **폐쇄 열역학 사이클(Closed thermodynamic cycle)**을 기반으로 해 이용 가능한 고체 연료의 연소로부터 열공급이 이루어지는 것이 있다. 이런 종류의 전형적인 플랜트로 앞서 소개된 증기터빈 발전소가 있다.

바이오매스 연소와 지열(地熱, Geothermal) 사용에서 점점 더 보편적으로 사용되는 폐쇄 사이클 소규모 CHP의 종류로 **유기 매체 랭킨 사이클(Organic Rankine Cycle, ORC)** 플랜트가 있다. 용어에 나타나 있듯이 여기서 순환매체는 **유기액체(Organic fluid)**이며, 증기 플랜트의 경우와 마찬가지로 증발기에서 끓고 터빈에서 팽창하며 복수기에서 열을 발산한다. 재생기(Regenerator)를 통해 내부에서 열을 교환해 전기효율을 향상시킨다.

ORC는 주로 낮은 범위의 소규모 등급(일반적으로 1MW급 이하)에서 사용되지만, 최고 20MW의 정격전기출력을 갖는 상당히 큰 플랜트도 있다.

그림 6.47에 있는 흐름도에서, **열류 서킷(Thermal oil circuit)**을 통해 보일러에서 ORC 사이클로 열이 추가된다. 연소공기 예열을 위해 연도가스 열을 회수하고 ORC 사이클 내 복수기로부터 공급되는 열과 함께 이코노마이저(배열 회수 보일러)에서 지역난방 네트워크에 열을 공급해 플랜트의 총 효율이 향상된다.

증기 플랜트와 비교해 ORC 플랜트에 몇 가지 중요한 장점이 있으며, 그 중 두 가지는 다음과 같다. 첫째, ORC의 전력효율은 플랜트 크기의 소형화에 훨씬 덜 민감하다. 그림 6.31을 참조하면, 그림 6.48은 더 적은 증기 유량에서 작은 터빈날개로 인한 높은 마찰 유량손실과 그 밖에 다른 손실들의 결과로 터빈 통과 시 엔탈피 강하(Δh_p)가 얼마나 감소되는지를 나타내고 있다.

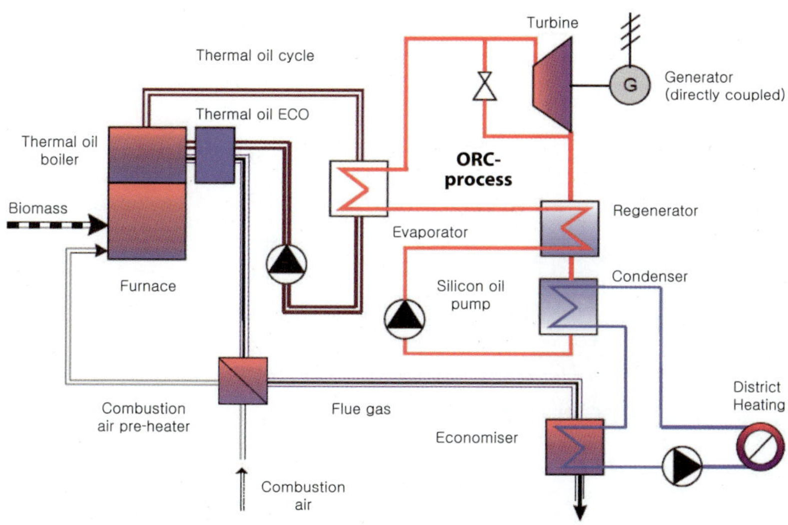

그림 6.47 오스트리아 린츠(Linz)에 있는 바이오매스 ORC 플랜트의 흐름도. 출처: Turboden and BIOS Energiesysteme. 허락을 받고 사용함

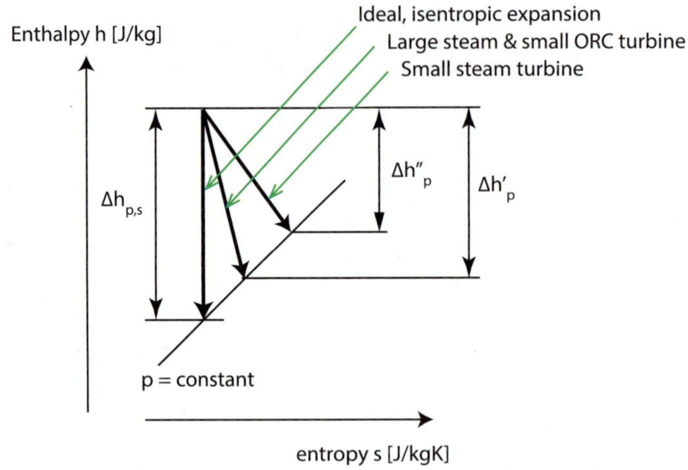

그림 6.48 소규모 플랜트 규모에서 증기터빈보다 ORC터빈에 대해 더 높은 등엔트로피 터빈 팽창효율(Isentropic turbine expansion efficiency)을 나타내는 몰리에르 선도

그림에서 알 수 있듯이, 이 같은 손실은 엔트로피 증가 및 수직선 대비 팽창선의 증가된 경사와 연관되어 있다. 수직선은 동일한 유입과 유출 압력 사이의 이상적인 등엔트로피 팽창을 나타낸다.

터빈의 등엔트로피 효율은 다음과 같이 정의할 수 있으며, 동일한 크기의 증기터빈에서 더 많이 감소되는 것을 알 수 있다.

$$\eta_s = \Delta h_p / \Delta h_{p,s} \text{ [-]} \tag{6.37}$$

둘째, ORC 플랜트에서는 증기터빈 공정에 설치되는 유체를 과열하는 장치 없이 상당히 좋은 전력효율을 얻을 수 있다. 이것은 과열기에서 고온 부식을 유발할 수 있는 연료(예컨대 짚)를 사용하는 경우 장점이 된다.

반대로 증기터빈 플랜트는 ORC 플랜트를 설계 및 운영하는 경우 주의 깊게 고려해야 하는 화재사고의 위험을 피할 수 있다.

패쇄 사이클(증기 또는 ORC)에 기반을 둔 소규모 CHP에서 한 가지 중요한 문제는 어떻게 초기비용을 허용 가능한 수준에서 유지하느냐는 것이다. 대부분의 국가에서 소규모 CHP 플랜트는 유리한 발전차액제도 같은 보조금 없이 수익을 내며 운영할 수 없다. 일반적으로 말해, 천연가스 같은 '쉬운' 연료를 사용하는 경우 경제적인 방식으로 발전소 크기를 줄이는 것이 훨씬 쉽다.

초기비용을 맞추기 위해, 소규모 증기 및 ORC 플랜트의 일부 제작사들은 가스엔진의 경우와 마찬가지로 상당부분이 사전 제작된 모듈방식의 대안을 제공하고 있다. 더 작은 규모에서는 보일러, 터빈 등을 포함한 전체 유닛을 사용자에게 쉽게 운송 및 선적할 수 있도록 컨테이너 내부에 설치하며, 건설현장 등에서 일시적인 전력생산을 위한 발전기 세트(Gen-set)로 사용된다.

발전규모 범위의 가장 낮은 끝단에는 단일 건물에만 열을 공급하는 낮은 등급의 **스털링 엔진(Stirling engine)**이 흔히 사용되고 있다. 스털링 과정은 비록 효율은 낮지만 고체연료로 가동될 수 있는 폐쇄형이다. 그 밖에 또 다른 대체 수단으로 저공해 천연가스 장치가 있다.

연료전지(Fuel cell)는 다양한 사용 분야에서 오랫동안 유망한 기술로 여겨 왔다. 수많은 시도 중 하나로 수소 또는 메탄올을 사용하는 자동차가 있다. 또 다른 잠재적인 사용방식으로 마이크로 크기만큼 작아진 소규모 CHP가 있다. 연료전지는 작은 크기에서 높은 효율로 가동할 수 있으며, 천연가스인 경우 CO_2를 제외하고 배출가스도 매우 적다. 따라서 멀지 않은 미래에 연료전지가 현실적 대체 수단으로 자리 잡을 것이다. 세 번째 장점으로 매우 낮은 소음수준을 들 수 있다. 연료전지에 대한 개발이 계속 되고는 있지만, 아직까지 중요한 상업적 돌파구를 찾지 못하고 있으며 여전히 대부분의 사용분야에서 비용이 너무 높게 발생하고 있다.

그림 6.49에 '최소 수익이 발생하는 소규모 CHP'라고 폭넓게 일컬어지는 것들의 역사적 발전과정과 미래 계획에 대한 도표가 있다. 규모 축소의 경향성이 인상적이다.

비록 소규모 CHP의 개념이 일반적으로 지역난방에 대한 기회를 나타내지만, 마이크로 한 크기까지 이어지는 발전과정은 지역난방 산업에 대한 위협으로 볼 수도 있다. 단순하게 말해, 만일 작은 주거용 건물에 적합한 크기로 설비가 작아져도 수익성이 발생하면 우선 지역난방 네트워크가 왜 필요하겠는가?

광범위한 천연가스 망이 이미 사회 기반시설로 구축되어 있는 국가에서는 미래에 이런 현상이 발생할 수도 있다. 즉, 가스회사가 사용자에게 소형 연료전지 CHP를 선택할 수 있도록 해 에너지 공급에서 자신의 지배력을 공고히 할 것이다.

그러나 제2장에서 이미 언급했듯이, CHP가 지역난방의 유일한 장점이 아니라 사실 여러 주요한 장점들 중 하나라는 것을 잊지 말아야 한다. 또 다른 장점으로 도시 폐기물과 같은 '어려운'것을 포함한 광범위한 연료를 친환경적인 방법으로 다루는 능력이 있다. 추가적인 고려사항으로 천연가스는 화석연료이며, (아마도 대형발전소에 미래 선택사항이 될)탄

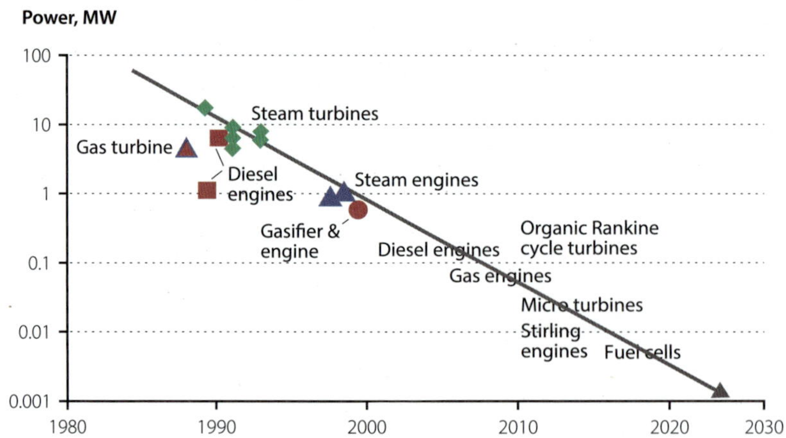

그림 6.49 최소 수익이 발생하는 소규모 CHP의 크기 감소. 역사적 데이터와 미래에 대한 계획. 출처: VVT. 허락을 받고 사용함

소포집과 저장이 개별건물 수준의 천연가스 연료전지 설계에 실행 가능한 선택사항으로 적용될 수 있을 것 같지는 않다.

앞서 이미 언급했듯이 비록 연료전지를 아주 작은 크기까지 줄일 수 있지만, 이렇게 하면 지역난방 플랜트 사용에 적합한 것보다 사용할 수 있는 연료전지 종류가 특정한 것으로 한정된다. **고체 산화 연료전지(Solid Oxide Fuel Cell, SOFC)**는 **고체 고분자형 연료전지(PEM fuel cell)**보다 높은 온도에서 가동되며 효율이 더 높지만, 크기를 줄일 경우 특정 초기비용이 급격히 증가한다. 앞에서 대규모 SOFC 기술은 이미 다루었다(그림 6.43).

6.4.10 효율 측정방법을 이용한 열전도(熱電圖) 정규화 (Normalised power-to-heat diagram with efficiency measures)

추출-응축 증기 플랜트를 검사하는 경우에 사용되는 열전도(그림 6.37)는 정규화 방법으로 다른 플랜트에 사용할 수 있다(그림 6.50 참조). 세로좌표는 전력효율 $\eta_e = P_e/P_{cv}$로 정의되며, 가로좌표는 사용가능한 (지역난방)열력 P_q를 유사하게 P_{cv}로 나눈 값이다(일부 서적에서는 이 값을 **열력효율(Heat power efficiency)**이라고 함).

5가지 종류의 CHP 플랜트에 대해 수평 또는 경사진 직선으로 그려진 **완전부하 η_e-특성(Full-load η_e-characteristic)**이 있다. 이 선들은 일반적인 사례에 해당할 수 있는 경우를 나타내지만, 개별 플랜트의 특성은 규모와 설계에 따라 제시된 도표와 크게 차이날 수 있다.

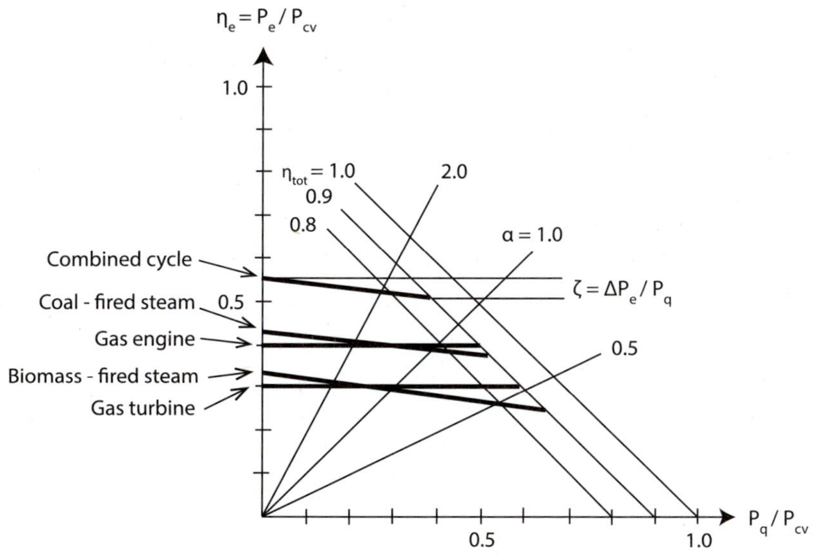

그림 6.50 (연소 열유입에 의해)정규화 된 열전도

45°아래로 경사진 선들은 일정한 총 효율 η_{tot}를 나타내며, 원래 선에서 연장한 선들은 일정한 열전비 α를 나타낸다.

η_e-특성의 경사는 다음과 같이 정의할 수 있다.

$$\zeta = \Delta P_e / P_q \text{ [-]} \qquad (6.38)$$

즉, 전기출력에서의 손실 대 사용가능 열추출이 된다. 가스터빈과 가스엔진 플랜트에 대한 선은 수평이다.

석탄 증기 발전소의 특성곡선은 바이오 연료 증기 발전소보다 더 높은 수준에 있다. 비록 개별 플랜트에서 이 관계가 역으로 발생될 수 있지만, 최신 석탄 화력발전소의 규모가 커서 더 많은 재생 급수 가열과 더 높은 터빈효율 등을 허용할 수 있는 경우 그림에 있는 관계가 전형적인 것이다. 더군다나, 앞서 기술했듯이 대부분의 바이오 연료(예컨대 짚)는 유해가스를 더 많이 배출하는 경향이 있어 처리하기 어려운 높은 증기압력과 최대 차온을 사용한다.

6.4.11 CHP 대 소규모 히트펌프(CHP versus small-scale heat pumps)

다양한 방법에 의한 건물 난방의 생산을 여러 방식으로 비교할 수 있다. 최근 유럽연합에서 이루어지고 있는 이런 비교는 관련 표준에 규정된 **1차 에너지 계수(Primary energy factor)**에 의해 소모된 에너지의 곱셈을 통해 특정 방식의 효율을 측정하도록 정형화되어 있다. 이 개념은 전력망 내 **발전구성(Generation mix)**에 대한 가정에 기반하고 있다. 예를 들어, 전기저항 난방은 CHP 혹은 히트펌프를 통해 지역난방 네트워크로 공급되는 열보다 훨씬 더 높은 값에 속한 것으로 간주한다.

열역학 제1법칙과 제2법칙에 따라, CHP와 히트펌프 모두를 에너지 변환 플랜트에 대한 효율로 볼 수 있는 충분한 근거가 있다. 두 가지 방식의 지지자들은 자신이 선호하는 방식이 본질적으로 가장 효율적이라고 주장하는 경향이 있다. 우선 CHP와 지역난방 옹호자가 두 가지 방식을 비교할 때 흔히 사용하는 방법을 살펴볼 것이며, — 아마 당연하게도 — 이 방법은 CHP에 호의적인 경향이 있다.

이렇게 두 가지 난방방식을 '경쟁자'로 살펴본 후에, 이 두 방식을 경쟁자 대신 '파트너'로 볼 수 있다는 가정에 기반한 일종의 열역학 분석을 설명할 것이다.

경쟁자(Competitor)

CHP와 히트펌프의 비교가 그림 6.51에 있다. CHP 플랜트는 추출-응축 플랜트가 해당될 수 있으며, 어느 정도의 열을 추출해 다수 혹은 소수의 건물에 지역난방을 공급할 수 있다. 대체수단은 히트펌프를 사용해 동일한 건물에 열을 공급하는 것이다. 이를 위해 특정한 양의 전력이 히트펌프 압축기를 돌리는 데 사용된다. (그림 6.37의 선 Ⅱ－Ⅲ과 같이)연료소모와 이에 따른 발전소의 P_{cv}가 변하지 않는다고 가정하면, 발전소에서 열을 추출하는 것은 전기출력 감소 $\Delta P_{e,CHP}$를 유발하고 히트펌프의 전기수요 $P_{e,HP}$와 직접적으로 비교할 수 있다.

여기서 수행하고자 하는 비교는 어떤 종류의 플랜트가 더 큰 전력 순손실을 유발하는지 검토하는 것이다.

생키 도표가 이 질문에 대한 답을 제시하고 있다. CHP 플랜트는 **성능계수(Coefficient Of Performance, COP)**를 갖는 가상의 히트펌프로 볼 수 있으며, 성능계수는 개별 전력손실의 역수이다.

$$COP_{CHP} = 1 / \zeta \text{ [-]} \tag{6.39}$$

그림에서 알 수 있듯이, 이 사례의 양적인 추정에서 CHP 플랜트에 유리한 전력에 순 취득(Net gain)이 발생한다.

CHP 플랜트가 개방 사이클 가스터빈 플랜트라면 ζ는 거의 0이 되며, 비교에서 CHP에 확실히 유리해 진다. 어떤 히트펌프도 재활용되지 않으면 버려지고 열역학적 소비 없이도 재활용할 수 있는 열재활용과 경쟁할 수 없다.

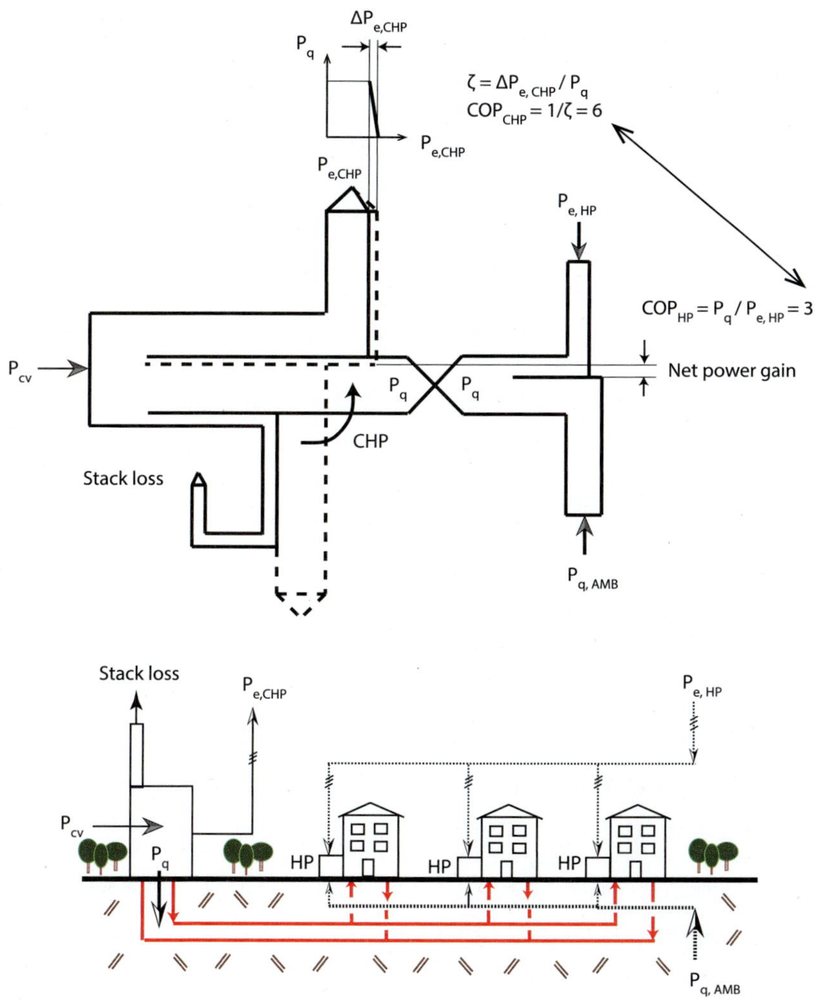

그림 6.51 한 지역의 건물에 동일한 열량 P_q를 공급하는 CHP 플랜트의 전력손실과 히트펌프 가동을 위해 필요한 전력 비교

ζ의 크기는 (추출-응축 플랜트의 경우)응축모드에서 방출되는 열의 온도수준에 좌우된다. **해수-냉각 복수기(Sea-cooled condenser, 스웨덴에서 일반적임)** 대신 **냉각탑(Cooling tower, 독일에서 일반적임)**을 통해 방출이 일어난다면, 온도는 10℃ 대신 예컨대 40℃ 정도 될 수 있으며, 비교에서 분명한 이점이 발생한다.

지역난방 추출을 '히트펌프'로 볼 수 있으며, 히트펌프를 위해 대략 8℃ 대신 40℃ 온도에서 열을 '펌프질 한다.'더군다나 현실적으로 추운 겨울 높은 열부하에서 히트펌프가 모든 난방을 공급하지 못하며, 첨두수요는 전기저항 난방에 의해 이루어지기도 한다.

반대로 CHP는 히트펌프에서 나오는 열보다 보통 높은 온도수준에서 지역난방을 위한 열을 추출하며, 더 높은 온도수준은 원거리(遠距離)에 걸쳐 열전달로 발생되는 열역학적 '비용'이 된다. 히트펌프가 유리하다고 할 수 있는 또 다른 요인은 히트펌프의 COP를 향상시키기 위한 기술개발이 계속해서 이루어지고 있다는 점이다.

이런 기술 중 하나로 CO_2냉매 사용이 있으며, 난방의 온도특성과 급탕 규정에서 필요로 하는 열역학적 사이클 형태와의 일치성을 향상시키기 위해 사용 할 수 있는 **초임계 모드(Supercritical mode)**로 운전하게 된다.

여기서 하고 있는 비교는 순전히 열역학적 관점에 기반을 두고 있다는 점을 강조하고 싶다. 종합적인 비교에서는 당연히 투자비용과 그 밖에 많은 요인들을 고려해야 한다. 이 같은 분석은 자신의 히트펌프를 위해 전력을 구매하는 건물주가 CHP 전력 손실비용을 지불하지 않는다는 사실도 고려해야 한다.

파트너(Partner)

그림 6.52는 CHP와 주거용 히트펌프가 서로를 보완하며 경쟁자가 아닌 파트너로서 기능하는 상황을 나타낸다.

이상화(理想化)해서, CHP 플랜트에서 생산되는 전력 P는 히트펌프를 설치한 건물의 총 전력 수요(전력 손실을 고려함)와 정확히 일치한다고 가정하였다.

모든 건물에 공급되는 열량의 합 ΣP_q는 CHP 플랜트에서 연소되는 연료로부터 발생하는 열유입 P_{cv}를 초과한다. 따라서 '**시스템 총 효율(System total efficiency)**'은 다음과 같이 계산되며, 그 값은 100%보다 크다.

$$\eta_{tot,system} = \Sigma P_q / P_{cv} \ [-] \tag{6.40}$$

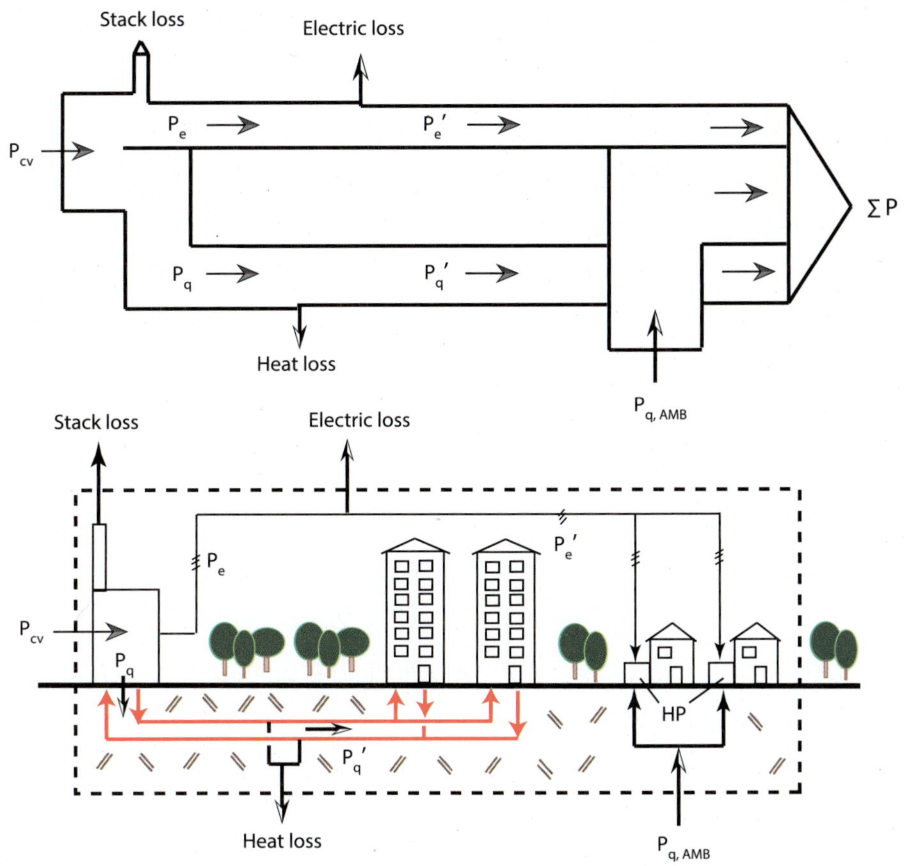

그림 6.52 소형 주거용 주택과 대형건물이 복합된 곳에 지역난방을 공급하는 CHP 플랜트의 생키 도표, 소형 주거용 주택은 각각의 소형 히트펌프(HP)를 통해 난방을 공급함. 전체 시스템의 총 효율은 100%를 크게 상회하는 것을 알 수 있다

물론 히트펌프가 대기(大氣)에서 시스템으로 열량 $P_{q,AMB}$를 얻기 때문에, 열역학 제1법칙과 모순되지 않는다. 이 결과는 CHP와 히트펌프 모두 열역학 사이클을 활용함에 있어 제1법칙과 제2법칙이 복합된 현명한 방식에 해당된다는 견해를 뒷받침하고 있다.

두 구역을 공급하는 전체 난방시장에 대한 가상적인 구분은 어떤 지역(특히 도심지)은 높은 열밀도[W/m^2]를 나타내 지역난방에서 수익이 발생하고, 또 다른 지역(일반적으로 소형 주거용 건물이 있는)은 경제적으로 지역난방을 공급하기에 열밀도가 너무 낮을 수 있다는 것과 긴밀히 연관되어 있다.

중앙집중식 난방계획(Central heat planning)에 대한 법령과 태도는 국가마다 크게 다르다. 에너지 계획에 '중앙집중식'접근방식이 있는 지역에서 구상 중인 접근방식의 실행을 위한 좋은 기회를 잡을 수 있다. 아주 자유로운 경제 체제 하에서는 경쟁자들 사이의 시장분할을 유지할 수 없다.

'파트너' 접근방식의 변형된 형태로 인근에 대형 히트펌프가 설치된 CHP 설비로 되어있는 복합적인 플랜트가 있다. 이 같은 플랜트는 극도로 유연한 운전을 가능하게 한다. 전기비율이 높으면 CHP 플랜트만 운영하고, 비율이 낮으면 히트펌프만 운영한다. 중간비율에서는 양쪽 모두 운영한다.

6.4.12 CHP 탄소포집과 저장(Carbon capture and storage CHP)

탄소포집과 저장(줄여서 CCS라 하며, 때로는 탄소포집과 격리(Carbon capture and sequestration)라는 용어를 대신 사용함)은 화력발전소에서 발생하는 CO_2를 포집하고 지하 또는 해수에 용해해서 저장한다는 개념이다. 목적은 주로 대기 중 CO_2 농도 증가 없이 화석연료를 연소할 수 있도록 하는 것이며, 기후변화(지구 온난화)를 완화하기 위한 도구로서 점점 더 중해지고 있다. 예컨대 영향력 있는 협회인 **국제에너지기구(International Energy Agency)**는 이 개념을 강력하게 옹호하고 있다.

다른 이들은 이 개념에 반대하고 있다. CCS가 신재생 에너지 자원 활용의 완전한 이행을 방해하고, 석탄과 다른 화석연료의 사용을 지속하기 위한 구실을 제공한다는 논쟁

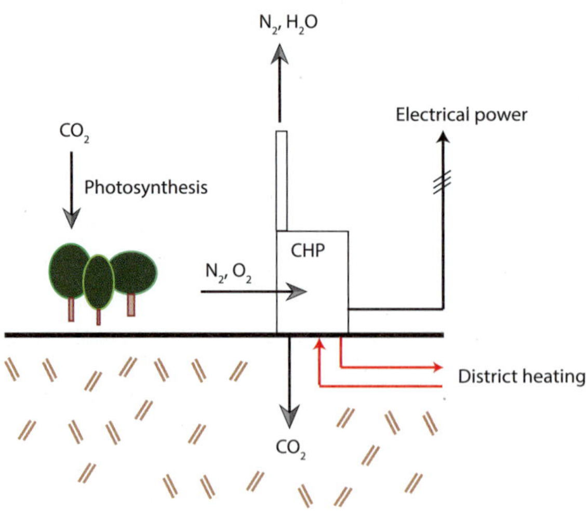

그림 6.53 탄소포집과 저장 설비가 있는 바이오매스 CHP 플랜트의 미래 비전. 대기 중으로 배출되는 순 CO_2 양은 음수이며, 시스템이 카본싱크를 제공하며 활용할 수 있는 연료량을 최대로 이용한다

이 있다. CCS 이슈 또는 일반적인 기후변화 문제를 깊이 다루는 것은 이 책의 범위를 벗어난다.

CCS의 흥미로운 변형으로 화석연료 대신 바이오매스를 사용하는 플랜트에 동일한 원리를 적용하는 경우를 들 수 있다. 이러한 플랜트는 이산화탄소 중립보다 더 좋으며, 대기 중으로 방출되는 CO_2를 효율적으로 포집해 **카본싱크(Carbon sink,** 이산화탄소 흡수계[역])로 알려진 기능을 제공한다.

몇몇 기술들은 전통적인 플랜트와 비교해 화력발전소의 성능을 떨어뜨리며, 이런 성능저하가 플랜트를 CHP 플랜트로 전환해 열을 재활용하기 위한 유인책이 되고 있다. 즉, 다시 한 번 재활용되지 않으면 버려야 하는 열을 활용하는 CHP에 대한 핵심개념을 활용한다.

그림 6.53은 CHP와 CCS 및 카본싱크를 복합한 플랜트의 미래 비전에 대한 개념도이다.

CCS 플랜트는 비용이 많이 소요되며, 때로는 대규모 지역난방 네트워크가 있는 대도시에 사용이 제한될 수 있다.

참고문헌

Bach H, Energiebilanz und Rentalbilität von Heizkraftwerken(Energy balance and profitability of heat and power plants), Springer–Verlag 1961.

Welter J, Die optimale Entwicklung von Heizkraftwerken(The optimal development of heat and power plants). Ferwärme International 1(1972) : 1, 15–23.

Mühlhäuser H, Dampfturbinen in konventionellen Fernheizwerken(Steam turbines in conventional district heating). Brown Boveri Mittelungen 1977, 536–549.

Bach P–F, Gesichtspunkte bei der Planung von Heizkraftwerken in Dänemark (Considerations in the planning of heat and power plants in Denmark). Fernwärme international, 7(1978) : 3, 63–66.

Behle B, Sintorn H, Das 200–MW–Heizraftwerk Uppsala der Fyriskraft AB(The 200–MW heat and power plants Uppsala the Fyriskraft AB). Fernwärme international (1978) : 4, 117–128.

Flad J, Das kombinierte Gas/Dampf–Turbienen–kraftwerk der Stadtwerke Saarbrücken AG(The combined gas/steam turbine power plant of Stadtwerke Saarbrücken AG). Fernwärme international, 6(1979) : 3, 106–112.

KirveläK, Optimierung der Ausbaupläne kommunaler Heizkraftwerke in Finland(Optimization of expansion plans of municipal heat and power plants in Finland), Fernwärme international 9(1980) : 4, 263–267.

Wilkinson BW, Barnes RW, Cogeneration of Electricity and Useful Heat. CRC Press Inc 1980.

Horlock JH, Cogeneration–Combined Heat and Power(CHP). Pergamon Press 1987.

Niesen M, de Wit J, Plant Design of Efficient Combined Heat and Power Production. 7th International Symposium on District Heating and Cooling, Lund 1999.

Winkens HP, Heizkrftwirtschaft und Fernwärmeversorgung(Heating power and district heating). Verlags– und Wirtschaftsgesellschaft der Elektrizitätswerke VWEW(Publishing and marketing company of Electricity VWEW), Frankfurt am Main, Germany, 2000.

Kara M et.al., Energy Visions 2030 for Finland. Statens Tekniska Forskningscentral (VTT), Edita, Helsinki, Finland, 2001.

Kail C, Haberberger G, Kenngrössen zur optimalen Auslegung grosser KWK–Anlagen (Characteristic values for optimum design of large CHP plants). VDI–Berichte Nr. 1594, 2001, 99–112.

Tietje M, Bertriebserfahrungen mit der neusten Turbotec–Microgasturbine (Operating experience with the latest Turbotec micro–gasturbine). Euroheat & power 33(2004) : 3 62–64.

Eicher H, Ott W & Rigassi R, Technologische und wirtschaftliche Entwicklung der BHKW(Technological and economic development of CHP). Euroheat & Power 33(2004) : 3 62–64.

Kirjavainen M, Sipilä K, Savola T, Salomón M, Small–sclae Biomass CHP Technologies, Situation in Finland, Denmark and Sweden. OPET report 12. VTT Processes and Finnish District Heating Association, 2004.

Kiehne H, Wirschaftlicher Bertrieb kleiner KWK–Anlagen durch ORC–Technik (Economic operation of small CHP plants by ORC technology). Euroheat & Power 34(2005) : 9, 44–47.

Berner M, Ulseth R, The Primary Energy Concept. 11th International Symposium on District Heating and Cooling in Reykjavik, Iceland, 2008.

Combined Heat and Power – Evaluating the Benefits of Greater Global Investment. OECD/IEA, International Energy Agency, Paris, France, 2008.

HVAC Systems and Equipment, ASHRAE (American Society of Heating, Refrigeration, and Air–Conditioning Engineers Inc) Handbook, 2008.

Pröll M, Der Biomasse–Heizkraftwerk der Stadtwerke Augsburg(The biomass cogeneration plant of Stadtwerke Augsburg). Euroheat & Power, 37(2008) : 5, 40–42.

Steck M, Beer M, Henle M, Arndt U, KWK als Baustein zur Integration erneubarer Energien(CHP as a building block for the integration of renewable energies). Euroheat & Power, 39(2010) : 1–2, 44–49.

Schaumann G, Schmitz KW, Kraft–Wärme–Kopplung(Combine heat and power). 4. Auflage, Springer, 2009.

Lowe R, Combined Heat and Power Considered as a Virtual Steam Cycle Heat Pump, Energy Policy 39(2011), 5529–5534.

Hofbauer H, Rauch R, Bosch K, Koch K, Aichernig C, Biomass CHP Plant Güssing–A Success Story. Downloaded June 2012 from http://members.aon.at/biomasse/strassbourg.pdf

일반적인 발전소 열역학과 기술에 대한 다수의 서적들이 있다. 예를 들면 다음과 같다.

Haywood RW, Analysis of Engineering Cycles. 4th Edition, Pergamon Press 1991.

Power Plant Engineering, Drbal LF, Boston PG, Westra KL; Black & Veatch, Springer 1996.

Strauss K, Kraftwerkstechnik, zur Nutzung fossiler, nuklearer und regenerative Energiequellen(Power plant technology, the use of fossil, nuclear and renewable energy sources). 6. Aufl. Springer 2010.

6.5 폐기물 소각로(폐기물 에너지) (Waste incineration(Waste-to-Energy))

폐기물의 소각과 여기서 방출되는 열에너지를 활용하기 위해 (직접적으로)회수하는 일은 폐기물로부터 에너지를 재활용하기 위한 가장 오래되고, 단순하며, 여전히 가장 널리 사용되는 방법으로 보통 **폐기물 에너지(Waste-to-Energy)** 또는 줄여서 WtE라고 부른다. 예컨대 가스화와 혐기소화(Anaerobic digestion) 같은 다른 방법들은 합성가스를 만들며, 결과적으로 이 가스가 유용한 에너지 생산을 위해 사용된다.

폐기물 소각로 플랜트는 보통 규모가 크며, 방출된 열에너지는 열전용 지역난방 보일러로 사용되거나 화력발전소에서 전기로 변환할 수 있다. 세 번째 선택사항으로 열병합발전(CHP)이 있다. 지역난방과 결합될 수 있는 네 번째 선택사항은 지역냉방 네트워크에 연결된 **열가동 냉동기(Heat-driven chiller)**에 열을 공급하는 것이다.

WtE는 폐기물 부피를 크게 줄여 잔류 불연소 폐기물들이 환경측면에서 문제가 덜하고 좀 더 쉽게 분해될 수 있도록 한다.

그림 6.54에서 왼쪽 상단 구석에 있는 사진은 전형적인 **매립지 폐기물 처리(Landfill waste disposal)**에 대한 것이다. 아래쪽 사진은 가장 오래된 지역난방 소각로 플랜트 중 하나이다. 오른쪽 사진은 오스트리아 지역난방 폐기물 소각로 플랜트이며, 유명한 건축가인 프리덴스라이히 훈데르바서(Friedensreich Hundertwasser)가 이 시설의 건축물들을 설계했다. 현대적인 폐기물 소각로 플랜트가 건축적인 관점에서 매력적으로 만들어진다 할지라도 그 지역에 살고 있는 주민들은 폐기물 소각로를 에너지 회수에 대한 조심스러운 방식으로 여길 수 있으며, 많은 사람들이 자기 집 주변에 플랜트 시설이 위치하는 것을 싫어한다(님비(NIMBY, Not In My BackYard) 현상의 한 가지 사례). 이러한 현상은 지역난방 목적으로 열을 회수하는 것에 대해 반대 의견을 말하는 것일 수 있다. 왜냐하면 지역난방에 기반을 둔 폐기물 소각로가 경제성을 갖기 위해서는 기존지역에서 너무 먼 곳에 위치 할 수 없기 때문이다.

다양한 개인과 단체(예컨대 'Friends of the Earth' 같은) 사이에서 제기되는 보다 근본적인 반대는 WtE가 우리사회의 낭비적 구조를 정당화한다는 것이다(때로는 현실적인 **그린워싱(Greenwashing**, 위장 환경주의[역])이라고 함).

그림 6.54 폐기물 처리 플랜트-낡고 더러운 것에서 예술적이고 깨끗한 시설까지. 왼쪽 위: 매립지 처리, 왼쪽 아래: 1903년 덴마크 코펜하겐 프레데릭스베르(Frederiksberg)에 지어진 오래된 지역난방 WtE 소각로 플랜트. 오른쪽: 1992년 오스트리아 빈 슈피텔라우(Spittelau)에 지어진 지역난방 WtE 소각로 플랜트, 예술가 F.훈데르트바서(F. Hundertwasser)에 의해 설계된 건축물

하지만 폐기물 배출량을 애초부터 줄여야 한다는 원칙은 그림 6.55(위쪽 그림)에 있는 **주류 계층 접근법(Mainstream hierarchical approach)**과 연관되어 있다. 이 그림에서 알 수 있듯이, 유용한 재료의 재사용 및 재활용(종종 이 둘을 함께 묶기도 함)은 폐기물 축소 다음의 두 번째와 세 번째 단계이며, WtE는 네 번째 순위에 해당한다.

중간 도표는 개별 유럽국가에 대한 여러 가지 방식의 분류 형태를 보여주고 있으며, 그 아래 도표에 상응하는 폐기물 소각에서의 1인당 회수 열량이 있다. 이 비교 자료는 폐기물 소각로가 신중한 자원관리를 위한 다른 방법에 방해가 된다는 주장을 뒷받침하지 않는다. 예를 들어, 지역난방을 목적으로 하는 소각로가 가장 발달한 국가인 덴마크에서 재활용 비율이 오히려 높다. 사실 재활용되는 비율은 건물난방에서 지역난방의 시장 점유율이 낮은 다른 4개국(오스트리아, 벨기에, 독일, 네덜란드)에서 약간 더 높기는 하다.

폐기물 소각로는 기후변화 측면에서 상당히 지속가능하다고 주장할 수 있다. 첫째, 화석연료 함량이 표준적으로 총 에너지 값의 대략 10%정도에 불과하다. 둘째, 폐기물 소각로는 매립지 처리에서 생성/방출되는 메탄 배출을 피할 수 있다. 메탄은 아주 강력한 온실가스에 해당한다.

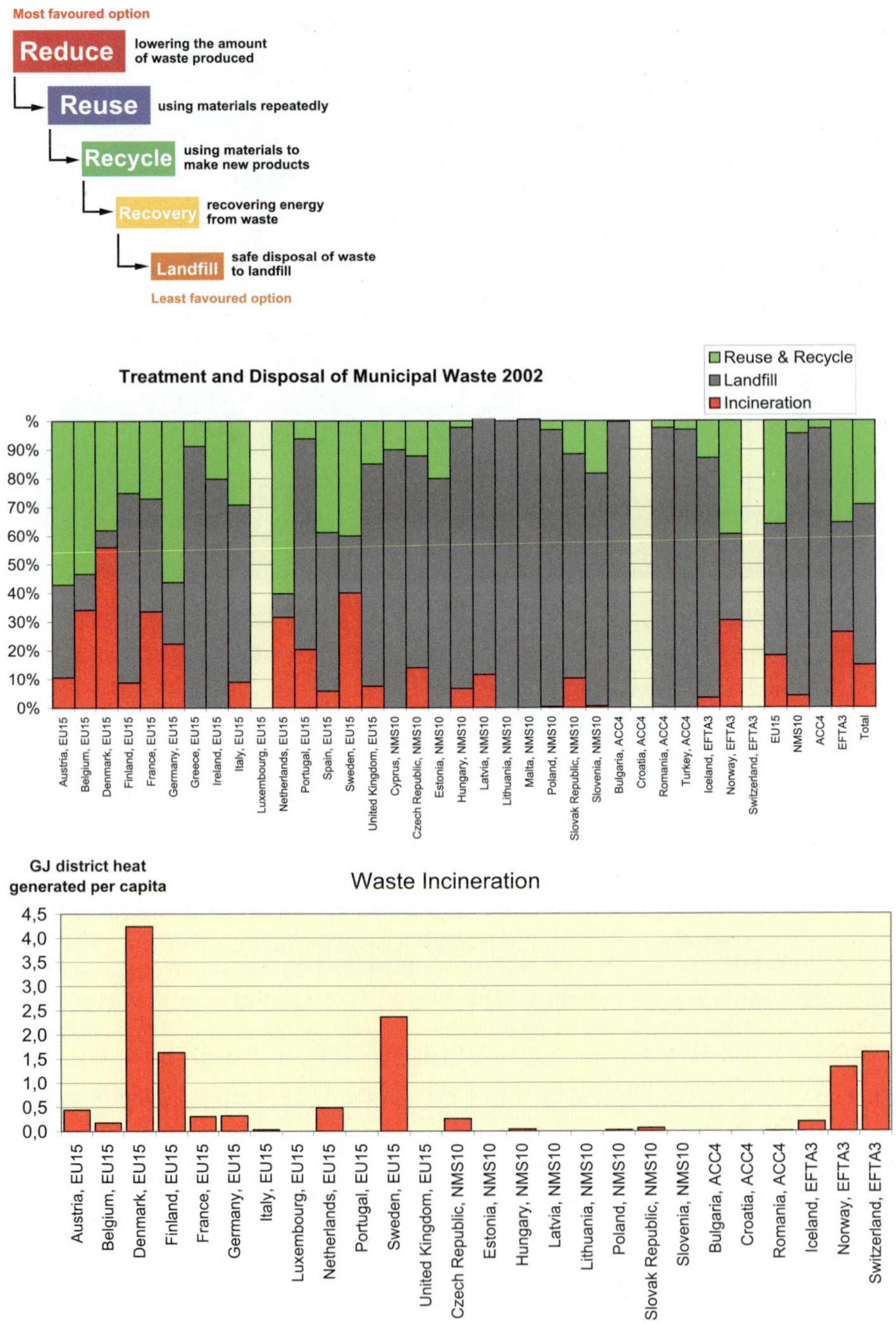

그림 6.55 위: 계층적인 폐기물 관리 전략, 중간: 다양한 유럽 국가에서 계층 전략 상 여러 단계들의 비율을 보여주는 막대그래프, 아래: 폐기물 소각로에서 지역난방을 위해 회수되는 1인당 연간 열량(Annual per capita quantities of heat)을 나타내는 막대그래프. 출처: Euroheatcool study, Euroheat & Power. 허락을 받고 사용함

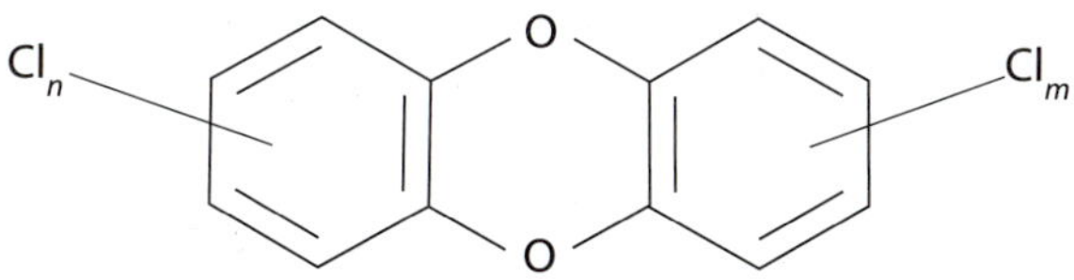

그림 6.56 다이옥신 타입 분자의 일반적인 구조

앞선 사례를 통해 알 수 있듯이, 폐기물의 다양성과 변하기 쉬운 구성 때문에 공해물질 배출 측면에서 허용될 수 있도록 폐기물 소각로 플랜트에 설비를 갖추는 것은 연도가스 정화 및 여러 조치들에 대해 광범위한 규정을 필요로 한다. 역사적으로 폐기물 소각로와 관련된 가장 심각한 배출물질은 **다이옥신(Dioxin)**이며, 이는 독성이 매우 강하다. 이탈리아 북부도시 세베소(Seveso)에서 1976년 발생한 최악의 재난은 비극적으로 다이옥신의 독성을 입증하고 있다. 그 당시 다이옥신이 화학공장에서 방출되었으며 인근의 많은 사람들이 심각하게 중독되었다.

다이옥신의 일반적인 화학구조에 대한 그림 6.56을 보며, 분자의 양쪽 끝에 Cl원자가 있는 것을 알 수 있다.

다이옥신은 좀 더 정확히 **폴리염화 디벤조피다이옥신(Polychlorinated dibenzo-p-dioxin, PCDD)**과 연관된 독성물질 그룹에 대한 일반적인 명칭이다. 종종 **폴리염화 디벤조퓨란(Polychlorinated dibensofuran,** 또는 단순히 퓨란)이라 불리는 다이옥신과 유사한 화합물의 그룹이 추가적으로 이 명칭에 포함되기도 한다. 이 화합물들은 Cl이 존재할 때(예컨대 PVC 플라스틱으로부터) 상대적으로 낮은 온도의 연소에서 형성된다. 보통은 광범위한 여러 변종들이 동시에 만들어 진다. 변종들 사이의 유독성 변화를 고려해 **총 다이옥신 등가계수(Total dioxin equivalence factor, TEQ 또는 TEF)** 값을 계산할 수 있다.

다이옥신은 낮은 온도의 연소과정에서 발생하므로 예방을 위한 첫 번째 방법은 온도를 제어하는 것이며, 온도제어는 연소 시 평균온도뿐만 아니라 낮은 온도구역이 발생하지 않도록 연소실 내 온도분배에 대해서도 이루어져야 한다. 두 번째 방법은 그림 6.25에 있는 것과 같은 종류의 다이옥신을 목표로 하는 연도가스 처리 기술을 사용하는 것이다.

폐기물 연소 시 예방조치 이행은 매우 효과적이였으며, 1990년에서 2004년까지 독일에서의 배출량 변화를 나타내는 표 6.4에서 그 사실을 확인할 수 있다.

표 6.4 독일에서 다이옥신 배출의 발전과정. 화력 폐기물 처리(Thermal waste treatment)에서 배출가스가 급격히 감소함. 독일연방환경청(Umweltbundesamt, Federal Environment Agency) 내용을 각색함

출처	gl-TEQ로 표시된 연간 배출량		
	1990	1994	2004
야금산업(Metallurgical industry)	737	270	55
소결플랜트(Sintering plant)	576	168	41.5
다른 철(Iron) + 강철(Steel) 제품	38	10	11.5
비-희귀 금속들(Non-precious metals)	123	92	2
화력 폐기물 처리(Thermal waste treatment)	400	32	2
주거용 폐기물		30	1
산업용/위험 폐기물		21	12
하수 슬러지		<0.1	<0.1
시멘트 생산	NE	NE	0.8
펄프 및 제지 산업	NE	NE	0.3
코크스 및 애노드 생산(Coke and anode production)	NE	3	2
발전소 및 산업용 소각 설비(GFA, TA-Luft)	15	11	8
소형 소각 설비(Small firing Installations)*	37	27	25
운송	10	5	4
화장장	4	2	0.1
대기 중 총 배출가스**	1203	350	97

* 1급 유해 폐기물, 병원 폐기물

** 나무토막(Scrap wood)을 포함함

참고문헌

Ecoheatcool, Work Package 4, Possibilities With More District Heating in Europe. Euroheat & Power, Brussels, 2005–2006.

Fruergaard T, Christensen TH, Astrup T, Energy Recovery From Waste Incineration : Assessing the Importance of District Heating Networks. Waste Management 30(2010) : 7, 1264–1272.

Chemiclas Policy and Pollutants, Dioxins, Umweltbundesamt(Federal Environment Agency), Germany. Downloaded June 2012 from : www.umweltbundesamt.de/chemikalien-e/dioxine.htm

Home page www.avfallsverige.se/downloaded June 2012.

6.6 산업공정에서 재활용되는 열 (Heat recycling from industrial process)

산업공정에서 열을 재활용하는 것은 지역난방에 대한 주요 전략적 기회 중 하나에 해당되며, 재활용되지 못하면 버려지는 열을 사용한다는 기본개념과 일치한다. 기술측면에서 이런 재활용은 대부분 비교적 단순하며, 특히 수열 받는 지역난방 네트워크의 운전온도와 같거나 높은 온도수준에서 열을 이용한다면 열교환기를 설치해 열회수가 이루어질 수 있다. 보통 산업플랜트는 네트워크와 약간 떨어져 위치해 있다. 이 경우 연계관로(Transmission line)를 건설해야 하고, 연결지점(Connection point)에서 연계관까지 배관망에서 열수송이 이루어 질 수 있도록 (만약 이미 건설되어 있다면)네트워크를 보강해야만 한다. 때로는 연결지점에 첨두보일러를 설치하는 것이 적합할 수도 있다. 산업공정에서 버려지는 열을 재활용하는 데 가장 큰 어려움은 제도와 상업적 특성에 있다.

'재활용되지 못하면 버려지는'이란 말을 넓은 의미로 이해해야 한다. 산업플랜트에서 열을 포집하는 문제가 구체화되면, 플랜트 소유자는 우선 버려지는 열을 공정 내에서 재활용할 수 있는지 조사한다. 약간의 열을 재활용하고, 남은 잉여열은 지역난방 공급회사에 파는 것이 적합하다는 결론에 도달할 수 있다. 때로는 플랜트 내부사용을 위한 열회수에 너무 많은 비용이 들 수 있으며, 이런 경우 열을 파는 방법이 특히 매력적일 수 있다.

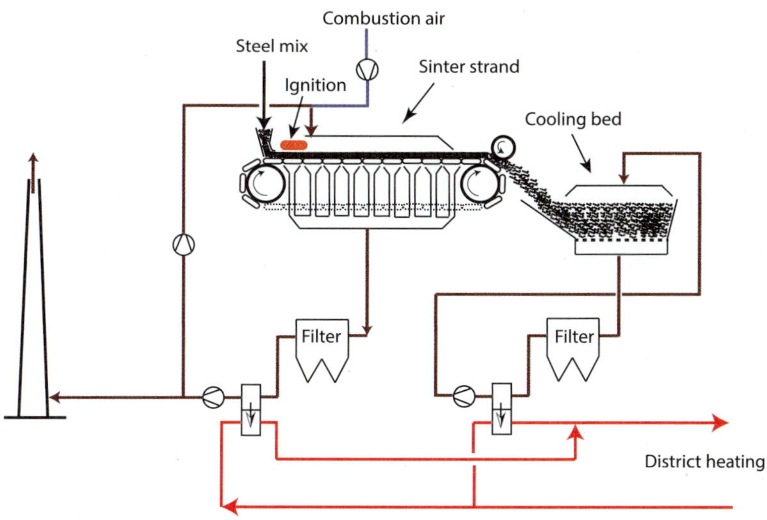

그림 6.57 제철소 소결과정에서 발생하는 산업 잉여열 회수

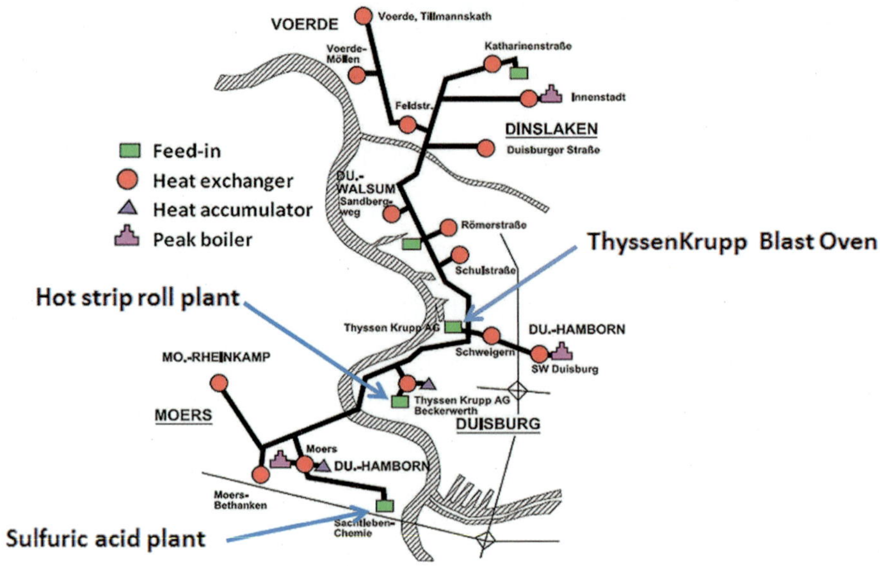

그림 6.58 독일(니더라인) 루르지방의 제철소 두 곳과 화학플랜트 한 곳에서 발생하는 산업 잉여열 재활용. 출처: Richer & Mandelfeld 2007. 허락을 받고 사용함

그림 6.57은 소결과정(Sinter strand)에서 발생하는 열을 활용하는 한 가지 사례를 보여주고 있다. 열교환기를 통해 두 개의 뜨거운 공기유동에서 지역난방 목적으로 에너지를 회수한다. 제강업체 아르셀로미탈(Arcelormittal) 사와 자문회사 달키아(Dalkia) 사가 프랑스 됭케르크(Dunkirk)에서 이 개념을 활용하고 있다.

독일 루르(니더라인(Niederrhein))지방에서 또 다른 사례를 찾을 수 있으며, 그림 6.58에 있듯이 세 곳의 산업플랜트(두 곳의 제철소(소유자가 동일함), 하나의 화학플랜트)에서 잉여열을 공급하고 있다. 이 지역 지역난방 네트워크(**Fernwärmeschiene**)에 공급되는 총 산업열은 350 GWh/년(1,260 TJ/년)에 이르며, 이 값은 총 열에너지 공급의 상당부분(58%)을 차지한다. CHP 플랜트(38%에 해당 됨)와 신재생 에너지로부터 발생되는 열을 통해 나머지를 공급한다. 여러 지역에서, 광역 네트워크(Regional network)로부터 국지적 지역난방 네트워크(Local district heating network)로 열이 전달된다.

때로는 히트펌프를 사용해 산업플랜트에서 활용 가능한 상대적으로 낮은 온도의 열에너지를 개선한다. 온도 설정이 작은 경우, 증기 압축 히트펌프를 사용해 아주 높은 **성능계수(Coefficient of performance, COP)**를 얻을 수 있다(심지어 몇몇 경우에서는 8 이상의 값을 나타냄). 히트펌프는 대부분 중 · 저온의 공급원(하수, 강 등과 같은)에서 활용 가능한 열의 개선을 위해 일반적으로 사용되는 종류와 동일하지만, 온도가 높으면 산업플랜트에서 사용하는 히트펌프를 사용한다. 작동 매체(냉매)로 증기를 활용하는 변형된 형태도 있다.

지금 이 글을 쓰고 있는 시기에 스웨덴의 산업 잉여열 재활용은 지역난방 네트워크 총 에너지 공급의 대략 6%를 차지하고 있으며, 이는 다른 국가와 비교해 예외적으로 높은 비율에 해당한다.

국가 평균보다 훨씬 높은 비율을 나타내는 도시가 고센버그(Gothenburg)이다. 고센버그는 스웨덴에서 두 번째로 큰 도시로 서쪽 해안에 위치해 있으며, 스칸디나비아에서 가장 큰 항구를 보유하고 있다. 도시에서 상대적으로 짧은 거리에 위치해 있는 두 개의 정유공장이 대규모 광역 지역난방 네트워크(그림 6.59 참조)에 열을 공급한다. 2010년 현재 재활용된 잉여열은 1,112 GWh(4,003 TJ)이며, 이 값은 스웨덴에서 재활용된 모든 산업열의 1/4에 해당한다.

가장 큰 열량을 공급하는 정유시설의 공정 흐름도에 있는 것과 같이, 열에너지는 플랜트 내 여러 위치에서 회수된다.

그림에서 중간에 있는 그래프는 1년 동안(2008년 1월부터 12월까지) 열공급이 어떻게 변화하는지를 나타내며, 모든 종류의 열생산시설로 열공급을 나누어 놓았다. 그래프에서 알 수 있듯이, 폐기물 소각로(기저부하를 공급함)로부터 발생하는 열은 두 정유시설에서 함께 공급하는 열과 거의 동일한 크기에 해당된다. 지역난방 공급회사가 폐기물 수거에 대한 비용을 받는 것이 일반적인 경우에 해당된다(즉, 연료비가 음수가 됨).

그래프의 더 높은 곳에서 대규모 천연가스 복합 사이클 CHP 플랜트로부터 발생하는 열을 찾을 수 있다. 연료가 천연가스라는 사실은 (특히 최근에 지어진)스웨덴 CHP 플랜트 중 아주 이례적인 것이며, 대부분은 바이오매스 연료를 기반으로 한다.

그럼에도 불구하고, 산업 잉여열 활용이 폐기물 소각로로부터의 열공급과 CHP 플랜트에서 발생하는 열 사이에 위치해 있는 상황은 아주 일반적인 것이며, 산업 폐열 재활용이 기저 부하열을 제공하는 중요한 경쟁에 대응할 수 있다는 사실을 강조하고 있다. 세월이 지나면 도시 폐기물량이 늘어나는 것과 같이 국가적 수준에서 (이미 확장하고 있는)양쪽 경쟁자 모두가 국가 발전(發電)구성에서 자신들의 비율을 계속해서 더 증가시킬 것이다. 이미 폐기물을 수입하는 경우도 발생하고 있다.

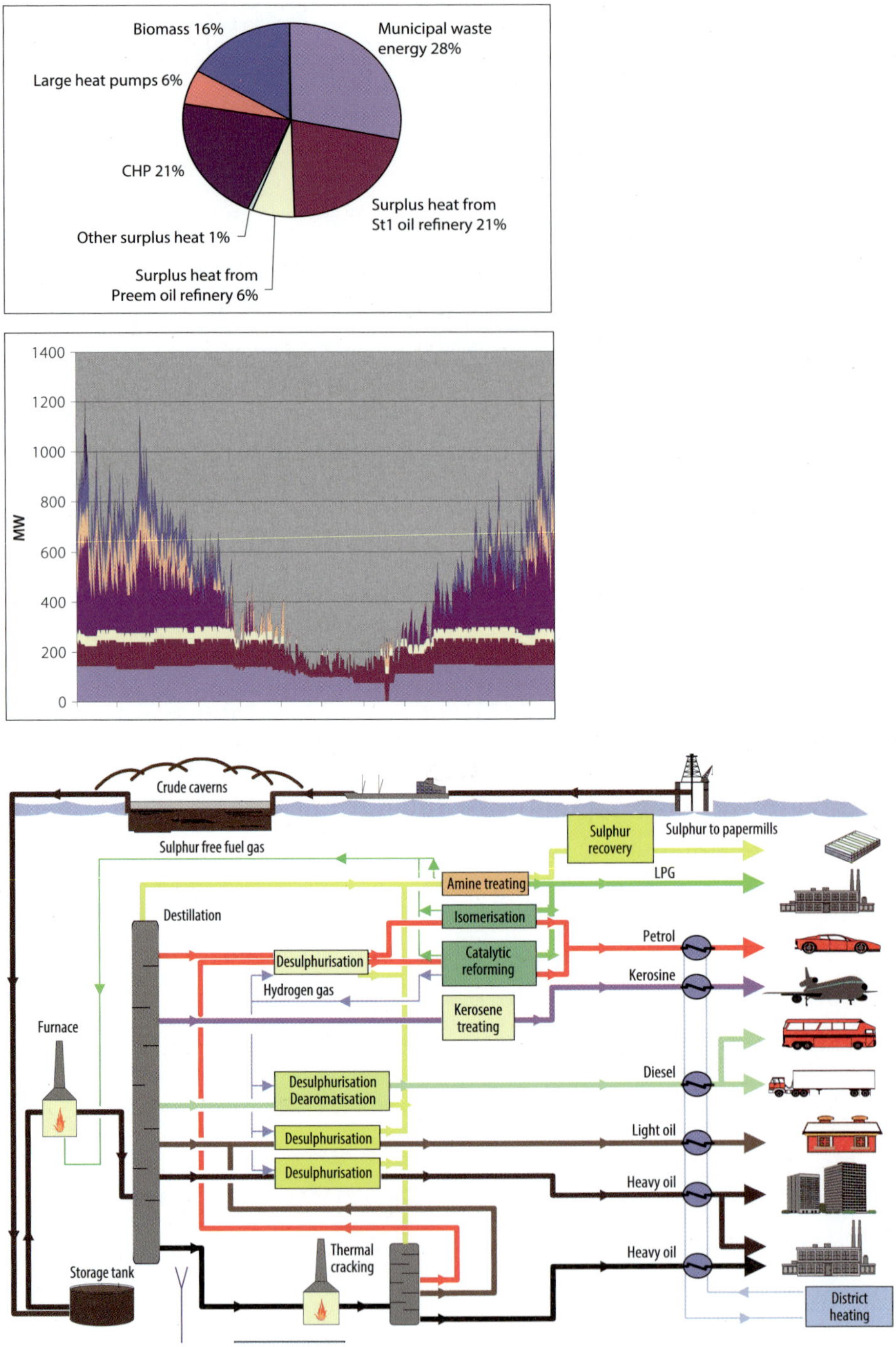

그림 6.59 고센버그에는 스웨덴에서 가장 큰 산업 잉여 열에너지 재활용 설비들이 있다. 출처: St1 & 고센버그 (Gothenburg) Energy Utility. 허락을 받고 사용함

석유 생산품 산업은 스웨덴 지역난방을 위한 산업 잉여열 공급자에서 대부분을 차지하는 4가지 종류의 산업(그림 6.60) 중 하나에 해당된다. 도표에서 알 수 있듯이, 가장 두드러진 것은 광활한 산림자원이 있는 스웨덴에 아주 특화된 제지와 펄프 산업이다. 이 산업군에서는 저온 열의 개선이 가장 큰 부분을 차지한다.

지역난방을 위한 산업 열에너지 활용으로 제시되는 마지막 사례가 그림 6.61에 있다. 철강 생산 산업분야(SSAB)에서 플랜트를 운영하는 스웨덴 북부의 룰레오(Luleå) 시를 참고할 수 있다. 프랑스 뒹케르크의 사례에서도 그렇듯이, 이 경우에 산업부분이 네트워크에 대한 총 열공급 내 흐름도의 대부분을 차지한다.

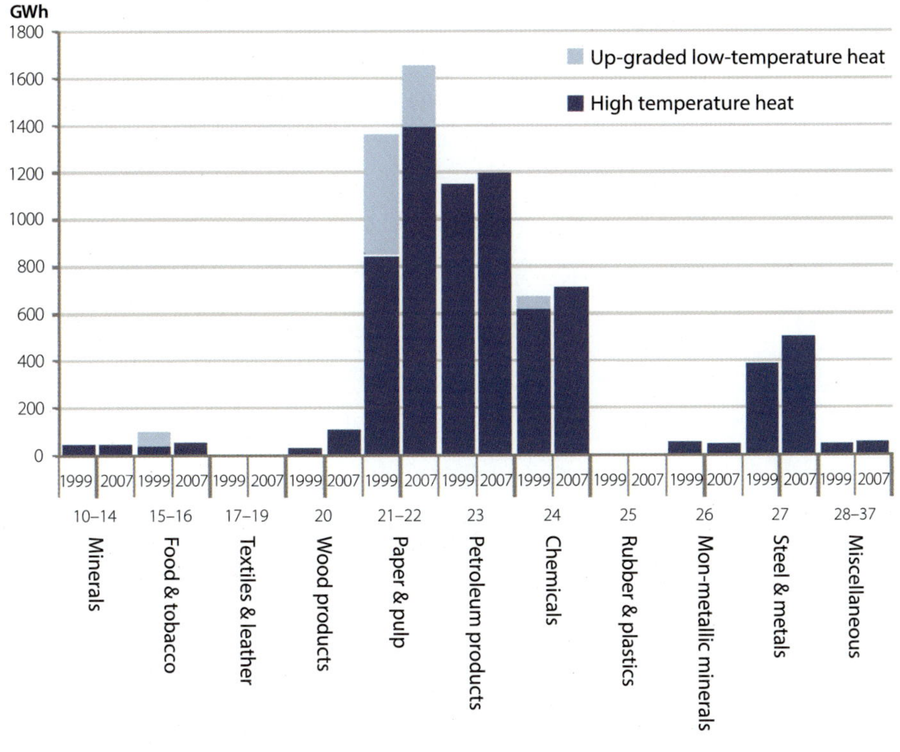

그림 6.60 1999년과 2000년에 지역난방을 목적으로 하는 산업 잉여열 재활용, 다양한 공식적인 통계 산업군으로 나눠져 있음. 크론홀름(Cronholm), Grönkvist & Saxe 2009를 각색함

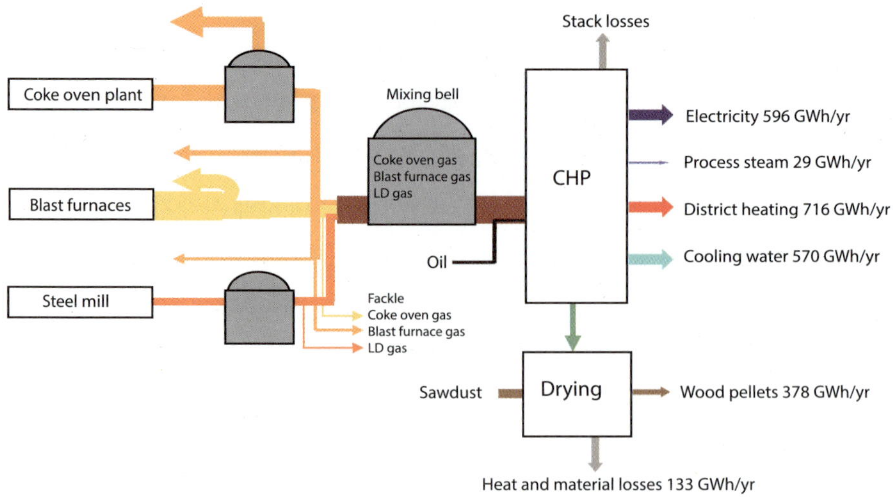

그림 6.61 스웨덴 룰레오. 철강 제조과정에서 발생하는 과잉 연소가스를 공급받는 CHP 플랜트. 출처: SSAB Swedish Steel. 허락을 받고 사용함

지역난방 수를 가열하는 데 사용되는 열 이외에도, 플랜트 내 사용을 위해 회수되는 증기를 생산한다. 시장에서 판매되는 목재 펠릿(Wood pellet)의 건조를 위해서도 열량을 활용한다. 게다가 CHP 플랜트에서 전기를 생산하는 것은 가스연소에서 열을 추출하기 때문에 가능하다. 수년간 룰레오 지역난방 회사는 룰레오 사용자들이 스웨덴에서 가장 낮은 지역난방 요금을 누리는 것을 자랑으로 여길 수 있었다(그림 6.62 참조).

앞선 사례에서 알 수 있듯이, 비록 독일에 인상적인 네트워크가 존재하고 있지만 독일에서 지역난방을 위한 산업 잉여열의 재활용은 상대적으로 평이한 수준이다. 독일 내 수많은 에너지 집약적 산업들이 존재함에도 불구하고, CHP 플랜트에서 생산되는 열이 지배적이다.

무엇보다도 다음 세 가지 요인이 스웨덴에서 산업 열재활용 성공에 이바지해 왔다.

- 지역난방이 거의 모든 대도시에 존재한다.
- 수많은 에너지 집약적인 산업들이 있다. 지역난방 부분이 큰 다른 국가(예컨대 덴마크 같은)에서보다 이런 산업이 훨씬 더 많다.
- 수년 동안 지역난방 열공급을 위한 비산업용 CHP(일반적인 주요 경쟁자)가 상대적으로 낮은 수준이었다(그렇지만 산업용 CHP는 제지와 펄프 산업에서 중요한 위치를 차지하고 있음).

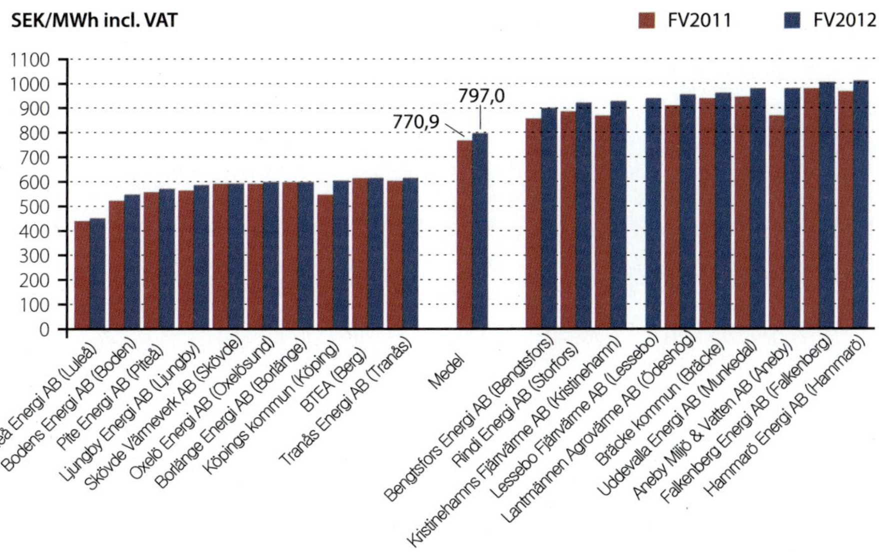

그림 6.62 2011년과 2012년 스웨덴 사업자들이 제공한 지역난방 가격을 나타내는 막대그래프. 룰레오 사업자가 가장 유리한 가격을 제공하였음. 출처: EKAN Gruppen. 허락을 받고 사용함

스웨덴의 성공에도 불구하고, 수년 동안 스웨덴 지역난방 부분은 더 많은 산업 열에너지를 재활용하지 못하는 것에 대해 공격을 받고 있다. 숫자로만 보면 대략 재활용을 두 배 정도 높일 수 있는 잠재력이 있다. 이 점이 지역난방 네트워크에 접속하는 제3자를 법으로 의무화해야 한다는 요구에 대한 핵심 논쟁이 되고 있다. 이 글을 쓰고 있는 지금, 논쟁에 대한 결과는 아직 불확실하다.

이미 실현된 많은 프로젝트와 관련해 추가적으로, 지역난방 부문의 대표자들은 조인트 벤처(Joint venture) 구성을 방해할 수 있는 수많은 장애요인들을 지적하고 있다. 플랜트 사이의 거리 및 지역난방 네트워크의 크기 같은 물리적 특성에 대한 몇몇 요인들은 쉽게 이해할 수 있다. 앞서 살펴보았듯이, 잉여열의 활용은 광역 시스템으로 이어지는 더 많은 네트워크들의 연결을 통해 높일 수 있지만 이웃지역들의 상호 연결에 대한 동의가 항상 쉬운 것은 아니다.

8가지 케이스 연구를 기반으로 한 《Grönqvist와 Sandberg, 2006》은 다양한 추가 장애요인을 강조하고 있다. 그 중 하나가 지역난방 회사에게 열활용은 핵심 사업에 속하는 반면, 에너지 집약적 산업에서는 보통 부가적인 사업에 지나지 않는다는 점이다. 본질적으로 지역난방 회사는 지역적 사업범위를 갖는다. 산업 플랜트는 지역부분이 큰 경우에도, 다국적 기업이 소유하고 있다면 여러 국가에 있는 수많은 공장들 중 하나에 지나지 않는다. 어느 시점에 다른 국가로 생산량을 이전하는 것이 주주가치를 향상시킨다면 몇몇 공장들은 폐쇄될 수도 있다.

이 점을 감안해, 파트너 회사가 재활용을 하는 데 필요한 설비들의 투자비 중 일정부분을 부담하도록 하는 것이 지역난방 회사에게는 중요한 일이다. 이러한 조건은 CHP 플랜트에 투자를 하는 경우(룰레오 사례에서와 같이)에 특히 유리하다. 이 방식으로 추론해 본다면, 연계거리가 상대적으로 길어서 공통 프로젝트의 자금지원에 양쪽 부분 모두가 상당히 이바지해야만 하는 상황이라면, 지역난방 회사에게 특히 유리할 수 있다.

참고문헌

Grönkvist S, Sandberg P, Driving forces and obstacles with regard to co–operation between municipal energy companies and process industries in Sweden. Energy Policy 34(2006), 1508–1519.

Richter R, Manderfeld M, Strukturoptimierung der Fernwärmeschiene Niederrhein (Structural optimization of district heating network Niederrhein). Euroheat & Power, 36(2007) : 9, 60–67.

Dalkia, Heat Recovery for District Heating Network in Dunkirk, France. Euroheat & Power6(2009), 36–37.

Cronholm L–Å, Grönkvist S, Saxe M, Spillvärme från industrier och lokaler(Surplus Heat from Industries and Commercial Buildings). Report 2009 : 12, Swedish District Heating Association, Stockholm.

Dalkia pamphlet, District Heating Network – Dunkirk, France, 13pp.

1st Grobal District Energy Climate Awards. Downloaded June 2012, http://freedownload.is/pdf/district–heating–network–dunkirk–france–global–district–13967515.html

6.7 병산(Polygeneration)

열병합발전소는 전력과 지역난방 두 개의 상품을 생산하는 플랜트로 정의된다. 병산이란 용어는 지역난방뿐 아니라 일종의 연료를 생산하는 플랜트에 대해 사용된다. 때로는 병산이란 용어가 열과 전기 외에 냉기에너지를 생산하는 CHP 플랜트에 사용되지만, 이 플랜트는 **삼중 열병합 플랜트(Trigeneration Plant)**로 더 많이 통용된다.

대부분의 화학공정은 발열성(Exothermic, Exothermal) 아니면 흡열성(Endothermic, Endothermal)이며(그림 6.63 참조), 다른 조합도 있을 수 있다.

발열공정인 경우 지역난방 배관망은 공정으로부터 열에너지를 재활용하는 반면에 흡열공정은 반대로 공정으로 열을 공급해 작동한다. 흡열공정의 경우 지역난방 회사는 기저부하를 증가시킬 수 있으며 CHP 플랜트를 좀 더 경제적으로 이용할 수 있게 한다.

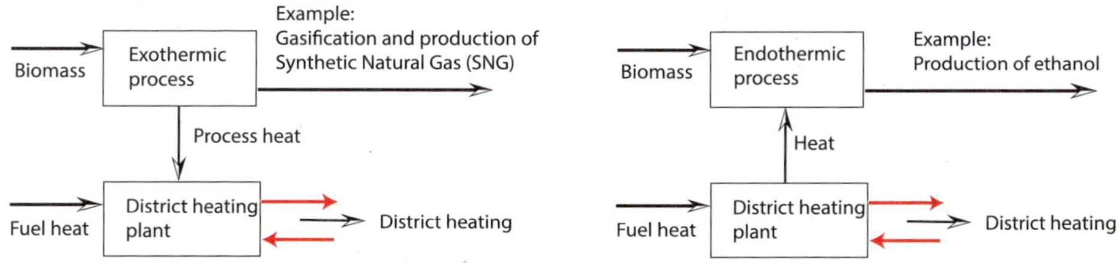

그림 6.63 병산 플랜트의 두 가지 주요 타입

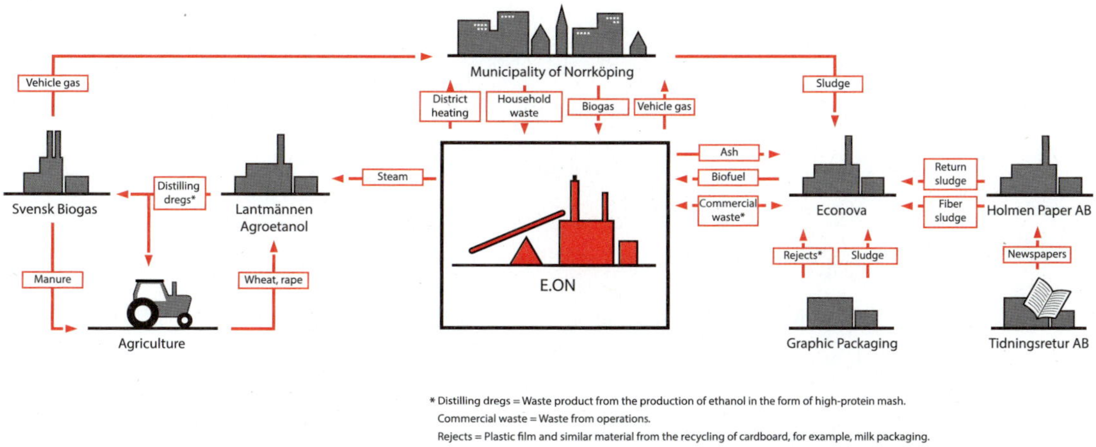

그림 6.64 복합 병산 플랜트를 형성하고 있는 산업단지. 스웨덴 노르셰핑. 중간에 있는 플랜트는 CHP 플랜트이다. 출처: E.ON. 허락을 받고 사용함

발열공정에 기반을 둔 병산 플랜트의 한 사례로 열에너지와 합성 천연가스(Synthetic natural gas) 모두를 생산하는 **열적 가스화 공정(Thermal gasification process)** 플랜트를 들 수 있다. 오스트리아 귀씽(Güssing)에 있는 가스엔진 CHP가 이런 종류에 해당한다.

흡열공정에 기반을 둔 병산 플랜트의 한 사례로 에탄올(Ethanol)을 생산하는 플랜트가 있다. 마른 목재 펠렛을 위해 CHP 플랜트로부터 열을 활용하는 것은 흡열공정의 변종으로 볼 수 있다. 다양한 가능성이 존재하며, 그림 6.64에 스웨덴 노르셰핑(Norrköping)의 전체 산업단지에 기반한 복합 병산 플랜트가 있다. 여기서 생산되는 제품들 중 하나로 자동차 부분을 위한 에탄올이 있다.

참고문헌

Axelsson E. Overland C, Nilsson K, Sandorff A, Bioenergikombinat I fjärrvärmesystem. (Bioenergy Polygeneration Plants for District Heating). Report 2009 : 11. Swedish District Heating Association.

6.8 지열 지역난방과 지역냉방 (Geothermal district heating and cooling)

6.8.1 개요(Overview)

전 세계에 걸쳐 지열에너지는 엄청난 잠재력을 갖는 지속가능(Sustainable)하고 재생가능한(Renewable) 에너지로 폭넓게 간주되고 있다. 지열에너지의 활용은 국지적 환경영향, 이산화탄소 또는 다른 온실가스 배출을 최소한으로 유발한다. 정도의 차이는 있겠지만, 개발에 적합한 지열에너지는 전 세계적으로 활용 가능하다.

바이오매스와 함께 지열에너지는 풍력 또는 태양에너지 같은 다른 재생에너지들보다 지역난방에 더 적합하다고 할 수 있으며, 이런 특성이 이 책에서 지열에너지를 좀 더 자세히 다루는 이유이다.

지열 자원의 인상적인 크기에도 불구하고, 지열에너지는 현재 세계 에너지 공급에 극히 일부분만 담당하고 있다.

초기 비용이 지열에너지의 좀 더 광범위한 활용에 큰 걸림돌이 되고 있다. 지열에너지 플랜트의 투자비용 계산 시 부분적 또는 심지어 완전한 실패 위험을 고려해야만 한다. 이런 측면에서 결정적인 매개변수는 보통 상당히 신뢰성 있는 방법으로 예측할 수 있는 물의 온도보다는 오히려 얻게 되는 지열수의 유량이다.

전 세계적으로 지각변동이 활발한 지역인 화산활동이 많고 지진 위험성이 높은 지역에서 지열 개발을 위한 조건이 가장 유리하다. 예를 들어, 간헐천에서 발생하는 증기가 전력을 생산하는 증기터빈에 직접 사용되는 경우도 있다. 다른 곳에서는 지열에너지 추출에 우물(Well)을 필요로 하며, 우물로부터 액체(보통 가압수)가 지표면까지 흐를 수 있다.

일반적으로 지중온도는 대략 30℃/km의 **지열 증가율(Geothermal gradient)**에 따라 깊을수록 증가한다. 예를 들어, 온대기후 지역에서 90℃ 온도로 지역난방 네트워크에 직접 공급하기 위해서는 3km 깊이까지 파내려간 우물이 필요하다. 지열 발전량 고려 시, 현재 기술로는 90℃가 경제적으로 실현가능한 하한(下限)으로 여겨진다. 현재 지열생산을 위해 만들어진 가장 깊은 우물은 대략 5km 정도 된다.

지열에너지의 개발과 연관된 대부분의 환경문제는 비교적 단순한 방법으로 처리할 수 있다. 예컨대 **지열브라인(Geothermal brine,** 염도가 높은 물[역])은 해로운(심지어 유독한) 물질(비소 같은)을 포함할 수 있으며, 이 경우 인근 지하수가 오염되지 않도록 주의를 기울어야 한다. 하지만 대개 유용한 목적으로 열을 제공하고 난 후 밀폐된 우물 내 지반으로 브라인을 재주입해 이런 조치를 수행할 수 있다.

장기적 관점에서 인공지진의 위험은 대규모 지열에너지를 활용하기 위한 시도에 심각한 환경적 장애가 될 수 있다. 지진만 아니라면 성공적이었던 스위스 바슬(Basle) 지역의 지열 지역난방 계획에서 수년 동안 이러한 인공지진이 최초로 관찰되었다. 지진을 위험하게 생각하지 않았지만 대중들이 반복적으로 느낄 수 있었으며, 이로 인해 모든 지열 회사가 문을 닫을 수밖에 없었다. 이런 종류의 지진은 지표면 아래 깊이 있는 암반에 인공균열을 생성하는 것과 연관되어 있다. 사암이 뒤덮고 있는 기반암과 같이 이미 투과성이 확보된 지반구조에서 에너지를 추출하는 지열 지역난방은 위험하지 않다.

6.8.2 지열 자원의 크기(Size of the geothermal resource)

지구의 바깥층(10km 깊이 아래)에 저장된 열량은 현재 비율로 6백만 년에 해당하는 전 세계 총 에너지 소비와 일치할 만큼 이론적으로는 충분히 크다. 이 자원 중 아마도 극히 일부분만 지열에너지 생산을 위해 실제로 접근할 수 있다는 사실을 고려하더라도, 인정적인 크기의 자원임은 여전하다.

미국의 연구(지열에너지의 미래(The Future of Geothermal Energy))는 지열개발에 대한 야심찬 정책들을 채택하면, 2050년까지 지열발전이 기저부하로서 미국 전체의 첨두 전력요구량(에너지 소비 중 가장 큰 부분을 차지함)의 10%를 부담할 수 있다고 제안하고 있다.

지열 지역난방에 대한 장에서 이미 언급한 'Ecoheatcool'연구는 유럽에서 적정한 경제적 기반 하에 약 370 EJ/년(10^{18} J/년)의 지열을 추출할 수 있는 잠재력이 있다고 추정하였으며, 이 값은 유럽 내 지역난방을 위한 현재 총 수요의 100배 이상에 해당한다. 덴마크의 지질학적 세부조사에 기반한 연구에 따르면, 지역난방을 위한 국가수요의 대략 30%를 수천 년 동안 지열에너지를 통해 공급할 수 있다는 결론에 도달했다.

따라서 전 세계 석유생산이 정점에 도달하게 된다고 믿는 사람들이 사용하는 유명한 '**피크 오일(Peak oil,** 석유 생산이 줄어드는 시점[역])'이라는 용어와 유사한 '**피크 지열(Peak geothermal)**'은 발생하지 않을 것이다.

하지만 지열자원에 대한 한 가지 문제가 존재한다. 특정지역에 **지열 우물 시스템(Geothermal well system)**이 한 번 설치되면, 추출되는 열량이 10년 이후에는 크게 느껴질 정도의 비율로 감소하는 경향이 있고, 반면에 지역난방 네트워크는 여전히 기능을 하게 된다. 장기적으로 주변 토사로부터 열에너지의 자연적 '**재충전(Refill)**'이 존재하지만, 매우 느린 과정으로 이루어진다. 이런 이유로 간혹 사용되는 **열 채굴(Heat mining)**이란 용어가 적정하다고 할 수 있다.

전 세계 지열자원은 매우 크기 때문에 생산량이 다른 지역으로 이동할 가능성이 있다. 하지만 이런 현상은 해당 지역에서 이미 에너지를 추출하고 있고 지역난방이 존재하며, 이런 이유로 지역 업체가 운영하는 곳에서 지열 지역난방이 지역의 크기에 의존하는 경우에 한해 발생할 가능성이 있다.

6.8.3 지열원 히트펌프, 정의문제 (Ground source heat pump, a definition issue)

전기 히트펌프는 지표면 인근에 저장된 열에너지 온도를 개별건물 내 난방과 급탕 목적을 위해 사용하는 온도수준까지 높일 수 있다. 이 같은 **지열원 히트펌프**는 일반적으로 0–200 m 깊이의 얕은 지열에너지를 활용한다. 일부 국가에서는 이 기술을 지열에너지의 한 변종으로 간주하고 있다.

어떤 기술자들(특히 많은 지역난방 기술자)은 이런 분류에 찬성하지 않는다. 이들은 얕은 깊이에서 연간 평균 토사온도는 평균 외기온도를 따르며, 평균 외기온도는 지리적 위치(보통 위도)에 의존한다는 점을 지적한다. 이 점은 추출하는 열이 지구 자체에 기원한 것이 아니라 저장된 태양에너지라는 사실을 증명한다.

이런 논쟁은 일부 난방시장에서 지역난방 공급자와 히트펌프 제조사들 사이에 치열한 경쟁이 발생하고 있다는 사실과 연관이 있다.

6.8.4 지리적 분배와 온도수준 (Geographical distribution and temperature level)

그림 6.65는 지역별 **지열엔탈피** 수준(**지열온도**수준과 대체로 동일함)에 따라 4개의 서로 다른 구역으로 구분된 유럽지도이다. 추출되는 지열수가 증기, 액체 또는 혼합된 증기/액체 형태 모두 될 수 있으며, 동일한 온도에서 증기가 물보다 더 많은 에너지를 포함하기 때문에 엔탈피가 좀 더 대표적인 용어로 간주된다.

지열개발에 유리한 환경을 제공하는 것으로 알려진 지역들 중에는 다음과 같은 곳들이 있다.

- 이탈리아 중서부, 유명한 화산 베수비오산(Mount Vesuvius)을 포함함. 이 지방의 라르데렐로(Larderello)라 불리는 마을에는 세계 최초의 지열발전소가 있으며, 오늘날에도 세계에서 가장 큰 발전소 중 하나이다(하지만 지역난방 공급용은 아님).
- 아이슬란드(중심부), 대서양 중앙산령(Mid-Atlantic ridge)이라고 불리는 곳에 위치해 있고 이 산령이 지역을 분할하고 있음. 아이슬란드는 지열발전과 지역난방 모두를 광범위하게 개발해 왔으며, 수도 레이캬비크(Raykjavik)의 거의 모든 건물에 열공급을 하고 있다. 이 열의 일정부분은 현재 세계에서 가장 큰 지열 CHP 플랜트 인 헬리셰이디(Hellidheidi) 발전소에서 공급되고 있다.
- 도거 대수층(Dogger aquifer)으로 불리는 대규모 대수층이 있는 파리 외곽지역, 이 지역에서는 1970년대 이후로 55도-85도의 하향공(Downhole) 온도를 갖고 광범위하게 퍼져있는 지열 우물에서 지열 지역난방 열을 추출하고 있다.
- 터키, 현재 지역난방을 위한 지열에너지 사용이 가장 빠르게 확산되고 있는 국가 중 하나이다.

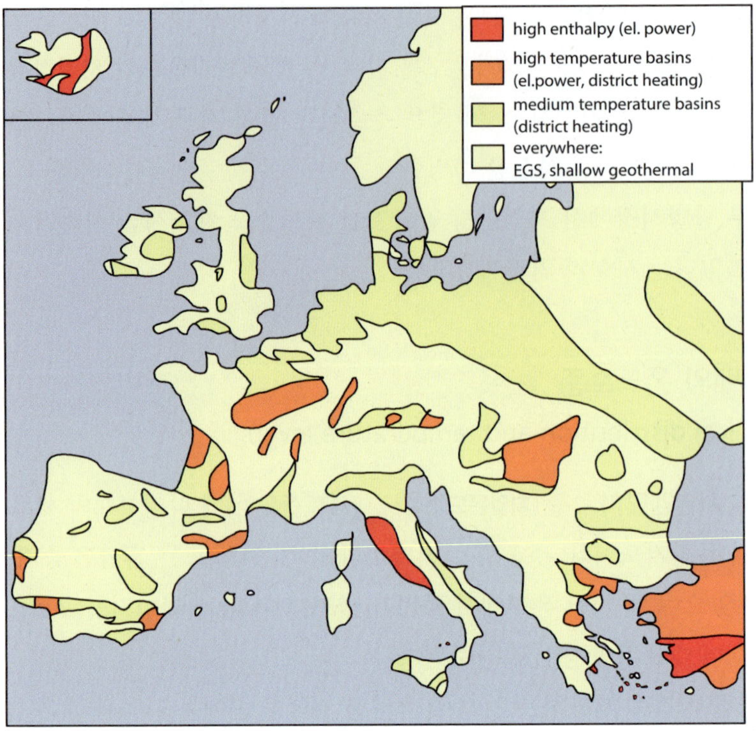

그림 6.65 지하 지열자원의 엔탈피/온도수준에 따라 4개의 서로 다른 구역으로 나누어진 유럽지도. 출처: Antics & Sanner 2012. 허락을 받고 사용함

대부분의 스칸디나비아 반도에서는 기반암이 표면에 근접해 있으며, 심지어 다른 재료로 덮여있지 않는 경우도 있을 수 있다. 또한 **열경사도**(Thermal gradient)가 매우 작아 지열에너지 개발에 불리하다. 덴마크의 조건은 비록 온도가 그리 높지 않지만, 일반적으로 더 좋은 편이다. 하지만 덴마크 열시장에서 지역난방의 높은 시장점유율은 지열에너지 개발에 대해 유리한 조건을 제공하고 있다.

지열에너지 사용은 일반적으로 **발전소 지열기술**(Power plant geothermal technology)과 **직접사용 지열기술**(Direct-use geothermal technology)로 나뉜다. 후자의 범주에는 여러 다양한 선택사항들이 있으며, 그 범주의 끝에 고온의 지역난방이 있다. 저온사용의 사례로 농업과 수산양식이 있으며, 토마토와 오이 재배, 물고기와 (멋진 가방의 지속적인 생산을 위한)악어 양식 같은 일들을 포함한다.

6.8.5 지열 지역난방 기술(Geothermal district heating technology)

그림 6.66은 아주 단순한 지열 지역난방 플랜트의 개념도이며, 직접사용의 한 사례이다. **추출정**(Extraction well) 내 지열수는 투과성 구조로 된 지층으로부터 열교환기를 거쳐 지역난방 네트워크에 열을 공급하기 위해 펌프를 통해 지표면으로 뽑아 올려 진다. 그 후 지열수는 또 다른 펌프를 통해 **주입정**(Injection well)에서 지반으로 주입되어 되돌아간다.

생산정(Production well) 내부 임의의 깊이에 위치해 있는, 앞서 언급한 펌프를 **하향공 펌프**(Downhole pump)라 부른다. **캐비테이션**(Cavitation)을 방지할 수 있도록 펌프 설치깊이를 선정한다. 우물이 **자분정**(Artesian, 식수용 우물에도 적용되는 유명한 역사적 용어)인 유리한 조건에서는 이런 펌프가 전혀 필요 없다.

두 개의 펌프를 가동하는 데 필요한 총 전력량은 플랜트마다 크게 다르다. 때로는 추출되는 열력의 10%를 초과할 수 있다. 지역난방 네트워크(심지어 대규모 네트워크인 경우에도)의 순환펌프에서 발생하는 수요의 크기와 이 값을 비교할 수 있으며, 순환펌프의 비율은 1% 또는 2% 정도에 불과한 경우도 있다.

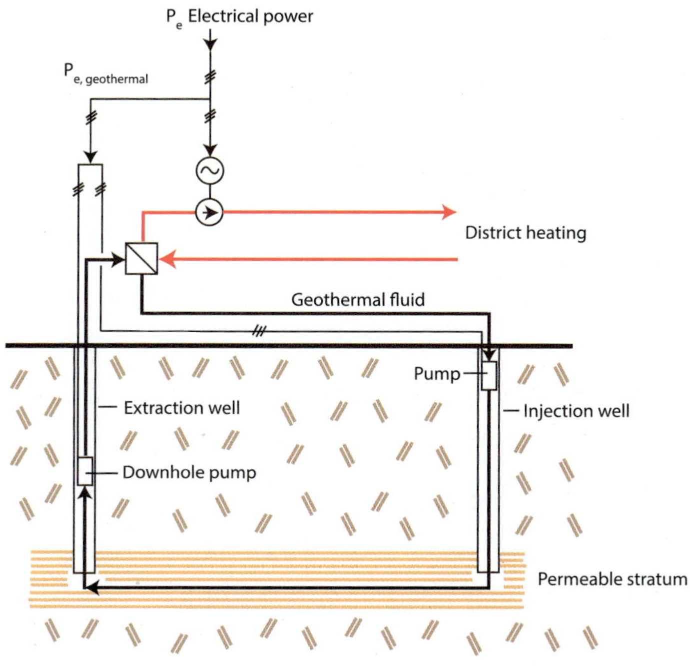

그림 6.66 지열 유체(브라인)가 열교환기를 통해 지역난방 네트워크에 열에너지를 공급하는 단순한 지열 지역난방 플랜트

지열수는 보통 스케일링(Scaling)이 발생하기 쉽고 부식성을 높이는 수많은 물질을 포함하고 있으며, 주름지고 세척이 쉬운 열교환기(일반적으로 티탄늄 판으로 된 판형 열교환기)를 필요로 한다. 염분은 일반적으로 깊이에 따라 크게 증가한다.

아이슬란드 레이캬비크에서 지역난방 목적으로 사용되는 지열수는 이런 관점에서 아주 양호한 편이다. 지열수가 네트워크로 직접 유입되며, 이는 열교환기가 존재하지 않는다는 뜻이다. 양호한 지열수는 회수관이 없는 매우 단순한 네트워크 설계를 가능하게 해 초기비용을 줄일 수 있다. 네트워크는 개방되어 있다. 즉, 지열수가 라디에이터와 온수 수도꼭지로 들어가며 그 후에 드레인되어 버려진다(이런 종류의 지역난방 기술에 대한 더 많은 정보를 포함하고 있는 제8장과 제9장 참조).

단순한 종류의 지열 지역난방 흐름도에 있듯이, 추출할 수 있는 열량은 지역난방 네트워크의 회수온도에 의해 제한된다. 따라서 (지역난방 기술 분야에서 종종 그렇듯이)가능한 회수온도를 낮춰야 한다는 강력한 요구가 있으며, 이를테면 온돌방식을 채택해 이런 목적을 달성할 수 있다.

스웨덴 룬드(Lund)시는 800m 깊이에서 대략 25℃ 이하 온도의 지열에너지를 추출하고 있다. **대형 증기 압축 히트펌프(Large vapour compression heat pump)**가 도시의 지역난방 네트워크에 지열에너지를 공급할 수 있도록 충분히 높은 수준으로 온도를 향상시킨다. **성능계수(COP, 생산되는 유효 열소비율을 전력 유입량으로 나눈 값, 6.10절 참조)**는 3.3을 기록하고 있다. 이 값은 소규모 지열히트펌프에서 달성할 수 있는 값과 거의 일치한다. 어떤 사람은 지하 깊숙이 구멍을 뚫고 지역난방 네트워크까지 상당히 먼 거리에 대해 열을 수송하는 노력이 정말로 가치가 있는지 의문을 제기할 수 있다. 한 가지 이유는 단위 지표면적 m^2당 추출할 수 있는 열의 크기에 제한이 있어 대형 건물의 경우 현장에서 히트펌프 설치가 불가능할 수 있다는 점이다. 심지어 단독주택이 있는 도시지역과 같이 m^2당 수요가 아주 낮은 곳에서도 지열히트펌프들이 서로의 열추출 기능을 방해할 수 있다. 쉽게 말해, 단순히 사용자 모두를 위한 공간이 부족할 수 있다.

지열 지역난방 플랜트가 25℃보다 훨씬 높은 온도의 지열 유체를 공급 받는 경우에도, 대형 히트펌프를 설치하는 것이 유용할 수 있다. 그 이유는 지반으로 재주입 시 유체의 온도가 낮아져, 더 많은 열에너지를 활용하게 할 수 있기 때문이다.

6.8.6 지열 열병합발전(Geothermal combined heat and power)

대부분의 지열 발전소는 증기 또는 ORC(**유기 랭킨 사이클, Organic Rankine Cycle**)에 기반하고 있다.

지열원으로부터 추출되는 물은 대부분 액체형태이다. 증기형태인 경우 대개 포화(약간 습기를 머금음) 또는 과열되어 있으며, 어느 경우든 건조증기(Dry steam)에 해당된다. 압력이 매우 높은 경우, 유체는 **초임계 상태(Super-critical state)**가 될 수도 있다.

건조증기인 경우 전력생산을 위한 스팀터빈에 유체를 직접적으로 사용할 수 있으며, **건조증기 지열발전소(Dry steam geothermal power plant)**라는 용어를 사용한다. 대신에 유체가 액체인 경우, 열역학 사이클은 (건조증기와 같은)개방형 또는 폐쇄형 모두 될 수 있다. 후자의 경우 물이 이차적인 폐쇄 사이클에 열을 공급하며, 이러한 이유로 **바이너리 지열발전소(Binary geothermal power plant)**라고 한다.

액체상태 물에 기반을 둔 개방 사이클의 경우에는 물이 탱크 내 **플래시 공정(Flash process)**을 거치며, 여기서 증기와 유체 유동으로 각각 분리될 수 있도록 물을 스로틀(Throttle)한다. 이런 플랜트를 **플래시 증기 지열발전소(Flash steam geothermal power plant)**라고 한다. 증기는 터빈으로 들어가게 되며, 반면에 액체(용해 물질을 포함한 브라인)는 제거되어 보통 지반으로 재주입된다. 방금 설명한 단순한 형태의 플랜트를 **단일 플래**

그림 6.67 아이슬란드 레이캬비크로부터 20 km 떨어진 세계에서 가장 큰 지열 CHP플랜트(헬리셰이디), 고효율 이중 플래시 증기 플랜트(Double-flash steam plant), 300 MW 전력과 400 MW 지역난방 열력 등급으로 계획됨. 출처: Shutterstock.com/Dalish

시 발전소(Single flash power plant)라고 한다. **이중 플래시 발전소**(Double flash power plant)에서는 1차 플래시 탱크에서 나온 브라인이 2차 플래시 탱크로 들어가게 되며, 더 많은 증기를 생산해 터빈의 주입단계 또는 2차 터빈으로 보내서 전기 생산량을 높인다. 앞서 언급된 아이슬란드 헬리셰이디 발전소가 이중 플래시 타입이다.

대부분의 바이너리 플랜트에서 폐쇄 사이클은 **랭킨 사이클**(Rankine cycle)이며, 이 사이클에서는 두 개 또는 그 이상의 열교환기를 통해 뜨거운 지열수로부터 열을 추가하게 된다. 사용 매체는 주로 유기물이며, 이런 이유로 보통 ORC – **유기 랭킨 사이클 발전소** (Organic Rankine Cycle power plant)라고 한다.

지면상의 이유로, 다음에 있는 세부내용은 ORC타입 플랜트에 대해 집중적으로 다룰 것이다. 그림 6.68 오른편에 이 플랜트의 흐름도가 있다. 그림 왼편은 흐름도의 5개 열교환기 내 온도 변화에 대한 그래프이다. 이 그래프는 그림 6.41에 있는 복합 가스터빈-증기 플랜트에 대한 유사한 그래프와 비교해 볼 수 있다.

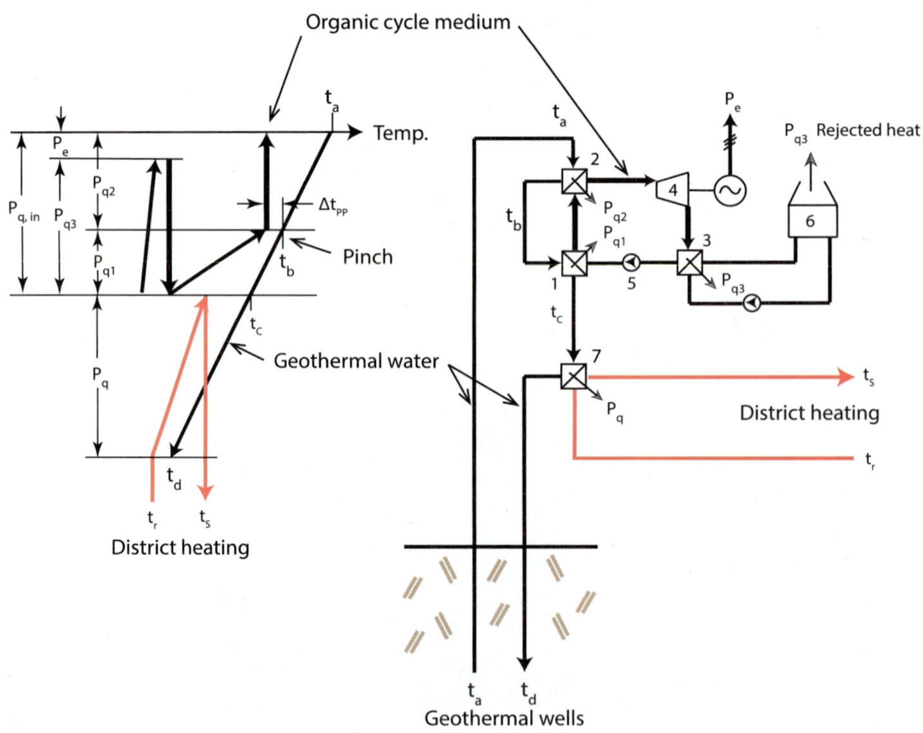

그림 6.68 5개의 열교환기(1),(2),(3),(6),(7) 내 열교환에 대한 온도 그래프가 있는(왼쪽에 있음) 지열 바이너리 유기 랭킨(ORC) CHP 플랜트

생산정으로부터 온도 t_a로 추출되는 지열유체는 먼저 보일러(2)에서 t_b로, 그 후 예열기(1)에서 t_c까지 냉각된다. **가압 사이클 매체(Pressurised cycle medium)**는 열소비율 P_{q1}에 노출 시 비등점까지 먼저 예열되며, 그 후 열소비율 P_{q2}에 노출되어 끓게 된다. 비등이 끝나면 매체는 터빈(4)에서 팽창하고, 복수기(3)에서 응축되며, 펌프(5)에서 가압된다. 응축을 통해 제거되는 열소비율 P_{q3}은 냉각탑(6)을 통해 대기 중으로 방출된다.

매체 가열의 꺾인 곡선 때문에, 지열유체와 사이클 매체 사이의 온도차가 최소 Δt_{pp}만큼 발생하는 **핀치 포인트(Pinch point)**가 존재한다. 열교환기의 크기를 키워 이 차를 약간 줄일 수 있지만, 온도 t_c만 조금 낮아질 뿐이다.

그러므로 플랜트가 전기 생산만을 위해 가동된다면, 유체가 대기온도보다 훨씬 높은 온도에서 지중으로 회수되고 가용할 수 있는 열의 단지 일정부분만 활용하는 것을 피할 수 없게 된다.

그러나 지역난방 네트워크에 플랜트를 연결하면, 열교환기(7)에서 유체를 온도 t_d까지 냉각시켜 더 많은 열 P_q를 추출할 수 있다. 그림에서 알 수 있듯이 이는 상부에서 전력을, 하부에서 지역난방을 생산하는 **캐스케이드 흐름도(Cascaded flowchart)**이다. 심지어는 캐스케이드 배치에서, 온도 t_d가 지역난방 회수온도 t_r보다 낮아질 수 없기 때문에 추출하는 열량에 제한이 있게 된다. 매우 낮은 온도의 난방 순환(예컨대 온실 열공급)을 추가해 3단 캐스케이드 배치를 만들어 더 많은 열을 추출할 수 있다.

생산정에서 공급되는 유체의 온도 t_a가 낮아지면, 유체에 대한 냉각선의 경사가 더 작아지기 때문에 '**온도 궁핍(Temperature Predicament)**'이 악화된다.

반대로 CHP 배치 형태를 채택한 플랜트에서는 유용한 열회수 시 생산되는 전력 P_e에 불이익이 발생하지 않으며, 이런 측면에서 그림 6.27에 있는 개방 사이클 가스터빈 플랜트와 유사하다.

플랜트의 전력효율 η_e는 열공급 온도에 의한 카르노 사이클을 분석해 알 수 있으며, 열공급 온도는 ORC 사이클에 더해지는 열에너지 $P_{q,in}$의 평균온도 T_{in}이다(그림 6.69). t_a의 일반적인 값은 대략 100℃ 정도이며, 카르노 사이클에 공급되는 열의 평균온도 T_{in}은 이보다 낮다. 화석 연료발전소에서는 훨씬 높은 평균온도 T_{in}^{**}에서 열 $P_{q,in}^{**}$을 사이클에 공급한다. 지열발전소의 η_e는 낮은 값을 나타내며, 대부분 10% 이하이다.

그림 6.30에서 참고로 살펴본 증기 배압 플랜트와 지열 플랜트를 비교하면, 비록 지열 플랜트가 전기와 유용한 열 모두를 생산하지만 ORC 설비에서 발생되는 열 P_{q3}는 증기

플랜트의 **가열기**(Calorifier)에서 발생하는 열과 같이 활용되지 않는다. 즉, 이 같은 ORC 설비는 CHP 설비가 아니다.

이런 배치를 선택하는 이유는 지열수의 온도가 낮아서 이 같은 ORC–CHP 설비의 효율이 매우 낮아지기 때문이다. ORC 설비에서 지역난방 네트워크로 전달되는 열 P_q^*의 온도 T_q^*는 공급되는 열의 온도 T_{in}^*(비록 이 온도가 T_{in}보다 약간 높더라도) 보다 조금 낮아진다.

만일 지열수의 온도가 지역난방 네트워크 내 온도수준과 비교해 아주 낮은 경우, ORC 설비로부터 발생되는 열을 주변환경으로 방출하는 것을 허용하지 않는다면 전기를 전혀 생산할 수 없다.

지금까지 증기 사이클 지열발전소를 설명했으며, 바이너리 타입 ORC 플랜트를 알아보았다. 세 번째 타입으로 **칼리나 사이클 발전소**(Kalina cycle power plant)가 있다. 이런 종류의 플랜트도 폐쇄 사이클로 된 바이너리 플랜트이다. 단일한 유기 사이클 매체 대신, 한 쌍의 물질들(보통 물과 암모니아)로 작동된다. 이 물질들은 지열 유체의 냉각선을 더 좋은 사이클 모양으로 변경할 수 있으며, 앞서 언급한 '온도 궁핍'이라는 것을 완화하기 위해 핀치 포인트를 회피할 수 있다. 결과적으로 전기 출력을 더 높일 수 있다. 현재까지는 아주 소수의 플랜트만이 이런 타입으로 건설되었다.

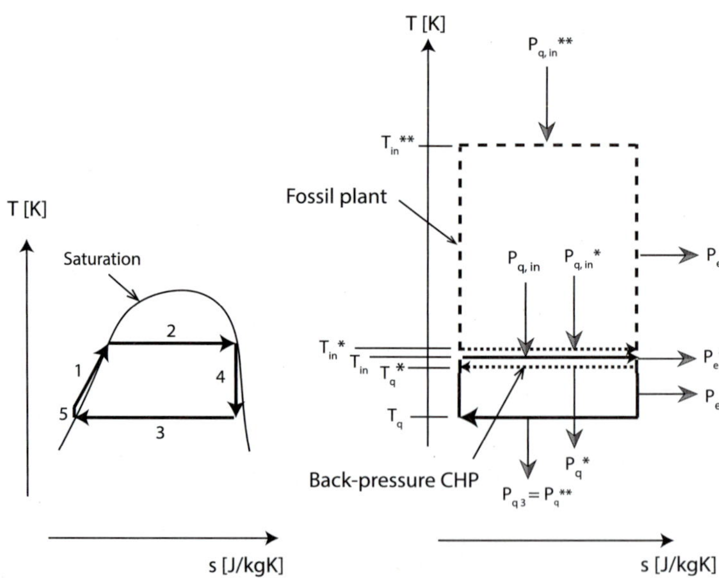

그림 6.69 왼쪽: 온도-엔트로피 도표에 있는 유기 랭킨 사이클. 오른쪽: 동일한(실선) 카르노 사이클을 더 높은 온도 T_{in}^{**}이 더해지는 화석연료 플랜트 카르노 사이클과 비교함. 또한 사이클에서 추출되는 열의 온도 T_q 상승 효과를 보여주고 있음

참고문헌

European Commission, Atlas of Geothermal Resources in Europe. Publication EUR 17811, Luxembourg 2002.

Ecoheatcool, Possibilities With More District Heating in Europe. Work Package 4, Euroheat & Power, Brussels 2006.

The Future of Geothermal Energy. Report from Massachusets Institute of Technology, USA, 2006. Downloaded June 2012 from : http://geothermal.inel.gov/publications/future_of_geothermal_energy.pdf.

Frey M, Geothermie–Kraftwerk Zur Wärme–Stromversorgung(Geothermal power plant to heat and power). Euroheat & Power 37(2008) : 3, 24–27.

Karlsdottir MR, Palsson OP, Palsson H, LCA of Combined Heat and Power Production at Hallisheidi Geothermal Power Plant with Focus on Primary Energy Efficiency. The 12th International Symposium on District Heating and Cooling, in Tallin, Estonia, 2010.

Antics M, Sanner B, Status of Geothermal Energy Use and Resources in Europe. European Geothermal Congress, Unterhaching, Germany 2007. Downloaded June 2012 from : www.geothermal–energy.org/pdf/IGAstandard/EGC/2007/082.pdf.

Thorsteinsson H, Tester JW, Barriers and Enablers to Geothermal District Heating Systems in the United States, Energy Policy 38(2010), 803–813.

Mahler A, Magtengaard J, Country Update Report for Denmark. World Geothermal Congress 2010, Bali, Indonesia.

Huenges, E(Editor), Geothermal Energy Systems, Exploration, Development, and Utilization. Wiley & Sons, 2010.

EGEC, Deep Geothermal Market Report. December 2011. Vailable at http://egec.info/egec–deep–geothermal–market–report–2011.

6.9 대규모 환경 냉원(冷源)(Large-scale ambient cold source)

자연환경에서 (지열)열을 추출할 수 있을 뿐만 아니라 냉기도 추출할 수 있으며, 이 경우 냉기 사용을 위한 에너지 개발은 관로 내 냉수(冷水, Chilled water) 수송 정도만 필요한 수준에 불과 할 수 있다. 냉원으로 바닷물, 호숫물, 강물, 대기를 사용할 수 있으며, 이 과정을 보통 **자유냉각(Free cooling)**이라 한다.

그림 6.70은 이런 종류의 시스템을 단순화한 그림이며, 지역냉방을 공급하기 위해 어떻게 호수에서 냉기를 추출하는지에 대한 사례이다. 비록 **심층 호수 냉방(Deep lake cooling)**이라는 용어가 자주 사용되지만, 사례에 있는 것처럼 온대기후에서는 보통 깊은 곳에서 냉기를 포집할 필요가 없다. 일례로 스웨덴 스톡홀름에서는 도시 항구 아래에서 4℃ 미만의 냉기를 포집하는 대규모 지역냉방 시스템을 운영하고 있다. 또 다른 유명한 시스템으로 미국 코넬 대학교(Cornell University)에서 소유하고 있는 것이 있다. 세 번째 사례로 온타리오 호수(Lake Ontario)에서 냉기를 포집하는 캐나다 토론토(Toronto)의 시스템인 'Enwave'가 있다. 이 시스템은 도시에 필요한 음용수 준비와 함께 냉방을 위해 해수 사용을 결합한 흥미로운 형태로 되어 있다.

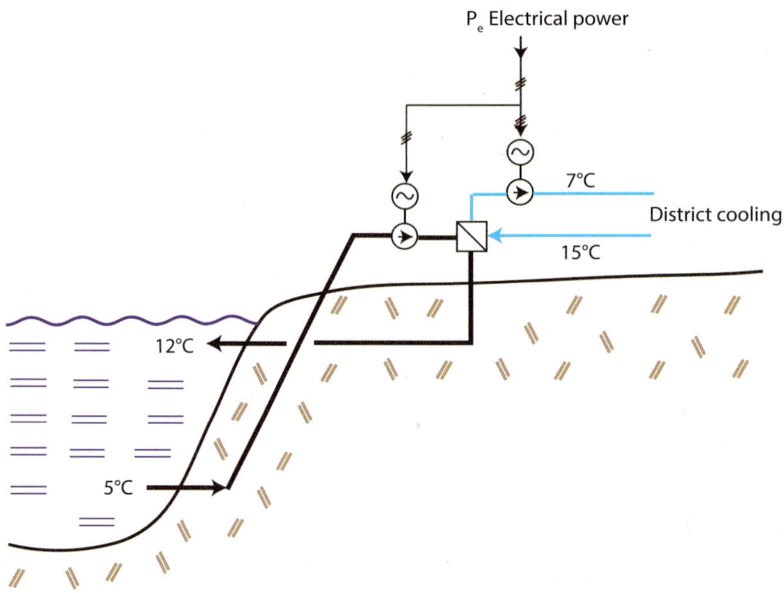

그림 6.70 호수 냉원으로부터 공기조화 서비스를 공급하는 지역냉방 시스템. 출처: Cornell University

따뜻한 기후에서도 해저 경사가 크면 지역냉방을 위한 냉원으로 냉수를 활용할 수 있다. 하와이(Hawaii)에서 계획 중인 시스템이 이런 사례에 해당되며, 이 경우는 **심층 해수 냉방(Deep seawater cooling)**이라는 용어가 아주 적절하다.

미국에서 인구가 100,000명 이상인 도시들 중 10%가 호수 또는 바닷가로부터 짧은 거리에 위치해 있으며, 심층 호수/해수 지역냉방이 가능할 것으로 추정된다.

때로는 호수로부터 냉방을 하는 것이 호수 내 생태균형을 방해할 수 있다는 우려가 제기되기도 한다.

온대기후 국가에서 계절적 변화를 갖는 얕은 강물은 초봄과 늦가을 냉방 수요가 있을 시 외부공기를 고르게 할 수 있는 적합한 냉원을 제공할 수 있다. 이 같은 설비는 보통 더 더운 계절에 냉방을 추가로 생산할 수 있는 **증기압축(Vapor-compression) 냉동기** 또는 **흡수식 냉동기(Absorption chiller)**와 함께 사용된다.

스웨덴 순스발(Sundsvall)시는 따듯한 계절 지역냉방에 사용하기 위해 겨울철에 눈을 모아 놓는다.

지하수원 냉방(Ground water source cooling)은 바다, 호수, 강 근처에 위치하지 않는 지역에서 일 년 내내 냉원으로 활용 가능한 선택사항이 될 수 있다. 하지만 이 같은 냉방은 보통 대규모 지역냉방 시스템을 공급할 수 없으며, 아주 소규모 냉방 분배시스템 또는 개별 건물에만 사용된다. 때로는 이 방법이 **계절 간 지하 축냉(Inter-seasonal underground cold storage)**과 함께 사용되기도 한다.

자연 자원의 온도가 지역냉방 시스템에 직접 사용할 수 있을 만큼 충분히 낮지 않은 경우 냉동기를 사이에 설치해야 하며, 이 냉동기를 통해 열을 방출한다. 냉동기는 증기압축 냉동기 또는 흡수식 냉동기 모두 사용할 수 있다.

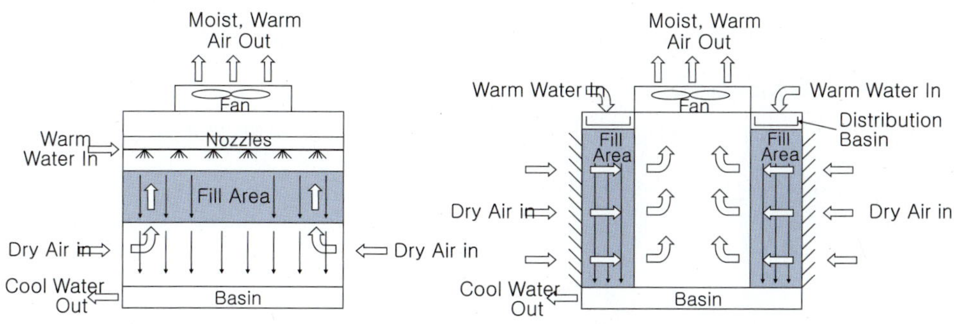

그림 6.71 습식 냉각탑의 두 가지 타입. International District Energy Association 제공

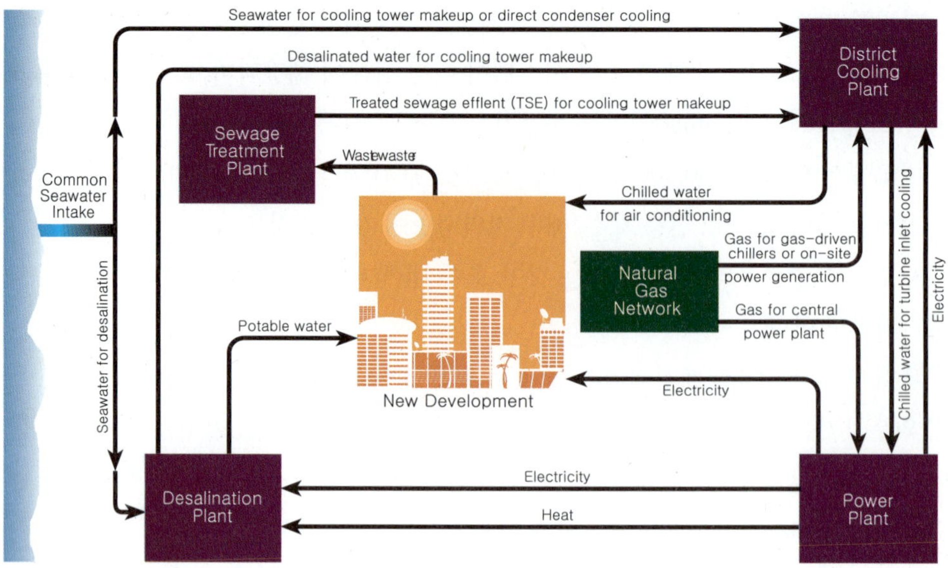

그림 6.72 물이 부족한 건조지역을 위해 만들어진 종합 유틸리티 지역냉방 설계에 대한 그림. International District Energy Association 제공

보통 냉각탑에서 이 같은 **방열(Heat rejection)**이 일어나며, 냉각탑은 '건조' 또는 '습식' 모두 사용가능하다. 건조 냉각탑의 경우에는 대기(大氣)가 **감열 냉원(Sensible cold source)**의 수용체가 된다.

하지만 습식 냉각탑이 더 자주 사용되고 있다. 즉, 증발 시 열을 흡수하도록 공기 흐름에 물을 분무하여 **추가 잠냉원(Supplementary latent cold source)**을 제공한다. 그림 6.71에는 습식 냉각탑에 대한 두 가지 대안적 설계가 있다.

사용되는 물이 항상 음용수 표준을 충족할 필요는 없다. 예를 들어, 인근에 강이 있다면 강으로부터 처리되지 않은 물을 사용할 수 있으며 어떤 냉각탑은 바닷물을 사용할 수 있도록 설계된다. 때로는 바닷물만 이용할 수 있는 곳에서 음용수를 동시에 생산할 수 있는 담수화(淡水化) 플랜트를 건설하기도 한다.

그림 6.72는 이런 선택사항을 적용한 종합적인 유틸리티 통합 설계의 개념도이다. 이 설계는 중동과 같은 물이 부족한 건조지역을 위한 것이다.

참고문헌

Zogg R, Roth K, Brodrick J, Emerging technologies : Lake–source District Cooling system. ASHRAE Journal, February 2008.

District Cooling Best Practice Guide. International District Energy Association, Messachusetts, USA, 2008.

6.10 대형 히트펌프와 냉동기(Large heat pump and chiller)

6.10.1 증기 압축 히트펌프와 냉동기 (Vapour compression heat pumps and chillers)

증기 압축 플랜트가 지역냉방 목적으로 냉기를 생산하는 가장 일반적인 장비이기는 하지만, 지역난방 목적으로 유용한 열을 생산하는 수많은 방법들 중 단지 하나에 불과하다. 이 방식을 사용하면 다양한 종류의 열원으로부터 추출되는 열을 높은 온도수준으로 개선할 수 있다.

이런 열원에는 다음과 같은 것들이 있다.

- 차가운 바다 또는 호수, 종종 물의 어는점에 아주 근접한 온도를 갖는 곳
- 중 · 저온의 지열원(地熱原)
- 중 · 저온의 산업 플랜트 잉여열
- 보일러 연도가스 습기의 감열(感熱, Sensible heat) 및 잠열
- 하숫물

지역난방과 관련된 대형 히트펌프의 사용은 1980년대 스웨덴에서 획기적인 발전을 이루었으며, 대규모 지역난방 부분과 매우 낮은 전기요금이 복합적으로 작용했다.

그때 이후로 대형 히트펌프의 설치가 널리 활성화되지 못했으며, 이는 '얕은 지열'에너지를 사용하거나 대기로부터 열을 추출하는 개별 건물을 위한 소형 히트펌프 설치의 비약적인 증가와 반대되는 일이였다. 특히 소형 히트펌프는 공기조화를 전통적으로 사용하는 많은 다른 국가들(예컨대 미국)에서 일반적인 선택사항이 되고 있으며, 동절기에

는 열추출을 위해 냉방장치를 사용할 수 있다.

전기요금이 낮은 또 다른 국가인 노르웨이에는 지역난방을 위한 대형 히트펌프가 많이 있다. 노르웨이는 멕시코 만류 때문에 해수가 상대적으로 따뜻한 긴 해안선을 갖고 있어 적합한 대기열원을 제공하고 있다.

대형 히트펌프의 한 가지 기능은 지역난방 시스템의 **축열설비(Heat storage facility)**와 결합해 거의 동시에 전력수요를 줄이는 역할을 할 수 있다는 것이다. 이런 특성은 풍력터빈에서 생산된 전기에너지가 지역 전력망에 공급되는 비율이 증가하는 지역에서 주목을 끌 가능성이 있다. 풍력터빈 출력의 변화는 예측 불가능하며, 따라서 예비용량을 위한 필요성이 발생한다.

그림 6.73은 난방 또는 냉방 혹은 두 가지 목적 모두를 제공할 수 있는 **카르노 증기 압축 사이클(Carnot vapour compression cycle)**의 기본적이고 이상적인 타입에 대한 개념도와 T-s도표이다. 역사적으로 냉방에 주로 사용되어 왔기 때문에, 순환매체를 목적에 상관없이 **냉매(Refrigerant)**라고 한다.

압축기(1)이 낮은 수준 T_2에서 높은 수준 T_1까지 가역방법(일정한 엔트로피)으로 수직선 A–B를 따라 온도를 상승시킨다. 여기서부터 냉매는 열교환기(2)내 수평선 B–C(일정한 온도)를 따라 열소비율 P_{q1}을 방출한다. 수직선 C–D(일정함, 가역성)를 따라 온도가 (소형)터빈(3) 내에서 T_2까지 다시 낮아진다. 마지막으로 선 D–A를 따라 냉매가 열교환기(4) 내 일정한 온도에서 열소비율 P_{q2}를 취한다. 사각형의 경로는 반시계 방향으로 일어나며, 반면에 전기를 생산하는 카르노 사이클에서는 앞서 살펴보았듯이 경로가 시계 방향이다.

플랜트가 난방을 위해 사용되는 경우 열역학적 성능은 **성능계수(Coefficient Of Performance)**로 나타낸다.

$$COP_{heat} = P_{q1} / P_e = T_1 / (T_1 - T_2)\ [-] \tag{6.41}$$

플랜트가 대신 냉방용으로 사용되면 다음과 같이 성능을 측정한다.

$$COP_{cool} = P_{q2} / P_e = T_2 / (T_1 - T_2)\ [-] \tag{6.42}$$

플랜트가 난방과 냉방 모두를 위해 운영되면, 계수는 다음과 같이 정의된다.

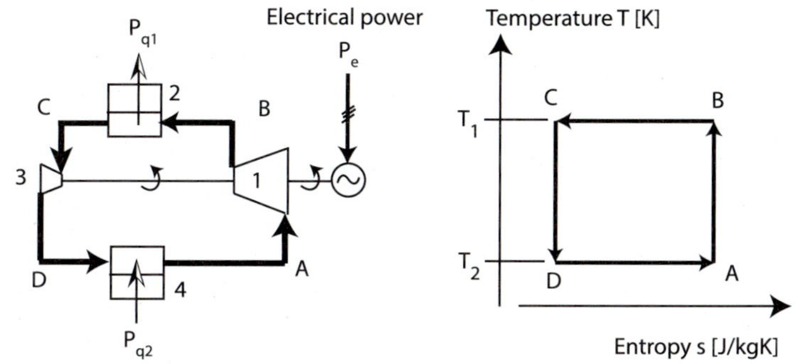

그림 6.73 T-s 상태도가 있는 이상적인 카르노 증기 압축 히트펌프/냉동기

$$COP_{heat+cool} = (P_{q1} + P_{q2}) / P_e = (T_1 + T_2) / (T_1 - T_2) \text{ [-]} \quad (6.43)$$

마지막 경우는 지역난방과 지역냉방 네트워크가 모두 있는 곳에서 특히 효율적인 방법이다.

열역학 제1법칙과 결합된 **카르노 일량 사이클**(Carnot work cycle, 식 (6.30)에서 (6.32)까지) 경우에서와 같이, 식 $\dot{m}T\,\Delta s$를 통해 공급 또는 추출되는 열이 주어진다는 사실을 이용해 절대온도로 된 단순식을 이끌어 낼 수 있다.

그림 6.74는 실제 증기압축 설비의 개념도를 나타내며, 여전히 어느 정도 단순화된 열역학 사이클로 가동된다. 그림에서 알 수 있듯이, 경로 D–A를 따라 냉매가 증발하며 경로 B–C를 따라 먼저 과열이 제거되고(등압선을 따름) 그다음 응축된다. 비록 온도에 기반한 계산을 손쉽게 사용할 수 없지만, 성능계수의 정의가 여기서도 적용된다. 이상적인 플랜트와 비교하면, 터빈 대신 밸브 스로틀링을 통해 C–D선을 따라 팽창이 발생하는 흐름도상 차이가 있다. 이 점이 전력에 대한 수요를 증가시키지만 그 차이는 매우 작으며, 밸브가 터빈보다 훨씬 싸고 단순하기 때문에 특히 설비가 작은 경우 터빈사용은 경제적 관점에서 좀처럼 정당화될 수 없다.

상응하는 T-s도표는 실제 (카르노 대신)**랭킨 사이클**을 나타내며, 적정한 냉매(보통 탄화수소 또는 암모니아)를 필요로 한다. 보통 암모니아가 상대적으로 높은 COP 값을 얻을 수 있게 하지만 단점은 독성이 있다는 것이다. 하지만 지역난방과 지역냉방에서와 같이 플랜트 크기가 클 경우, 이 문제에 대해 적절한 예방 조치를 취하는 것이 상대적으로 간단하다.

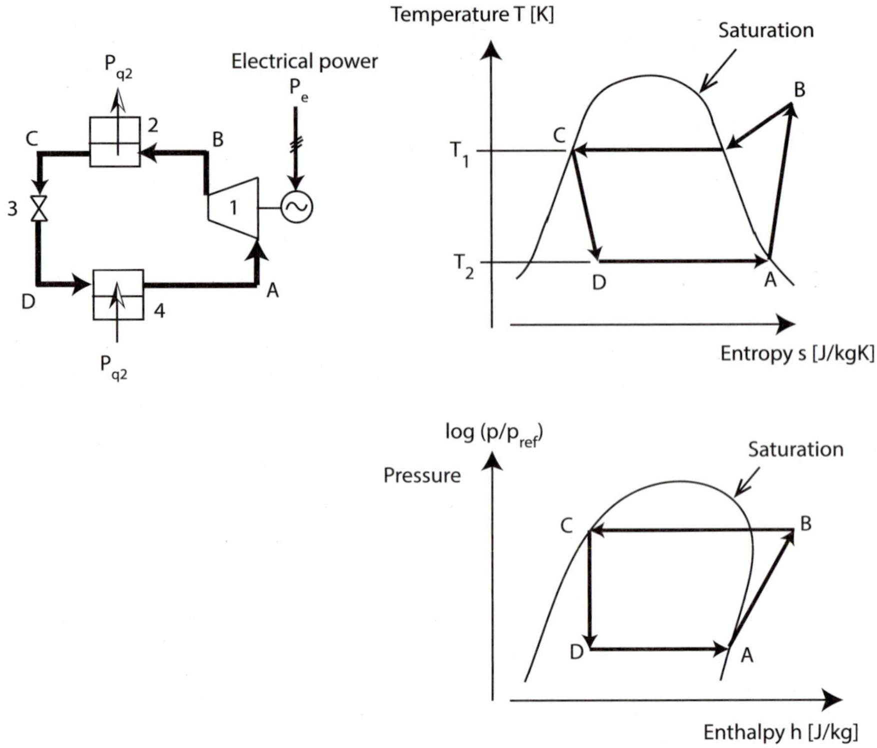

그림 6.74 단순한 실제 증기압축 히트펌프/냉동기와 상응하는 (이상적인)상태도

초기에는 기술적 측면에서 매력적인 **염화냉매**(**Chlorinated refrigerant, CFC's**)를 일반적으로 사용했지만, 대기 중으로 방출된 이 물질이 오존층 파괴에 원인이 되기 때문에 오늘날에는 사용이 금지되었다. 가동 초기에 일부 지역난방용 대형 히트펌프 플랜트는 누수로 인한 냉매의 큰 손실에 시달렸다. 비록 오늘날 이 문제가 크게 개선되기는 했지만 염화냉매 사용금지는 여전히 유효하다.

앞선 그림에서와 같이, 그림 6.74에 T-s도표가 있다. 아래 도표는 p–h(압력–엔탈피)도표이며, 좌표 눈금은 보통 로그로 되어 있다. 도표에서 알 수 있듯이, 사이클 경로의 모양이 더 단순하며(선 하나가 줄어듦) 이론적인 분석보다는 오히려 실제 성능계산에 사용하는 경우 유용하게 활용된다.

그림 6.75는 서로 다른 온도수준에서 운영되는 이론적인 카르노 사이클을 나타낸다. 왼쪽에 사이클은 건물 부지 내 냉동기이며, 중간과 오른쪽은 모두 지역냉방 네트워크에 공급하는 냉동기를 나타낸다.

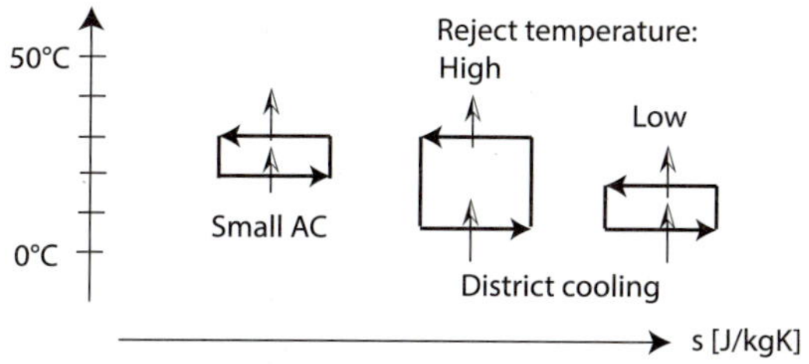

그림 6.75 서로 다른 온도수준에서 운영되는 이상적인 카르노 사이클 소형 및 대형 냉동기

먼저 왼쪽과 중간 사이클을 비교하면, 중앙집중식 플랜트의 경우 분배관 직경이 과도하게 선정되는 것을 피하기 위해 상대적으로 낮은 냉방 공급온도(대략 T_2)를 필요로 하며, 더 큰 **델타** T(**Delta T**, 분배 시스템의 공급온도에서 회수온도를 뺀 값)가 발생한다. 이것이 COP_{cool}을 상쇄할 것이다.

하지만(오른쪽에 있는 마지막 경우) 지역냉방을 공급하는 대형 냉동기에서는 상당히 낮은 온도 T_1에서 **방열(Rejecting heat)** P_{q1}이 발생할 수 있다. 한 가지 사례로 냉각수가 외부 공기가 아닌 호숫물인 경우, 특히 낮 시간에 비교를 해보면(대기온도는 낮과 밤 사이에 훨씬 더 많이 변화하는 경향이 있음) 주간 사이클 동안 평균 성능을 갖는 중앙집중식 냉방에서 유리한 점이 발생한다. 대형 냉동기가 대기 중으로 열을 방출하는 경우, 상황이 좋은 밤 시간대에 냉기 생산을 집중할 수 있도록 보통 인접한 **축냉설비(Cold storage facility)**가 있다.

이상적인 카르노 사이클 기반 설비 대신에 실제 냉방설비에 대해 이런 비교를 수행한다면, 중앙집중식 생산에서 더 많은 이점이 발생한다. 예를 들어, 압축기가 더 높은 효율(이상-가역성(Ideal-reversible)에 근접하고, 일정함)에서 작동하게 된다. 경제적 관점에서 보면 축냉설비의 사용은 전 세계 더운 지역에서 흔히 그렇듯이 밤에 전기요금이 낮은 경우에 이점이 발생한다.

그림 6.76에 카르노 사이클에 기반을 둔 히트펌프에 대한 동일한 종류의 단순한 T-s도표가 있다. 건물 내 소형 히트펌프(왼쪽 경우)는 보통 중앙집중식 지역난방 히트펌프(중간의 경우)보다 더 유리한 차온으로 운전하며, 중앙집중식 히트펌프는 배관 직경이 과도하게 커지는 것을 방지하기 위해 (복수기에서)열공급 온도를 더 높일 필요가 있다. 그러나 중앙집중식 히트펌프가 상대적으로 더 높은 온도의 열을 사용한다면(오른쪽 경우), 상대적으로 작은 차온에서 가동될 수 있다. 이런 방식의 한 가지 사례로 산업 플랜트에서 열을 재활용하는 히트펌프가 있으며, 공급되는 열의 온도가 단순히 열교환기를 사용하기엔 너무 낮지만 히트펌프에서 유리한 운전조건을 형성하기에 충분히 높은 경우가 있다.

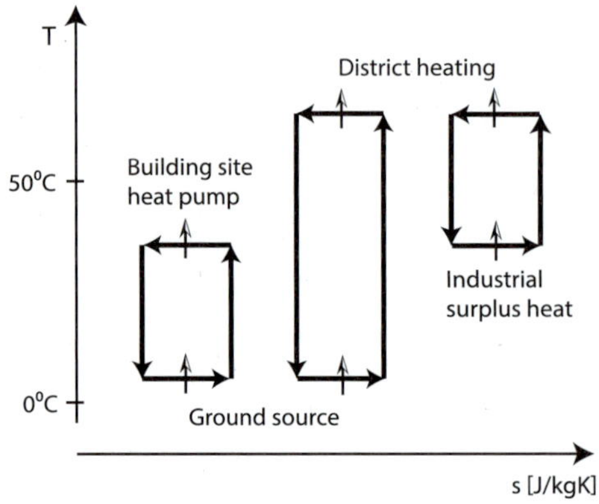

그림 6.76 서로 다른 온도수준에서 가동되는 이상적인 카르노 사이클 소형 및 대형 히트펌프

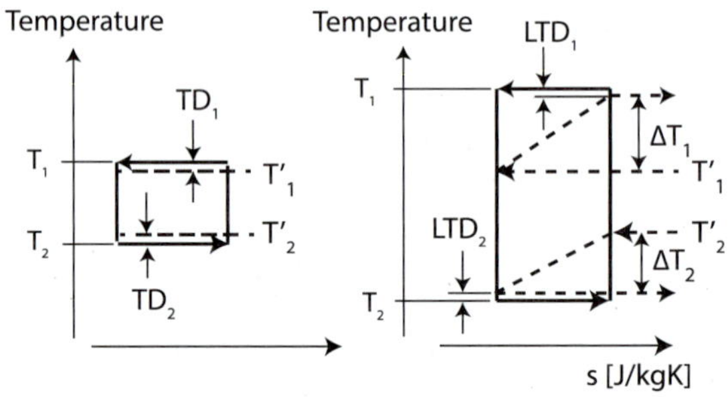

그림 6.77 열을 더하고 추출하는 유체의 항온 또는 변온(유입에서 유출까지) 상태에서 가동되는 히트펌프/냉동기

그림 6.77은 각각 (증발기에서)열을 방출하고 (복수기에서)열을 받는 냉매의 온도를 고려한 효과를 보여준다.

왼쪽의 도표는 가열되고 냉각된 유체 모두가 설비 통과 시 고유의 온도(T_1'와 T_2', 각각)를 변화시키지 않는 경우를 나타낸다. 열전달 표면 면적이 무한하지 않기 때문에 T_1'는 T_1보다 차온 TD_1만큼 작아지며, 동일하게 차온 TD_2가 발생한다. 이 차로 인해 COP가 낮아진다.

열을 받는 유체가 지역난방 온수이고 열을 주는 유체가 지역냉방 냉수라고 하면, 설비 통과 시 온도변화가 없다는 가정은 유량이 무한해야 하며 이 가정은 비현실적이다. 따라서 차온 ΔT_1과 ΔT_2가 발생한다. 오른쪽 도표가 이 경우에 좀 더 현실적인 것이 된다. 다시 한 번, 열교환기가 무한히 클 수 없으므로 (최소한의)차온 LTD_1과 LTD_2가 각각 발생하고 COP를 감소시킨다.

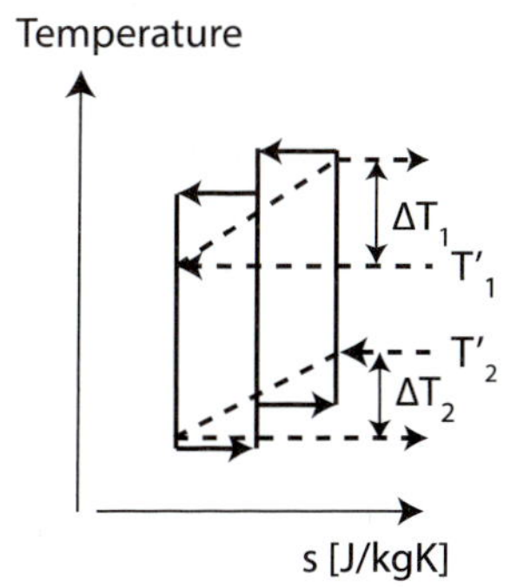

그림 6.78 히트펌프/냉동기의 직렬연결

그러나 직렬로 배치된 더 많은 설비들 사이에 가열/냉각을 분할한다면, 상황은 개선될 것이며(그림 6.78 참조) 전기에 대한 총 수요도 더 감소하게 된다. 대형 플랜트에서 이 같은 분할을 좀 더 쉽게 적용할 수 있다.

그림 6.79에는 지역난방을 위해 사용되는 몇몇 일반적인 형태의 대형 히트펌프에 대한 사례가 있다. 히트펌프가 첨두 보일러(8)과 함께 직렬로 가동되는 것을 알 수 있다. 즉, 지역난방 회수 난방수가 먼저 히트펌프 응축기(3)에서 가열되고 그 다음 첨두 보일러에 의해 가열된다. 이 방법은 고부하 시 히트펌프가 지역난방 네트워크에 높은 공급온도를 제공해야 하는 상황을 방지하며, 이것은 두 가지 이유에서 중요하다. 첫째 더 높은 COP가 발생하고, 둘째 사용 중인 특정 냉매에 의존하는 랭킨 사이클의 온도특성은 보통 온도에 대한 상한이 있으며 플랜트를 가동할 수 있는 상한 온도는 일반적으로 대략 80℃ 정도이다.

히트펌프의 설계는 열원으로부터 열을 받는 (지역난방)유체까지 온도를 크게 상승시킬 수 있는 다양한 설비들을 포함하고 있다. 첫 번째로, 직렬로 연결된 2개의 압축기(1)과(2), 2개의 스로틀 밸브(4)와(6)의 사용으로 특징지을 수 있는 **2단계 증기 압축 사이클(Two-stage vapour compression cycle)**이 있다. 추가적으로 유입되는 냉매 유량을 증기와 유체 유량으로 분리하는 이코노마이저(플래시 탱크(Flash tank))(5)가 있다. 증기 유량은 고압 압축기로 이동하며, 여기서 저압 압축기에서 압축된 유량과 섞인다. 설비의 규모가 크기 때문에 보통은 2단계 사이클 개선이 가능할 수 있다.

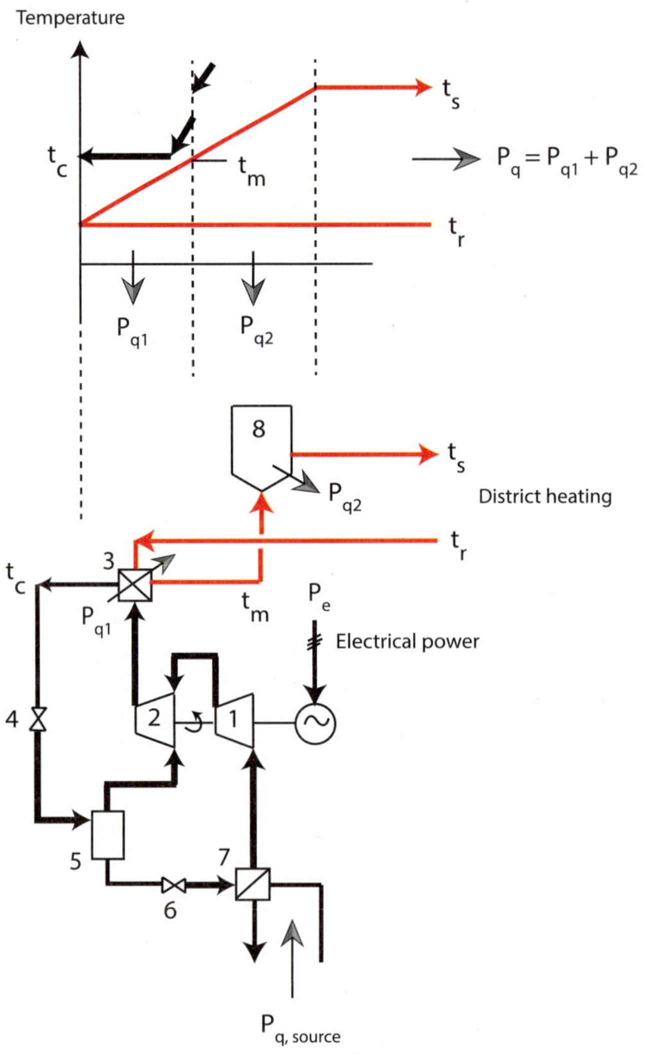

그림 6.79 2단계 히트펌프와 직렬로 연결된 첨두 열전용 보일러가 있는 지역난방 배치에 대한 흐름도

하지만 건물 내 소형 설비와 지역난방용 대형 설비를 비교하는 경우, 종합적인 분석에서 고려해야 하는 추가요소가 있다는 것을 강조하고 싶다. 그림 6.80은 이런 사례에 해당된다. 여기서 건물 내 히트펌프는 두 가지 순환(순환수식 난방 순환, 급탕 순환)에 열을 공급한다. 이 순환에서 서로 다른 온도수준으로 히트펌프 사이클을 채택하면 COP_{heat}가 상당히 개선될 수 있으며, 특히 난방 순환 제어의 최적화와 병행하면 그 효과가 크다.

지역냉방 시스템이 있는 지역은 거의 대부분 지역난방 시스템도 존재한다. 이것이 냉동기 아니면 히트펌프 또는 두 가지 모두로 운전할 수 있는 **이중 모드 히트펌프/냉동기**

(Dual mode heat pump/chiller)에 대한 수요를 유발한다(그림 6.81 참조). 식 (6.43)에 따라 성능계수를 정의할 때 이런 상황을 이미 예측했었다.

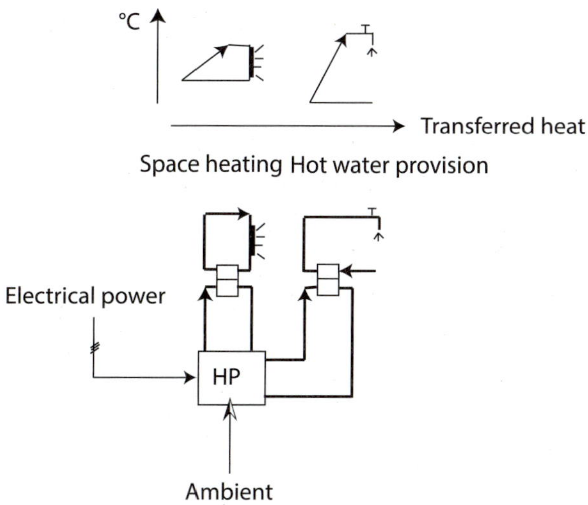

그림 6.80 난방과 급탕 가열을 제공하는 건물 내 히트펌프

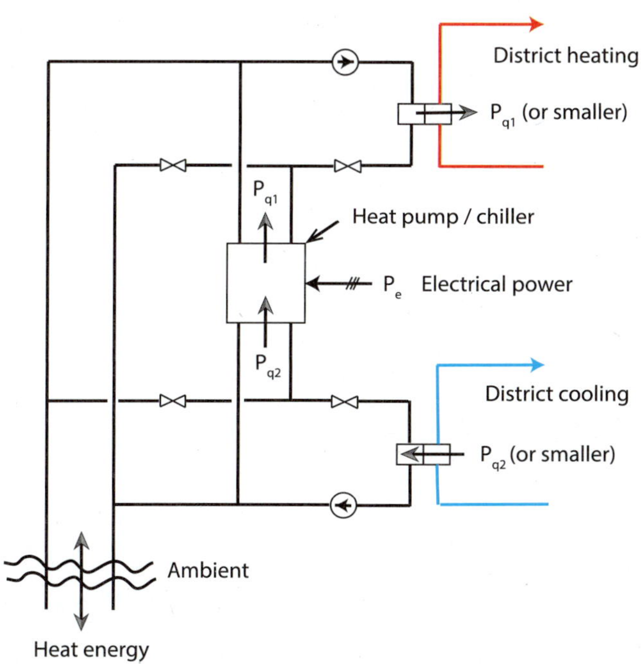

그림 6.81 지역난방 네트워크에는 열을 공급하고, 지역냉방 네트워크에는 냉기를 공급 할 수 있는 이중 모드 증기 압축 히트펌프/냉동기

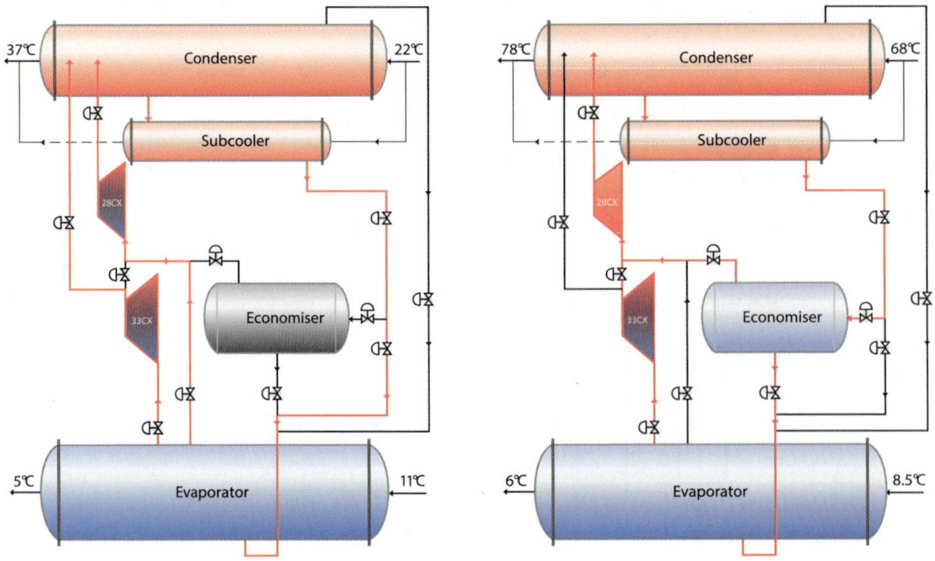

그림 6.82 이중 모드 냉동기/히트펌프 운전의 두 가지 모드. 왼쪽: 냉방만 생산. 오른쪽: 난방과 냉방 복합. 출처: Friotherm. 허락을 받고 사용함

그림 6.82에 이런 종류의 설비가 있다. 왼쪽은 냉방만 공급하는 여름철 모드를 나타내며, 오른쪽은 냉방과 난방 모두에 대한 겨울철 모드이다. 추가적인 형태로 그림 6.79에 있는 것과 같이 **과냉기(Supercooler)**가 부착된 **2단계 히트펌프(Two-stage heat pump)**가 있다. 여름 동안(왼쪽) 지역냉방만 공급하고, 연중 나머지 기간에는(오른쪽) 냉방과 난방 모두를 공급한다. 후자의 경우 직렬로 연결된 2개의 압축기와 함께 2단계 모드로 가동된다. 또 다른 경우로, 설비에서 발생되는 상당히 작은 온도차를 처리하기 위해 두 개의 압축기를 병렬로 운전하기도 한다. 이런 종류의 4가지 설비들이 스톡홀름('Nimrod' 플랜트)에 설치되어 있다.

6.10.2 흡수식 히트펌프와 냉동기(Absorption heat pumps and chillers)

흡수식 히트펌프/냉동기는 현재까지 열로 가동되는 히트펌프/냉동기 중 가장 일반적인 타입이다. '**흡수식(Absorption)**'이라는 용어는 열이 방출되는 과정에서 다른 형태로 변하는 물질의 흡수를 필요로 한다는 것을 의미한다. 흐름도에 있는 '**방열(Reject heat)**'과 '**냉방 용량(Cooling capacity)**'이란 용어는 기기가 냉방 목적이라는 것을 의미하지만, 이 같은 흐름도는 기기를 히트펌프로 운영하는 경우에도 동일하게 적용된다.

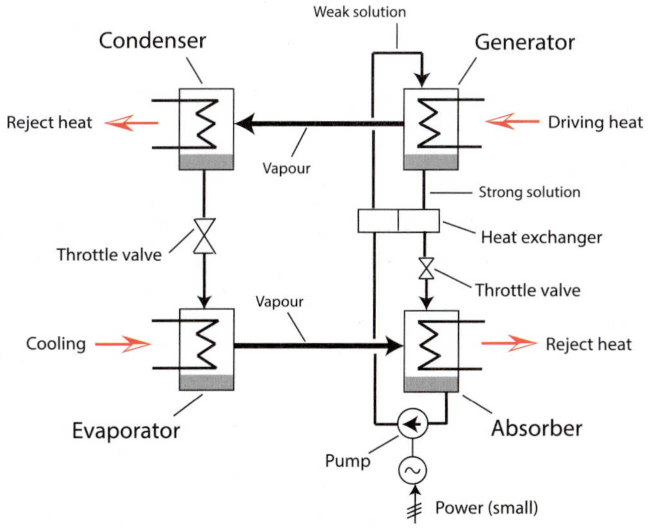

그림 6.83 흡수식 냉동기

폭넓게 말해, 흡수식 기기는 **증기-압축 기기(Vapour-compression apparatus)**의 변형으로 볼 수 있다. 양쪽 기기 모두 상대적으로 낮은 온도수준에서 더 높은 수준까지 열에너지를 끌어 올린다.

주된 차이점은 증기 압축 기기에서는 이런 과정이 압축기의 기계적인 일을 공급해 이루어지는 반면, 흡수식 기기에서는 훨씬 더 높은 온도수준으로 공급되는 열에너지로 사이클을 가동하고 유체에 작용하는 펌프에서 압력을 증가시켜 기계적인 일에 대한 요구량을 크게 줄인다는 점이다.

경제적 관점에서 보면, 흡수식 설비가 더 비싸다는 차이점이 있다. 그 결과 히트펌프로 운영하는 경우 재활용되지 않으면 버려지거나 전혀 사용할 수 없는 열에너지를 대부분 활용한다. 특정한 지역에 냉방생산 시 설비 배치에 흡수식과 증기 압축 냉방기가 모두 포함되기도 하며, 이 경우 흡수식 냉동기(냉동기들)는 기저부하를 공급하기 위해 운영하고 증기 압축 냉동기는 **부하 지속 곡선(Load duration curve)**에서 더 높은 곳에 있는 냉방 부하를 공급한다.

대부분의 경우 흡수식 장치는 약간의 간단한 변경으로 냉동기를 히트펌프로 운영할 수 있고, 그 반대도 가능하도록 설계된다. 그러므로 앞서 살펴보았듯이, 흡수식 장치가 동절기에는 지역난방을 공급하고 하절기에는 지역냉방을 공급할 수 있다. 비록 드문 일이기는 하지만, 흡수식 장치가 유용한 열과 냉기에너지를 동시에 생산할 수 있는 가능성도 존재한다.

작동 물질의 가장 일반적인 혼합냉매로는 **물/암모니아 물질쌍**과 Libr/**물 물질쌍**이 있다. Libr/물 히트펌프/냉동기 기술이 약간 더 단순하기 때문에 지역냉방 목적으로(그리고 대부분의 공기조화 계통에서도) Libr/물 물질쌍이 사용된다. 주된 단점은 물이 동결되므로 0℃ 아래에서 가동할 수 없다는 것이지만, 대부분의 지역냉방 시스템은 5–8℃ 정도의 온도에서 냉수를 공급한다. 물/암모니아 물질쌍의 물 부분도 역시 동결 위험이 있지 않느냐는 의문을 가질 수 있지만 이 경우에는 그렇지 않다. 상세한 설명은 열역학과 관련된 전공서적에서 찾을 수 있다.

흡수식 히트펌프/냉동기 외에도, **증기 이젝터(Steam ejector)**에 기반을 둔 타입과 같이 **열로 가동되는 기기류(Heat driven apparatuses)**가 드물게 사용된다.

그림 6.84는 지역냉방 수 냉각을 위해 천연가스 보일러로부터 발생되는 열을 사용하는 단순한 냉방 플랜트의 개념도이다. 냉동기는 환경으로(예컨대 해수를 통해) 열을 방출한다. 열(가동)에너지는 냉동기에 공급되는 생증기(Live steam)를 통해 보일러에서 냉동기로 이동하며, 발전기 내에서 응축된다. 흡수식 냉동기는 일정한 온도의 열에너지를 필요로 하고 이 점은 일정한 온도에서 일어나는 증기 응축과 완벽하게 일치하기 때문에, 증기는 적합한 매체에 해당한다. 그림에 있는 플랜트 종류는 전기요금이 높고, 천연가스 가격이 유리한 지역에서 일반적으로 사용된다. 때로는 가스보일러를 가스터빈으로 대체하기도 한다.

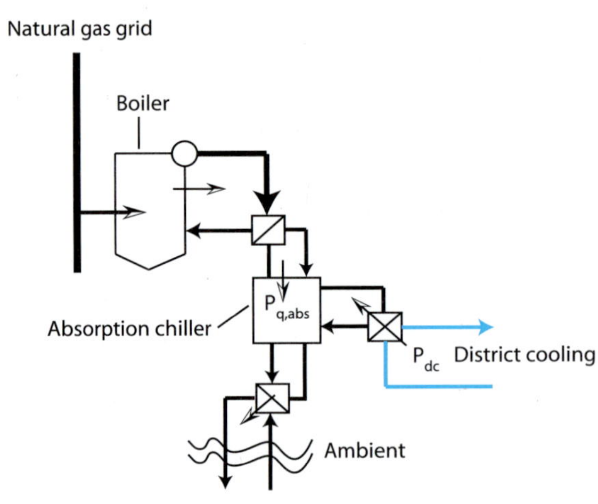

그림 6.84 지역냉방 네트워크에 냉기에너지를 공급하는 천연가스 흡수식 냉동기

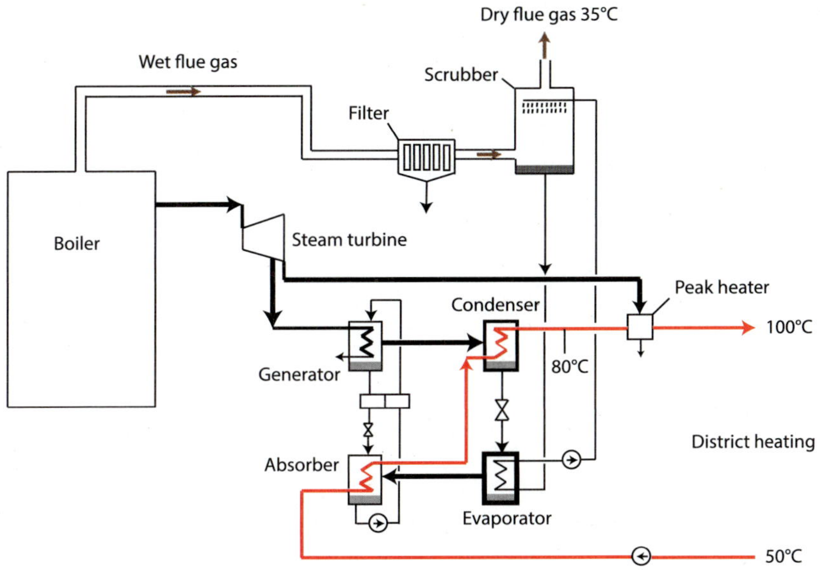

그림 6.85 연도가스로부터 열에너지를 회수하는 흡수식 히트펌프. ENTROPIE 사의 자료를 각색함

그림 6.85는 **연도가스 세정기(Flue gas scrubber)**에서 열을 회수하는 흡수식 히트펌프 시스템의 개념도이며, 가스 정화를 위한 세정공정과 결합해 잠열(습기의 응축 때문에 발생)과 감열 모두를 회수한다. 이 개념도는 우리가 앞서 다루었던 흐름도의 한 종류에 해당한다.

그림에서 알 수 있듯이, 히트펌프는 그림 6.83에 있는 것과 본질적으로 동일한 요소들로 구성된다. 발전기는 냉동기를 가동하기 위해 터빈에서 나오는 중압(예컨대 6 bar)의 증기로 가동되며, 나머지 증기는 히트펌프 바깥쪽에 있는 가열 복수기(Heating condenser)에 열을 공급하기 위해 대략 2 bar 이내로 더 팽창한다. 지역난방 수는 3단계로 가열된다. 첫 번째는 히트펌프의 흡수기(Absorber)에서, 그 다음 히트펌프의 복수기에서, 그리고 마지막으로 앞서 언급된 외부 가열 복수기에서 이루어진다.

그림 6.86은 추출정에서 공급되는 상대적으로 높은 온도의 지열수에 맞도록 설계된 **최신 지열 흡수식 히트펌프 플랜트(Advanced geothermal absorption heat pump plant)**의 개념도이다. 총 3개의 히트펌프가 있으며, 서로 다른 온도수준에서 직렬로 작동한다. 이 플랜트는 이 책에서 계속해서 다루어지는 사례에 해당되며, 지역난방 또는 지역냉방 시스템을 위한 생산 플랜트의 규모가 커짐에 따라 높은 효율성을 얻기 위한 복잡한 플랜트에 대한 투자가 가능해 진다. 앞에 있는 흐름도와 마찬가지로 지역난방 수가 히트펌프를

빠져나온 후 네트워크에 공급되기 전 한 번 더 가열되며, 여기 있는 흐름도에서는 위쪽에 발전소로부터 공급되는 열을 통해 가열이 이루어진다.

히트펌프로 가동되는 흡수식 히트펌프에 대한 성능계수를 다음과 같이 정의할 수 있다.

$$COP_{heat} = P_{q,dh} / P_{q,supplied} \ [-] \tag{6.44}$$

이 정의에서 거의 근사한 값을 얻을 수 있다. 히트펌프 안쪽의 압력을 높이는 **용액 펌프**(Solution pump, 그림 6.83 참조)가 필요로 하는 기계적 에너지를 분모에서 생략했으나, 이 에너지의 양은 상대적으로 작다.

지열 플랜트에 히트펌프를 설치한 경우, 히트펌프가 증기압축 타입인지 흡수식 타입인지에 따라 분모에 지열 주입과 지열수 생산에 필요한 펌프에너지를 포함할 수 있다(이것은 취향의 문제임). 그림 6.86의 사례에 있는 흐름도에 언급되어 있듯이, 이 에너지는 지반에서 추출되는 열의 대략 10%정도 된다. 이렇게 값이 큰 이유는 상대적으로 아주 깊은

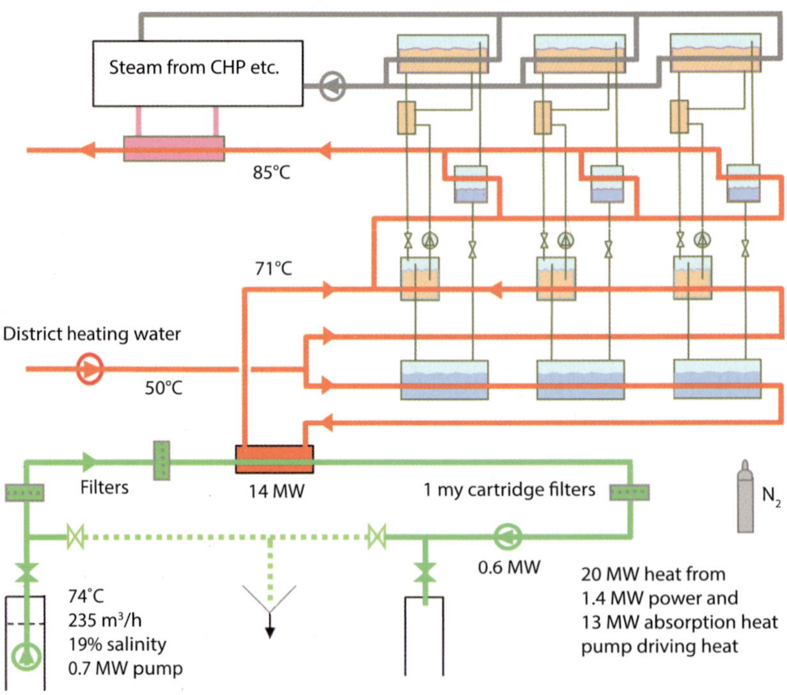

그림 6.86 지역난방 네트워크에 열을 공급하는 3개의 흡수식 히트펌프가 설치된 코펜하겐의 지열 플랜트(Margretheholm). 출처: Mahler & Magtengaard 2010, Dansk Fjernvarmes Geotermiselskab A.m.b.a. 허락을 받고 사용함

깊이에서 지열에너지를 포집하기 때문이며, **지반의 투과성(Permeability of the ground)**은 일반적으로 깊이가 증가하면 감소하고 따라서 **유동저항(Flow resistance)**은 증가한다.

COP_{heat}(식 (6.44))의 정의에 따라 계산을 수행하면 그 값이 대략 2가 된다. 이런 높은 값은 지열원으로부터 포집된 열에너지가 상대적으로 높은 온도수준이기 때문에 지역난방 네트워크의 온도특성까지 약간만 끌어올리면 된다는 것을 의미한다. 지열원이 충분히 뜨겁다면 COP_{heat}는 (이론적으로, 정의에 의해)거의 무한대가 될 수도 있으며, 이 말은 히트펌프가 전혀 필요하지 않다는 것을 의미한다.

냉방과정에 대한 성능은 다음과 같이 측정된다.

$$COP_{cool} = P_{q,dc} / P_{q,supplied} \ [-] \qquad (6.45)$$

그림 6.83에 있는 기본적인 타입의 흡수식 냉동기에 대한 값은 일반적으로 0.7정도 된다.

공급되는 열의 온도수준이 충분히 높으면, 1.0 이상의 COP_{cool}을 얻을 수 있도록 좀 더 복잡한 종류의 냉동기를 설치 할 수 있다. 기본적인 흡수식 냉동기 사이클을 **단일 효용 냉동기(Single effect chiller, 또는 단일 단계 냉동기(Single stage chiller))**라고 한다. 좀 더 복잡한 경우에는 더 높은 온도수준에 열이 공급되며, 따라서 더 높은 값을 얻을 수 있다. 이런 종류의 냉동기는 하부 사이클로 열을 전달하는 상부 사이클을 필요로 한다. 즉, 이것은 캐스케이드 배치를 의미하며 이런 종류의 냉동기를 **이중 효용 냉동기(Double effect chiller, 또는 이중 단계 냉동기(Double effect chiller))**라고 한다. **삼중 효용 냉동기(Triple effect chiller)**는 훨씬 더 높은 온도수준의 기동 열에너지를 필요로 하며, 상응해서 더 높은 COP_{cool}이 발생한다. 그러나 삼중 효용 냉동기는 이 글을 쓰는 시점에도 여전히 개발단계에 있다. 이중 효용 냉동기가 최신기술로 인정받은 이후로 오랫동안 그 자리를 유지하고 있다.

증기로부터 열에너지를 공급받는 냉동기를 **증기 냉동기(Steam fired chiller)**라고 한다. 앞서 언급했듯이, 증기는 흡수식 냉동기와 아주 잘 맞는 매체에 해당한다(증기는 응축 시 일정한 온도로 열을 공급함). 열역학 제2법칙의 관점에서 보면, **중간 증기 순환(Intermediate steam circuit)**은 손실을 나타내며 이중 열전달로 인해 열에너지가 저하된다. 연소가스에서 직접적으로 전달되는 열에너지(**연도가스 냉동기(Flue gas fired chillers)**)는 더 높은 COP_{dc}를 얻게 해준다.

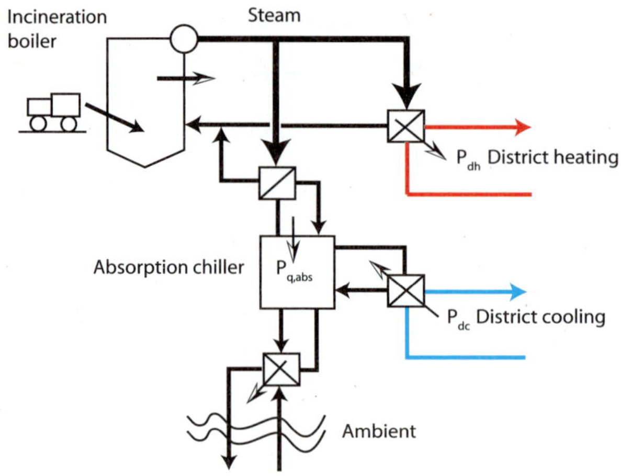

그림 6.87 폐기물 소각로 보일러로부터 발생되는 열을 사용하는 시스템, 지역난방과 흡수식 냉동기를 통한 지역냉방 모두를 공급함

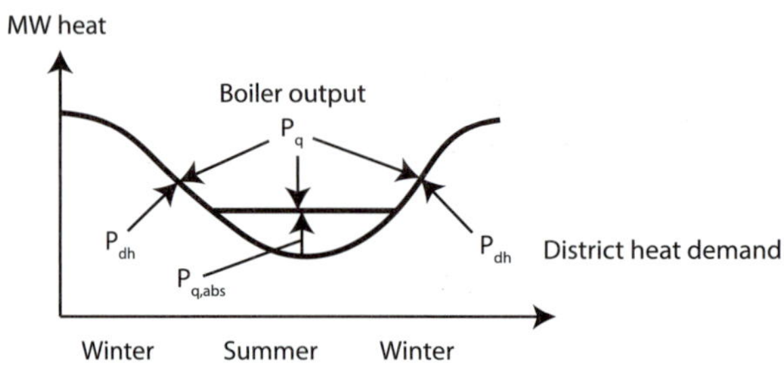

그림 6.88 지역난방 부하곡선에 '골짜기 채움'. 냉기생산을 위해 폐기물 소각로 보일러로부터 발생되는 열에너지를 사용함

그림 6.87은 폐기물 소각로 보일러로부터 열을 활용하는 시스템의 개념도이며, 지역난방 및 흡수식 냉동기를 통한 지역냉방 모두를 공급하고 있다.

그림에서 냉동기가 작동되는 동안 방출되는 열에너지에 대한 **히트싱크(Heat sink,** 열을 흡수하는 장치[역])는 물(예컨대 해수 또는 강물일 수 있음)로 되어 있으며, 이런 환경을 갖춘 곳에서는 열방출을 위해 소형 설비만 갖추면 된다.

습식 냉각탑에서 발생하는 습기와 관련된 다양한 문제들(예컨대 소음과 환경영향 같은)도 피할 수 있다.

폐기물 소각로 보일러와 흡수식 냉동기의 결합은 자주 접할 수 있다. 앞서 언급했듯이, 오늘날 많은 산업화된 국가에서는 폐기물의 매립지 배출이 금지되고 있으며 이로 인해 폐기물 소각로 보일러가 일 년 내내(심지어 연결된 지역난방 네트워크에 열수요가 낮은 여름에도) 가동되어야만 하는 상황이 발생하고 있다. 따라서 흡수식 냉동기에 대한 열공급은 잉여열 사용에 대한 기회를 제공한다. 그림 6.88의 연간 열공급 도표는 **골짜기 채움(Valley fitting)**이라는 과정을 나타내고 있으며, 이 과정은 전체 지역난방 시스템에 투자된 자본에 대한 수익률을 높이는 데 도움을 준다.

그림 6.89는 지역난방과 지역냉방 시스템이 복합된 개념도이며, 이 시스템에서는 흡수식 냉동기(ABS, 중앙 냉방생산과 분리되어 있으며 지역난방 네트워크의 열에너지로 가동됨)가 국지적 지역냉방 네트워크에 냉기에너지를 공급하고 있다.

이 시스템은 대규모 지역난방 네트워크 경계선 안쪽에 중앙 냉방생산 플랜트로부터 상당히 먼 거리에 냉방 수요를 갖는 하나 이상의 건물 밀집지역들이 존재하는 경우 매력적인 대안이 될 수 있으며, 이 경우 전체 냉방부하를 맞추기 위해 중앙 플랜트에서 단일 지역냉방 네트워크를 연장하면 비용이 너무 높아지게 된다. 이런 상황은 북유럽의 도시에서 일반적이며, 냉방을 필요로 하는 대부분의 건물이 상업 또는 공공건물로 두 개 이상의 소구역들 내에 밀집되는 경향이 있다.

지역난방 네트워크의 공급관에서 회수관으로 통과 시 냉각되는 지역난방 수로 가동되는 흡수식 냉동기는 도전적인 열역학적 과제에 해당된다. 앞서 지적했듯이, 표준적인 흡수식 냉동기는 열공급 측에서 경사지지 않은 아주 일정한 온도의 열유입을 필요로 한다. 공급온도가 아주 낮다면 물의 냉각 정도가 나빠진다. 공급온도를 높이면 냉방 성능은 향상되지만 역으로 네트워크에 열을 공급하는 설비의 효율에 영향을 줄 수 있다. 지역난방 네트워크가 가압수가 아닌 증기를 분배하는 경우에는 이러한 문제가 발생하지 않지만, 증기는 (제8장에서 후술하듯이)그 자체의 결점을 가지고 있다.

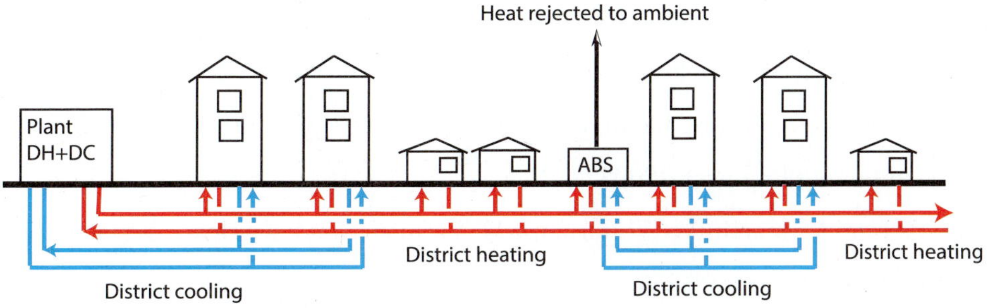

그림 6.89 종합적인 지역난방 네트워크와 두 개의 지역냉방 네트워크(각각 소구역을 공급함)가 있는 지역에너지 시스템. 중앙 생산 플랜트(맨 왼쪽에 있음)가 지역난방과 지역냉방 모두를 공급하며, 열로 가동되는 흡수식 냉동기(ABS)가 오른쪽에 있는 지역냉방 네트워크에 냉기를 공급한다

발생 가능한 또 다른 문제점은 냉동기에 열을 주고 냉각되는 물의 흐름이 회수관이 아닌 지역난방 네트워크의 공급관을 따라 후단으로 이동한다는 것이다. 하지만 이 현상은 지역에너지로 공급되는 건물 중 극히 일부만 냉기에너지를 필요로 하는 경우에만 발생할 가능성이 있다.

그럼에도 불구하고 최신 흡수식 냉동기인 **온수 사용 단일 효용 2단 승온 흡수식 냉동기(Hot-water fired single effect double lift absorption chiller)**로 대표되는 또 다른 가능성이 존재한다. 언뜻 아주 모호하게 보일 수 있는 이 용어는 두 개의 서로 다른 온도수준으로 공급되는 구동열에 의해 특징지어지는 열역학 사이클을 의미하며, 냉각되는 가압수의 경사진 온도 변화와 아주 잘 들어맞는다. 아주 낮은 열공급 평균온도로 인해 COP는 매우 낮으며 대략 0.4 정도 되지만, 이 냉동기는 1990년대 중반 이후 뮌헨 기술 대학(Munich Technology University)에서 개발하고 있는 흥미로운 개념으로 뮌헨과 베를린에서 시제품을 테스트하고 있다. 한국의 한 제조사가 이런 타입의 설비(대규모, 1MW 이상)를 생산하고 있으며, 서울의 지역난방과 지역냉방 시스템에 설치했다.

지역난방으로 가동되는 분리형 흡수식 냉동기의 원리는 단일 건물을 공급하는 냉동기 범위까지 확장할 수 있다. 이런 종류의 선택사항에 대한 자세한 내용은 기계실에 대한 제9장에서 다루게 된다.

참고문헌

Zieman O, Schwegler C, Scharfe J, Bessere Chancen für Kälte aus Fernwärme – Erste Betrieberfahrungen mit einen neuartigen Absorptions–Kaltwassersatz(Better opportunities for refrigeration of district heating – Initial operating experience with a novel absorption chiller). Fernwärme International 25(1996) : 12, 722–723.

ASHRAE Refrigeration handbook. American Society of Heating, Refrigeration and Air conditioning Engineers. 2002.

Rydstrand M, Martin V, Westermark M, Värmedriven kzla(Heat–Driven Cooling). Report 2004 : 112, Swedish District Heating Association.

Zinko H, Söderberg S–O, Fahl né E, Gebremedhin A, Integration av absortions–kylaskiner i fjärrvärmeszstem(Integration of Absorption Chillers into District Heating Networks, with a summary in English). Swedish District Heating Association, report

FOU 2004 : 119.

Kren C, Flue Gas Fired Absorption Chillers. Dissertation, Technische Universität München, 2008.

Allel AB, Frohm H, Merchat M, Senejan B, Wirgentius. Study in Paris, Helsinki and Gothenburg, Overall Efficiency of Chiller Systems. Euroheat & Power, English Edition 7(2010) : 7, 30–36.

Pietrucha U, District Heating and Cooling with Large Centrifugal Chiller Heat Pumps. 12th International Symposium on District Heating and Cooling, Tallinn, Estonia 2010.

Martin V, Setterwall F, Absorptionsteknik med multifuktion i fjärrvärme–system (Multifunctional Absorption Technology in District Heating Systems). Report 1141, Värmeforsk, Stockholm 2010.

Mahler A, Magtengaard J, Country Update Report for Denmark. Proceedings, World Geothermal Congress 2010.

Hida Y, Shibutani S, Amano M, Maehara N, District Cooling Plant with High Efficiency Chiller and Ice Storage System. Mitsubishi Heavy Industries, LTD. Technical Review 45(2008) : 2, 37–44. Downloaded June 2012 from:www.mhi.co.jp/technology/review/dpf/e452/e452037.pdf.

www.friotherm.com. Home Page visited June 2012.

냉동이론과 기술을 다루는 일반적인 참고문헌.

Dincer I, Kaoglu M, Refrigeration Systems and Applications. 2th Edition, Wiley 2003.

Baehr HD, Kabelac S, ThermodynamiK, Grundlagen und technishce Anwendungen (Thermodynamics, fundamentals and technical applications), 15. Auflage(Edition). Springer Vieweg 2012.

6.11 태양열 지역난방과 지역냉방 (Solar district heating and cooling)

지역난방과 지역냉방 네트워크와 연결된 지상 집열판의 대규모 배치를 통한 중앙집중식 방법 또는 건물 지붕에 얹힌 집열판에 의한 분산형 방법으로 태양열 지역난방과 지역냉방을 공급할 수 있다. 태양열 지역난방과 지역냉방이 결합된 경우와 같이 두 가지 방법이 혼합된 대안도 가능하다.

중앙집중식 설계는 총 집열판 표면적의 크기를 증가시켜 개별 집열판 비용을 크게 줄이고, **계절 간 축열(Interseasonal heat storage)**로 개별 투자비용과 열손실 모두를 감소시키는 조치를 필요로 한다. 계절 간 축열은 일반적으로 공급되는 **건물들의 복합 외피(Combined envelopes of the buildings)**만큼 커다란 크기의 부피를 필요로 한다. 국제적 맥락에서 태양열 지역난방과 지역냉방은 여전히 개발단계에 있으며, 장기적 전망을 확신하기 어려운 상황이다. 유럽 내 많은 국가(특히 오스트리아, 덴마크, 독일, 스웨덴)에서 흥미로운 진전이 있어왔다. 최근에는 이 절 끝에 짧게 예를 든 것처럼 이들 국가의 관련기업이 아시아에서 대형 플랜트에 대한 계약을 성사시키고 있다.

대략 15개의 태양열 지역난방 플랜트가 덴마크에 건설되었으며, 다수의 추가 플랜트 건설을 계획하고 있다. 그림 6.90은 세계에서 가장 큰(2012년 기준) 태양열 지역난방 플랜트의 사진으로 13 MW 열출력을 갖는 것으로 평가되며, 덴마크의 소도시 마르스탈(Marstal)에 있다. 이 플랜트는 지역난방 네트워크 열에너지의 30%를 공급하며 나머지는 석유 보일러를 사용한다. 상대적으로 작은 두 개의 **완충 축열조(Heat buffer storage)**와 10,000 m^3의 대형 축열조가 하나 있다. 그림 6.91에서 알 수 있듯이, 이 축열조는 일 년에 걸쳐 발생하는 공급을 어느 정도 균일하게 만들지만 계절 간 차이를 포괄하는 것은 아니다. 플랜트를 설치한 도시가 소규모인 경우 마르스탈 플랜트가 표준적인 형태에 해당한다. 이런 곳에서는 태양열 집열판을 설치할 수 있는 값싼 땅을 쉽게 찾을 수 있으며, 값싼 기저부하 열원(예컨대 산업부분에서 발생되는 열의 재활용)과의 경쟁이 발생하지 않는다.

또 다른 덴마크의 소도시 드로닝룬(Dronninglund)을 위한 더 큰 규모의 태양열 난방 플랜트가 설계 중에 있다. 이 플랜트는 60,000 m^3의 축열조 설비를 포함하고 있으며, 이 설비가 진정한 계절 간 축열을 가능하게 할 것이다. 그러나 이 글을 쓰고 있는 현재, 환경 승인과정으로 프로젝트가 연기되어 대기 중에 있다. 덴마크의 수도 코펜하겐에서는 오래된 항구지역(Nord haven)에 대략 40,000명에서 80,000명을 위한 주거 및 업무 공간을 공급하는 전혀 새로운 '그린시티(Green city)' 개발 계획의 일환으로 300,000 m^3 크기의 축열조를 고려하고 있다.

그림 6.90 대규모 태양열 지역난방 플랜트에 있는 집열판을 공중에서 내려다본 전경(마르스탈, 덴마크). 출처: Marstal Fjernvarme. 허락을 받고 사용함

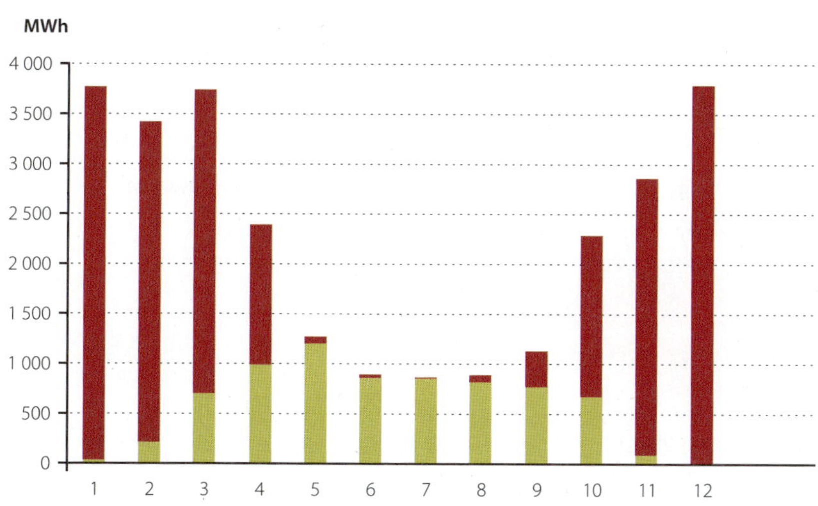

그림 6.91 마르스탈 지역난방 플랜트에서 일 년 동안 발생하는 열공급. 노란색 막대는 직접 또는 간접적인(축열을 통한) 태양열 난방을 나타낸다. 출처: Marstal Fjernvarme. 허락을 받고 사용함

스웨덴 웁살라(Uppsala) 인근 소도시 뤼케보(Luckebo)에 3MW급 태양열 난방 플랜트가 1983년에 건설되었으며, 100,000m^{3}의 온수 축열을 위한 암석동굴이 있다. 최근에는 바이오매스 보일러와 함께 축열 설비를 사용하고 있다. 스웨덴은 냉전기간 동안 전략 비축유를 위한 암석 내 지하 동굴을 건설했었다. 계절 간 축열을 위해 이 같은 대형 설비들의 전환 가능성이 검토되고 있다.

독일에서는 다양한 **계절 간 축열** 기술을 선보이는 수많은 프로젝트들을 추진해오고 있으며(그림 6.92, 그림 6.93), 탱크와 갱 구멍(Pit hole)을 온수로 가득 채운다. 지역난방 네트워크의 직접 사용에 적합한 온도(예컨대 80℃)로 저장하기 위해 물을 가열할 수도 있다. 위에 언급된 마르스탈 플랜트와 덴마크에서 계획 중인 두 개의 대형 축열조는 모두 갱(Pit) 타입이다.

시추공 저장소에서 전도에 의해 지중으로 열을 방출하기 위해 축열시 온수를 순화시키고, 방열시 냉수를 순환시킨다. **대수층 축열조(Aquifer storage)**의 기능은 대수층 지열 플랜트와 유사하다. 즉, 지하 투수층 내에서 물이 이동한다. 마지막에 언급된 두 종류의 축열조는 크기가 커서 기본적으로 비보온 상태지만, 허용 수준에서 열손실을 유지할 수 있다.

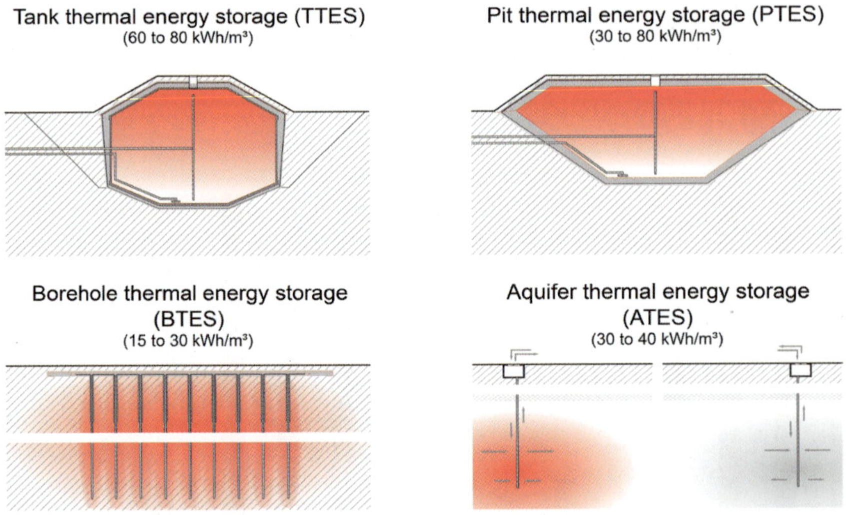

그림 6.92 독일 프로젝트에서 연구되고 있는 다양한 종류의 계절 간 축열. 출처: Solites. 허락을 받고 사용함

스웨덴에서는 지반구조 내 열전달 현상에 대한 중요한 학문적 연구를 수행하고 있다. 이 연구에 대한 결과는 축열과 축냉을 사용하거나 또는 사용하지 않는 다수의 중 · 소규모 지열히트펌프 프로젝트뿐만 아니라, 앞서 언급된 뤼케보 축열조와 그 밖에 다른 형태의 축열조에 적용되고 있다.

분산형 태양열 지역난방 시스템에서는 일 년 중 시간에 따라 건물이 태양에너지의 '수요자(Importer)', 또는 '제공자(Exporter)', 또는 두 가지 형태 모두 될 수 있다. 이런 측면에서 유연성은 태양에너지의 사용을 극대화하기 위한 가능성을 제공하지만, 관리가 더 어려워 질 수 있다.

분산형 태양열 에너지의 포집과 대규모 계절 간 축열을 결합할 수 있으며, 이 경우 여름철에 연결된 모든(또는 대부분) 건물은 '제공자'로서 역할을 수행한다. 포집된 태양열 에너지가 개별 건물난방에 필요한 수준에 남아 있는 한 지역난방에 대한 보조수단에 지나지 않으며, 지역난방 회사 입장에서 보면 (건물 보온증대 등에 의한)열에너지 절약으로 판매 감소 시 제기되는 것과 동일한 종류의 문제가 발생한다. 즉, 이것이 네트워크 건설 투자비에 대한 수익을 감소시킨다. 하절기에 폐기물 소각로 또는 산업부분에서 재활용 잉여열과 같은 다른 열원으로부터 잉여열을 활용 할 수 있는 곳에서는 건물 내 보조적인 태양열 난방이 거의 무의미 할 수 있다.

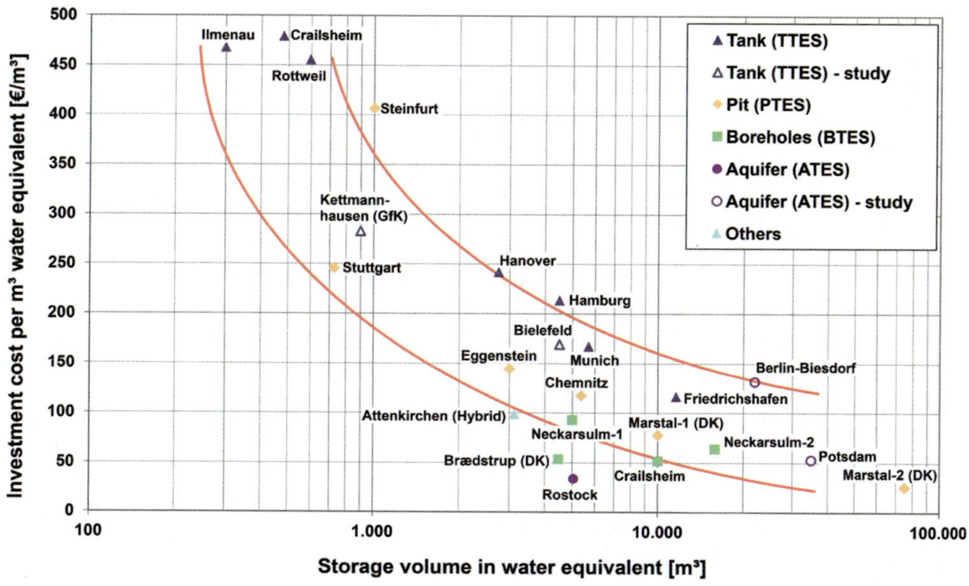

그림 6.93 독일 시범 프로젝트에서 계절 간 축열을 위한 개별 투자비용. 출처: Solites. 허락을 받고 사용함

태양열 지역냉방은 태양열 지역난방보다 유리하며, 태양열 지역냉방의 수요는 태양열 강도 변화와 다수의 열가동 냉동기(보통 흡수식 냉동기)에서 생산되는 냉기에너지와 일치하게 된다. 그러므로 태양열 지역냉방은 기저부하를 생산하는 (예컨대 도시 폐기물 소각로에서 열을 받는)냉기생산 장치와 결합해 사용하는 것이 적절하다. 전 세계적 맥락에서 이런 결합은 매력적인 것으로 여겨진다. 폐기물 처리에 대한 필요성은 산업화된 국가의 어느 곳에서나 존재하며, 삶의 기준이 높아지면 온대기후 국가의 공기조화에 대한 수요도 높아지는 경향이 있다. 그밖에도 전 세계 어디에나 급탕에 대한 수요가 존재하며, 어떤 방식이든 이 급탕 수요를 충족시켜야만 한다. 다양한 시스템 설계가 가능하다.

이런 가능성 있는 설계들 중 하나로 중앙집중식과 분산형 개념을 복합한 사례를 들 수 있다. 기저부하 모드에서 운영되는 폐기물 소각로가 흡수식 냉동기를 가동하고 한 쌍의 배관을 통해 냉수를 수송하는(지역냉방) 중앙집중식 설비와 건물 단위로 지붕에 설치된 태양열 판넬에서 추가 첨두 공기조화 부하를 생산하고 급탕을 위한 열도 공급하는 두 가지 방식 모두를 통해 공기조화를 제공한다. 중앙집중식 냉기공급이 가능하기 때문에 모든 건물이 다 자체 냉동기를 설치할 필요가 없다.

만일 플랜트가 추운 계절이 있는 지역에 위치해 있다면, 동절기 시작 시 폐기물 소각로가 앞서 언급한 두-배관 시스템을 통해 열에너지를 공급하도록 변환할 수 있어 지역난방 시스템으로도 사용할 수 있다.

현재까지 가장 큰 태양열 지역냉방 시스템으로 여겨지는 것은 1.5MW급으로, 오스트리아의 S.O.L.I.D. 사에 의해 싱가포르에 있는 주요 대학 캠퍼스 지역을 공급하기 위해 건설되었으며 싱가포르 자회사를 통해 운영될 것이다. 덴마크의 자문회사인 Rambøll 사는 한국에 더 큰 규모의 태양열 지역난방과 지역냉방 플랜트 계약을 체결했으며, 100개 온실을 공급하기 위해 대략 300,000MWh/년을 생산하게 될 것이다. 이 플랜트는 현재 가장 큰 중앙집중식 태양열 난방 플랜트보다 30배 정도 클 것으로 예상된다.

참고문헌

Zscherning J, Fernwärme und solarenergie – Ergänzung oder Einschränkung?(District heating and solar panels – supplementing or restriction?). Fernwärme International 36(1997) : 1–2, 23–33.

Havgaard H, The Largest Solar Heating Plant in the World Built by a Small Danish District Heating Company. Fernwärme International36(1997) : 9, 432–434.

Hellman H–M, Primäenenergetische Bewertung von Solarwärme in der KWK(Primary Energy efficiency of solar thermal in the CHP). Euroheat & Power 37(1998) : 33, 44–48.

Dalenbäck J–O, Solar District Heating and Cooling, an Option in Future District Heating and Cooling. Euroheat & Power 2007.

Schubert M, Holter C, Soell R, Solar District Heating(SDH) : Technologies used in Large Scale DHC Plants in Graz–Operational Experiences and Further Developments. 12th International Symposium on District Heating and Cooling, 2010, Tallin.

Snoek C, Kluiters S C, Thermal Storage Options for Solar Heated Buildings. Proceedings of Building Simulation 2011, 12th Conference of International Building Performance Simulations, Sydney.

Snoek C, Renewable and CHP with District Energy in Support of Sustainable Communities. Downloaded June 2012 from : www.worldenergy.org/documents/congresspapers/43.pdf

Solar District Heating Intelligent Europe Project, www.solar–district–heating.eu (Visited June 2012).

태양열 에너지를 포함한 일반적인 신재생 에너지에 대한 많은 참고서적 중 하나 :
Boyle. E(Editor), Renewable Energy, 2th Edition, Oxford University Press 2004.

6.12 원자력 지역난방(Nuclear district heating)

원자력 에너지에 기반한 지역난방이 여러 가지 이유로(예컨대 에너지 공급의 안정성) 매력적이게 보일 수 있지만, 제한된 범위에서만 활용되고 있는 실정이다. 국제원자력기구(International Atomic Energy Agency)에서 2002년 발간한 문헌의 통계에 따르면, 그 당시 전 세계적으로 41개 원자로를 운영하는 15개의 원자력 CHP 플랜트가 존재했다. 대부분의 CHP 플랜트가 러시아 연방에 위치해 있으며, 그 중 3개는 각각 거의 1000MW급 전력에 해당하는 3–4개의 원자로로 구성되어 있다. 이 플랜트들 중 하나가 레닌그라드/소스노비보르(Leningrad/Sosnovy Bor) 플랜트이며, 이곳에 있는 원자로가 악명 높은 **체르노빌 타입(Chernobyl type)**이다. 3개 플랜트 모두 여전히 가동 중에 있다.

서유럽에서 상당량의 지역난방 열을 생산하는 단 하나의 원자력 CHP 플랜트는 스위스 베츠나우(Beznau)에 있는 플랜트이며, 각각 365 MW급 전력과 80 MW급 열력에 해당되는 2개의 **가압수 원자로(Pressurised water reactors)**를 갖고 있다(그림 6.94 참조). 괴스겐(Gösgen)과 뮬레베르크(Mühleberg)에 있는 서로 다른 두개의 스위스 플랜트가 아주 적은 양의 지역난방을 생산하고 있다. 베츠나우 플랜트는 수도 취리히(Zürich)에서 30 km 떨어진 거리에 위치해 있다.

플랜트 숫자가 제한적이라는 사실은 원자력 전기와 관련된 동일한 안전상 문제에 기인한다고 할 수 있다. 지역난방은 공급하는 지역사회로부터 멀지 않는 곳에 플랜트가 위치해 있다고 전제하기 때문에, 이 문제들 중 일부는 원자력 지역난방과 좀 더 관련이 있다.

열교환기 형태로 된 다수의 수리적 방벽들(Hydraulic barriers)에 의해 플랜트에서 건물 내부 난방 시스템까지 열을 전달하며, 누수로 인해 지역난방 시스템을 통한 주민들의 위험한 방사능 노출 리스크를 거의 0에 가깝게 줄일 수 있다. 하지만 원자력 발전소 사고 시 대기를 통해 방사능이 전달될 위험은 여전히 존재한다.

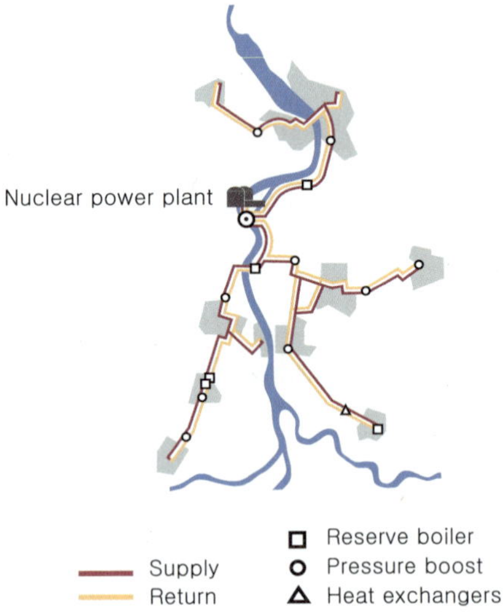

그림 6.94 스위스에 있는 원자력 CHP 플랜트(베츠나우)에 의해 공급되는 광역 지역난방 열수송망 레퓨나(REFUNA). 출처: Refuna AG. 허락을 받고 사용함

동 · 서독 모두에서 특히 1970년대 원자력 CHP에 대한 상당수의 이론적 조사가 수행되었고, 플랜트 기본설계들이 제시되었다.

총 4개의 스웨덴 대형 원자력 발전소에서 열을 추출하는 것을 고려해 왔으며, 1970년대 후반 이 중 3개에 대해 유망한 타당성 연구를 수행해 스웨덴에서 가장 큰 3개의 도시에 대한 열공급 가능성을 검토하였다. 이 당시 고려된 도시로는 포스마크(forsmark)에서 스톡홀름(Stockholm), 링할(Ringhals)에서 고센버그(Gothenburg), 바르세보크(Barebäck)에서 말뫼(Malmö)/룬드(Lund)였다. 하지만 필수적인 연계배관을 건설하기 위해 인허가를 받는 것이 복잡하게 얽혀있었다. 대안으로 보트를 통해 온수를 수송하는 이색적인 방안이 아주 상세하게 고려되었으며, 당시에는 매우 유망한 선택사항으로 여겨졌다.

그러나 1979년 미국에서 발생한 **스리마일 원자력 발전 사고(Three Mile Island nuclear accident)**가 이 계획들을 중단하게 했으며, 그 후에 1986년 체르노빌 원자력 발전사고, 2011년 일본의 후쿠시마 사고는 대부분의 국가에서 원자력 CHP/지역난방의 확장을 아주 요원하게 만들었다. 하지만 미래의 어느 시점에서는 이 방법을 계속 배재시킬 수만은 없을 것이며, 특히 기후변화의 위협이 점점 더 커진다면 이 개념이 다시 회자되는 것을 경험하게 될 것이다.

개발 초기 단계에는 지역난방 전용 원자로(즉, CHP 플랜트가 아닌) 개발에 대한 가능성이 고려되었다. 이런 이유로 제2차 세계 대전 직후에 스웨덴 지역난방을 위한 초창기 플랜트는 대도시 중심부에 원자로가 위치하도록 계획되었으나 결국 가동되지 못했다. 물론 이렇게 된 이유는 주요 도시 도심지에서 원자력 사고 발생에 대한 두려움 때문이었다. 지역난방을 목적으로 하는 원자로 지지자들은 전기 생산을 위해 필요한 것보다 훨씬 낮은 압력에서 이런 원자로를 설계할 수 있다는 점을 강조했으며, 운영의 안정성을 높이는 새로운 기술과 결합해 지역난방용 원자로 플랜트를 아주 안전하게 운영할 수 있다는 생각을 정당화할 수 있었다. 이런 경향에 따라, 여러 원자로 공급자들에 의해 다양한 설계에 대한 상세한 기술적 연구가 수행되었으며, 여기에는 예컨대 이전에 스웨덴 회사인 ASEA 사와 미국 회사인 Westinghouse 사가 포함되어 있다. 그러나 이 같은 원자로가 (저자가 아는 한)상업적 규모로 제조된 적은 없다.

참고문헌

Blomquist O, Ergebnis einer Studie über die Möglichkeiten und Wirtschaftlichkeit des Wärmetransportes aus dem geplanten nuklearen Heizkraftwerk Barsebäck nach lund und Malmö/Schweden(A study of the possibilities and efficiency of heat transfer from the planned nuclear heat and power plant Barsebäck to lund and Malmö/ Sweden). Fernwärme International 4(1975) : 2, 70–71.

Schäch R, Zielvorstellung für ein Ballungsgebiet : "Strom und Ferwärme im Grundlastbereich aus einem Heizkernkraftwerk"(Vision for a metropolitan area, "Electricity and district heating base load of a heating nuclear power plant"). Fernwärme International 4(1975) : 4, 139–146.

Dietrich G, Kaiser U, Solfrian W, Fernwärmeversorgung mit Kernkrftwerken (District heating supply with nuclear power plants). Fernwärme International 4(1975) : 5, 155–162.

Korek J, Wärmeauskopplung aus grossen Kraftwerkseinheiten(Cogeneration from large power plant units). Fernwärme International 6(1977) : 3, 101–105.

Margen P, The Use of Nuclear Energy for District Heating. Progress in Nuclear Energy 2(1978) : 1, 1–28.

Munser H, Fernwärmeversorgung(district heating), 2, Auflage(edition). VEB Deutsche Verlag für Grundstoffindustrie(VEB German publishing house for basic industry), Leipzig 1983.

Handl K–H, Fernwärme für acht Gemeinden von Kernkraftwerk Beznau(District heating for eight municipalities of Beznau nuclear power plant). Fernwärme International 14(1985) : 2, 46–50.

IAEA, Nuclear heat applications : design aspects and operating experience. TECDOC 1056, International Atomic Energy Agency, Vienna, Austria, 1998.

IAEA, Market Potential for Non–Electric Applications of Nuclear Energy. Technical Reports Series No. 401. International Atomic Energy Agency, Vienna, Austria, 2002.

Fischer E, Oppermann G, Nuclear District Heating : The Swiss experience. District Energy 90(2004) : 3–4, 18–21.

6.13 전기보일러(Electric boiler)

특정시간에 낮은 요금으로 전기를 이용할 수 있는 일부 국가에서는 (스웨덴을 참조한 그림 6.3에서 알 수 있듯이)지역난방을 위한 전기보일러를 일정 범위에서 사용하고 있다. 노르웨이는 다수의 수력발전이 설치되어 있는 또 다른 국가이며, 이 나라의 일부 지역난방 시스템은 전기보일러에서 생산되는 열로 공급되고 있다.

대형 히트펌프와 마찬가지로 전력망의 변동성을 완화하기 위해 대형 전기보일러를 설치할 수 있으며, 이런 방식을 통해 지역난방이 풍력발전의 확대 사용을 지원할 수 있다.

그림 6.95에 대형 전기보일러의 개념도가 있다. 전류는 물을 통해 흐르며 이 과정에서 물을 가열한다. 전류는 전극의 **활성표면적(Active surface area)**과 물의 **도전율(Conductivity)**에 대한 함수이다.

전극 스크린(Electrode screen)을 작동해 전극의 활성면적이 달라질 수 있으며, 따라서 출력은 최소 (보일러 크기와 전압에 따라)10–20%와 100% 사이에서 변하게 된다.

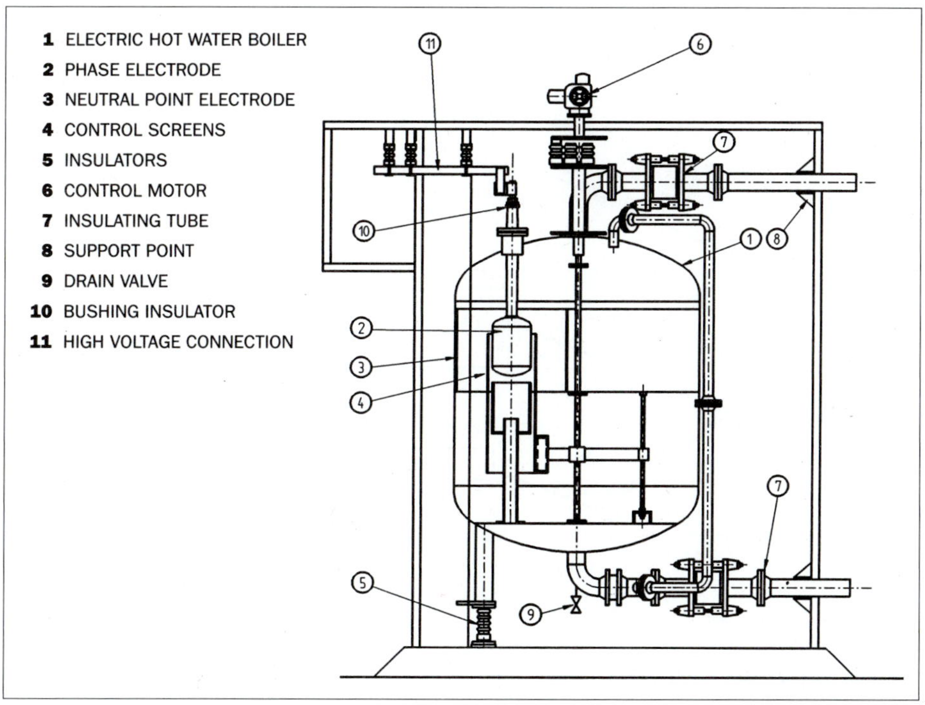

그림 6.95 대형 전기보일러. 출처: Zander & Ingeström. 허락을 받고 사용함

6.14 첨두 및 예비 열생산(Peak and backup heat generation)

지역난방 부하는 보통 최소 2개 이상의 생산설비를 통해 충족된다. **열부하 지속시간 차트**(**Heat load duration chart**, 그림 6.96 참조)에 설비들의 **복합 운영 역할**(**Combined operation role**)을 표시하는 것이 일반적이다. 이 곡선의 특별한 점은 가로축이 연간 시간이며, 이 기간 동안 부하 P_q는 11.3절에 설명한 것과 같이 세로축의 최솟값이다.

이 그림은 3가지 생산설비(CHP설비, 연료 열전용 보일러, 전기보일러)의 운용이 복합된 플랜트를 나타낸다. CHP설비가 연중 대부분의 기간에 기저부하를 공급하고 있다. 연료 열전용 보일러는 동절기 첨두 열력을 제공하며, 전기보일러는 CHP 설비가 미가동되고 전기를 낮은 요금으로 이용할 수 있는 따뜻한 계절에 저부하를 공급한다.

배압 증기 CHP는 설비 중 보일러에 의해 주로 영향을 받는 **최소 열출력 생산 가능량**(**Minimum possible generating heat output**)을 갖는다. 그러므로 따뜻한 계절에는 CHP 설비를 가동에서 제외해야 하며, 최소부하 밑으로 너무 많은 일일 변동이 발생하지 않을

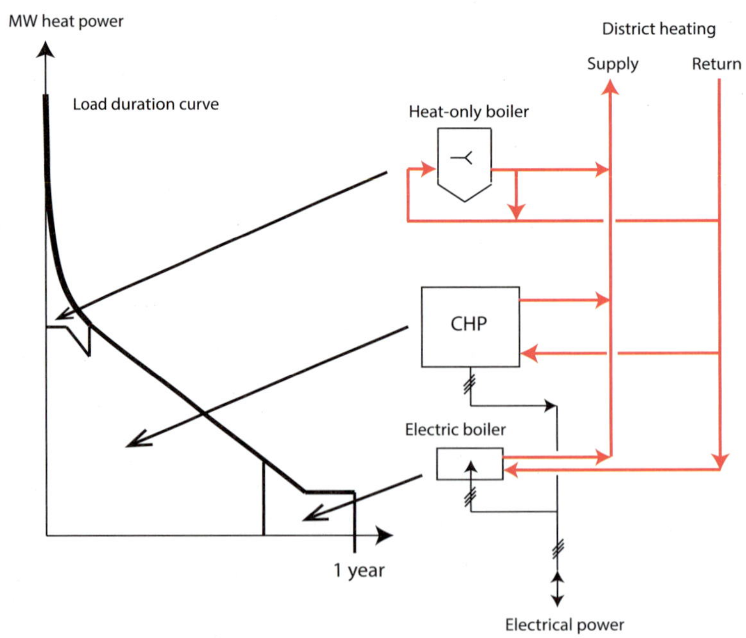

그림 6.96 생산설비를 나타낸 열부하 지속시간 차트, 병렬로 모두 연결되어 있으며 첨두, 기저, 여름철 저부하를 공급함

때까지 열부하가 높아지면 또 다시 가동해야 한다. 여름에 가동중단 기간은 **오버홀(Overhaul)**과 같은 수리를 위해 사용된다.

추출-응축 CHP 터빈 설비의 경우 원칙적으로 어떤 크기의 작은 열부하도 공급할 수 있다. 왜냐하면 이 같은 플랜트는 보일러에 투입되는 연료를 줄일 필요가 없으며, 그 대신 증기 전환을 통해 전기출력을 약간 더 높일 수 있도록 변경할 수 있기 때문이다.

전기보일러가 없는 플랜트에서는 한 개 이상의 연료 열전용 보일러로 낮은 여름 부하를 공급하는 것이 일반적이다. 주 보일러에 최소 출력 용량 문제가 역시 발생할 수 있으며, 한 개 이상의 추가 소형 보일러를 설치해 이 문제를 해결할 수 있다. 석유 또는 천연가스로 가동되는 열전용 보일러는 보통 수 분 내에 기동할 수 있으며, 이는 고체연료를 사용하는 보일러의 기동시간보다 훨씬 빠르다.

보통 설치되는 열전용 보일러 용량의 총 합은 다른 설비들의 고장 상황에서 열부하를 충족하기에 충분하도록 크게 선정되며, 따라서 예비 용량의 기능을 제공한다.

그림에서 첨두 보일러의 최소 용량은 추가 수요가 CHP 플랜트의 최대 생산 용량보다 약간 높을 경우 CHP로부터 발생하는 출력 내 작은 '톱니모양'에서 결정된다. 앞서 살펴보았던 **생증기 스로틀 바이패스(Live steam throttle bypass)**를 배압 플랜트에 설치한다면, 이 움푹 패인 부분을 피할 수 있다. 필요하다면 첨두부하 시 전기보일러를 가동할 수도 있지만, 많은 국가에서 첨두 열수요가 첨두 전력수요와 일치하는 경향이 있어 문제가 될 수 있다. 예컨대 스웨덴이 이런 경우에 해당되며, 이 나라에서는 여름철이 온화하며(공기조화 장치에 대한 전력수요가 적음) 저항가열 또는 히트펌프를 사용하는 다수의 전기 건물 난방이 존재한다.

연료 첨두 보일러는 일반적으로 석유 또는 천연가스로 가동된다. 천연가스의 경우, 보일러에서 앞서 살펴보았던 연도가스 응축을 통한 추가적인 열생산이 가능할 것으로 예상된다. 연도가스 온도가 낮아 부식 위험이 있을 시 그림에 있는 것과 같은 순환시설이 보일러 효율을 어느 정도 상쇄할 수 있다.

그림 6.96 배치는 지역난방 네트워크에 병렬로 플랜트들을 연결하고 있으며, 그림 6.97 케이스 B의 배치에 해당된다. 또 다른 방법은 케이스 A와 같이 직렬로 연결하는 것이다. 그림에서 알 수 있듯이, 직렬배치는 낮은 증기 응축온도 t_c를 허용해 증기 배압 CHP 플랜트에서 더 큰 전기출력으로 이어진다.

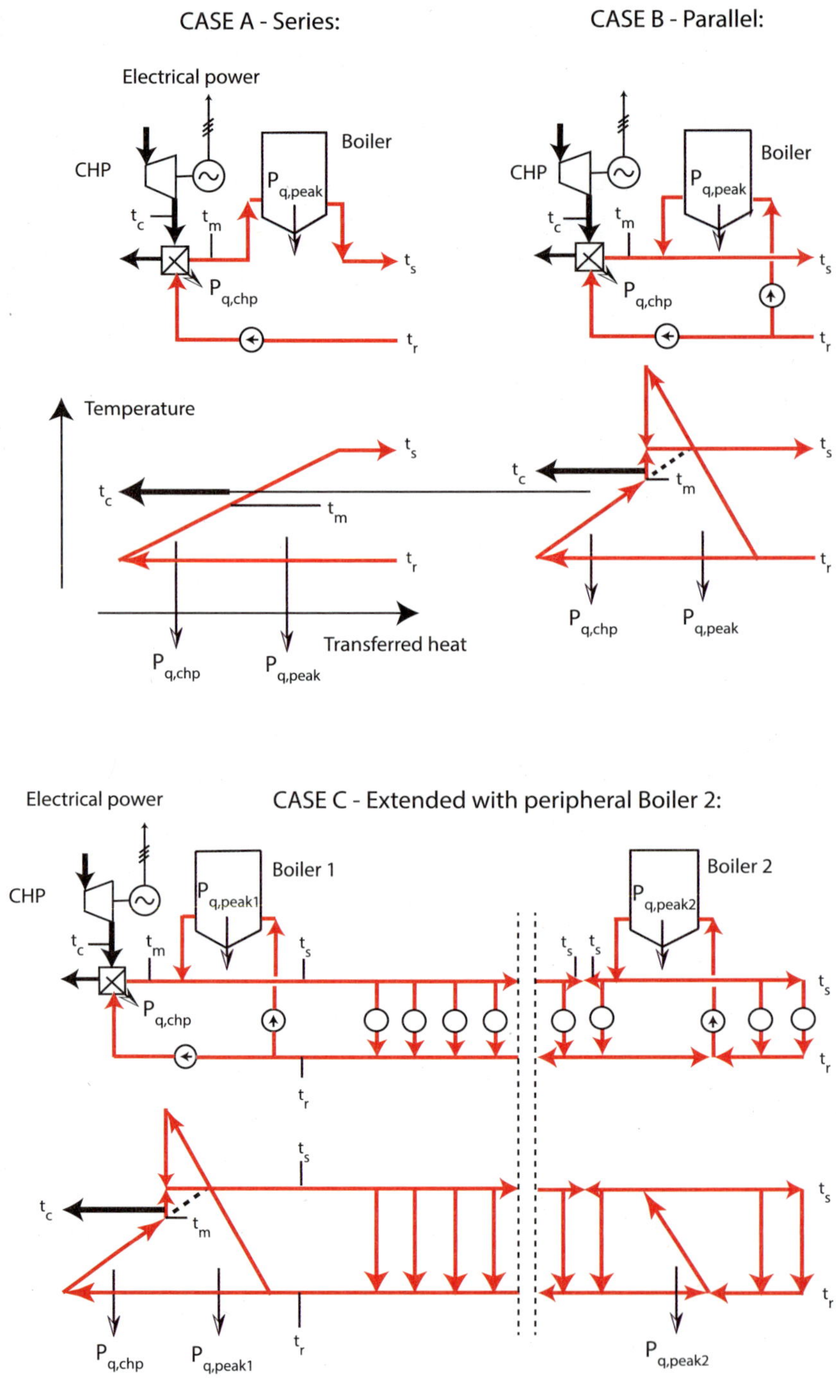

그림 6.97 CHP 플랜트와 한 개 또는 두 개의 첨두 열전용 보일러의 복합 운영. 케이스 A, 왼쪽 위: 증기 배압 CHP 플랜트와 첨두 열전용 보일러의 직렬연결. 케이스 B, 오른쪽 위: 병렬연결. 케이스 C, 아래: 비중앙집중식으로 배치된 열전용 보일러 2에서 추가 열부하를 공급하는 지역난방 네트워크의 개념도

증기 복수기(Steam condenser)를 나오는 물의 온도 t_m이 네트워크 공급온도 t_s와 동일한 지점에서 병렬연결 운전모드와 직렬연결을 비교할 경우, 장점이 가장 크게 나타난다. 아래 그래프는 보일러 내 가열을 통해 온도 증가를 크게 해 완전하게는 아니라도 부분적으로 이런 단점을 보완할 수 있다는 사실을 나타낸다. 실제에서는 병렬연결 방식이 가장 일반적이다. 직렬연결 시 설계되는 보일러가 더 커야 하고, 이로 인해 초기 비용이 증가하는 것이 한 가지 원인이다.

10.1절에서 논의되고 그림 10.3에 있듯이, 대규모 네트워크는 일반적으로 비중앙집중식 보일러들로 구성된다. 그림 6.97에 케이스 C는 이런 종류의 시스템에 대한 개념도이다. 상대적으로 높은 열부하가 발생하는 상황을 보여주고 있으며, CHP 설비 인근에 있는 보일러 1과 비중앙집중식 보일러 2가 모두 가동 중에 있다. 이 두 번째 보일러가 있기 때문에 기저 플랜트로부터 나오는 배관을 더 작게 줄일 수 있으며, 보일로 2에서 유량을 재순환한다. 부하 케이스에 있듯이 이 재순환되는 유량은 상대적으로 크다. 왜냐하면 보일러 2에서 공급하는 열 $P_{q,Peak2}$가 보일러 이후의 주택들뿐만 아니라 기저 플랜트 인근에 위치한 일부 주택들도 공급하기 때문이다.

이런 이유로 공급배관 내 **대항유량(Opposing flow)**의 **수리선단(Hydraulic front)**이 형성된다. 보일러 2에서 가열되는 물의 공급온도 t_s는 중앙집중식 플랜트에서의 공급온도와 같아지도록 설정한다. 부하조건 변화로 인해 이 선단이 움직이기 때문에, 만일 두 온도가 달라지면 배관이 주기적인 열응력에 노출 될 것이다. 이 같은 응력이 충분히 크다면, 제8장에서 논의되는 것과 같은 **저주기 피로(Low cycle fatigue)**로 인해 열수송관의 조기 파괴가 일어날 수 있다.

그림 6.98은 중 · 소규모 열전용 보일러에 대한 일반적인 배치를 나타내며, **연관 보일러(Smoke tube boiler)**에 해당한다. 직경이 큰 튜브가 불꽃을 위한 공간을 제공한다. 여기서부터 연소가스는 두 개의 연속적인 연관군들(Smoke tube banks)의 경로를 통해 이동하며, 180° 씩 두 번 회전하고 마지막에 보일러 출구 쪽에서 90° 회전한다. 지역난방 수는 2단계로 가열된다. 첫 번째는 분리된 열교환기(배열회수 보일러)에서, 그 다음은 (실제)보일러에서 가열이 이루어진다. 열교환기는 주로 저온 연도가스 부식을 방지하기 위해 스테인리스강으로 만들며, 반면에 보일러는 비용이 적게 드는 일반강으로 제작된다. 연도가스 부식을 방지하기 위한 추가 기능으로 그림 6.96에서 이미 살펴보았던 **물 재순환(Water recirculation)**이 있다.

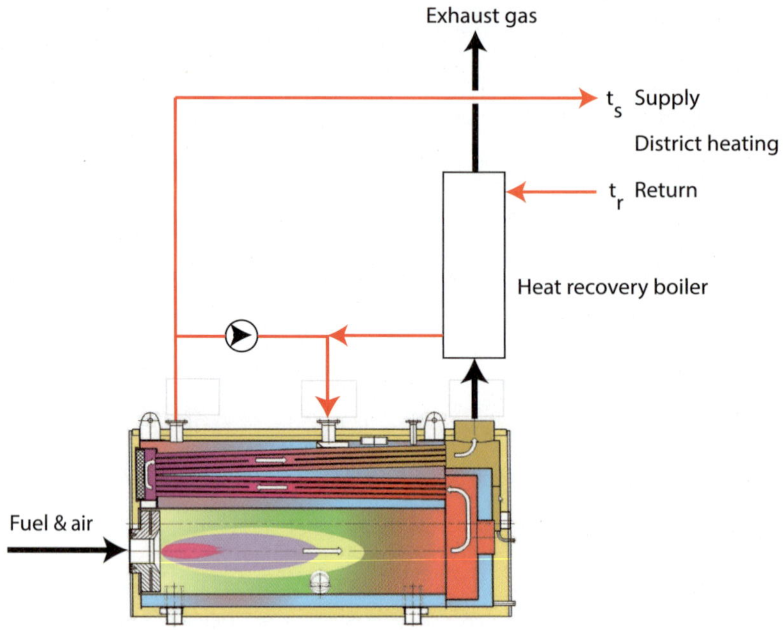

그림 6.98 연관 보일러. Danstoker와 Tjæreborg Industri 자료를 각색함

그림에 있는 보일러는 지역난방 수에 직접적으로 열을 가한다. 대형 보일러(특히 증기돔 형태의 보일러)의 경우에는 분리된 물 순환을 통해 지역난방 네트워크에 간접적으로 열을 공급하며, 열교환기에서 유체적으로 분리된다. 이런 타입의 배치는 네트워크 수의 불순물로 유발되는 부식 또는 스케일링(Scaling)에 보일러를 덜 민감하게 한다.

오일을 연소하는 경우에는 전통적으로 광물유(Mineral oil)를 사용한다. 최근에는 바이오유와 목재분진(Wood dust)을 대체수단으로 활용할 수 있게 되었다. 오늘날 스웨덴에는 수많은 비첨두 보일러와 CHP 플랜트가 바이오매스로 가동 중에 있으며, 지역난방 회사들 사이에서는 바이오유를 사용할 수 있도록 보일러 설계를 수정하는 일이 유행처럼 번지고 있다. 그 때문에, 이런 종류의 연료 전환을 '최후의 석유를 단계적으로 폐지하는 것'으로 일컬어지고 있다.

예컨대 연료 종류에 따라 정기적인 **그을음 불어내기(Soot-blowing)**에 대한 필요성 같은 서비스 수요가 증가할 수 있다. 또한, 연료의 부식성이 높은 경우 배관, 펌프 등을 대부분 스테인리스강으로 된 부품으로 교체해야 한다. 배출가스 규정을 충족시키기 위해 보통 연돌 필터와 그밖에 다른 정화장치들을 설치해야 한다. 연료점도가 너무 낮아지는 것을 피하기 위해 연료 저장탱크에 예열설비가 필요할 수도 있다. 이런 수요들 때문에 연료전환이 항상 경제적일 수는 없으나, 그럼에도 불구하고 플랜트 소유자가 정치적 또는 이미지를 좋게 하기 위한 이유로 연료전환을 수행하기도 한다.

참고문헌

Kvarnström, T, Fasa ut sista oljan(Phase-out of the last oil). Stockholm, Swedish District Heating Association, 2009.

6.15 축열과 축냉(Heat and cold storage)

이 절에서는 대규모 **열에너지 저장(Thermal energy storage, 일반적으로 TES라 함)**에 대해 다룬다. 이 같은 저장은 **계절 간 저장(Inter-seasonal storage**, 태양열 지역난방과 지역냉방에 대한 절에서 논의되었던 것)과 **단기 저장(Short-term storage)**으로 나뉜다. 계절 간 저장은 여전히 개발단계에 있으며, 반면에 단기 저장은 검증된 기술로 되어 있다. 하지만 이 구분은 명확하지 않으며, 대규모 네트워크에 단기 저장을 위한 대형 설비가 소규모 시스템에서는 계절 간 저장 기능을 제공할 수 있다.

단기 저장의 목적 중 하나는 첨두 수요 시간대에서 낮은 수요 시간대로 부하를 이동시키는 것이다. 또 다른 목적은 생산설비로 대처할 수 없는 갑작스런 부하 변화를 공급하거나 생산설비의 빠른 기동과 정지로 발생하는 손실을 피하기 위해 빠르게 열 또는 냉기 공급을 보충하는 것이 있다. 단기 축열의 추가기능은 유용한 열 추출 증가 시 전기 출력이 줄어드는 특징을 갖는 (증기 추출-응축 플랜트 같은)CHP 플랜트 타입에서 전기출력을 높일 수 있다는 것이다.

TES가 지역난방 기술에서 유용한 선택사항인 반면, 축냉은 보통 지역냉방 설계가 성공하기 위해 (특히 더운 기후에서)필수적인 요소이다. 다른 방식으로 말하자면, 지역난방에서 CHP만큼이나 지역냉방에서 축냉이 중요하다. 축냉의 중요성에는 몇 가지 원인이 있다. 그 중 하나가 제5장에서 살펴보았듯이 냉방수요는 보통 24시간 주기 동안 난방수요 보다 훨씬 많이 변화한다는 것이다. 그림 5.27에는 냉방부하 수요를 균등하게 하기 위해 사용되는 스웨덴의 축냉 탱크 사진이 있다.

공기조화를 폭넓게 사용하는 북미에서 축냉은 지역냉방 시스템뿐만 아니라 블록단위의 건물 등에서도 일반적으로 사용되며, 영향력 있는 ASHRAE 가이드라인에 이런 상황이 반영되어 있다. 이 가이드라인에서 대규모 축열은 아주 짧게 다루지만 대규모 축냉(및 소규모 축열)은 상세하게 언급되어 있다. 지역난방이 중요한 유럽에서는 대형 지역난방 축열설비가 대형 축냉설비보다 많지만, 지역냉방의 중요성이 높아짐에 따라 축냉의 사용도 증가하고 있다.

지역난방과 지역냉방 사이에 TES 설치 동기는 약간 다르지만, 냉수 대신 드물게 사용되는 **얼음 냉기 저장**(Ice cold storage)을 제외하고는 기술적으로 상당히 중첩되어 있다.

대부분의 열에너지 저장은 생산 시설에 인접해 있는 중앙집중식 저장 탱크에서 이루어진다. 좀 더 확장하면, 분배 네트워크 그 자체가 (비록 유연성이 떨어지는 방법이지만)생산시설에서 나온 난방수의 (공급)온도를 일시적으로 높여 지역난방 네트워크 내 저장 용량 기능을 제공할 수 있다.

6.15.1 부하이동(Load shifting)

그림 6.99는 지역난방 시스템 내 단기 부하이동의 한 사례를 나타내고 있으며, 그림 6.100에는 지역냉방 시스템 내 단기 부하이동을 위한 두 가지 대안적인 방법들이 있다. 세 가지 경우 모두에서 부하 최상단은 거의 '잘려나가게(Shaved)'되며, 이런 이유로 '**피크 셰이빙**(Peak shaving)'이라는 용어가 사용된다. 그림 6.100 왼쪽에 있는 사례(케이스 A)에서 셰이빙은 냉방 생산을 완전히 고르게 한다는 의미를 실현하고 있으며, 그림 6.99에서는 피크 셰이빙이 단지 부분적으로 발생한다. 그림 6.100 왼편의 케이스 B-전략은 냉방 생산이 낮 시간 동안 완전히 멈추는 지역에서 부하이동의 극단적인 경우를 나타낸다.

그림에 있는 모든 경우에서, 예상되는 첨두수요가 나타나기 전 저부하에서 TES설비를 축열/축냉한다. 비록 첨두수요가 정확히 얼마나 크고 언제 발생하는지에 대한 약간의 불확실성이 존재하기는 하지만, 일반적인 수요패턴이 매일 반복되기 때문에 보통 앞서 언급한 방식으로 축열/축냉이 이루어진다.

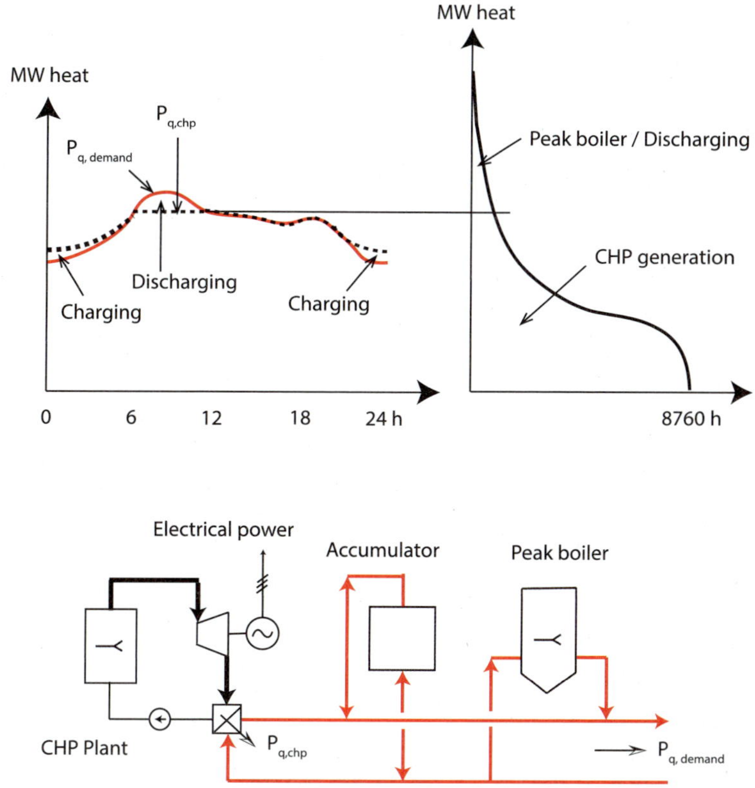

그림 6.99 첨두 보일러의 값비싼 운영을 (가능한)피하기 위한 부분적인 열부하 셰이빙. 왼쪽 위: 아침시간에 첨두부하가 발생하는 하루 동안의 부하패턴. 오른쪽 위: 연간 열부하 지속 곡선

그림 6.99 오른쪽에 CHP 플랜트에서 공급 가능한 최대 열생산을 나타내는 수평선이 포함된 열부하 지속 곡선이 있으며, CHP 플랜트는 첨두 열전용 보일러보다 낮은 순 운영비용으로 기저 열부하를 공급하고 있다. 그림에서 알 수 있듯이, 특정 24시간 주기에 대해 가정한 수요곡선에서 TES는 보일러 가동을 완전히 피하기에 충분한 크기를 갖는다. 한 겨울의 또 다른 24시간 주기에서는 축열조 용량 소진 시 보일러 가동을 피할 수 없지만, 저장 설비가 여전히 난방 서비스 제공에 대한 전체적인 비용을 감소시킬 것이다.

여기서 가정하고 있는 증기 배압 타입 CHP 플랜트 종류는 그림에 있는 것보다 좀 더 완전한 형태의 피크 셰이빙을 수행해 역효과가 발생하기도 한다. 왜냐하면 전기에 대한 일반적인 수요가 최대로 발생해 전력망에 전기를 파는 것이 가장 수익성 높은 상황에서 전기 출력을 줄여야 하기 때문이다. 많은 주택들이 전기저항 난방을 사용하는 스웨덴 같은 나라에서는 전기와 지역난방에 대한 첨두 수요가 대체로 일치하는 경향이 있다.

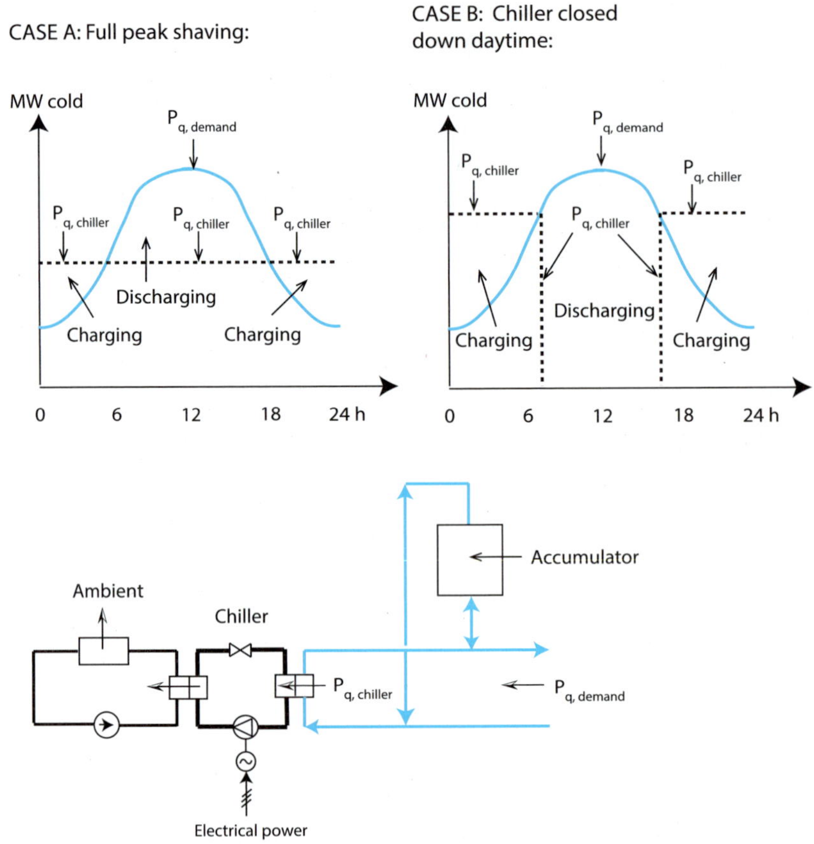

그림 6.100 냉방부하 이동 전략의 두 가지 케이스

앞서 언급했듯이, 그림 6.100에서 케이스 A는 지역냉방 시스템에서 완전 피크 셰이빙의 한 가지 사례이다. 이 같은 운전을 정당화하는 첫 번째 이유는 (대체로 최대 냉방수요와 일치하는)전기가격이 가장 높은 시간에 냉방생산을 줄이는 것이며, 이것은 그림 6.99에 사례를 든 상황과 정확히 반대되는 경우에 해당된다. 케이스 A는 왜 TES가 일반적으로 지역난방보다 지역냉방에서 더 중요하다고 말할 수 있는지 설명하고 있다. 두 번째 이유는 **터보냉동기(Centrifugal chiller)**를 열전용 보일러와 비교하듯이, 냉방을 위한 첨두 생산용량은 높은 투자비용을 수반하는 경향이 있다. 세 번째 이유는 심야 시간에 냉방수요가 낮아지면 터보냉동기를 좀 더 효율적으로 운영할 수 있다는 점이며, 외기온도가 낮은 시간에는 냉동기에서 차온이 작아지기 때문에 생산되는 단위 냉방에너지당 더 적은 전기를 사용한다.

극한 기후조건에서 뜨거운 낮과 아주 추운 밤이 존재한다면, TES 설비는 값비싼 냉동기 설비를 완전히 필요 없게 만들 수 있다. 즉, 낮 시간 동안 발생하는 전체 냉방수요를 충분히 공급할 수 있을 정도로 심야에 외부공기로부터 무료로 냉방을 추출할 수 있다.

그림 6.100의 케이스 B에 있는 상황은 낮 시간 동안 지역냉방 냉동기를 운영하는 비용이 냉동기를 완전히 멈추게 할 만큼 높은 경우에 발생할 수 있다. 이 같은 상황은 많은 건물들이 축냉설비가 없는 내부 설비로 공기조화를 하는 열대지방에서 발생할 수 있다.

6.15.2 단기 축열 기술과 흐름도 (Short-time heat storage technology and flowchart)

증기를 분배하는 지역난방 네트워크의 경우, **압력 변화 어큐뮬레이터**(**Sliding Pressure accumulator**, **루쓰 어큐뮬레이터**(**Ruth accumulator**)라고도 함)가 가장 일반적으로 사용되는 타입이다. 열매체가 온수인 네트워크에서 어큐뮬레이터는 차가운 유체 상단에 뜨거운 유체가 있는 **온도성층**(**Thermal Stratification**)을 기반으로 하며, **이동 전이층**(**Movable transition layer**, **변온층**(**Thermocline**))에 의해 둘로 나뉜다(그림 6.101). 이러한 종류의 저장 시설을 **이동형 저장 어큐뮬레이터**(**Displacement storage accumulator**)라고 한다.

때로는 축열 유체를 위한 소요 공간 확보를 위해 암석동굴을 활용할 수 있지만, 가장 일반적인 저장설비는 강철 탱크를 사용한다.

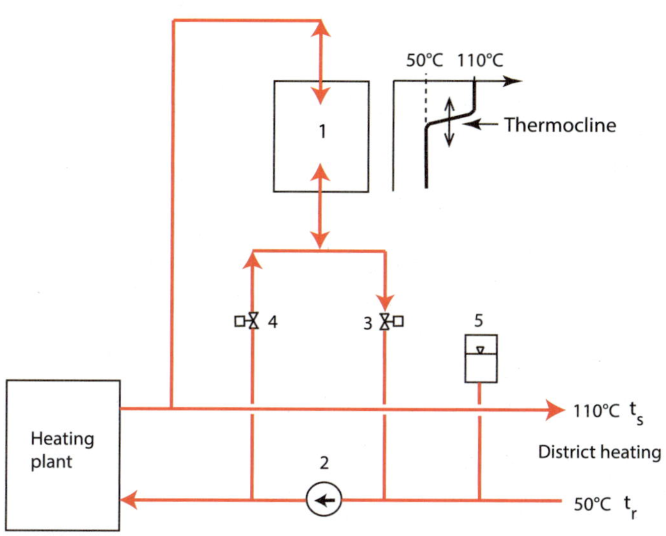

그림 6.101 가압식 열 이동형 어큐뮬레이터

그림에 있는 저장탱크(1)의 오른쪽 온도 그래프에서 이동 전이층을 확인할 수 있다. 특정 레벨에서 아주 갑작스러운 온도 변화가 발생한다. 축열 시 전이층이 아랫방향으로 이동하며, 방열 시에는 그 반대가 된다. 층 두께가 불필요하게 너무 많이 성장하는 것을 막기 위해 이동이 너무 빠르지 않아야 하며, 연결된 배관을 통해 탱크로 유입 또는 유출되는 물 모두에서 전이층을 교란하게 되는 제트(Jet)를 생성하지 않아야 한다.

이동형 저장 탱크 내 변온층의 이동은 다양한 방법으로 제어할 수 있다. 그림에 있는 탱크(1)은 네트워크 순환펌프(2)와 병렬로 연결되어 있다. 충전밸브(3)(Charging valve, 축열 시 열림)이 있는 분기관은 펌프의 흡입부에 연결되며, 배출밸브(4)(Discharging valve, 방열 시 열림)가 있는 또 다른 분기관은 펌프 후단에 연결된다.

펌프의 흡입부에서 네트워크 압력을 제어하는 한 가지 방법으로 팽창탱크(5)(Expansion tank)를 배치했으며, 팽창탱크 내에는 난방수의 열수축과 팽창을 허용하는 불활성 기체(보통 질소를 사용함) 쿠션이 있다. 그림에 있는 단순한 형태의 탱크 내 **폐쇄 쿠션 부피(Closed cushion volume)**로는 압력변화를 완전히 제거하지 못한다.

이 문제는 탱크와 연결된 압축기와 바이패스 밸브 설비로 (대부분)처리할 수 있으며, 이런 설비들이 팽창탱크 내 불활성 기체의 양 변화를 허용한다. 또 다른 방법은 요구 압력에서 균형을 유지할 수 있는 물과 증기로 된 탱크를 사용하는 것이다.

그림 6.101에 있는 배치에서 TES 탱크는 보통 연강(鍊鋼, Mild steel) 등급의 압력용기에 해당하는 네트워크의 압력과 동일한 압력으로 설계된 **가압식 저장탱크(Pressurised storage tank)**이다. 이 탱크의 크기는 대략 50,000 m^3까지 커질 수 있으며, 대규모 축열 부피를 제공하기 위해 많은 탱크를 직렬로 연결할 수도 있다. 독일의 켐니츠(Chemnitz)시가 칼 마르크스(Karl Marx Stadt)시로 불리던 시설에 이런 타입 플랜트의 초기 형태가 건설되었으며, 오늘날 이곳에는 대형 냉수 저장 설비도 존재한다.

그림 6.102는 가압식 탱크보다 저렴한 (비가압)**대기압식 저장탱크(Atmospheric pressure storage tank)**(1)이 있는 배치를 보여준다. 가압식 탱크와 동일하게 보통 강철로 만들지만 압력용기 등급을 필요로 하지 않는다. 때로는 저렴한 비용을 들여 오일탱크를 대기압식 축열탱크로 전환하기도 한다. 대기압(Atmospheric pressure)이라는 용어를 문자 그대로 해석하지 말아야 한다. 왜냐하면 탱크 내 수주(水柱, Water column)의 무게로 인해 (직경보다 높이가 작은 경우라도)상부보다 하부에서 압력이 약간 더 높기 때문이다.

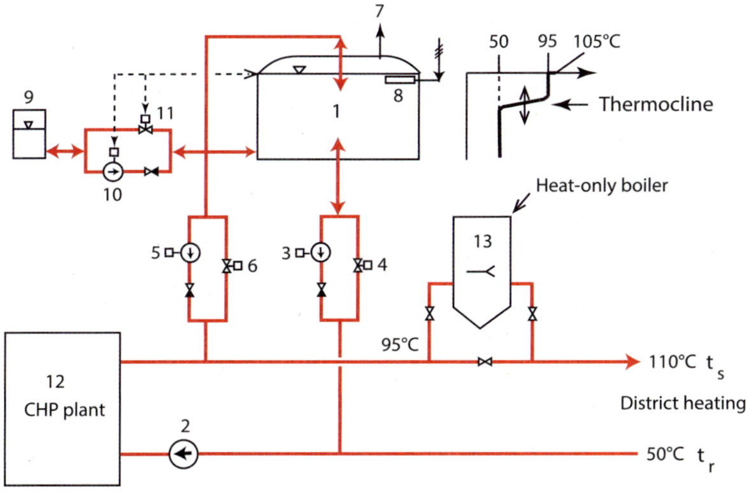

그림 6.102 대기압식 열 이동형 어큐뮬레이터

스웨덴에서 대기압식 저장탱크 기술은 1970년대 초 이후에 많은 도시(베스테로스(Västerås)에서 최초로 사용됨)의 지역난방에서 수십 년 동안 사용되고 있다. 플렌스부르크(Flensburg)는 대기압식 탱크를 운영하고 있는 독일 도시 중 초창기 사례에 해당된다.

축열-방열 배치는 가압식 탱크의 경우보다 훨씬 복잡하다. 그림에 있는 것은 다양한 사례들 중 하나에 해당한다. 축열펌프(3)과 방열밸브(4)가 병렬로 배치되어 있으며, 탱크 하부를 네트워크 순환펌프(2)의 흡입부 지점에 연결하고 있다. 반면에 방열펌프(5)와 축열밸브(6)은 탱크 상부를 펌프의 공급부 지점에 연결한다. 축열 시에는 펌프(3)이 가동되고 밸브(6)이 열리며, 반면에 방열 시에는 밸브(4)가 열리고 펌프(5)가 가동된다. 이런 배치는 네트워크 압력제어도 가능하게 한다. 만일 압력수준이 너무 낮으면 공급되는 양보다 더 많은 물이 탱크로부터 유출되고, 압력수준이 너무 높으면 그 반대가 된다. 탱크(1) 내 수위는 펌프(10)과 밸브(11)에 의한 저장탱크(9)와의 상호작용을 통해 유지된다. 표면층 위쪽 공간과 바깥쪽 대기를 연결하는 벤트배관(7)을 배치해 대기압보다 약간 높은 압력을 유지한다. 전기히팅기(8)은 수면 위쪽 공간이 증기로 완전히 채워지게 할 목적으로 설치하며, 이 공간에 공기가 존재하면 산소가 물에 용해돼 탱크 내 부식을 촉진시키는 원인이 되기 때문에 이 같은 조치가 필요하다.

그림에 있는 것과 같은 대기압식 탱크가 있는 배치는 탱크 상부에서 물의 온도가 대략 100℃로 제한되므로 공급온도와 회수온도가 중 · 저온으로 운영되는 지역난방 네트워크에 적합하다.

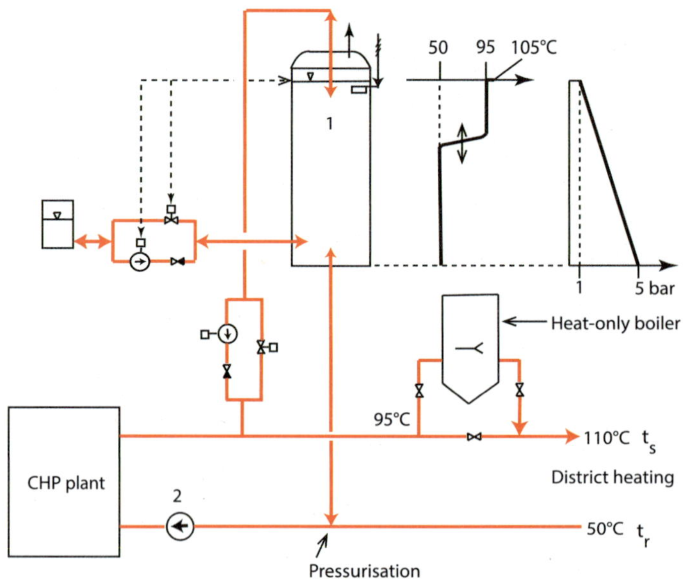

그림 6.103 지역난방 네트워크의 정압을 동시에 유지하는 개방형 열 이동형 어큐뮬레이터

그림에서 첨두보일러(13)은 기저부하 CHP 플랜트와 직렬로 배치되어 있으며, (펌프(5)/밸브(6)을 통해)탱크의 상부가 CHP 플랜트와 보일러 사이 네트워크 상의 한 지점에 연결되어 있다.

높은 열부하에서 보일러 가동 시, 탱크 상단에 유입되는 물의 온도는 네트워크 공급온도 110℃보다 낮은 온도인 95℃가 될 것이다.

TES의 세 번째 대안이 그림 6.103에 있다. 여기서는 높은 수직탱크(1)이 앞선 배치와 같이 벤트를 통해 바깥쪽 대기로 개방되어 있다. 탱크의 바닥은 네트워크 회수관에 있는 순환펌프(2) 흡입부의 한 지점과 연결되어 있다. 이 대안에서 TES는 탱크 내 수주의 무게를 통해 네트워크 압력을 제어하는 추가적인 기능을 수행한다. 일반적인 사례로, 탱크의 높이가 40m이면 압력은 5bar에 고정될 것이다. 높고 기다란 탱크는 변온층 성장에 의한 저장용량 감소를 완화시킨다.

6.15.3 단기 축냉 기술(Short-time cold storage technology)

처음에 언급했듯이, 지역냉방 시스템에 있는 중앙집중식 TES에 대한 설계 및 저장기술은 지역난방에서 사용되는 것과 많은 유사점을 갖고 있다. 이것은 저장매체가 물인 경우에 해당되며, **열적성층**(Thermal stratification)을 활용한다. 하지만 때로는 냉기를 얼음 형태로 저장하기도 하며, 이 경우에 적용되는 기술은 매우 상이하다.

축열을 할 때에는 저장 외벽으로 강철탱크를 가장 많이 사용하며, 암석동굴이 대체수단으로 사용되기도 한다. 2010년 스웨덴 스톡홀름 Hornsberg에 이 같은 종류의 50,000 m^3짜리 대형 냉수저장 설비가 운영에 들어갔다. 이 설비에 저장되는 것은 지역냉방 네트워크의 냉수가 아니라 음용수이다.

물은 4℃에서 밀도가 가장 크다. 이런 이유 때문에 이동형 저장탱크는 실제로 이 제한온도보다 높은 최저온도로 운영되어야 하며, 냉기를 얼음으로 저장하지 않는 지역냉방 시스템에서 흔히 사용되는 대략 5℃의 최소 공급온도와 일치한다.

그림 6.104는 미국 ASHRAE 가이드라인에서 찾을 수 있는 축냉 어큐뮬레이터의 한 종류에 대한 흐름도이다. 축냉 시 밸브(2),(3),(7)이 열리며 다른 밸브들은 닫힌다. 방냉 시 밸브(4),(5),(6)이 대신 열리고 다른 밸브들은 닫힌다. 순환펌프(8) 상류에 있는 네트워크에 어큐뮬레이터 탱크의 양쪽 부분이 연결되기 때문에 저압에서 탱크를 운전할 수 있어 배치가 약간 복잡해지는 것을 상쇄한다. 흐름도 내 연결부들에 대한 적절한 변경을

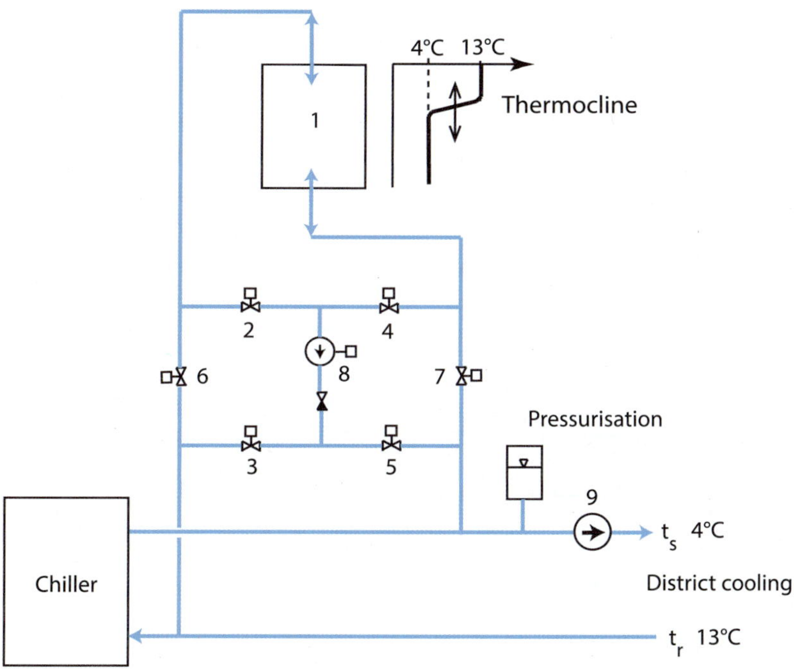

그림 6.104 가압식 이동형 냉기 어큐뮬레이터. ASHRAE 권고안을 기반으로 함

통해 축열에도 이러한 배치를 사용할 수 있다. 다시 한 번, 축열과 축냉 기술 사이에 상당한 유사성이 있음을 알 수 있다.

지역난방 네트워크와 비교해 지역냉방 네트워크는 공급온도와 회수온도 사이의 차온이 훨씬 작기 때문에, 감열(Sensible heat)로 냉기에너지를 저장하기 위한 이동형 어큐뮬레이터의 부피가 축열과 비교해 동일 양의 에너지 저장에 대해 훨씬 더 커지게 된다(일반적으로 대략 5배 정도에 해당함).

축냉을 위해 **감냉(感冷, Sensible cold)** 대신 **잠냉(潛冷, Latent cold)**을 이용하면, **비체적 요구량(Specific volume demand, m^3/J)**이 약 5배 만큼 줄어들 수 있다. 이 같은 잠냉 저장은 캡슐화된 작은 요소들 내부에 포함된 유기물질의 녹는열을 사용해 이루어질 수 있다.

그러나 현재 사용 중인 잠냉 저장 어큐뮬레이터의 압도적인 다수는 '**얼음/물 어큐뮬레이터**'이며, 물이 얼고 녹을 때 발생하는 잠냉/잠열을 사용한다. 그림 6.105에 있는 설비에서 **물–글리콜 브라인 순환(Water–glycol brine cycle)**은 지역냉방 네트워크 순환과 분리되어 있으며, 축냉조는 탱크 내부의 튜브뱅크로 구성된다. 축냉 시 0℃ 아래 온도의 브라인이 튜브로 유입되며, 튜브 사이에 물을 냉각시키고, 이로 인해 튜브 바깥쪽에 얼음을 형성한다. 방냉 시에는 튜브 사이에 물의 흐름이 만들어진 얼음을 녹이게 된다. 네트워크 수의 냉각과 동시에 방냉이 일어날 수 있다는 사실을 알 수 있으며, 저장 탱크는 병렬로 연결된다. 하지만 모든 형태의 얼음 저장 설비에서 이런 종류의 운전이 가능한 것은 아니다. 미국에 있는 다수의 축냉 TES는 얼음 저장 타입이다. 미국 이외에도 싱가포르와 파리에서 이러한 사례를 찾을 수 있다.

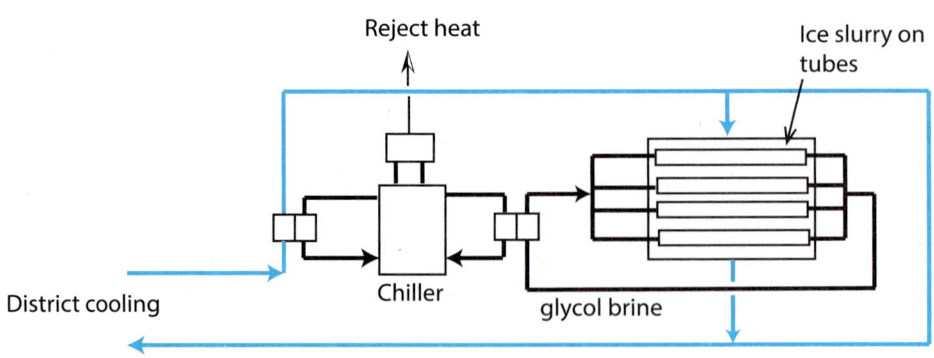

그림 6.105 아이스 슬러지 저장기술. Baltimore Aircoil Company 자료를 각색함

소형화 외에도, 얼음 저장 설비는 4℃ 이하의 온도로 지역냉방 공급을 가능하게 한다. 단점으로 냉기가 냉수탱크에 저장될 때보다 더 낮은 COP로 냉각이 일어나게 된다.

참고문헌

Västerås Stads Wärmekrsftwerk(Västerås Stads thermal power plant), Wärmespeicherung–Technik und Wirtschaftlichkeit–Konventionelle Speicherung (Heat storage–technology and efficiency–Conventional storage). Fernwärme International, 8(1979) : 1, 20–23.

Backmann G, Gilli PV, Thermal Energy Storage. Springer–Verlag 1983.

Straub J, Morlock T, Brukes R, Wirkungsgrade grosser Kurzzeit–Wärmespeicher in Tankbauweise im Jahresmittel(Efficiencies of large short–term heat storage in concrete construction throughout the year). Brennstoff–Wärme–Kraft 39(1987) : 3, 1223–1261.

Gnüchtel S, Sander T, Layout and Operation Management of Heat Accumulators in District Heating Systems. 7th International Symposium on District Heating and Cooling, Lund, Sweden, 1999.

NOVEM, Optimisation of Cool Thermal Storage and Distribution. IEA District Heating and Cooling research programme. Annex6, 2002.

Schmid M, Eisspeicher verbessert Leistung von Fernkältenetz in Paris(Ice storage improves performance of district cooling network in Paris). Euroheat & Power 36(2007) : 4, 58–60.

Dittman L, Kältespeicher für effiziente Systeme zur Kälteversorgung(Cold storage for efficient systems for cooling). Euroheat & Power 36(2007) : 11, 22–25.

HVAC Systems and Equipment, ASHRAE(American Society of Heating Refrigeration and Air–Conditioning Engineers Inc.) Handbook, 2008.

District Cooling Best Practice Guide. International District Energy Association, Massachusetts, USA, 2008.

Sharma A, Tyagi VV, Chen CR, Buddhi D, Review on Thermal Energy Storage with Phase Change Materials and Applications. Renewable and Sustainable Energy

Reviews 13 (2009), 318–345.

Hida Y, Shibutani S, Amano M, Maehara N, District Cooling Plant with High Efficiency Chiller and Ice Storage System. Mitsubishi Heavy Industries, Ltd. Technical Review 45(2008) : 2, 37–44. Downloaded June 2012 from:www.mhi.co.jp/technology/review/pdf/e452/e452037.pdf

Dittmann A, Netske C, Wärmespeicherung erhöht die Effizienz der Kraft–Wärme–Kopplung(Heat storage increases the efficiency of cogeneration). Euroheat & Power 39(2010) : 1–2, 34–41.

연습문제와 과제

1 지역난방과 지역냉방을 위해 활용 가능한 열원 및 냉원의 목록을 작성하시오.

2 석탄은 효율적인 방법으로 연소하기에 특별히 어려운 연료인가?

3 왜 습한 연료를 다루는 데 지역난방이 적합한가?

4 왜 (전력생산과 비교해)지역난방이 짚을 연소하는 데 적합한가?

5 보일러가 100%를 초과한 효율로 열을 생산할 수 있는가?

6 왜 전력생산만을 목적으로 하는 것보다 지역난방을 목적으로 해서 유동층 보일러를 사용하는 것이 더 어려울 수 있는가?

7 가스터빈에서 열을 추출하는 것은 왕복(가스)엔진에서 추출하는 것과 어떻게 다른가?

8 만일 CHP 플랜트가 40% 효율에서 전기를 생산하고 총 연료 열함유량 중 90%만큼 활용하고 있다면, 열전비는 얼마인가?

9 열역학 관점에서 CHP가 비CHP보다 효율이 낮다고 생각될 수 있는 경우가 존재하는가?

10 증기 기반 CHP 플랜트의 효율을 어떻게 높일 수 있는가?

11 배압 증기 사이클 CHP 플랜트로부터 발생하는 열출력과 전기출력 사이의 밀접한 관계를 어떻게 줄일 수 있는가?

12 바이오매스 연소 시 CHP를 위한 ORC 타입 플랜트의 주요 특징은 무엇인가?

13 지열자원의 활용을 위한 ORC 플랜트의 주요 특징은 무엇인가?

14 열역학 관점에서 보면, 어떤 조건 하에서 주거용 히트펌프가 지역난방 기반 CHP보다 좀 더 효율적이라고 생각될 수 있는가?

15 왜 심층 호수 기반 지역냉방을 특히 효율적이라고 할 수 있는가?

16 도시 폐기물의 처리를 고려 시, 폐기물 에너지를 기반으로 하는 지역난방과 물건의 재활용 사이에 갈등이 존재하는가?

17 지역난방 네트워크 내 흡수식 냉동기와 연관된 '골짜기 채움' 뒤에 있는 개념은 무엇인가?

18 태양열 난방은 직접적으로 주택에 열을 공급하는 것이 제일 좋은가? 아니면 지역난방 시스템을 통하는 것이 좋은가?

19 일반적인 원자력 발전과 비교해 원자력 CHP에 특화된 안전상의 문제가 존재하는가?

20 지역난방을 위해 전기보일러를 사용하는 것이 언제 합리적일 수 있는가?

21 지역난방은 전력시스템 내 풍력에너지의 확대 시행을 어떻게 지원할 수 있는가?

22 물을 기반으로 하는 계절 간 축열 설비의 필요한 크기를 간략히 계산해 보고, 태양에너지 집열기를 기반으로 한 지역난방 시스템에 이런 축열 설비를 배치해 난방할 수 있는 건물들의 외피와 이 크기를 비교하라.

23 왜 축냉조가 지역냉방 시스템에서 아주 일반적인 설비에 해당되는가?

24 어떤 상황에서 지역냉방 시스템 내 얼음 기반 축냉이 선호될 수 있는가?

07 CHAPTER

환경적인 영향과 기회

(Environmental impact and opportunity)

앞선 장에서, 예컨대 제6장에 연도가스 처리 같은, 지역난방과 지역냉방의 몇 가지 특정한 환경적인 측면들을 다루었다. 이번 장에서는 좀 더 일반적인 방식으로 환경적인 이슈를 살펴볼 것이다.

이 책에서는 다양한 경우에 대한 균형 잡힌 설명을 제공하기 위해 기술과 기술의 이행에서 문제되는 측면들을 언급하고 있다. 그러나 지역난방과 지역냉방이 환경개선을 위한 강력한 도구가 될 수 있다는 확실한 근거가 존재한다.

7.1 국지적/광역적 대기 질(Local and regional air quality)

지역난방을 통한 환경적인 혜택들의 실현에 대한 몇 가지 가능성들이 그림 7.1, 그림 7.2, 그림 7.3에 있다. 3가지 모두 스웨덴에서 일어나고 있는 발전과정의 사례이다.

첫 번째로 그림 7.1에 수십 년 동안 수도(스톡홀름) 중심지에 있는 여러 지역에서 SO_2의 국지적 대기 농도(즉, **이미시온 값(Immission value)**)가 어떻게 변화해 왔는지에 대한 장기간에 걸친 기록이 있다. 그림에서 알 수 있듯이 SO_2 농도의 급격한 개선이 있어 왔다. 그림 7.2는 같은 기간 동안 스톡홀름 내에서 지역난방이 확대되었음을 나타낸다. 비록 두 그림이 동시에 일어난 이 두 개의 사건 사이에 강한 연관이 있다는 것을 증명하지는 못하지만, 사실에 기반한 다른 정보와 함께 좋은 증거자료가 되고 있다.

그림 7.3은 모든 건물난방(개별난방 또는 지역난방에 의한 것)과 관련하여 거의 같은 기간 동안 스톡홀름 전역에서 방출된 SO_2의 양(즉, **배출값(Emission value)**)이 어떻게 전개되었는지를 나타낸다. 비록 SO_2 **이미시온(Immission)** 감소에 이바지한다고 알려진 다른 원인들(예컨대 선박)이 있기는 하지만, 난방이 주요 원인에 해당된다. 다시 한 번 전체적으로 급격한 개선이 있었음을 확인할 수 있다.

그러나 그림 7.3에 있는 발전과정의 첫 번째 부분을 보면, 총 배출에 약간의 감소가 있기는 했지만 지역난방에서 발생되는 배출은 실제적으로 증가한다. 이런 현상은 점점 더 많은 건물이 지역난방에 연결되는 반면, 그 당시 지역난방은 전반적으로 더 좋은 연료를 사용하고 있지 못했었고 탈황설비를 갖춘 보일러조차도 없었던 사실을 반영하고 있다. 그 후의 단계에서 같은 방식의 측정이 이루어졌으며, 지역난방에서 발생하는 배출량에 대한 총 기여를 나타내고 있다. 지역난방 네트워크의 지속적 확대에도 불구하고 배출량이 감소했다.

분명히 도심지 대기질은 지역난방보다는 다른 난방방식의 채택을 통해 개선될 수 있다. 일반 대중이 오염된 공기로 인한 문제점을 인식하게 된 초창기 사건들 중 하나로 1952년 런던에서 발생한 **'빅 스모크'('Big smoke', 또는 'Great smog'라 함)** 사건이 있다. 이 사건은 폐와 심혈관계 질환으로 인한 수천 건의 조기사망에 원인이 되었다. 이때 이후로 런던의 대기질이 크게 개선되어 왔으며, 이는 특히 난방을 위한 천연가스의 폭넓은 사용에 기인하고 있다.

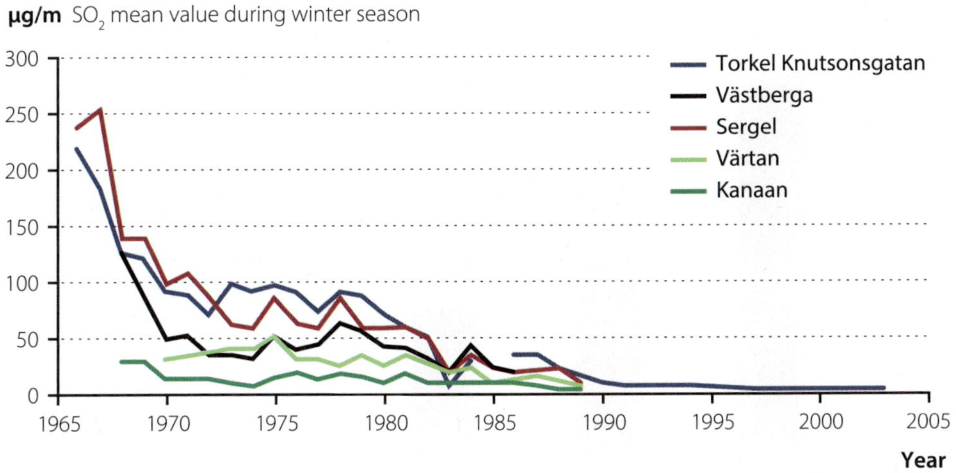

그림 7.1 스톡홀름 중심지 여러 지역에서의 SO_2 농도(이미시온)에 대한 기록. 출처: SLB Stockholms Miljöförvaltning. 허락을 받고 사용함

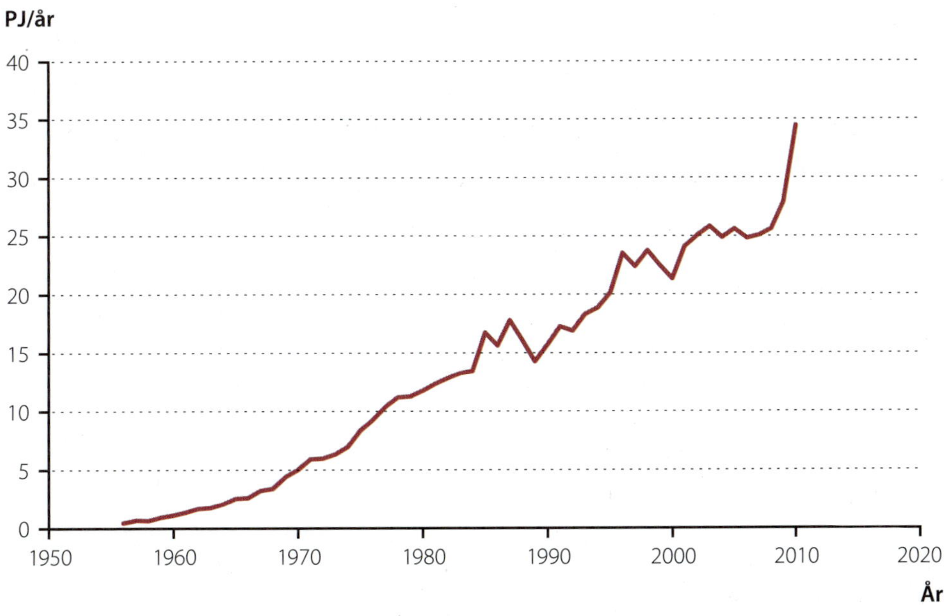

그림 7.2 스톡홀름에서 지역난방 판매의 성장과정

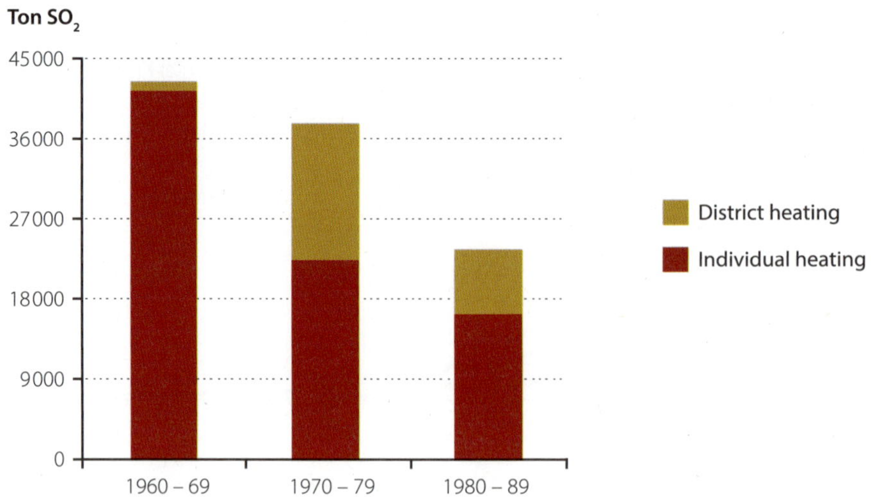

그림 7.3 스톡홀름의 모든 건물에서 발생되는 SO_2 배출에 대한 기록, 난방을 개별 건물 보일러와 지역난방으로 구분함. 출처: SLB Stockholm Milj f rvaltning. 허락을 받고 사용함

그러나 앞선 장에서 살펴보았듯이, 연료가 '다루기 어려우면'(예컨대 습한 바이오매스) 지역난방이 대기질 향상에 효과가 있다고 말할 수 있다.

그림 7.1과 그림 7.3을 비교해보면, 스톡홀름에서 총 배출량이 아주 약간 줄어든 시기에도 이미시온이 일정하게 감소하는 이유는 개별 보일러에서 중앙집중식 지역난방 보일러로의 연소이동이 더 높은 연돌로 인해 대기 중으로 배기가스 분산을 훨씬 더 잘 일으켰기 때문이다. 얼마 지나지 않아 도시 대기질 개선에 지역난방이 이바지한다는 사실을 인정받게 되었을 때, 높은 연돌이 보통 산성화에 취약한 도시 및 주변경관의 일반적인 환경 산성화에 대응할 수 없다는 것이 밝혀졌다. 처음에는 이러한 사실이 큰 주목을 받지 못했다. 시간이 지나 **광역적 환경 접근**(Regional environmental approach)이 **국지적 환경 접근**(Local environmental approach)을 보완하게 되었다. 산성화가 발생했을 때 지역난방용 연료를 포함한 연료의 최대 허용 황 함유량이 낮아졌으며, 지역난방과 발전 플랜트를 위한 대형 보일러에는 연도가스에 존재하는 SO_2의 대부분을 제거하는 장치를 설치하였다. 그 후의 단계에서 기후변화 및 이와 연관된 CO_2배출에 대한 우려를 **지구적 환경 접근**(Global environmental approach)이라 한다.

그 사이에 적합한 장치를 설치해 NO_x-배출을 관리하였다. 다시 한 번, 지역난방의 확대와 비교할 경우 달성된 NO_x–배출 감소는 인상적이다.

CO_2 문제는 뒤에서 곧바로 다루게 된다. NO_x는 산성화를 유발하고 도시 스모그 현상

에서 중요한 역할을 한다. 여러 도시에서 NO_x 이미시온의 감소가 단지 보통수준에 불과한 것으로 알려져 있다. 하지만 오늘날 NO_x 오염에 대한 가장 큰 책임이 자동차 연소엔진에 있다는 관점에서 이 문제를 보아야 한다.

이미 발전과정의 초기단계에서 지역난방은 미세먼지(Particulate) 배출 감소에 대해 상당한 개선을 이루었다. 오늘날 스톡홀름 같은 도시에서는 소형 목재 연료 보일러뿐만 아니라 자동차와 선박 내부의 연소엔진이 미세먼지 이미시온 발생의 주요 원인에 해당한다. 수많은 현대 도시에서 디젤엔진으로부터 나오는 초미세(나노) 먼지의 유해한 효과는 가장 큰 대기질 문제로 인식되고 있다. 도시 폐기물의 연소에서 방출되는 다이옥신 발생량 감소에 대한 지역난방의 기여는 앞에서 언급하였다.

이 절에서는 스웨덴의 통계적인 증거를 사용해 발전과정의 사례를 제시하였다. 대규모 지역난방 부분이 있는 다른 서방국가에서도 유사한 발전과정을 찾아볼 수 있다. 동유럽에서는 공산주의 시대에 비록 지역난방이 대부분 가장 큰 시장점유율을 차지했음에도 불구하고, 대기질 향상에 크게 이바지하지 못했다. 그 이유는 공해 방지기술에 대한 개발에 동일한 우선순위가 주어지지 않았기 때문이다.

7.2 지역냉방의 혜택(Benefit of district cooling)

개별 건물부지의 공기조화 장치를 지역냉방으로 대체하기 위한 주안점은 기존 냉방기가 일반적으로 오존층 파괴 가능성 때문에 사용이 금지된 냉매를 기반으로 했었다는 점이었다.

지역냉방 교체 시 발생하는 또 다른 혜택은 소음의 원인을 제거할 수 있다는 것이다. 부가적으로, 건물부지의 습식 냉각탑이 불필요하게 될 경우 **레지오넬라 균(Legionella)** 감염의 잠재적 요인이 제거된다.

건물부지의 공기조화 장치는 국지적으로 열을 방출한다. 이 열이 외부공기를 가열하는 원인이 되어 **도심 열섬 현상(Urban heat island)**으로 알려진 지역의 크기를 증가시키며, 사람들이 건물 밖에 있을 때 **열적 불쾌감(Thermal discomfort)**을 증가시킬 수 있다. 또한, 에어컨들이 서로의 효율을 감소시킬 수 있다. 다시 한 번, 지역냉방이 선택된 중앙집중식 냉방장치의 종류에 따라 이런 문제들을 제거하거나 적어도 그 크기를 줄일 수 있다.

앞서 언급했듯이, **심층 호수원 냉방(Deep lake source cooling)**은 에너지 수요가 거의 없지만 냉방을 포집하는 과정에서 호수 및 바다에 **열오염(Thermal pollution)**을 일으킬 수 있다.

7.3 기후 변화(Climate change)

이 책을 집필하고 있는 시기에 기후변화/지구온난화 문제는 에너지 논쟁의 중심에 있으며, 아마 다가올 수십 년 동안에도 여전히 문제로 남아있을 것이다. 유럽에서만이 아니라 대부분의 대중들은 문제투성이인 세계에서 가장 심각한 문제들 중 하나로 기후변화 문제를 보고 있으며, 비록 공개토론에서 종종 주장하는 것처럼 완전한 합의가 이루어지지는 않았지만 대부분의 과학계에서는 이런 관점을 지지하고 있다. 여기서 복잡한 문제의 원인과 결과를 논의하는 것은 적절하지 않다. 많은 국가에서 온실가스 감축이 정치적 과제가 되고 있으며, 에너지 정책 수립자와 기술자가 준수하며 일하게 되는 법률 및 각종 규정에 이것을 분명히 하고 있다.

다양한 사례에서 알 수 있듯이, 지역난방과 지역냉방 기술은 기후변화를 완화시키는데 부가적으로 상당한 기여를 해왔고 또 그렇게 할 수 있다.

앞서 다양한 경우에 언급되었던 Ecoheatcool 연구에서는 2003년까지 유럽 내 지역난방 시스템을 위한 재생에너지 부분으로 간주할 수 있는 것의 총계가 14%에 이르며, 이 비율은 총 1차 에너지의 상응하는 부분(7%)보다 더 높다는 사실이 관심 대상이 되었다. 따라서 재생에너지 수준을 12%로 높이겠다는 전체 유럽의 야심찬 계획은 지역난방 부분 내에서는 이미 달성되었다. 이런 관점에서 현실적으로 유럽 지역난방을 배가시키는 방법을 기반으로 해, 지역난방과 지역냉방이 온실가스 배출 감축에 전체 목표를 달성하기 위한 최선의 수단들 중 하나가 될 수 있다는 주장이 제기되고 있다.

역시 앞서 살펴보았듯이, 스웨덴 지역난방 부분은 바이오매스에 의한 열생산에 성공적이었으며, 이것은 그 자체가 화석연료의 CO_2 배출에 대한 상당한 감축을 나타낸다.

이제부터는 덴마크 지역난방 분야에서 과학자들과 협력해 수립한 계획을 통해 더 높은 수준의 사례를 살펴볼 것이다. 이 계획은 2050년까지 덴마크 내 모든 건물난방(즉, 지역난방을 통해 공급되는 난방만이 아닌)에서 발생되는 CO_2배출을 완전히 제거한다는 것이다. 현재(제3장에서 기술했듯이) 이 나라에서 모든 건물난방의 50% 이상은 지역난방을 통해 공급된다.

그림 7.4, 그림 7.5, 그림 7.6 모두 연구되었던 몇 가지 시나리오들 중 하나를 나타낸다. 그림에 있는 도표는 예상되는 발전과정뿐만 아니라 역사적인 발전과정도 보여주고 있어 신뢰성을 더하고 있다.

그림 7.4(스웨덴에 대한 그림 6.3 및 핀란드에 대한 그림 6.4와 비교할 수 있음)는 지역난방의 확대를 보여주며, 다양한 에너지 공급원들에 기초해 구분되어 있다.

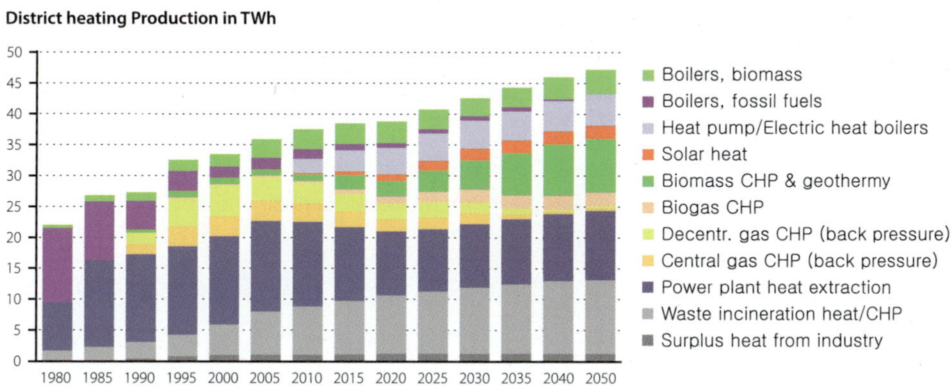

그림 7.4 다양한 역사적 출처 및 가능한 미래 발전과정에 대한 시나리오로부터 산정한 덴마크 지역난방의 총 기여도. 출처: Heat Plan Denmark, Rambøll, and AUC. 허락을 받고 사용함

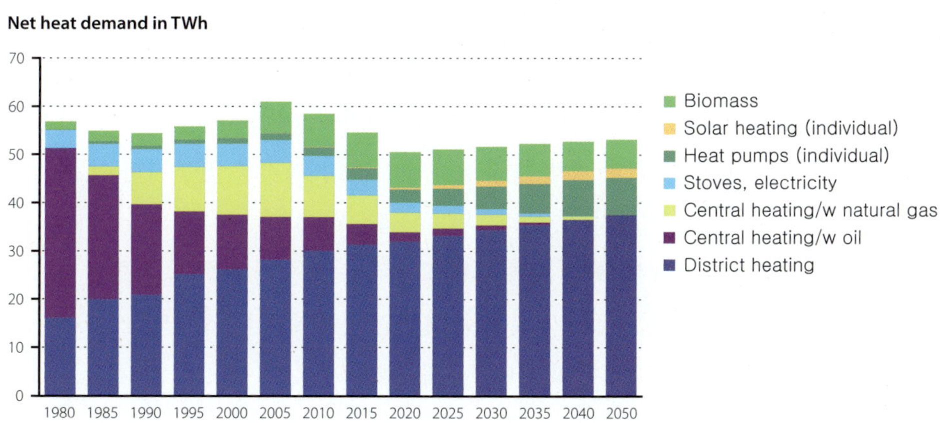

그림 7.5 덴마크 총 건물난방수요, 그림 7.4에서처럼 역사적인 출처와 동일한 시나리오에 따라 주요 난방방식들로 분류함. 출처: Heat Plan Denmark, Rambøll, and AUC. 허락을 받고 사용함

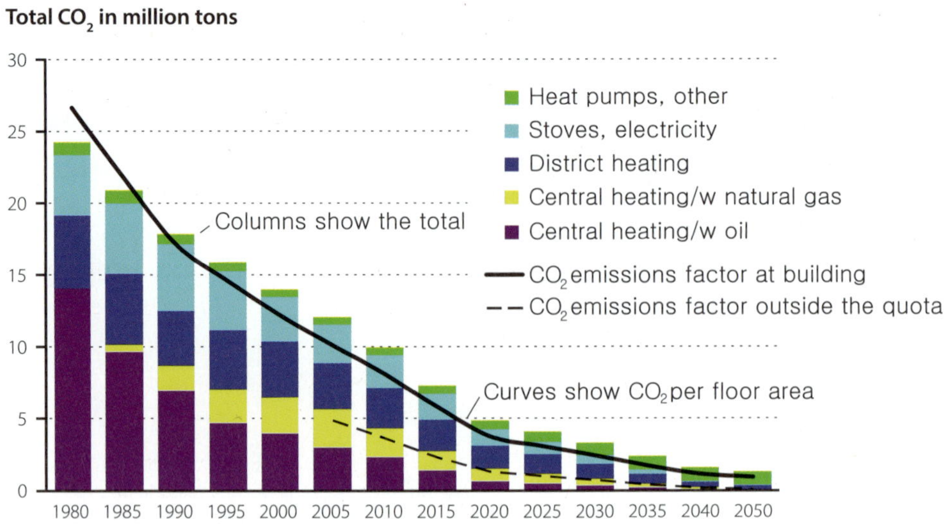

그림 7.6 덴마크 건물난방에서 발생하는 총 CO_2 배출량, 역사적인 난방방식과 그림 7.4, 그림 7.5의 시나리오에 따라 예상되는 난방방식으로 분류됨. 출처: Heat Plan Denmark, Rambøll, and AUC. 허락을 받고 사용함

예를 들어, 폐기물 소각로의 상당한 기여도는 앞으로 더욱 증가하게 될 것이라는 점을 알 수 있다.

그림 7.5는 지역난방을 포함한 모든 건물난방의 발전과정을 보여주고 있다. 지역난방은 난방시장에서 이미 확고한 위치에 있지만 앞으로 더욱 확대될 것으로 기대된다. 천연가스는 주로 북해의 원산지에서 공급되며, 시간이 흐를수록 감소할 것으로 예측된다. 공급 감소(이런 종류의 화석연료 특성) 때문에, 천연가스의 지위는 종국에 사라질 때까지 감소할 것으로 예상된다.

마지막으로 그림 7.6에 CO_2 배출과 관련한 발전과정이 있다. 다양한 분야에서 발생하는 CO_2 배출을 정의하는 정확한 방법이 자명하지는 않지만, 각종 연구에서 이 문제가 논의되고 있다.

CHP-기반 지역난방의 추가 확대는 히트펌프의 사용량 증가와 함께 이루어지도록 계획했으며, 따라서 히트펌프는 우리가 앞서 논의했던 문제에서 '경쟁자'라기보다는 오히려 '파트너'로 본다는 점을 강조하고 싶다.

참고문헌

Drake F–D, Das CO_2–Minderungspotential der Fern–und Nahwärmeversorgung mit Kraft–Wärme–kopplung(The CO_2 reduction potential of remote and local heating supply with combined heat and power coupling). Fernwärme International 6(1996), 326–335.

Werner S, Spurr M, Pout C, Promotion and Recognition of DHC and CHP Benefit in Greenhouse Gas Policy and Trading Programs. Report 2002 : S9. IEA–DHC implementing agreement.

Werner S, Avoided Carbon Dioxide Emissions from the Current Global Use of District Heating and Combined Heat and Power. Euroheat & Power Eng, ed1(2003) : 1, 20–24. Downloaded June 2012 from : www.nordiq.se/pdf/AvoidedCO2.pdf

Blesl M, Fahl U, Verwendung von Energiesystemmodellen beim CO_2–Monitoring (Use of energy system models during CO_2 monitoring). Euroheat & Power34(2005) : 6, 16–23.

Ecoheatcool, Possibilities With More District Heating in Europe. Work Package 4, Euroheat & Power, Brussels 2006.

Dyrelund A, Lund H, Heat Plan Denmark, Danish Heating Sector can be CO_2 Neutral before 2030. Euroheat & Power English Edition 6(2009) : 2, 34–37.

7.4 환경적인 기회–요약 (Environmental opportunities – summing up)

7가지 가능성/논거를 열거해 지역난방과 지역냉방에 대한 기회를 요약할 수 있다.

첫째, 지역난방과 지역냉방은 소위 말하는 에너지 절약을 할 수 있으며, 이런 상황은 보통 그 자체로 배출가스를 줄어들게 한다. 대표적인 사례로 특정 산업분야에서 사용되지 못하면 버려야 하는 잉여열을 지역난방 시스템으로 재활용해 열배관망에 연결된 건물의 개별보일러를 통한 난방을 대체하는 경우가 있다.

몇몇 사람들은 반대로 지역난방과 지역냉방이 에너지 낭비로 인해 필요한 것보다 배출가스를 더 증가시킬 수 있다고 주장한다. 이런 에너지 낭비는 일부는 네트워크 열손실과 일부는 네트워크를 위한 높은 투자비가 건물 내 에너지 절약을 대수롭지 않게 생각하게 한다는 사실에 기인한다. 물론 '**제로 에너지**(Zero energy)'주택이 되도록 모든 건물을 건설(개량)한다면 난방으로 인한 배출가스를 모두 없앨 수 있겠지만, 이것은 비용이 아주 많이 드는 일이다.

둘째, 지역난방은 재생에너지 소개를 위한 견인차 역할을 할 수 있다. 이런 재생에너지에는 가장 확실한 바이오매스 연료와 지열에너지뿐만 아니라, 앞서 살펴보았듯이 어느 정도까지는 태양열과 풍력에너지도 포함된다. 이점은 에너지 절약과 함께 기후변화 완화에 기여할 수 있다.

셋째, 대규모로 연료를 연소할 때 좀 더 효율적인 공해 방지대책과 장치 설치가 가능해진다. 예를 들어, 고체연료를 연소하는 모든 현대적인 대형 보일러는 미세먼지 포집을 위한 장치를 갖추고 공해를 최소화해 열을 공급하지만, 소형 보일러는 보통 그렇지 않다.

넷째, 지역난방 회사가 연료를 구매하고 사용하는 경우가 연료를 개별적으로 연소하는 경우보다 보통 연료품질을 더 잘 제어하게 된다. 극단적인 사례로(하지만 아마 그렇게 드물지 않게) 자신들의 소형 보일러에 사람들이 불법적으로 목재 방부제로 살충제 처리된 나무(예를 들어, 오래된 철도 침목 또는 나무 울타리 기둥 같은)를 연소하기도 한다. 이런 사람이 지역사회에 많지는 않겠지만 단 한명의 범죄자가 이런 방식으로 이웃 주민에게 심각한 해를 끼칠 수 있다.

바이오매스 연료는 일반 대중에게 흔히 '그린에너지'로 인식되고 있으며, 따라서 본질적으로 환경 측면에서 양호하다고 여긴다. 하지만 꼭 그런 것은 아니다. 예컨대 개별 주택 소유자들이 젖은 목재연료를 연소하는 경우가 있다. 이 경우에 낮은 연소온도가 발암물질로 알려진 **다환방향족탄화수소**(Poly-aromatic hydrocarbon, PAH)의 심각한 배출을 초래할 수 있다.

다섯째, 대규모 플랜트에 설치된 배기가스 제어 장치를 통해 공해를 포집하는 경우 좀 더 안전하게 처리할 수 있으며, 때로는 황산 **세정기**(Sulphuric scrubber)에서 생산되는 석고를 벽면 판재 또는 시멘트 생산을 위한 판매에 활용하기도 한다.

여섯째, 앞선 논거들의 결과로 입법기관이 대규모 발전설비에 대해 좀 더 엄격한 배출가스 표준을 이행할 수 있게(그리고 그렇게 하도록) 한다. 따라서 단일 소형 설비에서 보다 단일 대형 플랜트에서 나오는 배출가스가 더 많더라도, 특정 건물군을 난방 또는 냉방하는 것에 대한 총 배기가스량은 더 작아지게 된다.

일곱째 논거는 대형 플랜트에서 발생하는 실제 배기가스는 장기적으로 모니터링되며, 소형 설비에서는 보통 그렇지 않다는 것이다. 대형 플랜트 소유자는 일반적으로 정부에 모니터링된 값을 보고해야 할 의무가 있으며, 정부는 그 값이 규정된 제한 값을 초과하는 경우 개선을 요구할 수 있다. 물론 발전소 소유자가 모니터링을 조작할 수 있지만 이런 일은 위험할 수 있다. 왜냐하면 다수의 직원들이 위법행위를 인지하게 되고 경영진이 이 같은 행위를 범하는 것을 방지할 수 있기 때문이다. 소규모 장비의 개별 소유자에게 할 수 있는 것보다 훨씬 쉽게 전문적인 플랜트 소유자에게 책임을 지울 수 있다. 그러므로 대규모 설비의 경우 좀 더 현실적으로 법적 요구사항들을 이행할 수 있다.

연습문제와 과제

1 이번 장은 지역난방과 지역냉방에서 발생하는 수많은 환경적인 혜택들뿐만 아니라 그 사용에 대한 반론도 언급하고 있다. 이 주제를 편향적으로 다룬 부분이 있는가? 그리고 중요한 반론이 제외되었다고 생각하는가?

2 많은 국가에 존재하는 천연가스 배관망을 고려해, 현실적으로 어떻게 화석연료 기반 천연가스 건물난방을 지역난방으로 대체할 수 있는지 논의하시오.

CHAPTER 08

열분배기술과 냉수분배기술 (Heat and cold distribution technology)

이 장은 지역난방과 지역냉방을 위한 배관을 주로 다룬다. 전체적인 분배 시스템의 기능과 관련된 일부 분야도 여기서 다루지만, 이런 분야에 대한 대부분의 내용은 제10장에서 다룰 것이다. 배관 보온재의 두께 크기는 이번 장에서 논의되지만, 내관 직경의 크기는 다루지 않는다. **분배기술(Distribution technology)** 분야에 **기계실(Substation)**이 포함되어 있지만, 기계실은 제9장에서 독자적으로 다룬다.

이번 장의 대부분은 지역난방에 대해 다루지만, 전체적 혹은 부분적으로 지역냉방에 적용할 수 있다(지역냉방에 적용된다고 명확히 기술되지 않는 경우도 포함). 이러한 것의 예로 밸브 기술이 있으며, 에너지 분배 두 분야에 대체로 동일한 내용이 적용된다. 끝에서 두 번째 절은 지역냉방 분야에 특화된 쟁점들을 다루고 있다.

8.1 열분배기술의 역사적 발전 (Historical development of heat distribution technology)

지역난방 분배기술의 역사적 개발과정에서 많은 설계기준들을 사용해 왔다. 이 중 어떤 기준은 수년간의 내구성을 입증한 반면, 어떤 기준은 조기에 배관이 파괴되거나 불만족스러운 에너지 효율을 갖는 것으로 밝혀져 사용되지 않고 있다. **열매체(Distribution medium)**로 증기 또는 온수를 사용할 수 있다.

지역냉방 분야는 상황이 매우 다르다. 분배 매체로 대부분 냉수가 사용되고 있으며, 여러 종류의 배관이 시장에서 경쟁 또는 서로를 보완하고 있다. 그리고 지금까지는 한 가지 형태로 승자를 규정지을 수 없다. 배관 길이를 줄이는 것이 요구되는 상황에서, **아이스 슬러리(Ice slurry)**와 같은 다른 종류의 매체를 사용하는 것이 가능하다. 하지만 이런 접근방식은 아직 상업적으로 성숙한 단계에 도달하지 못했다.

대부분의 지역난방 배관은 지중(주로 토사, 때로는 암반)에 설치되고 있으며, 이 같은 매설방법을 집중적으로 살펴볼 것이다. 8.9절에서 지상배관, 터널 내 배관, 건물 내 설치되는 배관에 대해 간략하게 다룬다.

새로운 열분배기술 개발의 주된 목적은 다음을 줄이는 데 있다.

- 투자비용
- 공간수요(Space demand, 지중에 배관이 차지하는 공간[역])
- 설치시간
- 운용비용(Running cost)

이 감소요인들 중 일부는 서로 연계되어 있고, 세부내용으로 나누어 질 수 있다. 예를 들어, 공간수요와 설치시간을 줄이면 투자비가 감소할 수 있다. 또한, 시간을 줄이는 것은 공사기간 동안 시민들의 불편함을 감소시킬 수 있으며, 이것은 지역난방과 지역냉방이 일반적으로 받아들여지기 위해서 매우 중요하다. 지역난방의 운용비용 절감은 주로 펌프 에너지 사용량, 열매체 손실, 유지보수 필요 절감으로 세분화할 수 있다.

이전 기술과 확연히 구별되면서, 연속적으로 개발된 성공적인 분배기술들을 3세대로 구분할 수 있다(그림 8.1 참조). 1세대는 덕트 내 설치된 배관을 통한 증기분배에 기반을

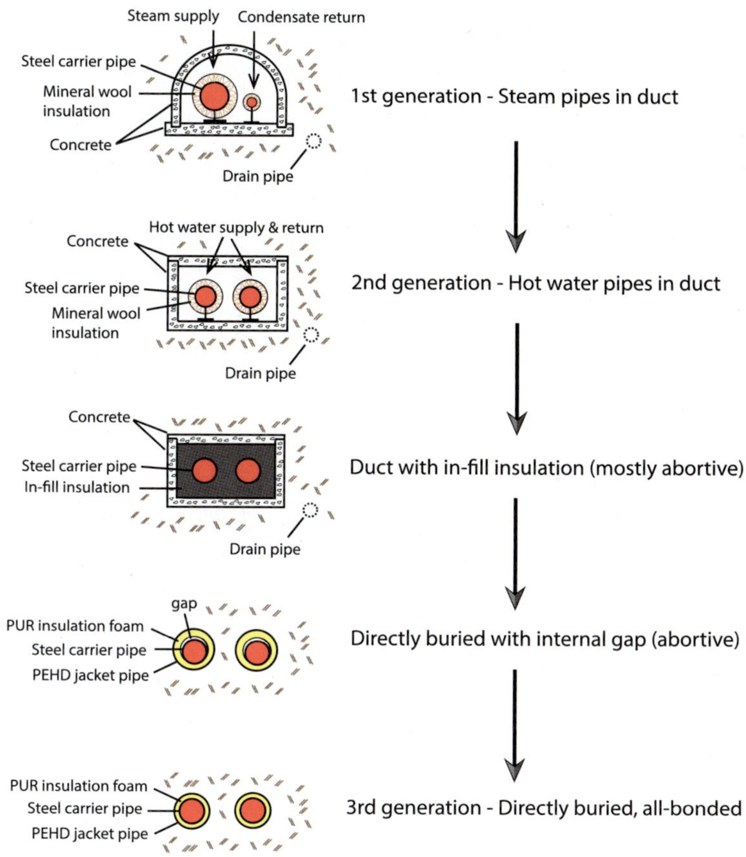

그림 8.1 지역난방 분배기술의 전체적인 역사적 발전과정. 위에 있는 3세대 설계는 강성(Rigid)과 연성(Flexible)배관을 모두 나타내고 있으나, 현재 연성관에 대해서는 추가적인 설계기준이 있다

두고 있다. 동일한 방법의 덕트 내 배관을 통한 중온수분배가 2세대이고, 지중 직접 매설 배관을 통한 중온수분배가 현재 사용되는 3세대이다.

8.1.1 1세대: 증기분배(First generation: steam distribution)

증기분배 시스템은 이미 약 백 년 전부터 많은 도시에서 사용되었다(제12장 참조). 그 당시 열매체로서 증기의 선택은 당연한 것이었다. 증기는 사용 중인 증기 발전소에서 활용할 수 있었으며, 이 시기에 열병합발전(CHP)의 개념이 생겨나기 시작했다.

오늘날 유럽에서는 중온수분배가 증기분배에 비해 압도적으로 많다. 소수의 증기 용량이 현재 신규로 건설 중에 있으며, 증기 시스템이 있는 대부분의 도시들은 증기 시스템을 대체해가며 부분적으로 확장하고 있는 중온수 시스템도 보유하고 있다. 이런 사례를 현재 독일 최대의 증기분배 시스템이 있는 뮌헨(Munich)에서 찾아볼 수 있으며, 또 다른 사례로 코펜하겐이 있다. 코펜하겐은 증기 시스템을 최초 도입한 후 100년이 되는 2020년까지 증기 시스템을 완전히 철거할 계획이다.

2010년 독일에서 증기는 전체 지역난방 열분배의 11%를 차지하고 있지만, 배관길이(Pipeline mileage)로는 단지 4%에 불과하다. 반면에 증기분배 능력 감소는 같은 해에 2% 미만 이였다. 이와 같이, 유럽에는 미래에도 존재할 것으로 예상되는 증기분배에 적합한 시장이 있으며, 이 시장은 주로 **고에너지(엔탈피(Enthalpy))** 수준의 열에너지를 필요로 하는 산업용과 그 밖에 다른 종류의 사용자에게 공급하고 있다.

미국에서의 상황은 다르다. 뉴욕 시스템은 사용자에게 증기(그리고 다른 매체를 포함해)를 공급하는 세계 최대의 지역난방 시스템 중 하나이고, 많은 소규모 시스템들도 운영 중에 있다. 뉴욕 시스템 소유자인 Con Edison 사가 최근에 발간한 보고서에 따르면, 비록 네트워크의 대규모 확장을 계획하고 있지는 않지만 증기사업 축소 역시 고려하고 있지 않다. 앞으로 예상되는 중요한 기술적 발전은 증기발전에 CHP 비율을 확대하는 것이다.

그림 8.1 상단의 증기 공급관 옆에 추가되어 있는 작은 관은 증기가 사용자 측에 열에너지를 전달했을 때 만들어지는 **응축수(Condensate)**를 회수하는 관이다. 그림 8.2 뉴욕 시스템의 단면도에서 알 수 있듯이, 미국 시스템은 대부분 이 같은 **응축수 회수관(Condensate return line)**이 없으며, 응축수는 사용자 측에서 하수에 버려진다.

회수관을 설치하지 않으면 몇 가지 문제점과 초기 비용을 해결할 수 있게 단순화할 수 있다. 하지만 다른 한편으로, 많은 부분(대략 15%)의 증기 열에너지가 손실되며 증기 교체를 위해 상당한 비용이 발생한다. 응축수와 관련된 문제 중 하나는 응축수가 손쉽게 산소와 이산화탄소를 흡수하며, 이런 기체들이 부식을 촉진시킨다는 점이다. 응축수 회수관에 스테인리스강을 사용할 수도 있지만 비용이 많이 든다.

중온수분배의 경우 보통 1개 이상의 열교환기를 통해 네트워크에 열을 공급한다. 증기 발전소의 경우 **복수기(復水器, Condenser)**를 통해 공급하며, 열전용 보일러의 경우 보일러 안에서 물을 직접 가열하기도 한다. 증기터빈에서 분배 시스템으로 증기를 공급하는 경우 **증기순환(Steam circuit)**부에서 직접 증기를 추출하고, 응축수는 발전소의 **급수 시스템(Feedwater system)**으로 직접 회수된다. 이런 이유 때문에 회수되는 물이 사용자 설비의 누수 또는 그 밖에 다른 요인들로 인해 화학적으로 저하되면 안 된다.

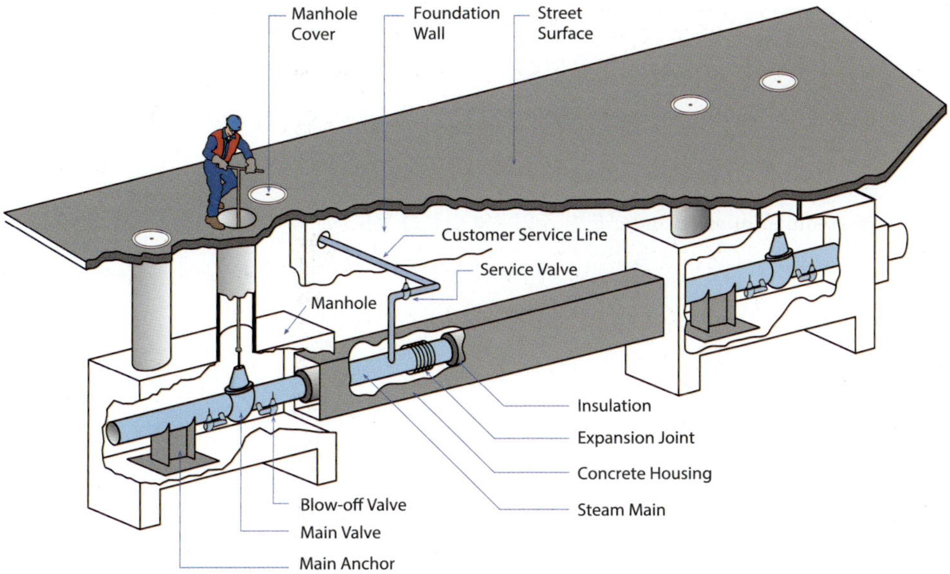

그림 8.2 뉴욕의 증기분배배관 모습. 출처: Con Edison, 허락을 받고 사용함

그림 8.3은 이 같은 **개방 시스템(Open system)**을 나타낸 것이다. 배압 터빈으로부터 공급되는 증기의 일부는 증기분배 네트워크에 직접 공급되고, 또 다른 증기의 일부는 복수기를 통해 온수를 가열하는 데 사용되며 별도의 분배 시스템에서 중온수를 순환시킨다.

소규모 증기분배 시스템의 경우에는 압력이 2 bar 정도로 낮을 수 있지만, 대규모 네트워크의 경우 대략 20 bar 이상으로 압력이 더 높아지고 온도는 대략 300℃까지 올라가게 된다. 압력은 표준적인 배관 두께를 사용하는 중온수 시스템의 일반적인 설계 압력과 동일한 크기이다. 증기배관에서 열매체의 비체적(Specific volume)은 압력이 낮아지면

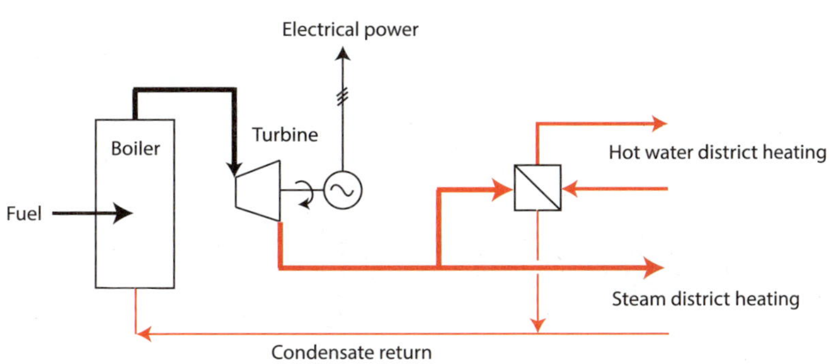

그림 8.3 증기와 중온수 지역난방 네트워크 모두를 위해 증기를 공급하는 배압(Back-pressure) CHP 발전소의 매우 단순화된 개념도. Dong Energy 사 자료를 각색함

급격하게 증가한다. 이런 이유로 시스템이 저압으로 운영되는 대규모 네트워크에서는 주요 증기배관직경이 아주 커지게 된다.

증기순환 CHP 발전소의 경우, 분배되는 증기의 높은 에너지 수준으로 중온수분배 시스템과 비교해 전기 발전부분에 손실이 훨씬 크게 발생한다. 터빈이 **저압 증기 진입 데이터(Low steam admission data, 터빈 주입구의 압력과 온도)**로 운영되는 경우, 발전부분에서 50% 이상의 손실이 발생할 수 있다. 반면 제6장에서 기술한 바와 같이, 중온수의 경우에는 (비록 사소한 양은 아니지만)손실이 더 작아진다.

때로는 최대 공급온도 100℃ 이하로 중온수 시스템을 설계하기도 한다. 증기분배 시스템에 매우 큰 대형관 사용이 허용되는 경우라 하더라도, 1 bar 이하의 응축 압력에 상응하는 이런 낮은 분배 온도는 대기 중의 공기가 시스템 내부로 새어 들어올 수 있기 때문에 실제로는 허용되지 않는다.

증기분배 시스템의 큰 동력손실은 증기 흐름에서 발생하는 압력강하에 한 원인이 있다. 이 증기 시스템의 손실을 운영 중인 순환 펌프의 동력 요구량으로 나타내면, 중온수 네트워크의 상응하는 손실에 10배 정도 되는 것으로 계산된다.

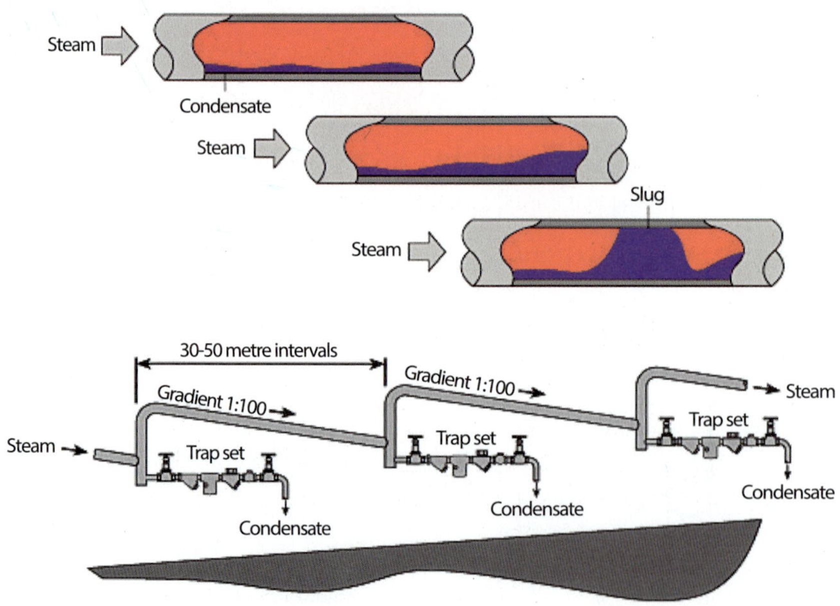

그림 8.4 증기분배배관 내 응축 슬러그(Condensate slug)의 형성과 일정 간격으로 응축수를 제거하기 위한 드레인(Drain) 모식도. 출처: Spirax Sarco. 허락을 받고 사용함

증기분배 네트워크에서 회수관의 부식 문제는 앞에서 기술했었다. 응축수 회수가 없는 경우에 발생하는 또 다른 응축수 문제가 그림 8.4에 있다.

증기분배관의 열손실로 인해 약간의 응축수가 생성되는 것을 피할 수 없다. 응축수는 응집되는 경향이 있고, 결국 **슬러그(Slug)**를 형상하게 된다(**이상유동(二相流動, Two-phase flow mechanics)**으로 알려져 있음). 이런 슬러그는 증기의 빠른 유속(때로는 30m/s 만큼 높아짐)에 의해 운반되어 밴드, 밸브 등을 강타하게 된다. 이 현상을 피하기 위해 일정한 간격으로 네트워크 내 낮은 부위에 응축수 배수설비를 설치할 필요가 있으며, 모든 배관은 이 부분으로 (1:50에서 1:1000 사이 값을 갖는)약간의 경사를 갖도록 해야 한다. 이상적으로 배관은 유체의 흐름방향으로 경사가 발생해야 하지만 실제로는 몇몇 구간의 경사가 흐름과 다른 방향으로 되어야 할 때도 있다. 이런 경우 경사 정도를 더 크게 해야만 한다. 위치적으로 여러 형태의 지형이 있는 경우, 다양한 기하학적 요구조건을 조화시키는 것이 항상 쉬운 일은 아니다.

응축수가 응축수 회수배관으로 되돌아오는 경우, 각각의 사용자 측에 **응축수 펌프**(Condensate pump)를 설치해야 하며, **벤트시설(Venting arrangement)**도 만들어야 한다.

증기분배는 중온수분배와 비교해 단점뿐만 아니라 장점도 갖고 있다. 가장 큰 장점은 분배되는 열매체가 **고 에너지(엑서지(Exergetic)) 수준**을 갖고 있다는 것이며, 이는 앞서 언급한 출력감소를 설명하는 것과 같은 원리이다.

고엔탈피 수준에 열공급이 필요한 산업용 플랜트에 대한 증기공급은 앞에서 언급되었다.

증기분배에 대한 또 다른 장점은 증기가 **흡수식 냉동기(Absorption chiller)** 운영에 아주 적합하다는 것이다(제9장에서 논의하게 됨). 물론 이런 이점은 냉방에 대한 대규모 수요가 있는 지리적 장소에서 의미가 있다. 북유럽의 경우는 대부분 냉수분배에 의한 지역냉방이 중앙집중식 발전에 의한 냉방 공급보다 더 좋은 방식이기 때문에 이런 이점이 발생하지 않는다.

8.1.2 2세대: 덕트 내 중온수 분배 (Second generation: hot water distribution inside duct)

2세대 분배기술에 따른 열분배의 전체적인 형상설계방법은 1세대 시스템과 많은 유사점을 내포하고 있다. 그림 8.1에서 알 수 있듯이, 양쪽 경우 모두 덕트 내부에 분배관을 포함하고 있다.

앞서 언급했듯이, 증기분배 시스템의 경우 간혹 응축수 회수관을 설치하지 않지만, 중온수 시스템에 회수관을 설치하지 않는 경우는 매우 드문 일이다. 단일 배관 중온수 시스템과 일반적인 쌍배관 형태를 벗어난 것들은 8.11절에서 짧게 다루게 될 것이다.

증기분배 초기에는 **덕트(Culvert 또는 Duct)**를 흔히 벽돌로 만들었고, 그 안에 사람이 걸어 다니기 충분한 공간이 있었다. 그 후에 다양한 모양의 소형 타설 콘크리트 덕트가 발전했다.

비록 사각형 모양이 더 일반적이기는 했지만, 그림 8.1 윗부분에 있는 천장부분이 반원 형태인 덕트 타입이 중온수분배 네트워크에 사용되던 설계의 한 사례에 해당한다. 직선 덕트의 **프리-캐스팅(Pre-casting) 기술**이 시공 작업속도를 높이기 위해 개발되었으나, 밸브 또는 배관 구성품이 포함된 맨홀은 여전히 시간이 많이 소요되는 현장 타설을 해야만 했다.

배관 보온 또한 현장에서 수행되었으며, 보통 **보호 래핑재(Protective wrapping)** 내부에 **섬유 미네랄울(Fibrous mineral wool)**을 설치했다. 이런 보호설비가 차폐막 역할을 수행하지만, 보온 능력에 악영향을 주는 큰 홍수는 피해야 한다. 미네랄울은 건조한 상태로 있는 한 좋은 보온재이다. 2세대 원리에 따라 설계된 네트워크에서 필연적으로 열손실이 크게 발생하는 것은 아니다. 따라서 열손실에 대한 고려가 새로운 종류의 배관 개발을 이끌었던 주된 요인은 아니었다.

그림 8.5의 위쪽부분은 2세대 배관 설계 중 종 평면도의 모습이며, 그 아래에는 **열팽창** 허용에 필요한 다양한 기자재(**배관 받침대**, **배관 유도부**(Pipe guidance), **배관 앵커**)들뿐만 아니라, 네트워크의 한 부분을 위에서 본 계획도가 있다. 이런 기자재들은 팽창과 수축을 제어해 너무 큰 힘이 발생하지 않고, 배관이 너무 많이 움직여서 덕트 벽체와 부딪치지 않도록 하는데 모두 필요한 것들이다. 앞서 언급했듯이, 실제로는 배관 2개가 서로를 따라 설치되지만 단순화한 그림에 있는 단일 배관을 통해서도 이런 점을 이해할 수 있다.

증기분배 시스템의 경우와 마찬가지로, 덕트는 경사지게 설계된다. 그 이유는 (콘크리트와 차수재가 완벽하게 차단된 형태를 유지하지 않아서 발생하는)주변 토사에 의한 수분 침투 또는 난방수 누수에서 발생하는 덕트 내 모든 물을 낮은 지점에 모이게 하기 위해서다. 이 지점을 통해 하수로 물을 배수한다.

경사를 설치하는 또 다른 이유는 유지보수를 할 때 낮은 지점에 배관을 비어있게 할 수 있으며, 반면에 높은 지점은 밸브를 열어서 네트워크로부터 기체를 배출할 수 있다. 네트워크 내 기체는 이런 높은 지점에 축적되는 경향이 있다.

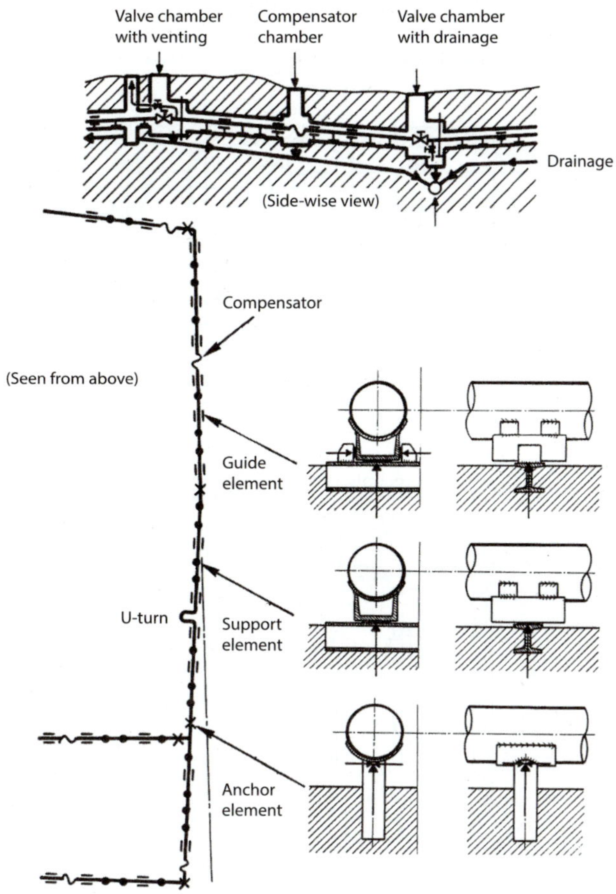

그림 8.5 지하 덕트 내 2세대 중온수분배 시스템

높은 지점과 낮은 지점의 맨홀 사이에 **탄성 벨로우즈 신축흡수장치(Elastic bellow compensator, 기호로 표기됨)**가 있는 맨홀이 있다. 또 다른 종류의 지하 구조물로 (그림에는 표시되지 않으나 실제로 자주 설치되는)**점검 맨홀(Inspection chamber)**이 있으며, 대규모 네트워크의 경우 1,000개 이상의 맨홀이 있을 수 있다.

그림에서는 4가지 구성요소가 수직으로 배열되어 있다. 맨 위에는 벨로우즈 신축흡수장치가 있다. 다음 구성요소는 배관의 하부 **지지대(Support)**와 측면방향 거동을 막기 위한 **가이드(Guidance)** 기능을 제공한다. 세 번째 구성요소는 지지대 기능만 제공한다. 아래쪽 구성요소는 모든 방향으로 배관을 고정시키는 **앵커요소(Anchor element)**이다. 위쪽을 보면 **U-턴**(U-turn)이 있으며, U-턴은 축방향 열거동을 허용하는 또 다른 종류의 구성요소이다.

1. Access lock
2. Cast chamber
3. Isolation valves
4. Anchoring
5. Support beams
6. Drainage
7. Hinged bellow compensators
8. Cover plates
9. Guides
10. Supply pipe
11. Return pipe
12. Duct casing
13. Guide

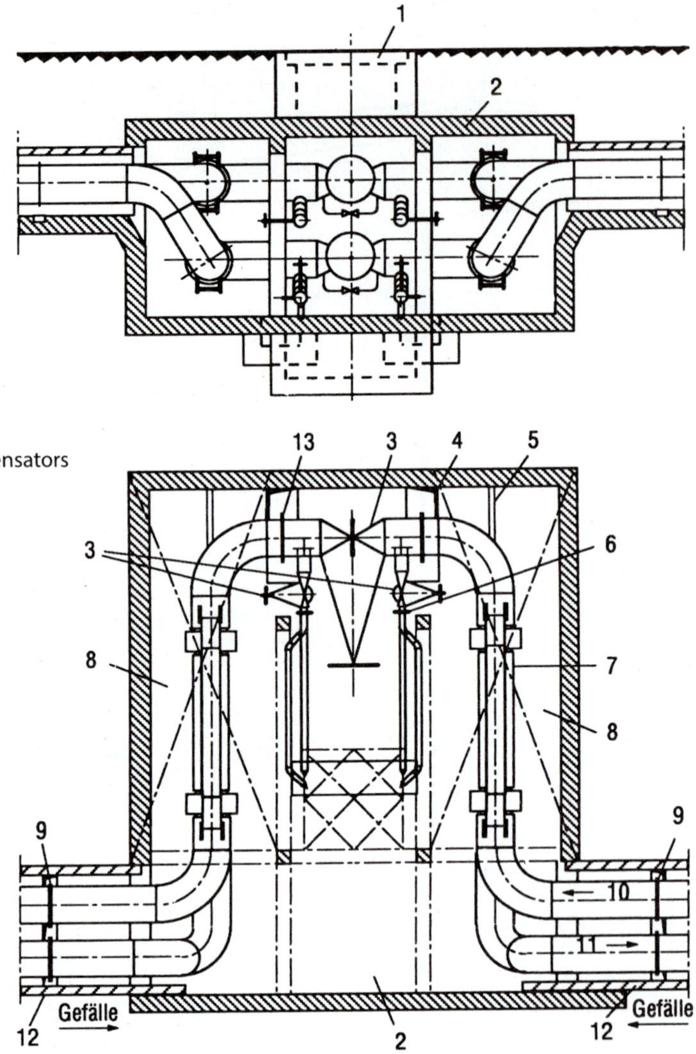

그림 8.6 차단 밸브(Isolation valve)와 탄성 축방향 거동 흡수를 위한 U-턴 배관 배열에 신축흡수장치가 있는 지하 맨홀. 출처: German District Heating Association(AGFW Der Energieeffizienzverband für Wärme(The energy efficiency association for heat), Kälte und KWK e.V.)

때로는 배관을 하부에서 지지하는 대신 상부 행거에 매달기도 하며, 이 방법은 (예컨대 화력발전의 증기배관과 같은)여러 분야에서 배관설치를 위한 대체 수단으로 활용된다.

그림 8.6은 밸브와 신축흡수장치가 있는 맨홀에 대한 도면의 한 사례이다. 신축흡수장치는 네트워크의 큰 열팽창과 수축이 허용될 수 있도록 U-턴 방법과 함께 사용되었다.

수년간의 운전을 통해 얻은 경험에 따르면, 주의 깊게 설계하고 운전할 경우 2세대 분배기술에 따라 건설된 네트워크가 만족스럽게 기능할 수 있다는 사실을 알 수 있다. 이런 이유로 성숙한 네트워크에서는 2세대 기준에 따라 건설된 배관이 살아남아 일부분을 구성하기도 한다.

물론 이것이 문제가 없다는 것을 의미하지 않는다. 앞서 언급한 바와 같이 혹독한 환경에서 발생한 홍수는 영구적인 결함을 발생시킬 수 있다. 특히, 소금이 함유된 물이 덕트에 들어오는 경우 문제가 심각하다(이 소금은 겨울철 도로에서 올 수도 있고, 배관이 해변에 위치한 경우 바닷물에서 들어 올 수도 있다). 벨로우즈 신축흡수장치는 스테인리스강으로 만들며, 고온에서 소금에 노출될 경우 응력부식으로 파괴될 수 있다. 사실 신축흡수장치는 덕트 내 설치되는 지역난방 배관 시스템의 가장 취약한 부분 중 하나임이 입증되었다.

때로는 콘크리트 타설 시 동결 방지를 위해 소금물을 의도적으로 사용하고 있으나, 이것은 배관뿐만 아니라 콘크리트에 대해서도 극심한 부식 환경을 만들 수 있는 나쁜 관행이다. 지반의 침하 또한 구조물에 손상을 입힐 수 있다.

분배 시스템의 새로운 설계기준을 고려하게 된 주된 이유는 초기 비용 절감과 좀 더 빠른 시공에 대한 필요성 때문이었다.

8.1.3 3세대 열분배기술로 가는 길 (On the way to third-generation heat distribution technology)

3세대 분배기술이 성숙되기 전, 중간 시기에 2가지 주요한 개발 분야가 2세대 기술의 대체수단이 되려고 했었다. 첫 번째는 덕트형 네트워크의 변형으로 다양한 종류의 **채움재(In-fill material)**를 사용하는 것이었다.

또 다른 종류의 개발 분야는(이것이 결국 3세대 기술을 이끌어 냈다) **직매배관방식(Directly buried pipes)**으로 덕트형 시스템과 같이 축방향 열거동을 허용하기 위한 공간을 동심배치(同心配置, Concentric arrangement)하는 방식이다.

이들 이형(異形)기술의 초기에는 다양한 종류의 채움재가 시도되었다. 그 중 하나가 **기포 콘크리트(Cellular concrete)**였으며, 다른 이들은 광물 또는 플라스틱 소재의 입자형태(Granular nature)를 사용했다. 최종적으로 이런 시도의 대부분은 실패로 판명되었다. 손상의 주요원인은 덕트 내로 침투되는 수분이었으며, 이런 수분은 외부에서 접근이 어려운 내관에 심각한 부식을 유발했다. 예를 들어, 때로는 압축공기 해머를 이용해 기포 콘크리트를 제거해야만 했다.

좀 더 성공한 변종으로 동공(洞空, Cavity)에 뜨거운 역청재(Bituminous substance)를 붓는 것이 있었다. 역청재는 훌륭한 방수성을 제공했으나, 초기비용 절감효과가 현재의 최신 기술과 비교해 중간정도 밖에 안 된다.

직매배관에 기초한 다른 형태의 설계기준이 폭넓게 시도되었다. 역시 주된 손상의 원인은 대부분 탄소강으로 된 내관 외부에서 발생하는 부식이였다.

그림 8.7은 내관과 외관이 **석면 섬유 시멘트(Asbestos fibre cement, Eternit이란 상품명으로 알려져 있음)**로 되어 있고, 폴리우레탄 발포 폼으로 된 중간 보온재가 있는 설계의 한 사례를 보여주고 있다. 단면 그림에서 **배관 사이 공간**(간격)을 볼 수 있다. 이 방식 또한 여러 위치에서 침투하는 수분을 막기 어렵다는 것이 증명되었다. 이렇게 침투한 수분은 공간 내 축방향을 따라 퍼진다. 그 결과 단 한군데의 침투가 광범위한 부식을 유발할 수 있다.

최근에는 석면 섬유 시멘트로 만들어진 부분이 있는 노후 관을 철거할 때, 압축해머 사용 시 발생되는 먼지의 보건 상 위험으로부터 작업자와 대중이 노출되지 않도록 광범위한 예방조치가 취해져야 한다.

중간기간에 발전된 이형기술 중 살아남은 것으로 미네랄울(Mineral wool)이 사이에 끼여 있는 **스틸인스틸**(Steel in steel) 설계법이 있다. 이런 종류의 배관은 상당히 비싼 편이지만 매우 튼튼하다. SIS 설계법은 높은 운영온도에서도 사용할 수 있으며, 오늘날에도 배관이 강을 횡단하거나, 강 아래에 매설되는 경우 같은 시공 상 특별히 요구되는 곳에 사용된다. 이 기간에 개발된 또 다른 종류의 배관 중 어느 정도 여전히 사용되는 것으로, 뒤에서 다루게 되는 **연성관(Flexible pipe)** 종류가 있다. 이런 연성관 역시 보온재로 미네랄울을 사용하고 있다.

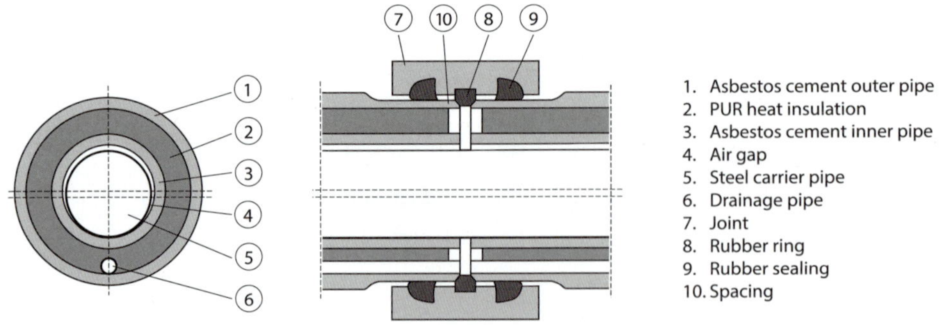

그림 8.7 직매방식의 지역난방 배관, 석면 섬유 시멘트로 만든 외관과 탄소강인 내관 주변에 공기층을 포함하고 있음. Kanitz 1977을 각색함

그림 8.8은 스웨덴에서 연간 지역난방 배관매설에 대한 통계(배관의 종류별 주요 타입으로 구분되어 있음)를 보여준다. 그림에서 알 수 있듯이, **플라스틱 외관 파이프**(**Plastic jacket pipe**)가 1970년대 후반이 되면 시장의 대부분을 차지한다. 2002년–2009년까지 배관설계 종류별 구분은 없으나, 플라스틱 외관 파이프의 우세가 계속되고 있는 것이 사실이다. 이런 역사적 형태는 덴마크와 핀란드에서도 동일하게 나타난다. 반면에 다른 국가에서는(예컨대 서독의 경우) 비록 플라스틱 외관 파이프가 1969년에 이미 소개되었지만, 이 파이프에 대한 일반적인 수용은 조금 더 뒤에 일어났다.

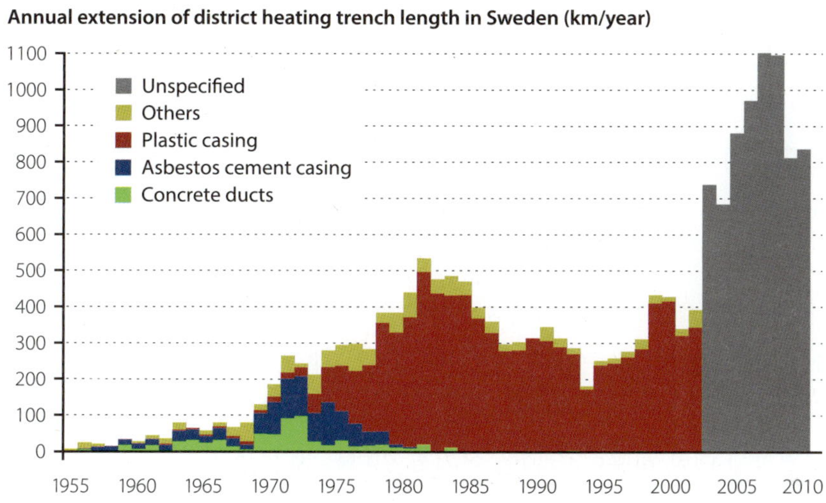

그림 8.8 스웨덴 지역난방 배관의 종류별 주요 타입에 따른 매설 현황

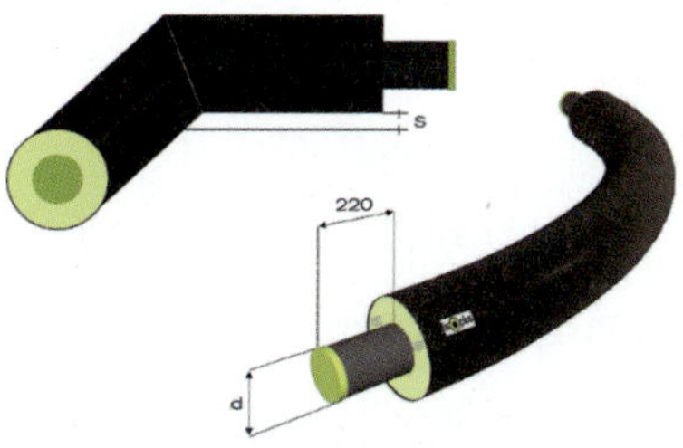

그림 8.9 트럭에 의해 현장으로 운반되는 배관. 출처: Isoplus. 허락을 받고 사용함

이런 타이밍에 차이가 발생하는 이유 중 하나는 플라스틱 외관 파이프가 상대적으로 낮은 온도에서 운영되는 네트워크에 가장 적합하다는 데 있다.

스칸디나비아의 많은 지역난방 시스템은 플라스틱 외관 파이프가 소개되었을 때 이미 낮은 온도 방식으로 운영되고 있었다. 동유럽 공산주의 시대에는 플라스틱 외관 파이프의 사용이 드문 일이었다.

8.1.4 열분배기술의 3세대 (The third generation of heat distribution technology)

플라스틱 외관 파이프(Plastic jacket pipe)는 3세대 배관과 거의 동의어로 사용되고 있지만 완전히 일치하는 것은 아니다. 처음 소개되었을 때 이런 형태의 일부 배관들은 취약점이 있는 공간을 여전히 갖고 있었다. 3세대 배관이라고 하는 것은 **모두 일체화된 배관 형태(All-bonded pipe type,** '이중보온관'이라고 함[역])이며, 보온재가 내관과 외관 사이를 결합하고 있다.

초기에는 많은 기술자들이 이런 설계방법에 비관적이었다. 이 설계는 내관에 큰 축응력이 발생하는 것을 의미하며, 큰 축응력이 배관 가열 시 정도의 차이는 있지만 팽창을 구속하게 된다. 또 다른 기술자들은 철도 궤도가 장거리에 걸쳐 서로 용접되어 있는 경우 축방향 열팽창에 대한 허용이 잘 이루어지고 있다는 사실을 강조했다. 이런 궤도는 대기와 태양광에 노출되어, 배관에서 발생하는 크기와 동일한 온도 변화를 받게 된다. 굽힘을 피하기 위해 궤도는 모든 방향으로 지지되어야 한다. 직접 매설 방식 지역난방 배관의 경우에는 이 같은 지지가 자동으로 이루어진다.

지중에 직접 매설하기 위한 강성(Rigid)과 연성(Flexible) 타입의 이중보온관이 모두 개발되었다. 연성관은 상대적으로 소관경에서 사용할 수 있으며, 강성관은 모든 관경에 대해 공급되고 있다.

나중에 언급되지만, 연성관은 다양한 재료가 여러 설계기법에 사용되며, 반면에 강성관은 대부분 **탄소강(Carbon steel)**으로 만든 내관으로 되어 있다. 보온재는 **발포 폴리우레탄(Cellular polyurethane, PUR)**을 사용하고, 외관은 **고밀도 폴리에틸렌(PEHD)**을 사용한다.

직관과 대부분의 다른 네트워크 기자재들은 대부분 트럭을 통해 현장에 운반되며, 6, 12, 16, 18M 길이로 표준화되어 있다(그림 8.9 참조). 적당히 **구부러진 곡선 배관(Curved pipe)**은 공장에서 제작사에 의해 미리 굽혀진 상태로 공급되거나 소관경 배관은 제작사가 판매하는 특별한 장비를 통해 현장에서 구부릴 수 있다.

3세대 열분배 기술의 또 다른 특징은 지중에 직매하는 방법이 자재 제원뿐만 아니라, 앞서 보았던 많은 기자재들의 사용을 줄일 수 있다는 것이다(그림 8.10에 삽화 참조).

최근에는 벨로우즈 신축흡수장치를 거의 사용하지 않는다. 그 대신 배관의 탄성 굽힘으로 변형을 받아준다. 배관의 방향이 변하는 곳에서는 밴드 그 자체가 **유연도(Flexibility)**를 제공한다. 트렌치는 변형을 허용할 만큼 넓어야 한다. 그림 8.10의 사례에서 도면에 있는 수평방향 **팔길이(Leg)**는 길이가 길고 가열 시 팽창한다. 반면에 다른 쪽 팔길이는 짧다. 이 그림은 팽창을 위해 충분한 공간을 확보할 수 있도록 규정된 조치방법을 보여주고 있다. 만약 양쪽 팔길이가 모두 길면, 양쪽방향 팽창을 받아줄 수 있을 만큼 트렌치도 넓어져야 한다.

때로는(하지만 매우 드물게) 팽창을 허용하기 위해 맨홀을 설치하기도 한다. 가장 일반적인 방법은 맨홀을 만들지 않고, 밴드에 **탄성 지지대**(Elastic support)를 설치하는 것이다. 예를 들어, **폴리머 폼(Polymeric foam)**이나 다른 탄성체로 된 **탄성쿠션(Elastic cushions(pad)**, 폼패드(Foam pad)라고 함[역]) 혹은 주변 토사보다 덜 조밀한 조립토를 시공한다.

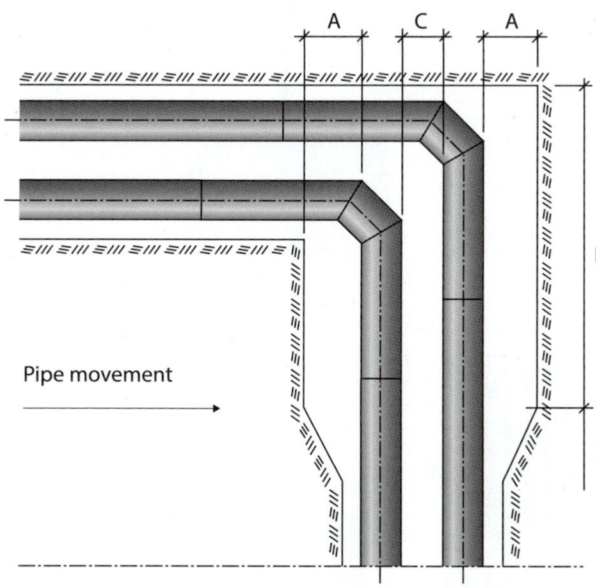

그림 8.10 축방향 열팽창을 허용하기 위해 넓은 트렌치 치수를 갖는 밴드(위에서 본 모습). 출처: Swedish District Heating Association

팽창 제어를 위한 네 번째 방법은 단순히 밴드를 직접 매설하는 것이며, 특정 토사 조건에서 이 방법을 사용할 수 있다. 그림은 **L-밴드**이며, 사용 가능한 다른 형태로 대체 수단인 **U-밴드**, **Z-밴드**가 있다.

그림 8.11은 열팽창과 수축을 어떻게 다룰 수 있는 지에 대한 3가지 사례를 나타내고 있다. 아울러 그림 하단에 서로 다른 크기의 3가지 폼패드가 있다. 모든 경우에 **인입배관**(Service pipe)은 **주배관**(Main pipe)에서 분기되어 주택까지 연결되어 있다. 인입배관이 팽창과 수축하게 되면 주배관에 가로방향 힘(Transverse force)이 가해지고, 주배관이 움직이는 경우에는 인입배관이 건물방향으로 굽어지도록 힘이 가해진다. 가장 오른쪽에 있는 형태와 같이 분기관이 6m보다 짧은 경우(특정 제작사가 권고하는 길이로 제작사의 치수를 그대로 사용함) 인입배관의 열팽창은 매우 작다. 또 다른 2가지 형태는 공급배관 길이가 6m 이상인 경우에 추천되는 배관방법을 나타낸다.

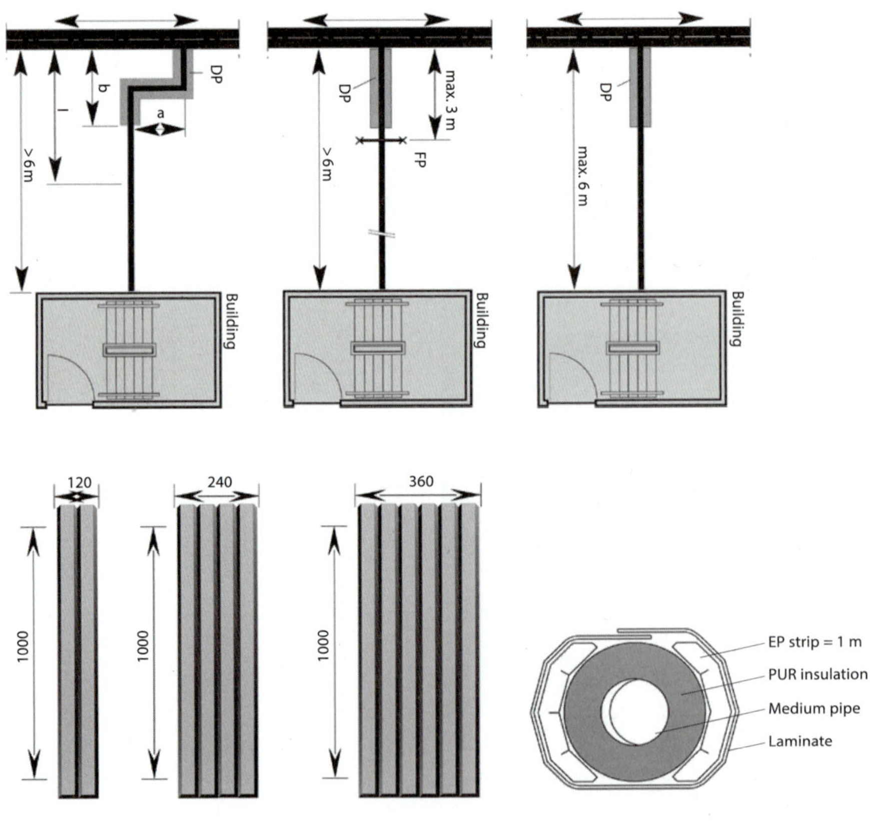

그림 8.11 주배관에서 인입배관을 분기하는 곳에서 힘과 거동에 대처하는 방법. 서로 다른 길이를 갖는 인입배관의 3가지 경우와 (그림 하단에 있는)크기가 다른 폼패드. 출처: German Pipe. 허락을 받고 사용함

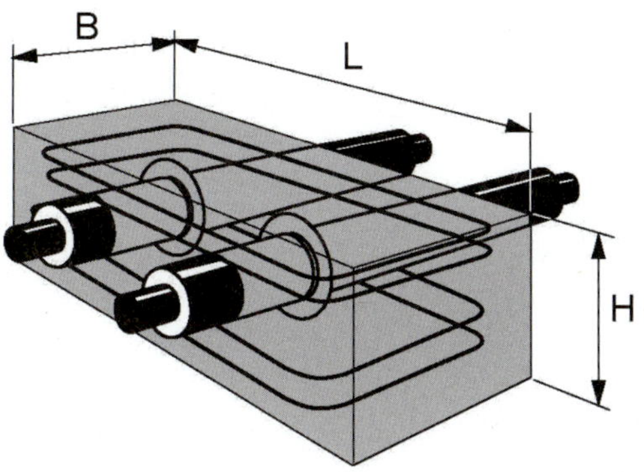

그림 8.12 큰크리트 블록에 있는 앵커배관. 출처: Logstor. 허락을 받고 사용함

A preinsulated pipe consists of:

Pos.	Part	Material
1	Service pipe	Steel
2	Insulation	Polyurethane foam
3	Outer casing	Polyethylene, PE-HD
4	Two 1.5 mm² copper wires for surveillance	One wire is tinned
5	Pipe label	

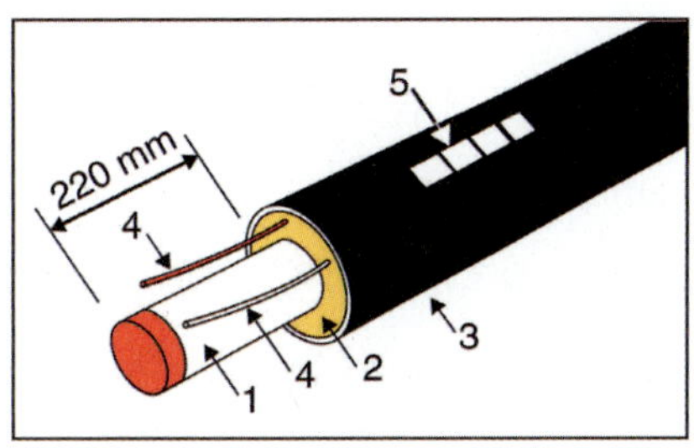

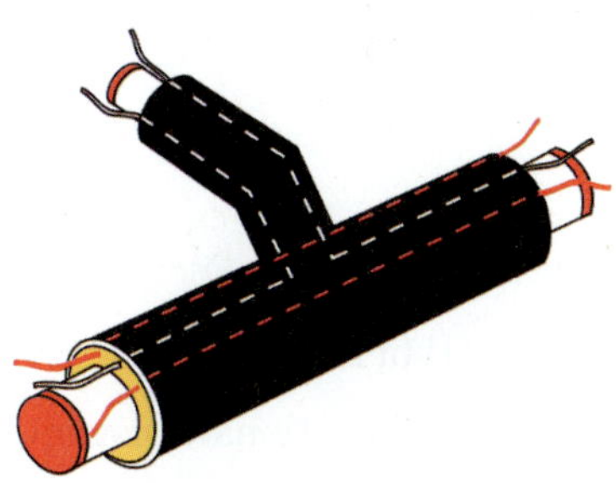

그림 8.13 이중보온관 배관과 티의 주요 구성요소. 출처: Logstor. 허락을 받고 사용함

가장 왼쪽은 Z-밴드를 나타내며, 중간은 **고정점(Fixed point)**을 제공하는 앵커(거의 사용되지 않음)를 사용하는 배관방법을 보여주고 있다. 그림 8.12는 디스크가 용접되어 있는 배관을 콘크리트 블록에 매립한 앵커 배치를 나타낸다.

배관 시스템은 대부분 내장된 **누수 감시 시스템(Leakage surveillance system)**과 함께 시공된다. 그림 8.13은 감시를 위한 목적으로 구리선이 설치되어 있는 이중보온관을 보여주고 있다.

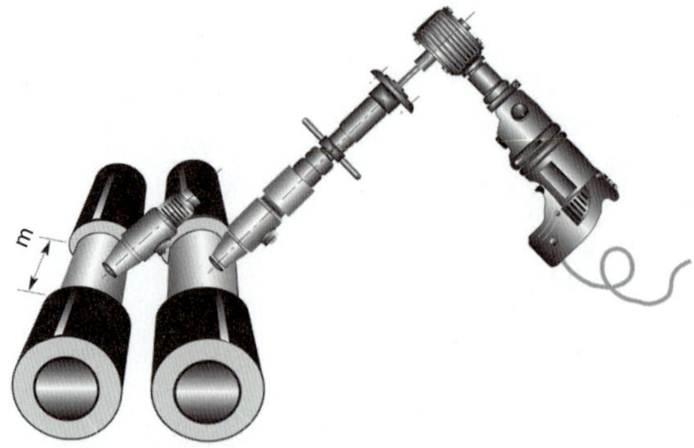

그림 8.14 기존에 매설되고, 끊겨있지 않은 배관에 인입배관을 시공하는 핫-태핑 공법. 출처: German Pipe. 허락을 받고 사용함

내관의 축응력이 너무 크지 않은 곳에서는 제조사가 공급하는 특별한 장비를(**핫-태핑**(Hot-tapping)이라고 불리는 방법) 통해 네트워크가 운용 중인 경우에도 분기관을 만들 수 있다(그림 8.14 참조). 그 밖에도 미래 사용자에 대한 연결을 상대적으로 쉽게 하기 위해 맹판이 설치된 분기관이 있는 티-벤드(T-bend)를 일정한 간격으로 배관망에 미리 시공하기도 하지만, 이 방법은 비용이 많이 든다.

참고문헌

Kanitz H, Asbestzement–Mantelrohrsysteme(Asbestos cement–pipe systems). Fernwärme International(District heating international) 6(1977) : 4, 174–177.

Reinoldsmann G, Das Lebit–System, Fernwärme International(District heating international) 7(1978) : 1,1–7.

Kulvertskadestatistik(Culvert injury) 1983, Kulvertskadestatistik 1984 ... Kulvertskadestatistik 1994 (District Heating Pipe Failure 1983 etc.). Yearly publication from Swedish District Heating Association.

Bau Von Fernwarmenetzen(Construction of district heating networks). 5th Edition 1993. Arbeitsgemeinschaft Fernwärme(Association of district heating). e.V. 1993

Walletun H, Mätvärdesinsamling från inspektionsbrunnar i fjärrvärmeszstem (Collection of Measurements form District Heating Network Inspection Wells). Report 1998 : 23, Swedish District Heating Association.

Schallwig. M, Erfahrungsbericht(Review), Ferngesteurte Teleraupe im kanalverlegten Fernwärmenets der HEW. Euroheat & Power 33(2004) : 6, 54–55

Harders V, Koneke K, Dükerbau für die Fernwärmeversorgung in Amsterdam (Culvert construction for district heating in Amsterdam). Euroheat & Power 33(2004) : 6, 54–56

Statmüller H, Dampfnetzumstellung in München(Steam power conversion in Munich). Euroheat & Power 35(2006) : 11, 30–33

Steam Long Range Plan 2010–2030. Con Edison Company of New York, USA, 2010

Recknagel, Sprenger & Schramaek, E–R(Ed.), Taschenbuch für Heizung und `Klimatechnik(Handbook for Heating and air–conditioning technology), 75th Edition 2010, Oldenburg Industrieverlag, Munic Germany 2011.(The most recent edition of this classical handbook. Steam district heating is treated more comprehensively in older editions, for instance in the 64th edition published in 1987).

Sernhed K,Ekdahl E, Skoglund P, Statusbedömning av betongkulvert(Status Evaluation of Concrete Ducted District Heating Pipes). Report 2012 : 9, Swedish District Heating Association.

Espig F, Schäden an Kunststoffmantelrohren(Damage to plastic casing pipes), Schadensstatistik KMR 2010 des AGFW(Loss Statistics preinsulated bonded pipe systems AGFW). Euroheat & Power 41(2012) : 5, 32–35

Läggningsanvisningar för fjärrvärme–och fjärrkylaledningar(Guidelines for Burial of District Heating and Cooling Pipes). Technical Requirements D : 211, Swedish District Heating Association 2012.

Manufacturer home pages, all downloaded June 2012:www.germanpipe.de, www.kekelit.de, www.kusimex.de, www.isoplus.dk, www.isoplus.org, www.logstor.de, www.powerpipe.se.

8.2 조인트(Joint)

조인트는 오랫동안 이중보온관 네트워크의 신뢰성 향상을 위한 중요한 요소였다. 여러 나라의 지역난방협회들이 수십 년 동안 발생한 배관의 파괴에 대한 통계자료를 작성하고 있다. 그림 8.15는 독일지역난방협회(German District Heating Association)에서 제공하는 이런 통계의 한 사례이다. 이 도표에서 알 수 있듯이, 조인트가 계속해서 취약부에 해당한다. 훨씬 전부터 시작된 스웨덴 통계에서도 전체적으로 동일한 형태의 진행 추세를 그리고 있다.

누수감시설비(Leakage monitoring system)가 초기에 결함을 찾는 데 도움을 주고 있으며, 큰 손상이 발생되기 전에 국부적인 보수가 가능하도록 하고 있다.

다양한 종류의 조인트가 이미 개발되어 있고 많은 제조사들이 여전히 다양한 종류의 제품을 내놓고 있어서, 네트워크 설계자는 어떤 종류를 사용할지 결정해야 한다. 연구소에서는 **모래상자 실험(Sandbox experiment)**을 통해 인위적인 하중을 준 상태에서 다양한 종류의 조인트 제품을 테스트하고 있다. 이 같은 조사와 여러 노력들이 파괴 메커니즘에 대한 이해와 더 견고한 설계로 이어지고 있다.

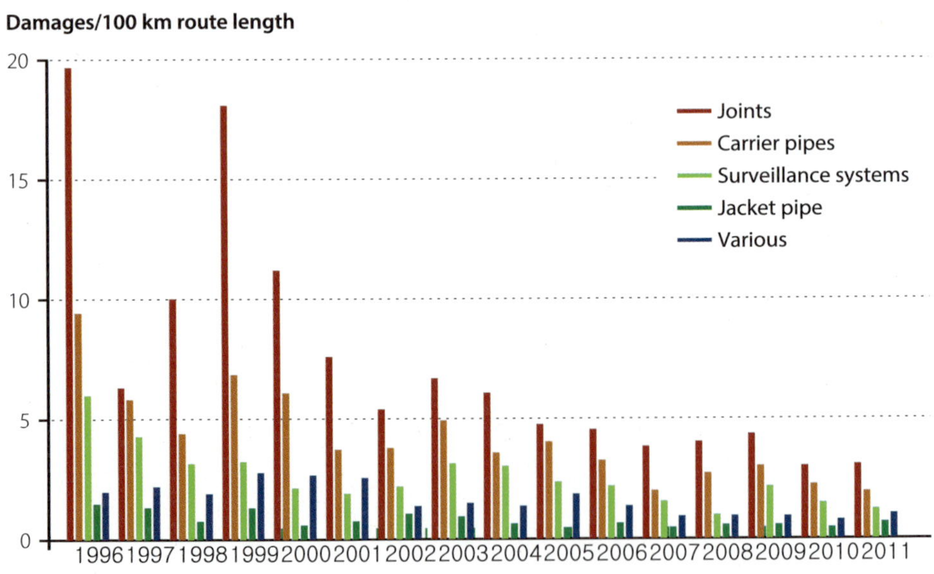

그림 8.15 독일 통계에 따른 배관 시스템 내 다양한 형태의 파괴 빈도. 출처: German District Heating Association(AGFW Der Energieeffizienzverband für W rme. K lte und KWK e.V.). 허락을 받고 사용함

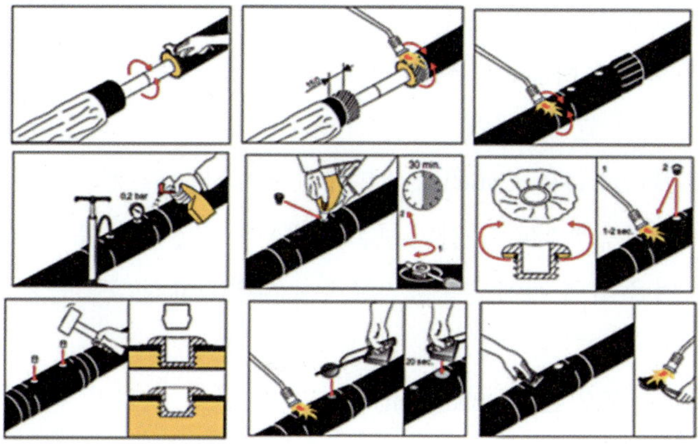

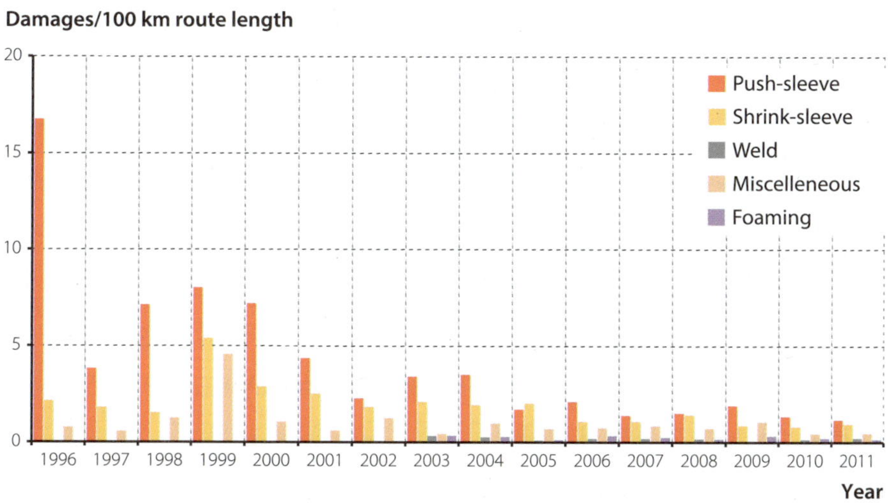

그림 8.16 다양한 종류의 외관 조인트에서 발생하는 파괴 비율에 대한 독일 통계(중간). 2개의 신뢰성 높은 종류의 조인트에 대한 현장작업 사진: 열수축케이싱 조인트(위), 용접 조인트(가장 견고한 종류; 아래). 출처: Logstor와 German District heating Association(AGFW Der Energieeffizienzverband für Wärme, Kälte und KWK e.V.). 허락을 받고 사용함

그림 8.16 중간에 독일 통계에서 발췌한 추가적인 도표를 볼 수 있다. 이 도표에는 조인트 파괴가 다양한 종류의 조인트 타입으로 나누어져 있다. 도표의 위와 아래에 있는 그림은 기술적으로 성숙된 2가지 설계방법에 따른 조인트 시공을 보여주고 있다. 위쪽 형태는 **열수축케이싱 조인트(Shrink sleeve joint)**로 외부에서 가해지는 열에 의해 열수축케이싱을 외관에 갖다 붙인다. 조인트 내부 공간의 보온재 발포는 적정한 재료가 들어있는 봉지를 사용한다. 발포작업을 하기 전에 압축공기로 누수시험(Leakage test)을 시행해야 한다.

아래쪽에 있는 형태인 **용접형 조인트(Welded joint)**는 모든 조인트 중 가장 견고한 것(모든 기술자들이 여기에 동의하는 것은 아니다)으로 여겨지지만 다소 비싼 편이다. 용접형 조인트 사용은 주로 중요도가 높은 대형관에서 선호되고 있다. 두 개의 원주방향 금속 슬리브가 있으며, 금속 슬리브에 흐르는 전류에 의해 가열된다. 이런 종류의 조인트는 폴리에틸렌 배관을 사용하는 다양한 분야(예컨대 상수도 배관 같은)에서 잘 알려진 공법이다.

용접에 의한 내관의 연결은 본질적으로 다른 분야의 배관 연결에 사용되는 것과 동일한 기술을 필요로 한다. 하지만 좁은 공간과 나쁜 기상조건 노출로 인해 내관 연결을 성공적으로 수행하기 위해서 특별한 기술을 필요로 할 수 있다. 이와 같이, 비록 3세대 분배기술의 많은 부분이 공장에서 미리 제작되어 시공할 수 있다고 알려져 있지만, 숙련된 매뉴얼 작업이 여전히 필수적이다. 뒤에 다루게 될 **기계실(Substation)**의 경우 공장 제작되는 부분이 배관보다 훨씬 앞서 있다.

8.3 밸브(Valve)

밸브는 지역난방 네트워크의 유체 흐름을 폐쇄(Isolation)하거나 조절(Regulation)할 때 사용한다. 폐쇄는 다음가 같은 3가지 범주로 나눌 수 있다.【정규 유동(Normal flow)의 차단, **배관 벤트** 또는 **배관 비우기**를 위해 설치된 분배관에 의한 개방, 임시 바이패스 설비의 설치】.

조절용 **스로틀링 밸브(Throttling valve)**는 네트워크 한 구역의 시작지점 또는 **차압**(Differential pressure)을 줄이기 위해 분배관에 사용할 수 있다. 스로틀링 밸브가 공급관에 설치되어 있는 경우, 그 목적은 해당 구역에 저압 등급용 배관의 사용 때문일 수 있다.

이런 방법은 **열교환기**(Heat exchanger)를 사용해 유체적으로 한 구역을 분리하는 방법의 대체수단으로 사용된다.

기계실 쪽 차압을 줄이는 것은 기계실 내 제어 밸브의 기능을 용이하게 한다. 이런 상황의 전형적인 예로 순환펌프 인근에 위치한 주배관에 상대적으로 짧은 분배관이 연결되는 경우가 있다. 이런 곳에서는 차압이 불필요하게 높아지며, 분배관에 난방수 순환을 보장하기 위해 스로틀링 밸브를 사용한다.

임시 바이패스(Temporary bypass)는 네트워크 전체 또는 일부분을 유지보수한 후 또는 최초로 운전하는 경우 순환을 확보하기 위해 사용된다. **영구 바이패스**(Permanent bypass)는 그림 10.25에 있는 경우처럼 유량 수요가 낮은 경우 분기관에 충분한 공급온도 확보를 위해 설치된다.

네트워크 또는 네트워크의 새로운 부분이 운영에 들어가게 되면, 처음에는 많은 배관들 또는 네트워크의 상당 부분을 폐쇄시켜야 할 필요가 있다. 이런 상황은 유지보수를 하거나 신규 사용자를 공급하는 등의 경우에도 발생한다.

그 밖에 **차단밸브**(Isolating valve)가 누수에 대응하기 위해 네트워크 내 구역 차단용으로 사용된다. 예컨대 열공급을 위태롭게 하는 대형 누수사고가 발생한 경우, 영향을 받는 공급지역을 제한할 수 있다. 연속적으로 공급구역을 차단시키면 누수 위치를 찾는데 도움이 될 수 있다. 이런 목적을 위해 주밸브와 평행하게 소형밸브가 있는 소구경 배관을 설치하고 바이패스 내 유량의 크기를 감시하는 것이 필요할 수 있다.

네트워크 내 **조절밸브**(Regulating valve)는 일반적으로 기계실에 있는 표준적인 제어밸브와 동일한 형태이다(즉, 시트 밸브(Seat valve)). 시트를 향해 있는 적합한 모양의 플러그 또는 디스크를 움직여 스로틀 개방 면적의 크기를 조절한다. 플러그 또는 디스크는 인접 배관 내부에 흐르는 전체 유량 방향에 수직 방향으로 설치된다. 이 밸브는 기계실에서 사용되는 것과 동일한 종류(예컨대 그림 9.5에서 (8)항목 같은)의 밸브이다.

게이트 밸브(Gate valve)는 무엇보다도 유체의 차단을 위해 사용되며, 개방 면적은 전체 유량 방향에 수직 방향으로 있는 웨지(Wedge) 또는 디스크를 선형으로 움직여서 조절된다. 최근 지역난방 네트워크에는 일반적으로 게이트 밸브를 사용하지 않는다. 특히, 한 구역이 운영에 들어가고 난 후에, 배관 내 작은 이물질 또는 드물게 큰 물체가 순환되는 것을 현실적으로 막을 수 없다. 용접작업에서 발생한 작은 부산물들이 순환하게 된다. 일반적인 조절밸브와 게이트 밸브 모두 밸브를 닫아야 할 경우 밸브에 이런 이물질들이 끼여 손상을 입힐 수 있다.

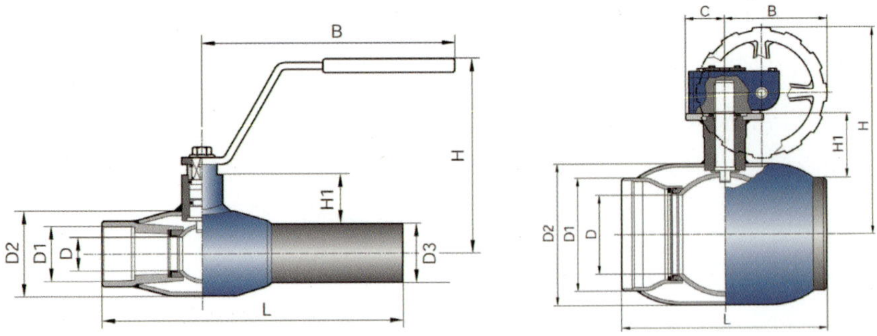

그림 8.17 볼 밸브, 전 용접형(All-welded), 기어 작동부가 있는 것과 없는 것. 출처: NAVAL. 허락을 받고 사용함

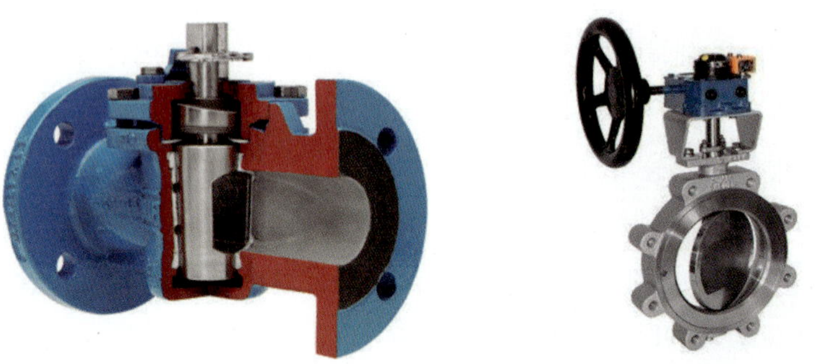

그림 8.18 플러그와 버터플라이 밸브. 출처: Durco/Flowserve&Fagerberg. 허락을 받고 사용함

현대적인 지역난방 네트워크에서 차단 밸브로 가장 일반적으로 사용되는 타입은 90° **회전 개폐 타입**(Quarter turn type)이며, 이 타입에서 개방 정도는 90°까지 돌아가는 밸브 장치를 회전시켜 조절한다.

이런 밸브에는 3가지 주요 형태가 있다.【**볼 밸브**(Ball valve, 그림 8.16), **플러그 밸브**(Plug valve), **버터플라이 밸브**(Butterfly valve, 그림 8.18)】. 볼과 플러그가 더 비싸기 때문에 앞의 두 종류는 주로 중·소관경에서 사용되고 버터플라이 밸브는 중·대관경에서 사용된다.

볼 밸브는 연마된 스테인리스강으로 만들어진 구형 볼을 회전한다. 밸브 입구는 둥글고, 배관의 직경과 같거나 거의 비슷하다. 이 때문에 완전히 열린 상태에서 **압력강하**(Pressure drop)가 매우 작다. 보통 테프론(PTFE)으로 만들어진 2개의 스프링 작동식 개스킷 시트가 있으며, 경우에 따라 탄소섬유(Coal fibre)로 보강된다. 밸브의 회전 모멘텀이 비교적 작다. 볼 밸브는 대부분 유지보수가 거의 필요 없지만, 일 년에 한두 번 정기적으로 작동시켜야 한다. 밸브가 차단될 때 유체에 있던 모든 이물질들이 닦여 나가며, 아무런 손상도 유발하지 않는다.

매설배관으로 된 지역난방 시스템에서 밸브는 (배관과 마찬가지로)인근에 탄성 배관 요소(Elastic pipe element)가 설치되어 있지 않다면 큰 축응력에 놓이게 된다. 이런 이유로 **전 용접 설계(All welded design)**가 선호되며, 이 설계는 탄성 배관 요소를 설치하지 않아도 돼 비용 절감에 도움을 준다.

플러그 밸브는 볼 밸브의 변형된 형태로 볼 수 있으며, 회전부가 실린더 또는 점점 가늘어지는 원뿔모양이다. 구멍(Bore)의 형태는 둥근 사각형 또는 삼각형 모양이다.

버터플라이 밸브는 로드(Rod)에 얹혀진 원형 디스크로 되어 있으며, 닫힌 상태가 되면 원형디스크가 원주방향 개스킷과 만날 때까지 회전하게 된다. 개스킷은 탄성중합체(Elastomer, 고무) 또는 흔히 더 낫다고 여겨지는 금속 재질(훨씬 견고함)로 만들어 지며, 탄성 링(Elastic ring) 모양을 하고 있다. 디스크 중심에 로드가 위치해 있거나, 약간 오프셋한 편심배치(Eccentric arrangement)가 있을 수 있다. 편심배치의 경우 로드 베어링(Rod bearing)에서 개스킷을 손상되지 않은 상태로 유지 할 수 있으며, 닫힌 상태에서 고체 물질이 끼는 경향이 줄어들게 된다. 완전히 열린 상태에서 압력강하는 볼 밸브보다 다소 크게 발생한다. 볼 밸브는 밸브와 배관 단면이 완전히 같아지도록 할 수 있다.

소관경에 사용되는 밸브는 핸들을 통해 직접 조작할 수 있으며, 반면에 대형 밸브를 수동으로 조작하는 경우에는 기어를 사용해 회전 모멘텀을 줄일 수 있다. 주로 전기 또는 유압으로 구동되는 **액추에이터(Actuator)**는 큰 모멘텀이 필요한 경우에 사용되며, 접근이 어려운 지역(예컨대 밸브가 도로 중앙에 있는 경우)에 적합하다.

90° 회전 개폐 타입 밸브는 빨리 개폐할 수 있어 여러 가지 면에서는 유리하다. 하지만 위험한 **압력서지(Pressure surge)**를 유발하는 높은 속도로 지역난방 네트워크의 밸브를 구동하지 말아야 한다. 밸브가 거의 닫혀진 상태에서 압력서지의 위험이 가장 크다. 대규모 누수를 수반한 긴급 상황에서는 손상을 일으키지 않는 범위에서 가능한 빨리 차단 밸브를 닫을 수 있어야 한다. 이런 요구조건들을 충족시키기 위해 각속도 함수를 최적화한 자동제어(Automatic control) 장치를 설치할 수 있다.

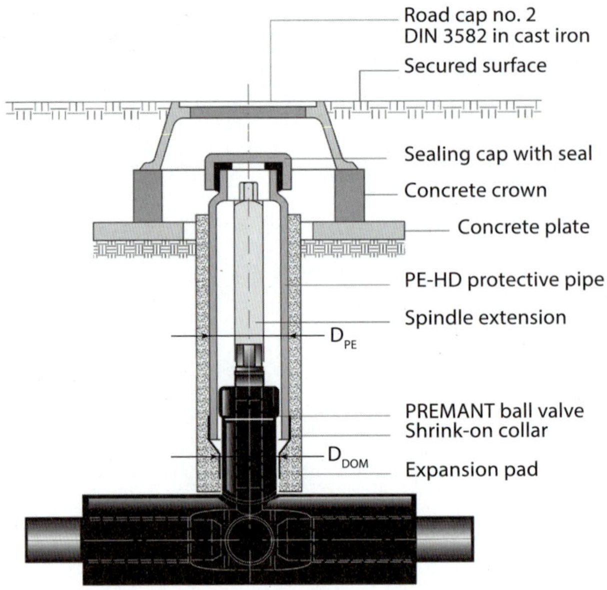

그림 8.19 지중에 직접 매설되고 도로면에서 조작할 수 있는 이중보온 밸브. 출처: German Pipe. 허락을 받고 사용함

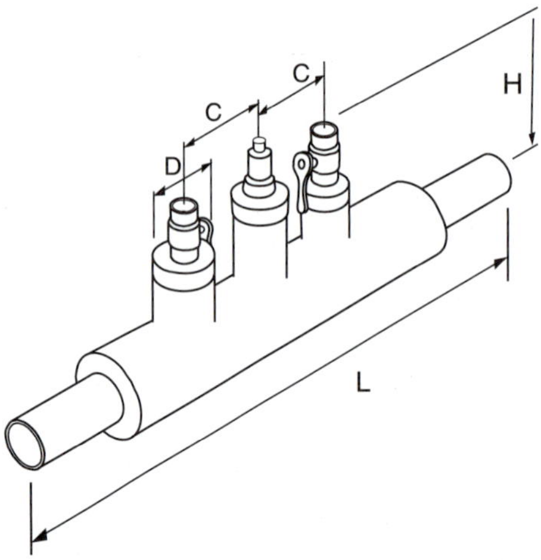

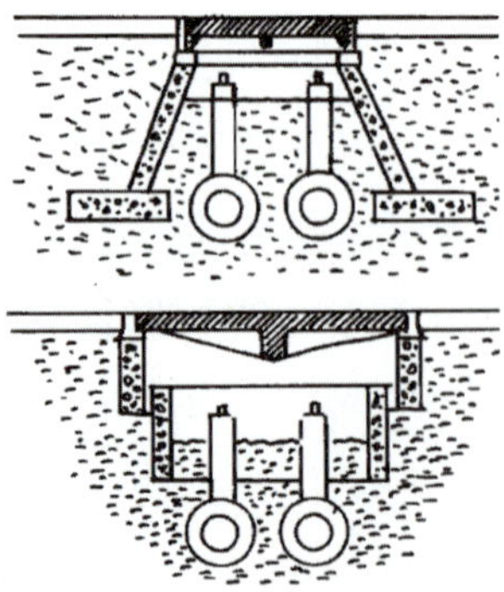

그림 8.20 왼쪽: 벤트 또는 드레인을 위한 스터드가 있는 이중보온 볼 밸브 배치. 오른쪽: 두 종류의 설치방법. 출처: Powerpipe. 허락을 받고 사용함

그림 8.19에서 볼 수 있듯이, 보통 직접 매설을 위해 공장보온된 밸브를 사용한다. 이 같은 밸브는 맨홀뚜껑이나 커버를 연 후 지표면에서 쉽게 접근할 수 있으며, 연장 축을 사용해 조절할 수 있다.

주요 차단 밸브 외에 소형 스터드(Stud)가 있는 이중보온 밸브가 사용된다. 스터드에는 드레인 또는 벤트를 위한 목적으로 개폐할 수 있는 자체 밸브가 부착되어 있다(그림 8.20 참조). 호스(Hose)를 통해 스터드를 배수구에 연결할 수 있으며, 혹은 드레인되는 물을 배수로로 흘려보낼 수 있다. 배수 방법은 지역적인 관례와 각각의 특정 사례에서 어떤 종류의 처리가 최선으로 여겨지는지에 따라 결정된다.

그림 8.19와 그림 8.20은 『2세대 열분배에서 필요했던 수많은 맨홀들이 어떻게 3세대 네트워크에서는 더 이상 필요 없게 되었는지』를 보여준다. 맨홀 감소는 투자비를 낮출 뿐만 아니라, 설치 공간을 줄이고, 좀 더 빠르게 시공할 수 있게 한다. 아울러 시설물 작업자가 좀 더 안전하게 지역난방 네트워크를 서비스 할 수 있게 해준다. 지역난방 네트워크에서 심각한 **사고** 발생 시(다행히 자주는 아니지만 드물게 발생함), 예컨대 밸브에서 증기가 세고 있는 맨홀로 작업자가 내려가는 경우에 중독(Poisoning)이나 화상이 가장 많이 발생한다.

참고문헌

Heisswolf U,Ernst A, Neues Dichtsystem minimiert Dremoment bei Kugelhähnen (New sealing system minimizes torque at ball valves). Euroheat & Power 33(2004) 7–8, 38–41.

District Cooling Best Practice Guide. International District Energy Association, Massachusetts, USA, 2008.

Avstängningsventiler, Tekniska bestämmelser för avstängningsventiler i fjärrvärme–och fjärrkylasystem(In Swedish, Guideline for Isolation Valves in District Heating and Cooling Networks). Guideline D : 209, Swedish District heating Association, 2009.

District Heating Pipes–Preinsulated Bonded Pipe Systems for Directly Buried Hot water Networks–Steel Valve Assembly for Steel Service Pipes, Polyurethane Thermal Insulation and Outer Casing for Polyethylene. European Standard EN488, 2011

8.4 강성관의 내구성과 매설방법 (Durability and method of laying rigid pipe)

지역난방용 이중보온관은 120℃ 온도로 연속운전을 할 경우 적어도 30년의 사용수명(더 낮은 온도에서는 사용수명이 길어짐)을 갖게끔 설계되어야 한다. 이런 내용은 유럽표준에 명기되어 있으며, 유럽뿐 아니라 예컨대 북미에서도 적용되고 있다. 이 표준들은 과학적 발견과 실무경험에 기반하고 있으며, 최상의 설계를 위해 확실한 근거를 제시하고 있다.

이번 절에서 우리는 이중보온관의 고체역학, 내관의 설계 및 내구성, 다양한 배관 매설방법에 대해 알아볼 것이다. 보온재와 외관의 내구성은 다음 절에서 논의될 것이다.

8.4.1 강성 이중보온관 내관의 응력기반 설계 (Stress-based design of carrier pipes of rigid,bonded pipe assemblies)

모든 지역난방용 강성 이중보온관의 설계(특히, 내관에 대한)는 다른 많은 분야에서 사용되는 압력배관 설계에 적용되는 이론에 상당부분 의존하고 있다. 하지만 이중보온관 배관에 특화된 면도 있다. 이런 특별한 면은 주로 구속된 축방향 열변형에 의해 발생하는 높은 축응력에 기인하고 있다.

다행히, 다음과 같이 이런 내용을 단순화 할 수 있다. 내관이 강관으로 되어 있으면(대부분의 모든 강성 배관에 해당됨), 일반적인 운영온도는 중요한 **크리프 변형(Creep deformation)**이 발생하기엔 너무 낮다. 하지만 내관이 **폴리머 재료(Polymeric material)**로 만들어질 경우(연성관에 사용됨) 크리프는 중요한 문제에 해당한다. 또한, 용접작업이 적절히 이루어진다면, **취성균열(Brittle cracking)**의 발생을 막기에 충분히 높은 온도와 내관의 연성이 발생한다.

내관에 전체 축방향 변형률은 기계적 응력과 열에 의한 열변형률(Thermal strain) 때문에 발생하는 의한 변형률의 합이다. 우선 기계적 응력은 탄성적이고, **후크의 법칙(Hooke's law)**을 따른다고 가정한다.

$$\sigma = E\,\varepsilon_m\ [\mathrm{N/m^2, N/mm^2}] \tag{8.1}$$

여기서, E = **탄성에 대한 영률** [N/m², N/mm²]

ε_m = 기계적 변형률 [–]

내부 과압에 의한 횡방향 **푸아송 수축(Poisson contraction)**은 무시한다. 응력과 변형률 모두 양수 또는 음수일 수 있다. 예를 들어, 압축을 받고 있다면 응력과 변형률은 음수로 표시한다.

열에 의한 변형률은 다음과 같다.

$$\varepsilon_t = \alpha \Delta t \text{ [-]} \tag{8.2}$$

여기서, α = **열팽창 계수**(Coefficient of thermal expansion) [℃$^{-1}$]

Δt = 온도변화 [℃]

만약, 열팽창이 완전히 구속되어 있다면 $\varepsilon_m + \varepsilon_t = 0$이고, 다음과 같이 나타낼 수 있다.

$$\sigma = -E\alpha\Delta t \text{ [N/m}^2\text{, N/mm}^2\text{]} \tag{8.3}$$

$E = 2.1 \times 10^5$N/mm^2, α=1.2 × 10^{-5}℃$^{-1}$, 온도증가 ΔT = 100℃라면 $\sigma = -252$N/mm^{2}을 얻게 된다. 이 값은 일반적인 탄소강에서 소성변형이 일어난다고 일반적으로 인정되는 최소 **항복응력** σ_{yield} = (양수 또는 음수)235N/mm^2 보다 높다. 비록 실제 항복응력이 보통 더 높기는 하지만, 소성변형이 발생할 수도 있다는 결론을 내릴 수 있다. 지역난방 배관 이외에 다른 종류의 배관시스템은 대부분 열팽창 구속에 의한 소성변형을 허용하지 않으며, 이런 종류의 위험이 있는 경우에는 발생 가능성을 제거하기 위한 **탄성 배관 시스템 요소(Elastic pipe system element)**를 설치한다. 앞서 언급한 바와 같이, 이것은 바로 2세대 지역난방 네트워크에 적용되었던 방식이다.

때로는 3세대 네트워크에도 **응력수준(Stress level)**을 줄이기 위해 **신축흡수장치(Compensating element)**를 사용하며, 발생하는 응력수준은 사용된 배관 매설방법에 따라 달라진다. 우리가 살펴볼 여러 가지 다른 배관 매설방법들이 아래에 기술되어 있다.

일반적으로 말해, **내부과압(Inner overpressure)**에 의해 파괴되는 경우와 **반복되는 하중**(Cycling loading)에 노출되어 **피로파괴(Fatigue failure)가 되는** 경우를 방지할 수 있도록 내관의 내구성을 반드시 확인해야 한다. 따라서 우리는 이 두 가지 현상에 집중해야 한다. 그밖에도, 예컨대 어느 정도의 매우 큰 소성변형 후에 발생할 수 있는 **갑작스러운 접힘**(**Instance folding**)과 같은, 다양한 형태의 불안전성을 고려할 수 있는 종합적인 분석을 수행해야 한다.

과압이 파괴로 이어지지 않기 위한 요건은 과압이 적정한 안전율을 반영한 소성변형을 일으키지 않아야 한다는 것이다. 왜냐하면 한 번 소성변형이 발생하면 한계상황에 근접하게 되고, 그 후에 발생하는 추가 변형을 막을 수 없기 때문이다. 그 결과 배관이 파괴될 때까지 과압이 지속적으로 변형을 유발한다.

내압 p[N/m²=Pa](그림 8.21)에만 노출된 직관에는 원주방향으로 **후프응력**(**Hoop stress, 양수**)이 존재한다.

$$\sigma_h = \frac{pd}{2s} \;\; [\mathrm{N/m^2, N/mm^2}] \tag{8.4}$$

여기서, d = 직경 [m, mm]

s = 관두께 [m, mm]

정확히 말해 내호면과 외호면의 응력에는 차이가 있다. 하지만 지역난방 내관은 관두께가 아주 얇기 때문에 일반적으로 이 차이는 무시된다(관두께가 두꺼운 배관에서는 온도변화가 추가로 상당한 비정상(非定常) 응력을 유발할 수 있다).

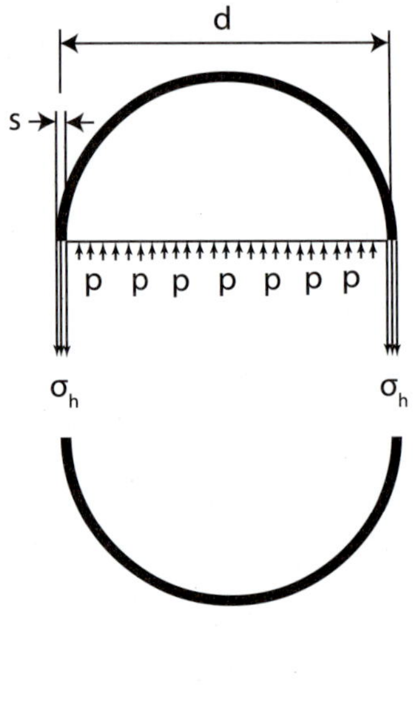

그림 8.21 내부 과압에 의한 후프응력

최소 관두께는 안전율(예컨대 1.5)을 적용한 소성변형을 방지하기에 충분한 값을 선정해야 하며, 부식에 의한 감소를 고려해 여분의 두께를 추가해야 한다. 이 마지막에 언급된 안전조치가 표준 시리즈의 배관에서 관경이 감소함에 따라 관두께/관경 비율이 증가하는 사실을 설명하고 있다.

지역난방 네트워크에서 압력은 적정한 값(예컨대 16 Bar)을 최대치로 선정하며, 이 값은 다른 많은 공학 분야에서 사용되는 배관들(예컨대 증기 발전소 배관)보다 훨씬 작다. 이런 이유로 지역난방 배관은 얇은관을 선정한다.

좀 더 복잡한 기하학적 형태를 고려하는 경우, **분석 수학 방법(Analytical mathematical methods)** 또는 **유한요소해석(Finite element simulation)**을 통해 힘과 응력을 계산하며, **항복한계 기준(Yield limit criterion, 보통 Von Mises 또는 Tresca 기준)**과 비교한다. 계산과 해석과정은 보통 일반화된 후크법칙을 따르는 **선형탄성변형(Linear elastic deformation)**이라고 가정한다.

전통적인 설계는 내부 과압뿐만 아니라 모든 하중이 (적정한 안전여유를 갖고)소성변형을 유발하지 않아야 한다는 전제를 기반으로 한다. 이 원칙에 따른 설계를 **응력-기반 설계(Stress-based design)**라고 한다. 하지만 앞서 기술한 바와 같이, 지역난방 배관은 소성변형을 사실상 어느 정도 범위 내에서 허용한다. 따라서 전 구간에 소성변형을 허용하지 않는 설계는 보수적이다.

일정한 관경의 직관과 형태가 다른 티와 그 밖에 배관요소(Piping element)에서는 응력에 대한 국부적인 집중이 발생한다. 이런 배관요소에서 발생하는 최대 응력을 허용수준으로 줄이기 위해, 그림 8.22의 사례와 같은 **강화(Reinforcement)** 방법을 사용한다.

표준적인 배관요소의 범주에서, 증가된 최대응력은 관련 표준뿐만 아니라 고체역학에 대한 전공서적과 핸드북에서 찾을 수 있는 **응력집중계수(Stresses intensification factor)**를 사용해 공학적으로 계산할 수 있다.

잠재적으로 취약한 또 다른 구성요소는 밸브이다. 앞서 언급했듯이, 비록 지역난방 배관의 내부 과압은 작은 편이지만, 밸브는 배관의 구속된 열팽창 때문에 발생하는 높은 축력을 받게 된다. 이런 이유로 다른 종류의 배관 시스템에 사용하기 위해 신축흡수장치와 함께 설계된 밸브가 지역난방 네트워크에 설치되는 경우 더 높은 압력을 위해 설계되었다 할지라도 파괴될 수 있다. 따라서 지역난방 사용을 위한 밸브는 그 목적에 맞게 특화해 설계되어야 한다. 그림 8.17에 있는 **전용접 볼 밸브(All-welded ball valve)**가 이런 밸브의 사례에 해당한다.

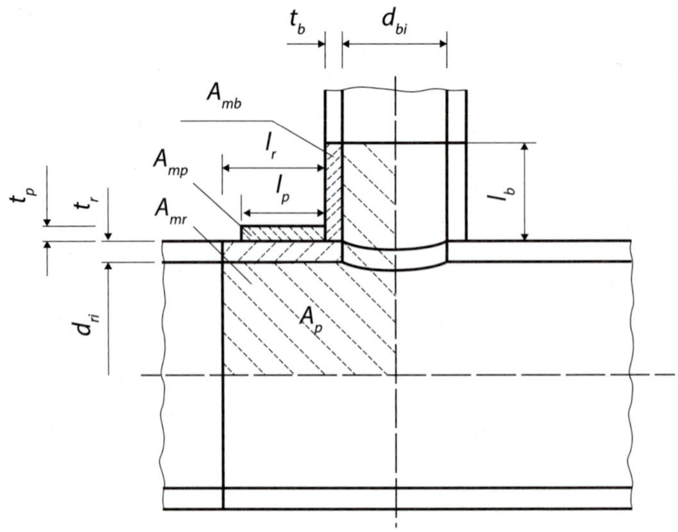

그림 8.22 EN13941에 따라 강화된 티 분기관. 출처: Dansk Standard(덴마크 표준). 허락을 받고 사용함

8.4.2 구속된 열팽창에 대한 고체역학 (Solid mechanics of restrained thermal expansion)

그림 8.23은 깊이 H(지표면에서 배관의 중심까지의 거리)에 매설된 배관의 길이방향과 단면을 나타낸다. 토사는 각도 θ에 따라 변화하는 압력을 배관에 가한다. 단순한 **정수역학**(Hydrostatic)으로 나타내면, (방사방향에서 안쪽으로 작용하는)**평균 원주방향 압력**은 다음과 같다.

$$p = \rho g H \ [\mathrm{N/m^2}] \tag{8.5}$$

여기서, ρ = 흙의 단위중량 [$\mathrm{kg/m^3}$]
g = 중력가속도 [$\mathrm{m/s^2}$]
H = 매설깊이 [m]

배관이 축방향으로 움직이는 곳에서는 다음과 같은 **평균 원주방향 축 전단응력(Mean circumferential axial shear stress)**이 발생한다.

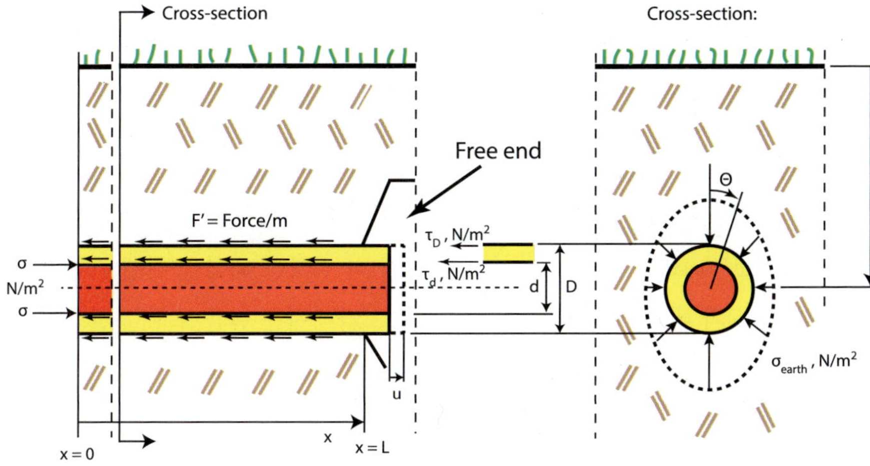

그림 8.23 자유단을 갖는 매설된 이중보온관의 외부와 내부에 작용하는 응력과 힘

$$\tau_{D} = \mu p \ [\mathrm{N/m^2}] \tag{8.6}$$

여기서, μ = 마찰계수 [–]

이 전단응력이 다음과 같은 단위 배관길이 당 마찰력을 유발한다.

$$F' = \mu \rho g H \pi D \ [\mathrm{N/m}] \tag{8.7}$$

여기서, D = 외관의 직경 [m]

토사입자 사이의 복잡한 상호작용 때문에, 정수역학적 상태와 약간의 편차가 발생한다. 이 편차를 보정하고 충수된 배관의 자중과 교란된 지반에 의한 부력(Up-drift)을 고려하면, 다음과 같이 좀 더 정확하게 표현할 수 있다.

$$F' = \mu\left(\frac{1+K_0}{2}\rho g H \pi D + (\rho_p - \rho) g \frac{\pi}{4} D^2\right) \tag{8.8}$$

여기서, ρ_p = 물이 채워진 배관의 평균 밀도 [kg/m³]

토질역학에서 상수 K_0는 **정지토압계수(Coefficient of soil pressure at rest)**로 토사가 다져져 있지 않을 경우 0.26–0.47 사이의 값을 갖는다. 하지만 실제로는 보통 토사를 다지며, 이 경우 마찰력이 상당히 커진다. 이런 물리적 과정을 규명하고 증가되는 마찰력의 정확한 양을 제시하는 연구가 진행 중에 있다.

이제부터, 매설한 후 중간에 냉각 없이 연속적인 가열상태에 있는 배관이 최초로 열을 받게 되는 경우 어떤 일이 발생하는지 알아볼 것이다.

배관의 오른쪽 끝단을 **자유단**(free end)이라고 가정하고, 최초 근삿값 산정에는 자유단에 예컨대 탄성엘보(Elastic elbow)가 있다고 하자. 좀 더 정확한 해석을 위해 탄성 반발력(Elastic reaction force)과 내부 과압에 의해 축방향으로 가해지는 힘을 고려할 필요가 있으며, 때로는 이런 힘이 푸아송 수축(Poisson contraction)을 일으키기도 한다.

보온재의 **전단변형**(Shear deformation) 때문에 내관이 외관보다 좀 더 움직이지만, 차이가 작아 무시할 수 있다.

배관의 거동이 없는 지점을 가정할 수 있으며, 이 지점에 앵커를 설치했거나 또는 이 지점 왼편에 있는 배관이 열팽창을 완전히 보상할 수 있도록 압축되기 때문에 배관이 움직이지 않는다. 이 지점으로부터 좌표 x를 측정하며, 자유단에 값은 L이다. 배관이 움직이는 모든 곳에 마찰력이 발생하기 때문에 이 경우에 배관의 길이는 **마찰길이(Friction length)**라고 부르며 L_f로 나타낸다.

전체 변형률은 다음과 같이 나타낼 수 있다(F′를 양수로 간주함).

$$\varepsilon(x) = \alpha\Delta t - (L - x)\frac{F'}{EA} \tag{8.9}$$

여기서, A = 내관의 개략적인 단면적

$$A = \pi ds \ [\mathrm{m}^2] \tag{8.10}$$

d = 내관의 직경 [m],
s = 내관의 두께 [m],
Δt = 온도증가 [℃]

식 (8.9)를 적분하면 변위를 구할 수 있다.

$$u(x) = \left(\alpha\Delta t - L\frac{F'}{EA}\right)x + \frac{1}{2}x^2\frac{F'}{EA} \tag{8.11}$$

자유단 값을 넣으면 다음과 같다.

$$u(L) = \alpha \Delta t L - \frac{F'}{2EA} L^2 \tag{8.12}$$

여기서, 첫 번째 항은 자유 열팽창을 나타내며, 두 번째 항은 반작용 마찰에 의한 감소를 나타낸다.

만약 L이 충분히 길면, 왼쪽 끝단에서 변형률이 사라지고 응력수준은 최대가 될 것이다(앞에서 이런 상황을 다루었음).

$$\sigma = -E\alpha\Delta t \tag{8.3}$$

상응하는 길이 L_0는 논의되고 있는 특정 온도증가에서 최댓값이 L_f이며, 식 (8.9)로부터 다음과 같이 계산할 수 있다.

$$L_0 = E\alpha\Delta t \frac{A}{F'} \text{ [m]} \tag{8.13}$$

이 지점 왼편에 있는 배관은 자동적으로 고정되기 때문에, 이 경우에 (우리가 고려하고 있는 단순화된 모델에서)배관을 기계적으로 고정시킬 필요가 없다. 이 지점을 **자연고정점(Natural fix point, 또는 가상앵커(Virtual anchor))**이라고 한다. 보통 이 같은 고정이 배관에 문제가 되는 거동을 막기에 충분하지만, 때로는 여러 가지 이유로 고려되지 못한 현상에 의해 유발되는 거동을 막기 위해 특정한 곳에 물리적 앵커(그림 8.12)를 설치한다.

식 (8.12)에 이 식을 넣으면 다음과 같다.

$$u(L_0) = \frac{1}{2}\alpha\Delta t L_0 \tag{8.14}$$

이 식은 배관의 팽창부가 최대길이에 도달한 경우 자유단의 변위는 고정점의 오른쪽 배관이 자유롭게 팽창을 허용하는 경우의 값에 1/2라는 뜻이다. 그림 8.10을 참조하면 끝단의 변위는 트렌치의 폭이 밴드에서 얼마만큼 커져야 하는지를 결정한다. 트렌치 폭을 정할 때에는 마찰계수가 예컨대 **지하수위**의 변화로 인해 배관수명 동안 상당히 변할 수 있다는 사실을 고려해야 한다.

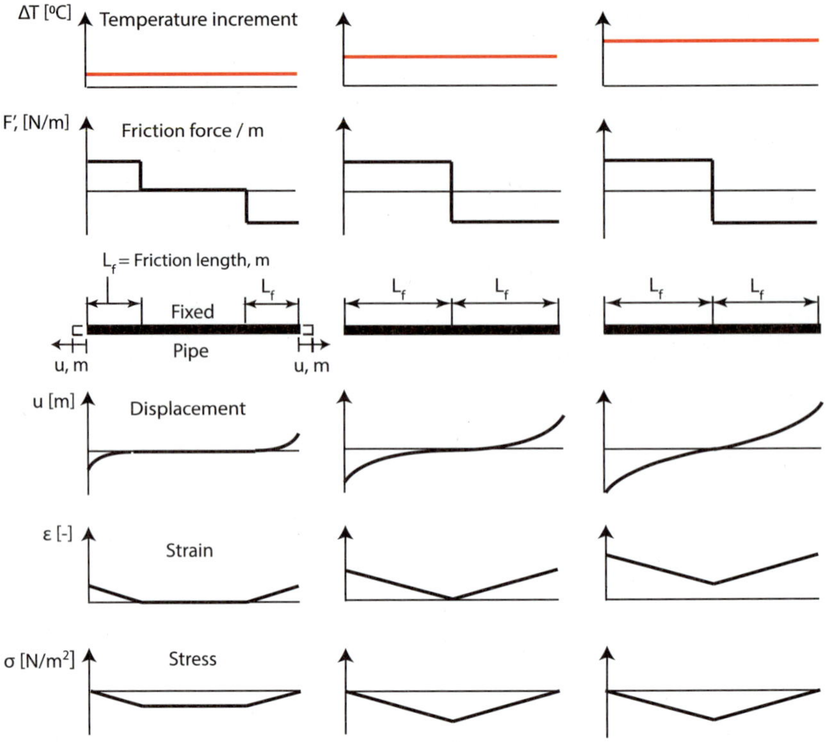

그림 8.24 양단이 자유단인 지중 매설 지역난방 이중보온관의 가열(축력은 없음), 중간 냉각이 없으면 가열은 응력과 변형률이 없는 상태에서 3단계로 발생한다

과도한 축응력을 피하기 위해 여러 가지 배관 매설 방법이 있다는 것을 알아보기 위한 준비단계로, 양쪽 끝단이 자유단이고 어느 지점도 고정되지 않은 배관이 서서히 가열되는 경우 무슨 일이 발생하는지 알아보자(그림 8.24).

최초로 가열하는 동안, 마찰길이 L_f(왼쪽과 오른쪽 끝단에서 측정한 값)는 점진적으로 증가할 것이다. 반면에 길이가 감소하는 중간부분은 고정된 상태로 남아있게 된다.

중간부분의 배관은 모든 변형률을 완전히 제거할 만큼 충분히 압축된 상태에 놓이게 된다. 그림에서 알 수 있듯이, 양 끝단 사이에 있는 중간점 주위에서 그래프가 대칭을 이룬다.

배관이 더 가열되면, 최종적으로 마찰길이 끝단이 서로 만날 때까지 두 마찰길이가 계속해서 증가한다. 그림 가운데 있는 그래프가 이런 상황을 나타내고 있다.

온도를 더 높이면 끝단이 더 멀리 움직이게 되고, 반면에 중간의 고정점은 정지된 상태로 남아있다. 마찰길이 L_f는 배관이 충분히 긴 경우 주어진 온도변화 Δt에서 발생할 수 있는 최댓값보다 작아진다.

그림에 있는 것은 연속적인 온도 증가 시 수반되는 과정들이며, 간헐적인 온도 저하가 없는 상태이다. 온도 저하가 있는 경우의 거동 패턴은 좀 더 복잡해진다. 즉, 변형 패턴이 가역적이지 않다. 끝단 변위는 연속적인 온도 증가로 Δt에 도달하는 경우에 주어진 Δt에서 얻어진 값을 초과할 수 없다는 사실을 재확인할 수 있다.

8.4.3 배관 매설 방법들(Pipe-laying method)

다양한 방법을 사용해 지중에 배관을 매설할 수 있다. 각각의 방법이 장단점을 갖고 있기 때문에, 특정 설계조건에 대해 좀 더 적합한 어느 하나를 선택할 수 있다. 하지만 이런 선택이 네트워크 설계자들 사이에서 광범위한 문제에 대한 다양한 의견을 불러일으킨다. 일반적으로 제조사는 어떤 방법을 선택할지에 대해 의견을 제시하지 않으며, 다양한 모든 방법에 대해 정보를 제공한다.

그림 8.25에 있는 4가지 매설 방법들에 대해 논의해 보자.

(일반적이지 않음) 방법1: 저온 매설(Low temperature laying) – 탄성요소 없이 낮은 설계 온도를 위한 단순한 배관 매설

긴 배관에서 발생할 수 있는 최대 축응력은 식 (8.3)과 같다. 일반적으로 규정된 최대로 허용되는 응력(실제 현장에서 사용되는 상당한 안전율을 가지고 소성변형을 막을 수 있는 응력)은 $\sigma_{perm} = \pm 150\ N/mm^2$이다. 이 응력을 사용하는 경우, 최대 허용 온도변화는 배관이 충분히 길면 60℃ 정도 되고 대부분의 경우 이 값을 초과하게 된다. 하지만 이 목표를 달성하는 것이 완전히 실현 불가능한 일만은 아니다. 왜냐하면 공급온도 60℃는 급탕을 위한 허용온도를 유지하기에 충분하고, 난방 시스템은 60℃ 미만의 최대 공급온도로 설계할 수 있기 때문이다. 비록 선호되는 제한사항은 아니지만, 전 세계 많은 지역에서 외부 대기온도가 0℃ 이상일 때 배관을 설치할 수도 있다. 그럼에도 불구하고, 대부분의 지역난방 네트워크는 60℃ 보다 높은 최고 공급온도로 설계된다.

더 높은 운전온도가 사용되는 경우, 안전율을 갖고 소성변형을 피하기 위한 하나의 방법은 항복응력이 높은 강관등급을 사용하는 것이다. 하지만 이 방법은 비용이 많이 들기 때문에 아주 드물게 사용되며, 만일 사용한다면 네트워크에서 단지 일부 선택된 배관에만 적용할 수 있다(일반적으로 대관경 연계배관).

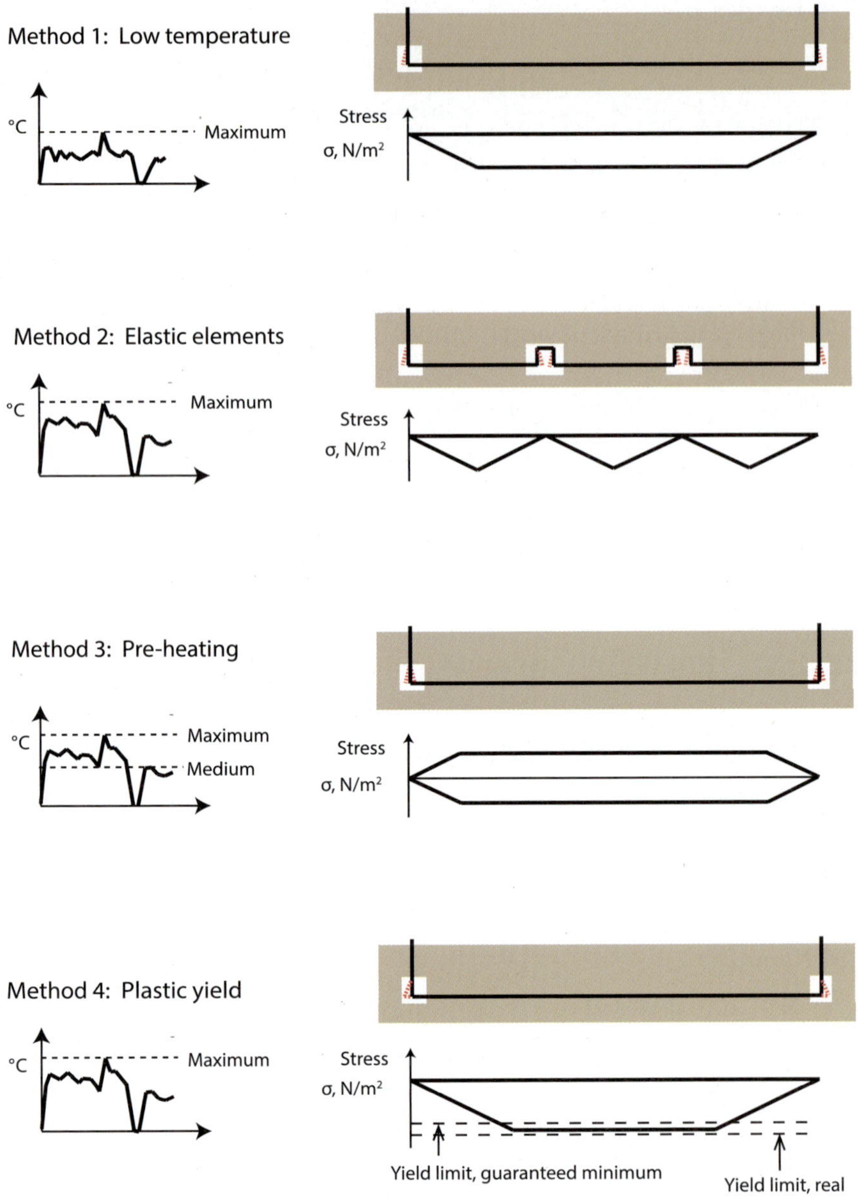

그림 8.25 배관 매설의 4가지 선택적인 방법들

방법2: 탄성요소(Elastic element) – 전통적인 배관 매설방법(Conventional pipe-laying)이라 고 불림

이 방법을 사용하는 경우, 탄성배관요소를 적정한 간격으로 설치하여 응력수준을 최댓값 이하로 유지한다.

피팅길이(Fitting length)로 불리는 값을 사용하는 것이 일반적이며, 다음과 같이 정의할 수 있다.

$$L_{perm} = \sigma_{perm} A/F' \text{ [m]} \tag{8.15}$$

즉, 허용하는 최대응력에 도달하게 되는 길이를 의미한다. 피팅길이는 탄성요소를 어디에 설치할지를 결정하는 데 사용된다.

기계적으로 고정되어 있지 않고 자유로운 양쪽 끝단을 갖는 배관의 경우, 최대 허용되는 전체 길이는 피팅길이의 2배가 된다. 만약 한쪽 면에 기계적인 고정(앵커 또는 유사한 것)이 있고 다른 한쪽에 자유단이 있는 경우, 고정점을 넘어선 배관의 최대 허용길이는 피팅길이와 동일하다.

방법3: 예열(Preheating) – 열적선응력법(Thermal Pre-stressing)

이 방법은 배관과 다른 네트워크 요소들의 설치작업을 완료하고 (트렌치 내 또는 트렌치 옆에서 지지된 상태로)개착된 곳에 내려놓을 수 있다. 그 후에 적정한 중간 온도로 가열하며, 이 예열온도는 최대운전온도와 적정하게 선정된 최소온도의 평균값 정도 된다.

예열을 하고 나서, 설치된 배관에 되메우기를 한다. 최대운전온도까지의 추가 가열은 압축응력을 유발하지만, 최대온도와 예열온도의 차이에 상응하는 값보다 높아지지 않는다. 유사한 방식으로 그 후에 발생하는 냉각은 인장응력을 유발하지만, 예열온도와 배관 냉각 시 최소온도에 상응하는 값보다 높아지지 않는다. 이와 같이, 비록 예열이 **응력범위**(Stress range)를 줄이지는 않지만 최대압축응력과 최대인장응력을 효율적으로 감소시킨다.

방법2와 비교하면, 방법3은 탄성요소 설치를 피할 수 있는 이점이 있다. 가장 큰 단점은 예열과정으로 공사기간이 길어진다는 것이다.

예열은 (본질적으로 정상운전 중 사용되는 지역난방 수와 동일한)물, 증기 또는 전기 저항 가열을 사용할 수 있다.

방법4: 소성항복(Plastic yield) – 운영 중 자체 선응력(Operative self pre-stressing) 또는 무예열매설(cold pipe-laying)

이 방법은 특정 한계까지는 소성항복을 허용하며, 네트워크의 모든 부분이 허용한계내에서 유지되는 변형률/변위에 대응할 수 있게 설계된다. 이 방법을 사용하면 전통적인 응력-기반 설계를 포기해야 한다.

소성항복이 실제로 일어나는지 여부는 실제 **항복강도(Yield strength)**의 크기에 달려 있다. 앞서 기술한 것과 같이 실제 항복강도는 특정 등급의 강재에 대해 규정된 최솟값보다 더 크다. 얼마나 큰 변위에서 견딜 수 있는지를 아래에서 논의하고 있다.

이 방법의 장점은 신축흡수장치를 사용하지 않고, 비교적 높은 운전 온도에서 빠르게 시공할 수 있다는 것이다. 독일의 일반적인 운영온도는 스칸디나비아 반도의 나라들보다 더 높기 때문에, 특히 독일에서 이 방법에 큰 관심을 가지고 있다. 소성항복 방법은 주의 깊은 시공을 필요로 하며, 신규 사용자를 위해 분기할 필요가 있는 경우 좀 더 까다롭게 배관을 개선해야 한다. 예를 들어, 그림 8.14에 있는 **마운팅 방법(Mounting method,** 핫-테핑 공법[역])은 사용할 수 없다.

'운영 중 자체 선응력'이란 용어는 독일어인 'betriebliche Selbstvorspannung'을 번역한 것이다.

그 밖의 다른 방법들

그 밖의 다른 방법으로 배관 시공 시 적정한 간격으로 **1회용 신축흡수장치(One-time compensator)**를 설계해 사용하는 방법이 있다. 시공 중 신축흡수장치만 노출시키고 이중보온관을 매설한다. 예열을 수행하는 동안 신축흡수장치가 수축하게 되고, 그런 다음 신축흡수장치의 내부와 외부 원통부를 함께 용접해 압축상태를 고정시킨다. 이 방법은 흔히 **기계적 선응력(Mechanical pre-stressing)**으로 알려져 있으며, 좀 더 자세한 내용을 알고 싶은 독자는 제조사 안내책자 같은 것들을 참고 할 수 있다. 1회용 신축흡수장치 방법은 방법3보다 훨씬 빠르게 시공할 수 있으나 용접부의 취약점으로 요즘에는 거의 사용되지 않는다.

방법4: 매설에 대한 토론, 운영 중 자체 선응력

이 방법은 다른 방법들 시공에 적용되는 전통적인 **응력-기반 설계(Stress-based design)** 대신 **변형률-기반 설계(Strain-based design)**에 의존하고 있다.

최근 몇 년 동안 변형률-기반 설계는 다양한 공학 분야에서 사용되고 있으며, 제어된 소성항복에 대한 허용이 보수적인 설계와 비교해 상당한 비용을 절감할 수 있게 해준다. 변형률-기반 설계의 한 가지 사례로 해저 석유 및 가스배관의 설계를 들 수 있다.

매달려 있는 막대가 하단에 증가되는 하중으로 인해 점진적으로 커지는 인장력에 노출된 경우, 특정 하중에서 항복점을 초과하고 넥(Neck)모양이 만들어지기 시작한다. 막대에 하중을 더 가하면, 불안정한 소성변형이 넥을 급속히 좁아지게 만들고 파괴가 일어날 것이다(내부 과압에 의해 배관이 파괴되는 경우와 같음).

막대의 양끝 단이 움직일 수 없는 벽으로 고정되어 있으면 막대의 길이는 변할 수 없다. 이런 상황에서 막대가 점차 가열된다고 가정해 보자. 가열 때문에 막대는 팽창하려고 하겠지만, 팽창은 불가능하고 막대에 압축 축력이 발생할 것이다.

만약 막대가 길고 얇다면, 어느 순간 갑자기 막대가 급격하게 구부러지기 시작할 수 있다(변형이 완전히 탄성인 경우 **오일러 불안정**(Eulerean instability)으로 알려져 있는 현상). 하지만 막대가 충분히 짧고 굵으며 양방향으로 지지된 상태에서는 이 같은 불안정성이 발생하지 않는다. 매설된 이중보온관은 모든 방향에서 이런 종류의 측면방향 지지를 받고 있지만, 배관이 충분한 깊이로 매설되지 않았거나 배수로 또는 이와 유사한 시설과 너무 가까이 위치한 경우에는 불안정성이 발생할 수 있다. 지역난방 배관 인근에 다른 배관 또는 케이블을 매설하기 위해 굴착하는 경우에 이런 상황을 염두에 두어야만 한다. 유사하게 막대가 냉각된다면 인장력에 노출되지만, 다시 변형은 안정될 것이다.

이 경우 소성변형은 축방향으로 불안정한 변형을 유발하지 않을 것이다. 이 변형이 **변형제어(Deformation-controlled)**이며, 반면에 자유 인장 막대의 변형이 **힘제어(Force-controlled)**다.

8.4.4 내관의 변형률-기반 설계와 피로-기반 설계 (Strain- and fatigue-based design of carrier pipe)

설계기준 소개에서 언급했듯이, 고려해야 하는 파괴의 종류(특히 운영 중 자체 선응력 매설방법을 사용한 경우)로 **피로(Fatigue)**가 있다. 피로는 일반적으로 **고주기 피로(HCF, High Cycle Fatigue)**와 **저주기 피로(LCF, Low Cycle Fatigue)**로 나뉜다. 고주기와 저주기는 파괴에 도달하는 **주기수(number of cycle)**로 결정된다. LCF는 반복되는 소성변형과 연관되어 있으며, 반면에 HCF의 경우 보통 변형이 탄성적이다.

전환주기수(Change-over number of cycle)는 정보의 출처에 따라 매우 다양하다. 일부 자료는 표준 설계에 사용되는 강재에 대해 10,000번을 제시하고 있으며, 10,000번은 30년 수명 주기 동안 하루에 1주기로 발생할 때 달성하게 되는 대략의 주기수에 해당한다.

일반적으로 공학에서 HCF를 일으킬 수 있는 아주 흔한 현상은 기계적인 진동(Mechanical vibration)이며, 하루에 발생하는 상당히 많은 수의 주기와 관련이 있다. 비록 지역난방 시스템에 진동이 가끔씩 발생한다 할지라도, 이는 매우 드문 경우에 해당된다. 지역난방 배관에서 아주 많은 수의 주기에 노출되는 훨씬 보편적인 3가지 사례는 다음과 같은 것들이 있으며, 일반적으로 큰 문제가 되지 않는다.

첫 번째 사례는 회수관이며, 특히 **순간온수기(Instantaneous water heater)**가 있는 기계실에 연결된 경우에 발생한다. 사실 대부분의 파괴는 회수관에서 일어난다.

두 번째 사례는 상부의 교통하중에 의해 굽힘응력이 달라지는 상황에 노출되는 경우이다. 보통 관련 표준과 제작사에서 권고하는 매설깊이를 확보해 너무 큰 응력이 발생하는 것을 피할 수 있다. 배관이 교통량 많은 도로를 횡단하는 경우에는 표면층을 보강하는 것이 필요할 수 있다.

잦은 주기를 유발할 수 있는 세 번째 현상은 네트워크가 여러 다른 지역에 있는 플랜트들에서 생산되는 열을 공급하는 경우에 발생한다. 만약 이 같은 열원에서 서로 다른 온도의 온수를 내보낸다면, 흐름이 만나는 공급관에 갑작스러운 **온도경계(Temperature front)**가 발생한다(그림 6.97의 케이스 C). 공급지역 내 개별 세대의 열사용량 변화에 따라 이 경계가 하루에도 몇 번씩 앞뒤로 움직일 것이다. 서로 다른 타입의 열원을 혼합해 운영하는 경우 온도차를 두는 것이 열생산 비용 측면에서는 매력적일 수 있지만, 이런 현상에 대한 확실한 예방책은 공급온도에 너무 큰 차이가 발생하지 않게 하는 것이다.

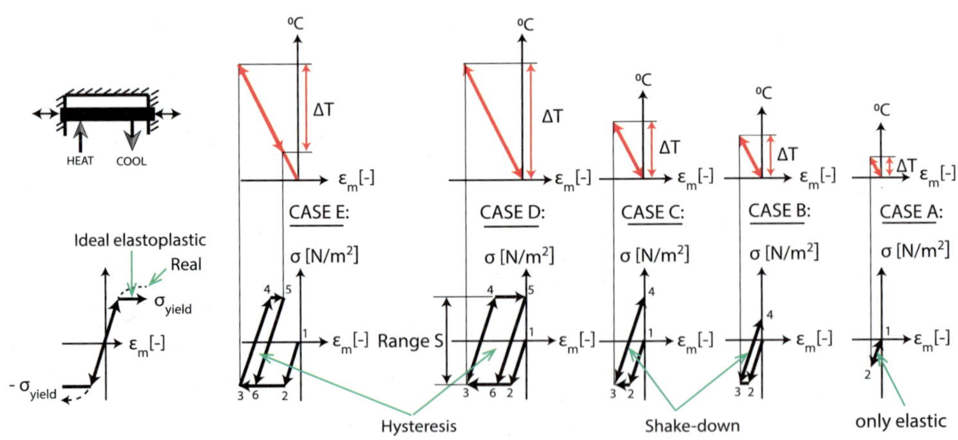

그림 8.26 이상적인 탄소성 재료의 축방향 고정 요소(Axially fixed element)에 대한 주기적 가열과 냉각. 온도진폭(Temperature amplitude)이 틀린 5개의 서로 다른 주기에 대한 응력과 (기계적인)변형률을 보여준다

이제부터 주기에 따라 가열과 냉각되는 양쪽단이 고정된 빔의 단순한 경우를 참조해 LCF를 살펴볼 것이다(그림 8.26 참조).

그림 8.26에 응력-변형률 도표는 두 재료에 대한 특성을 보여주고 있으며, 하나는 (응력경화가 발생하는) 전형적인 실제 재료이고, 다른 하나는 앞으로 살펴볼 사례에서 사용하게 될 이상적인 탄소성(Elastoplastic) 재료이다.

그림의 위쪽부분은 크기가 다른 온도변화에 의해 발생하는 **기계적변형률(Mechanical strain, 총 변형률에서 열변형률을 뺀 값)**의 변화를 표시한 연속적인 도표를 보여주고 있다. 온도변화의 크기는 대부분 오른쪽에서 왼쪽으로 갈수록 증가한다. 이 도표들 아래에 응력과 기계적변형률 변화의 결과를 보여주고 있는 도표가 연속적으로 있다.

오른쪽 케이스 A부터 시작해 보자. 여기서는 1점과 2점 사이에 완전탄성변형이 존재한다.

케이스 B는 2점에서 발생한 추가 가열이 3점까지 소성압축을 일으키고, 3점에서부터 냉각이 3–4선을 따라 4점에서 최초 변형률(0)이 회복될 때까지 기계적탄성인장을 유발하게 된다. 반복되는 가열은 3점으로 돌아가기 위한 기계적탄성압축을 발생시킬 것이며, 이후 냉각은 또 다시 3–4선을 따라 완전히 탄성적인 기계적변형을 발생하며 계속될 것이다. 소성변형이 제거되는 현상을 **셰이크다운(Shake-down)**이라고 한다. 만약 **주기적 변형(Cyclic deformation)**이 파괴 시까지 지속된다면, HCF **파괴**가 일어난다.

케이스 C에서도 셰이크다운이 발생한다. 여기서는 주기적인 탄성변형 범위가 1–2선을 따르는 탄성변형 크기의 2배가 된다.

훨씬 큰 온도범위에 있는 케이스 D에서 주기변형은 3–4–5–6–3을 따라 계속해서 발생한다. 도표에서 알 수 있듯이, 주기변형은 부분적으로 소성상태에 있으며 더 이상의 셰이크다운은 일어나지 않는다. 도표에 있는 평행사변형은 재료 내에서 변형 에너지가 연속적으로 점점 커지는 동안에 **히스테리시스(Hysteresis)**를 나타낸다. 만약 주기변형이 파괴될 때까지 계속된다면, 이것이 LCF **파괴**에 해당한다.

가장 왼쪽에 있는 케이스 E는 최초 가열 이후의 온도주기를 나타내고 있으며 최초 온도보다 더 높은 온도까지만 냉각된다. 비록 이 경우에 주기의 온도범위가 더 작기는 하지만 셰이크다운이 일어날 만큼 작은 것은 아니다.

아래 식에서 알 수 있듯이 셰이크다운에 대한 기준은 **응력범위(Stress range)**가 항복강도의 2배보다 작아야 한다.

$$S < 2\sigma_{yield}\ [\mathrm{N/m^2, N/mm^2}] \tag{8.16}$$

스칸디나비아의 지역난방 네트워크에서 최대 온도범위(운전 중 배관을 매설하고 철거하는 경우에 발생하는 가열과 냉각 포함)는 대략 110℃이다. 강재의 일반적인 열팽창계수와 탄성계수를 적용할 경우 열팽창이 완전히 구속된 직선구간에서 응력수준은 대략 250N/mm²이며, 이 값은 항복응력과 동일한 자릿수를 갖는다. 따라서 식 (8.16)의 조건을 충족하게 되고, 셰이크다운이 일어나거나 또는 모든 변형이 탄성적으로 남아 있다.

하지만 비록 직관부에서 셰이크다운이 발생할지라도, 예컨대 완전히 정렬되지 않은 맞대기 용접부, 티, 밴드, 180°와 다른 각도로 용접된 직관(마이터(Miter) 구간[역])과 같은 **핫스팟(Hot spot)** 부위에서는 셰이크다운이 전혀 발생하지 않을 정도로 응력이 높아질 수 있다.

특히 위험스러운 큰 변형과 LCF 리스크는 '**약한부분(Weak section)**'이라 불리는 곳에서 발생할 수 있다. 즉, 낮은 축방향 강도의 짧은 구간에 소성변형이 집중되는 경향이 있다(그림 8.27 참조). 이런 현상의 한 가지 사례로 대관경 장거리 배관 사이에 짧은 소관경 배관이 위치해 있는 경우가 있다. 전이구간을 부드럽게 하는 것(응력 집중을 줄이는)으로는 **변형집중(Concentration of deformation)**을 막지 못한다.

그림 8.28은 **S-N선도(또는 뵐러 선도(Wöhler diagram))**를 나타내며, 주어진 응력범위에서 파괴에 이르는 주기수 N을 수량화하고 있다. 선도는 대부분 실험 자료에 기반을 두고 있다. 로그 스케일 좌표계(Log-Log Representation)에서 응력범위 크기 S와 파괴에 이르는 주기수 N 사이에 부분적으로 선형관계가 있다고 가정하고 있다.

S-N선도 아래에 (그림 8.26의 반복되는 도표와 동일한)연속적인 주기 응력변형률 도표가 삽입되어 있다. S-N선도의 가운데 부분은 유럽표준 EN 13941에 따라 수정된 것이며, 강재 내관을 사용하는 지역난방 배관에 특화된 것으로 실무에서 참고되는 중요한 도표이다. 오른쪽의 외삽은 재료가 강재일 경우 발생하는 일정한 **한계응력범위(Limit stress range)**에 대한 천이구간을 보여주고 있다(하지만 알루미늄 같은 다른 재료에서는 발생하지 않음).

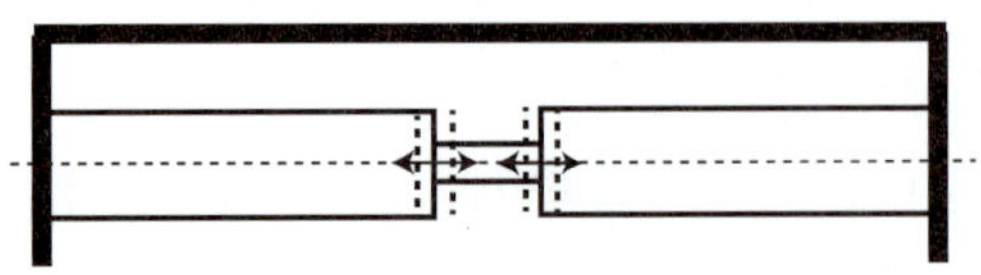

그림 8.27 중간에 짧고, 약한 부위가 있는 막대(또는 배관). 가열과 냉각 시 큰 변형률 발생

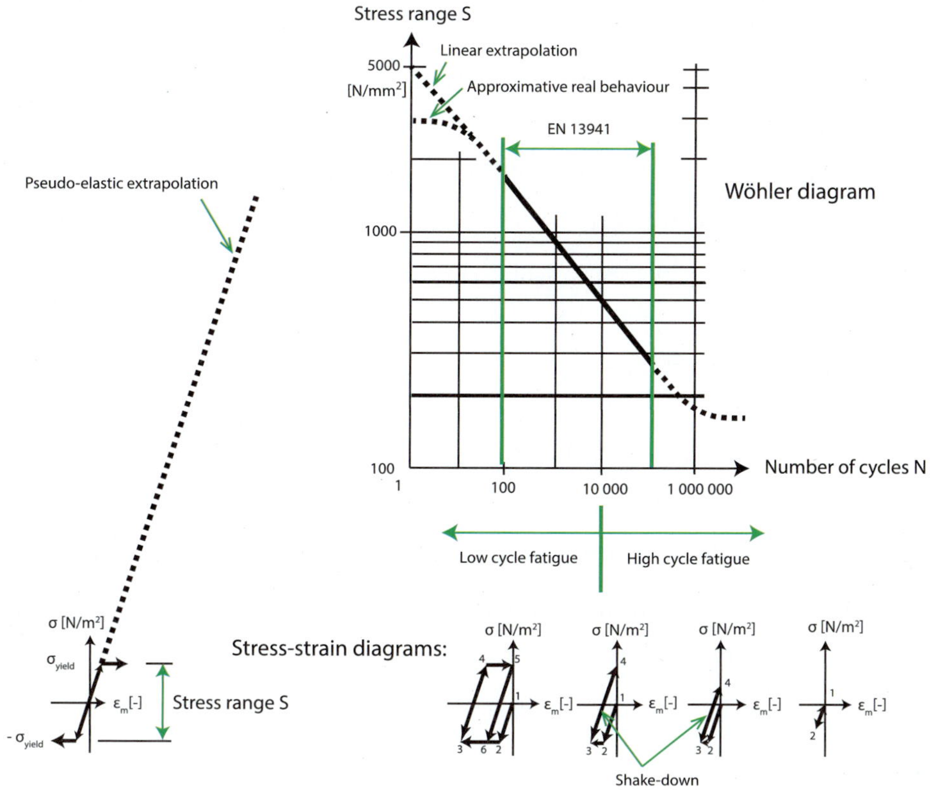

그림 8.28 저주기와 고주기 피로범위 양쪽 모두로 확장한 S-N(응력범위-주기수) 선도(뵐러 선도로 알려져 있음). 아래는 그림 8.26에 있는 응력변형률 도표의 반복과정을 보여준다. 《Weidlich 2011》과 《Puthli 1998》에서 부분적으로 발췌함

가운데 범위 왼쪽에 대한 외삽은 N=1까지의 경우를 나타낸다. 큰 응력범위의 아주 적은 주기에서 일어나는 파괴는 배관 형상에 커다란 거시적 변형과 연관되어 있다.

S-N선도의 해석에 관한 복잡한 문제가 존재한다. 탄성범위 밖에 소성적인 주기하중에서 세로좌표에 표시된 것은 **진응력범위(True stress range)**가 아니고, 응력변형률 선도에서 탄성범위를 확장했을 경우 발생하는 **가탄성(Pseudo-elastic)** 응력범위이다.

이런 관행을 따르는 가장 큰 이유는 직관부에서 기하학적 편차(예컨대 티 같은 경우)로 인해 집중되는 국부응력은 전통적으로 **응력집중계수(Stress intensification factor)**를 사용해 고려되기 때문이다. 또 다른 이유는 전형적인 HCF 선도(뵐러 선도)에서 세로축은 응력을 나타내며, 이것이 LCF 구역으로 선도의 연장을 용이하게 한다.

여기에 언급된 수치 사례를 사용하면, 응력집중계수가 대략 2인 경우에 HCF에서

LCF로의 천이는 대략 10,000(10^4) 주기에서 발생함을 알 수 있다. 때로는 천이지점이 단일소성변형이 일어나는 위치에 해당하는 10^5만큼 높게 나타나기도 한다.

EN 13941에 따르면, 실제 설계에서 허용되는 주기수는 직경의 크기, 압력수준, 다른 고려사항들에 의존하는 대략 5–10의 안전율에 의해 감소된다. 부식의 위험이 있다면 추가적인 안전 조치를 필요로 한다.

S-N선도의 직선구간은 이론적으로 다음과 같이 표현할 수 있다.

$$S = 5000\ N^{-0.25}\ [N/mm^2] \tag{8.17}$$

지역난방 배관은 다양한 범위의 운전온도에서 수많은 온도변화를 받게 된다. 일반적으로 주기수는 응력범위 크기가 작을수록 증가한다(즉, 작은 온도 변화가 많이 발생함). Palmgrem-Miner **누적손상가설(Palmgrem-Miner accumulated damage hypothesis)**에 기반을 둔 **등가완전주기수(Equivalent Number of Full Cycle)**를 계산해 이 문제를 해결할 수 있다. 이 가설은 다양한 분야의 기계공학적 피로 메커니즘에 적용되는 표준적인 방법이며(그림 8.29 참조), 다양한 주기수와 크기의 복합응력을 어떻게 계산할 수 있는지 규정하고 있다.

이 접근방법에 따라, 다음에 있는 기준을 수식화할 수 있다.

$$\sum \frac{n_i}{N_i} < \frac{1}{\gamma}\ \ [-] \tag{8.18}$$

여기서

N_i [-] = 모든 주기가 응력범위 S_i에 있을 때 파괴 시까지 주기수
n_i [-] = 응력범위 S_i에서 실제 주기수
γ [-] = 안전율

이 기준을 온도 주기에 대해 표현하면 다음과 같다.

$$n_f = \frac{1}{\Delta T_f^4} \sum n_i \Delta T_i^4 < \frac{1}{\gamma} N_f \tag{8.19}$$

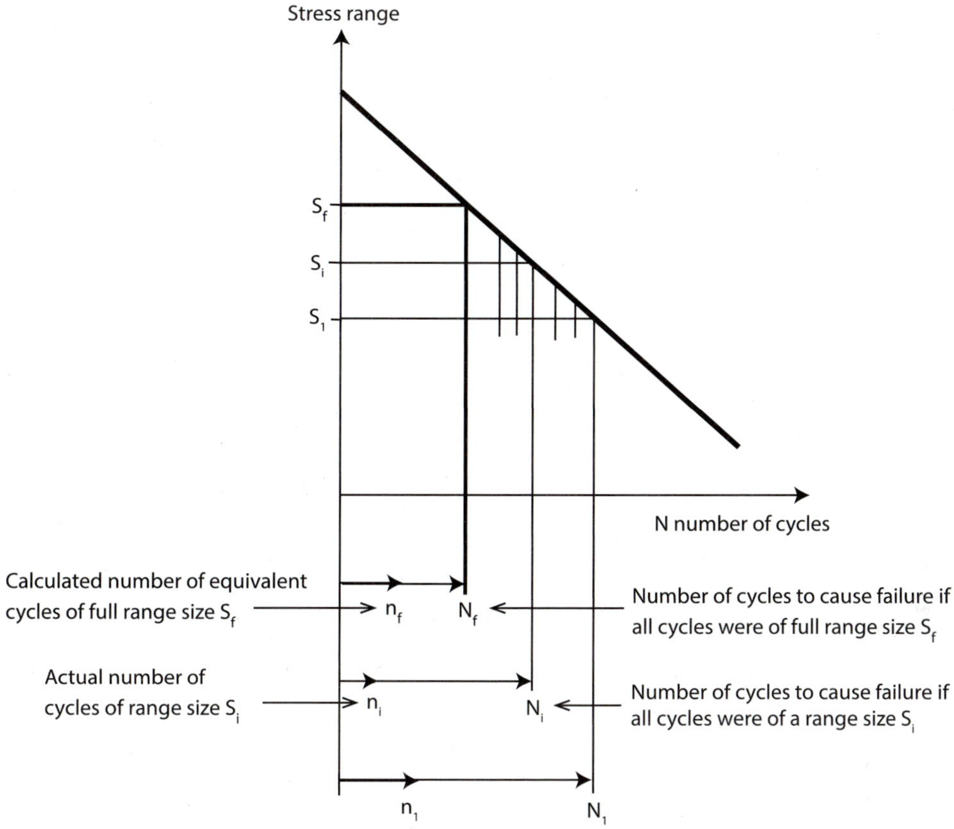

그림 8.29 Palmgren-Miner 누적 손상 계산

완전 응력범위의 크기는 임의적으로 선정(예컨대 110K의 온도 주기에 대응하는 것과 같이) 할 수 있다.

배관에 사용되는 것과 유사한 방법으로 **탄성 벨로우즈 신축흡수장치(Elastic bellow compensator)**를 설계하는 것이 일반적인 관행이다(그림 8.30참조).

여기서 **완전주기(Full cycle)**는 가장 크게 허용하는(또는 설계에 따라서는 발생 가능한) 안전율이 반영된 변형의 크기에 대한 주기로 정의된다. 가로축은 한 번의 완전주기 크기에 대한 특정 비율의 한 주기의 크기를 나타낸다. 세로축은 모든 주기가 상응하는 가로축 값에 해당하는 크기인 경우 허용되는 주기수를 나타낸다.

이 선도는 그림 8.28에 있는 뵐러 선도에서 세로축과 가로축이 반대로 되어 있으며, 방위(方位)의 크기가 응력범위 S 대신 변형의 크기로 되어 있다. 도표에서 알 수 있듯이, 이 해석에서 선의 기울기는 대체로 동일하다.

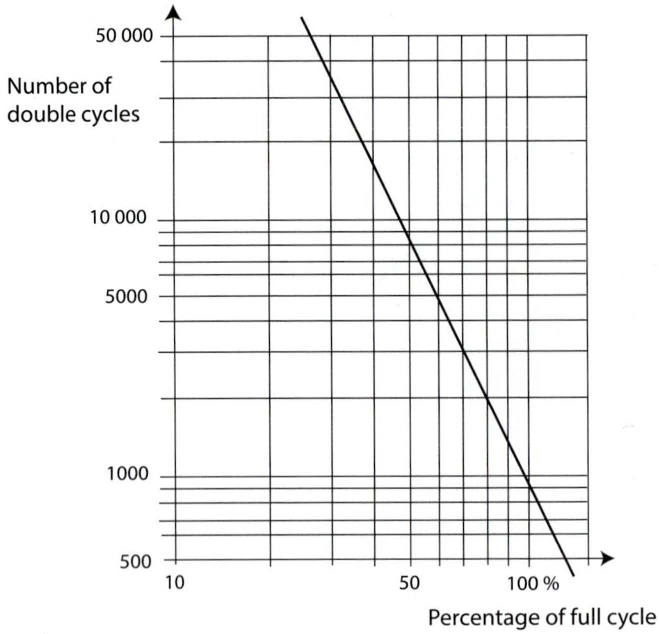

그림 8.30 탄성 벨로우즈 신축흡수장치에 대한 뵐러 선도

앞서 언급했듯이, 탄성 벨로우즈 신축흡수장치는 오늘날 직접 매설배관에서는 거의 사용되지 않고 있지만 2세대 지역난방 기술 시대의 유산으로 오래된 네트워크에 많은 수가 남아 있다.

참고문헌

Andrsson. S, PUR–HDPE System für Fernheizleiungen in Schweden, Erfahrungen und Anforderungen nach. 15jähriger Bautätigkeit(PUR–HDPE system for heating mains in Sweden, Experiences and requirements referred to. 15 years of construction). Fernwärme International(District Heating International) (1980) : 1, 26–31.

Rumpel G et.al., Kunststoff–Verbundmatelrohre für Fernwärmeleitungen(Plastic composite jacket Pipe for district heating pipes). AGFW. Mitgliederinformation (AGFW Member Information). Frankfurt a.M. 1983.

Andersson S, Andersson S, Olofsson D, Spänningar i fjäarrvärmeledningar (Stresses in district heating pipes). Report no. 170, Värmeforsk, Sweden, 1984.

RezsöR, Kolonits F, DezsöG, Festigkeitsfragen bei modernen Fernwärmeleitungen, (Strength issues in modern district heating pipes) Fernwärme International 13(1984) : 6, 312–316.

Puthli R, Hohlprofilkonstruktionen aus stahl nach EC3(Tubular Structures in steel according to EC3), Anwendung–Konstruktion und bemessung– Knotenverbindungen–Ermüdung–Entwurfsbeispiele(Application design and dimensioning of node connections fatigue design examples). Wemer Verlag, 1998.

Randløv P, Fatigue Analysis of District Heating Systems. Euroheat & Power 12(1999), 34–41.

Mohr W, Strain–Based Design of Pipelines. Project Report No. 45892GTH to the US Dep. of interior and US Dept. of Transportation, 2003. Downloaded June 2012 from : www.boemre.gov/tarproject/434/434AA.pdf.

Kompensatorer–konstruktion, inbyggnad, skador(Compensator–Design, Installation, and Damage). Report 2006 : 3, Swedish District Heating Association.

Weldlich I, Achmus M, Zur Reibung an erdverlegten Fernwärmeleitungen(For friction on underground district heating pipelines). Euroheat&Power 37(2008) : 11, 38–42

Läggningsanvisningar för fjärrvärme–och fjärrkzlarör(in Swedish, Guidelines for installation of District Heating and District Cooling Pipes). Guidelines D : 211, Swedish District Heating Association, Stockholm, Sweden, 2008.

Design and Installation of Preinsulated Bonded Pipe System for District Heating, European standard EN 13941 + A1, 3rd Edition, 2010.

Weidlich I, Cyclic Loading of Buried Pipe in Large Solar Thermal Heating Plant. Paper to 17th Building Service, Mechanical and Building Industry Days, Urban Utility Conference, Debrecen, Hungary, 2011.

8.5 보온재와 외관(Insulation foam and jacket pipe)

강성 이중보온관에서는 **폴리우레탄**(**Polyurethane, PUR**) 폼이 사실상 사용 중인 유일한 종류의 보온재이다. PUR 폼은 현대 지역난방 시스템의 운영에 적용되는 온도수준(보통 최대 90–130℃)까지는 강도 및 장기 안전성과 함께 좋은 보온성능을 동시에 갖고 있다. 배관이 운영 중일 때 **열전도율**(**Thermal conductivity**)은 대략 0.025 W/mK이다.

지역난방(및 지역냉방) 배관 외에 PUR은 예컨대 주택의 보온재를 위한 판넬과 같은 많은 다양한 목적으로 사용된다. 이런 상황은 매력적인 가격과 제어가 쉬운 PUR의 물성치에 기인한다.

PUR폼은 두 액체 **폴리머**(**Polymer**)[**이소시안화물**(**Isocyanide**)과 **폴리올**(**Polyol**)]의 혼합으로 들어지며, 촉매와 낮은농도의 다른 첨가제들이 들어있는 이 혼합물은 대부분 닫힌 셀 구조를 형성하며 팽창한다(그림 8.31 참조). 셀의 약 10% 이상은 열린 셀이며, 매크로 구조(Macrostructure)에 약간 큰 동공이 있을 수 있다. 셀 크기는 대략 0.3–0.5 mm이고 벽체는 전체 부피의 단지 약 3%정도 차지한다. 이전에는 **보온가스**(**Insulation gas**)가 R11 또는 **프레온**(Freon)으로 알려진 **염화플루오린화탄소**(**Chlorofluorocarbon, CFC**)였으며, 발포과정에 사용되었다. 전 세계 오존층을 파괴하는 CFC와 그밖에 다른 가스에 대한 일반적인 사용금지는 보온재 폼의 개발을 이끌었으며, 이 과정에서 셀 내부에 형성된 CO_2가 대체 보온가스 역할을 수행했다. 최근에는 낮은 열전도율을 갖고 있는 또 다른 가스인

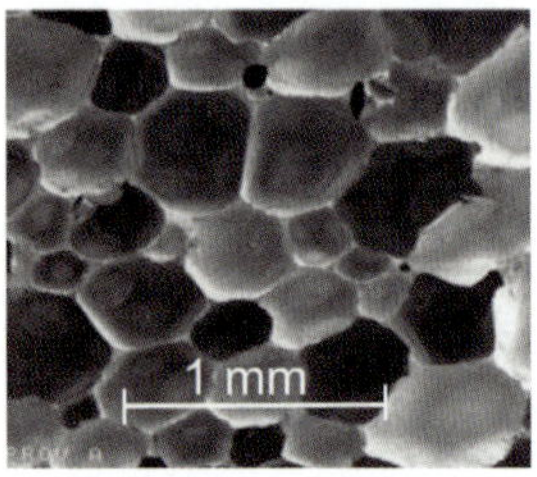

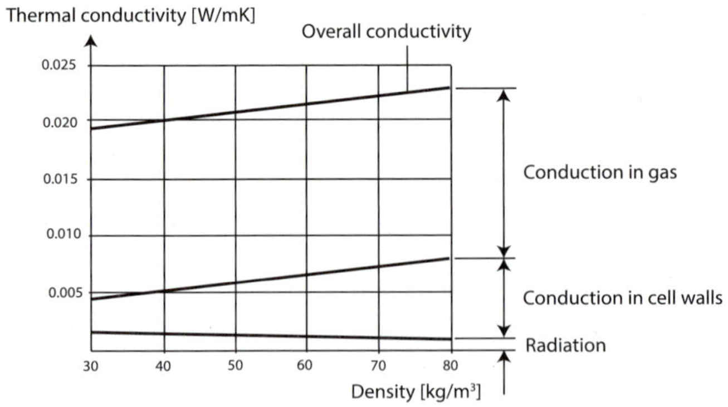

그림 8.31 폴리우레탄 보온 폼. 왼쪽: 닫힌 셀을 보여주는 확대사진, 오른쪽: 밀도에 따른 열전도율의 상관성, 복사, 셀벽의 전도, 셀가스의 전도로 열전달에 대한 기여도가 나누어져 있음. 출처: Jarfelt 등 2006. 허락을 받고 사용함

사이클로펜탄(Cyclopentane, CP, C_5H_{10})이 보통 **발포제**(Blowing agent)로 사용되고 있으며, 셀은 두 가스(CO_2, CP)의 혼합물을 포함한다.

지역난방에 사용되는 **폼의 밀도**는 60–80 kg/m^3 사이에서 다양하다. 그림 8.31 오른쪽에 있는 도표에서 알 수 있듯이, 총 열전도율은 **복사**(Radiation)뿐만 아니라 보온가스와 고체물질 전도의 합에 기인한다. 열전도율은 밀도가 감소하면 약간 줄어들지만 기계적 강도 역시 약간의 감소를 수반한다는 점을 고려해야 한다.

셀벽과 외관을 통한 **가스확산과정**(Cell gas diffusion)으로 가스의 교환이 발생하며, CO_2와 사이클로펜탄이 서서히 산소와 질소로 바뀌게 된다. 다행히 CO_2보다 열전도율이 낮은 사이클로펜탄이 훨씬 더 느리게 확산된다(그림 8.32 참조).

아래쪽 그림은 시간에 따라 열전도율이 증가하는 결과를 보여주고 있으며, 위쪽 그림은 동반한 셀 내부 가스 구성의 변화를 나타낸다. 관경이 커질수록 확산에 저항하는 평균 셀벽수가 많아지고, 외관이 더 두꺼워지기 때문에, **확산속도**(Diffusion rate)가 느려진다. 그 결과 시간에 대한 열전도율의 증가도 느려지게 된다. 셀벽이 사이클로펜탄의 확산에 중요한 저항성을 제공하지만 다른 가스들의 경우에는 그렇지 않으며, 외관이 중요한 **차단막**(Barrier) 역할을 한다.

지역난방 배관은 3가지 다른 방법으로 내관과 외관 사이에 폼을 배치한다(그림 8.33 참조). **간헐 공정**(Intermittent process) 또는 **몰드(주입) 공정**(Mould(Injection) Process)이 가장 오래된 방법이며, 여전히 대형관 제작에 사용된다. 이 방법은 두 개의 배관을 동축(同軸) 중심에 고정하고, 상단에서 유체를 붓는(주입) 동안 (때로는)기울어진 상태를 유지한다.

다른 두 방법은 **연속 배관 생산 공정**(Continuous pipe manufacturing process)과 연관되어 있다.

연속 공정의 장점 중 하나는 좀 더 균일한 PUR폼 구조를 얻을 수 있으며 밀도 변화가 감소하고 큰 동공이 적게 발생한다는 것이다. 하지만 가장 중요한 장점은 이 방법에서 외관 내부에 **확산차단막**(Diffusion-tight membrane, **대부분 알루미늄이 사용됨**)을 설치할 수 있다는 것이다. 확산차단막은 시간에 따른 보온 성능 저하를 대폭 줄일 수 있다.

확산을 사실상 제거하면 발생하는 또 다른 장점은 점진적인 **셀벽의 산화**(Oxidation of cell wall)를 막을 수 있다는 것이다. 셀벽의 산화는 폼의 강도를 줄일 수 있다. 이런 현상은 여러 해 동안 운전된 배관에서 채취한 시료를 실험실에서 강도시험 한 후에 관찰되었다. 그러나 강도저하 이유에 대해서는 서로 다른 가설들이 존재하며, 이 문제는 아직 해결되지 못했다.

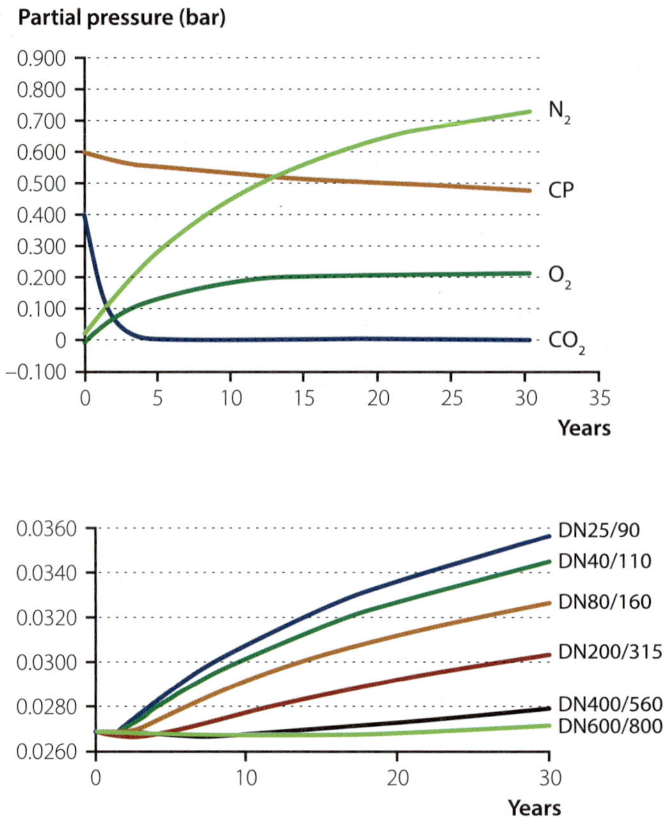

그림 8.32 보온재 폼의 노화. 위: 셀 내부 가스 부분압의 변화. 아래: 다양한 관경의 배관에 대한 열전도율의 계략적 증가 추세. 출처: Logstor. 허락을 받고 사용함

지역난방 배관의 품질을 보증하는 유럽표준(EN 253)은 다양한 기하학적 크기와 배관 강도의 여러 특성을 규정하고 있다. 시험시료는 상승된 온도(170℃)에 노출된 후에 시험하게 되어 있으며, 이것을 **가속노화시험(Accelerated test)**이라고 한다. 이 같은 과정을 거친 폼에 대해 **압축강도(Compressive strength)**를 측정한다. 배관 구성요소들이 중력, 토사에 의한 **방사방향 압력(Radial Pressure)**, 밴드에서 발생하는 **측면방향 작용력** 등에 저항하기 위해서는 압축강도가 필수적이다.

축방향과 접선방향 폼 **전단강도(Shear strength)**는 이중보온관 형태(샌드위치 모양)로 측정한다. 왜냐하면 배관이 이 같은 응력에 노출되면 보온 물질의 강성뿐만 아니라 보온재와 내관, 보온재와 외관의 결합력도 중요하기 때문이다. 외관과 주변토사에 의해 발생하는 축방향 마찰응력을 내관의 축응력으로 전달할 수 있는 구조가 되기 위해서는 적정한 축방향 전단강도를 필요로 한다.

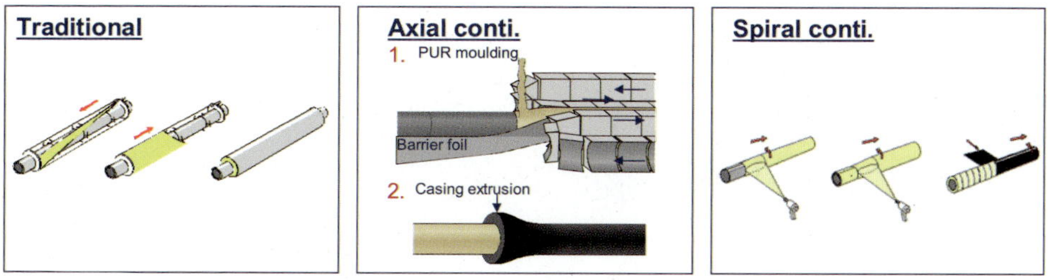

	Traditional	Axial continuous	Spiral continuous
Production capacity	low	high	high
Insulation efficiency	normal	high	high
Flexible insulation thickness	no	no	yes
Flexible outer casing thickness	no	no	yes
Diffusion barrier	no	yes	yes (optional)
Homogeneous quality	normal	optimum	optimum

그림 8.33 이중보온관을 제조하는 3가지 방법. 출처: Logstor. 허락을 받고 사용함

그림 8.34는 예전에 수행된 선구적인 연구에서 차용한 도표로, 다양한 온도의 폴리우레탄 폼에서 측정된 압축강도를 보여준다. 예측할 수 있듯이, 온도가 높을수록 **크리프**(Creeping)에 의해 폼이 더 빨리 저하되며, 시료의 수명주기가 거의 끝날 때까지 빠르게 나빠진다(이런 상태를 재료의 크리프 시험에서 일반적으로 'Knee'라고 함).

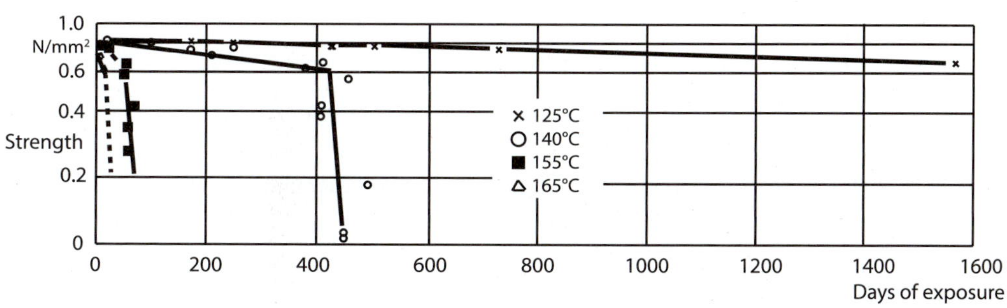

그림 8.34 곡선 매개변수(Curve parameter)가 온도인 보온재 폼의 압축강도 저하에 대한 초창기 측정값. 출처: Nolte 1984. 허락을 받고 사용함

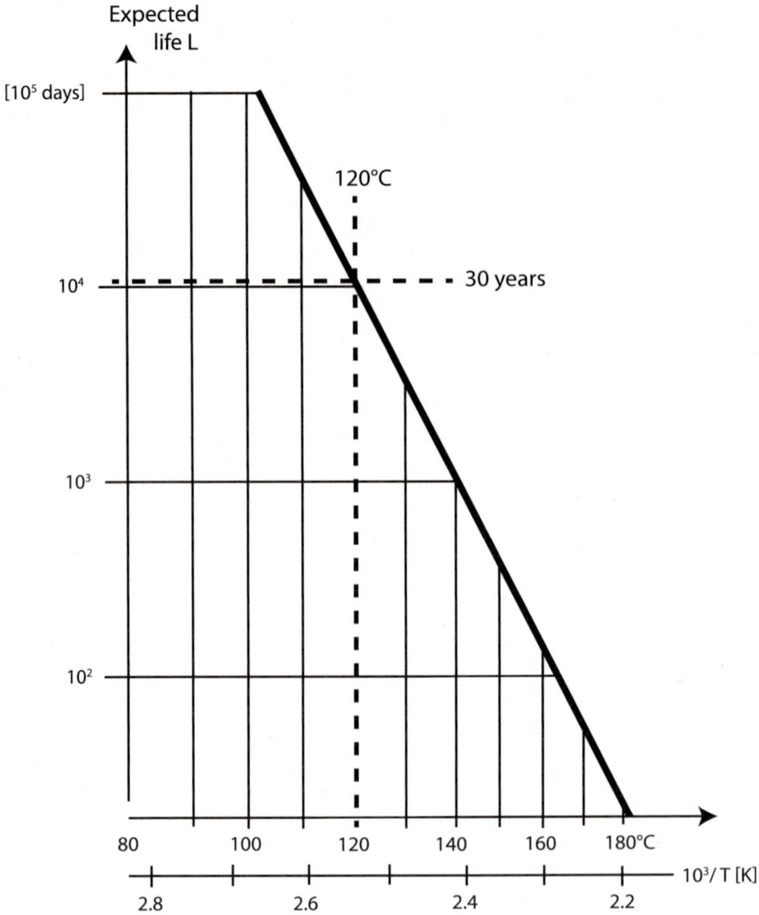

그림 8.35 연속운전온도(Continuos operating temperature)에서 PUR 보온재 폼에 대한 최소 기대수명 L을 나타내는 아레니우스 도표. EN 253을 각색함

보온재의 기대수명은 **아레니우스 관계(Arrhenius relationship)**를 사용해 계산할 수 있다. 아레니우스 관계는 화학에서 어떤 반응이 일어나는 온도가 높아지면 반응의 속도가 얼만큼 빨라지는지를 계산하는 데 일반적으로 사용된다(그림 8.35 참조). 가로좌표가 절대온도의 역수인 이 log–log 선도에서 알 수 있듯이, 관계가 선형적이다.

지연난방 네트워크에서 거의 항상 그렇듯이 온도가 변하는 경우 다음과 같이 기대수명을 계산할 수 있다.

$$L = \left(\frac{t_1}{L_1} + \frac{t_2}{L_2} + \ldots + \frac{t_n}{L_n} \right)^{-1} \text{[년]} \qquad (8.20)$$

여기서,

L_1 = 온도 T_1에서 연속적으로 운전되는 경우 기대 열적 수명 [년]

L_n = 온도 T_n에서 연속적으로 운전되는 경우 기대 열적 수명 [년]

t_1 = 온도 T_1에서 운전되는 연간 시간 비율 [–]

t_n = 온도 T_n에서 운전되는 연간 시간 비율 [–]

다행히도 보온재 폼, 내관, 외관의 노화에 영향을 주는 요소들 대부분은 온도와 관련되어 있다. 보온재 폼의 경우에 저온에서 수명이 늘어나는 이유는 증가된 강도뿐만 아니라 내관의 구속된 열팽창에 의해 발생하는 응력수준이 더 작기 때문이다. 또한, 낮은 운전온도는 열손실을 더 낮추고 다양한 종류의 열생산 시설을 효율적으로 운전할 수 있다는 측면에서 유리한 점이 있다.

외관의 두께는 운송 또는 배관을 매설할 때 적정한 역학적 보호기능을 제공할 수 있도록 충분히 두꺼워야 한다. 앞에 언급되어 있듯이, 외관이 두꺼울수록 해로운 가스 확산을 늦추지만 차단막을 사용하는 것이 이런 측면에서 더욱 효과적이다.

비록 되메움재에 큰 돌이 포함되어 있지 않은 경우에도, 허용되지 않는 **자국현상(Indentation**, PEHD에 돌 등의 집중하중이 가해지면 크리프 변형에 의해 시간이 지나면서 손상이 깊어지는 현상[역])을 피하기 위해 외관이 어느 정도의 집중 압력에 견딜 수 있어야 한다.

외관에 사용되는 표준재료인 PEHD는 대체로 연성재료이며, 비록 **취성형 균열 전파(Brittle-type crack propagation)**가 종종 관찰되기는 하지만 적합하게 제조되고 아주 큰 하중이 가해지지 않았다면 이 현상이 빠르게 진행되지 않는다. 특히, 추운 날씨에 배관을 매설하는 경우 예컨대 톱으로 외관을 자를 때 균열을 피하기 위한 세심한 주의가 필요하다.

산소가 PEHD의 강도를 떨어뜨리므로 산소를 흡수하고 산소가 PEHD에 흡착되는 것을 막기 위한 **산화방지제(Anti-oxidant)**를 폴리에틸렌에 첨가한다. 산화방지제가 한 번 소모되면 산화가 빠르게 진행되기 때문에 산화방지제의 농도를 충분히 유지하는 것이 중요하다. 또한, 이중보온관을 옥외에 저장하거나 노출배관으로 사용하는 경우 자외선에 의한 외관의 **기능저하(Degradation)**를 막기 위해 **카본블랙(Carbon black)**을 첨가한다.

대관경 배관의 경우 너무 두꺼운 폼패드 사용은 쿠션의 보온 효과로 인해 외관의 온도가 너무 높아지는 원인이 될 수 있다.

표 8.1 3개 등급의 보온재 두께에 따른 표준화된 지역난방 배관 제원. Isoplus 사 자료를 각색함

공칭직경 DN (mm)	내관		외관(3개의 보온 등급)					
			시리즈 1		시리즈 2		시리즈 3	
	외경 d(outer) [mm]	두께 s [mm]	외경 D(outer) [mm]	두께 s′ [mm]	외경 D(outer) [mm]	두께 s′ [mm]	외경 D(outer) [mm]	두께 s′ [mm]
20	26.9	2.6	90	3.0	110	3.0	125	3.0
25	33.7	3.2	90	3.0	110	3.0	125	3.0
32	42.4	3.2	110	3.0	125	3.0	140	3.0
40	48.3	3.2	110	3.0	125	3.0	140	3.0
50	60.3	3.2	125	3.0	140	3.0	160	3.0
65	76.1	3.2	140	3.0	160	3.0	180	3.0
80	88.9	3.2	160	3.0	180	3.0	200	3.2
100	114.3	3.6	200	3.2	225	3.4	250	3.6
125	139.7	3.6	225	3.4	250	3.6	280	3.9
150	168.3	4.0	250	3.6	280	3.9	315	4.1
200	219.1	4.5	315	4.1	355	4.5	400	4.8
250	273.0	5.0	400	4.8	450	5.2	500	5.6
300	323.9	5.6	450	5.2	500	5.6	560	6.0
350	355.6	5.6	500	5.6	560	6.0	630	6.6
400	406.4	6.3	560	6.0	630	6.6	670	7.0
450	457.2	6.3	630	6.6	670	7.0	710	7.2
500	508.0	6.3	670	7.0	710	7.2	800	7.9
550	558.8	6.3	710	7.2	800	7.9	900	8.7
600	610.0	7.1	800	7.9	900	8.7	1000	9.4
700	711.0	8.0	900	8.7				
800	813.0	8.8	1000	9.4				
900	914.0	10.0	1100	10.2				
1000	1016.0	10.0	1200	11.0				

참고문헌

Nolte K, Anwendungstrelevante Eigenschaften von PUR–Hartschaum für Kunststoffverbundmantelrohrsystem(Application–relevant properties of PUR rigid foam for composite plastic pipe systems). Fernwärme International 13(1984), 261–266.

Just M, Rotermund U, Schuricht W, Steickert W, Wärmeleitfähigkeiten und unterschiedlicher PUR Hartschaumstoffe(Thermal conductivities and different PUR rigid foams). Fernwärme International 8–9(2000), 48–55.

Nilsson S, Sällberg S–E, Thörnblom K, Bergström G, Brittle Fracture in Casing Pipes. 10th International Symposium on District Heating and Cooling, Hanover, Germany 2006.

Jarfelt U, Ramnäs O, Thermal Conductivity of Polyurethane Foam Best Performance. 10th International Symposium on District Heating and Cooling, Hanover, Germany 2006.

Meigen M, Schuricht W, Zeitstandverhalten von PUR–Schäumen, KMR altern schneller und anders als bisher angenommen(Timing behavior of PUR foams, KMR age faster and differently than previously assumed). Euroheat & Power 34(2005)1–2, 50–57.

Lebensdauer von Kunststoffmantelrohren(KMR)(Life of plastic sheath pipes (KMR)), Besier R, Obergrenze der Beriebstemperaturen für KMR nach EN253/FW401(Upper limit of the reference temperatures for KMR according to EN253/FW401). Euroheat & Power, English Edition 6–Ⅱ (2009),48–55.

District Heating Pipes – Preinsulated Bonded Pipe Systems for Directly Buried Hot Water Networks – Pipe Assembly of Steel Service Pipe, Polyurethane Thermal Insulation and Outer Casing of polyethylene. European Standard EN253, 2009.

8.6 보온 크기(Insulation sizing)

지역난방(및 지역냉방)**용 이중보온관**(Preinsulated all bonded district heaitng pipe, 공장보온된 내관, 보온재, 외관 일체형 배관을 의미하며 '이중보온관'으로 지칭[역])은 표준화된 제원에 따라 제작되지만, 제작사 마다 약간의 편차가 있다. 배관은 4개 시리즈로 그룹화되어 있으며 '시리즈0'(지역냉방에만 사용), '시리즈1', '시리즈2', '시리즈3'(마지막 2종류는 지역난방에만 사용됨) 순으로 보온두께가 증가한다(표 8.1 참조). 오랫동안 계속된 국제 표준화 과정에서 이중보온관 제원의 선택이 어떻게 이루어졌는지는 다소 명확하지 않다. 일반적으로 외관의 크기는 유체 유동 배관의 다른 분야(상수, 가스 등)에서 사용되는 표준 제원에 따라 선택되었다. 이렇게 해야 전통적인 이중보온관 제조 방법을 사용하는 경우 동일한 장비로 외관을 압출해 배관을 제작할 수 있다. 연속방식으로 이중보온관을 생산하는 경우에는 이런 종류의 제약이 없다.

그림 8.36에 있듯이, 내관 직경 d가 일정하다고 가정하면 외관 직경 D의 크기는 기본적으로 열손실(Heat loss)에 대해 배관 생산비용의 균형을 맞춰 선택된다.

10.3절에 있는 최적화 계산은 펌프 운영비용(Pumping cost)에 대해 배관 설치비용이 균형을 이루는(하지만 열손실 비용에 변화는 무시함) 내관의 직경을 결정한다. 이 최적화와 우리가 여기서 다루고자하는 내용 모두 **하위최적화(Sub-optimisation)**라 할 수 있으며, 진정한 최적화란 두 가지를 결합한 것이다. 여기에 있는 내용이 이론적으로 옳다는 점에는

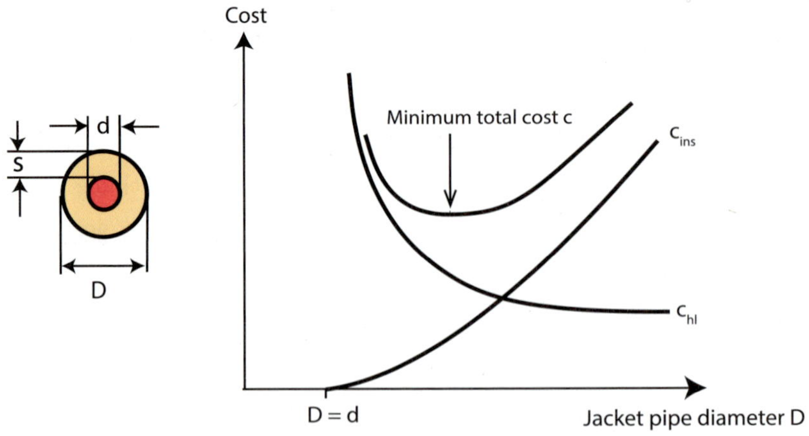

그림 8.36 외관 직경 D의 최적화

의심의 여지가 없지만, 실제로는 모든 요소(그 중 일부는 대략의 가정에 의존함)가 계산에 영향을 미친다. 따라서 일반적인 '**진최적점**(True optimum)'을 찾는 게 가능하다고 믿는 것이 비합리적이며, **독립된 최적화(Separate optimization)**가 유용한 방법을 수 있다.

단일 배관에 대한 간단한 수학적 최적화를 수행해 보자. 단위길이의 배관에 대한 총 비용 방정식은 다음과 같이 나타낼 수 있다.

$$c = c_{ins} + c_{arb} + c_{hl} \ \text{[EUR/m]} \tag{8.21}$$

여기서

C_{ins} = m당 보온재와 외관 비용
C_{arb}= 임의적인 추가 배관 비용 상수
C_{hl} = m당 열손실 값

C_{ins}가 보온재의 단면적과 비례한다고 가정하고(외관의 두께는 무시하지만 비용은 포함시킴) 주변 토사의 영향과 인근 배관의 간섭을 무시하면, **회전 대칭 배치(Rotational symmetric configuration)**가 된다. 식 (5.1)을 사용해 다음과 같이 **총 연간 비용(Total annual cost)**을 나타낼 수 있다.

$$c_{annual} = a c_i \frac{\pi}{4}(D^2 - d^2) + aC_{arb} + \tau c_q 2\pi\lambda_i \frac{(t - t_a)}{ln\frac{D}{d}} \ \text{[EUR/m]} \tag{8.22}$$

여기서

a = 연간계수 [–]
c_i = 보온재와 외관의 개별비용(Specific cost) [EUR/m^3]
τ = 1년
c_q = 열손실의 특정값(Specific value) [EUR/J]
λ_i = 보온재와 외관의 평균 열전도율 [W/mK]

$$D\ln\frac{D}{d} = \sqrt{\frac{\tau}{a}\frac{c_q}{c_i}4\lambda_i(t - t_a)} \ \text{[m]} \tag{8.23}$$

여기서 D는 주어진 값 d에서 자동적으로 계산된다.

d, D의 일반적인 조합은 다음 식에 의한 기준조합 d_0, D_0와 연결시킬 수 있다.

$$D\ln\frac{D}{d} = D_0\ln\frac{D_0}{d_0} \tag{8.24}$$

이 식으로부터 주어진 직경 D와 기준배관에 대해 최적 직경 d를 정확히 계산할 수 있다.

그림 8.37에 시리즈1 배관에 있는 모든 치수를 비교하기 위해, d_0=1000 mm로 정의된 임의로 선택한 기준사례와 이 시리즈의 D_0 값을 취해 계산을 수행한 결과가 있다.

선택된 배관 비용함수는 타당한 추정에 불과하다는 것을 강조하고 싶다. 이 추정은 매설되지 않은 배관과 관련된 문헌에서 찾아 볼 수 있다. 어떤 경우든 실제 비용함수는 현실적으로 많은 인자들에 영향을 받으며, 이런 인자에는 배관 제조방법 같은 것이 있다. 예를 들어, 한 방법에서 다른 방법으로 제조방법을 변경한 경우 특정 관경에서 비용이 크게 상승할 수 있다. 또한, 정확한 비용함수는 토사조건 등에 따라 변하는 배관 설치에 대한 함수 관계도 포함해야 한다.

열손실에 대한 비용도 논의할 수 있다. 때로는 각각의 단위 열판매 비용과 단위 열손실 값 c_q가 동일하다고 설정할 수 있다. 대안으로 보일러에서 모든 열을 생산하는 경우 c_q 값을 연료비용과 보일러 효율에 기초해 산정할 수 있다. 만약 CHP 발전소에서 열을 생산한다면, 상황은 조금 더 복잡해진다. 예를 들어, 배압 증기 발전소(Back-pressure steam plant)인 경우 열손실이 커질수록 전기 발전 출력이 증가하기 때문에 열손실이 부분적으로는 이득이 될 수 있다는 사실을 고려해야만 한다.

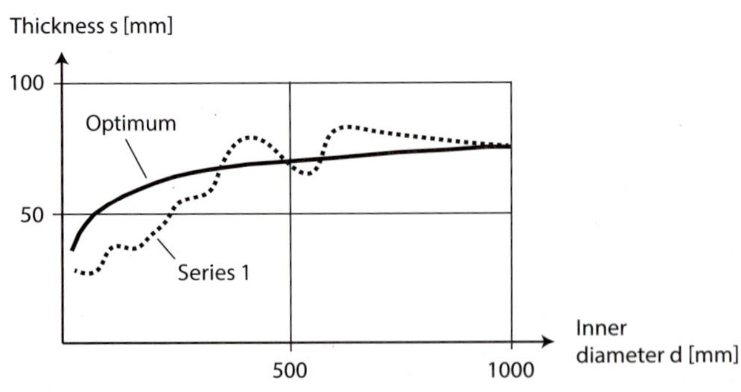

그림 8.37 내관 직경에 대한 보온재 층의 두께. 보온재 시리즈1 표준크기와 이론적인 최적화를 비교함

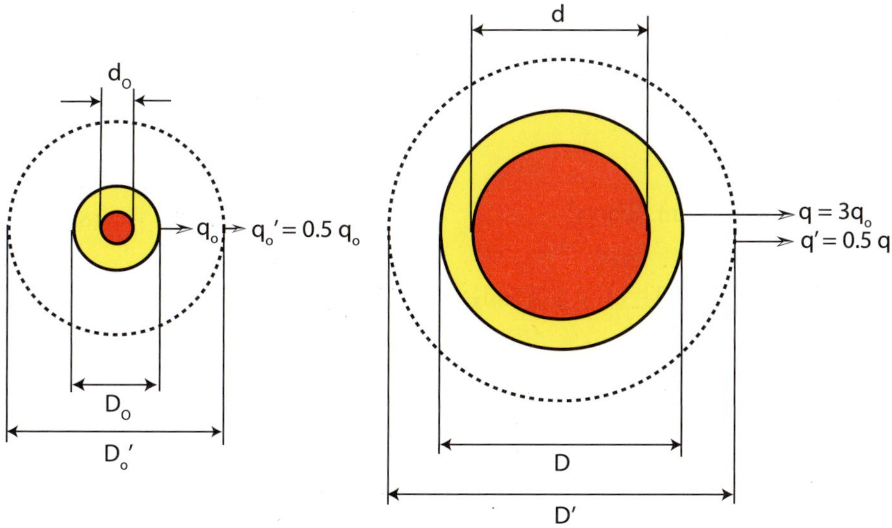

그림 8.38 열손실을 반으로 줄이기 위해 필요한 외관 직경 증가량. 작은 직경 d_0와 큰 직경 d의 내관을 갖는 배관을 각각 보여주고 있음

그림 8.38과 같이, 서로 다른 관경의 내관에 대해 보온재 크기를 증가시켜(점선으로 된 원 표시) 열손실을 낮추는 것과 관련한 기하학적 특성을 알아볼 필요가 있다. 시작점은 내관 직경 d_0, 외관 직경 D_0, 단위길이 당 열손실 q_0를 갖는 기준배관이며, 단위길이당 열손실 q가 3배 큰 대관경 배관을 최적화 식(8.24)에 의해 정의할 수 있다. 양쪽 경우 모두 열손실을 반으로 줄이는 데 필요한 만큼 보온재를 증가시켰다(점선으로 된 원).

소관경 배관의 경우 외관 직경이 급격히 증가하지만, 대관경 배관은 완만히 증가한다. 사실 대관경의 경우 보온층 두께가 원래 값의 두 배가 안 되게 증가한다. 무한히 큰 배관을 점근적으로 고려하면 원래 값의 정확히 두 배가 될 것이다. 이런 관계는 원형 배관을 평면 형태로 펼칠 경우 직관적으로 명확해 진다.

이 같은 사례는 상황을 곤란하게 만든다. 더 많은 보온재를 사용해 소관경 배관에 열손실을 줄이려고 하면 과도한 양의 보온재를 사용하게 되고, 이는 비용이 높아지거나 예컨대 보온재와 내관 사이의 결합력보다 훨씬 큰 전단응력의 발생과 같은 다른 이유들로 허용되지 않는다.

이것이 바로 매우 난처한 점이다. 왜냐하면 **상대 열손실(Relative heat loss, 손실량을 송열량(Transmitted heat)으로 나눈 값)**이 가장 중요하고, 따라서 열손실을 줄이는 효과가 가장 큰 것은 바로 소관경 배관이기 때문이다.

다음의 추가적 고찰이 이런 점을 강조하고 있다. 두 배관이 **일정한 압력구배 기준(Constant pressure gradient criterion, 10.3.5항 참조)**에 따라 크기가 정해져 있다고 가정해 보자.

$$\frac{dp}{ds} = \frac{\lambda}{d}\frac{1}{2}\rho v^2 = \text{constant} \quad [\text{Pa/m}] \tag{8.25}$$

여기서, v 는 유속이고 λ는(λ_i와 혼동해서는 안 됨) 상수 값이며, 다음과 같은 관계가 성립한다.

$$\frac{v}{v_0} = \left(\frac{d}{d_0}\right)^{1/2} \tag{8.26}$$

온도구배는 다음과 같이 계산하며,

$$\frac{dt}{ds} = \frac{q}{\frac{\pi}{4}d^2 v\rho c_p} \quad [°\text{C/m}] \tag{8.27}$$

식 (8.26)을 식 (8.27)에 대입하면

$$\frac{dt\ /\ ds}{dt_0\ /\ ds} = \frac{q}{q_0}\left(\frac{d}{d_0}\right)^{-2.5} = 0.03 \tag{8.28}$$

즉, 대형관의 온도강하는 소형관의 단지 3% 정도에 불과하다!

그렇다면 소형관에서 발생하는 열손실을 크게 줄이기 위해 무엇을 할 수 있을까?

앞에서 트윈파이프가 열손실을 약 20% 정도 낮출 수 있다는 것을 살펴보았다. 손실량을 급격히 줄일 수 있는 가능성이 존재하는가? 현재 최신 보온재의 열전도율보다 훨씬 낮은 열전도율을 갖는 보온물질을 찾는다면 가능할 것이다. 가격이 비싸다 할지라도, 소관경 범위에서 이런 보온물질을 사용할 수 있을 것이다.

한 가지 앞선 방식으로 **초단열재(Super-insulator)**를 사용하는 것이다. 이 단열재에는 열을 전도하는 가스가 아주 적게 존재하며, 때로는 여기에 더해 복사에 의한 열전달도 (가장 효율적인 방식으로)억제한다. 초단열재는 다른 공학 분야에서 널리 알려져 있다. 한 가지 사례로 냉장고 보온에 사용되는 밀봉된 판넬 내부에 진공 상태의 열린 셀 폼이 있다. 약간의 유출이 있을 수 있지만, 파우더 형태의 소위 말하는 **게터 물질**(Getter material, 진공관 내에 잔류가스를 흡수하는 물질[역])이 새들어오는 분자를 흡수해 상당히 오랜 기간 동안 진공을 유지할 수 있다. 최신 지역난방 이중보온관에 사용되는 닫힌 셀 폴리우레탄을 대체하기 위해 이 기술을 채택할 경우 몇 가지 도전과제에 직면하게 된다. 수용할 수 있는 게터 물질 양에 제한이 있어, 유출이 매우 작지 않다면 포집 능력이 매우 빠르게 소진될 수 있다. 지역난방 네트워크의 경우 냉장고보다 주변 환경에 대한 밀봉부위가 훨씬 크고 넓으며, 보온재가 높은 기계적 하중에 견뎌야하기 때문에 진공상태를 유지하기가 훨씬 더 어렵다.

현재까지 지역난방 배관에서 실제적으로 진공을 사용하는 사례 중 하나는 SIS **배관(Steel–in–steel pipes, 강제 외관으로 된 배관)**이다. **미네랄울(Mineral wool)** 보온재 내부의 진공은 연속적인 진공펌프를 통해 유지된다. 여기서 진공은 열손실을 낮추기 위한 목적뿐만 아니라 누수에 대한 감시 기능을 수행한다. 이런 종류의 배관에서 제한된 수량의 강관 조인트에 대해 기밀성을 확보하는 것은 상대적으로 간단하다. 진공 층으로 설계된 SIS 배관은 가격이 비싸므로, 안전성이 우선시되는 대관경 배관에 적용되거나 배관 매설 조건이 특별히 어려운 경우(예컨대 하천횡단 같은 곳)에 사용된다.

참고문헌

Munser H. Fernwärmeversorgung. 2. Auflage. VEB Deutsche Verlag für Grundstoffindustrie(District heating. 2. Edition. VEB german publishing house for basic industry). Leipzig 1983.

Deimling A, Wärmedämmung von Vakuum–Stahlmantel–Fernhiyrohren(Heat insulation of vacuum steel mantle pipelines). Dissertation Universität Dortmund, Germany 1983.

Frederiksen G, Gudmundson T, LandersjöH, Wollerstrand J, New Technology for Cheaper District Heating to Single–Family Dwellings. The 10th International Symposium on District Heating and Cooling, Hannover 2006.

Klöpsch M, Besier R, Alexander W, Wirtschaftliche Dämmung von KMR : Reicht für Kunststoffmantelrohre die Standarddämmung?(Economical insulation of KMR : Is the standard insulation sufficient for plastic sheathing pipes?). Euroheat & Power 38(2009) : 12, 46–54.

8.7 강성관의 지중매설(Underground installation of rigid pipe)

그림 8.39는 지역난방 배관과 다른 지하매설물이 있는 도로의 단면을 보여주고 있다. 지역사회의 환경과 전통에 따라 다양한 형태의 지하구조가 가능하다.

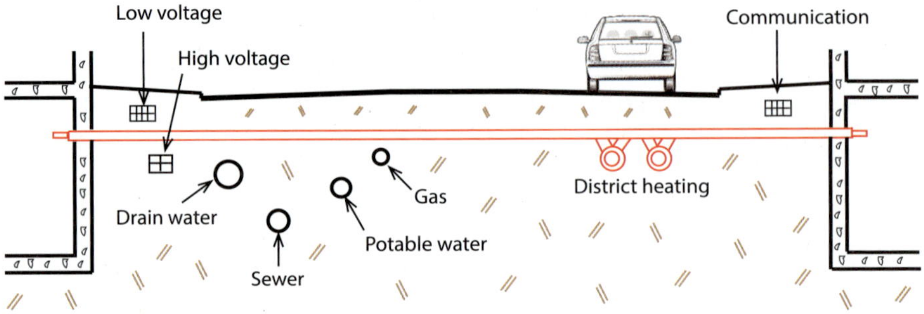

그림 8.39 권장 매설깊이에 설치된 지역난방 배관, 상수도 배관 등이 있는 도로 단면의 사례. 출처: Gudmundson 2008. 허락을 받고 사용함

그림에 있는 단면도는 스웨덴의 어느 도시에서 가져온 한 가지 사례에 불과하다. **하수관**이 가장 깊게 매설된다. 동결을 방지하기 위해 **상수관**과 **우수관**은 **동결심도**(**Frost free depth**) 깊이 아래에 놓이게 되며, 스칸디나비아 남부의 경우 동결심도는 대략 1 m 아래를 의미한다. 때로는 상수관을 보온하거나 전기열선을 설치해 동결되는 것을 방지하기도 한다.

지역난방 배관은 일반적으로 동결심도에 매설할 필요가 없으며, 이는 추운 겨울에 열공급이 중단될 경우 어느 정도 동결에 대한 위험성을 허용한다는 것을 의미한다. 정상운전을 하는 동안에는 보통 열손실이 지역난방 배관 인근 동결을 막기에 충분하다. 지역난방 배관은 열에 민감한 도관(導管, Conduit)들과 충분한 거리를 유지해야 하며, 이런 도관에는 **전력 케이블**, **통신 케이블**, 지역냉방 배관, **가스 주배관** 같은 다양한 종류의 플라스틱 배관이 있다. 아울러, 상수관은 플라스틱으로 되어 있지 않더라도 박테리아의 성장을 피하기 위해 보통 충분한 거리를 갖도록 규정되어 있다. 하지만 일부 엔지니어들은 상수의 동결을 예방하는 데 도움을 주는 제한된 수준의 온기를 혜택으로 간주하고 있다.

필요 시 드레인과 벤트(Venting) 작업을 하기 위해 지역난방 배관은 가능한 한 약간 경사지게 매설되어야 한다.

상대적으로 관경이 작은 배관은 주로 보도에 매설되며, 반면에 대관경 배관은 다른 배관, 선로 등을 피하고 지역난방 배관을 위한 공간 유무에 따라 보통 도로 중간이나 한쪽 차선에 매설된다. 종종 타협을 해야 하거나 기존 기반시설이 있는 곳에 지역난방 배관을 설치하는 것이 어려운 문제가 될 수도 있다.

일반 대중은 흔히 수년에 걸쳐 다양한 유틸리티 회사들이 수리를 하거나 각 회사의 특정 종류 배관 또는 케이블의 신규 선로를 시공하기 위해 도로를 굴착하는 일이 겉으로 보기에 다른 회사 또는 시설물 관리청 협조 없이 진행된다고 인식하고 있다. 전기, 통신, 지역난방 등의 시장에 대한 규제완화는 (예컨대 스웨덴의 일반적인 경우처럼)같은 도시 내 지방정부가 대부분의 시설물 설치를 책임지는 경우와 비교해 필연적으로 이런 협조를 쉽지 않게 하고 있다.

그림 8.40은 배관을 연결한 후 **트렌치**에 두 배관을 나란히 놓는 경우를 보여주고 있다. 대안으로 그림 8.41에 있는 트윈파이프 시공을 위한 사례와 같이 배관을 트렌치에 내려놓은 후에 연결할 수도 있다. 시공이 끝난 트렌치의 단면도 역시 그림에 있다. 양쪽 모두 왼쪽부분은 암반(Bedrock), 오른쪽부분은 토사에 시공되고 있다(양쪽 모두 실제 현장에서는 대칭을 이룬다).

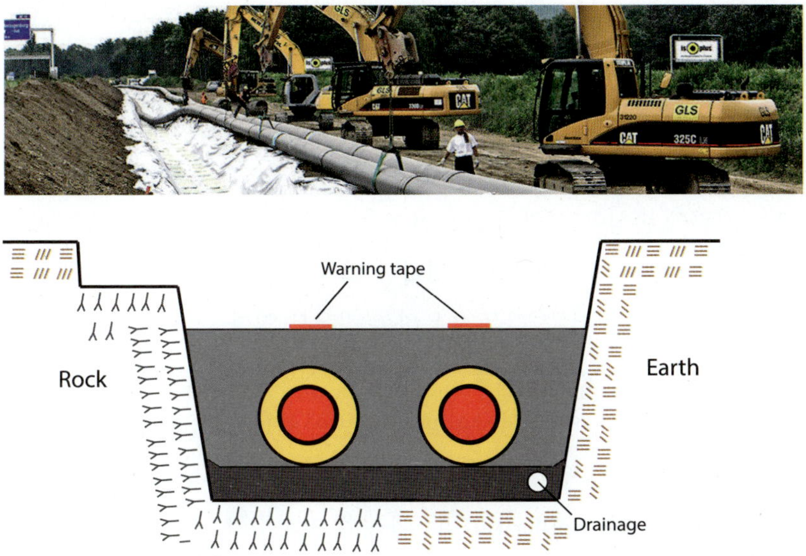

그림 8.40 위: 미리 연결된 부분의 두 배관을 트렌치에 내려놓는 작업(Isoplus 제공), 아래: 표준 트렌치 단면, 왼쪽 부분: 암반에 배관 시공, 오른쪽 부분: 토사에 배관 시공(두 종류의 지반에 대해 각각의 단면이 대칭을 이룬다고 이해 할 수 있다). 출처: Isoplus와 Swedish District Heating Association. 허락을 받고 사용함

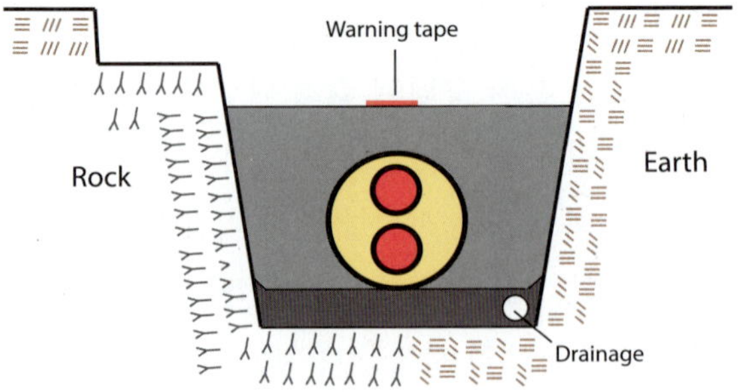

그림 8.41 왼쪽: 트렌치 내에서 트윈파이프 연결을 위한 배관작업. 사진: S.Werner. 오른쪽: 표준화된 트렌치. Swedish District Heating Association 자료를 각색함

되메움재(Backfill)는 배관주의에 있는 **마찰층**(Friction layer)과 그 위의 **토사층**(Soil-cover layer)으로 구분된다. 트윈파이프 시공 그림과 두 단면도에서 볼 수 있듯이, 때로는 배관 밑에 추가적으로 **바닥층**(Bedding Layer)이 있을 수 있다.

바닥층은 침하를 방지해 충분한 지지력을 확보하고, 밑에 있는 토사의 돌로 인한 손상으로부터 배관을 보호하기 위해 필요하다. 배수관을 설치하는 경우에는 (그물망이 씌워진)구멍이 있는 배수관이 바닥층에 설치되며, 이 경우 연속적으로 물을 수송할 수 있도록 충분한 투과성을 확보해야 한다. 때로는 시공기간 동안에만 트렌치에서 물을 빼기 위해 **배수시설**(Drainage)을 사용하기도 한다.

마찰층 재료는 배관에 손상을 입히지 않으면서 축방향 배관 거동에 대해 충분하고 안정적인 저항력을 제공해야 한다. 마찰층에 적합한 되메움재는 주로 크기가 약 2–8 mm인 조립토로 이루어져 있지만, 더 큰 것을 사용하는 경우도 있다.

아주 고운 세립(Fine-grained) 재료가 높은 비율을 차지하면 여러 가지 문제를 일으킬 수 있다. 예를 들어, 토사에 비가역적 현상이 배관 주변에 틈(Gap)을 형성할 수 있으며(흔히 **터널효과**(Tunnelling effect)라고 알려져 있음), 이 경우에 마찰력이 거의 없어질 수 있다.

또 다른 위험은 **모세관현상**(Capillarity)으로 아래쪽 지하수가 너무 높이 올라오게 되는 것이 있다. 이 현상으로 발생할 수 있는 부작용 중 하나가 **동상현상**(凍上現象, Frost heaving)이다. 즉, 동결 시 물을 먹은 토사가 부풀어 오르는 현상을 말한다. 초창기 덕트 안에 지역난방 배관을 설치했던 시기에는 침하가 덕트에 손상을 입힐 수 있기 때문에 동상현상이 중요한 문제였다. 현재 확립된 방식에 따라 트렌치를 시공하는 경우에는 동상현상이 직접적으로 매설된 배관에 위험을 주는 경우를 거의 찾아볼 수 없다.

되메움재의 돌이나 자갈은 특히 열에 의해 배관이 움직이는 부분에 손상을 일으킬 수 있다. 손상의 한 종류로 **긁힘(Scratching)**이 있으며, 가능한 한 날카로운 모서리를 갖는 큰 크기의 자갈 사용을 피하는 것으로 예방할 수 있다. **돌 눌림(Stone indentation)**은 외관과 보온재 모두에 손상을 입힐 수 있다.

되메움재는 자연사와 자갈 또는 부순 잔골재 형태로 공급되며 시공현장까지 운반된다. 되메움재 비용절감과 공기단축을 위해 현장토를 대신 사용하는 경우가 늘어나고 있으며, 적합한 **토사입자 크기(grain size)**로 구성되어 있는지 확인할 필요가 있는 경우 체로 쳐서 준비한다. 이 단순한 방법은 시가지로부터 멀리 떨어져 있고 토사 적재가 가능한 녹지 및 이와 유사한 장소에 시공할 때 흔히 사용된다. 도심지에 배관을 시공하는 경우에는 대부분 토사 적재가 현실적이지 못하다. 현장토 사용은 시공을 얼마나 빨리 완료할 수 있는가에 영향을 미치므로 현장토를 재사용할 수 있는지 여부는 사용되는 배관 매설방법의 종류에 달려있다.

충분한 마찰력을 발생시키기 위해서는 되메움재가 너무 느슨(Loose)하지 않아야 한다. 때로는 되메움재를 다지기도 하며, 배관 상부에 표면을 평평하게 만들 때 핸드형 또는 **평판 진동기(콤팩터(Compactor))** 같은 다양한 방법을 사용할 수 있다.

경고테이프(Warning tape)가 마찰층 위에 설치되어 제3기관이 배관 인근을 굴착할 때 일으킬 수 있는 손상을 예방한다.

전 세계적으로 영업 중인 이중보온관 제조사들이 제공하는 대부분의 가이드라인에는 특정 지리적 위치에서의 매설깊이 적용에 대한 권고사항을 포함하고 있지 않다. 그 대신에, 권장 **매설깊이(burial depth)**는 보통 배관 상단에서부터 측정된 값이 약 0.5 m로 표준화되어 있다. 이 값은 스웨덴 지역난방협회에서 권고하는 것과 거의 동일한 깊이에 해당한다. 하지만 독일 관례에 따르면, 일반적으로 더 깊은 매설깊이가 선호되고 있다. 반면에 교통하중이 없는 녹지에서는 아주 얕은 깊이로 배관을 매설하는 것을 허용할 수 있으며, 때로는 공기(工期)를 단축시키기 위해 상층부를 0.2 m도 안되게 시공한다.

복토(覆土, Soil cover)의 두께 상한은 일반적으로 1.5 m에서 3.5 m이며, 보온재 폼에 너무 큰 **축방향 전단응력(Axial shear stress)** 발생을 피하기 위해 이 값을 규정하고 있다. 그림 8.23과 다음의 식을 통해 이것을 이해할 수 있다.

$$\tau_d = \tau_D \frac{D}{d} \ [\text{N/m}^2] \qquad (8.29)$$

τ_d = 내관과 보온재의 결합부의 축방향 전단응력 [N/m^2]

τ_D = 외관의 축방향 전단응력 [N/m^2]

D = 외관의 직경 [m]

d = 내관의 직경 [m]

즉, 전단응력이 내관 안쪽방향으로 커지게 된다. 직경비(Diameter ratio)는 관경이 작을수록 크기 때문에 소관경 배관이 이런 관점에서 가장 중요하다

교통하중이 있는 경우, 대관경 배관에 대해서는 상대적으로 작은 내관 관두께와 직경 비가 큰 굽힘응력(Bending stress) 발생을 유발할 수 있다는 사실에 주의를 기울여야 한다. 굽힘응력을 예방하기 위해 배관 매설깊이를 증가시키거나, 배관 위 콘크리트 커버(Concrete cover)를 설치하는 등의 적정한 보강방법이 필요 할 수 있다.

다양한 **비개착식 매설 방법**(**Trenchless installation method**)을 사용해 지역난방 배관 및 많은 다른 종류의 배관과 전선관을 지중에 매설할 수 있다. 그림 8.42는 이런 방법들 중 하나에 대한 삽화이며, **지향성 굴착**(**Directional drilling**)이라고 불린다.

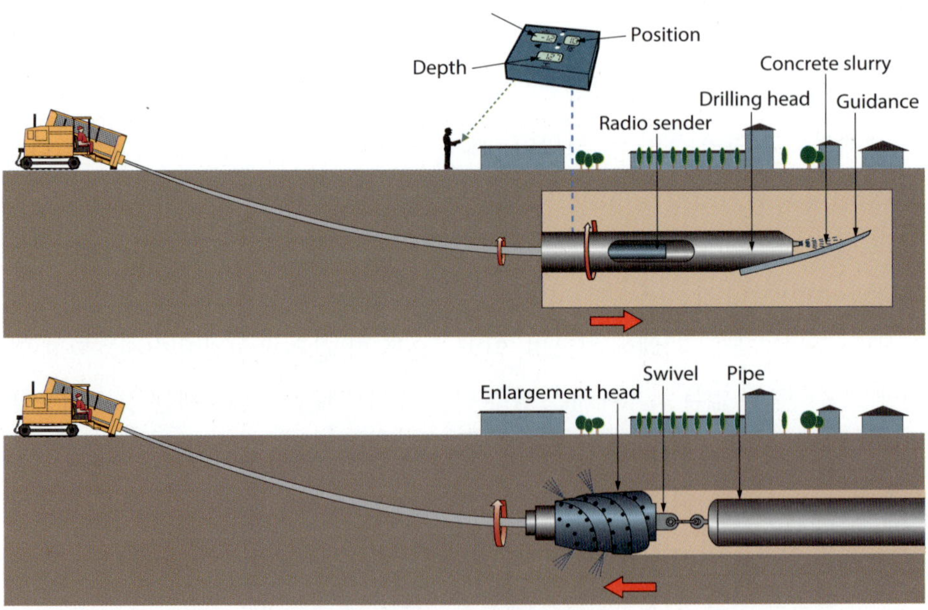

그림 8.42 지향성 굴착. 출처: Styrud AB. 허락을 받고 사용함

먼저 한 방향(오른쪽으로)으로 파일럿 홀(Pilot hole)을 굴착한다. 반대방향에서 역확공기(Back reamer)로 알려진 절삭기계를 끌어서 홀을 확장하며, 그동안 전선관은 확공기 뒤를 따라 동시에 끌려 당겨진다. 첫 번째 단계에서 드릴은 무선통신을 통해 원격으로 제어된다.

비개착식 방법을 사용해 배관을 시공하는 데는 몇 가지 이유가 있을 수 있다. 예를 들어, 배관이 기존 철도나 주요 도로를 횡단하는 경우 트렌치 내 배관 설치는 심각한 교통체증을 유발하게 된다. 뒷부분에서 고속도로 위를 지상으로 횡단하는 지역난방 배관의 사례를 찾아 볼 수 있으며, 지상배관은 이런 상황에서 대체방법이 될 수 있다. 특히, **연성 지역난방 배관(Flexible district heating pipe)**이 비개착식 방법에 의한 시공에 적합하다.

참고문헌

Jansson L–E, Tjälproblem vid fjärrvärmeledningar i gator(Frost Heave at District Heating Pipes in Streets) Report R51 : 1985, Byggforskningsrådet(building Research), Sweden.

Molin J, Bergström G, Nilsson S, Laying of District Heating Pipe using Existing Soil Material, 7th International Symposium of District Heating and Cooling, Lund, Sweden 1999.

Hoffman H–W, Schmitt F, New Methods of Pipeline Construction for Cost Savings. Euro Heat & Power, 4(2000), P58–63.

Schmitt F, Hoffmann H–W, Pipe Laying in Combination with Horizontal Drilling Methods. IEA District Heating and Cooling Research Programme. Annex 6, 2002.

Gudmundson T, Rationellt byggnande av fjärvvärmeldningar(in Sweden, with English summary and figure subtitles, Rational Installation of District Heating Pipes), Report 2003 : 89, Swedish District Heating Association.

Nilsson S, Sällberg S–E, Bergström G, Ground förläggning av fjärrärmeledningar (Shallow Burial of District Heating Pipes). Report Värmegles 2006 : 25, Swedish District Heating Association.

Weidlich I, Wilmsmeier D, Achmus M, Reduction of Technological Barriers for the Application of Trenchless Technology on District Heating Pipes. International No–

Dig 2011, 29th International Conference and Exhibition. Berlin.

Läggningsanvisningar för fjärrvärme–och fjärrkylaledningar(Guidelines for Burial of District Heating and District Cooling Pipes). Technical Requirements D : 211, Swedish District Heating Association 2012.

8.8 연성관(Flexible pipe)

소관경에서는 시공비용이 전체 배관비용에서 상대적으로 큰 비중을 차지하는 경향이 있다. 소관경 범위에서 사용할 수 있는 연성 지역난방 배관은 강성관과 비교해 시공비를 줄일 수 있다.

연성관은 강성 지역난방 배관의 설계보다 더 많은 다양한 방법을 활용할 수 있다. 연성관을 사용할 수 있는 최대 직경은 설계방법, 제작사, 여러 타입에 따라 큰 차이가 있다. 어떤 경우에는 최대 내관 직경이 약 30mm 이하인 반면, 다른 종류에서는 직경 200mm까지도 공급한다. 트윈파이프는 연성이 부족하기 때문에 최대 내관 크기가 더 작다.

연성관은 보통 트럭에 말려진 상태로 현장에 운반되며, 풀려지면서 지중에 직접 시공된다(그림 8.43 참조). 상황이 아주 나쁘지 않다면 작업이 순조롭게 진행되며, 빠른 속도로 시공된다. 그러나 배관 종류에 따라 그림의 오른쪽 사진에서처럼 시공이 항상 쉬운 것만은 아니다.

그림 8.43 대부분의 경우 연성관을 풀고 매설하기 쉽다(왼쪽), 하지만 때로는 그렇지 않은 경우도 있다(오른쪽), 예컨대 추운 날씨에 배관이 딱딱해진 경우 특히 시공이 어렵다. 출처: Casaflex와 The Journal Fjernvarmen. 허락을 받고 사용함

그림 8.44 도로 타맥(Tarmac) 포장에 좁은 트렌치를 굴착하고 연성관을 내려놓는 모습. 출처: Bjurström와 Wingqvist 2004년. 허락을 받고 사용함

그림 8.44에 있듯이, 최근에는 대부분 **자동화된 시간 절약형 방법(Automated time-saving method)**의 배관시공이 개발되었다. 자동차가 앞으로 움직이면 좁은 트렌치가 만들어지고, 배관을 쉽게 내려놓을 수 있다. 녹지에서 사용할 수 있는 또 다른 방법은 배관의 복토작업까지 자동화되어 수행하며 트렌치를 파고, 배관을 내리고, 되메우기하는 동작이 동시에 이루어진다.

배관 직경에 따라 길이가 긴 배관을 말아 놓을 수 있다. 이런 이유 때문에 상대적으로 짧은 길이로 납품되는 강성관과 비교해 조인트 수를 크게 줄일 수 있다. 그림 8.45에 있는 것처럼 연성관의 유연성은 총 배관길이가 줄어들게 관로를 선정할 수 있으며, 주변의 나무와 지장물들을 우회할 수 있다.

'강성'과 '연성'배관 사이의 구분을 너무 문자 그대로 받아들이지 말아야 한다. 앞서 언급했듯이, 어느 정도는 강성관도 공장이나 현장에서 영구적으로 구부릴 수 있다.

연성관의 사용이 소관경 범위에 한정되는 가장 큰 이유는 현실적으로 코일의 직경 크기에 제한이 있기 때문이다. 표준 트럭은 코일 직경이 2–2.5m 이상일 경우 실을 수 없으며, 비표준 트럭으로 운반하면 가격이 높아진다.

연성관이 **폴리머 내관(Polymeric carrier pipe)**으로 만들어졌다면 소관경으로 제한하는 또 다른 이유가 있다. 상대적으로 낮은 인장강도 때문에 대관경의 경우 관 두께가 훨씬 두꺼워져야만 한다. 재료비 증가는 동시에 설치비용 절감을 상쇄하게 된다.

다양한 설계방법을 갖는 연성관은 주로 내관의 재질, 모양, 보온재의 종류에 따라 나뉜다(그림 8.46 참조).

폴리머 내관으로 된 배관(타입1)은 주로 소규모 지역난방 시스템 또는 대형망의 국부적인 **하위망(Subnet)**에 사용된다. 이 경우 하위망에는 낮은 온도와 압력이 사용된다.

흔히 그렇듯이 폴리머 배관은 상대적으로 싼 경향이 있다. 하지만 보통 연결부가 피팅(Fitting)으로 되어 있어 납땜(Soldering)으로 연결할 수 있는 구리 내관과 비교해 추가 비용이 발생한다. 반대로 납땜은 시공하는 동안 더 많은 공간을 필요로 해, 때로는 구리 배관에서 피팅 연결을 선호하기도 한다.

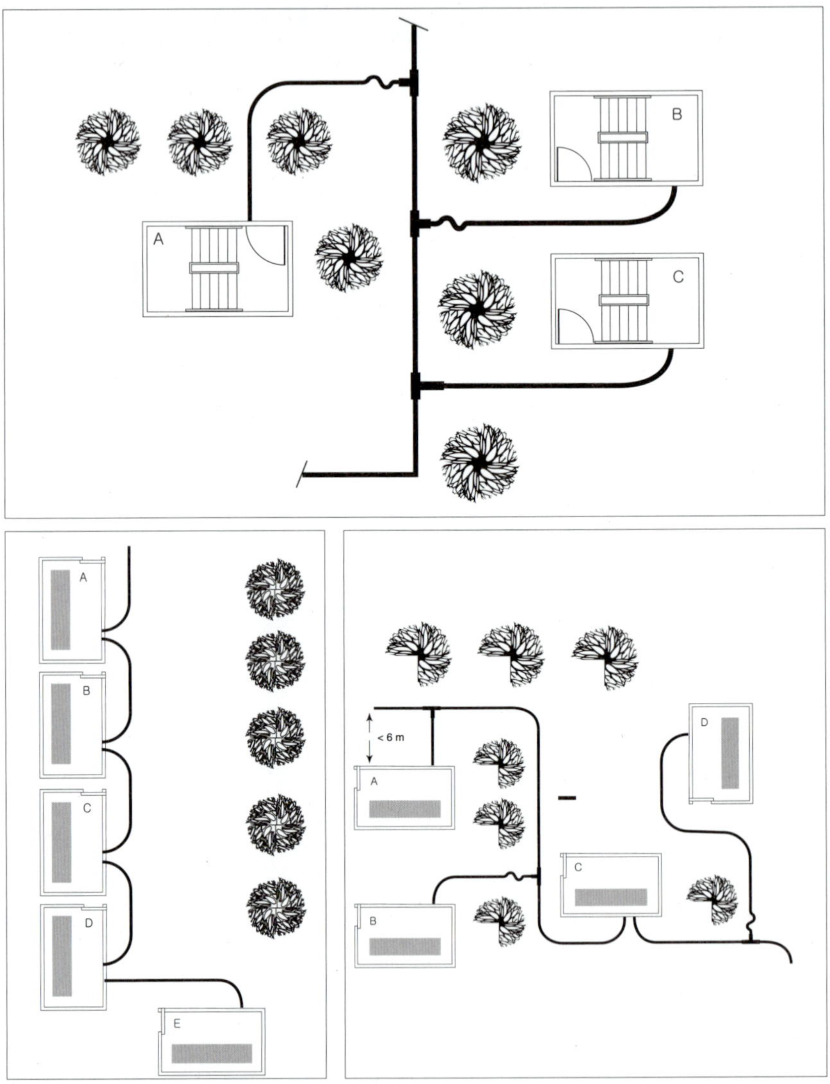

그림 8.45 다양한 형태로 구성된 연성관의 활용. 출처: PowerPipe. 허락을 받고 사용함

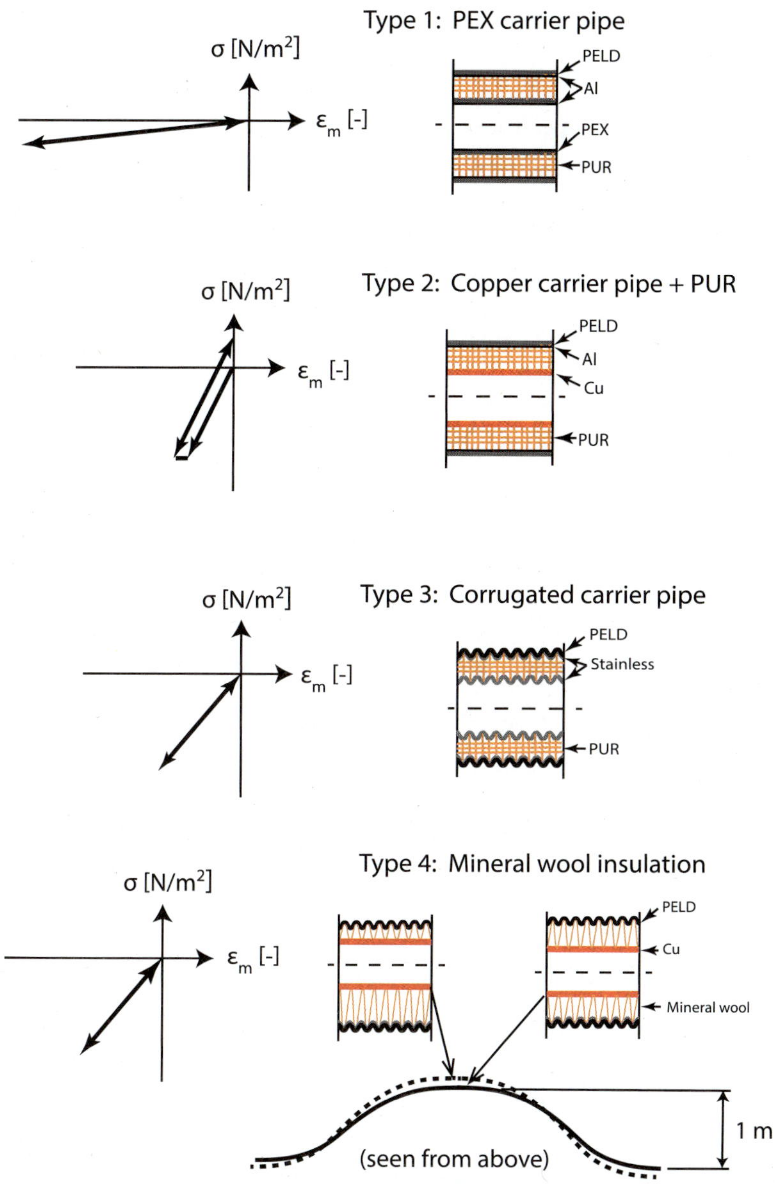

그림 8.46 응력-변형률 선도가 있는 연성관의 4가지 형태

일반적으로 사용되는 폴리머 종류로 PEX가 있다. PEX의 PE는 **폴리에틸렌**(PEHD – 고밀도(High Density), PELD – 저밀도(Low Density))을, X는 **분자의 가교결합(Cross-linking of molecule)**을 의미한다. 가교결합은 높은 운영온도에서 **크리프(Creep) 현상**을 감소시키기 위해 필요한 기술이다. 지난 수년간 다양한 종류의 폴리머(열가소성 폴리머(Thermoplastic polymer))로 된 배관이 개발되어 용접에 의한 이음부 연결을 가능하게 했다. 이런 재료들 중 하나로 **폴리부텐(Polybuthene)**이 있으며, 또 다른 것으로 PEX의 이형(異形)인 PERT(**Polyethylene of Raised Temperature resistance**)가 있다. PERT는 분자를 가교결합하는 대신에 '혼합(Intermingled)'한다.

연강(Mild steel) 내관을 갖는 네트워크에서 순환되는 물은 부식의 원인이 되는 **용존 산소(Dissolved oxygen)**를 지속적으로 제거해야 한다. 대관경이 (탄소강으로 된 내관을 갖는)강성관인 곳에 연성관을 복합적으로 사용하는 경우, 대기 중의 산소가 순환수로 이동하지 않도록 연성관을 설계하는 것이 중요한다.

모든 금속은 확산을 충분히 막을 수 있지만, 폴리머는 그렇지 않다. 폴리머 외관 또는 폴리머 보온재 폼 역시 충분한 확산 방지 기능을 제공한다고 할 수 없다.

폴리머 재료로 된 연성관이 소개되었을 때 확산 문제가 항상 관찰되지는 않았지만, 때로는 재앙적인 결과를 초례했다. 최근에는 내관에 **확산방지막(Diffusion barrier)**을 설치해 이런 문제의 대부분을 해결하였다. 확산방지막으로는 보통 알루미늄으로 된 얇은 막 형태가 사용된다.

PEX 배관은 추운 날씨에 경화되는 경향이 있다. 그림 8.43 사진에 있는 3명의 남자는 아마 이런 종류의 배관을 다루기 위해 애쓰고 있다.

구리 내관 배관(Copper carrier pipes)(타입2)은 대부분 소성적으로 변형되기 때문에, 이런 내관 재료로 된 배관은 원하는 모양으로 쉽게 구부릴 수 있으며 안정된 상태로 남아있을 수 있다. 사용되는 구리를 담금질하면 유연도가 증가하게 된다. 반면에, 반복적인 굽힘은 담금질 효과를 제거하는 **변형경화(Strain-hardening)**를 촉진하게 되기 때문에 굽힘이 반복되지 않게 하는 것이 중요하다.

PEX 배관의 **반발성(Rebounding)** 문제는 소성적으로 변형하는 금속으로 된 얇은 배관과 PEX 내관을 샌드위치 형태로 결합해 완화시킬 수 있다. 이러한 금속으로 알루미늄이 있으며, 동시에 **확산저항(Diffusion resistance)** 기능을 제공한다. 이 배관을 AluFlex **배관**이라 한다.

외관의 탄성을 위해 골이 지게(Corrugated) 만들거나, 강성관에 사용되는 고밀도 PE(PEHD) 대신에 저밀도 PE(PELD)를 사용한다. 보온을 위해 셀구조의 폼을 사용하는 경우, 아래에서 논의되는 것처럼 **근사-유연도(Semi-flexible)**를 갖게 된다.

일반적으로 초기상태에서는 보온재 폼의 높은 열전도율을 훼손시키지 않고 근사-유연도를 만들어야 하지만, 가스가 셀벽을 통해 확산되는 경향성이 더 커지게 된다. 이런 상황으로 인해 강성관에서 흔히 사용되듯이 보온재와 외관 사이의 접촉면에 확산 방지막을 설치하는 것이 연성관에 필수적이다. 주의를 기울여야 하는 또 다른 현상은 배관을 구부리는 것으로 인해 종종 내관과 보온재 사이의 결합력에 손상이 발생할 수 있다는 점이다.

연성관에서 PUR을 대체할 폴리머 폼으로 **폴리오파인(Polyofine)** 또는 **연성 PEX (Flexible PEX)**에 기반한 폼이 있다.

내관으로 폴리머 재료를 사용함에 있어 가장 큰 단점은 높은 온도에서 크리프가 발생한다는 것이다. 일반적으로 설계 온도는 대략 95℃로 제한되고, 연속 운전인 경우 85℃ 이하인 경우에만 허용된다. 또한, 운전 압력은 흔히 6bar 또는 10bar로 좀 더 제한적이다.

내관에 구리를 사용한 경우에는 크리프가 발생하지 않는다. 이 같은 배관은 일반적으로 연속운전 기준 120℃, 16bar에 대응할 수 있도록 설계되며, 스칸디나비아 기준에 따라 운영되는 네트워크 어느 곳에도 구리 내관 배관을 사용할 수 있다.

폴리머 재료와 비교해 구리의 2가지 단점은 구리는 부식될 수 있으며, 너무 빠른 유속은 **침식(Erosion, 흔히 부식과 결합된)**을 유발한다는 것이다.

스테인리스강을 사용한 **골이 진 내관(Corrugated carrier pipes)**으로 된 연성관(타입 3)은 배관들 중 가장 강한 것으로 여겨지고 있으며, 또한 가장 비싸기도 하다. 내관의 골은 배관 내 유체 흐름 저항을 증가시키며, 이것은 단위 길이당 특정 압력강하 값을 규정하고 있을 시 직경이 더 커져야 한다는 것을 의미한다. 이 배관은 추운 날씨에 시공되는 경우에도 탄성적으로 거동한다.

타입1–3 배관 모두 셀구조의 보온재가 근사-유연도를 갖고 있다. 이것은 구부리는 것을 허용할 만큼 충분히 유연하다는 것을 의미하지만, 내관을 중심에 있게 유지할 수 있을 정도 이하에서만 가능하다. 이 조건은 특히 폼이 PUR로 만들어진 경우에 해당되며, PEX폼인 경우에는 그 정도가 덜하다. 구리 내관으로 된 다양한 형태의 배관(타입4)은 이런 보온재 대신에 부드러운 **미네랄울 보온재(Mineral wool insulation)**를 사용한다. 이 배관은 내관의 열변형이 진폭에 약간의 변화를 줄 수 있기 때문에 사인곡선 모양으로 매설된다. 시중에 이런 타입의 배관이 판매되고 있으며, 일반적으로 'Aquawarm pipes(상표명)'로 알려져 있다.

그림 8.46은 논의 중인 내관에 대한 응력-변형률 선도를 통해 다양한 종류의 유연도를 나타내고 있다.

타입1에서 폴리머 내관은 금속보다 훨씬 작은 탄성계수 E값을 갖는다. 열팽창계수 α는 더 크지만 열팽창이 완전히 구속되어 있을 때 발생하는 **결과 축응력(Resulting axial stress)** $\sigma = -E\,\alpha\,\Delta T$는 금속보다 훨씬 작다.

타입2: 여기서 $E\,\alpha\,\Delta T$는 강철에 대한 계산 값과 동일한 자릿수를 갖는다. 소성항복응력을 초과하는 경우에도 보통 셰이크다운(주기적으로 반복되는 소성변형이 아님)이 발생한다.

타입3: 골이 진 형태가 높은 운영온도에서도 소성변형에 대해 거의 항상 **안전율(Safe margin)**을 확보할 수 있는 유연도를 제공한다.

타입4: 위의 타입3 참조

참고문헌

Klöpsch M, Zinko H, Plastic Pipe Systems for DH, Handbook for Safe and Economic Application. IEA District Heating and Cooling research programme, Annex 5, 1999.

Klöpsch M, Zinko H, Plastic Pipe Systems for District Heating. Euroheat & Power, 3(2001), 26~36

Bjuström H, Wingqvist T, Markarbete vid småhusanslutningar till fjärrvärmenät (Underground Installation of pipes connections to detached houses). Report Värmegles(Heating Sparse) 2004 : 11. Swedish District Heating Association.

Dahlgren M, Fräsning av fjärrvärmespår i småhusområden(Trench Cutting for Installation of District Heating Pipes in Sparse Residential Area). Report Värmegles 2005 : 22, Swedish District Heating Association.

Persson C, Reidhav C, Jarfelt U, Ramnäs O, Insulating Performance of Flexible District Heating Pipes. 10th International Symposium on District Heating and Cooling, Hanover, Germany, 2006.

Reidhav C, Jarfelt U, Ramnäs O, Insulating Properties of Seimi-Flexible Polyurethane Foams. 11th International Symposium on District Heating and Cooling, Reykjavik, Iceland, 2008.

Korsman J, Cost Benefits and Long Term Behaviour of a new all Plastic Pipe Systems. 11th International Symposium on District Heating and Cooling, Reykjavik, Iceland, 2008.

District Heating Pipes. Pre-insulated Flexible Pipe Systems. European Standard EN15632 Part1(2009), Part2(2010), Part3(2010)

v. Bassewitz A, Jansen N, Liebel V, Flexible, Pre-insulated Polymer District Heating Pipes : A Service Lifetime Study. Downloaded June 2012 from www.plasticpipe.org

8.9 지상배관, 터널 내 배관, 주택 내 배관 (Overland pipe, pipe in tunnel and pipe inside house)

충분한 공간이 있는 곳에서는 매설배관 보다 더 적은 비용으로 지상배관을 설치할 수 있다. 지상배관은 매설배관보다 유지보수하기가 더 쉽지만, 여러 종류의 손상에 훨씬 취약하다. 이런 손상사례에는 공공기물 파손(Vandalism)이나 전쟁기간 중 피폭되는 경우가 있다. 하지만 일반적으로 적합하게 설계되어 있다면 튼튼한 것으로 여겨진다.

그림 8.47은 그림 10.5에 있는 광역 네트워크의 한 지역으로 코펜하겐 고속도로 위를 횡단하는 지역난방 배관의 한 부분을 보여주고 있다. 두 배관은 (내관)직경이 800mm이고, 최대 운전온도 125℃와 압력 25bar로 설계되어 있다.

그림 8.47 코펜하겐에 있는 고속도로 위를 횡단하는 지역난방 배관. 촬영: S.Frederiksen

일반 대중들은 지상배관이 길게 뻗어있는 것을 나쁘게 생각하는 경향이 있으며, 많은 나라에서 지상배관은 주로 배관 외형으로 인한 민원이 적은 산업단지로 제한되거나 철길을 따라 설치한다. 대부분의 서유럽 국가에서는 전체적으로 지상배관이 지역난방 배관 총 길이에 아주 작은 부분을 차지하고 있다.

동유럽과 구동독에는 많은 지상배관이 있다. 세계에서 가장 길고, 가장 큰 직경을 갖는 지역난방 연계배관 중 하나는 직경 1,200 mm에 길이 34 km인 두 지상배관으로, 멜리크(Melnik) CHP 발전소에서 생산된 열을 프라하(Prague) 시 외곽지역으로 송열한 후 다시 지하배관 형태로 이어진다.

지하 공동구(Underground tunnel)에 대관경 배관을 수용하는 방법은 강 또는 항구를 횡단할 때 주로 사용된다. 흔히 비용을 절약하기 위해 동일한 공동구 안에 다른 시설물들을 설치하기도 한다.

그림 8.48은 핀란드의 수도 헬싱키(Helsinki) 지하암반에 설치된 대규모 공동구의 단면을 보여주고 있다. 공동구 내에는 지역난방, 지역냉방, 상수관, 전력선이 수용되어 있다. 이런 종류의 모든 공동구 총 길이는 65 km에 달하며, 깊이는 30–80 m까지 다양하다.

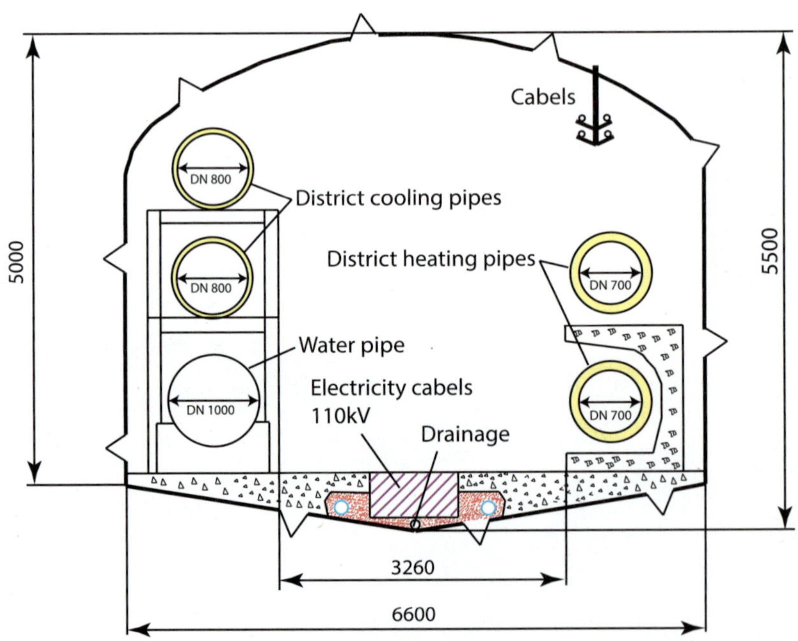

그림 8.48 다양한 공용선로가 포함된 공동구의 단면도, 핀란드 헬싱키. 출처: Helsinki Energy. Authority 허락을 받고 사용함

또한, 공동구가 설치된 지하에 펌프 및 각종 장비가 설치되어 있다. 공동구는 도시 중심부를 바로 관통하고 있으며, 이곳은 교통체증 등으로 상부에 배관을 시공하는 것이 실질적으로 불가능하다. 대체로 지역난방 배관을 위한 시공비는 두 배관을 가깝게 위치시켜 공동구 바닥에 설치해 줄일 수 있으며, 일반적으로 공동구 테라스 부위 아래의 좁은 공간에 설치된다. 하지만 접근이 어려울 수 있어 교체 시 가끔은 비용이 많이 들 수 있다.

참고문헌

Hammer F, Long Distance Transmission of District Heat. Euroheat & Power, 11(1996), 655–657.

Helsinki Multi–Purpose Utility Tunnels. Euroheat & Power(1999), 12–14

Winkens HP, Heizkraftwirtschaft und Fernwärmeversorgung. Verlags und Wirtschaftsgesellschaft der Elektrizitätswerke VWEW(Heating industry and district heating. Publisher and economic society of electricity VWEW), Frankfurt am Main, Germany, 2000.

Kasper T, Edvarden C, Fauerschou M, Design of the District Heating Tunnel in Copenhagen, Underground Space – the 4th Dimension of Metropolises. Editors : Barták et.al. Taylor & Francis Group, London, UK, 2005

8.10 병렬로 된 다수의 배관들(Number of pipes in parallel)

보통 두 개의 배관(공급관과 회수관)이 서로 인접해 있거나 공통된 외관 안에 설치된다. 이 방식이 그림 8.49의 형태2에 있다.

6.7.5항에서 열과 유량이 충분한 지열 에너지를 활용하는 경우에는 간혹 **단일 배관 시스템(Single pipe system)**을 사용한다고 언급했었다. 이 경우 사용자 측에서 식은 물을 하수도에 버릴 수 있어야 한다. 그림 상단에 있는 형태1에서 **난방순환(Space heating circuit)**은 1차측 공급수와 분리되어 있다. 이 설계는 병렬연결 대신 직렬연결로 되어 있다는 것만 제외하면 제9장 기계실의 그림 9.4 배치B에 있는 것과 유사하다.

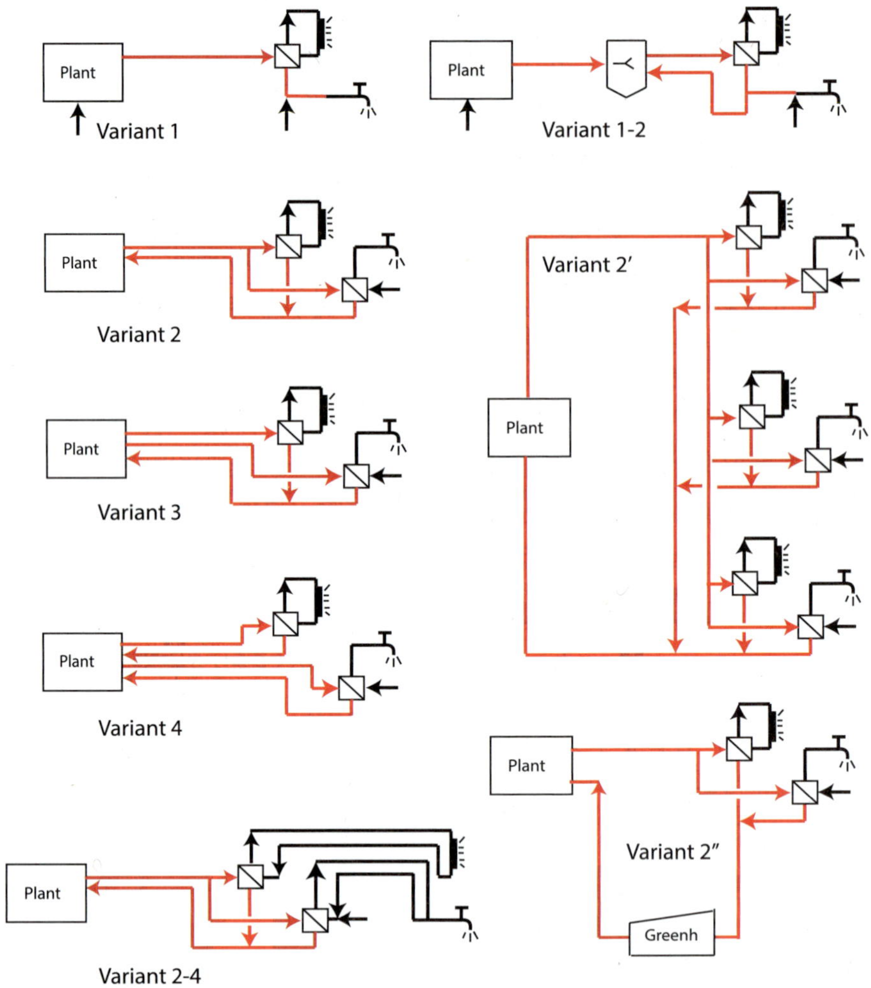

그림 8.49 전통적인 2배관(공급, 회수) 배치(형태2)와 비교되는 병렬로 된 다수의 배관과 그 밖에 다른 형태들

이런 연결방식 설계는 CHP 플랜트에서 생산되는 열을 장거리에 걸쳐 이송하기 위해 옛소련에 건설된 높은 공급온도의 단일 배관 시스템에 전통적으로 사용되었다. 하지만 문헌에 따르면 **2-배관 시스템**과 단일 배관 시스템이 혼용된 형태1–2 시스템이 단일 배관만 사용된 시스템 보다 더 일반적이다.

3-배관 시스템(형태3)은 2-배관 시스템보다 비용이 더 많이 든다. 하지만 저장탱크를 사용해 급탕공급을 한다면 급탕용 온수를 공급하는 배관을 소관경으로 선정할 수 있다. 여름철 난방 공급관에 유체 흐름이 거의 없는 경우 2-배관 시스템에서 발생하는 것과 비교해 열손실을 줄일 수 있다. 베를린(Berlin)에 이런 타입의 배치 형태가 사용되고 있다.

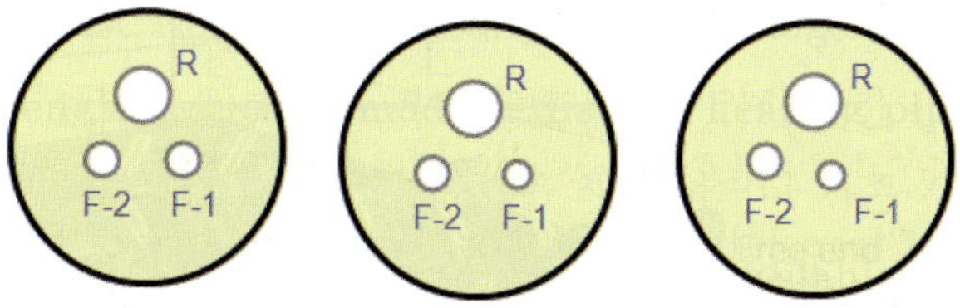

그림 8.50 3개의 3중 배관 형태. 공통된 회수관 R과 함께 2개의 공급 배관 F-1과 F-2가 있음. 출처: Bøhm & Kristjansson 2006

덴마크에서는 3중 배관으로 구성된 공급배관을 사용해 열손실을 줄일 수 있는 방법으로 3-배관 설계를 고려하고 있다. 정해진 크기의 한 외관 내에 모든 배관들이 수용된 다양한 기하학적 형태에 대한 열손실을 앞서 언급한 이론적 연구(그림 8.50 참조)에서 계산하고 비교했다. 가장 오른쪽에 있는 형태가 현재까지 가장 최선의 것으로 밝혀졌다. 여기서 두 개의 공급배관 F-1과 F-2는 서로 다른 직경을 갖고 있으며, 모든 배관이 **전략적 오프셋 방법(Strategically offset way)**에 따라 자리하고 있다.

4-배관 시스템(형태4)은 더 많은 유연성을 확보할 수 있다. 난방 시스템이 아주 낮은 운전온도로 설계된 경우, 이 시스템을 통해 추가적인 열손실 저감을 얻을 수 있다. 4-배관 시스템은 2-배관 시스템을 대체하는 방법으로 가장 흔하게 사용되며, 종종 두 형태를 혼합해 사용한다(형태2–4). 이 경우에 4-배관 시스템은 기계실 내에서 유체적으로 분리되지 않은 채 하위 분배 기능을 제공한다. 그림에 있는 한 건물의 설치사례는 하나의 건물 그룹을 나타낸다.

형태2'는 독일에서 **티클만 시스템(System Tichelmann)**으로 알려져 있다. 시스템의 개념은 유체가 공급라인과 회수라인에서 같은 방향으로 흐를 수 있도록 전체적인 고리 형태(Ring configuration)를 구성하는 것이며, 기계실 전체에 동일한 차압이 발생하도록 제어할 수 있게 한다. 그림에서 알 수 있듯이 건물이 반드시 연이어 배치돼야 하며, 이것이 적용 기회를 제한하고 있다.

형태2''는 네트워크에서 분기된 한 부분을 예컨대 온실 같은 특별히 낮은 공급온도로 설계한 경우 열생산 시설에 큰 온도차(Delta T)를 발생하기 위한 방법을 나타낸다.

참고문헌

Gromow, NK(Ed.), Single–Pipe Systems for District Heating Networks.

Collection of Russian articles translated by Stoker, WR. Ministry of Public Buildings and Works, National Lending Library for Science and Technology, Boston Spa, Yorkshire, UK 1967.

Bublitz D, Stadtheizung Durch Kraft–Wärme–Kupplung in Berlin.(City heating through combined heat and power coupling in Berlin). Fernwärme International 3(1974) : 4, 98–106.

Bøhm B, Kristjansson H, Single, Twin and Triple Buried Heating Pipes : On Potential Savings in Heat Losses and Costs. International journal of energy research 29(2005), 1301–1312. Paper also to the 10th International Symposium on District Heating and Cooling, Hannover 2006.

8.11 냉기매체 분배(Cold carrier distribution)

지역냉방 네트워크에서 냉기매체는 대부분 가압된 냉수(Chilled water)를 사용한다. 지역냉방 배관에는 많은 종류가 있으며, 어떤 것들은 보온을 하고 어떤 것들은 하지 않는다. 일반적으로 냉방배관은 다른 종류의 배관들을 차용해 사용하며, 이런 배관에는 지역난방 배관 또는 천연가스나 상수도의 분배와 관련해 사용되고 있는 배관이 있다.

그림 8.51에 있는 타입은 최신 **지역난방 이중보온관(Bonded, preinsulated district heating pipe)**의 한 변종이다. 이 이중보온관은 탄소강(연강(Mild steel)) 내관, 닫힌 셀 구조의 폴리우레탄 폼, PEHD(고밀도 폴리에틸렌) 외관으로 되어 있다. 주요 차이점은 보온층의 두께가 표준적인 지역난방 배관에 사용되는 것보다 얇다는 것이다('시리즈1'밑에 있는 '시리즈0'). 연결부 기술은 지역난방 배관에서 사용하는 것과 동일하고, 누수 감시를 위한 전선이 있는 상태로 배관이 공급되기도 한다.

그림 8.52는 대관경의 보온된 냉방배관이 매우 더운 지역(중동지방) 지중에 시공되는 모습이다. 더운 지역에서는 냉기매체(냉수)의 불필요한 가열(**열취득**(Heat gain))을 막는 것이 중요하다.

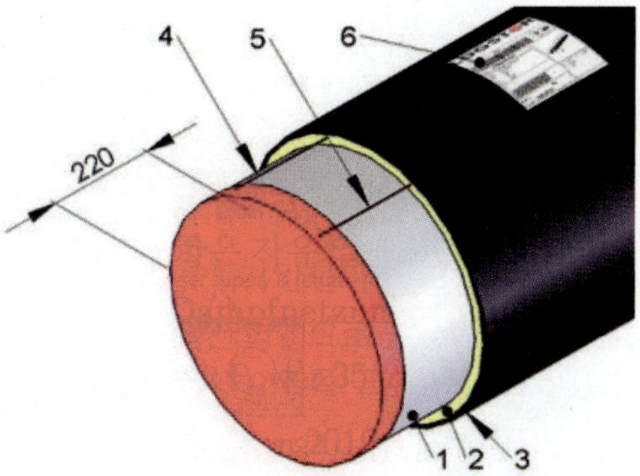

그림 8.51 이중보온 지역냉방 배관(Preinsulated, all-bonded district cooling pipe), 지역난방 배관과 같은 디자인이지만 보온 두께가 얇음. 출처: Logstor. 허락을 받고 사용함

앞서 언급했듯이, 지역난방 이중보온관에서는 외관 안쪽에 **확산 방지막(Diffusion tight membrane)**을 배치해 **보온가스(Insulation gas)**의 손실을 효과적으로 막는 기능을 한다. 보온가스는 서서히 바깥쪽의 산소와 질소로 치환된다. 지역냉방 배관에서는 이 막을 통해 증기가 보온재 안쪽으로 침투해서 응축되는 것을 막을 수 있다.

지역냉방 사용에 있어서 열팽창/수축과 열에 의한 응력을 다루는 것은 지역난방 사용에서 고려되는 것만큼 중요하지 않다. 왜냐하면 냉수의 온도가 대기온도와 크게 다르지 않고, 온도변화도 보통은 더 작기 때문이다.

비보온 탄소강 냉방배관(Uninsulated carbon steel cooling pipe)은 일반적으로 폴리머 층과 같은 다양한 종류의 외관 보호층과 함께 공급된다. 보호층이 항상 완벽한 기밀성을 확보하지 못하기 때문에(예컨대 운송 중에 손상될 수 있음) 바깥 부분에 부식을 막기 위한 **음극방식(Cathode protection)**을 하는 것이 일반적이다. 지역난방 네트워크의 순환수와 마찬가지로, 배관 안쪽에서의 부식뿐 아니라 불필요한 침전물들을 방지하기 위해 냉수를 화학적으로 처리해야 한다(연강 내관으로 된 보온배관에서도 이런 화학적 처리를 해야 함).

때로는 기계적인 보호성능을 높이기 위해 **섬유 시멘트-모르타르 층(Fibre cement-mortar layer)**을 바깥쪽에 추가한다. 이런 층이 있는 배관은 특히 비개착식 공법으로 시공되는 경우에 적합하다(그림 8.53 참조).

그림 8.52 두바이(Dubai)의 지역냉방 배관 매설. 출처: Logstor. 허락을 받고 사용함

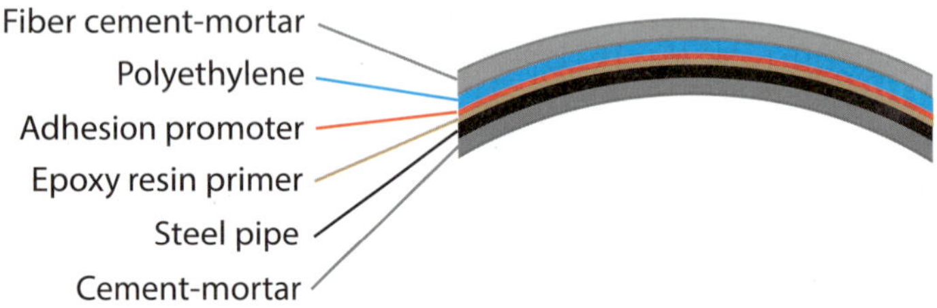

그림 8.53 다양한 종류의 보호층이 있는 비보온 강관의 단면, 부식 방지를 위한 폴리에틸렌 층과 기계적인 보호성능을 위한 바깥쪽 섬유 시멘트-모르타르 층을 포함하고 있음. Kocks, Joens, Föckensperger & Water 2002 자료를 각색함

Smallest permissible wall thickness [mm]				
	Pressure class [bar]			
Outer diameter [mm]	PN 25	PN 16	PN 10	PN 6
90	10.1	8.2	5.4	3.5
110	12.3	10.0	6.6	4.2
125	14.0	11.4	7.4	4.8
140	15.7	12.7	8.3	5.4
160	17.9	14.6	9.5	6.2
180	20.1	16.4	10.7	6.9
200	22.4	18.2	11.9	7.7
225	25.2	20.5	13.4	8.6
250	27.9	22.7	14.8	9.6
280	31.3	25.4	16.6	10.7
315	35.2	28.6	18.7	12.1
355	39.7	32.2	21.1	13.6
400	44.7	36.3	23.7	15.3
450	50.3	40.9	26.7	17.2
500	55.8	45.5	29.7	19.1

그림 8.54 왼쪽: 맞대기 용접(Butt welding)으로 연결된 PEHD 배관의 잘린 면. 오른쪽: 4가지 압력 등급(Pressure(PN) Classes)에 대한 제원표. 출처: Scandinavian Society for Trenchless Technology. 허락을 받고 사용함

연결부 작업이 특히 쉬운, 또 다른 종류의 비보온 배관으로 상수 시스템과 가스 분배에 표준적으로 사용되는 **폴리에틸렌 냉방 배관(Polyethylene cooling pipe)**이 있다(그림 8.54 참조). 비보온 강관과 비교하면 이런 종류의 배관은 다음과 같은 이점이 있다. 폴리에틸렌(PEHD)은 사실상 부식에 영향을 받지 않기 때문에 별도의 부식방지층이나 음극방식을 필요로 하지 않는다.

배관 관경이 커지면 PEHD 배관의 비용 절감효과가 작아지는 경향이 있다. 배관이 내부로부터 발생하는 압력에 견뎌야하므로 관두께 비(Ratio of the wall thickness)가 이중보온관 외관에서처럼 줄지 않는다(표 8.1과 비교).

유리섬유 강화 플라스틱(Glass fibre reinforced plastic)은 강성(Stiffness)이 증가하기 때문에 더 얇게 배관을 만들 수 있지만 연성이 줄어든다.

이중보온관과 비교해 PEHD 배관은 철도 횡단 등과 같은 비개착식 공법을 사용하는 구간에 적합하다.

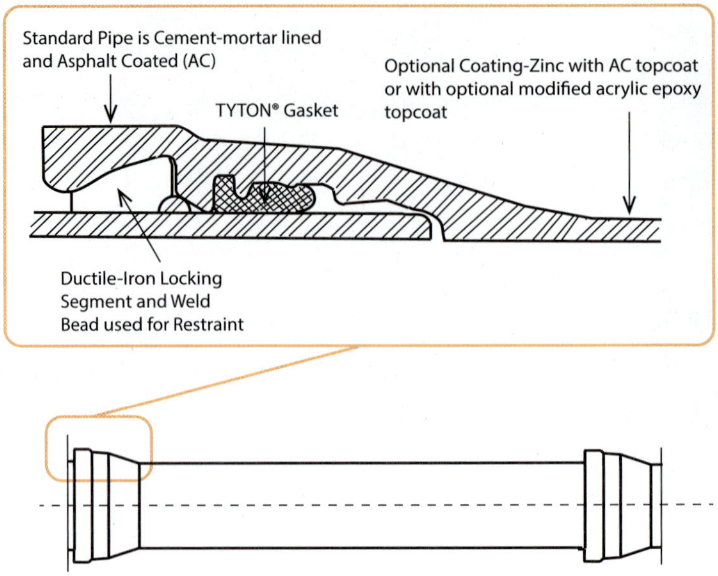

그림 8.55 플러그 이음(Push-In Joint)으로 된 연성 철 배관. US-Pipe 자료를 각색함

연성 철 배관(Ductile iron pipe, 그림 8.55)은 상수 수송과 지역냉방에서 대체 방법으로 폭넓게 사용되고 있는 또 다른 종류의 배관이며, 빠른 시공이 가능하다. 지역냉방 사용에 있어서 연성 철 배관의 약점은 비록 전통적인 연결 방법(**플러그 이음(Push-joint bell-and-spigot)**, 내경을 상대 관 끝의 외경에 맞추어서 연결하는 파이프 이음[역])이 빨리 시공할 수는 있지만, 오배열(Misalignment)과 다른 여러 이유로 인한 누수에 민감할 수 있다는 것이다. 연결부 시공을 위한 대체방법이 있지만 비용이 더 많이 든다. 연성 철 배관이 사용되는 경우에는 안쪽 표면을 더 부드럽게 하기 위해 안쪽에 **모르타르 라이닝(Mortar lining)**을 적용하는 것이 일반적이다. 연성 철은 탄소강보다는 부식에 덜 민감하기는 하지만, PEHD와 같이 영향이 없지는 않다. 이것이 모르타르 라이닝을 추가하는 또 다른 이유일 수 있다.

때로는 다양한 형태의 배관들이 한 네트워크에 시공되기도 하며, 각각의 배관은 가장 최적의 장소에서 사용된다. 예를 들어, 일부 공급회사들은 일반적 형태로는 이중보온관을 사용하고 비개착식 공법이 적합한 구간에는 PEHD를 사용한다.

PEHD가 산소를 불투과하지 못한다는 사실은 서로 다른 종류의 배관이 결합되어 있는 경우 연강 내관의 부식을 촉진시킬 수 있다. 특히, PEHD 배관의 비율이 높은 경우에는 비록 관 두께가 두꺼워서 산소 확산을 늦춘다고 할지라도 부식현상을 촉진시킨다.

다음 장에서 알 수 있듯이, 겨울에 지역냉방 배관 내 물이 동결될 위험성이 있는 추운 지역에서는 한랭한 계절에 냉방수요가 없을 시 물이 순환될 수 있도록 기계실에 **자동 바이패스 설비**(Automatic bypass facility)를 의무적으로 설치해야 한다. 그 밖에 예방책으로 상수 공급용 배관에 사용되는 전기 열선이 설치된 배관을 사용 할 수 있다.

동결을 막고 열취득을 줄이기 위해 특히 비보온된 배관의 경우에는 지역난방 배관보다 지역냉방 배관을 가능하면 더 깊게 매설하는 게 좋다고 할 수 있다. 먼저 언급한 동결은 겨울이 추운지역과 관련이 있으며, 반면에 열취득은 특히 여름이 더운지역과 연관되어 있다.

보온과 비보온 배관 사이의 선택에 대한 선호도는 다양하다. 그림 8.56의 사례와 같이, 열취득 관점에서 보온을 찬성하는 쪽의 주장은 특히 더운 기후의 지역에서 배관 직경이 줄어들수록 커진다. 한대 기후 국가의 일부 기술자들은 보온된 배관을 전혀 사용하지 않는 것을 선호한다. 강관에 보온을 하면 비용이 상승하지만, 보온된 배관은 외부로부터의 부식에 대한 안전성을 높인다는 사실도 고려해야 한다. 이런 이유 때문에 **음극방식**을 보통 생략할 수 있는 반면, 비보온 강관에 대해서는 음극방식이 권고된다.

그림 8.57은 기계실에서 기록되는 외기온도에 대한 권고 공급온도와 회수온도의 사례를 나타낸다. 열취득으로 인해 생산 플랜트에서 나오는 공급온도를 더 낮게 설정해야 한다. 특히, 외기온도가 높을 시 우선적으로 고려할 사항은 높은 ΔT(Delta T, 공급과 회수의 온도 차)이다. 공급온도의 하한은 냉수의 동결을 방지할 뿐만 아니라, 냉수 생산 장치(Cold-generating equipment) 내의 동결을 피할 수 있게 설정되어야 한다. 냉수 생산 장치에는 Libr(리튬 브로마이드[역])와 물을 구동 매체로 하는 흡수식 냉동기 같은 것들이 있다. 4℃는 **치환원리**(Displacement principle)에 따라 냉기를 저장할 수 있는 가장 낮은 공급온도이다.

10.3.5항에 언급되어 있듯이, 냉수 수송을 위한 펌프 비용을 고려할 경우 발생하는 마찰에너지는 동반한 열취득이 **냉방수송용량**(Cooling transport capacity)을 감소시키기 때문에 이중적 의미에서 손실을 의미한다. 지역난방 수를 위한 펌프비용과 비교해, 낮은 온도에서 물의 점도(Viscosity)가 증가하는 추가적인 단점이 있다.

지역냉방 네트워크의 낮은 ΔT 때문에 배관이 커지는 경향이 있으며, 이런 이유로 인해 가능한 한 ΔT를 증가시킬 필요가 있다. 실제 기술적 측면에서 건물 내 냉방 분배시스템과 기계실 설계에 주의를 기울여 ΔT를 증가시킬 수 있다.

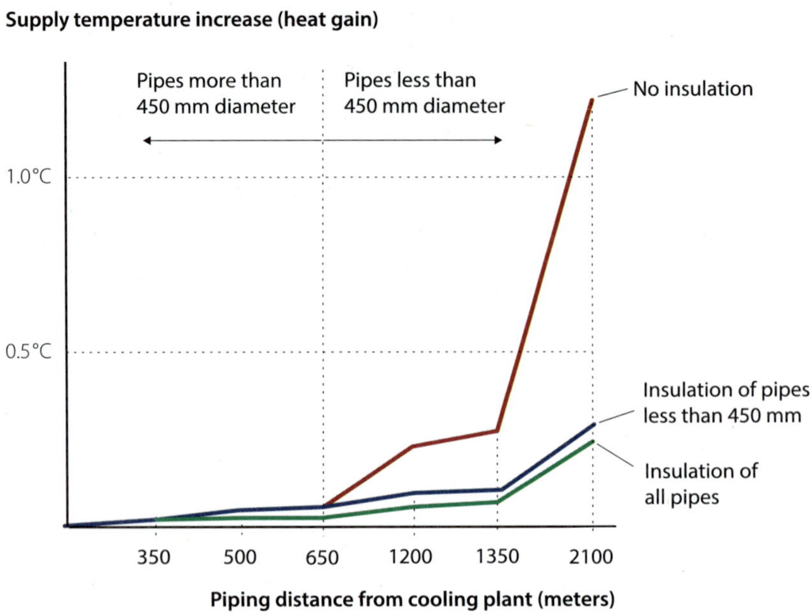

그림 8.56 열취득 사례와 보온 배관 대 비보온 배관의 문제. 제공: International District Energy Association

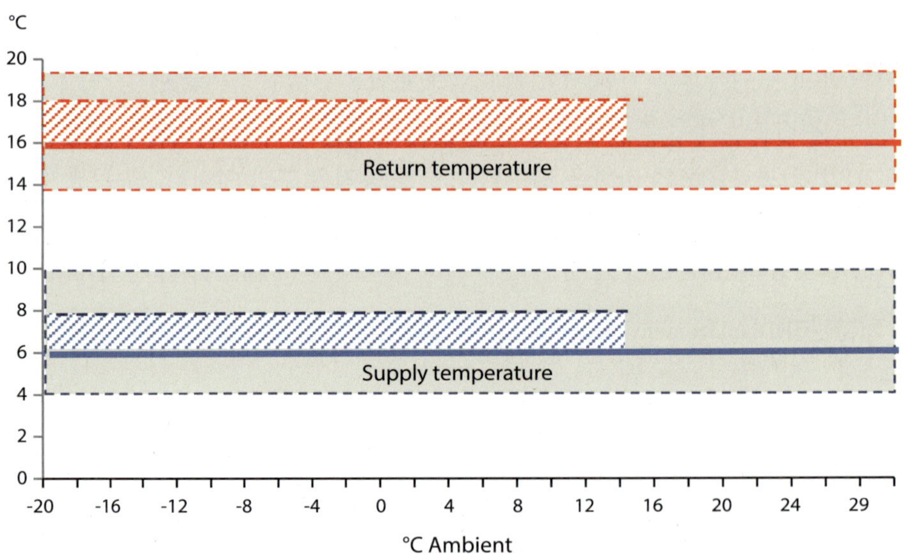

그림 8.57 지역냉방 공급온도와 회수온도에 대한 가이드라인. 출처: Swedish District Heating Association. 허락을 받고 사용함

생산시설에서 허용되는 경우, **글리콜**(Glycol) 또는 **타닌**(Tannin) 같은 **부동액**을 대략 10% 농도까지 냉수에 첨가할 수 있다. 부동액을 넣으면 어는점을 몇 ℃ 정도 낮출 수 있

다. 하지만 혼합물의 **비열용량(Specific heat capacity)**이 낮아지기 때문에 수반하는 질량 유량의 감소효과가 비례해서 증가하지 않는다. 또 다른 문제는 부동액을 첨가하는 것이 비열 편차를 크게 해 기계실의 검침을 부정확하게 만들 수 있다는 것이다.

좀 더 근본적인 해결책은 **아이스 슬러리(Ice slurry)**를 냉매로 사용하는 것이다. 40% 정도의 얼음 농도에서 배관 직경이 2.5배 정도 줄고, 전체 배관 매설비용이 거의 반 정도에 불과할 것으로 추정된다. 전체적인 비용 평가를 위해서는 아이스 슬러리 생산기와 그 밖에 다른 장비들을 위한 비용이 포함되어야 한다. 아이스 슬러리 시스템은 아직 상업적으로 실현 가능하지 않지만, 개념은 매력적이다.

다른 종류의 **상변화 냉매(Phased change cold carrier)**의 사용도 고려되고 있으며, 이런 냉매에는 주로 냉기나 열의 저장에 사용되는 **폴리머 혼합물(Polymeric mixture)**이 있다.

지역난방 네트워크와 마찬가지로 **마찰-저감 물질(Friction-reducing substance)**의 첨가를 고려했을 수도 있지만, 아직 실제로 사용된 경우는 없다.

참고문헌

Snoek CW, The design and Operation of Ice–Slurry Based District Cooling Systems. IEA District Heating and Cooling research programme, Annex 3, 1993.

Baumann D, Diekmann M, Gietzelt M, Erzeugung, Transport und Speicherung von Kälte für die Gebäudeklimatisierung(Production, transport and storage of refrigeration for building air conditioning). Euroheat & Power (1998) : 9, 18–27.

Kocks H–J, Joens HJ, Föckensperger F, Water G, The Steel Pipe Used for Trenchless Installation. 3R interantional 41(2002), Special Edition 13, 1–5.

Grage T, Leibermann A, Einsatzfähigkeit von Fernwärmerohrsystemen für die Kälteversorgung(Operability of district heating pipe systems for the cooling supply). Euroheat & Power 35(2006)1–2, 48–51.

Huang L, Dötsch C, Phase Changing Slurries in Cooling and Cold Supply Networks. 10th International Symposium on District Heating and Cooling, Hanover 2006.

District Cooling Pipes, Pipes and Components in District Cooling Systems. Guidelines issued jointly by Swedish District Heating Association, Stockholm & Euroheat & Power, Brussels, 2008.

District Cooling Best Practice Guide. International District Energy Association, Massachusetts, USA, 2008.

Fjärrkzlcentral, utförande och installation(District Cooling Substations, Design and Installation). Swedish District Heating Association. Technical Requirements F : 102, 2012

www.logstor.com, www.urecon.com, both downloaded June 2012.

8.12 수처리(Water chemistry)

이 절에서는 수처리 분야를 다루며, 지면상의 이유로 깊이 있는 근본적인 현상에 대한 탐구보다는 주로 기술적인 접근을 채택하고 있다.

수처리에 대한 적절한 제어는 부식으로 인한 기자재의 파괴를 막고 운전 장애를 피하기 위해 필수적이다. 예를 들어, 기계실 열교환기에서의 부식은 순환수식 건물 난방시스템, 급탕 공급시스템 또는 기계실과 인접한 사용자 전체에 직접적으로 네트워크 난방수 유출을 유발할 수 있다.

연강의 **부식(Corrosion)**은 다양한 철 산화물을 생성하게 되며 이 가운데 하나인 **자철석(Magnetite, Fe_3O_4)**은 전자기 유량센서 안쪽에 침전될 수 있으며, 이로 인해 검측 정확도가 저하된다. 자철석은 밸브를 막거나 펌프의 마모를 유발할 수 있다. 예컨대 보일러 내부와 같이 일반적으로 물이 데워지는 곳에서 표면이 뜨거운 부분은 물에 용해된 석회가 표면 위에 석출되어 열전도를 비효율적으로 만든다. **부유 소립자(Suspended small particle, 자철석)**는 열확산(Thermophoresis)에 의해 온도가 감소하는 방향으로 움직이는 경향이 있으며, 따라서 기계실 열전달 장치 내 열전달이 취약해 질 수 있는 장소에 침전된다.

지역난방 순환계통에 **비용해성 가스**(주로 질소)의 존재는 물의 순환을 방해할 수 있으며 밸브, 펌프, 내관(특히 구리로 만들어진 배관)에 **침식(Erosion)**에 의한 손상을 발생시킨다.

대부분의 부식 메커니즘은 **용존 산소(Dissolved oxygen)** 또는 **용존 이산화탄소(Dissolved carbon dioxide)**와 연관되어 있다. 두 기체 모두 연강 및 다른 여러 금속의 표면을 공격한다. 스테인리스강은 대부분의 부식에 대해 영향이 거의 없지만, 염화이온(Chloride ion)이 존재한다면 고온에서 **응력부식(Stress corrosion)**을 유발할 수 있다. 오늘날 스테인리스강은 기계실 내 열교환기에 가장 일반적으로 사용되는 재료이다.

네트워크에 침투하는 처리되지 않은 물은 거의 대부분 용존 산소와 이산화탄소를 포함하고 있으며, 두 기체는 예컨대 펌프 글랜드(Pump gland), 신축 팽창탱크(Cushioned expansion vessel) 내 여과막 또는 (특히 필수적인 차단막이 설치되지 않은 경우)폴리머 배관을 통해 밀폐된 네트워크 안으로 이동할 수 있다. 예상할 수 있듯이, 이런 이동의 메커니즘이 **압력구배**가 아닌 **농도구배**이기 때문에 대기압보다 네트워크 압력을 높인다고 해서 이동을 방지할 수 없다.

그림 8.58은 지하수부터 **초순수(Ultra pure water)**까지 연속적인 수처리 과정이 어떻게 물의 순도를 증가시키는지를 보여주고 있으며, 지역난방에 특화된 것은 아니다. 표에 있는 각각의 막대 상부에는 **전기전도율(Electrical conductivity)**의 범위가 규정되어 있다. 처리과정의 마지막 두 단계에서 줄어드는 이 전도율은 총 **염분농도(Salt concentration)**의 측정 수단이다. 순수한 상태의 물은 아주 나쁜 전도체가 된다.

필터 등의 처리를 통해 지하수로부터 식수(Drinking water)를 생산하는 경우, 병원성 박테리아의 성장을 억제하고 맛을 좋게 하기 위해 의도적으로 물을 산화시킨다.

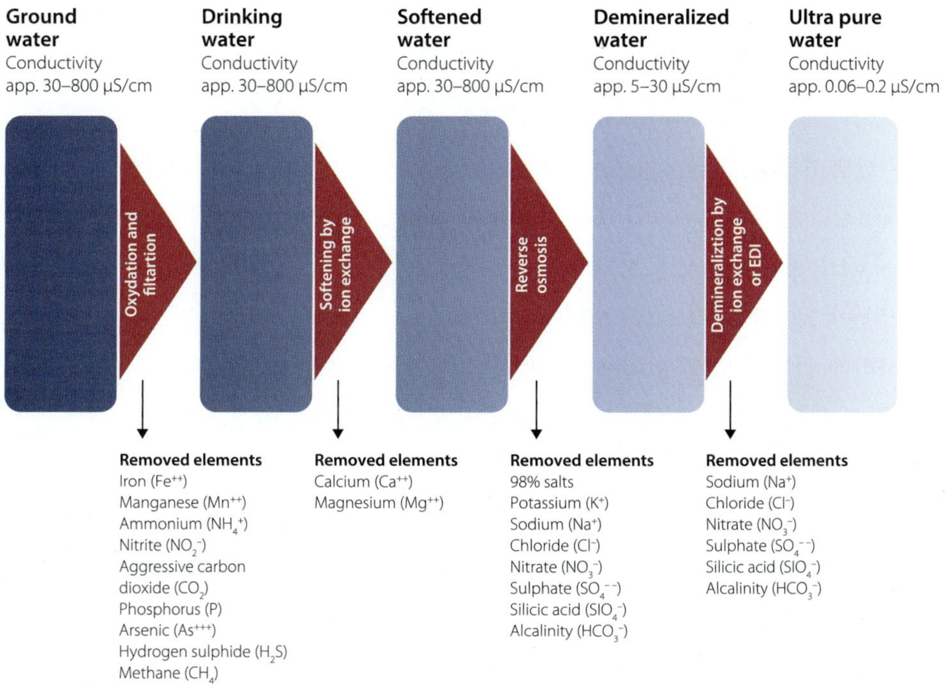

그림 8.58 다양한 사용분야에 대한 물의 연속적인 정화단계. 출처: Eurowater. 허락을 받고 사용함

표 8.2 지역난방 수 화학성분에 대한 요구조건과 등급. Danish District Heating Association 자료를 각색함

품질 등급		미처리	연수처리	부분적인 탈염처리	탈염처리
주입수		수돗물	연수	연수 및(또는) 탈염수	탈염수
외관		투명	투명	투명	투명
냄새		무취	무취	무취	무취
입자	mg/l	<10	<10	<5	<1
기름 및 그리스	mg/l	<1	<1	<1	<1
pH(25℃)			9.8±0.2	9.8±0.2	9.8±0.2
잔류경도*	°dH		<0.5	<0.2	<0.1
전도율(15℃)	μS/cm		<1500	<500	<25
산소	mg/l		<0.02	<0.02	<0.02
염소	mg/l	<300**	<300**	<50**	<3
황산염	mg/l				
암모니아	mg/l		<10	<5	<5
총 철분 함유량	mg/l		<0.1	<0.1	<0.05
총 구리 함유량	mg/l		<0.02	<0.02	<0.01

* 가열표면과 물이 끓는 부분을 고려할 경우 잔류수에 대한 추가 요구상항이 필요할 수 있음

** 염소와 온도는 스테인리스강의 부식 저항을 위해 요구된다

지역난방 수는 일반적으로 **연수(Softened water)** 또는 (부가적으로)**탈염수(Demineralized water)**가 사용된다. 고온/고압에서 가동되는 증기 발전소에서는 저염도 물이 필요하다. 그 결과 CHP 플랜트가 네트워크에 열을 공급하는 경우 플랜트에 사용되는 고품질의 물이 지역난방 네트워크에도 공급된다.

유사하게 국지적 열분배 네트워크가 광역 네트워크로부터 열교환기를 통해 수열 받는 경우, 광역 네트워크의 고품질 물이 보충수로 공급되기도 한다.

표 8.2는 기재된 불순물의 최대 허용 값에 따라 4등급으로 나누어진 지역난방 수 등급 구분의 한 예이다. 표에서 알 수 있듯이 요구되는 수질에 따라 큰 차이가 있다. 일반적으로 작은 네트워크보다는 큰 네트워크에서 더 높은 수준의 수질을 필요로 한다. 이 표는 덴마크 지역난방협회(Danish district heating association)에서 발행한 사양이다. 비록 동일하지는 않지만, 다른 나라의 지역난방협회도 유사한 사양을 발행하고 있다.

pH 값을 대략 9.8로 규정한 가장 큰 이유는 강철과 구리 같이 보편적으로 사용되는 설계재료들이 순환수에 노출되었을 때 발생하는 다양한 종류의 부식 메커니즘을 차단한

다는 측면에서 일반적으로 좋은 효과를 나타내기 때문이다. 구리는 연성관과 소형 판형 열교환기의 납땜에 사용된다. 알루미늄에 대한 최적 값은 더 낮으며, 따라서 난방수에 노출되는 부분에 알루미늄 사용을 피해야 한다. 앞서 언급했듯이, 알루미늄은 일부 연성관(AluFlex 배관)에 실제로 사용되지만, 알루미늄 층과 난방수 사이에는 보호용 폴리머(PEX) 층이 있다. pH가 규정된 값보다 높으면, 구리를 사용한 경우에 특히 문제가 될 수 있다.

pH 값이 너무 낮지 않는 한, 강 표면에 얇고 안정적인 **자철석층(Magnetite layer)**이 형성된다. 너무 낮은 pH 값은 표면에서 자철석 결정을 분리해 부정적 효과를 일으킨다. 온전한 형태의 자철석 층은 주로 $Fe(OH)_2$의 형성과 관련된 좀 더 공격적인 부식으로부터 강을 보호한다.

미처리 수(Untreated water)는 다량의 산소, 이산화탄소, 질소가 용해되어 있는 '자연적인 것'을 포함한다. 이 기체들은 취수원에서부터 미처리 수에 존재한다. 때로는 주로 **미생물활동**(Microbial activity)으로 인해 지역난방 수에 수소황산염(Hydrogen sulphate, H_2S) 또는 메탄(Methane, CH_4)이 존재하는 경우도 있다. 기체의 용해도는 **헨리의 법칙(Henry's law)**에 지배를 받으며, 이 법칙에 따라 온도가 증가할수록 용해도는 감소한다. 앞서 언급했듯이 산소와 이산화탄소는 반응성과 부식성이 높은 특성이 있다. 이 기체들의 농도가 낮거나 적정하다고 해서 반드시 문제가 없는 것은 아니다. 왜냐하면 예컨대 누수되는 열교환기를 통해 기체의 끊임없는 유입이 발생할 수 있으며, 이 경우 용존 가스를 소모하면서 부식과정이 진행되기 때문이다.

반면에 질소는 불활성이고 유출 시 순환을 방해하는 버블을 형성하지만, 네트워크 내 고지대에서 벤팅을 통해 상대적으로 쉽게 제거할 수 있다. 예를 들어, 두 배관이 반대 방향으로 약간의 경사를 지고 길게 설치되면 적정한 간격으로 밸브를 배치하고 맨홀에서 벤트를 시행한다.

난방을 위한 보일러나 증기 화력발전소에서 증기를 활용하는 경우, 탱크 바닥으로 증기를 불어 낸 다음 물을 통해 증기를 떠오르게 해 고온에서 낮은 용해도를 활용하며, 증발 가스는 상부에서 배출될 수 있다. 이 처리를 위한 장치를 **열탈기기(Thermal de-aerator)**라고 한다. 증기는 보일러 또는 증기 화력발전소의 돔(Dome)에서 빠져나와 터빈에서 추기(抽氣)되며, 동시에 탱크가 **재생용 급수 히터(Regenerative feedwater heater)**로 작동해 제6장에서 설명한 것처럼 플랜트의 열 효율성을 향상시킨다.

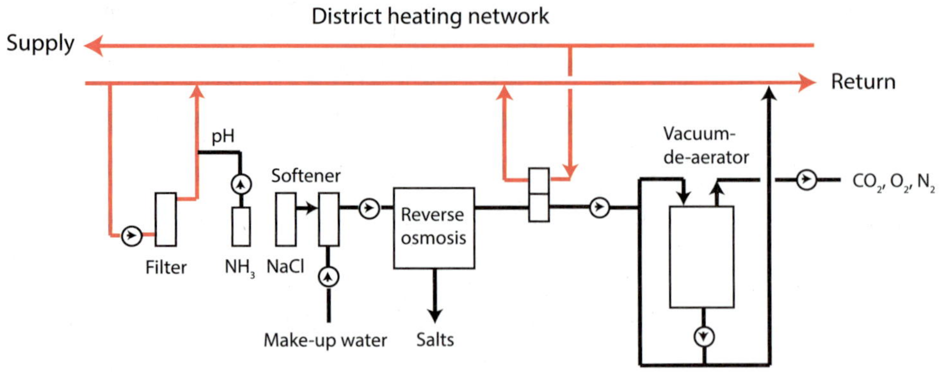

그림 8.59 지역난방을 위한 일반적인 수처리 시스템. Eurowater 자료를 각색함

증기를 활용하지 않는 시설에서 가스 제거는 일반적으로 **진공탈기기(Vacuum de-aerator)**를 이용하며, 송풍기(Blower)에 의해 진공이 만들어진다.

탈기기 외에도, 추가되는 수소와 산소를 결합해 물을 형성하는 촉매과정에서 산소를 제거할 수 있다.

그림 8.59는 지역난방 네트워크에서 순환하고 있는 물의 화학적 처리를 목적으로 하는 표준 플랜트의 단순한 흐름도이다. 그림에서 알 수 있듯이, 탈기기는 회수관에 공급되는 보충수 준비를 위한 3단계 과정의 마지막에 해당한다.

첫 번째 단계는 물을 **연수기(Softener)**로 연수화시키는 것이다. 연수기는 **이온교환기(Ion-exchanger)**로 Ca와 Mg 이온이 소금에서 발생하는 Na 이온으로 치환된다. 소금에서 나오는 Na 이온은 이온교환과정을 수행할 수 있는 수지(Resins) 또는 다른 형태로 준비되는 표면 처리과정에 첨가된다. 보충수 준비를 위한 다음 단계는 **역삼투압 장비(Reverse osmosis unit)**를 통해 다른 이온들을 광범위하게 제거한다. 역삼투압이란 막을 통해 서로 다른 농도의 용액(여기서는 물)에 용해된 분자들이 자연스럽게 더 낮은 농도 방향으로 이동하게 되는 경향을 의미하는 삼투압(Osmosis) 현상과 연관되어 있다. 역삼투압은 **여과과정(Filtration process)**이며, 내부에 있는 막에 여과를 수행할 수 있도록 정해진 크기의 구멍들이 있다. 한쪽 편 용액(Solution)에 압력을 가하면 상대적으로 큰 크기의 용해된 분자는 남아있고, 반면에 작은 크기의 용해된 분자는 막을 통과할 수 있다. 즉, 용제(Solvent)가 삼투압이 일어난 방향과 반대 방향으로 움직이게 된다. 대략 98% 순도의 용제(물)가 저압부분에 모이게 된다.

지금까지 물의 **탈염(Demineralised)** 작업에 대해 알아보았다.

역삼투압 공정의 대체수단으로 연수기 보다 (좀 더 정교한 형태의)다른 종류의 이온 교환기 설비를 사용한다. 역삼투압의 장점은 위험한 화학물질 사용을 피할 수 있다는 것이다.

역삼투압 장비에서 나온 탈염수는 탈기기에 들어가기 전에 가열된다.

맨 왼쪽에 정화된 후의 정화수를 빼내 회수관으로 다시 공급되는 부분적인 유체흐름(약 1–10%)을 볼 수 있다. **기계적인 필터(Mechanical filter)**는 일반적으로 작은 구멍 크기의 주머니들(Bags)을 갖고 있다. 막힌 주머니는 교환하거나 비워서 사용할 수 있다. 축적되는 물질의 양은 필터 사이의 압력강하를 측정해 모니터링한다.

자기 금속 미립자(Magnetic metal particulates, 주로 자철석)의 추가적인 여과를 위해 간혹 **자기 필터(Magnetic filter)**가 사용된다. 부분적인 유체 라인에 연수기 설비를 추가하기도 한다.

pH 값은 정량의 NaOH 같은 물질을 사용해 적정한 수준으로 높일 수 있다.

폐회로에 침투한 순환수 산소를 제거할 목적으로, 보충수의 탈기를 하는 방법 이외에, 흔히 **탈산소제(Oxygen binding agent)**를 첨가한다. 탈기기 사용에 비용이 너무 많이들 것으로 간주되는 소규모 네트워크에서는 탈산소제 사용이 산소를 제거할 수 있는 유일한 방법이다.

예전에는 산소 제거를 위해 **히드라진(Hydrazine, N_2H_4)**을 사용했으나, 최근에는 히드라진의 독성 때문에 대부분의 국가에서 이 방법을 금지되고 있다. **나트륨 아황산염(Sodium sulphite, Na_2SO_3)**은 예컨대 비타민C 또는 타닌 같은 다양한 유기물에 대한 대체물질로 사용되고 있다.

부가적인 재료들이 슬러지를 없애거나 박테리아를 죽이기 위해 첨가될 수 있다. 다양한 화학물질의 적정성에 대한 의견들이 다소 분분한 상황이다. 일례로 일부 엔지니어들은 구리 또는 스테인리스강에 부식을 일이키는 경향이 있어 나트륨 아황산염 사용을 피하고 있다.

필요한 경우 적정한 조치를 취할 수 있도록, 일정한 간격으로 분석을 위한 샘플을 채취해 지역난방 수의 화학적 구성을 주기적으로 감시하고 있다.

부식 경향을 모니터링할 수 있도록 적정한 간격으로 약간의 대표 물질을 주입하고 분석을 위해 채취한다.

누수에 대한 시각적 감시 가능성을 높이기 위해 간혹 낮은 농도에 강한 색깔을 띠는 물질을 첨가해 검사를 수행하기도 한다. 예를 들어, 네트워크 측면에서 압력이 더 높은 급탕 설비 같은 곳에 적용한다. 이 검사를 수행하기 전에 사업자는 불필요한 민원을 피하기 위해 사용자에게 미리 공지해야 한다. 이런 목적을 위해 주로 사용되는 물질은 **피라닌**(Pyranine)으로 청록색의 색깔을 띠며, 빨간색으로 나타나는 다른 물질도 사용된다.

때로는 **미생물 부식**(Microbial corrosion)이 지역난방 네트워크에 중대한 문제를 야기하며, 이 문제는 매우 복잡하다. 여러 나라의 네트워크에서 수행된 광범위한 조사와 분석은 다양한 관찰 결과를 이끌어냈다. 예를 들어, 히드라진의 사용은 미생물 부식의 위험을 낮추는 경향이 있으며, 반면에 비독성 산소 제거제인 **아황산**(Sulphite)의 첨가는 불행히도 반대 효과가 발생하는 것으로 관찰되었다. 충분히 높은 pH를 유지하는 것도 이런 위험을 줄일 수 있다. **황산염**(Sulphate, SO_4)의 존재는 미생물 부식을 촉진시킬 수 있다.

일반적으로 미생물 부식은 낮은 온도에서 증가하는 경향이 있으며, 이것은 살아남을 수 있는 미생물 종수의 증가로 인한 당연한 결과이다.

지역냉방 배관과 관련된 부식은 냉방배관의 다양한 설계방법을 논의한 절에서 간략하게 다루었다. 일반적으로 내부에서 발생하는 부식은 지역난방에서 발견되는 것과 비교해 큰 문제가 아닌 것으로 생각된다. 왜냐하면 모든 화학 반응은 온도가 낮아지면 느려지고, 지역냉방 네트워크가 소규모에 더 적은 사용자를 갖고 있기 때문이다. 하지만 **동결 방지 첨가제**(Freezing-depressant additives)는 부식을 유발할 수 있다고 알려져 있다.

참고문헌

Uhlmann D, Rühling K, Entgasung von kleinen und mittleren Wasserheiznetzen(Degassing of small and medium water heating networks). Euroheat & Power 9(1999), 42–49 & 10(1999), 36–44.

Bjurström H, Carsson B, Handbok i vattenkemi för energianläggningar(Handbook of Water Chemistry for Energy Plants). Publication no. 729, Värmeforsk(Heat research), Stockholm 2001.

Olssen BH, Lorenzen J, Frølund B, Biofouling & Microbiologically Influenced Corrosion in District Heating Networks. Report 8DHC–05.05. IEA–DHC implementing agreement 2005.

Värmemätare (Heat Meters). Swedish District Heating Association. 2008.(Contains guidelines regarding water chemistry although the main topic in meters). Technical regulation F : 104.

Brandt, E (ED.), Korrosion i vvs–installationer(in Danish, Corrosion in HVAC systems). Sbi–anvisning 227, Statens Byggeforskningsinstitut(National Building Research Institute), Aalborg Universitet 2009.

Richtwerte für das Kreislaufwasser aus dem Arbeitsblatt FW 510(Recommended values for the circulating water from the worksheet FW 510). AGFW Der Energieeffizienzverband für Wärme, Kälze und KWK e.V.(AGFW The Energy Efficiency Association for Heat, Cold and Cogeneration e.V.). Frankfurt, 2011.

연습문제와 과제

1 왜 증기 지역난방 네트워크에 배수시설이 있어야 하는가?

2 현재 사용 중인 지역난방과 지역냉방 배관까지 개발을 이끌었던 가장 큰 원동력은 무엇이었는가?

3 지역난방 네트워크에서 지역난방 배관 내 내관의 소성항복을 허용할 수 있는가?

4 어떤 지중 배관매설 방식이 최선인가에 대한 공통된 합의가 존재하는가? 만일 그렇다면 어떤 방식이 선호되는가?

5 지역난방과 지역냉방 네트워크에서 어떤 범주의 차단 밸브 타입이 선호되는가? 그리고 이런 선호도에 가장 큰 이유는 무엇인가?

6 지역난방 네트워크에 L-, U-, Z-밴드를 설명하고, 각각의 특정 밴드 타입을 언제 사용하는지 언급하시오.

7 지역난방 이중보온관을 고정(Anchor)시킬 필요가 있는가?

8 지역난방 이중보온관의 가장 일반적인 파괴 원인은 무엇인가?

9 지역난방 네트워크에서 누수를 어떻게 추적할 수 있는가?

10 왜 소구경 내관의 지역난방 배관에서 깊은 매설깊이가 특히 문제를 일으킬 수 있는가?

11 지역난방 배관에 대한 아주 얕은 매설깊이는 언제 허용될 수 있는가? 그리고 이 같은 깊이를 선택하게 된 동기는 무엇인가?

12 무엇이 연성관을 매력적으로 만들며, 언제 연성관을 사용하는가?

13 왜 대관경 연성관을 판매하지 않는가?

14 폴리머 내관의 경우 부식을 막기 위해 연성관의 어떤 설계특성이 중요한가?

15 지역냉방 배관을 보온해야 하는가?

09 CHAPTER

기계실 (Substation)

비록 기계실 기술의 일반적인 경향이 국제화를 향해 가고 있지만, 현재 많은 사례들이 여전히 개별 국가의 지역적 관례를 기반으로 하고 있다. 이 책을 읽는 독자들은 이번 장의 초점이 어느 정도는 스웨덴 사례를 따른다는 것을 알 수 있을 것이다. 하지만 저자의 목표는 다양한 대안들을 제시하고 논의하는 데 있어 특정 국가의 사례에 대한 편견 없이 설명하고자 했다.

이번 장의 대부분은 주로 지역난방에 대해 다루며, 지역냉방 기계실은 끝에서 두 번째 절에서 다루게 된다.

우리는 예컨대 (지역난방의 경우)2, 3세대 네트워크에 해당하는 가압된 중온수 네트워크에 연결된 기계실을 집중적으로 다룬다. 증기 분배 시스템 기계실은 여기서 다루지 않는다.

9.1 기계실 개념(The substation concept)

지역난방과 지역냉방 기술의 기계실 개념은 전력기술에서 사용되는 개념을 유사하게 차용했다. 따라서 기계실은 특정 에너지와 연관된 하나 이상의 변수들에 대해 분배되는 에너지 타입이 고준위에서 저준위로 변환되는 하나의 단위로 정의 될 수 있다. 기계실에서 에너지 전달은 장애가 발생하거나 수리를 위해 중단될 수 있다. 변전소(Electric power substation)에서는 전압수준(Voltage level)이 낮아지고, 지역난방 기계실에서는 온도와 압력이 낮아진다.

전력기술에서 변전소의 주요 기기로 변압기(Transformers 고전압에서 저전압으로 전력을 변환시킴), 차단기(Breaker), 퓨즈(Fuse)가 있다. 지역난방 기계실의 주요 기기는 열교환기(Heat exchanger), 온도와 압력을 낮추는 혼합장비(Mixing equipment), 제어밸브(Control valve)가 있다. 때로는 기계실에 열량 또는 질량유량(Mass flow rate)이 제어장치에 의해 제한되며, 비록 한계치에 도달했을 때 공급이 중단되지는 않지만 이러한 점은 전력공급설비의 퓨즈와 비슷한 것으로 볼 수 있다.

온도와 압력을 낮추는 목적은 오작동이나 사고의 위험 없이 건물 내에 저렴한 장비의 사용을 허용하기 위해서이다.

두 개의 서로 다른 에너지 기술 분야에 속한 기계실(전력분야의 Substation은 변전소를 의미함[역]) 사이의 가장 큰 차이점은 변압기는 일반적으로 건물 밖에 위치하며(대형 산업시설은 예외적임) 지리적으로 인접한 공급 지역에 서비스를 제공하지만, 대부분의 지역난방 기계실은 공급되는 개별 건물에 한정되며 보통 이들 건물 내부에 위치한다는(그림 9.1 참조) 것이다.

분배 시스템 구조의 이런 차이점을 다음과 같이 설명할 수 있다. 전력 분배에서 변압기는 거리에 대한 에너지 손실을 줄이기 위해 전압을 매우 높은 수준까지 설정할 수 있게 한다(가장 높은 전압 수준은 가장 적을 때의 1,000배 이상이 됨). 비록 지역난방에서 네트워크 내 더 높은 온도와 압력의 선택과 관련된 이점(배관 직경을 작게 하는 등)이 존재하기는 하지만, 이런 경향이 크게 강조되지는 않는다. 그 대신 온도와 압력에 대한 아주 높지 않은 특정 한계 값을 초과할 경우 초기 비용이 증가하는 경향이 강하다.

때로는 국지적 분배 네트워크 공급을 위한 네트워크 내 **지역 기계실**(Area substation)에서 온도와 압력을 낮추기도 한다. 이 경우 관로 설치의 초기 비용을 줄이기 위해 폴리머

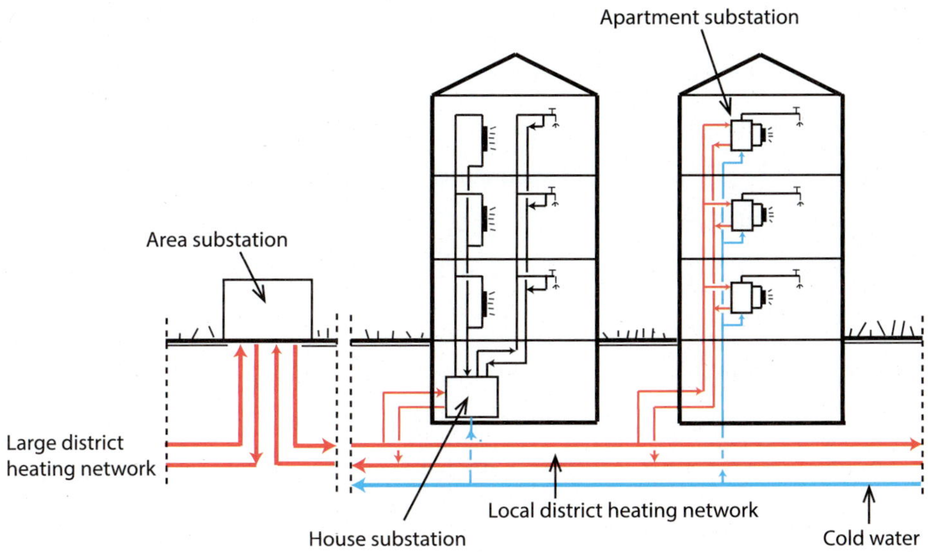

그림 9.1 지역 기계실(Area substation), 가정용 기계실(House substation)과 아파트 기계실

배관의 사용을 허용할 수 있다. 다른 쪽의 극단적인 경우로 개별 세대별로 1개의 기계실이 있는 **연립주택 기계실**(Flat substation)/**아파트 기계실**(Apartment substations 한국과 달리 아파트 개별세대 별로 기계실을 설치하는 방식[역])이 있다. 예를 들어, 독일에서는 이런 종류의 배치가 어느 정도 인기를 얻고 있다. 독일의 경우 아파트 마다 개별 열사용량을 측정해 아파트 세입자에게 열요금 고지서를 발행하는 것이 의무화되어 있다.

또한 아파트 기계실은 이 책의 다른 부분에서 논의하게 될 **레지오넬라균(Legionella bacteria)**의 성장 위험을 줄일 수 있을 것으로 여겨지고 있다. 스칸디나비아에서는 보통 아파트 기계실 개념을 아주 비싼 방법으로 보고 있다.

전력시장에서는 대부분의 변전소가 전력회사 소유인 반면, 지역난방 기계실은 건물주 또는 사업자가 소유하거나 소유권을 공유하는 경우도 있다. 특히, 사업자가 기계실을 소유한 경우 다양한 추가 서비스를 제공할 수 있다. 이런 서비스에는 일반적으로 에너지 절약 조치의 채택에 중점을 둔 건물 내부 시스템 모니터링 같은 것이 있다.

다양한 언어로 된 지역난방 기계실에 대한 전문용어(Terminology)는 약간의 혼란을 야기할 수 있다. 독일의 경우 가정용 기계실을 흔히 Hausstationen(House station) 또는 Übergabestationen(Transfer station)라고 한다. 미국 문헌에서 Energy Transfer Station은 흔히 지역난방과 지역냉방 기계실에 대한 단일 용어로 사용된다. 덴마크에서 기계실은 일반적으로 'tilslutningsanlæg(직역하면, Connection plant)'로 불린다. 스웨덴에서 현재 명칭은 'fjärvärmecentraler(거의 사용되지 않는 영어문구인 'District heating centrals'에 비유됨)' 또는 'kundcentraler(Customer central)'이다. 거의 1975년도까지 지역 및 가정용 기계실 모두에 대한 일반적인 스웨덴 용어는 undercentraler이었으나, 지금은 지역 기계실에만 사용하고 있다. 그 후에는 abonnentcentraler(Subscriber central)로 용어가 바뀌어 대략 2000년까지 사용되었다. 이 분야 문헌을 연구하고 싶은 스칸디나비아 기술자는 다양한 국가의 신 · 구 참고서적에서 보다 많은 정보를 수집할 수 있도록 이 모든 용어들과 친숙해져야 한다.

가장 최근에 스웨덴 용어의 변화를 이끄는 원동력은 사용자를 특정 권리와 의무를 갖는 고객으로 여기기보다는 오늘날 자유로운 에너지 시장에서 사업파트너로 생각하는 점을 강조하는 데 있다. 법적으로 지역난방 서비스를 구매하는 개인은 **비전문적 계약 당사자(Non-professional contracting party)**로 대우하며, 일반시장에서 재화와 용역에 대한 거래행위를 할 때와 동일한 종류의 법적 보호를 받고 있다.

앞 장에서 분배기술에 3세대를 제시했으며, 3번째 세대(현재 세대)의 특징 중 하나는 공장제작(Prefabrication) 정도가 높다는 것이다.

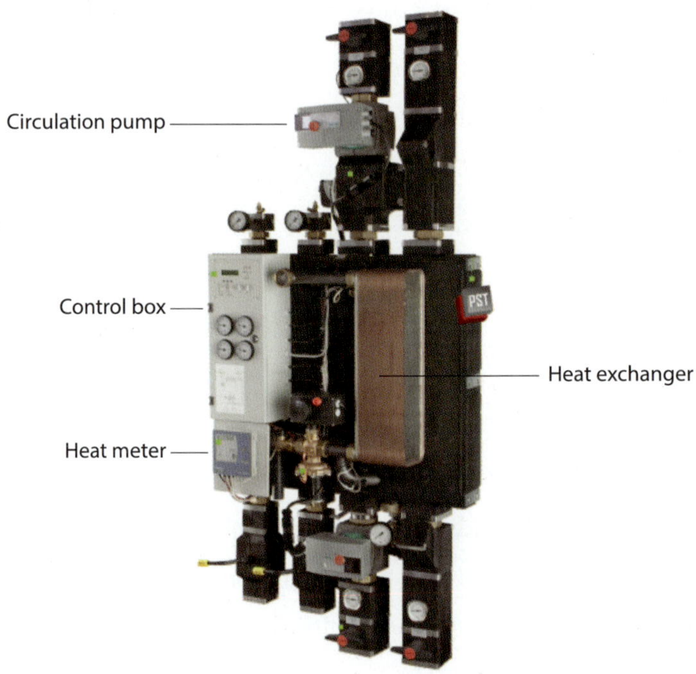

그림 9.2 공장제작 소형 기계실(Prefabricated compact substation). 출처: PEWO. 허락을 받고 사용함

그림 9.2는 공장제작된 기계실의 한 사례를 보여주고 있다. 독일에서는 이 같은 기계실을 'Kompaktstation(Compact station)'이라 한다. 이런 기계실은 사이즈가 큰 경우라도 벽면에 설치할 수 있다.

국제 표준화는 전력기술의 변전소보다 지역난방 기계실이 훨씬 느리게 진행되고 있다. 국가 차원 또는 심지어 개별 에너지 기업 차원에서의 전통적인 관례가 표준화와 관련해 중요한 역할을 하고 있으며, 이런 상황이 다양한 형태의 서로 다른 기계실 배치로 이어지고 있다. 기계실 배치 변화의 수를 줄인다면 초기 비용을 크게 줄일 수 있다. 오늘날 국제적인 제조업체들은 광범위한 옵션을 제공해야만 한다.

최신 기계실은 인터넷 또는 그밖에 다른 방법을 통해 외부 유닛들과 자주 통신할 수 있다. 이렇게 해서 서비스 계획을 수립할 목적으로 유틸리티 회사에 의해 중앙에서 기계실 상태를 모니터링할 수 있으며, 난방 또는 냉방 공급이 불충분한 상황에서 사용자의 요구가 있을 시 상황에 대한 즉각적인 대처가 가능해진다. 이번 장의 후단에서 예를 들게 될 **원격검침(Remote metering)**과 에너지 절약 조치의 이행을 위해 이 같은 통신을 사용할 수 있다.

참고문헌

Thorsen J–E. Analysis of Flat Station Concept : Preparing DHW Decentralised in Flats. 12th International Symposium on District Heating and Cooling, Tallinn, Estonia, 2010.

9.2 희망온도성능(Desired temperature performance)

여러 가지 이유로 지역난방 네트워크의 공급온도를 필요 이상 높지 않게 하고, 각 기계실의 회수온도를 낮게 유지하는 것이 바람직하다. 같은 이유로 지역냉방 네트워크에서 공급온도를 필요 이상 낮지 않게 하고, 각 기계실의 회수온도를 높게 유지하는 것이 바람직하다.

이 같은 온도성능은 발전설비의 에너지 효율적인 운전과 배관 보온재를 통한 에너지 전달 감소(지역난방 네트워크 열손실과 지역냉방 네트워크의 열취득), 추가적인 개선효과에 이바지한다.

영어로 지역난방 기계실의 회수온도를 낮추고 지역냉방 기계실에 회수온도를 올리는 것을 일반적으로 '델타T를 향상시킨다(Improving the Delta T)'라고 한다. 흔히 **델타T**가 필요 이상으로 작아지는 문제를 **델타T 신드롬(Delta T syndrome)**이라 한다. 기존 네트워크에서 델타T가 커지면 난방수 순환을 위한 펌프 일을 감소시킨다. 설계 단계에서 큰 델타T는 소관경 배관을 사용할 수 있게 하며, 지역냉방 배관인 경우 이것이 특히 중요하다. 혼잡한 도심지에 지역냉방 주배관을 시공할 경우 부피가 크고 공간 확보가 어려운 경향이 있다.

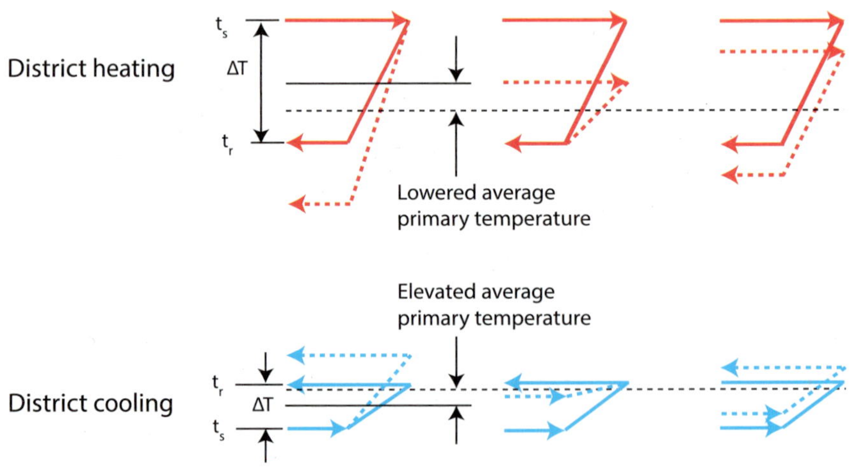

그림 9.3 네트워크/기계실 접점에서 온도감소(지역난방 수)와 온도증가(지역냉방 수). 점선=향상된 성능

네트워크 회수온도는 주택 내부 배관 시스템에서 사용되는 온도수준과 기계실 설계 및 제어의 결과이다. 반면에 공급온도는 지역난방/지역냉방 네트워크 중앙에서 결정된다. 건물 내부 장치와 기계실의 설계자는 적절한 공급온도 설정에 간접적으로 영향을 줄 수 있다.

예를 들어, 만약 **순화수식 난방 시스템(Hydronic space heating system)**이 설계 열부하에서 낮은 최대 공급온도로 설계되었다면 사업자는 공급온도를 낮추기 위해 이런 상황을 활용할 수 있으며, 하한값은 가장 높은 공급온도를 필요로 하는 기계실에 의해 좌우된다. 이미 비교적 낮은 온도로 설계되어 있는 개별건물에 설계온도를 낮추는 것은 단기적으로 도움이 되진 않겠지만, 온도수준을 결정하기 위해 이런 건물들에 조치가 이루어진 후에는 장기적으로 도움이 될 수 있다.

그림 9.3에는 지역난방 기계실의 온도성능이 향상되는 일반적인 상황에 대한 3가지 사례와 지역냉방 기계실과 관련된 3가지 유사한 상황이 있으며, 이들 모두 기계실 입구에서 측정된 것이다. 이 같은 개선은 2차측 시스템의 성능 개선(예컨대 더 큰 라디에이터(Radiator)를 선택해 시스템의 운영온도를 낮추는 것) 또는 기계실의 **열역학 성능(Thermodynamic performance)** 향상(혼합밸브(Mixing valve, 온수와 냉수를 섞는 조절밸브[역])를 없애는 것과 같은)을 통해 이루어 질 수 있다.

그림에서 보면 성능향상이 필연적으로 델타T 개선과 연관되지 않다는 것을 알 수 있다. 오히려 지역난방의 경우 공급온도와 회수온도의 평균값을 낮추고, 지역냉방의 경우 평균값을 올리는 것이 중요하다. 성능은 델타T가 줄더라도 향상될 수 있다.

현재 논의에서 온도성능의 개념이 상당히 광범위한 개념으로 사용된다는 것을 이해해야 한다. 예컨대 특별한 경우에는 공급온도 수준이 회수온도 수준보다 더 중요할 수 있으며, **일단 응축기(Single stage condenser)**에서 가열되는 배압 증기 CHP 플랜트가 대표적인 사례에 해당한다. 이런 특별한 경우에는 공급온도를 낮추는 것이 더 선호된다. **연도가스 응축(Flue gas condensation)** 보일러에서 열을 공급하면, 회수온도를 낮추는 것이 더 중요할 수 있다.

지역난방에서 네트워크 온도를 낮추면 일반적으로 열손실을 줄일 수 있다. 예외적으로 설계단계에서 공급온도를 낮추는 것이 공급온도와 회수온도 사이의 차가 아주 작아지게 되는 원인으로 작용해, 배관 직경이 커지는 것이 평균 네트워크 온도와 토사온도 사이의 차가 작아지는 것보다 훨씬 우세해 지는 경우가 있다.

참고문헌

Brumm W, Fragen der Temperaturspreizung(Questions the temperature spread). Fernwärme International(District heating International)6(1977) : 3,129+133

Hesse W, Optimierung und zweite Sanierung von Fernwärme Kompaktstationen(Optimization and second rehabilitation of district heating compact stations).Fernwärme International, 30(2001), 56–63.

Skagestad B, Mildenstein P, District Heating and Cooing Building Connection Handbook. Report S6. IEA–DHC implementation agreement report, Annex 6, 2002.

Källman O, Hindersson P, Nord B, Effektivare distribution av fjärrkyla(More Efficient Distribution of District Cooling, with summary and figure subtitles in English). Swedish District Heating Association, Research report No. 2004 : 111, Stockholm, Sweden.

Conradi F & Kahle M, Guide to attain low Return Temperatures in Old Buildings. Euroheat&Power english Ed, 7(2010) : 3, 34–36.

일반적인 HVAC 기술에 대한 참고문헌은 광범위하게 존재하며, 다음과 같은 대표적인 두 가지 표준서가 있다(하나는 영문, 다른 하나는 독일어).

HAVC System and Equipment, ASHRAE(American Society of Heating, Refrigeration and Air–Conditioning Engineers Inc.) Handbook, 2008.

Recknagel H, Sprenger E & Schramek E–R, Taschenbuch für Heizung + Klimatechnik (Handbook for Heating + Air Conditioning). 75. Auflage(edition), Oldenburg Industrieverlag, München 2011.

9.3 유체적 분리(Hydraulic separation)

기계실에서 유체적 분리는 다양한 방법으로 이루어지며, 드물게는 전혀 분리시키지 않는 경우도 있다(그림 9.4 참조).

그림 9.4에 있는 배치는 다양한 방법들을 모식화한 것으로 이해할 수 있다. 제어장치는 표시되어 있지 않으며, 저장탱크 내 **열전달 표면(Heat transfer surface)**의 가능한 통합 등은 나타나 있지 않다. 이런 종류의 장치는 나중에 다루게 될 것이다.

모든 열교환기는 **역류(逆流, Counter-current flow)**로 연결되어 있다. 왜냐하면 이 방식이 1차측(Primary Side) 난방수를 가장 많이 냉각(델타T)시킬 수 있어, 가장 낮은 공급온도를 허용하기 때문이다. 사실 **병류(並流, Co-current flow)** 연결은 대부분의 경우 심각한 오류를 유발한다.

배치A: 이 모식도는 유체적 분리를 전혀 하지 않는 경우를 나타낸다. 네트워크의 열매체는 온수를 위한 수도꼭지(보통 적정한 수준으로 온도를 낮추기 위해 차가운 수돗물과 섞지만, 그림에는 나타나 있지 않음)와 라디에이터에 직접 공급된다. 라디에이터에서 나온 온수는 하수에 버려지거나 열공급시설로 회수될 수 있다. 전자의 경우 지역난방 네트워크에 공급라인만 있으며, 이는 전통적인 네트워크와 비교해 투자비의 상당한 감소를 나타낸다. 비용 절감이 이런 단순한 배치의 최대 장점이다.

이 선택사항이 드물게 사용되는 한 가지 이유는 보통 난방수 소모량과 에너지 활용(Energy utilisation) 측면에서 낭비적이기 때문이다. 라디에이터를 빠져나온 난방수는 방출될 때까지 열에너지의 단지 일부만 사용한다.

또 다른 이유는 화학적 성질에 관한 것이다. 만일 난방수가 용존산소를 포함하고 있다면, 연강(軟鋼, Mild steel)으로 된 배관에 심각한 내부 부식을 유발하게 된다. 이 문제는 일반적으로 음용수와 물을 다양한 취수원(예컨대 강)에서 직접 가져오는 경우에 발생한다. 산소를 제거하고 스테인리스강을 사용할 수 있지만, 이 방법은 비용이 많이 든다. 하지만 때로는 화학적 측면에서 지열원(Geothermal source)으로부터 공급되는 지열수를 직접 사용할 수 있으며, 활용 가능한 잉여열과 지열수를 활용할 수 있는 지열원이 존재하는 경우 낭비되는 것이 전혀 없다고 주장할 수 있다.

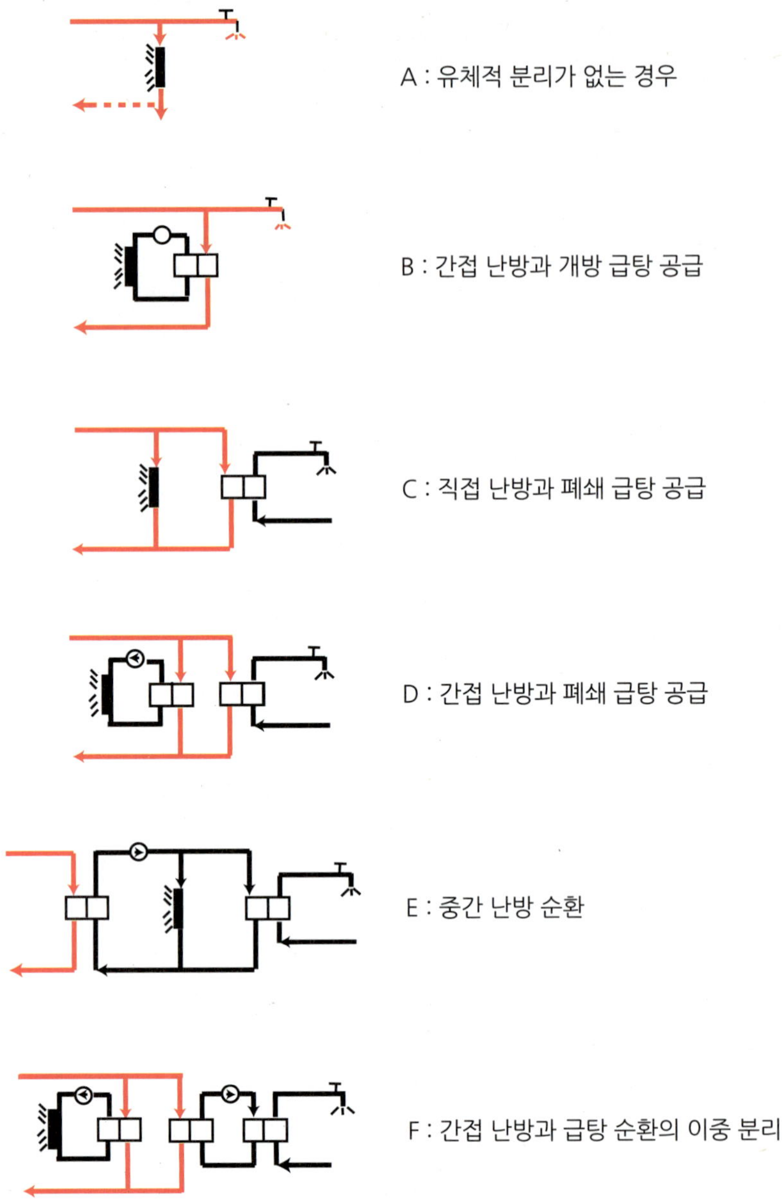

그림 9.4 기계실 내 유체적 분리의 다양한 정도/모드.

배치B: 이 배치는 거의 사용되지 않는 선택사항의 또 다른 사례이다. 앞의 사양과 비교해 이 사양에서는 버려지는 물 또는 열에너지는 없지만, 연강으로 된 분배배관 사용에 문제가 있다.

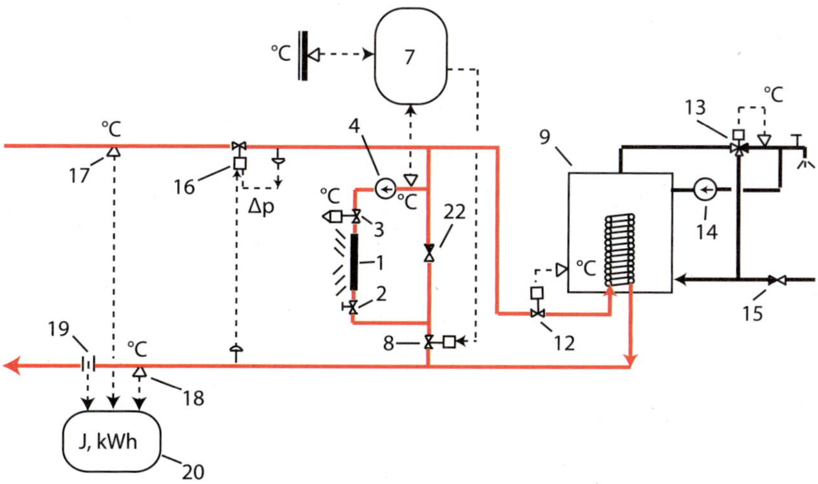

그림 9.5 순환수식 난방 시스템의 직접연결과 저장탱크에서 급탕준비가 되는 기계실 배치도

1980년대 스웨덴에서 이런 종류의 기계실(소위 '**GRUDIS시스템**'이라고 함)에 기반을 둔 소수의 소규모 지역난방 시스템이 실증 플랜트(Demonstration plant)로 건설되었다. 부식 문제는 폴리머(Polymeric, PEX) 배관을 사용해 피할 수 있었다. 이런 구상이 일반적으로 받아들여지지 않았던 이유 중 하나는 PEX와 스테인리스강 배관 모두 대구경은 공급되지 않기 때문이다(이용 가능한 최대 직경이 대략 200mm 정도 임).

배치C: **직접연결(Direct connection)**(지역난방 네트워크로부터 유체계통을 분리하는 열교환기가 생략된 형태를 나타냄)로 구성된 이런 종류의 배치는 많은 국가(예컨대 덴마크와 독일)에서 사용되는 설계의 일반적인 형태이며, 무엇보다도 비용을 줄이고 열교환기에서 온도강하 없이 라디에이터에 공급온도와 동일한 온도로 지역난방 네트워크를 운영할 수 있다. 아래에 있는 그림 9.5는 이 개념에 기반을 둔 완전한 배치 계획도(Layout scheme)를 보여주고 있다

배치D: 유체 시스템의 **간접연결(Indirect connection)**에 해당하는 이런 종류의 배치는 핀란드, 스웨덴과 같은 일부 국가에서 선호되며, 무엇보다도 유체 난방 시스템의 운영 신뢰도를 높이고 그밖에 다른 이점들도 발생한다. 이 경우 약간의 초기비용 증가는 용인되는 수준이다. 그림 9.6은 이 개념에 기반한 기계실의 완전한 배치를 보여주고 있다.

이 설계를 찬성하는 측 주장은 다음과 같다. 첫째, 네트워크 난방수가 용존산소를 포함하고 있는지 여부가 덜 중요하다는 것이다. 용존산소의 존재는(특히, 최근 설계에서 주철(鑄鐵, Cast iron)보다 연강으로 만들어지는) 라디에이터 내부의 심각한 부식을 야기한다.

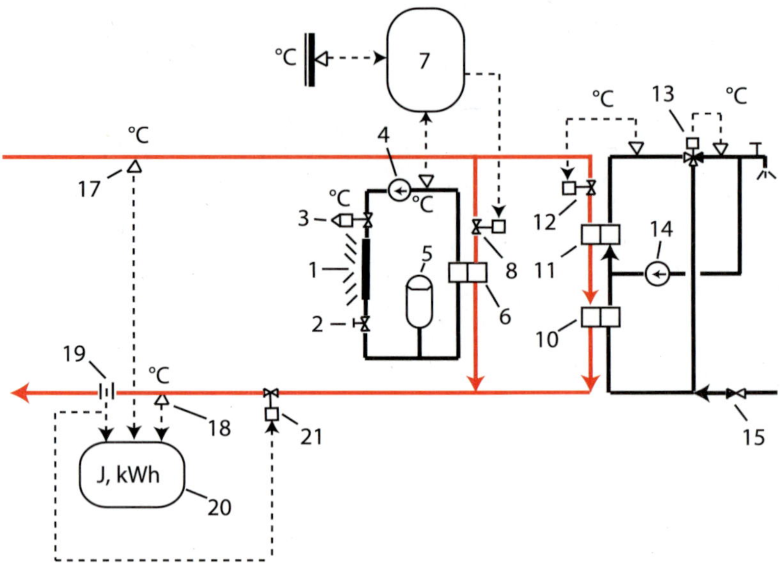

그림 9.6 순환수식 난방 시스템의 간접연결과 열교환기에서 순간 급탕준비 되는 기계실 배치도

둘째, 지역난방 네트워크에서 발생할 수 있는 모든 **압력서지(Pressure surge)**로부터 시스템을 보호한다. 셋째, 라디에이터가 보통 지역난방 네트워크보다 낮은 최대 압력(보통 6 bar 또는 10 bar)으로 설계되기 때문에 네트워크 내 **정압수준(Static pressure level)**에 변화를 허용하는 데 좀 더 자유로울 수 있다. 이 점은 대규모 시스템이 지반고(Ground level) 변화가 심한 도시에서 운영되는 경우에 특히 유리하다. 스웨덴에서 두 번째로 큰 도시인 고센버그(Gothenburg)가 이 시스템의 한 예에 해당한다. 반면에, 덴마크에서 세 번째로 큰 도시인 오덴세(Odense)는 평평한 지형에서 직접연결에 기반한 대규모 지역난방 네트워크가 수십 년 동안 성공적으로 운영되고 있는 도시의 한 사례이다. 하지만 다른 덴마크 도시에서는 직접연결 대신에 간접연결이 주로 사용되고 있다.

간접연결에서 라디에이터가 누수되는 경우 건물 내부에 손상을 일으킬 수 있는 물의 양이 순환수식 시스템에 포함되어 있는 비교적 작은 양으로 제한된다. 즉, 지역난방 네트워크로부터 (역시 열교환기가 누수되고 있지 않다는 조건에서)연속적인 유입이 발생하지 않을 수 있다.

간접연결 설계에서 마지막 장점은 열교환기가 소음 전파에 대한 차단막 기능을 한다는 것이다. 기계실에 연결된 지중 인입배관과 제어밸브에 유속이 빠른 특별한 경우에 소음이 발생할 수 있다.

배치E: 여기서 열은 두 개의 열전달 표면을 거쳐 온수순환시설(Hot water circuit)로 전달되며, 급탕순환시설이 지역난방 네트워크 중온수 누수에 대해 높은 안정성을 갖게 된다. 이런 종류의 설계는 급탕에 열을 공급하는 열전달 표면에서 스케일 발생 경향이 큰 곳(예컨대 독일)에서 선호되며, 스케일은 경수(硬水, Hard water) 사용과 상대적으로 높은 1차측 순환공급온도가 조합되는 경우에 발생할 수 있다.

열역학적 관점에서 배치E는 두 가지 약점이 있다. 첫째, 이중 열교환기가 기계실의 **최저 가능 공급온도(The lowest possible supply temperature)**에 대해 상대적으로 높은 제한값을 설정하게 한다. 둘째, 순환수식 난방시스템의 공급온도가 급탕 공급온도보다 항상 더 높아진다.

배치F: 이 배치는 1차측 순환수가 음용수 시스템(Drinking water system)으로 누수되는 것에 대한 엄격한 안전규정이 있는 곳에서 가끔(그렇다고 아주 자주는 아님) 사용된다. 다음 항에서 알 수 있듯이, 기계실에 음용수를 공급하는 배관에는 더 높은 압력을 갖는 지역난방 네트워크 수의 역류(逆流, Backflow)가 음용수 시스템으로 유입되는 것을 막기 위해 체크(역류방지)밸브를 설치해야 한다. 지역난방 수는 음용수에 대한 위생 규정을 충족시키지 못하기 때문에 이런 누수가 허용되지 않는다.

하지만 누수되는 열교환기, 체크밸브 고장 또는 심지어 체크밸브를 전혀 설치하지 않은 경우, 경미한 사고들이 가끔씩 발생한다. 이전에 주로 구리 나선형 튜브로 열교환기를 설치했던 시절에는 누수가 자주 일어났다. 오늘날 대부분의 열교환기는 누수에 대해 더 높은 안전성을 제공하는 스테인리스강 강판으로 된 **판형열교환기(Plate heat exchanger)**이다.

이런 종류의 배치는 열교환기가 3개나 있기 때문에 비용이 많이 드는 경향이 있다. 비용이 조금 덜 드는 이 배치의 변형은 단일판(Single plates)을 서로 접촉되어 있는 이중판(Double plate) 세트로 교체한 판형열교환기를 사용하는 것이다. 이렇게 하면, 중간의 물 순환을 없애고 열교환기 숫자를 두 개로 줄일 수 있다.

9.4 상세배치의 사례(Example of detailed layout)

이번 절에서는 난방 기계실 상세배치의 두 가지 사례가 제시되어 있다. 둘 다 라디에이터가 있는 순환식 난방 시스템에 기반을 두고 있으며, 이 시스템은 유럽에서 가장 일반적인 난방방식이다. 최근 유럽에서 순환식 시스템의 또 다른 형태인 **온돌난방(Underfloor heating)**이 상당히 높은 수준의 열쾌적성(Thermal comfort)을 제공하기 때문에 (보통 보조용으로)인기를 얻고 있다.

북미에서는 환기 덕트 시스템 내에 있는 **강제환기난방(Forced-air heating)/강제환기냉방(Forced-air cooling)**이 난방과 냉방 모두에서 가장 일반적으로 사용되는 방법이며, 공기조화(Air conditioning) 사용의 오랜 전통을 고려하면 이것을 쉽게 예상할 수 있다. 유럽에서는 가정용보다는 주로 상업용 건물에 공기조화를 사용하고 있으며, 이런 종류의 시스템은 대부분 상업용 건물에 사용된다.

기계실의 두 가지 사례가 그림 9.5와 그림 9.6에 있다. 첫 번째는 그림 9.4에 배치C를, 두 번째는 배치D를 표현하고 있다. 설계상의 또 다른 차이점은 급탕을 준비하는 방법에 있다. 두 번째 배치는 그림 9.4에 나타나 있듯이 열교환기에서 물을 순간적으로 가열하며(**순간가열**(Instantaneous heating)), 반면에 첫 번째 배치는 열교환이 **온수저장탱크(Hot water storage tank)** 내 위치한 코일을 통해 일어난다.

그림 9.6의 배치가 배치D와 비교해 다른 점은 단일열교환기 대신 두 대의 열교환기로 급탕을 준비한다는 것이다. 이는 다음 절에서 논의될 **캐스케이딩(Cascading)**의 한 예이다.

비록 두 가지 사례 모두 자세히 그려진 설계도이지만, 일부 구성요소들, 예컨대 필터(Filter)와 (수리작업을 할 때 필요한)구역 밸브(Sectioning valve)가 생략되어 있다. 또 다른 단서조항은 단지 하나의 라디에이터와 급탕 수도꼭지가 보이지만, 이것은 분기된 분배 시스템 내 많은 유사한 항목들을 나타내고 있다.

그림에서 알 수 있듯이, 일부 구성요소들은 양쪽 배치 모두에서 찾을 수 있는 반면, 어떤 것들은 특정 설계에 특화되어 있다.

양쪽 배치 모두에서 라디에이터(1)을 통과하는 유량은 기계식 (자동)**온도조절밸브(Thermostatic valve)**(3)에 의해 조정되며, 이 같은 방식은 지역난방 또는 그밖에 다른 방법으로 난방이 되는 현대 라디에이터의 일반적인 형태이다. 밸브(2)는 라디에이터를 차단하고, 개별 라디에이터 사이에 유량분배의 **수리적평형(Hydraulic balance)**을 위해 사용된다.

양쪽 순환수 회로(Hydronic circuit) 모두 **순환펌프(Circulation pump)**(4)가 설치되어 있으며, 기능상 두 개념도 사이에 약간의 차이점이 있다. 그림 9.6에서의 목적은 단순히 순환수 시스템 내에 순환을 유지하는 것이고, 반면에 그림 9.5에서는 **조절밸브(Modulating valve)**(8)의 조정에 의해 순환되는 유량을 제공하는 추가적인 기능이 있다. 라디에이터로 들어오는 유량의 온도는 (밸브가 완전히 열린 경우를 제외하고)일반적으로 지역난방 네트워크에서 들어오는 공급 난방수의 온도와 비교해 낮아지게 된다. 체크밸브(22)는 역류를 방지한다.

그림 9.6에 있는 **팽창탱크(Expansion tank)**(5)는 거의 일정한 압력수준을 유지하기 위해 설치되며, 그림 9.5 설계에서는 지역난방 네트워크의 압력에 의해 압력수준이 결정된다. 양쪽 설계에서 **제어박스(Control box)**(7)은 **날씨보상(Weather compensation)**에 의해 순환수 시스템의 공급온도를 제어한다. 날씨가 점점 추워지는 경우 건물 외벽 밖에 있는 온도센서에 의해 기록되며, 공급온도가 자동으로 상승한다.

또한, 그림 9.5에 있는 **재순환설비(Recirculation facility)**는 라디에이터를 만진 사람이 화상을 입는 것을 방지하고, 라디에이터의 금속부분이 산화되는 것을 막기 위해 물 온도를 제한할 수 있다. 낮은 공급온도(대략 80℃ 또는 그 이하)로 항상 운전하는 지역난방 시스템에서는 간혹 **혼합설비(Mixing facility**, 온수와 냉수를 섞는 설비[역])를 생략하기도 한다.

이와는 다르게, 혼합(Admixture)에 의한 날씨보상이 반드시 최고의 제어 방법이 아닐 수 있다. 때로는 완전하게 날씨보상을 하는 방법으로 라디에이터에서 발생하는 열방출을 제어하는 **자동온도조절 라디에이터 밸브(Thermostatic radiator valves)**가 기계실 전체의 델타T를 극대화하기 때문에 선호되기도 한다. 특정 부하 케이스에서 공급온도가 상승하면 동일한 열방출 수준을 유지하기 위해 라디에이터를 빠져나오는 물의 온도를 낮춰야 한다. 왜냐하면 열방출은 **대표 평균 표면온도(Representative mean surface temperature)**에 의해 결정되기 때문이다. 따라서 온도강하가 커지는 것은 라디에이터를 통한 유량이 작아진다는 것을 의미한다. 이런 종류의 운전은 온도조절밸브가 신뢰성 있는 방법으로 밸브 기능을 수행할 수 있는 품질을 갖고 있다고 전제한다. 이 같은 밸브를 독일어로 Thermostatische Feinregulierventile(**온도조절 미세 조정밸브**, Thermostatic fine control valve)라고 한다.

독일뿐 아니라 특히 동유럽에서는 간혹 **배출장치(Ejector element)**를 통해 유입 수에 재순환 수를 혼합하기도 한다.

그림 9.6의 설계에서 외기온도가 낮아지면 밸브(8)의 개방 정도를 증가시켜 열교환기(6)을 통과하는 유량을 더 크게 배분한다.

그림 9.5에 급탕을 보면, 탱크(9) 안에 있는 **내부 히팅코일(Internal heating coil)**을 통과하는 유량의 크기는 탱크 바닥의 온도센서에 의해 좌우되는 기계식 자동 온도조절밸브(12)에 의해 제어된다. 유량은 탱크 내부에 모든 물이 충분히 따뜻해 질 때까지(즉, 탱크가 완전히 축열될 때까지) 유지된다.

그림 9.6에서 위쪽 열교환기를 통과해 나온 온수의 온도를 적정한 수준으로 유지하기 위해 제어밸브(12)의 개방 정도가 열교환기(10)과 (11)을 통과하는 적정 유량을 분배한다. 소형 기계실에서 밸브(12)는 주로 기계식 자력 타입이며, 반면에 대형 기계실에서는 보통 전기제어조절/모터밸브를 사용한다.

양쪽 설계 모두에서 냉수혼합을 통해 기계실로부터 나오는 급탕온도를 낮출 수 있으며, 냉수혼합은 **3-포트 제어밸브(Three-port control valve)**(13)의 자동온도제어에 의해 결정된다. 탱크와 열교환기로부터 각각 나오는 물의 온도제어가 완벽하다고 할 수는 없다. 예를 들어, 그림 9.6의 설계에서는 수요의 변화 뒤에 약간의 **감속진동(Decaying oscillation)**이 발생하게 된다. 이런 진동이 수도꼭지로 전파되는 것을 막기 위해 혼합밸브 상부의 유출수 온도를 더 높은 값으로 설정할 수 있다.

그밖에도 양쪽 설계 모두에서 제어실패 상황이 발생한 경우 3-포트 밸브가 수도꼭지의 과도한 온수 온도에 대한 안전성을 제공한다. 제어실패는 예컨대 그림 9.6에 있는 제어밸브(12)가 고정된 위치로 고착되면 발생하게 된다. 더 높은 안전성을 제공하기 위해, 정전 시 불충분하게 냉각된 물이 패싱(Passing)되어 기계실 전체의 델타T가 너무 작아지는 것을 막기 위해 자동으로 제어밸브가 차단되도록 설계한다.

양쪽 설계 모두에서 펌프(14)에 의해 유지되는 유량을 통해 급탕을 재순환하며, 이런 방식은 열이 지역난방이나 다른 방식에 연결되어 공급되는지 여부와 관계없이 대부분의 급탕분배 시스템에서 일반적으로 사용된다. 그림 9.6에 있는 설계에서 재순환되는 유량은 **후열기(Post-heater)**(11)로 들어가기 전에 열교환기(**예열기(Pre-heater)**)(10)에서 예열된 온수와 섞이게 된다. 많은 기계실에서 열교환기는 한 대만 존재하며, 이 경우 재순환 수는 열교환기로 들어가기 전 유입되는 냉수와 섞이게 된다. 더 단순한 이 배치에서 기계실의 델타T가 더 작아진다. 이런 **2-단계 배치(Two-stage arrangement)**는 아래에 있는 것과 같은 캐스케이딩의 한 예로 볼 수 있으며, 기계실에서 다양한 방식으로 사용될 수 있다.

양쪽 설계 모두에서 **역류방지밸브(Non-return valve, 체크밸브)**(15)는 예컨대 위에서 기술한 열교환기 누수 사고 같이 돌발적으로 물이 상수 시스템으로 역류되는 것을 방지하기 위해 냉수 공급 배관에 설치되어 있다.

그림 9.5에서 기계실 전체의 차압은 공급배관에 위치해 있는 **기계적인, 자력 차압제어기(Mechanical, self-operated differential pressure controller)**(16)에 의해 고정된 값을 유지할 수 있으며, 회수관에 제어기를 대신 설치하기도 한다. 차압제어기 설치에는 두 가지 목적이 있다. 첫째, 일반적으로 낮은 압력(보통 6bar)으로 설계되는 라디에이터에 손상을 입힐 수 높은 압력으로부터 장비를 보호한다. 라디에이터 설계압력은 지역난방 네트워크에서 발생할 수 있는 최대 압력(보통 더 큼)보다 낮을 수 있다. 두 번째 목적은 **자동온도조절 라디에이터 밸브(Thermostatic radiator valve)**(3) 기능의 신뢰성을 높인다.

지역난방 네트워크 회수관에 압력수준이 너무 높지 않은 경우, 차압 제어의 안전기능이 순환수 시스템(Hydronic system)에 압력수준이 과도해 지지 않도록 보장한다는 것을 강조하고 싶다. 이 점이 그림 9.5에 있는 순환수식 난방 시스템에 직접연결된 종류의 기계실 사용을 제한한다. 이 경우 (위치와 가능한 운전모드 모두에 의해)회수관 압력이 크게 변하지 않아야 한다.

때로는 순환수식 난방 시스템에 간접연결된 기계실에 차압제어기가 설치되기도 한다. 하지만 이런 종류의 기계실에 사용되는 현대적인 제어밸브는 지역난방 네트워크에서 발생하는 큰 차압변화에 대처할 수 있다. 네트워크의 특정 구역에 차압이 높아지면, 이 같은 구역 입구에 있는 **중앙차압제어기(Central differential pressure controller)**에서 충분한 예방조치를 취할 수 있다.

양쪽 그림 모두에 2개의 **온도센서**(17)(18), 유량센서(19), **계산부**(Calculator)로 구성된 **열량계(Heat meter)**가 있으며, 특정 시간 동안 운반된 에너지양(J 또는 kWh)을 계산한다.

그림 9.6의 **유량센서(Flow sensor)**는 부가적 기능을 수행한다. 과대한 유량을 방지하기 위해 스로틀되는 밸브(21)에(**유량제한장치**(Flow limiter)) 신호를 보내 유량을 제한한다. 고유량 발생에는 몇 가지 이유가 있을 수 있다. 이번 장 후단에서 논의하게 될 사례로 실내공기온도에 대한 주간 및 야간 제어에서 과도한 변동이 있으며, 이 경우 아침시간에 큰 첨두유량을 유발할 수 있다. 최대유량과 관련된 기자재에는 유량제한장치를 의무적으로 함께 사용할 수 있다. 또한 10.6.7항에 설명되어 있는 것처럼, 유량제한장치는 생산용량이 부족한 경우 네트워크 내 불균등한 열공급 분배를 막기 위한 목적으로 사용되기도 한다.

특히, 순간 급탕 히터가 있는 기계실이 작은 경우, 최대유량은 난방보다는 급탕 여부에 따라 결정된다. 흔히 짧은 기간 동안의 피크를 용인할 수 있다. 이런 상황에 대응하도록 유량제한장치 밸브의 제어를 설계할 수 있다.

유량제한장치의 대체 혹은 보조설비로서, (일반적으로 기계식 온도조절장치와 거의 동일하게 설계된)**회수온도 제한장치(Return temperature limiter)**가 기계실 한가운데 혹은 개별 라디에이터에 설치된다.

저장탱크 또는 순간적으로 열교환기에서 급탕을 준비하는 경우의 찬반양론

제4장에서 논의한 것과 같이, 순간 급탕준비에 찬성하는 측 주장은 각 건물 기계실에서 개별부하를 갖는 경우와 비교해 네트워크에서 온수공급에 대한 열수요가 안정적이라는 것이다. 한 기계실의 부하가 특정시간에 높은 경우 이 기계실은 네트워크에 연결된 다른 기계실로부터 열을 '빌릴' 수 있다.

반면에 소형주택에서는 급수가열을 위한 열수요 변화가 특히 크게 발생하며, 여름철과 겨울철 사이의 난방을 위한 수요변화에 대략 10배 정도 된다. 따라서 저장탱크를 사용하는 경우에 필요한 배관보다 순간적으로 급수를 가열하는 경우에 건물과 연결되는 단지 내 배관을 훨씬 더 크게 할 필요가 있다. 큰 관경의 단지 내 배관은 지역난방 네트워크에 더 큰 열손실을 유발한다. 온수탱크와 연관된 열손실이 있을 수 있지만 비교적 작기 때문에 난방에 대한 열공급에 추가하면 된다.

순간적인 급수가열 옵션은 더 적은 공간을 필요로 한다. 단독주택에서 이런 종류의 가열장치가 있는 기계실에 적합한 경우를 찾기가 훨씬 쉬우며, 지하실이 없는 건물의 경우에 특히 유용한다.

순간가열에 찬성하는 측 주장은 거주자가 원하는 시간만큼 급탕사용을 길게 연장할 수 있다는 점이다. 반대로 (지역난방 또는 다른 방식으로부터 열을 공급하는)저장탱크가 있는 주택을 대가족이 소유한 경우 아침에 샤워를 하는 마지막 사람은 가끔씩 찬물로 해야 한다.

순간온수기(Instantaneous water heater)의 열부하는 상당히 클 뿐만 아니라 그림 4.6에서 볼 수 있듯이 매우 빠르게 변한다. 이런 특성으로 인해 제어장치에 대한 요구가 있으며, 이 도전과제에 대응할 수 있는 장비를 개발하기 위해 많은 노력을 기울이고 있다. 이번 장 후반부에 이런 종류의 개발 사례를 제시한다.

종종 순간온수기가 짧은 체류시간 때문에 **레지오넬라 박테리아**의 증식을 더 잘 억제할 수 있다고 주장하지만, 앞으로 알게 되듯이 사용되는 저장탱크의 종류에 따라 꼭 그렇지만은 않다.

참고문헌

Brumm W, Die geregelte Strahlpumpe in Fernwärme–Hausstationen(The controlled jet pump in district heating substations). Fernwärme International 7(1978) : 5, 154–159.

Schäfer N, Fernwärmeversorgung(District heating), Hausanlagentechnik in Theorie und Praxis(House plant technology in theory and practice), Springer 2001.

District Heating Substations, Design and Installations. Technical Requirements F : 101, Swedish District Heating Associations, 2009.

Vejledninger (Guidelines). Danish District Heating Association, Kolding 2007.

9.5 캐스케이딩(Cascading)

2차측 순환에서 기계실 내 열전달의 캐스케이딩은 온도성능을 향상시키기 위해 다소 복잡한 방식으로 다양하게 활용될 수 있으며, 일반적으로 델타T를 증대시킨다. 캐스케이딩은 연속적으로 낮은 온도수준에서 열이 공급되는 것을 의미하며, 2차측 순환에서 서로 다른 온도수준의 열이 요구되는 경우에 적용 가능하다.

전통적으로 캐스케이딩은 스웨덴에서 널리 사용되었지만, 최근에는 캐스케이딩 사용을 회피하는 경향이 있다. 왜냐하면 고장을 일으킬 수 있는 부가 기자재들이 부착된 고가의 장비를 정당화하기에 보통 효과가 너무 미미해 보이기 때문이다.

독자 여러분은 이미 그림 9.6에서 캐스케이딩의 사례를 살펴보았으며, 이 경우 급탕이 2단계로 가열되고 있음을 보여주고 있다.

그림 9.7에 캐스케이딩의 추가적인 사례들이 있으며, 모든 경우에 순환수식 건물 난방 시스템과 급탕 가열을 위한 공급설비가 있다. 캐스케이딩은 예컨대 **공조기(Air handler)**를 통해 공기를 데우는 방법 같은 다른 종류의 2차측 시스템에도 사용 가능하다.

설계A는 캐스케이딩 설계와 비교하기 위한 것으로 가장 단순하게 적용 가능한 설계에 해당한다. **설계**B의 **연속 연결**(Series connection)은 상부에 급탕 가열부가 있으며, 일반적인 설계는 아니다. 순환수식 시스템이 매우 낮은 온도로 운영되는 곳에서 채택할 수 있다. 일반적으로 (다양한 부하 조합에서 운영하기 위해 필요한)바이패스(Bypass)는 오히려 전체적인 성능을 낮추는 결과로 이어진다.

설계C에 있는 변종은 건물 난방 시스템과 1차측 순환의 설계온도가 높은 옛소련과 동유럽에서 사용되었으며, 극단적인 경우 네트워크 공급온도가 200℃만큼 높지만 주로 대략 150℃ 정도 된다.

설계D에 있는 **2-단계 연결**(**Two-stage connection**)은 급탕을 예열하며 스웨덴에서 광범위하게 사용되었으나, 최근에는 보통 단순한 병렬연결을 대신 선호한다.

설계E는 스웨덴에서 유행했던 설계의 또 다른 사례를 보여주고 있으나 최근에는 거의 사용하지 않으며, **3-단계 연결**(**Three-stage connection**)로 알려져 있다. 델타T 측면에서 2차측 순환의 온도수준에 따라 **설계**D보다 조금 더 개선될 수 있다. 급탕 순환에 혼합밸브와 바이패스 라인에 있는 밸브가 빠른 온도 제어를 지원하고 있다.

이 설계는 유입되는 냉수가 경수(Hard water)인 경우 앞선 설계보다 적합성이 떨어진다. 이 경우 급탕에 대한 수요가 없어도 1차측에 연속적인 유량이 존재하는 고온 급탕 히터에서 스케일이 커지는 경향이 있다. 이것은 고온 급탕 열교환기 내 표면온도가 1차측 공급온도와 거의 동일하다는 사실을 의미한다.

빠르게 작동하는 최신 제어장비의 출현이 앞서 언급한 제어의 장점을 축소시키고 있다.

설계F는 앞서 언급된 스케일 생성(Scale formation)의 단점이 없으며, 약간 높은 정도의 복잡성으로 델타T 측면에서 **설계**E와 거의 동등하다.

그림 9.8은 병렬연결과 2-단계 연결 설계의 비교에 대한 한 가지 사례로, 난방부하 P_{qr}보다 다소 작은 급탕소비 열부하 P_{qw}로 된 부하가 발생하는 경우를 나타낸다. 1차측 회수 온도 t_r이 도식화되어있다. 예상할 수 있듯이, 캐스케이딩 설계가 회수온도를 조금 더 낮춘다. 도표에서 냉각 및 가열되는 유량에 대한 선들은 질량유량(Mass flow rate)의 크기에 대해 역으로 경사져 있다. 도표 작성을 어떻게 하는지에 대한 한 예로, 왼쪽 도표의 S점을 어떻게 유도하는지 알아보자. 열교환기로부터 하류(下流, Downstream)에 혼합을 나타내는 선에서 두 유량은 열교환기를 나온 후에 단순히 직접 혼합되는 대신에 온도가 (t_r)과 같아질 때까지 첫 번째 열교환을 하고 난 후에 혼합한다고 가정할 수 있다.

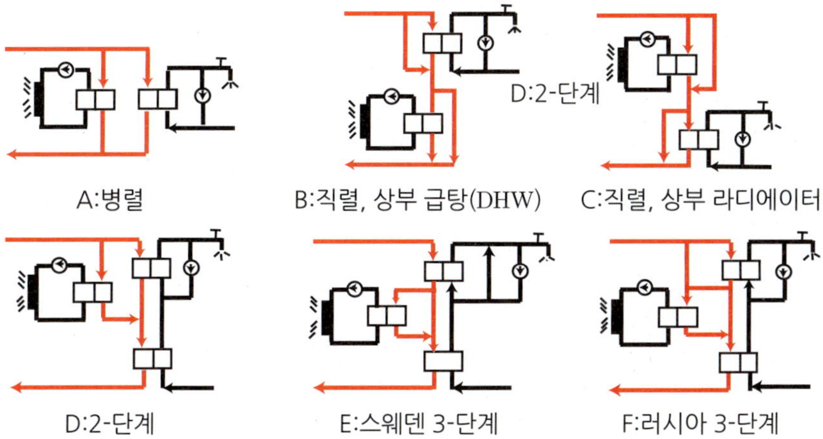

그림 9.7 기계실 설계, 라디에이터와 급탕순환에 대한 캐스케이딩

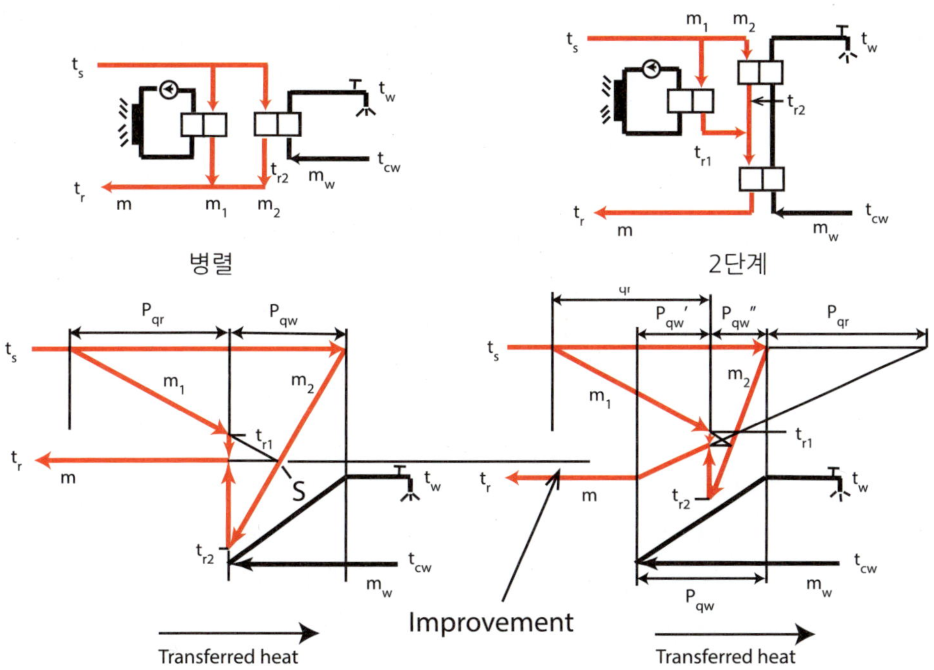

그림 9.8 병렬연결과 2-단계 연결 설계의 비교. 도표작성을 통해 1차측 회수온도 t_r을 얻을 수 있다. P_{qr} = 라디에이터 열부하의 크기, P_{qw} = 급탕부하의 크기. 이 그림에서 알 수 있듯이, 2-단계 설계가 더 좋다

당연히, 1차측 회수온도는 간단한 대수학적 계산을 통해 구할 수 있다. 다시 그림에서 단순한 왼쪽 경우를 생각해 보자. 다음 식으로부터 결과 회수온도 t_r을 계산할 수 있다.

$$\dot{m}_1 c_p (t_s - t_{r1}) = P_{qr} \tag{9.1}$$

$$\dot{m}_2 c_p (t_s - t_{r2}) = P_{qw} \tag{9.2}$$

$$\dot{m}_1 c_p t_{r1} + \dot{m}_2 c_p t_{r2} = (\dot{m}_1 + \dot{m}_2) c_p t_r \tag{9.3}$$

질량유량은 도표에서 정의된다.

급탕의 2-단계 가열로 인한 델타T 장점은 급탕수요가 커짐에 따라 증가되는 경향이 있으며, 이것은 직관적으로 명확하다. 예열기에서 모든 1차측 유량은 유입되는 냉수 유량과 일치하며, 반면에 병렬배치에서는 급탕 히터를 통과하는 분기 유량만 냉수와 일치하게 된다. 결과적으로 2-단계 연결에서 변화하는 급탕수요는 1차측 유량에 더 작은 변화를 유발하며, 이는 급탕 온도제어기에 대한 요구를 완화한다.

참고문헌

Frederiken S, Wollerstrand J, Driftskarakteristikor för parallell – och 2–stegs–kopplade abonnentcentraler(Operational Characteristics of Parallel and 2–Stage Connected District Heating Substations). Byggforskningstådet, Report R68 : 1987.

Gummerus P, Analys av konventionella abonnentcentraler i fjärrvärmesystem(An Analysis of District Heating House Stations). Dissertation, Chalmers tekniska Högskola, Gothenburg, Sweden, 1989.

Snoek CW, Yang L, Onno T, Matynska J, Optimum Connection of Multiple Thermal Loads in Builidngs Connected to District Heating. 7th International Symposium on District Heating and Cooling. Lund, Sweden, 1999.

Snoek CW, Yang L, Onno T, Frederiksen S, Korsman H, Optimisation of a District Heating System by Maximising Building System Temperature Differences. IEA–DHC implementing agreement report, Annex6, 2002.

Ljunggren P, Wollerstrand J, Frederiksen S, Cascading in District Heating Substations – In Persuit of Low Return Temperatures. 9th International Symposium on District Heating and Cooling, Espoo, Finland, 2004.

9.6 장비의 선정(Selection of equipment)

9.6.1 열교환기(Heat exchangers)

앞서 언급했듯이, 기계실에 설치되는 열교환기는 오늘날 대부분 — 특히 북유럽에서 거의 독점적으로 — **판형 열교환기**로 공급되고 있다. 판형 열교환기는 작고 가격이 싸며, 비록 급탕용 열교환기에서 잦은 열순환에 의해 균열이 발생하다는 일부 보고서가 있기는 하지만, 신뢰성이 매우 높다는 것이 입증되었다. 열교환기의 소형화는 **대형 공장제작 기계실(Larger prefabricated substation)**의 개발을 가능하게 하고 있다. 지역난방(및 지역냉방)용 판형 열교환기의 낮은 가격은 부분적으로 판형 열교환기가 대량생산에 적합하고, 식품가공, 엔진 냉각시스템 등 많은 분야에 사용되고 있다는 사실에 기인하고 있다.

예전에는 주로 **셸-앤-튜브 열교환기(Shell-and-tube heat exchanger, 그림 9.9)**를 설치했었다. (압력용기로 설계된)용기 내에 일반적으로 나선형으로 연장된 구부러져 있는 튜브는 열전달을 향상시키기 위해 **평활(平滑, Smooth)** 또는 핀붙은(Finned) 형태로 되어 있으며, 구리나 스테인리스강을 사용한다.

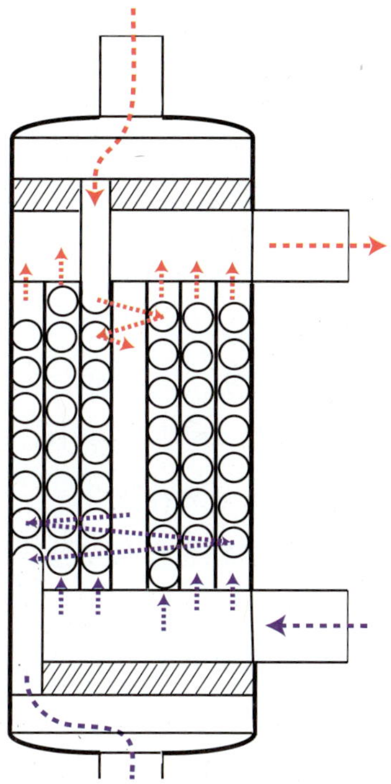

그림 9.9 나선형 셸-앤-튜브 열교환기(구형 타입)

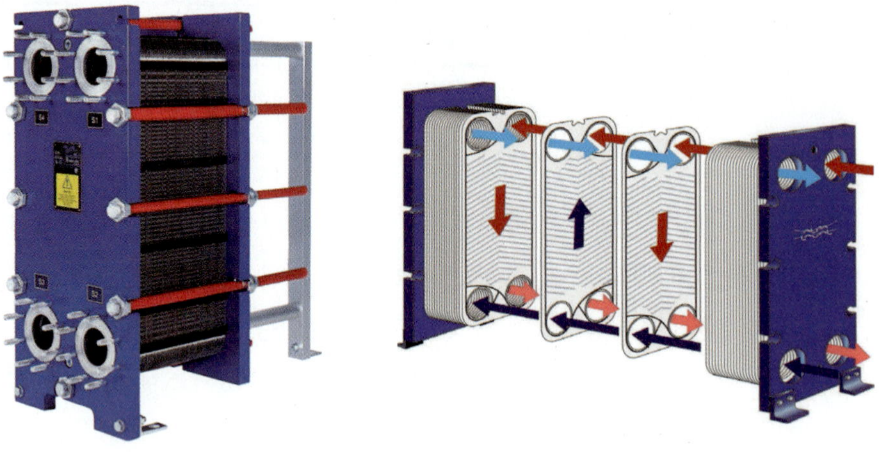

그림 9.10 개스킷 판형 열교환기. 출처: Alfa-Laval. 허락을 받고 사용함

공간을 더 많은 차지한다는 것 외에도, 튜브 열교환기(특히 구리로 된 튜브를 사용하는 경우)는 흔히 몇 년 후에 누수가 시작되며, 때로는 튜브가 심하게 침식 또는 부식되기도 한다. 이 책의 저자 중 한 명(Frederiksen)이 이런 상황을 경험한 적이 있으며, 그의 아파트에서 냉수 수도꼭지를 열었을 때 온수가 나온 적이 있었다.

처음에 설치된 판형 열교환기는 전통적인 **개스킷 타입 판형 열교환기(Gasketed type plate heat exchanger, 그림 9.10)**로 전체적으로 주름진 패턴이 새겨진 판(Plate)과 안쪽에 수밀성을 제공하는 (보통 EPDM 고분자 물질로 된)고무 개스킷이 삽입된 원형 수로(水路)를 갖고 있다. 판과 개스킷은 프레임 작업(Frame construction)에서 긴 볼트에 의해 함께 압착된다. 주름은 판 사이 1차측과 2차측 모두에서 구불구불한 유량 수로를 만드는 모양으로 되어 있으며, 높은 수준의 난류를 만들어 효율적인 열전달을 가능하게 한다.

열전달 표면의 크기는 적정한 판수를 선택해 특정 요구조건을 맞출 수 있다. 필요한 경우 세척과 개스킷 교체를 위해 판을 떼어내고 다시 삽입할 수 있도록 설계한다. 지역난방이 목적인 경우 스테인리스강 등급의 판은 보통 충분한 부식저항을 제공한다. 급탕에 염분함량이 높은 경우 티타늄(Titanium)으로 만든 판을 사용할 필요가 있다.

오늘날 기계실에 설치되는 판형 열교환기는 보통 **용접형(납땜) 판형 열교환기 타입(Brazed(soldered) plate heat exchanger type,** 그림 9.11)으로 개스킷 타입에 비해 좀 더 콤팩트하다. 낮은 용융점을 갖는 재료(보통 구리)의 얇은 시트가 판 사이에 배치되며, 조립한 후 오븐에 넣는다. 시트가 녹으면 재료가 주름진 판 사이 접합점에 모이게 된다.

한 번 납땜과정이 완료되면 판을 분리할 수 없다. 세척을 위해 **정치세척 시스템(Cleaning-In-Place system)**을 사용하며, 판 사이에 적합한 화학 조성의 수용액(시큼한 냄새가 난다)을 순환시킨다.

지역난방과 지역냉방 열교환기는 열교환기 조립에 대한 다양한 방법뿐만 아니라, 여러 가지 다양한 모양의 주름패턴으로 이어진 집중적인 개발과정에서 도움을 받았다.

이로 인해 열전달은 계속해서 향상되었으며, 그 결과 1,2차측 판에 압력강하가 증가되지 않는 좀 더 소형화된 장치 개발을 이끌어 냈다. 최신 판형 열교환기는 양쪽의 유량과 압력손실에 대한 요구조건을 다르게 설정할 수 있다.

특히 처음에는 수돗물이 경수인 곳에서 급탕을 사용해야 하는 경우 용접형 판형 열교환기 사용에 대한 약간의 망설임이 있었다. 개스킷 열교환기에 대한 앞선 경험에서 스케일 형성으로 열교환기가 완전히 막히게 되는 경우가 발생했었다. 극도로 작아진 유량 수로 내에 난류가 격렬해 질수록 **자정효과(Self-cleaning effect)**가 발생하지만, 동시에 부착물/스케일과 연관된 화학적 메커니즘도 증가한다. 다행히도 보통은 자정효과가 우세하게 일어난다. 어떤 경우든 막히는 현상은 좀처럼 발생하지 않지만, 지역난방과 지역냉방 산업이 아직 덜 성숙된 국가에서는 제작사들이 여전히 개스킷 판형 열교환기 사용을 추천하고 있다.

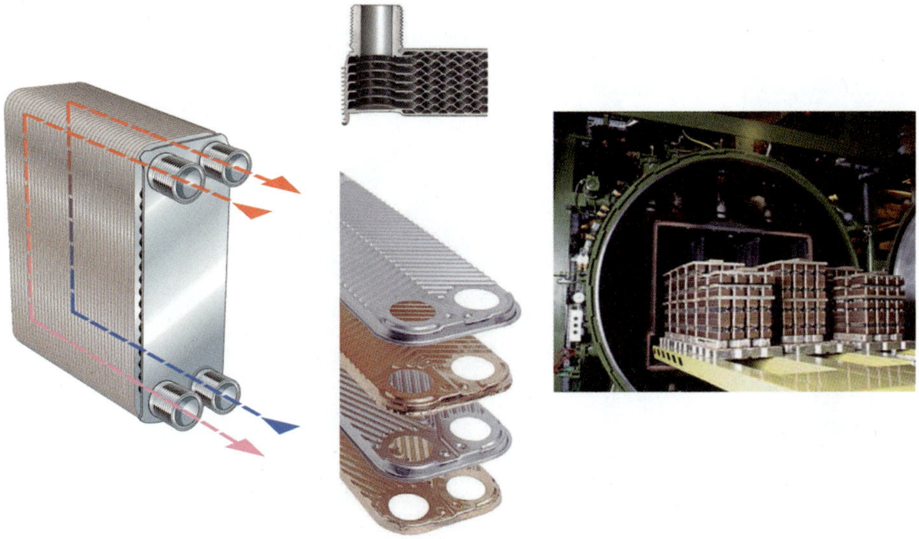

그림 9.11 용접식 열교환기. 오른쪽에 있는 그림은 용접(Brazing, 납땜(Soldering))을 위한 오븐 입구에 있는 열교환기 더미를 보여주고 있다. 출처: Alfa-Laval. 허락을 받고 사용함

9.6.2 밸브와 제어(Valves and controls)

제어를 위한 밸브(**조절밸브**(Modulating valve))는 **자력밸브**(Self-operated valve, 기계적인 밸브)나 저전압 전력에 의해 구동되는 **전동밸브**(Motorised valve)가 있다(그림 9.12). 기계적인 타입은 기본적으로 단순 **비례제어**(**Proportional(P-) control**)를 제공한다. 이 때문에 설정값에 대한 약간의 정적편차(제어에러(Control error))를 피할 수 없으며, **자동온도조절 제어**(**Thermostatic control**)의 경우 일반적으로 최대 몇 ℃ 정도에 해당한다. 전동밸브를 위한 제어는 일반적으로 PID-**타입 제어**(**Proportional with added Integration and Derivation**) 또는 정적에러를 제거할 수 있는 또 다른 복잡하고 유사한 타입이 사용된다.

순환수 시스템에서 공급온도의 외기온도-보상 제어는 제어박스 또는 PC로부터 제어되는 전동밸브를 통해 거의 대부분 이루어진다. 작은 범위에서 급탕온도를 위한 제어기는 일반적으로 자력형이며, 반면에 **스핀들**(Spindle)을 움직이기 위해 더 큰 힘이 필요한 대형 제어기는 대부분 전동형을 사용한다.

전동밸브에서 축은 **액추에이터**(**Actuator**)에 의해 제어된다. 액추에이터는 전자기적 또는 전기기계적으로 움직인다. 후자의 경우 직류모터가 기계적 기어나 소형 오일펌프 유압 루프를 통해 축을 움직인다.

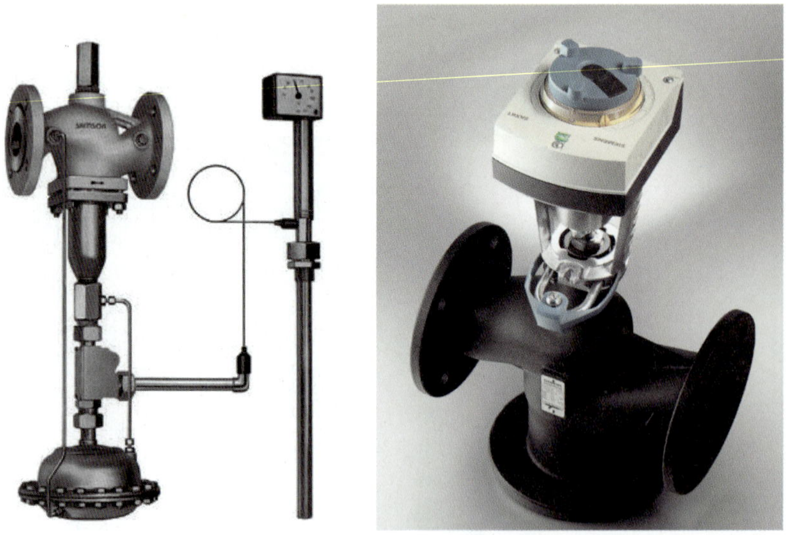

그림 9.12 기계적, 자력형(왼쪽) 및 전동형(오른쪽) 유량조절밸브. 기계적 밸브는 온도를 제어한다. 전동밸브는 온도센서를 포함한 다양한 종류의 센서로부터 신호를 받아 작동할 수 있다. 출처: Samson과 Siemens. 허락을 받고 사용함

그림 9.12 왼쪽은 **자력 자동온도조절 밸브**(Self-operated thermostatic valve)를 보여주고 있다. 하우싱(Housing) 오른쪽에 가늘고 긴 부분은 온도를 제어하는 유체에 담그기 위한 온도센서이다. 하우싱에 있는 센서와 연결된 얇은 파이프는 온도에 따라 체적이 변하는 유체가 포함된 폐쇄 체적(Closed volume)을 형성한다. 이것이 막(Membrane)을 통해 축을 움직인다. 그림 9.5에 (16)번 항목과 마찬가지로, 이런 타입 밸브의 변형이 대신 차압제어를 수행한다.

앞서 지적했듯이, 순간온수기로 사용되는 열교환기 제어는 특히 힘든 일이며, 이 도전과제를 해결할 수 있는 새로운 설계에 대한 집중적인 개발이 이루어지고 있다.

유출 급탕배관의 온도센서는 불안정한 제어 위험을 증가시키는 불필요한 시간 지체를 피하기 위해 열교환기 인근에 설치해야 한다. 센서 주변 유량의 기하학적 형태는 정체가 없어야 하고, 최적의 열전달이 가능하도록 표면이 넓어야만 한다.

개발 분야는 **피드-포워드 루프**(**Feed-forward Loop**)에 의한 **피드백 제어 루프**(**Feedback control loop, 제어기로의 온도 신호**)의 추가를 포함하고 있다. 그림 9.13에 이 같은 설계의 사례가 있다.

Principle:

When tapping starts, cold water flows into the secondary side of the controller (1) *(the blue part)*, passes the secondary side cone (2), leaves the controller (3) and enters the heat exchanger. The pressure drop generated during tapping of domestic hot water is transferred to the diaphragm (4) which transfers the force to the spring. This causes the main spindle (5) to move to the right, which opens the primary side cone (6) *(the red part)*. The opening results in primary flow entering from the heat exchanger into the controller (7), where it passes the primary side cone (6) of the integrated differential pressure controller (8) and leaves the controller (9). The temperature sensor mounted on the secondary hot water side is sensing the temperature.

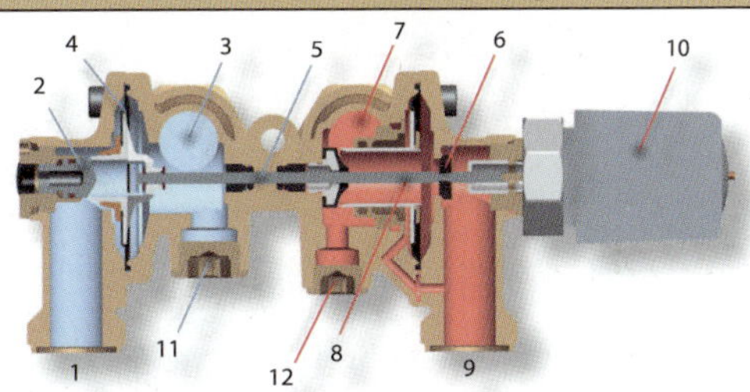

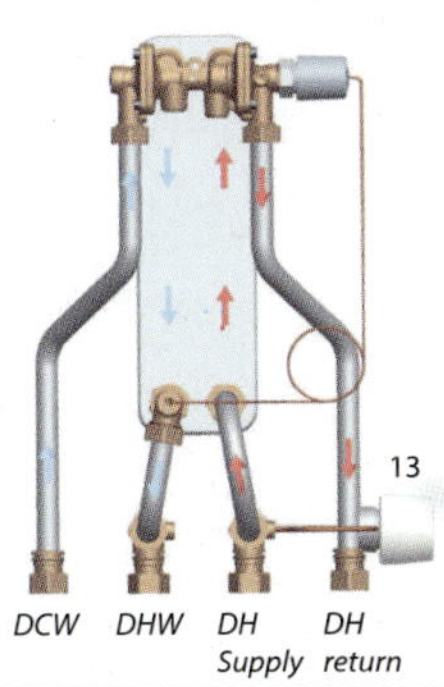

If the temperature is deviating from the setting temperature the thermostatic element will move (open/close) primary side cone (6) until desired temperature is reached. By rotating the handle for temperature setting (10), the domestic hot water temperature can be adjusted. The setting range of the controller is 45°C to 65°C.

When there is no demand for domestic hot water, the heat exchanger is always cold. A bypass function ensures that the supply pipe for the water heater is always kept warm, so that hot water is produced immediately, when tapping starts. The no-load temperature is set on the bypass thermostat (13) and is independent on the set domestic hot water temperature.

Domestic hot water circulation connection (11) and idle controller connection (12) are placed directly on the controller. If the domestic water installation is made with circulation, the circulation pipe is connected to the connecting piece of the controller (11). The bypass thermostat is connected to the controller (12). The circulation water temperature is controlled individually by the bypass thermostat (13), independently of the set domestic hot water temperature. The built in differential pressure controller (8) ensures optimum operation of the domestic hot water controller under all operating conditions.

그림 9.13 피드백과 피드-포워드가 결합된 속응 제어밸브(Fast-acting control valve). 순간적인 급탕준비를 위한 소형 열교환기에 사용됨. 출처: Danfoss. 허락을 받고 사용함

또 다른 개발 분야는 **넓은 밸브제어범위(Large valve control range, 높은 턴다운 비(Turndown Ratio))**에 대한 요구를 목표로 하고 있으며, 특히 소규모 기계실에서 필요로 한다. 밸브제어범위에 대한 필요성 중 가장 중요한 측면은 최소/최대 온수 유량 사이의 비율과 연관되어 있지만, 추가적인 요구가 발생하는 원인은 차압과 1차측 순환 공급온도의 변화에 있다. 낮은 급탕수요, 높은 차압, 높은 공급온도와 조합해 가장 적은 양의 밸브 개방을 필요로 한다.

적어도 몇 세대의 아파트를 포함하고 있는 건물에 급탕공급을 하는 경우, 열에너지에 대해 수요가 가장 낮게 나타나는 보통 밤 시간에 일반적으로 온수를 재순환한다.

단독주택의 경우 수도꼭지를 열지 않으면 열수요가 거의 0이 되어, 보통 급탕의 재순환은 발생하지 않는다. 이런 설비를 위해 제어장치가 원치 않는 연속적인 온오프 가동(On-off behavior)을 방지할 수 있는 기능을 함께 제공해야 한다.

앞서 언급한 넓은 제어범위를 제공하기 위해 일반적으로 하나는 작고, 하나는 큰 2개의 밸브를 병렬로 설치하며, 순차적인 방식으로 운영한다. 특정 한계수요 이하에서는 큰 쪽 밸브를 폐쇄하고, 작은 쪽 밸브만 작동한다. 최근에는 더 큰 밸브 안에 작은 밸브가 있는 형태로 설명할 수 있는 이른바 **스플릿-레인지 밸브(Split-range valve)**가 개발되었다. 최신 제어밸브의 턴다운 비는 표준적으로 대략 1:50 정도 된다.

지역난방용으로 사용되는 제어밸브 설계의 개발과제는 스로틀 부분(**베나 콘트랙터**(vena contracta))에서 **캐비테이션(Cavitation)** 위험을 감소시키는 것이다. 그림 9.14는 캐비테이션 위험을 줄인 다공성 케이지(Perforated cage)가 있는 밸브를 보여주고 있다. 개선된 캐비테이션 범위를 갖는 밸브의 또 다른 타입으로 그림 9.15에 있는 **다단계 스로틀 밸브(Multistage throttle valve)**가 있다.

그림 9.16은 간접 연결된 기계실의 순환수식 난방 시스템 내 라디에이터에 공급온도를 제어하기 위한 표준적인 제어단위를 나타낸다(그림 9.6 참조). 공급온도는 열수요에 따라 자동적으로 조절되며, 열수요는 외기온도에 의해 결정된다.

자연 대류(Natural convection) 증가와 열복사(Thermal radiation)의 강도를 특징 짓는 4제곱 관계(**스테판-볼츠만의 법칙(Stefan-Boltzmann's law)**)로 인해 ,라디에이터의 외부 표면에서 **유효열전달계수(Effective heat transfer coefficient)**는 온도가 증가할수록 커진다. 이것이 왜 약간 굽은 제어곡선을 선호하는지 설명하고 있다. 차트에 있듯이, 적합한 방법으로 설비를 프로그래밍해 건물 내 총 라디에이터 수 대 난방수요, 그리고 내부 열취득 등을 고려해 건물난방을 위한 한계온도에 적합하도록 곡선을 수정할 수 있다.

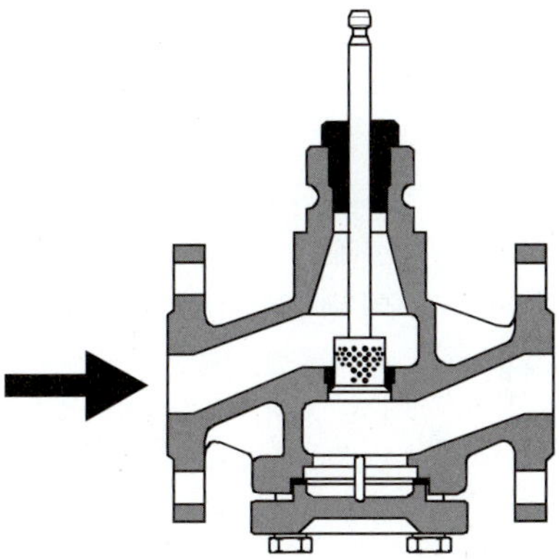

그림 9.14 개선된 캐비테이션 범위를 위한 다공성 케이지가 있는 제어밸브.출처: Samson. 허락을 받고 사용함

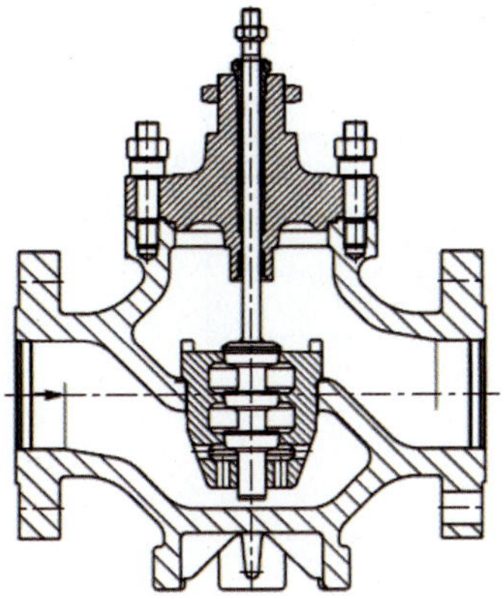

그림 9.15 다단계 스로틀 제어밸브.출처: Samson. 허락을 받고 사용함

제어 알고리즘을 제공하기 위해 포괄적이고 **자유롭게 프로그램 가능한 컴퓨터**/PC **제어**가 가능하도록 기계실을 시공하고 있으며, 온도 및 다른 여러 변수들의 기록을 수집하고 밸브의 액추에이터와 순환펌프 같은 다른 기자재들을 제어한다. 컴퓨터는 보통 인터넷 또는 다른 여러 방식을 통해 발전소의 네트워크 제어실과 통신한다. 기계실 상태에 대한 온라인 모니터링과 고부하 시 열공급 제한과 같은 여러 추가 기능들을 이 같은 장치에 설치할 수 있다.

9.6.3 급탕저장탱크(Hot water storage tank)

그림 9.5는 저장탱크의 한 형태가 있는 기계실 사례를 보여주고 있다. 그림 9.17에는 여러 가지 대안적인 배치들이 있으며, 앞서 보여준 배치는 여기서 **타입**C에 해당한다. 비교해 보면, 일부 저장탱크는 온수의 재순환이 표시되어 있지만 일부는 그렇지 않다.

타입A – 고리모양 공간(Annular spacing) 안쪽에 **히팅코일**(Heating coil). 이 타입은 구형 설비에 해당한다. 그림 9.4 설계F의 일부에 해당하며 지역난방 네트워크에서 급탕까지 이중 열전달이 되는 종류의 한 예로 볼 수 있다.

이 타입은 구형 보일러에 의한 난방을 지역난방 연결로 전환하는 전형적인 예에 해당된다. 탱크는 흔히 지역난방 네트워크보다 낮은 압력으로 설계되며, 따라서 네트워크에

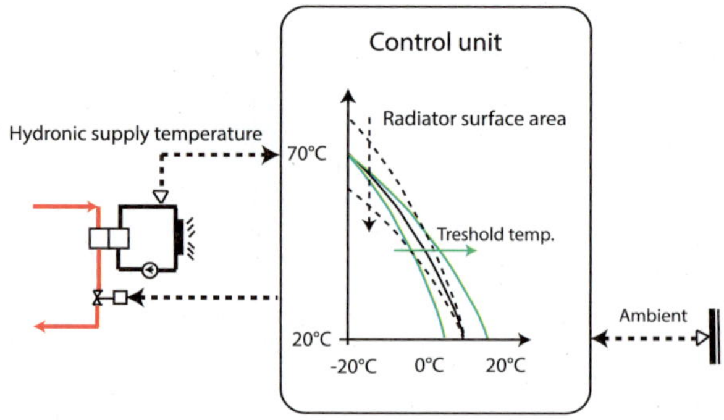

그림 9.16 라디에이터 면적의 실제 총 크기와 실제 한계온도에 대한 제어곡선을 채택하기 위해 조절 가능한 순환수 공급 온도 제어 기능을 갖춘 제어장치(실내온도=20℃)

직접 연결할 수 없다. 온도성능은 좋지 않으며, 여기에는 몇 가지 이유가 있다. 특히, 탱크 안쪽(내부 실린더(Inner cylinder))에서 유속이 매우 느려져 열전달을 나쁘게 만든다.

비록 고리모양 공간의 물과 급탕이 제시된 배치에서 반대 방향으로 흐르고 있지만, 유량패턴은 사실 3차원적으로 발생한다. 그 결과 열교환기에서 얻을 수 있는 **진역류배치(True counter-current arrangement)**에 심각한 편차가 발생한다. 유량이 역류 대신에 주로 **병류(竝流, Co-current)**가 되도록 배관을 연결하기도 한다.

타입B: 이 타입은 지역난방에 특화된 오래된 설계의 한 예이다. 반면 그림에 있는 다른 4가지 타입은 모두 순환수식 난방 시스템에 열공급을 위해 별도로 배치된 설비에 의해 보완되고 있다는 것을 의미한다. 전체적인 배치는 그림 9.4 설계E의 변종으로 볼 수 있다. 델타T 측면에서 유리한 **이중**, **역류 배치(Double, counter-flow arrangement)**가 존재하지만, 전체 역류를 방해하는 탱크 내부에 약간의 혼합이 발생한다. 더군다나 본질적으로 설비가 통합되어 있기 때문에, 2개의 2차측 순환 온도를 서로에 대해 독립적으로 선택할 수 없다.

타입C: 이것이 저장탱크 선택사항 중 현재 사용 중인 타입이며, 그림 9.5에 있는 배치에서 선택된 것이다. 앞선 타입과 마찬가지로, 열선의 길이와 탱크로 유입되는 재순환 온수의 위치에 따라 탱크 내에서 약간의 혼합이 존재한다. 경험에 따르면 델타T 성능이 상당히 좋다. 더군다나 저장탱크가 소형이며, 상대적으로 값싼 해결책에 속한다.

타입D: 이 배치에서 델타T는 매우 높은 값에서 (거의)일정하게 유지될 수 있으며, 열역학적 측면에서 이 타입은 다른 모든 타입 중 가장 좋은 편이다. 이것은 열교환기에서 발생하는 역류와 탱크 내에 구별되는 **열성층(Thermal stratification)**이 발생하다는 사실(낮은 밀도로 인해 상부에 온수가 있는 변온층(變溫層, Thermocline)) 때문이라고 할 수 있다. 이 같은 열성층은 생산시설에서 흔히 축열을 위해 사용되는 대형 중앙저장탱크의 경우와 유사하다고 할 수 있다. 보통 순간온수기가 저장탱크를 사용할 때 얻을 수 있는 델타T

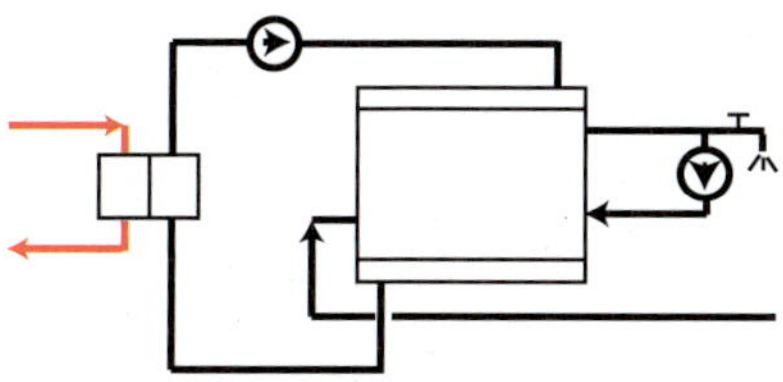

타입A: 고리모양 공간이 있는 수평방향 탱크

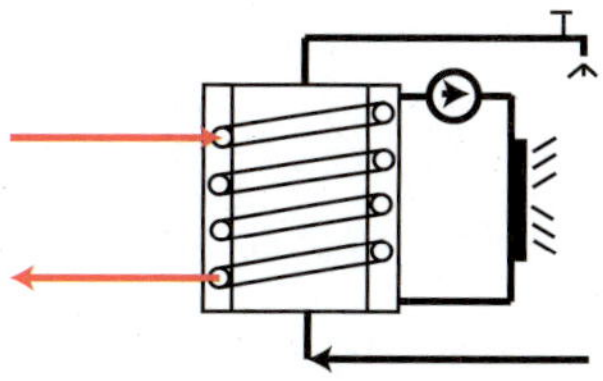

타입B: 고리모양 공간 내부에 코일

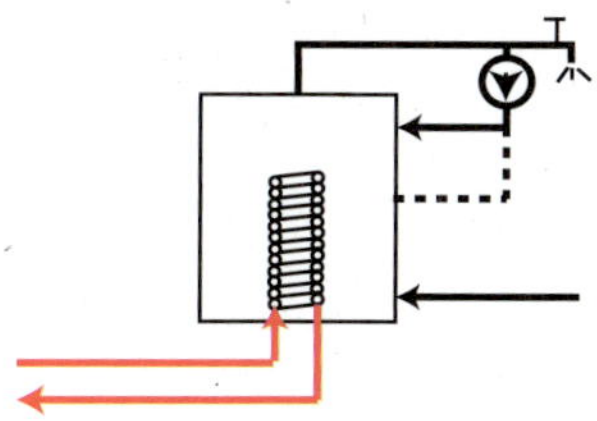

타입C: 탱크 내부에 코일

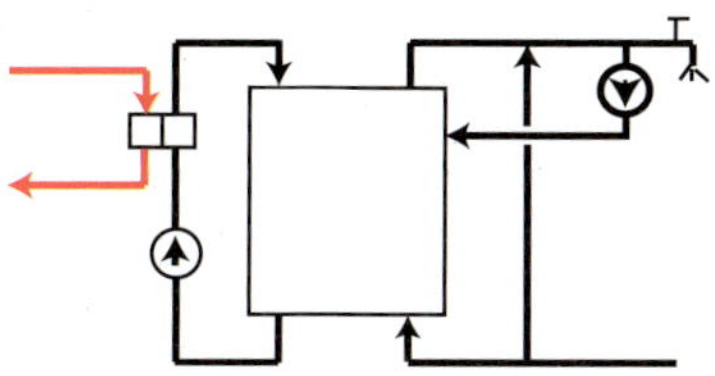

타입D: 외부 축열 열교환기(**External charge heat exchanger**)가 있는 탱크

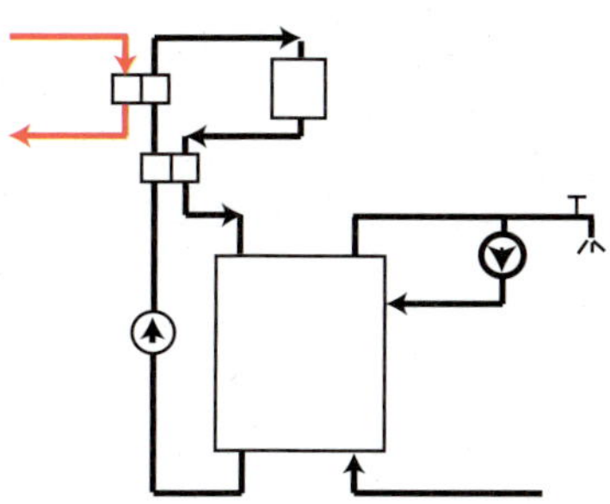

타입E: 열소독(**Thermal desinfection**) 시스템

그림 9.17 급탕 준비를 위한 다양한 종류의 온수저장히터(타입B 외에는 난방순환이 표시되어 있지 않음)

보다 더 좋은 결과를 얻을 수 있다고 언급되고 있다. 이것은 앞서 언급한 3개의 저장탱크 배치에 대해서만 사실에 해당하며, 타입D를 고려하는 경우에는 그렇지 않다. 재순환수의 낮아진 온도를 보상하기 위해, 탱크에서 유출되는 물의 희망온도보다 축열온도(Charging temperature)를 다소 높게 설정해야 한다.

순간온수기에서 가열되는 물은 체류시간이 짧기 때문에 위험한 농도의 레지오넬라균 발생이 훨씬 덜하다고 강력히 주장하는 사람들이 있다. 타입D는 상세한 제어배치와 축열되는 물의 온도에 따라 레지오넬라균 증식이 더 잘될 수도, 그렇지 않을 수도 있다.

레지오넬라 뉴모필라(Legionella pneumophila)균은 전염성 미생물로 심각한(때로는 치명적인) 종류의 폐감염, 레지오넬라증(Legionellosis) 또는 폰티액 열병(Pontiac fever)으로 불리는 경미한 형태의 감염을 유발할 수 있다. 이 미생물의 성장 또는 부패는 수온과 강하게 연관되어 있다(그림 9.18 참조). 우연치 않게 최대 성장은 인체 체온에서 발생한다.

타입D 설비 중 **축열펌프(Charging Pump)**는 온오프 식으로 작동하며, 탱크가 완전히 축열되면 멈추고 탱크바닥에서 온도를 측정해 제어된다. 낮거나 미지근한 온도의 물을 모두 제거할 수 있도록 약간의 지연이 있어야 한다. 그렇지 않은 경우, 박테리아 성장을 촉진시키는 미지근한 물이 탱크 바닥에 오랫동안 머물게 되고 온도와 체류시간의 조합으로 건강에 해로운 영향을 준다.

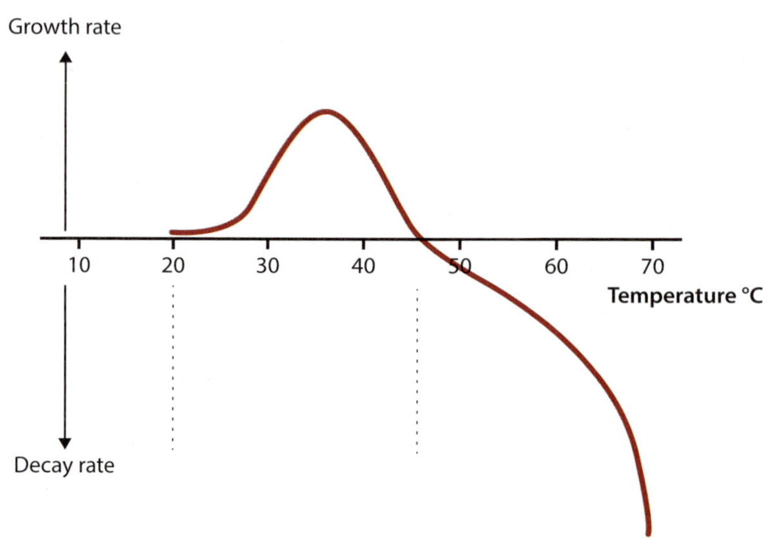

그림 9.18 온도 함수로 나타낸 레지오넬라 박테리아의 성장률/부패율. Brundrett의 자료를 각색함

그림 9.18에서 알 수 있듯이, 박테리아는 온도가 약 45℃보다 높은 경우 성장보다 부패한다. 탱크 내 충분히 높은 수온을 유지해 탱크를 **열소독기**(Thermal disinfector)로 기능하도록 만들어 이런 사실을 활용할 수 있다.

타입E는 효율적인 열소독기로서의 목적을 위해 특별히 설계된 선택사항을 나타낸다. 여기서는 예열 배치로 인해 (대형 주탱크 위에 있는)소형탱크 내 물을 고온으로 유지하며, 급탕 분배시스템으로 높은 온도가 전파되지 않도록 할 수 있다.다소 복잡한 이런 배치는 일반적으로 병원이나 감염에 특히 민감한 사람이 거주하는 그밖에 시설에 설치된다.

9.6.4 장비에 대한 시험(Testing the equipment)

완전 공장제작 기계실을 비롯한, 기계실 장비의 형식시험과 인증에 대한 종합적인 절차는 지역난방협회에서 발간된 가이드라인에서 찾을 수 있다. 스웨덴 가이드라인(일부는 영어로 쓰여 있음)이 아래 참고문헌 목록에 언급되어 있다.

참고문헌

Halzl J, Ignacy C, Fragen der Auslegung und des Betriebes von zentralisierten Gebrauchswarmwasserbereitungsanlagen bei Fernwärmeversorgungssystemen in Verbindung mit Heizkraftwerken(Questions of interpretation and operation of centralized water heating systems use in district heating systems in conjunction with cogeneration plants). Fernwärme International 5(1976) : 2,42–48

Frederiken S, Wollerstrand J, Thermostatic Control of Instantaneous Water Heaters in District Heating Substations. 5th International Symposium on Automation of District Heating Systems, Otaniemi Finland, 1995.

Hagenmann H, Niedrige Fernwärme–Rücklauftemperatur und Legionellenprophylaxe : Ein Widerspruch?(District heating return temperature and legionella prophylaxis : A contradiction?) Euroheat & Power 31(2002) : 7–8, 60–63

Nahler G, Einsatz des Kombinierten Reglers mit Hubantrieb(Combined use of the controller with electric actuator). Euroheat & Power 33(2004), 52–54

Allgair W, Erning JW, Köhler S, Pareidt H, Rühling K, Untersuchungen an gelöteten Plattenwärmeübertragern(Investigations of brazed plate heat exchangers). Euroheat & power 33(2004) : 3, 84–104.

Provgrogram för värmeväxlare och vattenvärmare(Procedures for Testing of Heat Exchangers and Hot Water Heaters). Swedish District Heating Association, Technical Regulation F : 108, 2004.

Bartram J, Chartier Y, Lee JV, Pond K, Suman–Lee S(editors), Legionella and the Prevention of Legionellosis. World Health Organisation 2007. Downloaded June 2012 from : www.who.int/water_sanitation_health/emerging/legionella.pdf.

Certification of District Heating Substations. Swedish District Heating Association. Technical Regulation F : 103, 2009.

9.7 장비의 크기(Sizing of equipment)

9.7.1 전반적인 고려사항(Overall consideration)

지역난방 네트워크의 공급온도와 회수온도를 가능한 낮게 유지하기 위해서는 일반적으로 건물 내 분배시스템의 공급온도와 회수온도 또한 낮게 유지되어야 한다. 어떻게 낮추느냐는 투자비 증가와 다른 여러 고려사항들에 대해 균형을 이뤄야 한다.

순환수식 라디에이터 시스템의 경우 낮은 온도는, 특정 규격의 보온재로 이루어진 건물을 위해 선택된, 건물 바닥면적당 상대적으로 큰 총 라디에이터 표면적에 대한 수요로 이어질 수 있다. 주어진 총 라디에이터 표면적의 크기는 라디에이터 수와 크기에 서로 다른 조합으로 얻을 수 있다. 건물 보온 수준을 높이거나 또는 다른 방법을 통해 열수요를 줄인다면, 라디에이터 온도를 낮출 수 있다. 하지만 더 큰 라디에이터 표면적과 더 많은 건물 보온재에 대한 비용이 발생한다.

스웨덴에서는 수년 동안 보통 80℃/60℃(공급/회수) 온도로 순환수식 시스템을 설계하는 것이 일반적인 관행이었다. 반면에 예컨대 독일에서는 보통 아주 높은 온도(때로는 공급온도가 100℃를 초과 함)를 사용하고 있으며, 지역난방 네트워크 역시 일반적으로 높은 설계온도를 적용하고 있다.

1982년 개정된 스웨덴 건축법이 도입되었으며, 신축건물의 경우 특별한 타입의 사용 여부에 따라 55℃ 또는 60℃의 최대 설계공급온도를 규정하고 있다. 이 같은 낮은 온도에 대해 회자되는 동기는 지역난방의 확대와 미래 태양열 건물의 광범위한 사용을 위한 준비에 있었다.

이론적으로 건물 내 증가되는 초기비용에 대해 낮아진 네트워크 온도에서 발생하는 이익이 균형을 이루는 최적 라디에이터 온도수준을 계산할 수 있다. 하지만 이런 계산은 지역난방 공급회사가 일반적으로 건물을 소유하고 있지 않기 때문에 어느 정도 인위적일 수밖에 없다. 그럼에도 불구하고, 특정 설계온도를 규정하고 있는 건축법은 타당한 균형점이 무엇인지에 대한 분석을 반영하고 있다. 때로는 지불액의 크기가 에너지 사용량뿐만 아니라 네트워크로 회수되는 냉각된 물의 온도수준에 따라 결정되는 지역난방 요금 제도를 사용한다. 이 경우 건물주가 좀 더 직접적인 경제적 최적화를 수행할 수 있다.

앞서 논의했듯이, 급탕온도의 경우 편리함, 안전, 보건에 대한 고려사항들 사이에 절충점을 찾아 온도수준을 설정해야 한다.

약 60℃의 온도수준이 모든 요구조건들 사이에 합리적인 균형을 이룬다고 여겨진다. 많은 국가의 정부가 급탕 시스템 내 여러 위치에서 필요한 수온에 대한 규정을 정해놓고 있다(저장탱크 상부에서 온도, 분배 시스템의 유출 온도, 재순환 라인에 온도 등).

그림 9.19는 그림 9.8과 관련해 앞서 논의되었던 2-단계 타입 기계실에서 1차측과 2차측 온도변화에 대한 사례를 보여주고 있다.

중간 도표는 외기온도에 의해 기계실 내 1차측과 2차측 온도가 어떻게 변하는지를 보여주고 있다. 양쪽에 있는 도표는 최대부하 시 열교환기 내 온도변화를 보여주고 있으며, 왼편은 난방에 대한 것이고 오른편은 급탕에 대한 것이다.

라디에이터 공급온도 t_s'의 변화는 앞서 보여준 제어박스(그림 9.16 참조)에 대한 것과 비슷하다. 회수온도 t_r' 곡선도 전체적으로 동일한 형태를 갖고 있다. 두 온도 사이의 차이는 외기온도에 의해 선형적으로 변하며, 이것은 순환수 회로에서 일정한 질량유량을 가정하고 있기 때문에 발생하는 현상이다.

이 도표로부터 연중 더 따뜻한 시기에 네트워크 공급온도 t_s는 **필요급탕온도(Required domestic hot water temperature)** t_w에 의해 좌우되므로 일정하게 유지된다는 것을 알 수 있다.

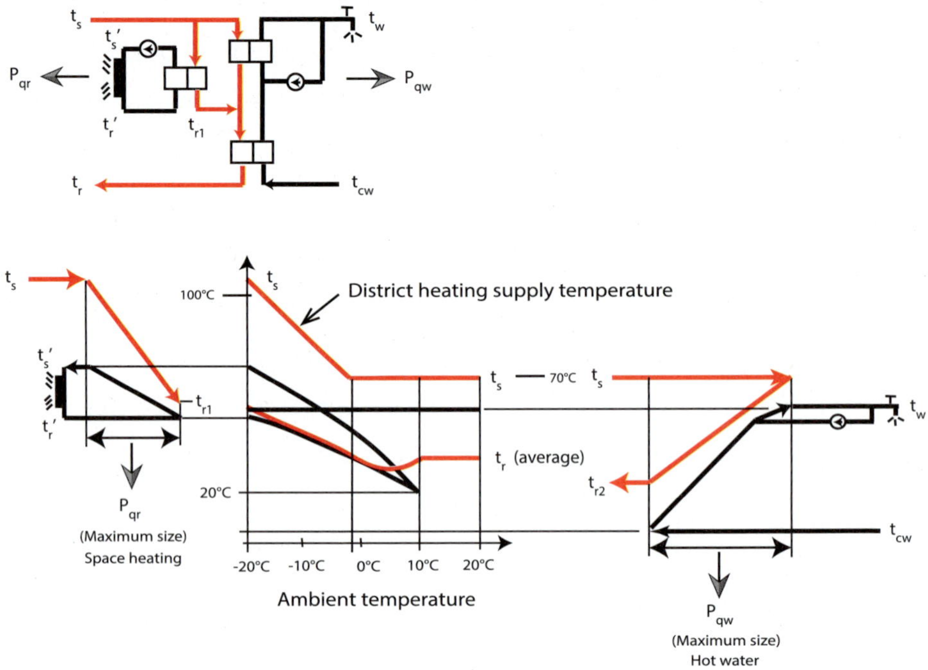

그림 9.19 변화하는 외기온도에서 2-단계 기계실 내 1차측과 2차측 순환 온도. 낮은 설계 공급온도 t_s는 100℃보다 약간 높은 수준이다

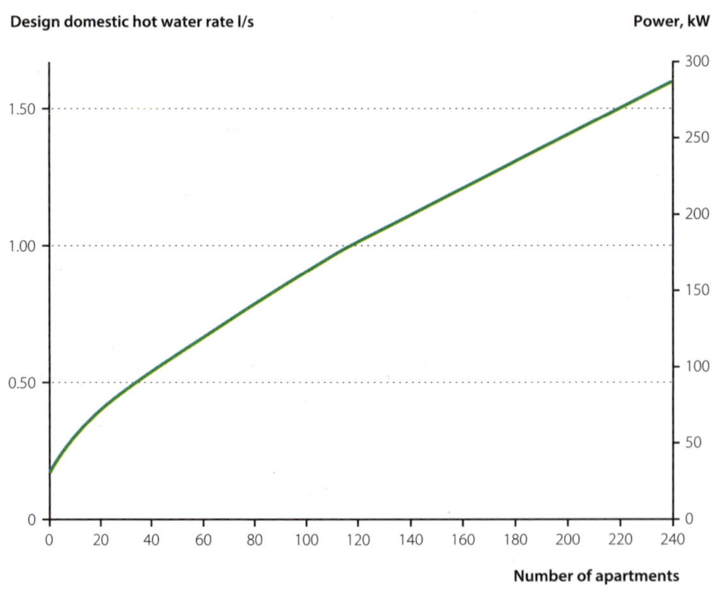

그림 9.20 아파트 수에 대한 설계 급탕유량. 그림 4.8 및 그림 5.16과 비교할 수 있다. 출처: Swedish District Heating Association(스웨덴 지역난방협회). 허락을 받고 사용함

표 9.1 신 · 구 규정에 의한 필요 최대 지역난방 설계회수온도와 라디에이터 공급온도. 설계 공급온도가 100℃일 때와 80℃일 때 모두 규정된 지역난방 회수온도를 준수해야 한다. Swedish District Heating Association(스웨덴 지역난방협회) 자료를 각색함

	지역난방 시스템 공급온도	지역난방 시스템 회수온도	라디에이터 시스템 공급온도	라디에이터 시스템 회수온도
신축건물 내 난방 시스템	100/80℃	<48℃ <43℃ <33℃	60℃ 60℃ 70℃	45℃ 40℃ 30℃
노후건물 내 난방 시스템 (1967년 건축규제 이전)	100/80℃	<63℃	80℃	60℃

표 9.2 급탕용 열교환기 크기 선정을 위한 온도. Swedish District Heating Association(스웨덴 지역난방협회) 자료를 각색함

	지역난방 수 온도 공급	지역난방 수 온도 회수	시수	급탕	수도꼭지에서 온도
아파트 건물/ 그밖에 부지	65℃	≤22℃	10℃	55℃	50℃
단독주택/ 아파트 한 가구	65℃	≤22℃	10℃	50℃	50℃
온수 저장탱크를 사용하는 경우	65℃	≤25℃	10℃	60℃	50℃

그림 9.20 뿐만 아니라, 표 9.1과 9.2는 스웨덴 지역난방협회에서 발행한 현행 가이드라인에서 발췌하였다. 이 자료들은 운영 중 적정한 수요 모드와 관련 있다. 난방 열교환기에 대한 설계조건은 최저외기온도를 참조하고 있다

그림 9.20은 민간주택(Private house)에 적용되는 것이다. 다른 종류의 건물(호텔, 레스토랑, 사무실 등)의 경우에는 대상 건물의 특성에 적합한 다른 크기의 값을 사용해야 한다. 그림에서 알 수 있듯이, 아파트 한 가구당 설계 최대 급탕유량은 부하 다양성(Load diversification) 때문에 아파트의 수에 따라 감소한다. 더 많은 정보를 얻기 위해서는 그림 4.8을 참조하기 바란다.

9.7.2 열교환기(Heat exchangers)

열교환기는 일반적으로 최대부하 시 특정값 밑으로 **최소온도차(The least temperature difference)** Θ_{LTD}를 유지해야 한다(그림 9.21 참조). 무한히 큰 열교환기가 있는 이론적인 경우에는 이 값이 없어진다.

아래 그림은 최소온도차가 다음과 같은 라디에이터 열교환기에 대한 사례이다.

$$\Theta_{LTD} = t_{r1} - t_r' \, [°C] \tag{9.4}$$

급탕 히터의 경우,

$$\Theta_{LTD} = t_{r2} - t_{cw} \, [°C] \tag{9.5}$$

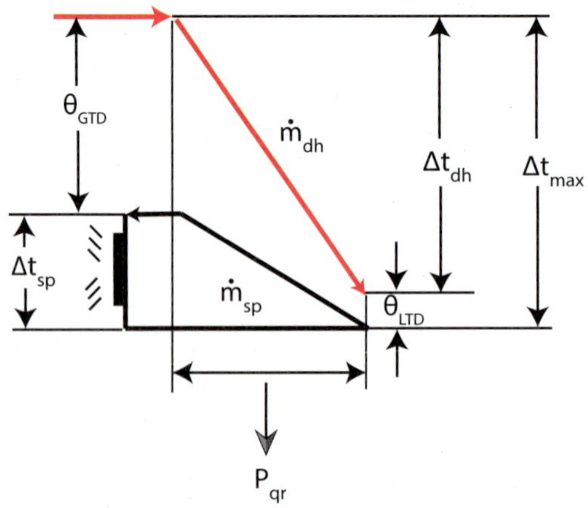

그림 9.21 난방 열교환기에서 여러 가지 중요한 온도차

표 9.1과 표 9.2에서 알 수 있듯이, 위 두 가지 경우에 대한 스웨덴 설계 Θ_{LTD}값은 각각 3℃와 12℃이다.

급탕 히터의 경우, (보통, 그림 9.19에서 예를 든 것처럼)두 개의 열교환기(하나는 예열기(Preheater), 다른 하나는 후열기(Afterheater))가 존재하고, 두 히터 사이에 재순환되는 물로 인해 문제가 복잡해진다. 이 같은 문제를 다루기 위한 실용적인 방법은 재순환되는 유량을 배제하고 두 개의 열교환기를 단일기기로 간주하는 것이다. 두 열교환기에 대해 하나의 큰 열교환기 크기를 결정하고, 두 열교환기 각각을 전체 크기의 절반이 되도록 설계한다. 이 문제에 대한 전체적인 논의는 상당히 길며, 지면 관계상 더 이상 살펴보지 않을 것이다.

난방 열교환기의 단순한 경우에 대한 분석적 처리과정을 살펴보자.

열교환기 제작사가 제공하는 사양서에서 **전체열전달계수(Overall heat transfer coefficient)** K를 알 수 있으며, 다음과 같이 열교환기 표면 면적의 필요한 크기를 계산할 수 있다.

$$A = P / (K\, \Theta_{LMTD})\ [m^2] \qquad (9.6)$$

여기서,

P = 열부하 [W]

K = 전체열전달계수 [W/m² ℃]

그리고

Θ_{LTD} = 대수(對數) 평균 온도차(Logarithmic mean temperature difference)

$$= (\theta_{GTD} - \theta_{LTD}) / \ln(\theta_{GTD} / \theta_{LTD})\ [°C] \qquad (9.7)$$

Θ_{LTD} = 최대 온도차 [℃]

Θ_{LTD} = 최소 온도차 [℃]

전체열전달계수의 역수인 1/K은 **전체열전달저항(Overall heat transfer resistance)**의 측정 수단이다.

이 저항은 열전달저항의 합으로 나타낼 수 있다.

$$1/K = 1/\alpha_{dh} + 1/K_{wall} + 1/\alpha_{sp}\ [m^2\ °C/W] \qquad (9.8)$$

여기서,

α_{dh} = 지역난방 측 경계층의 열전달계수

K_{wall} = 열교환기 벽면의 열전달계수

α_{sp} = 세대난방 측 경계층의 열전달계수

경계층(The boundary layer)의 열전달계수는 질량유량이 증가하면 커진다. 예를 들어, 다음과 같이 나타낼 수 있다.

$$\alpha_{dh} = \alpha_{dh,o} (\dot{m}_{dh} / \dot{m}_{dh,o})^{p} \ [W/m^2 \ °C] \tag{9.9}$$

여기서,

$\alpha_{dh,o}$ = 기준 운전 케이스에서 열전달계수
$\dot{m}_{dh,o}$ = 기준 케이스에서 지역난방 질량유량 [kg/s]
$\dot{m}_{dh}$ = 모든 운전 케이스에서 지역난방 질량유량 [kg/s]
P = 열교환기 벽면의 기하학적 구조와 연관된 계수 = 0.5~0.8

판형 열교환기의 판은 얇다. 따라서 오염물이 없을 시 $1/K_{wall}$은 두 경계층의 열전달저항과 비교해 작다. 하지만 만약 오염물이 존재한다면, 값이 크게 증가할 수 있다.

무차원의 열교환기 크기, **열단위 수(Number of thermal unit, 또는 열거리(Thermal Length))**는 다음과 같이 정의된다.

$$NTU = KA / (\dot{m}_{dh} \, c_p) = \Delta t_{dh} / \theta_{LMTD} \ [-] \tag{9.10}$$

여기서,

c_p = 물의 비열용량 [J/kg℃]
Δt_{dh} = 지역난방 측 난방수의 냉각 [℃]

대안으로(취향의 문제임), 분자에 다음 값을 사용할 수 있다.

Δt_{sp} = 세대난방 측 냉각 [℃]

이 값은 다음 값에 상응한다.

$\dot{m}_{sp}$ = 세대난방 질량유량 [kg/s]

자주 인용되는 스웨덴 설계 θ_{LMTD}값은 3–5범위의 NTU값과 일치한다. 이 값은 약간의 오염물을 허용하는 상당히 여유 있는 크기를 나타낸다. 난방 열교환기의 경우 양쪽 열전달 표면의 오염물은 보통 자철석(Magnetite) 퇴적의 결과로 발생한다. 앞서 언급했듯이, 급탕 열교환기의 2차측에서 오염물은 스케일 형성에 의해 유발된다.

열교환기 온도효율(**Heat exchanger temperature efficiency**) η은 다음과 같이 정의된다.

$$\eta = 1 - \theta_{LTD} / \Delta t_{max}\ [-] \qquad (9.11)$$

KA가 무한히 큰 경우, 지역난방 수에서 발생 가능한 최대 냉각상태로 정의하면

$$\Delta t_{max} = \Delta t_{dh}$$

이 효율은 NTU의 함수로 나타낼 수 있다(그림 9.22 참조). 여기서 곡선 매개변수는 질량유량이다.

$$R = \dot{m}_{dh} / \dot{m}_{sp}\ [-]$$

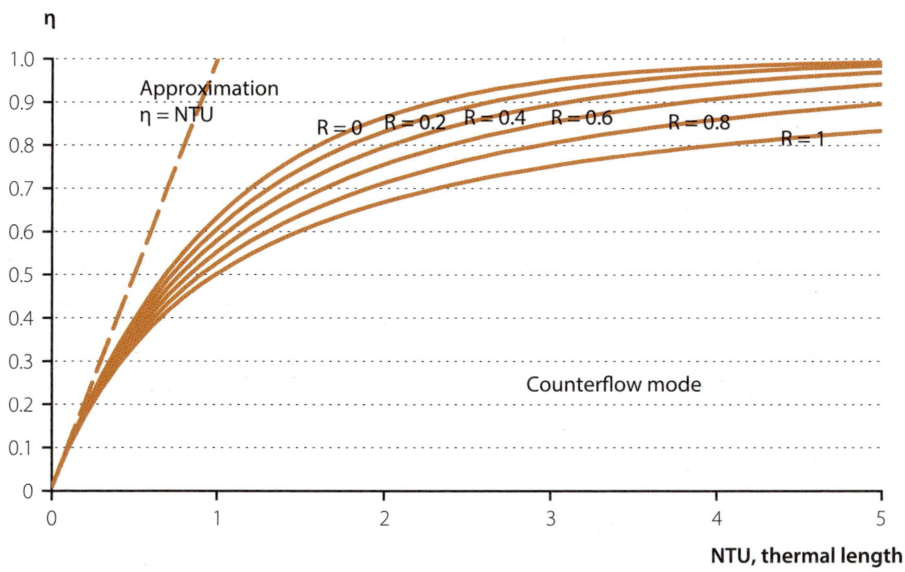

그림 9.22 곡선의 매개변수로서 질량유량비(Mass flow rate ratio) R에 대한 열거리의 함수로 표시한 열교환기 효율

주어진 열교환기 표면적 A와 주어진 1,2차측 유량에 대한 열전달계수 K의 최댓값은 1,2차측 유량면적(Flow area)이 가능한 작고 열교환기가 가능한 '긴(long)' 경우에 얻을 수 있다. 판형 열교환기의 경우 하나가 아닌 두 개의 경로를 사용하면 유량 단면적을 줄이면서 유체의 이동거리를 증가시킬 수 있다(그림 9.23 참조, **단일경로 열교환기**/이중경로 열교환기). 동시에 압력강하(Pressure drop)는 증가한다. 유량면적과 유량길이 외에 압력강하는 채널패턴(Channel pattern)에 영향을 받으며, 1차측과 2차측 유량저항(Flow resistance)에 대해 요구조건을 다르게 한 열교환기를 사용할 수 있다. 이런 측면에서 최근 열교환기 개발은 판의 양쪽 부분에 유량패턴을 다르게 할 수 있는 주름 패턴을 채택해 운용 특성을 조정할 수 있게 한다.

열교환기의 1차측에 최대 허용 가능한 압력손실은 이용할 수 있는 압력차와 적절한 제어를 어떻게 보장할 수 있는지에 따라 결정된다(그림 9.24 참조).

제어밸브가 고정된 유량저항을 갖는 (열교환기를 포함한)설비에 직렬로 작동하는 경우, 제어밸브에서 발생되는 압력강하는 직렬로 운영하는 모든 압력손실 설비의 특정비율 β (**밸브 어써리티**(Valve authority)라고 함)보다 작아야 한다.

$$\beta = \Delta p_{min}/\Delta p_o \text{ [-]} \tag{9.12}$$

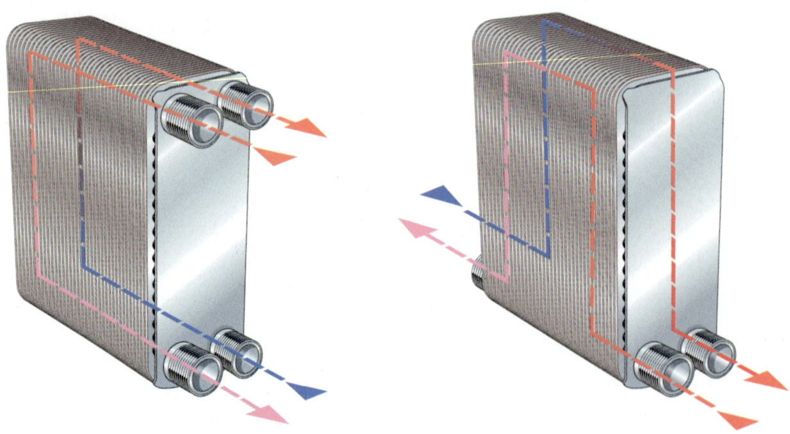

그림 9.23 단일-경로(왼쪽)와 이중-경로(오른쪽) 판형 열교환기. 출처: Alfa-Laval. 허락을 받고 사용함

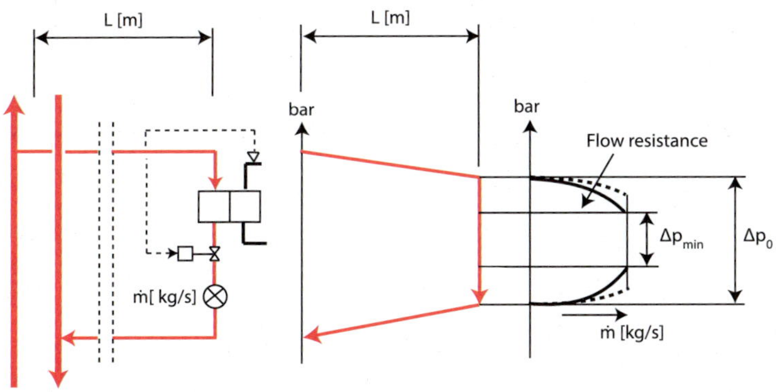

그림 9.24 충분한 제어밸브 어써리티를 보장하는 경우 고려해야 하는 열교환기, 네트워크에 인입배관 등을 포함한 기계실 여러 부분에서의 압력강하.

그림에 있듯이 주로 기계실 전체에 걸친 압력차에 기반해 밸브 어써리티를 측정하며, **인입배관(Service pipe)**에 압력손실은 고려하지 않는다. 인입배관이 길어지면 측정에 문제가 있을 수 있다. 이 문제를 해결하기 위한 실용적인 방법은 밸브 어써리티를 조금 더 큰 값으로 설계하는 것이다. 이 값은 50%보다 작아서는 안 된다.

유량이 증가하는 경우 기하학적 형상이 고정된 모든 설비에서 발생하는 압력손실은 (완전 난류유동으로 가정하면)유량의 제곱으로 증가한다. 반면에 밸브에서의 압력강하는 감소하게 되며, 그 이유는 유량이 원하는 크기가 되도록 밸브 개방 정도를 설정하는 밸브제어에 의해 통제를 받기 때문이다.

만일 밸브 어써리티가 작다면, 밸브 개방 정도는 밸브 어써리티가 큰 경우보다 좀 더 다양해져야 한다. 이것이 밸브 어써리티 개념의 중요성에 대한 힌트를 주고 있다. 관련 제어이론의 상세한 연구를 통해 실질적인 이해를 얻을 수 있다.

열교환기와 제어밸브의 '오버사이징(Oversizing)'에 대한 문제가 존재한다. 열교환기와 관련해, 유량면적 증가(이로 인해 열전달계수가 감소한다는 것을 의미함)만이 규정된 최솟값보다 크기를 크게 하는 것은 아니며, '오버사이징'그 자체가 1차측 유량을 더 냉각시키기 때문에 열역학적 측면에서 이득이 된다.

반대로 제어밸브의 오버사이징은 다음과 같은 문제를 일으킨다.

- 밸브 어써리티를 오프셋(Offset)한다.
- 위치선정 정확도(Positioning accuracy)가 나빠지는 원인이 된다.

- 제어루프에서 루프이득이 증가하는 원인이 된다. 최신 제어장비에서 보상할 수 있지만, 경험상 상당히 복잡한 이런 조치를 보통 수행하지 않는다.
- 큰 유량 피크로 이어지며, 이는 결과적으로 **온도오버슈트**(**Temperature overshoot**)를 유발한다.
- On-Off 불안전성의 위험을 증가시킨다.

9.7.3 급탕 저장탱크(Hot water storage tanks)

덴마크 규정에 따르면, 급탕저장탱크는 표 9.3에 따라 크기를 정할 수 있다.

맨 오른쪽 열은 탱크부피가 커지면 히터 등급을 얼마나 낮출 수 있는지(그리고 그 반대의 경우)를 계량화 한 것이다. 독일 가이드라인 DIN 4708은 저장탱크 크기 선정(Sizing)에 대한 종합적인 기준을 제공한다.

표 9.3 저장탱크와 연관된 히터(외부 열교환기 또는 내부 히팅코일)의 크기. Danish Engineering Society 자료를 각색함

아파트 세대 수	부피V (리터) :	난방 용량 Q (kW) :	−dQ/dV (kW/리터) :
4	340	13.2	$17 \cdot 10^{-3}$kW
5	390	15.5	$16 \cdot 10^{-3}$kW
6	420	17.4	$16 \cdot 10^{-3}$kW
8	520	21.6	$15 \cdot 10^{-3}$kW
10	600	26.0	$14 \cdot 10^{-3}$kW
15	825	31.5	$14 \cdot 10^{-3}$kW
20	1000	34	$13 \cdot 10^{-3}$kW
30	1290	45	$12 \cdot 10^{-3}$kW
50	2000	70	$12 \cdot 10^{-3}$kW
75	2625	98	$11 \cdot 10^{-3}$kW
100	3000	120	$10 \cdot 10^{-3}$kW
150	3750	165	$8 \cdot 10^{-3}$kW

9.7.4 제어밸브(Control valves)

제어밸브는 밸브의 최대 개방을 필요로 하는 운영조건에서 밸브에 규정된 최대유량과 최소압력강하에 따라 크기가 정해진다.

제어밸브의 스로틀(Throttle) 부분 내 유량은 일정한 유체 밀도를 갖는 완전 난류로 가정할 수 있다. 따라서 주어진 스핀들 위치에서 압력강하는 질량유량의 제곱에 비례한다. 밸브의 용량은 압력강하 1 bar에서 최대 유량으로 정의되며, **유량계수(Flow coefficient)** 또는 K_{vs}-**값**(영어로 된 텍스트에서는 대부분 C_{vs}로 나타냄)으로 나타낸다. 1 bar에서 벗어난 압력강하에서 최대 유량은 다음의 방법으로 계산할 수 있다.

$$\dot{V} = k_{vs}\sqrt{\frac{\Delta p}{1bar}}\ [m^3/h] \qquad (9.13)$$

실제 밸브 크기 선택은 일반적으로 제작사 카탈로그에 있는 (그림 9.25에 있는 것과 같은) log-log 도표를 사용해 이루어진다. 이 그림은 최대 개방 시 0.3 bar의 압력강하에서 12 m^3/h의 유량을 공급할 수 있는 밸브의 선택에 대한 사례를 나타낸다.주어진 압력강하에서 스핀들 위치 H의 함수로서 유량 $\dot{V}$를 **밸브특성(Valve Characteristic)**이라고 한다. 그림 9.26을 보면, 중간에 있는 도표에 이 같은 특성값의 두 가지 사례가 있다.

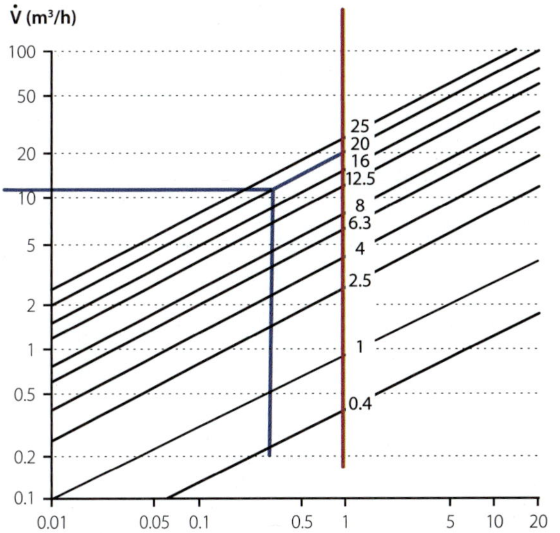

그림 9.25 제어밸브의 사례, 주어진 최대유량과 압력강하에서 K_{VS} 선택

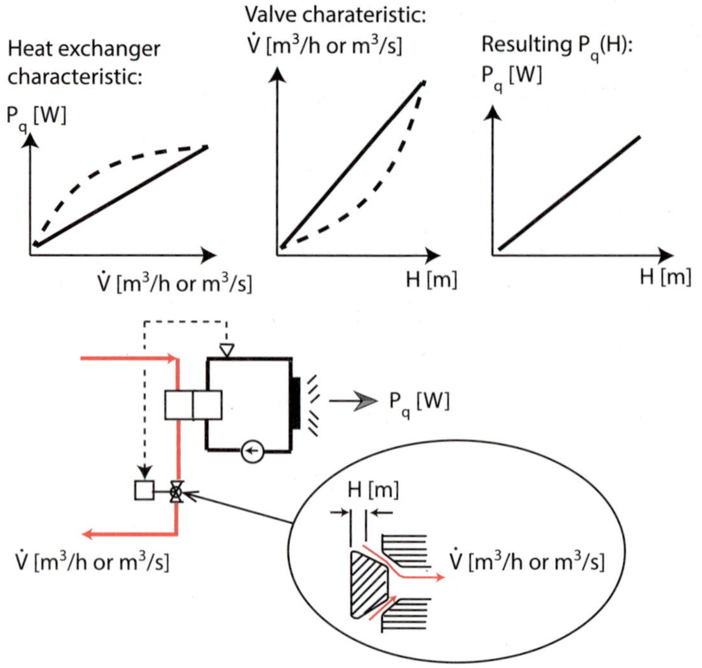

그림 9.26 선형 P_q-H 관계를 얻기 위한 밸브특성 선택

열출력(Heat output) P_q와 스핀들 위치 H 사이의 관계(오른쪽에 있는 도표)가 선형 관계에 크게 벗어나지 않는 것과 마찬가지 방식으로, 이 밸브특성이 열교환기의 거동과 일치하는 것을 일반적으로 선호한다. 이렇게 하면 특정 열출력에서 열수요 변화 시 스핀들 위치가 크게 변해야 하는 것을 피할 수 있다.

열교환기 특성(Heat exchange characteristic)이 선형(완전한 선 모양)인 경우, **선형 밸브특성**을 필요로 한다. 열교환기 특성이 구부러진 경우(점선 모양), 구부러진 특성은 소위 말하는 **로그(logarithmic, 또는 등백분율) 밸브특성**을 충족하는 밸브를 필요로 한다. 일반적으로 열제어 엔지니어링(Thermal control engineering)에서는 구부러진 형태의 열교환기 특성을 자주 접하게 된다. 기계실 내 열교환기 특성은 보통 선형관계에 근접하며, 선형관계는 열교환기가 충분한 크기로 선정되어 고부하 시에도 최소 온도차가 작은 경우에 발생한다.

여기에 기술된 내용은 적정한 밸브특성 선택을 위한 종합적인 분석의 단지 일부에 지나지 않다는 것을 강조하고 싶다. 실제 밸브특성은 선형 P_q-H함수에 편차를 발생시킬 수 있는 (액추에이터 등과 같은)제어루프의 모든 구성요소를 포함해야 한다.

참고문헌

Dansk Ingeniørforenings norm for vandinstallationer(Water Equipment Standard issued by the Danish Engineering Society), DS 429. 2nd Edition 1989.

Benonysson A, Boysen H, Valve Characteristics for Motorized Valves in District Heating Substations. Euroheat&Power, 7–8(1999), 58–64.

Loose P. Teillastverhalten von Plattenwärmeübertragern(Partial load behavior of plate heat exchangers). Euroheat&Power. 4(2000), 52–57.

Wollerstrand J, Control Valves in District Heating Substations, Flexible Sizing and its Influence on DH Network Operation Conditions. Euroheat & Power, European Technology Review, October 2002.

District Heating Substation, Design and Installations, Technical Requirements F : 101, Swedish District Heating Association 2004.

Persson T, District Heating for Residential Areas with Single–Family Housing Dissertation, Lund University 2005.

일반적인 열전달과 열교환기에 대한 다양한 문헌들이 존재하며, 예를 들면 다음과 같은 것들이 있다.

VDI–Wärmeatlas. 10. Auflage(Edition), VDI Gesellschaft 2006.

Wang L, Sundden B, Manglic RM, Plate Heat Exchangers : Design, Application and Performance. WIT Press 2007.

Bergman LB, Incropera FP, Lavine AS, Dewitt DP, Fundamentals of Heat and Mass Transfer, 7th Edition, John Wiley and Sons, 2011.

제어이론과 실무에 대한 문헌 또한 아주 많다. 앞서 기술된 문맥과 특히 연관되어 있는 정보를 포함한 2가지 표준이 있다.

HVAC Systems and Equipment, ASHRAE(American Society of Heating Refrigeration and Air–Conditioning Engineers Inc.) Handbook, 2008.

Rechnagel H, Sprenger E, Schramek E–R, Tascenbuch für Heizung + Klimatechnik (Handbook for heat + Air technology). 75. Auflage(Edition), Oldenburg Industrieverlag, München 2011.

9.8 순환수식 난방시스템의 조정 (Adapting hydronic space heating systems)

9.8.1 에너지절약 조치(Energy saving measures)

지역난방 네트워크에 이미 연결돼 있거나 연결하려고 하는 기존 건물에 대한 에너지절약 조치는 시장 상황에 따라 사업자(Utility company)에게 긍정적으로 또는 부정적으로도 느껴질 수 있다. 도시지역 내에 지역난방 설계가 거의 포화상태인 경우 에너지절약은 열 판매를 줄어들게 해 사업자 관점에서 문제를 일으킬 수 있다. 여기에 딜레마가 있다. 한편으로 투자된 자본에 대한 회수가 줄어들지만, 다른 한편으로 사업자가 에너지절약 조치에 반대하는 것처럼 보이는 것을 원치 않는다. 사업자가 활용할 수 있는 잉여 에너지(예컨대 에너지 집약 산업의 폐열 형태)가 존재하는 경우, 대부분 에너지절약이 무의미하다고 주장할 수 있다. 설사 그렇다 하더라도 이런 문제에 대해 일반 대중과 어떻게 소통해야 하는가 하는 문제가 남게 된다. 다른 한편으로 만일 새로운 사용자에게 네트워크를 연장하기 위해 이미 공급중인 건물에서 에너지절약을 이룰 수 있다면, 이것 자체가 지역난방 사업을 성장시키는 좋은 기회에 해당 할 수 있다.

어떤 측면에서 순환수 시스템으로 난방을 하는 기존 공급건물이 보온재 증가, 오래된 창의 교체 등을 통해 에너지절약을 하는 것은 지역난방 사업자 관점에서 매력적인 일이다. 즉, 시스템의 운영온도를 낮출 수 있다. 따라서 예컨대 만일 공급온도를 일정하게 하면 회수온도가 낮아지거나, 공급온도에 대한 커브설정(Curve set)을 낮출 수 있다. 이것은 시스템의 수리적 균형을 향상시킬 수 있으며, 개별 방들의 난방 불균형에 대한 위험성을 줄인다.

9.8.2 재순환과 3-방향 밸브의 제거 (Elimination of recirculation and three-way valves)

앞서 살펴보았듯이, 직접연결 시스템은 위험한 고온을 회피하고, 라디에이터 자동온도 제어에 도움을 주기 위해 보통 공급온도를 낮출 수 있는 재순환 설비를 설치한다.

그림 9.27은 간접연결인 경우 일반적으로 기계실에서 재순환을 피해야 한다는 사실을 나타낸다. 개별 보일러에 의해 건물 난방을 하는 경우(왼쪽에 있는 디자인) 보일러에서

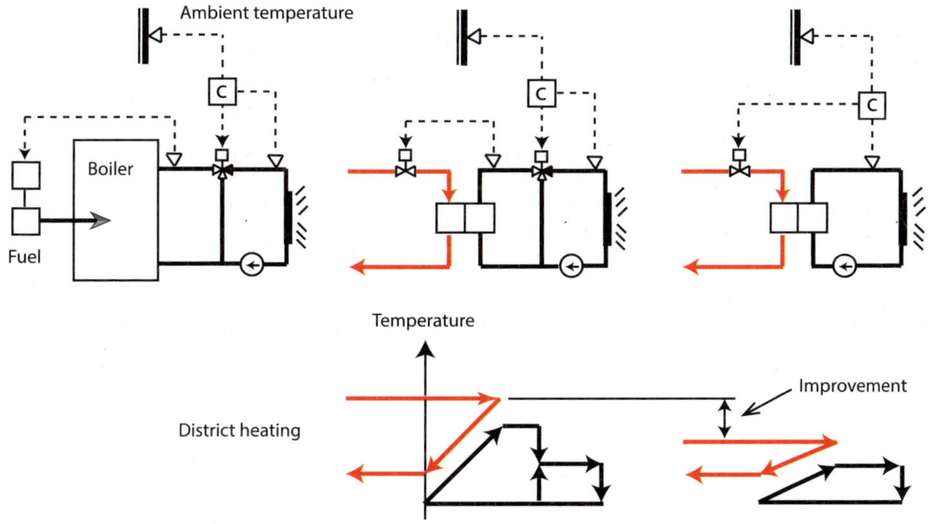

그림 9.27 보일러 난방에서 지역난방으로 전환. 혼합밸브 생략 시 온도성능을 향상시킨다

나오는 난방수 온도는 보통 3-방향 밸브와 **유동재순환(Flow recirculation)**에 의해 자동온도 제어된다.

맨 오른쪽의 배치 계획에 있는 것처럼 수정하는 대신에, 재순환 배치를 변경하지 않고 유지한다면(중간에 있는 설계) 더 높은 1차측 공급온도를 유지할 필요가 있다.

또한, 부식을 방지하기 위해 보일러로 회수되는 물의 온도를 높이려고 보통 회수되는 물에 유출되는 급탕수를 섞는다. 낮은 연돌온도가 부식을 유발할 수 있는 기름보일러(Oil boiler)가 특히 이런 경우에 해당 한다. 순환수식 시스템이 지역난방 네트워크에 연결되는 경우 이 같은 혼합을 피해야만 한다.

9.8.3 문제가 있는 심야 세트백(Problematic night set-backs)

시장에서 판매되는 순환수 난방 시스템용 제어유닛은 열원이 보일러인지, 지역난방 네트워크인지 등에 관계없이 거의 동일하다. 지역난방의 경우 보통 사용하는 기능 중 하나에 대해 주의를 기울어야 한다. **심야 세트백(Night set-back)** 기능은 지역난방 시스템 운영에 큰 문제를 일으킬 수 있다. 심야 세트백은 열사용량을 줄이는 것과 연관되어 있기 때문에 이 기능이 바람직한지에 대한 문제에는 많은 논란이 있으며, 지역난방 사업자들은 마치 자신들이 에너지절약에 반대하는 것처럼 보이는 것을 원치 않는다. 더군다나 많은 사람들이 약간 낮은 실내온도에서 잠자기를 원한다.

우선 심야 세트백의 절감효과가 과장되어있다는 점을 지적할 수 있다. 특히, 대형 건물에서 그 효과는 빌딩의 크기에서 오는 열에너지 저장(Storing)과 추출(Extracting)의 하나로 볼 수 있다. 둘째, 유입되는 태양 에너지에서 발생하는 열취득 증가와 낮 시간 동안 PC 등에서 나오는 방열은 실내온도의 자동적인 변화로 이어지는 경향이 있다.

처음에는 지역난방 네트워크 내에서 순환하는 난방수의 질량으로 나타낸 열용량(Heat capacity)이 연결된 건물보다 열원에서 더 작은 변화가 일어나게 열부하 변화를 안정시키는 완충역할을 하게 된다고 여길 수 있다. 하지만 그림 9.28에 나타나 있듯이 이것은 사실이 아니다.

이 그림은 지역난방 시스템의 단순한 동적모델을 기반으로 하며, 그림에서 하나의 큰 열부하는 개별 건물에서 발생하는 모든 연결된 열부하를 나타낸다. 명백히 이 그림은 심야 세트백의 유해한 효과를 약간 과장해서 표현하고 있다. 왜냐하면 실제로는 **균등화(Evening out)** 현상이 발생한다. 이런 현상의 원인 중 일부는 개별 건물들에 심야 세트백이 완전히 동시에 일어나지 않고, 일부는 개별 건물이 열원에서 서로 다른 거리에 위치한다는 사실에 기인한다.

반대로 연결된 건물 내 제어유닛에 의해 설정된 부하변화는 낮과 밤 모드 사이에 전환될 뿐만 아니라, 이른 아침시간에 실내온도를 빠르게 회복시키기 위해 낮 시간 때 필요한 것 이상으로 열부하를 일시적으로 증기시켜 건물의 예열을 가속화시킨다. 우리의 단순한 모델에서는 이 마지막 기능을 제외시켰다.

그림에서 24시간보다 약간 긴 기간 동안 변수 변화를 나타내는 세로로 나란히 표시된 3개의 도표를 볼 수 있다. 맨 위의 도표는 열교환기(단순화하기 위해 급탕을 제외함)의 1차측과 2차측에서 온도변화를 나타낸다. 제어기 C는 1차측 공급온도 t_s가 일정하게 유지된다고 가정할 경우 2차측 공급온도 t_s'의 단계적 변화를 지시한다.

그 다음 도표는 네트워크 질량유량 $\dot{m}$의 변화를 보여주고 있다. 마지막으로 아래에 있는 도표는 전달된 열력(Heat power) P_{q1}(열원에서 측정한 값)과 P_{q2}(기계실에서 측정한 값)의 변화를 나타낸다.

마지막 도표에서 알 수 있듯이, 두 열력은 24시간 주기의 대부분에 걸쳐 일치하지만 아침과 저녁 천이시간에 차이가 발생한다. 아침시간에 P_{q1}에 급격한 '**열수요 오버슈트(Heat demand overshoot)**'의 발생은 열원에서 상당한 열생산 증가를 유발한다.

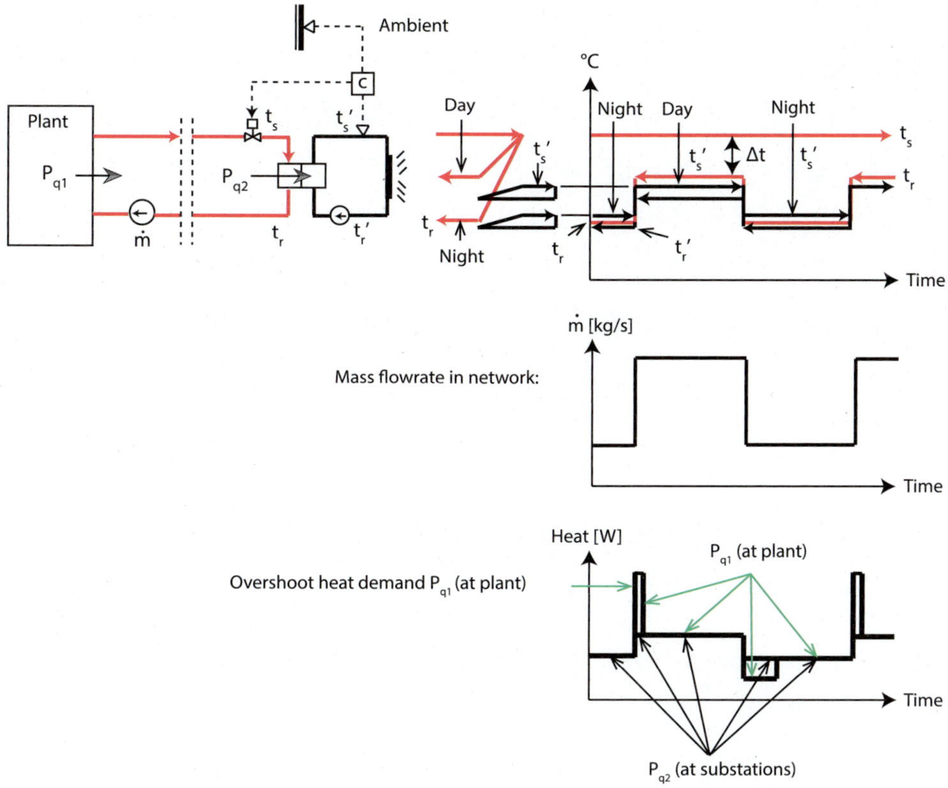

그림 9.28 순환수식 난방 시스템의 심야 세트백이 이른 아침시간 열원에서 큰 '오버슈트'를 유발할 수 있다

그림에서 알 수 있듯이, 네트워크의 열역학은 매끄럽지 않게 발생하며 심지어 기계실에서 열원까지 열변화의 증폭을 일으키기도 한다.

이런 예기치 않은 거동은 다음과 같이 설명할 수 있다. 추출되는 열력은 보통 단순한 식으로 나타낼 수 있다.

$$P_{q2} = \dot{m}\, c_p\, (t_s - t_r) = \dot{m}\, c_p\, \Delta t \text{ [W]} \tag{9.14}$$

P_{q2} 증가 시 Δt가 감소하고, $\dot{m}$의 큰 증가로 이어진다. 처음에는 열원에 도달하는 회수온도에 변화가 없으며, 이것은 동일한 비율의 P_{q1}이 $\dot{m}$을 증가시킨다는 것을 의미한다. 열추출부에서 회수온도의 점진적 증가가 생산 플랜트로 되돌아오는 경우에만, P_{q1}이 P_{q2}와 일치하기 위해 감소한다(네트워크 열손실은 무시함).

앞서 살펴보았듯이, 초저녁 시간에는 오버슈트만큼 크지는 않지만 '**언더슈트(Undershoot)**'가 발생한다.

열원에서 나오는 물의 공급온도를 유지하는 대신에 P_{q2}가 증가하기 전 공급온도를 충분히 빠르게 상승시켜 어느 정도 피크를 방지할 수 있으며, 이것은 공급관의 이동시간을 고려해야 한다는 것을 의미한다. 특정 열분배 시스템이 어떻게 작동하는지 이해하고 있는 경험 많은 운전원의 경우, 어느 정도는 이런 방법을 사용할 수 있다.

그림 9.6에 있는 것처럼, **유량제한장치(Flow limiter**, 아이템 21번)의 설치는 특히 외기온도가 낮은 경우 열부하 변화를 줄이는 데 도움을 줄 수 있으며, 열원에서 부하변화는 온도변화 중 가장 문제가 되는 부분이다.

9.8.4 최적화된 라디에이터 유량과 공급온도 (Optimised radiator flow rate and supply temperature)

전통적으로, 순환수식 난방시스템을 사용하는 (스웨덴을 포함한)일부 국가에서는 보통 일정한 질량유량에서 운전한다. 그림 9.19에 있듯이, 공급과 회수 사이의 온도차가 최대열부하에서 보통 20℃정도로 비교적 작으며, 낮은 열부하에 비례해 작아지는 크기로 이런 질량유량이 발생한다.

하지만 일부 HVAC 기술자들은 저유량과 상응하는 더 큰 델타T로 설계하는 것을 선호하며, 이렇게 해야 시스템의 수리적 평형을 더 쉽게 이룰 수 있다고 주장한다. 표 9.1은 이런 경우를 포함하고 있다. 그 밖에도 열생산의 여러 가지 방법들(예컨대 연도가스 응축)이 낮은 회수온도에서 효율적이다.

직접연결의 경우 열역학적 관점에서 보면 라디에이터의 공급온도 t_s'가 가능한 높아야 한다는 것이 명확하다. 즉, 라디에이터로부터 재순환되는 물과 혼수되지 않아야 한다.

순환수 시스템이 간접적으로 연결된 경우 상황은 좀 더 복잡해진다. 왜냐하면 유량이 낮은 경우 열교환기에서 발생하는 1차측과 2차측 회수온도 사이의 **최소차온(The Least Temperature Difference, LTD)**이 증가하기 때문이다. 이는 낮아진 2차측 회수온도 t_r'를 1차측 회수온도 t_r에 변화로 전환하는 경우 회수온도에 취득을 줄이거나 또는 심지어 상쇄하기도 한다.

그림 9.29는 일정한 방열(Heat emission) P_q와 일정한 1차측 공급온도 t_s에서 2차측 공급온도가 변할 경우 1차측 회수온도의 변화를 계산한 결과이다. 열전달 표면적 A는

$t_{s,o}'$=60℃에서 LTD값에 의한 무차원 면적 A/A_0로 표현된 곡선 매개변수이다. 열전달계수 K는 일정하다고 가정했다. 즉, 그림에 있는 도표는 특정 시스템의 다양한 운전형태가 아니라 다양한 설계의 결과 값이다. 따라서 1차측과 2차측 유량이 증가한 경우, 열전달계수가 영향을 받지 않기 위해 유량 단면적도 증가한다고 가정했다. 도표에서 알 수 있듯이, 각각의 열교환기 크기에 대해 최적 2차측 공급온도와 이에 따른 난방 시스템에서의 특정 질량유량 $\dot{m}_{sp}$가 존재하며, 최적 라디에이터 공급온도 t_s'는 A/A_0(곡선 매개변수)가 커질수록 증가한다.

특정 열교환기에 대한 각각의 부하 케이스에서 최적점을 얻기 위해 2차측 공급온도를 어떻게 다양화해야 하는지에 대한 연구가 수행되었다. 이 같은 최적화에 따라 복잡한 제어 알고리즘이 개발되었다. 이런 알고리즘은 온라인 최적화 수행, 1차측 공급온도 t_s 변화와 오염의 변화 정도에 대한 자동 보상, 오염을 모니터링하고 적당한 간격으로 열교환기를 세척하는 것을 가능하게 한다.

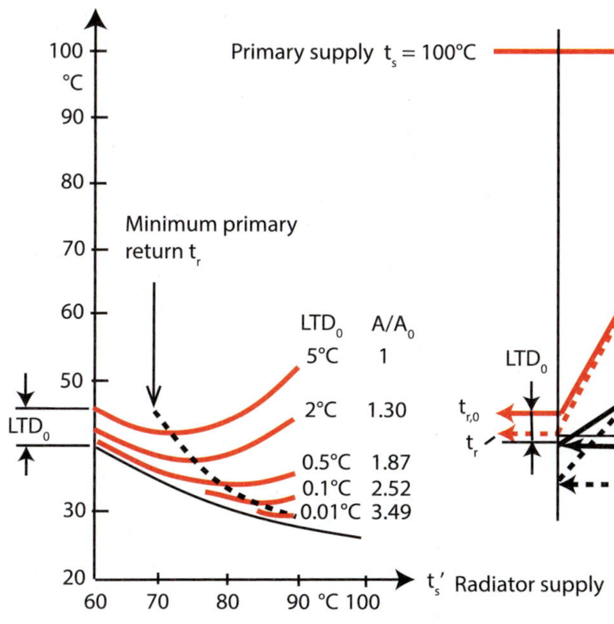

그림 9.29 최대열부하에서 라디에이터 순환 공급온도 t_s'의 최적화, 1차측 공급온도 t_s는 일정함. 최적기준. 최소 1차측 회수 온도 t_r. 출처: Frederiksen & Wollerstrand 1987.

9.8.5 단일-배관 순환수 난방시스템(Single-pipe hydronic heating systems)

단일-배관 순환수 난방시스템은 상대적으로 높은 회수온도로 이어지는 경향이 있으며, 따라서 지역난방 네트워크 연결을 위한 적합한 방식으로 여겨지지 않는다. 왜냐하면 2-배관 시스템보다 기계실 내 델타T가 더 작게 발생하기 때문이다.

단일-배관 난방시스템의 장점은 2-배관 시스템과 비교해 벽, 천장 등을 통해 내려와야 하는 배관 숫자를 필요한 배관의 총 길이만큼 줄 일 수 있다는 것이다. 하지만 시스템의 평형을 유지하기가 더 어렵다. 라디에이터로부터의 출력은 물의 양을 관리하기 위한 바이패스에 의해 제어된다. 따라서 시스템의 질량유량은 바이패스가 없는 2-배관 시스템과 비교해 증가한다(델타T를 줄임). 델타T에 대한 고려사항 외에도, 하부 라디에이터 제어가 상부 라디에이터 제어에 영향을 받아 어려워진다. 왜냐하면 상부 라디에이터의 바이패스 제어는 하부 라디에이터로 유입되는 물의 온도변화를 일으키기 때문이다.

그러나 라디에이터 크기를 각 방의 열수요 및 계통에 하부 공급온도 감소와 일치하도록 신중하게 선택한다면, 바이패스 유량의 총 양을 줄일 수 있다. 스웨덴에 현장 측정 결과 단일-배관 시스템 건물의 델타T가 필연적으로 특별히 나쁘지 않다는 것이 입증되었다.

심지어 델타T가 좋지 않은 경우라도 이런 건물을 공급하는 것이 지역난방 회사에 수익성을 좋게 하는 경우, 건물에 단일-배관 시스템 설비를 갖추는 것을 허용하도록 지역난방 기술자에게 강요하기도 한다. 이것의 전형적인 사례로 이미 지역난방을 공급받는 대단지 공급지역 내에 한 블록의 건물이 위치해 있는 경우가 있다.

참고문헌

Frederiksen S, Wollerstrand J, Performance of District Heating House Stations in Altered Operational Modes. 23th UNICHAL conference, Berlin 1987.

Volla R, Ulseth R, Stang J, Frederiksen S, Johnsson A, Besant R, Efficient Substations and Installations. International Energy Agency, District Heating and Cooling Research Programme, 1996, Annex 4.

Petersson S, Metoder att nå lägre returtemperatur med värme växlardimen-sionering och injusteringsmetoder(Method of Attaining Lower Return Temperature by Design of Heat Exchangers and Balancing). Swedish District Heating Association,

Report 2000 : 42.

Ljunggren P, Wollerstrand J, Optimum Performance of Radiator Space Heating Systems Connected to Archive Lowest Possible District Heating Return Temperature. 10th International District Heating and Cooling Symposium, Hanover 2006.

Wollerstrand J, Lauenburg P, Fältförsök med adaptiv reglering av radiatorsystem (Field Tests of Device for Optimal Control of Hydronic Heating Systems). Swedish District Heating Association, Report 2009 : 19.

9.9 지역냉방 기계실(District cooling substation)

건물 냉방의 다른 방법들과 마찬가지로, 지역냉방 에너지는 **덕트 환기 시스템(Ducted ventilation system)**이나 **터미널 유닛(Terminal unit,** 예컨대 순환수 분배 시스템의 일부분이 칠드빔(Chilled beam)이나 팬코일(Fan coil)인 경우)을 통해 냉각된 공기를 주입해 건물 내부로 전달된다. 이 두 가지 방법은 보통 함께 사용된다.

그림 9.30은 건물 내부의 이런 다양한 냉방수요를 공급하기 위한 기계실의 개념도이다. 내부 순환수 냉방 순환은 열교환기에 의해 지역난방 네트워크와 분리되어 있음을 알 수 있다. 지역난방 기계실과 관련해 논의했던 것처럼, 이 같은 간접연결은 특히 대형 건물에 연결되는 경우 다양한 종류의 고장에 대한 위험(예컨대 압력서지(Pressure surge)의 전파에 의한 손상)을 줄일 수 있어 선호되고 있다. 지역냉방의 경우에도 동일한 내용이 적용된다.

또 다른 장점은 열교환기 1차측 순환부에 **자동제어 바이패스(Automatically controlled bypass)**가 지역냉방 배관의 동결을 막기 위해 예측운전을 하며, 이것은 겨울이 길고 추운 지역에서 특히 고려해야 하는 위험에 해당한다. 이런 바이패스를 사용하는 경우 동결 방지에 필요한 수준으로 바이패스 유량을 제한할 수 있으며, 델타T 신드롬을 피하기 위해 가능한 크게 1차측 순환 델타T를 유지할 수 있다.

동일한 이유로 2차측 루프에서 열교환기와 인접한 일반적인 3-방향 밸브가 없다. 왜냐하면 이 밸브 역시 델타T를 오프셋하기 때문이다. 하지만 설계도 맨 위의 **공조기(Air handler)**와 중간의 칠드빔 모두에서 유입되는 냉수에 가열된 물의 혼합이 이루어진다.

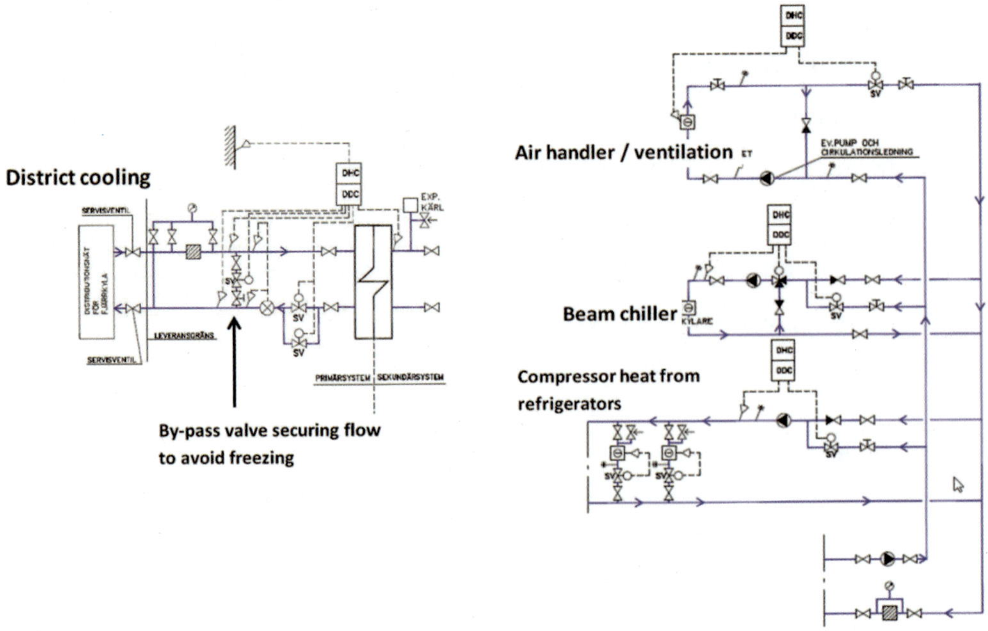

그림 9.30 표준적인 지역냉방 기계실 배치도. 출처: Swedish District Heating Association(스웨덴 지역난방 협회). 허락을 받고 사용함

이 같은 혼합은 개별 유량을 배분하기 위해 각각의 터미널 유닛에 대해 순차적으로 이루어지며, 공기에 있는 습기의 원치 않는 응결을 피할 수 있다. 특히, 이 응결 현상은 유입수 온도가 보통 대략 16℃로 제한되는 칠드빔과 연관되어 있다.

지역냉방 네트워크에 기존 건물을 연결하는 경우, 지역난방에서 언급된 것과 같은 델타T 신드롬을 피하기 위해 건물 내부 배치를 변경할 필요가 있다.

그림 9.31과 9.32는 지역냉방과 지역난방 네트워크 모두에서 건물 내부까지 쾌적한 냉방을 공급하기 위한 다양한 인터페이스 설계(A-F) 설정에 대한 개념도를 나타낸다.

건물 부지에 지역냉방 네트워크가 있는 곳은 보통 동절기 난방과 연간 급탕 공급을 위한 지역난방 네트워크를 찾을 수 있다. 단순화시키기 위해, 두 그림에서 다양한 구성요소들(제어루프, 펌프, 팬, 스트레이너 등)은 제외시켰다. 또한, 공급되는 건물은 보통 한두 개의 방보다는 여러 개의 방을 갖고 있다는 것을 알아야 한다.

공급시설 중 냉방부분만 나타내고 있으며, 온수 등을 공급하기 위해 사용되는 설비는 표현되어 있지 않다. 이번 절 후단에 지역난방과 지역냉방이 혼합된 개념도의 사례가 있다.

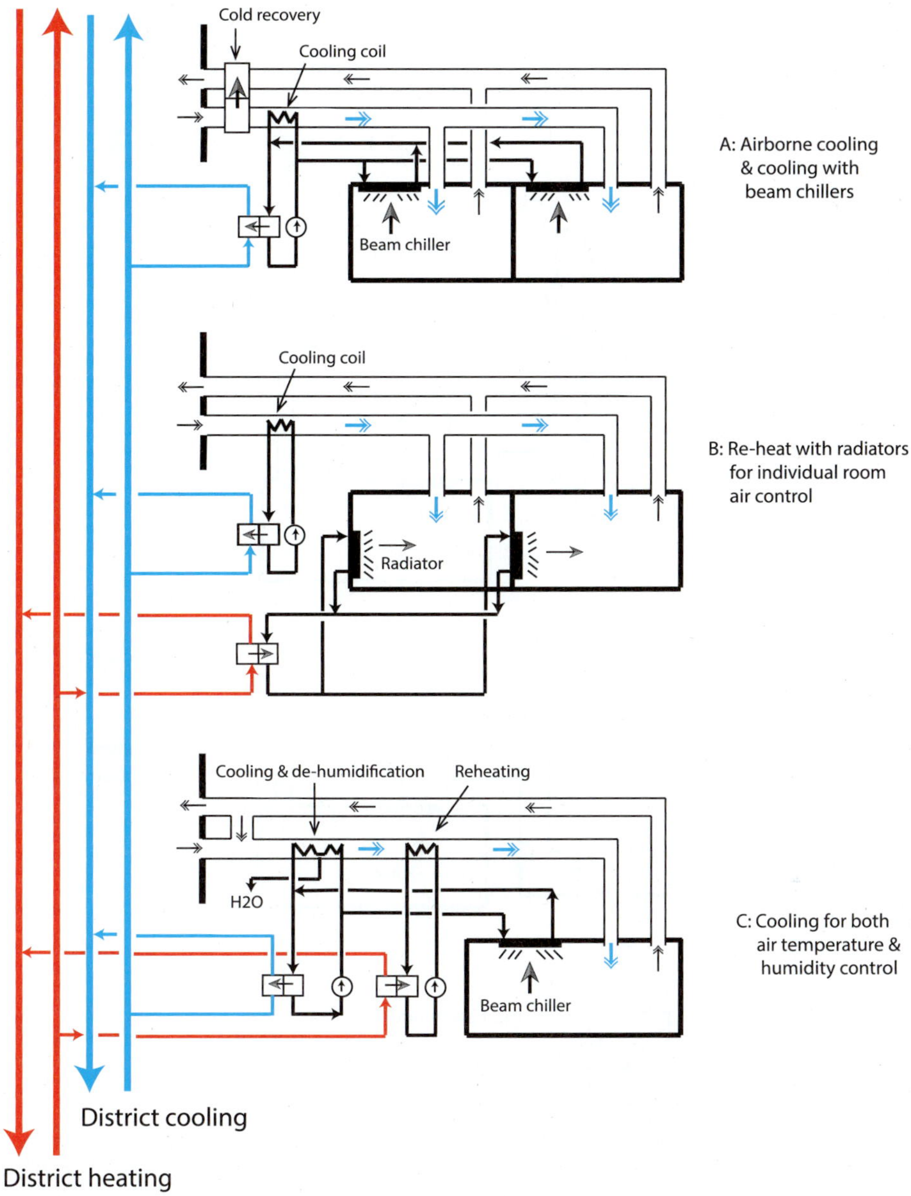

그림 9.31 건물 냉방을 위한 3가지 인터페이스 설계(A-C)

설계A는 표준적인 북유럽 설계로 특징지을 수 있다. 이 지역의 여름은 일반적으로 온화하고 상대적으로 건조해 배수시설이 제공되는 제한적인 경우에만 **습도 조절**(humidity control)을 사용한다. 개념도에서 알 수 있듯이, **공조시스템**(Ventilation system)과 **빔칠러**(Beam chiller) 모두를 통해 건물에 냉기를 공급한다. 이런 시스템은 각 방의 특정 수요에 대해 개별 방 내부에 냉방을 조절할 수 있게 한다. 보통 흡입 덕트(Inlet duct)에는 그림에 있는 냉방코일 외에 동절기 난방을 위한 난방코일도 함께 설치된다.

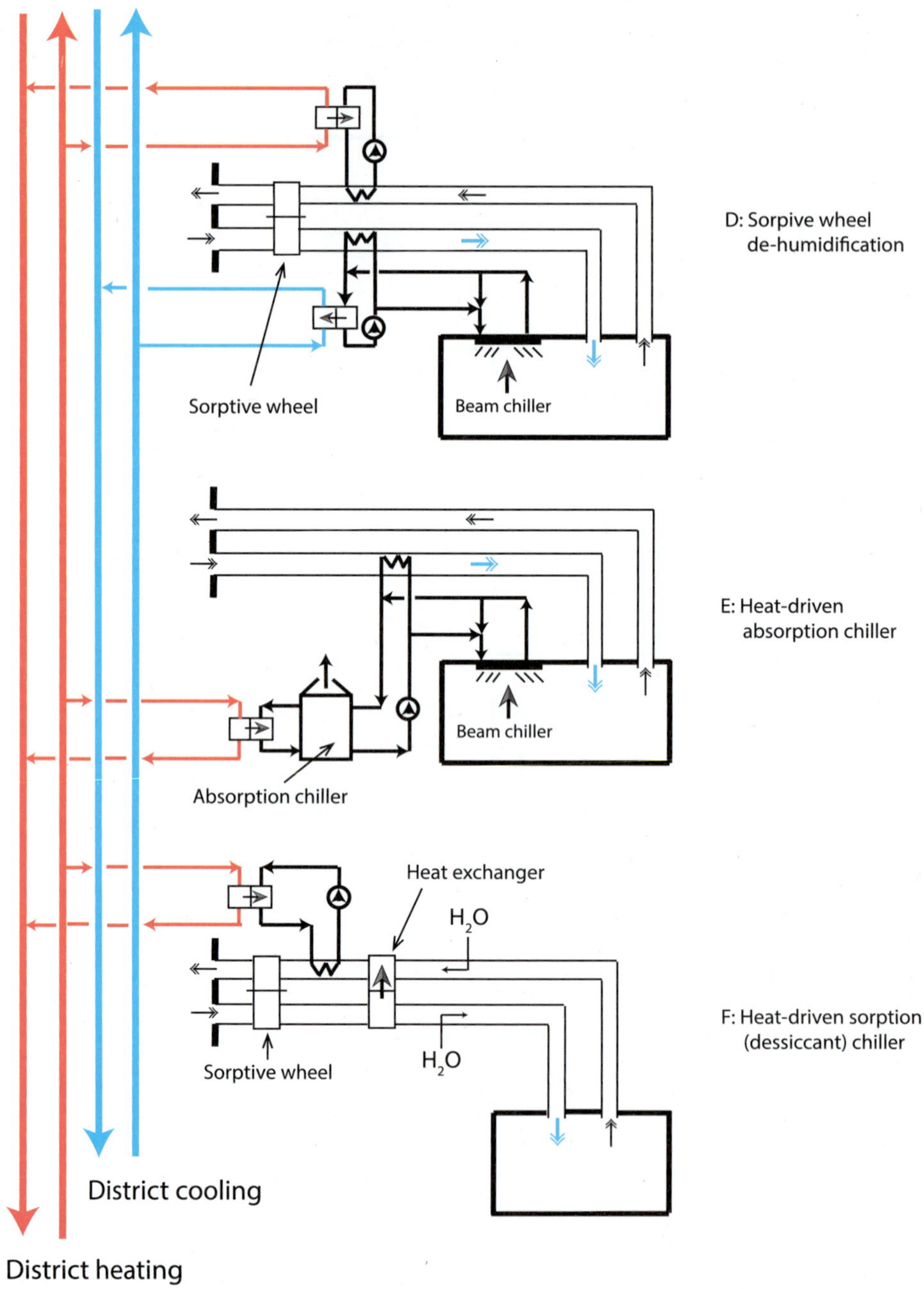

그림 9.32 건물 냉방을 위한 추가적인 3가지 인터페이스 설계(D-F)

더군다나 최근 북유럽에서 건물 난방이 부분적으로 공조시스템을 통해 이루어지는 경우, 에너지 절감을 위해 일반적으로 이 같은 시스템에 열교환기나 **회전 휠(Rotating wheel)**과 같은 **배열회수 장치(Heat recovery unit)**를 설치한다. 그림에 있는 것처럼 여름에는 냉기 회수용으로 이 장치를 사용한다.

설계B: 여기서 개별적인 실내온도 제어는 각 방에 있는 라디에이터를 통해 열을 추가해 이루어진다. 이 시스템은 처음에 공기를 냉각했다가 다시 재열하기 때문에 앞선 설계보다 에너지 낭비가 심한 것으로 간주 할 수 있다.

그럼에도 불구하고 북미지역에서 이런 시스템을 많이 찾을 수 있으며, 특히 각 방의 공기 공급량을 개별적으로 제어할 수 있는 곳에서 공조시스템이 **변풍량(Variable Air Volume, VAV)**과 반대되는 구형 **정풍량(Constant Air Volume)** 타입인 경우에 설치된다.

설계C에서 냉각코일은 **공조기 코일(Air handler coil)**의 냉각표면에 응결수를 통해 냉방과 습도 조절을 모두 수행한다. 이 설계의 또 다른 특징은 환기가 재순환한다는 것이다. 북미지역에는 보통 순환수 냉방시스템이 존재하지 않기 때문에, 이 같은 재순환은 이 지역에서 일반적이다. 이것은 모든 냉방이 공조시스템을 통해 공급돼야 한다는 것을 의미한다. 예전에는 북유럽에서 공기 재순환이 오히려 일반적이었지만, 이런 설비를 갖춘 건물에서도 일반적으로 이 기능을 사용하지 않는다. 순환수 시스템이 있기 때문에 단지 실내 공기질만 악화시킬 위험이 있는 공기 재순환을 불필요한 것으로 여기고 있다.

북미지역 실무에서 건물 내부로 공급되는 공기는 (예컨대 7℃정도 되는)매우 낮은 온도에서 응축이 발생하는 수분보다 적은 양을 함유해야 한다고 규정하고 있다. 이것은 일반적으로 매우 낮은 공급/회수온도에서 북미 지역냉방 시스템을 운전하는 이유를 설명하는 데 도움을 준다(예컨대 4/11℃) 스웨덴에서 일반적인 6/16℃와 비교하면 비록 공급온도는 더 높지만 델타T가 훨씬 크다.

설계D: 그림에서 알 수 있듯이, **외부급기덕트(Fresh air duct)** 내부의 냉각코일 상단에 배치된 **수착 휠(Sorptive wheel)/건조 휠(Desiccant wheel)**이 냉각 전에 습기를 흡착하고, 지역난방 시스템으로부터 열을 공급받는 히팅코일이 있는 **회수급기덕트(Return air duct)**로 이 수분을 이동시켜 휠에서 발생하는 흡착된 수분을 배출하게 도와준다.

이 설계는 높은 습도제어가 요구되는 경우에서도 지역냉방 순환에 큰 델타T를 달성할 수 있게 한다. 이것이 일부 북미 HVAC 기술자와 미 에너지 당국이 옹호하는 DOAS **시스템(Dedicated Outdoor Air System)**이라고 알려진 것의 목적이기도 하다. 이런 시스템의 특징은 냉방과 습도제어가 분리되어 있다는 것이다.

설계E와 F 모두 지역난방 시스템으로부터 건물에 냉방을 공급하기 위해 **열가동 냉동기**(Heat-driven chiller)가 사용된다. 이 같은 **간접 지역냉방**은 지역난방과 냉방의 각 세대를 다룬 제6장에서 논의되었다. 간접 지역냉방은 연간 열생산을 안정화하기 위해 소위 말하는 '**골짜기채움**(Valley filling)'역할을 수행할 수 있다.

설계E에서 열가동 장치는 **흡수식 냉동기**(Absorption chiller)이며, 주변 환경으로 열을 배출하기 위해(또는 간혹 부분적으로 급탕예열을 위해) 일반적으로 냉각탑(Cooling tower)과 같은 설비를 필요로 한다. 제8장에서 증기 대신 온수를 기반으로 열을 분배하는 경우의 차이점을 논의했으며, 증기는 일정한 온도로 열을 줄 수 있기 때문에 건물 냉방생산에 더

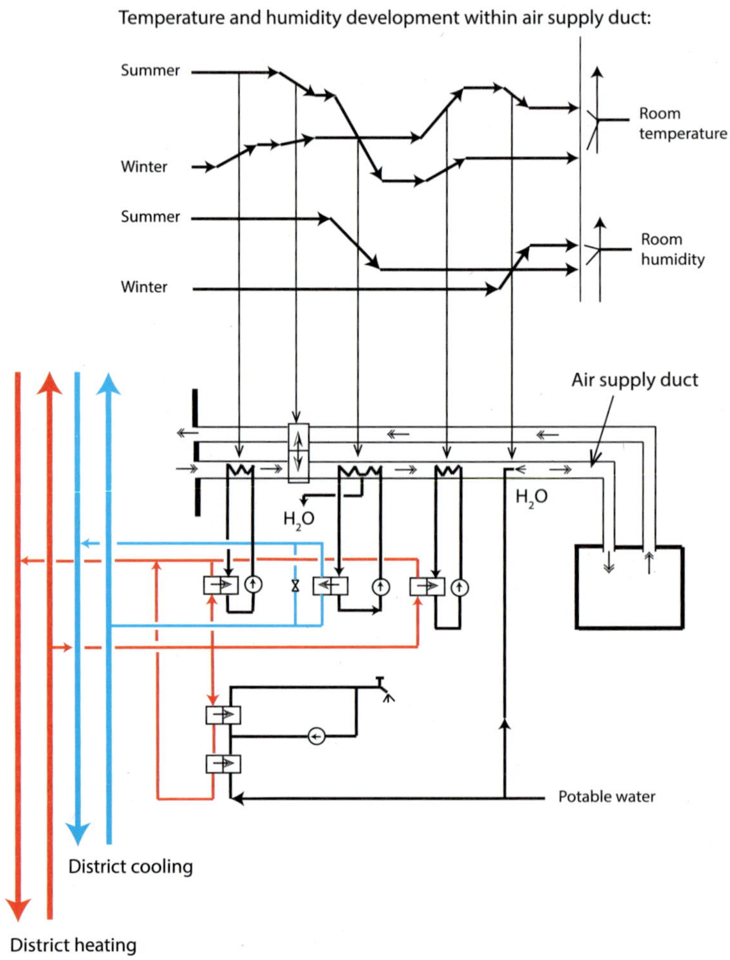

그림 9.33 공조장치를 기반으로 한 지역난방과 지역냉방이 복합된 기계실. 이 시스템은 연중 일정한 실내온도와 습도를 유지할 수 있다. 배치 개념도 위의 그래프는 부분적으로 익명의 출처에 있는 도표를 기초로 하고 있다

적합하다고 언급했다. 증기 대신 온수를 사용하는 경우 만족스러운 델타T(물의 냉각)를 얻기 어렵다. 이 문제를 해결하기 위해 **고등 열역학 흡수식 냉동기 처리과정(Advanced thermodynamic absortpion chiller processes)**이 개발되고 있다. 아직까지는 이런 개발이 완전한 상업화 단계에 도달하지 못하고 있다.

설계F는 냉각탑과 같은 열 배출 장치를 설치하지 않기 위한 대체방법을 제시하고 있다. 그림에 있는 설계에는 **제습냉방기(Desiccant chiller)**가 설치되어 있다. 몰리에르(Mollier) 온도/상대습도 도표에서 관련 있는 여러 과정들을 조사해 상대적으로 복잡한 제습냉방기 기능을 설명할 수 있다. 그림에서 알 수 있듯이, **수착 휠(Sorption wheel)**과 **관류식 열교환기(Recuperative Heat Exchanger)**가 모두 설치되어 있다. 습기는 두 개의 지점에(공급덕트 내 하나, 회수덕트 내 하나) 모인다. 공급덕트 내 습도가 높아지기 때문에 이 설계는 너무 습하지 않은 기후에서만 만족스럽게 가동한다.

또 다른 제약사항은 그림에 있듯이 이 개념이 순환수식 냉방시스템이 아닌 덕트형 냉방시스템에서만 작동한다는 점이다.

설계E와 비교해 설계F의 장점은 더 낮은 지역난방 공급온도에서 작동할 수 있으며, 주변 환경으로 열을 방출하기 위한 냉각탑 또는 그 밖에 다른 종류의 설비가 필요하지 않다는 것이다.

그림 9.33은 지역난방과 지역냉방이 복합된 기계실을 보여주고 있으며, 공조기가 설치된 덕트형 공조시스템에 열과 냉기뿐만 아니라 급탕을 위한 열도 공급한다. 배치 개념도 위쪽을 보면, 이 설계는 외기 조건과 관계없이 연중 일정한 실내온도와 일정한 습도를 모두 공급할 수 있다는 것을 보여주고 있다. 여름철에 제습을 하는 국가에서 겨울철에 건조공기가 종종 습해지는 경향이 있다. 예를 들어, 스칸디나비아 지역에서는 비록 외기온도가 매우 낮은 경우에도 겨울철에 가습기능을 거의 사용하지 않는다.

참고문헌

Fisher F, Gietzelt M, Jungbluth C, Kruhl, Kruse D, Kälte aus Wärme(Refrigeration from heat). Fernwärme International 4–5(1996),230–244.

Skagestad B, Mildenstein P, District heating connection handbook. IEA–DHC implementing agreement report, Annex6, 2002.

MacPhaul D, Etter C, HVAC System for Humid Climates. Whole Building Design Guide, National Institute of Building Science. Washington DC, USA, 2003.

Zinko H, Söderberg S–O, Fahlen E, Gebremedhin A, Integration av absortions–kylmaskiner i fjärrvärmesystem(Integration of Absorption Chiller into District Heating Network, with a summary in English). Swedish District Heating Association, report FOU 2004 : 119.

HVAC Systems and Equipment, ASHRAE(American Society of Heating Refrigeration and Air–Conditioning Engineers Inc.) Handbook, 2008.

Fjärrkycentral, Utförande och installation(District Cooling Substations, Design and Installation). Swedish District Heating Association. Technical Requirements F : 102, 2012.

9.10 기계실 내 계량(Metering in Substation)

9.4절에서 논의했듯이, 계량은 지역난방과 지역냉방 기계실의 표준 요구사항이다. 초창기의 난방에 대한 요금부과는 주로 실제 소비량보다 예측치를 기반으로 산정되었다. 옛 소련 지역뿐만 아니라 동유럽과 중부유럽에서는 대부분 계량을 하지 않았다. 오늘날 대부분의 산업화된 국가에서는 계량이 법으로 의무화되어 있다.

계량 기술에 대해 살펴보면, 비록 난방계량만을 목적으로 개발된 센서가 냉방계량을 위해 직접적으로 사용할 수 있는 건 아니지만 난방계량에 적용되는 대부분의 기술이 냉방계량에도 적용된다. 지역냉방 분야의 확대에 따라, 점점 더 많은 제조사들이 손쉽게 양쪽 목적에 모두 사용할 수 있는 계량 장치를 제공하고 있다.

계량에 대한 기본적인 동기는 특히 개인인 경우에 약자라고 생각될 수 있는 사용자의 공정하고 객관적인 대우를 뒷받침하고 있다는 것이다. 일반적으로 계량은 분쟁을 막는 데 도움을 주지만, 간혹 대중들은 계량의 신뢰성과 정확성에 의문을 품기도 한다. 당연히 분쟁은 대부분 사용자가 요금부과에 불만족스러운 경우와 연관되어 있다.

비록 이런 주장들이 대부분 불공평하기는 하지만, 가끔은 계량에 심각한 문제가 발생한다는 사실을 부정할 수는 없다. 이런 이유로 많은 기관들이 — 입법기관, 지역냉난방 회사의 대표, 기술자 등 — 계량기술을 향상시키기 위해 노력을 기울이고 있으며, 상당한 진전을 이루어냈다. 특히, 유량의 측정은 복잡한 분야로 알려져 있다. 다행히도 지역난방과 지역냉방 기술은 많은 다른 기술 분야와 함께 신뢰성 있고 정확한 유량감지에 대한 수요를 공유하고 있으며, 대규모 시장을 위해 만들어진 개발품을 활용할 수 있다.

그렇다고 해도, 특히 전기에너지 전달에서 할 수 있는 것처럼 합리적 비용에서 정확하게 지역 열에너지 또는 냉기에너지 전달을 계량할 수 없다는 사실을 인정해야 한다. 현재 기술수준에서는(그리고 현재 근본적인 변화가 보이지 않고 있음) 모든 관련된 주의 의무를 다한 경우에도 오차 합계가 몇 퍼센트(때로는 5% 넘게)로 발생한다.

공평성과 투명성 논란과 별도로, 에너지 소비량의 지속적인 추적이 에너지 절감을 증진시킨다는 사실이 계량의 또 다른 동기가 되고 있다. 특히, 더 많은 세부 정보를 제공하는 건물에 대한 **에너지 관리시스템(Energy management system)**에 의해 계량을 수행하는 경우에 이런 일이 가능하다. 예컨대, 건물 에너지 관리시스템은 난방과 급탕에 대한 수요를 구분할 수 있다.

비록 일반적으로 계량이 중요하다고 인정되고 있지만, 모든 주택에 대해 개별 계량을 수행해야 한다는 생각은 가끔씩 의문을 갖게 한다. 특히, 계량 검침에 비용이 많이 드는 소형 단독주택인 경우가 여기에 해당한다. 비용을 줄이기 위해 전기와 가스 계량과 마찬가지로 집주인이 계량기를 읽고 그 결과를 사업자에게 통보하는 방법이 일반적이다. 지역난방 사용량 계량에 대한 원격검침 시스템은 아직 소형주택에까지 완벽하게 확대되고 있지 않지만, 멀지 않은 미래에 확대될 것으로 기대하고 있으며 검침을 위해 필요한 노력을 크게 줄일 수 있을 것이다.

여기서는 기계실 내 계량에 집중할 것이다. 앞으로 논의될 대부분의 계량기술은 지역난방 혹은 지역냉방 네트워크 내 서로 다른 위치(예컨대 생산 플랜트에서 공급되는 열에너지를 계량하는 곳)에서 모니터링되는 유량과 그 밖에 다른 변수들의 계량에도 적용된다. 배관 직경이 큰 경우 **열적성층(Thermal stratification)** 위험성이 증가하며, 대표 평균 온도값을 얻기 위해 배관단면에 하나 이상의 온도센서 삽입이 필요할 수 있다.

9.1절(그림 9.1 참조)에 간혹 사용하는 아파트(연립주택) 기계실에 대한 동기가 언급되어 있다. 아파트 기계실은 전통적인 방식을 사용해 계량할 수 있는 것보다 좀 더 정확하게 아파트에 개별적인 열전달을 계량하기 위한 기반을 제공할 수 있다.

일부 국가에서 일반적인 방법으로 오랫동안 사용하고 있는 이 같은 방법은 **배분계량(Apportioning metering)**으로 알려져 있다. 난방은 라디에이터의 대표 평균 표면온도 측정값을 기반으로 한다. 이 기능을 수행하는 전통적인 장치는 상부가 개방된 수직 튜브로 되어 있으며, 서서히 증발하는 액체를 포함하고 있다. 간격을 두고 표면 레벨을 읽으면 방출되는 열에너지의 대략적 측정이 가능하다. 이런 종류의 최신 장비는 전자장치로 되어 있다.

난방에 대한 좀 더 정확한 계량이 비용을 더 공평하게 할당할 수 있다고 기대하는 것은 비현실적이라고 주장할 수 있다. 왜냐하면 아파트 개별 세대를 분리시키는 벽면을 통한 열흐름(Heat flow)이 낮은 실내온도를 유지하는 세대의 난방비용에 도움이 되도록 인접 세대를 강제하기 때문이다. 극단적인 경우 동절기에 아파트를 떠나있어서 라디에이터를 차단한 세입자는 집안 가구가 동해를 입지 않으면서도 난방비 대부분을 내지 않을 수도 있다. 그러나 급탕 소비에 대한 개별계량은 좀 더 공정할 수 있다. 추가적인 고려사항은 개별계량은 비용이 많이 들 수 있다는 것이다. 개별계량에 대해 찬성하는 사람들은 관련된 환경적 효과와 더불어 에너지 절약 효과를 강조하고 있다.

이제 일반적인 기계실 내 계량에 대한 기술로 돌아가 보자.

첫째, 전문용어에 대한 단어: 국제 표준에 있는 명명법에 따르면, 열과 냉기를 읽는 기능에 사용되는 장치는 **기구(Instrument)** 또는 **계량기(Meter)**라는 용어를 사용하며, 반면에 이 장치에 각각의 개별 요소는 **센서(Sensor)**라는 용어를 사용해야 한다. 하지만 유량계량기(Flow meter) 대신 **유량센서(Flow sensor)**라 부르기도 한다.

비록 다른 대안이 적용 가능하고 추천되고 있지만, 유량센서로 구성된 장치에 의해 구동되는 열량계의 작동방식은 두 개의 온도센서와 하나의 계산부(그림 9.5와 9.6 참조)가 일반적으로 사용된다(그리고 표준에 이 방식이 규정되어 있음). 이 일반적인 방법의 장점 중 하나는 다른 많은 유체유동공학(Fluid flow engineering) 분야와 센서장비 기술을 공유하고 있으며, 이런 종류의 장비에 대한 품질을 확보할 수 있는 탄탄한 표준들이 오랫동안 잘 정립되어 왔다는 것이다.

지역난방과 지역냉방 기계실 모두에서 회수관에 유량센서를 설치하는 것을 선호한다. 지역난방에 사용하는 경우와 관련해 회수관에 설치하는 가장 큰 이유는 유량부에 근접해 전자 장비를 설치할 수 있으며, 수명을 단축시킬 수 있는 고온에 장비를 노출시키지 않고 주위에서 발생하는 전자기적 간섭 위험을 줄일 수 있다는 것이다.

회수관에 냉수 유량센서를 설치하는 이유는 장비에 습기 응축이 덜 발생되기 때문이다. 또 다른 이유는 현재 시장의 많은 센서가 10℃이하 온도에서 작동을 보증하지 않고 있다는 것이다.

때로는 주택 내부에서 발생하는 누수에 의한 유량손실을 감시하기 위해 공급관에 추가 유량센서를 설치하며, 측정된 두 유량 사이의 차를 추적한다. 덴마크에서는 이런 방법이 드물지 않게 적용되고 있다.

계량장비는 공공 전력망 또는 일반적으로 수명이 10년인 배터리로부터 전력을 공급받는다. 최신 장비는 자료저장 기능을 포함하고 있어 정전이 발생해도 데이터가 손실되지 않으며, 이력 데이터에 대한 통계적 분석을 수행할 수 있다.

질량유량을 직접적으로 측정하는 타입의 유량센서가 있지만 매우 비싸서 지역난방 또는 지역냉방 기계실에서는 사용되지 않고 있다. 그 대신 일반적으로 사용되는 것이 **체적 유량센서(Volume flow sensor)**이다. 또한, 엔탈피(Enthalpy) 대신 온도를 측정한다. 두 측정값 사이의 차는 기본적으로 다음 식과 같이 특정 기간 동안 전달되는 열의 양을 계산한다는 사실과 연관되어 있다.

$$Q = \int_0^t \dot{m}\,\Delta h\,dt \ \ [\mathrm{J}] \tag{9.15}$$

여기서,

$\dot{m}$ = 질량유량 [kg/s]
Δh = 공급배관과 회수배관 사이의 엔탈피 차 [J/kg]
t = 한 번의 측정에서 다음까지 시간 간격 [s]

측정된 양을 기초로, 다음과 같이 열량을 나타낼 수 있다.

$$Q = \int_0^V k\,\Delta\Theta\,dV \tag{9.16}$$

여기서,

$\Delta\Theta$ = 온도 차 [K]
V = 한 번의 측정에서 다음까지 통과되는 체적 [m^3]
k = 다음과 같이 나타낼 수 있는 보정계수

$$k = c_p\rho \ [\mathrm{J/K\ m^3}] \tag{9.17}$$

여기서,

c_p = 대표 평균 비열 [J/kgK]

ρ = 대표 평균 밀도 [kg/m^3]

두 변수 모두 완전히 일정하지 않다는 점을 염두에 둬야 한다. 이 식들의 적용과 관련된 수많은 문제가 존재한다.

순수한 물의 경우 온도에 대한 c_p와 ρ의 (약간의)종속관계가 알려져 있어, 계산부가 자동적으로 (약간의)보상을 한다. 압력과 관련해서는 순수한 물에 대한 영향이 매우 작은 편이다. 하지만 기계실 내 차압이 큰 경우, 압력이 감소할 때 엔탈피 h=u+pv의 pv부분이 온도와 관련된 에너지 u로 변환된다. 이 효과가 그렇게 크지는 않지만, 특히 냉방 계량의 경우 정확한 계량을 위해 고려해야 할 정도의 크기로 발생한다.

특히 열을 계량하는 경우 비열과 밀도 모두 **혼입가스(Entrained gas)** 존재에 영향을 받게 된다.

글리콜(Glycol) 같은 부동 첨가제를 함유한 냉수의 경우에는 비열과 밀도가 첨가제의 농도에 의존하는 문제가 있으며, 보통은 첨가제 농도가 일정하다고 간주할 수 없고 대략적인 제어만 할 수 있다.

그 밖에도 난방과 냉방 계량 모두의 정확성은 비록 빠르게 응답하는 센서를 선택한다 할지라도(이점은 온도센서에서 특히 중요한 요구사항임) 운전 중 발생하는 동역학적 특성에 영향을 받는다. **공명현상(Resonance phenomena)** 때문에 주기에 따라 **맥동(Pulsation)**이 유량 측정을 크게 교란시킬 수 있다고 알려져 있다.

열에너지 외에도 보통 계산부가 부피 V를 읽을 수 있게 한다. 이것은 요금청구서가 전달된 에너지보다는 오히려 부피에 기반을 두거나 또는 전달된 에너지와 결합된 부피에 기반을 둔 경우 델타T를 크게 하는 데 유용하다.

장비의 정확성과 신뢰성을 담보하기 위해 확립된 절차들이 존재한다. 첫 번째 조치는 단일 타입의 승인된 장치만을 사용하는 것이다. 또 다른 조치는 장비를 운영하기 전에 계량요소(유량센서 등)의 교정과 개별적인 테스트를 실시하는 것이다. 이 경우 공인된 시험기관이 테스트를 수행해야 한다. 세 번째 조치는 테스트, 검사를 위해 실험실로 보내거나 또는 필요시 발생하는 서비스(세척, 기밀부(Seal) 교체 등)를 위해 특정센서와 계산부를 일시적으로 제거하기 전에 이 계량요소들이 가동 상태로 있을 수 있는 시간 길이에 대해 명확한 규정을 수립하는 것이다.

유량 측정 기술 분야에서 다양한 범위를 갖는 여러 타입의 유량센서가 개발되었으며,

이 중 다수가 지역난방과 지역냉방 계량에 사용되고 있다. 그림 9.34에는 이런 목적을 위해 가장 일반적으로 사용되고 있는 4가지 타입이 있다. 나중에 설명하게 될 이유로 인해 오늘날 대부분 마지막 형태인 타입 D가 선호되고 있지만, 수많은 노후 네트워크에는 상당수의 대안적 타입들이 (만족스럽게 기능하면서)여전히 운영되고 있다.

회전하는 **임펠러(Impeller)**에 의존하는 가장 오래된 타입(A와 B)는 상수와 천연가스 등을 위한 계량 표준장비로 오랫동안 널리 사용되었다. 두 가지 타입 모두 회전 속도가 유체 통과 비율에 비례한다.

베인 휠 유량센서(Vane wheel flow sensor) 타입은 다수의 날개(Vane)가 방사방향으로 뻗어있고 날개 위에 접선방향으로 충돌하는 하나 이상의 통과 유체의 제트(Jet)로 구동된다. 전통적인 사용방법에서 계량되는 단 하나의 양은 통과 유량의 총계이며, 휠(Wheel)이 보통 육안검사로 계량 값을 읽을 수 있는 기계적 계측기(Counter)를 구동시킨다. 지역난방 또는 지역냉방 계량장치의 일부로 센서를 사용하는 경우, 계산부로 전송되는 전기펄스(Electric pulse)를 생성한다. 그림에서 센서는 유입부에 하나, 토출부에 하나 설치되어 있다. 추가적인 유 · 출입부가 있는 **다중제트장치(Multi-jet Device)**도 존재한다.

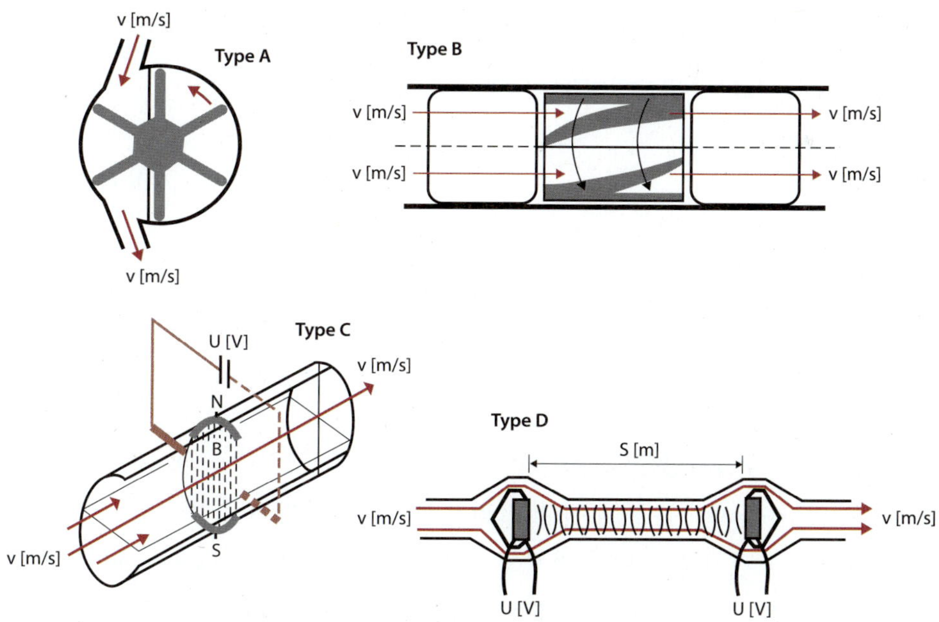

그림 9.34 지역난방/냉방 기계실에서 주로 사용되는 4가지 타입의 유량센서. 타입 A: 베인 휠/임펠러(단일 제트 타입), 타입 B: 터빈/볼츠만 휠, 타입 C: (전기)자기 유도(Magnetic induction, MID), 타입 D: 경과 시간 초음파(Transit-time ultrasonic)

베인 휠 센서는 대부분 상대적으로 관경이 작은 배관에 사용된다. 대관경 배관의 경우 일반적으로 이 센서들은 부피가 너무 크다고 생각되며, 그 대신 **터빈 휠 유량센서**(**Turbine wheel(Woltman) flow sensor**) 타입이 선호된다. 여기서 유량은 동축 형태에 회전 휠을 통과한다.

타입 C와 타입 D는 구동부를 포함하고 있지 않으며, 따라서 **정적센서**(**Static sensor**)라고 불린다. 정적센서는 조금 더 비싸지만 여러 측면에서 이점이 있다. 휠은 유량이 크면 손상될 가능성이 있으며, 침강현상(보통 자철석)에 노출 시 작동이 느려지거나 특정 유량 아래에서는 회전이 멈출 수 있다. 이런 현상은 사업자 수익을 감소시키는 결과를 초래한다.

제조사에서 공급되는 경우에도 기계적센서의 유량 범위는 1:10 이하인 반면, 정적 센서의 범위는 1:250 이상이다. 큰 유량 범위는 순간 급탕시설이 있는 소규모 기계실에서 특히 중요하다.

더군다나 정적 유량센서는 압력강하가 더 적게 발생한다.

전자기 유량센서(**Electromagnetic flow sensor**, 자기 유도 센서(Magnetic Inductive Sensor, MID)로도 알려져 있음), 타입 C는 전자기유도의 **패러데이 법칙**(**Faraday's law**)을 기반으로 한다. 이 법칙은 도체가 자기장에 대해 정확한 각도로 장을 통과하는 경우, 도체에 전압 U가 다음과 같은 크기로 발생한다는 것이다.

$$U = k\,v\,B\ [V] \tag{9.18}$$

k = (실제 기하학적 형상에 관한)상수 [m]

v = 이동 속도 [m/s]

B = 자기장의 크기 [Tesla=Vs/m²]

전자기 센서에서 자기장은 상반된 위치에 있는 두 개의 코일을 통과하는 전류에 의해 만들어지며, 도체는 흐르는 물이 된다. 그리고 유사하게 상반된 위치에 있는 두 개의 전극을 통해 전압을 감지한다. 단면 전체에 유속 변화(**유속 프로필**(**Velocity profile**))가 발생한다. 전압 신호는 평균값으로 나타내며, 따라서 **부피유량**(**Volumetric flow rate**)에 비례한다.

전자기 센서가 신뢰성 있게 구동하려면 물의 전도율이 너무 낮지 않아야 하며, 이것은 용해된 이온 농도 측면에서 좀 더 순수한 물이 사실은 계량 정확도에 반대로 영향을 미칠 수 있다는 것을 의미한다.

초음파 유량센서(Ultrasonic flow sensor)는 두 가지 주요 타입이 있다. 기계실에서는 거의 사용하지 않는 첫 번째 타입은 **도플러 이동효과(Doppler shift effect,** 레이더에 있는 펜던트)를 기반으로 하며, 유량 내부에 부유하는 입자를 향해 초음파 빔을 발사하고 되돌아오는 빔을 기록한다. 지역난방과 지역냉방에서 도플러 이동 센서를 사용하지 않는 이유 중 하나는 물 속에 이런 입자들이 존재해야 한다는 사실 때문이다.

지역난방과 지역냉방에 사용되는 초음파 유량센서 타입(타입 D)은 **경과 시간 초음파 유량센서(Transit-time ultrasonic flow sensor)**이며, 초음파 펄스의 **발신기(Emitter)** 또는 **수신기(Receiver)** 중 하나로 기능하는 두 개의 **압전변환소자(Piezoelectrical crystal element)**가 서로 반대방향에 있다. 측정 원리는 펄스가 유량 반대방향보다 유량방향으로 이동하는 경우 더 빠르게 움직인다는 사실을 기반으로 한다.

$$\tau_f = S / (v + c) \text{ [s]} \quad (9.19)$$

$$\tau_b = S / (v - c) \text{ [s]} \quad (9.20)$$

τ_f = 순방향(Forward direction) 경과 시간 [s]
τ_b = 역방향(Backward direction) 경과 시간 [s]
S = 이동 거리 [m]
v = 유체의 속도 [m/s]
c = 음속 [m/s]

이 식으로부터 다음과 같이 유체 속도를 계산할 수 있다.

$$v = 0.5\, S\, (\tau_f^{-1} + \tau_b^{-1}) \quad (9.21)$$

이 식에 c가 없다는 것을 알 수 있으며, 이것은 c가 유체의 온도에 따라 약간씩 변하며 특히 **혼입기포(Entrained bubble)**가 있는 경우 밀도와 압축성 모두를 오프셋하기 때문에 상당한 장점이 된다.

경과 시간 초음파 센서 타입의 또 다른 변종으로 유량 내 최소 침투가 있다. 유량에 대해 사각(斜角, Oblique angle)으로 빔을 내보내며, 그림에 있는 것처럼 반대편에 발신기/수신기가 있다. 또 다른 변종은 발신기/수신기가 유량의 같은 측면에 배열되며, 반대편에 있는 장치에서 신호를 반사한다.

전자기 센서와 달리 초음파 센서는 물의 전도율에 독립적으로 기능하며, 고도 순수에서도 사용이 가능하다. 간혹 네트워크에 부식속도를 늦추기 위해 고도 순수를 사용한다. 전자기 유량센서와 관련된 또 다른 제약사항과 문제점은 자철석 또는 구리 같은 전기적 전도성을 갖는 고체 물질의 침전물에 대해 민감한 경향이 있다는 것이다. 이로 인해 짧은 회로 전극에서도 불리한 조건에 놓일 수 있다.

경과 시간 초음파 센서 타입의 가장 큰 단점은 상당량의 혼입기포 또는 미립자가 초음파 펄스의 이동을 다소 방해할 수 있다는 점이다. 비록 이 점 때문에 (하수의 경우와 같은)일부 분야에서 부적합한 센서 타입에 해당할 수 있지만, 기포나 미립자의 방해로부터 상대적으로 자유로운 지역난방 또는 지역냉방 수에서는 거의 문제가 되지 않는다. 이것이 오늘날 대부분의 기술자들이 지역난방과 지역냉방 기계실에서 일반적으로 초음파 센서를 선호하는 가장 큰 이유에 해당한다.

간혹 사용되는 5번째 센서 타입은 **유동자식 센서(Fluidistor sensor)**이다. 이 타입의 센서는 유량 방향 사이의 **유동 교번(Flow Alternating) 메커니즘**(코안다 효과(The Coanda effect), 주기적 현상의 빈도가 유량과 함께 증가함)을 기반으로 한다.

온도센서의 경우 오랫동안 RTD(**저항온도센서**, Resistance Temperature Detector) 타입이 사용되어 왔다. 가장 일반적인 종류는 Pt100과 Pt500이며, Pt는 백금(Platinum)을 의미하고 숫자 100과 500은 0℃에서 옴(Ohm)으로 측정된 전기저항을 나타낸다. 백금은 매우 안정적이고 내부식성이 있다.

온도감지는 온도에 따라 저항이 변한다는 사실을 기반으로 한다. 저항은 **옴의 법칙(Ohm's law)**에 따라 결정되며, 값을 알고 있는 전류를 센서에 통과시켜 저항기(Resistor)의 **휘트스톤 브리지(Wheatstone bridge)** 장치 내 센서에서 발생하는 **전압강하(Voltage drop)**를 측정한다. 저항-온도 관계는 대략 선형적이며, 모든 비선형성에 대한 보정은 최신 마이크로프로세서-기반 장비를 사용해 자동적으로 이루어진다. Pt500 센서가 더 적은 전기에너지를 필요로 하며, 이것은 계량기가 공공 전력망에서 전기를 공급받는 대신 배터리로 구동되는 경우 장점이 된다.

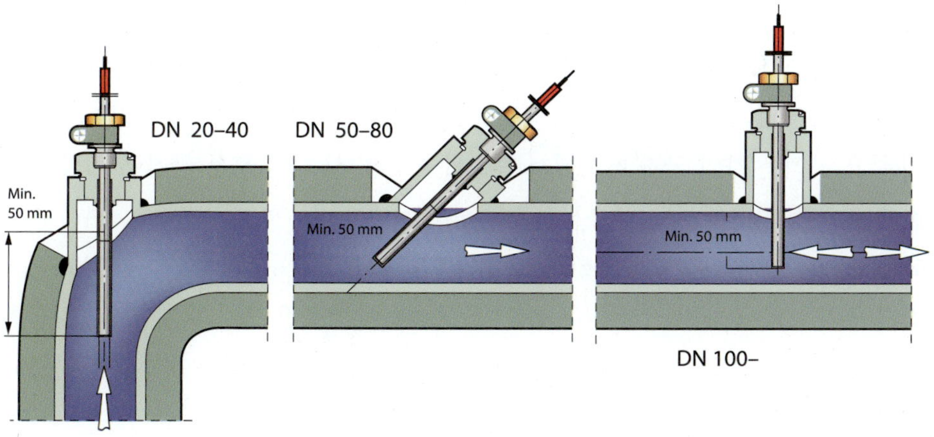

그림 9.35 다양한 크기의 배관에서 온도센서의 권장 설치방법. 출처: Armatec. 허락을 받고 사용함

그밖에 다른 분야에서 사용되는 경우, 예컨대 매우 낮은 가격이 우선시 되는 곳에서는 온도감지를 위해 **열전대(Thermocouple)**를 선택하기도 한다. 하지만 이런 타입의 센서는 저항센서보다 정확도가 낮고, 현재 상태에서 이런 타입의 사용을 정당화하기엔 신호가 너무 많이 이동하는 경향이 있다.

전기에너지 소비로 인해 저항센서에 자체 발열 효과가 발생하며, 특히 가스 유량의 일부 사용분야에서 측정을 왜곡시킬 수 있다. 하지만 지역난방과 지역냉방 유량에 관련해 사용할 경우, 올바른 방법으로 센서를 설치한다면(그림 9.35) 물의 높은 비열과 좋은 열전도 때문에 자체 발열 효과는 아주 사소한 문제에 해당한다.

간혹 보호층에 삽입된 온도센서를 유체 유량에 직접 넣기도 하지만, 교체를 쉽게 하고 누수로 인한 사고를 줄이기 위해 보통 원통형 포켓 안쪽에 배치한다. 이 경우 열전도를 높이기 위해 중간에 얇은 **열전도 페이스트(Heat conduction paste)**를 함께 사용한다.

유량센서와 온도센서 모두에서 **설치 효과**(Installation effect)가 측정을 왜곡시킬 수 있다.

특히 유량센서에서 **회전유동(Swirl flow)**을 방지해야 한다. 일반적으로 센서 상류방향으로 배관직경의 적어도 10배, 하류방향으로 적어도 5배 이상은 직관으로 되어 있어야 한다. 특히, 동일면이 아닌 **이중 엘보(Double elbow)**는 강한 회전유동을 생성하는 경향이 있으므로 반드시 피해야 한다. **유동 교정기(Flow straightener)**의 사용으로 유동 설치 효과를 억제할 수 있다. 예컨대 다공판을 유동 교정기로 사용할 수 있다.

여과기(Strainer)의 긍정적인 부작용은 보통 유동 교정기로 기능한다는 것이다. 모든 여과기는 압력강하와 관련 되어 있으므로 기계실의 전체적인 설계에 반드시 이점을 고려해야 한다.

2004년부터 EU에서는 이른바 **측정기구지침(Measurement instruments directive)**이 계량의 10가지 타입(상수계량, 택시계량, 열계량 등)에 대한 요구조건을 규정하고 있다. 이 지침의 주요 목적은 가입 국가 한곳에서 측정기구 승인 시 다른 모든 국가에서 적용을 가능하게 해 측정 기구에 대한 공통시장을 형성하는 데 있다.

유럽계량표준(European metering standard)인 EN1434(유럽 외 국가에서도 참조되고 있음)은 난방과 냉방 계량에 대한 상세한 규정을 제공한다. 이 표준은 정부와 지역냉난방협회에서 발간하는 국가 표준과 권고사항으로 이행되며, 여기에는 다년간의 경험을 바탕으로 한 추가적인 조언을 제공하고 있다.

예를 들어, 유럽 표준은 생산자가 표준에 제시된 사양에 따라 허용되는 최대 크기의 오차 내에서 유량센서와 차온센서에 대한 범위를 명시하도록 규정하고 있다. 측정 장치에서 앞서 언급된 3가지 타입의 구성요소는 각각에 대해 검사를 수행해야 한다.

온도센서에 관해서는 '검사를 받아야 하는 구성요소(Element to be tested)'라는 문구를 한 쌍의 센서로 이해해야 한다. 왜냐하면 정확도가 필요한 것이 공급과 회수 각각의 온도가 아니라 두 온도 사이의 기록된 차이기 때문이다.

'범위(Range)'는 최댓값과 최솟값 사이의 비율로 이해하면 된다. 유량센서의 경우 10, 25, 50, 100 또는 250 값 중 하나를 이 같은 범위로 선정할 수 있다. 한 쌍의 온도센서에 대한 범위는 적어도 10이어야 하며, 이 값은 1, 2, 3, 5 또는 10K 값 중 하나로 선택된 최소 온도차를 기반으로 하고 있다.

유량센서는 3개 클래스로 그룹화되며, 장치의 구매자가 보증 정확도를 어느 정도 원하는지를 결정할 수 있다. 예를 들어, 소위 말하는 클래스2(Class2)의 경우 허용 오차한계는 다음 식에 따라 유량의 함수로 정의된다.

$$E_f = \pm (2 + 0.02\, q_p/q)\%\text{이며, } \pm 5\,\%\text{를 넘지 않아야 함} \tag{9.22}$$

q = 실제 유량 $[m^3/h]$
q_p = 연속 함수에서 최대 유량 $[m^3/h]$

한 쌍의 온도센서와 계산부에 대해서도 해당하는 규정이 있다. 정확한 온도 검침은 온도차가 아주 작은 지역냉방 계량에서 특히 중요하다.

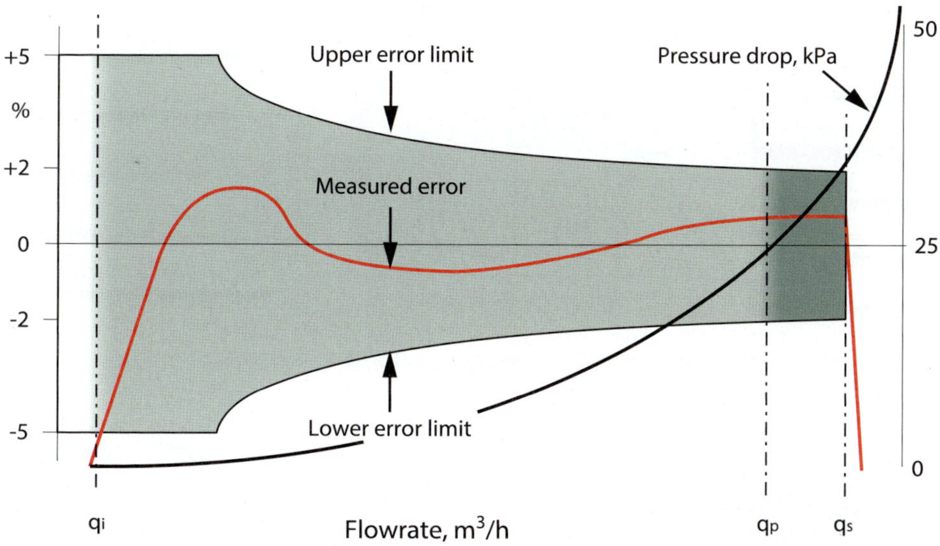

그림 9.36 EN1434 표준 클래스2에 의한 유량센서의 허용오차한계, 실험실 테스트에서 기록된 오차곡선과 압력강하특성의 사례. 출처: Armatec. 허락을 받고 사용함

오차한계(Error limit) 변화의 사례가 그림 9.36에 있으며, 센서에서 발생하는 압력강하의 변화와 함께 표시되어 있다. 센서를 손상하지 않고 기계적 센서에서 가끔씩 발생이 허용되는 특정 최소유량은 q_i이고, q_s는 q_p보다 더 큰 값을 갖는다. **정적센서(Static sensors)**의 경우 아주 큰 유량에도 아무런 손상이 발생하지 않지만, 기계실의 제어성능 측면에서 압력강하가 허용되지 않을 수 있다.

지역난방 공급과 비교해 지역냉방 공급에서 ΔT값이 더 작기 때문에 ΔT와 관련된 작은 오차는 특히 냉방계량에서 중요하다.

자동 및 원격 계량 검침(Automated and remote meter readings)에 대한 여러 가지 다양한 기술이 존재한다. 보통 최신 계산부를 설치해 다양한 선택 옵션을 채택할 수 있다(그림 9.37 참조). 예컨대 광섬유, (비록 변압기를 통한 제약이 있지만)전력 시스템 케이블, 휴대폰 네트워크(GSM 등), 라디오 신호 또는 인터넷을 통해 신호를 전송할 수 있다.

계량장치로부터 **자동검침**은 완전히 원격구동되거나 혹은 사용자 부지 주변에 있는 관련 인력이 계산부와 통신 할 수 있는 휴대용 장비를 사용해 외부에서 검침할 수 있다. 오늘날 원격감지방법이 모든 크기의 건물에서 사용 가능한 것은 아니지만, 데이터 통신 기술의 빠른 발전으로 인해 멀지 않은 미래에 원격감지기술이 널리 퍼질 것으로 예상된다.

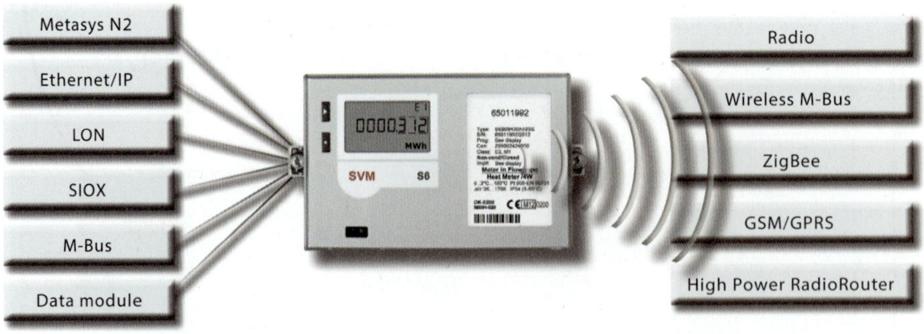

그림 9.37 다양한 데이터 통신 선택기능을 장착한 계산부의 사례. 출처: Kamstrup

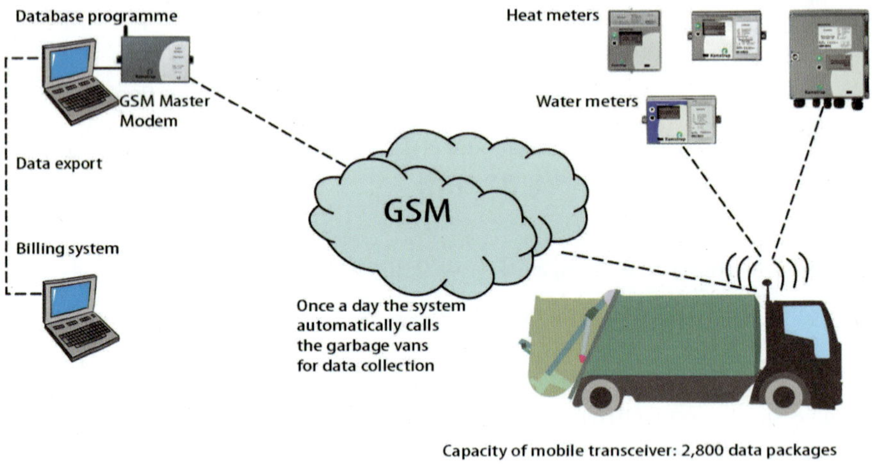

그림 9.38 쓰레기 수거차가 검침을 수행하는 지역난방 계량 검침에 대한 자동화 계획. 출처: Kamstrup. 허락을 받고 사용함

많은 혁신적인 선택사항이 개발되고 있다. 이런 선택사항 중 한 가지 사례(그림 9.38)는 대형 건물만이 아닌 대부분의 건물에서 자동으로 검침 값을 수집하는 다목적 방법으로 경제성이 있다고 증명되었다. 건물들 사이로 검침원이 이동하는 시간 소모성 활동 대신 무선통신을 통해 건물 내의 계산부로부터 검침 값을 수집하는 모바일 기계(쓰레기차에 설치되어 있음)를 사용하여 검침을 수행한다. 이후 검침정보는 데이터 저장 장치에 저장되고 중앙 데이터 처리 시설로 전달된다. 이 시스템은 데이터 수집 측면에서 아무런 조치없이 운전기사만 필요한 수준으로 자동화되어 있다. 쓰레기를 수거하지 않아서 쓰레기차가 지나가지 않는 많은 상업 및 공공건물에서 계량검침은 중앙 데이터 처리 장치와의 직접 데이터 통신과 같은 다른 방법으로 수행되어야 한다.

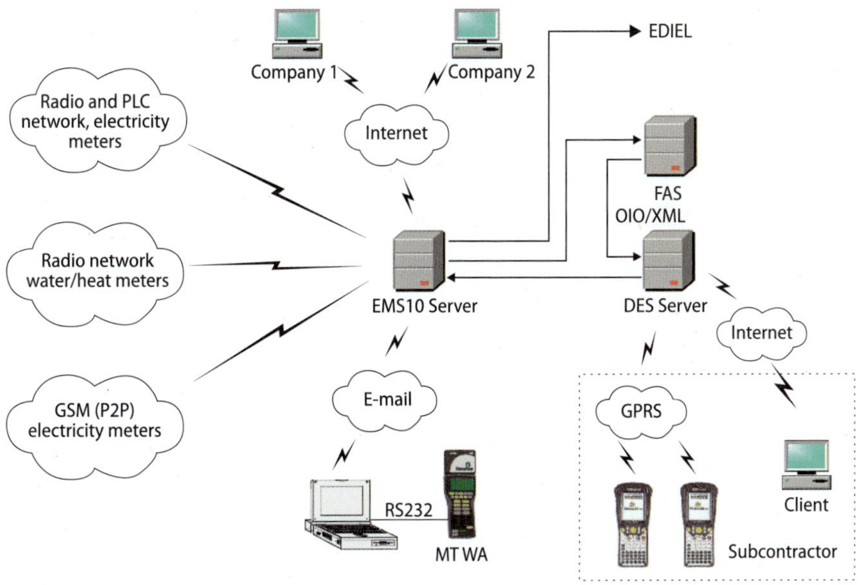

그림 9.39 서로 협력하는 두 개의 덴마크 공공기업에서 사용되는 다중-유틸리티 원격계량검침 시스템. 출처: Kamstrup. 허락을 받고 사용함

전기, 가스, 상수, 지역난방 등을 위한 공통된 기반에서 원격검침자료를 수집하는 **다중 유틸리티 계량 계획**(Multi-utility metering plans)을 점점 더 많이 채택하고 있으며, 비용 절감에 이바지하고 있다(그림 9.39 참조).

참고문헌

Bonfig KW, Technishe Durchflussmessung(Technical flow measurement). 3. Auflage(Edition), Vulkan–Verlag Essen, Germany, 2002

Wien J, Pudwill U, Anforderung an die Kältemessung und Kälteabrechnug(Request to cold measurement and cold billing). Euroheat & Power 35(2006) : 1–2, 54–56.

Walther S, Zschi S, Sander S, Automatische Funkauslesung von Wärmezählern (Automatic radio readout of heat meters). Euroheat & Power 35(2006) : 1–2, 54–56.

European standard EN1434 Heat Meters, 2007(part1), 2008(part2) & 2012(part 3).

Värmemätare(Heat Meters), Technical requirement F : 104, Swedish District Heating Association, 2008.

Kamstup AS, Mobile Wärmezählerauslesung per Müllabfuhr(Mobile heat meter readout via waste collection). Euroheat & Power 38(2009) : 4, 60–63.

Frank B, Heat Meter Error Caused by Pressure, 2009. www.bofcon.se/doc/HM_pressure.pdf., downloaded June 2012.

Mathies N, Schupp R, Anforderungen an die Temperaturmessung in der Fernwärme(Requirements for the temperature measurement in district heating). Euroheat & Power 39(2010) : 4, 70–78.

Adunka F, Handbuch der Wärmeverbrauchsmessung(Handbook of heat consumption measurement). 4. Auflage(Edition). Vulkan–Verlag Essen, Germany, 2011

연습문제와 과제

1 기계실의 공장제작은 어떤 이점을 가져올 수 있는가?

2 어떻게 기계실을 통과하는 지역난방 수의 냉각 정도를 크게 할 수 있는가? 그리고 왜 이것이 유리한가?

3 지역냉방 기계실 내 회수온도는 가능한 낮아야 하는가 또는 높아야 하는가? 그리고 그 이유는 무엇인가?

4 급탕의 순간 가열이 온수저장을 통해 가열하는 것보다 선호되는가?

5 어떻게 기계실 내 스케일(Scaling) 발생을 피할 수 있는가?

6 열교환기 누수에도 불구하고 지역난방 네트워크로부터 식수 네트워크로 유입되는 물의 위험성을 피하기 위해서는 어떤 종류의 구성요소가 필수적인가?

7 다른 형태의 난방방식 사용과 비교해, 지역난방 시스템에 순환수식 난방시스템을 연결한 경우 레지오넬라 균 성장의 특별한 위험이 존재하는가?

8 기계실 내 열교환기는 병류 혹은 역류로 연결돼야 하는가?

9 왜 기계실 내 제어밸브가 필요한 것보다 더 큰 직경이면 안 되는가?

10 왜 지역난방 네트워크에 연결된 건물 내 난방시스템의 제어에서 심야 세트백이 문제가 될 수 있는가?

11 지역난방과 지역냉방 기계실에서 제습을 어떻게 제공할 수 있는가?

12 지역난방과 지역냉방 기계실에서 유량감지는 일반적으로 회수관에 설치된 단일 유량센서를 통해 이루어진다. 2개의 유량센서 사용이 정당화될 수 있는 3가지 이유를 설명하시오.

13 왜 지역난방과 지역냉방 고지서는 기계실 내 1차측에 대한 계량을 기반으로 하는가?

10 CHAPTER

시스템 기능 (System functioning)

시스템 기능에 대한 이번 장은 상호 연결된 시스템의 중요한 모든 면을 설명하고 있다. 열공급시설에서의 **유입 열유량(Input heat flow)** 운영에서부터 열분배 배관을 통해 최종적으로 사용자 기계실에서 열전달되는 전 과정을 다룬다. 주로 고려되는 측면은 열수송망 구조(Grid structure), 열과 냉방을 전달하는 능력, **압력구배(Pressure gradient)**에 의한 유량분배, 분배 네트워크의 온도 수준, 열수요 제어, 열수송망 제어, 운전 모드, 다중 열공급, 시스템 모니터링, 신뢰성, 마지막으로 노후 네트워크의 개선에 대한 것이다.

이 장을 완벽히 이해하기 위해서는 앞선 장들에 있는 정보의 충분한 숙지가 필수적이다. 이 책의 저자로서 이 장이 책 전체 중에 핵심내용이라고 생각한다. 이 책의 궁극적인 목적은 독자들이 이번 장의 내용을 완전히 이해하는 데 있다.

10.1 열수송망 구조와 지도(Grid structure and map)

10.1.1 열밀도(Heat density)

제4장에서 설명한 **도시 열수요(Urban heat demand)**는 한 도시에서 지리적으로 분배된다. 이 열수요들의 위치는 **열밀도 지도(Heat density map)**를 통해 표현되며, 열밀도는 총 열수요를 고려되는 대지면적으로 나눈 값이다. 그림 10.1에 열밀도 지도의 한 가지 사례가 있다. **지리 정보 시스템(Geographical information system, GIS)**에서 이 정보를 검색할 수 있으며, 도시에 있는 개별 건물의 열수요에 대한 상세한 정보를 포함한다.

열밀도 지도는 현재 열공급에 대한 유의미한 기본 정보를 포함하고 있다. 새로운 지역에 난방을 공급하기 위해 열분배 시스템을 설계하고 관련 비용을 산정하는 데 이 정보를 활용할 수 있다. 지역난방 공급 가능 여부를 검토하는 지역은 특정 한계값 이상의 열밀

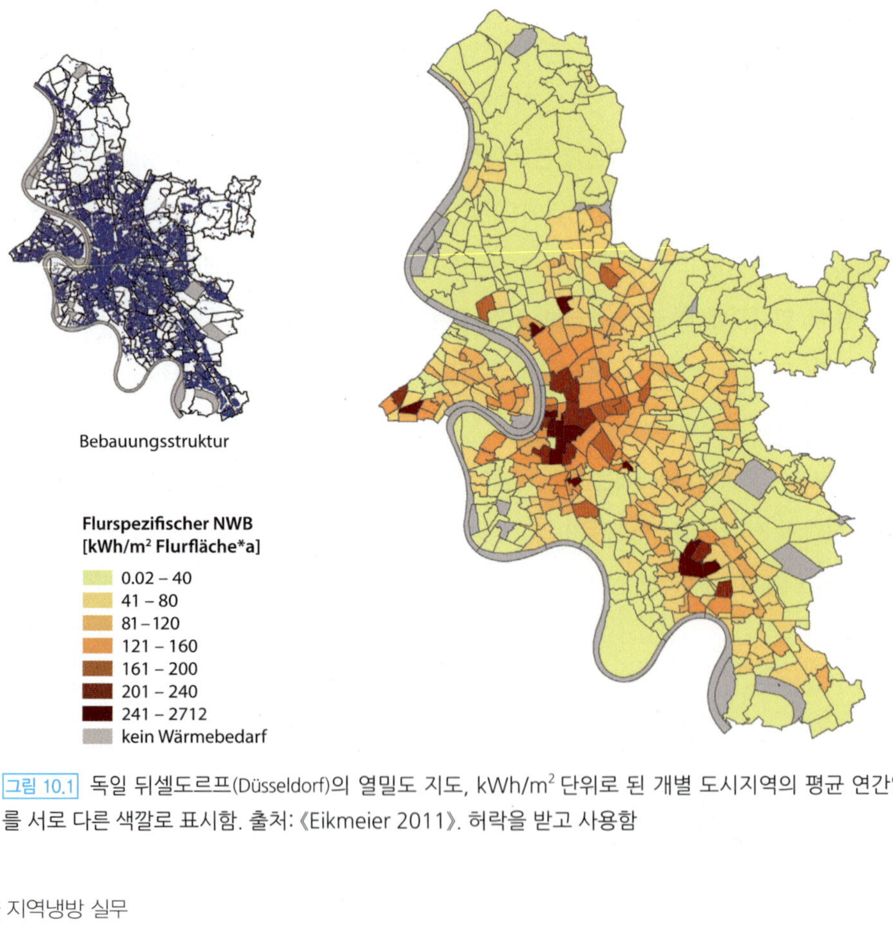

그림 10.1 독일 뒤셀도르프(Düsseldorf)의 열밀도 지도, kWh/m^2 단위로 된 개별 도시지역의 평균 연간열밀도를 서로 다른 색깔로 표시함. 출처: 《Eikmeier 2011》. 허락을 받고 사용함

도를 가지고 있어야 한다. 지역난방 도입이 가능한 것으로 인용되는 일반적인 한계값은 40–50 kWh/m^2(또는 140–180 MJ/m^2, 35–43 Mcal/m^2 역))이다. 하지만 지역난방의 경쟁력이 매우 높은 국가에서는 이 한계값이 20 kWh/m^2(또는 70 MJ/m^2, 17 Mcal/m^2 역))까지 낮아질 수 있다. 이 문제는 11.4절에서 열분배 비용을 분석할 때 좀 더 상세하게 다루게 될 것이다.

최초 계획단계에서 선정된 개별 도시지역에 총 수요는 열밀도와 상응하는 대지면적을 곱해 얻을 수 있다. 미래 열수요 수준과 지역난방의 미래 시장점유율에 대한 가정도 이루어져야 한다. 그 다음 과제는 지역난방 공급을 위해 적정 열수요와 연관된 기본적인 이 열계획 정보를 활용해 열분배 시스템을 설계하는 것이다. 이 설계단계에서 설계자는 지중에 매설되는 특정 길이와 직경을 갖는 분배 배관들을 선택할 수 있다. 그러나 분배 배관 설계에 대한 기본적인 이해와 수단을 알아보기에 앞서 특정 형태의 열분배 네트워크에 대해 살펴볼 것이다.

10.1.2 표준적인 성장 구조(Typical growth structures)

모든 대규모 지역난방 시스템이 처음에는 소규모 형태였다. 따라서 존재하는 네트워크 구조는 성장 과정의 현재 결과에 해당된다. 몇 가지 표준적인 네트워크 구조가 그림 10.2에 있으며, 소규모에서 대규모 시스템으로 발전하는 표준적인 단계를 보여주고 있다. 이 네트워크 구조에서 각각의 선은 두 개의 배관(하나는 공급관이고, 하나는 회수관)을 나타낸다. 그림 10.2 하단에 기술된 내용은 성장의 특징적인 단계를 나타내며, 각각의 단계는 다음과 같다.

a) **나무구조(Tree structure)**의 단일 열수송망은 초기에 만들어진다. 나무구조는 열공급시설로부터 어느 하나의 연결된 건물까지 단 한 개의 관로로 이어져 있을 수 있다는 것을 의미한다. 이것은 자연 상태에 있는 나무가 지반 위쪽(나뭇가지)과 아래쪽(뿌리) 모두에서 일반적으로 구조화되는 방식이다. 첫 번째 단계 이후 얼마 지나지 않아, 보통 하나 이상의 소규모 열수송망이 도시의 다른 부분에서 개발되기 시작할 것이다. 처음에는 대다수가 단지 특정 그룹의 유사한 건물이 있는 지역을 공급한다.

b) 한 개 이상의 소규모 열수송망이 **기저부하 열원(Base load plant)**이 있는 **중심 열수송망(Central grid)**에 상호 연결된다. 바깥쪽의 열공급시설은 상호 연결된 열수송망 내 **첨**

두부하시설(Peak load unit)이 된다.

c) 최초로 두 개의 가장 큰 분기관 사이에 특정 공급배관과 회수배관들이 상호 연결되며, 환상망을 형성한다. 이제 순수한 나무구조는 없어지게 된다. 즉, 건물에서 열공급시설까지 더 많은 관로가 놓이게 된다. 더 많은 말단부가 연결되어 큰 직경의 환상망이 형성된다.

d) 네트워크의 주 구조와 미세구조 모두에서, 여전히 더 많은 분기관 말단이 상호 연결되어 **그물망 구조**(Meshed structure)를 형성한다. 도로지도가 좀 더 완전한 그물망 구조로 되어있기는 하지만, 분배배관은 일반적으로 도로지도를 따른다. 네트워크가 그물망화되면, 공급관을 또 다른 인근 공급관에 연결하는 것이 매우 중요해진다. 물론 공급관을 인근 회수관에 연결해서는 안 된다. 그렇지 않으면, 네트워크에서 심각한 두 개의 합선(Short circuit, 공급관과 회수관을 바꾸어 연결하는 것[역])이 발생하며, 회수관에 공급온도의 많은 유량이 유입된다. 돌발적인 이 두 개의 합선은 분배네트워크의 온도수준(Temperature level)을 증가시킨다.

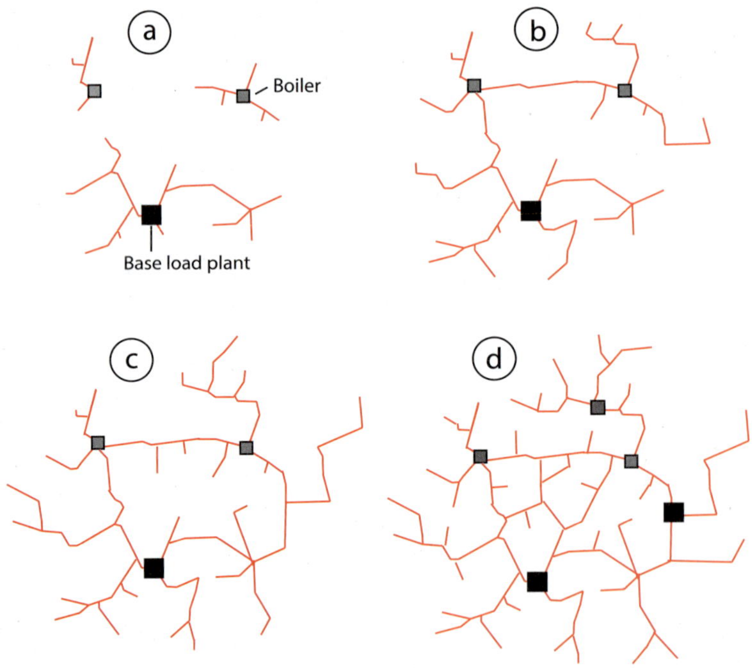

그림 10.2 지역난방 네트워크의 성장을 표현한 4가지 서로 다른 분배 네트워크: 초기 나무구조(a) ; 첫 번째 상호연결 하지만 여전히 나무구조(b); 첫 번째 환상망 구축(c); 마지막으로 다수의 열공급시설이 있는 그물망 구조(d)

순수한 나무구조나 환상망에서 시작해 그물망 네트워크를 만들 수 있으면, 두 가지 큰 장점이 있다. **열전달용량**(Heat transfer capacity)이 증가되고 주배관이 파열된 경우 대규모 공급지역에 열공급이 중단될 위험이 줄어들게 된다.

부분적으로, 첫 번째 장점은 열수송망 개발과정에서 특정 단계의 (10.3.5항에서 계산된 것과 같은)최적 배관 직경이 나중 단계에는 최적이 아닐 수 있다는 사실을 감안해야 한다는 것이다. 보통 초기에는 배관 직경이 너무 크며 몇 년 후에는 너무 작아지는 경향이 있다. 신규 배관은 개발 중인 미포화지역을 공급하고, 공급지역 인근에 새로 연결되는 사용자에게 부분적으로 여유 용량을 끌어다 쓸 수 있다.

그물망화를 이 주제에 대한 변화과정으로 볼 수 있다. 시스템 가동률을 향상시키고 네트워크에 대한 선 투자비를 회수하는 데 도움을 주기 위해서 배관이 매설된 특정 지역 내에 공급되는 건물 비율은 보통 증가하는 것이 일반적인 경향이다.

10.1.3 표준 네트워크 구조(Typical network structures)

지역난방 네트워크 구조는 규모와 지역 여건에 따라 매우 다양한 형태로 존재할 수 있다. 그림 10.3 하단에 기술되어 있는 5가지 표준적인 네트워크 구조는 다음과 같다.

a) **하나의 중심위치(One central location)**: 모든 열공급시설이 한 장소에 집중되어 있다. 이 구조는 소규모 시스템에서 일반적이며, 열공급시설과 개별 기계실 사이의 거리가 상당히 짧기 때문에 매우 유리한 구조이다.

b) **중앙기저부하(Central base load)**: **분산형 첨두부하 플랜트(Decentralised peak load plant)**가 중앙기저부하 플랜트를 보완한다. 이 구조는 중앙기저부하 플랜트에서 나오는 배관 직경을 줄일 수 있으며, 중간 크기의 시스템에서 일반적이다. 저부하 시 중앙기저부하 플랜트에서 전체 네트워크를 공급하며, 고부하 시 중앙기저부하 플랜트는 인근 지역만 공급하고 첨두부하 플랜트가 도시의 주변지역을 담당한다.

c) **주변기저부하(Peripheral base load)**: 예컨대 환경영향을 최소화하거나 도심에서 원거리에 위치한 항구가 플랜트를 위한 자연적인 입지를 제공하기 때문에 대형 CHP 플랜트는 보통 도심에서 원거리에 위치해 있다. 첨두부하 플랜트는 도시에 위치하고 있다. 일반적인 열수송망과 함께 기저부하 플랜트를 연결하는 장거리 관로가 **연계배관(Transmission pipeline)**이다. 프라그(Prague)와 함부르크(Hamburg)에 이런 종

류의 네트워크 구조가 있다.

d) **공통 연계배관(Common transmission pipe)**: 여러 개의 기저부하 플랜트와 여러 분배지역이 모두 중앙연계배관에 연결된다. **가동우선순위(Merit order)**에 따라 연계배관 내 유체의 흐름이 바뀔 수 있다. 고센버그(Gothenburg)의 지역난방 시스템은 중앙 연계배관을 갖고 있다.

e) **대규모 통합 네트워크(Large integrated network)**: 도시의 주요 부분에 자체 기저부하 플랜트가 있다. 저부하 동안에는 하나의 기저부하 플랜트가 도시의 여러 지역을 공급할 수 있다. 이 네트워크 구조는 인구가 50만 명 이상이고 지역난방 시장점유율이 높은 대도시에서 일반적이다. 이 같은 도시에는 모스코바(Moscow), 바르샤바(Warsaw), 베를린(Berlin), 헬싱키(Helsinki), 파리(Paris), 코펜하겐(Copenhagen), 스톡홀름(Stockholm)이 있다.

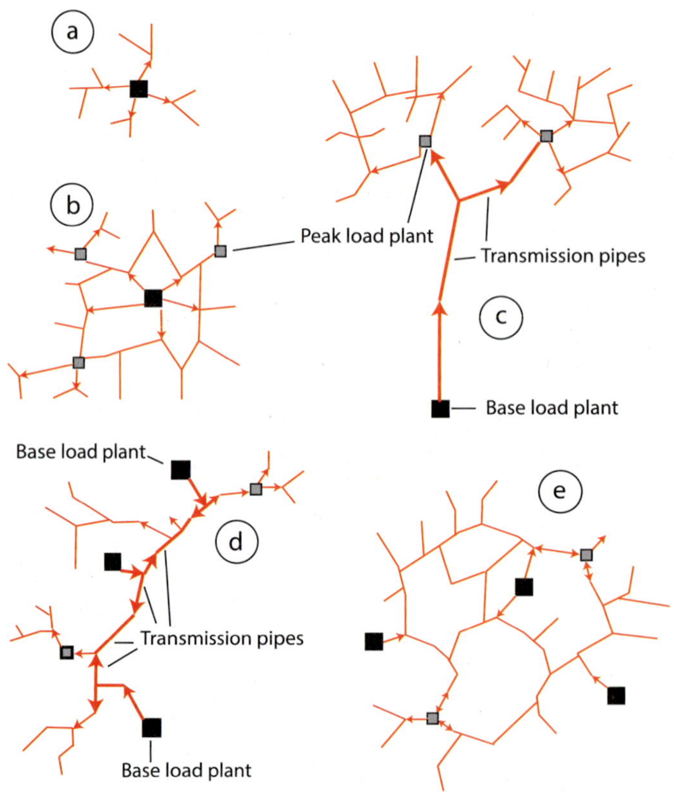

그림 10.3 지역난방의 몇 가지 표준적인 네트워크 구조를 설명하고 있는 5가지 서로 다른 형태의 분배 네트워크; 하나의 중심위치(a), 중앙기저부하(b), 주변기저부하(c), 공통연계배관(d); 대규모 통합 네트워크(e)

10.1.4 발전된 네트워크 구조(Developed network structure)

현재 사용 중인 발전된 네트워크 구조를 보여주기 위해 함부르크(인구 약 175만 명[역]) 지역난방 시스템을 선정했다. 현재의 열수송망은 1921년 지역난방이 시작된 이후 90년간 확장된 결과이다. 2004년에 전체적인 네트워크 구조가 그림 10.4에 있으며, 소규모 배관구조는 제외하고 주배관만 보여주고 있다. 서로 다른 3개 지역에 있는 4개의 플랜트에서 이 대규모 열수송망을 공급하고 있다.

- Heizkraftwerk Wedel(Wedel 화력발전소), 도시 서쪽에 있는 CHP 발전소, 엘베강 북쪽 연안에 위치함(석탄을 사용하며 전기생산량 250 MWe+423 MWth(364 Gcal/h)급[역])
- Heizkraftwerk Tiefstack(Tiefstack 화력발전소), 도시의 남동쪽에 위치한 또 다른 CHP 발전소, 엘베강 북쪽 연안에 위치함(석탄을 사용하며 전기생산량 321 MWe급 +814 MWth(700 Gcal/h)급[역])
- MVB/AVG Borsigstrasse, 폐기물 소각로 플랜트, HKW Tiefstack과 인접해 있음

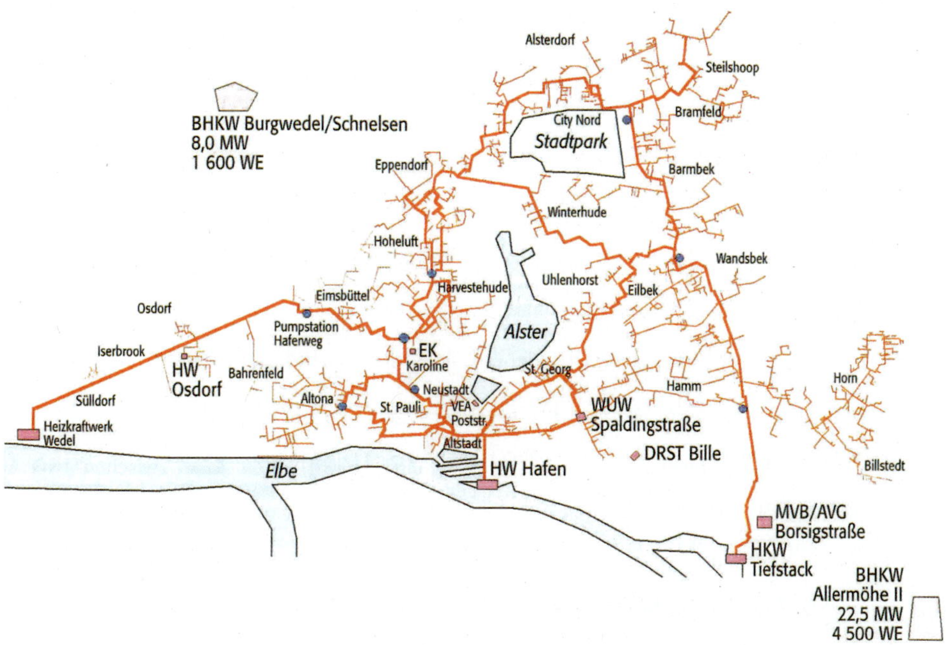

그림 10.4 독일 함부르크의 주요 지역난방 시스템. 출처: Euroheat & Power 33(2004): 12, 43. 허락을 받고 사용함

- Heizwerke Hafen(항구 열공급시설), 도시의 중심 항구 지역 내에 있는 대형 열전용 보일러

함부르크는 대도시이기 때문에 열공급을 위한 서로 다른 3개의 지역을 선택했다. 기저부하는 폐기물 소각장과 HKW Tiefstack에 의해 공급되며, 중간 열부하는 오래된 HKW Wedel에 의해 공급된다. 왜냐하면 HKW Tiefstack과 비교해 이 발전소가 더 구형이고 경쟁력이 낮기 때문이다. 첨두 및 예비 열부하는 HW Hafen에서 공급한다. 첨두부하 시 HW Hafen은 도시의 중심부에 열을 공급하며, 기저부하 발전소의 송열 거리를 줄일 수 있다. Vattenfall Europe 사는 근시일 내에 Wedel에서 공급되는 열을 엘베강 남쪽에 위치하게 될 새 CHP 발전소로 대체할 계획이다.

이 3개의 열공급시설 위치는 이전의 열공급시설(Poststrasse, Karoline, Bille)이 있었던 곳으로, 지금은 세 시설 모두 폐쇄 및 철거되었다. 이와 같이, 열공급시설은 90년의 기간에 걸쳐 시스템에 나타났다 사라질 수 있지만 네트워크 구조는 계속되는 확장과 함께 동일하게 남아있다.

현재의 중온수 네트워크는 연계배관과 분배배관 측면에서 모두 매우 그물망화되어 있다. 통합된 네트워크는 도시 서쪽의 Wedel지역(20 km, 1986년-1987년에 건설됨) 및 도시 남동쪽의 Tiefstack/Borsigstrasse지역(6 km, 1958년에 건설됨)과 연결된 2개의 주요 연계배관을 포함하고 있다. 남쪽에 있는 새로운 CHP 발전소에서 생산된 열은 12.3 km의 신설 연계배관을 통해 지역난방 시스템에 전달된다. 2006년 한 해 동안 11.6P J(11.6×10^{15} J, 276만 Gcal[역)])의 열을 관로길이 745 km의 중온수 분배 시스템에 있는 사용자에게 공급했으며, 여분의 2.4P J(2.4×10^{15} J, 57만 Gcal[역)])는 관로길이 45 km의 배관을 통해 증기로 공급되었다.

2006년 함부르크에는 Vattenfall Europe 사 외에 다른 2개의 지역난방 사업자(Favorit 사 와 Urbana사)가 운영 중에 있었다. Favorit 사는 관로길이가 355 km인 11개 네트워크에 거의 4PJ(4×10^{15} J, 95만 Gcal[역)])을 공급했으며, 반면에 Urbana사는 관로길이가 80 km인 9개 네트워크에 0.9PJ(4×10^{15} J, 21만 Gcal[역)])를 공급했다.

10.1.5 광역 지역난방 시스템(Regional district heating systems)

광역 지역난방 시스템은 광역 열원들로부터 다수의 대도시 또는 중소도시에 대한 열분배를 포함한다. 광역 지역난방 시스템의 한 가지 사례로 그림 10.5 지도에 있는 코펜하

겐 광역시(Copenhagen metropolitan)에 통합 지역난방 시스템이 있다.

이 통합 시스템은 개별 중소도시 마다 일반적으로 하나의 회사가 있는 다수의 지역 열수송망(Local grid)과 두 개의 **주요 중첩 광역 열수송망(Major superimposed regional grid, CRT 사와 VEKS 사)**으로 구성되어 있다. 지역 열수송망은 긴 **열거리(Thermal length,** 열교환기 내에 온수가 지나가는 거리[역])를 갖는 대형 열교환기가 설치된 **지역단위 기계실(Area substation)**에 의해 분리되어 있다. 열교환기에서 열은 높은 온도수준(일반적으로 압력도 높음)에서 낮은 쪽으로 이동한다. 비록 독립된 지역 공익기업들(Utility company, 지역난방 · 전기 · 가스를 공급하는 회사[역])이 광역 열수송망의 서로 다른 부분을 소유하고 있지만, 이들 모두가 하나의 단일 광역 열수송망을 형성한다.

해당 지역의 지역난방 공익기업이 지역난방을 사용하는 건물을 공급한다. 그림 10.5에 있는 지도에는 이런 열수송망이 생략되어 있으며, 그 대신 각각 빨간색, 파란색, 녹색으로 표시된 3개의 광역 지역난방 공익기업들이 소유하고 있는 훨씬 적은수의 대관경 연계배관이 있다. 노란색 지역은 빨간색 지역을 공급하는 공익기업이 소유하고 있지만, 이 지역의 지역난방은 증기배관을 통해 이루어지기 때문에 다른 색깔을 사용하였다. 반면, 광역시에 있는 다른 모든 지역난방 네트워크는 가압된 중온수의 분배에 기반을 두고 있다.

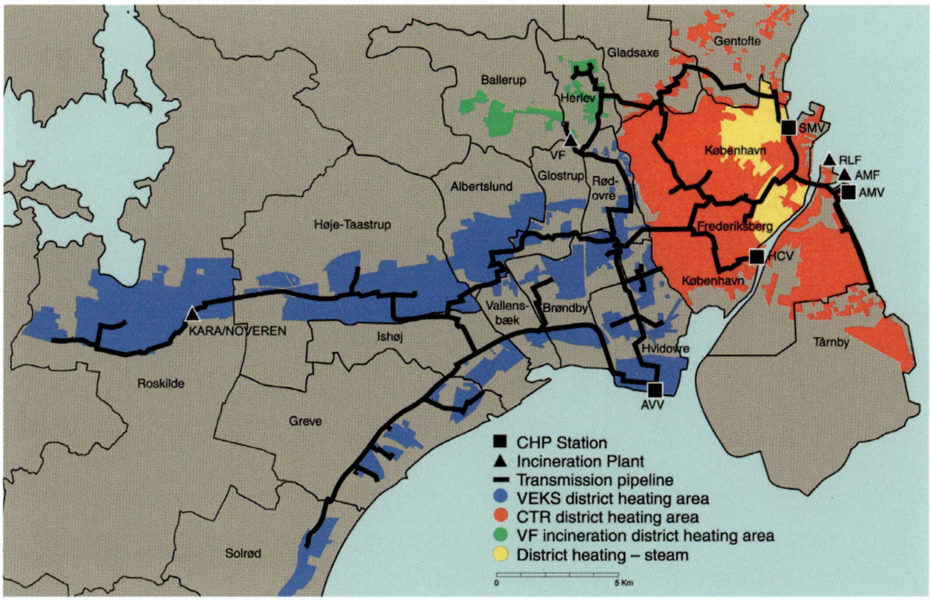

그림 10.5 코펜하겐 지역의 광역 지역난방 시스템 지도. 출처: Lars Gullev, Vestegnens Kraftvarmeselskab I/S(VEKS), Albertslund, Denmark. 허락을 받고 사용함

2개의 주요 광역 열수송망은 다수의 열공급시설로부터 열을 공급받는다. 이 지역의 중심부에 상대적으로 가까이 있는 4개의 주요 CHP가 그림 10.5 지도에 표시되어 있다. Aveøre(AVV)와 Amager(AMV) 발전소는 2차 기저부하 플랜트로 가동되며, HC Ørsted(HCV)와 Svanemølle(SMV) 플랜트는 중간 열부하에서 가동된다. 그 밖에 이 지역 주변의 여러 위치에 다수의 서로 다른 플랜트들이 존재한다. 이런 시설들 중에는 1차 기저부하 플랜트로 가동되는 4개의 지역 폐기물 소각장과 약 40개의 지역 첨두부하 보일러들이 있다. 일부 CHP 발전소는 이미 부분적으로 바이오매스(Biomass)를 사용하고 있으며, 화석연료에서 재생가능 연료(Renewable fuel)로 전환하는 데 도움을 주기 위해 바이오매스의 비율이 증가할 것으로 예상된다. 미래에는 재생가능 연료 비율을 더 높이기 위해 지열에너지(Geothermal energy)가 점점 더 많은 기여를 할 것으로 기대된다.

1978년 일부 분산된 지역난방 네트워크에서 2010년 거의 완전히 통합된 광역 지역난방 시스템까지 스톡홀름 광역시(Greater Stockholm region) 네트워크의 성정과정이 그림 10.6에 있다. 스톡홀름에서 지역난방은 1953년에 처음 공급을 시작했으며, 그후 지난 60여 년간 확장을 통해 광역 지역난방 시스템의 완전한 혜택을 이루어 냈다.

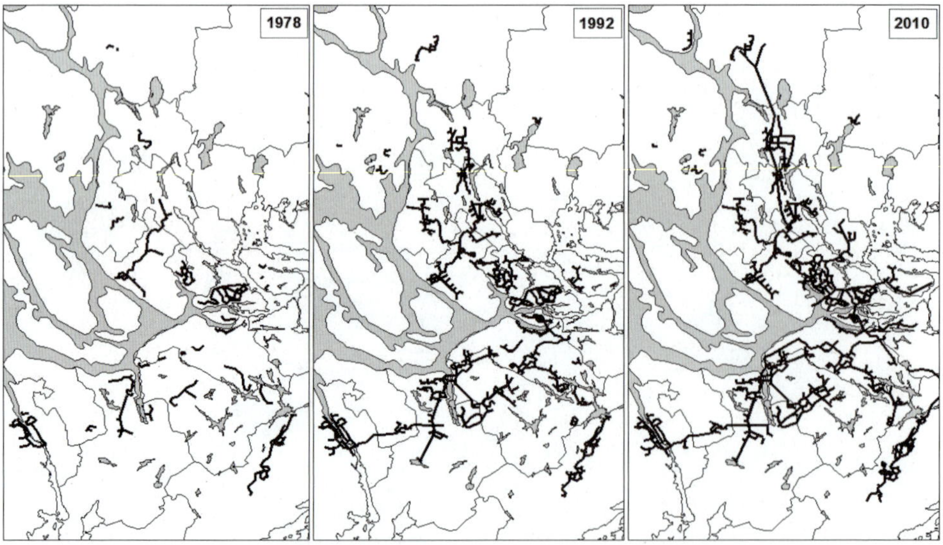

그림 10.6 1978년과 2010년 사이의 스톡홀름 광역시에 지역난방 주배관과 중소도시 경계. 출처: Dick Magnusson, Linköping University. 허락을 받고 사용함

참고문헌

Mortensen HC, The Future District heating Supply in the Central Part of Greater Copenhagen. Fernwärme International 16(1987) : 3, 167–177.

Chudzienski E, Hamburgs grösste Wärmetransportletung im Bau(Hamburg's largest heat transport facility under construction). Fernwärme International 16(1987).5, 328–338.

Dommann D, Die Fernwärme–und Fernkälteversorgung in der Freien und Hansestadt Hamburg(The district heating and remote refrigeration supply in the Freien and Hansestadt Hamburg). Hamburgische Electricitäts–Werke AG, Hamburg 1994.

Gullev L, District Heating – A history of fuel flexibility in copenhagen. News from DBDH 2006 : 2.

Eikmeier B, Potenzialerhebung von Kraft–Wärme–Kopplung in Nordrhein–Westfalen (Potential–raising of combined heat and power in North Rhine–Westphalia). Bermer Energie Institute. Bremen 2011.

10.2 열분배와 냉방분배(Heat and cold distribution)

5.4절과 식 (5.14)에 따르면 질량유량과 온도차의 곱이 열력(Heat power) 또는 냉기력(cold power)과 비례하기 때문에, 열력 또는 냉기력은 이 두 변수의 서로 다른 조합을 통해 분배 네트워크에 전달된다. 다음에 나오는 두 절은 각각 유량분배 조건과 통상적인 열수송망 온도를 다루고 있다.

지역난방과 지역냉방 사이에 가장 큰 차이점은 **분배 온도차**의 크기이다. 지역난방 네트워크에서는 큰 온도차를 사용하며, 반면에 지역냉방 네트워크에서는 작은 온도차를 사용한다. 이런 이유로 동일한 수요 수준에서 지역난방 네트워크가 지역냉방 네트워크보다 더 적은 질량유량을 사용한다. 여기서 알 수 있는 하나의 결론은 특정 관경의 배관이 지역난방 네트워크에서 전달할 수 있는 열력은 지역냉방 네트워크의 상응하는 냉기력보다 더 크다는 사실이다. 그 결과가 그림 10.7에 나타나 있다. 따라서 동일한 수요 수준에서 지역냉방 네트워크는 지역난방 네트워크와 비교해 설치비용이 더 많이 든다.

10.3 유량분배(Flow distribution)

유량의 크기와 방향은 유량방향에서 발생하는 **압력강하(Pressure drop)**에 의해 운영된다. 제공할 수 있는 압력강하가 높을수록 발생하는 유량이 커진다. 이것은 열분배 시스템 내 유량이 **압력운영(Pressure management)**과 연관되어 있다는 것을 의미한다. 또한, 기본 유체역학에 따르면 특정 유속에서 유량은 배관 직경의 제곱에 비례하기 때문에 공급 가능한 유량 크기는 선택된 배관의 직경에 크게 의존한다.

이 절은 배관 네트워크에 유량을 위해 고려해야만 하는 여러 가지 **유량분배 조건(Flow distribution condition)**을 다루고 있다. 이 조건은 유량방향 압력강하, 배관의 마찰과 매끄러운 물, 펌프 동력, 시스템의 압력원추(壓力圓錐, Pressure cone)와 가압에 의한 압력운영, **압력서지(Pressure surge)**, 배관경 선정을 포함한다.

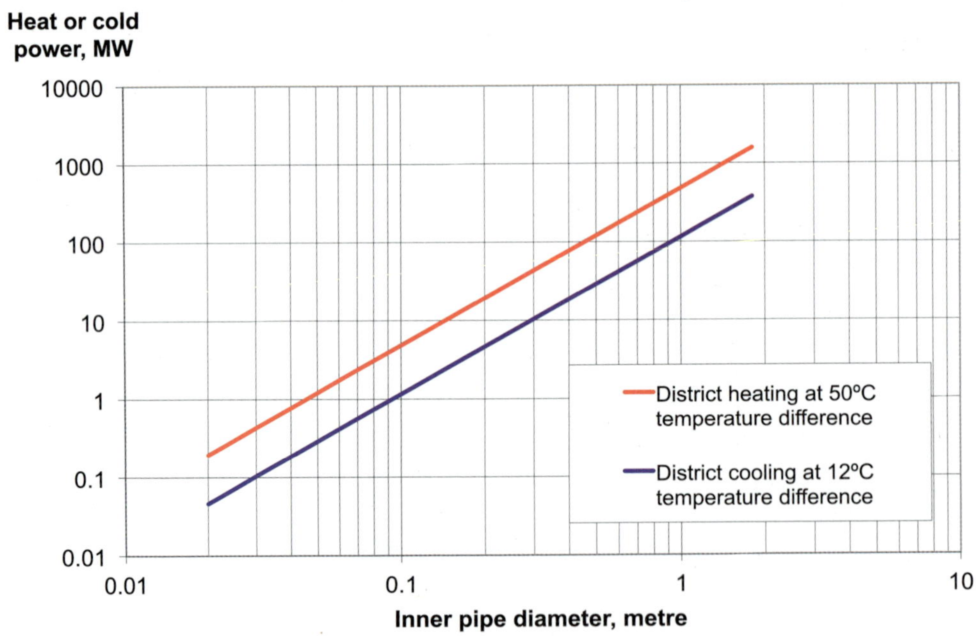

그림 10.7 다양한 내관 직경에 따른 지역난방과 지역냉방 배관의 분배 또는 연계를 위한 MW로 표시된 열력 및 냉기력, 최대 유속 3 m/s, 표준적인 지역난방과 지역냉방 온도차를 적용함

10.3.1 압력강하(Pressure drop)

팩트박스 10.1에서 알 수 있듯이 **압력강하**는 유속의 제곱에 비례한다. 다시 말해 유속은 차압의 제곱근에 비례한다. 만약 배관에 유량을 2배로 발생시키려면, 배관 유입부와 유출부 사이의 현재 차압에 4배만큼 차압이 커져야 한다. 이 차압은 공급관과 회수관의 폐회로에 위치한 단일 또는 복수의 **순환펌프(Circulation pump)**에 의해 발생한다. 그림 10.8에 25개의 서로 다른 배관 직경에 대한 단위길이당 표준 압력강하가 질량유량의 함수로 제시되어 있다. 표준설계차온에 대해 상응하는 열력 도표가 그림 10.9에 있다.

팩트박스 10.1

원형 수로 내부에 유체에 대한 기본적인 압력강하 방정식.

기본유체역학에 따르면, 원형 수로에서 유량방향으로 완전 난류흐름일 때 압력구배(Pressure gradient)는 다음과 같다.

$$\Delta p = -(\lambda L/d)\cdot\rho\, v^2/2\ [\mathrm{Pa}] \qquad (10.1)$$

이 식은 다음과 같이 나타낼 수 있다.

$$\Delta p = -(8\lambda L/d^5\pi^2\rho)\cdot\dot{m}^2\ [\mathrm{Pa}] \qquad (10.2)$$

여기서,

- λ = 마찰계수 [–]
- d = 내관의 직경 [m]
- L = 배관 길이 [m]
- ρ = 유체 밀도 [kg/m³]
- v = 유속 [m/s]
- $\dot{m}$ = 질량유량 [kg/s]

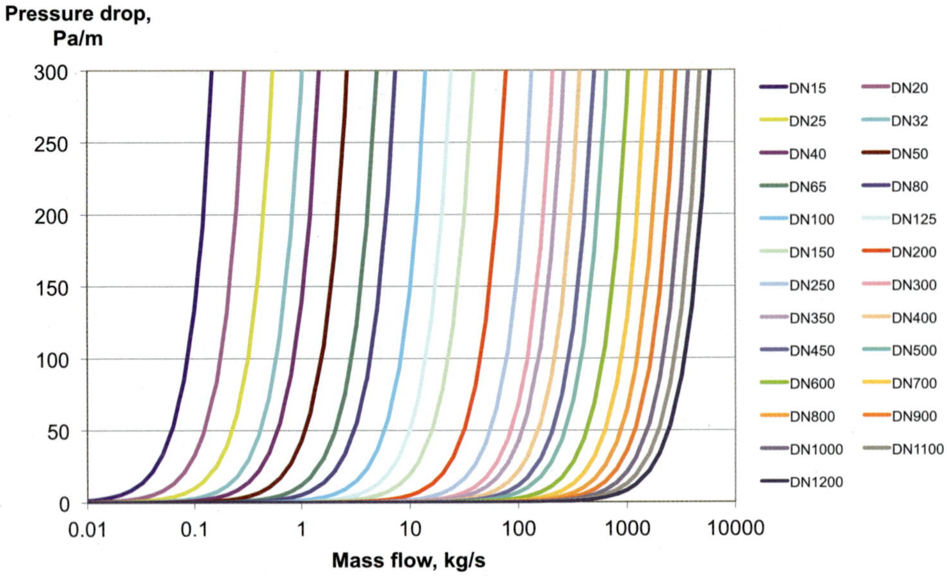

그림 10.8 25개의 서로 다른 배관 직경의 질량유량에 대한 유량방향 m당 압력강하. 계산 조건: 마찰계수 0.025, 물의 밀도 983kg/m^3

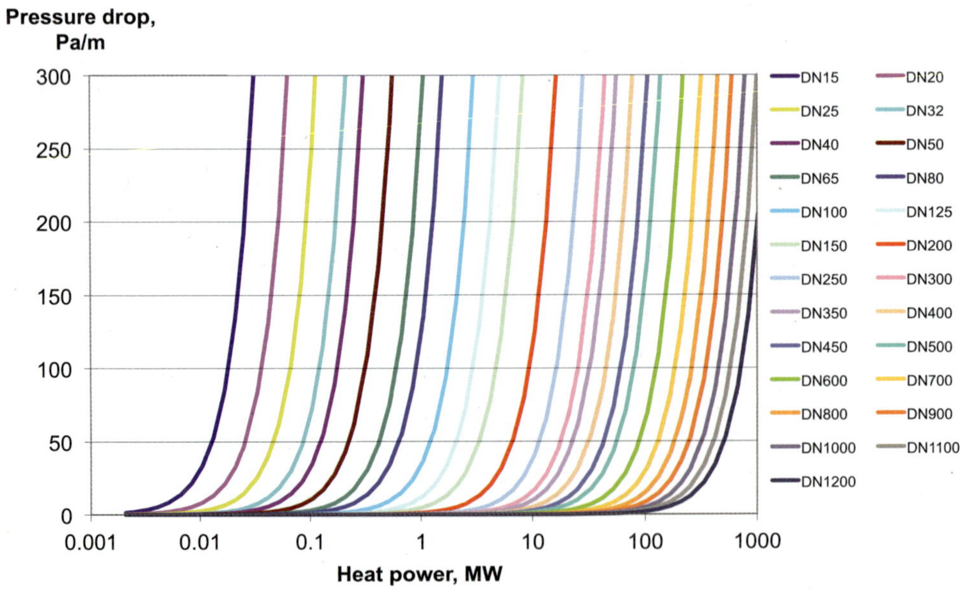

그림 10.9 그림 10.8의 계산을 기초로 25개의 서로 다른 배관직경의 열력에 대한 유량방향 m당 압력강하. 계산을 위한 추가 조건: 비열용량(Specific heat capacity) 4.18kJ/kgk, 차온 50℃.

이 두 그림에서 중요한 사실은 배관에 최대유량이 한 번 발생하면 중앙 열공급시설에서 더 큰 펌프 용량을 사용해서 최대유량을 증가시키는 것이 거의 불가능하다는 것이다.

압력강하는 배관직경의 5승에 반비례하기 때문에 다음 단계의 관경을 선정하면 압력강하를 크게 줄일 수 있다. 이런 이유로 배관직경선정과 특정압력강하는 독립적으로 논의할 필요가 있으며, 이 절 끝부분에서 별도로 다룰 것이다.

식 (10.1)과 (10.2)의 마찰계수 λ는 내부 배관표면의 **조도(粗度, Roughness)** 및 **레이놀즈수(Reynolds number, 무차원 유속)**와 연관되어 있다. 그림 10.10에 있는 **무디차트(Moody diagram)**에서 이런 연관성을 알 수 있다. 마찰계수는 내관 표면의 조도가 커지면 증가하지만 여기에는 상당한 불확실성이 존재한다. 불확실성이 발생하는 가장 큰 원인은 사용기간 동안 배관에 얼마나 많은 부식과 어떤 침전물이 발생할지 알 수 없기 때문이다. 비록 방금 전 언급된 조도에 대한 불확실성이 과대 또는 과소 크기의 배관을 선정할 위험에 직면해 있는 설계자를 일정부분 방해하기에 충분하지만, 다행히도 마찰계수 값이 표면조도에 따라 급격히 증가하지 않는다.

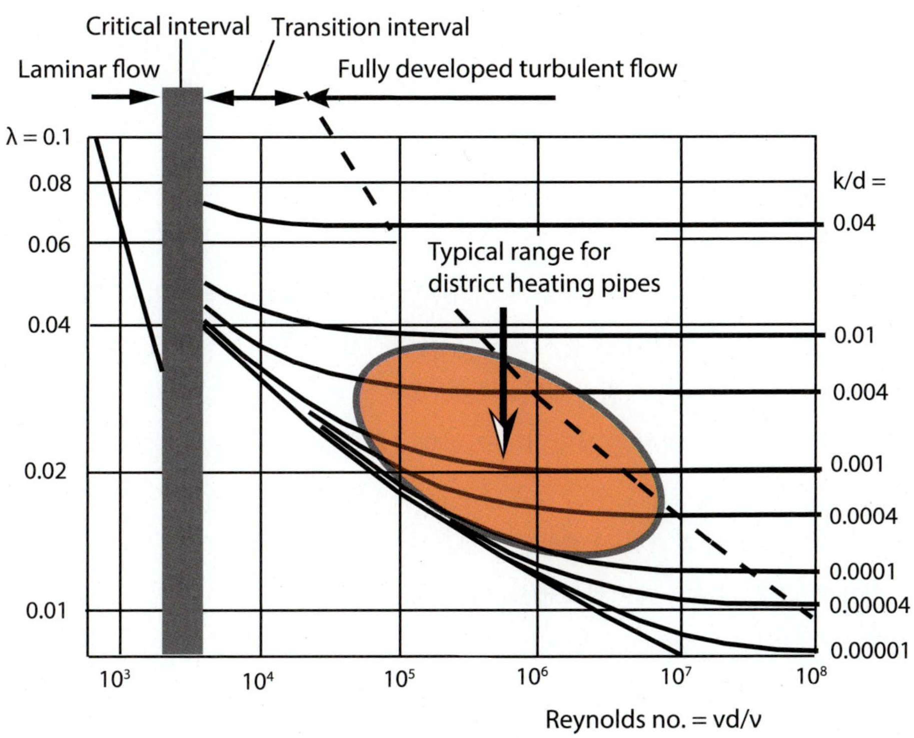

그림 10.10 원형 수로에 레이놀즈수와 내관 표면조도(k/d)의 함수로 나타낸 마찰계수

그림 10.10은 지역난방 배관을 위한 정밀 **마찰계수** 값이 0.015와 0.04 사이에 있음을 보여준다. 컴퓨터에 의한 압력계산에서 표준적인 배관 표면조도로 0.1 mm를 사용한다. 이렇게 하면 DN100 배관에서 k/d=0.01, DN1000 배관에서 k/d=0.0001이 된다.

실무에서는 압력강하 계산에 정밀 마찰계수를 사용하지 않는다. **시스템 마찰계수(System friction factor)**는 보통 컴퓨터 계산값과 전체 시스템의 실측 압력강하 값을 비교해 알 수 있다. 측정된 값과 동일한 압력강하 값을 나타내는 계산에 사용된 마찰계수 값으로 시스템 마찰계수를 표시한다. 이런 과정을 통해 밴드, 방향 전환부, 밸브에서 발생하는 추가적인 국부 압력강하가 시스템 마찰계수에 포함된다.

배관 마찰은 순환수에 고분자 폴리머(Polymer) 또는 그 밖에 다른 화학 첨가제를 넣어 거의 80%까지 줄일 수 있으며, 《Toms 1949》에서 최초로 관찰된 이후에 그의 이름을 딴 **톰의 효과(Tom's effect)**에 따른다. 이 같은 '**매끄러운 물(Smooth water)**'에 대한 주요 연구가 1970년대와 1980년대에 시작되었으며, 지역난방 시스템에 활용 가능성을 연구했었다《Dahl 1982》. 일부 대규모 실험 역시 수행된 적이 있다《Aastrup 등 1989》. 지역난방과 지역냉방에 대한 협약을 이행하는 IEA가 1987년과 1996년 사이에 연속적인 프로젝트를 시작했다《Klöpper 등 1997》. 스웨덴 지역난방 연구 프로그램도 압력강하 감소를 다루는 핵심 연구 부서를 운영했었다. 이런 연구의 목적은 소관경 배관에서 더 높은 유속을 사용할 수 있게 해 분배비용을 크게 낮추는 것이었다.

이 같은 압력강하 감소 첨가제와 관련된 4가지 중요한 문제점들이 밝혀졌다. 첫째, 마찰이 열교환기에서 열전달을 일으키는 중요한 메커니즘이라는 사실이다. 배관마찰을 줄이기 위한 첨가제는 열교환기 사용 시 기계실에서 원치 않는 열전달의 감소로 이어졌다. 둘째, 일정 시간이 지나면 긴 분자 사슬이 끊어지기 때문에 첨가제가 장기간에 걸쳐 안정적이지 않다. 셋째, 비록 첨가제의 사용이 유속을 더 높일 수 있지만, (이 절 후단에서 설명하게 될)압력서지의 위험은 상당히 증가한다. 넷째, 순환수에 첨가제를 사용하면 모든 누수가 잠재적인 환경 위험성을 갖는다. 저자가 알고 있는 한, 어떤 지역난방 또는 지역냉방 시스템도 톰의 효과를 상업적으로 사용하고 있지 않다. 그후에 이루어진 마찰 감소 첨가제에 대한 연구는 **계면활성제(Surfactant)**로 알려진 물질 군에 집중되었다. 계면활성제는 긴 분자구조를 가지고 있지 않아 초창기 첨가제들보다 좀 더 안정적으로 존재하지만, 유체동역학적 매크로 구조인 이른바 **교질입자(膠質粒子, Micelle)**의 생성으로 배관 내 난류 수준(Turbulence level)을 감소시킨다. 열교환기(특히 판형 열교환기)에서 높은 열전달계수를 지속하기 위해서는 상당한 수준의 난류를 유지해야 한다. 교질입자는 열교환기 하류부에 형성되고, 이 같은 계면활성 분자는 진행과정 동안 아무런 변화도 일어나지 않는다. 이런 장점들에도 불구하고 계면활성제 또한 실제 지역난방 엔지니어링에는 사용되지 않고 있다. 그 이유 중 하나는 개스킷(Gasket)이나 PEX 내관 등에 사용되는 고분자 폴리머 물질의 결합을 약화시키는 경향이 있기 때문이다.

10.3.2 펌프동력(Pumping power)

분배 시스템의 난방수 순환에 필요한 전체 **펌프동력**은 팩트박스 10.2의 방정식을 사용해 계산할 수 있다. 소요전력은 압력강하와 체적유량(Volume flow)의 곱에 비례한다. 하지만 압력강하 자체가 체적유량의 제곱에 비례하기 때문에 소요전력은 체적유량의 3제곱에 비례하게 된다. 따라서 고 · 저 체적유량에서 펌프동력 사이에 매우 큰 차이가 발생한다.

지역난방 네트워크의 **상대펌프동력(Relative pumping power)**은 배관의 열분배 능력과 **총펌프동력(Total pumping power)**을 비교해 계산할 수 있다. 공급관과 회수관 사이의 표준적인 연간 차온이 35℃이고 전체 압력강하가 0.6MPa일 경우, 펌프를 위한 상대 전기수요는 열전달의 대략 0.5%정도 된다.

연간 3PJ(879GWh, 72만Gcal[역]) 공급하는 시스템에서 펌프에 대한 전기수요는 대략 4GWh 정도 된다. 일반적으로 열공급시설로부터 기계실까지의 평균거리가 더 긴 광범위한 지역난방 시스템에서 압력강하가 더 크게 나타난다. 따라서 펌프에 대한 상대 펌프동력수요는 소규모 시스템과 비교해 대규모 지역난방 시스템에서 더 크다.

지역냉방 시스템에 차온은 보통 지역난방 시스템 차온의 4분의 1정도이기 때문에 상대 펌프동력수요는 지역냉방 시스템에서 4배 더 크다.

상대 펌프동력수요는 분배 열손실보다 자릿수가 더 작으며, 열손실은 보통 총 열공급량의 5–15%정도 된다. 하지만 펌프동력 그 자체를 시스템에서 발생하는 손실로 여겨서는 안 된다. 순환펌프에 압력에너지로 순환유체에 가해지는 기계적인 에너지는 배관 내 마찰, 제어밸브, 열교환기를 통해 열에너지로 변환된다. 이 열은 기계실에 전달되는 열 중 아주 작은 부분에 해당한다. 그러므로 이 마찰열은 시스템 내 전기난방 형태로 볼 수 있으며, 열재활용 또는 열공급시설로부터 이루어지는 일반적인 열공급보다 품질이 훨씬 더 높다. 하지만 5.3절에서 지적했듯이, 부하가 충분한 대관경 배관에서는 **마찰열 추가**

가 분배 열손실보다 높다. 따라서 대관경 배관은 **전류(全流, Full flow)** 상태에서 유량방향으로 온도강하가 발생하지 않는다.

팩트박스 10.2

분배 시스템에 물을 순환하기 위해 필요한 소요 펌프동력과 이에 상응하는 전력은 다음과 같다.

$$\Delta p_{pump} = \Delta p_s + \Delta p_r + \Delta p_{min}\ [Pa] \tag{10.3}$$

여기서,

Δp_s = 주 순환펌프에서 가장 먼 기계실까지 공급관 내 총 압력강하 [Pa]

Δp_r = 가장 먼 기계실에서 주 순환펌프까지 회수관 내 총 압력강하 [Pa]

Δp_{min} = 가장 먼 기계실에서 공급관과 회수관 사이의 최소차압 [Pa]

순환펌프에 공급되는 소요전력 P_{el}은 다음과 같이 계략적으로 계산할 수 있다.

$$P_{el} = (\Delta p_{pump}/\eta_{pump}) \cdot \dot{V}\ [W] \tag{10.4}$$

여기서,

η_{pump} = 순환펌프에 대한 **총 변환효율(Total conversion efficiency)**

$\dot{V}$ = 체적유량

10.3.3 압력수두 구배와 가압(Pressure head gradients and pressurisation)

열매체 또는 냉매로 물을 사용하는 폐쇄 분배 시스템의 **압력운영**을 이해하기 위해 한쪽 방향으로 전체 관로길이가 5km인 단순한 분배 시스템에 대한 7가지 도표를 분석할 것이다. 공급관과 회수관 사이에 여러 기계실들이 위치해 있다. 가장 먼 기계실은 5km 거리에서 두 배관 끝단에 있다.

분석되는 7가지 도표 중 첫 번째가 그림 10.11에 있다. 이런 종류의 도표를 **압력수두 도표(Pressure head diagram)**라고 한다. 세로축은 m단위의 압력수두이며 물기둥의 높이를 나타낸다. 물기둥의 높이는 물기둥 바닥에서 상응하는 계기압(Gauge pressure)을 갖는다. 가로축은 배관의 관로길이이며, 순환펌프에서 거리를 나타낸다.

팩트박스 10.3에 압력수두가 정의되어 있다. 만일 배관고도가 언덕에서 10m만큼 높아진다면, 언덕 계기압은 0m의 **기준고(Reference level)**와 비교해 물기둥 10m만큼 줄어들게 된다.

팩트박스 10.3

압력수두 정의와 상응하는 압력구배.

압력수두는 다음과 같다.

$$H = p_g/\rho g + z \text{ [m]} \tag{10.4}$$

여기서,

- p_g = 계기압 [Pa]
- ρ = 물의 밀도 [kg/m^3]
- g = 중력가속도 [$9.81 m/s^2$]
- z = 기준고와 비교되는 고도 [m]

유량방향의 압력수두 구배는 식 (10.2)에서 유도할 수 있다.

$$dH/dL = -(8\lambda/d^5\pi^2\rho^2 g)\cdot \dot{m}^2 \text{ [Pa/m]} \tag{10.5}$$

골짜기에서 10m 낮은 지반고는 골짜기 계기압을 10m만큼 높인다. 각각의 계기압에 고도를 더하면 압력수두는 고도에 대해 독립적이다. 이렇게 하면 **고도변화(Altitude change)**가 압력운영 분석에 영향을 주지 못하며, 마찰에 의한 압력강하만이 수두에 영향을 준다.

그림 10.11은 분배펌프 전단에 있는 회수관에 가압이 없으며, 시스템의 실제 고도변화를 무시하기 위해 배관이 분배펌프와 동일한 높이에서 수평으로 설치되어 있다고 가정하였다. 따라서 순환펌프 전단의 압력은 압력수두 0m를 나타내며 대기압과 같아진다. 전류(全流) 상태에서 펌프토출 수두가 110m인 주 순환펌프가 열공급시설로부터 0km거리에 위치해 있다. 가장 높은 압력수두는 순환펌프 후단의 공급관에서 발생한다. 압력수두는 팩트박스 10.3에 정의된 **압력수두 구배**에 따라 순환펌프에서의 거리만큼 감소한다.

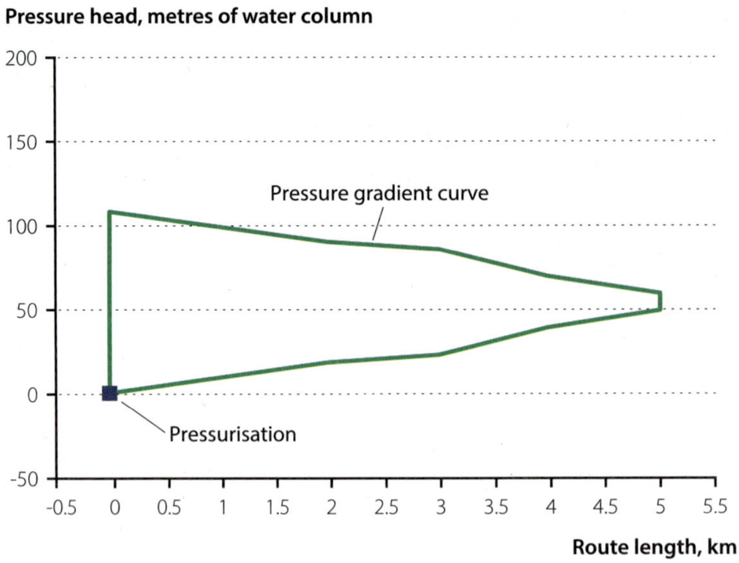

그림 10.11 전류 상태에서 순환펌프 전단에 가압이 없는 단순한 압력구배선

공급방향에서 예를 든 압력구배는 유량과 배관직경 사이의 비율이 달라져 유속이 변하기 때문에 차이가 발생한다. 낮은 압력수두 구배는 넓은 배관을 나타내며, 반면에 높은 압력수두 구배는 좁은 배관을 의미한다. 마지막 기계실에서 예상되는 **유동저항(Flow resistance)**을 극복하기 위해 공급관의 끝에서 10m의 수두차를 유지해야 한다. 순환펌프로 돌아오는 회수관에서 압력수두가 한 번 더 줄어들며, 펌프 전단에서 다시 최소 압력수두 0m에 도달한다.

그림 10.11도 말단에 위치한 기계실과 비교해 분배펌프 인근에 있는 기계실에서 공급관과 회수관 사이에 **차압**이 더 크다는 것을 보여주고 있다. 순환펌프에서 공급되는 기계적 에너지의 상당 부분이 기계실 장치(주로 제어밸브)에서 스로틀(Throttle)되며, 압력에너지가 열에너지로 전환된다는 것을 알 수 있다.

전류를 50%로 줄이면 그림 10.12에 있는 것과 같은 압력수두 도표가 만들어진다. 압력강하가 유량의 제곱에 비례하기 때문에 공급관과 회수관의 총 차압은 100m에서 25m로 감소한다. 말단 차압 10m를 더하면 최종적으로 원하는 펌프수두 35m를 얻을 수 있다. 이 반유량(Half flow) 상태의 압력수두 도표에서 중요한 점은 저유량은 압력운영을 위한 심각한 문제가 아니라는 사실이다. 이런 문제들은 고유량에서 발생한다.

다음 단계는 분배 시스템에 고도 변화를 고려하는 것이다. 그림 10.13에는 하나의 골짜기와 언덕이 있는 **지반종단(Ground profile)**이 분배 시스템에 대한 압력수두 도표에 표시되어 있다. 압력수두 도표의 요점은 **압력구배선**(Pressure gradient line)과 지반종단 사이의 차로 국지적인 공급관과 회수관의 계기압을 알 수 있다는 것이다. 시스템에서 정의된 **기준높이**(Reference height)에 대한 압력구배곡선을 정의해 압력수두 도표의 목적을 달성할 수 있다.

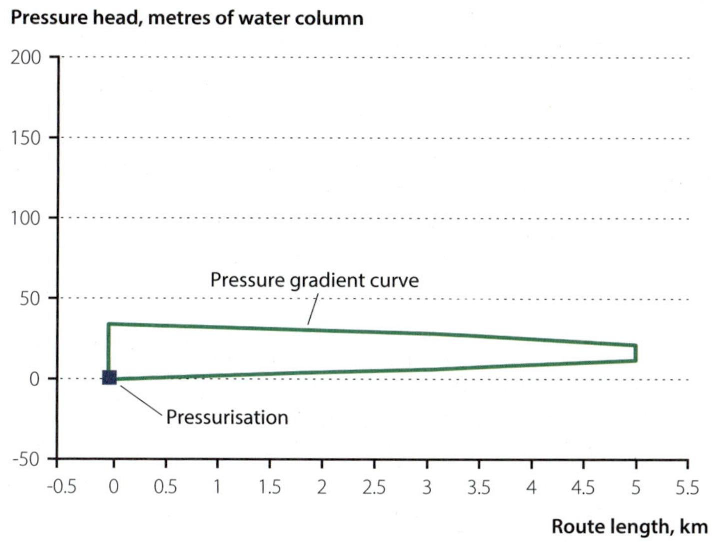

그림 10.12 전류의 50%에서 순환펌프 전단에 가압이 없는 단순한 압력구배선

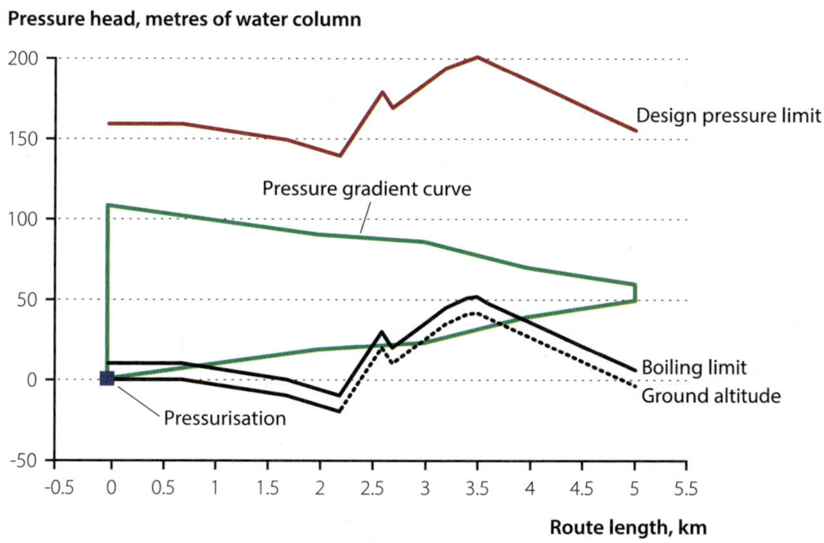

그림 10.13 순환펌프 전단에 가압 없이 비등한계와 압력한계를 비교한 압력구배선

지반종단에서 2개의 한계곡선을 정의할 수 있다.【최소계기압 한계, 최대계기압 한계】. **최소압력곡선**(Minimum pressure curve)은 **비등한계**(Boiling limit)를 나타내며, 지반종단에 10 m의 수두를 더해서 계산한다. 그 결과, 난방수 비등의 위험이 없는 대략 0.2 MPa의 **절대압력**(Absolute pressure)을 유지할 수 있다. 이 압력은 대략 120℃ 물의 온도와 동일하며, 회수관에서 높은 공급온도가 발생할 위험성을 의미한다. 열수송망 내 배관에서 발생하는 주요 비등현상은 그 즉시 이상유동(二相流動, Two phase flow)을 유발하며, 시스템에서 난방수가 순환되는 경우 이것은 허용될 수 없다. 비등은 유동이 없는 경우에만 허용될 수 있다.

최대압력한계(Maximum pressure limit)는 시스템의 배관과 그 밖에 다른 모든 장치에 대한 **설계압력수준**(Design pressure level)을 나타낸다. 그림에 있는 사례에서는 설계압력수준을 1.6 MPa로 가정하고 있다. 지반종단에 압력수두 160 m를 더해 최대압력한계 곡선을 계산한다. 공급압력 구배곡선은 항상 최대압력한계 곡선보다 낮아야 한다. 그렇지 않으면 압력 설계조건을 위반하게 된다. 그림 10.13에서도 최대압력한계 곡선이 항상 공급압력 구배곡선 위에 위치해 있다. 그러므로 이 도표는 압력설계 조건을 충족하고 있다. 회수압력 구배곡선은 난방수의 비등 위험을 피하기 위해 항상 최소압력한계 곡선 보다 높아야 한다. 하지만 그림 10.13은 이 조건을 충족시키지 못한다. 따라서 비등 위험을 제거하기 위해 시스템을 가압할 필요가 있다.

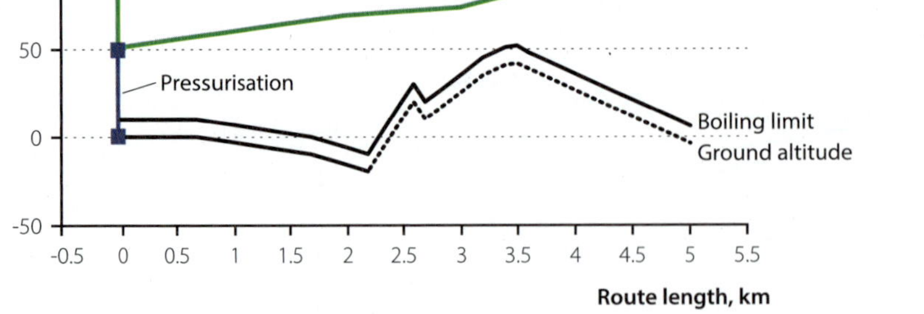

그림 10.14 순환펌프 전단에서 0.5 MPa(g=9.81m/s^{2}이기 때문에 약 50 m의 압력수두에 상응함) 가압 시 비등한계와 압력한계를 비교하고 있는 압력구배선

그림 10.14에서 분배 시스템은 순환펌프 전단에서 0.5 MPa(약 50 m의 압력수두로 나타남)만큼 가압된다. **가압 시스템**은 압력구배곡선을 압력한계곡선과 비등한계곡선 사이에 위치시키는 압력 엘리베이터로 이해될 수 있다. 이 가압방법으로 압력구배곡선은 전수상태나 비유동상태 모두에서 비등한계를 피할 수 있도록 올라간다. 정전 시 전력공급이 중단될 수 있기 때문에 비유동상태에서 비등을 피하는 것은 매우 중요하다. **정전**은 **순환펌프 가동중단**으로 이어질 수 있다.

여러 가지 다양한 방법으로 가압 시스템을 설계할 수 있다. 첫째, **동적 가압 시스템(Dynamic pessurisation system)**은 압력이 너무 낮으면 시스템에 급수 펌프를 가동하고, 압력이 너무 높으면 물을 빼낼 수 있는 **릴리프 밸브(Relief valve)**를 작동할 수 있다. 두 번째 방법인 **정적 가압 시스템(Static pressurisation system)**은 **대기압 저장탱크(Atmospheric storage tank)**를 결합할 수 있는 **중력식 급수관(Gravity governed water column option)**을 사용 한다. 세 번째 방법은 증기 보일러가 있는 열생산 플랜트에 적합한 방식으로 증기드럼에서 정적 가압 시스템을 활용하며, 이런 종류의 보일러가 있는 열수송망에서 일반적으로 사용된다.

이 가압 시스템들은 수온 변화에 의한 열수송망 내 체적 변화를 조절하고, 누수발생 시 보충수(화학적 처리가 되어야 함, 8.12절 참조)를 공급해 자동 보상기능을 제공해야 한다.

그림 10.14에 선택된 **가압방식**은 순환펌프 전단에서 가압이 이루어진다. 시스템에 언덕에서 가압을 하는 경우 이 방식을 선호한다. 왜냐하면 정전으로 순환펌프가 멈추더라도 골짜기에서 높은 압력이 발생하는 것을 피할 수 있기 때문이다. 골짜기에서 가압을 하는 경우 순환펌프 후단에도 가압장치를 배치할 수 있다. 이렇게 하면, 정전으로 순환펌프가 멈춰야 하는 경우 비등을 피할 수 있다. 동역학적인 이유로 최대 · 최소압력보다 다른 압력으로 고정하는 것을 선호한다. 예를 들어, 직렬로 연결된 2대의 순환펌프가 있을 수 있으며, 이 경우 가압 시스템에 의해 (고압펌프 흡입구에서)중간압력(Intermediate pressure)으로 고정될 수 있다.

그림 10.14는 비록 공급압력 구배곡선이 순환펌프 후단과 골짜기에서 최대압력한계곡선에 닿아있지만 압력에 대한 운영조건을 충족하고 있다. 이것은 현재의 압력배치에서 최대유량에 도달했음을 의미하며, 열공급시설에서 차온을 크게 해 공급하는 열력을 증가시키는 것만 가능하다.

분배 시스템에서 최대유량을 증가시킬 수 있는 한 가지 방법은 시스템 내 다른 곳으로 순환을 위한 압력수두 중 일부를 옮기는 것이다. 그림 10.15에 이 방법이 있으며, **분**

산형 가압장(Decentralised pumping station)이 주순환펌프에서 3km 위치에 설치되어 있다. 이 두 개의 **가압펌프**(Booster Pump)의 사용은 공급압력 구배곡선과 회수압력 구배곡선을 서로 더 가까이 위치하게 한다. 새로운 두 가압펌프로 인해 전류(全流) 중 일부만 공급되기 때문에 전력도 덜 사용한다.

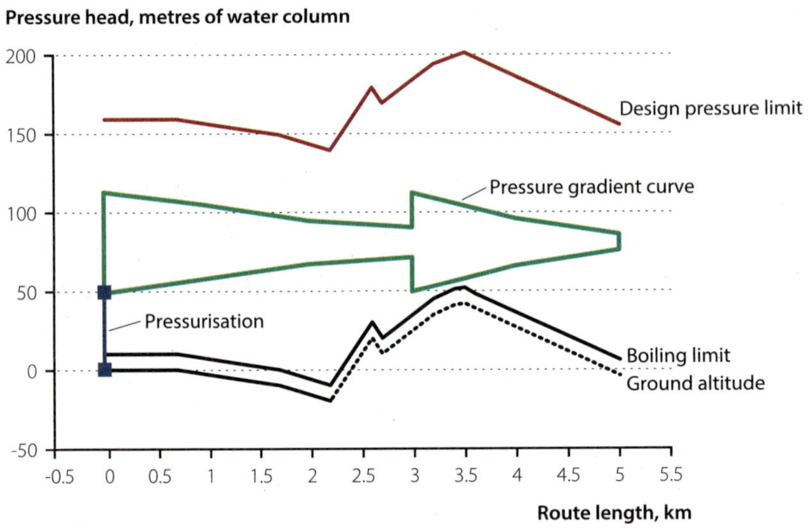

그림 10.15 그림 10.14와 동일한 상황이지만 2개의 가압펌프가 있음, 3km 거리에 1개는 공급관, 1개는 회수관. 각각의 가압펌프는 22m 수주의 압력수두를 갖는다

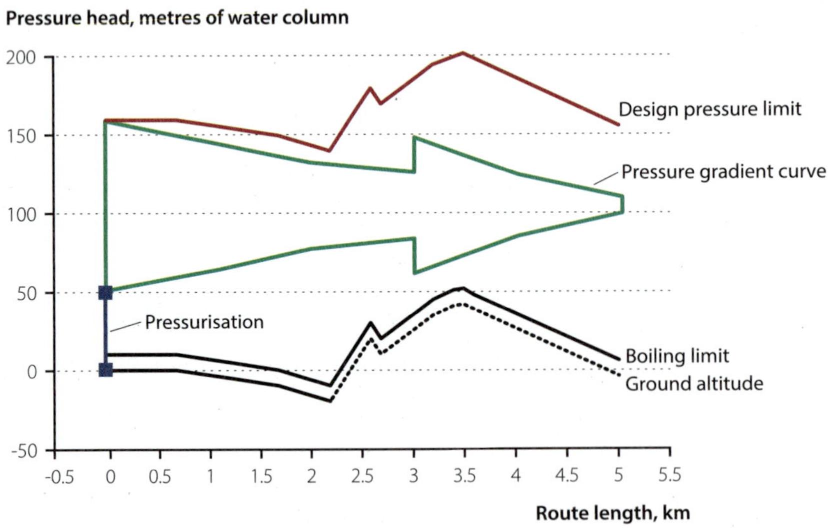

그림 10.16 그림 10.15와 동일한 상황이지만 유량이 20% 높은 경우

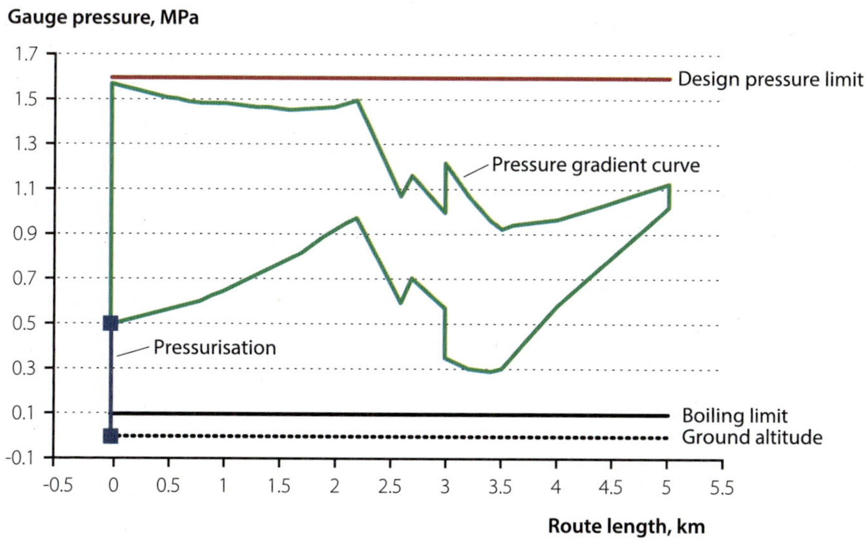

그림 10.17 그림 10.16과 동일한 상황에 대한 게이지 압력수준

이 새로운 압력배치에 의해, 공급압력 구배가 또 다시 최대압력한계에 이르기 전까지 최대 유량이 20%정도 증가한다. 그림 10.16에 이렇게 증가된 상황이 있다.

마지막으로 그림 10.16에 있는 것과 동일한 조건에서 분배 시스템 각 위치의 실제 **게이지 압력수준(Gauge pressure levels)**이 그림 10.17에 있다. 이 값은 각각의 위치에서 측정할 수 있는 압력이다. 일반인들은 우선 다음과 같이 질문할 것이다. 『어떻게 이 시스템이 작동할 수 있는가?, 회수관의 압력이 언덕에서보다 골짜기에서 더 높지 않은가!, 어떻게 회수유량이 열공급시설로 돌아올 수 있는가?』 하지만 이 시스템은 잘 작동한다. 왜냐하면 회수유량을 지탱하는 고도의 고저차도 존재하기 때문이다. 따라서 그림 10.16에 있는 정보의 질이 그림 10.17보다 훨씬 높다는 것을 알 수 있다. 이는 지역난방 또는 지역냉방 시스템에서 수두도표가 압력운영 분석을 위한 최상의 수단이란 것을 의미한다.

이 항에서 도출 할 수 있는 첫 번째 결론은 **폐쇄된 분배 시스템**을 운영하기 때문에 순환펌프는 (시스템 내 압력강하에 대한 보상을 통해)난방수의 순환에만 연관되어 있다는 것이다. 난방수의 **공통 무게중심(Common centre of gravity)**이 변하지 않기 때문에, 난방수를 더 높은 고도로 올릴 필요가 없다.

이 항에서 도출할 수 있는 두 번째 결론은 가압펌프와 순환펌프 사이의 구분과 연관되어 있다. 가압 시스템은 최대압력한계와 최소압력한계 사이에 위치한 압력구배곡선에서 발생하는 압력문제만 관여한다. 시스템의 가압을 위해 순환펌프를 사용하지 않으며, 네트워크에 최고 고도가 상응하는 압력수두에 영향을 주지 않는다. 가압 시스템은 압력강하 보상을 위해 사용되지 않는다.

세 번째 결론은 높은 언덕과 낮은 골짜기가 있는 도시의 지역난방 시스템에서 적정하고 안정적인 압력배치를 찾는 일은 매우 어렵다는 것이다. 200 m 이상의 고저차가 있는 고센버그에서는 이런 일이 실제로 발생한다. 가장 좋은 압력배치는 언덕이나 골짜기가 없는 완전히 평평한 곳에 도시가 있는 경우에 나타난다.

10.3.4 압력서지(Pressure surges)

유속의 빠른 변화로 인해 분배 시스템에서 **압력서지(또는 워터햄머(Water hammer))**가 발생할 수 있다. 유속이 아주 빠르게 변하면, 기본적인 에너지 이론에 따라 유량에서 발생하는 운동에너지가 직접 압력에너지로 변환된다. 《Wylie & Streeter 1993 & 1998》에서 압력서지에 대한 기본적인 이론을 찾을 수 있다. 대양(大洋)이나 호숫물에 상응하는 압력서지 현상은 국제적으로 일본어인 **쓰나미**(Tsunami)로 알려져 있다. **순환식배수(配水) 시스템(Closed water-based distribution system)**에서 압력서지는 배관 시스템 내부에 갇혀있다.

갑작스런 유속변화는 밸브의 빠른 개폐, 펌프정지, 펌프밸브가 열린 상태에서 펌프 기동, 순환수 내 증기기포의 붕괴에 의해 발생할 수 있다. 압력서지에 의한 **압력진폭(Pressure amplitude)**은 팩트박스 10.4에 있는 식으로 계산할 수 있다. 이 압력진폭은 시간이 지남에 따라 배관마찰 때문에 감소한다.

3 m/s의 최대유속변화에 대한 압력진폭의 단순한 계산에서 감소되는 **물의 음속(Acoustic velocity)**을 1,000 m/s로 가정한 경우 3 MPa를 얻을 수 있다. 이 값은 지역난방 네트워크에 일반적인 설계압력인 1.6 MPa를 크게 상회한다. 그물망 분배 시스템에서 **압력파(Pressure wave)**는 환상망의 한 부분에서 서로 만날 수 있다. 이 압력파들이 만나는 경우 초기 압력서지의 크기보다 더 큰 압력을 유발할 수 있다.

지역난방 네트워크에 많은 주요 누수사고가 압력서지에 의해 발생되고 있다. 스웨덴 지역난방 시스템에서 가장 심각한 네트워크 사고는 새로 설치된 펌프를 펌프밸브가 열린 상태에서 기동한 직 후에 발생했다. 이런 압력서지 사고에 대한 일반적인 경향은 동일한 네트워크에서 동시에 여러 누수들이 한꺼번에 발생할 수 있다는 것이다. 2009년 7월 4일 함부르크(Hamburg) 지역의 대규모 정전 시 함부르크 수도공급 회사는 압력서지로 인해 16개의 동시 누수사고를 경험했었다《Hamberg Wasser 2009》.

대규모 압력서지를 피하기 위해서는 네트워크 내 모든 주요 밸브가 정해진 개폐시간에 따라 개폐돼야 한다. 이런 대형 밸브들을 수동으로 개폐하는 것은 불가능하다. 주요 펌프는 항상 펌프의 토출부(Discharge side)에 위치한 펌프밸브가 닫힌 상태에서 기동되어야 한다.

팩트박스 10.4

유속의 빠른 변화에 의한 발생하는 압력진폭의 추정공식.

《Joukowsky(1898)》에 따르면, 압력서지에 대한 진폭 ΔP는 다음 식으로 계산할 수 있다.

$$\Delta p = \rho \cdot a \cdot \Delta v \text{ [Pa]} \quad (10.5)$$

여기서,

ρ = 물의 밀도 [kg/m^3]

a = 배관 탄성을 위해 감소되는 물에 음속 [m/s]

Δv = 유속의 갑작스러운 변화 [m/s]

L이 배관길인 곳에서 속도변화가 2L/a의 시간주기 내에 발생한다면, 이 압력진폭을 얻을 수 있다.

10.3.5 내관의 크기결정과 유속의 선정 (Carrier pipe sizing and choice of flow velocity)

지역난방과 지역냉방 배관에 대한 적정한 크기를 선정하는 것(즉, 내관 직경과 유속의 선택)은 굉장히 복잡한 문제에 해당한다. 수학적 최적화 모델이 어느 정도의 지침을 제공할 수는 있지만 확실한 답을 제시할 수 없다. 실무에서는 모델에서 제공할 수 있는 요소와 더불어 많은 것들을 추가로 고려해야 한다. 네트워크 최적화를 처리할 수 있는 복잡한 컴퓨터 모델이 개발되고 있다《Phetteplace 1995, Gnüchtel 2010》.

팩트박스 10.5는 단일배관(보온재 없는 내관) 직경에 대한 간단한 수학적 최적화 과정을 보여주고 있다. 모델에서 배관 투자비(m당)는 그림 11.6에서 논의한 내용과 동일하게 배관직경의 선형함수로 가정하고 있으며, 사용한 가정들은 지역난방에 대한 오래된 독일책《Brachetti 1974, Munser 1983》의 내용을 인용했다.

유체의 수송을 위해 최적 관경을 결정하는 문제는 여러 분야의 엔지니어링(예컨대 송유관, 상수도 시스템 배관설계)과 연관되어 있다. 잘 알려진 전공서적《Peters 등 2003》에는 배관비용 방정식을 기반으로 한 분석방법이 제시되어 있다. 이 방정식에서 비용은 p(이 값이 변수임)제곱을 한 직경에 비례한다고 가정하고 있다. 여기에 있는 모델에 사용된 선형 가정은 p=1인 경우를 나타낸다.《Winkens 2000》는 지역난방 배관에 대해 좀 더 큰 제곱값을 인용하고 있다.

지역난방 네트워크에 유체를 공급하는 **펌프의 일(Pump work)**은 열역학 제1법칙에서 의미하는 손실을 나타내지 않는다. 왜냐하면 추가된 일이 열에너지로 전환되어 열공급시설에서 공급되어야 하는 열의 양을 줄이기 때문이다. **펌프비용변수(Pumping cost parameter)** 값을 적절히 줄여서 이런 점을 고려할 수 있다.

반대로 지역냉방 시스템의 경우에는 펌프 에너지가 네트워크에 공급돼야 하는 냉방에너지의 양을 증가시킨다.

더군다나, 고정비(**Fixed cost, 펌프 투자비 등**)를 포함하기 위해 운영비(Running cost)에 고정비의 균일지불현금흐름(annuity)을 추가해 펌프비용변수를 결정할 수 있다.

팩트박스에 유도된 식에서 **최적 유속(Optimal flow velocity)** v가 배관직경에 독립적이라는 아주 놀랍고도 단순한 결론을 이끌어낼 수 있다.

팩트박스 10.5

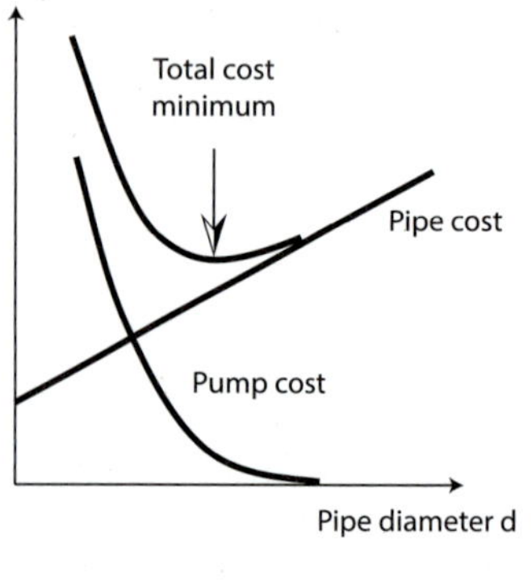

배관 단위길이 당 총 연간비용 = 투자비와 펌프비용의 합(열손실은 무시함) :

$$C_{annual} = (C_1 + C_2 d)a + c_e \frac{\tau}{\eta} \frac{\Delta p}{L} \dot{V} \quad \text{(A)}$$

C_1 = 상수 [EUR/m],

c_e = 개별 펌프비용(Specific pumping cost) [EUR/J]

τ = 1년

$\Delta p/L$ = 압력구배 [Pa/m]

C_2 = 상수계수 [EUR/m²]

a = 균일지불현금흐름 계수 (Annuity factor) [–]

η = (상수)펌프효율 [–]

$\dot{V}$ = 체적유량 [m³/s]

$$\frac{\Delta p}{L} = \frac{\lambda}{d}\frac{1}{2}\rho v^2 \tag{B}$$

여기서,

λ = (상수)마찰계수 [–]

ρ = 밀도 [kg/m³]

v = 유속 [m/s]

$$v = \frac{4}{\pi}\frac{\dot{V}}{d^2} \tag{C}$$

(B)와 (C)를 결합하면 :

$$\frac{\Delta p}{L} = \lambda\rho\frac{8}{\pi^2}\frac{\dot{V}^2}{d^5} \tag{D}$$

(D)를 (A)에 대입하며, d에 대해 미분하고 도함수=0인 점을 구해 최소 비용을 알 수 있다. 즉, 다음과 같다.

$C_2 a - c_e\lambda\rho\frac{\tau}{\eta}\frac{40}{\pi^2}\dot{V}^3 d^{-6} = 0$일 때, 최적 직경: $d = \left(\frac{40}{\pi^2}\lambda\rho\frac{\tau}{\eta}\frac{c_e}{aC_2}\right)^{1/6}\dot{V}^{1/2}$

$\dot{V} = \frac{\pi}{4}d^2 v$를 넣으면, 최적 속도: $v = \left(\frac{8}{5\pi}\frac{\eta}{\lambda\rho\tau}\frac{aC_2}{c_e}\right)^{1/3}$

이것은 열공급시설에서 나오는 대동맥(Artery)이 가장 작은 모세혈관(Capillary, 즉 개별 주택에 연결되는 분배배관)과 동일한 속도로 설계돼야 한다는 것을 의미한다. 이 식에 표준값을 넣으면 대략 2 m/s가 산정된다.

이 식의 유도과정에 단순화를 위한 여러 가정들이 등속(等速)이라는 결과에 정반대로 영향을 미치는 경향이 있으며, 이제부터 이 가정들을 논의해 보자.

첫째, 체적유량 $\dot{V}$가 일정하다고 가정했다. 실제로 체적유량은 시간에 따라 변하며, 배관직경에 대한 펌프의 일은 높은 비선형적 변화를 보이기 때문에 전체 최적 유속을 줄이는 경향이 있다. 게다가, 특정 네트워크 내 단지 내 배관 인근에서는 유속 변화가 증가하기 때문에, 감소현상이 소관경에서 더 커진다.

둘째, 마찰계수 λ도 일정한 값으로 가정했다. 무디차트(그림 10.10)에서 알 수 있듯이 직경 d가 줄어들면 레이놀즈수 Re가 감소해 λ값을 증가시킨다. 그 밖에도 **배관조도(Pipe surface roughness)** k를 배관 직경에 독립적으로(절댓값) 가정하였으나, 배관직경이 줄어들면 상대조도 k/d(무디차트의 곡선변수)가 증가해 최적 유속이 더 감소한다. 하지만 λ의 변화에 따라 v에 미치는 영향은 극단적이지 않다.

사실, 특정 상황에서는 관경 감소 시 마찰계수가 증가하는 대신에 감소하기도 한다. 마찰계수가 감소하는 사례로 특정 관경 이하에서 강관으로 된 내관이 매우 부드러운 내부 표면을 갖는 폴리머 재료로 배관 종류가 변하는 경우가 있다. 부드러운 관에서 연성 주름관으로 변하면 반대 효과가 발생한다.

이 모델에서는 열손실 변화에 의한 효과는 고려되지 않았다. 대관경에서는 이 같은 단순화가 결과에 큰 영향을 미치지 않는다. 소관경에서는 관경에 따른 열손실의 변화(보온재 두께에 대한 가정에 영향을 줌)가 중요할 수 있지만 극단적으로 나타나지 않는다. 이런 범주에서 **선형투자비용(Linear investment cost)**에 대한 가정이 훨씬 개략적이며, 투자비용 변화는 민감도가 더 큰 경향이 있다. 열손실에 대한 이런 경향과 변화를 모두 고려한다면, 최적 관경을 줄이고 결과적으로 소관경 범위에서 최적 유속이 증가한다.

그림 10.18은 지역난방 활용에 대한 여러 출처에서 발췌한 권장 속도/관경 관계에 대한 함수를 보여주고 있다. 이들 모두 (위에 언급한 내용과 반대로)전체적으로 관경이 작을수록 유속이 감소하는 명확한 경향성을 보여주고 있다.

(가장 낮고, 매끄러운 곡선에 상응하는)흔히 사용되는 기준은 유동방향 압력구배를 일정하게 규정하고 있으며, 일반적으로 (다양한 관례에 따라)50–200 Pa/m 범위의 값을 사용하고 있다. 그림에 있는 사례에서는 100 Pa/m(1 bar/km에 상응함)을 선택했다. 구배가 일정하다고 가정하면, 가장 작은 관과 큰 관에서 대략 10배 정도의 유속 차이가 발생하는 것을 알 수 있다.

스웨덴 지역난방협회(Swedish District Heating Association)의 권고사항에서 발췌한 조금 더 높은 곡선은 전체적으로 동일한 경향을 보여주고 있지만 상당히 높은 유속을 규정하고 있다. 유속은 최대 유량에서 산정해야 한다. 이렇게 유속이 높은 이유는 스웨덴 기계실에서 온수 저장탱크보다 순간 온수히터 사용이 훨씬 일반적이기 때문이다.

불행히도, 다양한 여러 출처들에 규정된 속도가 최댓값인지 평균값인지 명기하고 있지 않다. 평균 유량에 대해 일정한 구배기준을 사용하는 것이 타당한 방법이긴 하지만, 최대(설계) 유량을 기준으로 이 방법을 사용하면 상당히 과다설계(Oversizing)될 수 있다. 특히, 기계실에 순간 온수히터가 있는 단독주택과 연결된 분배관이 이런 경우에 해당되며, 이 같은 배관에서 유량은 급탕 사용여부에 따라 크게 차이난다.

두 개의 추가 곡선은 제작사(Isoplus 독일 자회사 – Isoplus Fernwärmetechnik Vertriebsgesellschaft GmbH(Isoplus district heating technology distribution company))의 기준서에서 발췌한 것으로, 스웨덴 곡선과 마찬가지로 최대유량조건에서 권고 값의 범위를 규정하고 있다. 중간 관경까지 이 두 추가 곡선은 앞서 논의한 두 곡선에 매우 근접하게 따라가고 있으나, 관경이 커질수록 최댓값이 스웨덴 값을 벗어나기 시작한다. 대관경에서는 보통 위험한 **압력과도(壓力過度, Pressure transient)**의 위험을 피하기 위해 최대 허용 유속을 규정하고 있다.

소관경에서는 연결된 건물로 난류유동 소음 전파의 위험성이 보통 유속상한을 정하며, 대략 1m/s정도 된다. 구리 배관의 경우 침식(浸蝕, Erosion)을 피하기 위해 일반적으로 유속상한을 더 낮게 적용한다.

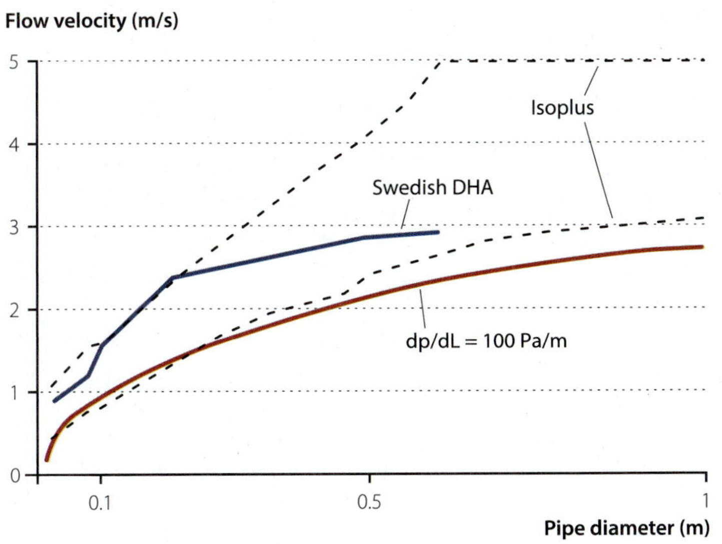

그림 10.18 다양한 권고사항에 따른 설계 유속

실무에서는 그림 10.8에 있는 도표를 대신해 그림 10.19와 같은 이중로그 도표(Double logarithmic diagram)를 주로 사용한다.

특히, 분배관의 경우 과다설계에 대한 여러 위험성들을 앞서 언급했다. 팩트박스에 있는 수학적 유도과정은 단일배관에 대한 것이며, 전체 네트워크를 다루는 경우 이런 단순한 접근방식은 과다설계를 더 키울 수 있다. 순환펌프로부터 그리 멀지 않은 위치에서 짧은 길이의 분배관이 주배관과 연결되어 있다면, 분배관 유입부의 차압이 기계실 제어 밸브가 정상적으로 작동하기 위해 필요한 값보다 훨씬 커진다.

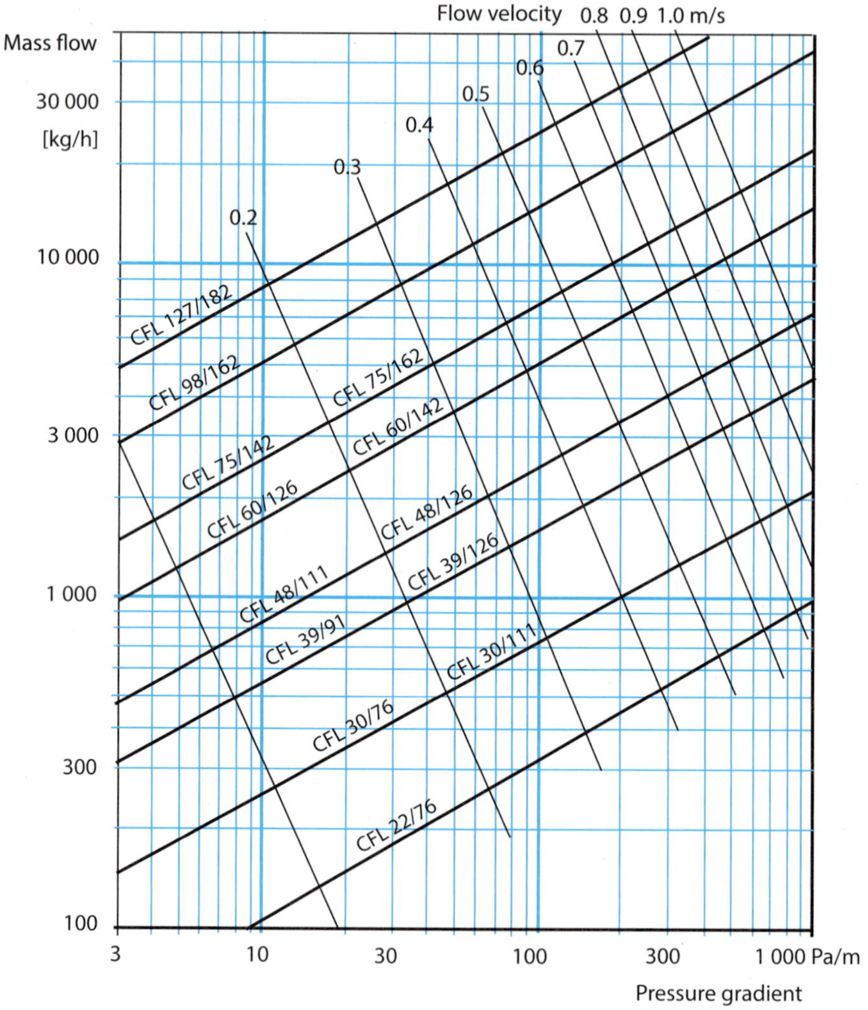

그림 10.19 이중로그 배관 설계 도표. 출처: Brugg Rohrsystem AG

이런 경우에는 아주 작은 분배관을 선정하는 것이 경제적일 수 있으며, 분배관 모두(공급과 회수)에서 증가된 압력강하가 펌프의 일을 증가시키지 않는다. 배관 내 압력강하 증가는 기계실 제어밸브에서 발생하는 큰 차압 감소와 동일한 효과를 얻을 수 있다.

인적이 드문 지역에서 열손실이 커지는 경향이 있다. 최근 연구 결과에 따르면 이런 지역에 있는 단독주택 기계실에 저장온수히터(Storage hot water heater)와 필요시 사용 가능한 가압펌프(Booster pump, 기계실마다 한 대씩)가 설치된 경우, 열손실을 크게 줄일 수 있는 경제적인 방법으로 아주 좁은 분배관(대략 10mm)을 사용할 수 있는 것으로 나타났다.

참고문헌

Joukowsky N, Über den hydraulishen Stoss in Wasserleitungsröhren(About the hydraulic shock in water pipes). Veröffentlichung der Kaiselichen Akademie der Wissenschaften(Publication of the imperial academy of sciences). St Peterburg 1898.

Toms BA, The flow of linear polymer solutions through straight tubes at large Reynolds numbers. Proc. Intern. Rheol. Congr.(1949), Volume Date 1948, Ⅱ;Ⅲ, 135–41;47–9,51–2.

Brachetti H–E, Technisch–wirtschaftliche und bauphysikalisch–konstruktive probleme bei der Plaung von Fernwärmenetzen(Technical–economic and physics–constructive problems in the planning of district heating networks). Arbeitsgemeinschaft Fernwärme e.V.(Joint venture district heating e.V.). Frankfurt/Main 1974.

Dahl G, Reduktion der Druckverluste in Fernwärmesystemen durch chemische Additive(Reduction of pressure losses in district heating systems by chemical additives). Fernwärme International 11(1982) : 3,159–165.

Munser H, Fernwärmeversorgung(District heating), 2. Auflage(Edition). VEB Deutsche Verlag für Grundstoffindustie(VEB Deutsche publishing company for basic material industry), Leipzig 1983.

Grams J, The Influence of Valves on Shock Waves in Piping. Fernwärme International 15(1986) : 3, 150–155.

Hagemeister B, Pollvogt U, Druckhaltung in Fernwärmenetzen(Pressure management in district heating networks). Fernwärme International 16(1987) : 2, 78–84.

Aastrup B, Hammer F, Lang FP, In Herning wird "glattes Wasser" angewendet (In Herning "smooth water" is used). Fernwärme International 18(1989) : 3, 271–276.

Pollvogt U, Druckstossbelastungen von Hausstationen(Pressure impacts of house stations). Fernwärme International 20(1991) : 4, 227–235.

Wylie EB, Streeter VL, Fluid Trasients in Systems, 463pp, Prentice Hall, New York 1993.

Phetteplace G, Optimal Design of Piping Systems for District Heating. U.S. Army Corps of Engineers, CRREL Report 95–17, 1995.

Klöpper K, Steiff A, Weinspach PM, IEA district heating and cooling – Advanced energy transmission fluids. Euroheat & Power 26(1997) : 9, 444–448.

Streeter VL, Wylie EB, Fluid Mechanics, 9th edition(With K.W.Bedford), 740pp, McGraw–Hill, New York 1998.

Larsson G, Dynamik i fjärrvärmesystem(Dynamics in District Heating Systems). Chalmers University of Technology, Dissertation. Göteborg 1999.

Winken HP, Heizkraftwirtschaft und Fernwärmeversorgung(Heating and district heating). Verlags– und Wirtschaftsgesellschaft der Elektrizitätswerke VWEW(Publishing and economic company of the electricity works), Germany, 2000.

Peters MS, Timmerhaus K, West RE, Plant Design and Economics for Chemical Engineers. McGrawHill Higher Education 2003.

Larsson G, Reglerdynamik, tryckhållning och tryckslag i stora rörsystem (Control dynamics, pressurisation, and pressure surges in large pipe networks). Swedish District Heating Association Research, Report FoU 2003 : 103. Stockholm 2003.

Hamburg Wasser, Spannungseinbruch im Hamburger Stromnetz führt zu zahlreichen Wasserrohrbrüchen(Tension in the Hamburg power supply network leads to numerous water pipe fractures). Pressemittilung(Press release) 7. Juli 2009.

Swedish District Heating Association, Recommendations for Installation of District Heating and Cooling Pipes(in Swedish). Stockholm 2009.

Gnüchtel S, Free Optimization Tools for District Heating Systems. 12th International District Heating and Cooling Symposium, Tallinn, Estonia 2010.

Holm Cristiansen C, Demonstration of Low Energy District Heating Serving Low Energy Housing(in Danish). Danish Energy Authority, Copenhagen 2011.

10.4 온도수준(Temperature level)

순환수는 시스템에 열매체이며, 열공급시설에서 **공급온도**로 가열되고 사용자 기계실에서 **회수온도**로 냉각된다. 공급온도는 열생산설비에 의해 결정되고, 회수온도는 모든 기계실에서 발생하는 열매체 냉각과정의 결과가 합쳐진 것이다. 이 네트워크 온도들은 표준화되어 있지 않으며, 분배 시스템이 있는 지역조건에 따라 달라진다.

그림 10.20에 142개 스웨덴 시스템들의 연간 평균공급온도와 평균회수온도에 대한 개요가 있다. 연간 평균회수온도의 최솟값에서 최댓값 순으로 시스템들을 정렬해 놓았다. 이 그림은 **온도수준관리(Temperature level management)**가 시스템에 따라 매우 상이하다는 것을 보여주고 있다. 어떤 시스템에서는 높은 온도차에 저유량이 선호되며, 반면에 다른 시스템에서는 낮은 온도차에 고유량을 선호한다.

공급온도는 시스템에 따라 다양하다. 높은 공급온도는 네트워크가 소관경 배관으로 된 시스템이거나 높은 열수요를 갖는 대규모 사용자들이 있는 경우에 나타난다. 일부 시

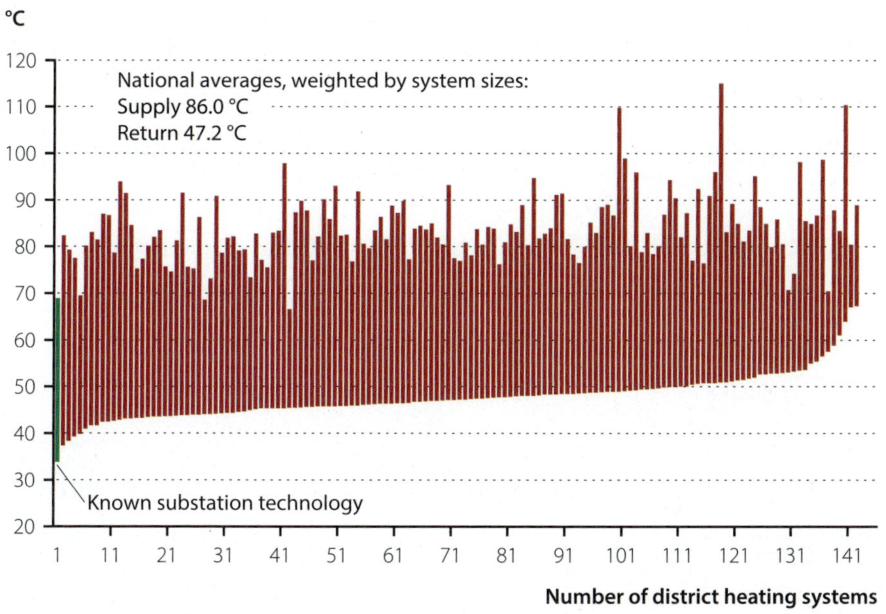

그림 10.20 142개 스웨덴 지역난방 시스템에서 사용 중인 다양한 열분배 온도의 개요. 각각의 빨간색 막대에서 상단은 연간 평균공급온도를, 하단은 연간 평균회수온도를 나타냄. 출처: Stefan Petersson, FVB Sweden. 허락을 받고 사용함

스템은 **연도(煙道)가스 응축시스템(Flue gas condensation system)**을 위해 약간 낮은 회수온도를 얻으려고 공급온도를 높이기도 한다. 이렇게 하면 연도가스로부터 더 많은 열을 회수할 수 있다. 낮은 공급온도는 증기 CHP 플랜트 또는 대형 히트펌프가 있는 시스템에서 나타난다. 이런 선택은 CHP 플랜트의 열전비(Power-to-heat ratio)와 대형 히트펌프의 성능계수(Coefficient of performance)를 더 높인다.

그림 10.20 왼쪽에 있는 녹색 막대는 현재 기계실 기술로 오류가 없는 표준적인 기계실을 위한 이론적인 연간 공급온도 69℃와 연간 회수온도 34℃를 나타낸다. 2009년도 덴마크 마르스탈(Marstal) 지역난방 시스템은 연간 평균공급온도 74℃와 연간 평균회수온도 36℃를 나타냈으며, 활용 가능한 현재 기계실 기술이 제공할 수 있는 온도수준에 거의 근접해 있다. 이 지역 사람들이 낮은 온도수준에 관심이 큰 이유는 열공급을 위해 대형 태양열 판넬(Solar panel field)을 사용하기 때문이다. 이와 같이 마르스탈 운영결과는 이론적인 공급온도와 회수온도에 거의 근접해 전체 지역난방 시스템을 운영할 수 있다는 사실을 증명하고 있다.

대부분의 스웨덴 지역난방 시스템은 활용 가능한 기술과 시스템 선택사항 측면에서 오류가 없는 기계실의 경우보다 상당히 높은 회수온도를 나타내고 있다. 그림 10.20의 오른쪽에 있는 시스템은 특히 회수온도가 매우 높다. 분명히 이 시스템들을 설계할 때 회수온도 문제를 완전히 무시한 결과이다.

실제와 이론적인 회수온도 사이의 차이는 다음과 같은 원인으로 인해 발생한다.

- 네트워크 내 공급관과 회수관 사이의 **쇼트-서킷 유동(Short-circuit flows)**
- 높은 열손실로 인한 말단 기계실에 낮은 공급온도
- 사용자 난방시스템에 오류
- 사용자 기계실에 오류

쇼트-서킷 유동은 기계실 내 열교환기를 통과하지 않고 공급관과 회수관 사이에 직접적인 흐름이 발생하는 현상이다. 이런 유동은 의도적이거나 비의도적으로 모두 발생할 수 있다. 의도적인 쇼트-서킷 유동은 열손실이 높게 발생하는 **저열밀도 지역(Heat sparse area)**에서 여름철 열수요가 낮은 시기에 최소 공급온도를 유지하기 위해 사용된다. 현재 사용자가 없는 분배관과 분기관에 겨울철 동결을 방지하기 위해 이 방법을 사용하기도 한다. 이런 쇼트-서킷 유동은 **자동온도조절 밸브(Thermostatic valve)**에 의해 제어되며, 겨울철에 최소 공급온도에 도달한 경우 흐름을 차단한다. 때로는 이 자동온도조절 밸브가 고장 나서 일 년 내내 쇼트-서킷 유동이 발생하기도 한다. 비의도적인 쇼트-서킷 유동은 건설단계에서 잔여구간을 충수하거나, 10.1.2항에서 언급했듯이 순전하게 연결 실수로 발생하기도 한다. 만일 시스템 내 순환수의 10%가 기계실을 거치지 않고 회수관에 도달해서 냉각된다면, 일반적인 스웨덴 지역난방 시스템에서 연간 시스템 평균회수온도가 약 4℃ 증가한다.

최소 공급온도 아래에 낮은 공급온도는 열수요가 낮아 유량이 작고, 의도적인 쇼트-서킷 유동이 없는 경우에 발생한다. 이런 낮은 공급온도는 기계실 유량제어를 통한 고유량으로 보상되며, 이 경우에도 높은 회수온도가 발생한다.

사용자 난방 시스템에 오류는 라디에이터 시스템의 자동온도조절 밸브 고장, 급탕 순환 시스템 고장, 라디에이터 시스템 내 3-**방향 전환밸브(Three way diverting valves)** 고장이 있다. 전환밸브는 하나의 흡입구(Inlet)와 두 개의 토출구(Outlet)를 갖는다. 흡입구로 들어오는 일정 유량은 두 개의 흐름으로 나뉜다. 하나는 열수요를 맞추기 위한 기저유량이고 나머지 유량은 회수관으로 유입돼 라디에이터 시스템에 높은 회수온도로 이어진다. 예전에 석유 보일러를 사용하는 경우 **연소실(Combustion chamber)**에 황산 응축을 피하기 위해 이런 전환밸브를 사용했었다. 지역난방 네트워크에 연결하는 경우, 변유량 조건을 맞추기 위해 반드시 이런 전환밸브를 2-방향 밸브로 교체해야 한다.

공급온도의 불충분한 냉각으로 이어지는 기계실 오류는 다양한 원인에 의해 발생한다. 스웨덴에서 경험한 몇 가지 사례가 그림 10.21에 있다.

대부분의 오류는 제어계통에서 발생한다. 가장 흔한 오류는 수동 **설정오류(Manual set point errors)**이며, 사용자가 자신들이 필요한 것보다 기계실에서 더 높은 온도를 예상할 경우 발생한다. 때로는 2차측 설정온도를 지역난방 네트워크에 공급온도보다 더 높게 설정하며, 결과적으로 높은 회수온도를 갖는 1차측 전류(全流)가 발생한다. 흔히 이런 높은 2차측 온도는 나중에 급탕과 난방 시스템 모두에서 낮은 온도와 뒤섞이게 된다. 불가능한 제어 상황을 무시할 수 있도록 좀 더 지능적인 제어 시스템을 말들 수 있다면, 대다수의 설정오류를 피 할 수 있다. 잦은 **기기고장 오류**로는 밸브누수, 밸브 모터 결함, 온도센서(Temperature transmitters) 고장이 있다. 제어체인(Control chain)에서의 **설계오류(design errors)** 사례로는 너무 큰 밸브 사용, 잘못 설치된 온도센서, 밸브 모터의 잘못된 선택이 있다.

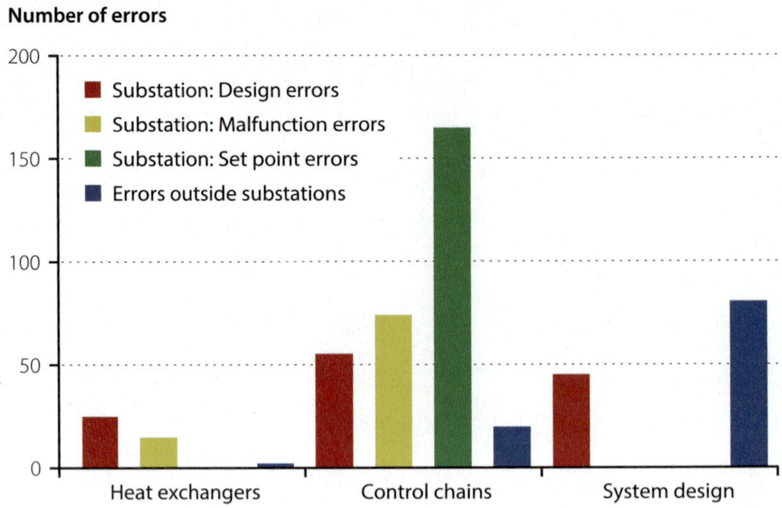

그림 10.21 1992-2000년 동안 여러 스웨덴 자료에서 찾은 246개 기계실의 520개 냉각이상에 대한 개요, 낮은 연간 평균차온을 갖는 기계실. 출처: FVB Sweden. 허락을 받고 사용함

열교환기의 설계오류에는 (표준적인 역류 대신)병류 설치, 잘못된 열교환기 크기 선택 같은 것이 있다. 열교환기에 가장 일반적인 고장오류는 오염된 열전달부(Heat transfer area)이지만, 많은 열분야 기술자들이 예상하는 것 만큼 오염으로 인한 오류가 자주 발생하지는 않는다.

시스템 설계오류는 권장되는 기계실 설정에 대한 편차일 수 있다. 대부분의 설계오류는 현장에서 인력으로 기계실을 시공하는 경우에 발생한다. 미래에 **공장제작 기계실(Prefabricated substation)**의 사용 증가는 이런 설계오류를 줄일 것이다.

냉각이상(Cooling error)이 있는 기계실을 확인하기 위해, 1년 동안 기계실에 공급되는 열과 순환되는 물 사이의 비를 기반으로 한 방법이 주로 사용된다. 그 다음에 공급온도와 회수온도 사이의 연간 평균차온을 계산할 수 있다. 모든 사용자 기계실이 거의 동일한 온도로 공급되기 때문에, 낮은 연간 차온은 높은 연간 회수온도를 나타낸다. 하나의 지역난방 시스템에 있는 모든 기계실에 대한 분석이 그림 10.22에 있다. 각각의 점은 한 사용자 기계실을 나타낸다. 가장 좋은 기계실은 대략 50℃의 연간 차온을 나타내며, 연간 평균 공급온도가 80℃를 약간 상회한다고 가정하면 회수온도는 30℃ 정도를 나타낸다. 하지만 많은 기계실들이 30℃ 이하의 연간 평균차온을 나타내며, 연간 평균 회수온도는 50℃를 상회 한다. 이런 기계실들은 이러저러한 사유로 발생하는 냉각이상을 포함하고 있다.

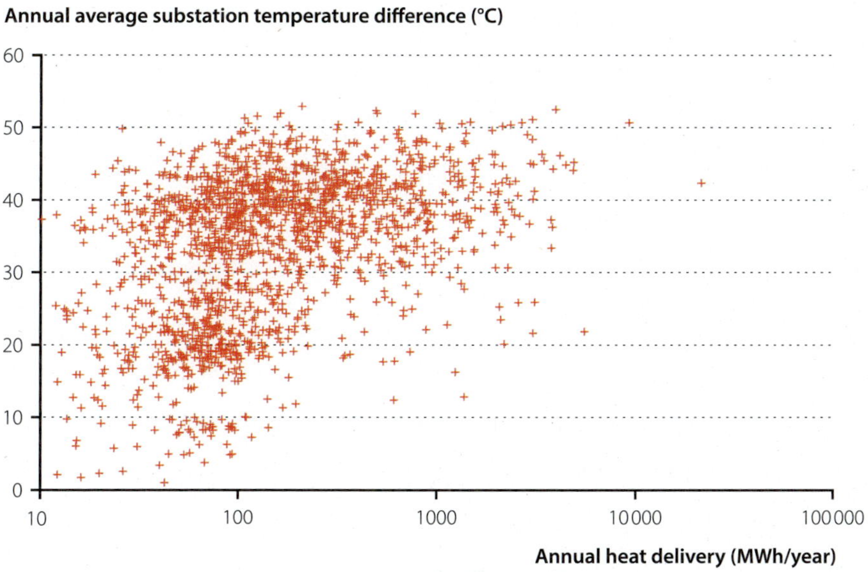

그림 10.22 1999년도 지역난방 시스템 내 각각의 기계실에 대한 공급온도와 회수온도 사이의 유효 연간 평균 차온. 출처: Cilla Dahlberg Larsson, FVB Sweden. 허락을 받고 사용함

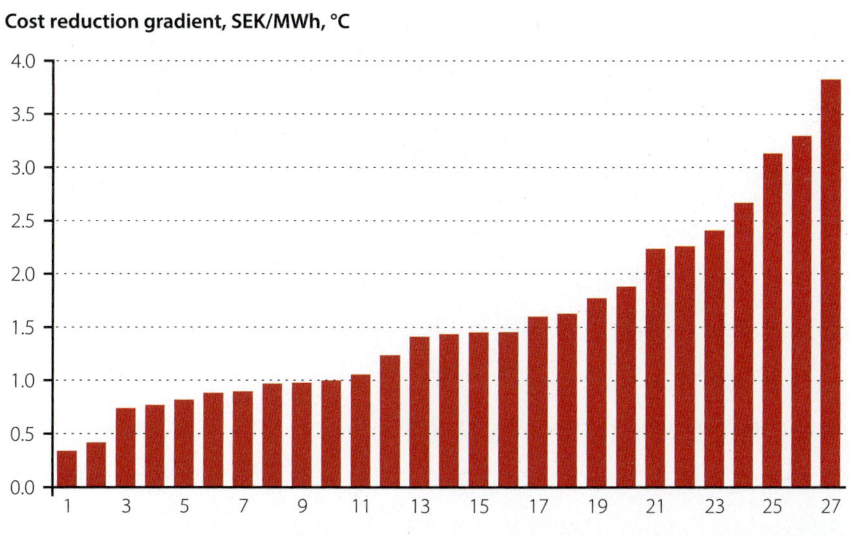

그림 10.23 사용자에게 전달된 열과 관련해 1996년에서 2010년 사이에 27개 스웨덴 지역난방 시스템을 대상으로 계산된 낮은 회수온도에 대한 비용절감구배. 출처 : Stefan Petersson, FVB Sweden. 허락을 받고 사용함

기계실 오류를 줄이기 위한 가장 경제적인 방법은 제거해야 하는 오류의 순서를 계획할 경우 열수요의 크기와 연간 차온을 모두 고려하는 것이다. 이것은 일 년 동안 **순환수의 과사용량**을 확인해 이루어진다. 순환수 과사용량은 실제 순환수량에서 기계실을 경

유하는 이상적인 순환수량(이상적인 차온 40℃ 또는 45℃에 상응하는)의 차로 구한다. 그 다음 과사용량을 내림차순으로 정렬해 냉각이상 제거를 시작할 수 있다. 이 과정은 노력에 대한 비용이 오류를 제거해 얻어지는 경제적인 이점보다 더 낮아질 때까지 계속되어야 한다. 소규모 기계실에서 냉각이상을 제거하는 것은 일반적으로 비용측면에서 효과적이지 않다.

지역난방 시스템에서 낮은 회수온도로 인한 가장 큰 이점은 공급온도를 줄일 수 있다는 것이다. 이것은 동일한 열수요에서 증기 CHP 플랜트의 발전량 증대, 연도가스 응축기의 회수열량 증가, 산업용 공정에서 나오는 낮은 온도의 잉여열로부터 회수되는 열량 증가, 분배 열손실의 감소로 이어진다. 펌프 동력을 감소시키기 위해 유량을 줄이는 것은 회수온도를 낮추는 주된 목적이 아니다. 회수온도를 낮추고 최소 공급온도를 사용하는 경우에만 이 부차적인 목적을 달성할 수 있다.

이런 이유로 낮은 회수온도는 지역난방 시스템에서 경제적 가치를 갖는다. 그림 10.23은 27개의 서로 다른 스웨덴 지역난방 시스템을 대상으로 계산된 **비용절감구배(Cost reduction gradient)**를 나타낸다. 그림에서 알 수 있듯이, 비용절감구배는 분석되는 시스템에 따라 상당히 다르게 나타난다. 왜냐하면 15년에 걸쳐 이 계산을 수행했으며, 이 기간 동안 CHP 플랜트의 전기 수익과 연료비 같은 지배적인 조건들도 바뀌었기 때문이다.

그림에서 왼쪽에 있는 시스템들은 열공급에 의존하는 온도를 거의 갖고 있지 않으며, 분배 열손실을 낮추는 것을 통해서만 경제적 효과를 얻을 수 있다. 맨 오른쪽에 있는 시스템들은 보통 산업용 공정에서 발생하는 저온 잉여열을 활용한다. 만일 이런 시스템에서 회수온도를 더 줄일 수 있다면, 중부하와 피크부하 시 비싸고 세금이 높은 화석연료를 대체할 수 있을 것이다.

이 비용절감구배를 계산하는 경우, 계산모델이 시스템의 실제 열공급시설 배치를 고려해야 한다. 모든 시스템은 각각의 고유한 열공급시설 배치를 가지고 있기 때문에 표준모델을 사용할 수 없다. 게다가 이런 열공급시설은 회수온도가 낮아지는 것에 대해 각각의 고유한 방응을 보인다. 다양한 시설에 대한 비용절감구배 역시 계산모델에 직접적으로 추가되지 않으며, 배치모델을 결정할 때 이런 점을 고려하여야 한다.

그림에서 일반적인 비용절감구배는 대략 1.5 SEK/MWh,℃이다. 1.8 PJ/년(43만Gcal/년[역])을 판매하는 지역난방 시스템에서 회수온도를 10℃ 줄일 수 있는 경우 연간 비용절감은 7.5백만SEK 또는 0.8백만EUR 정도 된다. 상응하는 **순현재가치**(Net present value)는 **최소요구수익률**(Hurdle rate)에 따라 75~100백만SEK 또는 8~11백만EUR 정도 된다.

온도수준에 대한 이번 절에서 이끌어 낼 수 있는 최종 결론은 온도수준이 열공급시설 선택과 사용자 기계실의 냉각오류 발생 건수의 조합으로 결정된다는 것이다. 하지만 시스템 회수온도는 기계실과 사용자 난방계통에 수많은 냉각오류를 제거해 성공적으로 줄일 수 있다.

참고문헌

Dahberg C, Werner S, Lower temperature level in the Borås district heating system. Paper O 3.3. 28th Euroheat Congress. Arnhem. June 1997.

Rüetski M, The return temperature in DH networks – a key factor for the economical operation of DH. Euroheat & Power 26(1997) : 10, 498–508.

Woods P et al, Optimisation of Operating Temperatures and an Appraisal of the Benefits of Low Temperature District heating. Report 1999 : T1. IEA DHC implementing agreement 1999.

Schäfer N, Fernwärmeversorgung – Hausanlagentechnik in Theorie und Praxis (District heating supply – House equipment technology in theory and practice). Springer, Berlin 2001.

Snoek C et al, Optimisation of DH system by Maximising Building System Temperature Difference. Report 2002 : S2. IEA DHC implementing agreement 2002.

Zinko H et al, Improvement of operational temperature differences in district heating systems. Report 8DHC–05.03. IEA DHC implementing agreement 2005.

Habermehl R, Auswirkungen erhöhter Rücklauftemperaturen des Fernwärmenetzes (Effects of increased return temperatures of the district heating network). VDM–Verlag, Saarbrücken 2011.

10.5 열수요제어와 부하제어(Heat demand and load control)

종합 지역난방 제어시스템(Overall district heating control system)은 통합 열수요제어와 부하제어를 관리하는 4개의 독립적인 제어시스템으로 구성된다. 이 4개의 제어시스템은 다음과 같다.

- 열수요제어(Heat demand control)
- 유량제어(Flow control)
- 차압제어(Differential pressure control)
- 공급온도제어(Supply temperature control)

처음 두 개의 제어시스템은 사용자 난방시스템이나 기계실 내에 위치하며, 반면에 뒤쪽 두 개는 사업자에 의해 운영되는 열공급시설에 설치된다. 이런 통합적인 제어상황을 단순화한 개요가 그림 10.24에 있다.

건물 **열수요제어**에는 급탕이 필요한 경우에 사용하는 **수동 탭 오프닝(Manual tap opening)**과 열수요 중 난방부분에 대한 폐쇄 제어시스템을 나타내는 **라디에이터 자동온**

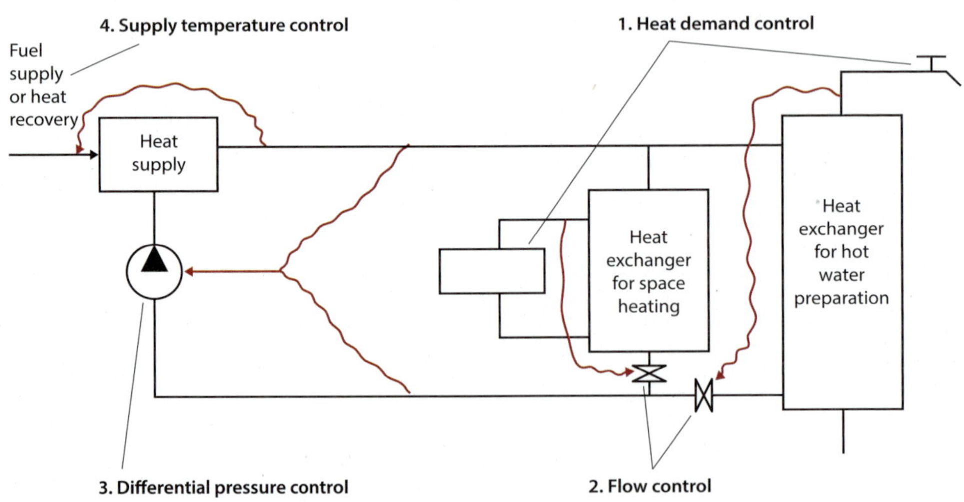

그림 10.24 통합 열수요제어와 부하제어시스템을 구성하는 4개의 제어시스템에 대한 개요. 지역난방시스템은 왼쪽에 하나의 열공급시설, 오른쪽에 하나의 기계실로 단순화되어 있다

도조절 밸브(**Radiator thermostatic valve**)가 있다. 만일 라디에이터 자동온도조절 밸브나 그 밖에 다른 실내온도 제어기가 고장난다면, 실제 실내온도에 대한 피드백 없이 **개방형 제어시스템**(**Open control system**)에 의해 난방수요를 제어한다.

유량제어 부분은 기계실에 위치한다. 열수요 중 난방부분에 대한 유량제어는 라디에이터 시스템 열교환기 후단에 위치한 (보통 자동온도조절이 되는)제어밸브에 의해 운영된다. 이 유량제어를 위한 설정 값이 라디에이터 시스템에 희망공급온도이며, 이 값은 제9장에서 언급되었던 것과 같이 외기온도에 따라 변한다. 열수요 중 급탕부분에 대한 유량제어는 급탕 열교환기 후단에 위치한 제어밸브에 의해 운영된다. 이 유량제어에 대한 설정 값은 급탕을 위한 열교환기 통과 후 온수의 온도이다.

차압제어(**Differential pressure control**)는 주변 열공급시설의 순환펌프에 의해 운영된다. 이 순환펌프는 열수송망 말단에 미리 설정된 값(예컨대 0.1MPa)의 차압(공급관과 회수관의 차)을 고정시킬 수 있도록 가변 펌프속도를 조절할 수 있는 제어기가 부착되어 있다. 이 제어기의 도움으로 말단부에 위치한 기계실 내 제어밸브가 열수송망으로부터 충분한 난방수를 열전달 장치에 공급할 수 있게 보장한다. 이와 같이 순환펌프는 유량제어가 아닌 차압제어만 수행한다는 사실을 알아야 하며, 유량제어는 기계실에서 수행한다.

때로는 네트워크의 특정 나무모양 구역(Tree-shaped section)에 주출입부 혹은 (9.4절에 16번 요소로 설명된 것과 같은)기계실에 있는 지역차압제어기(Local differential pressure controllers)를 통해 차압에 대한 중앙시스템 제어를 보완하기도 한다. 이 압력제어기는 유량제어 밸브에 대한 국부적인 보상장치로 볼 수 있으며, 유량제어 밸브에 거의 일정한 운영조건을 제공한다.

공급온도제어는 열공급시설에서 수행한다. 설정 값은 **시스템 공급온도**(**System supply temperature**)이며, 이 온도는 최소 공급온도와 낮은 외기온도에서 증가되는 가변적 공급온도 모두를 반영하고 있다. 가장 높은 공급온도는 설계 외기온도에서 발생한다. 제어를 위한 독립변수는 요구되는 공급온도를 제공하기 위한 열공급이며, 따라서 공급온도제어는 열공급시설에서 회수온도에 열을 가한다. 회수온도 수준은 전체 열수요제어에 포함된 2개의 기계실 제어 시스템에 의해 결정되며, **시스템 회수온도**(**System return temperature**)는 모든 기계설로부터 혼합되는 유량에 의한 결과이다. 이 회수온도는 일 단위와 계절 단위 모두에서 변화하기 때문에, 사용자로부터 발생하는 열수요에 대한 정보 중 일부가 회수온도에 내포되어 있다.

외기온도와 공급온도 사이에 직접적인 선형관계를 적용하기 때문에 발생하는 문제가 하나있다. 사용자 열수요가 증가하면 동시에 더 많은 열이 분배 시스템으로 유입되고 내부에 축열된다. 이 열은 공급온도가 낮아진 후에 방열된다. 따라서 네트워크는 열부하가 높아지면 축열되고, 낮아지면 방열된다. 이런 제어의 독립성은 단기적인 열부하 변동을 가중시킨다. 더 좋은 운전 전략은 수동으로 열부하가 낮아지면 상향식 공급온도 변화를, 높아지면 하향식 변화를 만드는 것일 수 있다. 이 같은 운전 전략이 시스템에 일일 부하변화를 상쇄한다.

전체 열수요제어와 부하제어 시스템은 사용자와 사업자(Heat provider) 사이에서 공유된다. 열수요제어와 유량제어는 사용자측 구역에 위치하며, 반면에 사업자는 차압제어와 공급온도제어를 책임진다. 따라서 사업자의 가장 큰 책임은 사용자에게 열을 전달함에 있어 적합한 환경을 제공하는 것이다. 그 다음에 네트워크로부터 사용자 난방시스템까지 전달되는 열량은 사용자의 선택이다. 사업자는 절대로 사용자가 필요한 것보다 더 많은 열을 전달할 수 없다. 하지만 차압 조건이 충족되지 않는다면 더 적은 열이 전달될 수는 있다.

이렇게 사업자와 사용자 기계실 사이에서 공유되는 이런 제어 책임의 중요한 단점 중 하나는 열공급에 부족이 발생한 경우 열전달이 균등하게 배분될 수 없다는 것이다. 이런 상황에서 열공급시설 인근에 위치한 사용자 기계실은 네트워크에서 실제 수요에 맞게 충분한 양의 열을 가져올 수 있지만, 전체적으로 부족한 양은 네트워크 말단에 위치한 사용자 기계실에 할당된다. 9.4절에 있는 21번 요소로 설명된 것과 같은 기계실에 설치된 유량제어기(국지적 선택사항) 혹은 모든 기계실과 통신할 수 있는 부하관리장치(중앙집중식 선택사항)를 통해 이런 단점에 대응할 수 있다.

이 절에서 제어 분석은 질량유량과 회수온도 모두 사용자 기계실에 의해 정해진다는 것을 보여주고 있다. 결론적으로 말해 기계실이 지역난방 시스템의 가장 중요한 필수 요소이다. 일부 지역난방 사업자는 이런 사실을 깨닫고, 기계실을 시스템 자체에 포함시켰으며 사업자가 소유하고 있다. 시스템의 운영에 있어, 식 (5.14)에서 사업자가 자유롭게 결정할 수 있는 단 하나의 요소는 공급온도를 결정하는 것이다. 이것은 다음 절에 논의하게 될 **시스템 동적반응 분석(Analysis of a system's dynamic response)**에서 매우 중요한 내용이다.

10.6 열수송망제어와 4가지 운전모드 (Grid control and four operating modes)

열수송망제어는 사업자의 관점을 대변한다. 첫째, 앞 절에서 언급한 통합 열수요제어와 부하제어에 대한 사업자의 2가지 책무(차압과 공급온도)를 포함한다. 둘째, 압력과 온도에 대한 모든 최대 한계와 최소 한계를 관리하기 위한 지원제어 시스템을 포함한다. 기계실에서 수행하는 열수요제어와 유량제어는 **중앙부하관리장치**(**Central load management unit**)가 설치되어 있지 않는 한 열수송망제어에 속하지 않는다.

열수송망제어는 순변동비를 최소화하기 위해 여러 가지 제약조건을 충족해야 한다. 가장 큰 제약조건은 주로 열수송망 난방수 압력 및 온도와 연관된 기술적 제약뿐만 아니라 공급과 관련한 사용자와의 계약내용 준수를 포함한다. 종합 열수송망제어를 위해 일반적으로 4가지 운전모드가 사용된다.

그림 10.25는 기본적인 열수송망제어를 설명하기 위해 4개의 상호 연관된 그림을 하나로 나타낸 것이다. 왼쪽에 있는 2개의 도표는 외기온도에 따라 운전 변수들이 얼마나 다양하게 변화하는지 보여주고 있으며, 오른쪽 2개의 도표는 온도와 압력에 대한 열수송망의 2가지 다른 형태를 나타낸다. 그림에서 알 수 있듯이, 이 열수송망은 매우 단순한 선형관계에 있으며 논의 내용을 단순화하기 위해 선정되었다. 물론 대부분의 실제 열수송망은 규칙적이지 않지만, 여기서 다루는 많은 내용들이 더 복잡한 열수송망에 대해서도 여전히 유효하게 적용된다.

왼쪽 아래에 있는 도표는 외기온도 t_a에 대한 3가지 네트워크 매개변수들을 나타낸다. 그 중 하나가 **요구열부하**(**Required heat load**)이며, 5.5절에 따라 이 변수는 외기온도에 대해 선형적으로 변한다.

왼쪽 위에 있는 도표는 외기온도에 대한 공급온도(t_s)와 회수온도(t_r) 변화를 각각 보여주고 있다. 2개의 녹색 곡선은 9.7.1항에 있는 곡선의 반복된 형태이다. 녹색 공급온도 곡선은 **보증 최소공급온도 곡선**(**Guaranteed minimum supply temperaturecurve**)이며, 기계실 설계자가 기계실 설비 크기를 정하는 경우에 고려할 수 있다. 기계실에 보증 공급온도 곡선을 제공하기 위해서 사업자는 열공급시설에서 토출 공급온도 t_s를 특정수준 이상이 되도록 해야 하며, 이 수준은 분배 열손실로 인해 공급관로를 따라 발생하는 온도 저하를 고려해야 한다.

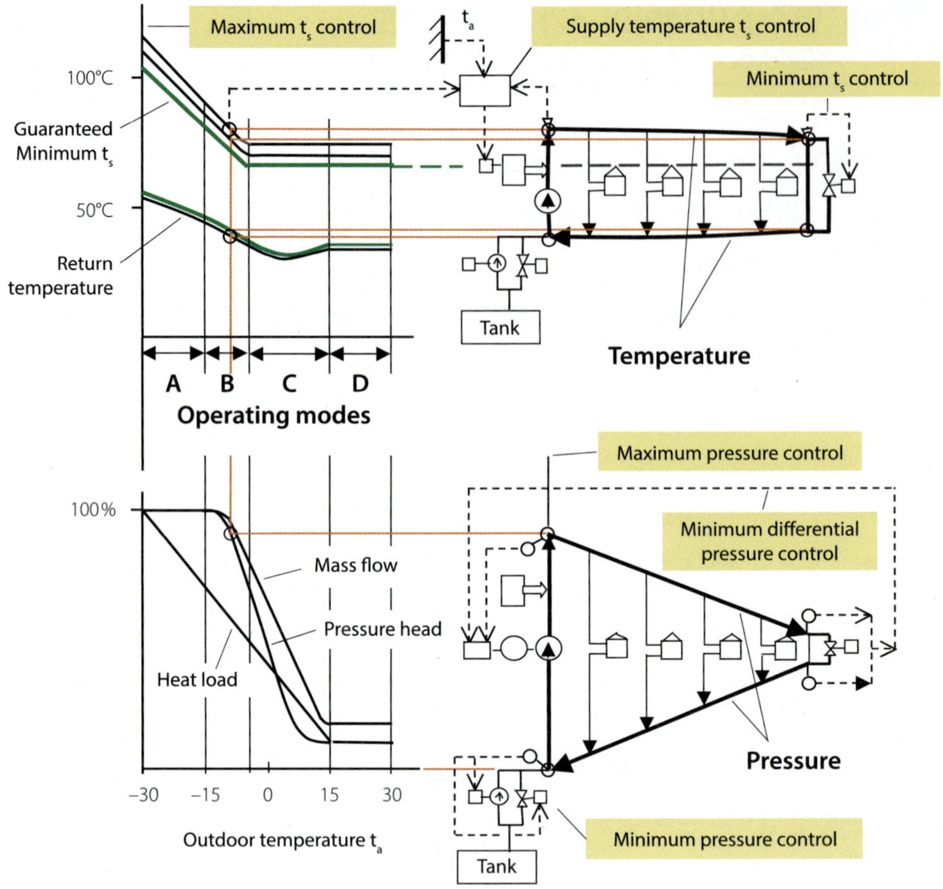

그림 10.25 지역난방 시스템의 종합 열수송망제어와 4가지 운전모드(A, B, C, D). 왼쪽 위 도표에서 녹색곡선은 9.7.1항에 있는 온도와 외기온도 곡선의 반복이다

오른쪽 위에 있는 도표는 열공급시설로부터 거리에 따른 공급온도와 회수온도에 변화를 나타낸다. 도표에서 알 수 있듯이, 공급온도와 회수온도 모두 유동방향으로 온도가 낮아지며 공급온도가 주변 환경과 비교해 온도 수준이 높기 때문에 조금 더 많이 떨어진다.

오른쪽 아래에 있는 도표는 열공급시설과 동일하게 중앙에 위치한 순환펌프에 의해 발생되는 **압력수두(Pressure head)**를 나타내며, 마찬가지로 공급관과 회수관을 따라 발생하는 압력손실로 인해 강하된다. 이 도표에서 알 수 있듯이, 압력수두 강하는 온도저하보다 훨씬 크다. 기계실 차압은 적어도 특정 최솟값(예컨대 100kPa(1bar)) 이상이어야 하며, 기계실 설계자도 이 값을 보증할 수 있어야 한다.

앞 절에서 설명한 열수요제어와 부하제어를 넘어서는 종합 열수송망제어는 모든 운전 제약 조건을 지키기 위해 다음과 같은 제어요소들로 구성된다.

- 중앙 최대 공급온도제어
- 열수송망 말단부에 지역 최소 공급온도제어
- 중앙 및 지역 최대압력제어
- 중앙 및 지역 최소압력제어

10.6.1 중앙 최대 공급온도제어 (Central maximum supply temperature control)

너무 높은 공급온도로부터 네트워크를 보호하기 위해 **최대 공급온도제어**가 10.5절에 있는 공급온도제어에 포함된다.

10.6.2 열수송망 말단부에 지역 최소 공급온도제어 (Local minimum supply temperature control at the grid periphery)

5.3.2항에서 논의했던 내용에 따라 일반적으로 배관 내부의 유속은 여름철에 가장 낮게 나타나며, 유동방향에서 상대적으로 높은 온도강하가 발생한다. 극단적인 경우로 난방수 회로 내 순환이 발생하지 않는 단독주택으로 된 원거리 공급지역이 있다. 밤 시간에는 보통 급탕 사용량이 매우 적게 발생하며, 이런 지역 내 분배관에 유량 정체를 일으킨다.

최소 공급온도제어는 이런 경우 공급온도가 너무 낮아지는 것에 대한 안전대책으로 사용된다. 공급온도가 너무 낮아지면 밸브를 열어 **바이패스유동(Bypass flow**, 또는 단락유동(Short circuit flow)이라고 함)을 발생시켜 열수송망 난방수 순환을 확보한다. 열수송망 말단부(또는 말단부에 근접한) 여러 지역에 이런 추가 배관을 설치할 수 있다. 공급관에서 온수가 냉각되지 않고 회수관으로 패싱하면 회수온도가 상승할 수 있기 때문에, 바이패스용량을 너무 크게 설정하지 않아야 한다. 이 방법에서 바이패스밸브는 온도제어되며, (일부 오래된 열수송망에서 찾을 수 있는)단순한 수동조작밸브가 아니라는 것이 특히 중요하다. 바이패스유동이 불필요한 경우 시설물을 없애야 한다.

10.6.3 중앙 및 지역 최대압력제어 (Central and local maximum pressure control)

그밖에도 펌프속도제어에는 앞선 사례에서 있듯이 펌프 압력부에서 발생하는 최대 시스템 압력을 제한하는 한계 함수가 있다. 설계 고려사항들을 기반으로 해 이 압력을 설정한다. 내관이 강관인 경우, 설계압력은 일반적으로 선택된 압력등급에 대해 표준화된 고정값(스웨덴에서는 보통 1.6 MPa)이 된다. 높은 압력은 사고에 대한 위험을 나타내기 때문에 **최대압력제어**는 최소차압제어에 우선한다.

폴리머 재료로 된 배관(8.8절)의 경우 압력 한계가 더 제한적이다. 재료의 크리프(Creep)가 압력과 온도의 조합된 값에 따라 배관 수명을 결정한다(6 bar와 80℃ 조합이 일반적임).

다양한 표고를 갖는 지역에 열수송망이 위치해 있는 경우, 지반고가 공급관과 회수관을 따라 발생하는 **게이지 압력구배**에 영향을 미친다. 고지대에서 압력이 낮아지거나 혹은 저지대에서 압력이 높아지는 현상이 발생한다. 따라서 이 경우 최대 시스템 압력은 순환펌프가 있는 지역이 아닌 저지대에서 나타날 수 있다. 더군다나 최대압력이 발생하는 위치가 한 지점에서 다른 지점으로 이동할 수도 있다.

10.6.4 중앙 및 지역 최소압력제어 (Central and local minimum pressure control)

네트워크 내 압력이 낮아져 발생하는 난방수 보일링을 피하기 위해, 10.3.3항에서 언급된 가압시스템(Pressurisation system)에 **최소압력제어**를 포함한다.

10.6.5 4가지 운전모드(Four operating modes)

그림 10.25 왼쪽 아래에 있는 도표는 외기온도에 따라 열부하, 질량유량, 순환펌프 압력수두가 어떻게 달라지는지 보여주고 있으며, 왼쪽 위 도표에 있는 공급온도와 회수온도를 조합해서 이 도표를 볼 수 있다. 위의 사례에서 외기온도 간격이 −30℃에서 15℃인 구간은 열부하가 외기온도에 대해 선형적으로 하향 변화해 15℃에서 최소가 되며, 이 지점에서 난방부하가 사라지고 급탕이 전체 열부하를 구성한다. 이 **균형온도(Balance temperature)**는 건물 내 모든 열취득이 난방수요와 균형을 이루는 상황과 일치한다. 실

제 질량유량과 외기온도 사이의 관계는 모호하다. 왜냐하면 개별 건물의 보온 수준이 다르고 내부에서 얻는 열량 또한 다양하기 때문이다. 그밖에도 열부하는 외기온도의 함수일 뿐만 아니라, 5.5절에서 설명했듯이 풍속과 태양열 취득에 어느 정도 좌우된다.

그림 10.25에서 알 수 있듯이, 4가지 **운전모드**는 A, B, C, D로 구분할 수 있다. 가장 낮은 외기온도에서 운전모드A는 질량유량이 일정한 반면 공급온도가 변한다. 따라서 배관직경은 분배 열손실이 높아지는 것을 감수하면서 다소 작게 선정된다. 운전모드B에서는 질량유량과 공급온도가 모두 변한다. 운전모드C에서는 질량유량이 변하고 공급온도는 기계실에 보증 공급온도를 제공하기 위한 최소 수준으로 유지된다. 일정한 급탕 부하만 있는 높은 외기온도에서의 운전모드D는 공급온도와 질량유량 모두 일정하다. 이런 운전모드 전략이 일반적이지만, 세부적으로 모든 운전모드가 항상 채택되는 것은 아니다. 예를 들어, 가장 낮은 외기온도에서 간혹 질량유량 대신 공급온도를 일정하게 유지하기도 한다. 그러고 나서 더 큰 질량유량은 **분산형 첨두부하시설(Decentralised peak load plant)**을 통해 얻을 수 있다. 따라서 중앙 열공급시설에서 대관경 배관이 필요하지 않게 된다.

선택된 운영전략 이면의 개념은 다음과 같이 설명될 수 있다. 일반적으로 질량유량을 변화시킬 수 있는 한 공급온도는 오히려 자유롭게 선택할 수 있으며, 가급적 최적화된 값으로 설정한다. 이 **운영최적화(Operational optimisation)**는 질량유량 증가를 유지하는 데 필요한 펌프 동력수요 증가에 대해 공급온도를 낮춰 얻게 되는 이득이 균형을 이룬 결과일 수 있다.

앞서 언급된 이런 이득에는 예컨대 분배 열손실 감소와 배압 CHP에서 전력생산 증가 같은 것들이 있다. 고부하에서(낮은 외기온도) 최적 공급온도는 부하 증가와 함께 높아지는 난방 시스템 온도에 의해 계속해서 올라가는 방향으로 결정된다. 어느 정도 이상이 되면 펌프 수두가 최대치에 도달하게 되고 공급온도를 높이는 것만으로 추가적인 열공급 증가가 가능해진다.

정성(定性)적으로 설명된 이런 최적화 과정은 주어진 제약조건에서 정확한 최적 운영전략을 수립하기 위한 정량(定量)화된 수학적 최적화 모델에서 더 엄격하게 수행될 수 있다. 하지만 이 같은 모든 최적화 과정은 시스템이 바뀔 때 마다 큰 폭으로 변하는 수많은 전제들에 의존한다는 사실을 알고 있어야 한다. 열공급시설에 가동우선순위 변화로 선택된 운영 전략의 중요한 조건들이 크게 달라질 수 있다. 예를 들어, 열공급시설이 연도가스 응축기(6.3절)가 설치된 열전용 보일러(Heat only boiler)인 경우 낮은 공급온도보다 낮은 회수온도를 훨씬 더 많이 필요로 하는 경향이 있으며, 이렇게 해야 연도가스 응축기에서 생산량을 극대화할 수 있다.

6.10.2항에서 지적했듯이, 지역난방 시스템이 여름동안 국지적인 열가동 냉동기에 열을 공급한다면 냉동기에서 실행 가능한 **성능계수(Coefficient of performance)**가 발생할 수 있도록 상대적으로 높은 공급온도를 유지할 수 있는 인센티브가 생긴다. 따라서 여름철에 선택된 공급온도를 얼마나 낮출 수 있는지를 급탕온도가 아니라 냉동기가 결정하는 경향이 있다.

헬싱보리(Helsingborg) 지역난방 시스템에 대한 열공급시설에서 열부하, 질량유량, 두 네트워크 온도(공급온도, 회수온도[역])에 상응하는 일일 값들이 그림 10.26에 있다. 이 세 개의 도표는 실제 지역난방 시스템에서 운전모드들이 어떻게 사용되는지 보여주는 사례이다. 외기온도 15℃까지는 모드D가 적용된다. 외기온도가 7℃ 이하로 내려가면 공급온도가 여름철 공급온도인 약 78℃ 이상으로 상승하며, 이 온도가 운전모드B와 C 사이에 경계 값이다. 외기온도 강하에 의한 질량유량 증가는 외기온도가 −2℃보다 낮아지면 줄어들며, 그 결과 모드B에서 모드A로의 전환은 명확하지 않다. 이런 현상이 발생하는 이유는 중앙 열공급시설이 헬싱보리에 있는 분산형 첨두부하 열원들에 지원을 받기 때문이다.

10.6.6 변화하는 수요 조건에 대한 시스템 반응 (System response to altered demand condition)

운영 상태의 여러 변화에 대해 다양한 제어 시스템이 어떻게 반응하는지 생각해 볼 필요가 있다. 외기온도가 낮은 중요한 경우를 생각해 보자. 외기온도가 준정적(Quasistatic, 충분히 느린) 변화를 일으킨다고 가정하면, 난방에 대한 열수요도 증가할 것이다.

먼저 공급온도가 일정하게 유지되는 운전모드C의 종속되는 경우를 생각해 보자. 난방 시스템에 유출 공급온도들(Outgoing supply temperatures)을 관리하는 기계실 제어장치들이 자동적으로 이 온도들을 더 높은 값으로 조절해 라디에이터에서 방출되는 열비율을 증가시킨다. 이 조절과정은 질량유량을 증가시키기 위해 난방용 열교환기와 직렬로 배치되어 있는 각각의 기계실 제어밸브들을 개방해 이루어진다. 모든 기계실에 증가된 공급유량의 종합적인 효과는 무엇보다도 열수송망 말단에 차압을 줄어들게 하는 경향이

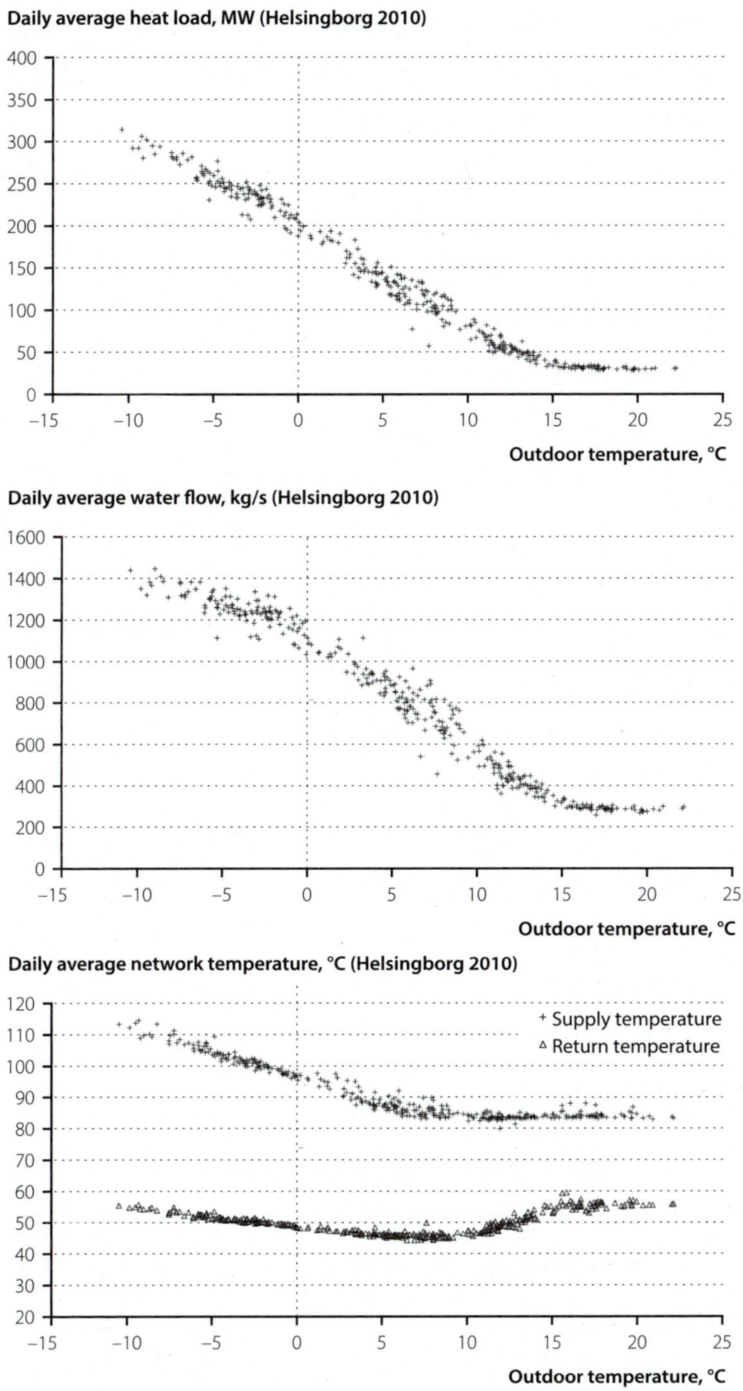

그림 10.26 2010년도 헬싱보리 지역난방 시스템에 대한 열공급시설 후단의 열부하, 질량유량, 네트워크 온도에 상응하는 일일 평균값

있다. 하지만 **차압제어 시스템(Differential pressure control system)**에 의해 이 원치 않는 상황을 방지할 수 있다. 차압제어 시스템은 큰 질량유량에서 요구되는 차압을 유지하기 위해 순환펌프에 속도를 자동적으로 증가시킨다.

다음으로 질량유량이 일정하게 유지되는 운전모드A의 종속되는 경우를 생각해 보자. 급탕 공급은 없고 모든 열부하가 난방용이라면, 난방 열교환기와 직렬로 배치된 제어밸브를 개방할 필요가 없다. 더 높은 1차측(열수송망) 공급온도가 2차측(난방)에 증가된 공급온도와 정확히 일치하게 된다.

이제 급탕 열교환기를 위해 1차측 온도가 더 높고 급탕수요에 변화가 없다고 가정했기 때문에, 급탕수요를 충족하기 위해 배분되는 질량유량이 대신 약간씩 감소한다. 이에 따라 총 질량유량이 일정할 수 있도록 난방 열교환기에 대한 질량유량은 약간씩 증가할 것으로 추정할 수 있다.

그 다음 고려해야 하는 종속적인 경우는 운전모드B와 관련되어 있다. 여기서는 낮은 외기온도에서 열수송망 공급온도 증가로 인해 난방에 대한 열수요 증가를 어느 정도 보상하지만, 난방 열교환기용 제어밸브를 (비록 모드C보다는 덜하지만)상당히 개방해야 한다.

마지막으로 일정한 외기온도에서 공급온도가 낮아지는(또 다시 준정적 상태에 놓인)경우를 생각해 보자. 만일 기계실에 자동 유량제어장치(Automatic flow control)가 없으면 라디에이터 시스템 공급온도가 원치 않는 수준까지 낮아지게 되며, 이로 인해 실내온도뿐만 아니라 급탕온도까지 낮아지는 결과를 초래하게 된다. 반면에 기계실 내 자동 유량제어가 있다면, 난방과 급탕 열교환기 모두에서 질량유량을 증가시키기 위해 제어밸브 개방을 증가시켜 조정을 수행한다. 앞서 고려된 경우처럼 열수송망 질량유량도 증가한다.

10.6.7 동적부하응답(Dynamic load responses)

낮은 외기온도의 가장 중요한 경우로 돌아가서 **동적거동(Dynamic behaviour)**에 대해 생각해 보자. 공급온도를 일정하게 유지하는 경우 운전모드C와 D에서 단순한 변화들이 나타난다. 모든 수요변화는 열공급시설에서 유량변화로 이어진다. 압력변화는 배관 탄성에 맞게 조정된 **물의 음속(Acoustic velocity)**으로 전환된다. 10.3.4항에 따르면, 감소된 이 음속의 크기는 대략 1,000 m/s이다. 열수송망에서 흐름방향으로 방사방향 거리가 10 km라고 가정하면, 수요변화에 따른 새로운 유량 상황은 10초 이내에 만들어진다.

증가되는 열수요를 충족시키기 위해 공급온도를 높여야 하는 운전모드A와 B에서는 좀 더 복잡한 동적변화들이 나타난다. 공급온도 증가가 기계실에 도달하려면 한정된 유속(Flow velocity) 때문에 약간의 시간차가 발생하며, 말단부 기계실에서 특히 심하다. 평균유속을 2m/s로 가정할 경우 공급온도 증가가 말단부에 전달되려면 약 1.5시간이 걸린다. 그 결과 우리는 열수송망에 열부하 변화에 대한 두 가지 서로 다른 시간크기를 확인할 수 있다. 수요변화에 따른 유량변화는 빠르게 전파되며, 반면에 공급온도와 회수온도 사이의 차에 영향을 주는 변화는 느리게 전파된다.

외기온도 감소는 먼저 난방 열교환기에 직렬로 배치된 유량제어밸브를 더 많이 개방하도록 해 난방에 대한 예상된 수요 증가를 충족하게 된다. 이것은 추가 질량유량을 유발하며, 최대 압력 펌프속도제어(maximum pressure pump speed control)가 한계에 도달할 때까지 계속된다. 공급온도 증가가 서서히 더 많은 기계실에 도달하면 질량유량은 (외기온도가 일정하다고 가정한 경우) 그림 10.25에 따른 준정적 상태가 또 다시 일정한 상태를 회복할 때까지 점진적으로 줄어든다.

순환펌프에서 최대 차압과 운영 차압 사이의 차는 이 같은 단기적 동적효과를 허용할 만큼 충분히 커야 한다. 결과적으로 그림 10.25에 녹색곡선으로 나타낸 것보다 운전모드A와 B에서 약간 더 높은 공급온도를 가질 필요가 있다.

질량유량에 **동적여분**(**Dynamic addition**)은 공급온도 제어곡선 설정값에 대한 사전에 계획된 보정을 통해 방지될 수 있다. 따라서 만일 일기예보를 통해 열수요 증가를 예상할 수 있다면, 운영요원에 의해 시스템 제어실에서 수동으로 미리 공급온도를 증가시킬 수 있다. 사람들이 아침 샤워를 하고 **심야 세트백제어** 기능을 역으로 수행해야 하는 새벽시간은 사전에 계통상 공급온도를 높여야 하는 또 다른 전형적인 경우로 볼 수 있다. 이 경우에 열수송망은 예상되는 열수요 증가에 선행해 네트워크에 열을 공급하기 때문에 '**부하상태 열수송망**(**Loaded heat grid**)'이라고 한다.

질량유량에 동적여분을 줄이는 또 다른 방법은 9.4절에 21번 요소로 소개된 **유량제한장치**(**Flow limiter**)를 사용하는 것이다. 이 같은 제한장치가 기계실에 설치되어 있다면, 방금 설명한 것과 같은 동적현상을 일으키는 데 필요한 최대 배관망 압력의 추가적인 차이를 더 작게 만들 수 있다. 반대도 이 밸브가 설치되어 있지 않다면, 최대 배관망 압력 펌프속도제어가 작동하게 되는 고부하 상황에서 공급제한 효과가 사용자 전체에 불균등하게 영향을 미친다. 따라서 순환펌프 인근에 위치한 건물의 기계실 제어장치들은 '자기중심적'으로 이 기계실에 개별 유량이 최대가 될 수 있도록 조치를 취하며, 말단부 사용자들은 전체적인 열공급 능력의 심각한 감소에 시달린다. 유량제한장치를 설치하면 난방수요가 빠르게 증가할 때 나타날 수 있는 공급부족을 좀 더 균등하게 분배할 수 있다.

참고문헌

Glück B, Verinfachtes Modell zur Untersuchung der bei Netzspeicherbetrieb auftretenden dynamischen Vorgänge(Data trade model to study the dynamic processes occurring in network storage operating) Fernwärme International 12(1983) : 3,139–151.

Larsson G, Temperaturdynamik i fjärrvärmesystem(Temperature Dynamics in District Heating Systems). Chalmers University of Technology, report CTH–TFD–PB–96/2, Göteborg 1996.

Werner S, Dynamiska värmelaster från fiktiva värmebehov(Dynamic heat loads from fictive heat demands). Swedish District Heating Association Research Report FoU 1997 : 10. Stockholm 1997.

Larsson G, Flödesutjämnande Körtrategi(Flow reducing control strategy). Swedish District Heating Association Research Report FoU 2003 : 86. Stockholm 2003.

10.7 다중열원에서의 열공급(Heat supply from multiple sources)

제2장과 제6장 그리고 현재 장의 10.1절 소개에서 언급했듯이, 지역난방 시스템은 동시에 **여러 열원들로부터 열공급**이 이루어 질 수 있다. 이것은 다수의 열공급시설이 동시에 분배 시스템에 열을 전달할 수 있는 제어 시스템이 필요하다는 것을 의미한다. 이 경우 압력수두 도표에 하나의 열공급시설만 있는 10.3절에 설명된 기본적인 압력 운영과는 다른 양상을 보인다. 복수 열원에 대한 압력 운영을 설명하기 위해 10.3절에 있는 5km 네트워크 사례를 또 다시 사용할 것이다. 하지만 이번에는 총 열수요가 2배로 늘어났으며, 따라서 새로운 첨두 보일러 열원이 시스템에 추가되었다. 2개의 열원이 있는 지역난방 시스템이 어떻게 운영되는지 살펴보는 것을 통해 다중 열공급시설 문제의 복잡성을 줄일 수 있다.

10.3절의 사례에서와 같이, 기저부하 열원은 수두 도표 왼쪽에 위치한다. 첨두부하 열원은 오른쪽에 위치하며 기저부하 열원과 동일한 용량을 갖는다. 이 새로운 열원이 첨두부하 열원인 이유는 기저부하 열원에서 생산된 열보다 비싸기 때문이다. 따라서 기저부하 열원은 시스템 변동비를 최소화하기 위해 시스템에서 항상 우선권을 갖는다. 그림 10.27에 이 내용이 있으며, 기저부하 열원의 전용량(全容量, Full capacity)이 네트워크의 모든 열수요를 충족하는 기저부하 상태를 나타낸다. 이때 첨두부하 열원은 필요하지 않으며 대기 상태를 유지한다. 기저열원 용량 아래에 있는 모든 열부하에 대해서 동일한 상황이 나타난다.

시스템 첨두부하의 71% 부하수준의 중간 상태가 그림 10.28에 있다. 이 경우 유량의 70%는 기저부하 열원에서 공급해야 하고, 나머지 30%는 첨두부하 열원에서 공급해야 한다. 상응하는 수두도표가 그림 10.28에 있다. 한 가지 중요한 점은 최소차압이 5km에서 3.5km로 이동했다는 사실이다. 따라서 다중 열공급시설에서 시스템 최소차압위치는 움직이며, 이 위치는 부하 수준에 따라 달라진다. 다양한 열부하 상태에 대한 컴퓨터의 압력 강하 계산을 통해 이 위치를 알 수 있다.

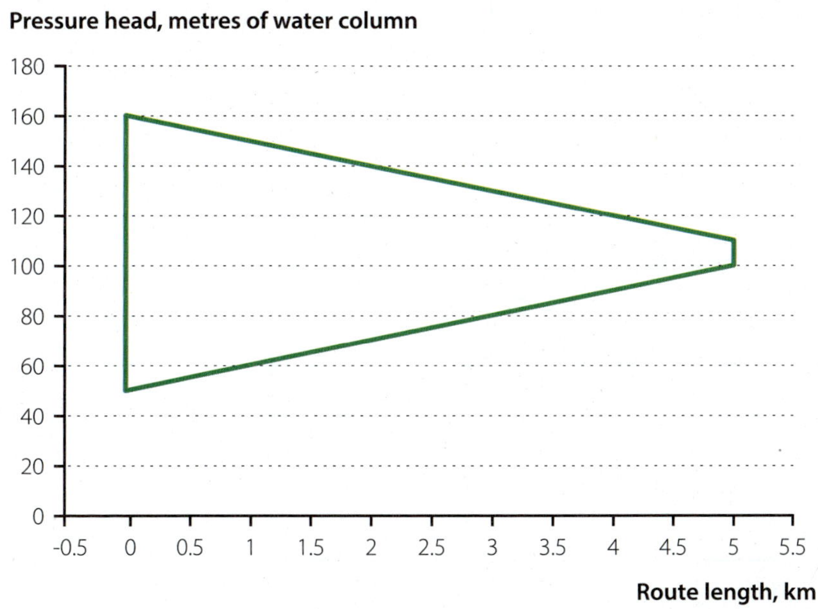

그림 10.27 기저부하 상태에 대한 수두도표, 왼쪽에 있는 기저부하 열원이 50% 유량 수요에서 전체 네트워크를 공급하는 경우

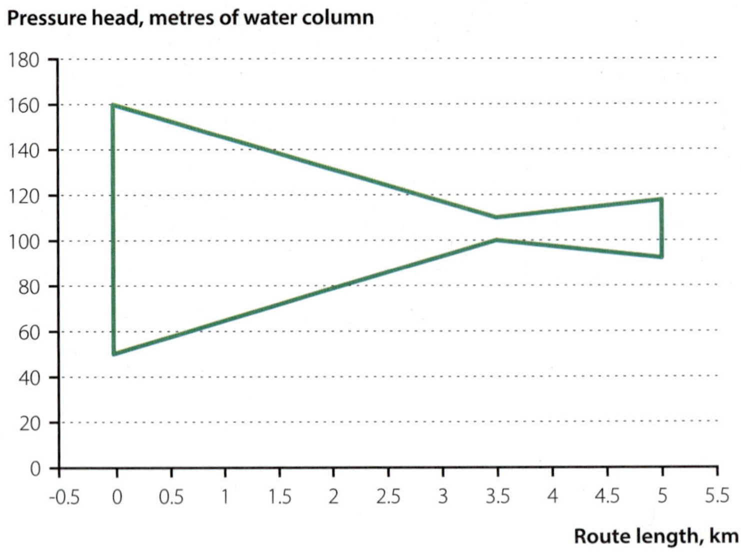

그림 10.28 중간부하 상태에서 수두도표, 왼쪽에 있는 기저부하 열원이 유량 수요의 70%를 공급하며 나머지 유량은 오른쪽에 있는 첨두부하 열원에서 공급한다

전부하(Full load) 상태가 그림 10.29에 있으며, 2개의 열원이 네트워크에 대해 동등하게 책임지고 있다. 이 경우 최소차압은 2.5 km 거리에서 나타난다.

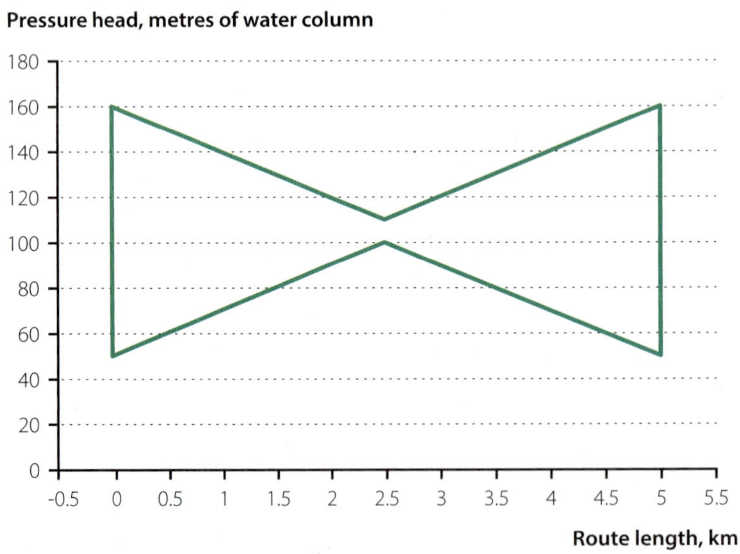

그림 10.29 전부하 상태에서 수두도표, 왼쪽에 있는 기저부하 열원이 유량 수요의 50%를 공급하고 나머지 유량은 오른쪽에 있는 첨두부하 열원에서 공급한다

그 다음 고려사항은 10.5절에서 설명하고 있는 4개의 독립 제어 시스템으로 구성된 종합 제어 시스템에 관한 것이다. 이런 제어 시스템들이 충족해야 하는 조건은 기저부하 열원 용량과 시스템 첨두부하 사이에 발생하는 모든 시스템 부하 변화에서 자동적인 우선권이 항상 기저부하 열원에 주어져야 한다는 것이다. 그렇지 않으면 첨두부하 열원이 기저부하 열원으로부터 수요의 일부를 가져오게 되고, 시스템에 대한 변동비가 높아진다.

열수요와 유량제어는 사용자 측에서 일어나며, 종합 제어 시스템의 이런 변경과 연관되어 있지 않다. 그러므로 열공급 비용 최소화라는 목적을 달성하기 위해서는 차압과 공급온도 제어를 변경해야 한다. 해결책은 여분의 열공급시설(이 경우에는 첨두부하 열원)에 있는 순환펌프에서 차압제어에 책임을 지게 하는 것이다. 첨두부하 열원의 공급온도 제어는 자체 유량에 열을 추가하며, 첨두부하 열원으로부터 전달되는 열을 규정한다. 기저부하 열원은 최대용량으로 출력을 고정해야 하며, 순환펌프는 실제 요구되는 공급온도와 동일한 공급온도를 제공할 수 있는 유량을 공급해야 한다.

10.8 시스템 모니터링(System monitoring)

시스템 모니터링 활동의 목적은 가장 낮은 변동비로 전 이용도(Full availability)에서 열공급 안전성을 확보하는 것이다. 이 모니터링은 다음과 같은 세 가지 시간적 측면을 포함한다.

- 사전단계: 단기 계획
- 현　　재: 시스템 감시
- 사후단계: 문서화와 분석

10.8.1 단기 계획(Short term planning)

단기 계획은 최저 비용으로 전 이용도의 목적을 달성하기 위해 필요한 모든 사전 준비를 포함한다. 이 계획단계는 변동비 최소화, 부하관리, 균형책임통신, 연료 및 열이용도(Heat availability)와 같은 이슈를 다룬다.

변동비 최소화(Variable cost minimisation)는 사전에 만들어진 부하 예측에 기반해 이루어진다. 제5장에서 논의된 것과 같이, 이런 부하 예측은 보통 일기예보나 이미 알려진 사용자의 사회적 행동을 근거로 한다. 열공급 비용을 최소화하기 위해, 열공급시설의 가동우선순위(즉, 변동비 오름차순에 따라 정렬됨)를 작성한다. 이 가동우선순위를 참조해 플랜트가 기동/정지되어야 한다. 일반적으로 실제 운전 중인 플랜트들과 리스트 있는 플랜트들에 대한 **한계비용**(Marginal cost)을 매일 비교한다. 리스트에 있는 플랜트 순서는 플랜트 이용도 또는 네트워크 처리량 한계에도 영향을 받을 수 있다. 주기적으로 수행되는 네트워크에 대한 수치해석 유량 시뮬레이션을 통해 네트워크 처리량 한계를 예측할 수 있다.

부하관리(Load management)는 가동우선순위를 보완하는 것이며, 부하관리의 목적은 다양한 열생산 비용을 좀 더 줄이는 데 있다. 6.15절에 있듯이, 네트워크에 열에너지를 동시에 축 · 방열할 수 있는 **축열조**(Accumulator tank)가 있다면, 네트워크 내 병목현상이나 값비싼 첨두부하 생산 열원의 사용을 피할 수 있다. 병목현상 문제를 해결할 수 있는 또 다른 접근 방법은 사용자 측에 첨두부하 관리를 제공하는 것이다.《Olsson & Werner 2008》에 따르면, 원격으로 기계실을 조정할 수 있도록 설계하고 난방을 하는 목적물의 열용량이 충분히 큰 경우, 열을 빌리거나 필요 시 이 목적물에 대한 열전달을 시간에 맞춰 앞으로 땅길 수 있다. 여러 가지 방법으로 이 전략을 적용할 수 있다.【유량 제한(Flow limiting), 열률 제한(Heat rate limiting), 자발적 차단(Voluntary cut off), 또는 상황에 따라 완전 자동화된 방식으로 주어진 특정 순간에 어느 기계실에서 열을 '빌리는'것이 가장 적합한지 결정하기 위해 개별 기계실들이 서로 통신을 할 수 있는 경우】. 후자의 경우 연관된 목적물들을 '재충전(Recharging)'하는 과정도 자동화되어 있다.

최근에는 규제 철폐된 전력 시장에서 모든 발전소들이 **균형책임통신**(Balance responsibility communication, 전력시장에서 사업자와 소비자의 전력균형을 맞추기 위한 통신체계 역))을 매일 작성해야 한다. 이 통신에는 다음날 시간단위 전기 생산 스케줄을 포함한다. 지역난방 시스템에서 CHP 플랜트는 중요한 열공급시설이기 때문에 균형책임통신도 단기 계획과 연관된 이슈에 해당된다.

추위가 찾아오면 외기온도가 매우 빠르게 변할 수 있으므로, 열공급시설에 대한 **연료와 열이용도**가 지역난방 시스템의 중요한 이슈가 된다. 기저부하 열원의 경우 아주 오랫동안 일정한 열부하로 가동되기 때문에 이런 일들이 어렵지 않다. 하지만 첨두부하 열원의 경우 운전시간이 매우 간헐적임으로 이용도 문제가 특히 중요하다. 계속된 추위로 단일 첨두부하 열원에 대한 평균 연간 연료 소모량보다 더 많은 첨두 연료를 사용할 수도 있다. 만일 외부 열원에서 열을 회수하고 있다면, 단기 계획에서 열 이용도에 대해 외부 열원의 관리체계와 통신하는 것도 중요해 진다.

10.8.2 시스템 감시(System supervision)

최적의 운전, 수송, 안전을 위해 지역난방 시스템은 초단위로 감시되어야 한다. 요즘은 대개 SCADA(**Supervisory Control and Data Acquisition) 시스템**을 사용해 이런 감시를 수행한다. SCADA 시스템은 다양한 종류의 복합 에너지 또는 산업용 시스템 감시에 폭넓게 사용되고 있다. 지역난방 네트워크의 경우 넓은 지리적 확장성이 시스템에서 요구되는 기능을 제대로 수행하는 데 중요한 요인이 된다. 복잡하고 광범위한 시스템에서 운전원들은 특별히 제작된 네트워크 모의 훈련 장치를 통해 네트워크 감시에 대해 훈련을 받기도 한다《EHP editor 2001》.

지역난방 네트워크 운전원의 가장 큰 책임은 공급온도를 충분히 높이고 충분한 유량을 공급할 수 있도록 해 모든 사용자에게 안정적으로 충분한 열공급을 하는 데 있다. 기본적으로 이 목적을 달성하기 위해서는 네트워크 내 적어도 하나의 **크리티컬 포인트 (Critical point)**에서 차압과 공급온도를 모니터링한다. 하지만 네트워크 및 네트워크 위상(位相, Topology)의 크기와 복잡성이 커지면 운전원이 감시해야 하는 크리티컬 포인트의 숫자가 증가한다. 기동과 정지가 빈번하게 일어날 수 있는 열공급시설의 증가와 네트워크 내 열공급시설의 서로 다른 위치는 네트워크 운전에 중요한 영향을 미치는 또 하나의 요소이다. 이런 이유로 오늘날 데이터 취득과 네트워크의 원격 제어는 점점 더 정교해지고 있다. 공급온도와 회수온도, 유량, 분기점에서 압력, 차단밸브의 상태, 차압, 펌프 속도, 수질은 오늘날 일반적으로 모니터링되는 변수에 해당한다.

지역난방 네트워크에 대한 SCADA 시스템은 10.6절에서 언급된 네트워크 운영 한계 제어에 대한 정보도 제공하며, 필요한 제어 행위를 수행할 수 있다. 더군다나 네트워크 상태를 온라인으로 감시하면, 네트워크의 신뢰성을 더욱 향상시킬 수 있다.

이런 종류의 운전 사례로 **누수감시(Leakage detection)**가 있으며, 여러 가지 방법으로 수행될 수 있다. 예를 들어, 보온성능을 모니터링하기 위해 배관 보온재에 전기선을 삽입한 시스템을 사용하기도 한다. 그 밖의 사례로는 순환수의 수질과 유량의 상태를 온라인으로 모니터링하는 시스템이 있다. 수질은 전통적인 화학 분석(알칼리도(Alkalinity), pH 값)뿐만 아니라 특별히 전기전도율을 온라인 측정해 모니터링할 수 있다. 물의 자유산소를 검출하기 위한 탐촉자(Probe)를 이용하기도 한다. 배관 벽과 동일한 재질로 된 시험편을 네트워크 내부에 설치하고 정기적인 시험을 통해 시스템에 부식을 측정할 수 있다.

일부 열공급시설 인근에 설치되어 있는 축열조 내 물의 유출입량을 모니터링해 보충수 유량을 연속적으로 분석할 수 있다. 유량이 적정한지 여부를 결정하기 위해서는 난방수 체적 변화량을 확정해야 한다. 열수송망 배관의 관경과 종류를 알 수 있다면 SCADA 시스템에서 제공하는 네트워크의 현재 온도와 압력을 활용해 필요한 계산을 수행할 수 있고, 계산된 체적 변화와 실제 지역난방 수 유입량을 비교할 수 있다. 누수가 예상되는 경우 피해를 최소화하기 위해 네트워크 내 일부지역을 고립시킬 수 있다. 사소한 누수사고는 배관 일부를 계획적으로 차단한 상태에서 난방수 압력수준을 온라인 모니터링해 알아낼 수 있다. 하지만 누수 여부뿐만 아니라 온도하강의 결과로도 압력이 낮아지기 때문에 이런 방법으로 누수를 찾는 것은 어려운 작업이다. SCADA에서 제공하는 온도와 압력 데이터를 활용한 적절한 계산결과는 사업자 직원들이 정확한 의사결정을 하는 데 큰 도움이 될 수 있다.

10.8.3 문서화와 분석(Documentation and analyses)

일반적으로 SCADA 시스템은 지역난방 시스템의 **실제 운전에 대한 디지털화된 문**서를 제공한다. 따라서 결과분석을 위해 다양한 변수들을 SCADA 시스템에서 다운로드 받을 수 있다. 이 책에 많은 도표들은 이 같은 SCADA 데이터베이스를 활용하고 있다. 분석은 최적 운전과의 편차와 사고 발생 전 초기 진행과정을 확인하는 데 목적이 있다.

많은 시스템에서, 편차가 발생하지 않도록 이론적인 시스템 비용과 가변적인 실제 시스템 운영비를 정기적으로 비교한다. 비용과 연관된 편차의 사례로는 연료비가 더 높아지게 되는 가동우선순위 목록 편차, 발전비용에서 균형을 이루게 하는 균형책임편차, 연료비가 더 높아지게 되는 네트워크에 병목현상, 연료비가 더 높아지는 연료 비이용도(Non-availability)가 있다. 미래에 편차를 줄이기 위해서는 분석을 통해 편차의 원인과 결과를 추적해야 한다. 왜냐하면 『더 낮은 변동비를 얻기 위해 시스템을 어떻게 개선할 수 있는가?』라는 질문에 해답을 얻는 것이 결과분석의 최종 목적이기 때문이다. 이 질문에 대한 몇 가지 해답이 다음 절에 제시되어 있으며, 이 해결책들은 신뢰도, 문제, 개선에 초점을 맞추고 있다.

참고문헌

EHP Editor, Neues Schulungssimulator für das Fernwärmenetz in Hamburg(New training simulator for the district heating network in Hamburg), Euroheat & Power 30(2001) : 9, 62.

Olsson L, Werner S, Building mass used as short term heat storage. 11th International Symposium on District Heating and Cooling, Reykjavik 2008.

10.9 신뢰도와 이용도 문제(Reliability and availability issue)

앞부분까지는 시스템의 서로 다른 부분들을 어떻게 적절히 함께 작동하게 할 수 있는가에 초점을 맞추었다. 결론에 해당하는 이번 장의 주요내용은 언제 그리고 왜 시스템이 적절히 작동하지 않는가에 있다. 이런 문제에는 신뢰도의 일반적인 수준, 운영상의 문제, 유지보수 전략이 있다.

10.9.1 신뢰도 수준(Reliability level)

운영 중인 지역난방 시스템은 주로 그 지역의 열과 연료자원을 사용하기 때문에 장기적인 공급 안전성은 상당히 높은 우선순위를 갖는다. 바이오매스(Biomass), 폐기물, 지열 자원을 사용하는 경우 특히 그렇다. 하지만 일부 시스템(파리, 베를린, 함부르크, 사라예보(Sarajevo))은 전쟁기간 동안 여러 가지 문제점을 경험했고, 전쟁관련 활동, 전시 손상, 연료부족으로 인해 오랫동안 폐쇄되어 있었다《Strempel 1953》. **단기적인 운영 신뢰도(Short-term operation reliability)**는 열공급시설과 열분배 네트워크 모두에서 일어나는 사건(Incidents), 파괴(Failures), 사고(Accidents)에 영향을 받는다.

일부 시스템은 해당 시설의 일반적인 시스템 신뢰도 수준을 나타내는 벤치마킹 값을 갖는다. 미국에 있는 'St Paul 지역난방 시스템'은 여러 해에 걸쳐 연례 보고서에 **연간 시스템 신뢰도율(Annual system reliability rate)**을 발표하고 있다. 이 비율은 '모든 사용자에게 열을 전달하기 위해 지역난방을 사용하는 연간 시간 수'를 '연간 총 시간'으로 나눈 값으로 정의된다. 1998년과 2009년 사이에 발간된 신뢰도율에서 연간 평균 열공급 중

단 시간을 모두 합치면 12년 동안 연간 1시간 미만이라는 것을 알 수 있다. 이 정도가 전 세계 다른 많은 상업 및 공공용 지역난방 시스템에서 달성할 수 있는 신뢰도 수준이다.

그러나 러시아 지역난방 시스템에 일반적인 신뢰도 수준은 옛소련의 계획 경제 하에서 부적합한 건설 품질로 인해 훨씬 더 낮은 편이다. 이 시스템들은 여전히 잦은 배관파손, 많은 난방수 유출, 높은 열손실이 발생하고 있으며, 열계량과 적절한 지역단위 열수요 제어도 부족하다. 가장 최악의 사고는 대규모 열공급 중단이 극심한 추위와 함께 일어날 때 발생한다. 이 경우 수천 명의 주민들은 지역난방 시스템이 정상적으로 가동되는 주변도시로 대피해야 한다. 하지만 '리가(Riga) 지역난방 시스템' 및 그 밖에 다른 옛소련 시절 건설된 시스템들의 종합정비사업은 이런 시스템들도 좀 더 현대적이고, 안정적이며, 효율적인 시스템으로 개선될 수 있다는 것을 보여주었다.

열공급시설에 **연료 및 분진폭발**과 **연료화제**는 가장 심각한 사고의 최초 원인에 해당된다. 주요 사고사례로 1987년 5월 빈(Vienna), 1994년 3월 파리, 1994년 10월 본(Bonn)에서와 같이 열원 전체가 파괴되거나, 작업자들의 사망에 원인이 된다. 그러나 대부분의 화재사고는 초기에 화재 방지 시설을 통해 진압된다. 일반적으로 모든 에너지 변환 플랜트(Energy conversion plant)의 화재 방지는 화재와 폭발을 피하기 위해 높은 수준을 유지하고 있다.

열분배 네트워크의 경우, 주로 압력서지(Pressure surge)나 외부 부식이 **누수**를 수반하는 주**배관 파괴**에 원인이 된다. 모든 배관 파괴에 대한 체계적인 피드백 분석은 1970년대 후반에 스웨덴《Lindman 1980》, 핀란드《Puustinen & Partanen 1980》, 덴마크《Randløv 등 1983》에서 시작되었다. 아주 중요한 이 피드백 작업들은 초창기 신뢰성 낮은 배관 시공방법들을 밝혀냈으며, 후에 **배관 파괴율(Pipe failure rate)**을 낮추고 유지보수 비용을 줄이는 결과로 이어졌다. 유사한 방식의 배관 파괴에 대한 통계가 1996년 독일에서도 만들어지기 시작했다《Espig 2010》. 이 국가들에서 일반적인 배관 파괴율은 대략 0.1파괴/km(관로길이)이지만, 이 비율은 누수여부와 관련 없이 크고 작은 파괴 모두를 포함하고 있다. 이런 체계적인 피드백 분석은 핀란드와 독일에서 여전히 수행되고 있으며 이 국가들의 연례 보고서를 활용할 수 있다. 상응하는 러시아의 배관 파괴율은 0.6–4파괴/km 만큼 높은 것으로 보고되고 있다《Nuorkivi 2005》. 1990년대 중반 바르샤바(Warsaw) 시스템의 정비사업 이후, 배관 파괴율이 1992년 1.9파괴/km에서 2001년 0.5파괴/km로 감소했다.

열분배 네트워크에서도 치명적인 사고가 일어나며, 뉴욕과 파리에서 몇몇 대규모 스팀배관 폭발이 발생했었다. 일부 직원들이 누수되는 분배 배관에서 작업하는 동안 온수에 의해 사망에 이르기도 한다. 따라서 이런 중대한 위험요소를 고려한 운영 및 유지보수 지침서를 만드는 것이 매우 중요하다.

심각하고 끔찍한 이런 사고들은 에너지 변환이나 중온수 분배 모두가 위험에서 자유롭지 않다는 사실을 보여주고 있다. 하지만 이런 사고는 연관된 시간과 전달되는 열의 규모를 모두 고려할 때 드물게 발생한다. 지역난방에서 에너지 사고의 발생 빈도는 전기 및 가스분배보다 상당히 낮게 나타난다. 왜냐하면 주요 지역난방 사고들이《Hirschberg 등 1998》,《Sovacool 2008》같은 에너지 사고에 대한 국제적인 연구에서 누락됐기 때문이다. 하지만 지역난방에 대해서는 일반적으로 낮은 위험 수준의 적절한 평가가 아직 이루어지지 못하고 있다.

정전(Power outage) 역시 단기 신뢰도에 영향을 미친다. 왜냐하면 다른 모든 사회부분과 마찬가지로 지역난방 시스템 역시 운전을 위해 전기 공급에 의존하기 때문이다. 열원에서는 흔히 주 분배 펌프를 위한 예비 전기 발전기를 사용하며, 정전이 발생해도 사용자 라디에이터 시스템에 물을 순환하기 위해서는 이 시설이 필요하다. 다행히도 《Lauenburg 등 2010》의 '사용자 라디에이터 시스템 내 폐쇄형 분배펌프와 관련된 실험'결과에 따르면, 자연적인 순환 유량이 열을 분배하기 시작했다. 이 유량이 난방을 위해 요구되는 열력의 90%까지 분배할 수 있다. 이것은 심각한 정전 동안에 열공급시설을 위한 중앙 예비 전기 발전기가 요구되는 열분배의 상당 부분을 유지할 수 있다는 것을 의미한다.

10.9.2 운영상의 문제들(Operating problems)

지역난방 시스템에서 일어나는 전형적인 운영상의 문제로 누수에 의한 **열매체 손실(Heat carrier loss)**이 있다. 하지만 시스템에 따라 이 문제의 중대성은 매우 다양하게 나타난다. **난방수 손실**은 1년 동안 발생하는 **난방수 체적 교체의 수(Number of water volume replacement)**를 기준으로 하며, 네트워크에 더해진 모든 보충수의 연간 체적을 연말 네트워크 난방수 체적으로 나눈 값으로 정의된다. 보충수 체적은 신규 배관 충수를 포함하기 때문에 교체되는 물이 없는 경우는 절대로 발생하지 않는다. 0.5–1 연간 난방수 체적 교체 수준은 아무 문제없이 제대로 작동하는 시스템을 나타낸다고 할 수 있다.

《Nuorkivi 2005》에 따르면, 일반적인 국가 평균은 핀란드와 스웨덴이 약 1 연간 난방수 체적 교체를 나타내며, 반면에 덴마크와 독일은 약 3 연간 난방수 체적 교체를 나타낸다. 핀란드와 스웨덴 기계실에서 열교환기의 독점적인 사용이 이 국가들의 난방수 손실률이 낮은 이유 중 하나로 언급되고 있다. 예전 계획경제 시기에 만들어진 후 재정비되지 못한 시스템에서 상응하는 수준은 1년 동안 10–50 난방수 교체가 발생했던 것으로 보고되었다. 이런 시스템에서는 **열절도(Heat theft)**가 열손실을 높이는 주요 원인 중 하나일 수 있기 때문에 간접 기계실을 도입한다면 정비된 시스템에서 이 수준을 상당히 줄일 수 있다.

난방수 누수의 여러 가지 원인을 이해하기 위해, 50년된 스웨덴 시스템에서 26년 동안의 난방수 체적 교체에 대한 월간 값이 그림 10.30에 있다. 연간 평균 난방수 체적 교체는 1997년도 0.4와 1987년도 3.9 사이에서 다양하게 나타나며, 장기적인 평균은 1.9이다. 그 밖에 2009년도에 추가되는 난방수 체적이 매우 높았던 이유는 그 해 대규모 신설 축열조(Heat storage)에 충수를 했기 때문이다. 월간 값은 0.1과 5.9 사이에 다양하다. 따라서 이 시스템은 스웨덴의 국가 평균보다 난방수 손실 수준이 더 높다. 하지만 몇 년 동안은 문제가 없다가 또 다른 해에 사소한 문제가 발생한다. 몇 개월 동안 일시적으로 난방수 체적 교체가 높은 것은 새로 건설된 주배관에 충수로 인한 결과이다.

1987년과 1988년 사이에 큰 감소는 중앙 열공급시설 인근에 위치한 기계실 열교환기에서 누수로 인한 냉수 유입이 원인이었던 것으로 밝혀졌다. 이곳에 냉수압력은 지역난

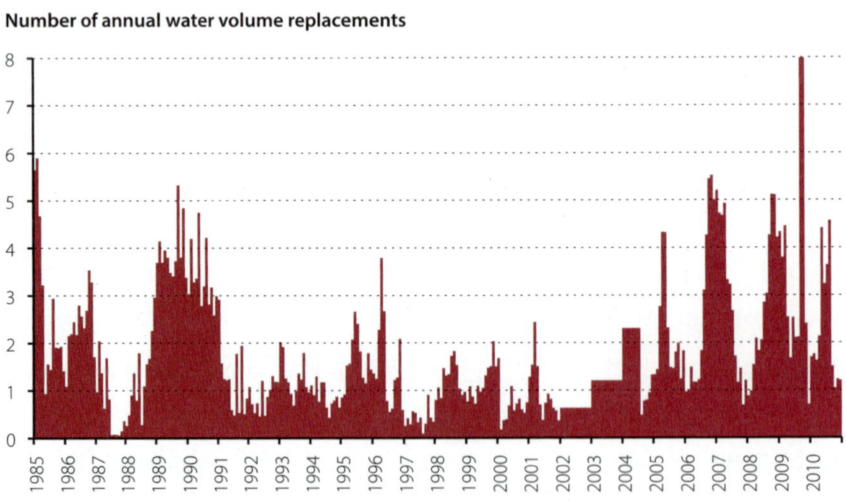

그림 10.30 보로스(Borås) 지역난방 시스템에서 1985년-2010년 연간 난방수 체적 교체의 수. 2002년-2004년의 월간 값들은 손실됐으며, 연간 평균값으로 변경했다. 출처: Borås Energy. 허락을 받고 사용함

방 시스템에 국부 압력보다 높았다. 유입된 이 냉수를 측정되지 않는 여분의 보충수로 이해할 수 있으며, 실제 난방수 교체 수준은 1987년 후반 및 1989년 초반 수준과 비교할 경우 3–4사이에 있었음을 알 수 있다. 1989년과 1990년 동안의 높은 난방수 교체는 후에 사용자에 의한 온수 절도로 밝혀졌다. 그 당시 이 사용자는 계량기가 훔친 열을 측정하지 못하도록 조작했다. 1991년 4월 네트워크 난방수를 초록색으로 염색했었다. 온수 수도꼭지에서 초록색 급탕수가 나왔기 때문에, 이 방법을 통해 대략 20개의 누수되는 급탕용 열교환기를 찾아낼 수 있었다. 누수되는 이 열교화기를 교체한 후, 난방수 교체 수준이 1991년 6월 적절한 수준인 0.6까지 줄어들었다. 이날 이후로 난방수 손실은 다달이 변화하는 양상을 보였다. 2006년/2007년과 2008년/2009년 동절기에 난방수 손실은 열부하에 비례하는 경향을 보이며, 네트워크에 압력이 높아지면 난방수 손실이 증가했다.

이런 **난방수 손실 시퀀스 분석**(**Water loss sequence analysis**)으로 알 수 있는 결론은 난방수 손실이 다양한 원인에 의해 발생하며, 상응하는 손실의 크기도 다양하다는 것이다. 하지만 무엇보다도 중요한 결론은 초음파 탐사, 이중보온관 내 감지선, 적외선 열화상카메라와 같은 누수감지의 다양한 방법을 통한 **유지보수 체계**(**Maintenance organization**)가 누수를 밝혀내야 한다는 것이다.

그밖에 다른 운영상의 문제로, 10.4절에서 언급했듯이, 기계실 내 냉각오류(Cooling errors), 열수송망 내 단락 유동(Short-circuit flows), 높은 열손실에서 공급온도 하락과 같은 일반적인 오작동에 의한 높은 회수온도 때문에 발생하는 온도수준 상승이 있다. 10.6절에서 논의했듯이, 열수요 중 난방 부분에 대한 빠른 제어회로도 열수송망에 원치 않는 동적거동을 유발할 수 있다. 9.4절에서 설명했듯이, 네트워크 일부분 또는 기계실에 차압제어기를 사용하는 경우 네트워크에 빠른 **압력진동**(**Pressure oscillation**)을 유발할 수 있다. 《Boysen & Thorsen 2003》에 따르면, 원치 않는 소음을 유발하는 이런 진동에 대한 일반적인 해결책으로 '압력 제어기의 제어 루프(Control loop)에 탄력성을 가능한 낮게 하고, 동시에 너무 작은 직경의 분기관 사용을 피하는 것'이 있다.

10.9.3 유지보수(Maintenance)

노후화된 모든 사회기반시설은 신뢰도 수준을 유지하고 기술적 수명을 연장하기 위해 유지보수가 필요하다. 열공급시설은 일반적으로 기술적 수명이 계획된 감가상각 기간보다 몇 년 이상 더 긴 편이다. 하지만 열분배 배관의 경우, 기술적 수명이 상응되는 감가상각 기간보다 훨씬 더 길다. 서로 다른 이 두 가지 시간 관점은 (환경 규제 및 적합한 에너지 선택과 같은)지역사회의 요구가 분배 배관보다 열공급시설을 더 빠르게 변화시킨다는 사실로 설명할 수 있다. 10.1절에 있는 함부르크 사례에서 알 수 있는 결론 중 하나는 90년 동안 열공급시설은 나타났다 사라지지만, 네트워크 시설은 동일한 상태로 남아있다는 것이다.

그렇다면 **열분배 유지보수**에 대한 **투자기간(Time horizon)**을 좀 더 길게 설정해야 한다. 유럽 지역난방 네트워크의 많은 부분이 비교적 최근에 건설되었지만, 일부는 감가상각 기간 끝에 도달했거나 최근에 이 시기를 지나고 있다. 새로운 시스템의 경우 계획예방정비와 교체에 대한 요구가 아직은 크지 않다. 하지만 배관이 오래되면 계획예방정비가 필요하게 된다. 1970년대 이전에 지역난방 시스템을 시작한 선구적인 도시들이 좀 더 체계적인 유지보수를 필요로 하는 최우선 대상에 해당된다. **예상 교체비용(Expected replacement cost)**이 연간 예상 수리 및 유지보수 비용의 **순 현재가치**(Net present value)보다 낮아지는 경우 오래된 이 네트워크들을 교체해야 한다. 이런 상황에 있는 스웨덴 지역난방 시스템을 모델로 한 결과가 그림 10.31에 있다.

수직축은 수리(Repair)와 교체(Replacement) 비용 사이의 순 현재가치(NPV) 비율이고, 한편 수평축은 **누계관로길이(Accumulated route length)**를 나타낸다. 네트워크 각 부분들이 NPV 비율에 대한 내림차순으로 정렬되어 있다. 가장 높은 NPV 비율은 노후된 배관 시공분 중 가장 오래된 부분을 포함하고 있으며, 관로길이 20 km까지에서 나타난다. 관로길이 20 km 이상은 NPV 비율이 매우 낮으며, 이 부분은 플라스틱 외관으로 된 공장제작 이중보온관을 사용한 신규 네트워크를 나타낸다.

하지만 네트워크의 모든 부분이 1보다 낮은 NPV비율을 나타내기 때문에 아직 체계적인 교체작업을 수행할 필요가 없다. 이런 이유로 배관을 수리 및 유지보수하기 위한 비용은 다음에 **교체분석(Renewal Analysis)**을 수행할 때까지 향후 몇 년 동안 낮아질 것이다. 하지만 그때까지 NPV비율이 가장 높게 발생한 부분에 계획예방정비를 집중해야만 한다.

간단한 이 사례가 분배 배관의 교체작업을 체계화하기 위한 기본 원리와 언제 교체작업을 수행해야 하는지를 보여주고 있다. 노후 배관이 있는 모든 시스템은 가장 민감한 부분에 대해 유지보수가 이루어 질 수 있도록 정기적으로 이런 종류의 분석을 수행해야 한다.

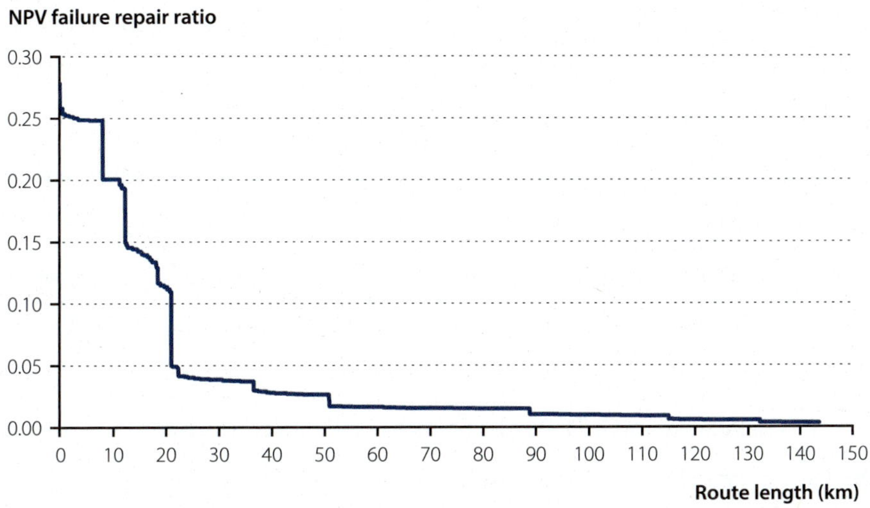

그림 10.31 단일 스웨덴 지역난방 시스템에서 네트워크 여러 부분의 예상 고장수리비용(Expected failure repair cost)과 상응하는 교체에 대한 투자비의 순 현재가치 비율. 출처: FVB Sweden. 허락을 받고 사용함

참고문헌

Strempel E, Derzeitiger Stand und Ausbaupläne der Bewag–Stadtheizung(Current status and expansion plans of the Bewag heating system), HLH 4(1953) : 5, 145–153.

Puustinen P, Partanen S, Schäden und Betriebserfahrungen in finnischen Fernheiznetz(Damage and operational experience in the Finnish district heating), Fernwärme International(District Heating International) 9(1980) : 1, 36–38

Lindman EK, Kulverttyper Och kulvertskador vid svenska värmeverk(Pipe types and failures in Swedish district heating systems) 1968–1978.The Swedish Corrosion Institution, Report 1980 : 3.

Unichal, Bericht des Studienkomittes "Rohrleitungen" der Unichal : Schadenstatistik(Report of the study committee "Pipelines" of the Unichal : damage statistics). Fernwärme International 12(1983) : 5, 255–262.

Gromov et al, Development of Heat Transportation Systems and Optimisation of their Structure and Parameters. Soviet Technology Reviews – Section A Energy 4(1990) : 2, 67–95.

Nordvärme, Underhåll och förnyelse av fjärrvärmenät del 1(Maintenance and renewal of district heating network, part 1), December 1992.

Nordvärme, Vedlikehold of fornyelse av fjernvarmenett del 2 : Risikovurderinger(Maintenance and renewal of district heating networks, part 2 : Risk assessments). March 1995.

Kovylanskii YA, Srarostenko NN, A Practical Methods for Quantitatively Assessing the Reliability of Heating Networks in the Design Stage and in Operation. Thermal Engineering 44(1997) : 5, 374–377.

Hirschberg S, Spiekerman G, Dones R, Severe accidents in the energy sector. PSI report 98–16. Villigen–PSI, November 1998.

Rötsch D, Zuverlässigkeit von Rohrleitungssystemen : Fernwärme Und Wasser(Reliability of pipeline systems : district heating and water). VDI–Springer, Berlin 1999.

Boysen H, Thorsen JE, How to avoid pressure oscillations in district heating systems. Euroheat & Power(English edition)1(2003) : 2, 48–55.

Randløv P, Hansen KE, Petersen E, Undersøgelse af skador på præsiolerede fjernvarmeledninger, herunder vandtab fra fjernvarmeværker(Investigation of failure for preinsulated district heating pipes and water losses in district heating networks). The Danish Energy Research Programme, project report Fjernvarme 5. November 2003.

Nuorkivi A, To the Rehabilitation Strategy of District Heating in Economies in Transition. Dissertation, Helsinki University of Technology. Espoo 2005.

Wolter A, Rötsch D, Büchau A, Reliability Analysis of District Heating Systems. 11th International Symposium on District Heating and Cooling. Reykjavik 2008.

Sovacool BK, The costs of failure : A preliminary assesment of major energy accidents 1907–2007, Energy Policy 36(2008), 1802–1820.

Andersson S, Abrahamsson EM, Werner S, Fjärrvärmeolychor(District heating accidents). The Swedish District Heating Research Programme. Fjärrsyn report 2009 : 8.

Lauenburg P, Johansson PO, Wollerstrand J, District heating in case of power failure. Applied Energy 87(2010) : 4, 1176–1186.

Espig F, Schadensstatistik KMR 2009 des AGFW(Damage statistics KMR 2009 of the AGFW). Euroheat & Power 39(2010) : 11, 38–41.

10.10 시스템 기능의 개발(Development of system functioning)

지역난방 시스템의 역사상 기술적 세대는 시스템 기능과 크게 연관되어 있다. 왜냐하면 온도수준이 세대를 구분하는 하나의 중요한 지표이기 때문이다. 우리는 지금 3세대 지역난방 기술을 사용하고 있다. 그렇다면 필연적으로 따라오는 질문으로 『우리는 언제 4세대 지역난방 기술을 개발해야 하는가?』와 『이 다음 세대의 기본적인 기능은 무엇이 될 것인가?』라는 것이 있다. 이 질문의 맥락을 이해하기 위해서는 8.1절을 기반으로 한 다음의 이전 3가지 세대에 대한 짧은 개요를 살펴볼 필요가 있다.

1**세대 지역난방 시스템**은 열매체로 증기를 사용했으며, 1880년대 미국에서 이런 시스템이 처음으로 소개되었다. 1930년 이전에 미국과 유럽에 설치된 대부분의 모든 지역난방 시스템은 이 기술을 사용했다. 일반적인 구성요소로는 덕트 내 증기배관, 증기트랩, 신축흡수재(Compensator)가 있다. 오늘날 증기 분배는 고온의 증기가 높은 열손실을 유발하고 증기 폭발에 의한 심각한 사고가 거리의 행인을 죽게 할 수도 있기 때문에, 지역난방 시스템에서 구식 기술로 여겨지고 있다. 응축 회수배관이 자주 부식되어 회수되는 응축수가 줄어들고 에너지 효율을 저하시킨다. 뉴욕 구도심(맨해튼)과 파리 시스템에서는 여전히 주요 열매체로 증기를 사용하고 있으며, 코펜하겐에서는 부분적으로 사용하고 있다. 반면에 함부르크(Hamburg), 잘츠부르크(Salzburg), 뮌헨(Munich)에서는 교체 프로그램이 성공적으로 추진되었다.

2**세대 지역난방 시스템**은 열매체로 대부분 100℃ 이상의 온도를 갖는 가압된 중온수를 사용했다. 이런 시스템은 1930년대에 출현했으며 1970년대까지 모든 새로운 시스템을 선점했었다. 일반적인 구성요소로는 콘크리트 덕트 내 온수배관, 대형 **셸 앤드 튜브 열교환기(Shell and tube heat exchanger)**, 재료 집약적이며 크고 무거운 밸브가 있다. 옛소련을 중심으로 대규모 지역난방 시스템이 이러 기술을 사용했지만, 시스템 제어 계통에 국부적 열수요 제어 기능이 없는 낮은 수준의 품질을 갖고 있었다. 옛소련 외에는 품질 수준이 훨씬 높았으며, 현재의 중온수 기반 지역난방 시스템 중 오래된 부분을 구성하고 있는 이 기술의 유산을 여전히 발견할 수 있다.

3세대 지역난방 시스템은 1970년대에 소개됐으며, 1980년대 이루어진 확장의 대부분을 차지했다. 가압된 중온수가 여전히 열매체로 사용되지만, 공급온도는 보통 100℃ 이하이다. 때로는 이 3세대 시스템을 가리켜 **스칸디나비아 지역난방 기술(Scandinavian district heating technology)**이라고 부른다. 왜냐하면 일부 유명한 지역난방 기자재 제조사들이 스칸디나비아 회사이기 때문이다. 일반적인 구성요소로는 지중에 직접 매설하는 공장제작 이중보온관, 황동 열교환기를 사용하는 소규모 기계실, 재료가 적게 드는 기자재들이 있다. 이 기술은 중부유럽, 동유럽, 옛소련의 모든 교체사업에 사용되고 있다. 현재 중국, 한국, 유럽, 미국, 캐나다에서 진행 중인 대부분의 확장과 신규 시스템은 이 3세대 기술을 사용하고 있다.

이 3가지 세대는 낮은 분배온도, 적은 재료를 사용하는 기자재, 시공현장에서 인력 투입을 줄일 수 있는 공장제작을 위한 방향으로 개발이 진행되어 왔다. 열교환기와 라디에이터에 좀 더 효율적인 열전달 장비 사용은 분배온도를 낮출 수 있다. 역사적으로 이런 기자재는 가격이 높아서, 대부분의 열전달 장비에서 열거리(Thermal length)를 짧아지게 하는 자극제가 되었다.

위에서 언급한 경향성에 기초해, 미래의 **4세대 지역난방 기술**은 더 낮은 분배온도, 조립 지향적인 기자재(Assembly oriented components), 좀 더 유연한 재료를 포함할 것이다. 낮은 분배온도로 발생하는 열공급에서의 주요 이점은 다음과 같다.

바이오매스와 폐기물 연소로부터 연도가스 응축	바이오매스 연료와 폐기물에서 연료 수분의 직접적인 응축으로 출력 용량(Output capacity) 향상(25~40%). 연소 연도가스 내 수분의 응축을 위한 열 흡수원(Heat sink)으로 낮은 회수온도를 사용한다. 이렇게 해서 연료에 대한 **총 발열량(Gross calorific value)**과 **진 발열량(Net calorific value)** 사이의 약간의 차이를 회수할 수 있다.
중온의 지열에너지와 산업용 잔열(殘熱)	지열에너지 또는 산업용 잔열의 중온수(70℃–100℃) 활용을 통해 출력 용량 향상(50%–100%)

태양열 에너지	분배온도가 낮을 경우 집열기 변환 열손실이 낮아지기 때문에 연결된 태양 집열기(Solar heat collector)에서 출력 용량이 높아진다.
증기 기반 열병합발전 (Steam based combined heat and power)	동일한 CHP 플랜트 설계에서 응축기의 증기 온도가 낮아지기 때문에 열전비가 향상됨. 이것은 동일한 열수요에서 CHP 발전소의 전기 생산을 늘릴 수 있다.
축열조	공급과 수요변화 모두를 관리하는 물을 사용한 축열조의 용량을 증가시킨다. 수요 변화의 기간 척도는 매시간, 매일 모두 될 수 있다.
회수관에 연결	과도기에 3세대와 4세대 네트워크를 모두 운영하는 경우, 초기에는 3세대 네트워크 회수관에 4세대 네트워크를 연결할 수 있다. 이것은 현재 분배 시스템 인근에 위치한 새로운 4세대 네트워크 지역을 여분의 상향 전송(Upstream transmission) 또는 분배 능력 없이도 추가할 수 있게 한다. 이런 형태는 장기적인 과잉 설비용량으로 이어지는 단기 분배 용량 투자에 대한 위험을 줄일 수 있다.

이 새로운 4세대 기술은 하나의 특정 국가 또는 특정 회사가 아닌, 유럽 내 조화로운 협력을 통해 개발이 이루어질 것이다. 미래 유럽 건물을 특징짓는 미래에 낮은 기대 열 수요와 조화를 위해서도 4세대 기술을 개발해야 한다.

연습문제와 과제

1 열밀도의 정의는 무엇인가?

2 열수송망에 그물망 구조(meshed structure)는 무엇인가? 그리고 이런 구조는 어떻게 성장하는가?

3 왜 지역냉방 배관은 보통 동일한 용량 수요에서 지역난방 배관보다 관경이 더 커지는가?

4 왜 열분배 네트워크에서 실제 게이지 압력 대신 압력수두(Pressure head)를 감시하는 것이 더 좋은가?

5 왜 고도 변화가 분배펌프에 대한 희망압력수두에 영향을 주지 않는가?

6 왜 장거리 연계배관에서 총 압력수두는 다수의 분배펌프에 의해 공유되는가?

7 가압(Pressurisation)을 하는 목적은 무엇인가?

8 열분배 네트워크에서 압력상한과 압력하한은 어떻게 정의되는가?

9 왜 가압 시스템은 네트워크에 난방수 체적유량에 대해 독립적인가?

10 동적가압과 정적가압 사이에 차이점은 무엇인가?

11 압력서지(Pressure surge)는 무엇인가?

12 무엇이 압력서지를 일으키는가?

13 지역난방 시스템에 온도수준은 어떻게 선택되는가?

14 왜 지역난방 시스템에서 낮은 회수온도를 선호하는가?

15 높은 회수온도가 발생하는 것에 대해 자주 언급되는 설명에는 어떤 것들이 있는가?

16 냉각오류가 발생하지 않는 표준적인 기계실에서는 어떤 회수온도를 얻을 수 있는가?

17 지역난방 시스템에서 종합 제어 시스템을 구성하는 4가지 다른 제어 시스템에는 어떤 것들이 있는가?

18 지역난방 공급자는 기계실 제어 시스템이 필요로 하는 것보다 더 많은 열을 사용자에게 전달할 수 있는가?

19 시스템 모니터링은 어떤 3가지 시간 차원들을 항상 제공해야 하는가?

20 지역난방 시스템에서 발생하는 몇 가지 신뢰성과 운영 문제들을 언급하시오.

21 4세대 지역난방 기술은 어떤 형태가 될 것으로 예상할 수 있는가?

22 압력강하: 관로길이 2,000 m, 배관직경 DN200, 마찰계수 0.025, 난방수 유속 1.5 m/s, 최저차압 100 kPa, 펌프효율 90%

a) 공급관의 압력강하는 얼마인가?

b) 회수관의 압력강하는 얼마인가?

c) 분배펌프 위치에서 배관에 대한 총 압력강하는 얼마인가?

d) 펌프 연결 축에 소요 펌프동력은 얼마인가?

23 만일 배관 직경이 DN250이라면, 연습문제 22에 있는 4가지 질문의 답은 얼마인가?

24 펌프동력: 난방수 체적유량 1 m^3/s, 압력증가 630 kPa, 펌프효율 90%, 공급온도 100℃, 회수온도 50℃

a) 전기모터 후단에 희망 펌프동력은 얼마인가?

b) 송열을 위한 열력은 얼마인가?

c) 열력과 비교한 펌프동력 비율은 얼마인가?

d) 모든 압력에너지는 마찰에 의해 열로 전환된다. 이 마찰로 인해 지역난방수 온도가 얼마나 증가하는가?

25 공급온도가 80℃라면, 연습문제 24에 있는 4가지 질문의 답은 무엇인가?

26 공급온도가 120℃라면, 연습문제 24에 있는 4가지 질문의 답은 무엇인가?

11 CHAPTER 경제성과 계획 (Economics and Planning)

지역난방은 제2장에서 언급한 지역난방의 기본개념에 따라 특정한 **전략적 열자원들(Strategic heat resources)**로부터 저가 열생산 또는 열재활용(Heat recycling)에 기반을 두고 있다. 이런 전략적 열자원은 개별적인 열생산 또는 열재활용과 비교해 지역난방 생산을 경쟁력 있게 만든다. 중앙 집중(Central) 방식과 개별적인(Local) 열생산 사이의 비용차이는 그림 11.1에 있듯이 지역난방에게 기본 비용 이익을 가져다준다.

하지만 지역난방은 열분배 네트워크에 대한 불가피한 투자비용도 고려해야 한다. 경쟁력이 있기 위해서는 분배비용이 개별난방과 지역난방 생산비용의 차보다 낮아야 한다. 이것이 지역난방의 경쟁력을 제한하는 **한계분배비용(Marginal distribution cost)**이다. 하지만 지역난방에 대한 **발전비용이익(Generation cost advantage)**이 높으면 분배비용 상승을 충족할 수 있다. 때로는 개별난방에 사용되는 화석 연료(천연가스 혹은 난방용 석유)가 정부의 세금 규제를 통해 과세대상이 되며, 이런 조치는 지역난방에 경쟁력을 더 높인다. 발전비용이익도 사용자에게 일정한 혜택을 제공하며, 열공급을 위해 지역난방을 선택한 경우 사용자에게 비용절감을 가져다준다. 이 비용절감이 다음과 같은 사용자의 근본적인 질문에 대한 답이다. 『지역난방으로 내가 얻는 게 무엇인가?』

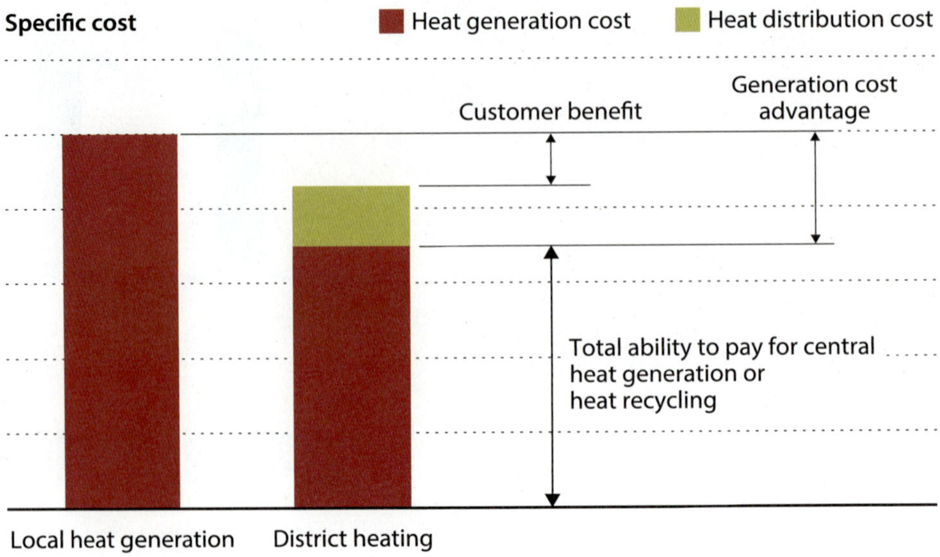

그림 11.1 지역난방과 개별 열생산 사이의 일반비용(General cost) 현황 비교

열공급이 열재순환을 기반으로 한 경우, 재순환되는 열을 위한 열공급자의 지불능력은 **개별열생산비용**(**Local heat generation cost**)에서 **사용자 혜택**(**Customer benefit**)과 분배비용을 뺀 값으로 계산할 수 있다. 분배비용이 낮을수록 열공급을 위한 열공급자의 지불능력은 커진다.

성공적인 지역난방 관리자는 어떤 시장 상황에서도 항상 열생산비용과 열분배비용 모두를 최소화해야 한다. 명확히 하면, 이런 비용 최소화의 목적은 회사를 경쟁력 있게 유지하고 목표 수익을 달성하는데 있다. 반대로 사용자는 연간 난방비를 최소화하기 위해 활용할 수 있는 에너지 절약 조치와 함께 열공급 비용에 균형을 맞추길 원한다. 지역난방이 지배적인 시장 상황은 특정한 경제적 문제를 야기하며, 지역난방의 경쟁력을 더 잘 이해하기 위해 이런 상황을 연구할 필요가 있다.

이 장은 9개의 필수적인 경제 이슈들을 다루며, 특히 지역난방과 지역냉방의 경제성 측면에서 이 이슈들은 아주 일반적인 것이다. 첫 번째 이슈는 열공급시설과 분배 네트워크 건설을 위한 대규모 투자가 **고정비**(**Fixed cost**)에서 높은 비율을 차지한다는 사실을 다룬다. 다음과 같은 중요한 질문을 할 수 있다. 『**변동비**(**Variable cost**)가 낮은 열공급 시스템을 갖는 경우의 위험 및 혜택과 비교해 이 투자비를 어떻게 평가할 수 있는가?』

두 번째 절은 1차 생산품과 열의 통합 생산에 관한 두 가지 주요 포지션의 일반적인 분석을 포함하고 있다. 이것은 지역난방 분야에 아주 대표적인 문제이며, 지역난방의 기본개념에 따라 보통 화력발전소, 폐기물 소각장, 산업용 공정에서 열을 재활용하기 때문에 발생한다. 여기서 생길 수 있는 질문은 다음과 같다. 『통합 생산 공정에서 만들어진 2개 이상의 생산품 사이에 비용, 혜택, 환경 영향을 어떻게 할당할 수 있는가?』

세 번째 절은 서로 다른 비용 특성을 갖는 다수의 열생산 방식들을 사용하는 경우에 열생산 비용을 최소화하기 위한 분석의 기본적 방법을 제공한다. 최적화를 위한 당연한 질문은 다음과 같다. 『총 열생산 비용을 최소화하기 위해 각각의 열생산 방법은 어떤 용량을 갖고 있어야 하는가?』

네 번째 절은 지역난방에서 가장 특징적인 **분배비용(Distribution cost)**의 분석을 포함하고 있다. 이 분석의 목적은 지역적 상황이 높거나 낮은 분배비용으로 이어진다는 사실을 이해하는 것이다. 필연적인 질문은 다음과 같다. 『어떤 변수가 분배비용에 가장 큰 영향을 미치는가?』

다섯 번째 절은 열분배 네트워크 확장 시 계획단계 문제를 다룬다. 다수의 건물들이 네트워크에 연결되지만, 이 건물들의 연결 순서는 합리적이거나 논리적이지 않다. 왜냐하면 네트워크 연결에 대한 여러 사용자의 이해관계가 매우 다르기 때문이다. 일반적인 계획단계 질문은 다음과 같다. 『계획방법들이 분배 네트워크를 확장하는 데 필요한 비용을 어떻게 최소화할 수 있는가?』

여섯 번째 절은 지역난방 가격 모델에 초점을 맞추고 있다. 판매된 지역난방 가격과 체적은 사용자와 공급자 사이의 **현금흐름(Cash flow)** 접점을 구성한다. 가격 모델은 각각의 사용자에 대해 어떻게 가격을 설정할지 결정하기 위한 구조를 제공한다. 이 주제에 대한 흥미로운 질문은 다음과 같다. 『사용자와 공급자의 요구를 모두 충족하기 위해 지역난방 가격 모델을 어떻게 설계해야 하는가?』

일곱 번째 절은 마지막으로 지역난방 공급과 개별적인 에너지 절약 조치들 사이의 균형에 중점을 두고 있다. 지역난방 공급자는 사용자가 이용할 수 있는 모든 대체수단과 비교해 경쟁력 있는 지역난방 가격을 제공해야 한다. 지역난방 가격이 올라가면, 사용자가 에너지 절약 조치에 보이는 관심도 커진다. 사용자의 상식적인 질문은 다음과 같다. 『사용자로서 나는 개별 열생산 또는 에너지 절약 조치에 대한 투자를 통해 지역난방 가격에 어떻게 영향을 줄 수 있는가?』

여덟 번째 절은 지역난방 측면에서 '**규모의 경제(Economy of scale)**'에 대한 다양한 측면들을 요약하고 있으며, 아홉 번째 절은 지역냉방과 관련된 몇 가지 경제적 이슈들에 대해 언급하고 있다.

11.1 수익성 분석에 기반한 현금흐름 (Cash flow based profitability analysis)

모든 지역난방 운영에서 무엇보다 중요한 것은 **수익성**이다. 여기서 수익성은 **장기적인 경제적 부가가치**(Long-term economic value added)를 나타내며, 손익계산서에서 산정한 수익 측정과 대비된다. 이 같은 수익성은 3가지 요소에 의해 결정된다.【운영을 통해 매년 벌어들이는 돈의 양, 총 운영 시간의 길이, 자본비용】. 이 문제들을 더 자세히 알아보기 전에, 지역난방 수익성 분석에 몇 가지 중요한 특징과 왜 기술문헌에서 흔히 찾을 수 있는 전통적인 회계 접근법을 사용하는 것이 만족스럽지 않은지에 대해 논의할 필요가 있다.

지역난방 운영이 수익성 있는지 결정하는 것은 쉬운 일이 아니다. 왜냐하면 지역난방은 **경쟁적 수익**(Competitive return)을 요구하는 대규모 자본과 연관되어 있기 때문이다. 장기적인 경제적 수익성에 대한 견실한 기반을 마련하기 위해서는 운영기간 전체에 대해 수익성을 결정해야 할 필요가 있다. 만일 전체 기간 중 단지 일부분에 대해 수익성을 결정한다면(예컨대 1년), 전체 투자기간에 대해 이 '**표본 기간**(Sample period)'이 이례적일 수 있는 위험이 분명히 존재한다. 보통 1년 동안의 비용과 수익은 운영기간 전체에 걸쳐 동일하지 않다. 지역난방 운영에서 좀 더 장기적인 변화에 영향을 주는 요소들의 사례로 (연료와 급여비용 같은)입력 가격과 (열과 전기 같은)출력 가격의 변화 외에 총 열부하의 장기적인 변화에 의한 수요 변화와 수리, 유지보수, 기동정지(Standstill), 품질 문제가 시간이 흐르면 점점 더 중요해지기 때문에 발생하는 비용 증가가 있다.

전체기간 중 제한된 부분에 대한 수익성 결정의 또 다른 문제는 많은 수의 **고정자산**을 운영하는 경우 특히 뚜렷한 현상으로 이 자산들을 사용하는 데 소요되는 비용을 추정하기 어렵다는 것이다. 이런 비용을 추정하기 위해서는 전체기간 중 연관된 부분에 얼마나 많은 자원이 '소비되는(Consumed)'지를 계산해야 한다. 이 계산은 기간의 시작과 끝에서 자산의 **시장가치**(Market value)에 대한 정보를 필요로 한다. 일반적으로 지역난방 설비는 시장에서 거래되지 않기 때문에, 이 같은 짧은 기간 동안(예컨대 1년) 시장 가치가 얼마나 감소하는지 계산하는 방법은 존재하지 않는다. 감가상각 제도를 적용해 가치하락을 계산하는 것이 가능하지만, 어떤 방법을 사용할 것인지에 대해 신중히 고려할 필요가 있다. 서로 다른 제도들의 가정과 결과가 항상 명확한 것은 아니며, 일반적인 회계나 세무 상 감각상각 제도와 쉽게 혼동될 수 있다. 다시 한 번 말하지만, 지역난방 운영에 대규모 고정자산(Fixed asset)이 있으면 이런 어려움들이 가중된다.

이 두 가지 결점들 모두 일반적인 회계 접근방식의 심각한 문제점을 나타내며, 운영기간 전체에 대한 수익성을 계산하는 데 덜 직관적인 방법으로 전환할 필요가 있다. 아래 항에는 **자본예산(Capital budgeting)** 또는 **투자평가(Investment appraisal)**로 알려져 있는 이 방법의 기본개념이 제시되어 있다.

11.1.1 현재가치와 순현재가치 결정 방법 (Present value and the net present value decision rule)

전체 운영기간에 대한 수익성은 지역난방 운영으로 발생하는 모든 출납의 연간 분석을 기반으로 한다. 수익(In-payment) 발생의 예는 열과 전기의 판매에서 나오는 수익뿐만 아니라 폐기물 소각로에 대해 받는 수수료도 있다. 지출(Out-payment) 발생의 예는 연료, 노무, CO_2 허용량에 대한 지불이 있다. 또 다른 중요한 지출로 생산 플랜트, 분배 네트워크, 사무실 건물과 같은 시설물에 대한 초기 투자비가 있다.

원가 항목은 손익계산서에 있으며, 감가상각과 부채에 대한 금리를 포함해서 산입하지 말아야 한다. 뿐만 아니라 배당금도 포함되지 않는다. 투자평가는 전체 운영기간을 고려하기(전술한 내용 참조) 때문에 감가상각은 무관하며, **최소요구수익률(Hurdle rate)**에 자본비용을 포함한다(후술되는 내용 참조).

관련된 모든 현금흐름(예컨대 수익과 지출)을 밝히는 것 외에도, 각각 발생하는 시간의 특정 시점에(예컨대 연 단위) 현금흐름을 배분하는 것이 필요하다. 그림 11.2에 생산 설비의 10년간 투자에 대한 전형적인 현금흐름 예측을 도식화한 도표가 있다. 그림에 있는 현금흐름은 이것이 일어나는 여러 해 동안에 현금흐름의 크기를 나타낸다. 일반적으로 대규모 초기 현금지출(투자)이 있은 후, 프로젝트 잔여기간에 대해 그보다 작은 플러스의 순 현금흐름이 발생한다. 이 사례에서 운영에 의한 연간 현금흐름은 10년째를 제외하고는 동일한 크기로 가정했으며, 프로젝트 종료 시 자산 매각으로 인한 수익을 포함하고 있다.

그림 11.2에서 알 수 있듯이 최초 투자는 0년에서 발생한다. 단순화하기 위해 현금흐름은 보수적으로 항상 연말에 발생한다고 가정했다.

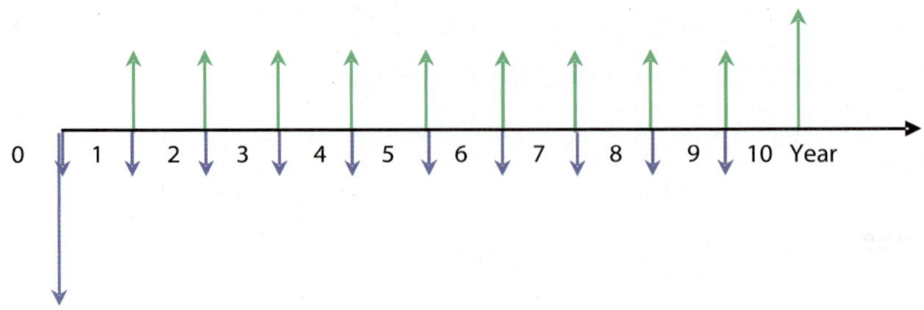

그림 11.2 3가지 타입의 현금흐름: 초기 현금유출, 연간 수익, 연간 지출

투자의 수익성은 연속하는 현금흐름 값의 함수이다. 이 수익성을 분석하기 위해 모든 연도에 대한 **순현금흐름**(Net cash flow)을 더해야 한다. 하지만 현금흐름 값이 지불되는 시간에 의존하기 때문에 이 계산을 즉시 수행할 수 없다. 오늘 받은 1유로는 일 년 후에 받게 되는 1유로보다 가치가 더 높다. 시간에 맞춰 받지 못한 비용은 전부 받지 못하거나 인플레이션 때문에 가치가 적어지는 위험이 더 커진다는 것으로 이런 현상을 설명할 수 있다. 심지어 이 같은 위험 증가가 없더라도(예컨대 무위험 비용(Risk-free payment)) 미래 사건은 본질적으로 삶 그 자체의 상황에 영향을 받으며, 개인 수명에 대한 불확실성과 무언가를 기다리는 일이 대부분의 사람에게 비용이 된다는 사실 같은 것들이 여기에 속한다. 이 두 가지 할증은 — 위험을 감수하는 것에 대한 할증과 기다림에 대한 할증 — 미래 지불에 부과되는 비용을 구성한다. 더 오래 기다릴수록 비용은 커지고 가치는 감소한다. 이 자본비용을 최소요구수익률로 표시한다. 이 비용을 위해 각각의 연간 순현금흐름을 조정해야 하며, 이런 조정과정을 **할인**(Discounting)이라 한다.

이 과정을 수행하고 난 후에 현금흐름이 모두 현재 가치로 표현되기 때문에, 서로 다른 해에 발생한 현금흐름들을 더할 수 있다.

$$PV_n = \frac{CF_n}{(1+r)^n} \tag{11.1}$$

PV_n = n년에서 현금흐름의 현재가치

CF_n = n년에서 현금흐름

r = 자본비용

투자의 수익성은 운영기간 전체에 대해 할인된 연간 순현금흐름의 합으로 계산된다. 수익과 지출이 차감되기 때문에 합계를 투자의 **순현재가치**(Net present value, NPV)라고 한다.

$$NPV = \frac{CF_0}{(1+r)^0} + \frac{CF_1}{(1+r)^1} + \ldots + \frac{CF_n}{(1+r)^n} \tag{11.2}$$

여기서 CF_0는 최초 투자를 나타내므로 일반적으로 큰 음수가 된다.

만일 NPV가 0 또는 양수(≥0)면 투자는 수익성이 있다. NPV가 음수(<0)면 수익성이 없다. 투자 수익성 분석을 위해 이런 일반적인 분석방법을 적용하기 전에, 투자기간의 길이와 최소요구수익률의 크기에 대한 몇 가지 일반적인 주의사항을 염두에 둘 필요가 있다.

11.1.2 지역난방에 투자기간과 최소요구수익률 (Investment periods and hurdle rates in district heating)

투자기간의 길이는 운영의 경제적 수명 길이로 결정된다(즉, 순현재가치가 최대라고 추정하는 시점). 이 기간은 결정하기 어렵기 때문에, 일반적으로 미리 정해진 시간 기간을 사용한다. 지역난방 시스템 자산의 긴 수명을 고려하면 이 기간을 너무 짧지 않게 하는 것이 중요하다. 이 말은 즉 보통 15년, 20년, 심지어 30년의 투자기간을 사용해야 한다는 것을 의미한다.

최소요구수익률의 크기가 투자의 수익성을 결정하는 데 중요한 역할을 한다는 것은 명백하다. 높은 최소요구수익률은 미래 현금흐름을 더 줄이고 투자의 인지된 수익성을 낮춘다. 최고요구수익률은 투자의 위험성을 반영해야 한다. 고위험 투자는 만족도를 고려해 더 높은 수익을 요구한다. 더 높은 최소요구수익률의 사용은 이런 상황을 적절히 반영한다는 것을 나타낸다. 지역난방은 일반적으로 경제적 위험이 낮은 투자로 여겨진다. 긴 경제적 수명을 갖는 성숙한 기술, 연료 조합 측면에서 유연성, 입력(연료)과 출력(전기) 가격 모두에 대한 중요한 **헤지 퍼텐셜(Hedging potential)**과 같은 운영조건 외에도, 사용자가 난방 공급자를 변경하려면 많은 비용이 든다는 사실은 지역난방 산업이 기간산업에 속하는 다른 공정생산 사례와 비교해 구분되는 점이다. 이 말은 지역난방 회사는 보통 회사비용을 충당하고 안정적 결과를 얻기 위해 필요한 요구조건을 충족한다는 것을 의미한다. 결과적으로 상업기업에서 일반적인 **위험보상수익(Risk compensatory return)**보다 훨씬 낮은 수익을 기대할 수 있다. 좀 더 정확하게 일반적인 계산을 수행하는 것은 어려운 일이다. 왜냐하면 수익 규모가 시간에 대한 특정 조건들(예컨대 무위험 실질수익률(Risk-free real rates of return)과 인플레이션)뿐만 아니라, 회사의 여러 가지 특정 조건(예컨대 플랜트 크기, 플랜트 배치, 운영, 자본구조, 부채비용)에도 영향을 받기 때문이다.

11.1.3 기존 운영에서 수익성(Profitability in existing operations)

지역난방 운영에 대한 장기적인 경제적 부가가치를 결정하기 위해 공개 시장에서 매도 물건이 있다면 동일한 시스템의 가치와 현재 운영의 순현재가치를 비교할 필요가 있다. 지역난방 시스템의 시장가치는 실제로 얼마나 많은 자본이 투입되었는지가 기준점이 된다. 비록 가끔은 취득 또는 대체 가치 비용에서 자산의 **감가상각누계액(Accumulated depreciations)**을 차감해 시장가치를 계산하기도 하지만, 시장가치에는 동일 소유자에 의한 지속적인 운영의 **기회비용(Opportunity cost)**도 포함한다.

사장가치는 자산이 만들어내는 **미래순현금흐름(Future net cash flow)**의 기대 가치와 동등해야 한다. 이 가치는 구매자가 지급하고자 하는 가격의 상한을 설정한다. 현금흐름 분석은 잠재적 구매자가 직면한 선택사항을 반영하는 것이 중요하다. 이런 선택사항에는 합리화를 통한 비용감소, '규모의 경제'를 활용한 결과(상대적인 지출 감소)뿐만 아니라 난방비 인상과 같은 것들이 있을 수 있다. 일부 사례에서는 사용자 서비스, 생산 서비스, 공익적 사회 활동, 환경기준 축소에 따른 비용절감을 포함하기도 한다. 플랜트의 수명을 현재 기준에서 정해진 것 이상으로 연장해 비용절감을 달성할 수도 있다.

시장가치를 정한 이후에, 현재 전략과 기준에 따라 지속적으로 운영될 경우의 순현재가치와 시장가치를 비교한다. 대부분의 경우 둘 중에서 시장가치가 더 클 것이다. 지역난방 운영을 유지하는 것은 순현재가치와 시장가치의 차에 상응한 기회비용과 연관되어 있다. 명확하게 하기 위해, 전체 투자기간에 대해 매년 손실되는 동일하게 큰 음의 현금흐름으로 기회비용을 표시한 **균일지불현금흐름(Annuity)**으로 이 비용을 이해할 수 있다.

지역난방 시스템 소유권이 기회비용과 연관되어 있을 수 있지만, 보통은 기회비용이 지역난방 시스템을 매각하는 충분한 사유가 되지 못한다. 많은 지방자치단체 소유자들의 경우, 회사가치 극대화보다는 다른 목적으로 소유권을 행사한다. 이런 일에는 시장가치로 여겨지는 요금 이하로 열을 팔고, 지역 에너지 시스템 개발에 영향을 주며, 지역 환경을 개선하는 것을 포함한다. 기회비용을 계산하고 세부적인 차이점을 분석해, 회사의 정치적 목적과 연관된 특정 전략과 기준에 대한 비용을 더 깊게 이해할 수 있다.

11.1.4 증분투자의 평가(Valuation of incremental investments)

지금까지 논의는 기존 지역난방 운영에서의 수익성에 초점이 맞춰져 있었다. 마지막으로 기존 운영시설의 대체시설 평가를 어떻게 하는지 간략하게 언급하고 끝맺는 것이 현명할 수 있다. 비록 기본원리는 같지만, 대체시설 허용은 문제의 시설 변화에 의해 **한계 현금유동(Marginal cash flow)**이 발생해야 한다는 점을 강조하고 싶다. 그 밖에 다른 모든 현금흐름은 시설 변화가 순현재가치에 어떻게 영향을 미치는지에 관련이 없으므로 제외되어야 한다.

11.2 시너지 효과의 할당(Allocation of synergy benefit)

지역난방의 기본적 개념에 따르면, 지역난방은 다른 공정에서 재활용되는 열과 밀접하게 연관되어 있다. 가끔은 **공동생산**에서 발생하는 공통의 **시너지 효과**를 지역난방과 원래 주공정 생산품 사이에서 공유하고 할당해야만 한다. 일반적인 시너지 과정에는 유용한 잔여 열이 발생하는 화력발전(Thermal power generation), 폐기물 소각로(Waste incineration), 에너지 집약적인 산업공정(Energy–intensive industrial processes)이 있다. 열병합 발전 폐기물 소각시설은 열가격, 전기가격, 폐기물 반입요금에 대한 3차원 할당을 필요로 한다. 최근에는 공동생산 공정에서 발생되는 이산화탄소 배출도 할당할 필요가 있다. 이 절에서 수행되는 분석은 CHP 플랜트에 적용된다. 왜냐하면 지역난방에 대한 문헌에서 주로 CHP 플랜트가 논의되기 때문이다.

CHP 플랜트는 두 가지 생산품(전기와 열)을 만드는 단일 플랜트이다. 이 두 생산품에 대해 비용할당을 수행한다면, 어떤 원리에 따라 할당해야 하는가? 이 문제는 흔히 **'밀과 밀대 문제(The Wheat-and-straw problem)'**《프랑스 1970》로 알려져 있다. 예컨대 농부가 토지, 씨앗, 기계류 등에 대한 단일 통합원가를 갖고 있다고 하자. 농부는 이 공통비용을 충당할 수 있도록 어떻게 밀과 밀대 생산품 가격을 책정해야 하는가?

『CHP 플랜트를 위한 실질원가(True cost)에 기반한 가격을 어떻게 책정해야 하는가?』에 대한 질문은 거의 100년 동안 에너지 산업에서 에너지 시장 규제기관에 의해 논의되어 왔다. 그리고 여전히 활용 가능한 보편적인 해결책이 없는 상태이며, 다음에 이런 상황을 설명하고 있다. 양쪽 에너지 시장에서 완전경쟁으로 CHP 플랜트가 운영되는 경우에는 할당의 필요성이 발생하지 않는다. 완전경쟁 시장에서는 CHP 플랜트 소유자가 공동 생산에서 발생하는 편익과 이익 모두를 다른 누군가와 공유하지 않을 수 있다. 두 생산품 사이에 CHP 편익을 배분해야 하는 경우, 할당에 대한 필요성이 발생한다. 가장 일반적인 세 가지 **할당상황(Allocation situation)**은 다음과 같다.

1. 하나 혹은 양쪽 생산품 모두에 **가격규제(Price-regulated)**가 존재하고, 이 규제가 비용을 기반으로 한 경우
2. 하나의 열공급자와 하나의 전기사업자가 합작투자(Joint venture) 형태로 CHP 플랜트를 공동 소유한 경우
3. 열과 전기 생산에 대해 연료 과세제도가 서로 다른 경우. 두 생산품에 대해 연료 할당의 필요성이 발생함

팩트박스 11.1에서 이 할당 문제에 대한 **특정수익(specific revenue)**과 비용을 결합한 함수를 찾을 수 있다. 할당 문제에서 중립적이거나 반대가 없는 해결책은 존재하지 않는다. 왜냐하면 미지의 두 **수익가격(Revenue price)**에 대해 하나의 결합된 수익과 비용 방정식만 활용할 수 있기 때문이다. 기초적인 수학지식에 따르면 유일해가 존재하지 않을 수도 있다. 문제를 풀기 위해서는 추가조건이 제시되어야 하며, 이런 추가조건의 선택은 항상 주관적인 일이다.

식 (11.4)와 (11.5)의 처음 두 항은 총 연료비와 다른 생산품에서 발생하는 수익으로 구성된 변동비이다. 세 번째 항은 원 투자금에서 발생하는 연간 금융비용이다. 지역난방 시스템에서 CHP 플랜트를 소유하고 운영하는 경우, 식 (11.4)의 처음 두 항은 **이 플랜트에 대한 가동우선순위 값(Merit Order Value)**으로 사용된다. 시스템의 가동우선순위 결정 시 다른 열공급시설의 가동우선순위 값과 이 값을 비교한다. 만일 **열전비(Power-to-heat ratio)**와 전기가격이 높으면, 이 가동우선순위 값은 음수가 될 수 있다. 이 음수 값의 의미는 전기수익 자체가 총 연료비를 충당한다는 것이다.

팩트박스 11.1

CHP 플랜트의 비용 할당을 위한 수익과 비용을 결합한 기본적인 함수.
특정 수익과 비용을 결합한 함수를 다음과 같이 나타낼 수 있다.

$$p_q + \alpha p_{el} - \frac{b(1+a)}{\eta} - \frac{aI}{Q} = 0 \ \text{[EUR/J]} \qquad (11.3)$$

여기서,

p_q = 열가격 [EUR/J]
p_{el} = 전기가격 [EUR/J]
α = 열전비
b = 연료가격 [EUR/J]
η = 변환효율(Conversion efficiency)
a = 균일지불현금흐름(Annuity)
I = 합작 투자비용 [EUR]
Q = 연간 생산 또는 재활용되는 열량 [J]

수익과 비용 함수는 전기가격으로부터 열가격을 유도할 수 있다.

$$p_q = \frac{b(1+\alpha)}{\eta} - \alpha p_{el} + \frac{aI}{Q} \quad \text{[EUR/J]}$$

열가격에 대한 전기가격의 상응하는 함수는 다음과 같다.

$$p_{el} = \frac{b(1+\alpha)}{\alpha\eta} - \frac{p_q}{\alpha} + \frac{aI}{\alpha Q} \quad \text{[EUR/J]} \qquad (11.5)$$

만일 CHP 플랜트가 이런 상황에서 부분 부하로 가동 중에 있다면, **복수(復水) 플랜트(Steam condensing plant)**에서와 같이 대기 중으로 잉여열을 방출하는 것이 이득이다.

다음 분석은 할당 문제를 풀기 위한 추가조건의 선택에 대해 전 세계적으로 축적된 지식의 짧은 개요를 포함하고 있다. 이 절에 첨부되어 있는 참고문헌 목록에서 정보의 출처를 확인할 수 있다. 특정 투자비가 발생하는 특별히 선택된 기술과 **개별 운영비**

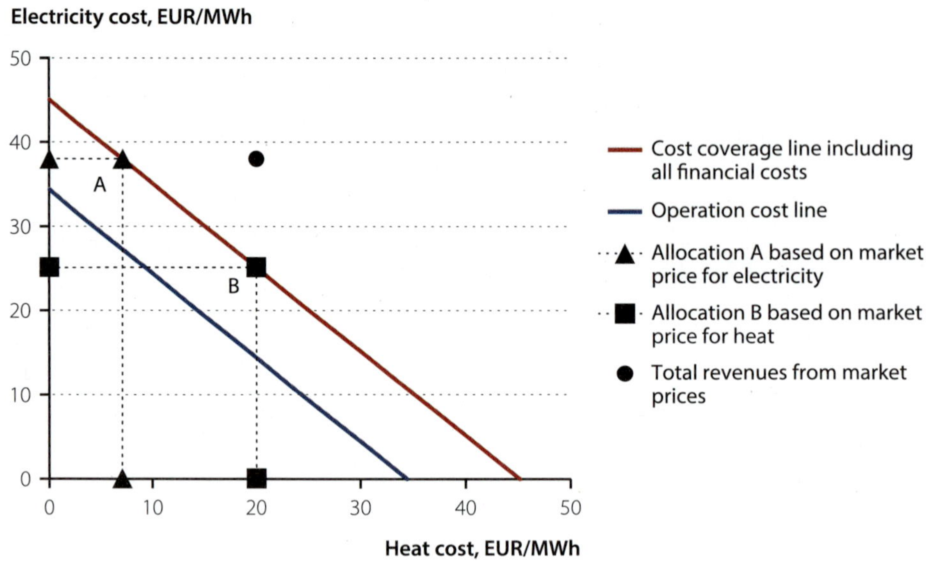

그림 11.3 전기와 열에 대한 시장가격 사례가 있는 전체비용보장과 전체운영비용을 함께 나타낸 두 개의 선형 함수. 이 그림은 고정된 열전비를 갖는 특정 CHP 기술에 적용할 수 있다. 이 그림은 《Hromek 1972》 분석에 기반을 두고 있다

(Specific operating cost)가 발생하는 특정 연료를 사용하는 CHP 플랜트에 대한 할당 상황이 그림 11.3에 있다.

전체비용보장함수(Full cost coverage function)를 나타내는 선은 열과 전기의 통합 생산과 관련된 모든 비용을 나타낸다. CHP 플랜트 투자에 대한 **사업 수익률**(Projected rate of return)을 계산에 사용했다. **전체운전비용함수**(Full operating costs function)를 나타내는 선이 전체비용보장함수 선 아래에 있다. 두 선 사이의 차는 플랜트에 대한 사업금융비용을 나타낸다. 열과 전기에 대한 시장가격의 예가 수직과 수평에 대해 점선으로 각각 표시되어 있다.

그림에 있듯이, CHP 플랜트는 **결합시장가격**(Combined market price)이 전체비용보장보다 큰 경우에 수익성이 있다. 이때 총 수익이 전체 비용보다 높으며, 투자에 대한 **실제 수익률**(Actual rate of return)이 사업수익률보다 높아진다. 결합시장가격이 전체비용보장보다 작은 경우 플랜트는 수익성이 없다. 하지만 금융비용에 대해 기여를 극대화하기 위해 항상 낮은 전체운영비용 이상으로 기존 CHP 플랜트를 운영한다.

이론적으로 전체비용보장함수 선은 열과 전기 비용 할당에서 발생할 수 있는 모든 조합을 나타낸다. 실제로는 두 개의 상한이 존재한다. 경쟁력이 있으려면, CHP 플랜트에서 생산되는 각각의 생산품이 각자 시장에서 경쟁력이 있어야 한다. 전기와 열을 각자의 시장가격보다 높은 가격으로 판매하는 것은 불가능하다. 이런 이유로, 전체비용보장함수 선 위의 삼각형(A점)과 사각형(B점) 사이의 간격은 실제 비용할당을 위해 이용 가능한 유일한 위치이다. 이것이 **절충간격(Negotiation interval)**이다.

두 개의 시장가격 제한은 비용할당에서 가능한 방법들 중 극단적인 두 경우를 나타낸다.

- A점: 전기 시장가격과 동일하게 전기비용을 설정한다. 열비용은 열의 시장가격보다 낮아진다. 그 결과 CHP의 총 시너지 효과는 열부분에 할당된다. CHP 합작투자에서 열부분 파트너는 보통 비용함수로 식 (11.4)를 적용하는 이 방법을 제안한다.
- B점: 열시장가격과 동일하게 열비용을 설정한다. 전기비용은 전기의 시장가격보다 낮아진다. 그 결과 CHP의 총 시너지 효과는 전기부분에 할당된다. CHP 합작투자에서 전기부분 파트너는 보통 비용함수로 식 (11.5)를 사용하는 이 방법을 제안한다.

일반적으로 실용적인 **시장기반 할당방법(Market-based allocation method)**은 이 두 가지 극단적인 경우 사이 어딘가에 위치하며, 두 생산품 사이에 CHP 시너지 효과를 나눌 수 있다. CHP가 수익성이 없는 경우 손실 할당에도 유사한 방법을 사용할 수 있다.

이 시장 할당방법 외에도 화력발전에 대한 열역학 조건들을 기반으로 하는 다른 할당 방법들이 존재한다.

- 첫째, **에너지 방법(Energy method)**은 열역학 제1법칙을 기반으로 하며, 개별 생산품의 에너지 함량에 대해 모든 비용을 할당한다. 이 방법은 두 생산품에 대해 동일한 개별비를 제공하며, 위에 있는 시장분석에 B점과 유사하다.
- 둘째, **엑서지 방법(Exergy method)**은 열역학 제2법칙을 기반으로 하며, 개별 생산품의 엑서지 함량에 대해 모든 비용을 할당한다. 열생산에 대한 엑서지 함량은 동일 플랜트에서 '비-CHP 모드(Non-CHP mode)의 전기 생산에 대해 가능한 엑서지 변화'와 'CHP 모드에서 상응하는 실제 낮은 엑서지 변화' 사이의 차로 정의된다. 이 방법은 열비용보다 상당히 높은 전기비용을 제공하며, 위에서 언급한 시장분석에서 A점과 유사하다.

시장방법과 열역학방법 사이의 차이점은 시장방법에서는 전기와 열생산을 위한 실제 투자비용과 시장가격을 고려하며, 반면에 열역학방법에서는 운영조건만 고려한다는 것이다. 전기에 대한 시장가격이 응축식 화력발전(Condensation thermal power)을 기반으로 하고, 열과 전기 생산에 대한 투자비가 동일한 경우 두 방법은 매우 유사해지는 경향이 있다.

전통적으로 CHP 플랜트에 대한 여러 가지 다양한 비용할당 방법이 규제와 과세 목적으로 지방과 국가 모두에서 사용되고 있다. 폐쇄적인 지방 제도 또는 국가 환경에서 흔히 이런 할당 규정을 제정하지만, 다음과 같은 이유로 이런 제도적 환경이 더 이상 폐쇄적일 수 없다.

1. EU 전력 내수시장 개방의 결과로, 1999년 이후 유럽 전력시장에서 규제가 철폐되었다.
2. 중부유럽과 동유럽 국가들의 경제 전환과 같이 일반적인 시장 상황은 계획경제에서 시장경제로 변화한다.

비용할당에 대한 전통적인 규정들은 오늘날 새로운 시장 상황에서 생산품 중 하나에 대한 비용이 상응하는 시장가격보다 더 높아지는 결과로 이어질 수 있다. 이런 일이 덴마크에서 발생하고 있다. 전력시장 규제 철폐가 있기 전 이 나라는 전통적으로 응축식 화력 발전소에서 전기를 생산하는 것으로 해서 전기가격을 결정했었다(엑서지 방법과 유사함). CHP 시너지 효과의 대부분은 열분야에 할당되었으며, 저비용 지역난방에 기반을 둔 대규모 지역난방 네트워크 건설을 가능하게 했다. 전기 생산에서 치열한 국제 경쟁에 직면하면서 덴마크 CHP 플랜트는 전기가격을 낮춰야만 했고, 비용할당에서 지역난방 가격을 높여야 한다는 압력이 커지는 결과로 이어졌다.

중부유럽과 동유럽의 계획경제에서 일반적인 규정은 CHP 시너지 효과를 전기분야에 할당하는 것이었다(에너지 방법과 유사함). 보통 지역난방 시스템에 대형 보일러 플랜트의 비용과 같아지도록 열비용을 설정했다. 하지만 이 대체비용은 시장경제 하에서 개별건물에 천연가스 보일러를 사용하는 것과 비교해 운용 가능한 최소 비용 대체재가 될 수 없었다. 이런 현상은 기존 CHP 플랜트에 또 다른 할당에 대한 압력 증가로 이어졌으며, 이것은 CHP 플랜트에서 생산되는 전기가격을 높이는 결과를 초래했다.

이런 상황 모두에서 전통적인 규정은 위에서 언급한 시장분석에서 설명하고 있는 시장기반 할당방법을 위해 폐기되어야 한다. 이 두 가지 사례는 열병합발전소의 비용할당에 대한 오래된 표준이나 전통적인 규정을 폐기하는 일이 매우 중요하다는 것을 보여주고 있다. CHP 플랜트에 대해 장기적이고 확실한 비용할당을 필요로 한다면, 열과 전기에 대한 현재 그리고 변화하는 시장상황을 반드시 고려해야 한다.

이 분석은 지역난방 시스템과 연관된 공통 시너지 효과의 배분에 대해 객관적인 방법이 존재하지 않는다는 것을 보여주고 있다. 모든 할당방법이 필연적으로 주관적이며, 어떤 방법도 다른 것보다 더 공평하다고 할 수 없다. 실제 할당방법은 전략, 시장, 소유자 선택에 기인한 사업 환경에 기반을 두고 있다. 변화하는 시장상황에 대해 할당은 유연하고 주관적이어야 하기 때문에, 시장가격을 초과하지 않는 한 CHP, 폐기물 소각로, 산업용 플랜트에 대한 공급측면의 교차보조를 객관적으로 정의하는 것은 매우 어렵거나 거의 불가능하다.

참고문헌

Division of Values between Electrical and Heating Departments. Heating and Ventilating(Magazine) 16(1919) : 5, 38–39.

Pölitz G, Die Aufteilung der Kosten bei Heiykraftverken(The breakdown of costs for power plants). Wärme(Warmth) 54(1931) : 42, 773–776 & 55(1932),78.

Andersson CC, Put plant fuel costs where they belong. Power73(1932), 753–756.

Beck K, Geichtpunkte für die Kostenaufteilung zwischen Kraft und Wärme im Heizkraftbetrieb(Operational aspects for the cost sharing between power and heat in the heating power). Elektrizitätswirtschaft(Electric industry) 50(1951) : 11, 329–331.

Fruth H, Konstenaufteilung in Heizkraftanlagen mit Hilfe der Nutzexergie(Cost allocation in cogeneration using the useful energy). Energie 18(1966) : 11, 449–453.

Frech EA, The Principles of Appraising the Economics of District Heating Schemes. Paper 12, First Int. District Heating Conference, London 1970.

Hromek R, Aufteilung der Investitions–und Erzeugungskosten in der Heizk raftwirtschaft(Distribution of investment and production costs in the power association). BWK24(1972) : 9, 344–348.

Kostenaufteilung bei der Wärmekraftkupplung(Cost–sharing in the combined heat and power). Institut für Enegiewirtschaft und Kraftwerkstechnik(Institute of energy economics and power plant technology), Technische Universität München, München 1974.

Verbruggen A, Cogeneration – allocation of joint costs, Energy Policy 11(1983) : 2, 171–176.

Piller W, Rudolph M, Kraft–Wärme–Kopplung, zur Theorie und Praxis der Kostenrechung(Cogeneration, the theory and practice of cost accounting). 2. erweiterte Ausgabe(Advanced edition), Sid 44–63, Verlags–und Wirtschaftsgesellschaft der Elektrizitätsweke(VWEW, Publishing and marketing company of electricity), Frankfurt am Main 1991.

Szargut JJ, Sharing Expenses between Heat and Electricity Generation at a Cogeneration Power Station. Thermal Engineering 41(1994) : 12, 996–1001.

Eicher U, Helle C, Allocating the Cost of Producing Electricity and District Heating with Cogeneration. Euroheat & Power – Fernwärme International 26(1996) : 3, 110–116.

Errant, Cost Allocation between Heat and Electric Power in Combined Energy Production at Cogeneration Plants. Issue paper 2, Tariff Committee of Energy Regulators Regional Association, 5th Annual Energy Regulatory Conference, Sofia Bulgaria, December 3–5, 2001.

Pulkkinen R, Antila H, Gochernour C, Cost Allocation Methods for Combined Heat and Power, Euroheat & Power (eng ed)1(2003) : 1, 26–29.

Schenk P, Kostenkalkulation für die Kuppelprodukte Wärme und Strom(Cost calculation for the co–products heat and electricity). Euroheat & Power 32(2003) : 1–2, 52–57.

Gochenour C, Regulation of Heat and Electricity Produced in Combined Heat and Power Plants. World Bank working paper 27201, October 2003.

Pout C, Hitchin R, Apportioning carbon emission from CHP systems. Energy Conversion & Management 46(2005), 2980–2995.

Arakelyan EK, Kozhevnikv NN, Kuznetsov AM, Tariff for Electricity and Heat from Cogeneration Stations. Thermal Engineering 53(2006) : 11, 925–929.

Rosen MA, An exergy-based method for allocating carbon dioxide emissions from cogeneration systems. Int J Exergy 6(2009) : 1, 1–14.

11.3 열공급 최적화(Heat supply optimisation)

5.5절에서 논의했듯이, 지역난방 시스템에서 열부하는 큰 계절적 변화를 갖는다. 이런 이유로 **연간 열공급비용(Annual heat supply costs)**을 최소화하기 위해 서로 다른 비용특성을 갖는 일련의 플랜트들을 건설해 **열공급 최적화**를 할 필요가 있다.

열공급의 **장기최적화(Long-term optimisation)**에서 총 운영비용과 총 투자비는 총 연간 비용을 최소화하기 위해 서로에 대해 균형을 이룬다. 서로 다른 비용특성을 갖는 3개의 플랜트에 대한 짧은 분석을 통해 여기에 적용되는 기본적인 최적화 방법을 알 수 있다. 장기 최적화는 최적화에 참여하는 활용 가능한 개별 플랜트에 대해 **설비용량(Installed capacity)**을 명시해야 한다.

팩트박스 11.2에서 알 수 있듯이, 개별 플랜트는 연간 고정비 F와 변동운영비 V로 구성된 총 연간비용 C를 갖는다. 3개의 플랜트는 표 11.1에 있는 **수치상 비용특성(Numerical cost characteristic)**을 갖는다고 가정한다. 3개의 플랜트에 대한 비용특성이 그림 11.4 위쪽 도표에 있으며, 단위용량당 연간 비용으로 표시되어 있다. 경제서적에서 이런 종류의 도표를 **손익분기점 도표(Break-even-diagram)**라고 한다. 단위열량당 연간 비용으로 표시된 비용에 상응하는 도표가 그림 11.5에 있다.

표 11.1 비용 최적화에 3개의 플랜트 모델을 위한 비용특성

	단위용량당 개별용량비용 f [EUR/kW]	단위에너지당 변동비용 v [EUR/GJ]
플랜트 1	10	20
플랜트 2	46	10
플랜트 3	154	5

팩트박스 11.2

열생산 최적화를 위한 기본적인 비용함수.

$$C = F + V \text{ [EUR]} \tag{11.6}$$

각각의 열용량에 상응하는 비용은 다음과 같다.

$$c = f + v \cdot \tau \text{ [EUR/W]} \tag{11.7}$$

여기서,

c = C/P = 단위용량당 총 개별비용(Specific total cost) [EUR/W]
f = F/P = 단위용량당 개별용량비용(Specific capacity cost) [EUR/W]
v = V/Q = 단위 열량당 변동비용 [EUR/J]
τ = 운전시간 [s]
P = 각각의 플랜트에 대한 설비 열력 용량 [W]
Q = 연간 열공급 [J]

그림 11.4와 그림 11.5를 보면, 플랜트 1이 **지속한계시간(Duration Limit Time)** τ_{12}까지의 지속시간 동안 모든 열력 요구에 대해 가장 낮은 총 비용을 갖는다. τ_{12}와 τ_{23} 사이의 지속시간 간격에서는 플랜트 2가 항상 가장 낮은 총 비용을 제공한다. τ_{23}보다 긴 지속시간에서는 플랜트 3이 열공급을 위해 선택된다. **손익분기시간(Break-even time)** τ_{12}와 τ_{23}은 각각의 교차점에서 경쟁관계에 있는 두 플랜트의 총 비용이 같아야 한다고 규정한 기본적인 최적화 조건을 사용해 계산할 수 있다.

$$\tau_{12} = (f_2 - f_1)/(v_1 - v_2) \tag{11.8}$$

$$\tau_{23} = (f_3 - f_2)/(v_2 - v_3) \tag{11.9}$$

표 11.1에 비용특성 사례에서 두 지속한계시간은 각각 1,000시간과 6,000시간으로 계산된다. 그 다음으로 그림 11.4 아래 도표와 같이 **열부하 도표(Heat load diagram)**에 지속한계시간을 표시한다. 이 열부하도표 사례는 267 MW의 **시스템 설계 열부하(System design heat load)**를 갖는다. 지속한계시간과 지속곡선 사이의 교차점은 상응하는 **열력**

용량한계(Heat power capacity limit) P_{12}와 P_{23}을 규정한다. 이 사례에서 용량한계는 각각 122 MW와 45 MW로 계산된다. 이런 이유로 플랜트 3은 45 MW와 동일한 설비열력용량 P_{23}을 갖고 있어야 한다.

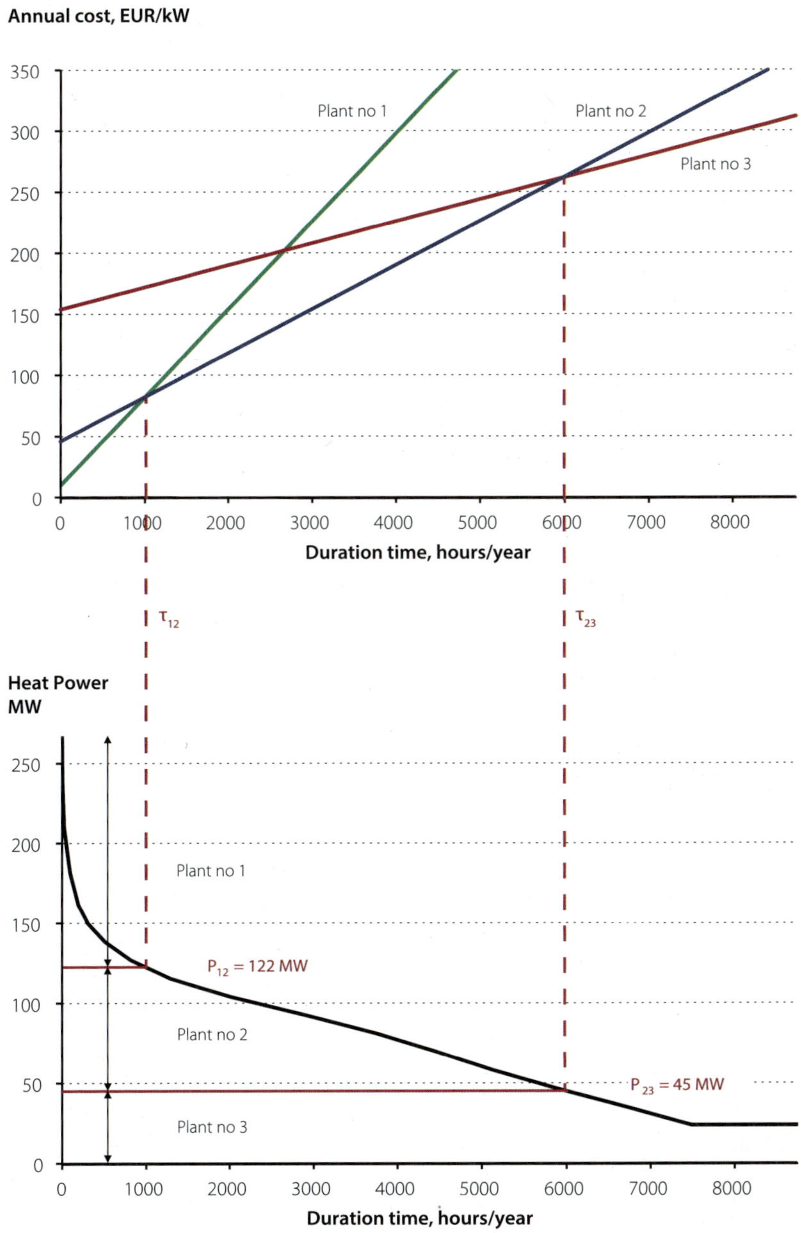

그림 11.4 위에 있는 도표는 3개의 플랜트 모델에 대한 선형비용특성을 나타내며, 이 플랜트 비용특성에 관한 플랜트 용량의 상응하는 최적 분할이 아래 지속시간 도표에 있다

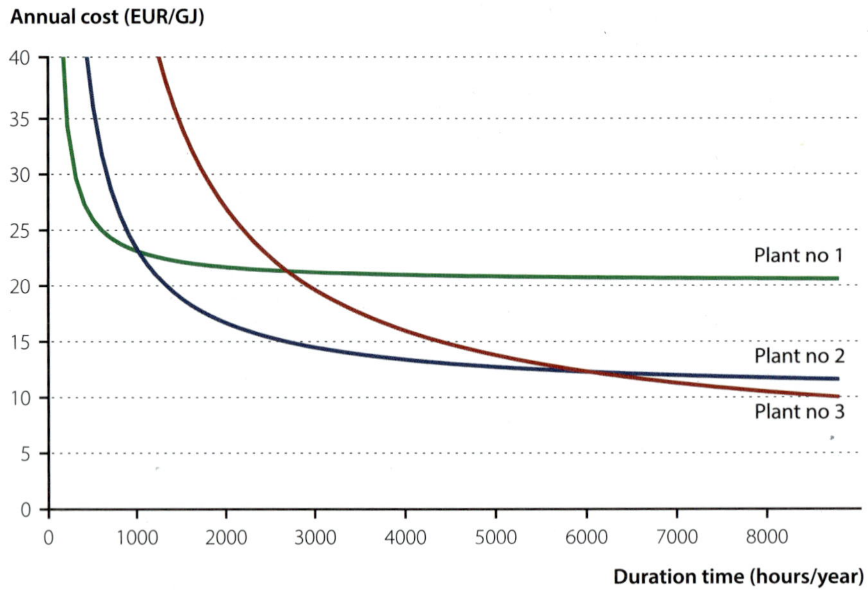

그림 11.5 그림 11.4 위쪽 도표의 데이터를 단위열량당 연간 비용으로 나타냄

플랜트 2의 설비용량은 P_{12}에서 P_{23}을 빼야 하며(즉, 122−45=75 MW), 반면에 플랜트 1의 용량은 시스템 설계 열부하에서 P_{12}를 빼야 한다(즉, 267−122=145 MW).

이 최적화는 실제와 비교할 경우 시간, 크기, 실제 열력용량 측면에서 매우 단순화되어 있다. 최적화는 시간과 크기에 대한 수많은 종속변수를 포함하고 있으며, 이런 종속변수에는 열력용량에 대한 개별비, 연료비, 사용자 열수요 같은 것들이 있다. 보일러 혹은 터빈 제조사로부터 하나의 연속적인 열력 규모로 이루어진 설비용량을 선택하는 것은 불가능하다. 기기 제조사들은 확정된 특정 크기 단위로 공급하는 것을 선호한다. 그 누구도 미래에 대해 완벽한 통찰력을 갖추지 못하기 때문에, 이런 종류의 추정 오차는 모든 장기 최적화에서 나타난다. 비록 이 최적화가 완벽하지는 않지만, 연간 열공급비용을 최소화하기 위해 장기적으로 지역난방 시스템을 어떻게 구성해야 하는지에 대한 일차적인 대안을 보여주고 있다.

통상적으로 플랜트 3을 **기저부하 플랜트(Base load plant)**, 플랜트 2를 **중부하 플랜트(Intermediate load plant)**, 플랜트 3을 **첨두부하 플랜트(Peak load plant)**로 정의한다. 첨두부하 플랜트는 단위열량당 운전에 드는 비용이 매우 높다는 것이 그림 11.5에 명확히 나타나며, 간혹 사용자로부터 발생하는 평균수익보다 더 비쌀 수도 있다. 이 사실은 값 비싼 첨두 수요가 발생하는 겨울동안 가격 모델에 변동비를 높이는 동기를 부여한다. 팩트박스 11.3에서 계절요금에 대한 이론적 기반을 제시하고 있으며, 시스템에 **단기한계비용** **(Short-term marginal cost)**을 통해 총 열공급비용을 어떻게 처리할 수 있는지 보여준다.

팩트박스 11.3

총 열공급비용은 시스템에 단기한계비용을 포함하는 식으로 변환된다. 팩트박스 11.2에 기호를 사용해 최적화된 시스템을 위한 총 열공급비용 C_s를 표시할 수 있다.

$$C_s = (P_1f_1+v_1Q_1) + (P_2f_2+v_2Q_2) + (P_3f_3+v_3Q_3) \tag{11.10}$$

플랜트 2와 3에 대한 연간 고정비는 두 손익분기 한계시간 τ_{12}와 τ_{23}을 사용해 바꿔 쓸 수 있다.

$$f_2 = f_1 + \tau_{12}(v_1 - v_2) \tag{11.11}$$

$$f_3 = f_1 + \tau_{12}(v_1 - v_2) + \tau_{23}(v_2 - v_3) \tag{11.12}$$

위 세 개의 식을 합치면 다음 최종 식을 얻을 수 있다.

$$\begin{aligned} C_s &= f_1(P_1+P_2+P_3) \\ &+ v_1(Q_1+P_2\tau_{12}+P_3\tau_{12}) \\ &+ v_2(Q_2-P_2\tau_{12}+P_3(\tau_{23}-\tau_{12})) \\ &+ v_3(Q_3-P_3\tau_{23}) \end{aligned} \tag{11.13}$$

이 최종 식은 최적 시스템에서 총 열공급비용이 하나의 고정비 부분과 세 개의 변동비 부분으로 구성되어 있음을 나타낸다. 고정비 부분은 총 열력수요의 생산과 첨두 플랜트에 대한 연간 개별 고정비로 구성된다. 변동비 부분은 실재 열공급의 생산(지속시간도표에서 수직영역)과 단위 한계 열공급에 대한 변동비('단기한계비용'이라고도 함)로 구성된다. 그러므로 기저부하와 중부하 플랜트에 대한 추가 투자비는 값 비싼 첨두부하 연료가 교체되면서 줄어드는 변동비에 의해 완전히 상쇄될 수 있다. 마지막 식에서 첨두부하 플랜트는 사용자에 대한 열전달(Heat delivery)을 보증하며, 반면에 기저부하와 중부하 플랜트는 이 열전달에 대한 비용을 줄인다는 또 다른 해석이 가능하다.

단기최적화(Short-term optimisation)는 변동비만을 고려하는 운영최적화의 또 다른 영역이다. 그러므로 항상 고정비를 제외한다. 단기 최적화에서 **가동우선순위** 적용은 가장 낮은 변동 운영비의 플랜트를 우선 가동하는 것을 의미한다. 열부하가 증가하면 두 번째로 낮은 운영비의 플랜트를 그 다음으로 가동한다. 이 시퀀스는 시스템 설계 시 적용된 열부하에서 가장 마지막에 사용하는 가장 비싼 첨두부하 플랜트가 가동에 들어갈 때까지 반복된다.

운영 근무자(Operator)는 일간 및 주간단위로 단기 가동우선순위에 영향을 주는 모든 매개변수를 고려해야 한다. 기저부하와 중부하 설비의 가동시간을 증가시키고 첨두부하 설비의 가동시간을 줄이는 방법을 알 수 있는 다양한 종류의 소프트웨어 사용을 통해 《Eriksson 1994, Zhao 1995, Arvastson 2001》 연간 변동비를 어느 정도 줄일 수 있다.

참고문헌

Wartenberg F, Der Einfluss des Belastungsgrades auf den Ausbau einer Wärmekraftanlage(The influence of the power level on the expansion of a hydroelectric power plant). Archiv für Wärmewirtschaft und Dampfkesselwesen (Archive for heat economy and power plant technology) 11(1930) : 6, 211–213.

Stoughton NM, Chen RC, Lee ST, Direct construction of optimal generation mix. IEEE Transactions on Power Apparatus and Systems PAS–99(1980) : 2, 753–759.

Madsen H, Palsson OP, Seijling K, Sögaard HT, Models and Methods for optimization of district heating systems. Part Ⅰ : Models and identification methods. IMSOR, Lyngby 1990.

Madsen H, Palsson OP, Seijling K, Sögaard HT, Models and Methods for optimization of district heating systems. Part Ⅱ : Models and control methods. IMSOR, Lyngby 1992.

Passon OP, Stochastic modeling, control and optimization of district heating systems. Dissertation. IMSOR, Lyngby 1993.

Eriksson H, Short term operation of district heating systems. Dissertation, Department of energy conversion. Chalmers University of Technology, Gothenburg 1994.

Zhao H, Analysis, Modelling and operational optimisation of district heating systems. Technical University of Denmark, Lyngby 1995.

Arvastson L, Stochastic modelling and operational optimisation in district heating systems. Dissertation, Department of Mathematical Statistics, Lund University, Lund 2001.

11.4 분배비용(Distribution cost)

이 장의 소개부분에서 언급했듯이, 발전비용의 이익과 비교해 규모 면에서 불가피한 **분배비용**을 이해하는 것이 필요하다. 그렇지 않으면 높은 분배비용이 지역난방의 경쟁력을 없앨 수 있다. 지역난방의 총 분배비용은 보통 다음과 같은 4개의 카테고리로 구성된다.

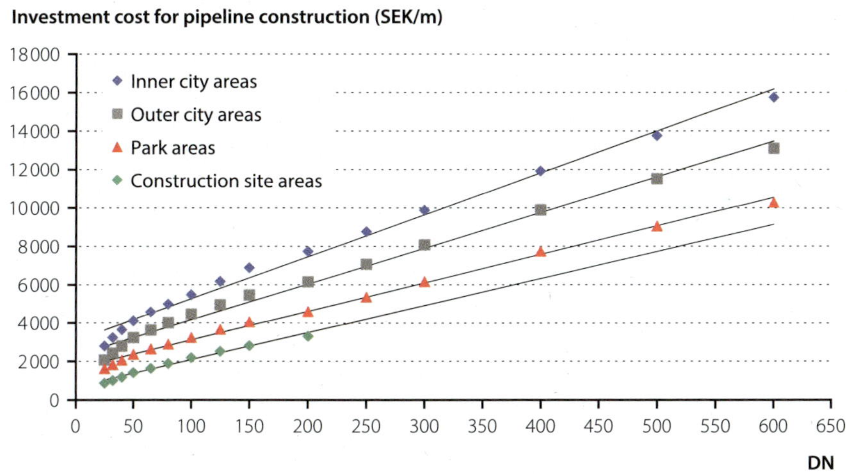

그림 11.6 관로길이당 지역난방 배관에 대한 표준적인 건설 투자비. 출처: Svensk Fjärrvärme 2007

그림 11.7 지역난방과 지역냉방 배관이 모두 있는 어렵고, 비용이 많이 드는 도심지 공사현장을 나타낸 덴마크 코펜하겐의 사례. 출처: Copenhagen Energy

- **분배자본비용(Distribution capital cost)** C_c, 지역난방 네트워크 건설에 대한 투자 자본의 연간 상환금을 의미한다.
- **분배열손실비용(Distribution heat loss cost)**, C_{hl}
- **분배압력손실비용(Distribution pressure loss cost)**, C_p
- **분배유지보수비용(Distribution maintenance cost)**, C_m

개별 분배자본비용(Specific distribution capital cost)이 **총 분배비용(total distribution cost)**에 가장 큰 영향을 준다. 용어에 대한 정의가 팩트박스 11.4에 있다. 균일지불현금흐름(Annuity)과 건설비용에 대한 두 개의 상수가 일반 비용 수준을 결정한다. 하지만 각각의 개별 시스템에 대한 연간 분배자본비용은 평균 배관직경과 **평균 선형열밀도(Linear heat density)**에만 연관이 있다.

팩트박스 11.4

개별 분배자본비용은 다음과 같이 정의된다.

$$C_c = a \cdot I/Q_s \text{ [EUR/GJ]} \tag{11.14}$$

여기서,

- I = 분배 네트워크에 대한 총 투자 비용 [EUR]
- a = 선택된 최소요구수익률과 투자생애주기(Investment lifetime)로부터 발생하는 균일지불 현금흐름(Annuity)
- Q_s = 연간 지역난방 판매량 [GJ/a]

분모와 분자 모두에 총 관로길이 L을 적용하면, 연간 분배자본비용은 다음과 같이 다시 쓸 수 있다.

$$C_c = a \cdot (I/L)/(Q_s/L) \text{ [EUR/GJ]} \tag{11.15}$$

지역난방 산업에서 미터당 투자비용 I/L가 배관직경과 선형관계에 있다는 사실은 경험적으로 잘 알려져 있다(그림 11.6 참조). 마지막으로 연간 분배자본비용은 다음과 같이 고쳐 쓸 수 있다.

$$C_c = a \cdot (C_1 + C_2 \cdot d_a)/(Q_s/L) \text{ [EUR/GJ]} \tag{11.16}$$

여기서,

C_1 = 건설비용 상수 [EUR/m]

C_2 = 건설비용 계수 [EUR/m^2]

d_a = 평균 배관직경 [m]

Q_s/L = 선형열밀도 [GJ/m]

여러 스웨덴 지역난방 시스템에 대한 이 변수들의 조합이 그림 11.8에 있다. 그림에 있는 선은 평균적으로 선형열밀도가 높으면 더 큰 배관을 필요로 한다는 것을 보여준다. 이 선 위에 있는 조합은 공급온도와 회수온도 사이의 차온이 낮게 설계된 고유량 시스템을 나타낸다. 높은 차온으로 설계된 시스템은 평균선 아래에 있다. 대략 0.04m와 3GJ/m 값을 갖는 많은 시스템 조합들의 군집은 단독주택(Single-family houses)이 있는 분배지역을 나타낸다.

그 다음엔 분배자본비용에 대한 시스템 평균을 그림 11.8의 이 변수조합들로부터 추정할 수 있다. 그림 11.9에 이 추정 값들이 있다. 선형열밀도가 개별 분배자본비용을 추정할 때 가장 중요한 변수라는 것은 명백하다. 높은 선형열밀도에서 분배자본비용은 매우 낮다. 하지만 단독주택 주거지 같은 **인적이 드문 분배지역(Sparse distribution area)**에서는 분배자본비용이 매우 높은 수준까지 올라 갈 수 있다. 선형열밀도가 열분배 효율성을 결정하는 가장 중요한 변수라는 것은 분명하다.

식 (11.16)은 기존 열판매와 기존 배관 네트워크에 기반을 두고 있기 때문에 기존 지역난방 네트워크에 초점을 맞추고 있다. 그러나 신규 지역에서는 지역난방시설 건설 전까지 이 변수들을 알 수 없다. 이런 이유로 새로운 지역에 지역난방 도입 계획을 수립하기 위해서는 식 (11.16)을 달리 표현해야 할 필요가 있다.

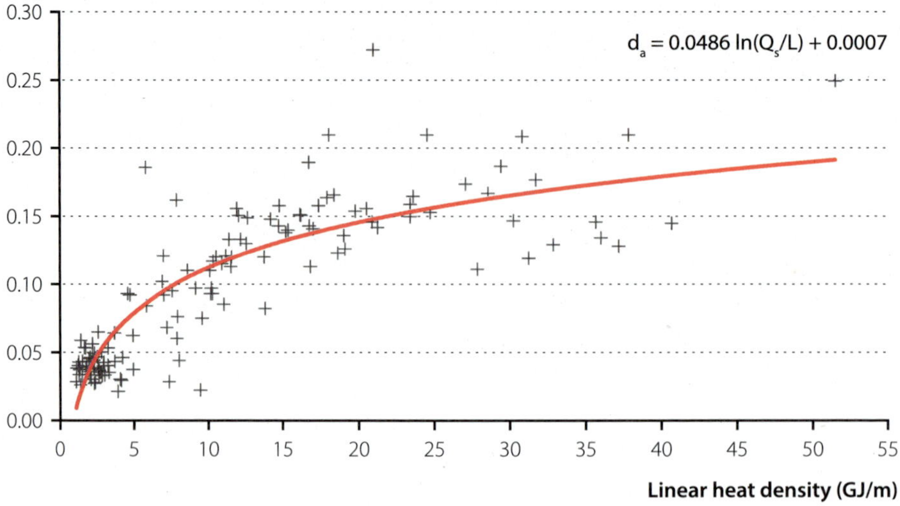

그림 11.8 134개 스웨덴 지역난방 네트워크 또는 네트워크 일부분에 대한 선형열밀도(Q_s/L)와 평균 배관직경(d_a)의 조합. 출처: Sven Werner, 자신의 데이터베이스

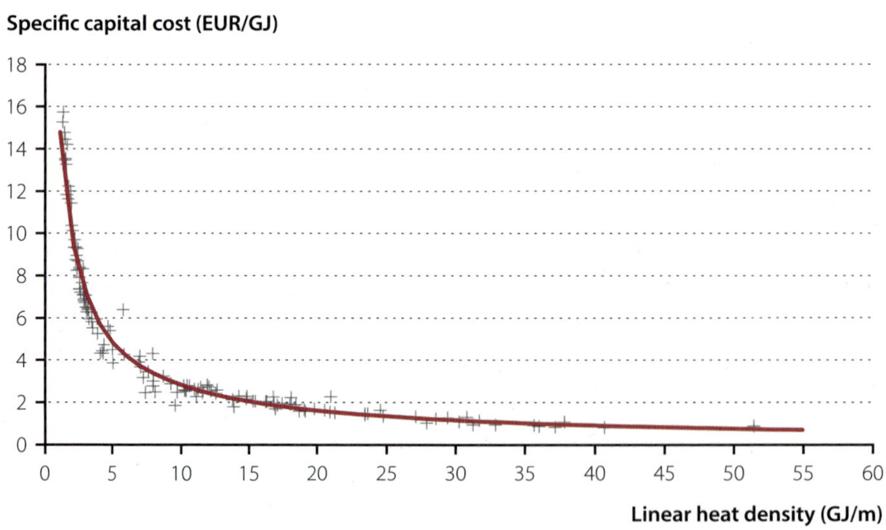

그림 11.9 그림 11.8에 있는(134개 경우와 상응하는 평균 비용선) 변수조합에 대한 지역난방 분배의 개별 자본비용. 0.064(4%, 25년)의 균일지불현금흐름(Annuity)으로 자본비용을 가정했으며, 건설비용 수준은 그림 11.6의 도시 외각 지역(Outer city areas) C_1=230 EUR/m, C_2=1860 EUR/m^2으로 산출하였다

《Persson과 Werner 2011》에 따르면, 식 (11.16)에 연간 분배자본비용은 팩트박스 11.5에 있는 것처럼 고쳐 쓸 수 있다.

분모에 있는 4가지 변수 중 **유효폭(Effective width)**을 제외한 나머지는 활용 가능한 여러 통계자료에서 찾을 수 있다. 유효폭은 해당지역의 대지면적과 분배 관로길이 사이의 비율로 정의된다. 유효폭은 비교적 낯선 변수로 1997년에 처음으로 정의되었다. **택지율 (Plot ratios, A_B/A_L,,** (건물 공간 면적)/(대지면적)[역])의 함수로 표시한 유효 폭의 몇 가지 사례가 그림 11.10에 있다. 택지율이 낮은 경우 다양하고 확실하지 않은 대지면적 특성으로 인해 큰 폭의 변화가 나타난다. 택지율이 높으면 유효 폭은 거의 일정하다.

분배열손실비용(즉, 분배열손실에 해당하는 연간 비용)은 낮은 선형열밀도가 열손실도 높인다는 의미에서 분배자본비용과 연관되어 있다. 5.3절에서 설명했듯이, **연간 열손실비율 (Annual proportion of heat loss)**은 사용된 분배온도, 평균 배관직경, 배관 보온재의 열저항에 의존한다.

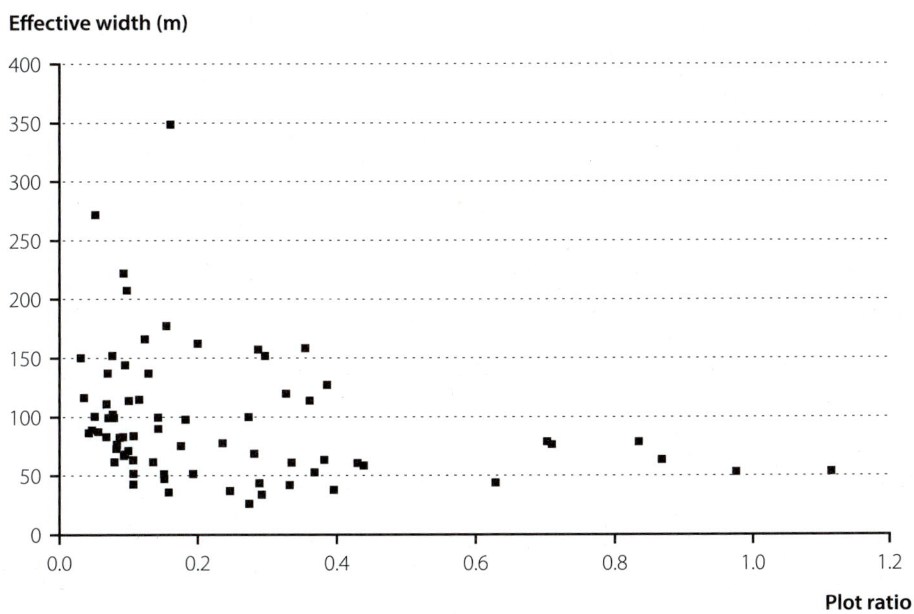

그림 11.10 일부 스웨덴 지역난방 네트워크의 여러 부분에 대한 택지율과 유효 폭의 조합. 출처: Halmstad 대학교, Urban Persson

팩트박스 11.5

지중에 배관을 매설하기 전 계획단계에서 개별 분배자본비용의 정의.

$$C_c = \frac{a \cdot (C_1 + C_2 \cdot d_a)}{p \cdot \alpha \cdot q \cdot w} \text{ [EUR/GJ]} \quad (11.17)$$

분모에 있는 4개의 변수는 다음과 같이 정의된다.

인구밀도 $p = P/A_L$ [인/m^2]
개별 건물 공간 면적(Specific building space area) $\alpha = A_B/P$ [m^2/인]
개별 열수요 $q = Q_s/A_B$ [GJ/m^{2}a]
유효 폭 $w = A_L/L$ [m]

여기서,
P = 총 인구 [인]
A_L = 총 대지 면적 [m^2]
A_B = 총 건물 공간 면적 [m^2]
Q_s = 연간 열판매 [GJ/a]
C_1 = 건설 비용상수 [EUR/m]
C_2 = 건설 비용계수 [EUR/m^2]
d_a = 평균 배관직경 [m]
L = 총 관로길이(Total route length) [m]

연간 열손실비용은 주로 네트워크에 공급된 열을 위해 지불한 금액의 경제적 가치에 의해 결정된다. 따라서 열손실비용은 지역난방 사업의 지역조건과 연관되어 있다.

분배압력손실비용은 공급되는 전기에 대한 개별비용과 상응하는 개별 열공급비용 간의 차이에 비례한다. 10.3절에서 언급했듯이, 공급되는 전기의 양은 모든 분배펌프에서의 체적유량과 압력 증가의 곱에 비례한다. 공급되는 거의 모든 전기가 배관 또는 펌프에서 발생하는 마찰로 인해 열로 전환된다는 사실로부터 압력비용함수의 뒷부분을 유도할 수 있다.

경험적 수준에서 분배유지보수비용은 일반적으로 지중에 분배배관을 설치하기 위한 **현재 개별 투자비용(Current specific investment cost)**과 비례한다고 여겨지며, 1% 정도

된다.

총 분배비용의 구성요소 대부분이 선형열밀도와 역 비례하기 때문에, 총 분배비용도 보통 선형열밀도와 역 비례한다. 이런 이유로 선형열밀도가 열분배비용 측면에서 가장 영향력 있는 변수에 해당한다.

참고문헌

Simon W, Spezifische Fernheiznetz–Anlagekosten bei verschiedenen Siedlungsarten und Wohndichten(Specific district heating plant costs for different types of settlement and residential densities). Elektrizitätswirtschaft(Electricity industry) 49(1950) : 10, 292–295.

Brachetti HE, Sind Wärmeverteilkosten von der Wärmedichte abhängig?(Are heat distribution costs depending on the heat density?) Fernwärme International 13(1984) : 4, 201–205.

Werner S, The Cost Efficiency of District Heating Distribution. Paper 5.3, 6th International District Heating Conference. Copenhagen 1985.

IEA District Heating Programme of Research, Development and Demonstration, Cost Analysis of District Heating Networks. Statens Energiverk(Sweden) rapport 1986 : R10.

Euroheat & Power, Construction costs comparison of preinsulated bonded district heating pipes. Study committee for heat transport and distribution, pp54–62, Jahrbuch Euroheat & Power–Fernwärme International 1999.

Svensk Fjärrvärme, Kulvertkostnadskatalog(The district heating pipe cost report). The Swedish District Heating Association, report 2007 : 1, Stockholm 2007.

Persson U, Werner S, Heat Distribution and the Future Competitiveness of District Heating. Applied Energy 88(2011) : 3, 568–576.

11.5 확장계획(Extension planning)

이 절은 더 많은 사용자와의 연결을 통해 지역난방 네트워크를 확장하는 경우 고려해야 할 4가지 중요한 요인을 다루고 있다.

1. 확장에 대한 기본적인 동기(Basic motivation for extension)
2. 계획단계 장벽(Planning barrier)
3. 인적이 드문 곳의 지역난방(Sparse district heating)
4. 장거리 연계배관(Long transmission line)

첫째, 네트워크 확장과 상응하는 **확장계획**에 대한 기본적인 동기는 확장을 통해 지역난방 사업자에게 수익이 발생해야 한다는 것이다. 투자로부터 얻어지는 **직접수익률(Direct rate of return)**은 투자에 의한 연간 현금흐름과 투자비용 간의 비율로 정의된다. 직접수익률이 **회사한계수익(Company threshold return)**을 초과하면 투자가 승인될 수 있다. 지역난방 네트워크의 확장투자에 대한 직접수익률 r은 팩트박스 11.6에 있는 식을 사용해 얻을 수 있다.

식 (11.18)에서 직접수익률이 선형열밀도에 비례한다는 것을 명백히 알 수 있다. 따라서 선형열밀도가 높으면 승인된 확장 프로젝트의 수익성이 높아진다. 또 다시 **선형열밀도**가 열분배의 실현 가능성을 측정하다는 측면에서 훌륭한 변수라는 점을 입증하고 있다.

둘째, 관로 기반 열분배에는 3가지 문제점과 계획단계 장벽이 존재한다.

a) 짧은 분배배관을 통해 사용자들을 연속적으로 연결해야하며, 그 결과 열판매와 관로길이가 동시에 모두 증가한다. 도로 말단에 있는 사용자를 연결해 사업을 시작하는 것은 단기적으로 실현 불가능하다. 지역난방 네트워크는 반드시 열공급시설에서 시작해 도시 외곽을 향해 밖으로 확장되어야 한다.

b) 한 지역에 사용자 건물을 하나씩 연결하는 일은 상당한 준비시간 때문에 비용이 많이 든다. 작은 열수요를 갖는 사용자에게 네트워크를 연결하는 경우 특히 이점을 중요하게 고려해야 한다.

c) 가치사슬(Value chain)에 모든 부분(연료공급, 에너지변환, 열분배, 사용자 기계실)을 동시에 확대해야 한다.

팩트박스 11.6

네트워크 확장에 대한 직접수익률 평가.

$$r = (Q_s\ (p\text{-}c_m))\ /\ (L \cdot (I/L)) = ((Q_s/L) \cdot (p\text{-}c_m))\ /\ (I/L) \tag{11.18}$$

Q_s = 확장 투자로부터 발생하는 추가 열판매

p = 평균 열판매 가격

c_m = 추가적인 열판매에 대한 한계 열생산 비용(Marginal heat supply cost), 유지보수와 분배 열손실을 포함하고 있음

L = 확장 배관의 관로길이

I = 확장 배관을 지중에 설치하고 사용자 건물에 연결하는 것에 대한 투자비용

적정한 수준의 수익성을 달성하기 위한 방식으로 지역난방 시스템을 확장하기 위해서는 새로운 연결에 대한 장 · 단기계획을 모두 수립할 필요가 있다. 확장계획의 가장 큰 목적은 앞서 언급한 3가지 문제점에서 발생하는 위험을 줄이는 것이다. 그렇지 않으면, 사용자가 없는 상태에서 대규모 투자가 이루어지는 위험이 발생하게 된다. 다음 3가지 방법을 사용한다면 확장위험을 줄일 수 있다.

a) 투자되는 자본의 양을 줄이기 위해 선형열밀도가 높고 분배자본비용이 낮은 밀집지역에 대한 초기 집중투자. 시스템이 더 잘 구축된 이 후에 열밀도가 낮고 인적이 드문 지역을 연결할 수 있다.
b) 확장지역에 연결률(Connection rate)을 높이기 위한 제도적 조치. 가장 높은 수준의 제도적 조치로 덴마크에서 사용되고 있는 법적 의무연결과 도시 열계획 수립(지역지정)이 있다. 또 다른 상업적인 제도적 조치로 일정한 범위의 주변지역에서 특정 연결률을 달성한 경우 연결비용을 할인해주는 것이 있다.
c) 단일 또는 극히 일부의 회사에 지배를 받는 지역난방에 대해 전체 가치사슬을 유지할 수 있는 소유모델(Ownership model). 《Mårdsjö와 Henning 2009》에 있는 다음 인용구는 이런 조치의 필요성을 강조한다. 『지역난방은 열의 생산부터 소비에 대한 종합적인 개념이다. 지역난방의 장점은 가치사슬을 유지하는 데 있다. 가치사슬의 모든 사소한 관계가 다른 관계에서 발생하는 비용과 수익의 공유를 통해 개별적

으로 생성되는 복잡한 시장상황에서는 이런 내용이 잘 들어맞지 않을 수 있다. 세분화된 가치사슬이 공유비용(Interface cost)과 총 위험을 증가시킨다. EU규정은 이 같은 세분화를 가속화시키는 경향이 있다. 공급사슬(Supply chain) 내 관계들 간에 많은 복잡한 합의가 필요하게 되며, 이 모든 일들은 위험을 수반한다. 즉, 총 금융위험이 커질수록 금리가 높아지고 부채에 대한 상환기간이 더 짧아진다는 것을 의미한다. 이것은 DH의 긴 경제적 수명 대 짧은 상환기간 때문에 대차대조표 상 감가상각에 대한 불일치를 의미한다.』

셋째, 그림 11.8에 있듯이 **인적이 드문 곳의 지역난방(Sparse district heating)**은 낮은 선형열밀도와 소관경 배관이 있는 지역으로 구분된다. 일반적으로 이런 지역은 **단독주택(Single-family building)**으로 구성되어 있다. 이런 지역에서 앞서 언급된 첫 번째 문제점이 가장 두드러지게 나타난다. 이것이 제도적 조치, 저비용 확장기술, 전용 사업모델에 맞춰진 가치사슬을 중심으로 한 확장방법을 사용하도록 압박을 가한다. 인적이 드문 곳의 지역난방에 대한 기본 개념이 《Nilsson 등 2008》과 《Reidhav와 Werner 2008》에 분석 및 요약되어 있다.

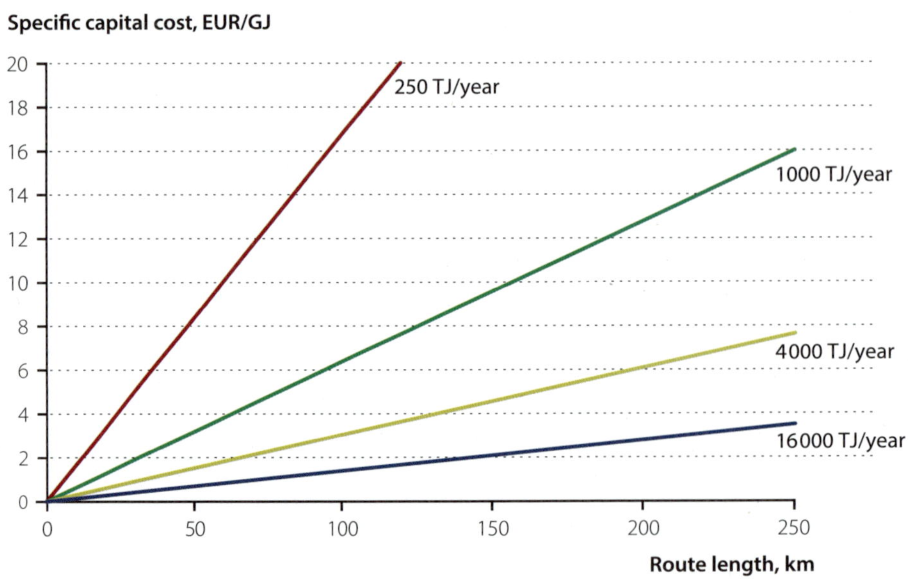

그림 11.11 4가지 서로 다른 연간 연계열량에 대한 연간 분배자본비용. 각각의 열량은 이전 양보다 4배 더 크다. 추정조건: 균일지불현금흐름(Annuity) 10%, 용량계수(Capacity factor) 0.57, 차온 40℃, 2007년 스웨덴 비용수준

넷째, 식 (11.18)에서 알 수 있듯이 **장거리 광역 연계배관(Long regional transmission pipe)**은 활용 가능한 열원이 낮은 비용을 갖는다면 실현 가능성이 매우 높다. 대관경 배관과 함께 긴 연계배관에서 선형열밀도가 아주 높을 수 있다. 열연계의 서로 다른 4가지 경우에 대한 분배자본비용의 추정 값이 그림 11.11에 있다. 이 도표는 연계열량이 큰 경우와 비교해 작은 경우 훨씬 더 비싸진다는 것을 명확히 보여준다. 이런 결론에 대한 이유는 그림 11.6에 있듯이 투자비는 배관직경에 비례하지만 10.3절에 언급했듯이 상응하는 열전달 능력은 배관직경의 제곱에 비례하기 때문이다.

이것은 열분배가 아주 강한 '규모의 경제' 특성을 갖고 있음을 명백히 보여준다. 하지만 어느 나라에서건 가장 긴 연계배관의 길이가 20–40 km정도에 불과하다. 1980년대 독일에서 다수의 광역 '지역난방 네트워크(Fernwärmeshiene)'건설이 논의되었다.

상호 연결된 **광역 연계배관**은 동일하게 낮은 **자본비용 프로필(Capital cost profile)**을 갖는 **광역 지역난방 시스템**을 만든다. 이런 광역 지역난방 시스템의 사례로 스톡홀름 지역(Fortum), 헬싱키 지역(Helsingin Energia), 코펜하겐 지역(CRT과 VEKS), 덴마크의 리틀벨트(Little Belt) 지역(TVIS), 베를린 지역(Vattenfall), 만하임 지역(MVV), 모스크바 지역(Mosenergo와 Mosteploseti)이 있다. 이 모든 지역에서 대규모 광역 열병합발전소가 광역 열분배를 위한 열을 생산하고 있다. 이런 CHP 플랜트에 대한 열량 상한은 현재 약 1.5 m에 달하는 최대 배관크기이며, 상응하는 기저부하 열전달 능력은 열 1,000 MW 이상이다.

참고문헌

Margolis AE. Über die beheizung von Kleinhaus–Siedlungen(About the heating of small house settlements). Bauwelt 10(1919) : 19, 5–7.

Netzler L, Fernwärme für Kleinhäuser(District heating for small houses). 17th(1th open) Congress of Unichal, Paris 1975.

Besch H, Hochreuter W, Fernwärmeschiene Saar–eine regionale Lösung(Saar district heating–a regional solution). Fernwärme International 7(1978) : 4, 129–137.

Ziegler K, Stand der Technik und Entwicklungsaussichten beim Bau grosser Fernwärmetransportleitungen(State of the art and development prospects in the construction of large district heating transport lines). Fernwärme International 9(1980) : 4, 268–274.

Karsch A, Fernwärmeversorgte Einfamilienhäuser – Möglichkeiten und Grenzen (District heating family houses – possibilities and limitations). Fernwärme International 9(1980) : 4, 281–285.

Mortensen HC. Erfahrungen mit fernwärmeversorgten Gebieten niedriger Wärmedichte(Experience with district heated areas of low heat density). Fernwärme International 9(1980) : 4, 286–288.

Kallio M & Jauhiainen I, Beispiele für die Wärmeversorgung von Einfamilienhausgebieten in Finnland(Examples of the heat supply of settlements of single in Finland). Fernwärme International 11(1982) : 4, 236–240.

Gewald G, Ist der Fernwärmeversorgung von Einfamilienhausgebieten über Sekundärnetze sinnvoll?(Do the district heating supply of settlements of single via secondary networks make sense?) Fernwärme International 11(1982) : 4, 262–266.

Trojborg KD, The Danish Approach to Utilities Integration. Proceedings of a Symposium on District Heating and Cooling, pp 215–246. National Academy Press, Washington DC 1984.

Schramek E–R, Solfrian W, Fernwärmeschiene Ostwestfalen–Lippe–Ergebnisse einer Untersuchung im Auftrage des Landes Nordrhein–Westfalen(District heating network Ostwestfalen–Lippe–results of an investigation on behalf of the state of North Rhine–Westfalen). Fernwärme International 15(1986) : 6, 375–380.

Reichl A, Mittel– und Westeuropas grösste und längste Fernwärmetransportleitung in Tschechein eröffnet(Central and western Europe's largest and longest district heating transmission pipeline in the Czech Republic). Fernwärme International 25(1996) : 3, 122–126.

Nilsson SF, Reidhav R, Lygnerud K, Werner S, Sparse District Heating in Sweden. Applied Energy 85(2008) : 7, 555–877.

Reidhav C, Werner S, Profitability of sparse district heating. Applied Energy 85(2008) : 9, 867–877.

Mårdsjö O, Henning D, Fjärrvärme i Europa – Hinder att övervinna för svensk export(District heating in Europe – Barriers to overcome for Swedish export). Fjärrsyn report 2009 : 3.

Lygnerud K, Peltola–Ojala P, Factors impacting district heating companies to provide small house customers with heat. Applied Energy 87(2010) : 1, 185–190.

Dausch HJ, Fernwärmeversorgung durch 2 Bundesländer und über den Rhein(District heating supply by 2 states and across the Rhine). Euroheat & Power 39(2010) : 7–8, 28–33.

11.6 가격모델(Price model)

지역난방 열은 연속적으로 사용자의 건물에 전달된다. 현재 계약가격과 사용된 열 및 용량에 대해 상응하는 시간간격 측정에 따라 정기적으로 열전달 청구서를 발송한다. 두 가지 가격책정 기본원리로 (총 활동비용과 연계된)비용–기반 방법 또는 (시장 대체재 가격과 연계된)시장-기반 방법이 있다.

비용-기반 가격책정(Cost-based pricing)은 투자된 자본에 대한 특정 수익과 함께 모든 연간비용을 위한 **가격수준(Price level)**을 제시한다. **시장-기반 가격책정(Market-based Pricing)**은 직접적이거나 혹은 간접적이다. 직접 시장-기반 가격책정은 시장 대체재에 대한 시장가격을 포함하는 가격공식과 연관되어 있으며, 보통 일반적인 시장 대체재로 천연가스가 있다. 따라서 지역난방 가격은 경쟁하고 있는 천연가스 가격과 완전히 혹은 부분적으로 비례한다. 간접 시장가격의 영향에는 가격수준은 시장 대체재에 따라 1년에 한 번 설정되지만 월간 가격은 대체 시장가격을 포함하지 않는 **개별가격모델(Specific price model)**에 의해 설정된다는 것이 있다. 지역난방의 지역시장 점유율이 낮은 경우에는 시장-기반 가격책정을 적용하기 쉽다. 시장점유율이 높아지면 공정한 시장-기반 가격책정이 더 어려워진다. 80–90% 이상의 시장점유율에서는 다른 열공급 선택사항과 경쟁이 매우 약하기 때문에 시장-기반 가격책정이 거의 불가능하다.

'비용-기반'과 '간접 시장-기반'가격책정이 사용된 요금청구에는 좀 더 정교한 **가격모델**을 적용한다. 이런 가격모델의 장점은 미리 가격모델을 결정하고, 동일한 환경에 있는 모든 사용자가 동일한 가격을 갖는다는 것이다. 뒤에 언급한 장점은 지역난방 시스템이 지역 열시장에서 지배적인 점유율을 갖는 곳에서 거의 모든 경쟁과 관련한 유럽법령의 중요한 전재조건에 해당한다. 이런 이유로 지역난방 시장점유율이 높은 경우 개별요금제와 개별할인을 실행하는 것이 불가능하다. 지역난방에 대한 가격모델은 표준화되어 있지 않으며, 유럽에서 수백 개의 변종을 찾을 수 있다.

가격모델을 설계하는 경우, 첫 번째 단계는 항상 모델의 주요 목표를 선택하는 것이다. 선택된 목표는 고객, 회사 소유자의 다양한 요구와 수요를 반영할 수 있다. 너무 많은 목표를 선택할 경우 적합한 가격모델 설계가 불가능 할 수 있다. 이런 일이 발생한다면 **가격모델 목표**에 우선순위가 높은 것을 할당해야 한다. 이 절에 있는 전통적인 가격모델은 다음과 같은 3가지 주요 목표를 갖고 설계되었다.

- **경쟁력 있는 부하 가격책정(Competitive load pricing)**: 첨두부하에 대한 높은 변동비와 기저부하에 대한 낮은 변동비로 이루어진 연간 실제 비용 상황을 반영함. 1년 동안 전달되는 모든 열이 동일한 가격을 갖는다면, 첨두부하에 대한 가격은 너무 낮고 기저부하에 대한 가격은 너무 높아진다. 이런 상황은 사용자가 자신의 기저부하 난방기를 설치하고 가격이 낮은 첨두부하만 구매하게 만들 수 있어, 열사업자에게 실현 불가능한 가격 상황을 야기한다.
- **크기에 따른 가격(Price by size)**: 소규모 사용자에게 높은 가격을 대규모 사용자에게 낮은 가격을 설정함. 이것은 '비용-기반'과 '간접 시장-기반'가격책정 모두에 대해 적정하다. 열사업자는 열수요가 작을 경우 값비싼 소매 열분배에 대한 높은 비용 책임을 지며, 반면에 높은 열수요 사용자는 대형 복합건물과 연관되어 있으므로 자신이 소매분배에 대한 책임을 진다. 시장 열가격 역시 높은 열수요와 비교해 낮은 열수요에서 더 높다.
- **날씨 독립적 현금흐름(Weather independent cash flow)**: 현재 연간 열전달량에서 활동비용(Activity cost)의 기울기와 동일한 현재 수익의 적정 기울기로 표시된 도표를 그릴 수 있는가? 두 기울기는 **기대 연간 열전달량(Expected quantity of annual heat delivery)**에 대해 동일해야 한다. 이 도표가 계획된 열전달에 대해 연간 편차가 발생할 경우 수익성 위험을 줄일 것이다. 비용-기반 가격책정을 사용하는 경우 이것이 매우 중요하다.

가격모델이 다음 세 가지 요소를 포함하는 경우 위에 있는 세 가지 목표를 충족할 수 있다.

- **고정연간요금(Fixed annual fee)**, 실제 열전달에 독립적인 일정한 요금

- **고정용량요금**(Fixed capacity fee), 열력 또는 유량용량에 기반함. 이 요금은 **단위용량 가격**(Unit capacity price)과 변수(열력 또는 유량용량)를 포함한 계수를 사용해 계산되며, 변수는 계약 상 고정되어 있거나 측정을 통해 정해진다.
- **변동열요금**(Variable heat fee), 실제 열전달에 기반함. 이 요금은 **단위열가격**(Unit heat price)과 열량계 검침 값에 기반한 변수를 포함한 계수를 사용해 계산된다. 이 요금은 계절에 따라 변할 수 있으며, 값비싼 연료를 사용하는 겨울철에 요금이 높아질 수 있다.

간혹 기계실을 통과하는 물의 양에 기반 한 네 번째 요소를 사용한다. 이 **변동유량요금**(Variable flow fee)은 물 가격과 기계실을 통해 순환되는 물의 양에 해당하는 변수를 포함한 계수를 사용해 계산된다. 높은 회수온도는 고유량을 유발하기 때문에, 이 요소의 목적은 기계실에서 발생하는 회수온도를 낮추기 위해 사용자에게 인센티브를 주는 데 있다. 하지만 지역난방 기술에 적절성을 평가하는 것이 사용자 책임인지에 대해서는 논란의 여지가 있다.

위에서 정의한 3가지 가격모델 요소를 적용하는 것만으로도 가격모델에 대한 첫 번째 목적을 이룰 수 있다. **열부하 지속도표**(Heat load duration diagram)의 다양한 부분에서 **비용 프로필**(Cost profile)을 갖는 상호관계는 가격모델에 요소들의 내부 크기를 조정해 이루어진다.

가격모델에 대한 두 번째 목적은 사용자를 크기에 따라 그룹화하고, 각 그룹이 **가격모델계수**(Cost model coefficient)에 대한 각자의 설정 값을 갖고 있는 경우에만 충족된다. 이 그룹계수는 작은 수요에 대해 더 높은 가격을 책정하기 위해 선택된다. 3개의 사용자 그룹을 갖는 사례가 그림 11.12에 있다. 변동요금은 모든 그룹에서 동일하다. 그 다음 변동요금에 고정요금을 추가한다. 고정요금은 고정되어 있으므로, 개별 그룹 내 열수요가 높을수록 고정요금의 개별가격 추가분이 낮아진다. 용량요금은 낮은-수요 그룹에서 높고, 높은-수요 그룹에서 낮다. **용량계수**(Capacity factor)가 사용자에 따라 다르기 때문에, 개별용량요금의 추가분이 용량계수에 의존하는 **총 개별가격**(Total specific price)을 나타낸다. 용량계수의 영향을 보여주고 있는 그림에는 3가지 용량계수를 선택했다. 용량계수 0.25에 대한 가격모델을 만들었으며, 이 모델은 그룹들의 열수요가 교차되는 지점에서는 동일한 가격을 갖는다.

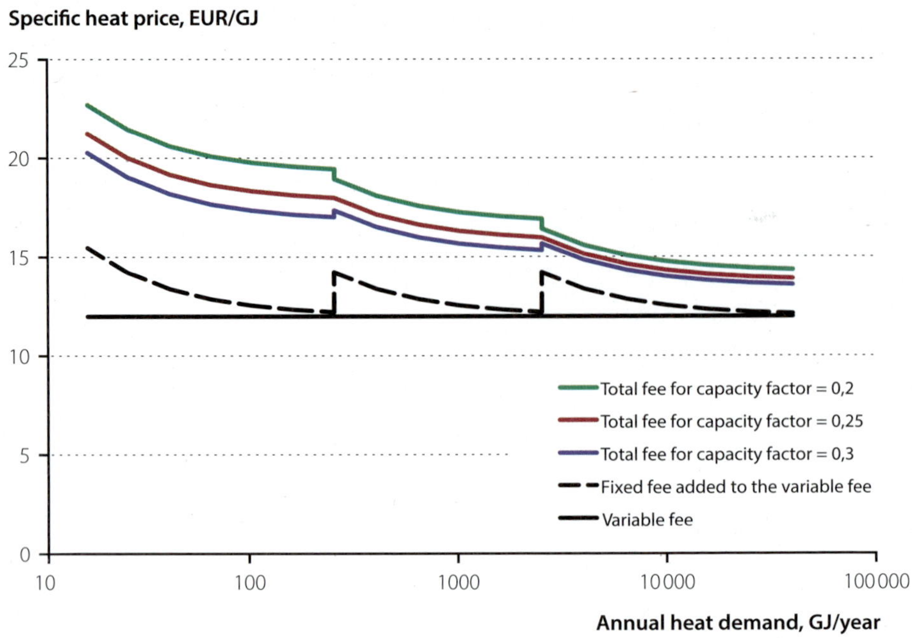

그림 11.12 서로 다른 3가지 요금그룹이 있는 가격모델 사례의 요소 구성. 공통된 변동요금은 12 EUR/GJ, 연간고정비용은 250 GJ/년 이하는 56 EUR, 250-2500 GJ/년은 556 EUR, 2500 GJ/년 이상은 5556 EUR이다. 용량변수로서 열력이 선택됐기 때문에, 상응하는 용량요금은 46, 30, 14 EUR/kW이다.

불행히도 높은 용량계수와 낮은 용량계수에 대해서는 그룹들의 열수요 교차점에서 계단형태가 나타난다. 그 결과 이 그림은 첫 번째와 두 번째 가격모델 목표를 고려할 경우 복합된 결과를 나타낸다.

열판매량에 **열수익 기울기(Heat revenue slope)**를 비교해 가격모델에 대한 세 번째 목표를 달성할 수 있다. 이 기울기는 열판매량에 대한 **열비용 기울기(Heat cost slope)**와 일치해야 한다. 세 번째 목표를 달성하기 위해 조정하는 변수는 열판매에 대한 변동요금이다. 게다가 이 같은 조정과정은 첫 번째 목적에도 영향을 미친다. 따라서 적정한 가격모델 계수를 선택한 경우 열공급자는 첫 번째와 세 번째 목표에 대해 균형을 이뤄야 한다.

참고문헌

Unichal, Les differentes formes des tarifs de vente de la chaleur(The different forms of heat selling prices), Comite d'Etude de la Nomenclature et des Statistiques 1980.

11.7 열공급 비용 대 지역 에너지 절약 조치 (Heat supply cost versus local energy efficiency measure)

각각의 열사용자는 구매하는 열비용과 건물에 적용되는 에너지 절약 조치에 대한 비용 사이에서 균형을 이루는 열수요를 갖는다. 높은 열가격에서 사용자는 추가적인 에너지 절약 조치에 대한 수익성 증가를 확인할 수 있기 때문에 열가격이 높아질수록 열수요가 낮아진다. 가격(p)과 연간수요(q) 사이에 이런 관계를 **가격탄력성(Price elasticity)**이라고 하며, 일반적으로 다음과 같이 나타낼 수 있다.

$$q = \text{constant} \cdot p^n \ [\mathrm{J}] \tag{11.19}$$

여기서 n은 **가격탄력지수(Price elasticity exponent)**이다.

더 많은 투자를 필요로 하는 경우 이 지수는 일반적으로 0과 −1 사이에 값을 갖는다. 다양한 열공급 선택사항들 사이에 경쟁이 치열한 상황에서 −1보다 낮은 가격탄력지수로 이어지는 경우 열사용자는 자신들의 열공급 대체수단들을 변경할 수 있다.

투자비 유무와 상관없이 다양한 에너지 절약 조치를 이행할 수 있다. 투자비가 발생하지 않는 사례로는 실내온도를 낮추고, 온수사용을 줄이는 것이 있다. 건물의 **열저항(Heat resistance)**을 높여 난방수요에 변화를 일으키는 조치는 일반적으로 투자비를 수반한다. 이런 가격탄력적인 상황을 정확히 이해하기 위해 팩트박스 11.7에 짧은 최적화 분석 수행과정이 있다. 최적화의 목적은 **최적난방수요(Optimal space heating demand)**를 찾는 데 있다. 최적화 분석에서 최적열수요는 다음 사항들의 제곱근에 비례함을 알 수 있다.

- 도-일 수(Degree-day number)
- 보온비용
- 수행된 투자에 대한 연간 균일지불현금흐름
- 보온재 열전도율
- 열비용의 역수

최적열수요가 열비용의 역수에 비례하기 때문에 투자비용이 열저항에 비례하는 경우 이론적인 가격탄력지수는 −0.5로 계산될 수 있다. 《Werner 2009》에 따르면, 1970

년과 2006년 사이 지역난방을 공급받는 스웨덴 공동주택(Multi-dwelling Buildings)에 대한 가격탄력지수는 −0.35인 것으로 계산되었다. 이 두 값의 차이는 열가격이 높아지는 상황에서 항상 최적열수요를 갖는 것이 불가능하다는 사실에 기인한 시장관성(Market inertia)의 결과로 이해할 수 있다.

팩트박스 11.7

건물에 대한 최적보온두께와 최적난방수요를 제시하는 분석.

난방에 대한 연간비용 C_q는 다음과 같이 나타낼 수 있다.

$$C_q = c_q \cdot (\lambda/t) \cdot A \cdot G \text{ [EUR]} \quad (11.20)$$

총 비용이 보온체적에 비례한다고 가정하면, 다양한 보온두께에서 열저항을 위한 투자비용 C_i는 다음과 같이 나타낼 수 있다.

$$C_i = c_i \cdot A \cdot t \text{ [EUR]} \quad (11.21)$$

여기서,

c_q = 열비용 [EUR/J]
t = 보온두께 [m]
λ = 보온재에 대한 열전도율 [W/mk]
A = 건물 외피(Building envelope)의 둘레 표면 [m^2]
G = 도-시간 적분(Degree-time integral) = 24 · 3600 · (도-일의 수) [℃s]
c_i = 보온체적에 대한 유효개별투자비용 [EUR/m^3]

보온재의 일반적인 비용과 물성을 고려해 보온된 벽을 관통하는 열흐름(Heat flow)에 대한 최적화 분석을 수행해 연간 열비용을 최소화할 수 있으며, 이를 통해 건물 외피에 대한 최적보온두께 t_{opt}를 추정할 수 있다.

$$t_{opt} = \sqrt{c_q \cdot \lambda \cdot \frac{G}{a \cdot c_i}} \text{ [m]} \quad (11.22)$$

여기서,

a = 최소요구수익률(Hurdle rate)과 경제적 생애주기(Economic lifetime)로부터 발생하는 균일지불현금흐름 [–]

건물에 대한 연간 개별최적난방수요(Annual specific optimal space heating demand) q_{opt}는 다음과 같다.

$$q_{opt} = Q_{opt}/A = \lambda \cdot G / t_{opt} \text{ [J/m}^2\text{]} \quad (11.23)$$

앞에 두 식을 합치면, 다음과 같은 마지막 식을 얻을 수 있다.

$$q_{opt} = \sqrt{a \cdot c_i \cdot \lambda \cdot \frac{G}{c_q}} \text{ [J/m}^2\text{]} \quad (11.24)$$

팩트박스 11.7에 짧은 최적화 분석에서 전체적인 결론은 특정한 열비용과 보온비용을 가정한 경우 장기적인 최적보온두께는 **도-일 수(Degree-day number)**의 제곱근에 비례한다는 것이다. 공조시스템으로부터 열회수(Heat recovery)도 열교환기 등을 위한 투자가 필요하기 때문에 동일한 관계를 나타낸다. 따라서 난방을 위한 최적 열사용은 도-일 수의 제곱근에 비례해야 한다. 왜냐하면 건물의 전체적인 열저항 역시 도-일 수의 제곱근에 비례해야 하기 때문이다.

이 최적화는 4.1절에 소개된 **유럽 난방지수(European Heating Index)**에 대한 이론적 토대를 제공한다. 서로 다른 지역의 건물을 비교하는 경우 난방수요가 도-일 수에 비례하지 않기 때문에 이 지수가 필요하다. 하지만 이 분석은 열비용, 건설비용, 실내온도가 균일하다고 가정하고 있으며, 이 가정은 유럽에 난방수요를 비교하는 경우 전혀 맞지 않는 내용이다.

식 (11.20)과 (11.21)를 설명하기 위해, 그림 11.13에 총 열비용 상황이 있다. 기본상황(A)에서 총비용은 2이며, 이 값은 열공급비용 1과 열저항비용 1로 나뉜다. 이것은 최적화된 열수요에서 균형을 이룬 두 비용이 동일해야 한다는 것을 의미한다.

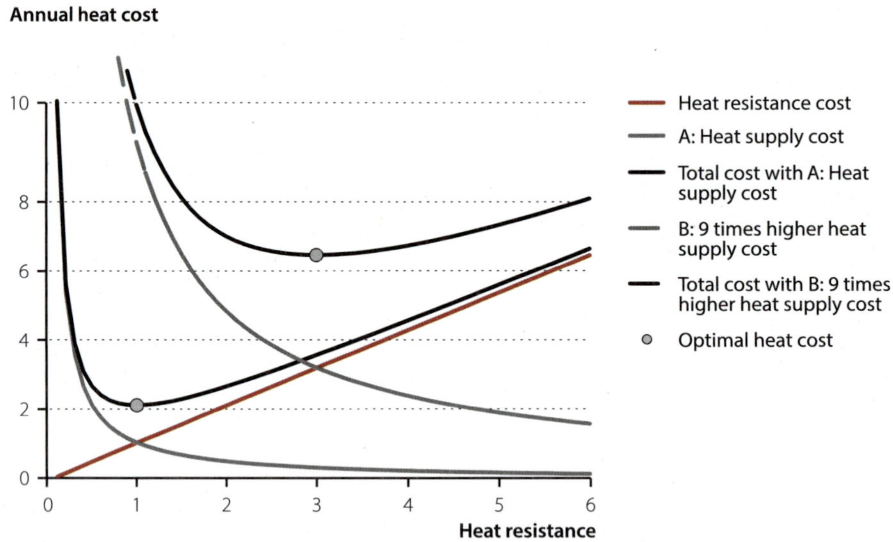

그림 11.13 서로 다른 두개의 열공급비용에서 한 건물을 위한 상대적 연간 총열비용 대 상대적 열저항. 기본비용상황(A)와 상황A보다 열공급비용이 9배 큰 추가상황(B)

중요 가격이 변화하는 동안 시장의 역학관계를 살펴보기 위해, 추가상황(B)에서 열공급비용을 9배 증가시켜 보았다. 조치를 시행하기 전에 기본상황 열저항에 대한 총 비용은 9+1=10이 될 것이다. 최적화 조치를 시행한 후 총 비용은 6이 되고, 열공급비용 3과 새로운 열저항비용 3으로 나뉜다. 열저항이 3배 증가해 당초 열수요의 1/3이 되는 지점에서 이 새로운 상황에 도달하게 된다. 비록 열공급비용이 9배 증가하지만, 최종 총비용은 단지 3배 증가한다. 식 (11.24)에서 알 수 있듯이 최적열수요는 1/3만큼 감소하게 되며, 1/3은 1/9의 제곱근에 해당된다.

이번 절에서의 최종적인 결론은 지역 에너지 절약 조치는 지역난방 시스템에 열생산 및 열재순환과 항상 경쟁해야 한다는 것이다. 이 경쟁이 소비자를 더 높은 열가격으로부터 보호하고, 열공급자에게 현행 열가격을 유지하도록 압력을 가한다.

참고문헌

Gustavsson L, District heating systems and energy conservation. Part1 and Part2. Energy 19(1994) : 1, 81–102.

Werner S, Lägre intäkter från högre fjärrvärmepriser(Lower revenues from higher district heat prices). Swedish District Heating Association, Fjärrsyn report 2009 : 5

11.8 규모의 경제(Economy of size)

상당한 '**규모의 경제**'를 갖는 시스템으로 **자연독점**(Natural monopoly)을 정의하며 일반적으로 용인하고 있다. 자연독점에서 추가 체적단위를 공급하는 비용은 경쟁관계에 있는 대체공급에서 발생하는 비용보다 크게 낮다. 제2장 소개에서 논의했듯이, 지역난방 역사를 통틀어 하나의 중요한 경쟁우위는 열생산에서 '규모의 경제'에 있었다고 할 수 있다. 역사적으로 말하자면, 단일 대형보일러는 동일한 연료를 사용하는 소형보일러보다 낮은 개별투자비용을 갖는다. 하지만 소형 천연가스 보일러가 (유럽에서 연간 수백만 대가) 고도의 자동화된 방식으로 연속생산 되는 오늘날에는 이런 상황이 더 이상 합당하지 않다. 따라서 중앙집중식 열생산에 대한 오랜 '규모의 경제' 논쟁은 오늘날 시대에 뒤쳐진 것이다.

하지만 '규모의 경제'로 이익이 발생할 수 있는 지역난방 시스템의 여러 부분들이 여전히 존재한다. 이런 이익에는 다음과 같은 것들이 있다.

- 다량의 연료구매 시 연료가격이 어느 정도 낮아진다.
- 지역난방에서 발생하는 급탕에 대한 투자비용은 개별 사용자에 의한 공급과 연관된 선택사항들과 비교해 낮다. 이것은 급탕이 중앙시스템 내 높은 다양성의 결과로 (5.6장 참조) 개별 급탕을 위한 열력의 총합과 비교해 중앙시스템에서 역력을 더 적게 필요로 하기 때문이다.
- 소관경과 비교해 대관경 배관에서 분배비용이 낮다. 이것은 분배배관을 위한 비용과 열손실이 배관직경에 비례하는 반면, 배관의 열전달 능력은 배관직경의 제곱으로 증가하기 때문이다(11.4절 참조). 이런 이유로 동일한 설계조건에서 대관경 배관이 소관경보다 비용효율적이다.
- 대도시는 공동주택 비율이 높기 때문에 소도시보다 인구밀도가 훨씬 높다(11.5절 참조). 이런 현상은 낮은 열손실과 낮은 분배비용을 갖는 높은 선형열밀도로 이어진다(5.3절과 11.4절 참조).

'**규모의 경제**'에 대한 이 유물들은 건전하고 자립적인 지역난방 사업을 만들만큼 충분히 강력하지 않다. 그러므로 지역난방의 기본 개념은 현재 '**범위의 경제**(Economy of scope)'로 이어지는(제2장 참조) 열공급에 대해 활용 가능한 5가지 전략적 열자원에 기반을 두고 있다. 하지만 지역난방 시스템이 광범위한 경우 여러 형태의 적정한 열자원을 찾기가 더 쉬워진다. 따라서 지역난방의 현재 '범위의 경제'에서 또 다른 형태의 '규모의 경제'를 규정 할 수 있다.

11.9 지역냉방(District cooling)

이 장의 앞선 절들에 있는 지역난방을 위해 제시된 대부분의 경제적 문제들이 지역냉방에서도 유효하다. 지역냉방 역시 '범위의 경제'와 '규모의 경제'의 결합이며, 이것이 지역냉방을 위한 경쟁력을 창출한다. 그러나 '규모의 경제'가 지역냉방에서 조금 더 강조된다. 지역냉방 시스템에서 중심에 있는 시설과 중앙냉방 시스템(Central cooling systems)에서 국지적인 시설 모두 **기계식 냉동기 기술(Mechanical chiller technology)**을 사용한다. 하지만 대형 기계식 냉동기가 투자와 운용비용 측면에서 좀 더 비용효율적이다. 비효율적인 공기 냉각기(Air coolers)의 사용을 피하고 냉각 흡수식과 기계식 냉동기 냉방을 위해 바닷물이나 호숫물을 사용해 높은 **성능계수(Coefficient of performance)**를 얻을 수 있다.

하지만 **'범위의 경제'**도 지역냉방 시스템에서 필수적이다. 냉방공급 측면에서 지역냉방 시스템은 서로 다른 비용특성을 갖는 다양한 냉방공급 방법을 사용할 수 있다. 따라서 **가동우선순위 운전(Merit order operation)**을 통해 운영비용을 최소화할 수 있으며, 높은 운용비용을 갖는 설비를 사용하기 전에 낮은 운용비용을 갖는 설비에 우선권을 준다. 높은 용량계수를 갖는 기저부하에서는 자연냉기 냉동기와 흡수식 냉동기를 사용할 수 있다. 중간부하는 열회수(Heat recovery)를 하거나 또는 하지 않는 기계식 냉동기로 구성된다. 대부분의 부하변동이 따뜻한 날에 발생하기 때문에 첨두부하는 **축냉시설(Cold storages)**로 충족되며, 그 결과 낮 시간 피크는 심야 냉방공급을 통해 이루어 질 수 있다.

냉방분배 측면에서 냉방분배 네트워크에 공급온도와 회수온도 사이의 차는 작으며, 그 결과 사용되는 분배배관이 대관경이고 더 비싸다. 이런 이유로 인해 **허용냉방분배 비용(Acceptable cold distribution cost)**을 달성하기 위해 높은 **선형 냉방밀도(Linear cold density)**에서 냉방분배 네트워크를 건설하는 것이 좀 더 중요해진다.

개별냉방을 위한 총 사용자 비용은 전기 및 유지관리 비용을 위한 운용비용과 초기 투자비용으로 나뉜다. 연료비용이 총 비용에 대부분을 차지하는 개별냉방과 비교해, 연간 전기 운용비용이 총 비용 중 더 적은 양을 구성하고 있다. 지역냉방 마케팅에서, 개별냉방의 실제 총 비용과 가격모델로 표시된 지역냉방의 비용을 비교해 잠재적인 소비자에게 도움을 주는 노력이 더 필요하다.

연습문제와 과제

1 왜 11.2절에 있는 전체비용보장함수 선의 두 한계 밖으로 할당을 할 수 없는가?

2 왜 11.3절에 있는 열공급 최적화를 통해 계산된 것보다 더 낮은 열공급비용을 얻을 수 없는가?

3 11.3절에 있는 열공급 최적화의 유도과정에서는 어떤 단순화를 가정하고 있는가?

4 11.4절에서 총 분배비용의 4가지 부분을 어떻게 정의하였는가? 이들 중 어느 것이 총 분배비용에 가장 큰 영향을 미치는가?

5 어떤 매개변수가 분배자본비용과 연간 분배열손실비율 모두에 영향을 주는가?

6 열공급비용과 에너지 절약 조치를 위한 투자비용 사이에 균형점을 어떻게 결정하는가?

7 (열수요가 드문 지역에)소관경 배관과 비교해 (연계배관에)대관경 배관을 위한 투자비용이 더 낮다는 사실에 대한 기본적인 설명은 무엇인가?

8 비용할당: 비용보장함수 선에서 전기가 전체비용을 충당한다면 전기가격이 60 EUR/MWh이고, 열이 전체비용을 충당한다면 열가격이 30 EUR/MWh이다.

a) CHP 플랜트에 대한 열전비는 얼마인가?

b) 전기수익이 30 EUR/MWh라면 열비용은 얼마가 되는가?

c) 전기수익이 90 EUR/MWh라면 열비용은 얼마가 되는가?

9 최적 열공급비용: 플랜트1은 150 EUR/kW의 개별투자비용과 50 EUR/MWh의 변동비용을 갖고 있으며, 반면에 플랜트2는 400 EUR/kW의 개별투자비용과 25 EUR/MWh의 변동비용을 갖는다. 균일지불현금흐름이 4%이고 비용 최소화를 필요로 한다면, 플랜트1에 가장 긴 연간가동시간은 얼마인가?

10 분배비용 추정: 관로길이당 투자비용이 450 EUR/m이고, 선형열밀도가 18 GJ/m이며, 균일지불현금흐름이 6%라면 개별 분배자본비용은 얼마인가?

11 분배비용 추정: 관로길이당 투자비용이 240 EUR/m이고, 선형열밀도가 3.6 GJ/m이며, 균일지불현금흐름이 6%라면 개별 분배자본비용은 얼마인가?

12 분배비용 추정: 관로길이당 투자비용이 800 EUR/m이고, 선형열밀도가 80 GJ/m이며, 균일지불현금흐름이 6%라면 개별 분배자본비용은 얼마인가?

13 확장계획: 만약 연간 열수요 1500 GJ, 관로길이 100 m, 연결 투자비용 360EUR/m(관로길이), 사용자 가격 14 EUR/GJ, 한계열생산비용 8 EUR/GJ, 요구수익률 최소 10%인 경우, 신규 사용자와의 연결에서 수익이 발생하는가?

14 확장계획: 만약 연간 열수요 500 GJ, 관로길이 200 m, 연결 투자비용 360 EUR/m(관로길이),사용자 가격 14 EUR/GJ, 한계열생산비용 10 EUR/GJ, 요구수익률 최소 10%인 경우, 신규 사용자와의 연결에서 수익이 발생하는가?

12
CHAPTER

지역난방과 지역냉방의 개발과정
(District heating and cooling development)

12.1 지역난방(District heating)

지역난방의 기본적인 개념과 5가지 전략적 열원들의 사용은 여러 해에 걸쳐 시작된 다양한 지역난방 프로젝트로부터 형성된 것이다. 하지만 정확하게는 열생산의 집중화가 지역난방 소개에 중요한 역할을 수행했었다.

현재까지 여전히 운영되고 있는 세계에서 가장 오래된 지역난방 시스템은 프랑스 캉탈(Cantal)지역의 작은 마을 **쇼드재그(Chaudes-Aigues)**에 있다. 이 시스템은 82℃의 지열 열원에 기반하고 있으며, 일찍이 14세기에 이미 가동 중에 있었다. 도시의 고문서에는 1334년에 일부 시민들이 자신들의 난방요금을 정확히 지불하지 않았다고 쓰여 있다. 분배 시스템은 원래 고대 로마의 도수로(Street channel) 기술을 사용했지만, 나중에 일부는 분배배관으로 사용된 구멍이 뚫린 나무줄기에서 온수를 분배했었다.

발명가이자 수리학 엔지니어인 Birdsill Holly는 흔히 지역난방을 상업적으로 성공시킨 최초의 사람으로 인정되고 있다. 1876년 미국 록포트(Lockport)에 있는 Holly의 정원에 매설된 증기배관 루프(Loop)와 관련한 실험을 한 이후에, 그는 1877년 10월 지역 증기 공급 시스템을 시작했다. Holly에게서 영감을 얻어 1880년대 북미의 몇몇 도시에서 여러 새로운 지역난방 시스템들이 건설되었다. 덴버(Denver) 시에는 이런 시스템들 중 하나가 있으며, 1880년대 사용을 시작했다. 이 시스템은 그 이후로 계속해서 확장해왔으며, 여전히 가동 중에 있어 세계에서 가장 오래된 상업용 지역난방 시스템이다. 오늘날에는 'Xcel Energy' 사의 열 사업부에서 이 시스템을 운영하고 있다.

뉴욕에 **맨해튼 증기 시스템**(Manhattan steam system)은 1882년 가동에 들어갔다. 이 오래된 증기 시스템은 'Consolidated Edison' 사의 증기 사업부로 여전히 존재하고 있으며, 2009년 한해 이 시스템의 열전달은 25 PJ이였다. 하지만 현재 지역난방에 대한 미국 시장점유율은 소수의 미국 도시들만 주요 지역난방 시스템을 보유하고 있기 때문에 낮은 편에 속한다. 하지만 대학 캠퍼스와 일부 도심 상업지구에서 지역난방이 폭넓게 사용되고 있다.

유럽에서는 19세기 후반 특히 독일 내 몇몇 소규모 적용(1893년 함부르크 시청과 1894년 베를린 공과 대학에서)을 통해 미국 지역난방 시스템에서 얻어진 초창기 경험을 활용했다. 비록 전형적인 상업 프로젝트는 아니었지만, 1900년 **드레스덴(Dresden)**에서도 초창기 좀 더 광범위한 지역난방 시스템을 건설했다. 이 시스템의 주된 목적은 구도심에 함께 위치해 있는 11개의 왕립 및 공공건물과 이곳에 있는 매우 귀중한 예술작품에 화재 위험을 줄이는 것이었다. 1921년 함부르크(Hamburg)에서 'Fernheizwerk Hamburg Gmbh' 사는 좀 더 명확한 상업용 프로젝트를 시작했다. 이 회사의 수석 엔지니어인 Abraham Margolis에 따르면, 이 프로젝트에 가장 큰 추진 동기는 제1차 세계대전 이후 독일 내 석탄가격 상승 이었다.

독일에서는 함부르크 시스템을 뒤따라 1922년 킬(Kiel), 1925년 라이프치히(Leipzig), 1927년 베를린(Berlin)에서 지역난방 시스템을 시작했다. 독일 밖에서는 1925년 코펜하겐(Copenhagen), 1927년 위트레흐트(Utrecht), 1930년 파리(Paris), 1933년 취리히(Zürich), 1953년 스톡홀름(Stockholm)과 헬싱키(Helsinki)에서 지역난방 시스템을 시작했다. 하지만 스웨덴 난방 기술자들은 1920년대 이미 스웨덴에 지역난방 도입 가능성을 검토하기 위해 새로운 독일 시스템을 방문했었다. 아이슬란드의 레이캬비크(Raykjavik)는 1930년대 지열 지역난방 시스템을 운영하기 시작했으며, 오늘날 이 시설은 200,000명의 레이캬비크 주민 대부분에게 난방과 급탕을 위한 열(2009년 14.2 PJ)을 공급하고 있다.

이 초창기 프로젝트들 모두 서유럽과 북유럽 국가에 현존하는 지역난방 시스템을 위한 토대를 만들었다. 난방 시스템을 건설하기 위한 계획은 시(市) 단위에서 이루어 졌으며, 이 시스템은 다른 난방방식과의 경쟁을 통해 상업적으로 확고한 위치를 차지하며 성장해왔다. 1970년대 일부 국가에서는 지역난방이 1973년과 1979년 두 번의 세계 석유파동으로 촉발된 국가 에너지 정책의 한축을 담당하게 되었다.

옛소련(USSR)에서는 미래 연료수요를 줄이기 위한 방법으로 1920년대 전기화 계획 GOELRO에서 CHP와 지역난방의 일반적인 활용이 제안되었다. 그 결과 1924년 상트페테르부르크(St. Peterburg)에 최초의 열을 공급했다. 비록 모스크바(Moscow)에 열공급은 이미 1928년에 시작되었지만, 이곳에 열분배를 관리하는 'Teploset Mosenergo' 사는 1931년에 설립되었다. 오늘날에는 이 회사의 뒤를 이은 'Moscow Heat Distribution Company(MTK 또는 Mosteploseti)'와 'Moscow Integrated Power Company(MOEK)'가 그 책임을 나누어 담당하고 있다. 2009년 모스코바 지역난방 시스템에 'Mosenergo' 사는 276 PJ, 'MOEK' 사는 대략 100 PJ을 공급하였다. 이 값은 연간 도시 열수요의 95%에 해당하며, 두 회사가 함께 세계에서 가장 큰 지역난방 시스템을 책임지고 있다.

이 초창기 소련 프로젝트는 과거 계획경제하에 중부유럽과 동유럽의 모든 지역난방 시스템을 위한 토대가 됐다. 이들 국가에서의 계획은 CHP 원리를 적용해 전기 생산을 위한 1차 에너지를 줄이려고 한 국가 에너지 정책과 도시난방에 대한 공공의 책임에서 비롯된 것이다.

그림 12.1 정거장 B, '뉴욕 증기 회사(New York Steam Company)'에 의해 운영되었던 최초 3개의 증기정거장 중 하나임. 이 정거장은 Dey Street와 Cortlandt Street 사이 Greenwich Street에 위치해 있었다. 나중에 세계 무역 센터가 이 자리에 건설된다. 1마력(Horse Power, HP)은 대략 10kW의 열출력 정도였으며, 160MW의 총 증기용량을 나타냈다. 이 그림은 《Steam, Its Generation and Use(Babcock & Wilcox, 뉴욕 1981)》에서 발췌하였다

지역난방 시스템은 다른 상업적 난방방식과의 시장경쟁을 통해서가 아니라 법령 제정의 결과로 발전했다. 이런 지역난방 시스템은 공급량에 초점을 두기 때문에 보통 대규모이며 상당한 시장 점유율을 갖고 있다. 보통 공급의 질에 대해서는 관심이 없었으며, 이 점이 현재 이런 지역난방 시스템에 가장 큰 신뢰성과 유지관리 문제를 야기하고 있다. 특히 계량, 수요제어, 분배의 신뢰성, 효율적인 부하 할당(Load dispatching) 측면에서 재정비 필요성이 커지고 있다. 리가(Riga), 바르샤바(Warsaw), 그 밖에 다른 도시들에서 성공적인 재생 프로젝트가 시행되었다.

이 짧은 역사적 조사는 전 세계 지역난방 시스템이 시장경제 또는 계획경제에 기반 한 서로 다른 토대를 갖고 있음을 보여주고 있다. 그러나 현재 지역난방 시스템은 공통된 미래를 공유하고 있다. 왜냐하면 세계 열시장에 상황이 연료가격, 배출권 거래제(Emission trading), 다른 난방 대체수단과의 경쟁 측면에서 더 많이 일치해가고 있기 때문이다.

현재 세계 지역난방 시스템의 대부분은 북반구(유럽, 러시아, 중국, 북미)에 위치해 있다. 남반구에서는 아주 소수의 지역난방 시스템이 있다.

오늘날 **유럽연합** 내에는 5,000개 이상의 지역난방 시스템이 가동 중에 있다. 건물부분에서 40% 이상의 가장 높은 국가 시장점유율은 덴마크, 스웨덴, 핀란드, 폴란드, 에스토니아, 라트비아, 리투아니아에서 찾아볼 수 있다. 10%에서 40% 사이의 중간 시장 점유율은 독일, 오스트리아, 슬로베니아, 헝가리, 불가리아, 루마니아, 슬로바키아, 체코에서 찾아볼 수 있다. 네덜란드, 룩셈부르크, 프랑스, 이탈리아에서는 시장점유율이 낮지만 상당한 규모를 나타낸다. 지역난방 시스템이 아주 소수거나 거의 사용하지 않는 국가로는 벨기에, 영국, 아일랜드, 포르투갈, 스페인, 그리스가 있다. 2008년 유럽 내 총 열전달은 대략 2 EJ정도 된다.

유럽연합 이외의 유럽지역에서는 아이슬란드가 지역난방 세계 챔피언이며, 국가 지열자원 개발로 인해 지역난방이 거의 90%의 시장점유율을 차지하고 있다. 크로아티아에서 지역난방은 중간정도의 시장점유율을 나타내며, 반면에 노르웨이와 스위스에서는 시장점유율이 낮지만 규모가 상당히 크다. 남동유럽에 있는 대부분의 주요 도시들은 지역난방 시스템을 갖고 있다.

옛소련에서 해체된 **러시아**와 그 밖에 다른 국가들은 1990년 이전 계획경제 하에서 지역난방을 장려했기 때문에 다수의 지역난방 시스템을 갖고 있다. 하지만 열분배와 열전달 서비스의 질이 다른 국가들만큼 높지 않다. 러시아 내 총 열전달은 2008년 약 5EJ 정도였다. 이 나라의 기반시설은 지역난방 시스템이 있는 3,000개 이상의 도시, 열공급을 제공하는 17,000개의 회사, 약 170,000km 길이의 열배관 관로로 구성되어 있다. 이 배관들 중 대략 1/4이 교체를 필요로 한다. 지역난방은 전체 주거용 난방 필요량의 58%를 공급하고 있다. 비율이 낮은 이유는 총 주택 중 73%만 도시지역에 위치해 있기 때문이며, 지역난방에 대한 평균 도시지역 시장점유율은 80%에 육박한다.

중국의 지역난방 부문은 세계에서 가장 빠르게 성장하고 있다. 지난 10년에 걸쳐 지역난방에 연결돼 난방을 공급받는 건물면적의 연평균 성장률은 20%에 달한다. 중국 내 총 열전달은 2008년 2.2EJ 정도 되며, 이 중 2/3가 산업부문에 전달되었고 나머지가 주거 및 서비스부분에 공급되었다. 베이징(Beijing) 지역은 현재 모스크바 다음으로 세계에서 지역난방 열전달 합계가 두 번째로 큰 도시이다. 2009년 관로길이 12,200km를 갖는 분배배관을 통해 363PJ을 공급했다. 아시아에서는 일본, 한국, 몽골에서 지역난방 시스템을 찾아 볼 수 있다.

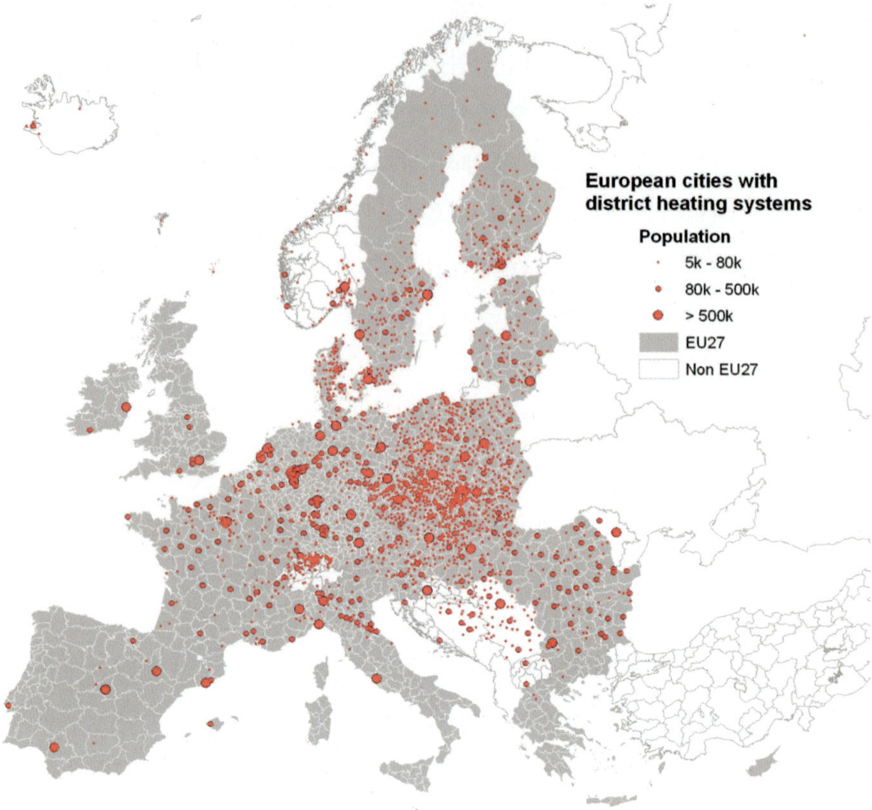

그림 12.2 2011년 유럽 내 지역난방 시스템을 나타낸 지도. 거주자가 5,000명 이상인 2,779개의 도시와 마을에서 시스템을 선별하였음. 대부분 덴마크, 스웨덴, 스위스, 오스트리아, 체코, 슬로바키아에 있는 작은 마을과 촌락에서 추가적으로 1,395개 지역난방 시스템을 찾을 수 있다. 국가 통계에 따르면 추가적으로 대략 1,500개 시스템들이 가동 중에 있다. 출처: 할름스타드 대학교(Urban Persson)에 있는 유럽 DHC 데이터베이스

미국(USA)에서는 전문대학, 종합대학, 병원, 군사기지, 산업용지에서 **기관 지역난방 시스템(Institutional district heating system)**의 사용이 두드러진다. 상업용 기관 시스템은 72개에 불과하며, 아주 소수의 주거용 건물이 지역난방을 사용하기 때문에 주요 고객층은 서비스부문 건물로 구성되어 있다. 《Zelinski 1993》에 있는 1992년 DHC 조사에 따르면, 약 6,000개의 기관 및 상업 시스템들이 연간 약 1 EJ의 열전달과 32,000 km의 관로길이를 갖는 것으로 알려져 있다. IEA '에너지 균형 보고서(Energy balance report)'는 2008년 0.3 EJ의 열이 상업적으로 판매됐으며 이중 20%만 서비스부문에 전달되었다고 기술하고 있다. 2003년 상업 건물 에너지 소비 조사(Commercial building energy consumption survey)는 연간 열전달이 약 0.7EJ 정도 될 것으로 추정했다. 서로 다른 값들이 약간의 혼란을 야기할 수 있지만, 이것은 기관 시스템이 지배적이라는 사실을 나타낸다.

2008년 조사《CDEA와 CUI 2009》에 따르면, **캐나다**에는 118개의 지역난방 시스템이 있는 것으로 밝혀졌다. 계산된 열과 냉기전달은 14PJ에 불과했다. 지역난방 시스템에 연결된 바닥면적은 캐나다 전체 주거용, 상업용, 기관용 바닥면적의 1.3%로 나타났다.

참고문헌

Margolis A, Grundlagen der Städteheiyung(Basics of urban heating). XII Kongress für Heizung und Luftung(XII Congress for heating and ventilation). Teil, pp 98–136. Wiesbaden 1927.

Collins JF, The History of District Heating. District Heating 44(1959) : 4, 154–161.

Werner S, Fjärrvärmens utveckling och utbredning(The development of district heating in the world). The Swedish District Heating Association, Stockholm 1989.

Raynal P, Gibert JP, Barthonmeuf C, Chaudes–Aigues : Historique des utilisations de la geothermie(Chaudes–Aigues : History of geothermal energy uses). Reseaux & Chaleur 4(1992) : 16, 67–75.

Zelinski RW, 1992 National Census for District Heating, Cooling and Cogeneration. Report ORNL/M–3060. Oak Ridge National Laboratory, July 1993.

Pierce MA, The Introduction of Direct Pressure Water Supply, Cogeneration, and District Heating in Urban and Institutional Communities 1963–1882. Dissertation, University of Rochester, June 1993.

Pierce MA, The Road to Lockport : Historical Background of District Heating and Cooling. Paper CH–95–10–1. ASHRAE Transactions 101(1995), 885–892.

Wagner JE, Pierce MA, Steam on the Frontier : District Heating in Denver 1880–1995. Paper CH–95–10–2. ASHRAE Transactions 101(1995), 893–903.

Gibert JP, Jaudin F, Using Geothermal Waters in France : The District Heating system of Chaudes–Aigues from the Middle Ages. Page 287–305 in Cataldi R, Hodgson S, Lund JW (ed), Stories from a Heated Earth – on geothermal heritage, Special Report no 19, Geothermal Resources Council, Sacramento 1999.

Filippov SP, Development of Centralised District heating in Russia. Thermal Engineering 56(2009) : 12, 985–997.

CDEA & CUI, District Energy – A National Survey Report. Canadian District Energy Association in association with Canadian Urban Institute. Toronto 2009.

12.2 지역냉방(District cooling)

최초의 지역냉방 시스템은 19세기 후반에 출현했다. 하지만 그 목적은 공기조화(Air conditioning)를 제공하는 것이 아니라 식품 공급망에 냉장을 공급하는 것이었다. 이 시스템은 중앙집중식 냉장 플랜트에서 한 그룹의 건물들까지 배관을 통해 냉매를 공급했기 때문에 **배관 냉장 시스템(Pipeline refrigeration system)**이라고 불렸다. 각각의 사용자가 분산된 증발기(Evaporator)를 보유했으며, 복수기(Condenser)는 중앙에 위치해 있었다. 미국에서의 초창기 사례는 다음과 같다.

- 1889년, 덴버(Denver)에 '콜로라도 자동 냉장 회사(Colorado Automatic Refrigerator Company)'. 하지만 이 시스템은 곧 사라졌다.
- 1890년, 세인트루이스(St. Louis). 13km의 배관 네트워크를 갖는 3열배관 암모니아 시스템이 건설되었으며, 시스템 소유자가 신설 고속도로를 피하기 위한 배관 이설 비용을 마련할 수 없었던 1960년대까지 운영되었다.
- 1906년, 뉴욕에 '맨해튼 냉장 회사(Manhattan Refrigerating Company, MRC)'. 이 회사는 1894년에 설립되었고 '그린위치 냉장 회사(Greenwich Refrigerating Company)'로부터 프랜차이즈'를 인수했다. 1906년 새로운 프랜차이즈를 승인받고 MRC에게 추가로 배관을 설치할 기회가 주어졌으며, 갠스보트(Gansevoort) 전 지역에 있는 시장에서 사용되는 건물에 냉장을 공급하기 위해 최초 배관 이외에 750m를 매설했다. 나중에는 약 75,000m^{3}의 건물을 공급했다. MRC는 1979년 문을 닫았으며, MRC 플랜트 건물은 '락로즈 개발 회사(Rockrose Development Corp)'에 의해 주택으로 개조되었다.

북미와 유럽의 다른 도시들에서도 유사한 시스템이 만들어졌다. 일부 시스템은 매우 성공적 이였으며, 30km의 배관 네트워크를 갖는 것도 있었다. 이 시스템 중 상당수가 뉴욕에 '국제 냉방 회사(International Cooling Company)'에 의해 설치되었다. 대표적인 사용자들은 시장(Market), 호텔, 레스토랑이였지만 개인고객을 시스템에 연결하기도 했으며, 대부분 식품 보존에 이용했으며 경우에 따라 공기조화에 활용되기도 했다. 이 배관 냉장 시스템 중 어느 것도 현재 남아있지 않다.

1930년대 미국에서는 공기조화를 위한 초창기 대규모 **기관 냉방 시스템(Institutional cooling system)**이 설치되었다. 1929년 중앙집중식 냉방시설에서 만들어진 냉수로 냉방을 하는 공기조화 시스템이 소개된 이후에 이런 일이 가능해졌다. 초창기와 그 이후에 이루어진 몇 가지 사례는 다음과 같다.

- 1928년, 워싱턴 D.C., 미국: 상원의사당에 공기조화 설비가 설치되었다. 국회의사당 건물은 1938년에 포함되었으며, 완전히 새로운 냉방시설의 건설을 필요로 했다. 이 시설의 최초 냉방용량은 17 MW 였으며, 1965년까지 54 MW로 확대되었다.
- 1950년, 뉴욕, 미국: 원래 1933년에 지어진 록펠러 센터(Rockefeller Center)에는 64 MW의 냉방용량을 갖는 새로운 냉방시설이 설치되었다. 하지만 록펠러 센터 복합건물 전체는 1958년까지 완전한 공기조화 설비를 갖추지 못했다.
- 1957년, 뉴욕, 미국: 22 MW의 냉방용량을 갖춘 케네디 공항(Kennedy Airport)은 10년 후 41 MW로 증가했다.
- 1967년, 로체스터(Rochester), 미국: '이스트먼 코닥 회사(Eastman Kodak Company)'에 약 100 MW의 냉방용량을 설치했다.
- 1970년, 오사카(Osaka), 일본: 105 MW 시설로부터 국제 전시장 지역과 인근 센리 신도시(Senri new town)에 냉방을 공급했다. 이 시설이 일본 지역난방과 지역냉방의 시초라 여겨지고 있다.
- 1971년, 뉴욕, 미국: 170 MW의 냉방용량을 갖춘 국제무역센터 쌍둥이 빌딩 냉방 시설이 설치되었다.

이 모든 대규모 기관용 설비들이 **상업 지역냉방 시스템(Commercial district cooling system)** 확립을 기술적으로 가능하게 했으며, 주로 공기조화를 목적으로 상품으로서의 지역냉방 냉기를 공급했다. 몇 가지 초창기 지역냉방 시스템의 사례는 다음과 같다.

- 1962년, 하포드(Harford), 미국: '하포드 증기 회사(Harford Steam Company)'가 60 콜럼버스 대로(60 Columbus Boulevard)에 지역난방과 지역냉방 복합 플랜트를 개장했다. 최초 냉방용량이 10 MW이었던 것이 나중에 120 MW까지 커졌다.
- 1967년, 라데팡스(La Defense)지역, 프랑스: 파리 북서부 쿠르버부아(Courbevoie), 퓨토(Puteaux), 낭테르(Nanterre)시에 상호 연결된 지역냉방 시스템이 만들어졌다. 이 시스템은 처음에 87 MW의 냉방용량과 관로길이 6.2 km의 분배 시스템으로 건설되었으며, 2008년에는 213 MW, 20 km, 냉기전달 940 TJ까지 커졌다.
- 1968년, 함부르크, 독일: 함부르크 노드 상업지역(Nord commercial area)을 위한 냉방용량 14 MW의 시스템이 최초로 건설되었다. 나중에 더 많은 사용자들이 연결되면서 1982년 냉방시설이 마침내 49 MW까지 커졌다. 2000년부터 2006년까지 연간 냉기전달은 460 TJ과 580 TJ 사이에서 다양했다.
- 1971년, 도쿄, 일본: 140 MW의 냉방용량을 갖는 시노쿠(Shinyoku) 지역난방과 지역냉방 시스템이 설치되었다. 1991년에 흡수식 냉동기와 기계식 냉동기를 모두 포함한 새로운 냉방용량 208 MW과 함께 원래의 지역난방과 지역냉방 플랜트를 재배치했다. 시스템에 연결된 전체 상업용 바닥면적은 2.2백만m^2와 같다.
- 1978년, 파리, 프랑스: 'Groupement Thermique Des Halles'가 냉방용량 19 MW을 갖는 냉방시설 Les Halles의 운영을 시작했다. 이 시설은 나중에 파리 중심부를 공급하는 'Climespace' 사 지역냉방 시스템으로 통합되었다. Climespace는 2010년 1370 TJ의 지역냉방 냉기를 전달했으며, 관로길이 70 km의 네트워크를 갖고 있다. 시스템에 연결된 상업용 바닥면적은 5.0백만m^2와 같다.
- 1988년, 산드비카(Sandvika), 노르웨이: 신규 사무실 지역을 위한 노르웨이 최초의 지역냉방 시스템이 '베룸 에너지(Baerum Energy)'에 의해 가동에 들어갔다.
- 1992년, 베르테로스(Västerås), 스웨덴: 스웨덴 최초의 지역냉방 시스템이 가동되었으며, 이 시스템은 북미지역에서 얻은 경험을 기반으로 하고 있다.

미국과 유럽에서 1990년대 기존 지역냉방 시스템의 확대와 많은 새로운 시스템의 설치 모두에서 상당한 확장이 일어났다. 지역냉방 확대의 가장 큰 동기는 임박한 염화불화탄소(Chloroflourocarbons, CFCs)의 사용제한이었으며, 이 물질은 수많은 건물용 중앙 냉방 시스템에 사용되는 주요 냉매였다.

미국에 현재 상황은 대략 40개의 지역사회 또는 도심 시스템들이 3,500 MW 이상의 냉방용량을 갖고 있으며, 150개 이상의 대학캠퍼스들이 거의 7,000 MW에 달하는 총 냉방용량을 갖고 있다. 이 냉방 시스템들을 모두 합쳐 연간 약 80 PJ의 지역냉방 냉기를 공급하고 있다. 대형 시스템의 한 예로 'Thermal Chicago Corporation'이 있으며, 시카고 도심지에 있는 약 100개 건물을 공급하고 있다. 이 시스템의 연결용량은 약 350 MW이다. 뉴욕에 있는 'ConEd' 사는 냉방용으로 사용되는 363개의 사용자 터빈 또는 흡수식냉동기(온열 지역냉방(Warm district cooling))에 증기를 공급한다. 이 냉동기들의 총 냉방용량은 2,250 MW이다. 텍사스 A&M 대학(Texas A&M University), 펜실베이니아 대학(University of Pennsylvania), 텍사스 대학 오스틴 캠퍼스(University of Texas at Austin), 위스콘신 대학(University of Wisconsin) 4개의 대학 캠퍼스 지역은 140 MW 이상의 냉방용량을 갖고 있다.

유럽 상황은 프랑스, 스웨덴, 독일에서 활동이 대부분을 차지하고 있다. 그림 12.3에서 이 세 국가의 발전과정을 일본의 발전과정과 비교하고 있으며, 일본의 발전과정이 더 먼저 시작됐고 유럽에서 냉기전달은 여전히 아주 낮은 수준임을 알 수 있다. 2009년 유럽에서 확인된 총 연간 지역냉방 냉기전달은 9 PJ이였다. 2009년 14개 프랑스 시스템들이 131 km의 네트워크를 통해 3.3 PJ을 전달했으며, 스웨덴에서는 35개 시스템들이 389 km의 네트워크를 통해 3.0 PJ를 전달했다. 'Fortum' 사는 스웨덴에서 가장 큰 지역냉방 시스템을 운영하고 있으며 스톡홀름에 있다. 스톡홀름에 2009년 운영수치는 냉기전달이 1.5 PJ이였고, 연결된 상업용 건물이 7백만m^{2}에 달했다. 2009년 독일 상황은 31개 시스템, 0.7 PJ의 냉기전달, 56 km의 네트워크 관로길이를 나타냈다. 하지만 지역난방 열을 공급받는 수많은 흡수식 냉동기(온열 지역냉방)는 이 독일 수치에 포함되어 있지 않다. 왜냐하면 흡수식 냉동기 사용자를 (뉴욕에서와 마찬가지로)지역난방 열사용자로 보기 때문이다. 0.1 PJ/년 이상의 지역냉방 활동이 있는 다른 유럽 국가로 이탈리아, 핀란드, 오스트리아, 네덜란드, 노르웨이, 체코, 폴란드가 있다. 유럽에는 100개 이상의 지역냉방 시스템들이 존재하며 그림 12.4에 위치가 표시되어 있다.

아시아에서는 대기오염을 줄이고, 1차 에너지 수요를 낮추며, 지구 온난화에 대응하고, 새로운 에너지원들의 효율적 사용을 위해 대규모 지역난방과 지역냉방 시스템으로 전환 중에 있다. 일본은 2009년 연간 지역냉방 냉기전달이 14 PJ인 성숙한 지역냉방 국가이다.

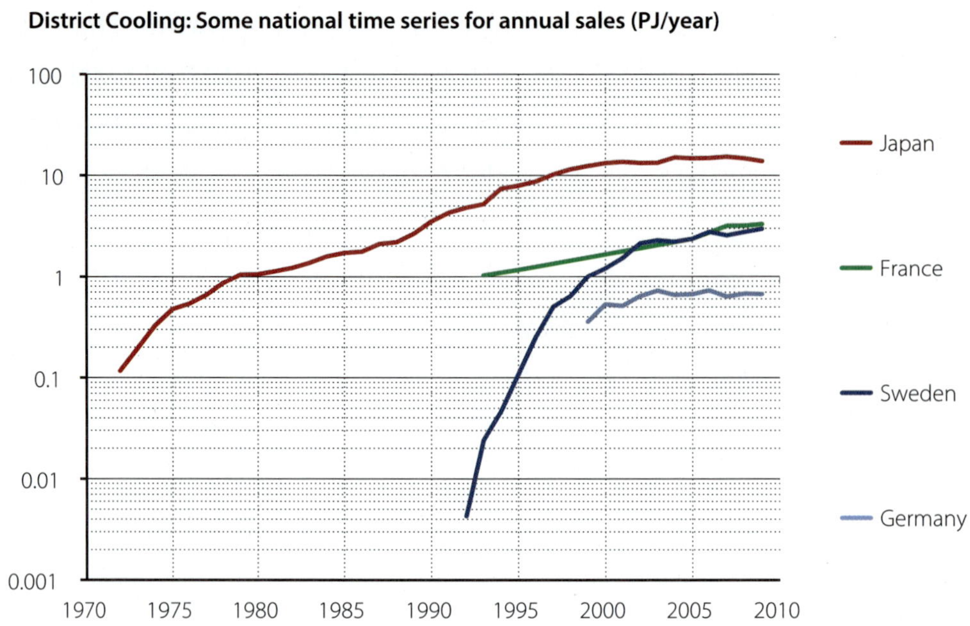

그림 12.3 일본의 발전과정과 비교한 프랑스, 스웨덴, 독일에 지역냉방 판매의 발전과정

하지만 중동이 지난 10년 이상 지역냉방의 가장 급격한 확장이 일어나고 있는 아시아 지역이다. 아랍 에미리트 연합국(United Arab Emirates, UAE), 바레인(Bahrain), 쿠웨이트(Kuwait), 사우디아라비아(Saudi Arabia), 카타르(Qatar)에 있는 모든 지역냉방 시설의

냉방용량은 9,000MW를 초과하며, 이 지역은 미국을 제치고 세계 지역냉방에서 선두를 차지하고 있다. 그러나 이 수치는 중동지역 냉방시장의 단지 2%에 불과하다. UAE의 경우 상응하는 비율이 10%이다. 이 지역에서 계획 중인 용량은 30,000MW 이상이다. 적극적으로 활동하고 있는 서비스 공급업체로는 'Tabreed' 사, 'Qatarcool' 사, 'Empower' 사, 'Dalkia' 사가 있다. 'Tabreed' 사는 2010년 말 기준 사용자 계약용량이 1,670MW로 1,900MW의 냉방용량을 보유하고 있다. 'Qatarcool' 사는 2010년 11월 Pear-Qatar 지역냉방 플랜트를 개관했으며, 이 플랜트의 최초 냉방용량은 455MW로 섬에 있는 주거용 건물, 호텔, 쇼핑센터 및 그 밖에 다른 시설들을 공급하기 위해 사용되고 있다. 그러나 최근 매우 급속한 경기확장의 결과로 인한 부동산 개발에 둔화가 이 지역에 상당한 잉여용량 발생으로 이어지고 있다.

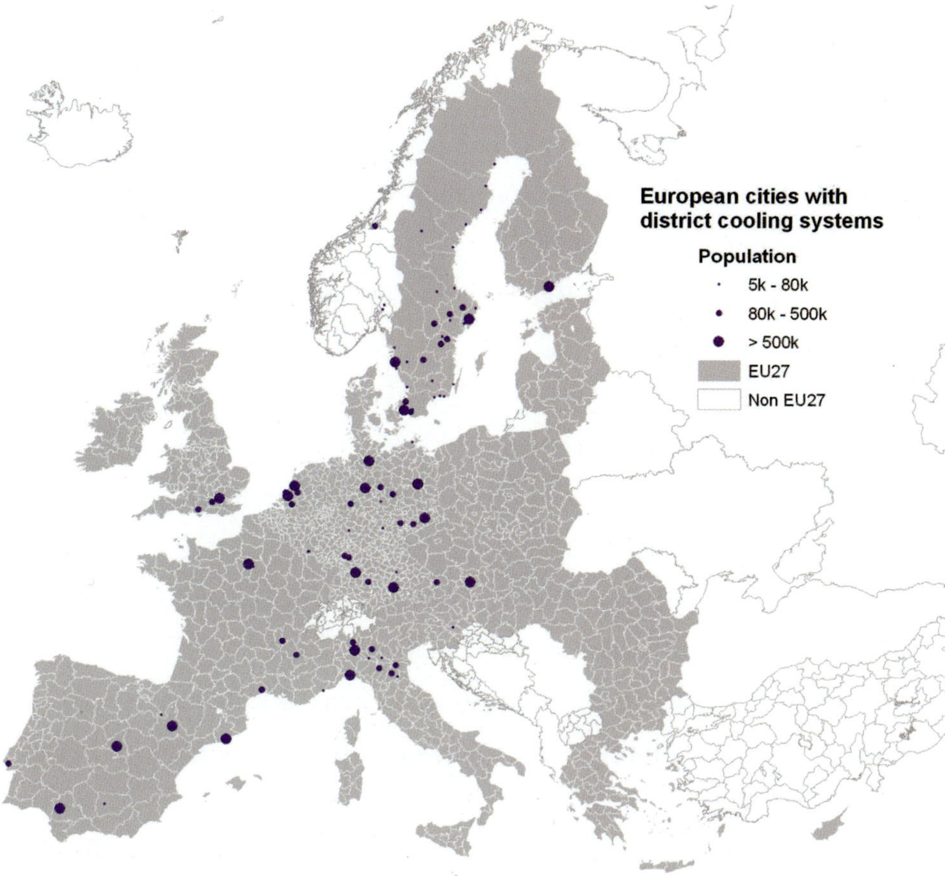

그림 12.4 2011년 유럽 지역냉방 시스템을 나타낸 지도. 출처:할름스타드 대학교에 있는 The European DHC 데이터베이스(Urban Persson)

중국에서는 비교적 최근에 지역냉방을 채택했지만, 빠르게 발전하고 있다. 베이징(北京), 광둥(廣東), 상하이(上海), 항저우(杭州), 창저우(常州), 창산(苍山)에 있는 여러 현장에서 공사가 진행 중에 있다. 광저우 대학(Guangzhou university)은 광저우 남쪽과 북쪽에 있는 10개 대학과 2개 쇼핑센터를 연결하는 지역냉방 네트워크를 소유하고 있으며, 이 시스템은 520 MW의 냉방용량을 갖고 있다.

아시아에 지역냉방 시스템이 있는 또 다른 도시로 싱가포르(Singapore)와 콸라룸프르(Kuala Lumpur)가 있다. 홍콩에서 수행된 실시계획 연구는 3개의 대규모 개발지역(남동카우룽(Kowloon), 완차이(Wanchai)와 코즈웨이(Causeway) 지구, 카이탁(Kai Pak) 개발지)을 분석했다. 한국에서는 흡수식 냉동기를 통한 온열 지역냉방을 사용하고 있다.

참고문헌

Allkofer E, Die Fernkälteanlage in der Geschäftsstadt Hamburg–Nord(The remote refrigeration plant in the business city of Hamburg–Nord). HLH 20(1969) : 1, 6–9.

Mijnlieff AJ, Froid à distance–Fernkälte–District Cooling(Remote cold–cold water–district cooling). Unichal 1970.

Thevenot R, A History of Refrigeration throughout the world. Institute of Refrigeration. Paris 1979.

Billington NS, Robert BM, Building Services Engineering–A review of its development. Pergamon Press. Oxford 1982.

Mirabella AC, The Hartford Steam Service Company Experience in District Cooling. District Heating 69(1983) : 3, 4–25.

Reumaux D, Distribution thermofrigorifique des Halles(Thermo refrigerated distribution of Halles). Reseaux & Chaleur1(1989) : 3, 41–44.

Dommann D, Weidling H, Fernkälteversorgung der Geschäftsstadt Nord in Hamburg(Remote cooling of the business city Nord in Hamburg). Fernwärme International 20(1991) : 11, 587–595.

Pierce MA, Competition and Cooperation : The Growth of District Heating and Cooling 1882–1917. IDHCA proceedings 85(1994), 20–27.

Donaldsson B, Nagengast B, Heat & Cold – Mastering the great indoors. ASHRAE publications. Atlanta 1994.

Editorial, District Cooling, Chicago–Style. District Energy 97(2012) : 2, 12–17.

12.3 미래 지역난방과 지역냉방 (Future district heating and cooling)

『현재의 전 세계 지역난방과 지역냉방에 대해 어떤 종류의 미래 모습을 기대할 수 있는가?』 장기적 미래는 항상 분명하지 않으며, 따라서 미래에 대한 모든 예측은 어느 정도의 추측을 포함할 수밖에 없다. 왜냐하면 50년 또는 100년 뒤에 적용되는 에너지 솔루션의 형태를 말하는 것은 불가능하기 때문이다. 그러므로 지금은 이 질문에 대한 최종적인 해답을 찾을 수 없다.

실현 가능하고 확고한 장기적인 에너지 공급과 수요 옵션들이 몇몇 가능한 대안들 사이의 경쟁을 통한 발전의 결과로 부각될 것이다. 직장생활을 시작하기 전 학생들을 교육시킬 때 사용하는 것과 유사한 방법으로 여러 새로운 에너지 대안을 개발할 필요가 있다. 오래된 에너지 옵션도 새로운 시장 상황에 맞게 개발 및 수정되어야 한다. 이런 발전 과정은 다른 에너지 옵션들과 경쟁하며 에너지 시스템 내에서 최상의 상태로 구축될 것이다. 따라서 지금은 **미래 에너지 시스템**에 대한 경쟁의 최종 승자가 누가될지 선언할 수 없으며, 다른 방식에 우선해 자연독점(Natural monopoly) 형태를 갖추지 못할 수도 있다. 이것이 새로운 생각, 새로운 발명, 새로운 사용자 선호를 방해할 것이며, 그 결과 우리는 비효율적이고 값비싼 에너지 시스템을 만들 것이다.

실행 가능한 미래 에너지로의 장기적 이행을 조사하고, 이해하며, 촉진하기 위해서는 다음의 3단계 과정을 취할 수 있다.

1. 구조 정의(Structure definition): 가능성, 한계, 경쟁, 자원효율, 그 밖에 다른 중요한 특징에 대한 고려와 함께 이상적인 미래 에너지 시스템의 구조를 정의한다.
2. 식별(Identification): 이상적인 미래 에너지에 대해 현재 에너지 시스템의 적합한 부분과 그렇지 않은 부분을 식별한다. 하지만 너무 많은 옵션들을 조기에 배재시키면 안 된다. 왜냐하면 현재 에너지 시스템에서 미래 에너지 시스템으로 이행하는 기간에 효과적인 경쟁을 감소시키기 때문이다.
3. 적응(Adaptation): 현재 에너지 시스템에서 미래 에너지 시스템으로 적응 경로를 구분하기 위해 노력하며, 이것은 현재 시스템의 실현 가능한 부분을 기반으로 한다.

첫 번째 단계가 가장 중요하고 어려운 일이다. 왜냐하면 현재 에너지 시스템에 대한 우리의 편협한 사고방식이 보통 미래 선택의 자유도를 제한하기 때문이다. 연습과정으로, 이 절에서는 미래 에너지 시스템의 한 가지 사례에 대해 위에서 개괄적으로 언급된 3단계 분석을 적용할 것이다. 이 연습과정은 주로 열부문 및 지역난방과 지역냉방에 대한 것이며, 따라서 에너지 시스템의 다른 부분들과의 연계는 간략하게만 언급될 것이다.

12.3.1 구조 정의(Structure definition)

이상적인 미래 에너지 시스템에 대한 주요 특징을 다음과 같이 정의할 수 있다.

- 에너지 시스템에서 발생하는 현재 화석연료 이산화탄소 배출을 제거할 수 있는 화석연료 사용금지
- 플라스틱 또는 윤활유 같은 비에너지 사용을 위한 화석연료 원자재 사용금지. 이것은 미래에 비화석연료 폐기물만 존재한다는 것을 의미한다.
- 제한된 바이오매스와 폐기물 자원
- 미사용 에너지 공급, 재활용, 효율적인 최종 사용 사이에서 효율적인 경쟁

마지막 주요항목에 언급된 '재활용(Recycling)'은 열부문에 자유도와 경쟁을 높이기 위한 열린 사고방식의 한 사례로 도입된 것이다. 원자재 공급망 내 현재의 원자재 재활용 상황을 고려해 이런 선택을 했다. 자원효율 측면에서 처녀강(處女鋼, Virgin steel), 종이, 유리, 알루미늄, 구리만 원자재 공급망에 사용되는 것은 아니다. 원자재 재활용을 통해 철광석, 펄프용재(Pulpwood), 규사(硅砂, Silica sand), 보크사이트(Bauxite), 구리광(Copper ore) 같은 투입 자원에 대한 수요를 줄일 수 있다. 이런 원자재 재활용은 에너지 수요도 줄인다. 왜냐하면 재활용 원자재가 원자재 시장에 다시 공급되기 전 준비과정에서 에너지를 더 적게 사용하기 때문이다. 오늘날 원자재 재활용이 없는 원자재 공급망은 상상할 수도 없다.

마찬가지 이유로, 미래 에너지 시스템은 1차 에너지의 최초 공급에 대한 필요성에 대응할 수 있는 자체적인 재활용 시스템을 갖춰야 한다. 이런 재활용 시스템에는 열재활용이 주를 이루게 될 것이다. 왜냐하면 열이 화력발전과 에너지 집약적인 산업 공정에서 발생하는 주요 부산물이기 때문이다. 일부 **기계적 에너지 재활용(Mechanical energy recycling)**도 존재할 것이며, 운송수단에서 브레이크 에너지 재생(Break energy regeneration)과 엘리베이터에 균형추 사용 같은 것이 여기에 속한다. 이런 이유로 에너지 시스템 내에서 열재활용을 위한 가장 큰 동기는 동일한 최종 에너지 수요를 충족하기 위해 **고엑서지 1차 에너지(High-exergy primary energy)**를 더 적게 필요하도록 만드는 것이다.

앞서 정의된 4가지 형태를 포함하는 이상적인 미래 에너지 시스템의 구조를 단순화한 제안내용이 그림 12.5에 있다. 이 도표의 구조에는 열부문이 강조되어 있으며, 반면

에 운송과 전기부문은 단순화되어 있다. 미래 **저엑서지 열부분(Low-exergy heat sector)**은 흐름도 아래쪽에 6개의 박스로 나타나 있다.

에너지 시스템에 1차 에너지 공급은 하나의 상류흐름과 하나의 하류흐름으로 구분할 수 있다. 이런 구분은 공급과 수요 모두의 온도 요구조건에 따라 이루어지며, 이것을 **에너지 질(Energy quality)** 또는 단순히 **엑서지(Exergy)**라고 한다. 고엑서지 1차 에너지의 상류공급은 바이오매스, 폐기물 같은 비화석연료와 함께 풍력과 태양열에너지 같은 자원들로 구성된다. 이 상류공급이 **변형부문(Transformation sector)**에 대한 주요 에너지 투입원이다. 도표에서 저엑서지 1차 에너지의 하류공급은 최종수요 인근은 열부문에서 찾을 수 있다. 이 하류공급은 태양열, 지열, 바이오매스 열로 구성되며, 다른 종류의 열공급과 경쟁한다.

변형부문에서 고엑서지 자원은 전기, 정제유(Refined fuel), 산업용 자재와 상품 같은 **고엑서지 생산품(High-exergy product)**으로 변환된다. 따라서 고엑서지 에너지 수요와 연관된 산업부문의 해당분야는 잉여열의 생산 측면에서 전통적인 에너지 변환과 유사하기 때문에 변형부문으로 합쳐진다. 목표는 이런 잉여열의 흐름을 포집하고 오늘날 지역난방 시스템이라 부르는 **열재활용과 분배 시스템(Heat recycling and distribution system)**으로 포집된 열을 보내는 것이다. 열과 전기를 함께 생산하는 것을 현재 **열병합발전(Combined heat and power, CHP)**이라고 한다. 하지만 이에 상응하는 용어인 **열과 원자재 병합 생산(Combined heat and materials, CHM)**과 **열, 전기, 원자재 병합 생산(Combined heat, power and material, CHPM)**이 미래의 에너지 시스템을 설명하는 데 사용될 것이다.

결론은 저엑서지 열이 변환부문에서도 생산된다는 것이다.

현재 화력발전의 높은 비율은 이상적인 미래 에너지 시스템에서 전 세계적으로 낮아질 것이다. 왜냐하면 바이오매스와 폐기물 연료의 **총 이용도(Total availability)**가 석탄, 석유, 가스의 현재 총 이용도를 하회할 것이기 때문이다. 연료 연소를 통해 공급되는 것과 비교해 태양열, 풍력, 수력의 공급이 전 세계 전기 공급의 더 많은 부분을 담당하게 될 것이다. 그 결과 화력발전에서 발생되는 잉여열의 일반적인 이용도는 미래 시스템에서 더 낮아질 것이다. 하지만 미래 목적이 모든 화력발전 플랜트를 CHP 플랜트로 전환하는 것일 수 있다.

운송부문을 위한 수소, 바이오가스 그리고 그 밖에 다른 연료에 대한 새로운 **연료 변형 플랜트(Fuel transformation plant)**는 오늘날 석유 정제시설과 비교해 처음에는 더 낮은 **열효율**(Thermal efficiency)을 갖겠지만, 미래에는 회수되는 열손실이 더 많아질 것이다. 미래 플랜트를 설계하고 건설해야 하는 경우 이 열손실 회수의 가능성을 고려하는 것이 중요하다.

에너지집약 산업공정은 주로 원자재 공급에 사용된다. 이런 공정은 낮은 열효율을 나타내며, 총 에너지 투입에 대해 공정 처리된 원자재에 의해 흡수된 에너지를 비교해 열효율을 계산할 수 있다. 낮은 열효율이 열재활용과 분배 시스템을 위해 회수되는 잉여열을 만들어낸다. 오늘날 표준적인 유리공장은 열효율이 7%에 불과하며, 에너지 투입의 93%가 열손실로 이어진다. 이 열손실의 상당 부분을 회수할 수 있어야 한다. 전기 아크로(Electric arc furnace, EAF)와 관련된 고철 재활용을 위한 공정은 0%의 열효율을 갖는다. 왜냐하면 로(爐)를 통과하는 철이 로에 들어가기 전 가지고 있던 것과 공정에서 나온 후에 동일한 에너지 함량을 갖기 때문이다. 미래에 도전과제는 다른 목적을 위한 이 열손실을 포집하는 것이다.

변형부문과 열재활용 및 분배 시스템 사이 경계면에는 두 가지 다른 특징이 존재한다. 첫째, 다양한 발전시설로부터 생산되는 과잉전기를 흡수해 전기부분에 전력균형을 제공할 수 있다. 열재활용 및 분배 시스템에 있는 대형 히트펌프 또는 전기보일러를 사용해 전력균형을 달성할 수 있으며, 1980년대와 1990년대 노르웨이, 스웨덴 지역난방 시스템에서 이미 이런 방식을 시행했었다. 둘째, 물이 부족한 지역에서는 냉각수의 활용이 제한된다. 열재활용 시스템에서 변환부문으로 냉각기능을 제공해 이 문제를 해결할 수 있다. 따라서 열재활용 및 분배 시스템의 사용자는 냉각탑과 동일한 기능을 제공한다.

저엑서지 수요를 위해 국지적으로 사용되는 히트펌프와 1차 에너지 공급은 중앙집중식 열재활용에 가장 중요한 두 가지 분산형 공급 대체수단이 될 것이다. 현재 난방, 급탕, 냉방을 위한 전기의 분산 사용은 히트펌프의 좀 더 광범위한 사용을 위한 초기 시장을 형성하고 있다. 시골지역에 국지적인 화목(Firewood) 사용이 현재 저엑서지 1차 에너지 공급에 대부분을 차지하고 있다. 태양열과 지열의 사용량 증가가 저엑서지 1차 에너지 공급을 높이겠지만, 지열 직접사용의 확대는 보통 아주 깊은 시추공이 필수적이기 때문에 중앙집중식 열분배 시스템에 연결을 필요로 한다. 자연냉기(Natural cold)에 대해서도 유사한 형태의 활용이 가능하다.

히트펌프에 투입전기는 부하관리가 가능한 스마트 전력망으로부터 공급될 것이다. 히트펌프와 열재활용 시스템 모두 축열조를 사용해 전기부문에 전력균형을 제공할 수 있다. 규모의 경제 측면에서 이 축열조는 대형 설비에서 좀 더 비용효율적이며, 중앙집중식 열재활용 시스템 내 축열조에 대한 선호로 이어진다.

분산형 히트펌프와 중앙집중식 열재활용 시스템은 난방과 냉방 수요를 충족하기 위해 냉난방을 함께 제공할 것이다. 두 대안시설 모두 낮은 온도수요(Temperature demand)에서 더 효율적이며, 이것이 미래에 더 낮은 온도수요를 위한 강력하고 통합된 동기로 이어지고 있다. 긍정적인 경향은 기존 건물에 열수요를 낮추면 기존 지역난방 시스템에 온도수요도 낮아진다는 점이다.

개별 평균 난방수요와 냉방수요는 좀 더 효율적인 새로운 건물과 오래된 건물의 재정비로 인해 미래에 더 낮아질 것이다. 그 결과 건설 산업 내에서 에너지 효율 건물의 시공에 대한 일반 상식이 좀 더 광범위하게 확대될 것이다. 11.7절에서 논의했듯이, 에너지 절약

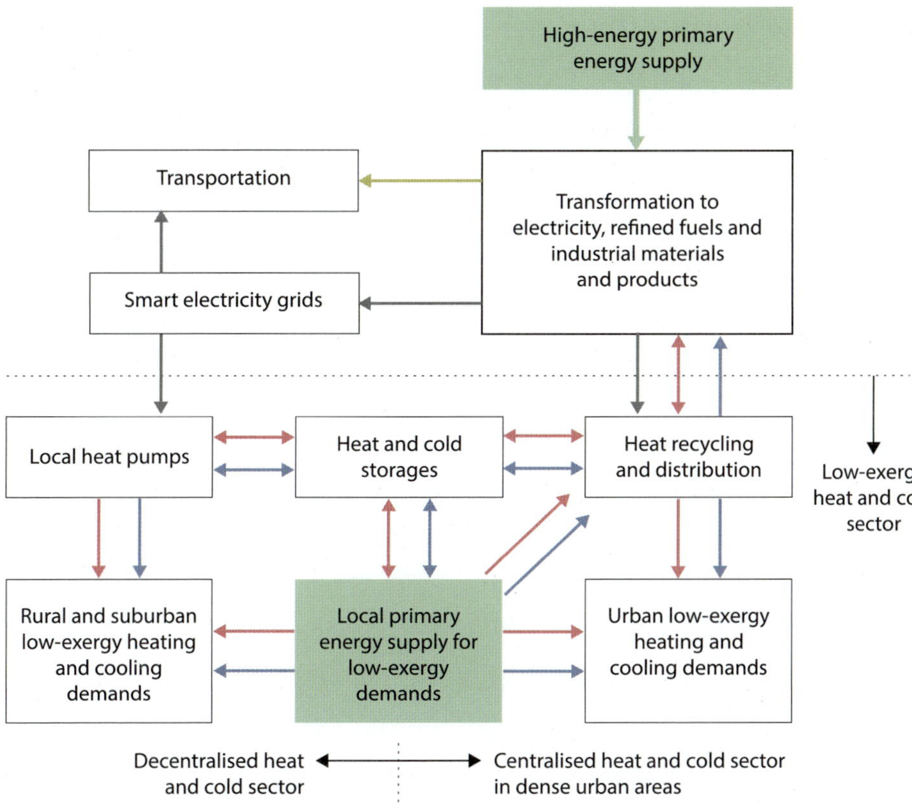

그림 12.5 화석연료 또는 화석 원자재를 전혀 사용하지 않는 이상적인 미래 에너지 시스템의 단순화된 구조, 열과 냉기부문을 강조하고 있음. 붉은색 화살표는 열흐름, 파란색 화살표는 냉기흐름, 회색 화살표는 전기흐름을 의미하고, 반면에 노란색 화살표는 운송부문에서 필요로 하는 정제유를 나타냄

조치의 이행으로 인한 수요 감소 또한 냉난방 비용이 높아진 사용자들 사이에 큰 반응을 불러올 것이다. 가격 탄력성 때문에 높은 에너지 비용은 항상 사용량 감소로 충족된다. 하지만 경제적 부가 더 커질수록 주거용 공간의 크기가 증가하는 경향이 있기 때문에 감소된 개별 수요가 총수요를 감소시키는지 여부는 미해결 과제로 남아있다.

그림 12.5에서 설명했듯이, 열부문의 미래 구조에서 위쪽에 정의된 3가지 열공급 옵션들과 함께 열수요의 감소는 기본적인 경쟁 사각구도를 형성한다. 이 다중 경쟁체제가 미래 저엑서지 시장의 설계를 위한 아주 중요한 특징이다. 하지만 각각의 열공급 옵션은 그 자체의 경쟁력이 높아지거나 혹은 낮아진 상태로 시장의 일부분을 차지할 것이다. 한두 개의 옵션에 대한 낮은 시장 경쟁력은 경쟁의 사각구도를 삼각구도 또는 양자 경쟁으로 축소할 것이다. 히트펌프는 (높은 성능계수를 갖는)높은 에너지 효율과 현재 소형 천연가스 보일러 제조 방식에 상응하는 좀 더 효율적인 제조 공급망의 개발을 통해 시장 점유율을 늘릴 것이다. 히트펌프가 현재의 국지적인 화목사용을 모두 대체해 시골지역에서 높은 시장점유율을 차지할 것 같지는 않다.

열재활용 및 분배 시스템은 짧은 배관의 사용을 통해 중앙집중식 열분배가 이루어지는 열밀집 도심지에서 가장 높은 경쟁력을 갖게 될 것이다. 변형부문에서 발생되는 잉여열의 이용도가 높아진다면 이 시스템의 경쟁력은 매우 높아질 것이다. 재활용 시스템은 히트펌프를 대체해 교외지역에서도 시장점유율을 확대할 것이다. 그 결과 히트펌프와 열재활용 사이에 시장점유율 차이는 위치에 따라 변할 것이다.

에너지 시스템에 중앙집중식 열재활용 시설을 갖추느냐, 못 갖추느냐 사이의 차이는 지역사회에 대한 미래 열재활용 및 분배 시스템의 가치를 결정할 것이다. 중앙집중식 열재활용 시설을 갖지 않는 경우와 비교해 갖는 경우에 발생하는 주요 장점은 다음 활동의 결과로 시스템에 에너지 효율이 더 높아진다는 것이다.

- 전기, 산업, 폐기물 관리, 연료 변환부문에서 발생하는 잉여열의 재활용을 통한 이 부문들 사이에 시너지 효과를 활용해 전기공급의 용량과 저엑서지 난방 및 냉방 수요의 사용을 대체할 수 있다.
- 분산형 열공급 옵션을 통해 할 수 있는 것보다 좀 더 효율적으로 전기부문에 전력 균형을 제공할 수 있다.
- 물이 부족한 지역에서 냉각수 사용을 대체해 에너지 변환과 산업용 공정에 대한 냉각 서비스를 제공함. 이 경우 열사용이 습식 냉각탑을 대체할 수 있다.

이 활동들은 열부문과 나머지 지역사회 사이에 시스템적인 통합을 기반으로 한다. 그 결과, 각 부문들 사이에 협조가 잘 이루어진다면 1차 에너지 공급을 줄일 수 있다. 이런 통합과정은 현재 스마트폰을 통해 이루어지고 있는 정보통신기술의 시스템 통합과 유사하다.

12.3.2 식별(Indentification)

그림 3.4에서 알 수 있듯이, 보일러를 통한 화석연료 직접사용은 현재 EU27 내에 주거와 서비스부문 건물에 대한 열시장의 2/3를 차지하고 있다. 서로 다른 3가지 열공급 옵션들(바이오매스, 전기, 열)이 열시장에서 각각 약 10%를 차지하고 있다. 위에서 개략적으로 설명한 열부문 구조에 적합한 미래 선택사항으로 이 3가지 공급 옵션을 식별할 수 있다. 현재 시골지역의 바이오매스 사용은 미래에 저엑서지 1차 에너지 그룹의 발전과정을 알 수 있는 경향성의 동시대 사례로 볼 수 있다. 반면에 동일한 방식으로 난방을 위한 현재 전기사용은 미래 히트펌프 그룹 개발과정의 선행기술로 볼 수 있다. 현재 지역난방과 지역냉방 시스템은 미래 열재활용 및 분배 시스템을 구축하기 위해 필요한 투입자산이다. 이 자산은 전 세계적으로 분배배관 관로길이가 거의 600,000km달하는 대략 80,000개 시스템으로 구성되며, 대다수가 북반구에(러시아, 중국, 북미, 유럽) 있다.

12.3.3 적응(Adaptation)

『현재 지역난방과 지역냉방 시스템이 미래 재활용 시스템으로 발전할 수 있도록 시스템을 변환하기 위해서 어떤 조치가 필요한가?』 다음과 같은 몇 가지 조치들이 필요할 수 있다.

- 열수요가 낮아지고 저온 잉여열을 재활용하는 능력이 높아진 미래의 조건을 충족하기 위해 분배온도를 낮춘 4세대 열분배 네트워크의 개발. 이 새로운 세대가 (뉴욕과 파리에서와 같이)증기를 사용한 1세대 시스템, 높은 분배온도를 갖는 2세대 시스템, 중간 분배온도를 갖는 3세대 시스템을 대체할 것이다.
- 히트펌프를 통해 얻어진 것과 동일한 미래 제조 생산성을 얻기 위해 좀 더 표준화된 사용자 기계실의 개발

- 지역난방 시스템으로 재활용되는 열의 높은 비율 달성. 전 세계적으로 재활용되는 열의 비율은 48%에 불과하며, 반면에 EU27의 비율은 80%이다.
- 특히 러시아에서, 오래되고 낡은 열분배 네트워크의 재정비
- 양방향 열전달(Two-way heat delivery) 같은 미래 사용자 선호를 충족시키기 위해 특히 기계실 인터페이스에서 높은 수준의 정보 콘텐츠를 갖춘 좀 더 스마트한 열배관망의 개발
- 도시지역에서 열재활용과 열재활용을 촉진하기 위한 높은 시장 점유율을 사용자가 수용하도록 시장 운영규칙을 정교하게 하는 일

이런 조치를 강력히 뒷받침하는 한 가지 요인은 현재 전 세계적으로 발생하는 도시화 경향이며, 이것이 한랭지역과 온대지역 모두에 있는 도시와 마을에서 미래 난방과 냉방 수요를 효율적으로 관리하기 위한 압력으로 이어지고 있다. 또 다른 경향성으로 기후변화 완화와 공급 신뢰성 향상이 있으며, 후자는 지역 및 국가 수준에서 에너지 공급에 대한 선호도와 연관되어 있다. 하지만 이런 조치에 대한 몇 가지 장애도 존재한다. 지역난방과 지역냉방 시스템은 지역 또는 국제 에너지 모델링에서 중요한 부분이 아니다. 지역난방과 지역냉방의 혜택 또한 국제 에너지 통계에서 분명하지 않다. 몇몇 대규모 지역난방과 지역냉방 시스템은 대형 에너지 회사가 소유하고 있으며, 이 회사들은 자신들의 핵심 산업인 전기와 가스분야 이익에 기반을 둔 미래에 대한 대안을 갖고 있다. 이 같은 장애물에는 다음 장의 주요 논제인 지역난방과 지역냉방에 대한 제도적 기반을 포함한다.

연습문제와 과제

1 지역난방: 독자가 살고 있는 국가의 지역난방 개발과정을 짧게 요약하시오.

2 지역냉방: 독자가 살고 있는 국가의 지역냉방 개발과정을 짧게 요약하시오.

3 미래 지역난방과 지역냉방: 당신은 지역난방과 지역냉방을 포함한 미래 에너지 시스템에 대한 비전을 공유하는가? 비전의 어떤 부분을 공유하지 않는가?

13 CHAPTER

편제 (編制, Organisation)

국가와 국제적 법령, 시장원칙, 소유자의 결정을 통해 규정된 체계 내에서 지역난방 시스템을 조직, 관리, 운영하고 있다. 이런 국가적 제도 체계는 나라마다 다르며, 때로는 지역난방의 성공이 적정한 국가적 제도 체계에 기인할 수도 있다. 이번 장에서는 지역난방과 지역냉방에 관련된 법령, 시장원칙, 소유권 문제에 대한 개관(槪觀)을 제시하고 있다.

13.1 법 령(Legislation)

최근에 이루어진 Ecoheat4EU 프로젝트에서 14개 유럽국가에 대해 지역난방 시스템의 **법령 상황**을 수집, 분석, 요약했다《Werner 2011》.

5개 국가(체코, 핀란드, 크로아티아, 리투아니아, 노르웨이)에서는 지역난방과 지역냉방에 대한 가장 중요한 시장원칙을 주요 국가 에너지법에 제시하고 있다. 좀 더 개별적인 지역난방법은 독일, 덴마크, 크로아티아, 리투아니아, 루마니아, 스웨덴에서 찾을 수 있다. **가격규제법령(Price regulation legislation)**은 체코, 크로아티아, 루마니아에서 시행되고 있다. 덴마크에도 가격규제가 존재하지만, 덴마크 지역난방법에서 관련 법령을 찾을 수 있다. 독일은 가격규제를 하지 않지만, 지역난방 가격정책에 대해 어느 정도 제한적이고 독점적인 시장원칙을 부여하는 법을 갖고 있다. 관련된 또 다른 법들은 에너지효율, 신재생에너지, 환경, 세제(稅制, Taxation), 계획, 경쟁, 공공시설(Public utility)을 다루고 있으며, 이 법들은 모든 에너지 법령을 위한 법체계로서 기능하는 국가 에너지 정책을 따른다. 독일에만 **열계획(Heat planning)**을 의무적으로 수행해야 하는 중요한 자치단체조례가 있다.

여기서 도출된 종합적인 결론은 14개 유럽 국가에서 지역난방과 지역냉방을 관리하는 데 있어 매우 다른 법체계를 시행하고 있으며, 지역난방 사용의 전통이 있는 나라에서 국가 법령이 좀 더 구체화되어 있다는 것이다.

지역난방 시스템이 열시장에서 우월적 지위를 차지하고 매우 높은 시장 점유율을 갖는 경우, 경쟁법(Competition law)의 영향도 매우 중요해 진다. 우월적 시장지위는 특정 또는 신규 사용자에게 특별한 할인을 제공할 수 없게 한다. **유럽 경쟁법(European competition law)** 하에서는 동일한 상황에 있는 모든 사용자를 동등하게 대우해야만 한다.

중부유럽과 동유럽에서 계획경제로부터 시장경제로의 변화는 지역난방 시스템에 적합한 법령을 제정해야 하는 시기에 어려운 과제로 여겨졌다. 이 문제는《Nuorkivi 2002, Werner 2004, Evan과 Douraeva 2004》와 같은 수많은 보고서에 논의 및 요약되었다. 재정비 프로젝트 재원마련의 금융 위험을 줄이기 위해 개발은행들(Development banks)에 적절한 결정도 필요했다. 최종적인 법령은 가격규제, **시장분할(Market fragmentation)**, 정부 관리감독을 혼합한 형태였다.

《Nourkvi와 Kalkum 2011》은 유럽연합 밖에서 발생한 상응하는 조건에 대해 훌륭한 조사를 수행했다.

참고문헌

Gochenour C, District energy trends, issues, and opportunities – The role of the World Bank. World Bank technical paper no 493. Washington 2001.

Nuorkivi A, Institutional handbook for Combined Heat and Power with District Heating. Baltic Sea Region Energy Cooperation. December 2002.

Werner S, District Heating System Institutional Guide. The BRE DHCAN project. Watford 2004. Available at http://projects.bre.co.uk/DHCAN/guides.html

Evan M, Douraeva E, Coming in from the cold – Improving district heating policy in transition economies. International Energy Agency, Paris 2004.

Werner S, Good support scheme characteristics, Ecoheat4EU report3.2, Brussels 2011. Available at www.ecoheat4.eu

Nuorkivi A, Kalkum B, Policies and Barriers for District Heating and Cooling outside the EU Countries. IEA–DHC implementing agreement 2011. www.iea–dhc.org

13.2 시장원칙(Market rule)

의도하는 특정 방향으로 사장상황을 유도하는 게 목적인 특정 국가 또는 국제적인 시장 원칙이 다양한 수준에서 기본적인 시장상황을 보완하고 있다. 다음과 같은 방법으로 이런 **시장원칙**을 분류할 수 있다.

1. **세금부담 조치(Burden measure)**: 일반적으로 화석연료의 사용 또는 화석연료로부터 발생되는 이산화탄소 배출에 세금이나 비용을 부과하고 있다. 이런 세금부담이 비화석 에너지 선택사항 및 지역난방과 지역냉방 시스템 같은 좀 더 에너지 효율적인 기술을 활용할 수 있는 시장기회를 제공한다.
2. **금융지원(Financial support)**: 현재 시장점유율이 낮거나 없는 유망한 미래 시장 대안기술에 대해 정부 또는 지방자치단체의 투자보장이나 운영지원을 제공할 수 있다. 불확실한 기술의 폭넓은 사용을 용이하게 하기 위해 금융지원을 제공한다.
3. **시장통제(Market control)**: 시장 감시와 통제는 시장 남용의 위험성을 줄일 수 있으며,

해당 기술 사용에 있어 사용자에게 더 많은 확신을 준다. 광범위한 열계획과 **의무사용**(**Mandatory connection**) 제도를 적용하고 있다면, 이것은 특히 지역난방에 해당된다.

4. **계획과정**(**Planning**): 지역난방 시스템의 확대는 어느 정도 상당한 금융위험을 수반하게 된다. 왜냐하면 추가 사용자가 시스템에 연결되기 전에 열공급과 열분배 용량 모두를 설치해야 하기 때문이다. 또 하나의 위험요인은 신규 사용자 없이도 기 설치된 시설용량을 증가해야 하는 경우가 있다. 계획과정은 시스템 확장을 조절해 이런 위험을 줄일 수 있다.

그림 13.1에서 알 수 있듯이, 에너지세 또는 탄소세 같은 세금부담이 유럽 전역에 걸쳐 완전히 일치하지 않는다. 그림 13.1은 EU27개국에 대한 2010년 6월 경유 판매가격을 보여주고 있다. 막대 도표는 덴마크, 그리스, 헝가리, 이탈리아, 스웨덴이 높은 **화석연료세**(**Fossil fuel tax**)를 부과하는 국가에 해당한다는 것을 보여준다. 벨기에, 라트비아, 리투아니아, 룩셈부르크, 슬로바키아, 영국은 낮은 조세제도를 운영하고 있다. 그러므로 낮은 조세제도를 갖는 국가보다 높은 조세제도를 갖는 국가에서 경유의 사용을 재생 에너지 또는 지역난방으로 교체하기 쉽다.

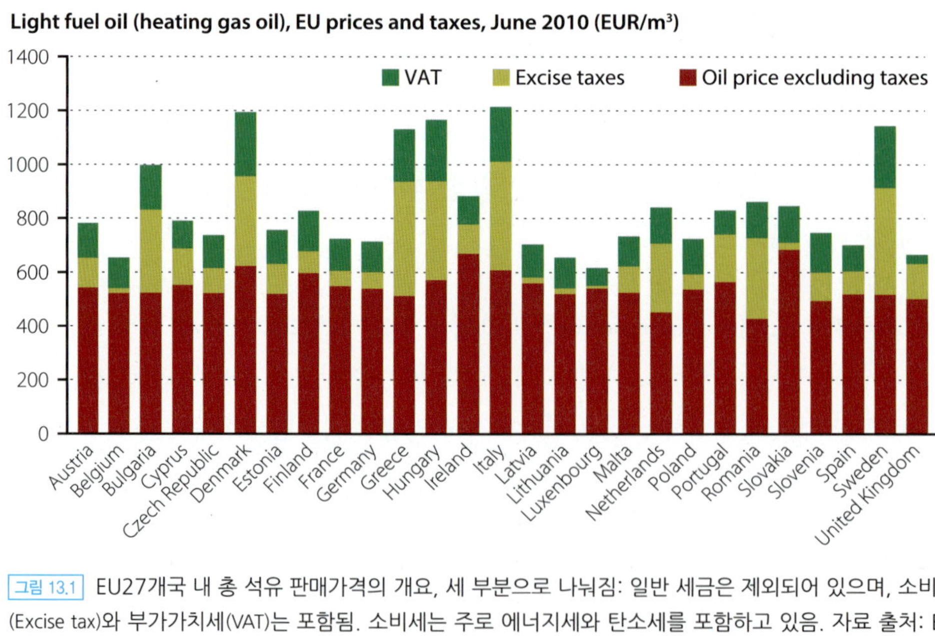

그림 13.1 EU27개국 내 총 석유 판매가격의 개요, 세 부분으로 나눠짐: 일반 세금은 제외되어 있으며, 소비세(Excise tax)와 부가가치세(VAT)는 포함됨. 소비세는 주로 에너지세와 탄소세를 포함하고 있음. 자료 출처: EC DG TREN Oil Bulletin 1511

《Boardman 2010》에 설명되어 있듯이, 영국에서는 주로 노인 사용자에 대한 연료빈곤을 피하기 위해 연료유에 대한 부가가치세(Value added tax, VAT) 세율이 보통 5%로 낮다. 하지만 이런 부가가치세 인하는 정상적으로 부가가치세를 지불할 능력이 있는 부유한 에너지 사용자에 대한 혜택으로 작용하고 있으며, 영국 내 사회정책과 에너지정책의 이행 사이에 심각한 갈등을 유발하고 있다.

이산화탄소 배출에 대한 **유럽 온실가스 배출권 거래제도(EU Emission trading scheme, EUETS)**는 국가 간의 세금부담에 대한 상황을 비슷하게 맞추는 국제적인 세금부담 조치의 한 가지 사례이다.

《Werner 2011》에 따르면, 지역난방 회사는 자신들의 분배 네트워크를 확장할 때 일반적으로 금융위험을 줄이는 계획과정과 금융지원 조치를 선호하는 것으로 나타났다. 이러한 사실은 열생산 지원이 대부분을 차지하는 전체 지원조치와 뚜렷한 대조를 보인다.

덴마크는 광범위한 정부의 시장원칙이 적용되고 있는 국가이며, 이 시장원칙에는 지역난방 시스템의 확장을 지원하기 위한 세금부과, 계획과정, 시장통제를 포함한다.

스웨덴은 덴마크에서 하고 있는 것과 동일한 수준의 직접적인 정부 개입을 선택하고 있지 않다. 스웨덴의 발전과정은 역사적으로 4개의 서로 다른 동기를 갖는 기간으로 구분할 수 있다. 1940년대와 1950년대 CHP에 대한 초장기 지방정부의 관심이 최초의 지역난방 탄생을 이끌었다. 1965년과 1975년 사이에 새로운 백만 개의 주거지를 조성하기 위한 국가적인 주택정책이 시스템을 확장시켰다. 그리고 1980년대 석유 감소정책과 1990년대 기후변화 완화 정책이 지역난방의 시장점유율을 공고히 했다. 화석연료에 대한 높은 세금부과 정책의 사용이 마지막에 언급한 두 가지 사회적 목적을 지원하기 위해 시행되었다. 1990년대 원자력 에너지 규제 정책은 새로운 바이오매스 CHP 플랜트에 대한 일부 투자지원을 이끌어 냈다. 이와 같이 스웨덴 국회가 스웨덴에 지역난방 시스템이 있어야 한다고 결정하지 않았으며, 그 대신 지역난방의 확대는 다른 사회적 목적을 달성하면서 발생한 부산물 이었다.

핀란드는 지역난방 시스템 도입 시 또 다른 길을 선택했다. 주요 열계획 수립에 대한 법령이 없었으며 세금부담도 낮게 해 정부간섭을 최소화했다. 하지만 핀란드의 기본적인 시장상황이 덴마크, 스웨덴과 거의 동일한 지역난방 시장점유율을 확보하기에 충분했다. 이와 같이 서로 다른 에너지 정책수단을 사용해 이 세 북유럽 국가에서 동일한 결과를 얻을 수 있었다.

초창기 전기시장에 대한 접근성이 지역난방 시스템에 CHP 플랜트를 사용하는 데 가장 큰 장애물이었다. 이 장애물은 전기회사들에 의해 운영되는 시장원리로 이루어졌다《Rüdig 1986》. 1999년에 최초로 유럽 전력시장이 규제완화되었고 전기 공급망에 제3자 접근이 가능해졌기 때문에 유럽에는 더 이상 이런 장애물이 존재하지 않는다.

지역난방과 지역냉방의 또 다른 문제는 에너지 시스템에 공평한 경쟁의 장이 부족한 점을 들 수 있다. 협회에서 재정지원을 하는 각종 연구 프로젝트에 따르면 여전히 화석연료와 원자력연료의 사용이 크게 늘어나고 있다. 전기에 대해서만 높은 **발전차액제도(Feed-in tariff)**를 적용해, 새로운 바이오매스-연료 화력발전소에 열재활용이 불리해지고 있다. 세법은 지역난방에 앞서 천연가스 사용을 장려하고 있다.

지역난방 시스템에도 제3자가 접근을 적용할 수 있느냐는 앞으로 풀어야 할 숙제이다. 아직 어떤 국가에서도 완전한 제3자 접근이 이루어지지 않고 있기 때문에 이 문제는 여전히 미결인 상태로 남아있으며, 그 결과 이런 시장원칙에 따라 지역난방 시스템을 운영해본 경험이 부족하다. 2000년대에 스웨덴에서 이 문제가 논란을 일으켰다.《Westin과 Lagergren 2002》 및 《Söderholm과 Wårell 2011》에 제3자 접근에 대한 찬 · 반 내용이 요약되어 있다. 독일에서도 일부 논의가 이루어졌다《Köber, 2011》.

참고문헌

Rüdig W, Energy conservation and electricity utilities A comparative analysis of organizational obstacles to CHP/DH. Energy policy 14(1986) : 2, 104–116.

Westin P, Lagergren F, Re–regulating district heating in Sweden. Energy Policy 30(2002), 583–596.

ECE, Reforming Energy Pricing and Subsidies. ECE Energy Series No21. Economic Commission for Europe. Geneva 2003.

Havskold M & Sköldberg H, The Future of Nordic District Heating – A First Look at District Heat Pricing and Regulation. Nordic Energy Perspectives 2009.

Bubholz M & Nowakowski R, Mapping of Subsidy Systems and Future Consumption of Biomass. Swedish District Heating Association 2010.

Boardman B, Fixing fuel poverty – challenges and solutions. Earthscan, London 2010.

Nurokivi A & Kalkum B, Policies and Barriers for District Heating and Cooling outside the EU Countries. IEA implementing agreement on DHC and CHP. Helsinki 2011.

Werner S, Best practise support schemes. Ecoheat4EU Report 3.3. Brussels 2011. Available at www.ecoheat4.eu

Kasza F, Farkas A, Kornhonen H-P, Kuusela M, Benchmarking District Heating in Hungary, Poland, Lithuania, Estonia, and Finland. Pilot co-project of ERRA and Fortum. Budapest 2011.

Söderholm P, Wårell L, Market opening and third party access in district heating systems. Energy Policy 39(2011), 742-752.

Körber T, Drittzugang zu Fernwärmenetzen(Third access to district heating networks). Jenaer Wissenschaftliche Verlagsgesellschaft(Jenaer scientific publishing house) 2011.

13.3 소유권(Ownership)

유럽에 거의 모든 지역난방 시스템은 지방정부 주도로 시작되었다. 지역난방을 도입한 가장 큰 목적은 지역사회의 시너지 효과를 높이는 것이었다. 1990년대 분화되기 시작한 유럽의 전기와 가스시장에 대한 공통된 원칙이 만들어지면서 에너지 시장의 규제가 대부분 철폐되었다. 이런 상황은 에너지부문 **소유권**에 큰 소용돌이를 일으켰으며, 다수의 인수합병이 일어났다. 수평적으로 조직된 에너지 회사들이 수많은 지역 시스템을 운영했기 때문에 이런 소유권 변동은 지역난방 시스템에도 영향을 미쳤다. 주로 전력회사들이 지방정부 지역난방 시스템을 사들였다. 그 결과 지역난방 내 민간부문 참여가 크게 증가했다.

1990년에서 2004년 사이 스웨덴에 소유권 변화가 그림 13.2에 있다. 이 기간 중 처음에는 거의 모든 지역난방 시스템이 지방정부 소유였으며, 지방 행정기관이 직접 지역난방 시스템을 운영하거나 지방 공기업을 통해 이루어졌다. 스웨덴 주정부 소유의 전력회사인 '바텐폴(Vattenfall)' 사가 일부 소규모 지역난방 시스템의 잔여 지분을 보유하고 있

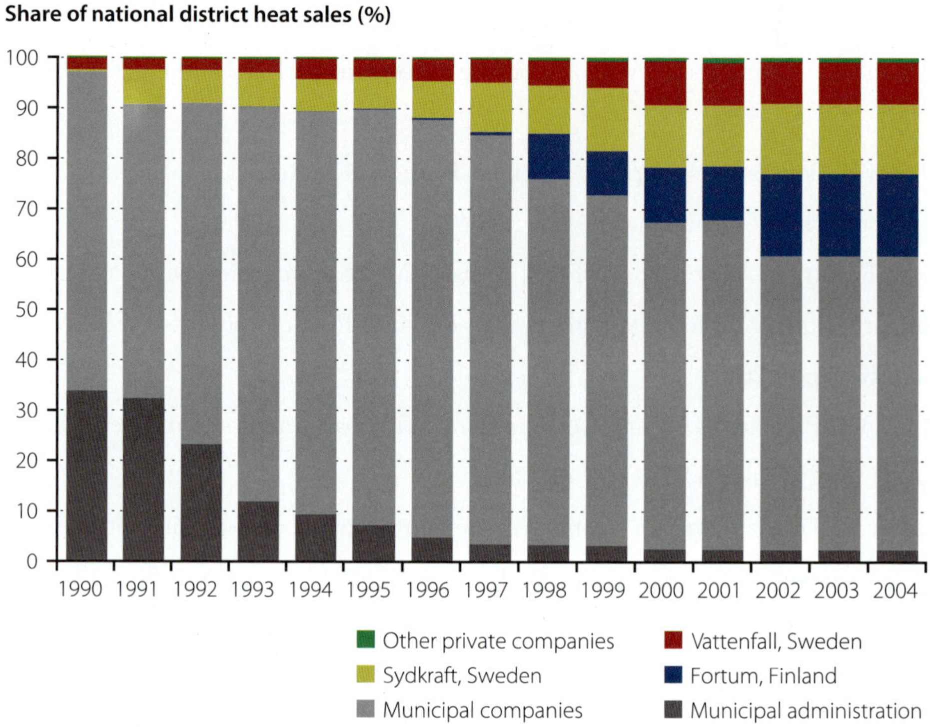

그림 13.2 1990년과 2004년 사이 거의 완전한 지방정부 소유부터 3개의 주요 전력회사들이 상당 부분을 소유하게 될 때까지 스웨덴에 변화과정. '시드크라프트(Sydkraft)' 사는 후에 'E.ON Sweden' 사로 사명을 변경했다. 출처: Sofie Andersson, FVB Sweden. 허락을 받고 사용함

었다. 후에 바텐폴 사는 웁살라(Uppsala), 뉘셰핑(Nyköping), 베네르스보리(Vänersborg)에 있는 시스템들을 취득했다. 1991년 '시드크라프트(Sydkraft)' 사가 말뫼(Malmö)에 지역 에너지 공급자인 '말뫼 에너지(MalmöEnergy)' 사를 사들였으며, 이 회사는 1951년부터 광범위한 지역난방 시스템을 구축하기 시작한 기업이다. 그 당시 시드크라프트 사는 스톡홀름 증권 거래소에 상장된 민간 전력회사였지만, 스웨덴 남부 여러 지방정부가 상당부분을 소유하고 있었다. 이후에도 시드크라프트 사는 외레브로(Örebro)와 노르쇠핑(Norrköping)에 있는 지역난방 시스템을 사들였다. 여러 번의 인수합병 후에 지금은 'E.ON Sweden' 사가 이 지역난방 시스템들을 소유하고 있다. 현재 핀란드의 '포르툼(Fortum)' 사가 여러 지자체를 공급하는 스톡홀름 수도권 내 주요 지역난방 시스템을 소유하고 있으며, 1998년과 2002년 두 단계로 이 시스템을 매입했다. 포르툼 사는 헬싱키 증권 거래소에 상장된 민간 전력회사지만, 핀란드 정부가 대부분의 소유권을 갖고 있다.

표 13.1 《Zeman과 Werner 2004》에서 밝힌 소유권 모델의 개요

소유권 그룹	소유권과 관리 모델
사용자(Customer)	완전 사용자 조합 소유형태
지방정부(Municipal)	완전 지방정부 소유형태
혼합형	계약(Contract): 민간 파트너와 운전 및(또는) 관리를 계약한 완전 지방정부 소유형태
혼합형	임대(Lease): 완전 지방정부 소유형태와 특정 기간 동안 임대계약을 체결한 민간 파트너
혼합형	컨세션(Concession): 특정 기간 동안 완전 민간 소유, 그러나 기간이 끝나는 시점에 지방정부로 모든 자산을 이관함
혼합형	분리(Unbundling): 열분배에 대해서는 지방정부가 소유하고 열공급시설은 민간이 소유함
혼합형	폐쇄적 선택(Closed choice): 민간 소액주주 소유에 대한 지방정부의 선정
혼합형	개방 선택(Open choice): 주식시장을 통해 이루어진 민간 소액주주 소유
혼합형	지방정부 감시(Municipal observation): 지방정부가 소액주주 소유권을 갖고 있는 민간 대주주 소유
혼합형	계획과정(Planning) 등에 관련해서 적극적인 지방정부 지원을 수반하는 완전 민간 소유권
민간(Private)	완전 민간 소유권

이 세 전력 회사들은 다수의 소규모 지역난방 시스템들도 사들였지만, 이들 중 대다수는 나중에 다른 중소 민간회사나 원래 지방정부 소유자에게 되팔았다.

《Zeman과 Werner 2004》에서 현재 사용 중인 다양한 소유권 모델을 밝히기 위해 11개의 서로 다른 소유권과 관리모델을 검토했었다. 완전 사용자 소유 또는 지방정부 소유에서부터 완전 민간 소유까지의 범위가 여기에 해당되며, 8개의 서로 다른 혼합된 소유권 모델을 포함하고 있다. 이 11가지 모델이 표 13.1에 있다.

참고문헌

Zeman J & Werner S, District Heating System Ownership Guide. The BRE DHCAN project. Watford 2004. Available at http : //projects.bre.co.uk/DHCAN/guides.html

Nuorkivi A, Cogeneration and District heating – Best practises for municipalities. Energy Charter Secretariat, Brussels 2006.

Koksharov VA, Development of the Market of Thermal Energy. Thermal Engineering 56(2009) : 12, 1060–1063.

연습문제와 과제

1 법령: 독자가 살고 있는 국가에는 지역난방과 지역냉방에 관련된 어떤 개별 법령이 존재하는가?

2 시장원칙: 세금부담 조치, 금융지원, 시장통제, 계획과정 측면에서 독자가 살고 있는 국가에 개별 시장원칙을 요약하시오.

3 소유권: 독자가 살고 있는 국가에서는 지역난방과 지역냉방 시스템을 누가 소유하고 운영하는가?

14 CHAPTER

정보 출처
(Information source)

지역난방과 지역냉방에 대한 참고문헌은 업계저널에 기고문, 컨퍼런스 논문, 연구 보고서, 지역난방 협회에서 발행한 작업 보고서가 대부분을 차지한다. 이런 종류의 문헌은 대부분 접근성이 낮기 때문에 종종 '회색(Grey, 회색문헌: 출판되지 않아 접근 및 이용이 불투명한 정보 자료[역])'으로 분류한다. 다음의 인용문은 이런 상황을 잘 표현하고 있다.

> '열병합발전(Combined heat and power, CHP)과 지역난방(District heating, DH)을 주제로 하는 좋은 내용에 접근성 있는 참고문헌이 부족하다. 다음과 같이 어느 정도 이 현상을 설명할 수 있다. 이 기술이 상용화된 국가에서는 이 주제가 아마 배관기술에 해당하는 정도의 관심을 불러일으키지만, 그렇지 못한 국가에 일반적인 관점은 이 기술이 기술적으로나 경제적으로 불가능하다고 여기며 마치 피라미드 건설에 해당하는 정도의 관심을 보인다.'
>
> Robert Lowe, 에너지 정책(Energy Policy)(1983), 3월호, 페이지 90.

이런 현상에 대해 여러 가지 원인이 있을 수 있다. 지역난방은 특화된 기술자들에 의해 완성된 응용기술에 해당한다. 대다수의 참고문헌이 경험적 배경을 갖고 있으며, 과학적 지위가 낮은 편이였다. 또한, 개별국가에서 지역적으로 이 기술을 개발해 왔으며, 국가 간 정보 교환도 제한적이었다. 이 마지막 장은 지역난방과 지역냉방에 관련된 주요 정보출처를 개략적으로 설명하고 있다.

14.1 전공서적(Textbook)

일반적으로 학부 기본과정에서 사용하기 위해 대학교 연구원과 교수가 **전공서적**을 집필한다. 책 내용은 지역난방의 본질을 이해하는 데 필요한 기초이론에 초점이 맞춰져 있다. 옛소련과 현재 러시아에서는《Sokolov 1948–2009》책을 오랫동안 중요한 전공서적으로 사용해 왔으며, 반면에 옛동독에서는《Munser 1980과 1983》을 사용했다.

비록 덴마크, 핀란드, 스웨덴은 지역난방의 오랜 전통을 갖고 있기는 하지만, 1980년대와 1990년대가 되어서야 전공서적이 나오기 시작했다. 이런 책에는《Huovilainen과 Koskelainen 1982》,《Christensen과 Petersen 1987》,《Frederiksen과 Werner 1993》이 있다.

저자가 아는 한, 영어로 된 지역난방과 지역냉방에 대한 전공서적은 아직 출판되지 않고 있다.

참고문헌

Sokolov E Ya, Teplofikatsija i teplovye seti(CHP and district heating). Gosenergoizdat, Moscow : 1st ed.(1948), 2nd ed.(1956), 3rd ed.(1963). MEI, Moscow : 4th ed.(1975). Energoizdat, Moscow : 5th ed.(1982). MEI, Moscow : 6th ed.(1999), 7th ed.(2001), 8th ed.(2006), and 9th ed.(2009).

Munser H, Fernwärmeversorgung(District heating).(Reihe, Wärmelehre und Wärmewirtschaft, Band36("Heat theory and heat management", Volume 36)). VEB Deutscher Verlag für Grundstoffindustrie(VEB German publishing house for basic materials industry), Leipzig. 1st ed.(1980) och 2nd ed.(1983).

Huovilainen RT, Koskelainen L, Kaukolämmitzs. Lappeenranta 1982.

Christensen K, Petersen BH, Fjernvarme(District heating). Polyteknisk Forlag, Copenhagen 1987.

Frederiksen S, Werner S, Fjernvarme – teori, teknik och funktion(District heating–theory, technology, and function). Studentlitteratur, Lund 1993.

14.2 핸드북(Handbook)

핸드북은 주로 지역난방 시스템을 계획, 건설, 운영하는 실무를 다룬다. 약간의 기초이론, 시장분석, 적용되는 국가 및 국제 표준의 수많은 참고사례들이 이런 실무를 뒷받침한다. 보통 현역 지역난방 전문가들이 이런 책을 집필한다. 역사적으로 볼 때, 핸드북의 활용성이 전공서적보다 훨씬 크다.

미국에 초창기 핸드북으로《Bushnell과 Orr 1915》가 있다. 이후에 NDHA, IDHA, IDHCA《지역난방 핸드북(District heating handbook)》의 여러 판본이 오랫동안 미국 DHC 산업 전반에 일반적으로 사용되었다. ASHRAE 핸드북《HVAC 시스템과 장비(HVAC systems and equipment)》는 지역난방과 지역냉방에 대한 부분을 포함하고 있지만, 유럽 상황에서는 책의 내용을 거의 적용할 수 없다.

유럽에서는 독일 핸드북이 지역난방에 대한 지식 전파를 책임져 왔다. 비록《Schulz 1933》이 전체적으로 지역난방을 다루고 있지 않지만, 이 책은 지역난방에 대한 초창기 설명을 포함하고 있다. 이후에《Brachetti 1974》와《Hakansson 1973, 1982와 1986》이 뒤이어 출판됐다. 유럽에서 발행된 국가 핸드북의 두 가지 최근 사례로 핀란드의《Energiateollisuus(Energy industry) 2006》과 독일의《AGFW 2009》가 있다. 지역난방에 대해 영어로 쓰인 유일한 최신 핸드북으로《Randlöv 1997》이 있다. 하지만 이 핸드북은 지역난방 이중보온관에 집중하고 있으며, 지역난방 시스템 기술의 다른 여러 부분들은 제외되어 있다.

지역냉방 핸드북의 예로《Vadrot 와 Delbes 1997》과《IDEA 2008》이 있다.

저자가 아는 한, 지역난방과 지역냉방에 대한 종합적인 유럽 핸드북은 아직 한 번도 출판된 적이 없다.

참고문헌

Bushnell SM, Orr FB, Disrict Heating – A brief exposition of the development of district heating and its position among public utilities. Heating and Ventilating Magazine, New York 1915.

NDEA, IDEA & IDECA, District Heating Handbook. 1st ed. (1921), 2nd ed. (1932),

3rd ed. (1951) and 4th ed. (1983). The current name of the US DHC association is the International District Energy Association, IDEA.

Schulz E, Öffentliche Heizkraftwerke und Elektrizitätswirtschaft in Städten(Public thermal power stations and electricity in cities). Springer, Berlin 1933.

Brachetti H–E, Technisch–wirtschaftliche und bauphysikalischkonstruktive Probleme bei der Planung von Fernwärmenetzen(Technical–economic and constructional physics problems in the planning of district heating networks). Verlags–und Wirtschafts–gesellschaft der Elektrizitätswerke mbH, Frankfurt am Main 1974.

Hankansson K, Handbuch der Fernwärmepraxis(Handbook of district heating practice). Vulkan Verlag, Essen. 1st ed. (1973), 2nd ed. (1982) and 3rd ed.(1986).

Vadrot A & Delbes J, District Cooling Handbook, ELYO and European Marketing Group District heating and Cooling. Nanterre 1997.

Randlöv P, District Heating Handbook. European District Heating Pipe Manufacturers Association. Fredericia 1997.

Energiateollisuus(Energy industry), Kaukolämmön Käsikirja(District Heating Handbook). Helsinki 2006.

IDEA, District Cooling Best Practise Guide. Westborough 2008.

AGFW, Technisches Handbuch Fernwärme(Technical handbook district heating). Second edition. AGFW – Der Energieeffizienzverband für Wärme, Kälte und KWK(The energy efficiency association for heat, cold and cogeneration). Frankfurt 2009.

ASHRAE, Handbook – HVAC Systems and Equipment. Chapter 12 : District Heating and Cooling. American Society of Heating, Refrigeration, and Air Conditioning Engineers. Atlanta 2012.

14.3 저널(Journal)

지역난방과 지역냉방만을 주제로 하는 **과학저널**은 없다. 지역난방과 지역냉방 논문은 다양한 에너지 저널에 흩어져 있다. 《에너지(Energy)》, 《응용 에너지(Applied Energy)》, 《에너지 정책(Energy Policy)》 같은 저널에서 일부 논문들을 찾을 수 있다. 하지만 최신 검색엔진과 국제적인 대규모 데이터베이스에 힘입어, 지역난방과 지역냉방에 특화된 저널의 부재는 사소한 문제가 되고 있다. 'Scopus'라는 검색엔진을 통해 찾은 1970년–2010년 사이 연간 간행물에 대한 개요가 그림 14.1에 있으며, 이 기간에 간행물 총수는 4,825개였다.

현재 지역난방과 지역냉방에 대한 유럽에 대표 **업계저널**로 《Euroheat & Power》 잡지가 있다. 이 잡지는 현재 영어와 독일어 판으로 출판되고 있으나, 양쪽 판에 내용이 동일한 것은 아니다. 이 저널은 원래 1972년 《Fernwärme International(District heating international)》로 시작했으며, 저널에 지역난방과 지역냉방의 축적된 지식을 유럽에서 가장 종합적으로 수집하는 것으로 알려져 있다. 하지만 현재는 출판된 과월호 논문을 국제적인 데이터베이스에서 검색해 다운로드받을 수 없다. 일부 국가 뉴스 잡지도 발간되

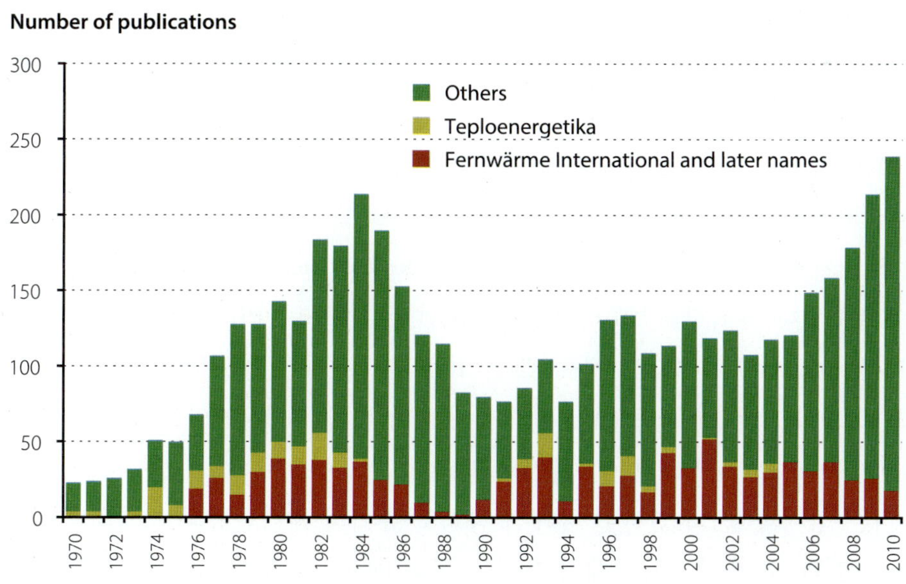

그림 14.1 '지역난방(District heating)'이라는 명칭을 포함한 연간 간행물의 수, 'Scopus' 과학 검색엔진을 통해 2011년 12월에 찾은 결과

고 있으며, 이런 잡지에는 덴마크의 《Fjernvarmen(District heating)》과 스웨덴의 《Fjärrvärmetidningen(District heating magazine)》이 있다.

미국에서는 IDEA가 《District Energy》라는 업계 저널을 발간하고 있다. 이 저널은 1915년 《District Heating》잡지로 출발했었다. www.districtenergy.org에 등록이 필요하며, 2005년부터 발행된 논문을 다운로드받을 수 있다.

지역난방에 대한 러시아 논문은 주로 러시아 《Teploenergetika(Thermal engineering)》 저널에 게재되며, 이 중 일부를 선택해 《Thermal Engineering》에 영어 번역본이 실린다. 《Thermal Engineering》은 'Springer' 사 웹사이트인 www.springerlink.com에서 2006년 이후 온라인 이용이 가능하다. 러시아의 최근 지역난방 논문에 대한 개요는 정기적으로 출판되고 있으며, 2008년과 2009년 사이의 개요가 《Thermal Engineering56(2009) : 12, 1064–1069》에 실려 있다.

14.4 학회(Conference)

국제 지역난방과 지역냉방 심포지엄(International District Heating and Cooling Symposium)이 현재 지역난방과 지역냉방 분야에 특화된 유일한 과학 분야 학회다. 이 학회는 북유럽 에너지 연구 프로그램(Nordic Energy Research Programme)에서 시작됐으며, 첫 번째 학회는 1987년에 열렸었다. 가장 최근 심포지엄은 2006년 하노버(Hanover)에서 10회, 2008년 레이캬비크(Reykjavik)에서 11회, 2010년 탈린(Tallinn)에서 12회, 2012년 코펜하겐에서 13회가 열렸다.

8번의 국제지역난방학회(International District Heating Conference)가 1970년과 1991년 사이에 열렸었다. 개최지는 1970년 런던, 1973년 부다페스트, 1976년 바르샤바, 1980년 시르미온(Sirmione), 1982년 키에프(Kiev), 1985년 코펜하겐, 1988년 프라하 그리고 마지막으로 1991년 부다페스트였다. 이 학회에 대한 공식기록은 거의 존재하지 않으며, 학회 참석자들이 보유한 개인 기록물만 존재한다.

또 다른 업계와 좀 더 연관된 국제적 학회로 유럽의 지역난방과 지역냉방협회인 Euroheat & Power와 미국에 국제지역에너지협회(International District Energy Association)가 주최하는 회의 또는 연례모임이 있다.

14.5 통계(Statistic)

서로 다른 많은 기관들이 유럽의 **열통계**를 수집하고 있으며, 관련된 시스템의 경계조건들로 인해 일관성이 매우 부족한 실정이다. 따라서 한 국가에 열전달 크기와 연관된 정보는 출처에 따라 달라 질 수 있다. 국가 및 국제 열통계를 수집하는 주요기관은 다음과 같다.

- 파리에 있는 국제에너지기구(International Energy Agency)의 에너지 통계 부문
- 유럽연합통계청(Eurostat)
- 정부부처 또는 기구
- 국가통계당국
- 국가감시 또는 규제기관
- 국가지역난방협회

Euroheat & Power는 자신들의 국가별 조사(Country-by-country surveys)를 위해 2차적으로 지역난방 통계를 수집하며, 이 조사 보고서는 1991년부터 격년으로 출판되고 있다《Euroheat & Power 2011》. 이 보고서에 기초적인 통계적 사실은 서로 다른 국가 출처에서 수집되며, 이 출처가 매년 항상 일치하는 것은 아니다. 이 보고서가 나오기 전에는 Unichal이 1973년에 여러 국가 지역난방 시스템에 대한 통계를 수집하기 시작했다《Mölter 1974》.

IEA/UN/유럽통계청 합동설문조사에 의해 1년에 한번 국제적인 통계자료를 수집한다. 설문조사에 대한 기본원리와 절차가《IEA 2005》에 요약되어 있다. 이 설문조사로부터 IEA가 전 세계 대부분의 국가에 대한 연간 에너지 밸런스(Annual energy balance)를 계산한다. 이 에너지 통계는 현재 세계에서 가장 투명하고 신뢰성 있으며 정확한 정보 출처다. 하지만 이 통계 수집도 특히 난방분야 통계에 대해 약간의 오차가 발생하기 때문에 완벽하지는 않다.

덴마크, 스웨덴, 핀란드, 리투아니아, 이탈리아의 국가지역난방협회가 시스템 수준의 통계를 출판하고 있다. 그러나 이 통계가 해당 국가의 모든 시스템에 대해 완비되어 있는 것은 아니다. 왜냐하면 모든 난방 시스템이 협회 회원이 아니고 협회 회원 모두가 통

계자료를 제공하지 않기 때문이다. Unichal도 1965년과 1985년 사이에 일부 시스템 수준의 통계를 수집했었다.

유럽의 난방분야 통계 중 개선이 필요한 주요 분야는 다음과 같다.

- 모순되는 시스템 경계조건: 공급 및 전달된 열량이 DH 시스템, CHP 직접 가열, 자가 생산자(Auto producer) 열생산으로 구분되어 있지 않고 혼합되어 있다. 유럽 CHP 지침(European CHP directive)이 소개된 이후에 IEA/UN/유럽통계청 연간 설문조사는 불확실한 CHP 열부분의 포함으로 와전되고 있으며 유럽에서 열공급 통계에 대한 신뢰성을 잃게 만들고 있다. 이탈리아에는 국가적인 DH 통계가 전혀 없지만, 지역난방 산업이 확대되고 있으며 국가지역난방협회인 'AIRU'가 이런 상황을 아주 잘 감시하고 있다.
- 지역난방 가격을 간과함: 유럽 에너지 가격 투명성 지침(European energy price transparency directive)에 지역난방 가격이 포함되어 있지 않다. 그러므로 유럽통계청 에너지 가격 데이터베이스는 지역난방 가격을 전혀 포함하고 있지 않다. 따라서 시장분석을 위한 에너지 가격 비교는 지역난방을 경쟁 열원으로 간주하고 있다.
- DHC 혜택의 부적절한 할당: IEA 에너지 밸런스는 100% 이상의 변환 효율을 허용하지 않는다. 모든 말단 사용은 반드시 1차 에너지 공급과 연결되어야만 하며, 말단 사용과 비교 시 그 크기가 크거나 같아야 한다. 지역난방 산업에 대한 이런 조치의 결과는 매우 가혹하다. 왜냐하면 지역난방의 기본개념이 다른 활동에서 발생되는 열을 재활용하는 것이기 때문이다. 산업 잉여열을 지역난방 시스템으로 재활용하는 경우, 산업부문에서 사용되는 해당 연료의 양이 지역난방에 재분배된다. 그림 14.2에 있는 2008년 스웨덴에 대한 IEA 에너지 밸런스와 스웨덴 통계청 숫자를 비교하면 이 사실을 확실히 알 수 있다. CHP 플랜트는 에너지 방법(Energy method)을 사용해 연료를 할당하며, CHP의 전체 혜택을 전기부문에 부여한다. 이런 이유로 지역난방 시스템이 커지면, 산업용 에너지 사용과 전기 생산에서 생산성이 높아진다. 그 결과 어떤 에너지 분석가나 연구원도 IEA 에너지 밸런스로부터 직접적으로 지역난방의 전체적인 혜택을 알아낼 수 없다.

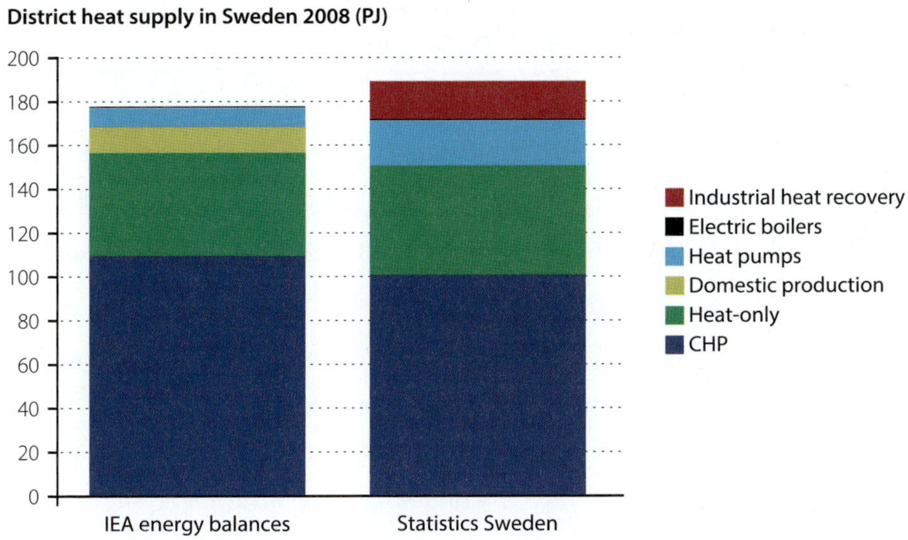

그림 14.2 2008년 스웨덴 지역난방 시스템에 열공급을 위한 IEA와 스웨덴 통계청(Statistics Sweden) 에너지 밸런스 비교

- 무시되는 기회들: 유럽에 열분야 통계가 불충분하기 때문에 좀 더 탄소저감(Carbon-lean)적이고 자원 효율적인 유럽 경제로의 이행과정에서 지역난방 시스템에 열재활용, 재생가능에너지, 그 밖에 다른 대체 수단에 대한 많은 가능성들이 과소평가 되고 있다.

참고문헌

Mölter FJ, Stand und Entwicklung der Fernwärme in den Mitgliederländern der Unichal(Status and development of district heating in the member states of Unichal). Fernärme International 3(1974) : 1, 3–12.

IEA, Energy Statistics Manual, Paris 2005. Available for download at www.iea.org

Euroheat & Power, District Heating and Cooling – Country by country, 2011 Survey. Brussels 2011.

14.6 관련업계 협회(Trade association)

유럽 지역난방과 지역냉방 협회는 브뤼셀(Brussel)에 있는 'Euroheat & Power'이다. 초창기에 이 협회는 'Unichal'로 알려져 있었으며 1954년에 창립 했다. 총회는 매 2년마다 개최되며, 가장 최근 회의는 2007년 코펜하겐에서 33회, 2009년 베니스(Venice)에서 34회, 2011년 파리에서 35회가 열렸다.

미국에서는 1909년에 국가지역난방협회(National District Heating Association)로서 국제지역에너지협회(International District Energy Association, IDEA)가 설립되었다. 점점 더 많은 외국 시스템들이 회원이 되면서, 1969년 협회 이름을 국제지역난방협회(International District Heating Association)로 바꿨다. 지역냉방이 좀 더 광범위하게 사용되기 시작한 1985년에 국제난방과냉방협회(International Heating and Cooling Association)로 이름을 변경했으며, 현재 이름은 1994년부터 사용하기 시작했다.

많은 국가에서 지역난방에 특화된 개별 협회들이 공공 및 국가적 관심사에 대한 문제를 다루기 위해 회원을 모집하고 있다. 이런 국가**지역난방협회**로는 프랑스의 (SNCU), 덴마크의 (Dansk Fjernvarme), 스웨덴의 (Svensk Fjärrvärme), 노르웨이의 (Norsk Fjernvarme), 독일의 (AGFW), 이탈리아의 (AIRU), 스위스의 (VSF), 폴란드의 (IGCP), 라트비아의 (LSUA), 헝가리의 (Mataszsz), 리투아니아의 (LSTA), 슬로바키아의 (SZVT), 체코의 (TSCR)이 있다.

영국에서 관심사는 열병합발전 쪽에 좀 더 치우쳐 있다. 이런 이유로 열병합발전 협회(Combined Heat and Power Association)에서 지역난방 문제를 다루고 있다. 비슷한 관계를 에스토니아(Eesti Jõujaamade ja Kaugkütte Ühing)와 루마니아(Cogen Romania)에서 찾을 수 있다.

그 밖에 다른 국가에서는 좀 더 일반적인 에너지 업계 단체가 지역난방 문제를 담당한다. 핀란드, 아이슬란드, 오스트리아, 네덜란드가 이런 경우에 해당한다. 국가지역난방협회 웹사이트 목록은 정기적으로 업데이트되고 있으며, Euroheat & Power 웹사이트인 www.euroheat.org에서 찾을 수 있다.

14.7 연구 프로그램(Research program)

열병합발전과의 통합을 포함한 지역난방과 지역냉방에서의 IEA **이행합의**(**IEA implementation agreement**)는 국제적인 **연구협력**의 유일한 사례이며, 현재도 DHC/CHP에 대해 연속적이며, 독점적으로 연구를 진행하고 있다. 이 프로그램은 1983년에 시작되었으며, 분과(Annex) 별로 연구를 수행하고 각 분과는 3년 동안 유지된다. 제10차 분과는 2011년부터 2014년까지 운영할 예정이다. 다운로드가 가능한 더 많은 정보와 보고서는 www.iea-dhc.org에서 찾을 수 있다.

2009년 이후 유럽의 지역난방과 지역냉방 연구 및 개발은 DHC+로 통합되었다. DHC+는 지역난방과 지역냉방에 대한 유럽 기술 플랫폼이다. 진행 중인 활동과 프로젝트에 대한 더 많은 정보는 www.dhcplus.eu에서 찾을 수 있다.

북유럽 에너지 연구 프로그램(**Nordic Energy Research Programme**)은 지역난방과 지역냉방에 대한 연구를 포함한 연구부문에서 1985년과 1998년 사이에 최초로 3개의 프로그램을 진행했었다. 4번째 프로그램 진행기간(1999-2002)에 이 부문은 **에너지 탄력적인 난방 시스템**(**Energy Flexible Heating System**)으로 이름을 바꾸었다. 5번째 프로그램 진행기간(2003-2006)에는 지역난방 연구가 없었으며, 반면에 6번째 기간에는 **1차 에너지 효율**(**Primary Energy Efficiency**)로 지역난방을 재도입했다.

독일과 스웨덴은 유럽에서 가장 광범위한 연구 프로그램을 수행해오고 있다. 덴마크도 최근에 Fjernvarmens Udviklingscenter(District energy development)라는 이름의 국가 지역난방과 지역냉방 연구 단체를 발족했으며, www.fjvu.dk에서 관련내용을 찾을 수 있다.

독일 연구 활동은 1974년 국가 연구 Möglichkeiten der Fernwärmeversorgung aus Heizrafwerken in der Bundesrepublik Deutschland, 1974-1977(Possibilities of district heating from heating plants in the Federal Republic of Germany, 1974-1977)'에서 시작됐다. 현재 독일 지역난방 연구 활동에 대한 더 많은 정보는 www.agfw.de에서 찾을 수 있다.

스웨덴은 1975년 이후 다양한 규모의 지역난방 연구를 수행하고 있다. 1995년까지 서로 다른 수많은 연구 위원회와 기관을 통한 정부 에너지 연구 프로그램이 모든 연구를 전면 지원했었다. 《Henriksson과 Werner 1997》에 1981년부터 1996년까지 수행된 연구 성과가 요약 및 평가되어 있다. 1996년 이후 프로그램의 자금지원은 **스웨덴 에너지**

청(Swedish Energy Agency)과 **스웨덴 지역난방협회**(Swedish District Heating Association)로 나뉘었다. 이 기관들의 첫 번째 연구 프로그램은 '온수 기술(Hot water technology)(1996–2005)'이였으며, 반면에 두 번째 프로그램은 '낮은 인구밀도의 지역난방(Sparse District Heating)(2002–2006)'에 초점을 맞추었다. 현재 진행 중인 세 번째 연구 프로그램은 2006년에 시작되었으며 'Fjärrsyn'라고 불린다. 이 프로그램에 대한 더 많은 정보는 www.svenskfjarrvarme.se/Fjarrsyn에서 찾을 수 있다. 1981년과 2010년 사이에 발간됐고, 스웨덴 지역난방 연구 프로그램과 연관되어 있는 수많은 연구 출판물들의 개요가 그림 14.3에 있다. 이 30년 동안 대략 800개의 간행물이 발행됐지만, 이들 대다수가 스웨덴어로 쓰였다. 이 연구 간행물 중 다수가 각 절 끝단에 있는 참고문헌 목록에 기재되어 있다.

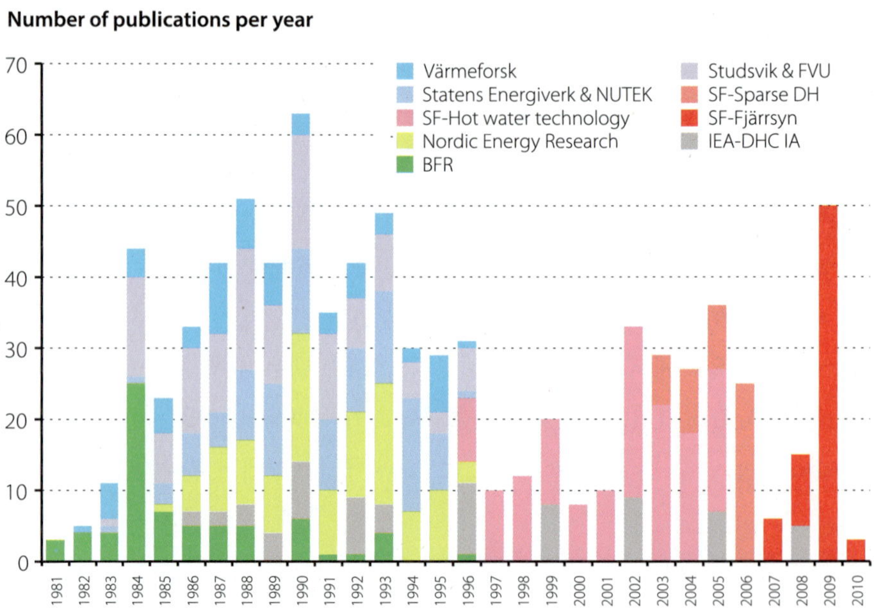

그림 14.3 스웨덴 에너지 연구 프로그램에서 재정지원을 받은 수많은 지역난방 연구 간행물의 개요, 재정을 지원한 연구기관에 따라 구분해서 표시함. 북유럽 에너지 연구 프로그램(Nordic Energy Research Programme)의 보고서는 1996년 이후부터 포함되어 있지 않다

참고문헌

Henriksson M, Werner S, Svensk fjärrvärmeforsknig 1981–1996(Swedish District Heating Research 1981–1996). The Swedish District Heating Association, FoU–report 1997 : 13. Stockholm 1997.

Wiltshire R, Williams J, Werner S, European DHC research issues. 11th International Symposium on District Heating and Cooling, Reykjavik, September 2008.

찾아보기

이